英国驱逐舰

从起步到第二次世界大战

BRITISH DESTROYERS

From Earliest Days
to the Second World War

[美]诺曼·弗里德曼 著　[美]A.D.贝克三世 绘图

唐越 译

吉林文史出版社
JILINWENSHICHUBANSHE

BRITISH DESTROYERS: FROM EARLIEST DAYS TO THE SECOND WORLD WAR
by NORMAN FRIEDMAN

图书在版编目（CIP）数据

英国驱逐舰：从起步到第二次世界大战 /（美）诺曼・弗里德曼著；唐越译. -- 长春：吉林文史出版社，2020.2

ISBN 978-7-5472-6740-0

Ⅰ. ①英… Ⅱ. ①诺… ②唐… Ⅲ. ①驱逐舰－军事史－英国 Ⅳ. ① E925.6-095.61

中国版本图书馆 CIP 数据核字 (2020) 第 035877 号

YINGGUO QUZHUJIAN: CONG QIBU DAO DIERCI SHIJIE DAZHAN

英国驱逐舰：从起步到第二次世界大战

著 /［美］诺曼・弗里德曼　　绘图 /［美］A. D. 贝克三世　　译 / 唐越
责任编辑 / 吴枫　特约编辑 / 顾超逸
装帧设计 / 王涛
策划制作 / 指文图书　出版发行 / 吉林文史出版社
地址 / 长春市福祉大路 5788 号　邮编 / 130118
印刷 / 重庆共创印务有限公司
版次 / 2020 年 4 月第 1 版　2020 年 4 月第 1 次印刷
开本 / 889mm x 1194mm　1/16
印张 / 27.5　字数 / 618 千
书号 / ISBN 978-7-5472-6740-0
定价 / 199.80 元

目录 CONTENTS

公制—英制单位对照换算表

长度和距离

1 千米 =0.54 海里 =0.621 英里

1 米 =1.09 码 =3 英尺又 3/8 英寸

1 厘米 =0.329 英尺

1 毫米 =0.0329 英尺

1 海里 =1.852 千米

1 英里 =1.609 千米

1 码 =0.914 米

1 英尺 =0.3048 米 =30.48 厘米

1 英寸 =2.54 厘米 =25.4 毫米

压强

1 兆帕 =145.38 磅力 / 平方英寸

面积

1 平方米 =10.76 平方英尺

1 平方千米 =0.386 平方英里

1 平方英尺 =0.092 平方米

1 平方英里 =2.59 平方千米

容积

1 立方米 =35.31 立方英尺

重量

1 公吨 =0.984 长吨

1 千克 =2 磅 3.27 盎司

1 长吨 =1.016 公吨

1 磅 =0.453 千克

作者致谢

　　这本书能够艰辛付梓，很大程度上要归功于我的妻子瑞亚，她不仅长期支持我写作，而且鼓励我深入研究，向皇家枪炮铸造厂、英国国家档案馆、英国海军历史司探求原始资料。事实上，从我第一次在英国国家海事博物馆查找英国驱逐舰的资料算起，她已经在我身边默默地付出了三十年之久。同时，我也要感谢已故的大卫·里昂，他对驱逐舰和此前的鱼雷舰艇的热情深深地感染了我，他总是致力于发掘驱逐舰之前的鱼雷舰艇——就像"维苏威"号那样的船只——的隐秘历史。我希望这部著作能够将他的理念发扬光大。我还要感谢英国国家海事博物馆枪炮铸造厂分馆的前任和现任工作人员，他们为我提供了弥足珍贵的舰船档案和建造手册，这对我的研究至关重要。此外，他们还提供了为数众多的设计图，构成了本书中许多线图的基础。同时，我也要向英国海军历史司的克里斯·佩奇上校，以及他的属下，特别是海军部图书管理员詹妮·勒维表达谢意——她为我提供了很多皇家海军的官方出版物。另外，英国公共档案办公室（现已更名为英国国家档案馆）和美国国家档案和记录管理局——无论是大学公园市的总部还是华盛顿的分部，也都功不可没。两次世界大战之间美国的情报资料具有很高的参考价值，为此我特别感谢美国海军战争学院的档案管理员伊夫琳·切尔帕克博士，她提供了那些在间战期照亮了英国驱逐舰的战术与技术选择的美方资料。尼古拉斯·兰伯特博士提供了许多有价值的见解，并为我指明了查找资料的方向。亚瑟·戴维森·贝克三世远不止是插画家，他为本书绘制了众多线图，以至于产生了独到的见解，它们让我受益匪浅。阿兰·瑞文和达利厄斯·利宾斯基提供了其他的线图，让本书更趋饱满。我还对皇家澳大利亚海军历史司，特别是大卫·史蒂文斯博士和约瑟夫·斯特拉齐克博士（原成员）心怀感激，没有他们的协助，我就无从获得皇家澳大利亚海军驱逐舰的相关资料。本书之所以能呈现如此丰富的历史照片，完全仰仗各位友人的倾力相助，对此我深表感激，他们包括：美国海军历史和遗产中心摄影主任查尔斯·哈伯林，亚瑟·戴维森·贝克三世，皇家澳大利亚海军历史司和皇家加拿大海军历史司的工作人员，美国海军学院摄影收藏部的工作人员，美国国家档案和记录管理局的摄影工作人员，以及阿兰·瑞文。

诺曼·弗里德曼

插画师致谢

本书中的大部分线图都是严格依照官方设计图、总体结构图和格林尼治的国家海事博物馆所藏海军部竣工图绘制的。国家海事博物馆的图纸仓库位于伍利奇兵工厂的枪炮铸造厂旧址，那里的工作人员给我和诺曼·弗里德曼提供了莫大的帮助，对此我深怀感激。

本书涉及的驱逐舰的最原始图纸通常带有极其繁复的细节，以刻线笔刻在亚麻布上，比例为 1 ： 48。和书中能够收录的线图相比，原始图纸包含海量的图形和文本信息。所有的原始图纸都是手刻的，有些还装饰得非常漂亮。想要获得更多信息或者欣赏更多绘画作品的读者可以去国家海事博物馆寻求帮助，它们的藏品不仅细节丰富至极，而且包罗万象，从大航海时代到蒸汽时代，再到柴油机时代——包括很多本书无法收录的早期驱逐舰，简直可以用卷帙浩繁、汗牛充栋来形容。

然而，在书中再现这些图纸是相当困难的。绝大多数原始图纸不仅描绘了船舶的外部特征，而且在同一张图（尤其是立面图）上描绘了内部结构，如引擎、锅炉、其他机械设备，甚至会有分舱和骨架细节，以及燃煤供暖炉的供暖管道布置。一些立面图总是以右舷视角绘制，而右舷与左舷的差异很明显，如舷窗布置迥异。很多原始图纸其实是"透视"图，因为图中没有使用虚线，所以很难判断哪些细节属于右舷，哪些是"透过"船体看到的左舷。

对研究人员来说更为复杂的是，随着时间的推移，图纸上会用不同颜色的墨水绘制彩色阴影，以此来表现设计的历次更改。有的图纸上阴影多达四层，包括绿色、蓝色、红色，等等，最原始的黑色线条（如果属于被修改的设计）会被它们遮盖，无法再显示出来。此外，一些驱逐舰的图纸，特别是早期的图纸，重要的内部结构通常通过（用薄薄的彩色墨水）着色来表现。不幸的是，国家海事博物馆只提供黑白复印件，这使解读工作更趋复杂，也让得到相关照片以核验细节变得至关重要。然而，据说某一特定日期拍摄的照片未必就能与当时的图纸完全对应。尽管如此，我还是尽最大努力如实地描绘了某艘舰船在某一特定日期的形象。

所有特意为本书准备的新线图都由宝石笔尖的快速绘图笔绘制，载体是绘图胶片。

除了感激诺曼·弗里德曼为获取照片和图纸付出的努力之外，我还要对威廉·C. 克拉克、约翰·奇弗斯、罗宾·布塞尔、里克·E. 戴维斯、阿兰·瑞文和约翰·兰伯特提供的慷慨支持和帮助表示由衷的感谢。特别是约翰·兰伯特，他绘制的皇家海军历代舰船线图多年来一直是我灵感的源泉。同时也感谢卓越的数字绘图员达利厄斯·利宾斯基，他在电脑上绘制的简图最终也成了非常有用的插画。最重要的是，我要感谢我无畏的妻子安妮，在我旁若无人地伏在绘图桌上的这几个月里，她一直充满耐心并且全身心地支持我。

A. D. 贝克三世

01

第一章

前言

　　自航鱼雷的出现给英国皇家海军带来了巨大的震撼。在它被发明时，海战的主要武器还是舰炮。当时的共识是，且不论击沉，仅仅是让一艘装甲战舰丧失战斗力，都需要命中大量的炮弹。而一枚鱼雷的水下命中却足以致命。如此鲜明的对比便是推动第一次世界大战期间海军军事思想转变的关键，最初的有效水下防护手段便是采用防雷鼓包和多层防护。不过，在能够对舰体水下部分造成伤害的武器出现前，装甲与舰炮之间的竞赛意味着需要大型的舰炮来造成有效的伤害，从而也就需要建造大型的战舰——不仅是为了搭载这些巨炮，也是为了防御它们的攻击。19世纪时，人们尝试了许多方法以绕开这一矛盾，例如高速主力舰（利用当时重型舰炮射速慢的缺点）以及中口径速射炮（摧毁敌舰无防护的部分）。但总体来说，依旧需要用大炮来打一场巨舰间的战争。因此，只有主力舰能够对付另一艘主力舰的说法是无可厚非的。而打造一支主力舰海军需要国家投入巨额资金，这也就意味着投资最大的一方，即英国皇家海军能够维持其海上霸权。

∧ 鱼雷的革命性在于它使一艘小艇也能击沉一艘巨舰，而此前只有主力舰才能击沉另一艘主力舰。图中这些为希腊建造的鱼雷艇停泊在雅罗造船厂位于道格斯岛（Isle of Dogs）的船坞里，正在准备起航前往希腊（因此还安装了风帆）。1914年以前，英国的造船厂，尤其是雅罗和桑克罗夫特，建造了世界上大多数的鱼雷艇。有时，一些为别国建造的鱼雷艇也鞭策着英国海军部对自身的鱼雷艇进行改进。

∨ 1884年，当J.萨缪尔·怀特（J. Samuel White）造船厂以私人投资的方式在船坞开工建造TB 81号鱼雷艇时，它被定义为一艘"鱼雷猎舰"。1885年，海军部因俄国的战争动员而在海试前将其买下并更名为"雨燕"号（HMS Swift）。该舰拥有独特的怀特风格渐变式水下船壳、整齐的斜削船艏，并由一具艉舵负责机动转向。它本该装备6门3磅炮，但最终还是作为鱼雷艇搭载了1具固定于艇艏的鱼雷发射管和4门3磅炮，在图中，这些火炮由防水油布包裹着并且指向艇艏，以防止被风浪损坏，其中两门安装于烟道侧面，一门安装于司令塔侧面，一门安装于司令塔正后方。这艘战舰并不像当时的标准设计那样拥有前部司令塔。司令塔周边的围板导致鱼雷发射管不能像往常一样安装于两侧，甲板上仅有1具14英寸（356毫米）鱼雷发射管可见，安装于烟道和司令塔之间。艇艉的3磅炮则很有可能取代了另外一具鱼雷发射管。1901年，该艇的武器被换装为1具固定于艇艏的鱼雷发射管、2具单装甲板鱼雷发射管和4门3磅速射炮。TB 81的尺寸远大于同期的鱼雷艇：全长46.87米，水线长45.7米，宽5.34米，吃水2.81米（排水量137吨），指示功率1330马力，最高航速可达23.75节。

对列强海军而言，将颇具攻击力的鱼雷艇与行动中的舰队结合起来曾是一大难题。1877 年，在俄土战争期间，俄国在黑海战区开创了一种解决方案——由大型战舰搭载小型鱼雷艇。此后，皇家海军将 1878 年俄国战争威胁期间购入并改造为武装商船的"赫克拉"号（HMS Hecla）改建成了一艘鱼雷艇母舰原型舰。后来又专门设计了一艘作为鱼雷艇母舰的巡洋舰，命名为"伏尔甘"号（HMS Vulcan）。图中可见在该舰的鹅颈式起重机下，搭载了四艘编号分别为 39 号、42 号、43号和 44 号的二等鱼雷艇。该舰的设计工作始于 1887 年春，首批图纸在当年 9 月提交审核（并于 11 月 7 日获得委员会批准）。舰上设计搭载八艘（之后减少为六艘）二等鱼雷艇，装备普通巡洋舰的火炮以及不少于 8 具鱼雷发射管（包括 1 具艇艏、1 具艇艉和 4 具——之后减少为 2 具——可转向的侧舷鱼雷发射管，以及 2 具最后被取消了的侧舷水下鱼雷发射管），储备 30 枚鱼雷（后来减少为 26 枚），另外还携带有水雷。与"赫克拉"号不同，该舰可以跟随舰队一起行动（航速20 节），并且拥有与巡洋舰类似的甲板装甲。1887 年秋，海军造舰总监威廉·H. 怀特（William H. White）在概括其设计时说："还从未有一艘舰艇拥有如此高品质的结合水准，但必须声明，该舰的一些主要设计与我在埃斯维克兵工厂提出的一项设计十分相似（指液压起重机）。不过显而易见的是，如今的这项设计是本部门的全新成果，在尺寸、速度、续航力上的革新，足以让它超越任何原有设计。""伏尔甘"号于1888 年 6 月开工建造，1889 年6 月 13 日下水。由于锅炉的原因，完工日期遭到了拖延，同样的问题也困扰着当时的许多鱼雷艇。"伏尔甘"号后来作为驱逐舰补给舰服役，之后又成了潜艇补给舰。1931 年 2 月，它被重新命名为"反抗三号"（Defiance III）。许多同时期的主力舰和巡洋舰都搭载了少量二等鱼雷艇，或是可以发射鱼雷的汽艇（这一惯例一直维持到一战早期）。仅有法国建造了相似的鱼雷艇母舰，即"雷电"号（Foudre）巡洋舰。这些鱼雷艇母舰可以视作后世航空母舰的先驱者——第一艘真正的航空母舰就是设计用于起飞鱼雷轰炸机攻击停泊在港内的德国舰队的。一战时还有用于搭载岸防摩托艇（CMB）的母舰，这类摩托艇可以视作早期鱼雷艇的继任者。

水下武器的出现可以说极具颠覆性，这其中最主要的是鱼雷，但在早期岁月中部分海军军官认为撞角也是一种不错的选择。得益于当时重型火炮的低射速，一艘灵活的战舰可以逼近到距敌人很近的距离。和鱼雷一样，撞角的一次冲撞就足以造成致命损伤。1865 年，后来的海军元帅乔治·萨特里厄斯爵士（Sir George Sartorius）就支持建造一种不装备火炮的装甲撞击舰（这样就不必去尝试别的攻击方式），而极高的航速将保证它能冲过敌方火炮的杀伤区。1866 年的利萨海战中，奥匈帝国的"费迪南·马克思"号（Ferdinand Max）撞沉了意大利旗舰"意大利国王"号（Re d'Italia），这一战例更加激励了他的支持者们。当时法国人也在建造几艘装甲撞击舰，其首舰还被恰如其分地命名为"公牛"号（Taureau）。撞角与鱼雷类似，安装它的门槛要比安装那些巨炮低得多。不过一些怀疑论者也指出，在高速状态下保持航向（及保持对船只的控制）将十分困难，并且在利萨海战中，意大利的旗舰在遭到撞击时处于静止状态。即使到了 1885 年，鱼雷依旧被视作撞角的替代品。但仅仅几年后，重型火炮的射速便提高到了足以让撞角——但不是鱼雷——遭到淘汰的地步。

〈 "波吕斐摩斯"号是整合鱼雷武器和舰队的另一种方案。它的出现比"伏尔甘"号大约还要早十年。但这却是个死胡同，由于没有安装大口径舰炮，它在和平时期毫无用处。尽管外观上很普通，但"波吕斐摩斯"号实质上却是一艘半潜船，当主船体浸入水下时，三个独立的筏式上层建筑还能提供浮力。

〈 TB 2 号鱼雷艇，属于试验艇"闪电"号的复制品（但艉部没有与客运船舶类似的"客舱"），图中可见正前方的"鱼雷炮"和肿部支架上的 14 英寸（356 毫米）鱼雷，艇上没有安装火炮。该艇完工时，人们普遍认为只有水下鱼雷发射管才是有效的，因为尽管鱼雷可以从水面上发射，但却需要舰艇处于停航状态。在发射时，支架上的鱼雷将缓慢地以头部略微向下的姿势下降到水面附近，而鱼雷发射管则能够为鱼雷提供一个初始速度，用来抵消舰艇周边水流的影响。图中还可以看到该艇的司令塔，1884 年的海试表明司令塔过于低矮，因此指挥官需要向上探出头部和肩部，就像图中那样。TB 2 号艇全长 26.52 米，水线长 26.31 米，宽 3.12 米，吃水 1.07 米（排水量 31.3 吨），全长和水线长相差不大，这是因为艉舵位于螺旋桨前部，这是一种不常见的布局。该艇以复合式蒸汽引擎为动力，其 450 马力的指示功率可以让航速达到 21.5 节。它的航程受到了载煤量的限制，额定载煤量为 3 吨，但动用额外空间可以达到 5 吨。该艇于 1905 年被出售。

鱼雷继续保持着巨大的冲击力，因为它需要的搭载舰是如此地小。在 19 世纪 80 年代，鱼雷搭载舰包括用于在港口附近作战的小型水面鱼雷艇，以及紧随其后出现的远洋鱼雷艇。鱼雷还让潜艇变得非常致命，同样是由于哪怕只有一艘潜艇发起攻击并且只命中一枚鱼雷，就足以对一艘战舰造成严重杀伤。相应的，鱼雷也是第一种致命的对舰空袭武器，甚至有效到了让皇家海军在 1918 年专门组建航母编队去攻击港内德军舰队的地步。本书主要探讨皇家海军是如何适应鱼雷的——不仅是应对鱼雷带来的威胁，也要借助鱼雷让自己变得更为高效。在第一次世界大战期间，皇家海军或许拥有全世界海军中最复杂多样的鱼雷战手段，而那些在战时曾与其合作的海军则在战后继续发展了它的鱼雷战理念。

速度与动力

本书描述的船只的航速远超过其自然速 [即以英尺为单位的水线长度（waterline length ）的平方根]，例如一艘水线长 225 英尺（68.58 米）的船只，其自然速度便是 15 节。为获得更高的速度，就必须为每吨排水量提供更多动力，也就是需要搭载更强大的动力装置。一艘舰船能否达到某一特定的航速，很大程度上取决于其蒸汽动力装置的效率，以每马力对应的吨或磅表示。继而设计师要考虑，引擎需要多少蒸汽来达到这一功率，而又需要多少锅炉才产生这么多蒸汽。

1905 年前，战舰均使用活塞式蒸汽引擎。最初的舰用活塞引擎仅有一个汽缸，但随着蒸汽压力的上升，人们很快发现其排出的蒸汽中依然还含有相当可观的能

> TB 23 号是雅罗建造的 113 英尺型鱼雷艇，是最初的 87 英尺型的后继型。该艇融入了雅罗的设计理念，包括并列的双烟道设计（继承自 1879 年出口俄国的舰艇上的烟道），雅罗辩解称这样的设计不容易导致舰艇暴露。但海军造舰总监认为是烟雾而非烟道导致了舰艇暴露，并且这样的设计在航行中存在一定危险性（可能导致进水）。雅罗的 113 英尺型和 125 英尺型鱼雷艇均采用这种双烟道，由此可以与桑克罗夫特的作品区分开来。在 1879 年为俄国建造鱼雷艇的船厂中，雅罗似乎是第一个为鱼雷艇安装冲角艏的（用来攻击其他鱼雷艇）。撞击敌舰需要舰艇拥有优良的机动性，因此该艇采用了斜削艉和下拉式舵。该艇长 34.62 米、宽 3.84 米、吃水 1.88 米（排水量 67 吨），指示功率为 750 马力，速度可达 18.75 节。图中展示的应该是 TB 23 号艇 1897 年于斯皮特海德湾参加阅舰式时的状态，艇艏已经改造为龟背状。另外请注意在旧司令塔上建造的开放式舰桥。

量。本书涉及的最早的舰艇便采用了复合蒸汽引擎，即自高压汽缸中排出的蒸汽又被导入一到两台低压汽缸当中。复合式蒸汽引擎第一次为战舰提供了足够的动力，使战舰获得了远洋巡航的能力，而此前这还需要借助风帆来实现。下一步的改进便是在低压汽缸和高压汽缸之间增加中压汽缸，这样三胀式蒸汽引擎便诞生了（同样的还出现过四胀式引擎）。但所有的活塞式蒸汽引擎均受制于其产生的震动，尤其是在高速状况下，为缓解这一问题，设计人员需要投入大量精力和创意来使引擎达到平衡。19 世纪 80 年代，雅罗（Yarrow）控告海军部向与之存在竞争关系的驱逐舰建造厂商公开了其引擎设计，主要的一点便是泄露了在解决平衡问题上的机密。此外，当停止在冲程上下两端的活塞重新启动时，任何活塞式蒸汽引擎都无可避免地会丧失能量。

1897 年，查尔斯·帕森斯（Charles Parsons）展示了第一台蒸汽轮机。由于涡轮是处于持续旋转中的，不仅原先制约活塞引擎的震动问题不复存在了，而且可以让舰艇长时间地高速航行——事实上只要还有燃料就可以一直维持最高航速。但和活塞引擎不同，蒸汽轮机的减速是依靠减少通过它的蒸汽量来实现的，这会造成蒸汽（以及燃料）的浪费，因此早期的蒸汽轮机在非全速运转的情况下效率很低。最初的解决方案是设置独立的巡航用轮机。另外，蒸汽涡轮在高速运转时效率最佳，但螺旋桨要在低得多的转速下才更有效率。最终的解决方式是给涡轮机安装减速齿轮，但在减速齿轮诞生之前，舰船只能安装更多的螺旋桨以吸收和传导能量。因此，一战期间的 M 级驱逐舰采用三轴推进，而安装了减速齿轮后继型号——R 级仅采用双轴推进就获得了相同的动力。

锅炉的效率则取决于有多少水与燃料燃烧产生的热量接触。早期的舰用锅炉水箱仅仅有一个平面与火焰接触，就像是普通的茶壶那样。由于需要更高的效率，蒸汽机车的设计师们发明了一种新式锅炉，通过将燃料燃烧产生的热气导入延伸进水中的火管来产生蒸汽。这种机车式锅炉（locomotive boiler）在 19 世纪 80 年代被广泛应用于高速舰船，尽管比此前的锅炉更好，但在诸如鱼雷炮舰这样较大型战舰上，依旧没能达到预期的效果。而在同一时期，法国人则选择了另一种方案，即贝尔维尔水管锅炉（Belleville water-tube boiler）。在水管锅炉中，经过细小管道的不再是热气而是水，让可能与热量接触的水的表面积达到最大，之后产生的蒸汽在锅炉顶端的汽缸中汇聚。虽然水管锅炉也有自身的问题，例如容易锈蚀，但在 19 世纪 90 年代，它们还是成了战舰的标准配置，尤其是在高速战舰上。

〈 图中的 TB 78 号艇属于雅罗的 125 英尺型鱼雷艇，既没有安装鱼雷发射管也没有安装 3 磅炮，冲角艇艏倒是清晰可见。该艇于 1885 年开始建造，长 38.13 米（125 英尺），宽 3.97 米，排水量 60 吨。采用单台机车式锅炉和单烟道，于 1919 年被出售。该型鱼雷艇携带了 5 枚鱼雷（1 枚位于艇艏发射管，4 枚搭载于甲板）和 3 门双管诺登菲尔德机关炮。作为炮艇（即"猎舰"）时，甲板上的鱼雷发射管将被 2 门安于艏艉司令塔顶的 3 磅炮速射炮取代。依据 1901 年的规定，125 英尺型鱼雷艇的武器配置为：2 具鱼雷发射管、2 门 0.45 英寸（11.4 毫米）诺登菲尔德多管机枪和 1 门 3 磅炮。

△ TB 25 号是桑克罗夫特建造的 125 英尺试验型鱼雷艇。最初该艇拥有一个安装了固定鱼雷发射管的牛鼻状冲角艇艏。但这种艇艏最终被证明并不实用，因而被改造为如图所示的平直艏（无鱼雷发射管）。艇艉的两座司令塔附近均有一对 14 英寸（356 毫米）鱼雷发射管（注意后部指向舷外的那对），成对的鱼雷发射管的指向不同（当时的鱼雷尚未配备陀螺仪，仅能通过发射管进行瞄准）。除鱼雷发射管外，艇上还有 2 门诺登菲尔德机关炮（每门备弹 100 发）。这种 125 英尺型鱼雷艇拥有"鱼雷艇""炮艇"和"鱼雷艇驱逐舰"三种武器配置方案，后两者安装 2 门 3 磅炮（取代了甲板上的鱼雷发射管）、2 门双管诺菲尔德机关炮和 1 具固定于艇艏的鱼雷发射管。但最终所有的产品均按照"鱼雷艇"配置建造。该艇全长 39.19 米、水线长 38.13 米、宽 3.81 米、吃水 1.83 米（排水量 60 吨），最高航速 20.75 节（指示功率 700 马力）。TB 25 号采用了桑克罗夫特的特殊艇艉设计，船体在螺旋桨上部有中空部分，弯曲的艉舵则位于螺旋桨两侧以产生隧道效应（tunnel effect）。

就和所有编号在 79 以下的鱼雷艇一样，1906 年这些鱼雷艇的编号在最前面加上了数字"0"，以避免和同样以 TB 编号命名的岸防驱逐舰混淆，所以 TB 25 号变成了 TB 025 号。该艇与另外两艘姊妹艇一起，于 1919 年 2 月被拆解。

　　总体而言，蒸汽引擎的效率取决于蒸汽参数——温度和压力。在标准大气压下，水的沸点为100℃，但在高压之下，水的沸点及热效率均显著上升。第一次世界大战后，皇家海军急于提高效率，以使驱逐舰获得更大的航程，当时最直接的办法便是提高蒸汽参数。但最初的试验结果均不理想，在整个第二次世界大战期间，皇家海军都还在使用低温、低压的动力装置。不过当时陆地上的火力发电厂则充分利用了高参数蒸汽带来的高效率，美国海军在二战时也借此取得了不少优势。英国皇家海军的工程师们则辩解称，高参数的蒸汽在超过一定温度和压力值后会带来危害，就如二战时在德国火力发电厂里发生的那样。这似乎也有一定的道理，毕竟美国海军的成功不仅仅来自高参数的蒸汽，还有串联式二级减速齿轮和更为紧凑、转速更高的蒸汽轮机的功劳，而这些都在英国当时的工业生产能力之上。直到二战末期，皇家海军才得以将高参数的蒸汽轮机用于其"兵器"级（Weapon Class）和"勇敢"级（Daring Class）驱逐舰上。

　　早期的英国鱼雷艇均以煤作燃料，通过人力（司炉）由授煤口铲进锅炉。煤炭极大地影响着动力系统的布置方式，授煤口附近必须给司炉留出足够大的空间，他们还必须能够直接接触到储存燃煤的舱室，而储煤舱也必须足够大。此外，舰内还必须有足够的空间来容纳足够的司炉人员，从而让舰艇达到高航速。早期的驱逐舰常常无法搭载足够的司炉，因此其最高航速很难维持超过一次轮班的时间。另外锅炉还需要定期清理煤灰，这给维护平添了许多麻烦。燃油的热值比煤更高，因此更少的燃油就能让舰艇航行得更快或者更远（或二者兼有）。典型的舰上油箱均位于水线之下（位于水线上的被称作和平期油箱，因为被命中后就会产生泄漏），布置油箱比布置司炉能够直接进入的储煤舱要简单得多。司炉也得以被少数监控管理各类阀门和仪表的水兵取代，锅炉舱也能设计得更加紧凑。此外，煤不能在火炉深处燃烧，而燃油锅炉却可以设计得更深。

∨ TB 41 号鱼雷艇的艇员正在为后部的鱼雷发射管装填一枚 14 英寸（356 毫米）鱼雷。作为 125 英尺型的后期版本，该艇完工时可能已经以平直艏取代了冲角艏。注意艇艉的罗经盘和海图桌。

雅罗的 TB 79 号是英国第一艘装备三胀式蒸汽引擎的鱼雷艇。该艇改进了底部船体以增强雅罗之前作品中所欠缺的转向能力。海试中它在 987 马力的指示功率下达到了 22.39 节的最高航速，当时该艇排水量 68 吨（平均吃水约 1.02m）。图中可见即使在如此平稳的海况下该艇都有严重的上浪问题，注意因此而被防水布包裹的鱼雷发射管和探照灯。该艇于 1919 年 12 月被出售拆解。

雅罗的 TB 80 号鱼雷艇在 1886 年被批准建造，是英国第一艘引入龟背状艇艏设计的鱼雷艇。该艇参考了雅罗为奥匈帝国建造的"鹰"号鱼雷艇（同样采用龟背艇艏）并加大了宽度。一直延伸至前部司令塔的设计最初是为了在艇艏安装两具鱼雷发射管，但该艇实际上仅安装了 1 具固定的艇艏鱼雷发射管（备弹 2 枚）——奥匈帝国的鱼雷艇则拥有 2 具并列的鱼雷发射管。注意图中司令塔上方的 3 磅炮。在备选的炮艇方案中，后部司令塔旁的 2 具鱼雷发射管将被另一门 3 磅炮取代。在舯部烟道后方，还可斜置安装 2 门额外的 3 磅炮（也有文献指出甲板上还有另外 1 门 3 磅炮，但各设计方案上均不可见）。另有图纸标示了所有的 4 门火炮和 2 具鱼雷发射管，但显然这些武器是不可能同时安装的。另外的方案还包括 5 枚鱼雷及其发射管再加上 1 门 3 磅炮和 2 门诺登菲尔德机关炮或 2 门 3 磅炮；或是 1 具艇艏鱼雷发射管（2 枚鱼雷）、2 具甲板鱼雷发射管、1 门 3 磅炮和 2 门诺登菲尔德机关炮。雅罗将该型设计宣传为"编队鱼雷艇"，因为它可以跟随一支舰队的编队进行作战。1901 年，该艇搭载的武器被限定为 1 具固定于艇艏的鱼雷发射管、2 具位于后甲板的单装鱼雷发射管和 3 门 3 磅炮（安装位置应该得到了重新安排）。TB 80 号艇虽然拥有两座并列的烟道，但实际上仅采用了一台机车式锅炉（其工作压力从 130 磅力 / 平方英寸，增加到雅罗最初的 125 英尺型的 140 磅力 / 平方英寸，再到此前的 160 磅力 / 平方英寸）。该艇长 41.14 米，宽 4.27 米（排水量 130 吨），载煤量 23 吨（10 节航速下航程 2700 海里）。1886 年 7 月 24 日由海军造舰总监起草的一份文件显示最初的设计排水量为 105.2 吨，后增加到了 106.1 吨（并降低了重心），包含了龟背状的艇艏和最初提到的武器配置。降低司令塔的高度节省了许多重量，司令塔的装甲也从 0.5 英寸（12.7 毫米）削减到 3/8 英寸（9.53 毫米），这保证了航行时的稳定性。TB 80 号的额定功率为 1600 马力，海试中其指示功率达到了 1539 马力，航速为 22.98 节（排水量 101.75 吨，平均吃水 1.19 米）。向前追溯的话，TB 80 的蓝本"鹰"号则是基于雅罗为西班牙设计的"苍鹰"号（Azor）和"游隼"号（Halcon）建造的。

海军部

本书所描述的舰艇均由海军部（Admiralty）下属的海军委员会（Board of Admiralty）下令建造，其中海军大臣（The First Lord）直接向议会或首相负责，其地位大体上与美国海军部长相当。19世纪80年代，海军委员会中通常还有一名拥有特殊专业技术知识的民间大臣（Civil Lord）。阿姆斯特朗的乔治·伦道尔（George Rendel）就是民间大臣之一，他的贡献包括设计了大批出口舰艇和引入了液压机构；另外还有托马斯·布拉斯[①]勋爵（Lord Thomas Brassey），此人在1882年出版了多卷本的《英国海军》（*British Navy*）以呼吁海军改革，而后在1885年离开委员会以编写《海军年鉴》（*Naval Annual*）。1884年，布拉斯升任海军部常务议会和财政司司长（Permanent Parliamentary and Financial Secretary），但为此他不得不帮助政府抵抗海军要求增加军费的运动。1885年开始，民间大臣主要负责民间的工作，例如船坞管理。

海军委员会成员由首席海军大臣（Senior Naval Lord）领导，该职位在费舍尔（Fisher）海军上将就任后被更名为第一海务大臣（The First Sea Lord）。他的助手或副官（第二海军大臣，The Second Naval Lord）后来则主要负责人事管理工作。第三海务大臣（The Third Sea Lord）或海军审计主管（Controller）负责军备管理（1870—1882年期间，审计主管尚不是委员会中的一员）。1900年左右，被任命为第三海务大臣的海军上校在升任前，似乎都曾担任过审计主管[例如费舍尔上校和梅（May）上校]。低级海军大臣（Junior Naval Lord，通常是海军上校）最终变为第四海务大臣（The Fourth Sea Lord），专职负责海军的物资补给。后来又增加了一名第五海务大臣（The Fifth Sea Lord），负责管理海军航空兵。而在海军审计主管之下则是三个主要的军备部门：海军造舰局[由海军造舰总监（Director of Naval Construction, DNC）负责]、海军军械局[由海军军械总监（Director of Naval Ordnance, DNO）负责]和海军工程局[由首席工程师（Engineer-in-Chief, E-in-C）负责，通常由工程部门的海军少将担任]。一般海军军械总监由海军上校担任，而海军造舰总监则由1883年建立的皇家海军造船所（Royal Corps of Naval Constructors）中的民间成员担任。委员会的要求由审计主管传达至海军造舰总监，后者根据需求设计一个或多个备选方案。

19世纪80年代，皇家海军的军舰建造业位居世界第一，私人的造船厂则几乎仅建造出口战舰（皇家海军的军舰主要由皇家海军造船厂建造，类似美国的海军船坞）。不过，造舰总监意识到了小型水面舰艇需要特殊的设计，而他更熟悉的领域则是巡洋舰和大型战舰，以及低速的炮艇。因此，建造鱼雷艇和后来的驱逐舰时，海军造舰总监采用向民间分派委员会的需求并监管提交的设计的模式。鱼雷炮舰便是这一模式的产物。而随着驱逐舰的逐渐增大，小型的无防护巡洋舰和大型的（同时也是加强版的）鱼雷艇之间的差别也越来越小，因此海军造舰总监逐渐拥有了设计驱逐舰的能力。1909年后，海军造舰总监掌管了驱逐舰的设计工作，其结果便是诞生了后来被称作海军部方案的设计。但即使在当时，拥有特殊经验的造船厂还是会受邀提供备选方案，尤其是海军造舰总监或首席工程师希望试验特殊装备的时候。两次世界大战之间建造的A级到I级驱逐舰均由海军造舰总监负责设计。它们的设计非常成功，20世纪30年代成功出口的主要军舰均为改进后的海军部方案驱逐舰。

与海军造舰总监不同，首席工程师缺乏内部设计能力，他仅能提出动力系统的

[①] 亦有"布拉希""布拉塞""布雷赛"等译法。

各类指标然后统筹各厂商提出的方案。首席工程师曾试图通过在各厂商间分发雅罗的设计图纸来提高驱逐舰动力设备的开发效率，进而导致雅罗与海军部之间旷日持久的纠纷，而雅罗也在之后数年间拒绝参与竞标。

　　1878年的俄罗斯战争危机显露出皇家海军在情报和参谋方面的不足。于是皇家海军建立了一个同时也负责战争计划制订的境外情报委员会（Foreign Intelligence Committee）。该委员会于1883年并入海军部情报司（Naval Intelligence Department, NID）。尽管名称如此，但海军部情报司也肩负着重要的参谋职能，比如曾就战列舰设计中速度和防护的问题，出版过秘密的分析和研究报告。在一些时候，该部门的领导还是实质上的海军总参谋长。

　　1911年时，与德国之间的战争显然已无法避免。当时的第一海务大臣，海军元帅亚瑟·威尔逊爵士（Sir Arthur K. Wilson）受到首相赫伯特·阿斯奎斯（Herbert Asquith）召见，前去叙述他的战争计划，但结果却并不令人满意。包括陆军大臣霍尔丹（Richard Haldane）在内的英国陆军代表的意见看似更为可信，他说服阿斯奎斯，海军部需要一个新的民间参谋——一个类似陆军总参谋长那样的人物。于是在1911年10月，温斯顿·丘吉尔（Winston Churchill）被从内政部调往海军部，以帮助第一海务大臣克服重重困难制订战争计划。1912年，皇家海军以原先海军部情报司负责计划制订和动员的部分为基础，重新组建了参谋部，海军部情报司则作为情报收集和分析部门继续存在，负责收集各类军事行动和军事技术情报。

　　在第一次世界大战期间，海军的批评者指出海军部已经变得出奇地保守且效率低下。海军部未能在1917年春季前完成为海上运输线护航的任务，这也使其饱受责备。而基于后来出现的是劳合·乔治（Lloyd George）的政府挽救了不列颠的说法，海军部在当年的改革已势在必行。改革包括让来自民间的乔治·戈德斯（George Geddes）

∧ TB 82号鱼雷艇是雅罗在TB 79号鱼雷艇的基础上改进而来的量产版本。尽管在理论上鱼雷艇指挥官应该在受到保护的司令塔内指挥，但那里视野严重受限，因此艇艉的操舵台更受青睐（如图中所见）。注意海图桌上的玻璃罩。TB 82号鱼雷艇与TB 79号相近，但增加了龟背状的艇艏，该结构最终被证明强度尚需提高。

担任海军审计主管，此人此时已因为在法国铁路管理系统实施的出色改进而声名鹊起。他被调入海军部以加强当时已严重透支的军舰和民用船只建造业。第一海务大臣则成了海军总参谋长（Chief of the Naval Staff），由一位副总参谋（不属于委员会）协助他的工作。同时，海军部还增加了几个新的部门：鱼雷与水雷局 [由鱼雷和水雷总监（Director of Torpedo and Mining, DTM）负责]、枪炮局 [战后增加，主要掌管火控方面的研究，由枪炮局局长（Director of Gunnery Division，DGD）负责]，以及电力工程局 [由电力工程局局长（Director of Electrical Engineering, DEE）负责]。

英国财年开始于每年的 4 月 1 日，因此一年的建造计划从当年 4 月 1 日延续至次年 3 月 31 日，例如：1912—1913 年计划（1912 –13 Programme）中的舰艇在 1913[①]年的夏季或秋季批准建造，而它们的预算则会在春季由议会批准。通常，海军委员会在年初制订下一个财年的建造计划，而后呈交内阁，后者在 3 月底前做出决定并将结果提交议会。建造计划的各项指标是基于舰船的造价提出的，因此一些设计的经费预算必须在前一年秋季便做好。例如 1914—1915 财年的驱逐舰设计指标，在 1913 年的夏秋季便已确定。

① 联系上下文，似乎应该是 1912 年。

﹀ 图中所示为 1919 年的 TB 101 号鱼雷艇，它在一战期间经过了改造，在远离龟背状艇艏的地方建造了封闭的操舵室。该型艇是印度事务部 1887 年订购的七艘鱼雷艇之一，属于放大版的 125 英尺型鱼雷艇，但在 1892 年却被皇家海军购入并重新编号为 TB 101 至 TB 106 号（这些编号一直用到了 1898 年）。TB 101 号原名"郭尔喀人"号，原编号 TB 7，是印度事务部向汉娜 - 唐纳德 & 威尔逊造船厂订购的唯一一艘一等鱼雷艇，该艇的设计与雅罗的 125 英尺型大体相似。最初的武器配置为 5 具 14 英寸（356 毫米）鱼雷发射管（1 具位于艇艏）和 2 门 1 英寸（25.4 毫米）双管诺登菲尔德机关炮。1918 年 10 月，该艇在艇艉加装了后炮座，用来安装 1 门哈奇开斯 3 磅速射炮（备弹 200 发），同时将 14 英寸鱼雷发射管的数量减少为 2 具，另外还携带 3—4 枚深水炸弹。这也是 1898 年的《鱼雷手册》（Torpedo Manual）中唯一没有给出细节的鱼雷艇。其他曾经为印度事务部建造的鱼雷艇还包括由桑克罗夫特的 TB 100 号、TB 102—103 号和怀特建造的 TB 104—106 号。

（图片来源：国家海事博物馆）

造船厂

在小型鱼雷艇建造方面，最杰出的两家造船厂分别是桑克罗夫特和雅罗，此外专业建造游艇的 J. S·怀特（J. S·White）造船厂也很出色。英国的鱼雷艇大多由这三家船厂建造。克莱德班克（Clydebank）的 J & G. 汤姆森（J & G. Thomson）造船厂也以私人投资的方式建造过鱼雷艇，后来它被约翰·布朗（John Brown）的谢菲尔德钢铁公司收购，从而更名为约翰·布朗造船厂。而随着驱逐舰的出现，曾经主要建造大型军舰的几家造船厂也得到了相关的设计和建造合同，它们之中最重要的几家为：W. G. 阿姆斯特朗（W. G. Armstrong）[埃斯维克（Elswick）]、坎默尔 – 莱尔德（Cammell Laird）、费尔菲尔德（Fairfield）、霍索恩 – 莱斯利（Hawthorn Leslie）、帕尔默（Palmers）和维克斯（Vickers, 前海军建造与武器公司）。其中一些公司还与国外的造船厂存在合作关系，因此一些别国驱逐舰也采用过英国驱逐舰的设计。例如，意大利的帕蒂森公司就曾使用过桑克罗夫特的设计方案。此外，维克斯自 1909 年便掌握着西班牙大部分的造船工业，但不幸的是，我们现在已无法确定究竟哪一型别国驱逐舰采用了哪一型英国驱逐舰的设计。

这一问题随着一些关键文件的丢失变得更加扑朔迷离。由大卫·里昂（David Lyon）编纂的《桑克罗夫特清单》（*Thornycroft List*）以手稿的形式藏于国家海事博物馆。还有一份由维克斯的首席设计师乔治·瑟斯顿（George Thurston）编纂的设计笔记同样也珍藏于此。但不幸的是，雅罗的文件资料在二战的空袭中被焚毁，我也没能收集到其他厂商的设计文件。但有些国外的驱逐舰设计方案却能在国家海事博物馆中找到，这或许能表明他们的英国血统。

02

起源

从 1868 年自航鱼雷出现开始，皇家海军在整整三十年里都作着这样的计划：在靠近敌方海军基地的地方摧毁或封锁敌方舰队，从而实现自身的海上霸权（只要敌人主力舰队无法威胁实力较弱的护航舰队，海上运输和贸易就可以视为安全的）。在没有无线电、没有远洋侦察的年代，这是能够确保与敌方舰队接战的最简单方法。一旦敌方舰队出现，皇家海军的指挥官就必须猜测对方的目的地并展开追逐，这就是特拉法加海战的发生地距离卡迪兹港不远的原因——西班牙和法国的舰队当时便被封锁在那里。而这也可以解释为何纳尔逊此前需要一直追逐法国舰队至埃及。和风帆时代一样，蒸汽时代的海战大多也发生在近岸海域，或者像对马海峡那样的战略要地。这直到日德兰海战时才发生变化，无线电通信让海上侦察，进而让一支舰队拦截另一支舰队变得可能。

∨ 巡洋舰"斥候"号（HMS *Scout*）和"无恐"号（HMS *Fearless*）是英国对建造能在和平时期执行任务的鱼雷搭载舰的第一次尝试。图中为"无恐"号，注意舰体前部司令塔下方和后部舰炮舷侧突出部后方为鱼雷发射管留出的射击孔。在最初的鱼雷炮舰概念中，缩小版的鱼雷巡洋舰是放大版鱼雷艇的备选方案。世界上的第一艘鱼雷巡洋舰是泰晤士钢铁厂为德国海军建造的"齐藤"号（SMS *Zieten*, 1876 年 3 月 9 日下水），该舰安装了 2 具 15 英寸（381 毫米）鱼雷发射管（分别位于舰艏和舰艉），但和真正的鱼雷巡洋舰相比，它搭载的火炮太少。真正意义上的鱼雷巡洋舰或许是德国建造的两艘"闪电"级（*Blitz* Class）巡洋舰，安装了小型巡洋舰的火炮（1 门 125 毫米和 4 门 87 毫米火炮）以及 1 具舰艏水下鱼雷发射管。法国建造的四艘"秃鹰"级（*Condor* Class）巡洋舰 [排水量 1230 吨，搭载 5 门 100 毫米舰炮和 4 具 14 英寸（356 毫米）鱼雷发射管]，时间上与"斥候"号接近，下水时间更早但完工略晚。这些巡洋舰的出现刺激了奥匈帝国海军向各地招标，寻求一型排水量 1500 吨左右，最高航速 17 节的同类巡洋舰。阿姆斯特朗最终赢得了建造合同，为奥匈帝国建造了两艘"黑豹"级（*Panther* Class）巡洋舰。后期的鱼雷巡洋舰很难与鱼雷炮舰区别开来，意大利和瑞典也都曾建造（并且是自行设计）过此类巡洋舰。

∧ 当法国建造出能够在英吉利海峡和地中海航行、名为公海鱼雷艇的远洋鱼雷艇后，情况变得更加危急。图中这张"暴风"号（*Ouragan*）的照片于 1892 年 12 月 7 日被美国海军情报局（US Office of Naval Intelligence, ONI）获得，该艇是在南特建造的 5 艘 104 吨型鱼雷艇的第一艘，最初是船厂的私人投资，在 1886 年 9 月 6 日被法国海军购买（1887 年 3 月 12 日下水）。艇上装备了 4 具 14 英寸（356 毫米）鱼雷发射管和 2 门 47 毫米炮。其制造厂商声称四胀式蒸汽引擎（单轴推进）能够让最高航速达到 25 节，但实际服役时该艇及其姊妹艇均严重超载，海试期间航速勉强超过 19 节。

〉 来自法国的威胁：34 米型鱼雷艇的 63 号艇，拍摄地应该是该艇 1884—1895 年期间所在的土伦港。这些采用数字编号（numerotés）的鱼雷艇并不具备袭击封锁舰队的远洋航行能力，但他们还是能够让封锁的局势变得更加复杂，并且能够阻止对港口的直接攻击。63 号鱼雷艇于 1881 年 10 月 31 日开工建造，拥有 2 具 15 英寸（381 毫米）艇艏鱼雷发射管和 6 枚鱼雷，在平静的水面最高航速可达 20 节。正是类似的鱼雷艇使得皇家海军开始建造鱼雷炮舰。

　　鱼雷极大地影响了皇家海军，因为它的出现使皇家海军的近岸封锁计划发生了巨大变化。曾经被认为仅能在近岸活动的小艇如今有能力挑战英国的主力舰，而在此之前，主力舰还是唯一能够对敌方主力舰造成威胁的军舰。英国之所以能够达成海上霸权，很大程度上仰仗其高昂的海军经费，没有任何一个需要将重金投入陆军的大陆国家有足够的经费维持一支能与它抗争的海军——但鱼雷出现之后，维持一支近海海军变得非常便宜。20 世纪 60 年代反舰导弹的出现同样带来了类似的问题。就像鱼雷一样，一艘不大的导弹艇发射的导弹就足够让一艘大得多的战舰丧失战斗力——如同 1967 年埃及导弹艇击沉以色列"埃拉特"号（Eilat）驱逐舰时展示的那样。现代的解决方案是对敌方导弹艇展开先手攻击，同时增强主力舰对已经发射的导弹的防御能力。

在鱼雷出现前的大概十年间，装甲的出现让近岸封锁这一经典的海战战略变得更加有效，就像克里米亚战争时发生的那样，一艘装甲舰甚至能够经受住岸防堡垒的炮击，因此也就有能力进入敌人港口打击敌方舰队。但不幸的是早期蒸汽战舰的续航力还十分低下，难以维持有效的海上封锁。英国和法国都建造了实际上用于进攻港口的所谓"岸防战舰"，法国人在这方面的构想甚至更为明确，他们将这类战舰称为"海上攻城链"，攻城链一词在当时指代的是攻击陆上要塞时使用的火炮及相关装备和弹药。而这种战术的唯一罩门便是水下防护。例如在美国南北战争时期，联邦的铁甲舰"特库姆塞"号（Tecumseh）便在莫比尔港被击沉。法拉格特海军上将（David Farragut）于 1862 年在新奥尔良喊出了著名的"去他的水雷"（Damn the torpedoes），"torpedo"一词在当时指代的是水雷。水雷可能会被扫除，但鱼雷却可以航行并能够依照需要展开攻击，而鱼雷艇的出现则让这种袭击港口的战略变得难以实施。于是，皇家海军投入了大量资金来增强蒸汽引擎的性能，以确保鱼雷不会让海上封锁变得不再可行。

这是危及战略的问题，因为皇家海军摧毁敌方舰队的能力，为英国提供了维持海上霸权的威慑力量。就像后来的导弹艇一样，鱼雷艇的出现有可能瓦解这种威慑力。

鱼雷委员会

罗伯特·怀特黑德在 1868 年公布了他的自航鱼雷[1]（或叫动力鱼雷）。海军中校 J. A. 费舍尔（J. A. Fisher），即后来著名的海军上将"杰基"·费舍尔（'Jacky' Fisher），在 1869 年 8 月向海军部提议组建一个委员会评估这一新武器的价值，一起评估的还有在美国南北战争中被使用过的撑杆鱼雷[2]（spar torpedo），以及通过舰艇拖拽甩向目标的哈维鱼雷（Harvey torpedo）。怀特黑德的鱼雷可以在一定距离外发射，攻击低速航行（或静止）状态下的目标，他最大的成就在于发明了在当时被称作"机密技术"的深度维持设备。该设备包括杠杆锤摆和压力感应机构，但这也使鱼雷无法在太浅的水域使用。鱼雷的航程受限于其动力设备（由压缩空气驱动），其航向也不太稳定。尽管最初的怀特黑德鱼雷仅能以 9 节速度航行 200 码，但从一开始它便包含着巨大的潜力。

费舍尔当时还只是一个专业研究水下武器的低级军官，他的建议并未引起任何重视，不过在被称作"优异"号（HMS Excellent）的枪炮学校担任鱼雷教官时，他再次向海军部提出建议。当时海军部买下了怀特黑德鱼雷的授权，生产工作已经在 1872 年展开，一个正式的鱼雷委员会（Torpedo Committee）也于 1873 年 5 月建立。[3] 费舍尔在日后将责怪海军委员会当初拒绝了怀特黑德出售专利权的提议 [怀特黑德的工作地位于奥匈帝国的阜姆（Fiume）]。

鱼雷委员会在 1876 年提交了他们的报告，指出怀特黑德的鱼雷比当时现有的水雷、撑杆鱼雷及其他自航式武器更具发展潜力，并且它还能被添加到现有舰船的武器配置当中。英国的巡防舰（巡洋舰）"沙王"号（HMS Shah）在 1879 年尝试击沉秘鲁的叛舰"胡阿斯卡尔"号（ *Huascar* ）时便使用了鱼雷，这是历史上首次自航鱼雷攻击。虽然鱼雷未能命中目标，但这次事件展现出了鱼雷能让一艘没有装甲防护的舰船也具有相当可怕的攻击力（"胡阿斯卡尔"号最终还是被传统的火炮击败）。鱼雷同样能够由小型舰艇搭载，这些搭载艇甚至可以小到能被宽敞的大型战舰携带，这让建造伴随舰队出航的特殊鱼雷艇成为可能。

事实上，皇家海军对鱼雷的兴趣早于鱼雷委员会的报告。1873 年，彭布罗克造船厂便建造了一艘鱼雷搭载艇"维苏威"号（HMS *Vesuvius* ），其 90 英尺（约 27.43 米）的长度还略长于几年后出现的真正的高速鱼雷艇。由于不能防御哪怕最轻微的炮击，它被设计成了一艘隐蔽的舰艇，拥有安静的引擎和低矮的排烟口，而非通常的烟囱式的烟道。该艇航速 9.7 节，装备 1 具单装水下艇艏鱼雷发射管。不过，它的尺寸没有大到能够跟随舰队出海航行，又没有小到能够被其他大型战舰搭载，但它至少为皇家海军在防御鱼雷艇进攻方面提供了一个理论测试平台，因此当 1874 年完工时它便成了测试艇（并改回了较高的烟道以方便锅炉升火）。

军舰终究是需要某种防护的。当被问及制造能够防御鱼雷的装甲是否可行时，时任海军造舰总监纳撒尼尔·巴纳比爵士（Sir Nathaniel Barnaby）认为，即使这样的防御手段能够出现，也将昂贵到令人无法接受。因此相应的防御只能通过战术应对实现，或者由其他舰艇提供，而这就与舰队的行动部署息息相关。当时典型的舰队行动目标便是敌方舰队，就像风帆战舰时代那样，最好的办法便是将对方封锁在基地内。因此封锁和对港攻击是当时最主要的海战战术，而封锁就意味着即便在夜间也要将舰队停泊在海港外，这就为原本航速和航程均严重受限的小型鱼雷艇提供了攻击机会。美国内战期间双方的主要损失都发生于夜间停泊之时。尽管怀特黑德鱼雷的攻击距离要远高于撑杆鱼雷，但 19 世纪 70 年代的相关战术，与十年前的美国南北战争相比并没有多大改变。

受限于鱼雷极短的航程和极慢的航速，鱼雷艇需要靠近到非常近的距离才能发动攻击。因此主力舰的防御设施主要就是防鱼雷网和（搭载于战列舰之上的）速射炮与探照灯。对探照灯的需要成了日后军舰搭载供电设备的主要原因。然而，在 19 世纪 80 年代前，海军舰炮的射速对击中一艘高速迫近的小型舰艇来说还是太慢，唯一有可能及时对这些小艇造成有效杀伤的武器便是机关炮，例如 1 英寸（25.4 毫米）口径的诺登菲尔德机关炮，这也是曾有人打算为鱼雷艇安装能够防御类似武器的装甲的原因。不过到了 19 世纪 80 年代，速射（QF）炮投入使用，类似的构想也就过时了。

"波吕斐摩斯"号

萨特里厄斯对撞击舰的构想与海军造舰总监纳撒尼尔·巴纳比爵士想要为皇家海军建造第一艘远洋鱼雷艇的愿望，最终结合成了"鱼雷撞击舰"（torpedo ram）"波吕斐摩斯"号（HMS *Polyphemus* ）。1874 年 9 月 26 日，巴纳比自发地提出了一种远洋鱼雷舰的构想 。[4] 他考虑这一构想已有一段时间，这样的军舰应当可以在任何铁甲舰（战列舰）能够行动的天气下作战，并能在八到十个小时内跟上舰队的行进速度。为保证该舰足够地小，他希望能以配属的大型军舰搭载补给和后备人员（并且能够在远洋航行时进行拖拽）。当时的鱼雷发射管还只能从水面下发射，因此巴纳比为该舰装上了 1 具舰艏水下鱼雷发射管。他认为当时的引擎技术已可以为其提供足够高的远洋航速。他宣称当时德国人正在与桑克罗夫特谈判，以期建造一艘航速17—20 节的鱼雷搭载舰，而潘恩（Penn）为意大利鱼雷艇制造的引擎已经达到 4000指示马力。不过这两点似乎都属子虚乌有。[5]

巴纳比最初提出的方案是一艘排水量 1560 吨（长 60.96 米，宽 8.23 米）的快速鱼雷舰，采用单轴推进，绝大多数船体均在水下（几乎已是一艘半潜船），以保证不会有太多侧面暴露于炮火之下。但这一方案的前提是动力机构的重量不超过通常军舰上的一半。巴纳比注意到了桑克罗夫特在当时生产的诸多高速轻型汽艇，因而认定类似的引擎是有可能建造出来的。不过海军委员会推迟了巴纳比的计划，因为当时"阿克泰翁"号（HMS Actaeon）上的研究演示已经表明未来鱼雷可以从舷侧发射，而非仅能从舰艏发射。舷侧鱼雷发射管的引入使得设计需要重新进行，新的设计方案于当年 11 月 6 日出现，拥有舰艏鱼雷发射管和 2 具舷侧鱼雷发射管，采用双轴推进（排水量 3403 吨，长 85.34 米，宽 13.56 米，吃水 7.77 米，最大指示功率6800 马力，最高航速 17 节以上）。

由于萨特里厄斯当时不断提议以无防护的撞击舰取代昂贵的铁甲舰，这一设计方案被搁置了长达一年。1976 年 1 月，巴纳比指出铁甲舰和护卫舰只的组合远比撞击舰高效，配备护卫舰只不仅是抵御撞击舰攻击的最好防御手段，也是抵御鱼雷攻击的有效措施。这些护卫舰只不需要太快，因为敌人才是需要发动进攻的一方，现存的9—10 节的炮艇就足以保护铁甲舰免受撞击舰的攻击，并且它们也能在战时很快地添加防护装甲（用于迎头攻击）。鱼雷委员会后来又提出防雷网才是最好的防鱼雷手段，但巴纳比反驳说防雷网只能在军舰停泊时有用，因为在航行时受损的防雷网定然会缠绕住螺旋桨。尽管这一观点并未被接受，但后来的第一次世界大战中，英德双方海军均出于同样的考虑而没有使用防雷网。

▽ "弓箭手"级［图中为"浣熊"号（HMS Racoon）］鱼雷巡洋舰属于"斥候"号的改进型，在舰艉的火炮突出部后部下方的舷侧，可见用于发射鱼雷的射击口，而在舰艏斜桅下方亦可见舰艏鱼雷发射管的管口。该舰虽然配备了风帆用桅杆，但却没有帆装。原先用于弥补续航力不足的风帆在当时刚刚被淘汰。蒸汽战舰续航力的不足——有时甚至不到两周——事实上给了皇家海军巨大的优势，因为仅有英国是一个世界性帝国，能够垄断全球的加煤站。续航力不足的问题主要困扰的还是小型快速舰艇。皇家海军（还有美国海军，或许还有其他海军）曾尝试进行海上燃煤补给，但收获不多。

当时的鱼雷艇和后世的舰载攻击机有着相当多的共同点。军舰搭载的武器都能够击退攻击机，但想要彻底摧毁它们1，却需要使用截击机。如果没有截击机，这些攻击机就能够返回基地，重新挂载武器然后再次发动攻击。因此一份诞生于1876年的关于防御鱼雷的分析报告中，提出了一种"小型灵活快速的蒸汽船"的构想，这便是截击舰，它们用来充当主力舰的防御武器的补充。提出这一构想的四名舰长中，就包括当初提议建立鱼雷委员会的J. A. 费舍尔，此人将在15年后最终发明驱逐舰。[6]

亨利·博伊斯（Henry Boys）海军上将后来批评萨特里厄斯严重低估了铁甲舰舰炮的火力，他认为后者也没有意识到撞击一艘全速机动的军舰有多困难（意大利的旗舰在遭到撞击时处于静止状态）。而鱼雷则是更为可怕的武器，博伊斯在写给审计主管的信中说道，在舰队中配属一到两艘无装甲的鱼雷舰将大有裨益。

但巴纳比的快速鱼雷舰方案最终变成了一艘快速鱼雷撞击舰。该舰没有装备重型火炮，而是将宝贵的排水量留给动力系统。他的方案从1876年2月开始再次被搁置超过一年，因为不得耽误在建的铁甲舰的建造进度，快速鱼雷撞击舰迟迟未能（在皇家造船厂）开工。同样，关于该舰能否达到设想的高航速（17节）也存在疑问，当时水槽测试才刚刚出现不久，而同样的问题将持续困扰英国的驱逐舰设计直至20世纪。[7]

巴纳比曾尝试削减该舰的部分指标以降低经费预算，他绘制了一个2060吨排水量的草案，但在1877年6月提交图纸时，该舰的排水量还是达到了2340吨（长76.20米、宽11.27米、吃水7.32米），在5000马力的指示功率下，最高航速17节，在当时这已是极高的航速（当时最快的铁甲舰航速大约为14节，大多数的航速还要更低）。目前并不清楚审计主管在后来制订标准时，多大程度上参考了巴纳比的提议，这些提议包括续航力应该能满足跟随舰队行动的需要，在10节经济航速下应该能从普利茅斯航行到直布罗陀，或从直布罗陀航行到马耳他。该舰装备1具舰艏水下鱼雷发射管（9枚鱼雷）和4具舷侧鱼雷发射管（16枚鱼雷）。该舰的主要防护还是覆盖了大部分船体的海水，不过其上层有龟背状穿甲保护，在升降口部位还有6英寸（152毫米）的垂直装甲。在建造时上层轻甲板就已经做好了分段，以备在沉没时充当救生筏。这比当时萨特里厄斯提倡的撞击舰要经济得多。[8]这艘船的设计在1877年下半年又经历了多次完善和放大。1878年1月，该舰终于在查塔姆造船厂（Chatham Dockyard）开工建造。[9]

"波吕斐摩斯"号或许是第一艘重视高速性能的鱼雷舰。它被设计成能在战斗中离开己方舰队，向敌方舰队冲刺以发射鱼雷，甚至能直接发起撞击。就像当时建造的鱼雷艇一样，它也需要相当强大的锅炉。最终机车式水管锅炉受到了青睐，因为它在同等重量下能产生最多的蒸汽。这种锅炉在没有冷凝器的情况下采用清水，不仅在陆地上取得了成功，在鱼雷艇上也同样表现出色，而且还能够通过压入式通风提高效率。不过，鱼雷艇仅需要一台这样的锅炉，而"波吕斐摩斯"号却需要十台，并且每一个都比鱼雷艇上的要大。它们的使用寿命也比鱼雷艇上的要长，因为任务没有那么繁重。舰内还为它们备有专门的淡水储备（约50吨）。其动力机构每马力对应的重量仅为2英担（224磅），相比之下在普通舰艇上这一数据通常会达到3.75英担（336磅）。动力系统占据的空间相当小，造价也相当低，但锅炉的质量却令人失望。首席工程师的报告当中提到，在海试中该舰全速时功率仅能

达到 4800 马力（远不及设计时的 5500 马力），而且全速状态仅持续了大约一个半小时，之后锅炉中的水管"漏水极其严重，几乎扑灭了炉火，该舰甚至差点无法从马普林滩（Maplin）回到施尔尼斯（Sheerness）港的锚地"。首席工程师提议撤换现有的机车式锅炉，换回在"科莫斯"级（Comus Class）护卫舰和"卫星"级（Satellite Class）巡防舰上使用的传统锅炉，它们可以通过压入式通风达到所需的功率。因此该舰得到了换装锅炉的命令，在换装完成前，它只能执行一些鱼雷测试任务。两名机车工程师被邀请前来对原有的锅炉进行评估，他们最后认定机车式锅炉的设计原则并没有问题，问题出在增压送风装置的设计上。当时的首席工程师莱特（Wright）则指出，当这些锅炉一起启动时，一台锅炉的问题常常倾向于影响其他锅炉（蒸汽机车显然只需使用一台锅炉，鱼雷艇亦然）。他认定现有的锅炉设计将很难超过 4000 马力的功率（航速 16 节），并且还只能保持很短一段时间。锅炉的换装似乎解决了这些问题，因为在后来关于"波吕斐摩斯"号的记载中，引擎的指示功率在正常通风条件下就能达到 5520 马力（航速 17.85 节），而采用压入式通风甚至能达到 7000 马力（航速 18 节）。

　　第二艘同型舰于 1881 年 12 月 30 日被批准在查塔姆造船厂建造，但在 1882 年 11 月 10 日"波吕斐摩斯"号完工后不久便被取消（尚未开工）。还有一艘在 1885 年 3 月 6 日获批在查塔姆造船厂建造 [命名为"冒险者"号（HMS Adventurer）]，应该属于诺斯布鲁克计划（详见下文）的一部分，但在当年 8 月 12 日即被取消。异见者将取消建造的命令视为政府证明自己正履行合理应用经费的承诺的手段，该命令也是紧随大选后新任命的海军委员会而来的。命令是向皇家海军造船厂下达的，因此即使存在违约金，数额也相当少。在当时，速射炮的出现已经让快速鱼雷撞击舰显得过时了。"冒险者"号或许还曾在 1885 年 3 月初被列入递交议会审核的鱼雷艇名单。"波吕斐摩斯"号最令人铭记的"事迹"是，1885 年，它在于爱尔兰贝尔

△"蜘蛛"号（HMS Spider）是鱼雷炮舰的原型，其构想是一种造价低廉、能大规模建造的鱼雷艇反制手段。演习时发现该舰因为没有艏楼而上浪严重。注意烟道前部位置船体上鱼雷发射管的射击口。该照片来自美国海军情报局的档案。

赫文（Berehaven）举行的鱼雷艇战术演习当中表现糟糕，这彻底终结了当时反对鱼雷艇的热潮。

鱼雷艇

当巴纳比还在倡导他的远洋鱼雷舰时，约翰·I. 桑克罗夫特（John I.Thornycroft）已经向海军部提交了鱼雷艇的设计方案，最终这艘原型艇将成为各国海军使用的模板。1871 年时，他就因设计"米兰达"号（Miranda）游艇而在业内名声大噪，凭借史无前例的 16 节高航速一举击败了竞争对手雅罗。这类船只成功的关键便是这两家造船厂建造的轻型蒸汽引擎。1873 年，桑克罗夫特更是为挪威建造了世界上第一艘鱼雷艇，只不过它装备的武器是拖拽式鱼雷而非怀特黑德的自航式鱼雷。[10] 在制订 1876—1877 年建造计划时，皇家海军从他那里买下了"闪电"号（HMS Lightning）（TB 1 号艇），这是世界上第一艘使用怀特黑德鱼雷的鱼雷艇，于 1877 年完工。[11] 一开始，该艇安装了两具用于投放 16 英寸（406 毫米）鱼雷的挂架，但后来更换为 1 具可旋转的水上鱼雷发射管（当时被称作"鱼雷炮"，用来和固定于艇身上的鱼雷发射管区分）。"闪电"号的预想作战方式为在夜间偷偷接近目标，通过低速航行来防止艇艄产生波浪、烟道排出燃屑，高航速是在发动攻击后或被发现后逃跑准备的。

"闪电"号的设计并不是十分成功，终其一生仅仅在被称为"弗农"号（HMS Vernon）的鱼雷学校充当过交通艇。不过，她还是为桑克罗夫特赢得了 11 艘的订单（1877 年 10 月 3 日下达，属于 1877—1878 年建造计划，包括 TB 2 至 12 号艇）。海军部也希望从其他船厂寻找其他设计方案，因而又在 1878—1879 年计划中向莫兹利（Maudsley，建造 TB 13 号）、雅罗（TB 14 号）、汉娜 – 唐纳德 & 威尔逊（Hanna, Donald & Wilson，TB 15 号）、怀特（TB 19 号）和罗内（Rennie, TB 20 号）下达了建造订单。原本计划由勒温（Lewin）建造的 TB 16 号则因为工期延迟而被取消。雅罗的鱼雷艇航速达到了惊人的 21.93 节，另外两艘雅罗为俄罗斯建造的鱼雷艇，则因为 1877—1878 年的俄国战争威胁而被皇家海军购入（TB 17 与 TB 18 号艇）。TB 21 号则原本是 1878 年 5 月 8 日向 E. H. 纽比（E. H. Newby）造船厂预订的鱼雷艇，但在 1879 年 8 月 29 日因为无法满足需要而被取消（其编号被用于之后的鱼雷艇，详见下文）。虽然可能还有其他未完成的计划[12]，但以上便是 1885 年之前所有的英国一等鱼雷艇建造项目。然而，皇家海军在战略上关心的还是如何摧毁敌方舰队，而非这些一等鱼雷艇所执行的近海防御任务。可惜的是，海军部对这方面的讨论并没有相关记录保存下来。我们可以推测，这些鱼雷艇的价值在于评估敌方海军的战术以及防御遥远的海外殖民地港口。

不过，在这些无法跟随舰队远洋航行的一等鱼雷艇之外，桑克罗夫特还收到了另外 12 艘二等鱼雷艇的订单。这些鱼雷艇的长度仅有 60 英尺（18.29 米），而非原先的 87 英尺（26.52 米），并且可以用大型战舰携带。基于一等鱼雷艇的数量不会超过 50 艘的假设，这批鱼雷艇被编号为 TB 51 至 TB 62 号。最初的四艘搭载于"赫克拉"号（HMS Hecla）鱼雷艇母舰，之后战列舰"不屈"号（HMS Inflexible）和装甲巡洋舰"纳尔逊"号（HMS Nelson）、"香农"号（HMS Shannon）也均有搭载。所有这些鱼雷艇均装备了 14 英寸（356 毫米）鱼雷投放器（torpedo dropping gear），少数装备了 1 具 14 英寸鱼雷发射管，不过它们被认为比较脆弱。在鱼雷发射装置的选择上，皇家海军还是更青睐于投放器，因为这一装置能安装到当时军舰搭载的标准汽艇上。一直到 1914 年，英国海军战列舰和巡洋舰搭载的大型汽艇上，都携带着 14 英寸鱼雷（后来这些鱼雷被拆下来用到了其他舰艇上）。二等鱼雷艇的建造一直持续到了 19 世纪 80 年代末。[13]

当时，典型的鱼雷射程为大约 600 码，航速将近 20 节。有效射程更多受限于鱼雷不稳定的航向，而非作为引擎动力来源的压缩空气的存储量，因此当时更多地通过航速而非射程来描述鱼雷的性能。但在安装陀螺仪（1896 年开始，1900 年得到完善）后，鱼雷得以在更大距离内保持直线航行，这也使得大幅增加其有效射程成为可能。到 1900 年时，鱼雷的有效射程已经可以达到 1000 码甚至 2000 码，这已接近战列舰舰炮的射程。至少在皇家海军中，人们很快意识到战列舰舰炮的射程必须要提高到鱼雷射程之上。几年后，费舍尔上将便是以此为基础来论证"无畏"号（HMS *Dreadnought*）的价值的。

舰队鱼雷舰：鱼雷巡洋舰

1879 年 3 月，海军造舰总监收到了一份关于雅罗造船厂为俄罗斯建造的鱼雷艇的报告。该艇名叫"巴统"号（*Batum*），船厂编号 472，1880 年下水。他发现这艘鱼雷艇的设计非常强调机动性，采用了位于艇艉的下拉式艉舵和斜削艏，并拥有一个用于攻击其他鱼雷艇的冲角艏。这艘鱼雷艇的设计体现了这样一种观点：只有改造过的鱼雷艇才能有效地对抗其他鱼雷艇。为俄罗斯建造的这艘鱼雷艇仅有一座烟道，雅罗希望这可以减少烟雾和燃屑的喷出，但海军造舰总监认为这还得仰仗司炉人员的精确操作。

海军部则想以一种更为有效的替代品来替换昂贵的"波吕斐摩斯"号。由于没有搭载舰炮，该舰无法参与重要的和平性任务，就像如果一艘现代护卫舰只装备了反舰导弹而没有火炮，就无法执行类似"向船舶发射警告弹"这样的任务，或其他不需要击沉敌方舰艇的任务。此外，如果一艘舰艇不需要去撞击其他军舰，那么也就不需要"波吕斐摩斯"号那样的装甲防护水平。最终的结果便是一类装备鱼雷的轻型巡洋舰——皇家海军称之为鱼雷巡洋舰（torpedo cruiser）——出现了。

大约在 1880 年，第一海务大臣阿斯特利·库珀·基爵士（Sir Astley Cooper Key）向海军造舰总监寻求一种小型远洋鱼雷舰（能随舰队一同行动）。而海军造舰总监正好在 1880 年 11 月设计了一艘类似的军舰，拥有水下鱼雷发射管。1881 年，一篇关于舰队鱼雷舰的论文被分发到海军委员会的各个成员手上，它最终成了"斥候"号巡洋舰的设计方案。

这是一艘放大了的鱼雷艇。在 1883 年 3 月，鱼雷艇建造商阿尔弗雷德·F. 雅罗（Alfred F. Yarrow）建议为其关键部位（例如引擎）添加防护。随后，他向海军部递交了一件设计模型（长 50.60 米、宽 5.97 米，采用 1200 马力引擎，预计最高航速 19—20 节），锅炉舱正前方有 1.5 英寸（38.1 毫米）装甲，艏部也有同样厚度的侧舷装甲和 1 英寸的（25.4 毫米）甲板水平装甲，这些装甲足以防御当时常用于对付鱼雷艇的机关炮。另外装甲防护的区域也拥有足够的浮力储备，在艏艉漏水时也能保证全艇不至沉没。该鱼雷艇的武器装备为 4 具投放式鱼雷发射架（torpedo-launching frame）。[14] 但海军军械总监和当时的民间海务大臣、阿姆斯特朗的首席造舰师乔治·伦道尔认为，这艘鱼雷艇的尺寸对于港口作业来说太大，对跟随舰队行动来说又太小，防护水平也超出了需求。雅罗后来将一艘拥有类似设计的鱼雷艇出售给了日本海军，这就是后来在 1894—1895 年的中日甲午战争中率领日本鱼雷艇编队的"小鹰"号（Kotaka）鱼雷艇。[15]

不久之后，海军造舰总监便报告说法国向一家英国厂商订购了两台 3200 马力引擎，准备用于刚开工不久的四艘 1365 吨级（68.28 米长）双轴推进巡洋舰（显然是 1230 吨级的"秃鹰"级鱼雷巡洋舰，首舰于 1883 年 4 月开工建造）。该级舰不仅能跟随舰队行动，还能够对付敌方的鱼雷艇编队，武器装备包括 5 门 100 毫米（3.9 英寸）舰炮和多门机关炮（以对付高速鱼雷艇），外加 4 具鱼雷发射管。引擎、锅炉和弹药库均由一层较薄的甲板穹甲保护，安装有轻型舰艏和舰艉桅杆，预计最高航速可达 17 节，10 节经济航速下航程可达 3000 海里。该型舰的设计与海军委员会在 1880—1881 年时讨论的差别不大，当时估算的单艘造价约为 8.5 万英镑。

第一海务大臣认为这样的战舰相当重要。类似的鱼雷舰能在进入射程后在铁甲舰掩护下突然冲出发射鱼雷，用有限的经费投入就可以极大地增加英国舰队的攻击力，并且它们还能对付采取同样战术的敌方鱼雷艇。在夜间，这类巡洋舰也能保护停泊在敌人港外的主力舰队免遭鱼雷艇的袭击。至少，它们能为后方的主力铁甲舰提供早期预警，这样舰队可以在敌方舰艇进入射程后再打开探照灯（太早打开反而方便敌方瞄准）。再加上航速高、舰炮火力较强，它们成了对抗敌人鱼雷艇的最有效武器。这样的组合似乎远比防雷网要高效，这类战舰在后来将被称作驱逐舰。海军造舰总监最终认定这一新型战舰将取代英国海军动员计划中现存的鱼雷炮舰。

类似提议的吸引力在于它能取代一系列现有舰艇，尽管（后来的海军上将）乔治·泰伦（George Tryon）上校怀疑类似的战舰能否在昼间进攻时靠近到距离敌方铁甲舰足够近的地方（500 码），可他还是认为，这样的军舰能够取代现有的远洋炮艇、鱼雷舰艇、通勤舰艇、警戒舰艇等多种类型的舰船。

"海鸥"号（HMS Seagull）是一艘"神枪手"级鱼雷炮舰，舰艏建有艏楼以提高适航性。注意后桅前部的双联装鱼雷发射管。该型鱼雷炮舰并未达到设想的战斗力，因而不受待见。"海鸥"号于 1909 年被改造为扫雷舰。

海军委员会的成员也充分肯定了类似设计的重要性，为此他们甚至说服了第一海务大臣将其在建造计划中的优先级放到了先前最重要的六项计划之前，甚至高于为现有铁甲舰换装引擎和研发测试水上鱼雷发射管 [当时的鱼雷发射管只能从水下发射，水上发射则采用固定的鱼雷发射架（torpedo carriage）]。第一海务大臣则认为如此大型的战舰在面对鱼雷时将十分脆弱，尽管他也承认战时将需要大量的能够对抗鱼雷艇的战舰，但他却错误地认为这样的战舰可以通过改装商船而轻易获得。他还认为这些新式的法国巡洋舰的目标是远洋破交战，因为其搭载的鱼雷对任何商船都是巨大的威慑；另一方面，就算看到它们离开港口，这些快速巡洋舰也很难被追上。这和十年后真正导致驱逐舰出现的鱼雷艇威胁十分类似，只是形式上更为原始。

在 1883 年 3 月中旬，第一海务大臣为英国的鱼雷巡洋舰定下了设计指标，海军造舰总监在四月底提交了一份设计草案，与阿斯特利·库珀·基爵士的提议的区别仅在舰艏和舰艉各有 1 门 5 英寸（127 毫米）舰炮，以及只安装了水上鱼雷发射管。该舰还将搭载 10 门机关炮，这在当时是能够对付高速鱼雷艇的唯一武器。其防护则仅限于在机械动力舱周边设置储煤舱，以及在鱼雷和发射装置外布设能够防御机关炮的装甲。排水量从第一海务大臣希望的 1200 吨增加到了 1350 吨，经费预算也有所增加。巴纳比设想采用钢制单层底船体、2800 马力引擎以及双轴推进，能够在短时间内以 16 节航速航行，经济航速下航程则达到 5000—6000 海里，足以跟随舰队展开行动。而如果能将原本打算为澳大利亚舰队建造的军舰取消（一艘并不必要的通勤船），那么省下的经费预算也将足够支付增加的建造费用，或者可以取消另外一艘计划中的 13 节防护炮舰 [即后来的 "麻鹬" 号（HMS Curlew）]。这艘鱼雷巡洋舰的进一步设计在 1883 年 6 月 1 日启动[16]，另外一艘轻型装甲防护的通勤船也在同步设计当中[17]。

桑克罗夫特则报告说，法国人正在尝试另外一种思路，即一型大概 180 英尺（约 54.86 米）长、排水量 280 吨的放大型鱼雷艇，搭载 1 具固定于艇艏的鱼雷发射管，其动力机构从上部侧面分格的储煤空间获得防护。这份报告所指的应该是长约 59.13 米、排水量 370 吨的 "炸弹" 级（Bombe Class）鱼雷艇，首艇在桑克罗夫特提交报告后不久的 1883 年 11 月开工，这级鱼雷艇深刻地影响了后来英国海军的设计思路。

△ "奔跑者" 号（HMS Spanker）是另一艘 "神枪手" 级鱼雷炮舰。该舰同样于 1909 年被改造为扫雷舰。

桑克罗夫特很快提出了自己的放大型鱼雷艇设计，尺寸为长 76.20 米、宽 8.53 米、吃水 2.51 米（干舷高度 2.74 米），排水量为 600 吨，艉艉安装纵帆桅杆，采用三缸蒸汽引擎（一个高压汽缸和两个低压汽缸，因而不属于三胀式蒸汽引擎），由四台锅炉提供动力，指示功率 2650 马力，双轴推进，最高航速可达 20 节。载煤量 120 吨时，在经济航速（14 节）下航程可达 1800 海里，全速前进时航程为 700 海里。巴纳比称赞桑克罗夫特的设计有着相当出色的防护（不可能被机关炮击沉）——在机械动力舱和鱼雷舱段拥有 2 英寸（51 毫米）的侧舷装甲和 1.5 英寸（38 毫米）的水平甲板装甲，还有上层的储煤舱提供额外防护。艇上搭载有两具沿中轴线布置的水下鱼雷发射管。但这一设计相当昂贵，不包含武器时的造价就高达 12 万英镑，相比之下鱼雷巡洋舰的造价才不过 7.5 万英磅。雅罗也提出过相似的设计，但其设计细节未能保存下来。

巴纳比指出，面对放大型的鱼雷艇和缩小型的巡洋舰这两种思路，除非经过测试，否则无法判断两者的真正价值。此时，他已经打算基于桑克罗夫特提出的设计进行招标，因为私人造船厂常常能产生创新性的发明。第三海务大臣（此时还不是由审计主管担任）则更倾向于巴纳比的缩小型巡洋舰，因为它们能同舰队一道行动，还能充当炮舰和通勤船的角色。海军委员会最终接受了他的意见，但这也为日后的诸多争论埋下了伏笔。缩小的巡洋舰或许不像桑克罗夫特和雅罗提议的放大型鱼雷艇那样快速，但在高海况下很容易保持航速，续航力也强得多。而对伦道尔而言，这类缩小型巡洋舰将和他设计的撞击巡洋舰"超勇"号和"扬威"号相当类似，只不过它们的主要武器将是鱼雷而非 10 英寸（254 毫米）舰炮。为了发射鱼雷，这类巡洋舰需要逼近到距离敌舰 500 码的范围内，而这时它们水线上搭载的武器应该已经被摧毁。不过，它们也可以借助烟雾或友军的炮火掩护来达成这一目标。它们能够担任侦察、警戒（对付敌方鱼雷艇）和通勤任务，这十分有吸引力。第一海务大臣批准了这一项设计，另一位民间大臣托马斯·布拉西爵士（Sir Thomas Brassey）则认为建造它们的重要性远高于建造数量已经比较大的大型巡洋舰和低速炮艇，并且希望巴纳比的鱼雷舰能够取代 1883—1884 年建造计划当中的通勤船和炮舰。1883 年 7 月 13 日，第一海务大臣批准了这一建造计划。于是，"斥候"号鱼雷巡洋舰被纳入了 1883—1884 年的建造计划当中，"无恐"号则或许是被纳入到了 1884—1885 年的计划当中（该舰于 1884—1885 财年开工建造）。

海军军械总监麾下的鱼雷专家 S. 埃德利·威尔莫特（S. Eardley Wilmot）中校评价巴纳比的设计"是迄今为止最接近鱼雷战指挥官心目中的理想舰艇的设计"。尽管他个人希望的是 1000 吨以下的舰艇，但他也明白这样的设计远比"维苏威"号或"波吕斐摩斯"号要好得多。他也警告不必为其安装巡洋舰级别的 6 英寸（152 毫米）舰炮，因为该型舰也不可能与大型巡洋舰匹敌，这些舰炮将在冲入鱼雷射程前被摧毁。他也激烈地抗议不该让如此脆弱的小型军舰搭载太多鱼雷，这反而会让它们变得更容易沉没。在 1883 年 7 月时，"斥候"号的武器配置为 2 门 5 英寸（127 毫米）舰炮、8 门诺登菲尔德机关炮和 2 挺加德纳机枪，以及沿中轴线布置的 2 具鱼雷发射管，两舷还各有 2 具鱼雷发射管。不过武器布置方案尚未完全敲定。例如，第一海务大臣希望只安装 1 门舰炮，但海军造舰总监希望至少配备 2 门；威尔莫特希望安装水下鱼雷发射

管（更为安全），但海军造舰总监却指出航速 11 节以上时还没有任何英国舰艇成功
用水下鱼雷发射管发射过鱼雷，而且"我们不希望再重蹈昂贵的'波吕斐摩斯'号
的覆辙"。最终，该型舰的武器配置为 4 门 5 英寸炮（艏楼和艉楼两舷各 1 门，与艏
艉桅杆并排）、8 门 3 磅速射炮（取代了诺登菲尔德机关炮）、2 挺机枪、1 具固定的
舰艏鱼雷发射管和 4 具舯部鱼雷发射架（而非发射管）。3 磅速射炮代表着未来：如
今舰炮的射速已经达到了可以有效命中鱼雷艇的地步，其威力还足够穿透防弹钢板。
在燃煤舱之外，该舰还安装一层 3/8 英寸（9.5 毫米）的装甲甲板，构成了燃煤舱的
底层，防护整个动力舱上部。排水量增加到了 1580 吨，不过船体和引擎的预算依然
维持在 7.5 万英镑，预计航程为 7000 海里。

　　这一设计方案似乎正是海军所需的。很快新的同类方案的设计工作便全面展开（新
"斥候"级，即后来的"弓箭手"级）。根据 1884 年 2 月时的介绍，"弓箭手"级与"斥
候"级的区别便在于用 6 英寸（152 毫米）舰炮取代了原先的 5 英寸（127 毫米）炮（增
加的 2 门 6 英寸炮安装于舷侧的旋转轴炮架上）。同时还取消了舰艏的水下鱼雷发射管
和舷侧鱼雷发射架并增强了冲角艏以对付非装甲舰，而水平的装甲甲板应该也延长至
冲角部位。基于对战斗中不会同时使用两侧舰炮的假设，第一海务大臣同意限制载员
的增长。最终载员仅从"斥候"号的 120 人增加到 140 人。设计师们认为排水量的增
加大约会在 80 吨之内，因而该舰依旧能达到 16 节。巴纳比下令"弓箭手"级的设计
草案和相关参数应该在 1884 年 12 月 2 日前敲定。绘制于 1885 年的设计图中可见 6 具
水上和 2 具水下鱼雷发射管，总共搭载 12 枚鱼雷。在当时的设想中，该级舰排水量为
1630 吨（长 68.58 米、宽 11.20 米、吃水 4.11 米），将在 3500 马力下达到 16 节的航速。
枪炮类武器为 6 门安装于旋转轴架（CP）的 6 英寸舰炮、8 门 1 英寸（25 毫米）诺登
菲尔德机关炮和 1 挺 0.45 英寸（11.4 毫米）加德纳机枪。预计该级舰在 10 节航速下续
航力为 7000 海里，与"斥候"号相当。最终的方案（1886 年 5 月）中可见宽度被减小（至
10.97 米），进而排水量也有所降低（1621 吨），但更强力的引擎（4000 马力）让最高
航速有所增加（17.5 节）。在这一阶段，该级舰预计安装 8 具水上鱼雷发射管（12 枚鱼
雷），速射武器则被削减为 5 门 1 英寸诺登菲尔德机关炮和 1 挺加德纳机枪。

　　"弓箭手"级（Archer Class）巡洋舰一共建造了 8 艘。另外，根据 1888 年帝国防
卫法案，为澳大利亚建造的 5 艘"珍珠"级（Pearl Class）被描述为"射手"级的复制版，
但事实上两者的设计大不相同。其他一些国家也购买了类似的鱼雷巡洋舰。[18]

鱼雷艇测试

　　皇家海军于 1884 年夏季举行了第一次正式的鱼雷艇演习。[19] 由于鱼雷艇容易损
坏，即使提前两周通知，到演习前，尚在英格兰本土的十一艘一等鱼雷艇中也无一
艘做好准备（另外八艘在海外服役）。让其中的八艘能够正常参加测试又花去一周时
间。除非在非常好的天气里，否则这些鱼雷艇根本不可能连续出海超过 24 小时，"严
重的上浪使得每个人都湿透了，没人能在这种情况下坚持值守超过几个小时"。不过，
这些鱼雷艇还是能在平时沿海岸线在港口间机动。因为适航性的问题，烟道和司令塔
不得不加高，尽管这会增加暴露的可能性。演习的报告则着重强调了对高机动性的需
求，尤其是在鱼雷艇需要规避探照灯或突然转向攻击目标时。

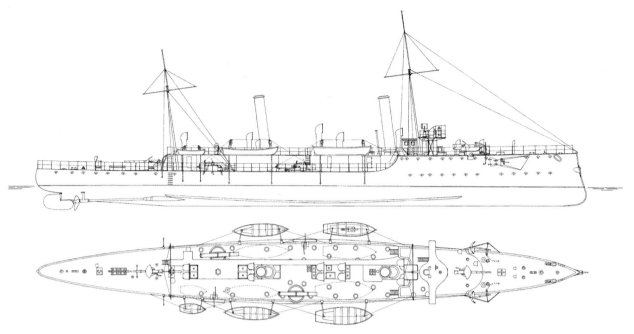

"伊阿宋"号，1891 年

"伊阿宋"号属"警报"级（*Alarm* Class）鱼雷炮舰，由"神枪手"级略微改进而来，增加了动力机构的强度并降低了功率以提高可靠性。该线图基于 1891 年 4 月的设计图绘制。在完工后，又在螺旋桨前部的船底增加了与原舵面同步的第二面艉舵。除"迅捷"号、"伊阿宋"号、"尼日尔"号、"连雀"号、"玛瑙"号外，其余"警报"级均拥有 5 具而非（如图所示的）3 具 14 英寸（356 毫米）鱼雷发射管（与"神枪手"级类似的 2 具双联装鱼雷发射管和 1 具艇艏鱼雷发射管）。而上述几艘的武器配置如图所示，拥有 3 具 18 英寸（457 毫米）鱼雷发射管。这些炮舰中的大多数在后来将机车式锅炉换装为水管锅炉以提高航速和可靠性，到 1904 年时这些舰艇已被认为多少与"河川"级驱逐舰类似（但武器更强）。"伊阿宋"号在 1903 年换装了四台成对的水管锅炉，由两座紧凑的烟道排烟。1909 年"伊阿宋"又被改造为扫雷舰。当时总共有 10 艘鱼雷炮舰（包括 5 艘"神枪手"级和 5 艘"警报"级）被改造为扫雷舰，拆除了所有鱼雷，换上了艇艉扫雷具。

（绘图：A. D. 贝克三世）

而就像当初设想的那样，鱼雷艇在夜间效率才足够高。鱼雷艇需要先以低速慢慢接近目标（尽可能保持隐蔽），并在特定的位置加速以尽可能减少自己被舰炮或机关炮击中的概率。低速航行既可以保证航行稳定，也可以减少烟道排出的燃屑——这一点对后来的驱逐舰同样适用，同时低航速也可以降低艇艏浪，增加操舵手的视野。但另一方面，低航速状态下不仅舵效不足，而且螺旋桨击打水面的声音会传得很远。在编队巡航时，采用双列纵阵最容易指挥，而在攻击时，编队将转变为单列纵阵，以最高速度在距目标 200 码处依次通过并向侧舷发射鱼雷。先前认为最简单的方式是以艇艏鱼雷发射管直接向鱼雷艇航向正前方发射鱼雷，但演习表明以可指向的鱼雷发射管向舷侧方向发射其实才最简便。演习测试也表明，怀特黑德鱼雷在 200—300 码距离上是"绝对有效"的武器。在指挥上，这些鱼雷艇以口哨（而非汽笛）作为信号。

当时舰船的探照灯探测周期为一分钟，对鱼雷艇的探测距离不会超过 1000 码，而且探照灯后来还经常成为夜间瞄准时的参照物——不过探照灯也能影响鱼雷艇艇员的视力。糟糕的是，"当遭遇到八艘鱼雷艇的同时攻击时，机关炮（主要的反鱼雷艇武器）能射击多远就成了能否阻止袭击的关键因素，但让人们在黑夜中射击从未使用过的武器，在巨大的压力下效果很难保证"。而国外已经开始采用射程 800 码的鱼雷，这些鱼雷发射时甚至还无法看到鱼雷艇在哪里，这就需要仰仗诸如海军造舰总监设计的警戒舰来保护舰队的安全。不幸的是，海军造舰总监设计的鱼雷巡洋舰不仅太大而且太过昂贵，无法达到所需要的数量。

　　尽管英国人的演习和测试表明鱼雷艇并不能有效地跟随舰队出海作战，但法国人却不这么想（至少是这么希望的）。在 1884 年的演习中，一支鱼雷艇编队便在公海截击了一支铁甲舰编队。另外一些时候，鱼雷艇甚至跟随铁甲舰舰队在烈风天气下出航。[20] 因此即使在公海，舰队也需要反鱼雷艇舰的保护。

大恐慌

　　英国的鱼雷舰艇建设正巧遇上了 1884 年秋季的一次海军危机——"大恐慌"（The Great Scare），并受到其显著影响。这次危机的催化剂便是当时《蓓尔美尔街公报》（Pall Mall Gazette）极具影响力的主编 W. T. 斯泰德（W. T. Stead）在该报刊登的文章——《海军的真相》（The Truth About the Navy），文章署名为"一个知道真相的人"。他以此说服了一向节俭的格拉斯顿政府追加了 550 万英镑的海军补充建造计划（该计划常被错误地认为与 1885 年春季的俄国战争威胁有关）。[21] 斯泰德做到了许多与海军有密切联系的人（包括海务大臣在内）没能做到的事情，此人显然已在心目中将皇家海军放到了大英帝国对外扩张计划的核心位置。他最重要的线人，而且很有可能是合著者，便是当时还在"卓越"号海军炮术学校担任教官的约翰·（杰基）·费舍尔上校。费舍尔的介入或许可以解释斯泰德对法国鱼雷艇编队的担忧，以及他对皇家海军建造 100 艘鱼雷艇的希望。

　　这次运动开始于 1884 年 9 月，至当年 12 月 2 日，格莱斯顿政府宣布将在未来五年增加 550 万镑（从海军部给出的 1100 万英镑预算中削减而来）[22] 的帝国防卫开支（其中 310 万被拨给海军，240 万被拨给陆军以建造岸防武器和要塞），从 1885—1886 计划开始拨款。这项补充经费将用于建造／购买一艘铁甲舰、两艘鱼雷撞击舰、五艘装甲巡洋舰、十艘鱼雷巡洋舰和三十艘鱼雷艇，比正常年份每年的建造计划经费还要高。这些经费后来被重新分配，用以建造下列舰艇：两艘战列舰——"维多利亚"号（HMS Victoria）与"无双"号（HMS Sans Pareil），七艘澳大利亚级（Australia Class）装甲巡洋舰，六艘鱼雷巡洋舰（"弓箭手"级）和十四艘鱼雷艇（其中应该包括了四艘鱼雷炮舰）。这一造舰计划因时任第一海务大臣名叫诺斯布鲁克而被命名为诺斯布鲁克计划（Northbrook Programme）。另外两艘"弓箭手"级巡洋舰的经费应该正是来自该计划所要补充的正常开支。诺斯布鲁克计划以向外界公布十艘鱼雷巡洋舰中的六艘的标书为开始。1885 年 3 月 5 日，海军部常务议会与财政司司长布拉斯勋爵，向议会报告已预订六艘鱼雷巡洋舰和十艘鱼雷艇。[23] 此处所指的巡洋舰应该便是最初的六艘"弓箭手"级，但鱼雷艇就比较难以确定了，其中两艘应该是最终流产的"波吕斐摩斯"号同型舰和桑克罗夫特的 125 英尺（约 38.1 米）型鱼雷艇（1885 年 2 月 24 日预订的 TB 25 号），另外的四艘应当也是之后才正式下令建造的桑克罗夫特 125 英尺型（TB 26—29 号，于 3 月 30 日和 31 日下令建造）。

　　和这场运动紧密相关的人物还有在一些方面支持斯泰德，同时又为海军部做出回复的 W. H. 哈尔（W. H. Hall）上校，其报告估算了对法国开战时的需求。[24] 哈尔的报告也可以看作海军部对决定自己需要何种类型的舰队的尝试。哈尔曾是境外情报委员会的实际领导者，该委员会后来被合并入海军部情报司，不仅负责情报工作，还负责相应的海军参谋工作。哈尔认定，为避免法国人像往常一样袭击英国的海上贸易

∧ "伊阿宋"号是降配版的"神枪手"，主机功率降低、重量升高，并且强化了通风设施。在鱼雷艇日趋快速化、远洋化的背景下，"伊阿宋"号航速的降低显得格外不合时宜。

线，皇家海军必须封锁法军的主要海上港口，而法国的鱼雷艇将协助法军突破这种封锁。针对每一个拥有鱼雷艇防守的法国港口，哈尔都计算了对应的反制舰艇数量，而类似的舰艇才刚刚得到展示。他认定对每两艘鱼雷艇都需要配备至少三艘反制舰艇（他还增加了三艘鱼雷舰用来袭击没有鱼雷艇保护的法国黎凡特舰队）。依照他的计算，英国需要一百艘反制舰艇，与之形成鲜明对比的是，皇家海军仅有一艘勉强合适的舰艇——"波吕斐摩斯"号。他的报告也表明，现有的二十艘鱼雷艇无一适用。和海军委员会的观点一样，哈尔也指出法国的所谓"鱼雷通报舰"（torpedo aviso），即"炸弹"级，便是将随舰队远航的能力和驱逐鱼雷艇的能力结合的一个典范。[25]

鱼雷炮舰

海军审计主管随即要求设计适合的鱼雷舰艇。由于"斥候"号还是太大，时任海军造舰总监巴纳比在 11 月 6 日提交了一份速度更快的缩小版设计方案，排水量降低至约 680 吨，采用高转速引擎（转速达到 400 转/分钟，与平时的 150 转/分钟形成鲜明对比）和机车式锅炉，最高航速下的续航力减半，载员更是减少到了原先的三分之一。因此，船体和动力机构的建造费用从 6.6 万英镑降低到了 4.7 万英镑——不过每吨排水量对应的造价却从 47 英镑上升到了 77 英镑。[26] 桑克罗夫特则提出了一型320 吨排水量的放大型鱼雷艇的设计方案，仅装备机关炮和机枪。[27] 该设计显然比缩小的巡洋舰航速更快，并且似乎也能在公海上维持高航速。

巴纳比认为"斥候"号是相当全面的设计，当急需增加数量时会是最好的选择，但如果需要试验无防护的快速型，那么在建造更多的"斥候"级以前，先对桑克罗夫特的放大型鱼雷艇方案进行测试比较合适。桑克罗夫特的设计在防护上比缩小版的"斥候"号更佳，并且需要的司炉工更少（只有两台锅炉而非四台）。巴纳比指出这样的设计更适合猎杀鱼雷艇的任务，鉴于拥有合理的防护水平（足以防御机关炮但无法防御速射炮）、比任何鱼雷艇都要高的航速和航程，它可以迅速接近鱼雷艇并用机关炮将其击沉。因此他建议建造一艘试验艇。

但就和"斥候"号当时的情形类似，缩小版的巡洋舰因为能够执行和平时期的任务而更受青睐，至于海军委员会内部，只有伦道尔指出缩小版的"斥候"号很难履行巡洋舰的职责，而作为鱼雷舰艇又太过庞大。但他也承认，桑克罗夫特的设计对鱼雷舰艇而言也是偏大的。该方案在 1885 年 1 月 3 日被正式取消，而此时，皇家海军已经开始将他们想要的舰艇称作鱼雷艇驱逐舰（torpedo boat destroyer）了。

基于巴纳比设计而得到的相关要求很快被分发到了各潜在竞标厂商手中，第一海务大臣希望各船厂能够提供自己的各色设计，它们将代表各厂商在鱼雷艇设计方面的顶尖水准。显而易见，这艘船需要的设计水平比海军造舰总监所能够提供的更专业。当时的海军审计主管 J. O. 霍普金斯（J. O. Hopkins）上校希望将排水量维持在300 吨左右，与法国的"炸弹"级大体相当，布拉斯担心如此小型的舰艇会跟不上舰队，他认为最适合在大西洋跟随舰队执行任务的，将是速度提升至 17.5 节的"弓箭手"级。到 8 月，新的设计被称为"鱼雷猎舰"（torpedo catcher）。而"鱼雷炮舰"（torpedo gunboats）这一分类直到 1885 年 11 月才出现。[28]

1885 年 8 月 15 日，巴纳比又向海军委员会提交了一艘排水量 400 吨、航速 19节的猎舰的设计方案，能够在靠近港口的海上执行任务，并且拥有与更大型战舰相当的人员搭载能力。他认为其长度不应当超过 200 英尺（60.96 米），但为了"让这艘短小的战舰达到 19 节"，只得采用动力强劲（2500 马力）的引擎。在安装了 4门 3 磅速射炮、2 门双管诺登菲尔德机关炮，以及 1 具舰艏鱼雷发射管和 2 具侧舷鱼雷发射管后，排水量达到了 430 吨。该舰全速时航程 600 海里，10 节航速下航程4000 海里，比委员会给出的要求高出不少。尽管没有水平甲板装甲，但在锅炉周边有储煤舱提供保护，引擎周边则有 3/4 英寸（19 毫米）的侧舷装甲。[29] 鉴于续航力大大超出了预期，军械总监建议安装更强力的武器装备：2 门 4 英寸（102 毫米）后装线膛炮（每门备弹 85 发）和 4 门（甚至 6 门）3 磅炮。军械总监提议的武器配置增加了 10 吨的重量，而为了搭载它们，结构重量更是增加了 17 吨。这一设计后来也分发给了各船厂。

然而后来的水槽测试却表明海军造舰总监在设计上太过乐观，该舰还是需要更大的尺寸和更强的动力，而且全速和经济航速下的航程计算方式也都存在问题。委员会虽然仅需要在 10 节航速下航行 1000 海里，但也要求全速航程能达到 400 海里——这就相当于在 10 节航速下航行 3500 海里。一份后来改进的标注为鱼雷艇猎舰的设计图纸上，可见其武器为 1 门 4 英寸炮（备弹 105 发）、4 门 4 磅炮（每门备弹 500 发）、2 门四管诺登菲尔德机关炮以及全部 3 具鱼雷发射管，排水量为 450吨，采用通常（海试）载煤量，即载煤 50 吨时（满载则为 100 吨），全速航行下续航力可达 400 海里，10 节航速下航程达到了 4000 海里。最后的一份标注为"蜘蛛"级（Spider Class）的图纸则显示尺寸发生了微小变化：水线长 60.96 米、宽 7.01 米、舰艏吃水 1.98 米、舰艉吃水 2.89 米；干舷高度舰艏为 2.89 米，舰艉为 2.44 米。武器方案也再次被修改，原先的诺登菲尔德机关炮被额外的 2 门 3 磅（37 毫米）炮取代，鱼雷发射管由之前的 6 具增加到 8 具。引擎功率和载煤量也被修改，但具体修改内容字迹已无法辨认。

"蜘蛛"级的设计方案采用了轻型引擎和机车式锅炉，这种锅炉在鱼雷艇上单独安装时表现良好，但在"波吕斐摩斯"号和其他一些出口军舰上组合安装时的表现却不尽如人意。不过这艘新舰并不需要像"波吕斐摩斯"号那样多（10 台）的锅炉，因而海军造舰总监（此时巴纳比已被威廉·H. 怀特接替）希望借助"波吕斐摩斯"号建成后获得的诸多经验，让这艘新舰上的锅炉更加稳定。他还是希望这批舰艇的第一艘能够先行建造，以便在其他舰艇的动力机构投产前进行适当的测试。先前的计划决定所有的舰船都在皇家海军造船厂建造，其中两艘由德文波特造船厂建造、另外一艘由施尔尼斯造船厂建造。海军造舰总监认为一家私人造船厂能够以更快的速度完成额外的一艘的建造工作，海军委员会同意他的看法。于是皇家海军向莱尔德造船厂订购了"响尾蛇"号（HMS Rattlesnake）鱼雷炮舰，而最初的三艘"蜘蛛"级还是在皇家海军造船厂建造。

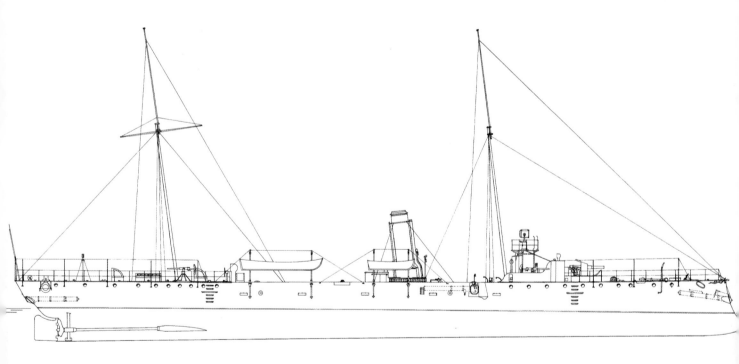

"响尾蛇"号，1885 年

"响尾蛇"号鱼雷炮舰是一种测试舰，由巡洋舰缩小而来，而非（有时被认为的那样）自鱼雷艇放大而来。该舰仅采用两台机车式锅炉，在当时被认为是这一功率等级下最紧凑的设计，它也是皇家海军中第一艘采用三胀式蒸汽引擎的舰艇。鱼雷武器包含 2 具固定于

舰艏的鱼雷发射管和另外 2 具鱼雷发射架，以及 4 枚备用鱼雷；火炮包括 1 门 4 英寸（102 毫米）后膛炮（25 磅炮）和 6 门 3 磅速射炮。仅有速射炮的射速足够对付快速机动的鱼雷艇，那些主张采用放大型鱼雷艇设计的人大多将舰炮限制在速射炮和机关炮的范围内。速射

炮实现极高射速的关键便是采用了定装弹药，其药筒会在开火时膨胀以保证炮膛的气密性，因此在装弹后不再需要旋转炮栓。随着科学技术的发展，这一设计也逐渐被用于威力更大的火炮，使得速射炮的口径迅速增大，继 3 磅速射炮之后，6 磅速射炮也横空出世。4 英寸舰

炮的存在则是执行和平任务的关键。注意舰艏上部的响尾蛇状纹饰以及船体肿部的鱼雷发射口。"响尾蛇"号于 1906 年被定级为潜艇测试用的靶船，1910 年被出售。图中的桅杆是根据现存不多的照片绘制的。

（绘图：A. D. 贝克三世）

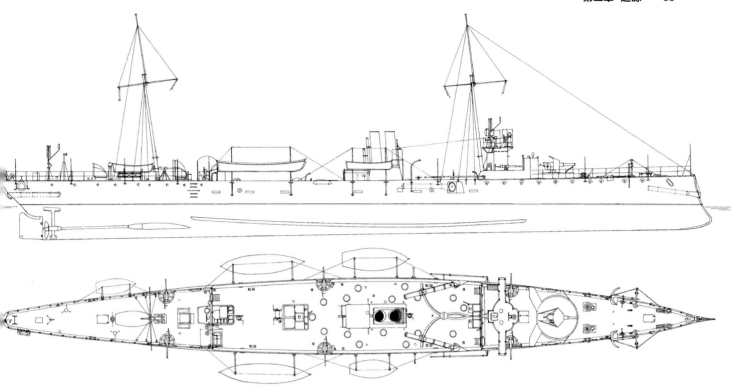

"响尾蛇"号的四任舰长都在报告中提到其航海性能相当出色，但在演习中他们也都批评该舰上浪严重。[30]

就在"响尾蛇"号还在设计阶段的 1884 年 5 月，英国已经测试了一型 4.7 英寸（36 磅，120 毫米）速射炮，在相同条件下射速是先前 4 英寸（102 毫米）后膛炮的 6 倍。这和 3 磅速射炮出现时的情形大不相同，因为中口径速射炮的出现使得小型舰艇也能攻击战列舰没有防护的舰艉——它们强大厚重的装甲被集中用到了关键部位，以防御重型火炮发射的炮弹。这就让仅仅装备 1 门 4.7 英寸（120 毫米）速射炮的小型军舰也有能力和一艘装备普通火炮的巡洋舰一较高下。

此时威廉·H. 怀特接替巴纳比担任了海军造舰总监一职，因而也就负责下一代鱼雷炮舰的设计工作。他删减了船体的凸出部分，并且设置了舯楼以提高适航性。[31]而这一设计的关键便是增加了额外的机车式锅炉（因此采用了 2 座烟道），使得增压送风时的最大指示功率由原先的 2880 马力提升到了 4500 马力，这一显著的功率提升也意味着动力机构需要占据更大的空间，因此长度也必须增加。到了 1890 年，海军造舰总监告知委员会，他和首席工程师都低估了动力问题的严重性。更多的机车式锅炉（"神枪手"级搭载 4 台而"响尾蛇"级搭载 2 台）并不能成比例地提高功率。[32]计算所得的满载状况下（载煤 100 吨）最高航速大约为 21—22 节。设计方案随后又因为需求变更而有所更改，首先，怀特为这艘新舰装上了 2 门"响尾蛇"号没能用上的 4.7 英寸（120 毫米）速射炮和另外 4 门小口径速射炮，以及 5 具鱼雷发射管（舰舯 1 具，舯部两舷以双联装方式搭载 4 具，备用鱼雷 3 枚）。其次，取消了引擎周边的 3/4 英寸（19 毫米）装甲，以环绕引擎和锅炉舱的储煤舱代替（"响尾蛇"号仅保护了引擎）。最后，海军部似乎还对增加航速做出了要求，"响尾蛇"号的设计储煤量为平时 50 吨，满载时 100 吨，但新设计中仅提及海试状况下的载煤量。更深入的设计则由于委员会希望等待"响尾蛇"号的海试报告而推迟。

"草蜢"号，1892 年

三艘"草蜢"级（Grasshopper Class）鱼雷炮舰大体上沿袭了"响尾蛇"号的设计，但排水量更小（526 吨，"响尾蛇"号为 550 吨），燃煤的利用率也更低（在同样载煤 100 吨的情况下，10 节时的航程为 2400 海里，而后者可以达到 2800 海里，一些资料甚至称达到了 3050 海里）。"草蜢"号完工于 1888 年，图中所示为 1892 年时的状态。该艇装备 2 台机车式锅炉，分别驱动 1 台三胀式蒸汽引擎，武器包括舰艏艉各 1 具固定的水上鱼雷发射管和 2 具可改变指向的鱼雷发射管——安装在两舷类似早期炮位的舷侧凹陷处，另外还有备用鱼雷 6 枚。与"响尾蛇"号相比，"草蜢"级舰艉更加倾斜并安装了 2 座烟道。"草蜢"号于 1905 年 7 月 11 日被出售。

这艘被称作"神枪手"号（HMS Sharpshooter）的鱼雷炮舰被纳入了1886—1887年建造计划，另外六艘姊妹艇则相继纳入1887—1888、1888—1889和1889—1890年的建造计划。但直到"响尾蛇"级的测试工作完成前，它们均未动工（"响尾蛇"级首艇"响尾蛇"号于1887年5月完成测试，其余各舰的测试工作则在1888年才完成）。

在"神枪手"级的设计资料中，汤姆森为西班牙海军建造的同类舰艇"毁灭者"号（Destructor）被用来与这一新型鱼雷炮舰作对比。[33]作为一艘放大型的鱼雷艇，"毁灭者"号是最早装备三胀式蒸汽引擎的舰艇之一，最高航速22.5节（在对比表格中为22.5节，指示功率4000马力；实际情况为海试中3800马力时，最高航速22.56节）。"毁灭者"号武器配置与"响尾蛇"级类似，装备1门中口径（3.5英寸，88毫米）速射炮、4门轻型速射炮（该舰采用了6磅炮而非英国的3磅炮），以及5具15英寸（381毫米）鱼雷发射管，设计航程2050海里。与"毁灭者"号同时期的还有桑克罗夫特为西班牙海军建造的另一艘鱼雷艇"公羊"号（Ariete），该艇长44.96米，采用了复合式蒸汽引擎，在海试中跑到了26.3节（1626马力），是当时世界上最快的舰艇。表格中还显示了一艘最高航速能达到23节的雅罗鱼雷艇，采用了三胀式蒸汽引擎，这也是当时典型的鱼雷艇动力。资料中还包括一份1887年皇家造船师学会（Institute of Naval Architects）的论文，作者是汤姆森造船厂的造船师J. H. 拜尔斯（J. H. Biles），文中除了提到汤姆森建造的"毁灭者"号外，还特别提及为俄罗斯建造的更大型的鱼雷艇"维堡"号（Wiborg，也作 Viborg）。论文将"维堡"号描述为一艘远洋鱼雷艇，装备3具鱼雷发射管（其中2具位于艇艏）和2门五管诺登菲尔德机关炮，设计航速20节，10节航速下载煤能够支持2000海里的航行。与"毁灭者"号不同，"维堡"号的复合式蒸汽引擎能量利用率并不高，后来更换为三胀式蒸汽引擎，航速应该有所提升。"维堡"号采用的战术是直接高速冲向目标舰，在700码处发射2枚艇艏鱼雷，然后全速撤离。它能够对抗其他鱼雷艇，拥有一艘鱼雷炮舰所需要的一切防护，为此汤姆森采取了一种很不常见的设计，将两台锅炉分开布置于各自的锅炉舱，独立驱动各自的引擎，最容易受伤的锅炉舱前部还有双层水密隔层提供额外的防护。为了增强生存能力，"维堡"号还采用了强大的排水泵和异常倾斜的龟甲状艇艏。海试期间，在载煤34吨的情况下，其最高航速达到了20.6节（后来在载煤70吨时还达到了18.55节）。"毁灭者"号与"维堡"号基本相似，但是居住条件要好得多，因此汤姆森更愿意将其视为缩小版的巡洋舰（但事实上仍是放大版的鱼雷艇）。增加生存能力的设计包括为每台引擎和每台锅炉分配独立的舱室。

和汤姆森一样，桑克罗夫特也选择通过放大鱼雷艇，而非缩小巡洋舰来设计鱼雷炮舰。在1886年12月，桑克罗夫特为西班牙提供了一艘24节型鱼雷炮舰的设计方案[34]，但却未能成功。1887年时，该船厂又开始推销一型更快速的"鱼雷艇猎舰"（设计编号3474），最高航速可以达到27甚至28节。该舰将在舰艏安装双联装鱼雷发射管，在司令塔上方搭载2门速射炮，舷侧还可另外再安装2门。其动力来源为四台水管锅炉和两台三胀式蒸汽引擎（指示功率2600马力），这和五年后桑克罗夫特出售给皇家海军的原型驱逐舰已经十分类似了。[35]1890年，公司的首席造船师 S. W. 巴纳比（S. W. Barnaby）写道，自"公羊"号之后，皇家海军明显受到了刺激，想要以放大的鱼雷艇代替缩小的巡洋舰。3474 号设计方案或许就是这一变化的开始，因为巴纳比后来声称他提出的方案正是后来皇家海军想要的舰艇——除了这一方案没有甲板鱼雷发射管，这很可能指的是 3474 号方案。1891 年 6 月，桑克罗夫特向皇家海军提交了一份称作"海峡巡逻艇"（channel patrol steamer）的设计方案，装备泽林斯基气动炸药炮（Zalinski dynamite gun），船厂应该签订了这种新式武器的相关采购合同。气动炸药炮通过压缩空气发射炮弹，因为在当时传统火炮发射时的震动会导致高爆弹的装药爆炸（更好的发射药后来很快淘汰了泽林斯基的这类火炮）。这类武器引起了很多人的兴趣，美国海军的"维苏威"号（USS Vesuvius，与皇家海军中的那艘同名舰并没有关系）和第一艘潜艇"荷兰号"（USS Holland）都曾列装气动炸药炮。依照桑克罗夫特的描述，气动炸药炮是可以旋转的，应当安装于甲板之上。在气动炸药炮前面还有 2 具 18 英寸（457 毫米）艇艏鱼雷发射管。结果同样是皇家海军得到了非常类似于一年后的原型驱逐舰的设计。[36] 并不清楚雅罗是否也提交过类似的设计，因为同时期雅罗的设计资料已在二战期间被毁。

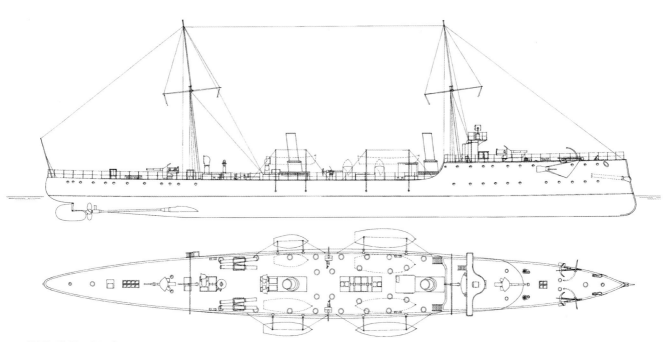

"神枪手"号，1887 年

　　"神枪手"级鱼雷炮舰实际上就是加装了艏楼以提高适航性的"响尾蛇"级。本图基于 1887 年 9 月的设计方案绘制，而该舰直到 1888 年 1 月 13 日方才动工建造。就和本书中其他还处于"设计阶段"的舰艇一样，图中所示状态和完工后还是有着相当大的差别的。完工后烟道的高度明显增加，而且由于动力舱室的变化，通风管也被重新布置。两座烟道间矩形结构上的曲线凸起即为进气口，可以通过沿进气道升降来调节进气量。完工后，该舰采用了带罩的通风口并加大了主甲板上的舱室。图中桅杆和帆索的布置根据照片绘制（现存的设计图并不包括桅杆和索具）。后继型"警报"号（"伊阿宋"级）采用了相同的舰型，但建造了更长的艏楼。后来还证明机车式锅炉并不稳定，并且无法生产足够的蒸汽来驱动这型鱼雷炮舰达到足够的速度。1895 年时，"神枪手"号实验性地换装了法制贝尔维尔水管锅炉。之后的三年间，该级舰的其他成员也陆续换装了不同种类的水管锅炉："麻鸭"号（HMS Sheldrake）采用了巴布科克（Babcock）式、"海鸥"号采用了尼克劳斯（Niclausse）式、"奔跑者"号采用了杜-汤普勒（du Temple）式、"蝾螈"号（HMS Salamander）采用了芒福德（Mumford）式、"迅捷"号采用了桑克罗夫特式，最后的三艘则采用了最终用于驱逐舰的小管径锅炉。舰炮包括 2 门 4.7 英寸（120 毫米）舰炮——身管较 4 英寸（102 毫米）炮更长，因此炮口初速更高，以及 4 门 3 磅炮，其中两门位于艏楼侧舷内。鱼雷武装则为 1 具艇艏鱼雷发射管和 2 具双联装 14 英寸（356 毫米）鱼雷发射管，注意双联装鱼雷发射管之间的夹角，这是为了让鱼雷形成一定的散布。"神枪手"号在 1904 年被降级为港口勤务船并重新命名为"北安普顿"号（HMS Northampton），后于 1922 年被拆解。

（绘图：A. D. 贝克三世）

斯泰德的活动引发了民间对皇家海军战力的显著担忧，诺斯布鲁克计划最终变为1889年3月《海上防务法案》（*Naval Defence Act*）中一个五年建造计划（2150万英镑的预算，用于建造多达70艘舰艇，包括8艘一等战列舰、2艘二等战列舰、38艘巡洋舰、4艘炮艇和18艘鱼雷炮舰）的前奏。后来的计划中又临时增加了对1892—1893年以前建造计划的复审，这在英国通过发行国债再度获得资金后成为可能。最后的两艘"神枪手"级成了《海上防务法案》的18艘鱼雷炮舰中最初的两艘。之后又依托1888年《帝国防卫法案》为澳大利亚舰队建造了2艘，为皇家印度海军（Royal Indian Marine）建造了另外2艘。

"神枪手"级最终并没能达到设计时的最大功率，航速因此被限制在了20节上下。之后的11艘（因来源不同也被描述为"警报"级、"连雀"级或"伊阿宋"级）的增压送风功率也被降至3500马力，为了提高稳定性，其引擎和锅炉也增加了大约20%的重量，增加的重量大约降低了半节航速，而此时的鱼雷艇却正变得越来越快。其中桑克罗夫特的"迅捷"号独树一帜地采用了水管锅炉（并且拥有三座而非两座烟道）。同级舰的最后五艘——"迅捷"号（HMS *Speedy*）、"伊阿宋"号（HMS *Jason*）、"尼日尔"号（HMS *Niger*）、"连雀"号（HMS *Jaseur*）、"玛瑙"号（HMS *Onyx*），或许还有后来依照合同建造的第六艘"狐狸"号（HMS *Renard*），以3具18英寸（457毫米）鱼雷发射管取代了14英寸（356毫米）鱼雷发射管，这一改装又增加了4.5吨的重量。1899年时，该级舰整体换装了水管锅炉，使得全速航行时的指示功率达到5700马力["鲣鱼"号（HMS *Skipjack*）则超过了6000马力，在排水量910吨时航速达到了21.10节]。但在当时，它们的航速早已无法满足猎杀鱼雷艇的任务需求。

《海上防务法案》中计划的最后一型鱼雷炮舰则是五艘"得律阿德"（*Dryad*）或"翠鸟"级（*Halcyon* Class）。怀特在该级舰上建造了艉楼以增加载员数量（此前

"鹞"号（HMS *Harrier*，属"得律阿德"级）本质上是重新设计了动力舱布局和船尾的"神枪手"号，引擎位于锅炉之间。皇家海军接受了进一步的速度损失，因为理论上讲这类舰船的主要价值是充当舰队的鱼雷舰和哨戒舰。

的演习表明"鱼雷艇猎舰"上的军官人数太少，以致他们承受着过多的压力），人数从原先的85人增加至100人。艏部建有连接艏艉楼的舰桥，乘员还能从艏部进入动力舱室。怀特认为加长的舰体与艉楼能够增加适航性，但"神枪手"级"已经具有足够高的适航性，不仅超出了'响尾蛇'级，还超出了原先对其自身的预期"。除鱼雷发射管的口径均增大到18英寸（457毫米）外，"翠鸟"级的武器装备与"警报"级完全相同。怀特重新布置了动力机构（但输出功率与前型相同，自然送风时2500马力，增压送风时3500马力），将引擎放置于锅炉舱之间（而不是锅炉舱之后），这和新建的巡洋舰"巴勒姆"号（HMS Barham）和"柏洛娜"号（HMS Bellona）相同。这样的安排能让一名位于引擎舱的军官管理两台锅炉的司炉作业，也能最大限度地降低引擎与船体形成共振的概率。为了腾出更大的动力舱室，舰体长度得到了加长（从70.10米增加到了76.20米），宽度也从8.23米增加至9.30米。在设计的最初阶段，怀特预计该级舰的排水量将达到1070吨，超过"警报"级的829吨很多，因此最高航速也将从19.25节降低至18.75节。

在"翠鸟"号开始建造后，海军委员会又开始考虑重新设计其他几艘舰艇。海军审计主管"杰基"·费舍尔上校希望用当时新开发的12磅（76毫米）速射炮取代4.7英寸（120毫米）和3磅速射炮，12磅速射炮射速要比4.7英寸速射炮更快，也更有可能击中行动敏捷的鱼雷艇。但怀特指出，原本可以为每门4.7英寸速射炮备弹300发，但由于12磅速射炮占据的空间较大（多达6门），每门炮的炮弹只有150发。这些新舰不仅仅是鱼雷艇猎舰，还要在舰队行动中充当鱼雷舰，因此也需要足够的火力来突破敌方反鱼雷艇舰艇、炮艇和巡防舰等构成的防御。第一海务大臣安东尼·霍斯金斯爵士（Sir Anthony Hoskins）最终决定不改变主炮的配置。后来，还出现了只装备舰炮而没有鱼雷发射管的猎舰方案，海军军械总监指出，作为副炮的3磅速射炮，如果不能命中关键部位，将很难阻止一艘鱼雷艇的进攻，因此换上了火力更强的6磅速射炮，为此重量增加了8吨。"弗农"号鱼雷学校则认为至少需要5具鱼雷发射管，学校的主管A. K. 威尔逊（A. K. Wilson）上校（后来的第一海务大臣）指出，在典型的400码攻击距离上，4枚鱼雷当中平均只有1枚能够命中目标，而增加鱼雷发射管的数量，也就增加了命中概率。威尔逊希望为夜间偷袭保留舰艏的鱼雷发射管，然后再增加舰艉的鱼雷发射管作为被追逐时的防御手段，在双方交火时也更方便寻找战机（但最终并没有搭载任何舰艉鱼雷发射管）。

这已经与六年前哈尔设想的小型鱼雷舰艇相去甚远，在海军委员会眼中，它已经成了舰队的哨戒舰。海军军械总监甚至怀疑，对于哨戒舰和鱼雷艇猎舰的任务而言，是否还有必要搭载鱼雷。但它们也可能作为舰队鱼雷舰加入封锁舰队的附属编队，而这项任务显然需要它们搭载鱼雷。

建造期间的另一项改造措施体现在船舵上。"响尾蛇"级在逆向航行时操控性相当糟糕，转弯半径极大。"神枪手"级则拥有延伸入龙骨之下的较大舵面，让其哪怕是在逆向航行时都拥有极佳的机动性，因此怀特提议在螺旋桨前部的尾鳍之下增加附属的舵面。这一改装在"蜘蛛"号上被证明非常成功，遂在部分"警报"级（很可能是"伊阿宋"号、"尼日尔"号和"连雀"号）和"翠鸟"级上采用。

英国的其他造船厂也为其他国家生产过类似，但不完全相同的鱼雷炮舰。[37]

鱼雷艇的复兴

1884 年，皇家海军又恢复了建造鱼雷艇的热情，一等和二等鱼雷艇均增加了新的建造计划。在这一时期，其他国家的鱼雷艇都要大得多，因此 1883—1884 年建造计划选择了桑克罗夫特和雅罗的 113 英尺（34.44 米）型鱼雷艇（TB 21—22 号与 TB 23—24 号）。桑克罗夫特的版本大体上是由为澳大利亚维多利亚州建造的"奇尔德"级（Childer Class）改造而来的，采用了桑克罗夫特独特的艇艉设计，依靠螺旋桨后部曲线型的舵面和略微中空的艉部产生隧道效应。同时也需要注意，诺斯布鲁克计划中包含了最初的五艘新式 125 英尺（38.10 米）型鱼雷艇，即桑克罗夫特的 TB 25—29 号。

1885 年 3 月，就在斯泰德等人斥责格莱斯顿政府的补充计划并不完整，而且经费到位也不够快时，俄罗斯与阿富汗军队在边境地区的潘德杰（Pendjeh）爆发冲突。战争突然间变得迫在眉睫。3 月 30 日，俄军占领潘德杰后，格莱斯顿决定派遣舰队前往波罗的海。海军部下达的动员令包括向桑克罗夫特订购 20 艘（TB 41—60 号，1885 年 4 月 30 日与 5 月 1 日）、向雅罗订购 22 艘（TB 30—33 与 TB 61—78，1885 年 4 月 30 日与 5 月 1 日）和向怀特订购 5 艘（TB 34—38 号，1885 年 4 月）鱼雷艇。雅罗原本为智利建造的"格劳拉"号（Glaura）和"弗雷西亚"号（Fresia），则分别作为 TB 39 和 TB 40 号被皇家海军购入以保卫加拿大的埃斯奎莫尔特（Esquimalt）港免受俄军袭击。[38] 雅罗的最后一艘 125 英尺型鱼雷艇（TB 79 号）则采用了三胀式蒸汽引擎以达到较高的航速（1000 马力下 22.5 节，此前的型号仅能达到 670 马力，航速 19.5 节），船体设计也得到改进以增加操控性。

在同一时间购入的还有怀特建造的大型（153 英尺型，约 46.63 米）"鱼雷猎舰"（torpedo hunter）"雨燕"号（TB 81），该艇本来就打算推销给皇家海军，其设计和雅罗为日本建造的"小鹰"号这样的大型鱼雷艇类似。但它一开始就拥有舰名而非仅有一个编号，表明船厂最初将其视为一艘"猎舰"，即鱼雷炮舰。该艇最初的武器方案为 1 具艇艏鱼雷发射管和 6 门 3 磅炮，但最终变为 1 具艇艏鱼雷发射管、2 具单装 18 英寸（457 毫米）甲板鱼雷发射管和 4 门 3 磅炮。在排水量 137 吨、最大功率 1330 马力时，航速达到了 23.75 节，也是属于鱼雷艇而非鱼雷炮舰的范畴。

这次战争动员也向外界展示了英国商船能提供的贡献。其间海军部购买了 5 艘拖船以改装成炮艇，租用了另外 10 艘作为巡逻和哨戒艇，大量轮船和快速运煤船也被租用并武装起来，成了改装巡洋舰（merchant cruiser）。6 艘专门购买的汽艇被改造为撑杆鱼雷艇，由武装商船"俄勒冈"号（Oregon）搭载。

而此前刚刚预订的 125 英尺（38.10 米）型鱼雷艇，由于俄国战争威胁的影响，被设定为包含鱼雷艇和鱼雷炮舰两种武器搭载方案。[39] 作为鱼雷艇时，除艇艏的固定鱼雷发射管外，还有舯部的一对（呈一定角度的）鱼雷发射管；而作为鱼雷炮舰时，甲板上的鱼雷发射管则被 3 磅炮取代，此时它们时常被称作"鱼雷艇驱逐舰"，准确地表明了驱逐鱼雷艇的任务需求。这为鱼雷巡洋舰或鱼雷炮舰的设计提供了一个很好的例证：通过改造鱼雷艇可以得到一艘高性能的舰艇。不过，该艇（用于容纳艇艏鱼雷发射管）的"牛鼻"状艇艏在航行时会浸入浪花当中，因此和后来的桑克罗夫特 125 英尺型一起，更换了传统的垂直艏。艏部的固定鱼雷发射管造成的问题，还将一直困扰早期驱逐舰的设计。

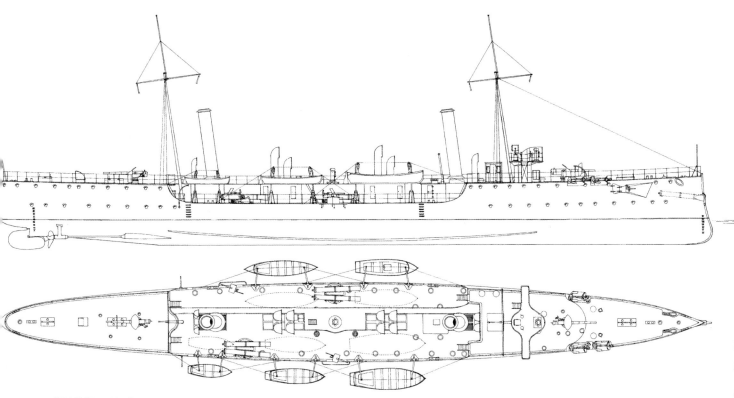

"翠鸟"级，1891年

　　"翠鸟"级是皇家海军最终版的鱼雷炮舰，拥有艏楼、艉楼和把它们连接在一起的甲板室，图中显示的是1891年7月时的设计状态（该艇于1893年1月2日铺设龙骨）。和"神枪手"级相同，"翠鸟"级配备了2门4.7英寸（120毫米）炮。不过，它拥有4门而不是3门6磅速射炮，外加一座诺登费尔德机关炮（实际上是重机枪），后者未在图中绘出。另外，它的鱼雷武器也更加强大——2副双联装发射管和一具单装发射管，口径均为18英寸（457毫米），而非14英寸（356毫米）。图纸显示，最初还计划为其安装3磅速射炮；

另外还有一条注释写道，6磅炮可能被3磅炮取代。引擎安装在了两个锅炉之间，因此烟道隔得特别远。和前辈们一样，它也使用机车锅炉。不同的是，过去的鱼雷炮舰通常使用一台锅炉，而"翠鸟"级拥有两台，不过前者的动力系统更坚固。第一批驱逐舰虽然更轻、更小，但是锅炉基本上和该级相同。"翠鸟"级不仅类似于缩小的巡洋舰，也被当时的人视为一种新的快速队伍侦察舰。尽管人们对该不该制造这种跨界军舰争论不休，但是从来没人明确地指出应该造小型巡洋舰还是远洋驱逐舰（因此费舍尔认为"雨燕"号领舰将把这二

者都取代）。因为无法在狭窄的英吉利海峡应对法国远洋鱼雷艇的威胁，鱼雷炮舰在皇家海军中寿终正寝。那些没有面临类似威胁的国家则继续订购鱼雷炮舰，即充当"猎手"又充当鱼雷攻击舰——很像后来的驱逐舰，即便驱逐舰时代已经来临。一个典型的例子就是阿姆斯特朗为日本建造的"龙田"号，于1893年下水。它航速快（22节），无装甲，有着鱼雷炮舰的标准武器配置（2门4.7英寸炮，5具鱼雷发射管），但是只有一座烟道。其他的例子还有：莱尔德为阿根廷建造的"帕特里亚"号（1029吨，航速20.5节，两门4.7

英寸炮，五具18英尺鱼雷发射管）；阿姆斯特朗为巴西建造的"古斯塔沃·桑帕伊奥"号（由破产的防御舰船建造有限公司建造的"布埃诺·文图拉"号，排水量465吨，航速17节，装备2门3.5英寸火炮，3具单装16英寸鱼雷发射管，1893年完工）；莱尔德为"智利"建造的"阿尔米兰特·林奇"级（713吨，1890年）和"阿尔米兰特·辛普森"级（800吨，1896年）。"翠鸟"号和三艘姊妹舰在1914—1915年被改造为扫雷舰。它参与了1915年的扫雷舰投标，1919年被废弃。

（绘图：A. D. 贝克三世）

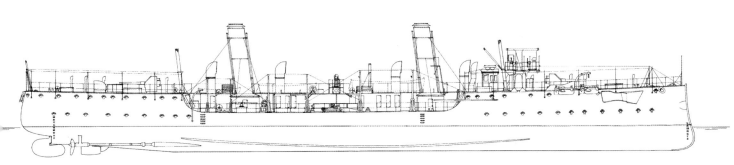

改进型"翠鸟"级，1904年

　　图中所示为"翠鸟"号1904年的状态，此时它刚刚更换了四台快速升温锅炉报废，烟道变大，并且重新安排了位置（因为引擎

的阻隔，间距还是较大）。前向的2门6磅炮被拆除，船尾增加了辅助舵面以改善糟糕的转向能力。图中没有绘出桅杆，随着无线电

时代的到来，桅杆升高了2英尺以便安装天线阵列。在1908年的一次改造中，探照灯移到了海图室上方的平台上，罗经移到了

探照灯前。剩下的2门6磅炮在被1915年被拆除。

（绘图：A. D. 贝克三世）

1885 年演习：鱼雷战术 [40]

在俄国战争威胁期间，皇家海军建立了一支由海军上将乔弗里·菲利普斯·霍恩比爵士（Sir Geoffrey Phipps Hornby）率领的特别行动舰队（Particular Service Squadron），用以在波罗的海战事爆发时，第一时间封锁俄方的大型鱼雷艇编队，保护己方舰队的泊锚地。战争的威胁消弭后，霍恩比（于 5 月 23 日）受命提交一份报告，涉及的方面包括：采用鱼雷艇和水雷的港口防御战术、为停泊的舰队防御自航或撑杆鱼雷的最佳战术、攻击敌方港内舰艇的战术、为在公海航行的舰队防御自航或撑杆鱼雷的战术。相应的演习于 1885 年 6 月 5 日在贝尔赫文举行，霍恩比首先以运输船和运煤船组成了一支编队（假设为英国的远征军），它们自身分别采用水栅和视发（遥控引爆）水雷（observation mine）来对付吃水较浅的和吃水较深的鱼雷艇。但鱼雷艇的乘员门宣称他们能够"跨越任何水栅"。

舰队中还包括拥有重型火炮的炮舰，用以在类似夜间泊锚地的封闭水域中提供防御。当时改装巡洋舰"俄勒冈"号尚在服役，另一艘改装巡洋舰"赫克拉"号（Hecla）也在其中作为防御性的布雷舰。需要由拖船牵引的炮舰被评价为"在舰队中移动的可怕大棒"，即使在平静的海面上，其拖拽速度也不会超过 9 节，而在低海况下航速更是陡降至只有 6 节，但霍恩比还是相当看重这些炮舰，不仅仅是因为它们的重型火炮，还因为他们能在水栅和雷区后方很远的地方，以探照灯和舰炮提供支援。令人惊讶的是，六艘鱼雷艇做到了它们从未被指望做到的事：跟随舰队一同出航。不过，"这些艇员固然勇气可嘉，但他们的旅程也令他们难以承受、筋疲力尽，估计这些鱼雷艇绝不会再这么做了"。

舰队中安装有桅杆的船只都卸下了帆桁用来组成水栅，水栅周边还布设了遥控水雷。水栅的作用是迟滞鱼雷艇的进攻，让它们暴露在（炮舰搭载的）探照灯下足够长的时间，以便将其击沉。演习中最外围的水栅确实使一艘鱼雷艇暴露了行踪，结果证明它们的存在确实能够"让大多数鱼雷艇迷航"。不过，这些从舰艇桅杆上获得的材料并不足以建造足够的障碍，设置水栅还需要专门的材料。在菲利普斯·霍恩比看来，舰队要么需要建造足够完备的水栅将鱼雷艇阻挡在一定距离外，要么需要布置全方位围绕的鱼雷防护网（当时并不存在），而这对运输船而言毫无用处。

但是，当鱼雷撞击舰"波吕斐摩斯"号撞上来时，水栅就"如同冲过终点线的赛跑冠军胸口的缎带一般"被撞开了，这给当时的目击者留下了深刻影响。而且"波吕斐摩斯"号还拥有另外一种威胁巨大的水下武器，即撞角。"很显然水栅对此而言就如同礼物捆扎带，如果要防御它们，那么水雷是必不可少的，而目前似乎还没有什么武器在这方面能够达到令人满意的程度。"遥控（视发）水雷的布设耗时太长，而且雷区也需要探照灯、舰炮以及哨戒艇的支持。如果这些支援设备位于岸上，那还需要专门的人手负责防卫。以水雷进行防御所需要的前期投入和资源远比想象的要高得多。

另一项试验是测试鱼雷艇能否通过纵向射击击中驶向水栅的舰船。尽管鱼雷航行顺利，但却无一命中，艇员们也表示 500—600 码的距离还是太远了。但菲利普斯·霍恩比指出，假使那些舰船靠得足够近，那么这些鱼雷艇将被它们摧毁。在另一次测试中，三艘鱼雷艇尝试在一艘舰船通过水栅时实施伏击，尽管距离非常近可还是未能命中，原因或许是它们太过自信了（也可能是对方机动性优异）。而最后的一次测试中，进攻方尝试用32磅的炸药来破坏水栅，但依然没能制造一个可供舰艇通过的缺口。根据霍恩比的报告，防御方真正的弱点是选择的泊锚地太过开阔，为了保持对雷区的控制以及满足照明的需要，防御力量难以集中。

在另外一次演习当中，被封锁的舰队尝试使用鱼雷艇驱逐封锁舰只以突破封锁，而施加封锁的一方则尽可能地远离海岸以降低鱼雷的威胁。封锁方的鱼雷艇独立地靠向近海，但它们的任务并不是与敌方鱼雷艇战斗，而是通过信号弹来报告对方的突围行动（红色信号代表敌方鱼雷艇，绿色信号代表敌方其他舰船）。封锁方设定了识别信号，以避免鱼雷艇被己方误击。但即便如此，封锁舰队还是多次向己方鱼雷艇开火。封锁战演习的裁判 A. T. 戴尔（A. T. Dale）上校评价道，想要让停泊的小型舰艇通过探照灯来对付鱼雷艇是不可能行得通的，皇家海军需要用近岸哨戒艇来防备掩护主力舰队突围的鱼雷艇。如果有哨戒艇的存在，封锁舰队就能够及时撤离到鱼雷艇无法攻击到的远海，毕竟被封锁的港口拥有的鱼雷艇，终归比能够跟随封锁舰队前来的多，也足以驱逐这些哨戒艇。

戴尔上校认为当时现存的一等鱼雷艇必须靠近基地方能作战，但这个基地可以是一艘能够提供燃煤和补给的大型舰船。因此戴尔更青睐拥有足够续航能力，能够在海上较长时间执行任务的鱼雷舰艇，它们还要像鱼雷艇一样具有较高的航速，从而能够驱逐和摧毁它们。另外，这类鱼雷舰艇的数量还要能和被封锁在港内的鱼雷艇数量相当。它们还将得到诸如"斥候"级巡洋舰（或防护更佳但速度较慢的"麻鹬"号）这类新型舰船的支援。虽说反鱼雷艇作战的精髓在于高航速，但像"墨丘利"号（HMS Mercury）这样的高速巡洋舰，在面对鱼雷威胁时又太过珍贵。戴尔想要的其实正是哈尔的鱼雷舰艇，即后来的鱼雷炮舰。菲利普斯·霍恩比则总结道，鱼雷艇对施加封锁一方的意义在于充当侦察和哨戒艇，它们能够对抗敌方的扫雷舰，从而保护己方的雷区。在班特里湾的封锁演习中，充当哨戒艇的鱼雷艇便装备了舰炮而非鱼雷。

在贝尔赫文的演习结束后，舰队又前往布莱克索德湾（Blacksod Bay），然后布置防鱼雷网和防御性雷区（布设所耗的时间大大超出了预期）。防御计划则由"杰基"·费舍尔上校负责制订。炮艇和小型舰艇被部署在主力舰队负责防御的区域外围，部署的位置让它们的探照灯能够在主力舰艇编队范围外相互交叉。这一防御方案使每一艘前来攻击的鱼雷艇都暴露了行踪，其中一些成功发射了鱼雷，但还是被防鱼雷网成功拦截。最重要的一点是迫使对方在最大射程处发射鱼雷，这样鱼雷在触及防鱼雷网时动能将降至最低。绝大多数鱼雷艇都被探照灯提前发现，另外一些则是被锚地外围的哨戒艇发现的，远在常被主力舰用于对付鱼雷艇的霰弹的射程之外。菲利普斯·霍恩比则对探照灯的作用印象深刻，它们不仅能发现鱼雷艇，如果使用得当，还能晃住鱼雷艇艇员的双眼。他认为外围探照灯本该被设置为固定式的，这样当一艘鱼雷艇被发现时，主力舰艇能打开自己的探照灯对它们进行锁定。然而，大多数探照灯操作员扫描的速度都过快而且毫无章法，因此常常晃友军观察员的眼睛而不是敌方鱼雷艇艇员的。开火的次序更是难以维持，如果让外围的探照灯保持固定，光柱照射到鱼雷艇时，每艘舰艇就都能进行测距然后确定炮口的指向了。

之后，这支舰队一分为二，其中一支负责截击沿爱尔兰海峡航行的另一支。后者将在鱼雷艇的护航下前往斯威利湖（Lough Swilly），其中一艘还在传达命令的任务中证明了自己的潜在价值，但炮艇严重拖累了舰队的航速。鱼雷艇编队在海上自前方和后方同时展开袭击，从后方袭击的鱼雷艇在进入鱼雷射程前，暴露在舰队火力之下七八分钟之久，而此时舰队的航速不过 8 节。显然，一些老旧的鱼雷艇服役时间过长，最高航速已有所下降。

菲利普斯·霍恩比认为皇家海军将不得不为铁甲舰配属相应的高速舰船和大量的远洋鱼雷艇，并且还要为这些鱼雷艇提供能够掩护它们补充燃煤的舰艇。他的计算中，每艘铁甲舰应当配属至少两艘远洋鱼雷艇。"并且还要携带可供换装的舰炮，以便在需要时充当鱼雷艇驱逐舰，拆除一种武器，换上另一种武器，能够降低重量从而提高航速。"他估计半数的鱼雷艇将在前锋位置，采用鱼雷艇驱逐舰的配置，另外一半（采用鱼雷艇配置）则紧跟在舰队后方，随时准备在烟雾的掩护下，向敌方的铁甲舰编队发起攻击。他还设想了一种能够达到"指挥鱼雷艇的速度"的高速鱼雷艇补给舰，可以搭载二等鱼雷艇，还能搭载用于防御港口的物资（水雷和建造水栅的材料）。而所有的舰船都需要安装防鱼雷网。

每六艘铁甲舰构成的编队里，都需要配属四艘拥有中等火力速射炮的高速无防护舰艇，用以掩护和支援鱼雷艇驱逐舰，因此它们的航速需要达到一等鱼雷艇的水平。每支舰队还需要一艘鱼雷艇母舰和一艘快速拖轮（菲利普斯·霍恩比认为两者均能够在需要时从民间采购得到，尤其是当时的客轮比"龟速"的"赫克拉"号鱼雷艇母舰要快得多）。而此时二等鱼雷艇的航速可以在平静的海面达到 19 节，因此每一艘能够搭载鱼雷艇的军舰都应该带上它们，因为"它们的体型和隐秘性，再加上极高的航速，让它们拥有极大的杀伤力"。新型的水雷也需要加紧研发，菲利普斯·霍恩比甚至还建议给救生艇也装上鱼雷发射管。

菲利普斯·霍恩比上将或许是最早，至少差不多是第一个使用"鱼雷艇驱逐舰"一词的人，这个提法在之后的其他演习报告中也被人效仿。[41]1887 年，法国尝试为一艘鱼雷艇加装机关炮，而一位英国观察员将其称为"驱逐舰"。菲利普斯·霍恩比的高速轻型鱼雷舰当时已经作为第一批鱼雷炮舰建造，而英国的军舰已经搭载上了二等鱼雷艇，"伏尔甘"号巡洋舰也已作为鱼雷艇母舰建成。然而，此后从未再有类似"赫克拉"号这样的由商船改造的军舰，无论是高速的还是低速的，因为在 1898 年英法法邵达危机前，英国有十多年没有经历战争的威胁。而到那个时候，科技已发展到另外一番模样了。

之后的英国鱼雷艇

英国的造船厂一直在为国外用户建造大型鱼雷艇，皇家海军也购买了其中的一些构型。例如皇家海军中第一艘采用龟背状艇艏的 TB 80 号，便以雅罗为奥匈帝国建造的 135 英尺型鱼雷艇"鹰"号（Falke）为蓝本。不过显而易见的是，龟背状的结构是后来才添加的，因为在一份 1886 年 7 月 24 日的重量清单中，分别估算了其原本设计的排水量（105.8 吨）和新增了龟背结构及其他各类武器后的排水量（106.1 吨），这一龟背状结构成了后来英国鱼雷艇和驱逐舰的一大重要特征。理论上，龟背可以将舰艇的上浪向两侧排开，但批评者也指出，这同时也会导致舰艇略微下沉、舰桥过于潮湿。1886 年 12 月的海试中，"鹰"号在 87 吨的排水量下达到了 22.43 节的高航速。1887—1888 年的建造计划当中包含了 6 艘增加龟背艇艏的雅罗 TB 79 号的同型艇，即 TB 82—87 号，此外，1887 年时印度殖民地还订购了 7 艘略微放大的 125 英尺型鱼雷艇，但在 1892 年被皇家海军购入。在 1898 年时，它们的编号为 TB 100—106。

注释：

1. 怀特黑德在 1864 年受雇于奥地利海军卢比斯（Lupus）上校，为后者研发一种通过绳索从岸上或船上遥控的小型艇。在确信这样的设想不切实际后，怀特黑德开始研发一种能够在水下航行的装置。他的第一个原型大约重 300 磅（直径 14 英寸，装载 18 磅炸药），可以以 6 节速度航行很短的一段距离。这些最初的实验成功吸引了奥地利政府的注意力，政府决定资助他继续在"杰尼斯"号（Genese）炮艇上开展实验。经费在 1866 年 12 月得到批准，实验则在 1867 年 10 月至 1868 年 5 月间展开。尽管测试委员会都建议奥地利海军纳这一发明，但奥地利政府最终还是拒绝了。怀特黑德则开始向其他海上列强推销他的发明——自航鱼雷。通过改进压缩空气罐，他让鱼雷的航速达到了 11 节，能够航行 2000 英尺（约 610 米）的距离。1869 年 10 月，在一个由地中海舰队的枪炮官组成的委员会（他们中的一些应该已经见过怀特黑德的演示了）的建议下，英国政府要求怀特黑德将两枚鱼雷和他的水下鱼雷发射管带往英格兰进行演示。他将自己的 14 英寸（356 毫米）鱼雷和增强了的 16 英寸（406 毫米）鱼雷（采用 67 磅火药棉作为装药）带往英格兰，鱼雷发射管则安装于明轮蒸汽巡防舰"奥伯龙"号（HMS Oberon）上。在 100 次测试中，他的鱼雷在 200 码处平均速度为 8.5 节，在 600 码处平均速度为 7.5 节。测试委员会宣称，目标舰处于基本静止状态才有可能在 200 码内从纵向命中或在 400 码内从横向命中，而移动中的舰只，除非距离非常接近，否则不可能击中。鱼雷同样还能从水面通过人力启动，但射程仅有大约 100 码。他们还进行了简单的防鱼雷网测试。委员会在最后提交的报告中指出："任何海上列强如果不能拥有水下的自航式鱼雷，将无法获得其在进攻和防御方面均拥有的巨大潜力。"海军部以 15000 英镑的价格购买了怀特黑德的"机密技术"，但却没有买下专利权（于是其他欧洲列强得以纷纷效法）。沃尔维奇（Woolwich）的皇家实验室于 1872 年开始试制怀特黑德鱼雷，其第一项改进被用在 1876 年的 14 英寸怀特黑德鱼雷身上，装备舵机和随动机构，可以以 18 节航速航行 600 码（装 26.5 磅炸药）。1884 年，鱼雷的形状被重新设计（成了现代鱼雷的形状），拥有更强大的引擎，航速从 20 节提升至了 24 节，战斗部的装药同样得到增强。1898 年时，典型的鱼雷航速在 26—27 节之间。这些鱼雷的早期历史被记载于皇家海军历史档案馆（Naval Historical Branch, NHB）收藏的 1898 年版海军部《鱼雷手册》（Torpedo Manual）第三卷。

2. 美国海军情报局出版的《1886 年海外情报》（Information from Abroad 1886）中记录了鱼雷艇的历史，西顿·施罗德（Seaton Schroeder）中尉在本书中记录了 7 次发生于南北战争时期的鱼雷攻击。这些攻击均使用撑杆鱼雷，其中有两个成功案例：一个为"汉利"号（CSS H.L.Hunley）潜艇对"胡沙托尼克"号（USS Housatonic）巡防舰的攻击；另外一个则是威廉·库欣（William B.Cushing）中尉（采用无人驾驶的蒸汽艇）对"阿尔伯马尔"号（CSS Albemarle）铁甲舰的攻击。这两次攻击中，攻击舰均未能幸存（很长一段时间内，"汉利"号被误认为是被自己撑杆鱼雷的爆炸摧毁）。七次攻击均发生在夜间，有两艘目标舰，邦联的"孟菲斯"号（CSS Memphis）和联邦的"沃巴什"号（USS Wabash）及时驶离泊锚地而逃过一劫，这两个案例中撑杆鱼雷均成功引爆。而邦联海军的"大卫"号（CSS David）鱼雷艇在攻击联邦的炮艇"澳克托洛拉"号（USS Octorora）号时，撑杆鱼雷因为插入淤泥中而未能引爆（后来"大卫"号得以幸存）。

3. 布莱恩·兰夫特（Bryan Ranft）主编的《1860—1939 年的技术进步与英国海军政策》（Technical Change and British Naval Policy 1860—1939）一书中，阿兰·库珀（Alan Cowpe）编写的"皇家海军与怀特黑德鱼雷"一章。费舍尔于 1872 年 9 月作为教官调任"优异"号，当年 11 月他在报告中敦促组建鱼雷委员会。根据库珀的研究，尽管证据不充分，但费舍尔应该负责过该委员会的组建。

4. 在一份起草于 1874 年 10 月 31 日，封面标题为"'波吕斐摩斯'号"的报告中，包含了巴纳比一开始（即 1874 年 9 月 26 日）写给审计主管的信。

5. 此处所指的德国军舰应该为泰晤士钢铁厂建造的"齐藤"号巡洋舰（1876 年 3 月 9 日下水），装备单装舰艏和舰艉水下鱼雷发射管，排水量大约 1000 吨。其设计指示功率为 2000 马力，预计航速 16 节，海试时在 2376 马力下最高航速达到了 16.3 节。该舰采用潘恩建造的双胀式蒸汽引擎，采用双轴推进，不过，笔者未能在《桑克罗夫特目录》（Thornycroft List）中找到相关引用。

6. ADM 116/169 号档案，《通过撑杆雷和防雷网实现对鱼雷的防御》（Defence of H.M.Ships against Torpedoes by means of Spars and Nets）。包括"帕拉斯"号舰长 J. A. 费舍尔在内的地中海舰队的指挥官们批评了鱼雷委员会关于防鱼雷网是最好的鱼雷防御手段的报告。舰队指挥官总结了他手下四位舰长（包括鲍登·史密斯、泰伦和费舍尔）的观点：快速的小型军舰应当与舰队配合来开展鱼雷战。1876 年 12 月 7 日时，费舍尔写道：防鱼雷网仅有有限的价值，最好的防御方式是为每艘主力铁甲舰配备两艘类似"彗星"级的炮艇，在铁甲舰驶入狭窄水域时担任警戒和后备力量。不过他肯定了撑杆鱼雷在进攻作战中的价值，认为在特定条件下，搭载它们的无防护舰艇的价值和一艘铁甲舰相当。地中海舰队提交的报告是一份命令的一部分，这份命令要求位于朴次茅斯的"阿克泰翁"号鱼雷学校测试一批新的防鱼雷网。

7. "波吕斐摩斯"号的设计资料中包括一份 1875 年 12 月 13 日巴纳比给助手的命令，要求他将原先的小型高速鱼雷艇设计变更为拥有相近布置和防护水平的撞击舰，能够以 10 节航速抵达直布罗陀，并保留近 50 吨燃煤余量（用于战斗任务）。他还希望知道在搭载的引擎不变时，如果延长舰体以增加燃煤并加宽舰体以增加适航性后的航速。最后的结果似乎是一艘 1950 吨的设计（长 70.10 米、宽 9.75米，指示功率 3600 马力），之后排水量又增加到了 2350 吨。该舰的建造预算为 63450 英镑。该设计构成了 1876 年 1 月 8 日绘制的图纸的基础（排水量 2060 吨，长 70.10 米、宽 10.82 米，最高航速 15—16 节，武器装备为 40 枚怀特黑德鱼雷，无舰炮。由这份资料可知，海军委员会在 1877 年 1月 30 日的会议上决定，筹备建造一艘"依照 1874 年提议的方案"设计的高速装甲鱼雷撞击舰，最高航速不低于 17 节，拥有 3 英寸（76 毫米）的垂直装甲和甲板装甲。1877 年 5 月 25 日绘制的图纸显示该舰将安装 5 具鱼雷发射管，搭载 25 枚鱼雷，当天它被加长了 10 英尺（约 3.05 米），载煤量提高到 350 吨。该舰被设计成了一艘能够跟随舰队巡航的鱼雷舰，此时的设计排水量达到了 2245 吨（长73.15 米、宽 11.28 米）。后来的 250 英尺（约 76.20 米）版设计还额外增加了两挺加特林机枪。

8. 萨特里厄斯希望他的撞击舰能够持续以 16—17 节的航速航行至少 12 天，采用双头设计（两端均可以双轴推进）来满足操控性上的要求，搭载一艘舰载鱼雷艇，艏艉各有 1 门 64 磅炮。紧急状况下，该舰还能安装应急风帆来增加续航力。巴纳比指出，萨特里厄斯的设计比"沙王"号巡防舰（巡洋舰）还要大，而后者的设计都已经因为太过昂贵而未被采用。

9. 改动包括将单轴推进改为双轴推进，预算也从 14.2 万英镑涨到了 15.6 万。到 1878 年 2 月时，该舰设计排水量已到了 2640 吨（长 73.15 米、宽 12.19 米），以 5500 指示马力的引擎为动力，估计最高航速勉强可以达到 17 节的要求。其装甲防护包括 3 英寸（76 毫米）厚的水平穹甲甲板和保护升降井的 6 英寸（152 毫米）垂直装甲。载员从 80 人（单轴推进）增加到了 95 人（双轴推进），1878 年 7月时又增加到了 130 人。随着舰内空间的增加，其鱼雷携带量也恢复到原先的 40 枚。这些改变均见于 1878 年 8 月 27 日绘制的设计图纸。资料中的另一份图纸（绘制于 1881 年 6 月）则表明升降井周围的装甲厚度降低到了 4 英寸（但增加了由 6 英寸装甲保护的司令塔），舰炮包括 4—6 门诺登菲尔德机关炮（在稍晚的设计版本中为 6 门 1 英寸机关炮），而非原先的加特林机枪。

10. 该艇长 17.37 米、宽 2.29 米、吃水 0.91 米（排水量 7.5 吨），采用钢制船壳，船壳在引擎部位加厚至 3/16 英寸（4.76 毫米），足以抵御步枪弹的射击。在艏艉的艇员舱室也安装了钢制百叶窗。其反向蒸汽引擎的指示功率达到 901 马力，尽管设计航速仅为 14 节，但该艇却在海试中达到了 14.97 节。艇上装备 1 枚长 13 英尺（3.96 米）、直径 9 英寸（228 毫米）的拖拽式鱼雷，脱离时与船舷呈 40° 角，以 11 节速度航行。很快瑞典和丹麦就分别订购了一艘，航速分别达到了 15 节和 15.63 节。雅罗则在1874 年为阿根廷建造了他的第一艘鱼雷艇，装备的是撑杆鱼雷而非拖拽鱼雷，雅罗鱼雷艇与桑克罗夫特鱼雷艇的最大区别便是前者采用了隆起相当明显的甲板，而后者采用了平甲板。桑克罗夫特后来又分别为奥匈帝国和法国建造了一艘 67 英尺型鱼雷艇，两者设计航速分别为 15 节和 18 节（为法国建造的在海试中达到了 18.02 节），这两艘鱼雷艇的人员舱室均拥有永久的封闭甲板。在抵达瑟堡后，法国人在艇艏安装了一支 40 英尺（约 12.19 米）长的撑杆鱼雷，因为先前的测试表明，拖拽鱼雷在艇身后部或侧部的爆炸有可能危及鱼雷艇本身。1877 年对旧巡防舰"巴荣纳"号（Bayonnaise）进行的测试表明，撑杆鱼雷的爆炸依然会产生巨大的海浪，只有拥有封闭甲板的鱼雷艇才可以幸存。对桑克罗夫特而言，下一次尺寸上的进步发生在 76 英尺型身上，分别为意大利和荷兰建造（1887 年）。荷兰依旧采用了撑杆鱼雷，但意大利人选择了怀特黑德鱼雷发射管。"闪电"号则比它们还要大（长 87.5 英尺，约 26.67 米）。上述数据摘自美国海军西顿·施罗德中尉发表于《1886 年海外情报》的文章。

11. 和桑克罗夫特的其他鱼雷艇相比，"闪电"号的船体更重，拥有更完整的曲线，用以增加恶劣天气下的适航性。其司令塔的顶部可以按需升降高度。使用最初的螺旋桨时，"闪电"号的最高航速为 18.5 节，但采用了桑克罗夫特的导叶式，或称导管式螺旋桨（ducted propeller）后，该艇最高航速增加到了19 节。当鱼雷发射管固定后，该艇在发射管内携带一枚鱼雷，另外两枚则装载于发射管后面的挂架上。

12. 1880 年 6 月的一份图纸中包含了一艘长 26.38 米、宽 3.29 米、平均吃水 1.07 米、排水量 31.3 吨的一等鱼雷艇。其 450 马力引擎带来了 21.5 节的航速。武器装备为 1 具鱼雷发射管和 3 枚鱼雷，带有一台为鱼雷充气的空气压缩机（总重 2.755 吨）。动力部分的重量为 12.3 吨，船体重量为 11.6 吨。这些属性应该和当时雅罗那艘超越 21.5 节的鱼雷艇相近。

13. 1878 年，海军部从美国的赫列斯霍夫（Herreshoff）造船厂订购了 TB 63 号鱼雷艇，这是 19 世纪皇家海军唯一一艘向外国采购的舰艇。1879 年（5 月 27 日和 7 月 11 日），桑克罗夫特收到了另外十艘改进型鱼雷艇的订单（TB 64—73），一年后又接到了另外 20 艘的订单（1880 年 2 月 28 日，TB76—95）。此外还有 4 艘艇由雅罗建造（TB 74—75、TB 96—97），桑克罗夫特也建造了 1 艘喷水推进试验艇（1880 年 12 月 21 日，TB 98）。1880 年 1 月还曾有在查塔姆造船厂建造 1 艘二等鱼雷艇的计划。而在 1884—1885 年的造舰计划中，还包括了两艘桑克罗夫特的二等鱼雷艇（TB 99 和 TB100）。1888 年皇家海军又向雅罗订购了 TB 49—50，以及编号可能产生混淆的 TB 39—40 和 TB41—48。此外，海军部还向怀特订购了 12 艘木制鱼雷艇（WTB），分别是 1883 年的 WTB 1—8 号、1887 年的 WTB 9—10 号和 1888 年的 WTB 11—12 号。这些二等鱼雷艇是后来取代它们的 56 英尺（17.07 米）型汽艇的先驱。

14. 摘自《双轴推进鱼雷巡洋舰》（*Twin Screw Torpedo Cruiser*）第 22 页，包含一份相关的设计论文。巴纳比对该法国军舰的评价记录日期为 1883 年 3 月 17 日。

15. 根据 A. J. 瓦特（A.J.Watts）编写的 1979 年版《康威世界军用舰艇：1860—1905 年》（*Conway's All the World's Fighting Ships 1860—1905*）的日本海军部分，日本海军 1885 年的建造计划中设想了三支编队，每支包含六艘巡洋舰、六艘鱼雷炮舰，由一艘鱼雷艇母舰携带的鱼雷艇小队（包含八艘二等鱼雷艇）负责支援，此外还有六艘装甲艇。这样的组合方式似乎是参考了英国 1885 年演习的经验。瓦特认为"小鹰"是按照日方要求设计并在日本组装的，由于该艇后来的糟糕表现，防护鱼雷艇编队这一构想被彻底抛弃。日本已在 1880 年从雅罗购买了 4 艘类似俄国"巴统"号的鱼雷艇（TB 1—4 号）。而在"小鹰"号之外，1885 年的建造计划还包括 12 艘一等鱼雷艇和 32 艘二等鱼雷艇，其中有 40 艘均在法国建造。之前考虑的鱼雷艇母舰则从未建造。

16. 参见"斥候"号与"无恐"号的设计档案。不幸的是最初的设计图纸已经难以辨认，不过一份相关的图纸显示它安装了 2 门 5 英寸（127 毫米）炮（备弹 105 发），8 门诺登菲尔德机关炮和 2 挺加德纳机枪，以及 20 枚怀特黑德鱼雷。该级舰预计排水量 1356 吨（长 67.06 米、宽 10.06 米、吃水 4.11 米），载员 120 人，拥有将在日后巡洋舰上十分常见的水平装甲甲板。

17. 档案第 11 篇中可见 1883 年 4 月 28 日的鱼雷巡洋舰设计（1420 吨，16 节），与同年 7 月 25 日版本的通勤船设计有着相似的尺寸（鱼雷巡洋舰宽 10.36 米，吃水 4.11 米，排水量 1420 吨，功率 2890 马力，最高航速 16 节；通勤船宽 10.06 米，吃水 3.96 米，排水量 1320 吨，指示功率 2200 马力，最高航速 15 节）。10 节经济航速下两者的航程均为 3500 海里，超额载煤均可达 6000 海里（鱼雷巡洋舰载煤 400 吨，通勤船为 250 吨；超额搭载时乘员舱室以及装甲甲板上部均可载煤）。不过这艘通勤船接近于没有装甲防护，装甲总重仅 10 吨，相比之下巡洋舰拥有 50 吨的装甲，前者 5—6 万英镑的造价也不及后者的 7—8 万英镑。不久之后，标注日期 1883 年 8 月 31 日的一份图纸显示鱼雷携带量降低到了 12 枚，动力提升至 3200 马力（最高航速还是 16 节）。不过，1884 年 3 月 17 日的图纸中，新的"斥候"号鱼雷巡洋舰将安装 4 门 5 英寸（127 毫米）舰炮和 20 枚鱼雷（配 4 具鱼雷发射管），但其尺寸和排水量并没有变化。

18. 最初的这类军舰似乎当属 1881 年德国建造的两艘排水量 1460 吨的"闪电"级巡洋舰，在 1879 年的官方设计方案中被称作"通报舰"，这与法国"秃鹰"级巡洋舰的情形类似。埃斯维克兵工厂则为奥匈帝国建造了两艘排水量 1560 吨的"黑豹"级"鱼雷撞击巡洋舰"（分别于 1884 年和 1885 年下水）。这一分类方式还被用于后续的"虎"级（*Tiger* Class）和之后更大的舰船。法国也分别在 1889 和 1891 年下水了两艘鱼雷巡洋舰，即"瓦蒂尼"级（*Wattignies* Class），其设计接近于当时已然落伍的"炸弹"级鱼雷艇。意大利海军的鱼雷巡洋舰"的黎波里"号（*Tripoli*）则在 1885 年开工。此外，更小的"皮楚·米卡"号（*Pietro Micca*，十年前开工）也被定级为鱼雷巡洋舰，但却非常不成功。

19. 海峡舰队指挥官、海军中将阿尔弗雷德亲王，《一等及二等鱼雷艇的实验测试与演习报告》（*Report on Experimental Trials and Exercises with First and Second Class Torpedo Boats*），第七章第 22 节，皇家海军历史档案馆 P758 册。此次演习由海军部于 1884 年 6 月 30 日下令展开，鱼雷艇由 7 月 2 日抵达波特兰港，23 日离开。报告中以"鱼雷炮"一词指代鱼雷发射管。

20. 见库珀编写的"皇家海军与怀特黑德鱼雷"一章，《1860—1939 年的技术进步与英国海军政策》29-30 页。

21. H. 布鲁曼索（H. Blumenthal），《W. T. 斯泰德在改变国家政策中的作用：1884 年海军运动》（*W. T. Stead's Role in Shaping Official Policy: The Navy Campaign of 1884*），乔治·华盛顿大学，博士论文，1984 年。文中将此事归功于 W. O. 阿诺德 - 佛斯特（W. O. Arnold-Foster），一位民间的海军专家，他在 1883—1884 年间写出该文，最终引发了斯泰德的此次运动。阿诺德 - 佛斯特后来成了一位海军部秘书，主要负责收集德国和其他外国驱逐舰的情报。海军专家安德鲁·兰伯特博士（Dr. Andrew Lambert）则将这场运动描述为维多利亚时代的"海军上将造反事件"（*US Navy's Revolt of the Admirals*），只是在这个例子中对抗的是格莱斯顿政府的吝啬。领导这一运动的是朴次茅斯的司令官，海军上将乔治·菲利普·霍恩比爵士（Admiral Sir George Phipps Hornby）。费舍尔则是斯泰德和海军之间的中间人，此次他了解到了记者的巨大价值，后来担任第一海务大臣时也常常利用他们的影响力。由于并不是海军委员会的成员、不受政客掣肘，霍恩比可以做第一海务大臣不能做的事。兰伯特从 1893 年的事件中找到了灵感，因此以海军上校查尔斯·贝雷斯福德爵士（Captain Sir Charles Beresford）作为与媒体的联系人来展开自己的行动。霍恩比当时已经退休，但仍然对海军十分关注。

22. 斯泰德将这描述为只是急需经费的"前半部分"。威廉·格莱斯顿（William Gladstone）首相在 12 月 2 日召开的内阁会议中说，如果能再年轻 25 岁（更有精力博弈），他就不会同意任何经费增加。但他砍去了海军要求的一半经费。

23. 这份给议会的报告可能错误地包含了先前已经在建的舰艇。1885 年 3 月，布拉斯告知下议院当时的建造计划包括两艘而非一艘铁甲舰、五艘而非三艘装甲巡洋舰、六艘而非十艘鱼雷巡洋舰、十五艘而非三十艘鱼雷艇。实际上，当时总的建造计划，包括将在海军船坞内建造的（和在普通财政预算之外作为补充的诺斯布鲁克计划的）舰艇有：四艘铁甲舰、五艘装甲巡洋舰、一艘鱼雷撞击舰、七艘鱼雷巡洋舰、五艘炮舰和十五艘鱼雷艇（其中十艘为同一批预订）。

24. 国家档案馆 ADM 231/5 号档案，《关于海军战略的评论》（Remarks on a Naval Campaign），1884 年 9 月 24 日。在这篇文章中，哈尔尝试通过假定英法开战时双方海上力量的对比来回答常被问起的、关于英国海军力量是否满足需求的问题。因此他首先提出英国应当采取的策略，而后才阐述需要何种舰队才能有效执行这一策略。哈尔的计算结果是似乎总共需要 98 艘而非 100 艘这样的舰艇，包括部署海外的 38 艘——25 艘用于进攻土伦港，外加部署远东的 7 艘和部署地中海的 7 艘（而非 9 艘）。文中提到的现役舰艇或许便是"波吕斐摩斯"号，但却没有指出确切舰名。

25. 哈尔此处所指即排水量 369—430 吨的"炸弹"级，大多数由地中海冶金锻造厂（Forges et Chantiers de la Mediterranée）而非勒阿弗尔（Le Havre）建造，于 1887—1890 年完工。这些通报舰以 18—19 节的高速而闻名。武器装备包括 2 门（后增至 4 门）3 磅炮、5 门（后减至 3 门）1 磅转管炮（机关炮）以及 2 具 14 英寸（356 毫米）水上鱼雷发射管。英国后来将之划定为鱼雷炮舰。

26. 巴纳比的设计在其档案（日期未标注）中为：长 56.39 米、宽 7.62 米、吃水 3.05 米；采用双轴推进，2000 马力下最高航速可达 17 节；在舷侧凸出部安装有 4 门 6 磅速射炮，另外还有 4 门诺菲尔德机关炮和 1 具水上鱼雷发射管，携带 10 枚怀特黑德鱼雷。设计图中的载煤量为 75 吨，动力机构由甲板穹甲和载煤舱保护，并且还有由 2 英寸（51 毫米）[后增至 3 英（76 毫米）] 的装甲保护的司令塔。尽管海军委员会强烈要求加装风帆（更多地是为了稳定性），但最终该舰还是没有帆装，这在当时的巡洋舰设计中算是有些离经叛道。该舰被描述为："既是可以随舰队行动的鱼雷舰，也是可以在英吉利海峡或者其他港口周边猎杀鱼雷艇的军舰。船体可以适应远洋航行，采用与鱼雷艇类似的机车式锅炉和蒸汽引擎，但燃煤充足，在经济航速下能在海上航行数月。"这型军舰应该与审计主管想要的非常接近。在预订后，其设计又发生了一些变化，包括用 3 磅炮替换了原先的 6 磅炮，经济航速提升到了 12 节，动力机构周边的防护也得到相应提高，保证在燃煤使用过半后还能有相当于 3 英尺（约 0.91 米）厚燃煤的防护力。舰艏则被加强以增加冲撞力，还增加了 1 具固定的水上鱼雷发射管。巴纳比在 1885 年 5 月 8 日签署了一份清单，罗列了该舰的指标，备注舰长不应超出 200 英尺（60.96 米）。另一份清单则罗列了可能的制造商：桑克罗夫特、雅罗、埃尔德、罗内、莱尔德、泰晤士钢铁厂、巴罗和怀特等——上述船厂中的绝大多数都将参与后来的驱逐舰项目。

27. 该设计为桑克罗夫特的奇斯威克造船厂于 1884 年 10 月 16 日向皇家海军和日本海军提交的方案，内部设计编号 2312。排水量预计约 320 吨（长 60.96 米、宽 6.71 米、吃水 3.35 米；1300 马力下最高航速 18 节），拥有 0.5 英寸（12.7 毫米）水平钢装甲甲板以及从主甲板层延伸至水线下 2 尺（0.61 米）处的 1.25 英寸（31.8 毫米）主装甲带。厂商宣称动力机构同样有燃煤保护（载煤 40 吨、满载 80 吨）。武器装备为 4 具舷侧鱼雷发射管（2 具位于舰艏、2 具位于舰艉，携带 8 枚鱼雷）、2 门 1 英寸（25.4 毫米）诺登菲尔德机关炮和 2 挺加德纳机枪。载员包括 4 名军官、5 名技工、8 名司炉和 20 名普通海员。"蜘蛛"号的设计资料中标注该方案于 11 月 7 日提交，根据资料描述，该舰在水线下 2 英寸处拥有 2 英寸（51 毫米）厚的装甲甲板（未列出主装甲带），10 节航速下续航 1500 海里；安装 6 具鱼雷发射管、2 门诺登菲尔德机关炮和 2 挺加德纳机枪。尺寸为：长 67.06 米、宽 7.47 米、吃水 2.06 米。该设计方案日期标注为 1884 年 10 月 23 日，但正式提交是在 1884 年 11 月 6 日。

28. 这一新的分类由海军造舰总监在递交最终设计方案时提议，见该舰设计资料第 89 页。

29. 一份更新的设计图中表明了尺寸：水线长 60.69 米，宽 7.32 米，舰艏吃水 2.13 米，舰艉吃水 3.20 米，干舷高度 1.22 米（排水量 430 吨）。一台三胀式蒸汽引擎（指示功率 2500 马力）将让该舰达到 19 节的最高航速，设计载煤量为 60 吨，满载载煤量为 100 吨。在这一版本中，该舰将安装 4 门 3 磅炮（每门备弹 550 发）、2 门 1 英寸（25.4 毫米）四管诺登菲尔德机关炮，1 具舰艏鱼雷发射（携带鱼雷 6 枚）。另外两具鱼雷发射管则没有列出。

30. "响尾蛇"号后来成了加拿大第一艘军舰，即护渔艇（海岸警卫艇）"加拿大"号（CGS Canada）的设计蓝本。该艇于 1904 年在维克斯的巴罗造船厂下水，而当时加拿大海军甚至还不存在。它于 1914 年 8 月加入皇家加拿大海军，在第一次世界大战期间作为巡逻舰服役。

31. 由于相关档案资料中缺乏详细信息，很难确定哪些修改源于怀特，哪些源于审计主管或其他委员会成员的要求。

32. 国家档案馆 ADM 1/7028A 号档案中包含了 1890 年的设计方案图纸，但他所说"随函附上"的 1885 年和 1887 年方案（即先前的设计）已经丢失。

33. 其他被用于对比的还有意大利海军的"闪电"号（Folgore）与"的黎波里"号鱼雷巡洋舰，以及法国的"炸弹"号鱼雷艇。"维堡"号则被列为鱼雷炮舰，而非鱼雷艇，表明他们将其视为一艘放大的鱼雷艇，甚至是一艘早期驱逐舰。

34. 设计编号 3216，长 51.21 米、宽 5.33 米、吃水 1.52 米，采用四台水管锅炉和两台三胀式蒸汽引擎，安装 2 具舰艏鱼雷发射管和 2 门诺登菲尔德机关炮（还能按照需要在舷侧增加其他武器）。该舰和另一项更强大的 27 节型设计还在 1887 年 7 月提交给了法国。来自《桑克罗夫特清单》，HO 计划。

35. 3474 号方案（长 54.86 米、宽 5.33 米、吃水 1.52 米），在两小时的增压送风测试中平均航速达到了 26 节，而在一英里的测速中航速达到 27 节，经济航速为 10—12 节，锅炉压力为 200 磅力 / 平方英寸（1.38 兆帕）。桑克罗夫特的记录显示该方案属于船厂主动向皇家海军提议的方案，而非根据要求设计的。该方案在 1889 年 1 月作为 3950 号方案的替代品提交给智利海军，同时还给了法国地中海冶金锻造厂以换取一份动力系统的订单。此时，该舰的武器装备变更为 1 具舰艏鱼雷发射管和 4 门 3 磅炮。编号 3950 号的设计方案则是一艘大型鱼雷艇猎舰（长 67.06 米、宽 7.01 米、吃水 2.44 米；标准排水量 325 吨，满载排水量 375 吨），设计最高航速是较为平庸的 23 节，武器为 2 门 6 磅炮和 4 门 3 磅（37 毫米）速射炮，以及 2 具可旋转的鱼雷发射管。一个拥有更强大的水管锅炉的版本航速仅达到了 22 节。4088 号方案则是 3474 号方案的改进型，1889 年 7 月为暹罗设计，为了获得"像巡洋舰一样"的适航性，略微增加了宽度（达到 6.10 米）和排水量（到 235 吨），并增设了艏艉楼。在正常送风情况下速度降低至 23.5 节，武器装备包括 2 门司令塔上部的 6 磅炮、2 门舷侧凸出部的 3 磅炮和 2 挺位于舰桥两侧的机关枪，舰艏的 2 具鱼雷发射管被取消。4958 号方案则是 1891 年 4 月 25 日为日本设计的另一艘高速鱼雷艇猎舰，舰长 54.86 米、宽 16.50 米、吃水 5.28 米，排水量大约 200 吨，动力机构与 3474 号方案一致，增压送风条件下航速可达 27 节。该舰装备 4 门 4—6 磅速射炮和 2 具可旋转的 14 英寸（356 毫米）鱼雷发射管。来自《桑克罗夫特清单》，HO 计划。

36. 4992 号设计方案于 1891 年提交给了海军部，这是一艘根据与海军审计主管的谈话，基于之前的高速"猎舰"设计的"海峡巡逻艇"，航速高达 27 节，装备了泽林斯基气动炸药炮、速射炮和鱼雷发射管。"该方案最可贵的地方在于高航速和气动炮极高的射程与射速。"泽林斯基气动炸药炮身管长 24 英尺（7.32 米），口径 9 英寸（228 毫米），可以在四分钟内发射 8 枚炮弹（射程可达 1 英里）。桑克罗夫特提交的设计计长 54.86 米、宽 5.49 米、吃水 1.52 米，航速 26 节（因安装了气动炸药炮而有所降低）。"我们认为如此高的航速和攻击力的结合将在保证海峡制海权上十分有用，无论敌人是鱼雷艇、鱼雷炮舰还是其他类似的舰艇，抑或是慢到无以复加的大型战舰……"。这似乎是造船厂自主产生的提议，采用泽林斯基气动炸药炮似乎也是桑克罗夫特，而非海军部的主意。桑克罗夫特在递交提案时着重强调了这艘鱼雷艇猎舰的高航速，"能够从容应对法国抑或其他国家现在正在建造的高速鱼雷艇，而那两具 18 英寸（457 毫米）鱼雷发射管也能让它在需要时充当一艘高效的鱼雷艇"。方案中的武器装备为位于舰艏的 1 门泽林斯基气动炸药炮、2 门 6 磅速射炮，位于舰艉的 2 门 3 磅速射炮，以及 2 具 18 英寸鱼雷发射管。来自《桑克罗夫特清单》，HO 计划。

37. 除去为西班牙建造的"毁灭者"号，莱尔德还为阿根廷建造了两艘"埃斯波拉"级（Espora）和一艘"祖国"号（Patria）（与"翠鸟"级类似）；阿姆斯特朗则向巴西海军出售了一艘"古斯塔沃·桑帕约"号（Gustavo Sampaio）[原本是作为驳船建造的"欧若拉"号（Aurora）]；之后，莱尔德又为智利海军建造了"孔德尔海军上将"级（Almirante Condell Class）和"辛普森海军上将"号（Almirante Simpson）。后者下水时已经是 1896 年，驱逐舰的时代早已来临。"孔德尔海军上将"级与"神枪手"级类似，但增加了艏艉楼。1891 年智利革命时，"林奇海军上将"号（Almirante Lynch）鱼雷舰在当年 4 月 23 日击沉了老式的"布兰科·恩卡达拉"号（Blanco Encalada）中央炮郭铁甲舰，这也是怀特黑德鱼雷第一次成功击沉一艘装甲舰。"古斯塔沃·桑帕约"号则在 1893 年的巴西革命当中击沉了"阿奎达班"号（Aquidaban）铁甲舰。

38. 备战期间的海军部官方订购清单中仅包含 40 艘一等鱼雷艇——在 1885 年 4 月 30 日分别向桑克罗夫特和雅罗订购了 20 艘并要求在当年 9 月开始交付。另外还有两艘为智利建造的鱼雷艇和 2 艘雅罗的木壳鱼雷艇（WTB 8 与 WTB 9 号）。该报告中的鱼雷艇编号为 TB 51—90 号，但应该在不久后被重新命名，其中一些应该属于诺斯布鲁克计划中的 14 艘。资料来源为境外情报委员会第 91 号档案，《关于海军部备战准备的报告：1885 年春季战争前夕》（Report of the Preparations Made by the Admiralty: Outbreak of War in the Spring of 1885），ADM 116/8869 号档案。来自海军部舰政司（Admiralty Ship Department）的 116/8870 号档案（前者姊妹篇，还包括前者的附录）也提到了购买鱼雷猎舰"雨燕"号作为补充，并且还有铅笔标记"够了吗？"。奇怪的是，"敏捷"号并未出现在这份文件下一页的清单当中。

39. 不幸的是，笔者无法确定可选的鱼雷炮舰武器配置最早的出现时间。可以确定，它们在 1885 年的演习名单当中被引用。TB25—87 号的设计资料中曾有对鱼雷炮舰配置方案的描述，但要注意《桑克罗夫特清单》仅提及其鱼雷艇配置方案在 1885 年 6 月 30 日由船厂敲定，并未提及鱼雷炮舰的配置。一份 1886 年 4 月 13 日对 TB 25 号的测试报告提及该艇原始设计的航行条件，同样也只描述了鱼雷艇的配置，包括 5 具鱼雷发射管和 2 门诺登菲尔德机关炮（备弹 100 发），鱼雷炮舰的配置方案则只字未提。大概在同一时期的另一份报告则提到了通常状况下的鱼雷炮舰配置。而一份 1886 年 4 月 2 日 TB 31 稳定性测试报告，就包含了两种武器配置方案。TB 31 号在采用鱼雷艇配置时将安装 5 具鱼雷发射管和 2 门诺登菲尔德机关炮；而作为鱼雷炮舰时则仅保留艇艏鱼雷发射管并安装 2 门 3 磅炮和 2 门诺登菲尔德机关炮。

40. 此次演习报告的拷贝收藏于海军历史档案馆，其中提及在国家档案馆的编号为 ADM 1/6971 号的档案。

后者还包含了费舍尔关于此次演习的日记，以及他个人的点评。日记里还包括了一张阵型草图，描绘了在装甲舰编队前方，由鱼雷艇驱逐舰组成的一支护航编队，它们负责保护舰队免受鱼雷袭击。

41. 1888 年的演习报告中参考了菲利普斯·霍恩比的结论：在封锁作战中仅用得上最大的鱼雷艇和鱼雷艇猎舰，每艘铁甲舰应当配属 1 艘鱼雷艇猎舰和 2 艘鱼雷艇，两者将共同构成内部的防御编队。这些舰艇中的一部分将在铁甲舰进行近岸侦察期间始终伴随其左右，承担传令（在无线电出现前的通信方式）和其他辅助任务。外围的封锁则由铁甲舰和侧翼的巡洋舰承担，鱼雷猎舰将负责追逐逃脱的敌方舰艇并通过探照灯发出警报。和菲利普斯·霍恩比计划的类似，鱼雷艇将负责核心区域的防御。拜尔德认为"弓箭手"级的武器装备过重（可能导致重心偏高），因此航速无法超过 11—12 节。上述内容来自海军部情报司 179 号报告，国家档案馆 ADM 231/14 号档案。

03

THE THIRD CHAPTER

第三章

鱼雷艇驱逐舰

　　1888 年，法国建造了能够远离港口作战的公海（Haut-Mer）鱼雷艇，这使得英吉利海峡更加危机四伏。虽然这一威胁理论上针对皇家海军的舰队而非穿梭于海峡的大量商船，毕竟法国于 1859 年签署了限制击沉商船的协议，但如果皇家海军不能将法国在海峡一侧的港口完全封锁，那么来自法国人的破交战将在所难免。既然这些鱼雷艇能在公海航行，那它们肯定能跨越英吉利海峡，这就意味着需要某种能在公海追上它们的舰只。对这种先发制人式袭击的恐惧，完全可以从 1898 年法绍达（Fashoda）事件期间英国人的战争准备当中窥见一斑。

　　1891 年 2 月，此时已是海军审计主管的费舍尔指出放大版的鱼雷艇或许是解决方案之一，这种鱼雷艇并不一定需要太大的承载能力，毕竟法国的港口距离周边的英国港口都不远。或许是英雄所见略同，如前一章所述，桑克罗夫特当年 6 月便拿出了这样的设计。后来雅罗也拿出了大体类似的设计。

▽ 桑克罗夫特的试验舰"勇敢"号（*Daring*）拥有三台锅炉，其中前部的两台共用较宽的前部烟道。两座烟道后来均得到了加高。这型舰艇在舰艉拥有两具并列安装的鱼雷发射管，和当时的鱼雷艇一样，两具鱼雷发射管的指向相反，这样需要对另一侧的敌舰实施攻击时便不必调转指向了。至于此后的驱逐舰，海军部给竞标方分派了武器配置标准。在 1902 年，基于稳定性不足的假定，这些驱逐舰的武备被限定为 1 门 12 磅炮、3 门 6 磅炮和 1 具舰艉鱼雷发射管，并且仅携带 1 枚鱼雷。

试验舰

　　最初的六艘驱逐舰在1892—1893年的财政预算中得到批准，"杰基"·费舍尔少将从1892年2月开始担任海军审计主管。一年前他便指出对抗鱼雷艇的解决之道是建造一种大型轻载舰艇，他很快便要求海军造舰总监设计一型航速27节并拥有强大火力的军舰。[1]这种舰艇最初被描述为"具备远洋航行能力的高速鱼雷艇"，并沿用了鱼雷艇的惯例，只不过在武器装备方面拥有炮艇和鱼雷艇的两种搭配方案。海军造舰总监很快拿出了武器配置方案：安装1门12磅炮，用来对付法国的公海鱼雷艇。为满足高速性的要求，舰艇大小受到限制，进而可搭载的人员数量也受到限制，而这又进一步限制了武器装备（武器的操作人员）和动力（锅炉的操作人员）。海军造舰总监选择了6磅炮而非鱼雷艇上常见的3磅炮作为副炮。另外，同当时的鱼雷艇一样，舰艇还有1具固定的鱼雷发射管。在鱼雷艇方案中，除舰艏发射管外，在司令塔两侧还各有1具鱼雷发射管，另外还携带2枚额外的鱼雷，火炮则包括1门12磅炮和1门6磅炮。而在炮艇方案中，两具鱼雷发射管被2门6磅炮取代。之后在审计主管的要求下又增加了2门6磅炮的炮位（并在相应部位加强了舰体）。

△ 在法国人开始建造勉强已经算是驱逐舰的所谓公海鱼雷艇之前，英国的鱼雷艇还尚未陷入落伍的境地。法国的这三艘试验舰在1891年4月得到批准，"骑士"号（Chevalier）是1893年6月15日下水的第三艘。图中所示便是"骑士"号在1893年10月13日的海试中达到27.22节航速的情景。此前于1892年8月8日下水的第一艘"火枪手"号（Mousquetaire）在第一次海试时仅达到了23.85节的航速。"骑士"号排水量118吨（满载排水量135吨），仅是早期英国驱逐舰的一半左右，标定航速为24.5节（指示功率2200马力）。武器装备为2具18英寸（457毫米）鱼雷发射管（携带4枚鱼雷）和2门37毫米炮。水线长43.82米，宽4.50米，吃水1.45米。从时间顺序上看，1891年法国的这一项目催生了英国的首个驱逐舰计划，此前已有鱼雷艇达到了很高的航速，但这些公海鱼雷艇的出现对皇家海军造成了特别的威胁。

︿ 雅罗造船厂建造了英国的第一艘驱逐舰"浩劫"号，拥有两台大型机车式火管锅炉，分别通过两座紧挨在舰艉的烟道排烟（雅罗青睐这一设计的原因或许是由于这样会让敌方更难估计其航向）。而这样的布置使得锅炉距离锅炉舱的尽头较远，之后"浩劫"号换装了四台水管锅炉，烟道增加至三座，其中中部的两个上风口（即原先烟道的位置处）被合并在一座烟道内。与另外五艘试验舰一样，"浩劫"号舰艏有一具固定的鱼雷发射管，类似的布置在此后的英国驱逐舰上被取消，因为会产生令人难以接受的浪花。尽管理论上12磅炮炮位下的司令塔才是指挥控制的核心，但实际上该炮充当了舰桥的角色，这就不可避免地导致两种功能相互影响。龟背结构之后的甲板上可见2门6磅炮中的1门，随后则是一艘泊尔松折叠救生艇（Berthon boat），这是英国早期驱逐舰上的标配。再往后是另外一门6磅炮。双联装的甲板鱼雷发射管并不可见，此时应当还未安装。在1902年，这些试验驱逐舰的武备被规定为1门12磅炮和3门6磅炮，甲板上的鱼雷发射管被拆除，仅留下舰艏的发射管（但额外携带了三枚鱼雷）。

︿ 由莱尔德造船厂建造的试验舰"雪貂"号（Ferret）有着白色上层建筑与黑色船体，这是典型的维多利亚式涂装，前部炮位已经转变为舰桥，可见其上部长方形的海图桌。第三和第四座烟道间的物体是后部操舵位海图桌的玻璃表面（图中可见罗经设备）。与另外两个厂商不同，莱尔德将引擎放置在两对锅炉之间，每一对锅炉由一段锅炉舱容纳（各自的烟道分别位于两端）。折叠的小艇与第一座烟道后面的桅杆并列。在早期英国驱逐舰上，桅杆都与舰桥有相当一段距离（这使得通信十分不便），或许是为了让敌方更难判断舰艇航向。在1902年，所有舰长小于210英尺（约合64米）的驱逐舰（36艘，应当包含了所有的27节型驱逐舰）的武备都被规定为1门12磅炮、3门6磅炮和舰艏的1具可旋转鱼雷发射管。

一份标注为1892年5月的海军部武器配置图表明12磅炮被安装于舰艏司令塔顶部，1门6磅炮位于舰艉司令塔顶部，另外2门6磅炮则采用斜置布置（en echelon）方式，其中右舷炮更靠后。但海军部并未给予各船厂动力部分的大致设计，因为项目的目的之一就是让各船厂发挥自己的专业才能，在有限的船体内安装足够强大的动力装置。海军造舰总监则提供了一个大致的范例用于规范各船厂提出的设计，即在搭载90吨的动力装置和25吨海试用的燃煤（总载煤量40—50吨）时，总排水量为226.1吨。以载员人数为基础估算的动力达到了鱼雷艇的两倍——3200指示马力（双轴推进，三胀式引擎，两台锅炉分别位于两段锅炉舱内）。载员被设置为40人，其中26人负责舰船动力（包括22名司炉工）。[2]但这引发了对剩下的14人是否还足够操作舰上火炮的疑问，不过基于不会同时用到所有火炮的假设，费舍尔批准了40人这一载员限制（以限制舰艇的尺寸）。

造船厂将全权负责动力机构的设计，但所有的方案均需要交海军部审核批准。这一次海军部收到了6家鱼雷艇建造厂商的方案，分别来自雅罗、桑克罗夫特、帕尔默、莱尔德、怀特和汉娜－唐纳德＆威尔逊。

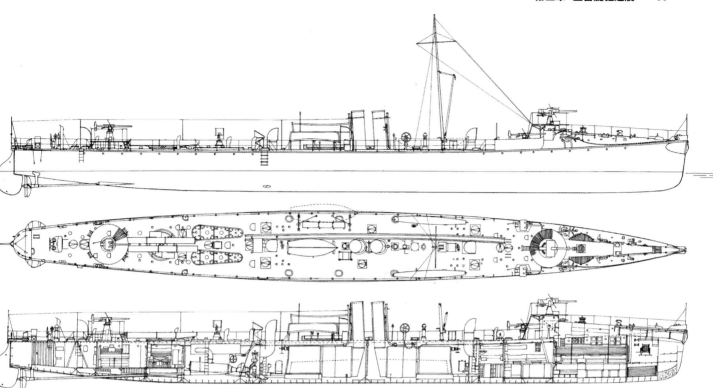

"浩劫"号

雅罗的"浩劫"号是英国第一艘完工的驱逐舰。图中所示为"浩劫"号在1895年10月海试期间的状态。和当时的鱼雷艇相同，舰艉的双联装鱼雷发射管为反向安装，以便冲入敌阵时同时向两舷发射鱼雷。如果拆除舰尾鱼雷发射管，仅留下舰艏的鱼雷发射管，那么该舰还能再安装两门额外的6磅炮。图中所有12磅炮和6磅炮均安装有炮盾，这些炮盾是可拆卸的，早期驱逐舰有时会安装这些炮盾，有时则不安装。桅杆两侧甲板上的两个菱形物是折叠的泊尔松救生艇，这是早期英国驱逐舰上的典型设备。"浩劫"号于1912年被出售拆解。

（绘图：A. D. 贝克三世）

"浩劫"号舱内结构

浩劫号采用机车式火管锅炉，在快速机车开始出现的年代，这似乎是降低机械部件重量的关键（最后证明这是错误的）。和其他所有的锅炉一样，其设计的关键便是让尽可能多的水与燃烧产生的热量接触。火管锅炉将煤燃烧产生的热气导入浸在水体中的火管网络中，在火管周围形成的蒸汽气泡随后升至锅炉顶部，然后被导入蒸汽引擎当中（许多机车式锅炉通过在上部设置独立的汽室来达到这一目的，但图中的锅炉并没有这一结构）。在强压通风状态下，不完全的燃烧有时会将小块的燃烧煤块吹入细小的火管内，然后从烟道被排出。不幸的是，锅炉内的大多数水体和火管距离较远，而让水升温也需要一定的时间，这使得舰船启动、加速都很缓慢。此外机车式锅炉的可靠性堪忧，火管时常有漏水的危险。同时，由于体积巨大，很难满足最大功率时所需的抗压能力（锅炉压力180磅力／平方英寸，约1.17兆帕，或许已经达到了这类锅炉的实用极值）。在"浩劫"号建造期间，不同种类的水管锅炉提供了更好的选择，使用水管锅炉的部分原因便是为了对比测试，正如十年后蒸汽轮机被安装在驱逐舰和巡洋舰上，以和当时尚存的往复式蒸汽机进行对比测试一样。图中，引擎部分仅标注出了气缸上部的外壳（和与之相连的蒸汽管道）以及露出舷外的冷凝装置。锅炉背靠背布置，授煤口附近留有一定空间。与其他皇家海军舰艇上让乘员睡在吊床上的惯例不同，司炉工（前部）和甲板人员在舱室中均拥有铺位。同时应当注意，左舷的螺旋桨较右舷螺旋桨略微靠后，或许是为了避免大直径螺旋桨相互干扰。舰艏绘出了仅在六艘试验舰上可见的固定鱼雷发射管。注意引擎舱上部的海图桌（有着倾斜的顶部），后部操舵位便在其后方。尽管司令塔内安装了前部舵轮（图中勉强可见），可是该舰更多时候由后部舵轮操控，海图桌附近才是通常用于指挥的部位。

（绘图：A. D. 贝克三世）

首席工程师希望各船厂的竞标方案包含所有两类可能用到的锅炉，即已经在使用的机车式锅炉和多种水管锅炉。因此莱尔德的方案选择了诺曼德式三筒锅炉（Normand boiler），而非已经在桑克罗夫特的方案中使用的桑克罗夫特锅炉。怀特则提交了一种实验型的锅炉设计。

最终，雅罗、桑克罗夫特和莱尔德分别获得了两艘驱逐舰的建造合同。

在雅罗造船厂的"浩劫"号（HMS Havock）上，两段锅炉舱内各安装有一台机车式火管锅炉，安装方向相反，因此每段锅炉舱的授煤口与烟道均位于两端，而两座烟道在舰舯部相互紧靠。同样由该厂商建造的"黄蜂"号（HMS Hornet）则在两段锅炉舱内成对安装了8台水管锅炉（每对使用一座烟道），因为每段锅炉舱在两端各有一座

△ 桑克罗夫特的 27 节型驱逐舰
"拳师"号（HMS *Boxer*）是该厂
试验驱逐舰的略微放大版。

▷ 雅罗的 27 节型驱逐舰"冒进
者"号（HMS *Dasher*）。如图
所示，该舰已接受了现代化改造，
以四台水管锅炉取代了两台机车
式锅炉，与"浩劫"号的改造类似
（雅罗的三艘 27 节型驱逐舰均于
1899—1900 年在厄尔造船厂接
受改造）。中间较宽的烟道负责为
背靠背安装的两台锅炉排烟。烟
道上的条纹用于标识驱逐舰在编
队中的位置。这些驱逐舰的建造
合同中有相应条款允许海军部向
其他造船厂分享设计图纸以保证
最好的实用性。雅罗（在同意该条
款后）迅速转变态度，致使其最
终被逐出皇家海军的驱逐舰建造
项目。该船厂坚称是自己发明了驱
逐舰或许便源自这一争端。桅杆
桁上悬挂的圆锥形物体，很有可
能来自 1903 年朴次茅斯海军通
信学校提出的一种识别体系，以
简单的几何图形代表特定的数字。
两个或者更多的图形足以指示驱
逐舰的从属关系或鱼雷艇的编号，
测试表明这些图形很容易被识别。

烟道，所以两个距离最远的烟道之间有两座紧凑布置的烟道。与桑克罗夫特的设计一
样，两具甲板鱼雷发射管均反向并列安装。后来这种安装方式（在驱逐舰设计上）遭
到了反对，因为这可能导致两具鱼雷发射管因为一次中弹而全部损坏。在 1899—1900
年间，霍索恩 – 莱斯利公司为"浩劫"号换装了水管锅炉，并将烟道改为三座（在舯
部的两座上风道被合并至一座烟道）。

　　汉娜 – 唐纳德 & 威尔逊被否决的方案与雅罗的"浩劫"号类似，只不过两座
上风道被合并在一座更高的烟道当中。汤姆森造船厂在正式竞标前便放弃了的方
案也采用了合并上风道的设计，它的设计是为西班牙建造的"毁灭者"号鱼雷艇
的延续。

　　桑克罗夫特则使用了三台自己公司的水管锅炉，其中两台位于前部的锅炉舱
内，授煤口同样位于相反方向而上风道挨在一起，合并在一座烟道之内，因此该舰
拥有两座相隔较远的烟道，其中前部的烟道稍宽。在 1900 年的一封写给日本海军
省的信件中，桑克罗夫特宣称皇家海军更青睐双烟道的设计，因为这能让驱逐舰更
难同鱼雷艇区别开（但并没有证据证明这一说法）。该方案还采用了桑克罗夫特的
专利双舵。

　　莱尔德在两段锅炉舱内安装了四台诺曼德式锅炉，引擎则位于前后锅炉舱之间，
每一段锅炉舱内，授煤口位于中部，而烟道则位于两端。在锅炉舱之间布置引擎导致
上风道无法合并，因而该方案有两对，即四座烟道。与另外两家厂商的方案不同，莱

尔德采用了两具单装鱼雷发射管，一具位于引擎舱上部，另外一具位于舰艏炮位前部。

帕尔默被拒绝的方案则采用了四台杜 – 汤普勒水管锅炉（三座烟道），但这一设计太过拥挤，导致没有足够的位置容纳相关人员（司炉工），能靠近机械的地方也太少。怀特的方案则在三段锅炉舱内安装了多达十二台实验性（未经测试）的小锅炉，每段锅炉舱分配一个合并的烟道。

根据 1912 年 8 月 30 日的命令，为了方便区分，这些驱逐舰与后来的 27 节型驱逐舰一起被重新定级为 A 级驱逐舰，但它们并未使用统一的设计。

27 节型驱逐舰

海军部认定驱逐舰是一个滚动生产的项目，需要定期进行改进。因为将设计的权限下放给了各船厂，所以这些驱逐舰仅能以海试时的速度指标来区分。试验舰被划分为 26 节型或 27 节型驱逐舰，而最初的生产型也被归为 27 节型（海军造舰总监则将这些驱逐舰描述为"卓越高速型"）。海军部希望能够扩展生产规模，而并非所有船厂都有能力像雅罗或桑克罗夫特一样设计和建造轻量级的动力系统，因此海军部向它们公布了设计图纸。雅罗在后来提出抗议，宣称海军部公布的动力系统设计中包含了专利信息。海军部对此提出激烈的反对意见，自 1895 年后的许多年，雅罗均未能赢得海军部的建造合同。或许是为了进一步维权，阿尔弗雷德·雅罗爵士（Sir Alfred Yarrow）四处宣称是他发明了驱逐舰。由于担心该事件会被提交至国会辩论（最终并没有如此），海军还印出了费舍尔上将在 1891 年的备忘录以备需要，它被装订在《1896—1897 年议会辩论文件集》（*Papers for Parliamentary Debate, 1896–7*）当中。

驱逐舰的出现恰巧遇上了 1893 年新的《海上防务法案》的颁行，旧的 1889 年法案被废除，格莱斯顿再度当选首相并且一如既往地坚决反对增加海军经费开支。不过又一场来自媒体的运动再次迫使他接受了新一轮的五年建造计划。该计划于 1893 年 3 月获得批准，包括新建 7 艘战列舰、30 艘巡洋舰、82 艘驱逐舰和 30 艘鱼雷艇。[3] 驱逐舰计划包括 1893—1894 年计划中订购的 36 艘 27 节型，1893—1894 至 1896—1897 四个年份中计划建造的 45 艘 30 节型驱逐舰，以及另外三艘速度更快的"特设"舰艇（总数增加至 84 艘，原因尚不清楚）。

是否要保留舰艏鱼雷发射管是设计中面临的一个重要问题。舰艏发射管会产生大量浪花，其重量也会在航行中导致舰艏下沉，但它的支持者认为驱逐舰将经常承担鱼雷艇的工作，只有舰艏鱼雷发射管能让它们拥有快速向大型军舰发射鱼雷的能力，而且同期仅有四艘法国鱼雷艇没有安装艇艏发射管。不过，"卓越"号海军炮术学校的 S. A. 博蒙特（S. A. Beaumont）认为驱逐舰的舰炮火力还太弱，因此应当省下舰艏鱼雷发射管的重量以增加舰炮。在 1892 年 9 月，当时还是实际上的皇家海军总参谋长的哈尔上校认为，舰艏鱼雷发射管的重量应该用于增加舰艇的弹药携带量，几艘原型舰的备弹实在太少。"弗农"号鱼雷学校的总指挥官 W. H. 梅（W. H. May）上校则建议将舰艏发射管挪到其他位置，但随即遭到海军军械总监的反对。后者认为将舰艏鱼雷发射管挪到后部甲板会妨碍舰炮的弹药补给，而舰艏发射管带来的问题，可以通过使用轻型（14 英寸）鱼雷和重新设计管口盖来解决。海军造舰

> 达克斯福特（Daxford）的 27 节型驱逐舰"哈代"号（HMS Hardy），图中可见典型的维多利亚涂装，包裹舰桥、炮台的防水布，以及舰艏的编队编号（1）。肿部较宽的烟道包含了两台锅炉的上风道，前部的鱼雷发射管位于该烟道和前烟道之间，后部的鱼雷发射管则位于后烟道后方，紧邻舰上搭载的救生艇。该舰军官时常批评防水布并没有使他们免于被龟背结构扬起的波浪打湿。

∧ 厄尔（Earle）的 27 节型驱逐舰"鲷鱼"号（HMS Snapper），图中可见后部鱼雷发射管，第三座和第四座烟道之间的发射管尚未安装。其 30 节型驱逐舰有着类似的布置，不过肿部的两座上风道合并为一座烟道。巨大的进气口位于两台锅炉的共用授煤口位置。该舰在海试中遇上了严重的震动问题，工期也被延长（从而支付也被拖延），这很可能最终导致了船厂的破产。

总监于 1893 年 9 月向审计主管提出裁决请求，不过这对已经在建造的六艘试验舰而言已经太晚了。

当时这些 27 节型驱逐舰的舰内空间已不足以容纳更多弹药，倒是重量余裕还够增加 2 门 6 磅炮。1893 年 10 月，第二海务大臣弗雷德里克·理查兹爵士（Sir Frederick Richards）选择了梅上校的解决方案。他认为，毕竟这些舰艇的任务是"将敌方鱼雷艇驱逐出英吉利海峡"（而不是充当鱼雷艇），因此它们应该拥有"干净锐利而没有突出物的舰艏，以避免在追击敌人时造成上浪，或者让敌方能够计算出自身的航速"。

最初的建造计划是在 1893—1894 年度建造 14 艘驱逐舰，由两个主要的专业厂商（即桑克罗夫特和雅罗）负责建造一开始的三艘。后来，由于一等巡洋舰"强盛"级（Powerful Class）的建造计划被推迟至 1894—1895 年度，1893—1894 年度的驱逐舰建造数量得以增加至 25 艘。1894—1895 年建造计划中还有另外 16 艘，其中 11 艘为 27 节型驱逐舰，这使得 27 节型驱逐舰的总数达到了 36 艘。[4] 剩下的 5 艘是 30 节型驱逐舰（详见后文），另外还有三艘作为补充。

桑克罗夫特再次提出了一型三台锅炉的设计方案，其中容纳两台锅炉的锅炉舱位于单台锅炉舱的后部，1 号和 2 号锅炉共用一座烟道。双联装鱼雷发射管则更换为 2 具单装鱼雷发射管，一具位于烟道之间（靠近前烟道），另一具则相当靠后，位于艉部舰炮前方。

雅罗则继续沿用了"浩劫"号的设计（采用两台机车式锅炉），甲板上安装2具单装鱼雷发射管。1899—1900年间，厄尔造船厂为三舰换装了4台水管锅炉（因而烟道增加至3座）。

莱尔德则大体上采用了其试验舰（"雪貂"级）的设计，仅仅增加了少量结构材料以增强修长舰体的牢固性。

阿姆斯特朗（埃斯维克）采用了8台雅罗锅炉，成对布置于4段锅炉舱内，每对配备一座上风道。其中前方靠后和后方靠前的上风道被合并为一座烟道，因此该舰同样为三烟道设计。不过这一设计似乎并不令人满意，因此阿姆斯特朗也未能参与后来30节型驱逐舰的竞标。

厄尔同样使用了8台雅罗水管锅炉，布置于两段锅炉舱内，2号和3号锅炉的上风道虽然紧挨在一起，但并未合并为一座烟道。

费尔菲尔德则在两段锅炉舱内安装了3台桑克罗夫特式锅炉，前部锅炉舱内布置两台并共用一座烟道，因而该级舰为双烟道设计。

汉娜–唐纳德&威尔逊则采用了单座短粗的烟道（在同时代驱逐舰中可谓独一无二），两具鱼雷发射管均布置于烟道后方。两艘该级舰后来均换装了4台里德（Reed）式水管锅炉，安装于两段锅炉舱内，2号与3号锅炉的上风道十分靠近，但同样并未合并进一座烟道内。该厂的27节型是研发耗时最长的，但即使在换装锅炉后，两舰的航速也从未达到27节的要求。

霍索恩–莱斯利采用了8台雅罗水管锅炉，同样成对安装，每对共用一个上风道，2号与3号锅炉舱的上风道被合并进一座烟道内，因此同样是三烟道设计。

帕尔默采用了4台里德式水管锅炉，分布于两段锅炉舱内，2号与3号锅炉的烟道合并。

泰晤士钢铁厂的设计采用了3台怀特水管锅炉，1号和2号锅炉间放置了巨大的

∧ 莱尔德的27节型驱逐舰"竞争"号（HMS Contest）与该船厂的试验舰一样，引擎被布置在了锅炉之间。一具鱼雷发射管位于引擎舱上方，另外一具则位于后烟道后部，后方6磅炮炮位的前部。注意该舰巨大的进气口。烟道在舰身长度上占据的比例较大，这型高速舰堪称"包裹着高性能引擎的船壳"。

∧ 怀特的 27 节型驱逐舰"斗争"号（HMS Conflict）拥有 3 台锅炉，其中两台分隔较远的锅炉与储煤舱共用舱室。这张照片摄于该舰海试时，当时安装了鱼雷发射管（注意前部两座烟道之间的防盾）但未搭载舰炮，注意后部的火炮掩体。泰晤士钢铁厂建造的"斑马"号（HMS Zebra）配置大体相同，但采用了垂直的烟道，而非如该舰一般有一定的倾斜角。这些驱逐舰的龟背状舰艏均十分相似，因为海军部向各船厂提供了这部分的标准设计图纸，其他在动力机构上的设计区别，可以从烟道的布置方式来判断。而在船体构型和舷内结构上，各船厂的设计有许多差别。

储煤舱，上方为前部鱼雷发射管。该舰 2 号与 3 号锅炉的上风道合并，因此两座烟道间有着较大的间距。

汤姆森的设计则在两段锅炉舱内安装了 4 台诺曼德式锅炉，中间的两座上风道合并为一座烟道。该船厂后来被约翰·布朗的谢菲尔德钢铁厂收购，因此也相应地更名为约翰·布朗造船厂。

怀特采用了 3 台自己生产的锅炉，储煤舱位于前两台锅炉之间，引擎则位于最后。2 号和 3 号锅炉的上风道靠近但并未合并，前部锅炉的烟道较为靠前，位于舰桥后部。但不幸的是，由于动力机构的设计原因，螺旋桨的旋转方向与通常的设计相反，导致该级舰的操控性较差，因此怀特未能收到 30 节驱逐舰型的订单。

这些驱逐舰大多都能够在海试中略微超越 27 节的预定最高航速，但这都是在仅载煤 35 吨时，而非满载 120 吨煤的情况下达到的。载煤量对航速的影响大约可达 3 节，例如"雅努斯"号（HMS Janus）驱逐舰在海试时最高航速达到了 27.7 节，但在满载燃煤时航速仅能达到 23.4 节。1909 年 9 月时，这些 27 节型驱逐舰在 90% 动力下，航速一般只能达到 20—22 节。现在还不确定这样的差距是否让后来海试时的载重规范变得更切实际一些。

不过，这些驱逐舰也并非想象中那样脆弱。1910 年，"海妖"号驱逐舰在地中海随舰队行动时遇上风暴，险些在西西里附近沉没。当时在马耳他的舰队造船师 W. J. 贝里（W. J. Berry）（后来成了海军造舰总监）认为，该舰是他见过的最接近沉没而又幸免于难的船只了，这次事件证明了该舰尽管重心较高，但总体的稳定性极佳。当时即使战列舰都经历了相当严重的横摇，"海妖"号全舰从艏至艉被海浪扫过，横摇严重到吊艇柱的顶端都已沉入海面以下。几乎所有固定在甲板上层的结构都被海浪损坏、卷走，舰长让它以一定的角度面对海浪，以防舰桥本身被海浪卷走。一个被海浪冲走的柜子后来砸坏了储煤舱舱壁锁簧的螺栓，之后舱盖被冲走，海水随即涌入储煤舱和机械舱室，最终导致引擎舱内的所有电路发生短路。尽管抽水机奋力地工作，可是引擎舱内的水位还是不断攀升并淹没了主传动轴，后部的锅炉舱积水更是超过 5 英尺。该舰的指挥官特别要求舰上的工程师坚守岗位并鼓励他们的手下也恪尽职守，即使他们已经"因为晕船和饥饿濒临崩溃"。"海妖"号在离开马耳他时满载燃煤，因此其舱内的额外重量严重地拉扯着船体，但神奇的是船体并没有受损，仅有部分船体列板被拉伸变形（部分焊接处还有分离）。但当时的情形依然相当危急，"康瓦里斯"号（HMS Cornwallis）战列舰一直跟随着"海妖"号，随时准备在后者倾覆后救援落水船员。事后，贝里认为该舰的幸存归功于良好的维护水平，因为此前曾对锈蚀的船壳进行替换，增加了一倍的龙骨翼板并对甲板进行了加固。如果没有这些措施，龙骨很有可能会因过多的载重而折断。事发时，"海妖"号正和"壮士"号（HMS Bruizer）一道，随"康瓦里斯"号战列舰进行防御鱼雷艇攻击的演习。

30 节型驱逐舰

对大多数制造商来说，驱逐舰还是一种新武器，因此建造进度不得不放慢下来。1894—1895 财年的预算基本都围绕已经预订的 42 艘驱逐舰展开的，这一建造过程被延长后，额外预订的更高性能军舰便获得了制造空间。1894 年 7 月，海军造舰总监指出是时候实施这一计划了。当时雅罗、桑克罗夫特和莱尔德的舰船已经成功交付，雅罗甚至已经开始抱怨海军造舰总监的计划，但由于其按时完成了较高质量的建造，海军造舰总监还是邀请他参与了新的 30 节型驱逐舰的竞标。8 月 14 日，海军造舰总监正式邀请三家船厂依照财政部的要求在三个月内提交竞标方案，该方案的主要要求就是搭载 30 吨燃煤、排水量 280—300 吨时，最高航速能够达到 30 节。其他要求还包括：船舱载煤量应该达到 80 吨（此前的设计为 60 吨）；载员大约 65 人，乘员舱室应至少能容纳那么多人，即走道等其他空间的铺位不算在内（此前的设计载员为 50 人）。锅炉舱人员需求的增加源于高航速所需的高功率。

一开始，皇家海军采用一个型号来涵盖大量独特的设计，而在 1912 年 8 月 30 日采用字母分型时，四烟道的 30 节型驱逐舰被定级为 B 级、三烟道的为 C 级、双烟道的则为 D 级。

最初海军部也提供了武器搭载标准：艏艉各 1 门 12 磅炮，外加 4 挺机关枪（用 0.45 英寸马克沁机枪而非 1 英寸机关炮取代此前的 6 磅炮）。这一变更的原因在于海军部认为，6 磅炮的威力并不足以瘫痪大型鱼雷艇，但机枪却有能力压制住对方操纵舰炮和鱼雷发射管的艇员。但是，在 1894 年 12 月，海军军械总监提出了新的替代方案，即以 3 磅炮取代马克沁机枪，增加的重量可以通过减少一枚鱼雷得到补偿。此外，2 门 12 磅炮也可以替换为 4 门 6 磅炮和 4 门轻型枪炮（不过海军造舰总监指出该型驱逐舰最多只能设置 8 个炮位）。该方案的舰体尺寸并不比 27 节型大多少，因此弹药库的容量也相差不大。之前舰艇的最低配置为总共 4 门舰炮（前向用于追击的 3 门和位于舰艉中轴位置的 1 门），平均每门火炮备弹 100 发。这些弹药已经填满了弹药库，因此额外增加的 2 门 6 磅炮将没有弹药可用，而一艘装备 4 门 6 磅炮和数挺机枪的驱逐舰，每门 6 磅炮能够得到 100 发炮弹。不过，海军造舰总监能够为每门 12 磅炮提供 150 发炮弹，前提是其他舰炮都是 3 磅炮，因为它们的炮弹更小。

就在这些细节尚在讨论中时，机关枪的方案遭到了广泛的质疑，很多人认为这太过冒险，并且它们挤占了可以摧毁鱼雷艇的舰炮的炮位（6 磅炮在此期间再次得到青睐，因为海军军械委员会认定它有能力摧毁一艘鱼雷艇）。海军造舰总监手下的驱逐舰专家亨利·戴德曼（Henry Deadman）也在 1895 年 1 月指出，各造船厂更熟悉现存的武器搭载方案。首先得到保留的是 2 具鱼雷发射管，之后，已经将对鱼雷艇的火力最大化的 27 节型驱逐舰的火炮布局也被继续采用，这得到了海军军械总监的认可。同年（1895 年）6 月，海军审计主管要求舰艉（6 磅炮）的基座要有能力搭载 12 磅炮，但最终发现增加的重量（1.5 吨，安装重型火炮后还将再增加 1.5 吨）是该舰无法承受的——这也让人们发现该设计方案中各要素之间的关系是多么的微妙。另一方面，考虑到之前试验舰上出现的震动问题，能否在舰艉有效地操纵一门沉重的 12 磅炮也确实存疑。

一些 27 节型驱逐舰，已经尝试过同时满载舰炮和鱼雷武器。理论上，这些驱逐舰在安装鱼雷发射管时应当拆掉相应的舰炮（这是由于装载鱼雷发射管后所需要的乘员数量超出该型舰的载员量）。不过，海军部还是决定同样不会为 30 节型驱逐舰增加操纵武器的乘员。真正制约 27 节型驱逐舰的因素还是稳定性，不过并不是所有驱逐舰都会遇到这样的问题。

更高的航速需要更高的动力（指示功率 6000 马力而非原先的 3400 马力或者 4000 马力），因而也就会消耗更多燃煤，并且需要更多司炉——而这也就意味着需要更多的舱内空间。首席工程师置疑这些驱逐舰无法维持高航速超过四小时，因为需要清理燃烧炉的炉灰，"而且在授煤口工作的司炉也将筋疲力尽"。每段锅炉舱的授煤口最多可以容纳 4 名授煤工和 2—3 名平舱工，因此两段锅炉舱每班需要 8 名授煤工和 5 名平舱工，这些人的工作强度远大于其他军舰上的司炉，授煤工和平舱工每小时经手的燃煤分别达到 18—20 英担（约合 0.91—1.02 吨）和 30 英担（约合 1.5 吨），相比之下其他军舰上这一数据仅为 12 英担（约合 0.61 吨）。首席工程师还怀疑"如此多的人能否同时在炉火边工作超过一小时"，而且每班四小时就需要 32 名授煤工和 20 名平舱工，但驱逐舰的尺寸将载员限制在了 60—65 人。首席工程师指出，锅炉人员的推算是基于 3400 马力的"浩劫"号做出的，即使到 4000 马力的"拳

怀特的 27 节型驱逐舰 "巫师" 号（HMS Wizard），图中所示为经历改装后的状态，前部的两座烟道已合并为一座。该舰装备了当时英国龟背式舰艏驱逐舰上典型的高艏楼及固定在桅杆上用于吊放小艇的长杆。在舰艏舰炮平台 / 舰桥前方的管状结构应该是厨房的烟囱，而舰桥上方的垂直结构应该是臂板信号机（semaphore）。该舰于 1903—1904 年接受了改造，于 1910 年合并了烟道。在最后一次改造后，前部鱼雷发射管从两座烟道之间移动到了舰桥和前部烟道之间。"巫师" 号螺旋桨的旋转方向同样异于常规舰艇，它因糟糕的操控性而臭名昭著。

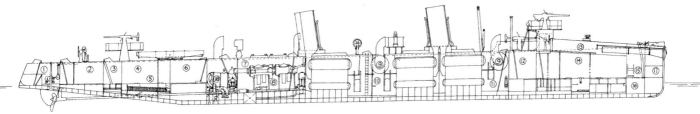

1. 舵机舱
2. 食物储藏室及舰长起居室
3. 军官起居室及盥洗室
4. 军官餐厅
5. （下方）弹药库
6. 引擎技师（ERA）铺位（左舷）
   士官长（CPO）铺位（右舷）
7. 引擎舱
8. 往复式蒸汽引擎
9. 锅炉舱风机
10. 后部锅炉舱（位于储煤舱之间）
12. 厨房①
13. 舰艏鱼雷发射管装填平台
14. 普通舰员舱室
15. 电缆及油漆仓库
16. 锚链舱
17. 艏尖舱
18. 冷凝器

① 译注：原文中没有 11。

"诱饵"号驱逐舰

　　桑克罗夫特的试验舰——"诱饵"号（HMS Decoy）驱逐舰。图中所示为 1897 年时的状态，搭载双联装鱼雷发射管和 3 门 6 磅炮。注意桑克罗夫特标志性的位于螺旋桨外侧的舵面，桑克罗夫特宣称这样产生的隧道效应能够增加螺旋桨效率和舰艇机动性。在舰艏 12 磅炮平台放置海图桌是将此处转变为舰桥的第一步（后来海图桌被移到了靠左舷位置以保证 12 磅炮向正前方的射界）。"诱饵"号在第一座烟道后部还有一个海图桌作为司令处。在 1896—1897 年的改造中，该舰的烟道得到了加高。

（绘图：A. D. 贝克三世）

"诱饵"号舷内结构

　　与"浩劫"号不同，"诱饵"号采用了水管锅炉，注意其标志性的蒸汽鼓（steam drum）。在此类锅炉中，水自穿过高温气体的管道内流过，这些管道越细，水和热量接触的表面积也就越大。采用水管锅炉大大节省了锅炉所需要携带的总水量。从热力学的角度看，水的状态同样存在一种惯性，水体的质量越大，加热或者冷却该水体也就越困难。因此水管锅炉能够降低锅炉的启动时间，从而增强舰船的反应能力。更小的管道和蒸汽鼓也让锅炉能够更好地承受增压送风时的高压，尽管这种状态下压力更多地作用于燃烧室当中。另外水管锅炉的体积也更小，更便于安装。该型锅炉唯一的缺陷是司炉在授煤时需要格外小心。第一台水管锅炉的发明可以追溯到 19 世纪 50 年代，法国海军在 1879 年开始在战舰上使用大型的贝尔维尔式水管锅炉。鱼雷艇发展中的决定性一环便是锅炉水管的细化，不同的设计中分别采用过直管或弯管，后者更难清理但却能增加热量的交换。因此这些锅炉的生产商大多也精于小型高速舰艇的建造，例如英国的桑克罗夫特和雅罗，以及法国的诺曼德。在水管锅炉出现后，蒸汽压力先升高到了 300 磅力／平方英寸（约 2.07 兆帕），后来降低至 210 磅力／平方英寸（约 1.45 兆帕），最终稳定在 250 磅力／平方英寸（约 1.72 兆帕）附近，而这一指标一直持续到了第一次世界大战期间。桑克罗夫特在 1885 年为他的水管锅炉申请了专利，该型锅炉的钢制蒸汽鼓位于倒 V 型结构顶端，与燃烧室两侧的水箱相连。桑克罗夫特的锅炉与其他锅炉的不同之处在于，其管道进入蒸汽鼓时已位于水线之上（其他厂商则青睐于"浸入式"的水管）。之后，大内径的降水管再将水从蒸汽鼓带回水箱以维持锅炉内的水循环。另外，桑克罗夫特采用了弯曲的水管。雅罗在 1889 年申请的专利中则采用直管，并且没有使用降水管。J. W. 里德则采用了弯管和降水管（于 1893 年申请专利）。J. S. 怀特则沿锅炉烟道周围安装了双螺旋水管。面对这些锅炉和动力系统的不同设计，海军部最终制定了标准。自 1906 年开始，海军部采用了雅罗式和怀特 - 福斯特（White-Foster）式两种水管锅炉。"诱饵"号的锅炉工作压力为 215 磅力／平方英寸（约合 1.48 兆帕），莱尔德的诺曼德式锅炉蒸汽压力为 200 磅力／平方英寸（约合 1.38 兆帕），而用于 27 型驱逐舰的早期雅罗式水管锅炉压力为 185 磅力／平方英寸（约合 1.28 兆帕）。对以煤作燃料的军舰而言，锅炉舱内要有足够司炉施展，从而将煤铲入锅炉的空间（而且在司炉能够够到的地方需要储存足够的煤）。由于司炉作业属于人工作业，一艘军舰想要保持高航速就需要搭载大量的司炉人员。司炉空间和乘员室的增加，会使舰艇尺寸增大，排水量增加，也就更难达到合同所要求的高航速。批评者后来指出海试中的高航速是通过不合实际的轻载（甚至常常不搭载武器）实现的，而舰艇根本不可能在没有足够司炉的情况下长时间维持高航速。注意舵轮位于 12 磅炮下的司令塔内，而没有设在炮位平台之上。

（绘图：A. D. 贝克三世）

师”号，也因为“希望将人员需求尽可能降到最低”而没有提高。在这些驱逐舰当中，将有更多的司炉处于当值状态而非在休息，他们在不当值时也不可能担任机械技师之外的职务。

该计划一开始邀请了三家造船厂参与竞标：桑克罗夫特制造 3 艘、雅罗制造 3 艘、莱尔德制造 1 艘。而在莱尔德造船厂成功交付了 27 节型驱逐舰“雪貂”号和“山猫”号（HMS *Lynx*）后，海军决定让三家造船厂的进度保持一致，即对 2—3 艘驱逐舰进行竞标。1894—1895 年建造计划共购入了 8 艘 30 节型驱逐舰。

雅罗认为需要更大的吨位（350—400 吨）来保证 30 节的最高航速要求，在质疑先前分发的图纸时，雅罗也宣称如果获得成功，新的动力系统将能够补偿增加的吨位。[5] 而考虑到军舰的稳定性和动力系统所需的空间，莱尔德也准备超越排水量限制（309 吨外加 8 吨的冗余量）。桑克罗夫特的方案也达到了 315 吨。[6] 不过海军造舰总监对这些方案均不满意，遂在 1895 年 2 月要求三家造船厂重新提交标书。之后桑克罗夫特和莱尔德提出的航速略高于 27 节的驱逐舰方案也被驳回：所有未来的驱逐舰都必须达到 30 节甚至更快，这是基于其他国家正在建造高速舰艇做出的决定。例如，法国正在计划建造大型公海鱼雷艇。

海试期间，一些 27 节型驱逐舰的航速已经超过了 29 节，印证了海军部“30 节驱逐舰并不需要增大太多”的预想，因此各船厂才愿意接受 300 吨的排水量限制。雅罗提交了一型 200 英尺（约 60.96 米）长、指示功率 5700 马力的方案，海军造舰总监预计如果采用特殊钢材，其排水量能够降低至 285 吨左右。桑克罗夫特则提交了一型 64 米长（排水量 260 吨，5400 马力）的方案，同样采用高强度钢材，不过海军造舰总监认为船厂低估了该方案的排水量大约 30 吨，因此动力不足。莱尔德提交了一型 63.09 米长（300 吨，6000 马力）的驱逐舰方案，载员均集中于动力机构后部，而且太过拥挤，因此海军造舰总监建议将舰体长度延长 6—7 英尺（约 1.83—2.13 米）。和其他造船厂不一样的是，莱尔德的方案采用的还是普通钢材。三家船厂均采用了仅有一个低压汽缸的倒置式三胀式蒸汽引擎。首席工程师认为增加汽缸数量有助于降低高速状态下的引擎震动，因此他建议船厂用两台较小的、分别位于两端的低压汽缸代替传统的单台较大直径的低压汽缸。他也希望能够将引擎转速限制在每分钟 400 转之内，以降低所需的蒸汽压力。

桑克罗夫特原本计划采用三段锅炉舱（从前至后分别搭载 1 台、2 台和 1 台锅炉），从而将该舰的烟道限制为两座（每两台锅炉共用一座烟道），以避免在“勇敢”号上遇到的问题。首席工程师则建议（应该是以个人名义）船厂将锅炉舱减少至两个，主要是出于节约经费考虑。最终，船厂决定采用三台更大型的锅炉并以和 27 节型驱逐舰类似的方式布置于两段锅炉舱内。

上述设计方案本已在 1895 年 4 月获得批准，但雅罗却不满足于海军部的报价，因此最终 8 艘驱逐舰的建造任务被分配给了桑克罗夫特（4 艘）和莱尔德（4 艘）。两家船厂均不得不增加舰体长度，桑克罗夫特的设计增加到了 64.92 米（排水量 272 吨），莱尔德的设计长度增加至 64.92 米（但排水量依然是 300 吨）。[7]

桑克罗夫特的设计本质上是对自身 27 节型驱逐舰的放大，依旧是三台锅炉两座烟道，服役期间其双舵设计备受青睐，在贴舷航行时能够为螺旋桨提供保护，在倒退

时的操控性也极佳。但该型舰也由于"非常不人性化的居住条件"而遭到批评。梅德韦教导编队（Medway Instructional Flotilla）的指挥官马克·柯尔（Mark Kerr）认为最糟糕的还是桑克罗夫特式的舰艇设计，因为会有大量海浪涌上舰桥，在公海航行时，这些桑克罗夫特的驱逐舰不得不降低航速以防止舰桥上的人员和设备被海浪冲走。他还认为桑克罗夫特（为增加机动性而设计）的斜切艉让该级舰在尾随浪中非常难以操控，时常有突然转向的趋势。不过相比之下，霍索恩-莱斯利建造的驱逐舰即使在更好的海况下也有类似的问题。

桑克罗夫特还向其他国家海军出售了同类舰艇。一艘大小、动力和30节型驱逐舰大致相当的驱逐舰被出售给了德国海军，即"支队艇"或称鱼雷艇领舰D 10号。和该船厂先前的试验舰一样，D 10号安装了1具舰艏鱼雷发射管和2具甲板鱼雷发射管，舰炮为5门50毫米速射炮。很可能是因为载重接近实际情况，海试中其航速只达到了27.73节。桑克罗夫特为日本海军建造了6艘"东云"型（Murakomo Class）驱逐舰[基于为皇家海军建造的30节型驱逐舰"鲛鲢"号（HMS Angler）]

∧ 费尔菲尔德的27节型驱逐舰"赤鹿"号（HMS Hart），前面两座锅炉的烟道合并在一起，炉膛朝向相反，它们位于两个相互独立的锅炉舱内（其中一个就在舰桥后方，大型通风筒下面）。不同寻常的是，舰上的12磅炮和6磅炮都安装了炮盾。鱼雷发射管布置在烟道之间和艉部6磅炮前方，但在拍摄这张照片时，后部鱼雷发射管尚未安装。"赤鹿"号和它的两艘姊妹舰是费尔菲尔德制造的第一批鱼雷舰艇。

"热心"号

桑克罗夫特的27节型驱逐舰"热心"号（HMS Ardent）是直接由该船厂的"诱饵"号改进而来的。图中所示为1896年4月在马耳他接受改装之后的状态，其中鱼雷发射管的护盾并不确定是否真实安装过，仅见于马耳他船坞的计划图纸当中。该舰的折叠救生艇是用驯鹿皮制造的"驯鹿艇"而非此前常见的泊尔松式救生艇，相比后者其体型更小，价格更便宜，也是常出现在当时官方记录中的一种救生艇。注意1号烟道后部的海图桌和罗经盘，它们共同组成了一个远离司令塔（位于12磅炮下部）的后部指挥区，拥有良好的视野。不过此时海军依旧没有在12磅炮的火炮平台上增加舵轮的打算。理论上，该级舰有炮舰（鱼雷艇猎舰）和鱼雷艇两种武器搭载方案，不过图中已包含了所有的舰炮和鱼雷发射管。

（绘图：A. D. 贝克三世）

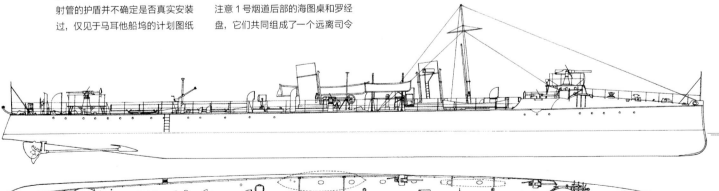

和 2 艘更大型的"白云"型（Shirakumo Class）驱逐舰。之后日本的造船厂又根据"东云"型建造了 7 艘"春雨"型（Harusame Class）驱逐舰，该型驱逐舰将舰艉的 6 磅炮更换为了更强大的 12 磅炮，这一改进也让英国海军决定为驱逐舰配备更强大的舰炮。

"白云"型驱逐舰增加了第四台锅炉以达到所需的高航速，和雅罗的驱逐舰类似，舯部的两座烟道紧挨在一起，这一设计方案始于 1899 年 12 月桑克罗夫特的造船师 S.W. 巴纳比的设计，该舰设计最高航速 31 节。之后为瑞典建造的"马格尼"号也采用了十分相近的设计，仅有舰炮有所改变，为 5 门 57 毫米炮。桑克罗夫特曾和雅罗就瑞典驱逐舰的订单展开过竞争，雅罗在 1901 年 8 月赢得了第一艘驱逐舰，即"莫德"号的订单，但桑克罗夫特在几年后赢得了第二艘驱逐舰"马格尼"号的建造订单。与日本的驱逐舰不同，"马格尼"号不仅安装了 5 门更强的 57 毫米炮，而且拥有比雅罗的设计更佳的适航性。[8]

▽ 霍索恩－莱斯利的 27 节型驱逐舰"翻车鲀"号（HMS Sunfish），这张照片拍摄于 1900 年之前，烟道被加高之后。注意舰上的炮盾。在所有的 6 磅炮都安装到位之后，它就取消了原来安装在艉炮前面的那一座鱼雷发射管。

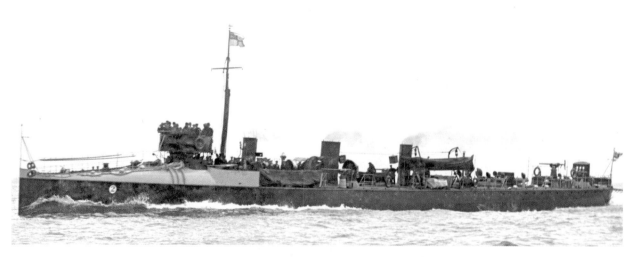

△ 维克斯的 27 节型驱逐舰"海星"号（HMS Starfish），同它的姊妹舰一样，该舰的桅杆位于舰桥与前部烟道之间，图中可见舯部（位于第二座和第三座烟道之间）和艉部（救生艇旁）的 2 具鱼雷发射管，以及舰上搭载的全部 5 门 6 磅速射炮。1901 年，该舰的烟道被升高至舰桥高度之

上。"海星"号完工时，造船厂的名称还是巴罗舰船建造与军备有限公司（Naval Construction & Armaments Co Ltd, Barrow）。"海星"号还参与了皇家海军第一种反潜武器的测试——一种通过摆臂投放的深弹。这种武器的测试始于 1900 年 9 月，用一支 42 英尺（约 12.80 米）长的撑杆搭

载于舰艏，就像安装在汽艇上那样，撑杆顶端的装药浸入水中约 10 英尺（3.05 米）。撑杆会在航速 9 节时折断，如果搭载于侧舷则在 8 节时折断。在"蒂泽"号驱逐舰上测试时，向外延伸并向下倾斜的摆臂则在 17.5 节航速时折断。摆臂的优点是不会缠绕螺旋桨。在"海星"号上进行测

试时，深弹的装药量为 51 磅（约23.1kg）。1904 年，"弗农"号鱼雷学校的年度报告中还出现了另外一种方案——由欧吉奥维（Ogilvey）上校设计的被称作"水獭"（Otter）的拖拽式反潜深弹（采用接触式引信）。

桑克罗夫特还依照其30节型驱逐舰为意大利设计了"光环"级（Nembo Class）驱逐舰，由该公司位于那不勒斯的联合造船厂帕蒂森（Pattoson）船厂负责建造。此外，桑克罗夫特还曾计划向阿根廷、巴西、智利、意大利、俄罗斯和西班牙推销其拥有龟背状舰艏的驱逐舰，但均以失败告终。[9]

莱尔德的方案采用了大体和27节型驱逐舰类似的布置，但使用四缸引擎（两个低压汽缸），该型驱逐舰因较大的转向半径和高速航行时有太过明显的艉倾而备受批评。莱尔德船厂相应的外贸舰船则包括为俄国建造的"鲶鱼"号（Som）和"斗争"号（Boevoi），以及为智利海军建造的4艘"奥雷拉船长"级（Capitan Orella Class）和2艘"梅利诺·加帕船长"级（Capitan Merino Jarpa Class）驱逐舰，其中"梅利诺·加帕船长"级取消了位于舰艏的鱼雷发射管。虽然采用了和30节型驱逐舰相同的动力系统，但俄国的"斗争"号最高航速较低（仅27.5节），这很可能是在海试中采用了较为实际的载重所致。和为智利建造的驱逐舰不同，"斗争"号降低了舰炮火力，武器为1门11磅炮和5门3磅炮，外加2具15英寸（381毫米）鱼雷发射管。

雅罗的外贸型驱逐舰则很有可能参照了其他船厂为皇家海军建造的30节型驱逐舰。1894年雅罗开工为俄罗斯建造"猎鹰"号（Sokol），或称"敏捷"号（Pruitki）。该舰在四段锅炉舱内搭载了八台雅罗式水管锅炉，艟部的两座烟道紧挨在一起（这一特征可以算作雅罗的"商标"），该舰是全世界第一艘在海试中航速超越30节的驱逐舰（1895年），俄罗斯的造船厂依照该舰的设计在1898—1903年期间建造了26艘同型舰，均采用四台或者八台雅罗式锅炉。不过它们的航速却没能比得上原型驱逐舰。之后俄国根据雅罗的设计又建造了22艘更大型的"机敏"级（Boiki Class）驱逐舰，利用传统的四台锅炉对应四座烟道的设计。"机敏"级驱逐舰于1902—1905年间完工，和英国当时的30节型驱逐舰相比，它们的火力显然更弱，仅有1门11磅炮和3门3磅炮（后者后来被第二门11磅炮取代）。

雅罗之后又在1896—1898年为阿根廷海军建造了4艘"科连特斯"级（Corrientes Class）防护驱逐舰，和其他驱逐舰不一样的是，该级舰仅有3台锅炉（取消了前部锅炉舱的第一台锅炉），很可能是为了补偿提高防护带来的重量增加，其标定航速为27节（4200马力）。该级舰在锅炉和引擎舱的水线部位增加了厚0.5英寸（12.7毫米）至0.8英寸（20.3毫米）的装甲带。武器装备为1门位于舰艏司令塔顶部的3英寸（76毫米）14磅炮和3门沿中轴线布置的6磅炮，通常还会搭载2具单装鱼雷发射管。

后来，雅罗又根据阿根廷"科连特斯"级的设计为日本海军开发了"雷"型（Ikazuki Class）驱逐舰，这是日本海军的第一型驱逐舰。该船厂为日本建造了6艘"雷"型驱逐舰和2艘"晓"型（Akatsuki Class）驱逐舰，拥有标志性的两座紧挨在一起的艟部烟道，但烟道是垂直的而非倾斜的。"雷"型驱逐舰中的"涟"号（Sazanami）是一艘出色的舰艇，在三小时的海试当中平均航速达到了31.385节。此次海试的载煤量为35吨（和30节型驱逐舰相同），为达到这一高航速，其引擎转速需要达到每分钟390转。发表于《工程师》（Engineer）杂志的一篇评论文章指出，这次海试还为每台锅炉留出了大约100马力的冗余。"涟"号采用了雅罗的四缸蒸汽引擎，由4台雅罗式水管锅炉驱动。它们的武器装备和皇家海军的驱逐舰类似，不过"晓"型驱逐舰以1门12磅炮替换了舰艉的那门6磅炮。

"渴望"号

图中为桑克罗夫特的 30 节型驱逐舰"渴望"号（HMS *Desperate*）完工时（1897年 2 月）的状态，注意该公司标志性的围绕螺旋桨的下悬式双舵面，可以在航行中产生隧道效应。海试中，该舰勉强达到了合同要求的航速（排水量 276.6 吨、指示功率 5901 马力时，航速 30.006 节）。注意位于第一和第二座烟道间，作为司令平台的海图桌和罗经，通常指令由这一平台下达至舵轮处。在需要使用 12 磅炮时，启用火炮平台下部司令塔内的舵轮，否则则使用位于炮位正后方的舵轮，此时该平台也充当舰桥，其上同样设置了海图桌和罗经盘。同样需要注意的还有延伸出舷外、位于 12 磅炮下部的操锚用长杆。这一时期，桑克罗夫特锅炉的工作压力为 220 磅力 / 平方英寸（约 1.52 兆帕）。

（绘图：A. D. 贝克三世）

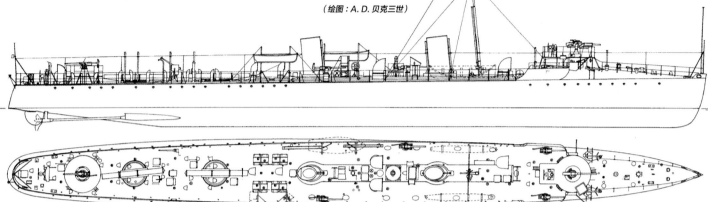

图中为汤姆森的 27 节型驱逐舰"火箭"号（HMS *Rocket*），该舰在 1901 年安装了标准化的主桅杆，其他的汤姆森 30 节型驱逐舰的外观都大体与该舰相近。汤姆森（克莱德班克）造船厂同样是一家重要的驱逐舰建造厂商，在被谢菲尔德钢铁厂收购后，它依照产权人的名字更名为约翰·布朗造船厂。就像许多拥有龟背状舰艏的驱逐舰一样，该舰两台位于中间的锅炉的上风道，被整合在了一座较宽的烟道内。注意龟背状结构后部 6 磅炮炮位覆盖的帆布，这些龟背艏驱逐舰均有人员舱室不足的问题，而帆布覆盖的区域可以作为临时的铺位。同时也请留意舰艉新增的上层建筑。"火箭"号在 1910 年被解除武装，改造成了无线电设备测试平台。

△ 桑克罗夫特的 30 节型驱逐舰"飞沫"号（HMS Foam），已经采用了后维多利亚时代的涂装，即全舰均涂消光黑以增加夜袭时的隐蔽性。皇家海军当时尝试了许多涂装方案以期降低这类舰艇在夜间的可视度。但除了舰体的反光之外，高速航行的驱逐舰会形成相当明显的船艏浪，其烟道顶端也很可能会喷出还在燃烧的碎屑（这一问题直到采用了燃油才解决）。因此设想中的夜袭战术是尽可能地以低速接近敌人，只在靠近目标后或者暴露后才提速至最高航速。注意前主炮平台后方舵轮前的挡板处也设置了海图桌。直到第一次世界大战中期，英国海军驱逐舰的舵轮都和军官们及海图桌位于同一层，

△ 1898 年，阿姆斯特朗的 27 节型驱逐舰"喷火"号（HMS Spitfire）正在驶过南海城堡（Southsea Castle）进入朴次茅斯港。该舰及其姊妹舰"憎恶"号（HMS Spiteful）是仅有的两艘由阿姆斯特朗建造的早期驱逐舰，该公司当时是英国最大的军火商。海军和厂商对这两艘驱逐舰均不满意，因此阿姆斯特朗不再参加 1897—1898 年建造计划的驱逐舰的竞标。两舰的稳定性有限，在 1903 年的一次倾斜测试之后，它们均只携带一枚鱼雷。

（图片来源：国家海事博物馆）

V 级和 W 级驱逐舰出现后，指挥官和海图桌被挪到了更高一层的开放式舰桥上，舵轮这才和他们分离。1902 年，长度大于 210 英尺（64.01 米）的驱逐舰装备 1 门 12 磅炮、5 门 6 磅炮，外加 2 具鱼雷发射管，而小于这一长度的驱逐舰均削减了武器搭载量。

雅罗和桑克罗夫特还分别为瑞典建造了其最初的两艘的驱逐舰，"莫德"号（Mode）与"马格尼"号（Magne），后者的尺寸明显大于前者。在 1902 年的海试当中，"莫德"号的航速超越了 32 节，不过很显然当时该舰在燃烧室内使用了喷油装置以增加锅炉的输出功率。两舰的武器装备均弱于皇家海军中的同级舰，仅安装了 6 门 6 磅炮。

此外，雅罗还曾经为葡萄牙设计过一艘驱逐舰，很可能是在里斯本造船厂建造的 25 节型驱逐舰"塔霍"号（Tejo）。

1895—1896 年的建造计划则包括 20 艘驱逐舰，其中的 12 艘交由桑克罗夫特（4 艘）、莱尔德（4 艘）和汤姆森（4 艘）建造，桑克罗夫特和莱尔德建造的是同型舰。

> 维克斯的 30 节型驱逐舰"埃文"号，图中所示为 1906 年时的状态，采用了在夜战中增加隐蔽性的全黑涂装方案，注意位于龟背状结构外侧的加强肋。该舰桅杆底部的物体即海图桌，站在舰桥／主炮平台后部使用，它原本位于平台前方，但因为影响 12 磅炮的射界而被挪到了后方。肿部较宽的烟道同时充当前锅炉舱后部锅炉和后锅炉舱前部锅炉上风道。2 具鱼雷发射管则分别位于前部和中部烟道之间和后部烟道后方。在来来维克斯建造的"雌狐"号（HMS Vixen）上，前部的鱼雷发射管被挪到了中部和后部烟道之间。

（图片来源：国家海事博物馆）

∧ 莱尔德的 30 节型驱逐舰"狼"号（HMS Wolf），图中为建成时的状态，采用维多利亚涂装。1904 年，多艘军舰在风暴中折断沉没，该舰被拖入船坞进行压力和拉力测试。不过，它并未因为此次测试而遭受永久损坏，并且在一战中幸存了下来。1914 年时，舰上增加了一座较高的桅杆，上有一段短小的横桁，应该是无线电天线的支架。其姊妹舰"海豹"号（HMS Seal）在舰桥／主炮平台的后部增加了一盏探照灯以及一座垂直柱状的臂板信号机（当然，对这类活跃的舰艇来说，首选通信方式还是旗语）。"狼"号（在 1918 年 4 月）搭载了反潜武器，包括 18 枚反潜深弹和 2 具抛射装置，为补偿这些载重拆除了后部火炮和鱼雷发射管。除了"狼"号之外，同样采用这种反潜武器搭载方案的还有"信天翁"号、"埃文"号、"鸽子"号（HMS Dove）、"斗争"号*、"诚挚"号、"快递"号、"狮鹫"号（HMS Griffon）、"热烈"号（HMS Fervent）*、"茶隼"号（HMS Kestrel）、"活泼"号（HMS Lively）、"负鼠"号（HMS Opossum）*、"奥威尔"号（HMS Orwell）、"鱼鹰"号（HMS Osprey）、"豪猪"号（HMS Porcupine）*、"雄狍"号（HMS Roebuck）、"海豹"号、"憎恶"号、"活跃"号（HMS Sprightly）、"翻车鲀"号*、"荆棘"号（HMS Thorn）和"西风"号（HMS Zephyr）*。星号代表的是 27 节型驱逐舰。1918 年，许多驱逐舰还增加了可由 12 磅炮发射的长柄榴弹（stick bomb），为此取消了一门 6 磅炮。因而，此时的驱逐舰大多仅搭载 4 门而非 5 门 6 磅炮。

汤姆森建造的实际是其自身 27 节型驱逐舰的伸长版，同样采用四台诺曼德式锅炉和三座烟道。该公司还向西班牙出口了 2 艘"愤怒"级（Furor Class）和 4 艘"大胆"级（Audaz Class），它们本质上是加强了舰炮火力的英国 30 节型驱逐舰，装备 2 门 14 磅炮、2 门 6 磅炮、2 门 1 磅马克沁机关炮，外加 2 具 14 英寸（356 毫米）鱼雷发射管。其中，"大胆"级的"普罗赛尔皮娜"号（Proserpina）仅有两座而非三座烟道。

1895 年 10 月，海军造舰总监提议开始建造本年度剩下的最后 8 艘驱逐舰。剩下的建造计划规模并不大，因此问询仅涉及雅罗、帕尔默（贾罗造船厂）、维克斯（巴罗造船厂）和费尔菲尔德四家公司，竞标日期定在了 1895 年 11 月 5 日。不过由于自身正忙于完成大量的海外订单，雅罗这次没有参与竞标。[10]

维克斯的 30 节型驱逐舰采用了四台桑克罗夫特的水管锅炉，和 27 节型驱逐舰一样，其 2 号和 3 号锅炉的上风道合并在了一座烟道内。该公司的 30 节型驱逐舰未能成功出口。

帕尔默提出的设计方案同样十分接近其 27 节型驱逐舰的布置，采用四台锅炉和三座烟道。该公司的驱逐舰被认为有着良好的适航性和居住条件。1900 年时，地中海舰队的驱逐舰指挥官约翰·德·罗贝克（John de Robeck）希望新驱逐舰的住舱能够参照帕尔默和霍索恩－莱斯利的设计来布置。显然，工程军官们更青睐于帕尔默设计的驱逐舰。

1896—1897 年建造计划包括 20 艘新驱逐舰：17 艘 30 节型驱逐舰和额外 3 艘更高速的特设舰。[11]这让依照《海上防务法案》新建的驱逐舰达到了 84 艘——超出原计划 2 艘。

达克斯福德提供的方案为在两段锅炉舱内安装四台锅炉，其中 2 号和 3 号锅炉的上风道合并为一座烟道。

厄尔的方案也是在两段锅炉舱内安装四台桑克罗夫特锅炉，同样的，2 号和 3 号锅炉的上风道合并为一座烟道。不过由于 1896—1897 年建造计划中的这两艘尚未进行海试，该公司 1897—1898 年计划的竞标方案遭到了拒绝。

费尔菲尔德的设计同样在两段锅炉舱内安装四台桑克罗夫特锅炉，并将中间两座上风道合为一座烟道。

霍索恩－莱斯利在 1896—1897 年建造计划中提交的驱逐舰也搭载了四台桑克罗夫特式锅炉，同样，中间的两座上风道合并为一座烟道。这型驱逐舰和帕尔默的一样表现优异。1900 年，（梅德韦教导编队）的马克·柯尔上校称赞这两艘驱逐舰"无疑是最好的舰艇"。该公司 1898—1899 年的设计方案大体上与之前的作品相似，只是使用了雅罗的锅炉。

"诚挚"号

莱尔德的 30 节型驱逐舰"诚挚"号（HMS Earnest），图为 1909 年在查塔姆造船厂接受改装后的状态。此次改造中位于第一和第二座烟道间的海图桌与罗经被拆除，整合在了 12 磅炮炮位后方的台架上。前主炮的炮盾可能也一并被剔除，但也可能仅仅是没有安装。12 磅炮左侧的长杆状结构是用于联络的臂板信号机。不寻常的是，该舰的全部四台诺曼德式水管锅炉（工作压力 230 磅力／平方英寸）均有自己独立的上风烟道（将两座上风道合并为一座烟道时，有可能导致内部阻塞，从而降低锅炉的效率）。"奥威尔"号（1897—1898 年建造计划，而非 1895—1896 年建造计划）与该舰十分相似，但长度略短（约短 0.38 米），吃水也更浅（2.92 米，相比"诚挚"号的 2.97 米）。莱尔德还向西班牙出售了类似的舰艇。帕尔默则在设计中采用里德式锅炉（250 磅力／平方英寸），但很快被桑克罗夫特和雅罗的锅炉取代。

（绘图：A. D. 贝克三世）

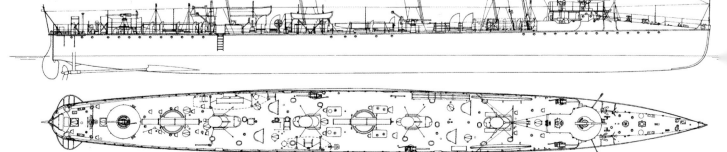

△ 帕尔默的30节型驱逐舰"牙鳕"号（HMS Whiting），图中所示是该舰在海试中达到了31.9节航速的情景。该船厂的27节型驱逐舰在外观上与本舰类似，均采用四台锅炉，舯部两台锅炉的上风道合并为一座烟道，而引擎则位于锅炉之后。不过在"憎恶"号和之后的4艘同型舰"袋鼠"号（HMS Kangaroo）、"密耳弥冬"号（HMS Myrmidon）、"海燕"号和"塞王"号（HMS Syren）上，帕尔默还是将较宽的舯部烟道换成了分离的两个独立烟道，这一改变的初衷是增加一根桅杆（"蝙蝠"号在1905年的改装中增加了一根）。该级舰中的"挑逗"号（HMS Flirt）是第一艘（于1902年）在舰桥后部安装探照灯的驱逐舰，结果相当令人满意，光束能够跨越舰桥人员的头顶照射到正前方。不过后来的标准做法还是在加高的平台上安装更大型的探照灯（"蝙蝠"号很有可能是第一艘接受此类改装的驱逐舰）。一些没有安装探照灯的驱逐舰则通常安装了臂板信号机。第一次世界大战期间，在主炮平台后部建造了封闭式的舰桥。

▷ 汤姆森为西班牙海军建造的"愤怒"号驱逐舰，这是海试时的照片。该舰基本上是汤姆森30节型驱逐舰的延续。美西战争中，该舰在圣地亚哥试图协助西班牙舰队突围，不幸被击沉。武器装备为2门14磅炮、2门6磅炮、2门1磅马克沁机关炮，以及2具14英寸（356毫米）鱼雷发射管。后来的4艘"大胆"级尺寸还要略大一些，其中"冥王星"号（Pluto）同样在圣地亚哥被击沉。

　　所有的3艘特设舰均采用四台锅炉。桑克罗夫特将引擎布置在锅炉舱之后，2号和3号锅炉的上风道在舯部靠近并被合并为一座烟道，因此该舰总共有三座烟道。汤姆森（引擎同样在锅炉之后）则没有让中间的两座上风道合并，因此其驱逐舰在舯部有两个紧挨在一起的烟道。莱尔德则将引擎舱布置在了两段锅炉舱之间，因此拥有四座间距相等的烟道。

　　1892—1893年建造计划到1896—1897年建造计划中包含的90艘驱逐舰显然已经满足了皇家海军的需求，因此1897—1898年建造计划在一开始仅有2艘驱逐舰，后来又追加了4艘，包括采用蒸汽轮机的"蝰蛇"号（HMS Viper）。[12] 在三艘特设舰完工并接受测试前（当时"阿拉伯"号甚至尚未开始建造，因为其建造商汤姆森还在努力尝试让之前的舰艇航速突破 30 节），海军造舰总监不愿意过快地推进下一步的建造工作。[13] 当时的估算表明要想再提高 2—3 节的航速，驱逐舰会增加超过三分之一的造价，而且它们只能在风平浪静的天气状况下达到这样的航速。确实，在当时对公海航行的航速起较大限制作用的还是天气状况而非军舰自身的动力。当时英国人还认为，法国在 1897 年额外建造计划当中新增的 4 艘驱逐舰也很难达到 30 节。[14]

海军造舰总监通知了后续驱逐舰的潜在竞标厂商，其设计指标与此前（1896 年 2 月）标书上规定的时间相同，不过船厂也可以提交航速更高的设计。此次竞标并未邀请泰晤士钢铁厂、阿姆斯特朗、怀特和汉娜－唐纳德 & 威尔逊参加，雅罗则再次拒绝了参加竞标。桑克罗夫特提交了其正在建造的"风情"级（Coquette Class）驱逐舰的翻版，仅略微增强了动力；帕尔默也只是再次提交了此前已经成功的"星辰"级（Star Class）驱逐舰的设计；费尔菲尔德的设计也是此前"吉卜赛"号（HMS Gipsy）的重复，尽管尚不能达到 30 节的航速，可是被认为将来必定能满足要求；莱尔德的设计也基本是在重复"诚挚"级，只是在部分结构上换用了更高强度的钢材；维克斯的方案是其正在建造的驱逐舰的略微放大型，动力也相应地有所加强。但海军造舰总监指出，该公司的驱逐舰在引擎上存在一些问题，至今未能达到设计航速。厄尔则提出了在"红腹灰雀"号（HMS Bullfinch）的基础上略微加长舰体的方案，但该厂尚未有一艘 30 节驱逐舰完工。至于之前建造了 5 艘没能达到预定航速的"布来曾"级（Brazen Class）驱逐舰的汤姆森，则在大得多的舰体上采用的相同的动力，海军造舰总监注意到该公司还是采用了因过于拥挤而饱受批评的乘员舱室。霍索恩－莱斯利也采用了尚在建造的"欢悦"级（Cheerful Class）的设计，但换装了桑克罗夫特式锅炉；达克斯福德沿用了其正在建造的"紫罗兰"级（Violet Class）驱逐舰的设计。毫无疑问，海军造舰总监选择了桑克罗夫特、帕尔默、费尔菲尔德和莱尔德，目前不太确定为何还选择了达克斯福德。

帕尔默的"憎恶"号（1897—1898 年建造计划）、1898—1899 年建造计划中的三艘驱逐舰（"雨燕"号、"密耳弥冬"号和"塞壬"号），以及 1900—1901 年建造计划中的一艘（"袋鼠"号）全都采用了分开的舯部烟道，而不是像该公司此前的驱逐舰一样将中间的两座烟道合二为一。"雨燕"号的开工是船厂自身的一种投资行为，但后来成功纳入了皇家海军的计划当中。

1898—1899 年建造计划最初并未包含任何驱逐舰，但在 1898 年 7 月，下议院决定在该财年的补充计划中新增 4 艘战列舰、4 艘巡洋舰和 12 艘驱逐舰。起初，他们希望建造此前 30 节型驱逐舰的同型舰以期尽快完工，不过，第一海务大臣乔治·戈申爵士（Sir George Goschen）认为通过降低结构强度来换取高航速很不值得，因此更青睐此前的 27 节型驱逐舰，"不容易经常入坞修理，遭遇事故时也更容易生存，不像 30 节型驱逐舰那么脆弱……"[15] 海军首席工程师和海军造舰总监则一再向他保证，在无数次的事故中，这些驱逐舰已经展现了足够的结构强度。

和帕尔默一样，达克斯福德的 1898—1899 计划驱逐舰"成功"号（HMS Success）将中间的烟道设计为独立分开的两座而非合并在一起的一座。

△ 达克斯福德的 30 节型驱逐舰"紫罗兰"号是该公司 27 节型驱逐舰的放大版，注意舰艏的编队编号标识。第三座烟道侧面的物体是乘员舱室的通风口，该结构会在战斗时被拆除，因为它会影响鱼雷发射管的射界，位于第二座和第三座烟道间的物体都有可能阻挡那里的鱼雷发射管。

▷ 图中为霍索恩－莱斯利建造的驱逐舰"灰猎犬"号（HMS Greyhound），时间为 1906 年，背后可见"德文郡"级（Devonshire Class）装甲巡洋舰。该型舰和帕尔默建造的驱逐舰被认为是最好的 30 节型驱逐舰。

　　此次竞标的要求包括各舰应当采用全煤动力、全燃油动力和煤油混合动力，而桑克罗夫特还被特别要求将其鱼雷发射管布置得更为分散。被邀请竞标的船厂，除前一年选出的 5 家外，还增加了雅罗（考虑到其庞大的海外销售量）。海军首席工程师还建议再增加霍索恩－莱斯利和维克斯公司，因为它们的驱逐舰最近也刚刚成功进行了海试。到 1899 年 4 月，这 12 艘驱逐舰的建造厂商均被选定。[16]

　　四艘新增的已经在建的 30 节型驱逐舰，以及第二艘采用蒸汽轮机的驱逐舰，被一道纳入了 1900—1901 年建造计划。[17]

　　1901 年，当两艘采用蒸汽轮机的试验舰均因事故沉没后，海军部立即以为应对数量日益增加的法国潜艇为由，下令补充损失。坎默尔－莱尔德造船厂自行投资建造的两艘驱逐舰随即在 1901 年 10 月被海军部购入，分别定名为"活泼"号与"活跃"号——这实际上也是最后的两艘 30 节型驱逐舰。两舰的购入经费部分来自 1901—1902 财年的预算，但主要来自 1902—1903 财年的预算。

　　这两艘驱逐舰的主要问题在于引擎和船体都太过脆弱，而且烟道太短（会散发火光，在夜袭中容易暴露）。第一个问题，直到后来的"河川"级（详见第五章）驱逐舰问世才得以彻底解决。在审视这些设计时，海军造舰总监大体上倾向于更高的舰

体强度，他还指出这些厂商都太过吝惜经费，其中只有极少数（"报价实在太过夸张"）被要求降低竞标价格。"我们有充分的理由相信，对制造商而言，建造鱼雷艇驱逐舰的利润，比为海军部建造其他任何一类舰艇都要高，从这些承包商都急于尽可能多地获得建造订单就看得出来。"此外，同样非常明显的是，海军部通过更低的价格获得的军舰，往往比那些海外用户高价购入的驱逐舰质量要高。

位于司令塔顶端的舰桥很不舒适，海浪时常可以拍打到这一位置，因此驱逐舰的指挥官常常会选择在舰桥增加大概和视野平齐的屏障，否则在迎着风浪航行时几乎不可能判断方位。但这一屏障会阻碍舰桥上12磅炮的射界，也会阻挡探照灯，使探照灯仅在横向照射时才能发挥作用。

到1900年6月，开始有人意识到海试中的条件并不符合实际，对梅德韦教导编队中的舰艇而言，仅有"爱丽儿"号（HMS Ariel）在服役状况下达到过每小时28海里的航速。海军造舰总监并未反对在满载状况下进行测试，结果30节型驱逐舰名义上的最高航速被降低至27—28节。一些驱逐舰指挥官怀疑这些驱逐舰的舰型设计可能不适宜希望达到的最高航速，但海军造舰总监的驱逐舰专家亨利·戴德曼则认为事实并非如此，他指出在模型测试和海试当中已经显示，在给定的排水量范围内，船体的小范围改动对达到最高航速所需的动力无任何影响。对于实际航速超过舰体长度所适合的航速的舰艇而言，这一观点基本上是正确的。

1900年6月，这些驱逐舰的烟道高度也得到了提升，当时的新高度规范为13英尺（约合3.96米）。

就在 30 节型驱逐舰入役时，德国也开始建造大概同等的远洋鱼雷艇，似乎还能达到更高的航速。1898 年，后来成为地中海舰队驱逐舰指挥官的 H. B. 杰克逊（H. B. Jackson）上校作关于德国舰队及其造船厂的报告时，就曾提到硕效（Schichau）造船厂的驱逐舰可以在 6000 马力功率下达到 30 节，相比之下，皇家海军的"拳师"号只需要 4590 马力的动力，毕竟德国（硕效造船厂）的驱逐舰在长度和排水量方面也只是勉强和 30 节型驱逐舰相当。工程部门的报告则指出硕效建造的"海龙"级（Hai Lung Class）驱逐舰设计航速为 32 节，在海试中，它搭载 35 吨燃煤（总载煤量为 67 吨）并且全副武装，结果达到了 35.2 节的高航速。满员状态下，"海龙"级可以在正常送风时超过 30 节，而在增压送风时可以达到 32.6 节。德国的造船厂是否拥有什么英国船厂所不知道的技术？德国取得的成绩，比英国的假想敌法国要好得多，海军造舰总监也因此陷入了社会舆论的压力当中，不得不尽快找到问题的答案。

> 汤姆森的"阿拉伯"号特设驱逐舰采用四台诺曼德式水管锅炉以产生 8600 马力的动力，从而达到 32 节的航速。但和其他特设舰一样，该舰并未达到这一设计航速，在表现最好的一次测试中航速仅达到 30.769 节，当时该舰排水量 430 吨，指示功率 8250 马力。在第二年入役时，该舰依然未达到设计航速。这次不成功的经验让海军部意识到一味追求纸面上的高航速是没有意义的。图中为"阿拉伯"号 1909 年的状态，在该舰舯部两座相距很近的烟道之间是分隔两段锅炉舱的横向水密舱壁。每段锅炉舱内分别容纳两座锅炉，授煤口位于锅炉中间。舰桥上方的探照灯平台安装于 1903 年（在另一张 1904 年的照片中同样可见）。

（图片来源：国家海事博物馆）

"信天翁"号

"信天翁"号是桑克罗夫特的 32—33 节特设驱逐舰。图中为该舰 1901 年 1 月时的状态，它于前一年的 7 月完工。"信天翁"号在海试中达到了 32.29 节的航速，采用 4 台桑克罗夫特式锅炉（工作压力 240 磅力／平方英寸），其中中间两台锅炉的上风道合并为一座烟道。除增加工作压力外，提高锅炉输出功率的方法还有扩大炉排（即燃料燃烧的区域）的面积。衡量锅炉功效的指标为一定时间内每平方英尺的炉排能够产生的蒸汽质量，只要锅炉还在以煤作燃料，这一数值就会受到严重限制，其中人力所能铲入煤的能力是一个重要因素。对烧煤的军舰而言，要得到更强的动力就意味着要安装更多的锅炉。但这一状况在燃油锅炉出现后迅速发生了改变，不仅仅因为每磅燃油能产生的热量更高，而且还因为油能够直接被输送入锅炉内，不需要为锅炉提供更大的授煤口和更多的司炉。注意放置着海图桌和舵轮的 12 磅炮平台，作为舰桥其面积已经增加了一倍——当时其他的英国驱逐舰也是如此。位于舰艏 6 磅炮正后方的物体是泊松式救生艇。该舰排水量轻载时 380 吨，满载时 485 吨。

（绘图：A. D. 贝克三世）

　　其实海军造舰总监对此持怀疑态度。在给定的舰体尺寸上，英国的任何舰体构型都不可能在 230 吨的排水量内达到 6000 马力和 35.2 节的高航速。如果当时海试时的排水量为 280 吨，那么他可以通过"拳师"号来推算德国驱逐舰的情况。后者的船体重量为 98 吨，动力机构重量为 114 吨（总计 212 吨），在海试中功率达到了 4540 马力；至于硕效的驱逐舰，他估算舰体重量大约为 100 吨，动力机构为 125 吨，其他装备的重量约 30 吨，再加上大约 25 吨的载煤量，其海试时的排水量也将达到 280 吨，远非 230 吨。当时的测试也表明英国驱逐舰的舰体重量并没有不适宜地偏大，因为它们的强度冗余度已处于较低的水平。因此海军造舰总监认定上述数据存在造假的嫌疑——硕效的驱逐舰不可能通过这一重量的动力机构获得足够的动力，即使其排水量只有 230 吨也不可能达到 35.2 节的航速。英国的 30 节型驱逐宽度和硕效的驱逐舰相同，长度多出大约 20 英尺（约合 6.10 米），因此也应当更容易被驱动。海军造舰总监也注意到，类似的德国军舰在 200 吨排水量时仅能达到 30 节的航速。

　　皇家海军曾俘虏过一艘硕效建造的驱逐舰，从而获得了进行航速测试的机会。1900 年 9 月，海军造舰总监便开始索要包括舰体构型在内的设计细节。该舰搭载的武器比英国驱逐舰更轻，为 6 门 47 毫米哈奇开斯速射炮和 2 具 14 英寸（356 毫米）鱼雷发射管，其舰体设计也比英国驱逐舰的更浅，因此强度也更低。而且显然该舰设计师也比英同行更清醒，尽管军官的舱室数量和英国的相当，但普通海员的铺位却十分拥挤，以至于不得不在英国驱逐舰载员量的基础上减少 5 人。航行时，厨房的走廊也十分不方便。该舰重心高度和英国常见的驱逐舰相当，但稳定性却糟糕得多，达到最大稳定力臂的角度也更小。1904 年 9 月时，该舰的指挥官还指出有时舰体有明显变形，即使能够解决这些问题，也无法长时间维持高速航行，他甚至不愿意在平静的海面长期让航速超过 24 节。10 月时，他又报告在开始远洋航行后，引擎舱前部的上层甲板有明显的上翘，尤其是在烟道后部的部分，司令塔和前甲板也有一定的变形；两段锅炉舱之间的水密隔壁也有凸起（舱门的门导靴不得不被放松，但这也破坏了其水密性），支撑司令塔支柱的螺栓也撑破了甲板，导致漏水。对舰体的水槽测试表明该舰并不像英国的 30 节型驱逐舰那样适合高速航行，至于在英国海试的状况则没有记载。

∧ 所有的早期驱逐舰都曾受到严重的舰艏上浪的影响，雅罗似乎是第一个尝试利用烟道来解决这一问题的造船厂。奥匈帝国的"骠骑兵"号（Huszar）是基于"曙"号驱逐舰建造的，其第一座烟囱在甲板层以上通过管道向后挪到了靠近第二座烟道的位置，因此就可以在远离龟背状舰艏的部位建造一个干燥的传统舰桥。图中即尚未安装武器的"骠骑兵"号，在交付前正航行于泰晤士河内。奥匈帝国的驱逐舰在舰桥和龟背状舰艏间安装了一具鱼雷发射管。奥匈帝国一共订购了 11 艘同类型的驱逐舰，在"骠骑兵"号搁浅沉没后又订购了 1 艘。清政府也计划订购 12 艘同型舰，但唯一建成的一艘还在一战前被奥匈帝国购入。后来为荷兰建造的 8 艘"雪貂"级（Fret Class）驱逐舰（是雅罗第一次用艏楼代替龟背状结构的尝试），以及 4 艘"风暴"级（Thyella Class）驱逐舰（龟背状结构一直延伸至舰桥，因此艏部未搭载鱼雷发射管）上，雅罗也采用了同样的方法。雅罗似乎也是第一个尝试移动作为主要上层建筑的烟道的造船厂。1903 年，在"河川"级驱逐舰上，雅罗也采用了类似的设计，但不是为了让舰桥靠近烟道，而是让最前方的烟道远离舰桥以避免烟熏。这种重新设置烟道位置的做法到第一次世界大战时还会再度出现。

蒸汽轮机驱逐舰

英国的第一艘蒸汽轮机驱逐舰"蝮蛇"号，是由帕森斯船用蒸汽轮机有限公司（Parsons Marine Steam Turbine Co Ltd）建造的，该公司在 1898 年 1 月 12 日参与了一艘驱逐舰的竞标。帕森斯将舰体的建造外包给了霍索恩－莱斯利，并且保证航速能够达到 31 节，还表示将会尽可能尝试提高航速。该舰采用四轴推进，内侧的两轴由倒车涡轮机驱动，轴上有两副纵列的螺旋桨，以在涡轮高速旋转时尽可能地消除空蚀效应。外侧的两轴则由高压和低压涡轮驱动。该舰并没有特别为低速巡航准备的措施，涡轮机位于四台锅炉（还是分别位于两段锅炉舱内）后部，而中间的两台锅炉共用一座烟道，因此全舰共有三座烟道。

"特快"号

"特快"号（HMS Express）是莱尔德设计的 32—33 节的特设驱逐舰，图中为该舰 1902 年 12 月完工时的状态。由于在最初的海试当中仅达到了 30.97 节，该舰的工期遭到了延迟。该舰排水量明显大于"信天翁"号（轻载 465 吨，满载时 565 吨），采用四台法制诺曼德式水管锅炉（240 磅力／平方英寸，约 1.65 兆帕）。图中仅绘出了舰桥／主炮平台上的舵轮，但并未绘出海图桌。

（绘图：A.D.贝克三世）

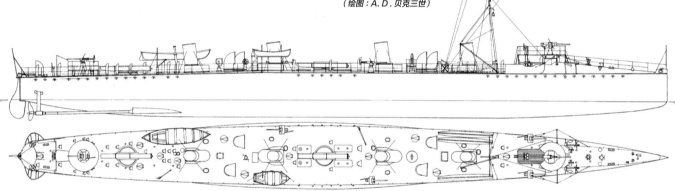

﹀"蝮蛇"号是英国海军的第一艘蒸汽轮机驱逐舰。这是该舰第一次海试时的照片，当时还未搭载武器，可明显看到主炮平台上的海图桌和舵轮。

1900 年 8 月 16 日，在官方组织的耗煤量试验中，"蝰蛇"号航速达到 31.017 节，当时转速为 951.2 转 / 分钟，是典型的 30 节型驱逐舰的两倍，估算的输出功率（当时没有安装测功器）为 8400 马力，测试开始前的排水量为 385 吨。而在 8 月 31 日的一次测试当中，"蝰蛇"号的平均航速达到了 33.57 节，当时的排水量为 393 吨，转速达到 1046.1 转 / 分钟。后来，该舰又在 12500 马力的输出功率之下达到了 36.858 节，这让"蝰蛇"号成了有史以来最快的舰船。首席工程师在评论"蝰蛇"号和第二艘试验舰"眼镜蛇"号时，认为两舰的锅炉压力被提高到了"此前采用往复式蒸汽引擎的驱逐舰上从未达到的高压"。

不过，由于蒸汽轮机在全速前进时效率才最高，巡航速度下的燃料经济性相当低。另外，那些为 36 节高航速设计的大桨叶螺旋桨，在低速航行时会产生相当大的阻力，为应对全速航行设计的加大的螺旋桨壳和支架也会增加阻力。此外，为了精简结构，"蝰蛇"号的雅罗式锅炉缺乏在低速状况下提高经济性的设计。因此，在 1900 年 10 月写给《时代周刊》的信中，帕森斯为给该舰正名，重点强调其最高航速，而将燃煤消耗置于次要位置。

该舰的指挥官报告称，和其他驱逐舰相比，"蝰蛇"号除非在非常高速的状况下，否则几乎没有震动，即使有也相对比较轻微。此外，该舰也能很准确地保持某一速度，转向性能也很好。但由于只有内侧的两具螺旋桨与反向涡轮机相连，它不能像其他驱逐舰那样利用螺旋桨来辅助转向。因为在低速状况下耗煤量巨大，所以该舰加速和减速的速度相对较慢（舰长曾要求增加 20 名司炉，但船舱仅能再容纳 5 人），不过这一过程相比采用活塞引擎的驱逐舰要平稳许多。在实际使用中，巡航速度下极高的耗煤量是蒸汽轮机驱逐舰的致命伤，即使驻扎在波特兰，该舰也没法维持驻地至阿尔德尼岛（Alderney）之间（演习中封锁法国鱼雷艇的航线）的封锁超过 24 小时。[18]

在海试期间，当所有司炉都在工作时，该舰能在很短的时间内达到 31.5 节的航速，并能维持 30.5 节的航速大约一个半小时，而司炉双班轮休时则能够维持 26 节的航速。不过，真正能让舰艇保持高速航行的唯一办法还是以燃油替代燃煤，这样每台锅炉需要的司炉人员要少得多。"蝰蛇"号的另一个问题在于帕森斯以独立的涡轮来驱动锅炉的气泵，而这些气泵本身也需要司炉进行操作（后来的驱逐舰上，气泵由军舰自身的主传动轴驱动）。

1901 年，尚在服役的"蝰蛇"号在演习中全速航行，因触礁而沉没，不过，当时波特兰的驱逐舰指挥官道格拉斯·尼克尔森（Douglas Nicholson）中校并不觉得惋惜。"蒸汽轮机驱逐舰确实是一件很棒的玩具，但在它们巨大的燃料消耗量得到缓解前，我只会将它们看作玩具。"海军首席工程师则认为有总比没有强，只要其低速状况下的燃料消耗问题能够解决，涡轮机就会具有更大的价值，他（以及海军委员会）认为这种引擎代表着未来，因此急切地想要寻找"蝰蛇"号的替代品。

在"蝰蛇"号开工后一年（1899 年 6 月 26 日），阿姆斯特朗（埃斯维克）以私人投资的方式开工建造了一艘蒸汽轮机驱逐舰（造船厂编号 674 号）。相比"蝰蛇"号，该舰更长、更窄，排水量也更大。[19] 造船厂原本打算将该舰作为外贸舰，因此在设计上采用了海军造舰总监认为相对低等的结构和配置，但由于无法找到卖家，船厂从

1899 年 12 月 12 日开始尝试将其出售给皇家海军。该舰于 1900 年 5 月 9 日和帕尔默投资的"袋鼠"号一起被购入并被命名为"眼镜蛇"号（HMS Cobra）。海军部希望能在载煤 40 吨时达到 34 节的航速，除了锅炉下方的梁板需要加强外，其他的设计均得到了海军部的认可。在埃斯维克的皇家海军监察员指出，其舰体结构源自该公司原先的 27 节型驱逐舰，并且没有包含此后的任何改进，相比其他的英国驱逐舰，该舰结构强度明显更差，因为在厨房（位于舰艉向内倾斜处）后部的甲板下并未增加纵梁。皇家海军仍然决定购入该舰，因为迫切需要关于蒸汽轮机驱逐舰的经验。建造厂商估计"眼镜蛇"号在全速前进时的耗煤量为每小时 13 吨，需要的司炉人员比典型的 30 节型驱逐舰还要多出 24 人。该舰拥有两对间距相对较大的烟道，蒸汽轮机位于两段锅炉舱之间，采用四轴推进，每轴拥有一个三叶螺旋桨。

　　1900 年 8 月 21 日在纽卡斯尔的海试当中，相比"蝰蛇"号明显更大的"眼镜蛇"号在 6 次测试中平均转速为每分钟 1049.5 转，航速达到 31.121 节。1901 年 9 月，该舰在前往交付的航行期间在克罗莫（Cromer）附近海域断裂沉没，这一事件导致英国海军组建了一个特别委员会对现存驱逐舰的强度进行调查。在事故发生时，"眼镜蛇"号排水量为 490 吨，这相应地增加了应力，但也并未大到足以将舰体折断的地步，有可能是在航行期间撞上了某些漂浮物。[20]

〉」在建造第一批驱逐舰的同时，海军部还预订了 140 英尺（42.67 米）型鱼雷艇，其外观为缩小的驱逐舰。图中为桑克罗夫特为 TB 93 号制作的设计模型，和该公司的"勇敢"号一样搭载了艇艏鱼雷发射管和甲板上的双联装鱼雷发射管。和驱逐舰上的情况相同，双联装鱼雷发射管指向相反。注意桑克罗夫特独有的双舵设计，舵面位于螺旋桨外侧以制造隧道效应。该模型收藏于南肯辛顿科技博物馆（Science Museum, South Kensington）。

（摄影：N. 弗里德曼）

为减少低速航行时的燃煤消耗，帕森斯提议安装一台小型的往复式蒸汽机用于巡航。在向审计主管展示了一个采用类似布置的驱逐舰模型后，帕森斯在 1901 年 7 月正式提交了这一驱逐舰的设计，舰体配置大体和"蝰蛇"号相当，采用稍小的锅炉，计划航速 32 节（帕森斯认为可以达到 33 节），排水量大约 350 吨。在 13 节时，燃煤消耗量预计为每小时 10 英担（约 0.51 吨）。几天后，帕森斯又提交了一份采用蒸汽轮机的 30 节型驱逐舰方案。海军首席工程师对安装往复式蒸汽机所增加的复杂度提出了疑问。不过在皇家海军的两艘蒸汽轮机驱逐舰沉没以前，帕森斯便已经在 1901 年 4 月 10 日开工建造另外一艘驱逐舰了[21]，最初命名为"蟒蛇"号（HMS *Python*），其舰体建造承包给了霍索恩－莱斯利，采用了用于巡航的小型引擎（每台输出功率 150 马力）。[22]

1901 年 10 月，在两艘蒸汽轮机试验舰相继沉没后（两次事故的原因均和舰上搭载的引擎没关系），第一海务大臣便下令建造新的试验舰，皇家海军急切地渴望应用蒸汽轮机，因此急需相关测试经验。海军审计主管罗列了四种可以获得这一必要经验的方式：1. 皇家海军购买帕森斯正在建造的一艘新蒸汽轮机驱逐舰，预计能在 1902 年 3 月完工；2. 两艘新的"河川"级驱逐舰可以按照蒸汽轮机驱逐舰的标准建造；3. 给一艘三等巡洋舰装上蒸汽轮机；4. 给一艘鱼雷艇装上蒸汽轮机。

不过最终这一意见并未被采纳，皇家海军不单单是需要关于蒸汽轮机本身的经验，还需要将采用往复式蒸汽机和蒸汽轮机的同型舰进行对比。因此，皇家海军的选择是购买帕森斯建造的新驱逐舰并尽早投入测试，同时在新建的三等巡洋舰"紫石英"号（HMS *Amethyst*）和"河川"级驱逐舰"伊登河"号（HMS *Eden*）（见第四章）上安装蒸汽轮机。海军部于 11 月 6 日开始向帕森斯询问相关细节，包括可能的最快完工时间和最低的采购价格，相关的谈判一直持续到 1902 年的 5 月。该舰即后来的"维洛克斯"号（HMS *Velox*）驱逐舰，1902 年 7 月 25 日，制造商进行了海试，在成绩最好的两次测试中平均航速达到了 33.127 节。舰上的冷凝器高于水线，因此被认为不适合海上航行，因为在启动循环泵并打开进出口阀门前，必须先用舱底水泵让其充满水。另外，虽然舰艉的艉舵确实增加了逆向航行时的机动性，但其逆向航行速度仅能达到 5 节，这还是在提前通知了轮机舱的情况下达到的速度。该舰的操控性也被认为不佳，因为无法使用引擎来辅助转向（和"蝰蛇"号一样，该舰的倒车引擎驱动位于内侧的两具螺旋桨）。因为制造商和设计者相同，所以"维洛克斯"号的机械布置和"蝰蛇"号一样，也是三座烟道的设计。

"维洛克斯"号是第一艘采用新的海试标准的军舰，其标准航速为接近满载状态下测得的（载重 120 吨，而非 30 节型驱逐舰上的 25 吨）。因此该舰合同上对航速的要求是 27 节而非 30 节。

同时，帕森斯也提议用蒸汽轮机替代现有的用于巡航的往复式蒸汽机，后者属于永久和主传动轴联结的高压和中压蒸汽机，巡航速度大约 15—16 节。他预计虽然耗煤量依旧会比往复式蒸汽机更高，但还是远远低于没有安装巡航引擎的舰艇。首席工程师十分赞赏这样的安排，并且将其运用到了采用蒸汽轮机的"河川"级驱逐舰"伊登河"号上。1907 年，"维洛克斯"号的巡航引擎也换成了蒸汽轮机。

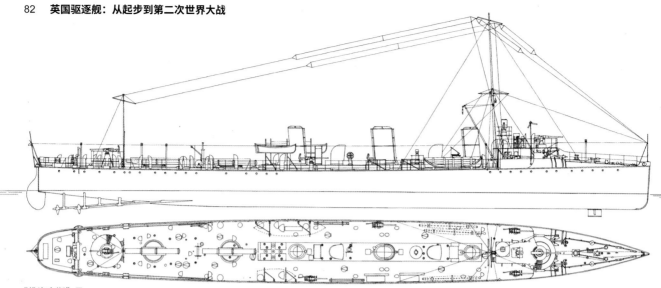

"维洛克斯"号

图为"维洛克斯"号在 1913 年 6 月时的状态，可见由主桅支撑起的无线电通信天线。该舰安装了 4 台帕森斯的蒸汽轮机（2 根传动轴上的高压反转涡轮和另外 2 根传动轴上的低压涡轮），由 4

台改进型的雅罗式水管锅炉（250 磅力／平方英寸，1.72 兆帕）驱动。不过，持怀疑态度的人指出，尽管蒸汽轮机驱逐舰的速度非常快（其设计最高航速为 32 节），但不可能搭载那么多的司炉来维持这一

速度，续航力也不足。其续航力大约为 13 节航速下 1175 海里，低于 30 节型驱逐舰（相同航速下的续航力大约为 1400 海里）。图中可见右舷搭载的泊尔松式折叠救生艇，已经移除了帆布包装。图中

还画出了自舰艉主炮位一侧甲板一直延伸至舰艉的用于控制艉舵的铁链，这些外露于甲板的紧绷的铁链常常造成事故，后来的"河川"级驱逐舰上就不再采用了。

（绘图：A. D. 贝克三世）

1. 舰长休息室及储藏室
2. 舰长室
3. 军官舱室及衣帽间
4. 引擎技师（ERA）铺位（左舷）；士官长（CPO）铺位（右舷）

5. 厨房（左舷）；发电机舱（右舷）
6. 引擎舱
7. 后部锅炉舱（两舷为储煤舱）
8. 前部锅炉舱（两舷为储煤舱）
9. 无线电收发室

10. 司令塔
11. 后部船员舱
12. 前部船员舱
13. 缆绳与油漆仓库
14. 艏尖舱
15. 冷凝器

16. 蒸汽轮机（中轴线）
17. 往复式巡航蒸汽引擎
18. 弹药库
19. 可收放的艉舵（舵轮位于前部乘员舱室内）

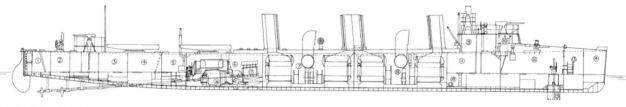

"维洛克斯"号舷内结构

"维洛克斯"号大体上是在后期型龟背式舰艏驱逐舰上安装了蒸汽轮机的试验舰。查尔斯·帕森斯明白蒸汽轮机在低速下效率不高，所以又加装了小型的往复式蒸汽引

擎。海军首席工程师指出这样的小型引擎不仅不能让"维洛克斯"号达到普通的巡航速度，而且增加了复杂程度。舰艉可收放的艉舵用来给这艘难以通过螺旋桨进行转向

的驱逐舰提供额外的机动性。前部甲板可见用于操舵的舵轮，转向的命令则通过传声筒送达，因而舰桥上没有任何关于艉舵方向的指示设备。到这一时期，司令塔的功能开

始退化，其中已经不再安装舵轮。同时，绘制这张线图的原稿时，即使是驱逐舰这样的小型战舰也已经开始使用无线电通信了（注意舰上的无线电收发室）。

（绘图：A. D. 贝克三世）

"大青花鱼"号与"博内塔"号[23]

30 节型驱逐舰的收官之作，是 1905 年 9 月 1 日由帕尔默自行投资建造的两艘驱逐舰，即"大青花鱼"号（HMS *Albacore*）[①]与"博内塔"号（HMS *Bonetta*），两舰在 1908—1909 年建造计划中被皇家海军购入。理论上，两舰将用于替代因事故沉没的 30 节型驱逐舰"虎"号（HMS *Tiger*）和"河川"级驱逐舰"加拉河"号（HMS *Gala*）（不过在同一个建造计划当中还购买了一艘莱尔德自行建造的"河川"级用来替代"加拉河"号）。两舰均采用蒸汽轮机，在两座锅炉舱内安装了四台水管锅炉，相邻两个锅炉的上风道紧靠在一起，但并未合并为一座烟道。两舰最初于 1907 年 12 月 5 日被推销给皇家海军，帕尔默的董事长宣称两舰相比 30 节型驱逐舰有四项主要

[①] *Albacore* 的生物学译名为"长鳍金枪鱼"，译作"大青花鱼"并不准确，然而已被广泛接受，因此这里采用了将错就错的译法。

的改进：更高的船舷以保证甲板干燥（龟背状结构更加平整，不再明显向舰舷倾斜）；更强的舰体结构（该公司声称增加了大约45吨的结构材料）；不同的舰艉设计以更好地容纳艉舵和螺旋桨；和"河川"级相当的载员量。但是，海军造舰总监指出，两舰比原先的30节型驱逐舰重了近50吨，因此吃水深度更大（从而降低了舯部的干舷高度），并且还采用了曾被皇家海军拒绝的甲板布置方式。首席工程师则指出两舰采用的里德式水管锅炉早在1900年便已被淘汰（皇家海军目前仅使用桑克罗夫特和雅罗的锅炉），因为它不仅寿命较短，而且还不能使用燃油。因此这两艘驱逐舰在1908年2月15日被皇家海军拒绝。不过，"虎"号和"加拉河"号在1908年4月意外沉没了，同年5月，海军委员会最终决定购买帕尔默的这两艘驱逐舰，以进行测试和检测。尽管"大青花鱼"号宣称能够达到31节的航速，但在交付前的测试中，最高航速从未超过26.75节，或许是由于开始构想30节型驱逐舰后测试条件被海军更改的缘故。1909年3月3日，两舰完成了交付。

当帕尔默开始建造这两舰时，驱逐舰的设计正处在一个转变时期，从最初的第一代有着龟背舰舷的近岸舰艇，逐渐转变为体型远大于前者，拥有艏楼和更好的适航性的远洋舰艇。同一时期的英国外贸驱逐舰中，雅罗为奥匈帝国建造的"骠骑兵"级（排水量390吨，于1905—1909年下水）和为希腊建造的"风暴"级（排水量350吨，于1906—1907年下水），与帕尔默的驱逐舰大体相当的，均采用类似的设计，舰桥明显位于龟背状舰舷后部，前部的锅炉上风口位于舰桥正下方，最前部的两座锅炉不得不使用同一座烟道。在为奥匈帝国建造的驱逐舰上，两具鱼雷发射管中的一具安装在舰舷主炮和舰桥之间的德式围井当中，为希腊建造的则将两具鱼雷发射管安装在了后方。

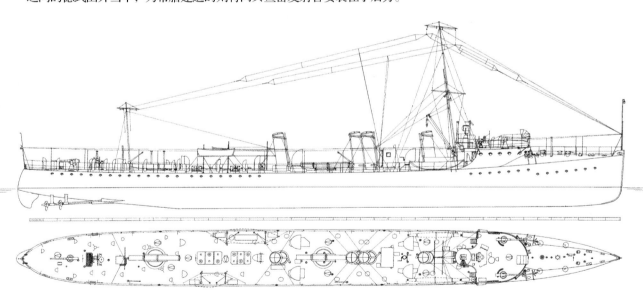

"博内塔"号

"博内塔"号是两艘1909年5月自帕尔默购入的30节型驱逐舰之一，属于帕尔默自行投资建造的驱逐舰。图中所示为1913年6月时的状态，增加了用于无线电通信的额外线缆。不过该舰的武器配置并未采用此前的方案，搭载了3门重量为12英担（约0.61吨）的12磅炮，而非此前常见的12磅炮和6磅炮的组合，舰舷的2门12磅炮被布置于两舷。到1909年时，皇家海军认为6磅炮在绝大多数情况下已经无法对抗敌方的驱逐舰，12磅炮也有被4英寸（102毫米）炮取代的趋势。注意该舰的舰舷与此前驱逐舰的舰舷迥异，在艏部舰炮平台/舰桥前方有固定的挡浪板，舰桥相比原先的火炮平台有了明显的扩展。同一时期，帕尔默建造的"维京人"号驱逐舰也采用了类似的龟背加挡浪板的舰舷设计，不过它们是建造在艏楼之上的。当时的档案当中并未记载皇家海军在购入"博内塔"号前是否对设计做过什么更改，也并不清楚帕尔默此前希望的卖家是谁。毕竟当该舰于1905年9月1日开工建造时，日俄战争大局已定，而短期内似乎也并不会爆发新的战争。该舰采用三轴推进，这表明它使用了直联式蒸汽轮机，四座烟道分别对应四台里德-帕尔默式250磅力/平方英寸（1.72兆帕）的水管锅炉。在四次海试当中，"博内塔"号的最高航速为26.75节。

（绘图：A. D. 贝克三世）

鱼雷艇

在 1893 年的《海上防务法案》中，除 82 艘驱逐舰之外还额外批准了 30 艘一等鱼雷艇。最初的一批 140 英尺（约合 42.67 米）型和 1892—1893 年建造计划中的试验舰一起预订：由雅罗建造 3 艘（TB 88—90）、桑克罗夫特建造 3 艘（TB 91—93）、怀特建造 3 艘（TB 94—96）、莱尔德建造 1 艘（TB 97）。所有这批鱼雷艇均安装 3 具 18 英寸（457 毫米）鱼雷发射管（1 具位于艇艏，2 具搭载于甲板，后者采用了典型的双联逆向安装）以及 3 门 3 磅炮，但 3 磅炮当时已不再是对付鱼雷艇的有效武器了。这批鱼雷艇中也包含一些试验艇，例如雅罗的 TB 90 号鱼雷艇就采用了四缸蒸汽引擎和水管锅炉，而桑克罗夫特的 TB 91 号则略微增长了船体，让螺旋桨相对地更为靠前。TB 93 号则是一艘独特的采用双轴推进的鱼雷艇。对上述这些鱼雷艇的航速要求是能保持 23 节航速 3 小时。

在 1893 年 12 月 11 日的全功率测试中，桑克罗夫特的 TB 93 号鱼雷艇达到了 2093.06 马力的指示功率，最高航速 23.847 节。1894 年 6 月的测试中，TB 92 号艇表现更为出色，在 2351 马力时最高航速达到 24.52 节（并维持 24.12 节的航速三小时）。

这一阶段鱼雷艇的建造数量从未达到法案中要求的 30 艘，直到 1899—1900 年的建造计划才恢复鱼雷艇的建造，这次建造的是 160 英尺型（约 48.77 米）。在 1898 年 11 月时，海军审计主管（A. K. 威尔逊上将）曾问造舰总监是否还需要新增鱼雷艇，如果需要的话，应该在 1892—1893 年建造计划的鱼雷艇的基础上做出哪些改进。在参考了其他国家海军最近的情况之后，时任海军造舰总监威廉·怀特爵士（Sir William White）认为需要在火力和航速上有所加强。他建议新的鱼雷艇应当在司令塔顶部安装 1 门 12 磅炮，在上层甲板再安装 2 挺机枪和 2 门 3 磅炮，外加 1—2 具 18 英寸（457 毫米）鱼雷发射管，航速应该达到 26—26.5 节，采用双轴或单轴推进。这实际上已经相当于一艘二等驱逐舰了。怀特认为这一指标能够通过建造 150 英尺（约 45.72 米）长、排水量 140 吨，拥有 2000—2500 马力引擎的鱼雷艇来实现。他还指出应当多建造两艘以备替换不值得修复的鱼雷艇。不过，"弗农"号鱼雷学校校长则倾向于不增加鱼雷艇的船体尺寸（也包括可见度），"我们应当对现有排水量能够取得的效果感到满足"。

⟍ 图中所示为莱尔德建造的 TB 97 号鱼雷艇在 1895 年时的状态。因为仅采用一台机车式锅炉（171 磅力 / 平方英寸），艇上仅有一座烟道。该艇并无姊妹艇，一生均在直布罗陀服役，于 1909 年换装了新式的水管锅炉。该艇水线长 42.77 米、宽 4.88 米、吃水 23.92 米①，排水量 121 吨，公试中最高航速为 23.7 节，对应的引擎指示功率为 1688 马力。载煤 25 吨、10 节航速时航程为 2500 海里。

（图片来源：国家海事博物馆）

---

① 译注：该艇吃水 7 英尺 6 英寸，约合 2.29 米，原文误写作 78 英尺 6 英寸。

　　就在设计细节还悬而未决之际，雅罗提交了一份在其最近（1899 年 5 月）为奥匈帝国建造的鱼雷艇的基础上，调整了武器配置的方案。两门主炮安装在前部两舷的位置，艇艏两侧则是两具单装的前向鱼雷发射管，第三具鱼雷发射管则位于艇艉中轴线。艇艏搭载鱼雷的方式相比此前同类设计有所改观，两具鱼雷发射管几乎可以向正前方（与横轴的夹角为 70°）发射鱼雷，它们替代了此前已经被驱逐舰舍弃的舰艏鱼雷发射管。不过，它们也导致了较为严重的上浪，使得前部的舱内空间更为狭窄，而且还会影响鱼雷艇的机动，因为鱼雷艇本身有可能超越自己刚刚发射的鱼雷，此外，鱼雷发射管罩也有被艇艏海浪损坏的可能。不过，此前位于龟背状结构之后的鱼雷发射管也相当潮湿，并且新的布局能让鱼雷发射管和主炮分开一定距离，因此怀特相当青睐这一改动。

　　海军军械总监和审计主管都想知道是否还有可能在艇艉再安装一门 3 磅炮，于是雅罗列举了刚交付智利海军的 6 艘 "工程师海特" 级（*Injeniero Hyatt* Class）[1] 鱼雷艇（英国海军讨论时称作 "蝰蛇" 级），该型艇即在艇艉搭载了第三门 3 磅炮，不过它们使用的是 14 英寸（356 毫米）鱼雷发射管而非更大的 18 英寸（457 毫米）发射管。后来，"蝰蛇" 方案成了 1899—1900 年建造计划中鱼雷艇的设计蓝本，参与此次竞标的厂商包括桑克罗夫特、雅罗、怀特和坎默尔 – 莱尔德。雅罗提交了一份 152 英尺（46.33 米）鱼雷艇的设计方案，和为智利建造的 6 艘、为奥匈帝国建造的 5 艘相似（另外还为日本建造了 9 艘），但该方案因为引擎的不足而被拒绝。怀特和莱尔德的方案则均超出了招标的尺寸要求。最终获胜的桑克罗夫特方案长度为 155 英尺（47.24 米）[后来增加到了 160 英尺（48.77 米）]，成了后续建造的蓝本。1899—1900 年建造计划中为 TB 107—108 号，1900—1901 年建造计划中又追加了 TB 109—110 号。

　　海军审计主管原本打算以每年两艘的速度继续建造 160 英尺型鱼雷艇，但海军大臣柯尔（Kerr）指出，此前建造的鱼雷艇中已有众多耗损严重，因此 1901—1902 年建造计划中的鱼雷艇数量增至 5 艘。海军造舰总监后来又提议了另一批同型鱼雷艇

[1] 译注：Injeniero Hyatt 得名于 1879 年在与秘鲁和玻利维亚的战争中英勇牺牲的智利海军 "绿宝石" 号巡航舰首席工程师 Eduardo Hyatt Barnard。

△ 图中所示为怀特建造的 TB 114 号鱼雷艇在 1908 年时的状态。该艇和此前桑克罗夫特建造的鱼雷艇十分相似，有着相同的武器装备配置：3 门 3 磅速射炮和 3 具 18 英寸（457 毫米）鱼雷发射管——2 具位于龟背状艇艏的正后方侧舷，1 具位于后方甲板中轴线上。

（图片来源：国家海事博物馆）

的建造计划，不过他的提议中还包括 1 艘用于测试的蒸汽轮机鱼雷艇。除主要的三家鱼雷艇制造商外，帕森斯也收到了竞标邀请。桑克罗夫特的方案对现有设计做了略微调整，主要是改进了艇艏（增加了不少向外倾斜的幅度以降低上浪），这一方案赢得了 4 艘鱼雷艇的建造合同（TB 109—122），后来海军审计主管在决定为 2 艘驱逐舰（包括帕森斯建造的"维洛克斯"号在内）和 1 艘巡洋舰上安装蒸汽轮机后，又额外签订了第五艘的建造合同。

1902—1903 年建造计划中则包含了 4 艘鱼雷艇，这次怀特赢得了建造合同，即 TB 114—117 号。

和最后的这批一等鱼雷艇不同，1905—1906 年建造计划中的近岸鱼雷艇驱逐舰（详见第四章）尺寸并未增加，但却成功搭载了构想中与驱逐舰相称的重型武器。这一点很好地展示出了在小型舰艇上，蒸汽轮机相比往复式蒸汽机能够节省多少空间和重量。

注释：

1. 埃德加·J. 马尔什（Edgar J. Marsh）著，《英国驱逐舰 1893—1953》（*British Destroyers 1893—1953*），伦敦：赛利出版社，1966 年，第 24 页。虽然马尔什引用了他自己收集的档案资料，但这道下达至海军造舰总监的命令并未出现在其他相关资料中。马尔什还宣称费舍尔曾前往雅罗造船厂参与初始研究阶段的工作，但该信息来源于雅罗的自传，因此存疑。麦凯（Mackay）曾引用了费舍尔 1891 年的备忘录，但不幸的是笔者并未在海军历史档案馆找到它。

2. 司炉人数是基于对舰艇燃煤消耗速率的估算得到的，该舰每小时每马力（ihp/h）消耗 2.25 磅煤，即每小时消耗 64 英担（约 3251 千克），而每个司炉每小时可以添加煤 16 英担（1792 磅），因此该舰每班需要 4 名司炉，且军官不包括在内。高速引擎同样需要严格的监管，每班由两名引擎技师（engine room artificer, ERA）和一名司炉官（leading stoker）负责。因此，总的轮班所需的人员至少包括：1 名首席工程师（chief engineer）、1 名首席技师（chief-ERA）、3 名引擎技师、3 名首席司炉（chief stoker）、3 名司炉官和 16 名一级司炉。

3. 82 艘驱逐舰（最初是 80 艘）这一数目来自一份新建造计划中的需求汇总表，但令人气馁的是该文件所说的确定数目算法所在的"另外一份文件"却没有找到。这一数字很可能是通过汇总监视各法国海港所需的舰艇数目得来的。另外，1894 年时，在建或建成的 42 艘舰艇当中，包括了 1893 年法案中未包含的 6 艘试验舰。

4. 建造 27 节型驱逐舰的造船厂：桑克罗夫特（3 艘）、雅罗（3 艘）、达克斯福特（2 艘）、帕尔默（3 艘）、厄尔（2 艘）、莱尔德（3 艘）、怀特（3 艘）、汉娜 - 唐纳德 & 威尔逊（2 艘）、费尔菲尔德（3 艘）、霍索恩 - 莱斯利（3 艘）、汤姆森（3 艘）、维克斯的巴罗造船厂（3 艘）、阿姆斯特朗的埃斯维克造船厂（2 艘）、泰晤士钢铁厂（1 艘）。

5. 排水量 300 吨（长 60.96—62.48 米、宽 5.94 米）的驱逐舰，雅罗能够保证在采用普通钢材时航速达到 29 节，采用高等级钢材时达到 29.25 节，而采用更高等级的钢和铝材时能够达到 29.5 节。如果能增加到 350 吨（长 64.00—65.53 米、宽 6.25 米），那对应配置的航速可以提高到 29.75 节、30 节、30.25 节和 30.5 节[①]。只有增加到 400 吨（长 67.06—68.58 米、宽 6.55 米）时才能够保证使用普通钢材时航速达到 30.25 节。

6. 采用普通钢材、排水量 350 吨级的驱逐舰，雅罗计划采用 6400 马力的引擎，莱尔德计划采用 7000 马力引擎，而桑克罗夫特则计划采用 6500 马力引擎。且雅罗的方案转速最低（保证最佳的可靠性），大约为 390 转／分钟，相比之下雅罗[②]的引擎转速大约为每分钟 420 转、莱尔德为每分钟 400 转。

7. 这些设计方案的细节于 1895 年 11 月 6 日提交到了海军部情报司，包括桑克罗夫特设计的"渴望"号、"名望"号（HMS *Fame*）、"飞沫"号和"野鸭"号（HMS *Mallard*）；莱尔德设计的"鹌鹑"号（HMS *Quail*）、"雀鹰"号（HMS *Sparrowhawk*）、"维拉戈"号（HMS *Virago*）和"鸫"号（HMS *Thrasher*）。

8. 大卫·列昂（David Lyon）著，《最初的驱逐舰》（*The First Destroyers*），伦敦：查塔姆出版社，1966 年，第 52 页。"马格尼"号采用的很有可能是桑克罗夫特的 HO 10830 号设计方案，其时间标注为 1901 年 7 月，属于长 64.01 米的 30 节型驱逐舰（当时还有相应的航速分别达到 31 节和 32 节的备选方案）。此后瑞典自行建造的第一艘驱逐舰"瓦勒"号（*Wale*），以及之后的"拉格纳"级（*Ragnar* Class）和"福金"级（*Hugin* Class）均与"马格尼"号非常相近，且都采用了龟背状的舰艏。《桑克罗夫特清单》中还有一个 HO 14730 号方案，曾（于 1907 年）被提交给意大利和瑞典两国海军，其尺寸与"马格尼"号相同，这很可能是"福金"级驱逐舰（1910 年下水）的设计蓝本，该级舰是瑞典海军第一批采用蒸汽轮机驱动的军舰。上述所有驱逐舰均采用了相同的烟道布置，即舰舯有两座紧靠在一起的烟道。1904 年 10 月，采用"马格尼"号设计的 HO 12647 方案曾被提交给葡萄牙海军，不过该舰仅安装了三座烟道并采用了英制武器（1 门 12 磅炮、5 门 6 磅炮和 2 具鱼雷发射管）。此外还有改造自"白云"型驱逐舰的 HO 12747 号方案，计划出售给巴西海军，但该订单最终被雅罗改进自 E 级驱逐舰的方案赢得。

9. 桑克罗夫特曾在 1893 年 7 月试图向意大利（随后试图向巴西）推销其 27 节型驱逐舰，武器为 5 门 6 磅炮（或均位于前部的 1 门 12 磅炮和 2 门 6 磅炮）和 2 具鱼雷发射管，在 1894 年又尝试向两国推销一型更大的（长 65.53 米）三轴推进驱逐舰（武器为 9 门 2 磅"乒乓"炮）。该 27 节型驱逐舰的设计也曾推销至日本和俄罗斯，但由于认定桑克罗夫特的设计更大且更重，需要更强力的引擎驱动，俄罗斯最终选择了雅罗的"猎鹰"号。阿根廷海军也选择了雅罗的"科连特斯"号，智利选择了莱尔德的设计，而西班牙则选择了克莱德班克造船厂的设计。见列昂《最初的驱逐舰》，第 52 页。

10. 此次竞标的优胜者为维克斯 [2 艘："埃文河"号（HMS *Avon*）与"麻鹬"号（HMS *Bittern*）] 和帕尔默（6 艘）。虽然这几艘驱逐舰及另外 2 艘维克斯的 30 节型驱逐舰的船厂编号相当接近，但 1895—1896 年度建造计划的 20 艘军舰列表中，有两艘被标明原本属于 1896—1897 财年，不过它们在该财年开始前已经开工建造。

---

① 原文如此，四项对三项。
② 译注：原文如此，疑为"莱尔德"之误。

11. 建造厂商包括：桑克罗夫特（3 艘）、帕尔默（2 艘）、维克斯 [2 艘，"水獭"号（HMS Otter）和"花豹"号（HMS Leopard）]、汤姆森（2 艘）、达克斯福德（2 艘）、霍索恩－莱斯利（2 艘）、费尔菲尔德（3 艘）和厄尔（2 艘）。3 艘特设舰则为桑克罗夫特的 32 节型"信天翁"号（HMS Albatross）、汤姆森的 32 节型"阿拉伯"号（HMS Arab）和莱德的 33 节型"特快"号。1900 年 3 月 1 日，在总重 390 吨时，其 1 小时 55 分钟内的平均速度达到了 31.507 节，引擎输出功率为 7788 马力，平均转速 380.16 转；总的平均航速为 7691 马力下 31.483 节。

12. 参与这一计划的造船厂及舰名如下：费尔菲尔德——"利文"号（HMS Leven），莱尔德——"奥威尔"号，帕尔默——"憎恶"号，达克斯福德——"李"号（HMS Lee），桑克罗夫特——"雄鹿"号（HMS Stag）。

13. 参见"风情"级驱逐舰设计资料中，一封 1897 年 5 月 6 日海军造舰总监写给审计主管的信件。海军造舰总监认为雅罗、帕尔默和费尔菲尔德已经展示了实验型高速驱逐舰的性能，为后续增加建造数量提供了依据。不过，此后并未再建造类似的特设驱逐舰。

14. 理论上，英国后续增加的 4 艘驱逐舰是为了针对这 4 艘法国驱逐舰的建造计划。后者的设计最高航速为 26 节，但如果在和英国 30 节型驱逐舰大小相近的船体内安装一台 4800 马力的引擎，其航速将有望达到 28—29 节。最初的 4 艘法国驱逐舰 [诺曼德的"迪朗达尔"级（Durandal Class）] 于 1896 年 8 月 25 日订购，很快在 1897 年又开工建造了另外 4 艘"长矛"级（Framee Class）驱逐舰。目前尚不确定当时所指的是哪 4 艘。1899 年 6 月 8 日又新增了 4 艘 300 吨级的同类驱逐舰 [以造船厂的名字定级为"罗什福尔"级（Rochefortais Class）]。这 12 艘驱逐舰的设计最高航速均为 26 节，安装 1 门 65 毫米速射炮、6 门 47 毫米速射炮，以及 2 具 15 英寸（381 毫米）鱼雷发射管。后来法国又在 1900 年建造计划中增加了 10 艘更快的同类驱逐舰 ["火绳枪"级（Arquebuse Class），指示功率 6300 马力]，在 1901 年建造计划中又增加了 10 艘，之后是另外 13 艘更大型（350 吨）的"阔剑"级（Claymore Class），装备 17.7 英寸（450 毫米）鱼雷发射管。

15. 见设计档案第 165 页。

16. 见 1899 年 4 月 11 日对各舰命名的清单。这些厂商包括霍索恩－莱斯利（3 艘）、帕尔默（3 艘）、费尔菲尔德（2 艘）、莱尔德（2 艘）、达克斯福德（1 艘）和维克斯（1 艘）。据大卫·列昂所说，帕尔默建造"雨燕"号是一种商业投机行为，列昂也将这些驱逐舰归类到了 1899—1901 年间的建造计划当中，而非 1898—1899 年计划当中。

17. 共有 3 艘驱逐舰在克莱德班克的造船厂（属于布朗的造船厂，而非雅罗的）建造，另有 1 艘正由帕尔默建造，这四舰应该都是船厂投资建造的。另外还有以蒸汽轮机为动力的"眼镜蛇"号。

18. 在 15 节航速下，"蝰蛇"号的耗煤量为每小时 2.5 吨，30 节型驱逐舰则为 1.2 吨；而在 23 节时两者每小时的耗煤量分别为 5 吨和 3.3 吨。

19. 埃斯维克的设计水线长 68.12 米、宽 6.25 米、吃水 4.11 米，载煤 35 吨时的排水量为 375 吨，而"蝰蛇"号水线长 64.01 米、宽 6.40 米、吃水 3.81 米，载煤 40 吨时排水量 344 吨。

20. 列昂，《最初的驱逐舰》，第 32 页。

21. 在提交给皇家海军时，帕森斯将该舰描述为尺寸与日本帝国海军的标准相当，比"蝰蛇"号大 5%—10%。尚不确定这是否意味着帕森斯原本打算向日本出售该舰，毕竟日本是当时英国外贸军舰的主要客户。日本第一艘采用蒸汽轮机的驱逐舰是 1907 年订购的"海风"型（Umikaze Class）驱逐舰。1901 年 12 月，帕森斯写道："就像我们非常希望本国政府购买该舰一样，财政状况也使我们非常希望能够尽早完成交易。"此次订购于 1902 年 3 月 17 日获得通过，但直到两个月后才完成支付，价格也从最初的 7 万英镑（相比之下，"蝰蛇"号当初为 5.3 万英镑）削减到了 6.7 万英镑（1899 年的 30 节型驱逐舰造价为 6 万英镑）。依据海军部"应当尽快进行海试"的要求，该舰在被购入前进行了略微的修改。

22. 除低压引擎和舰艉的涡轮机共用引擎舱外，引擎的布置和"蝰蛇"号相同，150 马力的往复式蒸汽机与低压引擎的主轴相关联，用于在 12 节或以下的巡航速度下提供动力。由于进行了改进，帕森斯认为该舰排水量将比"蝰蛇"号少 20—25 吨。因为无法借助螺旋桨来转向，该舰安装了艏舵以便更好地控制航向。

23. 列昂，《最初的驱逐舰》，第 37—39 页。

第四章

驱逐舰职能的演变

在地中海，驱逐舰需要小型巡洋舰作为领舰并提供掩护，这些巡洋舰被定级为侦察巡洋舰而非三等巡洋舰，不过后来的三等巡洋舰［例如"宝石"级（Gem Class）巡洋舰］和侦察巡洋舰均被用于执行驱逐领舰的任务。和当初购买驱逐舰的情形一样，它们的设计要求被分发下去，以便各造船厂自行设计建造。"警觉"号（HMS Attentive）即是阿姆斯特朗设计建造的侦察巡洋舰，或称驱逐领舰，其标定航速为 25 节，这在 1904 年是相当出色的航速，但仅仅几年后就变得较为平庸。该舰的航速更是不足以和新出现的战列巡洋舰相比（设计时仅考虑到和航速慢得多的巡洋舰一起执行任务）。而随着皇家海军的战略重心转向北海，其任务变为配合驱逐舰编队对德国北海的海港实施封锁。注意桅杆斜桁上的"平顶"状无线电天线。阿姆斯特朗建造的这两艘侦察巡洋舰拥有独特的四烟道设计，其他厂商建造的均只有三个烟道。

为便于之后的叙述，本章将先行介绍英国驱逐舰自龟背艏时期到第一次世界大战期间，在皇家海军中职能的变化，简单来说就是由独立作战转变为随舰队行动。正是这种职能变化影响了后来的驱逐舰设计。在其他国家的海军中则没有类似的职能演变。

驱逐舰的职能——1898 年

在与法国对峙的法邵达事件（1898 年）中，英国下达了一系列动员命令，从中就可以一窥当时皇家海军对驱逐舰职能的构想。[1] 当时，皇家海军仅仅维持了一支在役的驱逐舰分舰队（flotilla），其余大多数驱逐舰则在交付、公试后即被编入后备舰队，因为它们在和平时期没有任何确定的职能。与之相反的是，法国则依托复杂的海岸防卫体系，一直维持着一支具有相当规模的鱼雷艇部队（称作防御机动编队）。这一体系产生了一种让英国人十分担忧的可能，即法国人可能在开战之初甚至开战之前便袭击英国停泊在港内的舰队——1904 年 2 月，日本正是以这种方式袭击了俄罗斯的舰队。正如一位英国军官所写的那样，这支防御机动编队的任务可以被很灵活地解读。

"从他们的海军军官发表的文章，以及鱼雷艇逐渐增加的体型和航速来看，很显然如果法国人认为可能成功的话，他们无疑会尝试在英国海岸甚至在可以驶入的海港内袭击我方舰队。他们认为法国最好的机会将在战争刚开始的时候出现，因为相对'较慢的动员速度'将让我们处于被动的地位。"

因此，战时英国海军最急迫的任务便是清除法国的鱼雷艇部队，而在动员完成前，英国这支唯一的驱逐舰分舰队将负责各港口入口的警戒。此时，法国的海岸防卫体系将让袭击法军基地变得十分困难甚至不可能，而且法国的鱼雷艇可以自多个不同的港口出发展开行动。[2]

此外，根据英国当时的报告，法国人也知悉英国的驱逐舰会尝试将鱼雷艇封锁在法国港口内，因此他们寄希望于借助高速巡洋舰和驱逐舰的掩护，让鱼雷艇在夜间突破封锁进入英吉利海峡。英国决定将驱逐舰部署在海峡靠己方一侧，这样进入这一侧的法国鱼雷艇将面临乘员疲惫、锅炉疲劳（使航速降低）及燃料耗竭等问题，这样更容易将其猎杀。

英国驱逐舰的数量要求必须得到满足，除了能够往返海峡两岸之间连续执行巡逻任务之外，还要在港内保留足够的后备队以备补充。驱逐舰将会在英国或者法国的港口附近与对手遭遇，这是因为当时根本无法对开放海域开展有效监控，战斗大都集中在港口附近、船只进出的必经之路上。而且，驱逐舰有限的航程也让它们无法在公海巡逻，即使是英吉利海峡这样的狭窄水域。这也导致驱逐舰的作战任务和舰队行动被完全地割裂开来。

当时的作战战术是：在发现敌方对应目标后，驱逐舰会开始追逐，保持较近的距离足够长时间以击沉对方鱼雷艇，或迫使其投降。因此，在发现鱼雷艇后，驱逐舰会离开封锁港口的位置一段时间，有时会长达数小时，这就给其他敌方舰艇突破封锁提供了可能。因此在作战时两艘驱逐舰会相互配合，这种两两配合的方式一直延续到了舰队驱逐舰时代。

由于存在着法国鱼雷艇偷袭港内舰队的可能性，在夜间进入这些港口的英国驱逐舰很有可能被当成敌人遭到误击。因此，驱逐舰的巡逻体系中还包括专门供驱逐舰在夜间使用的港口，即纽黑文、法尔茅斯、达特茅斯和后来完工的多佛港（此前则是舍尔尼斯港）。驱逐舰组成的巡逻编队将保卫三个主要的舰队基地（朴次茅斯、普利茅斯和舍尔尼斯）以及波特兰。上述基地同样也是英国巡逻编队的任务基地，驱逐舰不在夜间进港。上述八个港口中，每一个都能独立支持一支驱逐舰编队的运作。

在北面，法国沿自敦刻尔克至布雷斯特的北方海岸建设了 12 个鱼雷艇基地，以便战时鱼雷艇能够分散作战。每一个这样的基地都必须加以封锁，而之前的经验也指出，驱逐舰应当以两艘为单位行动以便相互配合和掩护。之前对"浩劫"号的测试表明，一艘驱逐舰可以在海上执行任务大约四天之久，之后需要在港口补给休整大约两到三天。因此，在持续的巡逻任务中，每一艘在外执行任务的驱逐舰都需要另外一艘留在港内的驱逐舰接应，另外还需要一些用于替补损失的后备力量。因为法国将这些鱼雷艇基地有针对性地布置在了海峡对岸，所以驱逐舰的需求数量是依照法国基地的数量计算的：舍尔尼斯港要面对敦刻尔克（需要 8 艘驱逐舰）、加莱（需 4 艘）和布伦港（需 4 艘）；纽黑文港需要面对迪耶普（需 2 艘）、乌伊斯特勒昂（Oustreham，需 2 艘）和勒阿弗尔（需 8 艘）；达特茅斯港需要面对圣瓦斯特（St Vaast，需 2 艘）、莱扎尔德里厄（Lézardrieux，需 2 艘）、瑟堡（需 8 艘）和圣马洛（需 6 艘）；法尔茅斯需要面对阿伯瓦赫（Aber Wrac'h，需 2 艘）和布雷斯特（需 8 艘）；总计需要 56 艘驱逐舰。不过，做出上述分析的人也认为，30 艘驱逐舰执行任务、30 艘驱逐舰在港内修整，再为每个港口配备 3 艘（达特茅斯为 4 艘）后备舰艇以备补充可能的损失就足以监视法国海岸，总共需要 73 艘驱逐舰。此外还需要在每个港口布置 2 支（朴次茅斯为 3 支）巡逻队用以巡视本土的领海，每支巡逻队由两艘驱逐舰组成。因此，"考虑到封锁这些小型舰艇的迫切需求……以及防范对方进攻的必要要求"，驱逐舰

总数至少为 104 艘，这一数据可以用来解读早期驱逐舰建造计划的数量要求，在当时这一数字也已经达到了 90 艘，这还没包括派驻地中海（法国的鱼雷艇同样有可能会袭击直布罗陀）或远东地区的驱逐舰数量。

　　由于当时驱逐舰数量不足（仅 82 艘，因为并非所有驱逐舰都能使用），海军部不得不将需求总数削减至 60 艘：在舍尔尼斯港为 4 艘加 1 艘替补用于巡逻本土领海，8 艘加 2 艘替补用于巡逻法国海岸；在朴次茅斯，4 艘加 1 艘替补用于巡逻朴次茅斯和波特兰之间的海岸，另外 8 艘加 2 艘替补用于封锁纽黑文港对应的法国港口；在德文波特，4 艘加 1 艘替补用于巡逻本土领海；达特茅斯和法尔茅斯港对应的法国港口，则分别由 8 艘加 2 艘替补负责封锁。海军大臣则担心，在夜间巡逻本土沿岸的驱逐舰会误击己方船只，因此倾向于让它们在港内待命并保持引擎的运转以防备法军的袭击。除驱逐舰外，在英吉利海峡内负责为商船护航的巡洋舰和鱼雷炮舰也将承担"在海峡内驱逐法军舰艇"的任务。这些均是为克制甚至摧毁法国舰队做的准备。战争计划的制订者同样考虑到了俄国人可能会在战争中成为法国的盟友，不过这并未对上述安排产生多少影响。

　　但是，战争和动员命令却没有涉及为封锁法国在地中海海港的舰队，或是在波罗的海封锁俄罗斯海军的舰队提供护卫舰艇，以防止敌方鱼雷艇的袭击的内容。或许当时人们认为可以通过远离海岸的方式避免遭到鱼雷艇袭击。当时英国海军情报司收集的法军舰艇列表中，便未提及法国在地中海部署的公海鱼雷艇。[3]

△ "远见"号（HMS Foresight）是费尔菲尔德设计建造的侦察巡洋舰／驱逐领舰。费尔菲尔德的设计是唯一安装了巡洋舰风格的艉楼甲板的，该舰还拥有防护动力舱室的侧舷装甲和位于艉艟的水平甲板装甲（坎默尔－莱尔德的设计中侧舷装甲仅覆盖了引擎部位，但所有的汽缸盖均有甲板装甲保护，该舰的引擎通过增加压力、降低转速来增加可靠性）。其他的防护措施还包括采用传统的、在两舷位置向下倾斜的水平穹甲。最初的武器搭载要求仅为 6 门 12 磅炮。到 1910 年时，费尔菲尔德的两舰（而非其他）拆除了 3 磅炮并将 12 磅炮增加至 14 门。1911—1912 年间，两舰的武器配置又变为 9 门 4 英寸（102 毫米）炮。

地中海：归入舰队的驱逐舰

1899 年 8 月，约翰·费舍尔海军上将成了地中海舰队的总指挥官，他很快意识到地中海舰队面临的鱼雷艇威胁至少和英吉利海峡的舰队同样严重。法国在地中海地区有大量的鱼雷艇基地，分散在其本土海岸、科西嘉岛和北非殖民地。[4] 费舍尔显然是第一个以驱逐舰为舰队护航的人，在黎凡特海 [靠近希腊利姆诺斯岛（Lemnos）] 举行的一次演习证实，以由 8 艘驱逐舰组成的支队（division）在靠近鱼雷艇基地一侧实施护航只能达到最低要求。

1899 年时，法国和俄罗斯已结成同盟，但却没有任何组建联军舰队的安排，这可能使得费舍尔需要担心多达三支敌军舰队：最明显的威胁自然是驻扎在土伦的法国地中海舰队；其次是距离稍远的，可能穿越土耳其海峡抵达的俄罗斯黑海舰队；最后则是距离最远的法国大西洋舰队，他们可能进入地中海并与地中海舰队合并。而他唯一的支援便是英国的海峡舰队。因此，在开战前他将率领舰队离开马耳他驶向直布罗陀，或是其他事先约定好的汇合点（而且有可能已经被法国大西洋舰队占领）。[5] 一旦抵达了直布罗陀海峡，他的任务将变为防止法国地中海舰队进入大西洋，进而在数量上压倒海峡舰队。他同样还需要监视（及封锁）达达尼尔海峡。

费舍尔麾下的驱逐舰指挥官们很快就依照他的计划制订出了相应方案。[6] 法国当时在阿尔及利亚海岸拥有大约 40 艘鱼雷艇，分散于多个鱼雷艇基地内，它们必须在舰队途经的前一天被先行击退、摧毁或者被封锁在港内。在地中海舰队 1900 年 9 月制订的计划当中，仅完成这一项任务就需要至少 16 艘驱逐舰。另外一支由 8 艘驱逐舰组成的支队将在舰队北翼防备来自科西嘉或法国南部海岸的鱼雷艇，其中一些则需要用于接应在阿尔及利亚海岸巡逻中耗尽燃料的驱逐舰。而在夜间，这支支队则要负责整支舰队的外围警戒。此外，舰队还需要一支巡洋舰支队来防备该海域可能出现的其他敌方活动，而这支巡洋舰支队也需要由 8 艘驱逐舰组成的驱逐舰支队来防范对方鱼雷艇的单独进攻，或与巡洋舰配合发起的攻击。此外还会有一支实力达到最低要求的支队用于法国黎凡特地区的海岸的警戒。

理论上，马耳他和直布罗陀将仅依靠鱼雷艇进行防守，这对马耳他港或许已经足够，但对直布罗陀而言，这些鱼雷艇和老旧的近岸舰艇，根本无法与穿越海峡的法国舰队抗衡。费舍尔的驱逐舰指挥官们倾向于部署一支支队大小的驱逐舰力量，而 8 艘驱逐舰已是能够有效地相互配合的最大数量。因此他们建议在直布罗陀永久部署一支驱逐舰支队（8 艘）。此外，两支舰队的汇合地同样也需要驱逐舰支队的侦查和掩护——最好各舰队均配备一支相应的支队（总计 16 艘驱逐舰）。如果海峡舰队在穿越直布罗陀海峡后在地中海过夜的时间不超过一夜的话，这些驱逐舰已经足够，总共包括 6 支驱逐舰支队（48 艘驱逐舰）。鉴于当时驱逐舰还相当脆弱，驱逐舰指挥官们希望每支支队再增加一艘驱逐舰作为替补——1 艘部署直布罗陀，另外 5 艘部署马耳他，总数即为 54 艘驱逐舰（加上海峡舰队配属的那支支队）。在 1899 年 7 月，费舍尔便得到了最初的全部 8 艘驱逐舰，他和尚作为执行指挥官的前任——杰拉德·诺埃尔少将则要求增加至 24 艘。

到 1900 年 2 月 19 日，海军部告知费舍尔，一旦战争爆发，他麾下的驱逐舰将增加至 24 艘。当年春天，又有 8 艘驱逐舰抵达地中海地区。1900 年 10 月 12 日，费舍尔又向海军部要求将总数增加至 37 艘，而在 12 月 25 日听取了驱逐舰指挥官们的汇报后，他决定将这一数量增加至 62 艘。考虑到法邵达事件期间构想的保卫英吉利海峡的计划中所需驱逐舰数量，费舍尔的要求显然不可能得到满足。

费舍尔提出的这一要求最终导致海军委员会的高层决定于 1901 年 3 月前往马耳他进行视察。[7] 视察的结果则是费舍尔在 1901 年 3 月 14 日被告知，一旦新的驱逐舰准备就绪，他将再得到另外 8 艘驱逐舰（总数将为 24 艘），而他在战时能得到的驱逐舰数量也增加到了 32 艘。海军委员会并未同意增加更多的驱逐舰，不过他们表示，在海峡舰队的需求得到满足且有更多驱逐舰完工的前提下，可以再考虑他的要求。[8] 费舍尔则在回复中重申，基于 1901 年演习的结果，他的一个委员会得出的结论是需要 54 艘驱逐舰。

当时的海军情报司司长，雷金纳德·康斯坦茨（Reginald Custance）认为费舍尔的担忧太过夸大了。[9] 既然舰队可以在远离海岸六十甚至是一百海里的地方航行，为何还需要封锁法国在北非的海岸线？俄罗斯有什么鱼雷艇需要被封锁在达达尼尔海峡内？在可以被用于进攻作战时，在直布罗陀部署一支驱逐舰支队以等待法国人不是一种浪费吗？在已经于地中海部署了 24 艘驱逐舰的情况下，皇家海军的序列中还剩下 94 艘驱逐舰，因而（全部完工后）在北海或地中海地区还剩下 19 艘驱逐舰可供调拨。康斯坦茨可以忍受再向地中海舰队调拨 8 艘驱逐舰（他认为剩下的 11 艘，再加上日后建造的驱逐舰已经足够），但不能更多了。他的这一想法在一定程度上基于这样一种考虑：皇家海军的敌人更有可能是德国而非法国，前者在布尔战争时已经表现出了明显的敌意。不过，后来费舍尔还是得到了 40 艘驱逐舰，其中 15 艘作为和平时期的预备役舰艇。

因为清楚自己不可能获得更多的驱逐舰，费舍尔开始思考另外一种使用现有舰队的方式。[10] 他已不可能仰仗和海峡舰队汇和来得到足够的军力，也不可能将法国大西洋舰队封锁在直布罗陀海峡之外，因此不得不在这些威胁合兵一处前逐个解决它们。他随即意识到，法俄两国之间一条关键的电报线路正巧就穿越了舰队基地所在的马耳他，遂安排人员对电报信息进行拷贝（讽刺的是，两国使用马耳他的电报线正是因为担心穿过德国境内的另一条电报线路会遭到德国拦截）。费舍尔很快就将这一特别的情报收集手段投入使用，结合从其他谍报网络获得的信息，他便能够对法国和俄国海军的动向进行预测，从而指挥舰队依次在海上拦截并击败对手。由于拦截战术十分仰仗舰队的航速，他开始着手提高舰队的有效航速。他让一支维持 12 节航速都时常抛锚的舰队，获得了能够稳定地保持 15 航速的能力——这在采用震动问题严重的往复式蒸汽机的时代是相当大的成就。高航速同样能够增加敌方鱼雷艇拦截己方舰队的难度，因此他也相应地改进了驱逐舰的战术。对航速的需求让费舍尔对新的蒸汽轮机非常感兴趣，这种引擎日后成了"无畏"号战列舰的一项重要优势。

和用于封锁作战的舰队相比，用于拦截作战的舰队更需要侦察型舰艇，因为根据情报进行的预测只能大概，而非精确地判断敌方位置。尤其是在无线电出现前，海军侦察需要使用很多的舰艇，因为侦察舰还需要通过可视的信号将情报传回到旗舰。由于巡洋舰的数量永远不可能满足需求，费舍尔开始尝试给予驱逐舰更好的海上续航力以执行侦察任务，而不仅仅将其用于防卫鱼雷艇或实施鱼雷攻击。

地中海的驱逐舰战术

驱逐舰的战术指令在 1900 年 9 月被下达到了地中海舰队。[11]8 艘驱逐舰编为一个支队，其中 2 艘作为支队旗舰。驱逐舰支队在日间将对鱼雷艇进行封锁，如果敌方在夜间成功逃脱，有限的航程也将迫使它们返航并再次撞上实施封锁作战的驱逐舰支队。在攻击敌方鱼雷艇时，驱逐舰将和对方保持 800 码的距离以防备鱼雷攻击（此时鱼雷的航迹将变得可见，从而可以提前规避）。最好的方式则是自鱼雷艇后方进行攻击，尽管法国人在设计鱼雷艇时就考虑到了会遭到追逐。

在攻击敌方其他军舰时，驱逐舰将伴随领舰集群作战。在白天，敌人的巡洋舰数量有限，不足以将所有驱逐舰都驱赶到视距之外。不过，在白昼时进行袭击也被认为是自杀性的。在夜间，主力将从正前方逐步接近，同时派出一艘自后方展开攻击，迫使敌方在正面主力发起进攻时不断修改航向，而对后方的攻击将作为正面主力展开行动的信号。正面进攻的驱逐舰将组成两支纵队，其中一支堵截在敌方舰艇正前方防止其逃走，然后每两艘驱逐舰负责对一艘敌舰展开攻击。驱逐舰一开始将以最低航速前行，以避免艏艉产生的浪花、泡沫或是烟道排出的烟雾、燃屑提前暴露自己，在敌人发现自己时，它们将迅速提高至最高航速。一次成功的袭击将以他们在近距离向敌舰发射鱼雷告终。

驱逐舰极少会和舰队一起行动（尽管如此，还是考虑到了敌方的驱逐舰会与敌方舰队一道行动的可能性），如果和舰队协同，在夜间它们将保持在舰队火炮射程之外，以避免友军将其误判为敌方驱逐舰（至少和主力舰保持 5 海里距离）。在白昼，它们则将保持在敌方射程之外，仅仅在敌方轻型舰炮被英国主力舰重创、彻底哑火后，才会靠近敌舰并展开进攻。驱逐舰将从敌人航向的前方发起进攻，它们不能穿越战线，以免干扰己方舰队的射击（应该是当时刚提出不久的战术）。1901 年 3 月的演习中，英国的驱逐舰便是自战线的另一侧开始机动，然后绕到对方舰队前方展开攻击的，这个方法被证明十分高效。

费舍尔则对驱逐舰的另一种用途，即直接辅助支援舰队作战产生了兴趣。他的传记作家，培根海军上将记叙他提出过让驱逐舰充当主力舰支队的护卫舰艇的设想。[12]在当时这一想法尚不实际，但也表明费舍尔意识到驱逐舰可以为战列舰提供关键的防御。1901 年，在给海军部的报告中，他写道："舰队在没有驱逐舰护卫的情况下在夜间航行，就好像军队没有前锋、侧翼和斥候就开进敌国领土一样"，这将给予敌人使用鱼雷艇袭击舰队的机会。费舍尔还补充道，自己的法国对手（很可能也是舰队司令）富涅埃（Fournier）海军上将曾指出他绝不会在没有驱逐舰掩护的情况下出动。接着，费舍尔又说：除了使用驱逐舰，他怎么可能同时防御鱼雷艇和轻巡洋舰的袭击呢？——夜间的炮击是相当不准确的，甚至连仅仅十艘鱼雷艇的袭击都难以应对，只有高速的小型舰艇可以对付其他类似舰艇，具有高机动性的部队总能在战术上对低速部队取得胜利。

费舍尔引证了布尔战争时即证明了的一点：一种武器的战术可能出现巨大的变化。他不认为驱逐舰的任务只能是防御，这种武器即使在白昼的行动中也有进攻价值，它们可以参与舰炮的交火以及后续作战。[13]它们还可以展开鱼雷攻击或是击退敌方鱼雷舰艇的攻击。除去这些能够直接造成杀伤的攻击外，驱逐舰还能迫使敌方舰艇改变

^ "哨兵"号（HMS Sentinel）是维克斯建造的侦察巡洋舰／驱逐领舰。在其艏楼上可见3门12磅炮，该舰的这一布置方式通过牺牲侧舷火力来达到向正前方的最大火力输出。

航向，达到支援舰队中其他成员的目的。在费舍尔构想的为舰队护航的驱逐舰阵型中，两支驱逐舰支队将在舰队前方，在为战列舰引导的巡洋舰之前，组成一道新月形屏障，因为他的舰队的航速让敌方鱼雷艇只能选择从正前方发起进攻，四五十年后的驱逐舰反潜战术中，反潜屏障的布置同样是基于对高速舰队的袭击只能来自前方（受"有限的接近航线影响"）的假设。后来，巡洋舰也被编入护航屏障，驱逐舰则负责攻击侥幸突破的敌方鱼雷艇。[14] 尽管只有巡洋舰才拥有赶在敌方鱼雷艇靠近舰队主力前将它们摧毁的能力，可是只有驱逐舰才能追逐并攻击那些侥幸突破的鱼雷艇。这一阵型的优点在于，主力舰队和护航支队间有足够的空间，两者均能自由机动，而那种完全环绕的警戒方式将导致两者太过靠近（毕竟驱逐舰数量有限）。

驱逐舰最高效的行动方式还是远离舰队作战，在靠近敌人海岸线的地区，在鱼雷艇能够接近舰队之前就将它们猎杀。而其他不需要执行此类任务的驱逐舰则可以在舰队前方执行协助巡洋舰的任务，驱逐舰如果能部署于远离舰队的前方同样也有很高的价值——前提是它们得保持在舰队火力的范围之外。

费舍尔在地中海的演习表明，尽管驱逐舰可以被监视，但却不可能完全被封锁在港内。[15] 它们在海上只有有限的适航性，夜间作战则更是危险，因为敌我识别困难，炮手常常错误地向他们误以为是敌方驱逐舰的舰艇射击。如果驱逐舰在白天能跟随一支舰队，那么在夜间它们是完全可以展开有效攻击行动的，这会让舰队草木皆兵。因此它们必须待在己方舰队射程之外。有时候，会导致鱼雷艇无法实施进攻的明亮月光，却能让驱逐舰发现并靠近敌方舰队——在月亮落下后即可实施攻击。理想的驱逐舰作战单位是由领舰（三等巡洋舰或鱼雷炮舰）和8艘驱逐舰组成的支队，领舰负责辅助的通信和指挥。驱逐舰作战时是非常累人的，所以在不会投入作战的白天，可以将驱逐舰部署在较为安全和平静的位置，甚至可以拖拽它们航行以便让引擎和舰员得到休整。总的来说，如果没有高速补给舰的支援，也就无法充分发挥驱逐舰的作战能力。

而数量巨大的法国鱼雷艇只会拖累舰队的行动，它们不能航行到距离基地 24 小时航程以外的地区。作为法军可能采取的战术的示例，费舍尔下发了一份批注过的 1901 年针对法国地中海舰队的演习报告。当年 2 月，三个鱼雷艇支队对航行过狭窄水域的舰队实施了伏击，舰队包含 6 艘战列舰和 3 艘巡洋舰，鱼雷艇支队则分散在区域内所有舰队可能出现的地带，每个支队都包含 1 艘领舰（由鱼雷炮舰或驱逐舰担任）和 2 艘机动防御的舰艇。当时目标舰队在航行时遮蔽了所有灯光，但即使如此还是在凌晨 4:45 被其中一个支队发现。在没有通知同伴的情况下，这个支队立即发动了攻击。演习中，舰队旗舰和另外一艘战列舰被判定遭击沉（对第三艘战列舰的进攻并未得到演习的允许）。当时的报告称鱼雷艇直到在发射鱼雷时才被舰队发现，很有可能是发射药的闪光暴露了它们，所以它们甚至可以靠近到 328 码的距离再开火。[16] 因此，所有在距离法国的鱼雷艇基地不足 200 海里的海域内活动的舰队都将受到巨大的威胁，但是法国的舰队却不愿意在出海时带上任何足够强大的鱼雷艇部队。

费舍尔的继任者（当时还是他的副司令官）、海军上将查尔斯·贝雷斯福德勋爵（Lord Charles Beresford）还指出，尽管无线电在驱逐舰上被证明非常有用，但他担心这会导致它们被当作巡洋舰和侦察舰使用，而驱逐舰并不适合执行这类任务。贝雷斯福德曾进行的演习表明驱逐舰要找到对方的舰队非常困难：通过“执行一系列复杂的搜索方案”，驱逐舰还是没能找到在基地附近活动的目标舰队。演习中也表明舰船可以在 1500 码距离外发现鱼雷的航迹，这让它们拥有足够的时间来进行规避。在白昼时，没有重型舰炮支援的驱逐舰很难在战场上存活，因此它们需要在战场上等待双方舰队陷入激烈的交火并且发射鱼雷的距离已经被大大拉近时再展开行动。贝雷斯福德当时估计，随舰队同行的驱逐舰在双方舰队靠近到 3000 码前都不应展开行动（他估计双方交火会在距离 10000 码左右时开始，在这份报告写成的 1906 年，这个距离其实超出了当时舰炮武器的有效射程）。但即便如此，驱逐舰的攻击最好还是安排在夜间。

驱逐舰的职能——1905 年 [17]

1905 年，地中海舰队的巡洋舰指挥官鲍德温·韦克·沃克（Baldwin Wake Walker）海军中将组织了一次官方研究，总结了巡洋舰和驱逐舰行动的情况，当时皇家海军正逐渐以具备远洋航行能力的“河川”级驱逐舰和后续舰艇替代脆弱的龟背艏驱逐舰。渐渐的，驱逐舰被当作一种弱化版的巡洋舰，尽管“这样做就好像用赛马来驮运煤矿一样”。韦克·沃克在叙述地中海舰队由 8 艘驱逐舰组成的支队时，也提到这一编组不仅适合同类型的舰艇，甚至不同种类的舰艇也可以以类似的编组展开行动。

驱逐舰最重要的优势便是机动性好（在有利的条件下）、隐蔽性佳、吃水深度较浅，其劣势则是载煤量较低，从而限制了作战半径（可以通过运用移动基地得到改善）。[18] 驱逐舰的指挥官既要关注自身舰船，又要关注整个支队的状况，因此常常会遗漏许多对巡洋舰而言极其重要的信息，相对低矮而且不稳定的舰桥也很不利于侦察观测，缺乏人手的通信部门也很难胜任对巡洋舰作战相当重要的远距离通信任务。而且，驱逐舰很难确定自身的位置，而这对侦察和巡逻任务来说却至关重要。即使驱逐舰能够完成这些任务，也将极大地消耗指挥官和舰员的精力。由于缺乏人手，司炉人员的体力必将在长时间的追逐作战中耗尽。

驱逐舰在舰队中的职能取决于舰队当前正在承担的任务是巡航还是战斗。在巡航中，鱼雷艇的袭击只可能来自夜间，因为任何想要在白天靠近舰队的鱼雷艇都将在到达鱼雷射程前遭到摧毁。韦克·沃克也一再重申，对高航速的舰队而言，只有来自正前方的鱼雷艇才具有威胁性。实施协同的鱼雷攻击舰艇必须达到一定的航速，驱逐舰为 18 节，鱼雷艇也需要达到 16 节，否则行动很可能因有成员掉队而失败，并且它们都还需要一定的航速冗余来保持阵型。这一航速要求显然不是最后冲锋时的航速，但它们决定了发起攻击的可能线路。一支以 14 节速度巡航的舰队，只有来自前方左右各 45 度夹角的攻击才具有威胁。这可以在一定程度上解释为何费舍尔上将对提高整支舰队的巡航速度如此着迷，尽管他本人或许还有许多其他的考量。

一支低速航行（大约 10 节）的舰队可能遭受来自任何一个方向的攻击，在近期的一次演习当中，从舰队侧后方施展的攻击就取得了成功，因为侦察和哨戒力量被过分地集中到了他们认为可能遭受攻击的方向上。毕竟，舰队没有那么多驱逐舰用来在足够远的距离上护卫所有的方向，所以必须得选择其他方案。[19]韦克·沃克的计划是沿舰队航线，率先搜索舰队将会途经的敌方海岸，驱逐当地潜伏的敌方鱼雷艇，将它们挤压到能够抵达舰队所在地的航程之外。驱逐舰也可以通过这种方式让鱼雷艇的艇员因为过于忙碌而丧失准确判断自己方位的能力，让他们此后无法根据收到的情报展开行动。

不过，无论舰队的速度如何，从其航向的前方实施攻击总是最好的选择，这让攻击部队能够以最快速度接近目标，从而减少暴露在防御火力下的时间。同时，从舰艏方向发动攻击，估计目标航速时的容错程度也更高。而从其他方向进攻时，错误地估计目标航速会导致很糟糕的后果。在地中海舰队的一次演习中，舰队展开了防鱼雷网，航速相对较低，结果从侧舷方向射来的鱼雷都因高估了目标航速而从舰艏前方错过了目标。

护航的驱逐舰应当保持在重型舰船前方某个固定距离，通常为 5 海里（并且不得低于这个数值）。在这个距离下，舰队有充足的时间应对敌方的鱼雷攻击，并且有充足的自由选择航行和开火方向。护航支队中的所有舰艇均需要统一的简易识别信号（灯光）。韦克·沃克预计一支护航支队最少需要两支驱逐舰支队，由一艘二等巡洋舰作为先导和支援舰。[20]先导舰的责任便是保证护航支队和主力舰队间的距离，以防止友军误击。单独的驱逐舰并不能保持在固定的位置，但跟随它们的大型舰船却可以做到。当发现敌方鱼雷艇时，驱逐舰将以每两艘为单位展开追击并开启敌我识别灯光，而这时它们将很快失去对自身位置的判断能力，因此需要一个固定的参照物（例如一艘巡洋舰）来作为集结点。

在驱逐舰支队封锁敌方海岸时，支援舰船依旧具有极高的价值，例如侦察舰和鱼雷炮舰都能够帮助截击返航中的敌人舰艇，它们的存在让驱逐舰可以在更大的范围内游走。它们也能用于防止敌人的轻型小艇袭击或骚扰封锁舰队。

战列舰的反鱼雷艇火炮通常都没有安装防护措施，因为它们必须保证转向迅速以对抗灵活机动的目标，并且需要尽可能宽广的射界。但在舰队炮战期间，这些火炮炮位将无人驻守，因此只有舰队中的驱逐舰和巡洋舰有能力应对鱼雷艇的袭击。

∧ 费舍尔上将对将鱼雷舰艇（其中还包括近海的鱼雷艇和潜艇）用于保卫不列颠本土免遭来自北海方向的突然袭击非常感兴趣。轻型巡洋舰可以为这些舰艇充当十分有效的"眼睛"。"布狄卡"号（HMS Boadicae）侦察巡洋舰就为执行这类任务接受了专门的改造。

舰队自身的驱逐舰此时将部署在舰队未交火的一侧，等待敌人的鱼雷攻击或者找寻机会，对敌方舰队发动鱼雷攻击。不过，驱逐舰在进攻中穿越两支舰队之间时，有可能导致己方舰队的射击受阻。

驱逐舰在海上对敌方舰队的鱼雷攻击有多有效还是个未知数，敌方的高速舰队同样几乎对这类攻击免疫，因为可以发起攻击的角度同样很小。英国海军当时的经验主要还是来源于和平时期的军事演习，而日俄战争中的经验教训当时还不明晰。在对马海战之前，尽管日本海军的技艺和勇气毋庸置疑，但取得的成果却难以令人满意。韦克·沃克指出，由于缺乏向移动舰船发射鱼雷的经验，日本人尚无法做到判断一艘移动中的舰船的航速。他们也缺乏相应的分舰队指挥结构，支队的指挥官也没有和辅助的巡洋舰沟通的手段。以小队或者两两配合的方式展开攻击，比单舰突入的效果要好很多，尤其是在需要对防御方实施饱和攻击时。

要准确的进入正确攻击阵位，驱逐舰就必须接受能直观地看到战场形势的舰艇的指挥，作为支队领舰的巡洋舰就有这样的能力来传递必要的信息，在入夜前指导驱逐舰进入能够发现敌舰的正确位置。入夜后它也能继续和敌方舰队保持接触，就算驱逐舰支队丢失了目标，它也能通过火炮、火箭弹或是探照灯为它们重新指引方向。

由于糟糕的导航能力，驱逐舰在离开舰队前必须获知当前的准确位置（经纬度），在没有得到下一个汇合点的方位和距离之前，驱逐舰也不该远离舰队或者辅助它们的巡洋舰，除非它们能确定自身的位置，毕竟巡洋舰拥有比它们好得多的导航设施。在地中海的数次演习中，由于不知道战场上的总体态势，许多驱逐舰甚至在附近就有友军强大的巡洋舰的海域里，被敌方追击直至被俘虏。

韦克·沃克还意识到了缺乏敌我识别能力造成的严重后果。作为对现行命令的回应，他写道：在夜间，驱逐舰绝不该在没有接到明确指令，并且双方都完全表明身份前接近友军的军舰或舰队；如果该军舰或舰队在航行中，那驱逐舰就该从舰艉方向接近，并且确保没有其他船舶混在其中；指挥官们还必须确保他们要攻击的目标是敌人的，而不仅仅是非己方舰船。——后来的许多人都会在悔恨中明白，"绝不要忘记还有中立船舶的存在"。

英吉利海峡的情况

从 1902 年战争命令中设想的情况看，唯一的一支本土舰队（Home Fleet，在战时接替和平时期的海峡舰队）面对的情况要复杂和困难得多，不仅要对付可能从法国海岸蜂拥而至的鱼雷艇和驱逐舰，还要考虑阻止俄国波罗的海舰队和法国北方舰队会和。[21] 位于本土的驱逐舰支队，即四支分别部署于普利茅斯、波特兰、朴次茅斯和泰晤士河口（舍尔尼斯或多佛）的驱逐舰分舰队，任务和先前一样，将负责对抗法国在海峡对岸部署的驱逐舰和鱼雷艇部队，它们将不会执行与此无关的任务。

1902 年 8 月，皇家海军首次为用于本土海域防御的驱逐舰设立了正式的组织机构，而在此之前则是由各自所属港口指挥官指挥的、相互独立的三支教导部队。另外，此前还没有为如此大规模的后备鱼雷炮舰和驱逐舰力量划定在战争中应当担任的职责。而自 1902 年开始，将由一名担任驱逐舰指挥官的高级军官在战时统帅所有的驱逐舰部队，他直接向海军部负责，和平时期还要承担驱逐舰训练任务。这位指挥官便是狄肯（Dicken）上校，他在第一次鱼雷战演习（1903 年）中负责指挥英方（蓝方），这也是他将在战时担任的角色。此次演习测试了驱逐舰在靠近基地的狭窄水域（比如英吉利海峡）中，消灭敌方鱼雷艇的作战效率。由于皇家海军并没有那么多的鱼雷艇，部分敌人是由驱逐舰来扮演的。此次演习实际上也是对新的"河川"级驱逐舰的测试（详见下文）。[22]

但到了 1904 年年初，计划又发生了改变，驱逐舰部队将由一名初级校官指挥，他对本土舰队司令负责，而不再直接听命于海军部（后者的职责则回归到了为这支部队做好应战准备）。[23]

∨ 自 1911 年驱逐舰开始成为英国主要舰队的组成部分后，航速相对较慢的巡洋舰就不再适合担任驱逐舰的先导舰了，它们被用于舰队防御，从而让驱逐舰放手去进攻（巡洋舰能够应对敌方鱼雷艇的攻击）。1913 年后，皇家海军逐渐开始对驱逐领舰产生了兴趣。图中为"亚必迭"号驱逐领舰，尽管后来被改造成了扫雷舰，但该舰依旧保留了原先的外观，包括在驱逐舰上颇为典型的位于海图室顶部的开放式舰桥。

1904 年的鱼雷战演习设想的是优势一方（例如英国海军）的舰队进入了敌方较强鱼雷部队的作战半径之内，蓝方舰队拥有强大的巡洋舰和战列舰，以及自己的鱼雷分舰队（torpedo flotilla）。[24] 蓝军还包括一支驱逐舰护航支队，和主力舰队保持着足够的距离，在演习中任何接近的鱼雷舰艇都将被视作敌舰。不过，对红方的指挥官而言，这一护航支队完全没有意义，因为他的鱼雷艇部队根本没有找到蓝军的舰队。蓝军的战列舰得以幸存并非由于护航舰艇的保护，而是归功于较小的舰队规模使得它们能够更加灵活地机动，导致红方没有发现它们。另外，将红方鱼雷艇封锁在港内的尝试也未能取得成功。而换装了新引擎和锅炉的鱼雷炮舰在此次演习中被证明大有用处，在英国驱逐舰攻击敌方驱逐舰或鱼雷艇时能提供有效的支援。

驱逐舰部队的指挥结构在 1905 年 2 月再次发生了变化，当时温斯洛（Winsloe）海军少将升任驱逐舰少将 [Admiral (D)]，全权负责驱逐舰、鱼雷艇和潜艇部队，以及其他的后备舰艇。一份海军部的信件解释了让一个人指挥众多类型的舰艇的原因，这样做的关键就在于这些舰艇在夜间活动时，必须和其他英国舰艇保持距离，以免遭到误伤或导致自相残杀。而如果不这样安排，某一个指挥官就很可能因为担心误伤而错过鱼雷攻击的机会。更进一步讲，英国舰艇在本土水域的安全还有赖于将法国鱼雷舰艇封锁在港内。[25] 除非所有的鱼雷舰艇都交由一人指挥，否则"先前的努力都将白费……如果想要在真正需要时做好准备，还没有那类舰艇像驱逐舰这样需要仔细地照料，不仅是在机械上，也包括船员上"。在英吉利海峡或北海成功地展开军事行动，需要舰队中的每一部分，包括鱼雷舰艇在内，完美地相互配合。如果需要，鱼雷炮舰和巡逻舰也将用于配合驱逐舰的行动。大约 1907 年时，驱逐舰少将一职被鱼雷准将 [Commodore(T)] 取代，字母 T 代表该指挥官负责指挥所有的鱼雷舰艇，包括潜艇在内（在当时，潜艇逐渐显现出越来越优良的远海作战能力）。大约在 1912 年，防御性分舰队的指挥权又更多地分给了巡逻舰少将（Rear Admiral of Patrols）。

与德国对峙

上述的组织重组，正好对应了皇家海军的战略重心由地中海向北海转移，此时德国逐渐取代法国成为在未来更有可能和英国开战的国家。费舍尔认为，就像法国驱逐舰让英吉利海峡很难由舰队防守一样，在北海也是如此。潜艇让情况变得更加复杂了，它们比鱼雷艇更难被封锁在港内。像费舍尔继任者那样的英国战略家们则寄希望于潜艇自身的缺陷让舰队至少能在北海的部分地区避开危险。例如，演习表明，潜艇偷袭在港口附近最容易得手，所以可靠的反潜武器一旦出现，特殊的部队将搭载它们在舰队进出港时护航。更高的舰队航速也是一种战术上的防御手段。几次成功的演习也表明，在北海的舰队只能短暂地作为一个整体行动，这样就不可能在近岸封锁德国舰艇。[26] 但它们还是必须得和德国舰队交战，或是同任何用于掩护对联合王国本土的入侵行动的水面舰艇交火，当时的英国政府对此类入侵相当担忧。

实际上，第一海务大臣费舍尔上将根据英吉利海峡战略中，强调驱逐舰对法国鱼雷艇基地展开封锁的特点，发展出了用于北海地区的战略。在当时看来，驱逐舰不像主力舰那样在鱼雷艇的攻击面前表现得非常脆弱，因此它们可以用于封锁德国的海岸线。它们还能得到在英国港口中待命的、由潜艇和近海鱼雷艇（旧式的驱逐舰）

组成的短程鱼雷分舰队的支援。负责封锁的驱逐舰将尝试击沉任何企图离开港口的德国驱逐舰，就像在封锁法国的计划中，他们也将尝试追逐和击沉法国鱼雷艇和驱逐舰一样。基于这一类型的任务，执行远程封锁——即航行到较远的地区，在当地执行封锁任务，然后返回基地——的能力成了驱逐舰工程设计的一项重要指标。这也暗示了新的驱逐舰作战战略不再需要它们和舰队相互配合。[27]

费舍尔在地中海的继任者海军上将查尔斯·贝雷斯福德勋爵成为海峡舰队司令后，很显然希望继续采用地中海的驱逐舰战术。因此，收到剥夺他所有的驱逐舰的命令时，他倍感震惊：舰队将如何在德国驱逐舰的攻击下生存下来？[28] 在名为"墨丘利"号的海军通信学校授课的一名驱逐舰指挥官还在教授类似的驱逐舰战术，课程内容直到 1908 年 2 月才被更改。[29] 在激烈的争吵辩论后，贝雷斯福德总算得到了他想要的驱逐舰——但仅有 29 艘，相比之下当时在本土附近的驱逐舰总数多达 242 艘。[30]

费舍尔的这一概念或许和他日益关注中央（海军部）对海上力量的控制有关，其依据是海军部可以结合收集到的情报和舰队发回的报告制订相应的计划。但这一新的指挥方式削弱了前线高层将领的独立性，尤其是在北海地区，这很可能也是贝雷斯福德攻击费舍尔的主要原因，因为费舍尔的改革导致他失去了曾经的许多特权。二人的不和应该不是战术层面的分歧造成的，毕竟贝雷斯福德拥护的战术是费舍尔发明的。

1907 年，G. A. 巴拉德（G. A. Ballard）海军上校提出了和费舍尔类似的战略，其主要目标就是迫使德国海军在北海（距离德国）较远的地区与皇家海军进行决战，这样他们便无法得到水雷和鱼雷舰艇的支援。巴拉德设想了封锁北海北部和南部的出入口（皇家海军在一战期间确实这样做了），这样德国就不得不出动舰队来打破封锁，而北海海域的驱逐舰将会发现它们。借助驱逐舰提供的预警，皇家海军的舰队便能前往拦截。从 1885 年的演习成果来看，要做到这一点并不困难，即使是在近乎无限大的尺度上，鱼雷舰艇也能有效地让远处的重型舰船前来拦截。其他部署在英国海岸的鱼雷舰艇则准备应对德国的入侵，直到主力舰队抵达。

1911 年 1 月下达的战争计划中要求建立由四艘装甲巡洋舰、两支驱逐舰分舰队和两支潜艇分队（section）组成的近海警戒部队，由鱼雷准将负责指挥。[31] 这支部队中还包括三艘布雷舰，以及第三支用于巡逻英格兰和苏格兰海岸的驱逐舰分队（在进入军事动员后该海域将被布雷，第三个分队将被用于支援或替换前两支分队）。这些近海作战行动一方面将防止德国海军的突破，另一方面也能为英国海军的驱逐舰部队提供在德国近海行动的经验。这支部队将用于俘获或击沉德国的驱逐舰，如果两项任务均失败，它们也将负责通报敌舰的航向和位置，以供之后在海上拦截。这就要求在开战时向德国海岸集结尽可能多的驱逐舰，尽管其中的许多都不得不很快返航以补充燃料。

但 1912 年 4 月正式下达的作战指令又取消了封锁德国北海海岸的计划，因为他们设想了一种主力舰队的部署模式，既处于德国（由驱逐舰在夜间穿越北海发动）的突然袭击的范围之外，又能够及时拦截德国海军的突围。舰队将被分为南北两个部分，北部（四个中队）部署于斯卡帕湾、罗赛斯（Rosyth）、克罗默蒂（Cromarty）

或海上，而南部（两个旧的中队）则集结在朴次茅斯或波特兰海域——这和 1914 年英国海军的实际安排已十分接近。舰队将由圆弧状布置的巡洋舰和驱逐舰分队护卫，侧翼布置在挪威和荷兰海岸。但和 1912 年及 1913 年的舰队演习情况相反的是，战争计划还做出了告警，表示战争很可能会突然爆发，留给英国舰队的准备时间很可能不足 48 小时，因此最首要的任务就是集结起足以和整个德国海军抗衡的舰队。位于东部海岸的所有巡洋舰和驱逐舰将在南北两支舰队集结期间，建立一道警戒线。此外，如果战争真的突然爆发，很有可能是因为敌方有某种"将很快同时进行的大计划（譬如对本土的入侵）"。

这便是巴拉德的行动蓝本，他不再尝试将德国海军封锁在港内，而是试图基于哨戒舰艇获得的信息，在北海实施拦截。他的行动设想包括三道防线。第一条为哨戒防线（Patrol line），由靠近德国海岸行动的驱逐舰分队构成，它们将有能力应对除了德军主力舰队外的所有其他威胁；其后为负责支援的侦察防线（Observation line），背后则是主力防线（Main line），即第三条防线。此外，还有负责封锁北海北部出入口的巡洋舰部队，它们将封锁德国的海上航运。该战争计划中还包含了两种可能性，即单独和德国作战的情况，和与法国结盟一起和德国作战的情况。如果是后一种情况，皇家海军还需要为穿越多佛海峡的远征军补给线提供保护。

与此同时，如下文所述，驱逐舰又重新成了舰队的组成部分。但跟随舰队展开的拦截行动或扫荡行动，和之前在北海的封锁行动相比（不管是靠近还是远离德国海岸），还是存在很大的差别的。参与封锁行动的驱逐舰会定期轮换，它们需要足够的航程以穿越北海，低速巡航几天后再返回港口。但海上扫荡持续的时间则更长，因此需要驱逐舰拥有更大的航程，在 1914 年出现的英国海军标准型驱逐舰，其作战概念中还保留了许多封锁作战中的成分。1913 年年末，当实际情况发生变化时，战争计划的制订者突然意识到，驱逐舰同样需要改变，但这已经太迟了。

驱逐舰部队的组织结构和职能——1910 年[32]

"小猎犬"级（*Beagle* Class）、"橡实"级（*Acorn* Class）和"阿卡斯塔"级（*Acasta* Class）驱逐舰的构想即是作为独立的驱逐舰部队的组成部分，其主要任务是北海地区的封锁行动。白天它们将用于攻击德国的驱逐舰，夜间则会集中起来攻击任何从敌方港口出现的船只（但司令官或许不会批准这样的袭击）。1910 年英国海军的驱逐舰手册中，将驱逐舰的首要职能解释为，警戒、攻击和摧毁从敌方港口出现的鱼雷舰艇（包括潜艇在内）。驱逐舰还将沿敌方海岸搜索其他藏匿的鱼雷舰艇。在驱逐舰解除了德国鱼雷舰艇的威胁后，具备优势火力的主力舰队将完全摧毁德国的海军。

1910 年时，英国海军的理想驱逐舰分舰队（flotilla）包括一艘领舰（通常由一艘搭载准将或其他高级军官的巡洋舰担任）和两个驱逐舰中队（squadron），每个中队由一艘侦察舰（例如小型的巡洋舰）担任领舰。每个中队又被分为两个驱逐舰支队（division），每个支队支包含三个分队（subdivision）（每个分队有 2 艘驱逐舰），总计包括 24 艘驱逐舰。如果一支分舰队中驱逐舰数量更多，驱逐舰支队的数量则有可能多达四个。中队是驱逐舰行动的战术编制单位，对应德国包含领舰在内的 11 艘驱逐舰的标准单位。分舰队中，侦察巡洋舰因为强大的火力而被视为主要的驱逐舰杀手，驱逐舰中队则负责攻击漏网之鱼。在夜袭作战中，各中队的侦察舰负责确定目标的编队阵型，而后引导驱逐舰与敌方接触并提供火力支援。在入夜前，侦察舰还将负责向驱逐舰中队报告所有舰船的位置和航向，包括敌军和友军在内。侦察舰还需要提前设定攻击结束后的汇合点，此外，一旦敌方突破了驱逐舰中队的防御，它还需要向最近的巡洋舰或驱逐舰部队报告敌方编队的力量和航向。尤其是在舰队交战结束后，驱逐舰中队还将负责在海上跟踪、定位和攻击敌方的残余舰队或舰船。

驱逐舰也可能组建海上打击力量。理论上，它们将在基地待命，直到敌方舰队被定位后才倾巢而出发动攻击。不过，这种情况出现的概率微乎其微，驱逐舰更多的时候是驶向一个既定的汇合点，远离用于监视敌方海岸的己方巡洋舰的战线（避免友军误伤），但距离又近到足以在夜间对可能的敌方目标实施攻击。

能一同展开袭击的最大编队是由 6 艘驱逐舰组成的支队，通过排成单列纵队来避免被火力覆盖。在夜间成功袭击主力舰的关键便是保持隐蔽，它们在被敌方发现前将保持中等航速以避免产生舰艏浪和烟道火光。它们将尝试移动到敌方的航向前方或舰艏方向（不过在少数天气条件下可能更适合从后方展开袭击）。之后它们会在近距离分裂为分队，并相互拉开距离以避免被同一盏探照灯发现，或者被同一枚炮弹击伤。一旦被敌方发现后，驱逐舰将迅速提速至全速，争取在 200 码距离上发射鱼雷（远程鱼雷当时刚刚准备投入使用）。发射鱼雷后，它们将急转脱离，而不是穿越敌舰舰艏，以此避免碰撞。

第二次鱼雷技术革新

与此同时，驱逐舰的主要武器鱼雷也发生了迅速的变化。1904 年 1 月，海军军械总监便提议组建一个专门的委员会来考虑研发一型高速远程鱼雷。[33] 当时已经可以使用陀螺仪来确保鱼雷延直线前进，所以限制鱼雷射程的唯一障碍便是推动力。海军军械总监对此感兴趣的原因很可能是当时舰炮的有效射程正在急剧增加。委员会指出加热鱼雷中的压缩空气可以提高其航程，到 1907 年时皇家海军开始对将燃料融入压缩空气中产生了兴趣，这实质上已经将鱼雷的推进装置变为某种内燃机。同年秋，海军开始对这种热气鱼雷展开预订。怀特黑德在 1908 年 6 月递交了两枚 21 英寸（533 毫米）鱼雷，紧接着皇家兵工厂（Royal Gun Factory）的鱼雷分部 [后来成了皇家海军鱼雷厂（Royal Navt Torpedo Factory）] 也在几个月后拿出了两枚原型。因此在 1908 年 6 月，海军军械总监要求 1908—1909 年建造计划中的驱逐舰搭载这两类鱼雷。

热动力鱼雷（heater torpedo）的出现带来了极大的冲击，这让几年前出现的陀螺仪真正具有了实际意义，让鱼雷的航程足以和舰炮的射程媲美（在一开始甚至超越了舰炮射程）。

皇家兵工厂的原型测试表明，第一款（短版）21 英寸热动力鱼雷长 5.45 米，重 2100 磅（953 千克），战斗部装药 225 磅（102 千克），可以以 30 节航速航行 7500 码或以 50 节航速航行 1000 码，首先装备于"小猎犬"级驱逐舰。如果将鱼雷长度加长到 23 英尺（7.01 米），则可以为战斗部增加约 100 磅（45.4 千克）的装药，30 节时的航程更是能被提高到 12000 码——和战列舰的主炮射程相当。鱼

雷总监助理科里（Currey）在 1908 年 12 月指出，舰队如果拥有从舷侧向敌方舰队发射鱼雷的能力，就能迫使敌方舰队在交战期间保持距离，而这就对英国有利（后者当时拥有更优秀的火控系统）。这被称作"鸟枪射击"（Browning Shot），得名于 brown 一词，即用霰弹枪向成队的鸟群射击。尽管鱼雷瞄准的是敌方舰队的中心位置，但它们并不容易命中所瞄准的那艘舰船，而是更有可能命中战线当中其他靠得比较近的舰船。

但和之前一样，当时人们还是认为驱逐舰应当在近距离向选择好的目标发射鱼雷，因此最初的设计强调的还是高速性能和近距交战的能力，这不仅能提高命中率，并且或许能在白天交火时赋予驱逐舰在安全距离上展开攻击的能力。这样或许就值得将驱逐舰重新编入舰队中了。1909 年 3 月，科里提出应当让驱逐舰搭载备用鱼雷，这样它们可以在战场上重新装填。就科里所知，在当时尚没有其他国家拥有与英国的长程鱼雷射程相当的鱼雷。海军军械总监培根认为英国很快将拥有航程远超舰炮射程的鱼雷，因此也支持这一提议。

1909 年 6 月的测试中，鱼雷的航程在 30 节时达到了 10300 码、42.5 节时为 5000 码，而如果保持深度的问题能够解决，在 50 节时的航程也能达到 2000 码。海军军械总监最终将新式 21 英寸（533 毫米）热动力鱼雷的长度定为 22 英尺（6.71 米），战斗部为 280 磅（127 千克）高爆炸药，航速则包括 30 节和 50 节两种设置。他还希望新式鱼雷能够用于包括 1909—1910 年建造计划中的驱逐舰（"橡实"级）在内的其他舰船。和平时期，两枚备用鱼雷将由补给舰搭载，以避免它们暴露在各种天气之下，战时则借助专门安装的设备搭载于舰上。现存的 18 英寸（457 毫米）鱼雷，也都接受了相应改造或得到重新设计。皇家兵工厂生产的 Mk VII 和 Mk VII* 型 18 英寸鱼雷可以被设定为 41 节或 30 节，航程分别能达到 3000 码和 7000 码，而且之后可能还会增加航程更近一些的 45 节设置。热动力鱼雷将仅装备"河川"级和后续的驱逐舰（每艘搭载 6 枚，其中大多数由补给舰储存）。

大概同一时间，与"橡实"级的设计（1909 年 9 月）近乎同时，有人提出鱼雷可以从舰桥直接发射。除部分"橡实"级以外，一些"河川"级、"部族"级和"小猎犬"级也安装有相应设备（该发射装置于 1909 年 12 月首次被批准安装于"小猎犬"级驱逐舰）。这种装置采用遥控的方式，通过发射药包发射鱼雷。尽管出现过走火误射的情况，但实践证明它确实是有效的。而备选方案则是通过传声筒向鱼雷发射管操作人员下达命令。通过遥控发射，驱逐舰指挥官可以确保鱼雷的目标是自己选定的目标，因为声音信号常常会被曲解。但舰桥和鱼雷发射管之间的距离会导致视角产生偏差，因而遥控发射遭到了批评，在 1911 年被废弃。这种视差造成的影响对后来将要使用的长程鱼雷来说可以忽略不计，因此，1916 年遥控发射装置又恢复了使用，不过这次采用的是电—气击发装置，和铁路上用于控制信号和道岔的设备原理类似。

回归舰队

皇家海军不断收到报告，说德国海军正在将鱼雷艇编入他们的舰队，德国人甚至举行了一次炫耀性的演习，在两支成战列的舰队交火期间，搭载鱼雷的驱逐舰自战列舰之间穿过朝对方发起进攻。起初，英国人对这种做法嗤之以鼻，因为更有效的做法是让驱逐舰从前方或后方展开袭击，冲进两支舰队之间的驱逐舰不仅只能取得少数命中，而且还很有可能全军覆没。但深入研究却发现，德国人的这种做法很有可能打乱英国舰队的阵型，而当时炮击的准确性还相当依赖于稳定的航行，因此德国的鱼雷战术很可能是一种对炮击战术的反制。况且，英国战列舰用于对付驱逐舰的火炮通常是开放布置的，不少还位于主炮上方，根本不可能在主炮炮战期间使用。英国的一种做法是将这些火炮放置到有防护的船壳内，或仰仗更重型的副炮。从"铁公爵"级（*Iron Duke* Class）战列舰和相应的战列巡洋舰"虎"号（HMS *Tiger*）开始即采用了这种武器布置。

英国人曾经构想了驱逐舰在白昼的行动方案，但很快又放弃了这种想法，现如今他们开始重新考虑（这被当作一种新的观点来对待，尽管距离之前被抛弃才刚刚五年）驱逐舰该如何在舰队中行动。针对这个问题，本土舰队司令威廉·H. 梅在 1909—1910 年举行了一系列演习。[34] 在战时，如果真的需要，驱逐舰确实可以跟随舰队行动，但由于航程有限，它们需要每 2—3 天返回一次基地，这种限制主要来自乘员的疲劳，因为在较好的天气条件下，驱逐舰是可以在海上获得油料补给的。不过，此前影响驱逐舰在舰队中行动的敌我识别问题依旧存在并且依然没能得到解决，很难想象在夜间如何布置驱逐舰才能不危及舰队自身的安全。仅仅是知道有自己的驱逐舰还留在附近就足够让指挥官紧张了。

梅则提出了比较保守的想法，他将驱逐舰的作用限定为主要用于击沉已经在炮战中失去战斗力的敌方舰船，只有在有雾（能见度低于 8000 码）的天气下，驱逐舰才可以在炮战之前直接攻击尚未受损伤的敌方舰队。等它们突然自雾中出现后，它们将在大约 3000 码的距离上实施"鸟枪射击"战术（新式的鱼雷具备这样的能力）。[35] 如果驱逐舰在很远的距离上就会被发现，一开始就以驱逐舰发动进攻是很难成功的，不过这样的袭击可以在交战之初就扰乱敌舰为炮战而组成的单列纵队。在这期间，敌方舰队将无法进行机动以回避驱逐舰以"鸟枪"法发射的鱼雷。敌方只能寄希望于自己的驱逐舰甚至战列舰用火炮实施反击——但这样的话敌方战列舰将无法向英国的战列舰射击，至少无畏舰也得调动一座炮塔来向驱逐舰射击，这就不得不削弱侧舷的火力。一旦舰队开始交火，驱逐舰就有可能发起成功的袭击，因为此时敌方战列舰的火力将集中向英国的战列线，而这些小型舰艇甚至能够借助炮口和烟囱喷吐的烟雾隐藏自己。此时这些驱逐舰以最大速度冲刺，很可能一直存活到发射鱼雷之前。同样的，在这种情况下，相比近距离射击，梅还是更青睐于"鸟枪射击"法。为了避免被击沉（从而浪费搭载的鱼雷），驱逐舰应当在遭到射击时便发射鱼雷。如果舰队已经集结完毕，战列舰是可以一同实施转向的——但这也很可能导致更加严重的混乱。

在战斗开始后，展开袭击的驱逐舰会经过一个位于英国战列线前方 1000—2000 码的危险区域，不过在这里尚不需要担心敌方轻巡洋舰的火力。从英国战列线后方开始袭击会让驱逐舰处于该危险区的时间相对延长（最长可达 9 分钟），但相比穿越战列线的做法，这样做不会扰乱英国舰队的阵型。

而为了解决敌我识别的问题，梅提出驱逐舰在白天应该跟随在主力舰队后方航行，并且尽可能地进行休整。另一种做法则是预先安排和舰队的汇合点。如果必须一道参与行动，则战列舰舰队的两翼可以各布置一个中队的驱逐舰（位于后方或侧后方），不过一定要保证在舰队从巡航阵型转向战列阵型时不会造成干扰。驱逐舰的初始位置取决于当时的天气状况下指挥官的决定——在交战开始前实施驱逐舰攻击还是在交战开始后再让驱逐舰投入行动。而为了保存实力，在交战开始后驱逐舰将被布置在不会遭受炮击的位置，例如己方战列线的后方。

在行动中，梅认为驱逐舰应该保持在未交战的一侧大约 2000 码外，直到被引导着发动进攻。它们将从舰队各支队间的间隙（德国则是直接从各舰之间），或者从舰队前后位置展开进攻。在第二种情况下，敌方如果有位置得当的巡洋舰存在，就可能对航行中的驱逐舰造成巨大杀伤。

和舰队一同行动的驱逐舰并不是对抗敌方驱逐舰的理想武器。在封锁作战中，它们十分仰仗较高的航速来追猎敌方的小型舰艇，但在舰队行动中，驱逐舰面对的却是要尝试拦截它们的舰船。此时火力比航速更为重要，因此拥有更强大火力和视野更佳的舰桥的小型高速巡洋舰将成为最危险的敌人。不过，如果敌方舰队的驱逐舰数量足够多，他们就有可不配备足够的巡洋舰，而英国驱逐舰还是有可能靠庞大的数量来取得优势的。

新式热动力鱼雷的出现，让战列舰的鱼雷航程已经和自身主炮有效射程相当，因此梅也开始质疑：既然战列舰拥有更大的鱼雷搭载量，那是否还值得让驱逐舰冒险在白天执行雷击任务呢？

不过梅还是认为此时和舰队同行的驱逐舰的首要职能是进行鱼雷攻击，其后才是用来反制敌方驱逐舰的袭击，因为巡洋舰和侦察巡洋舰才是舰队中反制驱逐舰的真正利器。而鉴于鱼雷有较高的航程，驱逐舰决不能向己方舰队方向发射鱼雷，并且在和舰队分开后，如非真正有必要，也绝不能再靠近己方舰队，否则它们将遭到战列舰的炮击。驱逐舰应当在实施完攻击后返回基地，入夜后也决不能待在靠近己方战列舰的位置，否则将遭到后者的无差别打击。

在 1911—1912 年间，出现了一场影响之后驱逐舰设计的、关于驱逐舰职能的大讨论。梅开展的演习表明和舰队同行的驱逐舰需要更强大的鱼雷攻击力，至少应当把仅搭载一枚备用鱼雷的单装鱼雷发射管换成双联装，甚至还有人认为就连舰炮也应当换成鱼雷发射管。比如梅的继任者，乔治·F. 卡拉汉（George F. Callaghan）上将就认为支援舰队发动鱼雷攻击是未来驱逐舰唯一的职责，因此鱼雷的优先级应当在舰炮之上。不过海军委员会给了他当头一棒，他们认为和之前一样，驱逐舰的主要职能还是在北海地区猎杀敌方的驱逐舰，它们应该能够独立地在德国驱逐舰基地外展开行动，因为德国还在使用燃煤的驱逐舰在航程上还不如英国的驱逐舰。德国舰队或许能够让部分驱逐舰随行，但它们很快也将不得不返回港口或被其他驱逐舰接替，而在德国基地附近活动的英国驱逐舰此时就有可能袭击进出港的德国驱逐舰。就像大概 40 年后，北约的攻击潜艇也将在战时于关键位置伏击苏联海军需要返回基地补充燃料和鱼雷的潜艇一样。

　　卡拉汉计划将舰队中的驱逐舰部署在战列线外侧，一半位于前方，另外一半位于后方，因此不管敌方舰队的来向如何，都能有一半的驱逐舰处于合适的进攻阵位。对卡拉汉而言，对抗敌方驱逐舰袭击的力量是轻巡洋舰，而驱逐舰将被用于敌方舰队的战列线。[36] 新的驱逐舰应搭载更多的鱼雷，不该再强调舰炮的火力。如今已成为海军作战司司长（Director of Opserations Division, DOD）的 G. A. 巴拉德上将（很快将成为巡逻舰上将）曾在制订 1907 年战争计划时指出，潜艇很快就能承担起鱼雷攻击的任务，部分其他国家（当时认为是德国，还可能包括美国）已经主张将驱逐舰和潜艇一同编入舰队之中。一旦舰队型潜艇（英国当时正在建造这样的潜艇）出现，驱逐舰自然可以专注于执行猎杀其他驱逐舰的任务，毕竟潜艇的鱼雷显然不适合这样的任务。[37] 在当时，卡拉汉的观点对他舰队内的驱逐舰来说或许是对的，但大多数的驱逐舰却必须专注于防止德国鱼雷艇进入北海地区。当时的巡逻舰上将，曾经的驱逐舰指挥官约翰·德·罗贝克上将提出了两个选择：要么建造大量的驱逐舰，但仅安装少量的火炮以增加弹药携带量；要么建造一种新型的"具备极高航速"的轻型装甲巡洋舰，专门为在舰队中猎杀驱逐舰而设计，每一艘可以取代舰队中大概三到四艘驱逐舰。这可能便是当时"林仙"级（Arethusa Class）轻巡洋舰的设计思路。

∨ 1914 年以前的皇家海军同样对驱逐舰布雷非常感兴趣，因为日俄战争期间日本驱逐舰确实曾在俄国舰队的路线上布设水雷。1912 年，皇家海军也希望如法炮制。该项目很快就被取消，但此事却让战时英国舰队的指挥官杰利科相信德国将会像英国当初设想的那样做。等皇家海军真的改造驱逐舰和轻巡洋舰 [图中为停靠在"曙光女神"号（HMS Aurora）轻巡洋舰舷侧的"亚必迭"号驱逐舰] 来执行布雷任务时，其主要任务已经变为在名义上的德国海域内实施快速布雷，针对的对象则是时常袭击英国海上交通线的德国驱逐舰和潜艇。到 1918 年时，英国已经开始使用音响感应和磁感应水雷。

∧ 隐蔽性似乎是一战中水雷战的首要关注点，因此英国人的标准是用幕布遮挡住布雷舰的水雷导轨，图中所示为由"加百列"号（HMS *Gabriel*）驱逐领舰改造而成的布雷舰。

独立作战行动的终结

后文将提到，在 1913 年的演习中出现了令人吃惊的结局，因为演习表明一条主要由驱逐舰组成的警戒线根本无法确保拦截，甚至无法确保一定能发现穿越北海的入侵舰队。[38] 德国对英国海岸的真正袭击，譬如 1914 年 12 月德国海军对哈特尔普尔（Hartlepool）的炮击，将面临被切断退路的危险。因此可以假定德国不会贸然袭击英国海岸，除非成果值得为此付出相应的代价，譬如能够成功入侵英国本土。1912 年和 1913 年的军事演习中，红方的目标便是入侵，并且两次都获得了成功。蓝方不仅没能阻止红方的炮击和登陆行动，而且甚至根本无法牵制住红方的行动。英国的舰队指挥官评论道，如果舰队的主要职责就是阻止敌方的进攻，那无异于在战争一开始便将海上的主动权拱手让给了敌人。

卡拉汉争论道，德国的舰队才是唯一的目标，只要它被摧毁，就能确保英国交通线的安全，并有效地对德国实施贸易封锁。但没有人曾设想过潜艇可能被用于袭击商船，因为这和德国签署过的条约完全相悖。在卡拉汉看来，舰队一旦在北海北部远离海岸就该投入行动之中，这样英国人就会取得主动权：德国人要么应战，要么就坐视自己失去海上交通线和与殖民地的联系。但英国舰队最不希望的便是在靠近德国海岸、德国舰队实力最强的地方展开行动。战场越是远离英国本土，舰队中驱逐舰的数量就越少。在靠近德国海岸地区作战的舰队得不到部署在英国海岸的舰船（海岸防御舰队）的支援，这将让它们无力在战斗结束后应对德国舰艇的骚扰。而在北海靠近自己的一侧，英国的舰队将处于德国潜艇和驱逐舰的航程之外（他们是这么希望的），以及德国飞艇的视线外。演习中的经验也指出舰队在远离海岸时是最安全的，因为潜艇此时将很难找到它。潜艇主要潜伏在舰队经常出现或经过的地区，例如福斯湾（Forth）、多格尔沙洲（Dogger Bank）附近海域，斯瓦特沙洲（Swaarte Bank）和泰尔斯海灵岛（Terschelling Light）之间的海域，以及莫雷湾（Moray Firth）附近的海域。这些海域确实也成了第一次世界大战中许多海战的战场。1913 年的演习中，一支英国近岸编队在靠近弗兰伯勒角（Flamborough Head）的地方遭到了"潜艇的持续骚扰"，因此舰队行动时"需要特别地考虑到越来越有可能出现类似的攻击行为"。飞机有时可以发现潜艇，但在当时它们还没有能力实施攻击。最初的驱逐舰反潜武器，即爆破索（详见下文）尚在试验阶段。

1913 年的演习假设在开战前的紧张敌对阶段，英国舰队正向着战时的基地集结——该基地必须受到保护，防备敌方突然发动鱼雷袭击（就像日本在 1904 年对俄国所做的一样，不过日本也没能采取更进一步的大胆举动）。当然，英国的舰队指挥官同样意识到，在德国海军待在港口内时，皇家海军也不可能展开进攻的，当时可以清楚地看到近岸封锁已经是不可能的了，况且德国还拥有齐柏林飞艇，可以在天气好的时候进行空中侦察。

因此英国舰队必须得在海上拦截德国舰队，这似乎就需要侦察舰艇沿着北海海岸建立一条搜索线，而且距离必须足够近以确保舰队能够及时抵达德国舰队出现的地区。但实际上，1912 年和 1913 年的演习表明英国人并没有实现这一点的手段。一战期间，英国战略的成功更多还要归功于无线电侦测技术（以及战争末期靠近德国基地活动的潜艇）。在 1913 年时，可以担任这种哨戒舰的只有巡洋舰，而英国拥有的数量实在太少。[39] 因此新的轻型巡洋舰的建造成了更紧要的问题，尽管当时偏向于驱逐领舰的设计吨位太小，而且容易受限于天气状况，可是卡拉汉还是希望北海地区巡洋舰的数目能达到现有的 4 倍，但建造更多的巡洋舰势必影响建造驱逐舰的经费。

可以想见，由于缺乏巡洋舰，德国人将会成功地袭击英国的海岸，甚至将少量士兵送上岸。英国人曾设想，没有多少护卫的袭击部队，可以很轻易地被巡逻分舰队或巡洋舰中队击退。但 1913 年的演习却表明即使是弱小的护卫舰队也能够牵制住任何没有战列舰的舰队。因此在战时巡逻舰队也不得不带上老旧的战列舰——在一战期间英国正是这么做的。英国最大的罩门在于如果军队被派出本土，东部海岸的港口将得不到防御。而如果德国选择执行大规模的入侵行动，一定会调集整支公海舰队作为掩护。如此英国舰队就必须航行到更靠南的地区，也就更大程度地暴露在鱼雷袭击的威胁之下——因此需要更强大的护航编队。

这次演习完全否定了驱逐舰编队可以在夜间找到并袭击敌方舰队的观点。演习中几乎没有发生类似的攻击行动，因为没人知道该把驱逐舰派向哪里——哨戒舰船很难找到敌方舰队的位置。演习双方司令官都一直将驱逐舰部署在战列舰周围以应对可能的舰队行动，很可能双方都认为没有驱逐舰的话自己将会落于下风。"我们有确切的理由相信在德国人的计划中，舰队指挥官无疑会做同样的事……就是他们至少会在舰队中保留一支驱逐舰分舰队——因此我们的主力舰队中必须包含至少两支驱逐舰分舰队。"但驱逐舰在演习中取得的战果却寥寥无几，因为对驱逐舰舰员的系统性训练才刚刚开始，鉴于它们有限的航程，驱逐舰必须部署在海岸附近，这样它们才不会为了补充燃料浪费太多时间，才能尽快赶到舰队的所在地。而所有的这些基地——哈里奇港、伊明赫姆（Immingham）、泰恩河（River Tyne）、罗赛斯、亚伯丁（Aberdeen）、因弗戈登（Invergordon）和斯卡帕湾——都没有设防。

1913 年 10 月，舰队司令海军上将乔治·卡拉汉爵士针对几次演习的经验发表了一篇简短的备忘录，他认为舰队的目标便是在鱼雷的支援下，以舰炮摧毁敌方舰队。为了保证舰炮的效率，每艘战列舰都必须集中火力攻击敌方战线中的某个目标，期间不能受到敌方其他舰船的干扰。因此，舰队中其他种类舰船的职责就变成了击退敌方其余舰船可能的攻击。但驱逐舰是个例外，它们的主要职责还是使用鱼雷袭击敌方的舰队，次要职责则是防御敌方的鱼雷舰艇。当然，两者的顺序在不同情况下有可能对调。

演习之后，皇家海军在 1913 年 10 月于克罗默蒂举行了一场讨论会并制订了新的计划。计划于 1914 年 5 月被送到了本土舰队司令卡拉汉上将手中，根据计划，他将在战争爆发后、率领舰队前往战时驻地前，先前往敌方海岸实施一次"火力侦察"，之后每隔一段时间都要再进行一次类似的行动（当然是在不同的地方），向德国人展示如果他们将任何突袭部队或相对弱小的舰队派往北海另一侧的英国港口，后果将会多么严重。在舰队巡航中，驱逐舰将掩护每一个特定的位置，而巡洋舰将在前方极大地分散开来——以期能拦截到某些正在执行"特殊任务"的德国舰船。该计划的关键便是将德国不了解英国舰队的所在位置作为一种有效的牵制手段，不过，1914 年 6 月时，参谋部还是要求卡拉汉和他的继任者——杰利科研究出一系列详尽的作战计划。这些计划包括用舰队实施扫荡（M 方案）、对德国海湾实施 4—5 天的封锁以封闭易北河（L.a 方案不包括袭击当地港口，L.b 方案则包括夺取一座德国港口），以及在挪威的斯塔万格（Stavanger）附近建立一个巡洋舰和驱逐舰基地用来封锁波罗的海在斯卡角（Skaw）附近的出入口（T 方案）。卡拉汉的秘书罗杰·巴克豪斯（Roger Backhouse）则在一份备忘录中抱怨，这些战争计划的制订者给舰队设定了太多毫不相关的目标（包括掩护远征部队）。

跟随舰队参加海上扫荡的驱逐舰显然需要更大的续航力。参谋部负责制订详尽的战争计划——因此也需要确保舰船的设计符合计划的需求。大概在 1913 年 10 月，参谋部就提议以大型驱逐领舰，而非较小的常规驱逐舰作为未来的设计标准。和普通驱逐舰相比，它们最主要的优势就是拥有较长的续航力。当时他们还对新型长航程的鱼雷巡洋舰（"新'波吕斐摩斯'型"）和舰队型潜艇产生了兴趣，期望能以其替代普通驱逐舰作为鱼雷发射平台。但巡洋舰的设计并未得以落实，至少一部分是这样，因为战争随即在次年 8 月爆发，这些激进的新设计不得不被取消。上述改变表明了英国舰队建设的政策重心或许已经开始向以鱼雷为主要武装的舰艇，而非造价高昂的主力舰倾斜。但这一猜测并未得到证实，因为 1914—1915 年建造计划被一战的爆发完全改变了。如果回顾一战期间水面舰艇发射的鱼雷的糟糕表现，英国应当庆幸他们设想的这种海军变革并未真正发生。

卡拉汉关于驱逐舰应当作为舰队鱼雷艇的想法，最终取得了胜利，让海军开始重新考虑 1914—1915 年建造计划中的设计，远洋鱼雷艇也增加了 1 具（第五具）鱼雷发射管，并以 2 门 12 磅炮取代了原先的 3 门 4 英寸（102 毫米）炮。海军军械总监对此提出了激烈的抗议，但也没能影响最终的结果。如果不是一战爆发，这些新式的携带大量鱼雷的驱逐舰真的会得以建造。1914 年，在成为舰队司令后，杰利科承认巡洋舰才是最佳的驱逐舰猎手，同时也明白它们的数量严重不足，因此他更多地将驱逐舰视作一种防御性而非进攻性的舰艇。不过，杰利科确实曾在一些时候尝试过让驱逐舰执行更具进攻性的任务。

驱逐舰的战术——1913—1914 年[40]

梅上将的演习留下了许多教训，影响最深远的便是在昼间驱逐舰应该在最大距离上使用"鸟枪射击"法发射鱼雷，而非在近距离上瞄准特定的目标再发射。但夜袭则是另一种情况了，梅设想的是在 3000 码的距离上发射，但这没能发挥热动力鱼雷的全部优势。在当时，英国海军很可能是各国海军中唯一对这种"鸟枪射击"方式产生兴趣的。[41]鱼雷的数量并没有多到可以随意浪费的程度，因此"鸟枪射击"法并不意味着任何时候都要在最大距离发射，或者向难以命中的目标发射，"也不代表在瞄准敌方舰队战线时可以不注重准确度，或是鱼雷的配置是否适合"。如果敌方的舰船排列紧密 [600 英尺长的舰船，间距 2.5 链（cable），即 500 码]，基于舰船所占据空间的比例推算，驱逐舰发射鱼雷的命中率可以达到 40% 左右。另一种安全措施则是为鱼雷的航程留出大约 20%—30% 的冗余量，譬如如果鱼雷的射程被设定为 10000码，则鱼雷就需要在大概 7000—8000 码的距离发射（一份关于舰队中驱逐舰职责的备忘录中给出了相关的反例：在 8000 码以上距离发射鱼雷）。这还是当时最新的观点，因为"和平时期使用的经验让我们更清楚地看到了这一点"。可以实施此类射击的机会常常突然出现而且窗口很短，因此驱逐舰编队必须要时刻准备抓住它们。舰队司令卡拉汉后来还指出，对特定目标发起袭击（最大航程小于 3000 码）后，如果对方还能开火还击就完全没有意义。

1913 年起草的一份新的驱逐舰手册则反映了一种新的战术观点，即驱逐舰主要还是舰队中的进攻性力量，需要和舰炮的使用相结合。独立的行动，不管是白天还是黑夜，都是毫无意义的，因为驱逐舰编队永远不可能找到目标，尤其是在夜间。不过，在白天的战斗中，战列舰必须多少保持航向的稳定，以此确保火炮的准确性，而此时驱逐舰可以在不让自己处于危险境地的距离上，集群地以"鸟枪射击"的方式发射鱼雷。这几乎就是两年前梅的观点，只不过距离更远而已。英国的驱逐舰将机动到攻击发起阵位，沿和敌舰大约横向 20—30 度夹角的方向靠近，进入射程后转 2 个罗经点让鱼雷发射管进入发射位（它们或多或少地只能向侧舷方向发射）。如果进入攻击的夹角太窄，驱逐舰就有可能转入撞击航线。同时，攻击时的航速至关重要，而驱逐舰在迎浪航行时很难达到高航速。

舰队中的驱逐舰应当在白天的行动结束后和敌方保持接触，然后靠近到近距离实施鱼雷攻击（面对没有紧密航行、能够自由机动的目标，"鸟枪射击"将没有任何意义），这也是日德兰海战时英国驱逐舰采取的行动。

但英国驱逐舰能不能保护舰队免遭德国鱼雷袭击尚无定论——在舰队演习中，德国海军还从来未出现过没有驱逐舰跟随参与的情况。[42]

　　舰队司令乔治·卡拉汉爵士在 1914 年 3 月的一份关于舰队交战中如何使用驱逐舰的备忘录中，设想了靠近敌人时在舰队的两翼各部署一支驱逐舰分舰队，比战列舰横队略微靠后。等到舰队转向展开为纵队时，这两支驱逐舰分舰队就自然地分别位于战列舰纵队的首尾位置。理想情况下，驱逐舰还是会从德国舰队的前方发起进攻。英国海军并不看好德国人那样自舰队中穿过的战术，除非在极佳的天气和特殊的火炮射程（德国的火力占优）条件下，因为他们认为德国人应该还在使用短程的普通鱼雷，发射鱼雷前会暴露在炮火之下相当长的时间。不过，一旦德国的驱逐舰上也搭载了英国这样的长程鱼雷，那局势将会发生巨大的变化，它们可以在从战列舰背后穿出后迅速发射鱼雷，获得非常有价值的战术突然性。[43] 当时认为德国只有最新型的驱逐舰才搭载了 7500 码航程的鱼雷，其他大多数鱼雷的航程都在 5500 码左右。因此，"现今"大多数的德国鱼雷艇都需要靠近到近距离才能发射鱼雷。

　　1914 年以前的讨论中都没有涉及的一点是，驱逐舰的鱼雷进攻可以迫使敌方舰队转向。这在日德兰海战时证明是可行的，贝蒂的驱逐舰曾被用于打乱德国战列巡洋舰的战线，而德国也曾通过驱逐舰的鱼雷攻击来掩护舰队的撤离。

　　在接管了大舰队的指挥权后，杰利科上将也认同巡洋舰才是防御德国驱逐舰的更好选择，但巡洋舰的数量却实在太少，他担心德国会抓住这个机会将所有鱼雷舰艇调往海上（当时杰利科的舰队中有四分之一的舰船还在补充燃料或者接受修理）。所以他将卡拉汉命令中的主次任务进行了对调。但即便如此，他还是支持在舰队交火开始后就同步进行驱逐舰的"鸟枪射击"。[44]

反潜作战的黎明

　　1914 年中期时，英国海军就已经开始起草关于对抗潜艇的驱逐舰护航指导，但由于当时适合的反潜武器尚未发明，这份指导更多地关注哨戒而非护航，不过其中一些条目还是包括了使用下文中将要叙述的改进型反潜索（modified sweep）进行的真正的护航。作为装备数量最多的水面战斗舰艇，驱逐舰很自然地被考虑作为反潜平台使用。反潜武器真正开始发展的时候，正好也是驱逐舰大体上回归舰队行动的时期，不过很难说潜艇这一新的威胁是否助长了这一趋势。但是，在特别的反潜武器出现（甚至是被测试）前，法国的潜艇建造计划早在 1901 就已经刺激了驱逐舰的建造。

　　最早提出举办评估潜艇威胁程度的演习的同样是本土舰队司令。演习计划于1903 年 12 月 29 日提出，演习在 1904 年 3 月 8—18 日举行。演习的主要结论便是，仅仅一艘潜艇，就足以让海港附近（即舰队实施封锁行动的地区）的舰船无法应战，因为这些舰船将不得不保持高速航行以避免被鱼雷命中。[45]1904 年 2 月的讨论会之后出现了一批简单的反潜武器设计：一种手持的炸药包、一种拖拽式炸药、一种标识网，还有一种套索网。潜艇只有在伸出潜望镜时才有可能被发现，所以潜望镜也成了反潜武器的瞄准点。例如拖拽式的炸药就连着一支抓钩，钩住敌方潜艇的潜望镜后再由驱逐舰上的起爆器引爆。不过测试时的裁判员指出，如果情况不那么刻意，结果可能会变得很糟糕。例如，在发射抓钩时，驱逐舰必须得靠近到距离潜艇大约400 码的位置并保持极低的航速甚至停船，对潜艇而言简直是个诱人的目标。

改进型反潜索

这是第一种大量装备皇家海军驱逐舰的反潜武器。当时认为通过驱逐舰在舰队前方拖曳反潜索，直接扫击潜艇可能埋伏在内的水域，可以达到为舰队护航的目的。反潜索直接拖在舰艉，单独一艘驱逐舰很难高效地使用它们。例如在 1914 年 10 月，潜艇准将 [Commodore(S)] 罗杰·凯耶斯（Roger Keyes）就指出潜艇可以轻易地躲避单独的一艘驱逐舰并且不被发现，只有密集的反潜护航编队才能有效地反潜。当时还有一种观点认为，可以让驱逐舰着重保护一艘诱饵舰，以此诱使潜艇穿过反潜编队。作诱饵显然是相当危险的，但或许吃水较浅的鱼雷炮舰确实有可能免疫鱼雷攻击（但它们的适航性也很糟糕）。反潜索的收放过程都十分复杂，而且很难保证持续的拖曳。1916 年 2 月，大舰队下令拆除并封存所有驱逐舰上的反潜索，它们的职责则被新的爆炸型（Q 型）破雷卫（paravane，又译扫雷器）取代。

（绘图：A. D. 贝克三世）

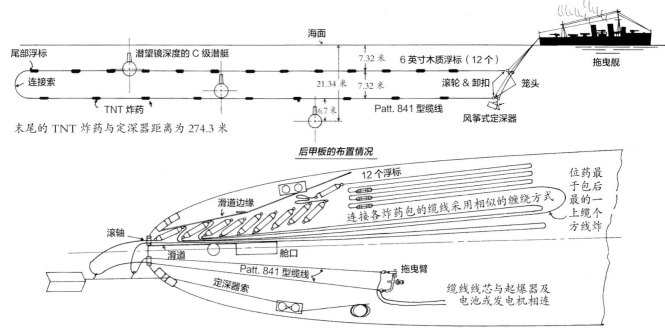

此次演习中产生了很多想法，其中奥格威（Ogilvy）上校提出的爆破型反潜索（explosive sweep）引起了人们的格外注意。一份 1905 年 6 月 9 日的报告中如此描述：一段由风筝式定深器（depth-keeping kite）控制的炸药，理论上将会绊住遇到的任何潜艇，然后在接触后引爆。这将摧毁潜艇的潜望镜，在经过一定改进后还能直接摧毁潜艇本身。该反潜装置最初于 1906 年 1 月进行了测试，由一支鱼雷艇编队携带，它们还试图在一道海峡内找到一艘潜艇。[46] 反潜索（和当时的扫雷索类似）由两艘船拖曳于两者之间，三艘船一组便能扫荡大约 150 码宽的海域（每两艘船可以扫荡大约 100—150 码的范围），因此七艘船（三艘船打头，后面是由另外两艘船和三艘船构成的梯队）就能够扫荡大约 500 码宽的海域。但由于反潜索拖拽设备的拉力限制，反潜舰艇的航速被限制在 6 节之内。一开始反潜索的炸药用电信号来引爆，但后来"弗农"号鱼雷学校指出可以换成触发式引信。

1909 年 6—7 月间又进行了更多包括和舰队协同在内的其他潜艇演习。1910 年 3 月，皇家海军组建了一个潜艇委员会来研究如何发现敌方的潜艇，研究内容也包括如何找到英国自己的潜艇，从而更实际地了解这类平台的优点和缺点。委员会立即用"部族"级和"河川"级驱逐舰测试了刚问世的高速反潜索，并且检验了在驱逐舰发现 500 码（后来的测试表明这几乎不可能）外的潜艇潜望镜后，是否有可能向潜艇发射鱼雷。当时还认为乘坐气球或飞艇的观察员能够向鸟类发现鱼一样看到水中的潜艇。[47]

作为所有潜艇的指挥官，潜艇准将指出如果反潜部队想要有效地实施护航，就必须能够覆盖相当宽的一部分海域（即前方可能成功接近的夹角）。舰队的航速越快，正面夹角就越小：如果舰队航速为 15 节而潜艇航速为 6 节，则需要覆盖的海域大约为 3/4 英里宽，而且，接受这种护航的舰船将很难自由机动规避鱼雷。不过，海军还是用两艘鱼雷炮舰——"斯皮德韦尔"号（HMS *Speedwell*）和"海鸥"号进行了测试。测试采用了两副 2 英寸（约 5.1 厘米）反潜索，通过大型的风筝式定深器固定深度，其中一副位于另一副上方大约 30 英尺（9.14 米），两舰相距 2.5 链（500码）。此外，一种为驱逐舰设计的轻量化的版本也被制造出来。对定深器的测试开始于 1910 年 5 月，两艘拖曳的炮舰航速一度达到 14 节。后来，两艘"部族"级驱逐舰——"毛利人"号（HMS *Maori*）和"十字军"号（HMS *Crusader*）也在 1910年 11 月中旬准备好接受测试，两舰加强了甲板并安装了特殊的绞盘，它们的航速一度达到了 17 节。如果反潜索缠绕上了潜艇，就会有一枚炸药包沿着缆线被投放到潜艇附近。英国将 A1 号潜艇改造为能自动下潜的靶舰用于测试。测试中，它有一次直接越过了反潜索，另外几次也很快便脱离了，在这种情况下，很可能根本没有时间让爆炸物沿着缆线滑向潜艇。

因为以两艘舰船拖曳有许多缺点，所以在 1911 年 7 月便开发出了一种单舰拖曳、在水下携带爆破装置的反潜索，并由"十字军"号驱逐舰和 A1 号潜艇进行了测试，取得了令人满意的效果。该舰直接拖曳一枚位于水面下的爆破装置（该方案于 1911年 3 月由委员会提出），反潜索缠绕上潜艇后爆炸装置就会被拉向潜艇。测试中，"十字军"号曾将炸药拖曳到停泊着（未下潜）的"霍兰 2 号"潜艇附近，并在潜艇下方成功遥控引爆了一枚 72 磅装药的爆炸装置（四次测试中的最后一次），造成潜艇严重受损。于是在 1911 年 10 月 27 日，海军批准为四支驱逐舰分舰队配备这类拖曳式爆破装置，每一支分舰队中有两艘驱逐舰进行了相应的改装。另外所有隶属"弗农"号鱼雷学校的驱逐舰和鱼雷艇也都将安装此类设备。[48] 反潜委员会的建议是"在舰队前方布置拖曳反潜爆破装置的高速护航舰艇。潜艇将不得不对护航船队实施攻击，但这就必须伸出潜望镜，这就给了驱逐舰攻击的目标。或者潜艇也可以进行规避（不伸出潜望镜），但这将导致潜艇在关键时期处于盲目航行状态，有遭到舰船撞击的危险。从前方接近的潜艇将发现很难估算舰队的航速，但如果要进行攻击这又是必须要做的，而在周边的哨戒舰艇，即使没有装备反潜武器也能够阻止潜艇从侧舷方向实施攻击。护航编队将被部署于舰队前方 3—4 英里处，护航舰艇数量则取决于舰队的航速。[49]

之后的测试却表明潜望镜并不一定能被发现，首次察觉附近有潜艇的原因其实可能是其发射的鱼雷发生了爆炸。因此必须对所有途经区域的潜艇实施攻击，无论它是否被发现。1912 年 6 月，在"海鸥"号驱逐舰上实验了一种改进型的单舰用反潜索，拥有上下两支缆线，下部连接着 9 具 80 磅的水下爆破装置。这种反潜索的任何部位都可以对潜艇进行攻击，不再只是最末端具有攻击性。其作用范围也比老式反潜索更大，足以覆盖长 300 码（274.3 米），深 48 英尺（14.64 米）的范围。（潜艇因此必须下潜到 70 英尺以下以完全避免碰到下层缆线）缆线末端的设备会在反潜索缠绕到潜艇时发出信号，之后拖曳舰船上的操作人员就可根据信号实施爆破。该装置又在

"毛利人"号驱逐舰上进行了更多测试。在咨询了本土舰队司令后，皇家海军于 1913 年 7 月决定在 4 艘轻巡洋舰、6 艘由旧式鱼雷炮舰改造的扫雷舰和 2 艘驱逐舰上安装改进型反潜索以进行测试。鱼雷准将认为这种改进型反潜索"将是以一定角度接近拖曳着它的舰队的潜艇的噩梦，这比当时的任何反潜方案都要高效，并且还不依赖于发现潜艇"。[50]

就在海军部还在等待着改进型反潜索的测试结果期间，第 4 驱逐舰分舰队的驱逐舰已全部安装了老式的单索型反潜索。

对向潜艇潜望镜射击的测试则表明，炮弹在接触水面后更倾向于弹开而非向下翻转击中潜艇，不过当时还是希望更重型（例如 6 英寸）的炮弹可能更向下方倾斜，从而在爆炸后向潜艇传递更多的有效冲击。当时海军还是对开发 2000 码射程时不易弹跳的炮弹和可以由 12 磅炮发射的爆炸装置（射程 500 码）有着浓厚兴趣。

但上述武器均无法解决潜艇不易被发现的问题。1911 年 12 月的一份报告中，潜艇委员会提到用电磁侦测手段发现潜艇的尝试也以失败告终。至于水下声波的使用，战前似乎还没有人提出，尽管当时水下音响通信技术已经被人们所熟知。英国对水下听音器的研究始于 1914 年 11 月。

1914 年 5 月 5 日，潜艇委员会罗列出了一系列反潜作战的方式。所有巡逻分舰队的驱逐舰的首要任务就是安装改进型反潜索，以便在离开或进入基地期间实施反潜护航，因为此时舰队最有可能遭到潜艇的袭击。随着反潜索的投产，下一步工作便是为所有舰队内的驱逐舰安装这一武器。当时列举的其他反潜作战方式还包括以己方潜艇在敌方基地附近实施伏击（或由在英国海岸附近的巡逻飞机实施引导），然后以高速摩托艇实施扫荡，迫使敌潜艇下潜，耗尽储备的电力。当时委员会认定的危险区为距离敌方海岸 60 英里（约 96.56 千米）和距离英国海岸 100 英里（约 160.93 千米）的地区，尤其是舰队进出的基地或加煤站附近。开阔的公海则相对安全得多。

在战争爆发前的 1914 年 7 月 6 日，潜艇委员会报告称，在驱逐舰"苍鹰"号（HMS Goshawk）和"蜥蜴"号（HMS Lizard）上的测试表明，改进型反潜索在航速 6—20 节的范围内均可使用。对反潜索这一武器的重视，使得英国在战争爆发仅仅几天后就设立了名为改进型反潜索监督主官（Commander Superintending Modified Sweep，缩写为 CSMS）的官职，其下属的参谋人员更是日益增加。到 1914 年 12 月又建立了潜艇攻击委员会（Submarine Attack Committee，缩写为 SAC），它一直幸存到了 1915 年 12 月（虽然经过了更名），此后海军部建立了反潜作战分队（Anti-Submarine Division）。

战争爆发时，皇家海军还安排为查塔姆港的驱逐舰和洛斯托夫特（Lowestoft）的拖轮安装改进型反潜索，并为朴次茅斯、德文波特和查塔姆提供额外的 50 套装备。改进型反潜索的第一次，很可能也是最后一次成功使用的案例发生于 1915 年 3 月 4 日，当"维京人"号（HMS Viking）驱逐舰发现德国 U 8 号潜艇后，潜艇迅速下潜，而"维京人"号并没能用反潜索击中该潜艇。后来，"毛利人"号驱逐舰发现了 U 8 号潜艇的潜望镜。最终，在首次发现该潜艇 5 小时后，"廓尔喀人"号（HMS Ghurka）驱逐舰发现反潜索碰上了障碍物。引爆爆炸装置后，U 8 号潜艇被迫上浮并投降。

鉴于反潜问题的紧迫性，在改进型反潜索逐渐列装期间，现存的旧式反潜索并没有迅速被取代，而是一直服役到了一战爆发之后，1915年中期。1914年8月，杰利科上将还曾向第2和第4驱逐舰分舰队的舰长们询问反潜索最大的拖曳速度、可以持续拖曳的最长时间、保持深度的能力以及拖曳中的最长时效等数据。他还想知道8月2日为参加海上炮术演习的主力舰护航的驱逐舰是否曾使用过反潜索，如果驱逐舰没有在护航期间拖曳反潜索，是不是因为航速较高，因为当时改进型反潜索和单索型反潜索的最高拖曳速度分别为16节和14节，并且持续拖曳的时间不能超过2—3小时。两种反潜索都会让驱逐舰的航速下降大约1节，第4驱逐舰分舰队的指挥官曾报告说，在超过15节航速时，经过3—4小时的摩擦，改进型反潜索会逐渐倾向于断裂，而单索型的反潜索尽管功效较低，但却可以被拖曳至20节。"鲨鱼"号（HMS Shark）驱逐舰报告说，由于结构复杂，曾经有一次，改进型反潜索的装药索在水中穿过了浮标索形成的线圈（这种情况很难察觉），造成了非常严重的缠绕。另一次则是装药索从定深器的接头处直接带走了浮标索。"花冠"号（HMS Garland）驱逐舰则报告称，在一次16个罗经点的转向中，装药索和浮标索发生了十分严重的缠绕，导致引爆线路多处受损，整条反潜索无法使用。收放反潜索时，驱逐舰必须将航速下降至10节以下，因此它们在入夜前常常需要和主力舰队分开大约1个小时来收起和盘卷反潜索。而且如果反潜索干扰了舰艉的4英寸（102毫米）舰炮，就有可能导致爆炸事故，另外如果定深器和绳索不慎自舷侧落水，还有可能缠住螺旋桨，因此还需要大量人手来进行操作。

此外，战前的计算表明，随着改进型反潜索的列装，潜艇穿越护航编队的可能性变得越来越低，让潜艇采取类似驱逐舰那样的"鸟枪射击"方式发射鱼雷变得更为实际，因为这就可以在护航编队之外发射鱼雷。并且，有观点指出反潜索只能用于对抗和护航编队呈一定角度运动的潜艇，而指出这一点的人们认为这不大可能发生，这种情况只会局限在狭窄的海峡或者海港出入口。1915年10月，第2驱逐舰分舰队的指挥官[旗舰为"积极"号（HMS Active）驱逐舰]就指出"反潜索无法在舰队需要达到的航速下保护舰队"（在舰队航速为15节时，驱逐舰航速需要达到17节才能做到相对于舰队内的机动）。因此在当年10月，杰利科上将下令拆除所有大舰队内驱逐舰的反潜索，并且停止在其他新驱逐舰上列装，相对而言他更信任爆炸型破雷卫和深水炸弹。不过海军部还是命令除了大舰队和哈里奇港的驱逐舰外，其余驱逐舰都继续使用反潜索，此外大舰队的第2驱逐舰分舰队中，已经安装了改进型反潜索的驱逐舰也将继续保留。大舰队中的其他驱逐舰将换装D型深水炸弹（Type D depth charge）和舰艉索（即之后章节将介绍的爆炸型破雷卫）。然而，直到1917年1月5日，第1驱逐舰分舰队才报告他们拆除了舰上的改进型反潜索，这还是因为它们将要离开福斯湾。

水雷

在日俄战争中，双方大规模的布雷行动给观察员们留下了深刻的印象。因为资源限制，日本既将驱逐舰作为布雷舰、又作为扫雷舰来使用，但当时看来很显然更专业的舰船才适合执行此类任务。

　　日俄战争中日本驱逐舰经常在俄国舰队前方布设水雷以迫使后者转向，这让各国海军开始考虑用驱逐舰来布设会随波漂流的水雷。当时的新任海军军械总监，还是上校军衔的约翰·杰利科便对此类实验非常感兴趣。1906 年时，贝雷斯福德上将就曾写道，他的舰队已经成功演示过驱逐舰布雷，但它们尚未迈出下一步，即将水雷一直带到远海地区。1909 年的一份报告中则描述了日本驱逐舰的布雷行动，同期，日本方面惊讶于皇家海军竟然没有做过这样的尝试[51]，尽管布设随波逐流的水雷可能会违反国际法。日本认为这是一种"独一无二"的海战攻击方式，即布雷舰会在敌方前进方向大约 1000—2000 米的范围内经过并投下水雷。但这种方式"……是最危险的一种，对敌我都是。在投下水雷后，鱼雷艇驱逐舰或鱼雷艇需要尽快撤离该海域，因为在水雷被投下后，根本不可能知道它们漂到了哪里，并且日军的指挥官也承认，任何救援的尝试都将是自杀性的……很多时候，日本在俄国舰队航线上投下的其实是假水雷，通常是袋装的干草，用于混淆俄方舰队的视听、迫使它们后退。"

　　对皇家海军而言，在驱逐舰再次加入舰队以前还根本没有任何使用这种战术的机缘。直到 1912 年秋季，海军审计主管才要求海军军械总监和海军造舰总监就这一问题提交一份联合报告，随后国防部和总参谋长（Chief of Staff，缩写为 COS）也建议为驱逐舰装备威力足够重伤一艘战列舰的漂浮型水雷。最初的计划是大约 30% 的驱逐舰各携带 15 枚水雷，助理鱼雷总监（Assistant Director Torpedoes）还希望这些水雷同样也能够作为系留水雷。但海军军械总监和海军造舰总监均指出，驱逐舰不可能携带多达 15 枚爆炸力能够让一艘一等装甲舰丧失战斗力的水雷（250 磅）。在不搭载系留配重时，一枚水雷的最大重量也有 600 磅（272 千克），直径则达到了 31 英寸（787 毫米）。而算上配重、系留装置之后，重量将达到 1200 磅（544 千克），每艘驱逐舰只能携带 6 枚。1913 年 4 月 24 日，第一海务大臣最终决定，每艘"河川"级及后续驱逐舰将在上层甲板携带 4 枚水雷，每枚水雷装 120 磅（54 千克）TNT 炸药，这些水雷为漂流型水雷，在需要时也可以作为系留水雷布设。很少有驱逐舰按照这一标准设计，不过 L 级驱逐舰确实直到 1915 年都安装着布设水雷的轨道。

注释：

1. 国家档案馆 ADM 1/7379B 号档案,《动员准备令 ——1898 年 10 月》(*Preparations for Mobilisation - October 1898*)。动员指令中还包含了英国正在为其他国家建造的舰艇，包括 15 艘驱逐舰、7 艘鱼雷艇和一艘"涡轮舰"(turbinia boat)。后者是帕森森公司为其他买家建造的驱逐舰，即后来被英国皇家海军购入的"蝰蛇"号驱逐舰。上述 15 艘驱逐舰中则包括：桑德罗夫特为日本建造的 4 艘 275 吨级和 2 艘 300 吨级驱逐舰；雅罗为日本建造的 6 艘 300 吨级驱逐舰；阿姆斯特朗为潜在买家建造的 2 艘 350 吨级驱逐舰；以及莱尔德为俄罗斯建造的 1 艘 350 吨级驱逐舰。鱼雷艇则包括：雅罗为奥匈帝国建造的 2 艘 130 吨级鱼雷艇和为日本建造的 6 艘 125 吨级鱼雷艇。阿姆斯特朗当初建造的 2 艘驱逐舰属于商业投资，其目标买家为土耳其。

2. 英国的一份表格中列出了法国在本土、科西嘉岛以及阿尔及利亚的 39 个军港，其中 12 个作为鱼雷艇基地。而拥有一定远洋航行能力的公海鱼雷艇则部署在瑟堡（4 艘）、圣马洛（1 艘）、布雷斯特（9 艘）和土伦（9 艘）。此外还有 85 艘一等和 79 艘二等鱼雷艇。

3. 国家档案馆 ADM 1/7379B 号档案，给各海外基地指挥官下达的战争命令中并未包括那些公海鱼雷艇，这在当时很可能造成误导。此外，即使是唯一一份包含了地中海的列表，也仅仅是向直布罗陀派遣了 12 艘驱逐舰用于防御。

4. 国家档案馆 ADM 1/7465C 号档案，时间为 1900 年 12 月 24 日。

5. 此事的背景，参见拉多克·F. 麦凯（Ruddock F. Mackay）著,《基尔维斯顿的费舍尔勋爵》(*Lord Fisher of Kilverstone*)，牛津：克拉伦登出版社，1975 年，第 239 页。在 19 世纪 90 年代时，英国的地中海舰队还无法独立与法国抗衡，因此在法邵达事件后的战争命令中，要求海峡舰队（应该是在摧毁法国北方舰队后）前往直布罗陀与地中海舰队汇合。在危机期间，地中海舰队被要求在海峡舰队驶向直布罗陀期间，在马耳他港集结。就在诺埃尔海军少将交出指挥权前，他建议费舍尔将舰队集结地设在直布罗陀，并在马耳他留下一支足够强大的分队来应对可能进入地中海的俄国舰队。费舍尔同意了这一计划并说服了海军部，而土伦港将由舰队的巡洋舰支队负责监视。

6. 费舍尔的命令下达日期是 12 月 22 日，这些指挥官包括德·罗贝克（de Robeck）中校——"皮拉摩斯"号（HMS *Pyramus*）防护巡洋舰舰长，W. C. M. 尼切尔森（W. C. M. Nichelson）中校——"奥威尔"号鱼雷艇驱逐舰舰长，以及赫德尔斯顿（Huddleston）上校——鱼雷部队指挥官，同时也是"伏尔甘"号鱼雷艇母舰舰长。他们于 12 月 24 日回复了他。

7. R. H. 培根海军上将（Admiral Sir R. H. Bacon）著,《基尔维斯顿的费舍尔勋爵的一生》(*The Life of Lord Fisher of Kilverstone*) 第一卷，伦敦：霍德 & 斯托顿出版社，1929 年，第 142—143 页。海军大臣塞尔伯恩伯爵（Earl of Selborne）曾计划前往马耳他视察新的防波堤建造工程（目的是保护舰队免遭鱼雷艇袭击），在收到费舍尔的来信后他决定提前动身前往视察。随行人员中还包括第一海务大臣瓦尔特·柯尔（Walter Kerr）、秘书长威尔莫特·福克斯（Wilmot Fawkes）海军少将、海军情报司司长雷金纳德·C. 康斯坦茨（Reginald C. Custance）海军少将，后者也是实际上的海军总参谋长。而根据麦凯的书中所言，当时康斯坦茨非常反对费舍尔在和平时期想要增加驱逐舰部队的做法，他的理由则是其早在 1900 年 12 月就提到的德国海军舰队日益强大。康斯坦茨于 1902 年被解除海军情报司司长职务，转而担任本土舰队司令。

8. 来源为国家档案馆 ADM 1/7465C 号档案，海军部信件编号 M.0499，1901 年 7 月 1 日。一份康斯坦茨在 1902 年 1 月 20 日提交的记录中记载了英国现有驱逐舰的分配情况：本土 60 艘、地中海 30 艘、远东 6 艘、太平洋 2 艘（前往远东）、北美舰队 2 艘（正在返航途中），还有 9 艘尚未部署，将根据需要前往北海或地中海，总计 111 艘驱逐舰。[①]该报告同样记录了法国海军驱逐舰在地中海的部署情况。

9. 根据康斯坦茨写于 1902 年 1 月的报告，法国在地中海仅拥有 2 艘驱逐舰，均位于法国海岸；有 19 艘公海鱼雷艇，其中 12 艘位于法国海岸，另外 7 艘位于北非；此外还有 49 艘一等鱼雷艇（19 艘部署于法国海岸、9 艘部署于科西嘉、21 艘部署于北非）和 25 艘二等鱼雷艇（20 艘部署于法国海岸、5 艘部署于科西嘉）。在这些舰艇中，仅有 2 艘驱逐舰、10 艘公海鱼雷艇（8 艘部署于法国海岸、2 艘部署于北非）和 34 艘一等鱼雷艇（15 艘部署于法国海岸、5 艘部署于科西嘉、14 艘部署于北非）航速可以达到 18 节以上，因此有能力威胁到费舍尔的舰队（航速 15 节）。那些航速较低的根本不可能远航到和敌方巡洋舰或驱逐舰面对面的距离。而部署于法国海岸的一等鱼雷艇中，又有 10 艘的舰龄已超过十年，因此还能够作战的也只剩下 9 艘，而二等鱼雷艇的作用则更是有限。至于俄罗斯则在黑海地区拥有 21 艘一等鱼雷艇和 10 艘二等鱼雷艇，但它们的航程都不可能抵达地中海。康斯坦茨写给费舍尔的这封信档案编号为 ADM 116/900B 号。

10. 根据《基尔维斯顿的费舍尔勋爵的一生》第一卷第 129 页，在法邵达事件期间，甚至直到费舍尔成为舰队司令期间，对舰队在战时应该如何作战都没有任何特别的命令或指导。培根对前任司令杰拉德·H. 诺埃尔少将在战术上的指挥才能做出了肯定的评价，但也指出他的才能更多地体现在作战时的阵型和战术，而非计划舰队在战时的战略使用上。费舍尔的传记作家们常赞他更懂得战略思考。1920—

[①] 总数似乎并不等于 111 艘。

1921 年，乔治·H. 瑟斯菲尔德（George H.Thursfield）在皇家海军战争学院（Royal Naval War College）授课时曾称赞费舍尔推行的战术革新最早可以追溯到 1901 年。

11. 作为 1900 年地中海舰队演习报告的附加文件，国家档案馆 ADM 1/7450B 号档案。

12. 培根《基尔维斯顿的费舍尔勋爵的一生》第一卷第 145 页。培根记录了他在地中海舰队的演讲："一个新的观点浮出水面，即军舰不再是一个自持的军事单位……它们已经转变为多艘舰艇的集合体，包括使用舰炮实施进攻的战列舰以及与战列舰同行的、用于展开鱼雷攻击，或是防御敌方鱼雷攻击的小型舰艇。"

13. 1901 年夏，在海峡舰队和地中海舰队的联合战术演习中，费舍尔尝试着将驱逐舰部署在战列线后方，然后它们从战列舰之间冲出对敌方战列线实施攻击。这次演习证明了驱逐舰不该与战列舰如此靠近，因为它们会干扰后者的自由机动。更好的方式则是让驱逐舰支队和主力舰队分隔开，并将其集中起来作为一支打击力量。关于航行策略的条令和演习结论记录于国家档案馆 ADM 121/75 号档案，驱逐舰自战列舰中冲出的部分还收录于 ADM 116/900B 号档案，其中提及海军上将贝雷斯福德勋爵（Lord Beresford）战术条令的前言，并总结了自费舍尔的演习中得到的经验。直到 20 世纪 30 年代，德国海军还会定期组织驱逐舰穿越战列线的演习，不过这可能只是训练驱逐舰指挥官精确操舰技能的一种方式（1914 年以前的德国驱逐舰指挥官都非常高傲）。ADM 121/75 号档案中还摘录了一个专家委员会提交的 1901 年地中海舰队演习的观察报告，该摘录部分作为 1901 年 8 月 19 日的《1 号舰队令》的一部分发布。

14. 针对当时存在的各种观点，皇家海军还举行了专门的演习——譬如当时很流行的、在夜间将巡洋舰分散至四周作为防御驱逐舰的哨戒舰的观点。在马耳他的演习中，所有的巡洋舰都被鱼雷击沉了，尽管它们被击沉也确实达到了预警的目的，但这导致舰队随即极其缺乏对抗驱逐舰的武器。由于巡洋舰的数量较少，他们不得不距离舰队相当近，这导致它们缺乏规避攻击或追逐驱逐舰的空间，反过来也严重限制了舰队的机动性。这或许是美国海军在评估自身需要多少艘驱逐舰时采用了截然不同的算法的原因。美国国家档案与记录管理局记录组 24 中（档案编号 3545:14），记录了 1905 年 1 月 7 日（在总统的指令下）曾召集了一个委员会评估美国海军鱼雷艇艇的规模和用途。委员会显然考虑到了为主力舰队护航的驱逐舰支队，并强调了驱逐舰的适航性和航程（因此美国海军更青睐大型驱逐舰）。虽然没有给出最终的数量，但海军总理事会的建造计划中还是给出了驱逐舰数量和主力舰数量的比例，在大体上，驱逐舰需要能包围所要保护的战列舰。在该档案中包含的一份 1907 年 2 月由美国海军上尉 J. H. 图姆（J. H. Tomb）提交的报告，其中可以看到他基于前一年演习的经验绘制的 38 艘驱逐舰为 16 艘战列舰护航的完整阵型图示。许多学者也指出，日俄战争的经验表明，没有驱逐舰护航的舰队将寸步难行。

15. 国家档案馆 ADM 116/900B 号档案，1900—1906 年的战争命令合集。

16. 国家档案馆 ADM 121/75 号档案，这是费舍尔所写的两页的《第 25 号机密备忘录》（Confidential General Memorandum No 25），时间为 1901 年 3 月 4 日。

17. 海军中将鲍德温·韦克·沃克爵士著，《巡洋舰和驱逐舰的应用》（The Employment of Cruisers and Destroyers），海军部情报司 801 号，1906 年 9 月。韦克·沃克在 1902 年 6 月至 1905 年 1 月间曾担任地中海舰队巡洋舰支队指挥官。该报告的副本还藏于海军历史档案馆（编目号 Eb 164）和国家海事博物馆。

18. 皇家海军此时已经开始尝试发展海上补给燃煤的技术。接受补给的驱逐舰将保持大约 4—5 节的航速（尽管在其他地方他也曾指出驱逐舰在航速低于 8 节时是不能完全受控的），因为驱逐舰在完全停船时"会没有原因的突然横摆"。而由于驱逐舰常常处于活动状态，它们均使用不寻常的小号煤袋（1 英担，50.8 千克），而非常见的煤袋（2 英担,101.6 千克）。韦克·沃克著，《巡洋舰和驱逐舰的应用》。

19. 将防御拉得更近或者布置得更稀疏一些确实能降低所需的驱逐舰数量，但韦克·沃克认为这样的危险程度令人无法接受，如果护航支队太过稀疏，将很可能无法阻挡下定决心要进攻的敌方舰艇。而如果靠太近，护航舰艇又会阻碍舰队的射击，而且对战列舰的炮手而言将很可能无法区分己方驱逐舰和敌方鱼雷艇。此外，舰队如果在转向时没能及时通知护航舰艇，后果不堪设想，因为护航舰艇很可能无法按照舰队的要求及时转向（而在前方一定距离的护航支队转向就要容易得多，从后来类似的反潜实践中可以得到证明）。

20. 韦克·沃克在《巡洋舰和驱逐舰的应用》中绘制了典型阵型的图示。在一份图示中，先导舰两侧各有一支完整的驱逐舰支队，每支支队中的一艘驱逐舰位于靠近先导舰舰艉的后部，当有驱逐舰离开支队展开追逐时，它们可以向任意方向填补空缺。

21. 国家档案馆 ADM 116/900B 号档案。阻止这些舰队汇合便是本土舰队任务清单中的第一项，第二项则是监视法国舰队并与之交战。第三项是如果俄罗斯舰队进入北海并与之交战，第四项为对付法国的巡洋舰，第五项是保卫爱尔兰，第六项是保卫英吉利海峡的岛屿免遭法国侵略。命令中还设想了法国人在宣战前可能展开的鱼雷艇攻击。法国北方舰队的战列舰较少而巡洋舰较多，表明这支舰队的主要任务很可能是袭击英国的海上交通线。在后来（1906 年）的战争命令中，描述驱逐舰职能的部分又增加了如下内容："……如果法国尝试入侵本土，它们（驱逐舰）的职责便是尝试对运兵船实施鱼雷攻击，远离敌方主力舰，并尽可能地对远征军实施骚扰直至己方舰队抵达。"

22. 1903 年的这次演习正巧赶上了关于防御对联合王国本土入侵的辩论。1902 年年末时，时任首相亚瑟·巴尔福（Arthur Balfour）要求新成立的内阁防务委员会（Cabinet Defence Committee）研究本土遭受入侵的可能性。1903 年年初，海军和陆军都被要求审视法国是否有能力占领英国东南部的港口以支援入侵行动。陆军抓住这一机会提出了庞大的扩军计划，这会导致海军经费缩减。皇家海军因此开始将鱼雷舰艇（包括新出现的潜艇）作为本土防御的关键要素来考量，而不再仅仅考虑将其用于消除法国的鱼雷艇威胁。尼古拉斯·兰伯特（Nicholas Lambert）著，《约翰·费舍尔爵士的海军革新》（Sir John Fisher's Naval Revolution），哥伦比亚：南卡罗莱纳大学出版社，1999 年，第 55—67 页。

23. 当时，本土舰队的舰艇主要都是在本土港口中作为后备力量的舰艇，例如鱼雷舰艇（因为它们在和平时期没有多大用处）。而在欧洲海域活跃的舰队则是地中海舰队和海峡中队（或海峡舰队）；当时还有一种想法是在直布罗陀再组建一支新的大西洋舰队，这样就可以来回游走于英吉利海峡 / 北海地区和地中海地区。1904 年 10 月升任第一海务大臣后，费舍尔上将越来越多地将鱼雷舰艇视作联合王国本土防御作战，以及向北海地区投射力量的主要手段。这就显现出了将本土鱼雷舰艇交由一名指挥官集中统帅的重要性。他所写的声明《海军的需要》提议在英国海岸建立一支类似法国"机动防御"舰队的力量，包括四个集群，每个集群都包含一个驱逐舰支队（包括 24 艘驱逐舰）以及一个潜艇支队（12艘）。见兰伯特著，《约翰·费舍尔爵士的海军革新》，第 117 页，关于机动防御舰队的概念。兰伯特博士在书中指出，费舍尔上任后立即将这些分队舰艇（驱逐舰和潜艇）的拨款翻倍，同时总的海军建造经费也削减了大体同等的数额，为 200 万英镑（总数是 950 万英镑）。几乎 2/3 的经费被投入了驱逐舰建设。这一防御构想的一个后果便是本土舰队中老旧的后备役装甲舰不再是本土防御战略中的主角并很快遭到了遗弃。不过在另一方面，费舍尔也越来越看重借助情报收集工作让高速的重型舰船快速应对距离较远的威胁，例如对交通线或帝国殖民地的袭击，因此本土舰队逐渐成了执行这一战略的指挥中枢。后来，随着海军的战略重心向德国偏移，本土舰队再度成为英国海军中最主要的舰队，并担当了第一次世界大战中大舰队的基础，不过类似的构想直到 1908 年才会出现。

24. 演习兵力详见国家档案馆 ADM 231/43 号（海军部情报司 754 号）档案。

25. 国家档案馆 ADM 116/900B 号档案。这份起草于 1906 年的战争命令设想了在与法国或同时与法国、德国甚至与俄罗斯交战时，哈里奇（Harwich）、舍尔尼斯、多佛、纽哈文、波特兰和普利茅斯的驱逐舰的行动方案；法尔茅斯将被预留给商船使用。由于敌我识别的问题，驱逐舰在夜间将不被允许进入波特兰或普利茅斯，夜间它们将使用韦茅斯（Weymouth）和福伊（Fowey）两座港口。同样的，它们也不得进入舍尔尼斯港，但可以使用哈里奇和多佛港，前提是这两座港口尚未被其他舰队占据。

26. 唯一的例外是 A. K. 威尔逊海军上将，他在 1911 年提出应该加强在近岸对德国实施封锁的能力，用来阻止德国潜艇和驱逐舰进入北海。基于 1904 年进行的一次演习，他认为潜艇在类似德国海岸的浅海地区将难以对付吃水较浅的鱼雷艇或舰载小艇。但这是不正确的。《约翰·费舍尔爵士的海军革新》第 201—211 页。威尔逊还额外布置了人手来研究反潜的手段，他同样还削减了英国潜艇的生产，因为他很怀疑潜艇在执行封锁或哨戒任务时能有多少价值，这主要是由于当时潜入水下的潜艇（甚至是上浮的潜艇）相比水面舰艇而言视野都相当糟糕。这一问题一直到第一次世界大战时，随着水下听音装置的出现才得到改观。威尔逊的观点在一开始就遭到了嘲笑，并最终导致他被解职，这让温斯顿·丘吉尔得以进入海军部并更好地监管海军作战计划的制订。此时，皇家海军中的许多人开始越来越深刻地意识到远程（"远洋"）潜艇在取代驱逐舰执行海上封锁任务上的价值。德国潜艇很难被英国海军封锁，英国潜艇和它们一样，很难遭到来自德国海军的攻击。

27. 现存的文献并未指出原因，不过在 1907 年，英国海军中有足够航程执行北海封锁任务的也只有"河川"级和"部族"级驱逐舰。而只有"部族"级有能力和当时构想的高速舰队配合，或许对该型驱逐舰的需求来自德国海军高速驱逐舰的威胁。不过，在地中海，舰队还是依赖护航的驱逐舰，它们离战列舰近到能够对付从前方袭来（或绕过了护航舰艇的）的敌方驱逐舰，但又保持一定距离不至遭战列舰误伤。但随着舰炮和鱼雷射程的迅速增加，这一组合方式逐渐变得不再可行。1911 年，驱逐舰再次成为舰队的一员后，地中海式的驱逐舰护航方式再未出现。

28. 国家档案馆 ADM 116/1037 号档案。贝雷斯福德本就和费舍尔本人有过节，并且也十分愤恨费舍尔在海军部时加强舰队的集中化管理的改革。但即使如此，他对失去驱逐舰支队还是十分震惊。

29. 《驱逐舰的职责》（Duties of Destroyers），"墨丘利"号通信学校讲稿，1908 年 2 月 13 日（藏于国家海事博物馆，档案编号 MER/39）。讲稿的作者首先以日俄战争开始时日本驱逐舰（袭击旅顺港）的战术为例展示驱逐舰的错误使用方式。在驶向港口时，日军共拥有 12 艘驱逐舰和 18 艘鱼雷艇，但他们却使用了 12 艘鱼雷艇来执行驱逐舰本该承担的任务，即为驶向济物浦（Chemulpo，即朝鲜仁川）的舰队护航，而 11 艘驱逐舰则被用于袭击俄国的舰队；俄罗斯海军则拥有 20 艘驱逐舰。讲稿的作者认为日本因为担心情况变得更糟而过分谨慎地在 1200 码距离发射了鱼雷，导致只有三艘船被命中（其中两艘还是被贴近到 400 码距离的同一艘驱逐舰的鱼雷命中的）。他认为如果是在驱逐舰掩护下由鱼雷艇发起攻击，将能够靠更近的位置，取得更大的战果。其实问题的关键是，鱼雷必须近距离发射。

30. 解决的方案便是将负责指挥所有驱逐舰的指挥官，即驱逐舰少将置于贝雷斯福德的海峡舰队当中，然后让他直接指挥那 29 艘驱逐舰。在这次争吵前的 1906 年 12 月 7 日，驱逐舰少将接收了 242 艘驱逐舰、负责训练和军械的鱼雷准将刘易斯·贝雷（Lewis Bayley），以及另外 4 名海军上校，每个上校负责指挥一支驱逐舰分舰队。费舍尔上将重组本土舰队后，驱逐舰部队（当时均满编的第 2 和第 4 驱逐舰分舰队）中的绝大多数在役舰艇从驱逐舰少将手中分离，交由哈里奇港的鱼雷准将指挥，听命于本土舰队司令（这支部队有时也被称作东部战斗群）。它们是当时最强大的现代化分舰队（每支包含 20 艘驱逐舰）。同时，所有由 30 艘驱逐舰组成的本土港口分舰队（包括核心乘员）也均交由本土舰队司令掌控。海峡舰队继续指挥着力量不足的第 1 和第 3 驱逐舰分舰队（共 29 艘驱逐舰）和两支巡逻舰支队（有时也称作西部战斗群），它们由驱逐舰少将和鱼雷准将掌控。驱逐舰少将、海军少将 A. J. 蒙哥马利（A. J. Montgomerie）表达了抗议，随后（于 1907 年 8 月 7 日的信件中）被告知他将不再需要他一直想要的大型旗舰，如果他感觉不公可以选择辞职（他确实这么做了）。他的职位被降到了类似上校的位置，在海军部为他找到一个合适的去处前，蒙哥马利便与世长辞了。此时，本土舰队拥有鱼雷艇部队和两支现代的驱逐舰分舰队，外加三支本土港口防卫分舰队（朴次茅斯、德文波特和诺尔）。同样在 1907 年 8 月，对潜艇部队的指挥权也从驱逐舰少将手中分离了出来，交由新的指挥官。十分感谢尼古拉斯·兰伯特博士提供的上述资料。

31. 国家档案馆 ADM 116/3096 号档案。该命令由威廉·H. 梅（Willia. H. May）海军上将和本土舰队司令一同签署，时间为 1911 年 1 月 23 日。鱼雷准将 R. V. 阿巴思诺特（R. V. Arbuthnot）在 9 月时批评说，一支分舰队完全可以每次在德国海岸行动四天，他希望能让驱逐舰分舰队以一个整体进行作战（这在当时还很新颖），从而可以互相接应。而分散开的分队则很可能被逐个击破。

32. 《本土舰队驱逐舰训练手册》（Home Fleet Destroyers Instructions for Training），伦敦：英国文书局（HMSO），1910 年。皇家海军历史档案馆，Dg 68 号。

33. 委员会主席由"弗农"号鱼雷训练（与开发）机构的 G. le·C. 埃杰顿（G. le C. Egerton）上校担任，委员会成员还包括军械总监助理亚历山大·E. 贝瑟尔（Alexander E. Bethell），以及时任潜艇编队队长（Inspecting Captain of Submarine Boats）和后来的海军军械总监雷吉纳德·H. S. 培根（Reginald H. S. Bacon）上校。

34. 梅亲自编辑过的演习报告现存于皇家海军历史档案馆，日期为 1911 年 9 月 19 日。报告中的大多数章节都被用于阐述在支队战术上取得的经验，但因为当时糟糕的态势感知能力（当时并未使用这一词汇），这些战术被证明并不实用。

35. 在一次演习中，"鸟枪射击"战术展现出了比对选定目标的近距离攻击更高的价值。演习中，白方的驱逐舰在黑方舰队正在集结时突然自雾中出现，驱逐舰出现时靠得太近，如果在之前便采用"鸟枪射击"会取得更大的战果，而如果没有巡洋舰来进行防御，黑方甚至无法重组舰队。梅得出的结论是在有雾时驱逐舰应当同时布置在舰队的两翼，此外两翼还需要高速巡洋舰和侦察舰来防御敌方的攻击，因为等敌人出现再让它们赶来根本来不及。

36. 对这部分的注解来自杰利科上将的"战争命令和配置……担任本土舰队第二支队指挥官时的战争准备"，不过这部分内容似乎是他对卡拉汉的命令的转述。见《杰利科论文集》（Jellicoe Papers）第 18 卷。1912 年秋对 1912—1913 年建造计划中的驱逐舰（L 级）的讨论也涉及这一问题。

37. 1912 年 8 月由作战司司长（巴拉德）写于 1912—1913 年建造计划的驱逐舰（L 级）设计案卷首。

38. 见国家档案馆 ADM 116/3130 号档案，卡拉汉上将（本土舰队司令）于 1913 年 8 月 28 日递交的一份报告中提到驱逐舰的这个问题——应该是从驱逐舰的部署和特点入手——已经得到了解决。但可惜的是，这份报告和卡拉汉与参谋部联合提交的报告均未能保存至今。

39. 当时的英国拥有 17 艘巡洋舰和 11 艘轻巡洋舰，这个数字比在战时能够调集的数量略多，因为需要补充燃煤，同一时间能够使用的仅有 12 艘巡洋舰和 7 艘轻巡洋舰。巡洋舰的数量远不足以满足掩护舰队、保卫海防、封锁北海的南部出入口以及支援驱逐舰分舰队的需求。鉴于北海糟糕的能见度，和德国舰队保持接触的巡洋舰势必要进入对方的火炮射程内，而且巡洋舰很容易就会被赶走。

40. 《1914 年驱逐舰手册》样稿，包含注解，巴克豪斯档案，海军历史档案馆藏。巴克豪斯当时是海军上将乔治·卡拉汉爵士的司令官秘书（Flag Secretary），档案中的注解应该是由他所作。档案中包括了 1913 年 10 月的舰队备忘录，也包括一份卡拉汉在 1914 年 3 月 18 日缩写的 H.0148 号备忘录《舰队行动中驱逐舰的用途》（Employment of Destroyers in Fleet Action）的油印件。稿件中虽然并未注明射程，但还是阐述了驱逐舰应当在远距离发射鱼雷，巴克豪斯的注解说明鱼雷应当在 8000 码距离内发射。档案中还包括 HE 0197 号，一份名为《驱逐舰担任护航和哨戒任务时防御潜艇的须知》（Remarks on Submarine Defence Generally and on the Employment of Destroyers for Screening and Look-Out Duties）的命令的油印件，时间为 1914 年 7 月 13 日。该文件说明了护航任务的重要性，但因为存在事故隐患，所以不建议在和平时期使用，其目的是迫使潜艇在尽可能远离舰队的地方下潜。"如果潜艇的潜深足够，那么它们就能很轻易地潜入驱逐舰甚至主力舰的下方"，因此护航舰船的主要目的不过是提供哨戒或者充当诱饵，并且迫使潜艇在距离主力舰队很远的地方下潜。书写这份命令之时，新出现的反潜索刚刚开始测试，"如果测试成功并普遍地安装于这些舰艇，那就需要和本文所述截然不同的护航方法。毫无疑问这种改进过的反潜索将为舰队提供其他任何方法都无法提供的保护"。即便只是一具这样的反潜索，也提供了一种可能性，很显然这是第一次水面舰艇有可能对下潜的潜艇展开攻击。"如果这种装备失败了，那么护航的驱逐舰可以在舰艉拖拽系缆桩用的缆绳，添加适当的配重就可以让它们沉入水面下，就有可能会缠住潜艇的潜望镜或者船舵。"

41. 例如 1915 年 1 月的德国海军战术命令中就说："无论何种情况下，驱逐舰和其他舰艇只能在射程均足以抵达目标时发射。如果发射时就超出射程，那鱼雷一开始就不可能命中。对方可能采取的规避机动也必须纳入考量，因此在发射时必须留出总航程大约 25% 到 30% 的冗余"。不过这份手册没有包含任何类似"鸟枪法"的信息。德国的战术命令（翻译件）现藏于海军历史档案馆，编号 I.D.979（后变更为 CB 098）。这份手册获得的时间并未标注，不过早在 1914 年 10 月，英国就曾下令翻译 1914 年 1 月的草案，该命令现存国家档案馆。

42. 在驱逐舰手册草稿的注解中，巴克豪斯根据德国认为的舰队中应该包含的驱逐舰数量，推断出德国海军预想的战场靠近赫尔戈兰半岛——而英国完全不打算将那里作为战场。

43. 当时认为德国的战列舰是搭载了长程鱼雷的，这极大地影响了英国战列舰的战术和火炮操控方式。英国人认为德国的战列舰也会采用类似"鸟枪射击"的战术发射鱼雷。

44. 来自《驱逐舰分舰队的战斗命令》（Battle Orders for Destroyer Flotillas），编号 HE 0034 的巴克豪斯档案附录 2，时间为 1914 年 8 月 31 日，收录于大舰队相关文件夹。

45. 当时还绘制了相应的护航图示。《海军部技术史》（Admiralty Technical History）第 40 节，《1916 年 12 月以前的反潜作战与经验》（Anti-Submarine Development and Experiments Prior to December 1916），[1916 年 12 月时组建了新的反潜作战部（AS. Section）]。1920 年 9 月由海军参谋部提供，现藏于海军历史档案馆。

46. 海军部情报司第 816 号，时间为 1906 年 8 月，《关于攻击和防御潜艇的报告》（Report on Attack and Defence of Submarines），收录于《崔德默档案》（Tweedmouth Papers）第二卷（1906 年），现藏于海军历史档案馆。

47. 1912 年 6 月的测试表明，虽然这些飞行器无法直接看到潜艇，但他们还是常常能够看到潜艇留下的航迹。浮出水面的潜艇更容易被发现，飞机甚至能在潜艇上的乘员看到它以前就发现潜艇。

48. 1912 年 1 月 26 日，海军部下令为以下舰艇安装单舰用的反潜索，包括驱逐舰"十字军"号、"毛利人"号、"平彻犬"号（HMS Pincher）、"警报"号、"欢悦"号（HMS Cheerful）、"灰猎犬"号和"维洛克斯"号，以及鱼雷艇 TB 82 号。在改造即将完成的 1912 年 3 月 14 日，委员会提议进行一次测试，其中就包括以七艘驱逐舰向一支模拟的潜望镜发动攻击，先用 4 英寸（102 毫米）炮和 12 磅炮射击，然后用反潜攻击。（在 3 月 15 日和 17 日的）几次测试中，三艘（支队阵型的）驱逐舰在 18 节航速下仅使用了五发炮弹便成功摧毁了模拟潜望镜的目标杆，而在对 A3 号潜艇的攻击中，拖曳爆破装置并未造成太多伤害，反倒是一枚来自"圣文森特"号（HMS St Vincent）战列舰的 4 英寸低初速炮弹击沉了该潜艇。测试报告说明了反潜索没能击沉该潜艇的原因，因为拖曳爆破装置当时深度为 20 英尺（6.10 米），而潜艇当时的深度不过 9—10 英尺（2.74—3.05 米）。不过报告还是青睐拖曳反潜爆破装置，因为在航速超过 15 节的高航速下也能使用（测试时曾达到了 20 节）。

49. 《海军部技术史》第 40 节中的一份图示，描绘了为一支由 27 艘舰船组成的舰队（三列纵队，以潜艇两倍航速航行）护航的编队阵型。其中包括两排驱逐舰阵线：较外一排位于舰队前方 4 英里（包括 11 艘驱逐舰），较内的一排则位于舰队前方 3 英里。两排均可采用后来更为常见的弯曲阵型。第一排驱逐舰负责发现潜艇并迫使潜艇下潜，第二排驱逐舰将大致位于靠近下潜后的潜艇的位置，此时潜艇要么升起潜望镜观察（舰队的航向），要么冒险穿越驱逐舰，有可能因此错过"有可能让航速较低的潜艇达到目的（例如实施攻击）"的理想阵位。

50. 1914 年绘制的编队阵型图显示，安装改进型反潜索的护航编队采用环绕舰队前方的 U 字阵型，这将让潜艇很难从侧翼接近舰队实施攻击。当时认为接近中的潜艇很可能不会被发现，这些舰船无法机动地使用反潜索。《海军部技术史》第 40 节的图示描绘了双列纵队（间隔 1200 码）的舰队，其前方由四艘不断穿梭往返于左右的驱逐舰保护，两翼前方各由两艘驱逐舰负责，两翼后方则各有 4 艘驱逐舰封锁接近路线。该阵型的舰队航速为 15 节，图示中还标注了航速为 10 节的潜艇，自右侧距离 1000 码处发射鱼雷的范围。该护航编队可以有效地覆盖航速 8 节的潜艇所有可能的接近路线。

51. 国外驱逐舰档案第 95 页，《第 82 号驻外武官报告：日本鱼雷驱逐舰——组织、训练和使用等》（Japanese Torpedo Boat Destroyers-Organisations Routine, Handling, etc., Attaché Report No. 82），日期为 1909 年 8 月 11 日。该报告作者为皇家海军上尉尼尔·詹姆斯（Niell James），来源于他 1908 年在日本舰中担任军事联络官时获得的经验，报告编号为 N.A.Tokyo 32/09。当时的海军联络官们非常关注日本驱逐舰和鱼雷艇的布雷战术。"毫无疑问，在对马海战期间，相当数量的日本海军鱼雷舰艇曾实施了此类布雷行动，并且至少有一艘俄国战列舰被水雷击沉。但日军的大多数指挥官对此都避而不谈，因此很难得到此类行动的相关细节。许多驱逐舰的指挥官甚至否认他们曾携带水雷出海，哪怕其他人说他们曾携带水雷。我从炸沉了'纳瓦林'号战列舰的驱逐舰舰长处听说，他的驱逐舰当时携带了6枚水雷，而其他鱼雷艇可能只携带了2枚。该战术因为巨大的影响力而得到了最大程度的重视并被持续研究，无论国际法如何规定，不遵守规则的敌人会毫不犹豫使用。"当时对马海峡的天气状况极大地限制了这种战术的潜力的发挥。

第五章

费舍尔的驱逐舰

"河川"级驱逐舰

1900 年 12 月，费舍尔的驱逐舰指挥官，约翰·M. 德·罗贝克（John M. de Robeck）中校在一封写给海军部的信件（包含费舍尔的签注）中表示他们需要一型新的驱逐舰，对这一要求的回应便是日后的"河川"级（River Class）驱逐舰①，直至第一次世界大战中期，英国海军驱逐舰的设计都遵循了该级舰确定的标准。在相当长的一段时间内，驱逐舰都很难被归类定级。1912 年，驱逐舰开始以字母进行分级，"河川"级随后被定为 E 级驱逐舰。

在德·罗贝克看来，当时现存的驱逐舰都是为了英吉利海峡的作战而专门设计的，在那里所需的航程较短，而且舰船都能在基地接受维护。但地中海的驱逐舰则需要更好的自持力，需要以 18 节的航速从马耳他抵达法国的主要港口土伦港，或从马耳他抵达达达尼尔海峡并在目的地逗留超过两天时间的续航力（海军造舰总监计算出，18 节时的航程需要达到 1650 海里，是现存驱逐舰的两倍）。在远洋航行条件下，

① 亦有"河流""江河"等译法，为了更加朗朗上口，本书译作"河川"级。

一艘 27 节型驱逐舰可以以 13 节的航速（巡航速度）航行 1600 海里，而 30 节型驱逐舰则只能航行 1400 海里。为达到这一航程，德·罗贝克设想了一型装备四台锅炉的驱逐舰，可以只靠两台锅炉达到 18 节的航速，其航程还能通过由其他舰船高速拖曳来延长（据称当时日本就采用这样的做法）。同时，当时的驱逐舰也不够快，而可以猎杀他们的巡洋舰的航速"每一天都在增加"。33 节型驱逐舰的失败表明现有的动力机构性能已经达到极限，因此必须得装备蒸汽轮机。此外，德·罗贝克还了解到现有驱逐舰会由于夜间烟道口喷出的火光而暴露自身位置，因此他也希望提高烟道高度（新的驱逐舰确实这样改进了，而且首席工程师也在尝试通过改进送风设备来解决这个问题）。德·罗贝克还希望通过增加舰楼和改进舰艏来改善适航性，并且在远洋航行时保持航速。其他的驱逐舰指挥官则指出驱逐舰的纸面性能和实际性能还存在差异，因为标定航速是在载重 35 吨时测定的，而驱逐舰满载时的载重却超过 100 吨。对 30 节型驱逐舰的普查表明，在满载情况下最高航速只能勉强达到 27 节（甚至不足），如果算上动力装置的磨损，航速还会进一步降低。而且，在远洋航行时海浪会涌上龟背状舰艏，这会进一步降低航速。

德·罗贝克还希望能够将海图桌从舰桥下方的司令塔内移到舰桥内，这样就能获得驱逐舰指挥官的意见（舵轮位于舰桥而非司令塔）。在当时的驱逐舰中，舰桥同时也是主炮的炮位（最新的一批舰桥还向后延伸以安装一盏探照灯）。德·罗贝克更倾向于独立的航海舰桥。对此海军造舰总监指出，在过去的三年里，驱逐舰的舰长们一直要求在舰桥上部建造足够大的海图室，但这些要求都在认真考虑过后被驳回。

总的来说，海军造舰总监对此十分担心。因为德·罗贝克提出的所有要求都会让驱逐舰变得更大更贵，海军审计主管 A. K. 威尔逊也持同样的观点并在 1901 年 3 月认定不会建造新型驱逐舰。海军造舰总监倒是同意日后驱逐舰海试将以满载时的条件为准（"维洛克斯"号便是第一艘）。也就是海军部要么选择增加舰体尺寸以保证之前的航速，要么接受降低了的标定航速。

∨ 霍索恩－莱斯利建造的"威弗尼河"号（HMS Waveney）是典型的"河川"级驱逐舰，它实际上还是一艘龟背艏驱逐舰，但却有着足够的强度和适航性，动力系统的可靠性也提高了许多。武器装备的配置并未发生变化，不过新的艏楼让 12 磅炮炮位变得更高，并且出现了独立的舰桥——只不过还是用普通的帆布罩来保护上面的指挥官，好在舰艏主炮向前方开火时不会干扰指挥官了。就和其他小型舰艇一样，舰桥后方还安装了一盏探照灯。许多指挥官都对舰桥下方的新海图室赞赏有加，因为军官们可以在这里得到充分休息，从而更高效地指挥。注意艏楼侧面的凹陷以及可以让火炮更自由转向的舷侧凸体，这样安装于舷伸甲板（weather deck）的 6 磅炮也可以向正前方射击。不过，在较大的风浪下，这些舷侧凸体也会造成不小的浪花。在舰艉的 6 磅炮之后，由帆布包裹的是泊尔松式折叠救生筏。

但德·罗贝克也并不是在孤军奋战，1901 年 5 月，朴次茅斯港的指挥官霍瑟姆（Hotham）上将收集了他手下指挥官们对驱逐舰的批评意见，包括舰体太弱、在海上航行时上浪严重、龟背状的舰艏把海浪送上舰桥和主炮炮位，等等。与其说舰艏破开海浪，倒不如说舰艏会被埋入海水之中，因此舰桥和主炮平台都需要向后移。霍瑟姆（及海军军械总监）赞同把舰桥和 12 磅炮炮位分开并向后移的意见。另外，所有的驱逐舰指挥官都抱怨他们的住舱太过靠后，船只的移动导致他们根本不可能睡得着，引擎的设计也不够牢靠，时常会在海上抛锚。英国的驱逐舰指挥官们还对德国驱逐舰将螺旋桨置于龙骨上方的做法青睐有加，因为这样就能让舰船安全地进入浅水港内。"驱逐舰的任务让它们在战时常常需要冒险进入可能搁浅的地区，但现今的设计却导致哪怕船舵和螺旋桨轻微地搁浅就有可使全舰丧失战斗力。"如果能进入浅水区，损失一些航速是值得的——驱逐舰甚至应该能够直接停泊在港内的泥沙之中。另外，霍瑟姆和德·罗贝克一样，抱怨驱逐舰海试时对载重量的安排脱离实际。

为了支持他的驱逐舰指挥官，费舍尔列举了德国新型 S 90 级驱逐舰的细节。它们拥有德·罗贝克所希望的续航力（在 14 节时达到 3158 海里），费舍尔还认为它们看上去"有很好的适航性"。并且，在海试时德国驱逐舰的载重条件也比皇家海军的更苛刻——1899 年 11 月，S 90 号驱逐舰在海试中满载装备并搭载 65 吨煤（总载煤量为 93 吨，如果用上锅炉舱载煤量可达 130 吨——但这会造成一些稳定性问题）时最高航速达到了 26.4 节。海军造舰总监则指出英国同等大小的驱逐舰表现也差不多，在载重和德国驱逐舰一样时，30 节型驱逐舰的最高航速大约为 27 节。和德国的驱逐舰相比，当时英国刚刚订购的 12 艘驱逐舰相对大一些，因为船体更窄，所以排水量同样为 350 吨时，吃水大概要深 1 英尺（0.30 米）左右。海军造舰总监预计其航海速度（最大的持续性动力，通常是海试时动力的一半）大概在 22—23 节，相比之下德国驱逐舰只能达到 20 节。不过他也承认基于轻载的情况计算的续航力是不实用的，因此尽管 30 节型驱逐舰的纸面续航力为 13 节航速下 3200 海里，但远航时的实际续航力可能只有 1250—1400 海里。不过，德国驱逐舰配备的火炮无法和英国的相比，因为德国当时将这型舰艇视作远洋鱼雷艇而非驱逐舰。皇家海军的驱逐舰在司令塔上方安装了 1 门 12 磅（3 英寸，76 毫米）速射炮，舯部侧舷和舰艉还有 5 门 6 磅（2.24 英寸，57 毫米）速射炮，而德舰仅安装了 3 门 50 毫米（1.9 英寸）速射炮，1 门位于后部司令塔上方，另外 2 门位于舰艏上层甲板两侧。但后者拥有 3 具而不是 2 具鱼雷发射管，并且还有额外的 2 枚备用的鱼雷（这是英国驱逐舰所没有的）。英国的驱逐舰载员数量更多——这可能是由更大的武器装备所需导致的，包括 4 名军官和士官以及 58—59 名各级士兵。相比之下德国驱逐舰的载员则为 2 名军官、4 名士官和 44 名各级士兵。在三小时的海试中，德国的 S 91 号载煤 65 吨，最高航速达到了 26.8 节，但在满载时其航速仅能达到 24.6 节。

十分靠后的舰桥给在朴次茅斯港登上过来访德国驱逐舰的军官（还有访问过基尔港的军官）留下了深刻映像，其舰桥几乎已经抵到了最前面的烟道，阻挡风雨的围帘（weather screen）也更结实。其居住条件更是优秀，例如它们搭载了蒸汽供暖设备和电力通风设备，这对保持舰上人员的体力和警觉性，从而增加全舰的效率很有帮

助。德国驱逐舰全舰都安装了电力照明设备，而英国驱逐舰只在引擎舱和载煤舱装有电灯。德国的驱逐舰舰长更短，这确实不利于在平稳的水面提高航速，但这带来的更佳的适航性还是让英国指挥官们印象深刻，而且它们在风浪条件下航速更快——这一点更为重要。不过，这些优点似乎都可以归因于德国更优秀的舰艇构型。1901年7月，海军审计主管（即威廉·H.梅上校）提到他希望能够讨论升高舰艏，并采用类似德国驱逐舰那样的舰艇构型。此外，为了了解德国舰船的性能，英国海军还对比了桑克罗夫特和德国的硕效两家造船厂为意大利设计的驱逐舰。

当年7月，海军造舰总监已经开始为将于1902年建造的新一代驱逐舰的所有可行设计准备草图，这将为驱逐舰的设计要求和竞标条件提供基准，以便检验各厂商的设计是否达到要求。现在尚不清楚这些要求是否曾被分发给各建造商。海军造舰总监的草图参考了诸多德国驱逐舰的特征，比如舰艇的构型、舰桥的位置和减少了通风设备的风帽。最关键的改变还是采用更实际的载重条件进行四小时的海试。首先，海军造舰总监改变了对航速的要求，采用30节型驱逐舰的舰体方案，载重125吨时的航速降低至27节（载重35吨的30节型驱逐舰在海试时能达到标定航速，实际载重90吨时就只能达到27节）。因此，表面上看航速要求显著降低，实际上则是对驱逐舰的性能有了更贴近实战的要求。另外，需要增加一座艏楼以减轻舰体的上浪问题并提供更好的居住条件。如果舰艏有两层甲板空间可以作居住之用，低阶军官和普通士兵就不需要拥挤地住在引擎舱后部。因为现存的轻型高转速引擎时常需要维修，影响了很多舰船的正常服役，所以要换用转速更低的重型引擎（海军总工程师希望最高转速被限制在每分钟350转，以往30节型驱逐舰引擎的转数达到了400转）。需要远洋航行的指挥官们也时常抱怨30节型驱逐舰太过脆弱，许多驱逐舰，比如"海豹"号就曾显现出在高海况下航行时结构强度偏弱的问题。1902年9月时，海军造舰总监指出，要解决这些问题将会使最高航速降低大概1节，因此海试中的最高航速应当降低至26节。

△ 图中所示为雅罗的"加拉河"号1906年时的状态，当时并未启动所有的锅炉（注意被覆盖的烟道）。该舰并未再建造舷侧凸体，舰艇6磅炮位于艏楼之上。注意位于舰桥左舷位置的海图桌。该舰1905年1月完工，于1908年4月27日因撞击事故沉没。"加拉河"号与"黑水河"号（于1909年4月6日的另一次撞击事故中沉没）被另外两艘坎默尔－莱尔德自己投资建造的"河川"级驱逐舰替代，分别是"斯陶尔河"号和"泰斯特河"号。

（图片来源：国家海事博物馆）

∧ 图为帕尔默的"埃特里克河"号（HMS *Ettrick*）驱逐舰，可见平直无凸体的艏楼（其完工时是包含了凸体的）。

（图片来源：国家海事博物馆）

司令塔（此时依然还支撑着 12 磅炮的炮位）后部将建造一个独立的海图室，其上则是位于主炮后方的新舰桥。探照灯从甲板挪到了舰桥后方，舰体长度也得到相应加长以便让舰桥尽可能地靠后布置。长度虽然大体和 30 节型驱逐舰相当，但排水量却达到了大概 500 吨，其中包括 90 吨燃煤。为了保证参与竞标的厂商能提供额外的载煤量，海军造舰总监建议在竞标条件中将 90 吨作为海试时的载煤量而非总载煤量（总载煤量可以达到 120 吨）。当时预计单舰造价为 7.5 万英镑。

采用 6 门 6 磅炮的武器配置方案被驳回，原先 1 门 12 磅炮和 5 门 6 磅炮的配置得以保留，原因和驳回让鱼雷炮舰全部换装 12 磅炮的提议类似：驱逐舰有可能遇到一艘三等驱逐舰或鱼雷炮舰，而 12 磅炮能提供更好的穿透力。同时，炼钢技术的发展也让 6 磅炮几乎变得没有杀伤力。当时还有人对机关炮——新型 3 磅自动炮，或者维克斯 37 毫米机关炮产生了兴趣，希望用它们来对鱼雷艇上的人员实施杀伤，不过这些建议都没有被采纳。

1901 年 10 月，海军审计主管（梅上将）批准了该设计，因为"眼镜蛇"号驱逐舰的沉没事故，海军造舰总监被问及更大的舰船在结构强度上是否拥有更大的冗余度，但他只能保证其结构强度不输于现有的驱逐舰，如果加强的话，需要牺牲一定的航速。海军审计主管指出这些大型驱逐舰必须具备比现有驱逐舰更强的适航性，因为毫无疑问它们将作为舰队的侦察舰使用。因此，他希望能够获得更大的强度，所以最高航速又被削减到了 25.5 节。第一海务大臣随后批准了这一决定，因此该型舰又被称作"25.5 节型驱逐舰"。外国的驱逐舰或许拥有更高的纸面航速，但它们无疑不具备如此优良的适航性。[1]

∧ 图中为帕尔默建造的"查韦尔
河"号驱逐舰 1919 年早期时的
状态，已经经过了典型的一战时
代改造，比如拥有完全封闭的舰
桥。注意该舰依然保留了艏楼的

凸体，其上部则通过安装帆布罩
来增加载员空间。1918 年时该舰
的官方武器配置列表包含 1 门中
型（12 英担，610 千克）、2 门轻
型（8 英担，406.4 千克）12 磅

炮、1 具单装鱼雷发射管，此外还
有用于反潜的两具深弹抛射器和
22 枚深水炸弹。图中舰艉可见深
水炸弹的固定装置。照片显示此
时该舰已拆除了除 12 英担 12 磅

炮外的所有火炮，并且也没有安
装鱼雷发射管。

（图片来源：国家海事博物馆）

< 显然，在帕尔默建造的最后一批
"河川"级驱逐舰，如"斯韦尔河"
号（HMS Swale）、"尤尔河"号
（HMS Ure）和"威尔河"号（HMS
Wear）上，所有的舷侧凸体均被
取消，舷侧的炮位也因此被抬升。
图中为 1910 年时的"威尔河"号
驱逐舰，火炮全部为 12 磅炮，采
用了低可视的浅灰色涂装。

（图片来源：国家海事博物馆）

　　海军造舰总监指出，如果要将驱逐舰作为侦察舰使用，就还需要进一步增加强
度。它们的设计将不会比 25 年前的"神枪手"级偏离太多，有着大体相同的舰体长
度和干舷高度，满载排水量大概 630 吨，海试航速也将进一步降低到 23.5 节或 24 节。
但这显然已经太过分了，审计主管想要的是一型驱逐舰，因此航速至少要能达到 25.5
节。舰队侦察舰（可以和驱逐舰一同行动）则属于另一项提议了（详见后文）。审计
主管认为后者才需要增加强度到牺牲大约 0.5 节航速的地步。

　　在 1901—1902 年的建造计划中包含了 10 艘驱逐舰，其中两艘被要求安装帕森
斯的蒸汽轮机，但有一艘被"维洛克斯"号取代（另外一艘则是"伊登河"号）。建
造商为帕尔默（3 艘）、雅罗（3 艘）、霍索恩 – 莱斯利（2 艘，其中一艘即"伊登河"号）
和莱尔德（2 艘）。所有 10 艘驱逐舰均拥有 4 台锅炉，中央为双锅炉的锅炉舱，前后
各有一个单锅炉舱，应该是希望通过此类安排增强生存能力。更短的单锅炉舱和舰船
艏艉的其他较大舱室相邻，舰艏的是乘员居住舱室，舰艉的是引擎舱。授煤舱室布置
在了双锅炉舱中部和两个单锅炉舱靠近舰艏艉的一侧，这样燃煤分布可以变得更平均。

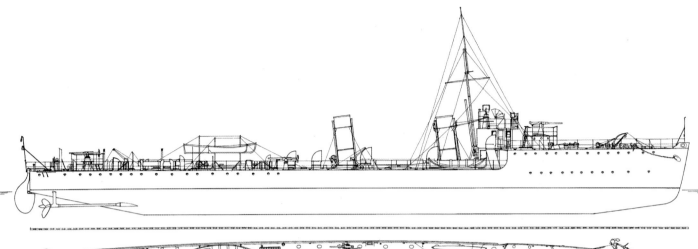

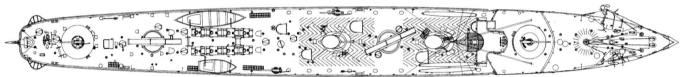

“切尔默河”号驱逐舰

图中为“切尔默河”号（HMS *Chelmer*）驱逐舰 1905 年时的状态，该舰为桑克罗夫特版本的“河川”级驱逐舰，包括了如下主要创新：较高的艏楼、和舰艏主炮平台相独立的舰桥，以及降低了指标但也更贴近实际的海试最高航速（当然不可能从图上看出）。和所有“河川”级驱逐舰一样，“切尔默河”号搭载四台燃煤锅炉，图中后部的两列引擎舱舱门之下即该舰两台四缸三胀式蒸汽引擎的所在位置。尽管尺寸更大，但其武器装备的配置还是和此前的驱逐舰类似。不过该舰并未搭载其他许多“河川”级会在艏楼后部侧舷的凸体上安装的 2 门 6 磅炮（后来这些火炮被移到了艏楼海图室两侧的位置）。包含海图桌、舵轮、引擎指令电报机（engine order telegraph）的专用开放式舰桥位于海图室顶端，是相当优秀的设计，在 12 磅炮炮位下部则是已经缩水了的司令塔，在后来的设计中将不再保留。图中可见该舰左舷的船锚是由一具小型吊柱控制的。桑克罗夫特的“河川”级采用了桑克罗夫特－舒尔茨锅炉，并在通常成对的水鼓之间又增加了一个中央水鼓，通过八根弯曲的下水管和蒸汽鼓相连，另外还通过笔直的下水管和外部水鼓相连。该型锅炉的工作压力为 220 磅力 / 平方英寸（约 1.52 兆帕）。

（绘图：A. D. 贝克三世）

这就使得两侧单锅炉舱的烟道（位于授煤口对面）和双锅炉舱的烟道相邻。雅罗和帕尔默的设计采用了 4 座独立的烟道，两两相邻且之间距离较远（而其他厂商的设计则将相邻上风道合并，因此只有 2 座烟道）。帕尔默和雅罗的驱逐舰长度为 225 英尺（68.58 米，为水线长度），莱尔德和霍索恩－莱斯利的舰长则只有 220 英尺（67.06 米）。四家厂商生产的产品排水量分别为 540 吨、550 吨、534 吨和 549 吨。

这 10 艘驱逐舰的武器配置和 30 节型驱逐舰一样，前部的 6 磅炮安装于艏楼后部的舷侧凸体之上。1903 年，新任海军军械总监的人选约翰·杰利科上校建议将这些火炮移至艏楼甲板之上以减少上浪的影响，很显然，这可以在后一年的建造计划中施行。海军炮术学校（“优异”号）采纳了该建议，这就需要将艏楼甲板延伸至两舷，并且为 6 磅炮提供带有铰链机构的火炮平台，保证它们可以向舰艏方向射击。因为这项改造耗资并不高，所以审计主管提议其他所有驱逐舰也按相同方式进行改造。因此，1903—1904 年建造计划中的驱逐舰均抬高了舰艏 6 磅炮的炮位。

1902—1903 年建造计划包括了另外 8 艘驱逐舰：桑克罗夫特 2 艘（长 67.67 米，排水量 540 吨）、雅罗 1 艘、帕尔默 2 艘、莱尔德 2 艘，霍索恩－莱斯利 1 艘。

1903—1904 年的建造计划则包含了 15 艘驱逐舰：桑克罗夫特 2 艘，雅罗 2 艘，怀特 2 艘，帕尔默 3 艘，莱尔德 3 艘，霍索恩－莱斯利 3 艘。[2]

“河川”级的建造正好也遇上了巴西海军的一次主要扩充计划，其中就包括由雅罗建造的 10 艘“河川”级改进型“帕拉”级（Para Class）驱逐舰，搭载了 2 门 4 英寸（102

毫米）主炮（舰艇的主炮位于艏楼的一座平台之上）。巴西海军在各国海军中是个例外，因为他们紧随着英国的建军思路，对驱逐舰的构想也十分类似。根据1908年海军法案，维克斯向西班牙出售了一艘改为蒸汽轮机动力的"河川"级驱逐舰。[3] 第一次世界大战期间，安萨尔多（Ansaldo）造船厂也曾为葡萄牙建造过一艘改进型的"河川"级驱逐舰，后被皇家海军购入成为"亚尔诺河"号（HMS Arno）驱逐舰。该舰为蒸汽涡轮动力（最高航速29节），武器配置有所更改——4门12磅炮外加3具18英寸（457毫米）鱼雷发射管。[4] 此外帕尔默还自行投资建造了1艘，莱尔德也自己建造了2艘（详见下文）。"河川"级相比同时代的驱逐舰（纸面）航速较低，因此可能对国外用户吸引力不高。同期德国为俄罗斯设计的航速25—26节的驱逐舰——包括"乌克兰"级（Ukraine Class）、"埃米尔布哈斯基"级（Emir Bukharski Class）、"盖达马克"级（Gaidamak Class）、"鄂霍茨克"级（Okhotnik Class）和"雪斯塔科夫上尉"级（Lt Shestakov Class）——在纸面数据上则大体和"河川"级驱逐舰类似。[5]

在"河川"级驱逐舰建造期间，海军陆续收到了国外出现航速更快的驱逐舰和鱼雷艇的报告，海军造舰总监甚至有一次被迫指出德国驱逐舰所声称的指标根本不可能达到，因为它们的吨位实在太低。1903年10月，前财政司长（Financial Secretary）阿诺德–福斯特（此人曾收集了大量关于德国驱逐舰的情报）警告第一海务大臣德国驱逐舰在海上的航速比英国的新驱逐舰要快上3—5节，法国的"射石炮"级（Bombarde Class）驱逐舰的航速也与之相当，这种落后很可能会在下议院激起波澜。他还记得当年由"神枪手"级的航速比它们将狩猎的鱼雷艇慢6—7节引发的轩然大波。

但很快在公海上的使用经验就表明新驱逐舰十分优秀。1904年夏季的鱼雷舰艇演习中，"河川"级尝试了所有驱逐舰通常可能执行的任务，包括中等航速、高航速和巡航速度状况下的封锁，还有需要持续保持最高航速的追逐或被追逐。本土舰队司令后来的总结认为"河川"级驱逐舰远比30节型驱逐舰更适合执行驱逐舰的任务，并且在不同海况下都能保持速度，因为它们的速率功率曲线变化较平缓，有着更多的储备动力。演习中红方的指挥官C. C. 罗宾逊（C. C. Robinson）少将还注意到了新驱逐舰极佳的适航性以及在坏天气下的高航速，另外它们还可以在以前的低艏楼型驱逐舰无法应对的海况下，以舰艇的12磅炮和前部的鱼雷发射管战斗。其缺点则是在低海况下航速偏慢、机动性一般、隐蔽性糟糕，并且舰桥距离烟道太近（为了让舰桥尽可能地靠后），容易受最前一座烟道排出的烟雾的干扰。但总的来说，"河川"级还是比现有的驱逐舰优秀得多，只是需要更快的航速。此外，罗宾逊和本土舰队司令都希望能将其余的6磅炮替换成12磅炮。更多的军官则批评舵链太过松弛，常常因此而从滑轮中滑脱。

演习结束后，四艘返回昆士敦的"河川"级驱逐舰更是把优秀的适航性展现得淋漓尽致。当年8月13日上午6时，31艘驱逐舰离开爱尔兰前往法尔茅斯和锡利群岛（Scilly Islands）附近海域执行任务，8月15日上午8时，驱逐舰起航返回爱尔兰的基地（160英里外的沃特福德和距离185英里的昆士敦）。但它们却在靠近兰兹角（Land's End）附近时遭遇了大风和高海况天气，只有四艘"河川"级驱逐舰——"埃文河"号、"查韦尔河"号、"伊登河"号和"韦兰河"号（HMS Welland）以及"猎人"号（HMS Hunter）得以返回沃特福德，尽管它们还因为"猎人"号遭海浪重创而降低了航速。本土舰队司令还是希望能够将 4 门 6 磅炮替换为 12 磅炮，他认为武器增加的重量可以通过重新设计鱼雷发射管得到弥补（1904 年访问基尔港的英国人曾被问及，英国海军的鱼雷发射管是否加装了装甲——这些装甲势必非常沉重）。

"阿龙河"号（HMS *Arun*）的舰长则记录了一次在中海况下自昆士敦到锡利群岛的航行，随行的舰船还有"黑水河"号（HMS *Blackwater*，另一艘"河川"级）、6 艘 30 节型驱逐舰、3 艘鱼雷炮舰和数艘 27 节型驱逐舰。两艘"河川"级都可以在保持艏楼干燥的情况下维持 20 节的航速，但 30 节型驱逐舰和鱼雷炮舰则难以应付这样的天气，"阿龙河"号更是曾因为侦察命令而加速到 22 节，除了一些上浪外并没有太大的问题。

"查韦尔河"号（HMS *Cherwell*）的舰长则怀疑究竟有多少外国的驱逐舰或鱼雷艇能逃脱他的追击，哪怕是在平静的天气下，"河川"级也能靠在全速前进状况下的续航力胜过对手。在平稳的海面，30 节型驱逐舰或许更游刃有余，"但平静的天气在英吉利海峡极少出现，距离平均水平都很远"。他个人对 30 节型驱逐舰的使用经验让他认定海军在其纸面航速上造了假，因为他指挥过的 5 艘 30 节型驱逐舰中，仅有一艘航速曾经超过 27 节，而且还只维持了很短的时间。"在'河川'级上，你不会感受到 30 节驱逐舰上的那种无助和绝望——高大的海浪不断将你淹没，让你什么都看不到，什么都做不了。"在低海况时，"河川"级驱逐舰的航速和 30 节驱逐舰旗鼓相当。他同样对舰桥下方封闭的海图室称赞有加，因为这里能让指挥官稍事休息，从而增加驱逐舰在海上执行任务的时间。30 节型驱逐舰的指挥官们则很少能够离开舰桥，因为他们的舱室距离舰桥实在太远，对他们没有任何吸引力。"提维特河"号（HMS *Teviot*）驱逐舰的舰长也持类似看法，但他还是希望能提高航速。因为基于 30 节型驱逐舰的经验，他认为驱逐舰的实际航速会比合同中的速度（采用很少的载煤和载员测得）低 2 节，这样推算"河川"级的航速就只有 23 节。

演习结束后，所有的驱逐舰自米尔福德返航，"德文特河"号（HMS *Derwent*）驱逐舰舰长记载道："……下午 6 时，靠近本舰的'阿拉伯'号和'挑逗'号舰艇的海浪一直打到 12 磅炮的平台，但本舰此时仅有少量的浪花，到晚上 7 时，除'河川'级外的其他驱逐舰都落在了后面，我们则一直保持 15 节的航速直至晚上 9:30。"因为当时"伊钦河"号（HMS *Itchen*）号驱逐舰（"河川"级）迎面撞上了大浪，导致左舷侧挡浪板变形，不得不将航速降低至 12 节。该舰舰长描述如下：

　　……在当时的海况下，如果能接受稍微遭受一些损伤，我们可以维持 15 节甚至更高的航速，这并不会影响艏楼甲板或是导致舰艇的寝住甲板（mess deck）进水，但我并没有理由进行这样的尝试，不过……我能肯定在那样的海况下本舰一定胜过 30 节型驱逐舰。在此之前正是如此，我们已经将同样受命要航行至 15 节的 30 节型驱逐舰甩开了很长的距离。我认为这一优势正是来自较高的艏楼。

30 节型驱逐舰的舰长们则承认他们的驱逐舰受风浪影响严重。"塞壬"号的指挥官指出，"现有的海图桌在暴雨或大浪天气下根本无法使用。""猎鹰"号（HMS *Falcon*）驱逐舰的舰长则说：

……8 月 15 日，当我们以 7 节航速迎向海浪航行时……对"黑水河"号（"河川"级）驱逐舰而言，仅仅是一些勉强高过艏楼的浪花，但"猎鹰"号的艏楼和舰桥则被涌起的海浪直接扫过……我发现当时甚至很难在不危急舰体的情况下保持 7 节的航速，但就在"黑水河"号和我们分开（"猎鹰"号接到命令航向法尔茅斯避风）时，她甚至还毫无困难地从 12 节加速到了 15 节。

而且他还发现，他指挥的 30 节型驱逐舰也对更小的 27 节型驱逐舰表现出了类似的优越性："……在 27 节型驱逐舰的 12 磅炮炮位和最前面的 2 门 6 磅炮被舰艏劈开的海浪直接冲击时，'猎鹰'号上同样位置的火炮都还很干燥，只有少量浪花高过它们。"不过，"雄狍"号驱逐舰的舰长则争辩道，他的驱逐舰能够应对任何敌方驱逐舰或鱼雷艇可能驶入的风浪。

查尔斯·贝雷斯福德中将在指挥地中海舰队时也曾对"河川"级驱逐舰进行了批评。1904 年 5 月 22 日，他书面要求装备之前的高航速驱逐舰，他的论据是，在较为平静的地中海，舰船的实际航速是十分接近纸面航速的，而高航速是驱逐舰在对敌方舰队展开进攻时得以幸存的关键——况且新的驱逐舰体型太大而且造价也太贵。由海军造舰总监和海军总工程师一同起草的回复文件中则指出，在船底清洁、海面平静且自身满载的状况下，"河川"级驱逐舰的最高航速为 25.5 节，而在同样条件下，纸面航速为 30 节的驱逐舰只能达到 26 节。而且，如果让它们携带能够维持和"河川"级相当的航程的燃煤，它们的航速将降低至 25 节以下。航速的重要性并未被忽略，第一海务大臣瓦特·柯尔讽刺地评价贝雷斯福德的"责难"完全源于假设，他的报告"……用处在于提前给我们指出未来可能遭遇的所有可能的反对意见。他提出的几乎所有问题都在决定采纳'河川'级时就已经分析考虑过了……我很肯定委员会做出这一决定是经过深思熟虑的"。贝雷斯福德的政治组带则反映在《时代周刊》于 1904 年 7 月 1 日刊登的一篇文章中，该文章持和他基本相似的观点。

"阿龙河"号驱逐舰是坎默尔-莱尔德后来综合了前期使用经验和日俄战争的经验生产的后期型"河川"级驱逐舰，此前承载 6 磅炮的舷侧凸体因上浪严重被取消，6 磅炮则被挪到了艏楼甲板的舷侧，位于 12 磅炮两侧更低的位置。不过，后来的战争经验表明，6 磅炮在海战中基本无所作为，因此该级舰的武器配置更改为了 4 门 12 磅炮，其中 2 门安装在艏楼两侧位置。图中还显示了其他在一战期间进行的改装：增加了主桅杆，舰艏增加了"平顶"式无线电天线的横撑支架，舰桥增加了破片防护措施，舰艉增加了另一盏探照灯。图中还可见该舰配备的 2 具鱼雷发射管，以及舰艉的 12 磅炮。此前舰桥已经被改造为封闭式，并且在顶部设立了新的额外的开放式舰桥。照片的拍摄地点应该是地中海地区，时间为 1906 年年末，因为背景中的"敏捷"号（HMS Swiftsure）和"凯旋"号（HMS Triumph）战列舰便是在地中海服役的。两艘战列舰此时还安装着防鱼雷网，日德兰海战后，因为担心会缠绕螺旋桨，这些防鱼雷网被拆除。1918 年 4 月批准的反潜武器配置方案是 2 具深弹抛射器，搭配 22 枚深水炸弹——采用这一配置的还有"查韦尔河"号、"埃特里克河"号（HMS Etterick）、"利非河"号（HMS Liffey）、"罗瑟河"号、"斯韦尔河"号、"提维特河"号和"尤尔河"号。同时，3 门轻型（8 英担）12 磅炮中的 1 门将被改造为高射炮，1 具鱼雷发射管被拆除。"肯内特河"号（HMS Kennet）搭载了相当强大的重型反潜深水炸弹（改造时间大约在 1918 年 4 月），并拆除了舰艏的 12 磅炮和鱼雷发射管。在可以用 12 磅炮发射的杆状炸药出现后，如果驱逐舰要携带重型的反潜武器，就需要拆除舰艉的 8 英担 12 磅炮和后部的鱼雷发射管。

到 1903 年，新的 25.5 节型驱逐舰似乎已经取代了 30 节型驱逐舰作为标准生产型的地位，并且将在生产期间得到逐步改进。海军审计主管（梅上将）在 1903 年 8 月 7 日下令开始 1904—1905 年建造计划中驱逐舰的设计工作时，希望能获得更高的航速。演习已经表明，"河川"级驱逐舰在海上航行时能维持的最高速度大概是 22 节，尽管在海试中它们大多能超过 26 节。因此，许多驱逐舰指挥官都希望能将航速提高 5 节。

梅怀疑维持"河川"级的舰体强度和进行舾装不一定需要那么多的重量，但他并不愿意降低动力系统的可靠性。他倒是希望动力系统能够在不同厂商建造的舰船内互换，否则驱逐舰的补给舰就需要携带太多种类的备用零部件。1904 年 2 月，海军造舰总监和海军总工程师共同提交了一份航速 27 节的驱逐舰的设计方案，但更细致的压力测试表明，舰体的船材并不能减少。该方案以桑克罗夫特的"切尔默河"号和"科恩河"号（HMS Colne）为蓝本，舰体长度大约增加了 10 英尺（3.05 米），宽度增加了 1 英尺（0.30 米），海试时的排水量预计为 620 吨。除桑克罗夫特之外的其他船厂估计需要更大的排水量来达到需要的航速。该舰的舱室载重大概为 120 吨（海试时的载重量将达到 135 吨，和现有的"河川"级驱逐舰相同）。至于动力系统，还是允许各家造船厂选用自己喜欢的锅炉。预计每艘驱逐舰的造舰为 8.5 万英镑——比"河川"级的最初估价高大约 1 万英镑。

海军审计主管问道，是否有可能在艏楼安装 3 门 12 磅炮，在舰艉安装另外一门，以及是否有可能加强到能在不严重危及自身的情况下撞击敌方驱逐舰或潜艇，但最终他发现这样会让造价升得过高。将 3 门 6 磅炮更换为 12 磅炮并保留相同的弹药携带量（每门 12 磅炮备弹 100 发，每门 6 磅炮则备弹 60 发）后，会增加 15 吨的排水量，而且额外增加 3 名乘员也需要再加长 2—3 英尺舰体长度来安排居住空间，因此海军造舰总监怀疑以 10 节以上航速发起撞击，其强度不可能保证自身不受重创。该设计方案的估价其实还是偏低的，不过还可以让非驱逐舰建造商加入竞标，增加竞争压力，从而压低造价。

⌐ 桑克罗夫特建造的"肯内特河"号驱逐舰在海上加煤（1906 年）。当时皇家海军非常担心驱逐舰的续航力会限制舰队的作战半径，因此大概在 1908 年开始尝试开发能够在海上迅速补充燃煤的技术。当时燃煤通过袋装储存，采用人力搬运，因此没有海军能够真正加快这项工作的速度。到一战时，几乎所有和舰队同行的驱逐舰都已经采用燃油动力，但舰队中的其他舰船依旧还在使用燃煤，因此也就无法在海上进行补给。在战时，海军开发了一种以燃油动力战列舰——比如新的"伊丽莎白女王"级（Queen Elizabeth Class）——为驱逐舰补充燃料的技术，战列舰通过包含软管的拖曳设备为驱逐舰补充燃料。海军也专门为增加大舰队内驱逐舰的续航力而建造了高速燃油补给舰。

（图片来源：国家海事博物馆）

　　1903 年 2 月时，审计主管还询问过海军总工程师，皇家海军何时能进入燃油动力时代，或采用油煤混合动力。燃油是当时能够使海军具备最大优势的新事物，海军总工程师估计全油动力的驱逐舰只需要 16 名司炉，而不是之前的 27 名，并且可以完全实现双班交替而不是现在的一班半，维持全速前进也更容易。燃油似乎也能在任何当时的锅炉内使用，提供的热值比煤高出大约 25%—30%（在水向蒸汽的转化率上）。其他国家的海军当时已经开始使用燃油：意大利的战列舰和巡洋舰上已经各搭载了数百吨燃油，俄罗斯也将 "罗斯季斯拉夫" 号（*Rostislav*）战列舰改造为可以搭载1000 吨燃油，德国的 "腓特烈三世皇帝" 号（*Kaiser Friedrich III*）则在舰底中部携带了 300 吨油。后来，德国的这艘战列舰锅炉舱漏水，漂浮于水面的燃油被锅炉的燃屑点燃，进而发生了火灾（因此英国海军从未在锅炉下方储存油料）。海军总工程师当时已经安排在 "马尔斯" 号（HMS *Mars*）和 "汉尼拔" 号（HMS *Hannibal*）战列舰上测试燃油是否可能在铆接的底舱储存，并且在 "贝德福德" 号（HMS *Bedford*）巡洋舰上测试战舰能否安全地储存燃点为 200 ℉（93.33℃）的燃油，实验型的燃油锅炉则在德文波特建造。1903 年 1 月 26 日，驱逐舰 "憎恶" 号受命在朴次茅斯改造为燃油动力。1903 年 7 月，海军总工程师写道，以燃油作为燃料十分高效，保留燃煤只是增加了复杂性。他认为驱逐舰应当将燃油作为唯一的燃料，包括即将开始建造的（1903—1904 年建造计划，将于 1903 年 10 月订购）部分驱逐舰。新任海军造舰总监菲利普·瓦特爵士（Sir Philip Watts）提出了两种备选方案，第一种是采用全新设计，将燃油完全置于水线以下的舱室，另一种则是在现有设计上进行改进，但这样燃油就必须位于水线之上，因此容易受伤。海军审计主管同意他的观点，认为只有第一种方案才是可行的，他决定将转变为燃油动力的工作推迟至 1904—1905 年建造计划期间，"如果结果令人满意"，那么该建造计划中的舰船将以燃油作为唯一的燃料。

　　"河川" 级中采用蒸汽轮机的试验舰 "伊登河" 号在 1904 年的演习中表现出色，证明未来的驱逐舰应当采用类似的引擎。所以，当舰船设计委员会讨论是否应该冒险为 "无畏" 号战列舰安装蒸汽轮机时，还引用过 "伊登河" 号和传统的 "河川" 级驱逐舰 "威弗尼河" 号之间的对比。[6] 后来委员会建议为日后将要建造的所有舰船安装蒸汽轮机——包括后文将要讲到的 "部族" 级驱逐舰和岸防驱逐舰（coastal destroyer）。

　　审计主管希望 1904—1905 年建造计划中驱逐舰的主要指标能够在 1904 年 5 月底以前确定，这样才能在 9 月 1 日开始招标。但航速指标一直没能敲定，在一次咨询会后，海军造舰总监提醒第一海务大臣和海军大臣（两人应该一直都对驱逐舰的航速感到不满），如果将航速提升至 27 节（船材强度和用料不变），其排水量将从565 吨上升至 630 吨，造价也将增加大约 1 万英镑。不过，如果只是将航速提高半节（至 26 节），事情或许会简单得多。"河川" 级设计工作开展期间担任海军造舰总监的威廉·H. 怀特注意到，由他所担任首席造船师的维克斯造船厂设计的 "内斯河" 号（HMS *Ness*）和 "尼思河" 号（HMS *Nith*），通过为锅炉设计最大化的受热表面积而降低了燃煤消耗，而且以该面积为依据进行计算，指示功率可以从 7260 马力提高到 7350 马力，航速能达到 26 节。1 月时，桑克罗夫特也提出通过增加压力和转速来提高航速的方案，引擎功率由 7000 马力提升至 8750 马力，排水量保持在

565 吨，最高航速却能达到 27.5 节。但已经开始设计 27 节版"河川"级的海军造舰总监对此持怀疑态度。审计主管于是要求六家驱逐舰建造商（霍索恩 – 莱斯利、桑克罗夫特、雅罗、帕尔默、怀特和坎默尔 – 莱尔德）在（总体和局部）舰体强度和动力系统可靠性不变的前提下，设计航速更高的驱逐舰。所有厂商都提供了详细的改进方案，但均未采用蒸汽轮机。

1904 年 8 月，审计主管决定，1904—1905 年建造计划中的 14 艘驱逐舰将在沿用"河川"级基本设计的基础上，依照当时获得的各项测试经验（包括 1904 年鱼雷演习的经验）进行改进。

此时，审计主管还在考虑新的武器配置方案。当时新式的 3 磅炮（炮口初速从 571 米 / 秒提升到了 777 米 / 秒）弹道更平直，在 1000 码内比 6 磅炮更精准，并且在弹药动能接近的情况下拥有更高的射速。当时也出现了更重型的 12 磅炮，重量从 12 英担（610 千克）增加至 18 英担（914 千克），初速也从 642 米 / 秒提升到了 792 米 / 秒，弹道同样更加平直。于是审计主管在 1904 年 5 月提议，将 1 门 12 英担 12 磅炮和 5 门 6 磅炮的配置，更改为 1 门 18 英担 12 磅炮和 5 门 3 磅炮，该方案很快得到了批准。但紧接着，他便在 5 月询问海军造舰总监和海军军械总监能否将艏楼高度降低 1 英尺，或者降低艏楼之后再让两舷向内弯曲，从而降低重量以安装更重型的武器（他设想了一种类似半龟背艏的结构）。但海军造舰总监随即指出如果将艏楼高度降低至 13.5 英尺（4.11 米）以下会导致艏楼的寝住甲板进水，这是无法接受。不过，减少重量可以通过取消司令塔（有 9.5 毫米的装甲防护）来实现，当时司令塔已经沦为 12 磅炮平台的支撑，海军也决定不再为驱逐舰提供任何装甲防护，而且舰桥也足够高，完全不必担心任何可能冲上甲板的海浪，因此也就不必将舵轮安装在封闭的司令塔内了。

当时还有其他的武器配置方案可供选择：将舰艉的 3 磅炮换成 12 磅炮；或者在艏楼安装 2 门 12 磅炮，在舰艉安装 1 门 12 磅炮，3 磅炮的数量则降至 2 门。如果在舰艉安装 12 磅炮，后部的操舵位将被挪到该炮炮位前部，12 磅炮则直接安装于柱式基座上，不再专门建造火炮平台。弹药量也将适当降低，或将 12 磅炮和 3 磅炮的弹药混合储藏。12 磅炮的炮弹采用电起爆底火，可以用普通的方式储存，但 3 磅炮炮

◣ 图为怀特建造的"内斯河"号驱逐舰 1910 年时的状态，采用了低可视度的浅灰色涂装，艏楼后部的舷侧凸体已经取消，火炮也因此挪到了艏楼两侧。此时该舰的 6 磅炮已被短身管（即 8 英担）的 12 磅炮取代（2 门位于艏楼，1 门位于舰艉，舯部不再安装火炮）。

（图片来源：国家海事博物馆）

△ 澳大利亚的"河川"级驱逐舰是英国1904—1905造舰计划中"河川"级驱逐舰(航速27节,采用燃油锅炉)的延续。它们武器配置强悍,和稍后的英国一战前驱逐舰旗鼓相当,装有1门4英寸(102毫米)前主炮、3门12磅炮(1门在舰艉,2门位于烟道两侧)、3具单装18英寸(457毫米)鱼雷发射管(其中1具在舰艉后面)。澳大利亚的"河川"级标定航速为26节,舰长245英尺(74.68米),长度与航速更快的"橡实"级相当。图中为澳大利亚"河川"级驱逐舰"休昂河"号。注意它实用的是澳大利亚舷号,而非英国海军部指定的舷号。前烟道上的短小风帽是一战后期添加的。

(图片来源:澳大利亚海军历史司)

弹采用的却是碰炸底火(percussion igniter),因此需要专门设计的弹药架储存。正常情况下这两类弹药不会一起储存,不过审计主管指出,即使只是3磅炮的弹药库发生事故,爆炸威力也足以炸沉一艘驱逐舰。

此外,审计主管还决定这批新驱逐舰将采用全油动力。

因为当时英国军舰已经开始普遍加装无线电设备,所以海军造舰总监在9月1日问及1904—1905年建造计划中的这批舰船是否需要增设无线电操作室。它们成了英国海军中第一批拥有相应设备的驱逐舰。

帕尔默还以私人投资的形式建造了一艘"河川"级驱逐舰,在经历了一番抗争后,海军部还是基于令人满意的调查结果决定购入该舰,用以取代1904—1905年计划中的一艘驱逐舰,因此该计划的驱逐舰建造数量降至13艘。帕尔默的这艘驱逐舰被定名为"罗瑟河"号(HMS Rother)。但坎默尔 – 莱尔德就没有这么幸运了,该船厂并没有为1905年自行投资建造的两艘"河川"级找到国外买家,只得在1908年尝试以海军部的价格卖给皇家海军。[7] 然而此时"河川"级的设计已经多少有些落伍,因此海军部也没有多大兴趣。最终,一番讨价还价后海军部以每艘5万英镑的价格购入两舰,以取代最近沉没的"加拉河"号和"黑水河"号。这两艘舰被定名为"斯陶尔河"号(HMS Stour)和"泰斯特河"号(HMS Test),和其他"河川"级驱逐舰一样,它们依旧使用的往复式蒸汽引擎。

9月,鉴于演习中暴露出了烟雾干扰问题,雅罗再次拿出了曾于1903年提出过的[当时是参加"加拉河"号与"加里河"号(HMS Garry)驱逐舰的竞标]一个方案,将两个单锅炉舱合并,这样最前部锅炉的上风道可以在甲板上向后移,内部的结构布置和对锅炉的操作监管也都能得到简化。海军总工程师注意到这些燃油驱逐舰已经采用了双锅炉的锅炉舱,因为不需要为司炉和授煤口留出空间,它们的锅炉舱长度更短。雅罗宣称这样的设计已经被用于当时刚刚开工,将为奥匈帝国服役的"骠骑兵"号驱逐舰。[8] 12月,海军总工程师建议告知雅罗,1904—1905年建造计划中的驱逐舰,锅炉将变更部分建造材料,并且在之后的竞标期间,这一变更也将纳入考量范围。

到这一年 10 月，新驱逐舰的设计航速显然将会被定在 27 节，于是，海军造舰总监（瓦特）要求下属的水槽测试负责人（弗劳德）以一艘现有驱逐舰（"威弗尼河"号）的舰型测算航速直至 27 节的指示马力曲线，以及舰体延长 10 英尺（3.05 米）后同样的曲线。后来，他又要求测算长度缩短 15 英尺（4.57 米）时的情况，结果表明此举将增加大约 1.5% 的阻力，如果继续缩短舰体长度，这个问题会越发严重。

到 1904 年 12 月初，新驱逐舰的招标已经迫在眉睫，所需的文件都已经提交到了海军部的法务律师处。但他们还是对方案进行了最后的修改，武器配置被更改为 3 门 12 磅炮，其中 2 门位于舰艏，另一门的位置则尚未确定（在 12 月 12 日时，航速要求还在 25.5 节和 27 节间游移不定），同时新驱逐舰将采用蒸汽轮机（12 月 14 日），因此帕森斯也将被邀请参加竞标。

不过，此时费舍尔上将已经成为第一海务大臣，而他对驱逐舰有着截然不同的理解。因此在第二年的 2 月 7 日，海军审计主管被告知"刚刚被批准……这 13 艘驱逐舰将自 1904—1905 年建造计划中被剔除"。取而代之的是 1905—1906 年建造计划中的 5 艘"部族"级驱逐舰（详见下文）。不过，改进型"河川"级的故事并未就此结束，实际上，该方案后来发展成了将在下一章叙述的、属于 1908—1909 年建造计划的"小猎犬"级驱逐舰。

就在"河川"级驱逐舰的建造结束时，海军部也完成了"部族"级（33 节型）驱逐舰的设计并为其配备了 3 门 12 磅炮。1905 年 2 月，驱逐舰少将询问是否能将"河川"级也改为相同的武器配置。海军造舰总监指出，如果能够拆除该级舰的司令塔（实质上已只是前主炮的平台而已），就可以在艏楼安装 2 门、在舰艉安装 1 门 12 磅炮，弹药库的弹药架空间也足够使用。但这项改造工作耗资巨大，并且速度也很缓慢。因此最终选择保持舰艏的 12 磅炮不变，而将舰艉的 6 磅炮更换为 12 磅炮，同时削减 2 门 6 磅炮作为增重的补偿。但考虑到需要消耗的资金和时间，海军军械总监（杰利科）还是建议不做任何更改。次年，海军部批准了将 3 门 12 磅炮作为后续在建驱逐舰的标准武器配置。在当时日本和俄罗斯的战争中，日本表示其驱逐舰多次和俄罗斯驱逐舰交战，因为拥有第二门 12 磅炮而获益颇多，其实战经验表明在常见的驱逐舰交战距离内，轻型（8 英担）12 磅炮和重型（12 英担）12 磅炮的效果差距不大。[9]1906 年 7 月，海军军械总监又提出以其他大型战舰上拆下的 3 门 8 英担 12 磅炮替换 5 门 6 磅炮，其中两门位于前部原 6 磅炮炮位，另一门则位于舰艉中轴线。对此，海军造舰总监并未提出反对意见（8 月 21 日），后来第一海务大臣在 1906 年 10 月 23 日批准了这一提议。这项改造被纳入了 1907—1908 年建造计划当中，最初接受改造的包括"尼思河"号、"内斯河"号、"埃特里克河"号、"威尔河"号、"尤尔河"号和"斯韦尔河"号，改造工作贯穿于整个 1908 年。

和此前的驱逐舰一样，"河川"级拥有 2 具 18 英寸（457 毫米）鱼雷发射管，该级舰中所有的舰只均携带 4 枚鱼雷，其他的鱼雷由补给舰运输。1908 年，皇家海军收到报告称日本海军的驱逐舰自身便搭载了备用鱼雷，于是英国海军也开始考虑在甲板上安装搭载鱼雷的支架，并利用吊艇柱来进行鱼雷的装填。这在部分"河川"级和"部族"级（下一型驱逐舰）上得以实现，但在其他驱逐舰上则未能实施。目前尚不清楚这项提议后来发展到了何种地步，因为几年后，这种单装鱼雷发射管便被双联装的鱼雷发射管取代了。

"河川"级是英国海军中第一型体型大到足以搭载无线电设备的驱逐舰。最初的两套无线电设备于 1904 安装于"反抗"号（HMS Defiance）无线电学校下属的两艘驱逐舰上，"加里河"号在 1906 年的演习中使用了一套实验型无线电设备，安装位置为舰楼下方的一个木制隔舱，那里的噪音相当大。但即使如此，它还是能够收到 50 英里（约 80 千米）外传来的信息。之后的无线电设备都安装在一个专门的无线电操作室（通常在海图室正后方），通过一个隔音舱来保证操作员能够听到微弱的信号。1906 年夏季演习时的成功让驱逐舰少将急于将这些设备安装到各支队的驱逐领舰之上。演习期间，一支 8 艘驱逐舰组成的编队突然遭遇大雾天气，而当时另外 28 艘驱逐舰正急于与他们会合，其指挥官通过无线电，在不知道方位的情况下及时向"加里河"号驱逐舰下达了相关指令，这样它便能成功和无法赶到会合点的编队会合了。在战时，远离舰队行动的驱逐舰将不需要靠近舰队来传递信息，既避免了遭到友军误击又能够及时汇报敌方舰队的位置。到 1907 年 4 月，搭载于"肯内特河"号上的无线电设备的通信距离已经可以达到 125 海里，而且紧挨着海图室的这些设备并不会干扰海图室内磁罗盘的工作，这一点相当重要。驱逐舰的通信采用了专门的频率（波长 700 英尺/213.36 米），以避免干扰舰队中的其他通信（通常波长为 500 英尺/152.40 米）。无线电通信的距离则部分取决于桅杆的高度，在当时该高度被限制在 60 英尺（18.29 米）以下。无线电收发室必须尽可能地靠近舰桥，需要有良好的隔音舱室和通风设备，无线电设备的天线则是两组由以小竹棍分隔开的线路构成的"屋顶"，从桅杆上的无线电桅桁（wireless yard）桁臂处开始，分别拉向舰艏和舰艉，并通过垂直的缆线和无线电收发室相连。

澳大利亚海军"休昂河"号驱逐舰

"休昂河"号（HMAS Huon）是澳大利亚海军六艘基于"河川"级的设计建造的驱逐舰之一，这些驱逐舰的存在表明后来英国使用的标准驱逐舰也是直接自"河川"级发展而来，尤其是接近此前流产的 1904—1905 年建造计划中的改进型"河川"级的设计。该舰采用了早期英国驱逐舰中采用的艉柱舵（sternpost rudder），武器配置则是和"石化蜥蜴"级（Basilisk Class）类似的 1 门 4 英寸（102 毫米）炮和 3 门 12 磅炮，安装于舰艉的鱼雷发射管倒是不常见，但在英国海军中并非没有先例。该舰还携带了 1 枚备用的鱼雷。我们还能从简单的舰桥设计上看出其渊源，注意封闭的海图桌和顶部的臂板信号机。图中为"休昂河"号 1915 年 12 月完工时的状态，甲板上的斜向条纹是防滑条带，类似的防滑条在舰艉的火炮平台也有使用。此前皇家海军采用（以椰子纤维制作的）防滑棕垫，但它们无法在热带地区长时间使用。完工后不久，4 英寸炮炮位又增加了简单的炮盾。舰艏的两具船锚可以被收入锚链筒内，或如图中一样放置于甲板上。注意当时澳大利亚海军使用的尚未规范化的舷号。该舰及其五艘姊妹舰于 1917 受命前往欧洲海域（这也是六舰第一次一起行动），在抵达马耳他后，"休昂河"号、"帕拉马塔河"号（HMAS Paramatta）、"托伦兹河"号（HMAS Torrens）和"亚拉河"号（HMAS Yarra）以及另外两艘驱逐舰拆除了舰艉的鱼雷发射管，以腾出空间安装反潜武器。至少"休昂河"号、"帕拉马塔河"号和"亚拉河"号三舰在 1918 年加装了系留气球。一战中六舰在意大利布林迪西（Brindisi）附近海域活动。战争结束后，在返回澳大利亚前，六舰拆除了剩下的所有鱼雷发射管。

（绘图：A. D. 贝克三世）

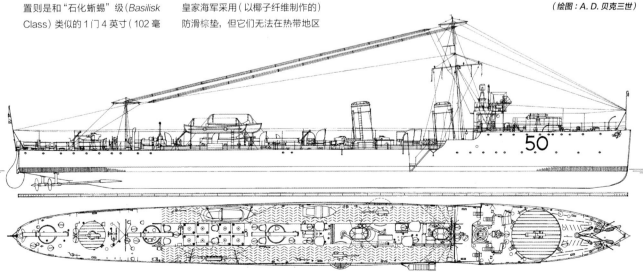

> 巴西海军曾向雅罗购买了改进型的"河川"级驱逐舰，配备2门4英寸（102毫米）舰炮。图中为1942年拍摄于巴西某军港的"圣卡塔琳娜"号（Santa Catarina）驱逐舰。该舰采用了两台雅罗的双面燃烧式锅炉（doubleended boiler），通过这一改进雅罗得以将该舰的舰桥尽可能的后置，前部烟道的位置也比使用四台锅炉的英国"河川"级要加靠后。

> 在1904年10月成为第一海务大臣后，"杰基"·费舍尔上将希望以一种航速高达36节的驱逐舰替代所有现存的驱逐舰和侦察巡洋舰。但当真的计划招标时才发现，这样的驱逐舰必然过大并且昂贵到无法大量装备，因此最终仅建造了唯一的一艘——"雨燕"号（HMS Swift）。图中为该舰1911年时的状态，采用了低可视度的浅灰色涂装。它的舰长曾一度认为这型军舰会最终发展为一类巡洋舰，不过，最初的"林仙"级高速巡洋舰却并非是他设想的"雨燕"号加强版（它们的任务还是在舰队中摧毁德国的鱼雷舰艇）。"雨燕"号向海军展示了在那个动力系统快速发展的年代，要得到高航速和可观的续航力有多么昂贵。该舰的绝大部分重量都被用于动力系统，以致于武器装备相对其体量而言十分弱小。

（图片来源：国家海事博物馆）

"帕拉马塔河"级驱逐舰

当澳大利亚海军在1906年决定购买驱逐舰时，他们设想的正是皇家海军为1904—1905年建造计划设计的改进型"河川"级驱逐舰（巧合的是，澳大利亚也选择了以河流的名字来命名）。[10] 它们将采用燃油锅炉和蒸汽轮机，标定航速则降低至26节而非27节，但武器配置要超过"河川"级驱逐舰，为1门4英寸（102毫米）炮、3门12磅炮和3具鱼雷发射管。1905年10月，当时皇家海军的澳大利亚海军主管（Australian Naval Director）克雷斯韦尔（Creswell）上校告知澳大利亚国防部长，他所设想的水面作战部队将包括3艘巡洋-驱逐舰（用于保护海上交通线），以及用于海防的16艘驱逐舰和15艘鱼雷艇，最开始将有4艘驱逐舰和4艘鱼雷艇到位。1906年10月，由海军军官组成的委员会将舰队规模确定为3艘1300吨级、航速33节的驱逐舰和1艘800吨级、航速30节的驱逐舰，外加一支由16艘550吨级、航速26节的驱逐舰组成的防御中队，其中最初的6艘即为"帕拉马塔河"级（Parramatta Class）驱逐舰。至于大型舰船，澳大利亚最终购买的是"澳大利亚"号（HMAS Australia）战列巡洋舰和两艘轻巡洋舰，而海岸防御舰艇的大小和航速指标显然是参照了英国皇家海军的"河川"级。1907年7月24日，澳大利亚收到了来自坎默尔-莱尔德、泰晤士钢铁厂、桑克罗夫特、阿姆斯特朗、帕尔默、霍索恩-莱斯利、登尼（Denny）的竞标方案，以价格从高到低排序，共计涉及8艘舰艇（当时招标需要4艘）。桑克罗夫特递交的S系列的1362号方案或许就是一型"岸防驱逐舰"，长70.10米、宽7.16米、型深4.65米（注意不是吃水）。当时澳大利亚海军并未下达任何订单，后来则向一家由登尼和费尔菲尔德组成的财团下达了两艘驱逐舰的建造订单，登尼负责总装而费尔菲尔德负责具体生产建造，包括武器等细节。两舰的设计由资深的驱逐舰设计师 J. H. 拜尔斯教授完成，最初参考了雅罗建造的"河川"级驱逐舰（"提维特河"号），但后来还是进行了大量的改动，拜尔斯同样负责建造期间的监管。计划一开始要求造船厂建造一艘，另一艘则在澳大利亚本土组装，但最终两舰均由费尔菲尔德在英格兰建造，后来又在澳大利亚建造了额外的两艘。其建造周期如此之长，很可能是由于部分舰只被纳入了后续建造计划，但它们依然还是被当作"河川"级的改进型。

不幸的是，该计划的详细要求和设计方案已经丢失，好在维克斯造船厂的设计师乔治·瑟斯顿似乎曾向克雷斯韦尔上校提交过相关的原始数据。记录中的第一艘驱逐舰是220号设计方案，这是一艘1906年中期设计的375吨级驱逐舰（该方案还曾被提交给土耳其海军），武器装备为2门4英寸（102毫米）速射炮、4挺马克沁机枪和2具18英寸（457毫米）鱼雷发射管。这很显然采用的是30节型驱逐舰的设计，因为从引擎功率推算，其航速足以达到30.5节。该舰还将以内燃机作为引擎。另外一种大型燃气轮机驱逐舰（258号方案）的造价也曾于1906年7月16日被提交给澳大利亚海军司令克雷斯韦尔上校，这也是一种30节型驱逐舰：排水量800吨（长82.91米、宽7.92米、吃水2.74米、型深4.88米），携带170吨燃油时，15节航速下的续航力可达2550海里（如果采用燃煤则是1800海里）。武器为4门4英寸速射炮（每门备弹50发——远低于英国皇家海军的标准）、4挺马克沁机枪和2具18英寸鱼雷发射管（每具配2枚鱼雷）。而岸防驱逐舰（239号方案）的设计则更接近英国鱼雷艇驱逐舰：排水量250吨（长56.39米、宽5.94米、吃水1.68米、型深3.58米），最高航速26.5节，采用燃油时在15节航速下的续航力为3000海里，武器配置为2门4英寸炮、4挺机枪和2具18英寸鱼雷发射管（每具配2枚鱼雷）。维克斯还另外提供了一型一等鱼雷艇的设计方案（长50.29米，最高航速25节，配备3具鱼雷发射管、1门12磅炮和4挺马克沁机枪）。

与驱逐舰协作的侦察巡洋舰

费舍尔的驱逐舰指挥官 H. B. 杰克逊上校（后来的海军审计主管和第一海务大臣）在1901年4月时就曾建议让驱逐舰和一种小型高速巡洋舰协同作战，实际上这也是驱逐领舰的最初构想。这种巡洋舰将取代之前的轻型巡洋舰["皮拉摩斯"级（*Pyramus Class*）和"巴勒姆"级（*Barham Class*）]和鱼雷炮舰并拥有高得多的航速。杰克逊设想的性能指标为公试航速24节并能以19节航速持续航行（中海况情况下），续航力可达1200海里。该型巡洋舰还必须搭载优良的通信设备（包括旗语和无线电），不仅操控简单、有足够的强度抵御顶头浪，而且还要有能力拖曳驱逐舰（增加后者的有效作战半径）。基于上述这些目标，杰克逊更倾向于建造一种巡洋舰而不是放大的驱逐舰。

武器配置需要至少包含2门速射炮（口径不低于4英寸），最好是能安装3门4.7英寸（120毫米）速射炮、6门12磅炮和6挺机关枪，外加2具鱼雷发射管——最好能够合并为1具双联装的鱼雷发射管（配5枚鱼雷）并安装于舰艉，这样两枚鱼雷可呈某一夹角发射。同时，后向射击能力和前向射击能力一样重要。杰克逊设想的巡洋舰将采用飞剪艏（cliper bow），艏楼上安装2门12磅炮，艏楼后端则搭载2门4英寸炮。舯部两舷安装2门12磅炮，后部上层建筑两侧再安装2门，第三门4英寸炮则位于最末尾烟道后方，之后甲板在舰艉处向下陷以安装双联装鱼雷发射管。

△ 巨大的体型让"雨燕"号成了最理想的驱逐领舰候选对象，尽管在一战爆发前以这种目的入役，但该舰却从未被正式列入领舰的行列，这或许是由于它已经不比巡洋舰小多少了。同时，随着1916年德国驱逐舰开始在多佛海峡附近与英国的巡逻编队交战，皇家海军也计划让其搭载更重型的武器装备。这张照片由P. A. 韦斯卡利（P. A. Viscary）于1917年拍摄，该舰当时已在舯楼安装了1门6英寸（152毫米）舰炮，在整个一战期间它都装备这门火炮。其他改造还包括：将原先43英尺（13.11米）的前桅增高到60英尺（18.29米），添加了32英尺（9.75米）高的后桅，前桅桅桁也由两道增加到了四道；舰艉的20英寸（508毫米）探照灯被挪到了舰桥顶端新增的探照灯平台上，舰桥侧舷安装10英寸（254毫米）信号灯，3号烟道后部也增加了一盏20英寸（508毫米）探照灯；舰桥下的海图舱被加大，原先位于发电机舱的无线电收发室也挪到了左舷位置（右舷部分为海图室）；舰艉的鱼雷发射管前移，以为6磅高射炮腾出空间；此外，在操舵位前方的后甲板上还增加了1门1.5磅防空用"乒乓"炮（1917年10月更换为了2磅炮）；通风帽也得到了加大。到1918年4月时，"海燕"号已不再搭载6磅炮，但增加了2磅炮和4挺.303口径（7.7毫米）马克沁机枪。

[大卫·C. 伊斯比（David C. Isby）藏]

就和之前一样，马耳他的造舰师 W. H. 加尔德（W. H. Gard）组织了可行性研究，结果相当理想。1901年7月起草的设计方案排水量1200吨（长82.30米、宽8.53米、平均吃水3.41米），海试时的功率为6500指示马力（即和驱逐舰相当），武器配置为2门4英寸（102毫米）炮、6门12磅炮、6挺机关枪，外加1具双联装鱼雷发射管，载员大约为128人。这比杰克逊设想的巡洋舰要小些，加尔德的预估单舰造价为7万至7.5万英镑，这只和之后"河川"级驱逐舰的造价相当。

毫无疑问，杰克逊的设想——驱逐舰需要领舰，即侦察舰——是正确的，唯一的问题是这类军舰应该是何种样貌。当时的海军造舰总监威廉·H. 怀特让手下的驱逐舰专家亨利·戴德曼审阅了加尔德的方案，他认为基于"神枪手"级鱼雷炮舰的舰体，该舰要达到24节的航速还需要强得多的动力。海军造舰总监于是为潜在的竞标厂商设定了可行的方案指标：排水量3800吨（满载排水量4515吨，长121.92米、宽14.02米、吃水4.27米），拥有三段锅炉舱（指示功率17000马力，最高航速25节），武器装备为6门4英寸速射炮和12挺机关枪，载煤1200吨。另一个标注成"前一个方案"的设计则为排水量3200吨（长112.78米、宽19.05米、吃水4.42米），搭载6门12磅炮和8门3磅炮，同样拥有三段锅炉舱（17500指示马力），但载煤量仅300吨。这应该是海军造舰总监为可行性研究准备的方案。

很可能是为了降低重量，至1902年5月，武器配置被限制为6门12磅炮、8门新型3磅炮和2具可旋转的驱逐舰用鱼雷发射管。但到8月又增加了4门12磅炮。舰炮的布置也有两种模式：追逐战模式（艏艉并排各三门炮）和在侧舷发挥最大火力的模式（在艏艉以三角形分布）。海军军械总监倾向于前一种模式，哪怕这可能导致三门火炮因为一次命中而全部受损，不过这种模式也提供了一定了的侧舷射击能力。除去艏艉的舰炮外，还将在舯楼最末位置和很靠近舰艉的位置各布置1门12磅炮。将艏艉的6门12磅炮更换为2门4英寸（102毫米）炮的提议则被否决，因为这类舰船"要对付的目标为敌方的驱逐舰而非三等巡洋舰"。被采纳的武器配置方案中，艏艉还各有2门3磅炮，它们也能够投入战斗。不过，随着鱼雷射程的增加，3磅炮渐渐变得过时，因此海军造舰总监曾在1903年秋提议将部分3磅炮换为12磅炮。1909—1910年建造计划便打算以4门12磅炮替换这类侦察巡洋舰

图中为 1914 年拍摄的阿姆斯特朗建造的"阿夫里迪人"号（HMS *Afridi*）驱逐舰，舰艏可见标明该舰定级的字母 F。她和姊妹舰"十字军"号、"萨拉逊人"号（HMS *Saracen*）一样拥有三座烟道，整合了五台锅炉的上风道。低矮的后桅用于支撑无线电天线的另一端，注意舰艉还增加了第二盏探照灯。到 1914 年 4 月，该舰和其他装备 12 磅炮的"部族"级一样，搭载了 5 门而非 3 门 12 磅炮。为提高多佛海峡巡逻编队驱逐舰的战斗力，"阿夫里迪人"号于 1916 年年末受命将 5 门 12 磅炮换装为 2 门 4.7 英寸（120 毫米）炮，但直到 1917 年 4 月的武器配置标准下达时仍未实施，1917 年 10 月下达的武器配置列表才有提及，实际的改造工作可能还要再等几个月才能完成。届时该舰还将搭载 1 门 2 磅"乒乓"炮和 1 挺 .303 口径（7.7 毫米）马克沁机枪。到第一次世界大战结束时，该舰携带了 4 枚深水炸弹和 2 具反潜深弹抛射器。"阿夫里迪人"号是唯一一艘更改了武器配置的 12 磅炮型"部族"级驱逐舰，尽管当时曾提出在"雨燕"号和"维京人"号驱逐舰上以 4 英寸（102 毫米）炮来取代 12 磅炮的计划，但是最终没有实施。所有的"部族"级驱逐舰均有 2 枚备用的鱼雷，另外还有 2 枚由补给舰携带。

（图片来源：国家海事博物馆）

坎默尔 – 莱尔德的"哥萨克人"号（HMS *Cossack*）几乎就是该船厂建造的"雨燕"号的缩小版。照片摄于 1909 年。

（图片来源：国家海事博物馆）

上的 3 磅炮，但似乎最终只有"远见"号和"前进"号（HMS *Forward*）两舰采用了这种配置。

1902 年 5 月，招标的信函被发送给了维克斯、约翰·布朗、费尔菲尔德、泰晤士钢铁厂、阿姆斯特朗（埃斯维克兵工厂）和坎默尔 – 莱尔德这几家造船厂，标书要求的航速为 25 节，续航力为 2000 海里。这型侦察舰属于巡洋舰，因此海军部希望能够加装装甲防护甲板，且续航力为 2000 海里 ①。所有的竞标厂商都设计了艏楼，费尔菲尔德的设计中还增加了艉楼，而坎默尔 – 莱尔德则在后部设计了（包含指挥

① 译注：此处原文即有重复。

官舱室的）遮蔽甲板（shelter deck），并且通过前后的舰桥将其和艏楼连接。可以想见的是，这样的侦察舰将比杰克逊设想的要大得多，每艘需要安装 12 台锅炉（三段锅炉舱，其上风道整合为三座烟道，埃斯维克建造的则是四座），动力也从 15000 马力提升到了 17000 马力。海军造舰总监麾下的驱逐舰设计师亨利·戴德曼则对埃斯维克兵工厂设计（并被拒绝）的大量外贸型舰艇进行了评估，他考虑牺牲大约 1 节的航速、降低载煤量并削弱部分装甲防护，以便将分配给武器装备的重量提高一倍，进而增强火力。因为该型舰的功率速率曲线相当陡峭，所以仅仅降低 1 节的航速要求，也能将功率要求降低 4000 指示马力，这就足以让配属给武器装备的重量翻倍，不过问题是舰体可能无法容纳操作这些武器的人员。为该型舰提供三等巡洋舰水准的武器配置（12 门 4 英寸速射炮、8 门 3 磅炮、4 挺机关枪和 2 具 18 英寸鱼雷发射管），就已经用掉了与海试时的载煤量相当的重量，而削减防护重量又将导致舰体尺寸被削减，因此无法容纳所需的船员。

最终赢得建造合同的有阿姆斯特朗 ["冒险"级（Adventure Class）]、费尔菲尔德（"前进"级）、坎默尔 – 莱尔德 ["开拓者"级（Pathfinder Class）] 和维克斯 ["哨兵"级（Sentinel Class）]。虽然海军部只要求配备水平装甲甲板，但费尔菲尔德和坎默尔 – 莱尔德的产品还在动力部位增加了厚度为 2 英寸（51 毫米）的装甲带。1902—1903 年建造计划中包含了 4 艘该型巡洋舰（每家造船厂负责一艘），1903—1904 年建造计划中又包含了 4 艘，大致和"河川"级驱逐舰的建造并行。

因为航速问题，侦察巡洋舰不足以作为 1904—1905 年建造计划中 27 节型驱逐舰的领舰，因此在 1905 年 12 月的预算中开始考虑一型航速可以达到 27 节的侦察巡洋舰（排水量 2800 吨、长 117.35 米、宽 12.50 米、吃水 4.04 米），采用三台蒸汽轮机，三轴推进，指示功率 21500 马力。另外还有备选的 26 节型侦察巡洋舰（排水量 3000 吨、长 117.35 米、宽 12.19 米、吃水 4.11 米），引擎指示功率为 18500 马力。27 节型侦察巡洋舰的武器装备为 2 门长后坐行程的 4 英寸（102 毫米）速射炮（很快这类火炮也将用于驱逐舰）、4 门 12 磅速射炮、8 门 3 磅炮和 2 具鱼雷发射管，每门 4 英寸炮的重量比 1 门 12 磅炮加上 150 发弹药还要多大约 2 吨。26 节型侦察巡洋舰则将配备 4.7 英寸（120 毫米）口径的主炮。随着 1904—1905 年建造计划中的驱逐舰项目流产，上述两种方案均停留在纸面数据计算阶段。不过，1905 年 12 月 12 日时，一份对比了上述两种设计以及三等巡洋舰"钻石"号（HMS Diamond），还有当时设想的 36 节型驱逐舰（排水量 1680 吨，即后来的"雨燕"号）的表格还是被送到了第一海务大臣费舍尔处。

费舍尔的超级驱逐舰："雨燕"号

在 1904 年 10 月升任第一海务大臣后，费舍尔上将编写了一本名为《海军的需要》（Naval Necessities）的公告，阐述了他对皇家海军发展的计划[11]，公告中包含了一型 36 节型驱逐舰的信息，并在图表中罗列了各项参数（包括尺寸和重量）。这型驱逐舰将取代"河川"级，成为狭窄海域中的霸主，因为它将在艏楼安装 2 门 4 英寸（102 毫米）主炮，在后部还有 1 具双联装鱼雷发射管。当时预计排水量为 900 吨（长 97.54 米、宽 10.67 米、吃水 2.06 米），在 19000 轴马力的动力下航速能够达到 36 节。

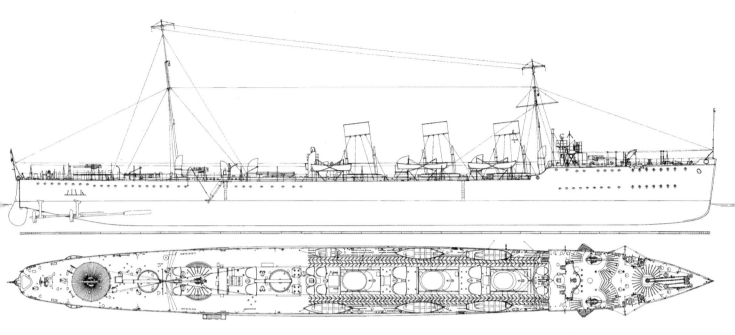

"雨燕"号驱逐舰

"雨燕"号是费舍尔上将设想的未来的标准型驱逐舰/侦察舰，为达到36节的高航速，大量的重量分配给了动力系统，因此其搭载的武器装备也只是比小型驱逐舰稍微多一点。1909年3月的海试中，该舰最高航速为35.037节，

当时排水量为2131吨，引擎转速668转/分钟。该舰有3座烟道，每一座都包含了4台莱尔德式锅炉（220磅力/平方英寸）的上风道，这些锅炉带动4台蒸汽轮机，驱动4个螺旋桨。该舰的炮位数量是"部族"级的两倍，鱼雷发射

管的数量则没有变化，不过多携带了2枚备用鱼雷。1914年4月，皇家海军计划以21英寸（533毫米）鱼雷发射管取代旧的18英寸（457毫米）鱼雷发射管，不过该计划似乎并未得以实施，因为整个一战期间官方资料罗列的鱼雷

武器依然是单装18英寸鱼雷发射管。"雨燕"号采用了小型驱逐舰上常用的外挂式船舵（而非下挂式）。舰艏舷窗外侧装有垂直金属栏杆，作用是防止它们因船锚及其机械部件的撞击而损坏。

（绘图：A. D. 贝克三世）

该方案的详细程度表明先前的研究工作是由 W. H. 加尔德主持的，他原本就是费舍尔（在地中海舰队担任司令官时）在马耳他的海军造舰师，进入海军部以前，费舍尔在朴次茅斯担任司令官，也将他带到了那里任职。但就和1901年设计舰队侦察舰时一样，加尔德太过乐观了。考虑到费舍尔可以提供的支持，加尔德本希望成为首席造船师，但他终生也没能如愿。有时，费舍尔会将这艘新驱逐舰叫作"极快"号（HMS *Uncatchable*）。

▽ 完工时，怀特建造的"莫霍克人"号（HMS *Mohawk*）是"部族"级驱逐舰中唯一不成功的一艘。该舰有着相当严重的上浪问题，而且横摇明显。注意该舰采用的龟背状舰楼。

（图片来源：国家海事博物馆）

航速高达 36 节的驱逐舰很可能与费舍尔以战列巡洋舰为主体建立舰队的设想有关，因为和舰队一同行动的驱逐舰需要在航速上有一定的冗余度。如果航速 24.5 节的驱逐舰伴随航速 18 节的舰队时有足够的冗余度的话（相当于舰队航速的 1/3），那么伴随航速 25 节的战列巡洋舰的驱逐舰，航速就必须比舰队高出 8—9 节。鉴于当时认为"河川"级的航速已经过慢，那么 36 节的航速要求就可以理解了——尤其是"蝰蛇"号几年前就曾超越过这一航速。

费舍尔似乎是想用这种 36 节型驱逐舰来一次性取代传统的驱逐舰和用于辅助它们的侦察巡洋舰，因为费舍尔在《海军的需要》当中并未提及侦察巡洋舰，他在 1905 年召集舰船设计委员会来审核（和提供辩护）的海军建造计划中也没有包含此类舰船。在 1905 年 1 月 18 日的会议上，委员会认为 36 节型驱逐舰的方案是可行的，毕竟几年前的"蝰蛇"号就已经达到了 36.5 节的航速，而且各造船厂也曾提出过令人满意的、航速在 33—34 节左右的设计方案。为了呼应费舍尔，委员会在报告中写道："这类试验型舰船……如果能够以适当的尺寸和造价建造，将拥有相当可观的前景。不过，在我们能够更清楚地知晓对该舰的要求是否合理之前，也不该再增加对其能力的期望。"因此，只有最初版本的《海军的需要》提及加尔德的设计方案。

在收到设计草案的性能指标后（1904 年 10 月 26 日），海军造舰总监的助理威廉·H. 梅里曼（William H. Merriman）立即将其分发给了海军造舰总监的下属各部。驱逐舰专家亨利·戴德曼很快就发现方案中提出的重量完全不合理，无论是用现在的"河川"级推算还是用之前脆弱的 30 节型驱逐舰推算均是如此。戴德曼也质疑方案给出的引擎功率是否足以让驱逐舰达到指定的航速。例如，将"河川"级放大到排水量 900 吨，以 12000 轴马力的引擎驱动或许可以在海试条件下达到 27.25 节，如果优化舰型设计，一艘长 320 英尺（97.54 米）、排水量 900 吨的驱逐舰依靠 19000 指示马力的动力系统，或许可以勉强达到 31 节。1 月 3 日，一份粗略的计算结果显示，排水量 1140 吨、长 320 英尺（97.54 米）、功率 19000 轴马力的驱逐舰或许可以达到 33.5 节的航速。两天后，相关指标得到了修正。该指标对推进效率的预测相当乐观（达到了 65%，事实上航速低得多的"伊登河"号也只能达到 63.5%）。关于船内空间和载重是否足够安置相应的动力系统这个问题，他们还没有咨询首席工程师，但即便如此，计算得出的结果依旧相当惊人：排水量高达 1560 吨（长 109.73 米、宽 10.97 米、吃水 2.67 米），输出功率需要达到 29200 轴马力（动力系统重 725 吨，舰体重 625 吨）。即便舰体像"蝰蛇"号那样脆弱，排水量 500 吨的驱逐舰要达到 36 节也需要 12750

轴马力的动力,700吨的驱逐舰则需要15500轴马力,而1000吨则要20600轴马力——但这还是基于不切实际的螺旋桨效率推算出的数值。如果以"河川"级驱逐舰作为基准来推算,情况还会更加糟糕。

最终,费舍尔放弃了。1905年1月,海军委员会决定以高低搭配的形式建造驱逐舰,即"部族"级驱逐舰和岸防驱逐舰,而"海燕"号是硕果仅存的36节型驱逐舰。后来,舰船设计委员会讨论费舍尔的舰队该如何构成时,便将"高低搭配"这一决定作为依据。[12] 依照设想,"部族"级"在任何天气条件下,都能跟随舰队航行到世界上的任何地方",而岸防驱逐舰则是这种搭配的另一端,可以有效执行各类任务,两者"就像如一副蒸汽锤一般高效的胡桃夹子"。[13] 这种混合搭配是不可避免的,因为高速远洋驱逐舰(即后来的"部族"级)的造价将远远超过之前的驱逐舰。

在制订36节型驱逐舰的招标条件时,海军审计主管(亨利·B.杰克逊上将)一开始决定配备3门18英担(914千克)型12磅炮(但后来又增加到了4门,为了保证能有3门同时向一侧射击),每门备弹100发,新的"部族"级也采用这样的配置(详见下文)。4门炮中,2门将安装于艏楼的两舷,另外2门则安装于驱逐舰后部的中轴线上,此外该舰还将安装2具鱼雷发射管。该舰需要能够在以燃油为燃料时,在中海况条件下以36节的高航速连续航行8小时,或以10节经济航速航行1600海里,无论哪一种方式所需燃油量更大。其海试时必须装载足够8小时全速航行用的燃料。载员要求则和之前的"河川"级驱逐舰类似(因此需要保证较大的舰内空间),舰艏应该有足够大的空间,舰体强度也要和"河川"级相当。同时,该舰也要和"河川"级一样拥有海图室。尽管没有对艏楼的建造提出明确要求,但舰艉的干舷高度不得低于4.80米。海军造舰总监菲利普·瓦特爵士于1905年2月2日签署了该招标方案。5月时,建造要求里又增加了无线电收发室。

由于专业建造驱逐舰的造船厂并不多,一些大型船舶的建造商也被邀请加入竞标。审计主管指出费尔菲尔德此前就曾建造过出色的侦察舰,而约翰·布朗最近刚刚强化了其科研团队,并且还建造了自己的模型测试水槽,所有参与了"部族"级驱逐舰竞标的厂商也都适合竞标36节型驱逐舰。因此,招标的邀请最终发送给了阿姆斯特朗、约翰·布朗、费尔菲尔德、坎默尔–莱尔德和桑克罗夫特。所有厂商都采用了四轴推进——两侧的推进轴与高压涡轮相连,内侧的两轴则与低压涡轮和倒车涡轮

∧ 图中为 1917 年的"莫霍克人"号驱逐舰，已经历了第一次世界大战期间的改造，注意盆式炮台内的防空炮。该舰此时恢复了最初的 5 门 12 磅炮和 2 具 18 英寸（457 毫米）鱼雷发射管的武器配置方案，不过舰艉的 12 磅炮已经改为安装于盆式炮台之上，应该已经作为防空炮使用了。此外，舰上还有 1 挺 .303 口径（7.7 毫米）马克沁机枪，同样安装于防空炮平台之上。

（图片来源：国家海事博物馆）

相连，由 10—11 台锅炉提供动力（阿姆斯特朗的设计采用了 12 台锅炉）。布朗采用了一种很少见的紧凑动力系统，引擎转速高达每分钟 900 转，其余厂商还是采用了更重的、转速大约每分钟 600 转的引擎。1905 年 9 月，海军造舰总监便完成了对各竞标方案的对比，不同方案的主要设计参数见表 5.1。

表 5.1: 各船厂 36 节型驱逐舰的竞标参数

	布朗	费尔菲尔德	莱尔德	桑克罗夫特	阿姆斯特朗
垂线间长（米）	86.11	83.82	80.77	97.54	96.01
全舰长（米）	88.39	84.35	83.26	100.20	100.89
外舷宽（米）	9.07	10.08	10.39	9.14	9.78
型深（米）	5.49	5.79	6.55	5.79	6.10
舰艏吃水（米）	2.91	2.72	3.05	3.00	3.05
舰艉吃水（米）	3.18	3.00	3.25	3.18	3.43
公试排水量（吨）	995	1385	1680	1350	1720
满载排水量（吨）	1114	1563	1840	1468	1981
干舷高度（米）	2.44	3.00	3.38	2.44	2.82
功率（指示马力）	19000	25000	27000	29000	30000
造价（英镑）	191,717	221,550	254,000	279,000	284,000

其中两家报价最低的船厂（布朗和费尔菲尔德）提出的方案并不令人满意，布朗的方案最接近加尔德的设想，但却需要更长的舰体才能达到，而这又势必增加舰体排水量和所需要的动力，并且该厂商的方案和阿姆斯特朗的一样，无法在水线下的舱室内储藏足够多的燃料。坎默尔－莱尔德指出，虽然自己的设计能够以 17 节航行 1500 海里，但在 10 节航速下航程只有区区 1310 海里。海军造舰总监因此决定更改关于经济航速的要求，因为当初选择这一航速时略显武断。海军造舰总监对莱尔德的设计表现出的横向结构强度非常青睐，该设计几乎具备了所需要的强度。

一开始，海军造舰总监还要求报价最低的三家厂商重新修改设计。但最终因为时间紧迫，他选择了最具吸引力的莱尔德的方案，这是令人满意的三个方案中报价最低的一个。建造合同签订前的主要更改便是缩短了舰体长度（由 111.25 米缩短至 105.16 米），缩短舰体节省的重量被用于提高动力（由 26500 轴马力提升至 30000 轴马力）。最终，坎默尔－莱尔德的方案于 1905 年 12 月正式入选。审计主管后来要求将倒车涡轮安装于较外侧的两支推进轴上，这样就能够借助螺旋桨来辅助转向，不过海军首席工程师指出这需要改动大量的设计，审计主管只得作罢。莱尔德还将 10 台

锅炉换成了 12 台稍小的锅炉，这样就可以装进 4 段锅炉舱内。审计主管还下令将 12
磅炮全部更换为 4 英寸（102 毫米）炮，这次是 Mk VII 型，一种特别设计的中初速
长后坐行程舰炮，其后坐力对甲板的影响要比之前的高初速 12 磅炮更小一些。在经
过上述的修改后，皇家海军于 1906 年 3 月 30 日正式订购"海燕"号，建造周期为
21 个月（即 1908 年 12 月完工）。

尽管后来建造工期被延长，但坎默尔－莱尔德也并未因此遭到索赔，毕竟该舰"作
为一类试验舰有着特殊性"。这不仅仅是因为它的尺寸和航速超出当时的驱逐舰很多，
而且因为在开工时尚没有燃油动力驱逐舰服役。建造同样也受到海军部更改要求的影响，
厂商还需要为测试不同型号的螺旋桨而进行多次海上测试。此外，在招标结束时，当时
的动力系统承包商（帕森斯）是"事实上唯一一家有能力建造舰用蒸汽轮机的厂商，因
此该舰的建造商还依赖他们制造的引擎能够满足之前对重量的估计。"但最终"海燕"
号的动力系统要比设计师预想的重得多，这势必会降低海试时的最高航速。

在 1909 年 9 月 16 日的海试中，"雨燕"号的最高航速仅达到了 35.037 节，比设
计航速低了近 1 节，因此坎默尔－莱尔德还是面临着遭到索赔的危险。排水量的显
著增加（在开始海试时排水量达到了 2131 吨）很可能是没能达到或超越设计航速的
主要原因。[14]

不过一份来自舰队的早期报告却相当乐观。1910 年 9 月，"雨燕"号的舰长约
翰·S. 德梅里克（John S. Dumaresq）就认为该舰或许可以被看作以搜集情报为主要
任务的高速侦察舰的雏形。"雨燕"号体型太大（因此也太容易被发现），不适合在
夜间驱逐舰发动鱼雷攻击时和它们一起行动。另一方面，它也不适合充当摧毁敌方鱼
雷艇的驱逐舰，因为它位于水线之上的蒸汽管线结构太多，面对炮火攻击时太过脆弱。
"如果要让她昂贵的造价更加值得，就应当尝试让她踏入未知的领域，并进行精心的
准备、测试和评估，这样才能让它在技术上处于领先地位。"因是从驱逐舰放大而
不是从巡洋舰缩小而来，所以"雨燕"号节省了不少的重量，在使用全部锅炉时加
速很快：从 10—12 节加速到 25 节只需要 7—8 分钟，而加速到 34 节的高航速也只需
要 20 分钟左右。因此，在德梅里克看来该舰非常适合作为侦察舰使用。"雨燕"号
足够大，不仅能够在恶劣天气下执行哨戒任务，并且也足以搭载一套 Mk I* 型无线电
通信设备。尽管因为采用了肥型舰艏（full bow）以及没有挡浪板会导致舰体前部较
为潮湿，但德梅里克还是认为该舰有着优良的航行性能，"尤其是在保持高航速的情
况下，考虑到北海海域常见的海浪的短波型，我认为该舰遇到它们时都不会有太多的
倾斜"。如果能够改进舰艏并加强舰桥，德梅里克相信她能够比当时在役的任何舰艇
航行得都快。当年 4 月的北海演习中，就在两支跟随各自侦察舰行动的驱逐舰中队不
得不将航速降低至 10—11 节时，"雨燕"号却依然能保持 21 节的高航速来进行侦察。
这几乎就是五年前"河川"级的故事的翻版。德梅里克因此相信，像"雨燕"号这
样的舰艇完全可以作为新的战列巡洋舰的补充（这可能也是费舍尔一开始的想法）。
和战列巡洋舰配合，这些超级驱逐舰能够搜索更大的范围，并且进入那些吃水较深的
战列巡洋舰无法进入的水域。而战列巡洋舰又能为超级驱逐舰在敌方阵线里打开一个
缺口用于撤离。不过，超级驱逐舰可能会需要用可视信号将消息传递给战列巡洋舰，
因为只有后者的无线电设备功率才足够强，可以抵御敌人的电子干扰。

"维京人"号驱逐舰

帕尔默建造的"维京人"号驱逐舰采用了龟背状的舰艏，借助抬高的主炮平台来布设挡浪板。不过，类似的挡浪板后来很快就被取消了，因为它会导致海浪破碎，制造大量的浪花，导致舰艏主炮难以操作，有时候甚至还会影响开放式舰桥的使用。在第一次世界大战期间，驱逐舰指挥官们就常常指出，涌上舰艏的海水时常会形成浪花，拍击舰桥下方的海图室，所以战时许多驱逐舰的海图室正面都会带有一定的夹角。图中为"维京人"号1910年6月完工时的状态。到1913年时，

该舰的两盏探照灯都被挪到了后方，最前方的烟囱也提升了高度以减少烟雾对舰桥的干扰。甲板上的平行线和折线是用于防滑的金属结构，由焊在甲板上的30.1毫米×4.8毫米的钢筋制成。这些防滑结构覆盖的范围包括从舯部到艉楼尾端的两舷之间，以及艏艉4英寸（102毫米）主炮炮位前后各4英尺范围内的两舷之间。"维京人"号这样的后期型"部族"级驱逐舰是英国海军中最早以4英寸炮取代12磅炮的驱逐舰，因为前者更有可能让敌方的驱逐舰丧失战斗力。尽管驱逐

舰的另一项重要职能是实施鱼雷攻击，可是它们似乎并未增加鱼雷发射管的数量。1916年8月，多佛海峡巡逻分舰队的指挥官培根中将就抱怨12磅炮的射程已严重不足，因此他希望"部族"级驱逐舰上所有的12磅炮都能更换为4英寸炮，有一艘还要安装Mk VII型6英寸（152毫米）炮，无论这会让航速和续航力降低多少。他选中了"维京人"号，因为该舰是"部族"中稳定性最好的一艘（"雨燕"号当时也安装了1门6英寸舰炮，拆除的2门4英寸炮则被用于武装

此前装备12磅炮的"部族"级驱逐舰）。尽管火炮在测试（1916年10月）中表现良好，可是事后人们发现，"维京人"号安装了6英寸火炮后稳定性欠佳。因此，6英寸炮很快被高初速的Mk V型4英寸速射炮取代（先前的是低初速的Mk VIII型后膛炮，射速也更低）。高初速的舰炮仰角更大，达到了25度，这样射程也更远。1916年4—10月，"维京人"号又增加了1门2磅防空"乒乓"炮和1挺.303口径（7.7毫米）防空机枪。

（绘图：A. D. 贝克三世）

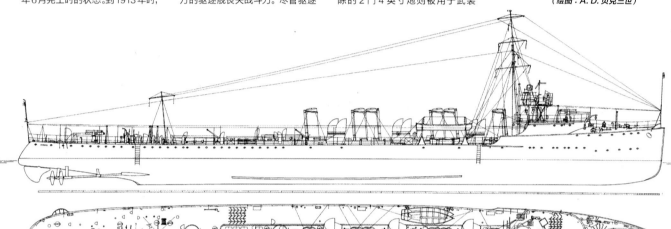

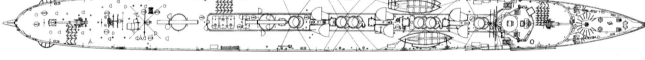

1. 舵机
2. 技师储藏室
3. 舰长起居室和军官储藏室
4. 水密隔舱
5. 军官舱室
6. 酒品储藏室
7. 战时油箱
8. 起居室

9. 鱼雷战斗部弹药库
10. 4英寸炮弹药库
11. 轴封舱
12. 电器仓库（左舷）；发电机舱（右舷）
13. 引擎舱
14. 油箱（位于锅炉舱的两侧）
15. 后部锅炉舱

16. 中部锅炉舱
17. 前部锅炉舱
18. 海图室
20. 走廊 [1]
21. 船员舱室
22. 仓库
23. 司炉铺位
24. 一级士官铺位

25. 食物和补给品仓库
26. 帆布仓库
27. 4英寸炮弹药架（下方为弹药库）
28. 航海建材仓库
29. 锚链舱
30. 艏尖舱

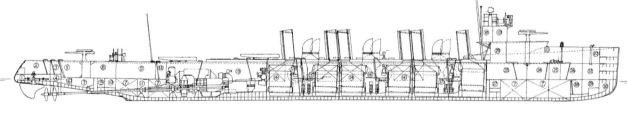

"维京人"号驱逐舰舱内结构

尽管许多"部族"级驱逐舰都安装了六台锅炉，但"维京人"号却是皇家海军中唯一一艘拥有六座烟囱的驱逐舰，其他驱逐舰则将紧挨在一起的两座上风道合并为一座烟囱。这些紧挨在一起的烟囱标示出了三段锅炉舱之间的横向隔舱壁。"维京人"号采用的是220磅力/平方英寸（1.52兆帕）的雅罗

式锅炉，驱逐舰的建造厂商曾建议，通过略微增加锅炉的工作压力来显著地提升引擎的输出功率。由于设计这些驱逐舰时还没有用来测量蒸汽轮机功率的功率计，引擎的功率只能通过大致的估算得到，因此部分"部族"级在海试时的表现大大超出了预期。在长达6小时的航行测试中，"维京人"号的最高航速达

了33.4节，引擎输出功率达到了22806轴马力（该舰设计航速为33节）。"战时油箱"是那些远离锅炉且将一直使用的油箱，其他的油箱（图中标注为14）则是"和平期油箱"，平时用于延长驱逐舰的续航力，但在战时需要被清空，因为他们位于水线之上，很容易被敌方炮火命中。"维京人"号使用了"河

川"级开始使用的标准化舰桥，包括彼此相邻的海图室（19）和无线电收发室（18），顶部则是装备有舵轮和引擎指令电报机的开放式舰桥。类似的舰桥布置一直持续到了第一次世界大战中期。

（绘图：A. D. 贝克三世）

---

[1] 译注：原文即缺（19）；另外下文中指出，（18）是无线电收发室。

鱼雷准将 E. 查尔顿（E. Charlton）则更青睐另一种称作附属巡洋舰（cruiser-aide）或者小巡洋舰（cruiserette）的方案，这种舰船将比最快的巡洋舰还要快上4节，航速大约在34节左右，配备比"雨燕"号更强一些的武装。海军造舰总监大体上同意日后可以尝试建造类似的侦察舰，但他也发现查尔顿太过乐观地认为可以用和驱逐舰相同的价格建造这样的侦察舰。海军审计主管在1911年1月看到了这份报告，不过他认为再建造类似"雨燕"号的舰船并没有什么意义。

由于尺寸巨大，"雨燕"号在1913年成为分舰队的领舰，其18英寸（457毫米）鱼雷发射管也在1914年被更换为21英寸（533毫米）鱼雷发射管。

"部族"级驱逐舰

海军审计主管在1904年11月17日向海军造舰总监递交了新的33节型驱逐舰的相关设计要求，该型驱逐舰需要能够在中海况下以全速航行8个小时以上。海军造舰总监注意到"河川"级搭载的燃煤此前已经够全速航行16个小时以上，航程达到408海里，而新舰的全速航程仅有264海里。为了获得更强的动力，新驱逐舰将仅以燃油作燃料。最初的武器配置为2门12磅炮和5门3磅炮（和改进型"河川"级一样），但很快就变更为仅装备3门12磅炮，不再安装3磅炮。舰内将携带足够使用2天（后来增加为4天）的补给。被要求参与招标的建造厂商包括雅罗、桑克罗夫特、莱尔德、帕尔默、霍索恩–莱斯利、怀特和阿姆斯特朗（埃斯维克兵工厂）。[15]

最关键的决定很可能是由第一海务大臣亲自做出的，即让各船厂能够"自由发挥"以达到设计指标，因此要求被刻意地简化了。一封1904年1月18日由海军造舰总监签署的信件要求各竞标厂商在1904年12月递交方案。和之前的做法不同，这一次甚至对武器配置方案没有做任何特别的要求。但各船厂提交的方案却让海军造舰总监发现，让他们"自由发挥"是多么糟糕的主意，因为在意识到航速有多么重要后，这些造船厂甚至绕回到了"河川"级之前的设计思路，采用了脆弱的平甲板低干舷和龟背艏设计。只有燃油搭载量这项要求让舰体尺寸稍微有些增大，从 600 吨左右增加到了 650 吨左右，并且舰体长度也比"河川"级略长。大多数方案的设计细节不足以让海军造舰总监计算舰体强度，只有莱尔德的方案在内部船材应用上接近"河川"级驱逐舰的标准，其他的反而更接近此前的 30 节型驱逐舰。

当时的蒸汽轮机虽然能够提供极高的航速，但油耗也相当惊人，因此各船厂的设计均像"维洛克斯"号一样，增加了巡航用的往复式蒸汽机，它们将在高速航行时断开和传动轴的连接，不过首席工程师怀疑这些往复式蒸汽机无法提供足够的巡航速度，帕尔默和霍索恩－莱斯利则仅提供了采用往复式蒸汽机的方案（由于蒸汽轮机技术尚不成熟，帕尔默认为他能够以往复式蒸汽机保证 33 节的航速，但却不一定能用蒸汽轮机达到这一要求）。霍索恩－莱斯利的方案则为每支传动轴配备了两台往复式蒸汽机，均有极高的转速（450 转 / 分钟），首席工程师对此很不满意。桑克罗夫特还额外设计了一种航速 31 节，采用蒸汽轮机或往复式蒸汽机的备选方案。首席工程师更青睐采用类似"伊登河"号上那样的巡航涡轮机，所以他将巡航速度的要求提高到了 16—17 节，以此来强迫各厂商采用巡航用蒸汽轮机。到 1905 年 1 月时，海军委员会又增加了一项要求，即在 16 节的经济航速下，续航力应达到 1500 海里，并且舰艇的干舷高度要达到 15 英尺（4.57 米）。舰船设计委员会也提出了必须采用蒸汽轮机的要求。

由于没有特别的武器搭载要求，各厂商就各行其是。霍索恩－莱斯利的方案在艏楼末尾的舷侧安装 2 门 12 磅炮，这个位置会受到上浪的影响，第三门 12 磅炮则位于舰艉。桑克罗夫特的方案则是在龟背艏两舷各安装 1 门 12 磅炮，第三门 12 磅炮同样位于舰艉的中轴线上。怀特的方案是像往常一样在司令塔顶端安置第一门 12 磅炮，第二门位于引擎舱上部右前方，第三门位于左舷的更靠后位置。帕尔默的方案也是将 2 门 12 磅炮安装于艏楼末尾、位于司令塔后方，第三门位于舰艉中轴线。莱尔德的方案则在龟背状舰艏末端搭建火炮平台以安装 2 门 12 磅炮。阿姆斯特朗的方案是在艏楼两侧安装 2 门 12 磅炮，第三门位于舰艉中轴线。雅罗也采用了龟背状舰艏，并在艏部加高了甲板，其武器配置为在司令塔顶端的火炮平台安装第一门 12 磅炮，第二门位于艏部加高的甲板中轴线，第三门位于舰艉；另外还有一个虽然建造了艏楼，但依然保留了司令塔的备选方案。

海军造舰总监希望能够在 1904—1905 财年结束前订购这批新舰，因此他的报告中关于具体设计的内容写得相当匆忙。雅罗后来由于不愿意尝试达到 33 节的航速而被剔除（该船厂不愿意保证能够达到 30 节以上的航速，还提出了太多的要求，提供的方案也不详细）。帕尔默则不愿意在使用蒸汽轮机的条件下保证达到该航速，他们的理由是帕森斯尚无法保证引擎的输出功率（当时功率计尚未发明，因此根本无法准确衡量蒸汽轮机产生的动力大小），因此最终竞标的厂商只剩下了霍索恩－莱斯利、桑克罗夫特、怀特、阿姆斯特朗和坎默尔－莱尔德。

于是现在海军造舰总监就有时间对这些"自由发挥"的设计进行改进了。他记得正是由于给予承包商"自由发挥"的空间，才导致此前的侦察巡洋舰工期显著延误。当时的合同是，一旦海军部根据设计的主要参数接受某项设计，建造承包商可以自由

△ 桑克罗夫特为"鞑靼人"号制作的模型很清晰地展示了该舰的舰型，舰桥上的垂直杆状装置即臂板式信号机，当时人们认为，相比信号旗，这样的装置更适合在白天作为活跃的舰船上的通信手段。该模型现藏于南肯辛顿科技博物馆。

（摄影：N. 弗里德曼）

地进行细节建造，只不过他们要接受驻船厂的造船监官（ship overseer）对材料和工艺的监管。但新的程序是，船厂计划的所有建造和舾装细节，在实际实施前都需要获得海军部的批准，船厂还必须根据海军部的要求更改设计（同时他们还要递交相关设计细节以便海军造舰总监对舰体结构强度进行评估）。

审计主管同意了海军造舰总监和首席工程师对船厂提出的意见，所有船厂的方案均必须采用包含巡航涡轮在内的蒸汽轮机作为动力，无论哪一项的总耗油量更大，舰内的燃油储量必须能够满足巡航超过1500海里或全速航行8小时的要求。海试也必须在满足这一条件的基础上进行，并且武器搭载也要齐全。载员中军官的数量将和"河川"级相当，舰艉干舷高度也必须超过4.80米以保证良好的航海性能。由于此前采用舵链时时常碰到问题，此次的舵面将由传动轴和齿轮来控制。几天后，一个由各海务大臣、海军情报司司长（DNI）、造舰总监、首席工程师和海军大臣塞尔伯恩（Selborne）组成的咨询会议最终决定，这批驱逐舰的武器还是依照海军部的标准来配置。海军情报司司长当时提倡采用舰艏外飘（bow flare）来增强适航性，这一提议确实被采纳了。和"河川"级一样，新的驱逐舰将在艏楼上建造海图室（最终它们还将采用"河川"级的舰桥布置方式）。

海军造舰总监选择了舰艏2门火炮并列安装、舰艉1门火炮位于中轴线的布置模式，审计主管则特别要求采用12英担（610千克）型而非18英担（914千克）型12磅炮，很可能是希望利用现有的、从更大的舰船上拆下的火炮。同时，他也反对采用双联装的鱼雷发射管，他认为鱼雷发射管应该尽可能地分开，以避免一发炮弹摧毁两具发射管的悲剧。

为了能在 1904—1905 财年获得拨款，海军部要求各船厂必须在 2 月 1 日前提交改进后的设计以便造舰总监和他人力有限的团队进行审阅。但这显然是不可能的，因此在 2 月 7 日，第一海务大臣下令取消 1904—1905 年建造计划中的 14 艘（后来是 13 艘）驱逐舰，其中 5 艘被挪到了 1905—1906 年的建造计划当中。不过，此前被认为可行的船厂改进方案报价均有明显上升，改进方案尺寸虽然几乎没有变化，却明显地增加了排水量，并且均增加了舰艏部位的干舷高度。造舰总监对这些设计的排序为阿姆斯特朗、坎默尔 – 莱尔德、桑克罗夫特、怀特和霍索恩 – 莱斯利，后两者船材用料的增加量大到几乎需要重新设计的程度。所有的船厂都计划使用帕森斯的蒸汽轮机，由于还无法测量蒸汽轮机的功率，出于保证锅炉安全的需要，海试时将通过控制燃油的消耗量来限制涡轮的功率（每小时每平方英尺受热面积耗油量不得超过 1 磅）。桑克罗夫特、怀特和霍索恩 – 莱斯利的动力系统配置大体和"伊登河"号类似，即中心的两支传动轴连接主要的高压涡轮，两侧的传动轴则和低压的倒车涡轮和巡航涡轮相连。"阿夫里迪人"号（阿姆斯特朗）、"哥萨克人"号（坎默尔 – 莱尔德）和"廓尔喀人"号（霍索恩 – 莱斯利）均采用 5 台锅炉。"哥萨克人"号安装了 3 座大型烟道，"阿夫里迪人"号和"廓尔喀人"号则是 3 座低矮的烟道。其余两家（桑克罗夫特的"鞑靼人"号和怀特的"莫霍克人"号）则采用 6 台锅炉，分布于 3 段锅炉舱内，前后端的锅炉拥有独立的烟道，中间的 2—5 号锅炉的上风道则两两合并为 2 座宽得多的烟道。

1905—1906 年建造计划最终只包括 5 艘驱逐舰（最初为 7 艘），相比之下 1903—1904 年建造计划中的"河川"级驱逐舰共有 12 艘。其中怀特的"莫霍克人"号还采用了平甲板，这使它成了表现最糟糕的一艘，因此不得不接受改造以通过验收。这些驱逐舰在 1907 年以前均未能下水，因此对后续的 1906—1907 年建造计划没有多大影响。不过，海试时的成绩却相当令人满意，最高航速均超过 33 节："哥萨克人"号为 34.619 节、"莫霍克人"号为 34.916 节，"鞑靼人"号更是达到了 36.3 节。

∨ 桑克罗夫特后续建造的"亚马逊人"号设置了艏楼，并且采用了 2 门单装 4 英寸（102 毫米）舰炮外加 2 具单装鱼雷发射管的武器配置。该舰有 3 座较宽的烟道，但其中只有 2 座包含了合并在一起的锅炉上风道。后来最前方的窄烟道还被加高以防止烟雾干扰舰桥。"亚马逊人"号后来（在战时）是"部族"级中唯一一艘在 2 具 18 英寸（457 毫米）鱼雷发射之外，又增加了 2 具 14 英寸（356 毫米）鱼雷发射管的驱逐舰。一战末期，该舰又增加了 1 门 2 磅"乒乓"炮、1 挺马克沁机枪，以及 8 枚深水炸弹和 2 具深弹抛射器。

　　1906—1907 年建造计划中的数量则一直在 5—6 艘间徘徊，直到 1906 年 5 月时被削减到只剩下 2 艘，即桑克罗夫特的"亚马逊人"号（HMS *Amazon*）和怀特的"萨拉逊人"号。[16] 建造合同的变化也主要体现在将巡航速度降低到 16 节上（后来又降至 15 节），最大吃水深度则没有改变（3.05 米）。主要武器更改为 2 门低初速的 4 英寸（102 毫米）舰炮，均安装于舰体中轴线上，这是基于 1906 年对旧式"鳕鱼"号的实弹射击测试得出的结论，此次测试表明所有的驱逐舰都应当装备 4 英寸口径的舰炮。[17]

　　1907—1908 年建造计划中依旧包含 5 艘驱逐舰，1907 年 4 月时海军造舰总监和首席工程师曾问及这 5 艘驱逐舰是否会继续沿用"亚马逊人"号和"萨拉逊人"号的设计，海军军械总监（杰利科）则想知道舰艉的 4 英寸（102 毫米）舰炮是否会替换为鱼雷发射管。设计中还将包含海军军械总监提议增加的无线电设备，这需要增加两支桅杆（但这样一来就无法更改舰艉的舰炮和鱼雷发射管的布置）。最终海军审计主管同意继续沿用前两年的舰体和动力系统设计，只进行微小的调整。当时还有许多人要求采用外飘舰艏，原因就是在海浪波长较短的狭窄地区（北海）非常需要这样的结构。

　　1907—1908 年计划的驱逐舰建造厂商为怀特（"十字军"号）、登尼（"毛利人"号）、桑克罗夫特（"努比亚人"号，HMS *Nubian*）、帕尔默（"维京人"号）和霍索恩 – 莱斯利（"祖鲁人"号，HMS *Zulu*）。这最后的 5 艘驱逐舰均采用 6 台锅炉，"维京人"号特立独行地有着多达 6 座烟道。其余 4 舰还是采用了 4 座烟道的常规布置方式，中间 4 台锅炉的上风道两辆合并。

　　以上便是"部族"级驱逐舰中的最后一批，此后驱逐舰的设计思路又逐渐回到了一种改进型的"河川"级驱逐舰上（见第六章的"小猎犬"级）。官方文件中并未解释为何"部族"级驱逐舰的建造最终止步于 1907—1908 年建造计划，不过其中的原因似乎是显而易见的：当时岸防驱逐舰已经落伍，与之搭配的高端驱逐舰——"部族"级自然也就不再值得继续建造。而且在 1907 年，英国面临的战略态势开始急剧变化，尽管还是有和法国、俄罗斯甚至日本开战的危险，但德国已经成了最严重的威胁。先前，海军的主要威胁是来自英吉利海峡对岸的鱼雷艇，岸防驱逐舰的概念还算说得通，但在可能爆发于北海的战争中，岸防驱逐舰是很难发挥什么作用的，因为驱逐舰将会穿越北海，在靠近德国基地的敌方海岸活动。不过，英国海军中的一部分人也争论道，敌人很可能会直接穿越北海实施入侵。

除"莫霍克人"号外，"部族"级中的其他驱逐舰都拥有良好的适航性。"莫霍克人"号不仅干舷高度不足，而且还采用了龟背艏，舰体重心也过高，因此在 1908 接受了大规模的重建（一开始建造不再包含龟背状结构的艏楼甲板的提议因为太贵而被拒绝）。幸运的是怀特的另外两艘驱逐舰"十字军"号和"萨拉逊人"号并没有采用相同的设计。"哥萨克人"号的舰长认为该舰还是相当干爽的，只是可能没有"河川"级表现得那么好，不过它也不会像"河川"级那样容易受海浪影响而升降，这或许要归功于更大的舰体，当然更有可能是因为该舰没有采用外飘舰艏。他认为"哥萨克人"号是比"河川"级驱逐舰更为稳定的火炮平台。"廓尔喀人"号的舰长同样认为本舰相当干燥，不过使用舰炮时摇晃还是太过严重。"鞑靼人"号的舰长也认为它适航性良好，但他也抱怨本舰携带的燃油太少，而且太过摇晃。

1908 年 10 月，海军军械总监指出，被他称作"莫霍克人"级的最初的 5 艘"部族"级驱逐舰，相比 1908—1909 年建造计划中的（"小猎犬"级）驱逐舰火力严重不足。[18] 因此需要增加 2 门 12 磅炮来让它们勉强赶上后续的驱逐舰。海军造舰总监提议的安装位置是舰体舯部，"阿夫里迪人"号因为特殊的圆形舷缘（gunwale）设计，还需要加装特殊的密封环。每门炮增加了 100 发储备弹药，"阿夫里迪人"号和"哥萨克人"号可以将其存在现有的弹药架内，但另外三艘驱逐舰则需要专门为此进行改造。已经交付的驱逐舰（"莫霍克人"号、"哥萨克人"号和"鞑靼人"号）很快便安排了相关的改造计划，其他在建的驱逐舰则直接更改建造方案。

1913 年 10 月，皇家海军采用新的定级标准后，"部族"级驱逐舰被更名为 F 级驱逐舰。

低的一端：岸防驱逐舰

和"部族"级同时，海军委员会也为新的舰队驱逐舰定下了相关参数，这是一型 250 吨级的岸防驱逐舰，装备 2 门 12 磅炮和 3 具鱼雷发射管，可以在海上以 26 节航速持续航行 8 小时，或以 15 节航速续航 1000 海里。这型驱逐舰将"能够有效地对付敌国海军中绝大多数的鱼雷舰艇。"[19] 这型驱逐舰和此前的龟背艏驱逐舰有些类似，1905 年时，常规的驱逐舰任务还是监视海峡对岸的法国港口，而在战略重心逐渐转移向北海时，任务需求就完全超出这类岸防驱逐舰的能力了。这或许就是它们很快被重新划定为鱼雷艇，舰名也被数字取代的原因。

和之前的驱逐舰一样，这些鱼雷舰艇也是由各专业造船厂设计的，海军造舰总监仅在 1904 年 12 月为 1904—1905 年建造计划提出过设计要求。其舰长将不超过

165 英尺（50.29 米），于是这批驱逐舰成了长度最短的龟背艏驱逐舰（这已经和最新的一等鱼雷艇长度相当了）。武器配置为 3 具 18 英寸（457 毫米）鱼雷发射管和 2 门 18 英担（914 千克）型 12 磅炮（每门备弹 75 发）。但后来实际安装的还是和其他驱逐舰一样的低初速 12 英担（610 千克）型 12 磅炮。动力方面，必须使用燃油锅炉和燃气轮机，无论哪种情况耗油量更大，其燃油携带量必须足够 8 小时的全速航行或者以经济航速航行 1000 海里（原始文件中的 1200 海里被划掉了）。海试条件（满载）下的最高航速为 26 节。和其他驱逐舰的情况一样，海军部也对武器的安装位置提出了要求。当时 165 英尺（50.29 米）型鱼雷艇的鱼雷发射管布置方式（前部两舷各 1 具，舰艉中轴线 1 具）并不令人满意，因为在远海航行时两舷的鱼雷发射管无法使用。海军造舰总监提议将全部 3 具鱼雷发射管置于中轴线上，这样还能向任意一舷发射鱼雷。不过，受邀参与竞标的桑克罗夫特、雅罗和怀特拿出的方案都差强人意，均需要加长舰体。武器配置也各不相同，最终也没能确定一个标准的建造方案。

三家船厂给出的动力系统配置倒是大体相同，都是包括巡航涡轮（提供 16 节以上的巡航速度）在内的三轴蒸汽轮机，中心的传动轴还可以连接倒车涡轮。因为引擎设计相似，所以首席工程师打算实现通用化，让它们可以相互替换。6 月，帕森斯也拿出了重新设计的动力系统方案，中心的传动轴可以输出全舰一半的动力，同时倒车涡轮的功率也得到了提升。

改进后的设计方案于 1905 年 5 月被正式批准（纳入 1905—1906 年建造计划），批准信函上注明了该型舰的分类为近岸鱼雷艇驱逐舰，它们将获得舰名而非以编号命名。这批驱逐舰将由雅罗建造 2 艘 ["蜉蝣"级（*Mayfly* Class）]，由怀特建造 5 艘 ["蟋蟀"级（*Crikiet* Class）]，由桑克罗夫特建造 5 艘 ["牛虻"级（*Gadfly* Class）]。在最初的两舰进行海试（1906 年 12 月）期间，该型驱逐舰被重新划定为一等鱼雷艇，编号 TB1—12。

在 1907 年 3 月 2 日的海试期间，TB 12 号鱼雷艇 [前"飞蛾"号（HMS *Moth*）]最高航速达到了 27.306 节，引擎转速为 1173 转 / 分钟（当时还无法测量蒸汽轮机的输出功率）。本土舰队的驱逐舰少将 R. S. 蒙哥马利（R. S. Montgomerie）在报告中说：

∧ 图中为登尼建造的"毛利人"号驱逐舰在一战爆发前的状态，舰舷标有 1912 年开始采用的舰级标识 F。后部的探照灯也是后来加装的。

（大卫·C. 伊斯比藏）

图中是 1911—1914 年之间的"努比亚人"号驱逐舰，该舰抬高了的前烟道并且增高了桅杆以保证更远的无线电通讯距离。注意舰艇并没有标注舰级的字母，这表明拍摄时间在 1913 年以前。桑克罗夫特造船厂的文件将该舰描述为"亚马逊人"号驱逐舰的改进版。

（图片来源：国家海事博物馆）

……考虑到它们的尺寸，这些鱼雷艇的航海性能已经完全达到了预期的水准，并且和 27 节型驱逐舰相比都不落下风，不过在高海况时它们恐怕很难继续保持航速，尤其是在满载燃油的情况下，因为大多数燃料存储于前方，这会导致船体重心向舰艇偏移。

但是，它们在倒车时却无法转向，这对港口防御舰艇来说太过致命。

在 1906—1907 年和 1907—1908 年的建造计划中，皇家海军又订购了更多这样的鱼雷艇。1906—1907 年建造计划中，怀特负责建造 4 艘（TB 13—16 号）、登尼建造 2 艘（TB 17—18 号）、桑克罗夫特建造 2 艘（TB 19—20 号）、霍索恩－莱斯利建造 2 艘（TB 21—22 号）、雅罗建造 1 艘（TB 23 号）、帕尔默建造 1 艘（TB 24 号）。这一次海军造舰总监向各船厂下发了一份总体设计安排图纸（时间为 1906 年 6 月），这样他就不必更改各建造商提出的五花八门的设计了。

最后一批岸防驱逐舰属于 1907—1908 年建造计划，包括：怀特 4 艘（TB 25—28 号）、登尼 2 艘（TB 30—31 号）、桑克罗夫特 2 艘（TB 31—32 号）、霍索恩－莱斯利（TB 33—34 号）、帕尔默 2 艘（TB 35—36 号）。

驱逐舰母舰 / 领舰

1906 年 1 月，费舍尔上将希望能为这些岸防驱逐舰设计一型专门的母舰或者领舰。它将充当驱逐舰分舰队的侦察舰，找到目标后将会指挥驱逐舰集中展开攻击。对这类舰船的需求在当时的鱼雷艇演习中显现了出来。此类领舰的航速必须足够快（达

到 27 节），以便逃离巡洋舰或武装商船的攻击，其武器应当针对驱逐舰来配置，以高射速的 4 英寸（102 毫米）舰炮为主。另外，此类舰船可能也有发射鱼雷的机会，因此应当配备鱼雷发射管。同时，在和平时期它还要履行三等巡洋舰的职责，因此要有符合巡洋舰要求的载员水平和适航性。1906 年 1 月，费舍尔构想此类舰船排水量大约在 2800 吨（长 87.78 米、宽 12.50 米、吃水 4.01 米），采用 21500 轴马力的蒸汽轮机，武器为 4 门 4 英寸舰炮和 2 具 18 英寸（457 毫米）鱼雷发射管。在携带 600 吨燃煤后，以 15 节航速航行时的作战半径将达到 2000 海里。

该意见于 1906 年 4 月 3 日正式在海军委员会会议上提出。[20] 不过，委员会对此并没有那么乐观，所以其设计排水量被增加到了 3000 吨，航速要求则为 24 节（燃煤动力）或 25 节（燃油动力），武器为 3—4 门高射速的 4 英寸（102 毫米）舰炮和 2 具鱼雷发射管，防护措施为 0.5 英寸（12.7 毫米）的甲板装甲，载员条件和水平要优于之前的侦察巡洋舰。海军造舰总监在 7 月便拿出了此舰的大体设计，并且和当时的三等巡洋舰"紫石英"号，以及此前的侦察巡洋舰／驱逐领舰"冒险"号进行了对比。这类新舰将采用双船底的设计，航速更高（25 节，采用燃油锅炉和 18000 轴马力蒸汽轮机），并且能携带更多的燃料，载员分布则是军官位于前部，其他人员位于后部。该设计在当时被描述为一种支援驱逐舰的母舰，采用四轴推进，无论哪一间引擎舱进水都不至于丧失全部动力。为此该舰将配备足够大的引擎舱室（长度达到

△ 图中为霍索恩－莱斯利建造的"祖鲁人"号驱逐舰 1911 年时的状态，可见已经得到升高的第一座烟道和后部额外的探照灯。尽管"祖鲁人"号和"努比亚人"号是由不同的造船厂根据不同的设计建造的，但这并不妨碍它们合体成为一艘新的驱逐舰。一战期间，它们一艘失去了舰艏，另一艘则失去了舰艉，于是便被合并为"祖比亚"号（HMS Zubian）驱逐舰。"祖比亚"号的武器配置为 2 门 4 英寸（102毫米）炮、1 门 2 磅"乒乓"炮、1 挺马克沁机枪、2 挺刘易斯机枪和 2 具 18 英寸（457 毫米）鱼雷发射管（此外还有 2 枚备用的鱼雷）。

（图片来源：国家海事博物馆）

◁ 怀特建造的 TB 3 号鱼雷艇最初被定级为岸防鱼雷艇驱逐舰，舰名为"萤火蝇"号（HMS Firefly）。这些鱼雷艇是最早的龟背艏驱逐舰的现代化版本，计划仅用于在英吉利海峡内作战。它们的武器配置均为 2 门 12 磅炮和 3 具鱼雷发射管——其中 1 具位于舰艉右舷位置，这在英国驱逐舰中是独有的设计（不过 1914—1915 年建造计划中流产的一型驱逐舰也采用过这种布置方式）。它们和同时期的"部族"级一样采用了燃油锅炉和蒸汽轮机。注意探照灯两侧的两套臂板式信号机。

22.55 米，相比之下"冒险"号的引擎舱长度仅有 14.63 米。该设计方案中的武器配置为 4 门 4 英寸炮和 5 门 12 磅炮，此外还会安装鱼雷发射管（海军造舰总监一开始的方案是 3 门 4 英寸炮和 8 门 3 磅炮）。负责指挥驱逐舰的驱逐舰上将建议将 4 英寸炮的数量增加至 6 门。此时的设计排水量大约为 3500 吨（长 117.35 米、宽 12.50 米、吃水 4.11 米）。这个计方案于 1906 年 12 月 11 日获得海军委员会的批准。

"布迪卡"号（HMS Boadicea）巡洋舰被归入 1907—1908 年建造计划，其姊妹舰"柏洛娜"号则属于 1908—1909 年建造计划，之后 2 艘 ["布朗德"号（HMS Blonde）和"布兰奇"号（HMS Blanche）] 属于 1909—1910 年建造计划。后两舰的鱼雷发射管为 21 英寸（533 毫米），1910 年又增加了额外的 4 门 4 英寸炮，重量的增加则通过降低燃煤携带量来补偿。

之后的 1910—1911 年建造计划中还包括另外 2 艘巡洋舰"积极"号（HMS Active）和"安菲翁"号（HMS Amphion）。它们属于新的"布朗德"级，该级舰的普通舰员位于舰艏而军官位于舰艉，舰上有前后两座舰桥，舰桥上配备有值班室，艏楼在中轴线方向向后延伸。舰体的构型略微向外拓宽，宽度的增加在 6 英寸（152 毫米）之内，虽然重量也有所增加，但还是留出了（大约 50 吨的）额外载重量。由于拥有更宽的舰体外飘，早期"警觉"号侦察巡洋舰的适航性要比"布迪卡"号更佳，后者的舰艏后来也进行了重新设计 [一种"犁状"（plough）舰艏]。此外，帕森斯提出在二号舰上采用双轴驱动而非四轴驱动，该意见得到了认真考虑，但还是被驳回。"布朗德"级的三号舰"无恐"号（HMS Fearless）被纳入了 1911—1912 年建造计划。

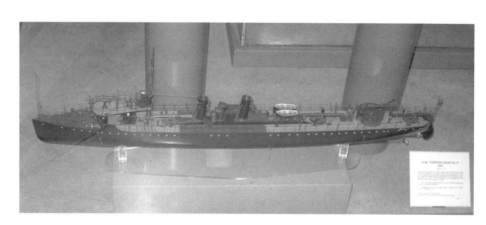

〉 登尼建造的岸防鱼雷艇驱逐舰 TB 17 号的设计模型现存于伦敦科技博物馆，注意舰艉搭建的 12 磅炮平台，这和其他船厂直接安装于甲板上的设计不同。该舰采用了三具螺旋桨，只有这样才足以吸收直联式蒸汽轮机产生的动力。
（摄影：N. 弗里德曼）

〉 图中为登尼建造的 TB 30 号正在驶入马耳他港，该舰的舰桥加装了帆布围挡，龟背状结构的末尾也采用了同样的防护措施，舰艉的鱼雷发射管已被拆除，12 磅炮也更换为防空炮。舰上还加装了一座桅杆，表明此时还安装了无线电设备。注意作为舰艇识别编号的"30"字样。

　　"布迪卡"级是自 1903—1904 年建造计划出现的一系列巡洋舰级别的驱逐领舰的最后一型。一方面，这类舰船无法胜任封锁德国北海港口的任务，另一方面它们又不够快，无法在驱逐舰发动的鱼雷攻击中充当领舰，也不足以对抗德国派来袭击舰队的驱逐舰。"布迪卡"号在 1909—1912 年间担任第一驱逐舰分舰队的领舰，"柏洛娜"号则是第二驱逐舰分舰队的领舰。"布兰奇"号在 1911—1912 年间编入第一驱逐舰分舰队，而"布朗德"号是地中海第七分舰队的驱逐领舰。最后的三艘领舰在 1914年一战爆发前夕均被编入了哈里奇特遣舰队（Harwich Force），"积极"号负责率领第二分舰队，"安菲翁"号率领第三分舰队，"无恐"号则负责率领第四分舰队（1916年该舰成为第 12 潜艇分舰队的领舰，负责引导 K 级潜艇）。"布兰奇"号和"布朗德"号后来在 1917 年被改造为布雷舰，但只有"布兰奇"号参与过布雷行动。

注释：

1. "河川"级驱逐舰的设计档案中包含了许多当时国外驱逐舰和鱼雷艇的相关信息，其中大部分应该是由海军部情报司提供的。德国鱼雷艇载煤65吨时航速可达26节。法国的"伊斯帕诺尔"级（Espagnole Class）合同上约定的航速为26节，但在载煤23吨（总载煤量37吨）时航速可以达到27.4节。之后的法国驱逐舰甚至可以达到28节，但只是在载煤26吨时测得的。法国新的"西北风"号（Mistral）装甲鱼雷艇设计航速为26节，但在海试中还是达到了28节（载煤25吨）。法国新一等鱼雷艇的设计航速则只有24节。另有一些法国和美国驱逐舰被认为可以达到29—30节。

2. 国家档案馆ADM 1/24200号档案，一份1903年1月的档案罗列了所有1903—1904年建造计划中的舰艇。不过档案没有提及计划制订的理由，绝大多数文件都是战列舰和装甲巡洋舰的设计方案，计划最晚在1907年建造。

3. "布斯塔门特"级驱逐舰，其标定最高航速为28节（6250轴马力，蒸汽轮机动力，三轴推进），武器为6门57毫米（6磅）速射炮和2具18英寸（457毫米）鱼雷发射管。该级舰尺寸大体和"河川"级类似：排水量530吨，长67.44米，宽6.71米，吃水1.68米。《瑟斯顿笔记》（Thurston Notebook）中还包括了克莱德班克（约翰·布朗）造船厂的另一个备选方案，为一艘300吨级的28节型驱逐舰，应该和之前的龟背艏驱逐舰类似（设计编号153）。桑克罗夫特竞标时则采用了1908年7月时设计的航速28节、可以布设12枚水雷的方案（编号S1797）。《瑟斯顿笔记》还提到了1903年6月提出的为希腊建造的，与"埃文河"号（HMS Avon）类似的驱逐舰，但数据显示是更轻型的舰艇（长64.01米，宽6.10米，排水量320吨，5200指示马力，最高航速28节），武器配置则和英国标准驱逐舰相同（设计方案111号）。同期试图为希腊建造的训练驱逐舰（112号方案）则和"布斯塔门特"级更接近（长67.06米，宽6.86米，吃水2.13米，排水量500吨，指示功率6400马力，最高航速26节，搭载6门57毫米速射炮和2具18英寸鱼雷发射管）。

4. 《桑克罗夫特清单》包含了一艘1910年5月为葡萄牙建造的驱逐舰（航速26节，方案编号S4744），并提到了另一种方案——在里斯本的船厂建造一艘"河川"级（航速27节，搭载1门4英寸炮、2门12磅炮和2具18英寸鱼雷发射管），这或许是"亚尔诺河"号驱逐舰的源头。葡萄牙也提出了采用更具野心的设计方案，比如桑克罗夫特用于和雅罗竞争1910年的驱逐舰建造合同的S6090号方案。

5. 典型的武器配置为2门11磅炮（和数门轻型副炮）外加3具18英寸（457毫米）鱼雷发射管。当时的德国驱逐舰还都较小，并且舰艏前方还是包含1具单装鱼雷发射管的井围甲板（well deck）。除"雪斯塔科夫上尉"级外，其余驱逐舰均是为在波罗的海活动而设计的。

6. 《设计委员会》（Committee of Designs），第55页。

7. 美国海军情报局N-1-e 08/69号文件（NARA RG 38），时间为1908年2月1日，其中包含一家船舶中介公司[乔治·格罗特施图克（George Grotstuck），柏林]提供的宣传册和设计图纸，报价为7.2万英镑。

8. "骠骑兵"号是奥匈帝国最后一艘向国外订购的驱逐舰，也是13艘同型驱逐舰中的第一艘。另外还有一艘外贸舰，依原计划也是12艘同型舰的首舰，它也被奥匈帝国购入。这批排水量390吨的驱逐舰均安装有四座烟道，其中两座相邻而两座相隔较远，最前方烟道的上风口很可能被向后引导了很远的距离，另外三座烟道才位于对应的锅炉的上方。两舰在舰艏均有用于安装单装鱼雷发射管的井围甲板。

9. 国家档案馆ADM 256/43号档案，第28页，该档案中还有其他类似的记录出现（第184页）。

10. 建立澳大利亚海军的决定于1906年被正式批准。尼古拉斯·A.兰伯特著，《澳大利亚海军的传承：1880—1909年大英帝国的海上战略与澳大利亚舰队》（Australia's Naval Inheritance: Imperial Maritime Strategy and the Australia Station 1880—1909），堪培拉：皇家澳大利亚海军。该系列第六部为澳大利亚海事相关文件，1998年12月。

11. 副本现藏于海军历史档案馆和国家档案馆，编号为ADM 116/3092和ADM 7/993。尽管它们之间有些细微出入，但均包括了36节型驱逐舰的信息。

12. 1904年12月22日的舰船设计委员会报告现存于海军历史档案馆。委员会成员包括朴次茅斯首席造船师（因此也负责"无畏"号战列舰的建造）加尔德，海军造舰总监菲利普·瓦特，海军部水槽实验负责人、研究舰船航速与动力关系的专家罗伯特·E.弗劳德（Robert E. Froude），以及约翰·桑克罗夫特爵士（但却不包括他的竞争对手雅罗）等。海军委员会已经确定了两型驱逐舰的相关要求，因此不再予以讨论。可以远洋航行的一类被描述为，在平均战斗载重和普通海况下航速可以达到33节，战斗排水量为600吨；岸防驱逐舰的航速则为26—27节，排水量不超过250吨。此外，还将建造一艘航速可达36节的试验型驱逐舰（平均战斗载重，普通海况），即后来的"雨燕"号。舰船设计委员会之下，还有一个驱逐舰小组委员会（Sub-Committee of Destroyers），成员包括海军审计主管亨利·B.杰克逊上校、鱼雷艇和潜艇分舰队的指挥官阿尔弗雷德·L.温斯洛（Alfred L. Winsloe）少将、海军造舰总监、首席工程师约翰·德斯顿（Sir John Durston）少将，以及当时还是海军军械总监代理人的约翰·杰利科上校。但可惜的是，关于海军委员会最后是如何做出建造这两类驱逐舰的决定的，没有任何记录留存至今。

13.《舰船设计委员会》第33—34页，此处包含了海军委员会确定的两型驱逐舰的各项属性，很显然这并非该设计委员会所确定的。

14. 引自"海燕"号设计档案217A，德梅里克的评论。

15."部族"级驱逐舰设计档案中各厂商的设计参数如下表所示，满载时的排水量和吃水深度并未给出。括号内是1905年3月改进设计方案后的数据，长度为全舰长度：

"部族"级驱逐舰各设计方案的设计参数

	霍索恩－莱斯利	桑克罗夫特	怀特	帕尔默	阿姆斯特朗	莱尔德	雅罗
垂线间长（米）	71.63	77.72	76.20	76.20	72.69	79.25	70.10
	(77.72)	(80.77)	(82.29)	—	(76.20)	(82.29)	—
全舰长（米）	71.93	78.33	77.72	77.88	75.44	81.08	71.32
型宽（米）	6.86	7.62	7.16	7.16	7.32	7.77	6.55
	(7.79)	(7.92)	(7.62)	(7.49)	(7.92)	—	—
型深（米）	4.04	4.57	4.72	4.57	4.42	4.80	3.58
最小[1]	(4.57)	(5.23)	(4.88)	(4.57)	(4.88)	—	—
海试条件下的吃水（米）	1.91	2.29	2.29	2.39	2.03	2.29	—
	(2.37)	(2.47)	(2.44)	(2.29)	(2.40)	—	—
海试条件下的排水量（吨）	490	650	540	610	600	650	—
改进后海试条件下的排水量（吨）	550	702.27	584	—	680	660	—
	(770.5)	(760)	(778)	—	(780)	(800)	—
舰艉干舷高度（米）	3.94	3.05	3.66	4.27	4.80	3.30	2.82
舰体重量（吨）	177	228.97	208	—	240	249	—
	(265)	(244.58)	(283)	—	(282)	(280.2)	—
注：桑克罗夫特改进后的方案中，舰体重量和动力系统重量的数据被划去							
动力系统重量（吨）	272	324.5	296	—	326	305.4	—
	(360)	(332.32)	(350)	—	(362)	(385)	—
注：除怀特（每门炮备弹80发）外，其余厂商的方案每门炮均按照要求备弹100发							
舰艏火炮（中心）距离水线高度（米）	3.66	5.61	6.02	4.93	5.92	5.94	5.72
舰艉火炮（中心）距离水线高度（米）	3.40	3.73	3.58	4.42	4.39	3.89	艏部4.50，艉部3.62
油箱载油量（吨）	85	99	70	113.6	120	—	70
载员人数	—	65	56	72	70	60	52

16. 为减少经费开支，该建造计划共削减了3艘驱逐舰和4艘潜艇，取而代之的是一艘由彭布罗克造船厂建造的无防护侦察巡洋舰。参见1906年6月26日内阁备忘录，档案编号CAB 37/83，第60项。海军预算的峰值在1904—1905财年达到，1907—1908财年还取消了大规模演习，以小规模的战术演习取而代之，比如海军上将贝雷斯福德勋爵指挥的海峡舰队的侦察驱逐舰演习，其中包含对驱逐舰续航力的测试。

17. 该报告见国家档案馆ADM 256/42号档案第630页，提交时间为1906年1月31日。

18. 国家档案馆ADM 256/44号档案，《1908—1911年海军军械总监的相关问题》，第153页。

19.《舰船设计委员会》第34页。

20. 国家档案馆ADM 116/1012号档案及"布迪卡"级侦察巡洋舰的设计档案。最初的文档日期标注为1906年11月30日。

---

① 译注：原文为min，不确定本意。

第六章

标准型驱逐舰

THE SIXTH CHAPTER

回顾此前的发展，"部族"级驱逐舰不过是一个小小的插曲，这种高低端搭配的模式在皇家海军的战略重心转移到北海后便不再可行了。现在，所有的驱逐舰都必须具备在遥远的北海另一端作战的能力。

"小猎犬"级（G 级）驱逐舰（1908—1909 年建造计划）

1907 年 6 月，确定 1908—1909 年建造计划的会议上，海军委员会计划建造新的驱逐舰和无防护巡洋舰，后者"急需充当我方规模庞大且还在日益增长的驱逐舰部队的母舰，尤其是在敌方海岸作战之时，该型巡洋舰还要有能力应对别国海军（特别是德国海军）正在建造的同类舰船"。于是委员会决定新巡洋舰的航速应当不低于 25 节，装备 12 门 4 英寸（102 毫米）舰炮，续航力要比当时的"布迪卡"级高50%。这样，相比德国的同类舰，航速就能高出大约 1.5 节，火炮数量也多出两门。[1]建造计划的草案中包括 5 艘这样的巡洋舰，预计之后还会有第六艘，不过，最终决定只建造一艘这样的巡洋舰，并且将沿用"布迪卡"号的设计。这艘巡洋舰被命名为"柏洛娜"号，在之后的 1909—1910 年建造计划中又追加了另外的 2 艘。

▽ "小猎犬"号是"小猎犬"级的首舰，该级舰可以通过抬高了的舰艏 4 英寸（102 毫米）主炮平台来识别（一开始是希望在上面并排安装 2 门 12 磅炮）。燃煤锅炉的效率不高，因此它们要比后继型驱逐舰更大。舰桥顶端的杆状装置为臂板式信号机。

〈 图中为怀特建造的"鹰身女妖"号（HMS Harpy）驱逐舰，拍摄时间为 1918—1919 年，一战时期的改装非常明显，包括封闭的舰桥和加装了防护的前主炮。该舰当时依然保留着所有的火炮，但拆除了 1 具鱼雷发射，用来加装 1 门维克斯 3 磅防空炮。1918 年 6 月时，该舰还携带了 50 枚深水炸弹，配备有 2 条轨道、2 具抛射器、4 具储存备用深弹的笼架，以及 16 套和深弹抛射器搭配的深弹支架。该舰最初的反潜武器为 2 具深水炸弹坡道（1916 年）。到 1918 年 10 月时，在本土海域作战的"小猎犬"级驱逐舰都配备了 2 具深弹抛射器和大约 30 枚深水炸弹，舰艉主炮和鱼雷发射管则被拆除以作为补偿。"小猎犬"号和"鞭笞"号（HMS Scourge）则搭载了多达 4 具抛射器和 50 枚深水炸弹。在幸存下来的"小猎犬"级中，只有"石化蜥蜴"号、"猎狐犬"号（HMS Foxhound）和"蚊"号（HMS Mosquito）驱逐舰依旧还保留着 2 具鱼雷发射管。

［图片来源：美国海军；1967 年由彼得·K. 康奈利（Peter K. Connelly）和威廉·H. 戴维斯（William H.Davis）捐赠］

而新一级的驱逐舰则被描述为一种"相比德国近期绝大多数的驱逐舰，有着极高航程和适航性"的改进型。计划草案中包括了 12 艘这样的驱逐舰，并且预计最终需要 16 艘，作为现代化舰队的一个组成部分。将这 16 艘驱逐舰全部纳入 1908—1909 年建造计划的话，就可以将 1909—1910 年建造计划中的数量降低至 24 艘。在单舰的建造预算降低后这便有可能了，1907 年 6 月确定的用于建造 12 艘驱逐舰的 150 万英镑经费，到 1907 年 11 月时已经足以再建造额外的 4 艘驱逐舰了。

实际上新型驱逐舰的设计来自原本为 1904 年建造计划准备的，后来因"部族"级的出现而流产的"河川"级改进型。海军审计主管曾要求海军造舰总监下属的驱逐舰专家毕德格（Pethick）特别留意德国新建造的 560 吨级驱逐舰，其舰桥相当靠后，所以相比当时的英国驱逐舰，它很可能具备更佳的适航性。德国驱逐舰极高的纸面航速也极大地影响了新驱逐舰的设计。[2] 最初的武器配置是 5 门 12 磅炮，不再采用"河川"级和更早的驱逐舰上 12 磅炮和 6 磅炮组合的模式。[3]

1908 年 1 月，海军审计主管（亨利·B. 杰克逊少将）向海军造舰总监提出了一些要求，他希望新驱逐舰的吃水和干舷高度能够和"部族"级相当：舰艏干舷 4.57 米，有适当的外飘，舯部为 2.13 米；全舰最大吃水则同样为 2.13 米。海试的持续时间将和"部族"级一样，为 6 个小时。他还希望能够以燃油为燃料（但最终为了节约经费还是采用了燃煤动力）。[4]

鱼雷准将指出英国的驱逐舰应当直接在敌方海岸线周边等待敌驱逐舰或鱼雷艇出现，因此驱逐舰的适航性远比航速重要（贝雷认为对"河川"级进行加长，让航速达到 28 节已经足够）。[5] 有时，驱逐舰还需要在突破敌方港口后在敌人的火力下撤离，舰艏安装 1 副可伸缩的艏舵就能直接倒车离开，而不必花费更多的时间去转向。对远洋适航性的要求意味着将具有和"河川"级类似的明显外飘的舰艏（不再使用龟背艏），以及包裹船舵并且可以在顺浪航行时支撑部分船体离开水面的悬伸艉（overhanging stern），这样在面对尾斜浪时也能具有优良的机动性并能够保护舵面。远洋适航性还意味着尽可能干燥的前舰桥，因此舰桥应当尽可能靠后以防止飞沫或者上浪对舰长和舵手造成影响。只有在最糟糕的天气条件下才会在舰桥下方的司令塔内操舵，那里早已不再是战斗时的操舰位置了。贝雷一直都不喜欢艏楼甲板上的挡浪板，因为它们会让涌上的海浪碎裂成细小的浪花，影响舵手和炮手的视线。现存驱逐舰的舰桥还存在过大的问题，特别是在增加了无线电收发室后尺寸更是增加了近一倍——这样就可能在支柱被炮火损坏后倒塌，砸向下方甲板上的炮位。因此收发室应当被移至甲板以下。鱼雷准将还希望能够在后方不受救生艇干扰的地方安装第二盏探照灯，作为前舰桥上探照灯的补充。此外，新的驱逐舰还应当配备由内燃机驱动的独立发电机，这样在停泊时也能为舰内提供照明。贝雷还曾提议让新驱逐舰采用煤油混合动力，但很快便意识到这会造成更多的问题。

海军造舰总监则准备了一份新驱逐舰的设计模型，用以展示新的舰艏设计。舰艏尽可能地外飘，毕竟如果想要在面对艏浪时将全舰抬起，就势必造成舰体变形。海军造舰总监一开始拿出的设计是航速 30 节的"河川"级改进型，预计单舰造价为 11 万英镑，排水量为 720 吨，垂线间长 76.20 米，宽 7.32 米，吃水 2.44 米，引擎功率 12500 轴马力（"河川"级的数据为：排水量约 580 吨、垂线间距 68.58 米、宽 7.32 米、吃水 2.29 米）。设计图中的武器配置和"部族"级以及"雨燕"号一样，为 2 门 4 英寸（102 毫米）舰炮和 2 具鱼雷发射管。而海试时的载重则和"河川"级一样，为 130 吨。在 1908 年 3 月的全动力海试期间，首席工程师曾询问该级舰的引擎功率能否达到"哥萨克人"号的 60%。

海军审计主管的设想则相对保守一些，航速 28 节，武器配置为 4 门 12 磅炮，舰艏干舷高度不低于 4.57 米（并且有足够的外飘），最小干舷高度不低于 2.13 米，最大吃水深度（应该比螺旋桨的深度更深）则不能超过 2.13 米，在 15 节航速下航程应该达到 1600 海里。海军造舰总监于是提交了采用全燃油动力的 A 方案和采用混合动力的 B 方案，后者是应审计主管的口头命令设计的，但当时其实已经正式决定新驱逐舰将完全以燃油为燃料。海军造舰总监估计方案 A 的尺寸为 73.15 米长、7.32 米宽（排水量 770 吨），单舰造价大约 10.6 万英镑。方案 B 的尺寸更大（长 82.30 米、宽 8.23 米、排水量 980 吨），造价也更贵（13 万英镑）。在前一年，海军委员会已经

"小猎犬"号驱逐舰

　　"小猎犬"级是在"部族"级之后设计的第一型驱逐舰。图中为该舰1910年6月时的状态。该级舰的早期几艘是根据不同厂商的不同设计建造的（"小猎犬"号由约翰·布朗造船厂设计建造），海军部只是给出了标准化的主体设计方案和武器配置要求。由于决定继续采用燃煤锅炉（以节约经费），该舰还是需要多达5台锅炉（每一座较宽的烟道内都包含了2台锅炉的上风道）和庞大的动力系统舱室，以至于诸如鱼雷发射管一类的甲板设施都得后移。该舰锅炉工作压力为220磅力/平方英寸（1.52兆帕），在海试中引擎功率达到了14333轴马力（排水量965吨时最高航速27.12节）。"小猎犬"级有别于前型的一个设计是将一具鱼雷发射管布置在了相当靠后的位置。该级舰原计划在舰艏的两舷位置安装2门12磅炮，这也是主炮平台如此宽敞的原因，不过2门12磅炮被1门4英寸（102毫米）炮取代了。"小猎犬"号的另一个独特之处为采用了短管的21英寸（533毫米）鱼雷发射管，此外甲板上还搭载了2枚用于再装填的鱼雷。左舷舯部有黄铜制"走道带"（foot strap），右舷也有基本相同的布设。舰艏的12磅炮和探照灯平台上的木制甲板仅被部分绘出。和其他驱逐舰一样，该级舰此时也开始携带越来越多的深水炸弹。

（绘图：A. D. 贝克三世）

　　决定以100万英镑的资金建造12艘驱逐舰，而这样的设计依旧还是太昂贵（12艘驱逐舰的造价将分别达到127.2万英镑或156万英镑）。海军造舰总监的方案是根据首席工程师在1908年4月完成的12000轴马力动力系统设计图确定的数据。

　　舰炮的布置情况为，2门并排安装于艏楼两舷，另外2门并排安装于舰艉甲板两舷——因为该方案中舰体中轴线需要放置动力系统，不过这样安装火炮能够增强追逐战时的火力。另外还有2门炮（总共6门）可以安装于舯部。此外，位于舰艉的2门炮也可以采取斜置形式安装，这样就可以增强舷侧的火力。海军造舰总监拒绝了审计主管将1具鱼雷发射管置于烟道之间（让2具鱼雷发射管之间的间距尽可能远）的提议，因为这势必会影响通常在这一位置的风扇罩和锅炉舱舱口的布置，而这些结构只有在这里才不会影响甲板纵桁（girder）的强度。

〈 "狂怒"号（HMS *Fury*）驱逐舰是"橡实"级驱逐舰中，由英格里斯设计建造的版本。注意和二号烟道并排的12磅炮，以及空中的无线电天线扩散器。

△ 图中为"彗星"号（HMS Comet）驱逐舰在 1918 年接受了战时改装后的状态。后甲板上满载着深水炸弹，舰艉的 4 英寸（102 毫米）炮被挪到了原先舰艉鱼雷发射管的位置。在战时改造当中，"橡实"级首先拆除了一具鱼雷发射管。而在 1917 年 10 月至 1918 年 4 月间，"彗星"号上的第二具鱼雷发射管也被拆除。这张照片在一定程度上存在疑点，因为该舰在 1916 年派驻地中海时抹去了 H.25 这一舷号，此后未再标注舷号，直至 1918 年 8 月在那里被潜艇击沉。1918 年 6 月时，"彗星"号的姊妹舰"敏锐"号（HMS Brisk）搭载了 2 具弹丸抛射器（每具配备 4 枚深水炸弹）、1 条深水炸弹轨道（depth charge track）和 23 枚深水炸弹。为补偿载重，拆除了 1 套破雷卫支架和 2 具深水炸弹坡道（depth charge chute）。

审计主管最终批准了该方案，贝雷提出的舰艉设计让舰体长度增加了大约 8 英尺（2.44 米），前舰桥也因为前部烟道的位置而不能再向后移了。不过，其初始设计就已经包含了无线电设备（不再是加装），无线电收发室置于甲板下。该方案还曾考虑增加第二盏探照灯，但参考"部族"级的情况后最终没有施行。可收放的艞舨很实用，但会增加不少重量。动力方面将采用全燃油锅炉。

到 5 月时，海军委员会已经确定下了包括 16 艘驱逐舰的建造方案。5 月 26 日，海军委员会希望能在 6 月 15 日敲定最后的总体方案，之后海军造舰总监就可以让各竞标厂商在 8 月底前拿出舰体和动力系统的设计，并在 11 月 20 日最终决定接受哪些方案。该日程反映出海军造舰总监此次希望能够采用单一的设计，因为显然没有足够的时间来对比多种设计方案。为了将造价限制在海军委员会的要求之内，他承受了很大的压力。6 月 3 日，海军审计主管指出他希望能将单舰的造价控制在 10 万英镑之内，为此该级舰将只能以燃煤为主，海试时则只携带大约 2/3 的燃料，载员空间也将没有 A 方案和 B 方案那么宽敞。同时，舰炮将采用斜置方式布置，这样就能越过甲板向另一侧射击，而最前面的烟道高度还要进一步提升以避免烟雾影响舰桥。

海军造舰总监的驱逐舰专家钱普尼斯（Champness）指出了继续以煤作燃料的劣势，这样每平方英尺的锅炉舱所能产出的动力就会低得多，而且燃料的重量也会显著增加（因为煤的热值要低得多）。而更重的动力系统也将使得舰体更大，从而也就更贵，这就使海试时的载重几乎是"河川"级的两倍（30 节型驱逐舰的 7 倍）。对方案 A 而言，燃煤锅炉只能提供燃油锅炉 75% 的动力，这还得加长锅炉舱。而且要携带足够的煤也不是易事，锅炉舱两侧的空间只能勉强塞下大约 100 吨煤，其余的煤只能储存在大约 15 英尺（4.57 米）长的横跨甲板的空间内，结构承重会显著增加。

钱普尼斯估计在采用 4 台燃煤锅炉且锅炉舱宽度和方案 A 近似的情况下，要想让航速达到 28 节，排水量最多也不能超过 540 吨——并且此时只剩下 40 吨的重量来安置武器、设备和燃料。采用 5 台锅炉倒是可以让排水量 750 吨的舰船达到 28 节，但航程只能达到给定指标的 1/3。如果携带了足够的燃煤，最高航速就会降低 1.5—1.75 节。海军造舰总监（瓦特）估计如果让每家船厂建造两艘这样的驱逐舰，或许平均造价能够符合海军委员会的要求。

海军审计主管最终（6月11日）不得不接受一些指标的降低：最高航速27节，海试时仅携带 2/3 的燃料，并且火炮由 6 门削减为 5 门（2 门安装于艏楼）。如果进一步缩小舰体尺寸，那么载员空间也将被削减至和"河川"级相当的水准。减配版的武器为 6 门舰炮[①]：2 门并列安装于艏楼前方，舯部为斜置安装——左舷的 1 门比右舷的 1 门更靠前，最后 1 门则在更后方的左舷。海军军械总监培根（Bacon）决定进一步提高艏楼上火炮的高度，这样就能以俯角进行射击，而如果有需要，原先的 18 英寸（457 毫米）鱼雷发射管也能被 21 英寸（533 毫米）鱼雷发射管取代。很快，无线电收发室也被挪回甲板之上以为载员舱室腾出空间（该方案的载员空间实在太过拥挤了）。而且海军军械总监也曾指出，无线电收发室位于甲板下可能会导致驱逐舰的通信波段无法使用（很可能是因为桅杆之间的天线束长度不正确）。瓦特和首席工程师德斯顿（Durston）建议该型驱逐舰的全速海试时间为四小时，和其他以煤作燃料的驱逐舰一样。

审计主管在 6 月 22 日接收到了这个名为方案 C 的设计，拥有三座顶端呈直线排列的烟道，舰体内有三段锅炉舱，安装五台锅炉，其中最末段锅炉舱仅装一台锅炉，因此也是最小的（圆形剖面）一个。审计主管曾询问能否降低舰桥的高度，从而降低第一座烟道的高度。但舰桥的高度显然不可能降低，因此第一座烟道还是需要增加高度。鱼雷准将则依旧想要增加第二盏探照灯，这盏探照灯最终被安装在了最末一座烟道的后方。该方案有 5 门舰炮：2 门位于艏楼低矮的火炮平台两侧，2 门偏向右舷，1 门偏向左舷。方案 C 于 7 月 7 日由海军审计主管正式批准，并于当日由海军委员会签章，其排水量为 850 吨。[6] 该舰建成后比设计的稍大，建造期间又在动力系统前后部位增加了提供横向防护的 0.5 英寸（12.7 毫米）克虏伯非渗碳钢（Krupp non-cemented, KNC）装甲。[7]

和此前一样，每一个参与竞标的厂商都将绘制自己的设计图，海军造舰总监则一一进行审查。到此时，驱逐舰的大小已经和此前的鱼雷炮舰相当，因此几家此前的专业造船厂已经不再拥有能让他们保持垄断的技术，毕竟节约舰体的重量已经不再是驱逐舰设计中的关键因素，因此海军造舰总监争辩道已经没有必要再让各船厂提交自己的设计了。他认为他自己的部门已经足以胜任这类舰船的设计任务，而此前的做法需要逐一检查各承包商的设计，尤其是舰体的结构强度，这会导致进度大大减缓。但当时的局势相当复杂，审计主管希望通过尽可能多地邀请竞标厂商来最大程度地压低造价。参与竞标的厂商中，确有一些没有建造驱逐舰的经验，很显然他们也意识到了新的驱逐舰可能更接近他们平时建造的大型船舶。海军造舰总监指出，仅仅是简单地审阅各竞标计划就需要消耗额外的人力和时间，这足以导致项目进度延期。另一种做法是只让最有经验的厂商参与竞标，因为此前的经验表明它们通常都能提出最好但又不那么昂贵的设计方案，相反，没有经验的厂商想要制订出可接受的方案，要消耗大量的精力。审计主管同意下一年的驱逐舰将由造舰总监设计，当然造船厂依旧可以提出自己的设计方案，其中一些也确实得到了造舰总监的批准，用于测试一些令人满意的新特性。

"小猎犬"级的建造商为约翰·布朗（3 艘）*，登尼（1 艘）、费尔菲尔德（3 艘）、霍索恩－莱斯利（1 艘）*，坎默尔－莱尔德（3 艘）、伦敦 & 格拉斯哥（1 艘）*、泰

---

① 译注：从前后文来看应该为 5 门。

晗士钢铁厂（1艘）*、桑克罗夫特（1艘）、怀特（2艘）*。星号代表的是依照海军部的安排，将最后一座烟道设计得更小一些的船厂，其他船厂的设计中三座烟道的宽度则保持一致。

1908—1909年建造计划中的"小猎犬"级明显要弱于此前的"部族"级，因此前者被视为海军部失败的典型例子。但是，在摈弃了（并未公开的）高低搭配的建造策略后，建造足够数量的驱逐舰的唯一方法只能是降低单舰造价。当时海军部的政策是每年建造大约20艘驱逐舰，而这批新舰在建造中就经历了一项主要改造，即将舰楼的2门12磅炮更换为1门4英寸（102毫米）炮，当时各舰已下水有一段时间了。现在已经不清楚这项同样影响了几艘后期的"部族"级驱逐舰的命令为何下达得比较滞后。实际上，"小猎犬"级奠定了一战前半段英国驱逐舰的雏形。

"橡实"级（H级）驱逐舰

对1909—1910年的海军建造计划，海军造舰总监获得了完全的设计主导权，首席工程师则依旧将动力系统的设计工作交由各船厂完成，仅仅要求他们的产品能够符合海军造舰总监的体积和重量要求。因此，这些舰船还是有可能会采用不同的烟道布置，毕竟它们的锅炉配置会有所区别。1909年1月，项目承包监管（Superintendent of Contracting）抱怨前一年的建造合同已经拖延了太长时间，1908年8月21日就开始了招标，10月10日就发布了临时的电报通知，11月14日就发了确认函——但直到1909年1月都还未正式签署任何建造合同。这条时间线反映了海军部和各船厂之间漫长的谈判过程，由于当时英国各船厂为国外海军建造的舰船正在减少，海军部得以进一步压低造价。[8]项目承包监管这次希望能在1909年9月完成合同的签订，因此招标工作在当年5月便已开始，而非像往常一样于8月开始。

1909—1910年建造计划中驱逐舰的相关工作以1908年10月22日新任审计主管杰利科上将的一份备忘录作为开始的标志。由于经费预算更为紧缩，他希望新舰的单舰造价能够压缩到8万英镑以下，为此他甚至乐于接受降低航速（至26节）和采用往复式蒸汽机的设计，锅炉使用燃煤或燃油均可，舰上至少安装3门12磅炮（当时"小猎犬"级还尚未装备4英寸炮），航程则和"小猎犬"级相当。即便不能将造价降低至预期的水准，杰利科也希望知道最多能把造价压低多少。此时他还不知道，在之前拖延签订建造合同期间，海军部已经成功地将"小猎犬"级的单舰预算控制在了10万英镑以内。

1909年3月，设计工作首先以估计动力系统的尺寸和重量开始，只要这项指标被敲定，很快就能推算出驱逐舰所需的舰体尺寸，进而得出其他的基础设计参数。相对而言，武器装备占用的排水量只是全舰排水量很小的一部分，因此确定要搭载的武器种类和数量只是次要的问题。首席工程师发现杰利科设想的1909—1910年驱逐舰本质上就是此前的"河川"级驱逐舰，因此分别提交了曾用于"尤斯克河"号（HMS Usk）和"伊登河"号的往复式蒸汽机方案和蒸汽轮机方案，上述两舰的最高航速均能达到26节。至于动力来源，他提交了采用燃油锅炉、蒸汽产能相同并携带100吨燃料的设计，足够以15节航速航行1600海里。审计主管很快便决定不再考虑往复式蒸汽机，而海军造舰总监的首席驱逐舰专家（钱普尼斯）则询问首席工程师可否直

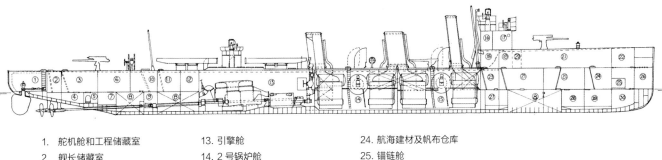

1. 舵机舱和工程储藏室
2. 舰长储藏室
3. 军官舱室
4. 酒品储藏室
5. 鱼雷战斗部弹药库
6. 军官餐厅
7. 4英寸炮弹药库
8. 油箱
9. 轴封舱
10. 舰长舱室
11. 引擎技师（ERA）铺位
12. 工程师储藏室

13. 引擎舱
14. 2号锅炉舱
15. 1号锅炉舱
16. 无线电收发室
17. 海图室
18. 走廊
19. 士官长舱室
20. 储煤舱
21. 船员舱室
22. 油漆间
23. 食品及补给品仓库

24. 航海建材及帆布仓库
25. 锚链舱
26. 艏尖舱
27. 淡水储藏室（两舷）；4英寸炮弹药库（中轴）
28. 电器储藏室
29. 航海建材仓库
30. 水密隔舱

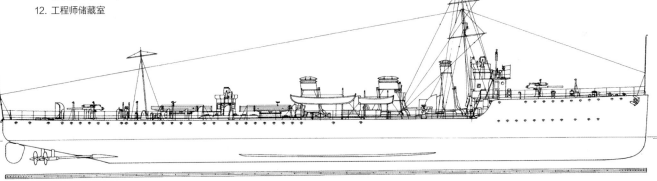

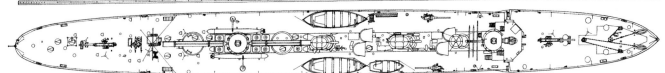

"橡实"号舰内结构

"橡实"号已经具备了英国海军标准型驱逐舰的雏形，该设计在一战早期得到了进一步发展。这一设计拥有两段锅炉舱（对本舰而言，每个锅炉舱内安装两台锅炉）。"橡实"号在舰体中轴线位置装备了2门4英寸（102毫米）炮，侧舷还有2门12磅炮，由下部锅炉舱（位于中轴处）支撑，因此将它们换成第3门4英寸炮后产生了许多问题。毕竟和鱼雷发射管不同，舰炮需要更坚实的支撑平台。可供选择

的解决方案有两个，均在部分舰船上进行过尝试。其一为将火炮安装于两个锅炉舱之间的横向隔舱壁上方（对本舰来说则是在中部的烟道正下方），另一个方案则是在两台锅炉之间（或某台锅炉的一侧）建造专门的火炮支撑结构。如果采用三台锅炉，通常会将两台锅炉安装于一个锅炉舱内，剩下的一台锅炉则安置在临近引擎舱的单独的锅炉舱，这样能减少隔舱壁被命中后锅炉舱的进水量。一战期间，只有S

级、V级和W级驱逐舰以这样的方式建造，它们都尽可能地将最前部的烟道向后移，这样舰桥就能更加靠后、更加干爽。"橡实"号采用了直联蒸汽轮机驱逐舰常用的三轴推进，这样的驱逐舰螺旋桨转速过高，因而推进效率较低（之后安装了减速齿轮的驱逐舰均使用双轴推进，而极少数直联推进的驱逐舰也采用过）。注意舰艉用于紧急转向的大尺寸手动舵轮。

（绘图：A. D. 贝克三世）

"橡实"号驱逐舰

"橡实"级是第一型根据海军部的标准设计建造的驱逐舰，图中所示为"橡实"号1910年时的状态。该级舰恢复了燃油锅炉，因此仅需4台220磅力/平方英寸（1.52兆帕）的锅炉即可。因为在中轴线上腾出了空间，所以在舰艉布置了1具鱼雷发射管和第二门4英寸（102毫米）炮。注意甲板上用于再装填的鱼雷。英国驱逐舰的鱼雷发射管比外国同类舰船更少，主要原因是英国的鱼雷发射管重量要大得多，以至于许多军官都误以为它们是有装甲防护的。最前部的烟道在建造期间升高了高度。

（绘图：A. D. 贝克三世）

接使用"伊登河"号的蒸汽轮机，以及采用燃油能够节省多少空间和重量。因为当时还不确定舰体大小，钱普尼斯也曾问及采用燃煤和燃油时，能够达到10000轴马力的蒸汽轮机和锅炉会有多重。到3月底，设计师们已经决定不再考虑燃煤，而首席工程师也发现，一套10000轴马力的燃油蒸汽涡轮动力系统，比功率更低的"伊登河"号的动力系统还要更轻，所需空间也更小。

〉"胡狼"号（HMS Jackal）驱逐舰是霍索恩－莱斯利建造的海军部"阿刻戎"级（Acheron Class）驱逐舰，有2座烟道和3台锅炉。该级舰被认为是"橡实"级的翻版。注意烟道上表明身份的浅色条纹涂装（这表明其所属的分舰队是一战后组建的）。

（汤姆·墨兰拍摄，大卫·C. 伊斯比藏）

∧"勒车犬"号（HMS Lurcher）是雅罗建造的"特别版"["火龙"（Firedrake）型]"阿刻戎"级驱逐舰。在战时担任大舰队通勤舰的"橡树"号（HMS Oak）便是同型舰。

基于"哥萨克人"号的模型测试和"伊登河"号海试时（最高航速达到26.099节）的推进效率测试，海军造舰总监估计"橡实"级的引擎功率需要达到12000轴马力。4月6日，他告诉首席工程师动力系统大致将采用4台燃油锅炉（2段锅炉舱），转数为750转/分钟（"伊登河"号海试时的转速大致为934.6转/分钟），整个动力系统的重量大约为325吨，长度为34.75—35.05米。首席工程师的回复是他可能需要更长一些的锅炉舱，不过重量可以降低至305吨。

钱普尼斯估计他需要的船体重量大概在310吨（基于"河川"级的计算），舰体增加了一定重量以加强结构强度，新一级的驱逐舰要更宽一些。基于首席工程师给出的参数，他增加了75吨的燃油和10吨的淡水补给，此外还剩下45吨可用于安装武器和其他装备，总排水量为765吨。和"小猎犬"级类似，他在审计主管最初给出的3门12磅炮的基础上又增加了2门，并且采用了更长的21英寸（533毫米）鱼雷。该设计草案于4月7日提交给审计主管（前海军军械总监），当时他刚刚批准为"小猎犬"级安装4英寸（102毫米）炮，杰利科因此希望将这5门12磅炮也替换为2门4英寸炮，并且舰艏像"小猎犬"级那样采用抬高的火炮平台。他还希望将航速提高到27节。海军造舰总监后来又在艏部第一座和第二座烟道之间增加了2门12磅

炮。2 具单装 21 英寸鱼雷发射管则均位于烟道后部。4 台锅炉则安装于 3 段锅炉舱内，其中中间的锅炉舱容纳了 2 台锅炉，其上风道合并成一座较宽的烟道（其他两座则是圆形截面的烟道）。基于首席工程师的意见，动力系统的重量将有所减轻，但该级舰还是需要能承受更大的舰体压力。[9] 设计图纸参考了早期的"部族"级驱逐舰，不过在动力系统舱室的前后增加了由 0.5 英寸（12.7 毫米）克虏伯非渗碳钢装甲加强的隔舱壁，舰艏也大幅外飘，无线电收发室则位于舰楼甲板海图桌的后部，两盏探照灯几乎能提供全向照明，舰上还有能容纳 5 名军官的军官室和寝室。而根据审计主管的要求，原先计划建造的两根桅杆中，有一根被取消。海军造舰总监原本以为他能够以单舰 8.2 万英镑的造价勉强达到审计主管的要求，但第十三艘"小猎犬"级驱逐舰经过必要的升级后造价攀升，本级舰的单舰价格也很快便涨到了 9.2 万英镑。当然，涨价的原因还包括将最高航速提升到了 27 节，这在最初的计划里是没有的。[10] 减重的措施包括将引擎舱内储存的备用零件挪到母舰上，以及将转向引擎从引擎舱挪到舰艉（如果操作它们不需要额外的人手的话）。

　　杰利科并不喜欢抬高舰艏 4 英寸（102 毫米）主炮平台的方案，因为这会让它成为一个产生上浪浪花的挡浪板。但选择这种设计的主要原因在于，没有这样的平台，舰艏的火炮就很难以俯角向靠近舰艏的方向射击。详细的设计方案于 7 被送到海军委员会，此时该平台已经被删去。同时，所有的 12 磅炮的弹药将被储存在舰艏的 4 英寸炮弹药库里，安置在专门的弹药架上，这在一定程度上限制了舰艉火炮的效能。两盏探照灯中，一盏和往常一样位于舰桥后方，另外一盏位于后部引擎舱上方并安装在足够高的平台上以越过舰上搭载的小艇。同时，杰利科还认为没有必要在动力系统后部的横向隔舱壁处增加装甲防护。

△ "阿卡特斯"号（HMS *Achates*）属于海军部设计的"阿卡斯塔"级驱逐舰，第一批"阿卡斯塔"级配备了 3 门而非后来的 2 门 4 英寸（102 毫米）舰炮（"阿卡特斯"号的第三门炮位于锅炉舱所在位置的后面）。这张照片显然摄于舰炮被拆除之前。注意舰桥前方向下折叠的帆布帘。

为了降低造价，杰利科希望将全动力航速降低至 26.5 节，但续航力应该增加到 2000 海里。他还希望舰艉的鱼雷发射管能挪到 4 英寸炮的前方。单舰造价的上限被设定在了 8.8 万英镑。为了达到 2000 海里的航程和超过 26 节的最高航速，燃料携带量需要载增加 30 吨，而要（按照要求）在下层甲板以下储存这些燃料，舰体长度又得增加大约 16 英尺（4.88 米）——然而载员空间没有随之增加。为此，"橡实"级所需的动力将提高到 13500 轴马力，舰体重量将增加至 343 吨，动力系统也增重至 345 吨，总排水量为 822 吨——单舰造价会达到 9.25 万英镑。根据海军造舰总监 4 月 28 日提出的要求，预算工作在 30 日如期完成。图表中还包括了一型稍小的设计（排水量 748 吨），可以在 13500 轴马力的动力下达到 27 节的航速。杰利科在 5 月 21 日批准了这个方案，第一海务大臣费舍尔和海军大臣雷金纳德·麦肯纳（Reginald McKenna）也予以通过。该方案以 2 段锅炉舱来容纳 4 台锅炉，而非之前海军造舰总监设想的类似"小猎犬"级那样的 3 段锅炉舱。每个锅炉舱内两台锅炉的燃烧炉都面对面地位于中间，这样司炉人员就可以同时监控两台锅炉的状况，因此每个锅炉舱的上风道都位于前后两端的位置，位于中间的两个上风道自然被合并为一座烟道，前后则是更窄的两座烟道。设计图中显示三座烟道都比较矮。1909 年 7 月 30 日，海军委员会批准的更为详尽的设计方案中，海试排水量增加至 772 吨，13 节经济航速下的航程从之前的 1900 海里提高到了 2250 海里。当时估计的单舰造价为 8.2 万英镑。

"橡实"级级驱逐舰共建造了 20 艘。除"敏锐"号 [安装布朗 – 寇蒂斯（Brown Curtis）蒸汽轮机] 为双轴推进外，其余各舰均为三轴推进。各舰的烟道严格按照计划建造，但最前面的烟道高度提高了 6 英尺（1.83 米）以防止烟雾干扰舰桥。在全动力海试时（排水量 735 吨），"橡实"号的最高航速达到了 27.355 节，当时其引擎转速为 745 转 / 分钟，输出功率达到 15072 轴马力。可以想见，此前对该级舰所需功率的估算是多么粗略。其他的几艘表现得更为出色："拉恩"号（HMS Larne）的功率达到 14900 轴马力（720.2 转 / 分钟），最高航速达 28.723 节；"红宝石"号（HMS Ruby）的功率更是达到了 16776 轴马力，在排水量 736 吨时最高航速高达 30.335 节；"游吟诗人"号（HMS Minstrel）功率达到 16431 轴马力（828.6 转 / 分钟），最高航速 29.627 节；"麻鸭"号功率达到 15402 轴马力（786.7 转 / 分钟），最高航速 23.388 节。[1]

"橡实"级的翻版，I 级驱逐舰（1910—1911 年建造计划）

1910 年 2 月，海军审计主管（杰利科）告知海军造舰总监，1910—1911 年计划建造 20 艘驱逐舰，其中 14 艘将继续采用"橡实"级的设计（"新橡实"级）。另外的 6 艘则是交由雅罗、怀特、桑克罗夫特、帕森斯和约翰·布朗竞标的特设舰，其中布朗还拥有布朗 – 寇蒂斯蒸汽轮机的制造权限，可以同帕森斯竞争。布朗改进了相关设计以进一步提高蒸汽轮机的效率。另外，该级舰的排水量、武器装备、舰艏构型、艉舵安装方式、舵机类型，以及结构强度等都将和"橡实"级相同。除此以外，各家造船厂可以自行确定本厂驱逐舰的最高航速，但他们必须对此进行担保。

---

[1] 译注：根据上文来分析，该数据很可能有误。

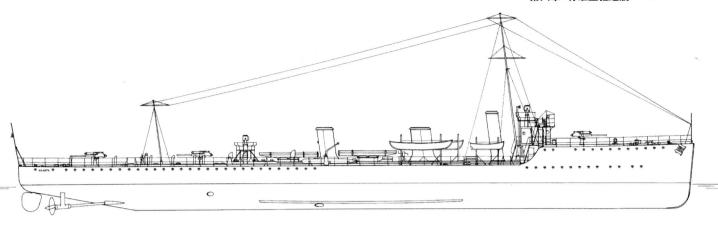

一份 1910 年 5 月的图表中展示了一艘三轴推进的驱逐舰，采用同样的武器配置和动力系统的，但宽度更宽（由 7.70 米增加至 7.80 米），排水量增加了 6 吨（由 772 吨增加至 778 吨），动力系统的重量则有所下降（从 310 吨降至 303 吨），因为仅使用三台锅炉而非之前的四台，锅炉的布置和之前的"橡实"级一样，两台锅炉位于前部锅炉舱内（与引擎舱不相邻），它们的上风道合并后就正好可以取消舰桥后方的烟道。这样烟道就可以建造得更低矮，从而降低驱逐舰在夜间被发现的可能性。但这座烟道的烟雾还是会严重地影响舰桥，因此在一战期间还是加高了高度。

同往常一样，首席工程师负责评估不同厂商提出的动力系统方案。特设舰将采用双轴推进来简化设计并提高机动性，因为双轴可以反转来实现转向，但这样就无法再安装巡航用蒸汽轮机（通常是连接在中部的推进轴上）。因此首席工程师提出只让"一部分的"驱逐舰采用双轴推进。海军造舰总监预计吃水要增加大约 1 英尺（0.30 米），因为需要采用更大直径的螺旋桨，这对要在近岸地区作战的舰船而言是很重要的改变。但既然这些特设舰能够提供大量双轴推进动力系统的使用经验，海军部还是希望能有 2 艘或者 4 艘采用这种设计。

审计主管最终决定订购 3 艘双轴推进的驱逐舰，建造商均为约翰·布朗造船厂，因为该厂商更高效的蒸汽轮机或许可以弥补没有巡航引擎的缺点。其他几艘则采用了帕森斯提供的引擎，因为约翰·布朗的引擎要价太高。

6 艘特设舰的订购比海军部设计的驱逐舰要早：包括由帕森斯设计、由登尼建造的 2 艘——"獾"号（HMS Badger）和"海狸"号（HMS Beaver），雅罗的 2 艘——"攻击"号（HMS Attack）和"弓箭手"号（HMS Archer），桑克罗夫特的 2 艘——"阿刻戎"号和"爱丽儿"号。雅罗和帕森斯方案的舰体大小和海军部设计的差不多（长 73.15），桑克罗夫特的设计则更长（76.73 米）也更宽（8.03 米）（相比之下雅罗和帕森斯的舰宽分别为 7.87 米和 7.80 米），但动力系统的功率却更低（仅有 15500 轴马力，其他的均超过 20000 轴马力）。桑克罗夫特的设计也更重（排水量 830 吨，另外两家则分别仅有 780 吨和 790 吨），因此吃水也更深（2.62 米，其他两家为 2.39 米）。各厂商所保证的最高航速分别为 30 节、28 节和 29 节。帕森斯（登尼）的两艘驱逐舰采用了半齿轮传动的蒸汽轮机：低压涡轮传动轴的延长段和高速、小直径、高压涡轮及巡航涡轮相连接，这可以为低压涡轮机提供额外的 3000 轴马力的动力。首席工程师希望这样的配置有助于提高经济性和航行的平稳度，但代价就是增加了系统的复杂度，小型高速涡轮中叶片间的间隙也更小。

新的鱼雷艇驱逐舰（1911—1912）

这 张 线 图 源 自 海 军 部 为 1911—1912 年建造计划中的驱逐舰绘制的草图（K 级或"阿卡斯塔"级驱逐舰），时间标注为 1911 年 5 月 26 日，该图纸被分发给了各竞标厂商。图中显示该舰有 4 台锅炉（注意中部烟道的合并方式，以及第三座烟道中间的线条，表明上风道并没有占据全部的烟道空间）和 2 台包括减速齿轮的蒸汽轮机（24500 轴马力，最高航速 29 节）。该舰全长 81.53 米、宽 8.23 米、吃水 2.82 米，满载排水量 1072 吨。武器配置为 3 门 4 英寸（102 毫米）炮和 2 具 21 英寸（533 毫米）鱼雷发射管（外加 2 枚备用的鱼雷，图中可见位于第三座烟道旁的一枚）。其设计航程为 15 节时 2750 海里。当时的标准流程是让竞标厂商依照可供使用的空间，自行设计动力系统的方案。因为某些原因，海军部只设计舰体，不负责动力系统的设计，首席工程师也只是指出自己希望采用哪种类型的动力系统，而不是给出可以让船厂遵照的具体设计。因此，各厂商的动力方案，既有直联式的，也有采用齿轮传动的，锅炉的数量也不尽相同，当时美国海军的状况也与之类似。该级舰是最后一种在动力系统舱室上方安装通风罩的英国驱逐舰。

（绘图：A. D. 贝克三世）

另外，海军部设计的"橡实"级还将提供给新西兰的皇家海军部队，由帝国政府付账（当时加拿大则在考虑为本国购买自己的驱逐舰）。[11] 到1910年中期，英国得知德国已经在建造航速32节的驱逐舰，而他们后续的舰船很有可能还会更快。因此，本该拨付给新西兰的驱逐舰资金被转而用于多建造3艘特设舰，由两个专业造船厂——雅罗和桑克罗夫特自行设计。有消息指出，关于德国驱逐舰的消息来源可以直接追溯至阿尔弗雷德·雅罗爵士。[12] 雅罗还提交了一份未经申报的方案，海军造舰总监也对其舰体强度进行了估算检查，日期标注为1910年6月22日。1910年11月1日，他已开始起草相关的接受信函。到11月26日时桑克罗夫特也提交了一份自己的设计（6009号方案，很可能是桑克罗夫特早期提交的方案的改进型）。[13] 雅罗的报价远比桑克罗夫特的低，在增加必要的船材后依旧如此。在桑克罗夫特的33节型驱逐舰输给雅罗的32节型驱逐舰，此后桑克罗夫特提出希望能让自己也将标准降至32节并依此重新提交报价。但反过来，海军部则询问雅罗如果将航速提高至33节，价格会上涨多少，即便如此，雅罗的报价依旧比桑克罗夫特的低很多。雅罗的255英尺（77.72米）型驱逐舰"火龙"号的功率达到了20000轴马力，采用3台锅炉（2座烟道），和雅罗此前的特设舰方案一样，排水量为780吨，舰体更窄（7.80米）但吃水更深（2.44米）。海试期间，"火龙"号驱逐舰以19174轴马力的功率，在排水量774吨的条件下达到了33.17节的航速。

〉⌐"鼠海豚"号（HMS Porpoise）是桑克罗夫特建造的"阿卡斯塔"级驱逐舰，和海军部的设计一样，该舰的第二门和第三门4英寸（102毫米）炮被挪到了很靠后的位置。第一次世界大战结束后，该舰出售给了巴西海军。《华盛顿海军条约》并不允许英国（和其他国家）出售多余的驱逐舰，因此另一项仅有的军售是将"光明"号（HMS Radiant）驱逐舰卖给泰国。相关条款的建立是为了防止列强通过让盟友保留大型军舰来保护条约中要求拆解的军舰，但这同样也保证了战后的军舰制造业不至于崩溃。该舰的设计模型现存伦敦科技博物馆。

（摄影：N. 弗里德曼）

"阿卡斯塔"级（K级）驱逐舰（1911—1912年建造计划）

在1910年12月海军审计主管的一份备忘录中，鱼雷艇驱逐舰督导官（Captain Superintending Torpedo Boat Destroyers）威尔莫特·尼科尔森（Wilmot Nicholson）对驱逐舰各项属性的优先级进行了排序：武器配置最优先，其次是航速和适航性，再次是造价，最后则是航程。因为当时和敌方鱼雷舰艇的交战距离肯定很近，所以速射炮的数量相当关键，应当采用4英寸（102毫米）的速射炮而非普通的后膛炮，或者配备至少2倍数量的12磅速射炮。

尼科尔森怀疑在北海海域，一艘驱逐舰能否在一天的三分之一时间里以30节以上的航速航行，就算可以，一般也会因为上浪等问题而什么都做不了。此前"橡实"级的设计功率为13500轴马力，但显然该级舰能够轻易地达到17500轴马力甚至18000轴马力，足以跑到29节以上。考虑到满载条件下的远洋航行情况，航速可能会降低2节左右（增加75吨的载重大概会让航速降低1节）。不过，德国方面宣传的驱逐舰的航速已经超过了33节，而且根据"相当可靠的情报"，它们的远洋航行航速大约为26节。尼科尔森很反对通过不合时宜地增大舰体尺寸或减少船材用量（进而降低适航性）来增加航速，"通过增加动力系统的效率来达到30节甚至32节的海试航速，才是可取的方法"。因此尼科尔森建议的舰体长度依然是255英尺（77.72米）。

尼科尔森列举了不久前桑克罗夫特希望能达到33节航速的驱逐舰设计，该方案仅装备了12磅炮。这很可能是桑克罗夫特此前竞标失败的特设舰方案的改进型（他显然还不知道雅罗的"火龙"号）。海军情报司则罗列了一份清单，表明其他国家的海军（德国、法国、美国、日本和阿根廷）都正在建造航速超过30节的大型驱逐舰。[14] 而且还有报告指出俄罗斯正准备开工建造4艘航速35节的驱逐舰，每一艘的排水量均达到1000吨。

和新设计相关联的是，海军造舰总监在1911年1月31日要求对其舰体构型进行水槽测试，航速从10节直至35节。后来，海军造舰总监又希望得到一个吃水再深20%左右的舰型的相关曲线，其排水量大体在1020—1030吨。我们可以从中一窥当时正在计划着什么。

海军造舰总监在2月6日向海军委员会提交了一份设计草案，并且预计在4月开始招标。该草案计划以雅罗的32节型驱逐舰"火龙"号而非"橡实"级驱逐舰为蓝本，因此新的方案有时也被称作"新火龙"级。和"火龙"号一样，新舰也需要在海试条件下达到32节的最高航速。此前对海试条件的定义为满载，而这一载重已经因为航程需求的增加而明显增长，燃料的重量从170吨增加到了200吨，紧接着又增至250吨，因此海试条件下的载重量先是从"橡实"级的122吨增加到130吨，在标准改变后又攀升至310吨。"橡实"级的海试载重量是基于能够以13节航速航行1000海里这一标准确定的，而新舰足矣以15节航速达到这一航程。如果满载燃料，"橡实"级能够以13节航行2750海里；至于新舰，它同样能以15节达到这一航程，或者以13节航速行驶3650海里。由于载重量巨大，海试航速要求被降低到了29.5节，水槽测试表明这就相当于在此前的载重条件下达到32节的航速。唯一的减重措施是取消动力系统前方的装甲防护，这一举措以前就得到了批准。

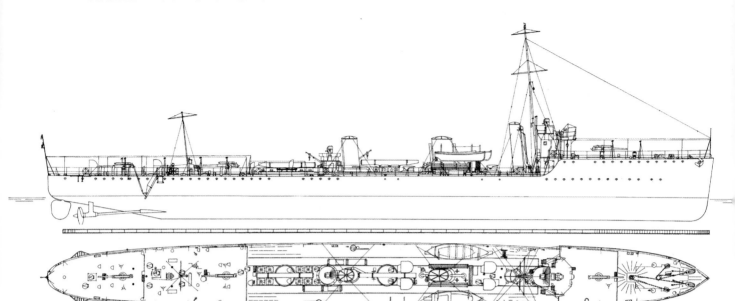

"克里斯托弗"号（前"鸢"号）驱逐舰

图中的"克里斯托弗"号（HMS Christopher）驱逐舰（1914 年 7 月状态）很好地展示了 1911—1912 年建造计划中的最终设计成果。在该舰建造期间，皇家海军采用了以字母定级的命名方式，因此为该级舰准备了一批以字母 K 开头的舰名——但最终却未使用 [该舰本该更名为"鸢"号（HMS Kite）]。舰上的 3 门 4 英寸（102 毫米）炮中有 2 门的位置相当靠后（因此有可能因为一次命中而同时丧失战斗力），因为海军造舰总监和首席工程师都不愿意在锅炉舱内再增加用于支撑的立柱，而引擎舱之间的隔舱壁上方的位置又已经被烟道占据。中间的舰炮占据了中轴线上本该安装鱼雷发射管的位置，因此前部的鱼雷发射管被安装在了 2 号和 3 号烟道之间。和此前的设计一样，"克里斯托弗"号完工时，舰炮均未安装炮盾，同时该舰搭载了 2 枚可供再装填的鱼雷，但图中并未显示。1916 年 4 月时，杰利科上将要求将 8 艘驱逐舰上的一门 4 英寸驱逐炮改为高射炮。接受改造的包括"克里斯托弗"号和它的七艘姊妹舰："阿卡斯塔"号、"鸡蛇"号（HMS Cockatrice）、"竞争"号（HMS Contest）、"花冠"号（该舰尚未安装速射炮）、"哈代"号（HMS Hardy）、"蠓"号（HMS Midge）和"喷火"号（HMS Spitfire）。"花冠"号成了一艘试验舰（1916 年 9 月），其火炮平台被改造为一道可以抬升 50 度的活板门，从而实现了增加火炮仰角的功能。而没有接受这种改造的舰船则增加了 1 门 2 磅"乒乓"炮。到 1918 年 4 月时，"克里斯托弗"号拆除了舰艉的 3 号（高射）主炮以清空后甲板，用来搭载深水炸弹和破雷护卫（当时还保留着高射炮的仅剩"哈代"号、"蠓"号和"喷火"号，而所有采用普通后膛炮的驱逐舰，主炮数量都被削减至 2 门）。"克里斯托弗"号和"阿卡特斯"号、"伏击"号（HMS Ambuscade）、"鸡蛇"号、"猫头鹰"号（HMS Owl）、"花冠"号、"鼠海豚"号、"团结"号（HMS Unity）一样，拆除了所有的鱼雷发射管。后来，在转入"弗农"号鱼雷教学和试验基地后，"阿卡特斯"号和"猫头鹰"号拆除了高射炮和单装鱼雷发射管，换装了 2 副双联装鱼雷发射管。此后，"阿卡特斯"号和"猫头鹰"号还安装了特殊的重型深水炸弹，作为载重补偿，舯炮和后部的鱼雷发射管被拆除。"猫头鹰"号安装了一套水下听音器（fish hydrophone）并在走廊一侧设置了静音室（silent cabinet），配备 30 枚深水炸弹，由 4 具反潜深弹抛射器（每具配备 4 枚）和 2 条轨道投放。除 2 门 4 英寸炮外，"猫头鹰"号还在引擎舱上部安装了 1 门 2 磅"乒乓"炮和 1 挺马克沁机枪，但并未装备反潜索。"团结"号则装备了系留气球。1918 年 10 月时，"克里斯托弗"号依旧保留着 3 门 4 英寸炮（没有高射炮），没有任何鱼雷发射管。"阿卡斯塔"号也保留了 3 门主炮，但是恢复了用于"弗农"号鱼雷学校的 2 具双联装鱼雷发射管。"猫头鹰"号不再搭载任何特殊装备，"阿卡特斯"号则保留着深水炸弹发射装置。

（绘图：A. D. 贝克三世）

△ 图中为一战前摄于纳特利（Netley）的"花冠"号驱逐舰，该舰为帕森斯建造的特设舰，其舰艏标有定级字母（K）。注意该舰搭载的 4 英寸（102 毫米）炮。

∧"雀鹰"号（HMS Sparrow-hawk）是斯旺－亨特造船厂建造的"阿卡斯塔"级驱逐舰。

　　增加燃料和在舰艉中轴线增加额外的（而不是尼科尔森希望的2门）12磅炮又将使舰体长度增加5英尺，达到79.25米，排水量也相应地有所增加（860吨，后来到了870吨）。鉴于增加了载重量，该舰也就需要更强大的动力（25000轴马力，后来则是24500轴马力）。首席工程师指出，该舰需要比以前更轻的动力系统，达到34.3磅/轴马力，而此前在这方面表现最好的是"火龙"号驱逐舰，为35.8磅/轴马力。但这些都只是设计时的参数，许多舰船在实际海试时的表现要更加出色（"十字军"号更是突出，其动力超出设计时的估计值61%）。输出功率很大程度上取决于每平方英尺的热接触面积对应的耗油量。海军部的建造合同大多将其限定在略显保守的每平方英尺1—1.05磅左右，但雅罗希望"火龙"号能将这一数值增加大约1/4。基于动力系统能够产生比原先多1/4的动力的可能性，首席工程师认为没有必要让新舰采用轻量化的动力系统。

　　1911年2月，海军军械总监指出最近的测试表明一发4英寸（102毫米）炮弹的杀伤力就相当于四发12磅炮炮弹的杀伤力。尽管12磅炮射速更高，但测试也表明4英寸炮每分钟能取得的命中数与前者几乎不相上下。因此1门4英寸炮的战斗力即使在近距离上也相当于3门12磅炮，而且以第三门4英寸炮取代3门12磅炮还能节约大约15名人员。3门火炮将全部沿中轴线布置，因此即使在糟糕的天气情况下也能够作战。这一改变在方案提交海军委员会时就已经得到批准，而在最后七艘新舰中，先前普通的（使用发射药包的）后膛炮会被最新的4英寸速射炮取代，后者的射速理论上可以达到12磅炮的水准。海军造舰总监和军械总监的论据便是，阿根廷已经为950吨排水量的驱逐舰安装了4门4英寸炮，因此为一艘排水量870吨的英国驱逐舰安装3门这样的主炮是合情合理的。

　　但问题是在哪里（大概在艉部）安装第三门炮，在锅炉舱或者引擎舱建造专门的支撑结构显然太过复杂，但舰艉的中轴部位又基本都被动力系统的相关舱室占据。在锅炉舱建造支撑是最糟糕的，但如果建在引擎舱上部又会给引擎的拆装和维修造成不便。因此唯一的选择就是将这门炮安装在更靠后的，通常安装舰艉鱼雷发射管的位

∧ "军团"号是登尼基于海军部的 L 级 ["拉福雷"级（*Laforey Class*）] 的设计建造的驱逐舰，中部较宽大的烟道表明它拥有 4 台锅炉。注意其舯部位于 2 号和 3 号烟道之间而非舰艉烟道后部的、被包裹着的 4 英寸（102 毫米）炮及其炮台。该炮台由位于后部锅炉舱两台锅炉之间的支撑柱提供支撑。而在此前的"阿卡斯塔"级驱逐舰上，中间的舰炮安装于引擎舱的后方。

置，并且接受其炮口爆风可能会影响探照灯工作的事实。而舰艉的火炮也要更往后挪，以保证两门炮之间有至少 40 英尺（12.19 米）的间距。[15]

第一海务大臣 A. K. 威尔逊警告说要注意动力系统的过度加压问题 [当时对桑克罗夫特建造的一艘"小猎犬"级驱逐舰"野人"号（HMS Savage）进行了高强度的增压测试]，因此动力系统后来采用了四台锅炉。锅炉的布置方式和"橡实"级一样，两端为较窄的烟道，中间则是合并了两个上风道的较宽烟道，而最前方的烟道还被提高了高度以免烟雾干扰舰桥。但和前型驱逐舰不同的是，"阿卡斯塔"级前部的鱼雷发射管安装于第二座和第三座烟道之间，而非位于烟道的后方。增加一台锅炉后，该级舰的动力系统长度将增加了大约 2.71 米，排水量增加了大约 25 吨，这将让理论上的海试航速降低约 0.4 节（第一海务大臣批准将航速降至 29 节）。因为燃油并不能储存在锅炉下方，所以这项改动也降低了燃油携带量，不过，这在一定程度上可以通过在锅炉舱两侧增加和平期油箱来解决。

1911 年 3 月 13 日，在将设计方案提交海军委员会时，海军审计主管查尔斯·J. 布里格斯（Charles J. Briggs）上将指出，当前在外国海军中，不仅仅是驱逐舰的航速正在变快，就连一些国家（德国）的用于追赶驱逐舰的二等巡洋舰都能维持 27 节以上的航速，而一些尚在建造的预计还能达到 28 节。因此"橡实"级驱逐舰即使在有利的条件下都有可能无法和前者保持距离。不过，"橡实"级可能也并没有想象的那么弱小，从"橡实"级的 13500 轴马力到"火龙"号的 20000 轴马力的飞跃也并没有看上去那么夸张。因为在海试时，舰船常常能够产生比预期高得多的输出功率。如果这一功率能达到 17000 马力，满油状态下的"橡实"级就能达到 27.5—28 节。以此类推，新驱逐舰满油时的航速为 29.5 节。但这些还只是猜测，模型测试能告诉人们一共需要将多少有效马力（effective horsepower, ehp）传到水中。蒸汽轮机输出的是轴马力（shaft horsepower, shp），有多少轴马力能转变为有效马力，由推进效率决定——而推进效率在当时是很难估算的。[16]

新一级驱逐舰的单舰造价估计为 9.5 万英镑。

当时人们认为在海军部的设计之外，还将额外订购特设舰。审计主管向委员会承诺，海军部方案的舰长绝不会超过 260 英尺（79.25 米）。威尔逊于 4 月 7 日批准了设计草案，第二天，海军大臣雷金纳德·麦肯纳决定，12 艘驱逐舰将按照海军部的设计建造，另外 8 艘则是采用特别设计的特设舰，其中一艘还将以内燃机为动力（"哈代"号）。设计图纸于 1911 年 6 月 12 日获得海军委员会签章。

所有成功获得建造合同的厂商均采用双轴推进，有船厂提出了齿轮传动的方案，但首席工程师表示在"獾"号和"海狸"号接受海试前都不会采用齿轮传动。1913 年 5 月 16 日的克莱德湾海试期间，约翰·布朗建造的"伏击"号驱逐舰以 25595 轴马力的功率达到了 30.636 节的最高航速。

在所有的特设舰中，首席工程师更青睐桑克罗夫特的设计，他建议至少订购 3 艘，最好能订购 4 艘（最后也确实如此）。对他而言，另外两个较好的选择是费尔菲尔德和帕森斯的方案。因为当时也有兴趣采用柴油动力，桑克罗夫特的方案可以选择在装载水雷的位置安装一台柴油引擎。海军造舰总监在批准这项设计的时候，也要求在同一空间内能够安装抗侧倾油箱，但他拒绝了在这里储存水雷的设计，因为还有蒸汽管道需要穿过这些空间。这也是桑克罗夫特提出的 4 个备选方案中舰长最短（78.33 米）并且功率最低（21300 轴马力，31 节）的一个，舰艏的 4 英寸（102 毫米）炮安装在了引擎舱的顶端——海军造舰总监很不喜欢这样的设计，但又不得不接受。

登尼、费尔菲尔德和帕森斯（舰体由坎默尔－莱尔德负责建造）则分别得到了一艘特设舰的订单，海军造舰总监对登尼提出的纵向框架舰体非常感兴趣，这对日后的建造很有利。他认为登尼的设计非常优秀，并且赞扬了登尼在研究方面的巨额投入——登尼建立了自己的测试水槽。但和其他 1911—1912 年建造计划中的驱逐舰不同，登尼的"热心"号拥有三台锅炉（因此只有两座而非三座烟道），舰艉的 4 英寸（102 毫米）炮安装在两座烟道之间，锅炉舱间的隔舱壁上方。费尔菲尔德也提出了一种采用三台锅炉的设计，但烟道的数量也是三座。费尔菲尔德的"命运"号（HMS Fortune）舰艏外飘非常明显，已经可算作飞剪艏了。帕森斯的"花冠"号则采用了半齿轮传动。

〈"尼卡特"号（HMS Nicator）是后期型的海军部 M 级驱逐舰，本质上是增强版的"拉法雷"级驱逐舰，其 2 号主炮被挪到了第二座和第三座烟道之间的位置。该舰安装了三台锅炉（注意三座相同的烟道）。前部的锅炉舱包含了两台锅炉，后部的锅炉舱（引擎舱前）安装剩下的一台锅炉。最初的 M 级驱逐舰采用的是包含火炮平台的平直艏（straight stem bow），而战时建造的该级舰则采用了有所倾斜的舰艏和主炮平台。在舰艉安装了遥控的探照灯后，舰桥上的探照灯便被拆除。舰艉的盆式炮台上安装的是轻型防空炮。所有的 M 级驱逐舰采用的都是直联式蒸汽涡轮机且皆为三轴推进。

[摄影：帕金斯（Perkins）]

当时海军部已经开始对柴油动力驱逐舰产生兴趣，那时还被称作 ICE 驱逐舰（即内燃机 internal–combustion engine 的缩写）。皇家海军第一次打算为水面舰艇安装柴油发动机是在 1904 年，当老旧的 TB 047 号鱼雷艇需要对动力系统进行大修（包括换装锅炉的管道）时，海军部批准动用 1906—1907 财年（并且在 1907—1908 和 1908—1909 财年也继续保留）预算中的 1.2 万英镑，将其蒸汽引擎换装为内燃机。但来自几家英国船厂的竞标方案都无法令人满意，而英国当时唯一的柴油引擎制造商米尔利斯·沃特森（Mirrlees Watson）则拒绝参与竞标。到 1910 年 9 月，双缸柴油引擎技术总算取得了可观的进展，因此海军部再次产生了测试柴油机的想法（但那时候 TB 047 号鱼雷艇已经成了靶船）。这次首席工程师提出花 1.5 万英镑的资金来安装一台 600 制动马力（bhp）的 4 缸柴油引擎。

因此现在桑克罗夫特和雅罗提出了混合动力的驱逐舰设计。雅罗已经发现柴油机才是未来的选择，它的方案在采用双轴的寇蒂斯蒸汽轮机（用于 27 节的高速航行）的基础上，增加了单轴或双轴的柴油动力以维持 13 节的巡航速度。动力系统的长度将增加 7.92 米，因而舰体长度将增加 6.17 米，排水量也将增加 80 吨，但续航力将达到其他常规驱逐舰的 6 倍，第三门 4 英寸（102 毫米）炮则将安装在柴油引擎上方。桑克罗夫特预计还可以设法再增加一些柴油动力系统的空间（让巡航速度达到 15 节），这样动力系统的所占的空间需要再多出 2.34 米（相比"橡实"级总共多出 3.58 米），代价是排水量会再增加大约 50 吨，但依然能够获得 2—3 倍于传统驱逐舰的航程。首席工程师同样对此很感兴趣，但他也指出即使安装了柴油引擎，驱逐舰还是需要小型的辅助锅炉（比如用来供电）。尽管这些优势还不够吸引人，但建造一艘试验舰——最好是采用雅罗的设计——确实能带来许多关于柴油引擎的宝贵经验。而且鱼雷艇驱逐舰督导官也指出，在战时必须时刻保持驱逐舰的锅炉处在升火状态，这样才能最快地加速到全速。

这样的想法本该就此打住，但 1911 年 1 月桑克罗夫特还是询问起混合动力设计在进行到哪一步了。首席工程师考虑到还没有哪家造船厂提出的方案可以令人满意，但他也希望获得比潜艇上的柴油机更大的内燃机的使用经验，因此他建议各船厂从 1911—1912 年建造计划中的舰艇入手，并且提出了巡航速度 15 节的柴油动力方案，最高航速则要达到 32 节，舰长不能超过 79.25 米。

∨ "导师"号（HMS Mentor）是霍索恩－莱斯利版本的 M 级驱逐舰，有 4 台锅炉和 4 座烟道。在这张摄于 1915 年的照片中，该舰的舰艏已被撞凹，但其他部位都未受损伤。舰艇舷侧的罗马数字 I 代表的含义不明，不过该舰当时应该在哈里奇港的第三驱逐舰分舰队服役。

（图片来源：国家海事博物馆）

"拉法雷"号驱逐舰

L 级驱逐舰可以视作皇家海军一战期间驱逐舰的主要原型，图中所示为刚完工（1914 年 2 月 19 日）时的状态。到该级舰时，中间的一门火炮终于被挪到了舰舯，以 3 号和 4 号锅炉之间的一系列立柱结构来支撑（因为中间的烟道包含了分属两个锅炉舱的 2 号和 3 号锅炉的上风口，所以无法以此处的隔舱壁作为火炮的支撑结构）。同时，单装的鱼雷发射管也被双联装鱼雷发射管取代，此外该级舰上的 2 门或者 3 门 4 英寸（102 毫米）炮均加装了炮盾，之后这成了第一次世界大战中驱逐舰的标准配置。该舰的动力系统是由 4 台 250 磅力 / 平方英寸（1.72 兆帕）的雅罗式锅炉驱动的 2 台直联式蒸汽轮机。海试期间，该舰在排水量 1112 吨（满载排水量）时，以 25128 轴马力的输出功率达到了 29.95 节。这也是最后一型在海试时采用满载排水量的驱逐舰。战时的第一批紧急建造计划又增加了 2 艘 L 级驱逐舰，由比德摩尔（Beardmore）负责建造，分别是"洛泰瓦"号（HMS Lochinvar）和"套索"号（HMS Lassoo）。

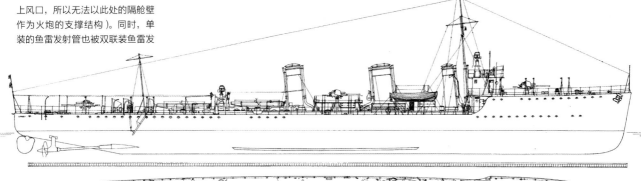

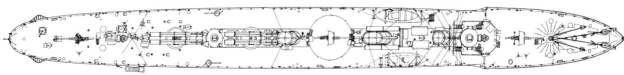

（绘图：A. D. 贝克三世）

桑克罗夫特建造的"流星"号（HMS Meteor）驱逐舰拥有四台锅炉，其中部的两台锅炉上风口被合并为中间较宽的烟道，图中可见 2 号和 3 号烟道之间的炮位。该舰舰型属于"哈代"号的放大版本，类似的舰型同样也曾用于桑克罗夫特为意大利海军设计的"不挠"号（Indomito）驱逐舰，它是第一艘在意大利建造的蒸汽轮机驱逐舰。桑克罗夫特此前就曾为意大利设计过"光环"级驱逐舰，由帕蒂森造船厂建造，性能大致和意大利的 30 节型驱逐舰相当 [意大利海军的下一级驱逐舰"狙击兵"级（Bersagliere Class），即是由安萨尔多造船厂生产的版本]。和英国人的做法一样，意大利人也为驱逐舰建造了艏楼，在两段锅炉舱内安装了四台锅炉，以三座烟道排烟。此后的"坚韧"（Ardito）、"大胆"（Audace）、"匹罗"（Pilo）、"西尔托里"（Sirtori）、"拉·玛莎"（La Masa）和"领唱者"（Cantore）六级舰——共计 30 艘，外加最初的 6 艘驱逐舰——都是略微改进后的版本。在一战结束前，一系列的 700 吨级驱逐舰的建造计划被取消。之后的 4 艘"帕勒斯托"级（Palestro Class）[以及另外的 4 艘几乎同时订购的、与之相似的"库尔塔托内"级（Curtatone Class）] 则是桑克罗夫特原始设计的放大和加强版。相比英国同期的驱逐舰，"不挠"级的武器配置更强，安装 1 门 4.7 英寸（120 毫米）炮外加 4 门 40 倍径 76 毫米炮或者 5 门 35 倍径 4 英寸（102 毫米）炮，以及 1 门单装"乒乓"炮。由于没有解决如何在动力系统上方的中轴线安装火炮的问题，它们的轻型火炮在布置在舰艏和舰艉舷侧（在两舷斜置以免影响螺旋桨传动轴）。"不挠"级满载排水量为 770 吨，轻载时为 672 吨，舰长 73 米、宽 7.32 米，吃水 2.66 米，纸面航速为 30 节（16000 轴马力）。"匹罗"级则将 2 门 4 英寸（102 毫米）炮布置在了艏楼的两舷，和"雨燕"号一样，此外还有 2 副双联装的鱼雷发射管，所有 4 具发射管均位于两舷位置（一战期间，该级舰安装了英国的联合反潜索，因此必须拆除 2 门火炮、将另外 2 门舷侧火炮挪向前方，并且将 4 具单装的鱼雷发射管换为 2 副双联装的鱼雷发射管，从而清空尾甲板）。而直到"拉·玛莎"级才最终将后方的火炮安装在了中轴线上，在最后方、后部的烟道和操舵室之间各安装了 1 门。它和英国驱逐舰最大的不同有二：一是舰艏舷侧有 2 门火炮；二是在舷侧斜置鱼雷发射管（而非安装于中轴线上的）。这也向我们展示了当时都有哪些可供选择的武器搭配方式。目前尚不清楚桑克罗夫特给帕蒂森造船厂的驱逐舰造成了多大的影响。这张"流星"号的照片摄于 1914 年。

（图片来源：国家海事博物馆）

3月4日，桑克罗夫特便已提出了一份同之前类似的新设计方案，由蒸汽涡轮机驱动外侧的两个推进轴，中部的两个推进轴则由安装在独立引擎舱内的苏尔寿（Sulzer）柴油机（1800轴马力，8缸）驱动，用于巡航。这也是该船厂的特设舰的主要特点。海军造舰总监同意了桑克罗夫特的方案（后于1911年6月14日由海军大臣批准），但由于柴油机当时尚未完全准备好，"哈代"号在刚完工时尚未安装它们，其蒸汽动力系统的功率则和其他桑克罗夫特的特设舰一样，为21000轴马力。

1913年，随着"阿卡斯塔"级和其他特设舰陆续开始建造，海军部决定将这些1911—1912年建造计划中的驱逐舰统称为K级。当时看来可能所有的舰船都会换用以字母K开头的舰名以方便辨认，尽管这些舰名曾短暂出现在海军部的列表内，但却从未被使用。所有的驱逐舰在建造期间都加装了反潜索。

L级（"拉法雷"级）和M级驱逐舰（1912—1913年和1913—1914年建造计划）

在1911年舰船设计周期即将结束时，海军造舰总监很可能受到了审计主管的鼓励，要求驱逐舰分处设计一型更便宜，单舰造价在8万英镑左右的驱逐舰，相比之下新的特设舰的造价为9万英镑甚至更高。他认为排水量大约800吨的设计可以达到这一要求，只配备2门4英寸（102毫米）炮和2具鱼雷发射管即可。航速则和此前一样，为29节。"橡实"级驱逐舰中价格最低的几艘平均造价为8.25万英镑，各安装2门4英寸炮和2门12磅炮，航速应该也能达到29节。而如果削减掉"橡实"级上的12磅炮或者隔舱壁上的横向克虏伯非渗碳钢装甲，或许可以将造价降低到需要的程度。"橡实"级的后续舰只造价还稍微有所增加，不过削弱后的版本或许可以降低到82350英镑。

但这种观点很快遭到了否决。1912年1月，海军审计主管要求设计"阿卡斯塔"级的改进型，安装2副双联装（而非此前的单装）鱼雷发射管，但不再配备可供装填的鱼雷。这一变化反映出了卡拉汉上将对在舰队行动中使用鱼雷攻击产生了日益浓厚的兴趣（卡拉汉一开始希望像部分德国驱逐舰一样采用3具单装鱼雷发射管，但后来审计主管召开的会议选择了2副双联装鱼雷发射管）。而削减4英寸炮数量的提议则被否决，因为当时德国驱逐舰的武器配置更强大，已经安装了15磅炮（3.5英寸，或88毫米），未来的驱逐舰很可能安装24磅（4.1英寸，或105毫米）炮（事实证明确实如此）。

3月时，第一海务大臣又批准了为驱逐舰加装防空机枪（马克沁机枪，备弹4500发），先是第一、第二和第七驱逐舰分舰队，之后是其他分舰队。这项工作也覆盖了"阿卡斯塔"级驱逐舰和新驱逐舰。

新驱逐舰后部的探照灯将能够直接从舰桥控制。其长度（垂线间长）被限制在260英尺（79.25米）以内，不过艏楼高度将再增加1英尺（0.30米）。新舰还将采用斜舰艏（raking bow），舰艏外飘的范围也更加靠后，同时前舰体的瘦削（fined）也一直延伸至舰桥（以避免像"橡实"级那样受损伤）。第一驱逐舰分舰队的驱逐舰上校[Captain(D)]抱怨他麾下的驱逐舰（"橡实"级）晃动得太厉害，以至于难以正常使用4英寸炮。一开始看起来部分驱逐舰将会采用防侧倾油箱，但最终却未能安装。

后来又有人提出安装防侧倾陀螺仪——当时美国海军也有类似的打算，但也遭到了拒绝。不过新舰还是可以采用更深（15 英寸，相比之前为 9 英寸）的舭龙骨（bilge keel）来增强稳定性，但采用双舭龙骨的提议遭到了否决，因为舭龙骨也会产生额外的阻力从而降低航速。

草图中显示这型驱逐舰有 4 台锅炉，这和"阿卡斯塔"级相同（不过 3 台或 4 台锅炉的设计都是可以接受的）。就和上一个建造计划中费尔菲尔德和登尼的特设舰一样，中部的 4 英寸（102 毫米）炮将被安装在后部锅炉舱上方，第二座和第三座烟道之间（只有 3 台锅炉的版本的布置方式显然是参照了登尼的特设舰），其舰炮由穿过后部锅炉舱中部的立柱来支撑。这种布置方式有效地拉开了中部和艉部舰炮的间距，但鱼雷发射管将阻挡住从后部靠近中部舰炮的路线，因此其弹药库将位于前方而非后方。舰炮炮位处修建平台以保证进入锅炉舱的通路畅通，但这个平台也不太高，因为需要把弹药运送上去。海军军械总监还希望炮位上的视线能不受烟雾的影响，因此第二座和第三座烟道的高度也提高了 4 英尺（1.22 米）。

采用速射炮和双联装鱼雷发射管将使排水量增加大约 7 吨，而舰体的修改，包括更高的舰艏、更深的舭龙骨和比之前多 3 英寸（76 毫米）的宽度（以增加稳定性），也将增加大约 6 吨的排水量，这将让航速降低约 0.15 节，处于完全可以接受的范围内。

"无双"号驱逐舰

"无双"号（HMS Matchless）是一战爆发至 1916 年这段时间内英国建造的标准驱逐舰的典型代表。该舰订购于战前的最后一个建造计划（1913—1914 年），图中为 1915 年 2 月时的状态。该舰安装了 3 台而非 4 台锅炉（雅罗式，250 磅力／平方英寸），其舯部的 4 英寸（102 毫米）炮安装于隔开两个锅炉舱的隔舱壁上方，前锅炉舱有 2 台锅炉，后锅炉舱则为 1 台。舰桥两侧还有 2 门 1.5 英寸（37 毫米）"乒乓"炮。和 L 级驱逐舰一样，M 级驱逐舰也曾设想携带 4 枚水雷（注意舰艉的布雷轨道），但它们似乎从未携带过水雷，这条轨道后来也被拆除，腾出的空间用于搭载各种形式的反潜索。为了应对德国的高速驱逐舰，该级舰的标定最高航速高达 34 节，但实际上其动力系统输出功率和航速更低的 L 级一样，只是海试时的载重量发生了变化。在全速前进时，该级舰的直联式蒸汽轮机转速为 750 转／分钟，功率为 25000 轴马力。相比之下采用单级减速齿轮的 R 级驱逐舰，转速只有每分钟 360 转（功率 27000 轴马力）。该级舰建成后的排水量比设计时要略大："无双"号的设计满载排水量为 1126.5 吨，但实际满载排水量达到了 1154 吨。注意舰楼上放置的即用弹药箱向内倾斜了大约 40 度。该舰后来被改装为扫雷舰，到 1919 年 1 月，又拆除了舰艏的探照灯，后部的探照灯也挪到了位于后鱼雷发射管和后桅杆之间的新平台上，舰艉鱼雷发射管管尾一侧还增加了 2 具深水炸弹抛射器。原先用于承载后部探照灯的平台则被加大，安装了 1 门 2 磅防空炮。

（绘图：A. D. 贝克三世）

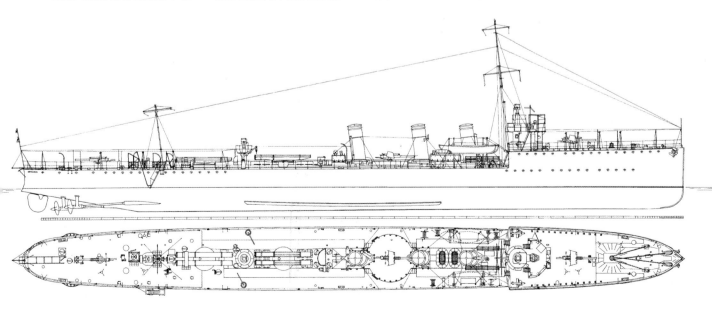

︿ 图中为后续建造的 M 级驱逐舰"俄耳甫斯"号（HMS Orpheus）1919 年时的状态，已经接受了战时的标准化改造，拆除了舰艉的探照灯，在鱼雷发射管之间增加了 1 门防空炮，但依然保留了舰桥上的臂板式信号机。1918 年 4 月时驱逐舰的标准反潜深弹配置为 4 具坡道、2 具抛射器和 8 枚深水炸弹，但许多驱逐舰携带了更多的深水炸弹。

（图片来源：国家海事博物馆）

︿ "莫雷"号（HMS Murray）属于最初的一批 M 级驱逐舰，依旧采用平直艏，也没有为舯部的火炮建造火炮平台。照片摄于 1920 年，注意此时舰上不寻常的低矮烟道。

（图片来源：国家海事博物馆）

　　此次计划建造 20 艘驱逐舰（在 3 月份的会议上，海军审计主管决定不再购买采用不同舰体尺寸的特设舰）。这级舰最初的 16 艘于 3 月 29 日订购，包括：费尔菲尔德 4 艘，登尼和帕森斯各 2 艘（舰体由帕尔默负责建造），斯旺 – 亨特、桑克罗夫特、怀特和雅罗各 2 艘。费尔菲尔德采用了改进后的布朗 – 寇蒂斯蒸汽轮机（首席工程师认为其全速时的经济性比普通的帕森斯引擎要高 2%，低输出状态下的经济性则要高出 13%）。帕森斯还提出了采用齿轮传动的蒸汽轮机方案，通过降低螺旋桨的转速（螺旋桨的转数为 280 转 / 分钟，而蒸汽轮机的转速可达每分钟 1800 转甚至 2000 转），预计可以提高 10% 左右的推进效率。和传统的帕森斯蒸汽轮机相比，这种方案预计在全动力时能提供 9% 的额外动力，而在低速时动力要高出 20%。怀特和雅罗采用的都是三台锅炉和两座烟道的布置，其他船厂则沿用了前一个建造计划中"鲨鱼"号（HMS Shark）的锅炉布置，在两座烟道外还有一座更靠前的烟道。后来海军又分别向彼得摩尔和雅罗订购了 2 艘同型舰。雅罗的驱逐舰采用了防侧倾油箱，能够携带更多燃料。

　　1913 年 9 月 30 日，这批驱逐舰采用了以字母 L 为开头的舰名，而此前它们被称作"罗伯·罗伊"级（Rob Roy Class）。这也是第一批舰名和定级相匹配的驱逐舰。[17]

　　1912 年春，就在 L 级驱逐舰刚刚被预订时，有报告称德国驱逐舰已经达到了高得多的航速，而英国的这批新驱逐舰可能尚未开工就已经过时了。海军审计主管指出在远洋航行时英国驱逐舰会更快，但 6 月 19 日海军大臣温斯顿·丘吉尔还是给审计主管和第一海务大臣写了一封信，信中说道："我不敢说现在面临的问题有多么紧迫和严重，不过我们或许应该提前开始 1913—1914 年鱼雷艇驱逐舰的设计工作（用来应对德国的新驱逐舰）。航速只有达到 36 节才能令人满意。"据悉，雅罗当时已经可以以大约 3000 英镑 / 节的价格达到更高的航速。

　　审计主管依旧希望驱逐舰能在各种海况下保持高速航行，所以他不希望为了达到高航速而牺牲太多的强度和重量。其武器配置则和 1912—1913 年建造计划中的驱逐舰（L 级）相同。海军造舰总监预计能够在 9 月时拿出舰体剖面的方案并让海军委员会批准，这样就可以进行下一步的设计并在 11 月中旬完成相关指标的设定并下发各厂商，考虑到 1913—1914 年建造计划的驱逐舰招标不会早于 1913 年中期，因此其日程提早了超过 6 个月。

　　海军造舰总监预计，要达到希望的航速，驱逐舰的尺寸大约为 83.82 米（垂线间长）、宽 8.23 米，动力系统的输出功率需要达到 33000 轴马力，而非此前估计的 24500 轴马力（他一开始估算的舰长为 91.44 米）。该级舰在海试开始时将携带 150 吨的载重（"阿卡斯塔"级海试时的载重为 250 吨）。考虑到对高航速的需求，海军造舰总监在 7 月 26 日下令对一艘 736 吨级驱逐舰的模型进行水槽测试，测试的最高航速达到了 40 节。随后，排水量低 10% 和高 15% 的驱逐舰模型也接受了测试。首席工程师分别对 30000 轴马力和 33000 轴马力的双轴四锅炉动力系统所需的空间进行了估算，锅炉采用共用燃烧室的方式布置（即每段锅炉舱的两台锅炉面对面安装，上风道则位于锅炉舱两端）。但由于宽度过窄会导致动力系统的设计更加复杂，他要求将舰体宽度增加 1.5 英尺（0.46 米）。

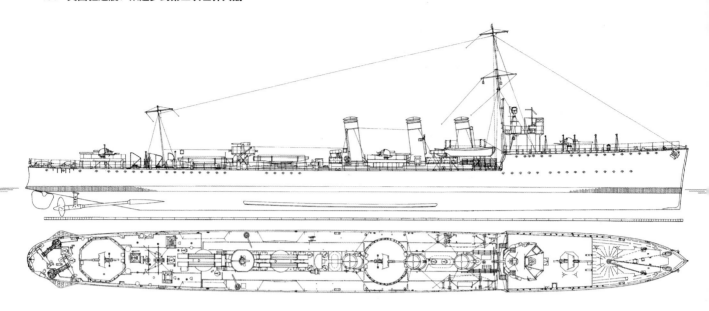

"拉德斯托克"号驱逐舰

"拉德斯托克"号（HMS *Radstock*）是战时建造的 R 级驱逐舰之一，该舰完工时（1916 年 12 月）已经包含了许多典型的战时改装。本质上 R 级驱逐舰是采用了齿轮传动而非直联式涡轮机的 M 级驱逐舰，因此采用了双轴而非三轴推进（动力系统功率也更

大一些，由 25000 轴马力增加至 27000 轴马力）。和"无双"号不同的是，该舰的所有 3 门 4 英寸（102 毫米）炮均安装了炮盾，并且似乎还有两侧内倾、装有玻璃窗的桥楼前壁（bridge front），舰桥的形状也被重新设计以减轻海浪可能造成的损坏。舰艉还有 2 具

破雷卫，而后部鱼雷发射管一侧的 2 台绞盘应该是为爆破索（高速反潜索）准备的。当时还有另外一种和破雷卫类似的高速扫雷器（C 型而非 Q 型）。两支吊艇柱都可以被垂直竖起，其中位于右舷的吊艇柱旁还可见一具液压深水炸弹投放装置。在 2 副鱼雷发射管之间，原

先的探照灯平台上，探照灯被 1 门 2 磅防空炮取代。同级的"鳐鱼"号（HMS *Skate*）驱逐舰是唯一幸存至第二次世界大战期间的 R 级驱逐舰，它的情况将在本书最后一章介绍。"拉德斯托克"号则于 1927 年被出售拆解。

（绘图：A. D. 贝克三世）

> 很难从外观上把 R 级驱逐舰和 M 级驱逐舰区分开来，而它们内部的区别就在于前者采用了齿轮传动的蒸汽轮机。图中为海试期间的"西芙"号（HMS *Sylph*）驱逐舰，舰桥上依旧安装有探照灯，鱼雷发射管之间有轻型防空炮，舰艉还搭载了扫雷器具。

> 桑克罗夫特的 M 级特设舰"尊贵"号（HMS *Patrician*）在一战后服役于加拿大海军。1924 年 12 月 2 日美国海军摄于圣迭戈。

〈 "威猛" 号（HMS *Truculent*）
驱逐舰是雅罗建造的 R 级特设舰，
通过合并前部的两座上风道来让烟
道远离舰桥，雅罗的 M 级特设舰
也与之类似，在最早的时候还采用
平直舢和位于艏楼后延部位的脆弱
舰桥，舰桥两侧开放。在普通的 M
级驱逐舰上该舰桥通常更靠后。在
后续的驱逐舰中，艏楼的舷侧被设
计为向内倾斜的样式。图中所示为
该舰 1919 年时的状态。

（图片来源：国家海事博物馆）

显然政府不可能在 1913—1914 财年之前就为如此庞大的驱逐舰补充计划拨款。桑克罗夫特提出以商业投资的形式按照海军部的设计建造一艘驱逐舰，等到第二年海军部决定订购驱逐舰（这也是必然的）时，他们就可以按照提前商定好的价格完成购买。海军审计主管指出，按照这种方式，皇家海军或许可以在 1913—1914 年建造计划的订购开始前就先期开工 6 艘驱逐舰。丘吉尔在 7 月 17 日同意了这种做法，而审计主管则决定向桑克罗夫特、雅罗和怀特各订购 2 艘驱逐舰。但由于整个计划处于非官方的地位，审计主管要求各厂商将设计方案以私人渠道提交给他进行审核，后来怀特被霍索恩 – 莱斯利取代。有一段时间，这些厂商看起来要建造的是采用海军部标准的 275 英尺型（83.82 米）驱逐舰，不过实际情况并非如此。

8 月 14 日，海军造舰总监确定了主要指标后与审计主管等人进行了会晤。[18] 此时雅罗的 1911—1912 年特设驱逐舰"火龙"号都尚未完工，但审计主管已经在询问该舰能否在载重更低的情况下达到所要求的航速。他很快就得到了否定的答复，但还是有一些具有欺骗性的建议认为，略微改进后的"火龙"号或许可以在不同的海试条件下（只携带 6 小时的燃油）达到 34 节的航速[19]——这不需要进行大规模的改动，只要让英国驱逐舰采用和德国驱逐舰类似的标准，降低载重量就可以像德国人那样达到惊人的高航速。海军造舰总监还将舰长由 83.82 米缩短到了 80.77 米，这样就能以

∨ 希腊购买了 M 级驱逐舰的第一
批外贸型，但 4 艘均在 1914 年被
皇家海军征用。四舰的尺寸和 M 级
相同，但容纳 2 台锅炉的锅炉舱紧
邻着引擎舱，皇家海军日后也会在
改进型的 R 级和 S 级驱逐舰上采
用这种布置方式。至于此舰，造船
厂并未借锅炉舱靠后的优势将舰桥
再向后挪。海军造舰总监则认为这
样的动力系统布置方式太过危险，
因为一旦较大的双锅炉舱和引擎舱
之间的水密隔舱壁在水下部位被击
中，就有可能导致驱逐舰直接沉没。
采用了新的布置后，肿胀的舰炮支
撑就必须位于 2 号和 3 号烟道之
间的位置穿过 2 号锅炉舱。在完工
时，约翰·布朗建造的"美狄亚"号
和"美杜莎"号（HMS *Medusa*）
采用了加高的烟道，其余各舰也在
战时做了类似的改装（这些也是 M
级和 R 级驱逐舰中唯一加高了前烟
道的）。图中为 1919 年时的"墨兰
普斯"号（HMS *Melampus*）。

（图片来源：国家海事博物馆）

25000 轴马力的功率，在海试中达到 34 节。[20] 设计方案和性能指标的确定于 1912 年 9 月完成，后续工作一直持续到了 1913 年 3 月，作为 1913—1914 年建造计划的前期准备。1912 年 11 月时，该方案被修改为可以在上层甲板携带 4 枚水雷，而为给海上加油设施腾出空间，之前安装于独立船舱内的发电机也被挪到了引擎舱内（减少了涡轮的数量，从而有了一些多余的空间）。后部探照灯的直径从原先的 30 英寸（762 毫米）增加到了 34 英寸（864 毫米），因此也需要更多的电力供给。一份 1913 年 5 月的设计参数显示水雷被剔除，2 门 1 磅高射 "乒乓" 炮取代了原先的 .303 口径（7.7 毫米）马克沁机枪。而此时动力系统的重量也略有增加，使其海试排水量达到了 908 吨。

同时，新的巴尔 & 斯特劳德（Barr & Stround）测距仪让驱逐舰可以在任意天气条件下进行测距，而这是否意味着应该给驱逐舰配备大型战舰上的侦察观测平台和相应的火控系统呢？当时英国海军的舰内通信采用的是传声管，由一根主管道连接舰桥和鱼雷发射管、探照灯，另一根管道则连接舰桥与舯部、艉部的舰炮，此外还有一根直径更小、安装也更灵活的管道用于连接舰桥和舰艏的主炮。另一种备选设备是声力电话机（telaupads），但在 "小猎犬" 号上测试后发现该装置并不可靠，因此并未采用。

与此同时，三家造船厂也收到了基于 275 英尺（83.23 米）型方案确定的参数指标，载油 150 吨时，需要能在持续 8 小时的全动力海试中达到 35 节的航速。武器配置和乘员搭载则和 1912—1913 年建造计划中的（L 级）驱逐舰相同。但由于各船厂都不希望采用灵活的定价，海军部直到 1912 年 8 月才最终做出安排。三家船长最终都没有用海军造舰总监要求的舰体长度，桑克罗夫特和霍索恩 – 莱斯利的舰长均只有 80.77 米，雅罗方案的长度更是只有 79.32 米。不过动力系统的输出功率和海军部的要求差别不大：桑克罗夫特的为 26500 轴马力、霍索恩 – 莱斯利为 27000 轴马力、雅罗则为 23000 轴马力。所有的这些特设驱逐舰均采用双轴推进。雅罗的特设舰拥有三台锅炉，1 号和 2 号锅炉的上风道合并为一座远离舰桥的烟道。桑克罗夫特的方案则拥有四台锅炉，其中 2 号和 3 号锅炉的上风道合并为一座烟道。而霍索恩 – 莱斯利的设计则拥有四台锅炉和四座烟道。

此次一共计划建造 15 艘驱逐舰，其中 9 艘采用海军部的设计。[21] 以商业投资的形式提前建造驱逐舰在 1913 年 3 月得以实践，而且雅罗还建造了第三艘驱逐舰（于当年 5 月被购入）。审计主管后来写道，他希望能让更多厂商参与后续建造：约翰·布朗 2 艘（采用布朗 – 寇蒂斯的蒸汽轮机）、帕尔默 2 艘（采用帕森斯蒸汽轮机）、斯旺 – 亨特（沃尔森德动力公司）2 艘、登尼 1 艘（帕森斯涡轮机）、怀特 1 艘（帕森斯蒸汽轮机）。后来海军大臣将计划削减至 6 艘（排除了登尼）。剩下的 3 艘则被后来的原型驱逐领舰取代（详见下文）。

和此前的设计不同，这次三台锅炉均有独立的烟道，其中 2 号和 3 号烟道间的距离比 1 号和 2 号烟道间的距离略大一些，因为舰舯的火炮依靠锅炉舱之间的隔舱壁来支撑，所以 2 号锅炉舱内一台锅炉的上风道被引向了更靠后的位置以留出空间（烟道的形状也尽可能地不影响射界）。采用海军部设计的几艘均为三轴推进，因为首席设计师否决了所有采用双轴推进的方案。该计划和 1912—1913 年建造计划的最关键的区别就是将海试时的载重量从 8 小时燃油量降低至 6 小时燃油量，因此只需要将

〈 第一次世界大战期间，维克斯和约翰·布朗均曾向西班牙出售过改进型 M 级驱逐舰，主要的变化是增加了一台锅炉。尽管海军部指责两家船厂将珍贵的舰船建造技术出售给了他国，可是交易还是得以正常进行。但直到战争结束后，西班牙的驱逐舰才得以开工建造（首舰 1920 年开工）。图中即西班牙的"埃尔塞多"号驱逐舰，注意舰桥上的测距仪，这在此类大小的驱逐舰上并不常见。皇家海军当时可能也采用了维克斯的驱逐舰火控系统。

〈 图中为 1917—1918 年间在昆士敦附近拍摄的一艘桑克罗夫特建造的 M 级或 R 级特设驱逐舰，有着典型的战争后期的特征。舰艉安装了破雷卫，既可用于扫雷也可（在装备战斗舱后）用于反潜。该舰的身份不明，因为从资料看桑克罗夫特的特设舰中没有舷号以 68 结尾的。而和大舰队中的反潜部队不同，在爱尔兰海行动的舰船并不会在舷号之外再悬挂用于识别的旗帜。

[图片来源：美国海军历史中心；路易斯·S. 戴维森（Louis S.Davidson）捐赠]

功率增加 500 轴马力、将舰长增加 5 英尺（1.52 米），就可以把航速从先前 L 级的 29 节提升至 34 节。该方案采用了方形艉（flat stern, 水下部分）而非此前的巡洋舰型艉（cruiser stern），海军造舰总监声称这样可以提供更高的航速和更强的机动性，而且能够减少海浪的砰击（slamming），宽大的舰艏外飘也提供了较好的适航性。其设计图纸于 1913 年 9 月 8 日提交。1913—1914 年建造计划中的驱逐舰是第一批海军部 M 级驱逐舰，也是日后在战争计划之下建造的 90 艘驱逐舰的原型。

希腊还在 1913 年订购了 4 艘驱逐舰，有时他们也算作约翰·布朗和费尔菲尔德的 M 级驱逐舰的翻版。但和 M 级驱逐舰不同，这些驱逐舰包含两台锅炉的锅炉舱被放置在了引擎舱旁边，因此舰艏的火炮也从 2 号和 3 号烟道之间挪到了 1 号和 2 号烟道之间。此外，它们还加高了烟道的高度。因为 1914 年 8 月战争爆发时这些驱逐舰依然在建造当中，所以它们被皇家海军征用，成了"美狄亚"级（Medea Class）驱逐舰。

1915 年 4 月时，约翰·布朗和维克斯一同向西班牙提供过一项增加了第四台锅炉（因此有四座烟道）的 M 级驱逐舰方案，当时维克斯几乎垄断了西班牙的造船业。海军造舰总监提出抗议，指责此举把当时英国驱逐舰的设计细节提供给外国，但没有任何结果。西班牙则将这一型作为"埃尔塞多"级（Alsedo Class）驱逐舰列入 1915 年 2 月 17 日的海军法案，但首舰直到 1920 年才开始建造。

驱逐领舰

驱逐舰分舰队很长一段时间里都是以巡洋舰作为旗舰的，但跟随舰队的新的行动模式要求使用不同的舰船与驱逐舰协同。巡洋舰通常只能带领驱逐舰到达某一个地点，然后驱逐舰编队将加速至全速，或多或少地相当于独立行动。而在舰队中，驱逐领舰将全程随驱逐舰行动。因此它既要拥有驱逐舰那样的高航速，又要拥有巡洋舰那样的侦察视野和通信指挥能力。卡拉汉希望他的舰队中至少有 2 支驱逐舰分舰队，而考虑到它们的航程，总共就需要配属 4 支甚至更多的驱逐舰分舰队。当时舰队也在尝试通过让战列舰为驱逐舰补充燃料来增加后者的航程，但现有的驱逐舰能携带的燃料还是太少，因此舰队也需要至少 4 艘分舰队领舰。1913 年夏季，皇家海军已经开始用“部族”级驱逐舰进行相关的测试。它们各搭载 1 名驱逐舰上校（即分舰队指挥官）和他下属的所有负责无线电和可视信号的操作人员，其中包括：1 名无线电报务员、1 名信号兵士官长、3 名信号兵、1 名次级军官（驱逐舰上校的副手），以及驱逐舰上校的贴身副官。在舰上时，驱逐舰上校将同时负责该舰和整支分舰队的指挥。参与测试的“部族”级驱逐舰包括“十字军”号、“毛利人”号和“祖鲁人”号。“弗农”号鱼雷学校则负责设法在不增加人员编制的情况下将无线电设备的通信距离增加至 150 海里。同时，旗舰的指挥设施也需要加强。

1913 年 9 月 4 日海军造舰总监德因科特（d' Eyncourt）为新的驱逐领舰列出了要求：排水量不得超过 1800 吨（2 倍于驱逐舰的排水量）；最高航速要达到 32 节，如果能达到 34 节则更好；如果可能的话，通信设备最好也要达到轻巡洋舰的水准，包括无线电，还有舰桥两端用于指示和通信的探照灯。在 15 节航速下，航程应当超过 M 级驱逐舰，而除了先前设想的船员外，该舰还需要搭载一名参谋人员和至少一名额外的无线电报务员。额外的载员意味着更多的空间，所以海军造舰总监预计需要建造短艉楼（half poop）或是甲板室（deckhouse），以及比驱逐舰上更大的海图室。舰桥同样需要尽可能地靠后，武器配置则为 4 门 4 英寸（102 毫米）速射炮、2 门“乒乓”炮和 2 副双联装 21 英寸（533 毫米）鱼雷发射管。该领舰也需要尽可能高的稳定性，造价则不能超过 18 万英镑——大约也是驱逐舰的 2 倍。

海军造舰总监于 9 月 24 日提交了第一份设计草案，他还强调如果要在 1914 年 1 月 1 日开始实行，那么就需要尽快地批准。该方案中的 4 英寸（102 毫米）炮布置方式和驱逐舰大体相同，唯一的区别是在艏楼的两舷并排安装了 2 门。舰艉的主炮则位于中部（2 号）锅炉舱上方的平台之上。动力系统也和当时的 M 级驱逐舰大体上类似：三轴推进，其中外侧的两支传动轴还连接着巡航涡轮；总输出功率 36000 轴马力，保守地估计最高航速可达 34 节。海军造舰总监提出如果只建造两段锅炉舱，会导致船体破裂时进水过多。所以最终的解决办法是将锅炉舱分为三段（中间的 2 号锅炉舱包含两台锅炉），每台锅炉都拥有自己独立的烟道，但这也让动力系统的长度增加了大约 3.05 米。该方案长 96.01 米，海试开始时的排水量预计为 1440 吨，15 节航速时的航程为 3600 海里，相同条件下 M 级驱逐舰航程仅 3000 海里。同时期的驱逐舰载员大约仅有 72 人，而该舰载员为 92 人。预计的单舰造价和要求很接近，为 18.1 万英镑。海军造舰总监德因科特于 10 月 2 日签名确认了该方案的各项性能参数，并在 1913 年 10 月 16 日获得了海军委员会的批准。

海军造舰总监还曾提议在动力系统所处位置的侧舷，从顶端至甲板下 3.20 米的范围加装 60 磅（厚度为 1.5 英寸）的装甲板，而后从动力系统处向前后延伸，厚度逐渐减小，直至艉舯处。这将让排水量增加至 1530 吨，航速大约降低 1 节。不过，海军审计主管认为如此轻薄的装甲并没有多大用处，于是拒绝了该提议。

在方案提交后不久，审计主管要求将所有舰炮沿舰体中轴线布置。但这并不容易，因为最合适的 3 号锅炉舱上方的位置如果安装火炮，将会阻挡锅炉的进气道。最终，位于舰体舯部的 2 门舰炮被分别安装在了 1 号与 2 号烟道之间和 3 号与 4 号烟道之间的位置。一开始的计划中，前三座烟道的高度还将被抬高以防止烟雾干扰舯部舰炮的视野，后来干脆连最后一座烟道也提升到同样的高度以改善该舰的外观。而"乒乓"炮的安装则更加麻烦，一开始确定的位置是 2 号和 3 号烟道之间的空位，尽管那里的射界并不好。另一门"乒乓"炮的安装位置更加难找，最初选定的位置是引擎舱的前端，但最后确定下的设计方案中，它被挪到了舰艉的甲板室上方，位于 4 号主炮的前面。

鱼雷发射管则安装在惯常的位置上，分别位于引擎舱的前后两端，并且该舰还将携带供再装填的鱼雷。鱼雷艇驱逐舰督导官曾提议将其中一对鱼雷发射管安装到更靠后的位置而不是位于引擎舱上面的地方（4 号主炮则位于其前方的火炮平台上）。另外被否决的提议还包括分别将 1 号 2 号和 3 号 4 号烟道合并。

另外，人们还发现，领舰上的驱逐舰上校很显然还需要配属相应的参谋人员，因此该舰还要为额外的 8 名军官提供住舱，他们包括：通信副官（signal lieutenant）、工程师、枪炮长、无线电报务员，以及 3 名值星官（领航员、大副和二副）。第一海务大臣后来又增加了一个带有医官的舰上诊室。

该方案于 11 月 14 日获得最终批准。

而在 9 月 25 日，设计工作还在进行时，第一海务大臣巴滕伯格（Battenberg）提出建造 2 艘这样的驱逐领舰，用以取代 1913—1914 年建造计划中的 3 艘驱逐舰，它们便是"轻捷"号（HMS Lightfoot）和"神射手"号（HMS Marksman），此外"雨燕"号也将被改造为一艘驱逐领舰。此时，参谋部已经发现对其北海战略而言，最重要的性能还是航程，这似乎表明未来的驱逐舰都会向驱逐领舰看齐。因此 1914—1915 年的建造计划中又包含了额外的两艘领舰，"肯彭菲尔特"号（HMS Kempenfelt）和"宁录"号（HMS Nimrod），它们于 1914 年 4 月开始招标。1914 年 11 月，海军部又追加了 3 艘的订单，分别是"亚必迭"号（HMS Abdiel）、"加百列"号（HMS Gabriel）和"伊思芮尔"号（HMS Ithuriel）。

1914—1915 年建造计划中的驱逐舰

1913 年 12 月时，海军大臣温斯顿·丘吉尔提议将此前计划的 4 艘"城镇"级（Town Class）轻巡洋舰和 20 艘驱逐舰替换为 8 艘更轻型的巡洋舰（C 级）、2 艘驱逐领舰（即上文所述）和 12 艘驱逐舰。同时，计划中还包含 10 艘鱼雷艇。[22] 后来由于经费紧张，丘吉尔又希望修改该建造计划。次年 1 月，他考虑取消所有驱逐舰（当时已经减少至 10 艘）和鱼雷艇，然后以 1 艘轻巡洋舰（总计达到 10 艘）取代 2 艘驱逐领舰。到此时，1915—1916 年建造计划中共包括 8 艘轻巡洋舰和 12 艘驱逐舰。

4 月，丘吉尔又提出以 6 艘"'波吕斐摩斯'级驱逐舰"取代"阿金库尔"号战列舰，这应该就是后来的"新波吕斐摩斯"级鱼雷巡洋舰，该舰的一份设计档案一直保存至今。[23] 到这一阶段，10 艘驱逐舰已经被 4 艘轻巡洋舰取代。7 月上旬，丘吉尔要求海军审计主管将"新波吕斐摩斯"级的设计提交给海军委员会审阅，此时审计主管提议的建造计划已经变为 4 艘驱逐领舰和 4 艘 E 级潜艇，而非此前的 2 艘领舰和 10 艘驱逐舰。[24] "新波吕斐摩斯"级从未得以建造，而战前的 1914—1915 年建造计划涉及的驱逐舰中仅有 2 艘领舰。

卡拉汉对驱逐舰的鱼雷攻击能力很感兴趣，因此在 1914 年 2 月下旬时，海军部又要求针对 1914—1915 年建造计划中的驱逐舰提交一份备选设计方案。海军造舰总监要求该备选方案的造价为 8 万英镑，鱼雷武器为 2 副双联装鱼雷发射管和 1 具单装鱼雷发射管，后者安装于舰艉。舰炮则为 2 门 12 磅炮（而非 4 英寸炮），1 门位于艏楼，1 门位于艉部中轴线上和 M 级上类似的位置，此外还有 1 门防空用的"乒乓"炮。几周后，据此产生的设计方案被认为很接近此前的"火龙"号，但武器配置有所差别，排水量也从 773 吨降至 750 吨，输出功率的要求为 18500 轴马力，在只携带足够 6 小时全速航行的燃油时最高航速 32 节，因此只有将船体设计得像"火龙"号那样轻才行。这个备选方案的预计造价为 8.3 万英镑，相比之下"火龙"号造价为 8.8 万英镑。

到 5 月 1 日，1914—1915 年建造计划又要求建造驱逐领舰和 10 艘海军部设计的 M 级驱逐舰，对领舰的招标迅速展开，但对新的 M 级驱逐舰的招标则因等待下一步的决定而被推迟。新的 32 节型驱逐舰的设计草图和说明已于 1914 年 4 月 3 日被提交给了海军委员会，海军大臣办公室的会谈结束后，该方案被公开以获得更多信息。4 月 23 日，海务大臣们要求各竞标厂商在 5 月 22 日前拿出 1914—1915 年建造计划中的驱逐舰设计方案。鱼雷艇驱逐舰监管 D. L. 登特（D. L. Dent）对此却表现冷淡。当时的德国驱逐舰已经装备上 15 磅（实际上是 15.5 磅）的 88 毫米炮，俄罗斯、法国、奥匈帝国、意大利和希腊也都已经用上了 4 英寸（102 毫米）炮，所以登特建议在招标时可以让各船厂采用如下备选方案：（1）采用海军部的武器配置方案；（2）以 4 英寸速射炮取代 12 磅炮；（3）采用齿轮传动的巡航涡轮机。同时，设想中的 12 磅炮将是高初速（792 米／秒）的 18 英担型，而非低初速（713 米／秒）的 12 英担型，前者拥有比 4 英寸炮更高的精度，其必中界（danger space）的范围更广，不过炮弹的杀伤力更低。不幸的是，方案中采用的却是老式的 12 英担型，因为海军造舰总监在 7 月时注意到，如果采用 18 英担型的舰炮就需要建造更好的支撑，而这会显著地增加上层的重量从而影响稳定性和航速。

该方案于 1914 年 5 月 15 日获得了海军委员会的签章，海军军械总监 F. C. T. 都铎（F. C. T. Tutor）则批评该方案没有为防空炮或水雷提供任何备用弹（因此很快修改为可以在舵机舱容纳 4 枚水雷）。方案中仅设计了一个 12 磅炮弹药库，不过每门炮附近都储备有大约 30 发待发弹。总共有 16 家造船厂在 1914 年 5 月 29 日收到了招标的邀请，竞标方案将在 6 月 19 日提交，海军造舰总监因此估计从（尚未准备好的）设计草案被批准到开始建造前的细节设计、规划和计算，需要 8 个星期的时间。

但新的建造计划随着 1914 年 8 月底战争的爆发而改变，削减为只建造 8 艘 M 级驱逐舰。海军部设计的 M 级驱逐舰将成为第七章中将要叙述的，战时建造计划中驱逐舰的设计蓝本。[25]

注释：

1. 1907 年 6 月确定的建造计划包括 1 艘战列舰和 2 艘装甲巡洋舰（战列巡洋舰），附带的文档显示装甲巡洋舰的主炮口径为 9.2 英寸（234 毫米），小于战列舰的火炮。该计划中的战列舰即后来的"涅普顿"号（HMS *Neptune*）战列舰，装甲巡洋舰则最终成了"不倦"号（HMS *Indefatigable*）战列巡洋舰（澳大利亚和新西兰则出资建造了另外的姊妹舰）。很可能是因为将装甲巡洋舰的建造数量削减至一艘，皇家海军才得以将其升级为战列巡洋舰，并能够再额外建造数艘轻巡洋舰和驱逐舰。海军委员会关于 1908—1909 年建造计划的讨论被收录于《泰恩茅斯档案》（*Tweedmouth Papers*）第七卷（1907年），现藏于海军历史档案馆。其中一份附注为提交海军预算委员会（Navy Estimates Committee）的《1908—1909 年海军预算报告》（*Report on the Navy Estimates for 1908—9*）。其主体报告（1907 年 11 月）要求建造大型的驱逐舰以取代落伍的舰艇，因为"在 1910 年之后的现代舰船领域，我们只能勉强和德国相抗衡。当然，在得出这一结论前我们并没有忘记将新的岸防驱逐舰或者说鱼雷艇计算在内，它们不仅能和很大一部分德国驱逐舰抗衡，而且得益于其进攻性设计，在执行某些特定任务时甚至能比大型远洋驱逐舰做得更好——这得归功于较浅的吃水和极高的隐蔽性"。

2. 例如，1907 年 10 月的一份报告中称，德国的 G 137 号在满载情况下最高航速达到了 34 节（平均航速 33.1 节）。海军造舰总监对此持怀疑态度，认为这一航速应该只是在轻载的条件下测得的。他将德国的 S 135 级和 S 149 级驱逐舰与"河川"级驱逐舰进行了对比，后者舰体稍长但是更窄，排水量也更低。如果德国的海试载重和"河川"级驱逐舰相当，那么舰体和动力系统加起来的重量大约为 400 吨，而足以产生 10000 马力动力的动力系统大约需要 250 吨，但这样就只剩下 150 吨的重量够用于建造舰体——相比之下"河川"级驱逐舰的舰体重量为 235 吨。所以要么德国的驱逐舰舰体异常脆弱，要么就是数据出错或者德国声称的航速有假。

3. 海军军械总监认为 6 磅炮实际上毫无用处，因此"河川"级驱逐舰后来混合搭载长倍径与短倍径的 12 磅炮。1907 年，新任鱼雷准将莱缪尔·贝雷（Lemuel Bayley）认为，驱逐舰的火炮应该发射高爆弹药，这让驱逐舰只能选择较大的 12 英担（610 千克）型 12 磅炮。鱼雷准将的想法是在舰艏和舰艉采用短管炮，他的论据是驱逐舰就不该向 1000 码以外的目标开火。

4. 设计档案中插入了一篇当时发表于《卡西雷尔杂志》（*Cassirer's Magazine*）的未署名文章，文章指出海军部继续采用煤（属于倒退一步）是由于大英帝国境内有大量煤矿但并不盛产石油。

5. 在"小猎犬"级的设计档案中包含一份 1907 年的报告，鱼雷准将在其中着重强调了驱逐舰在敌方海岸周围行动的能力，但却没有强调伴随舰队作战的职能。他认为舰队应当把重心放在舰炮火力上，毕竟"英国的战列舰在数量和质量上都足够强大，只要战略选择合理、人员训练充足，就足以击败敌方的战列舰队……一直以来都有许多关于英国舰队应当在敌方海岸作战的想法，认为这样可以诱使敌方舰队出动，然后尽快在不至于远到难以返回港口的地区展开战斗"。在这种类型的作战中，战列舰并不需要驱逐舰的支援，不过，战列舰舰队却还是缺乏防御敌方鱼雷艇的手段，因此舰队中的巡洋舰将负责哨戒并消灭突破了海岸附近驱逐舰封锁线的鱼雷艇。敌方的鱼雷艇一定会尝试扳回一城，因此英国驱逐舰的职责就是在侦察舰和（部署于附近基地的）母舰的支援下粉碎这种尝试。在鱼雷准将看来，让驱逐舰去袭击敌方的战列舰或者巡洋舰简直是一种犯罪，偏离了这种舰船的设计初衷。为此他受到了诸多批评，毕竟决定驱逐舰应当执行何种任务的是各舰队的司令官。

6. 图纸上的标注尺寸为：垂线间长 77.72 米、宽 8.46 米、吃水 2.59 米（深载情况下，排水量 850 吨）。舰艏干舷高度的要求为 4.57 米，舯部干舷高度不低于 2.13 米，载煤量为 180 吨（海试条件下载煤120 吨）。武器配置为 5 门 12 磅炮（每门备弹 100 发）和 2 具未标明口径的鱼雷发射管。图注中并未给出该舰的引擎功率（也未给出最高航速），但标注了动力系统的全重为 275 吨，包括 120 吨的载煤量（设计档案中也没有给出对引擎功率的计算结果）。

7. 法国当时已经开始给驱逐舰增加薄弱的防护，因此英国也逐渐对为驱逐舰增加防护产生了兴趣。《桑克罗夫特清单》中的 12796 号设计方案（HO 系列），就是一艘防护驱逐舰。该方案中的驱逐舰安装 5 台水管锅炉，采用往复式蒸汽引擎（长 76.20 米、宽 8.53 米、吃水 2.74 米，航速 26 节），武器为 5 门 12 磅炮（2 门位于艏楼两侧、2 门位于舯部且斜置布置，1 门位于舰艉）和 4 具位于舯部斜置安装的 18 英寸（457 毫米）鱼雷发射管。在动力系统所在位置的上部有 1 英寸（25.4 毫米）厚的水平装甲，日期标注为 1905 年 2 月（但未提及目标买家）。稍晚一些的 14001 号方案则采用 4 座烟道，由 2 台三胀式蒸汽引擎驱动，双轴推进，该方案更接近"部族"级驱逐舰的早期方案（长 86.87 米、宽 9.30 米、吃水 3.05 米，舰艏为冲角艏，最高航速为 26 节），武器配置为 2 门 120 毫米炮、6 门 75 毫米炮（安装于两舷的舷外凸体上）、8 门"乒乓"炮和 4 具斜置安装的 450 毫米鱼雷发射管，这一方案是为俄国海军设计的。德斯顿关于维克斯兵工厂的笔记中也提到了一些具有轻型装甲的驱逐舰，时间很可能是在1902 年左右，在该船厂建造"哨兵"号侦察巡洋舰之前，但没有一艘被订购。它们包括：（1）71 号方案，有包裹动力系统部位的 2 英寸（51 毫米）装甲带和横向装甲隔舱壁，长 91.44 米、宽 10.97 米、吃水 4.04 米，排水量 2000 吨，功率 14000 轴马力，航速 25 节，应该是作为侦察巡洋舰的一种备选方案提出的，武器为 2 门安装于艏楼两侧的 4 英寸（102 毫米）速射炮，4 门 14 磅炮（2 门位于艉楼甲板，2门位于舯部），2挺机关枪和4具鱼雷发射管；（2）74号方案，尺寸和性能与71号方案类似的蒸汽轮机动力驱逐舰，装甲带厚度增强至3英寸（76毫米），增加部分装甲板，武器配置不再包含4英寸炮，取而代之的是10门37毫米速射炮；（3）74A号方案，和前者类似，但37毫米炮减少至6门，引擎功率增加至15500指示马力，以达到26节的最大海试航速。1905年3月的一艘为"ZZ"[很可能是指维克斯兵工厂的经销商巴兹尔·扎哈罗夫（Basil Zaharoff），他负责俄罗斯方面的销售]设计的驱逐舰，采用了1英寸（25.4毫米）的装甲带为动力系统提供防护（设计编号208，长54.86米、宽5.03米、吃水1.68米，排水量230吨，指示功率3300马力，武器配置为2门4英寸速射炮、4挺机枪和1具水下鱼雷发射管）。此外还有1907年1月提交给乌拉圭海军的274号方案，在动力系统周边加装了2英寸（51毫米）的装甲带和横向装甲（长73.15米、宽9.14米、吃水2.82米，排水量1000吨，引擎指示功率7500马力，最高航速20节，武器配置则参考了英国的做法，为1门12磅炮、5门6磅炮和2具18英寸鱼雷发射管）。该方案很好地展示了为"河川"级增加防护需要付出多少代价。275号方案则表明，采用稍大的尺寸（长84.73米、宽8.53米、吃水2.82米）和更轻的装甲防护（1英寸）时，该舰还能勉强达到33节的航速。然而，他们还是指望一种大体上缩水的"河川"级（依然是为乌拉圭设计的276/277号方案）能够以6500指示马力的引擎达到36节的高航速（长67.06米、宽7.01米、吃水2.13米，排水量485吨）。几乎与此同时，德斯顿为"ZZ"设计了一艘大型的防护驱逐舰（几乎可以确定是为俄罗斯设计，方案编号281号，采用蒸汽轮机，长79.25米、宽4.19米、吃水2.06米，指示功率10500马力，最高航速30节），武器为2门4英寸炮、4门6磅炮和2具鱼雷发射，动力系统所在位置由1.5英寸（38毫米）的侧舷装甲和1英寸（25毫米）的横向装甲提供防护。305A方案则是为土耳其设计的航速26节的内燃机驱逐舰，采用了类似的装甲防护（长70.10米、宽6.55米、吃水1.91米，排水量450吨，武器配置为1门4英寸速射炮、5门6磅炮和2具鱼雷发射管）。提交给阿根廷的设计是一艘航速26节的驱逐舰（359号方案），动力系统部分由1英寸装甲防护（长74.68米，排水量560吨），但实际上这已经是一艘巡洋舰，因为其武器配置为2门单装9.2英寸（234毫米）炮、4门4.7英寸（120毫米）速射炮、4门3磅炮和2具水下鱼雷发射管。

8. 军舰制造业的衰退也解释了为何海军部最终接收了帕尔默和莱尔德以私人投资方式建造的、还在采用早期设计的驱逐舰。

9. 长73.15米、宽7.48米、吃水2.74米（此为海试开始时的吃水深度），排水量743吨，包括了能够在经济航速（13节而非此前希望的15节）下达到规定航程（1650海里）的燃油储量的2/3。

10. 确定经费预算并不是件易事，模型测试的确可以用于推算达到某一航速需要多少动力，但实际情况是，蒸汽轮机产生的轴马力会因为机械间的摩擦而耗损。因此，以13000轴马力的动力达到27节的航速，其推进效率（propulsive coefficient，用于衡量涡轮产生的动力有多少被传导到了螺旋桨）为48.25%，但当时这一参数根本不可能超过46.75%，这就要求至少有13500马力的功率。如此低的推进效率要归咎于高转速的直联式蒸汽轮机。

11. 这些驱逐舰的材料被收录在相同的设计档案内（264页），作为当时澳大利亚"雅拉"级（Yarra Class）驱逐舰和计划中的加拿大驱逐舰的介绍。关于新西兰的索引则解释了其中的原因。

12. 根据马驰（March）的著作《不列颠的驱逐舰》（British Destroyers）一书第121页记载，德国的V 162号和G 173号在海试时分别达到了30.7节和33节，G 174和V 185号的平均航速达到了32.5节。马驰的数据和1911年2月海军部情报司得到的类似，但它们属于"阿卡斯塔"级驱逐舰的设计档案，因此和雅罗无关。

13. 桑克罗夫特想采用21000轴马力的动力系统，设计航速33节，希望能够建造3艘或6艘。该方案将采用双轴推进，由4台蒸汽轮机提供动力，携带的燃油（171吨）足够以13节（桑克罗夫特估计可以达到15节）的航速航行2000海里，舰体内部的构型参考"阿刻戎"号驱逐舰。在《桑克罗夫特清单》中，6009号方案被列为葡萄牙建造的驱逐舰方，设计图纸的日期标注为1910年11月30日，属于英国特设舰（相关文件中有和"拉恩"号与"阿刻戎"号进行对比的内容）的改进型，最高航速32节，设计尺寸为水线长77.57米、宽8.05米、吃水5.11米。设计档案中显示该方案采用3座烟道，应该安装有4台锅炉，当时提交给葡萄牙的武器配置方案为2门100毫米炮、2门75毫米炮和2具53厘米鱼雷发射管，并有4枚可供再装填的鱼雷，另外还有采用6门75毫米炮的备选方案。但《桑克罗夫特清单》中未提及其他。

14. 以下内容可以解释发生了什么。1909年11月桑克罗夫特曾向阿根廷提交了一份排水量850吨的驱逐舰设计方案（长86.03米、宽8.23米），采用5台锅炉（5座烟道），航速可以达到30节，装备2座双联装100毫米（3.9英寸）炮和3具21英寸（533毫米）鱼雷发射管（设计编号S4319号）。1911年3月帕尔默也向葡萄牙提供了相同的设计。而此前桑克罗夫特为阿根廷设计了一型排水量650吨的驱逐舰，拥有3座烟道，舰桥前方采用了类似德国驱逐舰的围井甲板，武器配置为2门101毫米炮、4门76毫米炮和4具18英寸（457毫米）鱼雷发射管（S4281号方案，1909年7月）。第一个方案是为帮助阿根廷应对巴西海军的10艘"帕拉"级驱逐舰（"河川"级改进型）而设计的，后者订购于1908年，拥有相当高的航速和更大的载煤量。而第二项设计方案表明阿根廷开始意识到他们需要更强的火力。有 20 余家造船厂商参与竞标，最终有 4 家厂商在 1910 年入选，分别是坎默尔 – 莱尔德（4 艘）、法国布列塔尼造船厂（Chantiers de Bretagne，位于南特）（4 艘）、德国克虏伯（2 艘）和硕效（2 艘）。招标条件包括在持续 6 小时的海试中达到 32 节的航速，武器配置被限定为布置于中轴线的 4 门舰炮和 4 具单装鱼雷发射管（两舷各 2 具）。1911 年 1 月 20 日的《工程师》杂志（Engineer，美国海军情报局内参）展示了一份（代表所有设计方案）的草图，显示了 3 座烟囱，表明很可能拥有 3 段锅炉舱，其纸面功率为 20000 轴马力，排水量为 900 吨。第一艘由德国建造，而在英国厂商建造期间，希腊急需一批新的驱逐舰用于和土耳其的战争，因此坎默尔 – 莱尔德建造的 4 艘全部出售给了希腊海军，它们在 1916 年 12 月成了被法国海军占据的希腊舰艇中的一部分。而阿根廷海军则没有再建造它们的替代舰。法国为阿根廷建造的驱逐舰则在战时成了法国海军的"冒险者"级（Aventurier Class）。德国硕效建造的 2 艘火力强大，当时的德国媒体甚至将其列为鱼雷巡洋舰。美国海军情报局档案，注册编号 R-8-c 第 846 号。

15. 这是备选方案中的 A 方案。B 方案则将舰炮安装于烟道之间，但这样甲板是否能够得到加固和支撑还存在问题。C 方案则将这门炮和鱼雷发射管的位置互换，火炮直接安装于引擎舱上方，鱼雷发射管则位于烟道之间。这就需要穿过引擎舱来建造支撑，从火炮和探照灯的射界来看，这里确实是最适合的位置。但这会给弹药补给造成麻烦，弹药必须途经很长的一段开放甲板才能到达炮位。

16. 1911—1912 年建造计划中的驱逐舰档案提及了一次基于"橡实"级的海试结果估算推进效率的尝试。结果表明双轴推进的"敏锐"号的效率大概可达 48% 甚至 48.5%，而三轴推进的驱逐舰的推进效率在 43.7%—49.3% 之间波动。因此双轴推进似乎优于三轴推进，不过，不同厂商所采用的不同设计，包括螺旋桨的设计甚至船底的涂料种类等都有可能影响这一数值。如果推进效率为 46%，持续 8 个小时的海试航速至少能达到 30 节，而如果效率为 48.7%，航速就可以达到 31 节。

17.《丘吉尔的会议纪要》（Churchill Minutes）第一卷，海军历史档案馆，第 257 页。1913 年 8 月 18 日海军大臣温斯顿·丘吉尔宣布他计划用 L 开头的舰名为 L 级驱逐舰命名，同时 M 级也采用 M 开头的舰名，"不过'阿卡斯塔'级（K 级）就不再考虑了，因为以字母 K 开头的没有多少好听的舰名，而且许多也早已作为其他舰船的舰名在使用了"。

18.（8 月 14 日）海军造舰总监提出的具体指标为：舰长 83.82 米、宽 8.23 米、吃水 2.95 米（满载时的平均吃水为 3.15 米），燃料足够支持长达 8 小时的海试（海试开始时排水量 1135 吨，携带燃油 150 吨），海试时功率 33000 轴马力，最高航速 35 节。满载时（载油 255 吨）的排水量为 1240 吨，预计动力系统总重为 490 吨。

19. 似乎只要采用稍微改进后的舰体并以轻载状态（携带 96 吨燃油）投入海试就可以以预定的推进效率达到 35 节的航速，"火龙"号的舰体抗压能力就比海军部的设计更小，重量也更轻。因此即使是推进效率不高的舰船也可能在排水量只有 880 吨的状况下达到 34 节的航速。而排水量 928 吨、采用海军部的舰体结构并一定程度上增加输出功率（26500 轴马力而非 24500 轴马力）的话，就有能力将航速提升至 33.75 节，当然前提是拥有足够的舰体空间来安装相应的动力系统。如果只携带足够 6 小时全速航行的燃油，排水量为 912 吨的海军部的方案，航速或许可以达到 34 节。但鉴于这种海试条件根本不合实际，在 1916 年 10 月 27 日，海军造舰总监建议采用三种不同的海试条件：一种是只携带足够 6 小时的燃料，一种是携带一半的燃料，最后一种则是满载。他估计 R 级驱逐舰可以在满载情况下达到 32.5 节，而在只携带 6 小时燃料的情况下可以达到 36.75 节。预计 M 级在同样载重的航速分别为 31.25 节和 35.5 节。

20. 1912 年 9 月，海军造舰总监提交了一份排水量 900 吨的设计方案草案，主要指标为长 80.77 米、宽 8.13 米、海试条件下吃水 2.57 米，可以在 25000 轴马力的功率下达到 34 节。海试时该舰搭载燃油 75 吨，但总燃料携带量可以达到 250 吨。

21.《丘吉尔的会议纪要》第一卷，海军历史档案馆。1912 年 12 月时，1913—1914 年建造计划中的驱逐舰数量还是 16 艘，当时曾考虑削减 4 艘驱逐舰，这样就能够再增加 2 艘轻巡洋舰（从 6 艘增加至 8 艘）。而另外一种选择则是 4 艘巡洋舰和 20 艘驱逐舰。1913 年 2 月时，因为新的建造计划增加了小型舰艇的数量（削去了第五艘战列舰），海军部就这一问题再次展开了讨论，丘吉尔指出：是多造巡洋舰还是多造驱逐舰，取决于相比驱逐舰，巡洋舰是否更适合猎杀驱逐舰；如果是，那么英国的制海权将更多仰仗于轻巡洋舰而非驱逐舰。"要为这项决定进行辩护并不难，但如果一旦进行了辩护，就再难改变了。在该年的计划中不再增加驱逐舰的数量是很正当的，要不然就是在宣告海军政策做出了改变。要增加轻巡洋舰的数量非常简单，但增加驱逐舰却不容易，这肯定和削减第五艘战列舰以建造更多小型舰船的计划有关。我们现在可以建造 20 艘驱逐舰和 5 艘轻巡洋舰，在年底或许还能再增加一些轻巡洋舰和潜艇……或者我们也可以明确地指出政策应当向轻巡洋舰偏移，然后宣布驱逐舰的数量只需要和德国相当即可，将所有节省下来的资金，无论是通过削减战列舰数量还是从其他地方获得，都投入到轻巡洋舰和潜艇的建设当中。但最终妥协后的 16 艘驱逐舰和 6 艘'林仙'级轻巡洋舰的建造计划最终落得个两头空，导致无论从哪一个方向来说都很难辩护得清楚。"此前的两种备选方案分别为 12 艘驱逐舰外加 8 艘"林仙"级轻巡洋舰，或 20 艘驱逐舰加 5 艘轻巡洋舰。到 1913 年 3 月时，1913—1914 年建造计划中包括 8 艘巡洋舰、16 艘（而不是 20 艘）驱逐舰，以及 5 艘战列舰。

22. 新的鱼雷艇实际上是先前近岸鱼雷艇驱逐舰的改进型。设计工作始于 1913 年 10 月 23 日，由海军造舰总监德因科特负责，要求单艘造价 3.5 万英镑，配备 2 门 12 磅炮和 2 副双联装 21 英寸（533 毫米）鱼雷发射管，最高航速 25—26 节。他预计排水量大约为 250 吨，引擎功率 4000 轴马力。分舰队领舰（详见下文）的设计工作导致该级鱼雷艇的设计推迟了约一个月。1913 年 12 月 8 日提交的设计方案排水量为 280 吨（长 53.34 米、宽 5.38 米，艇艏吃水 1.45 米、艇艉吃水 1.91 米，艇艏干舷高 2.44 米、舯部干舷高 1.60 米），和此前的近岸鱼雷驱逐舰（TB 1—36 号）相似，不过增加了额外的 4 名乘员和无线电设备，此前建造的鱼雷艇在当时也在加装这些设备。不过，一份设计图纸中采用的依然是龟背状的艇艏而非艏楼，能够在满载时以 6000 轴马力达到 26 节。12 月时，海军造舰总监又提出了一种采用齿轮传动和大直径螺旋桨推进的蒸汽轮机方案。鱼雷的搭载方式则包括 2 具 21 英寸和 3 具 18 英寸（457 毫米）鱼雷发射管两种。然而，这个方案的造价将很难低于每艘 4 万英镑。

23. "新波吕斐摩斯"级是一型鱼雷巡洋舰。虽然后来的英国轻巡洋舰都拥有十分强大的鱼雷武装（8 具，后来增加至 12 具鱼雷发射管），但 1914 年订购的巡洋舰还只是安装 2 具水下鱼雷发射管。设计工作依照海军造舰总监的要求在 1914 年 2 月 24 日展开，最初的草图显示该级舰拥有 3 副双联装水下鱼雷发射管和倾斜的甲板穹甲。最初的设计说明显示排水量为 3400 吨（长 115.82 米、宽 11.28 米、吃水 4.57 米），安装领舰型动力系统（36000 轴马力，28 节），载油量 400 吨（总载油量 650 吨），载员则为 175 人。武器配置为 2 门防空炮和 8 具 21 英寸（533 毫米）水下鱼雷发射管（携带鱼雷 20 枚）。图纸的说明文件由斯坦利·古道尔（Stanley Goodall）于 1914 年 3 月 11 日签署，他预计该舰的航程为 5000 海里。一份 6 月 1 日提交给温斯顿·丘吉尔的说明文件表明建造该舰是丘吉尔自己的主意："由我向海军造舰总监说明。"采用水下鱼雷发射管则是为了降低该舰的高度，鱼雷可以在航速 10 节以内时发射，但很显然该舰更有可能以全速作战，这就导致必须重新设计更重型的鱼雷武装。在 7 月提交的一份设计方案中，鱼雷携带量达到了 32 枚，3 英寸（76 毫米）厚的甲板穹甲应该能够抵御敌方巡洋舰和战列舰的副炮的射击。另外一份采用双联装甲板鱼雷发射管的备选方案（总计搭载 36 枚鱼雷）则被否决。海军委员会的签章时间应该为 7 月 15 日，表明该计划将会照此执行。7 月 20 日时，海军审计主管阿奇柏德·莫尔（Archibald Moore）要求海军造舰总监"尽快开始详细设计的准备工作……还需要采取的措施是让已安装战斗部的鱼雷能够装入水下鱼雷发射管，这样才能大幅缩减发射时间，上层建筑也必须足够坚固以抵挡全速前进时被艏楼或侧舷激起的海浪"。1914 年 6 月改进型的设计方案排水量为 4400 吨（长 128.02 米、宽 12.80 米、吃水 4.57 米），输出功率 38000 轴马力，航速 28 节，载油量 600 吨，依然保留了此前的武器配置和 32 枚鱼雷。设计工作至少一直持续到 1915 年 1 月，但该项目最终在当年年底因丘吉尔离开海军部后而告终。目前尚不清楚 1915 年年底将"卡利登"级（Caledon Class）巡洋舰的鱼雷武装从 2 具水下鱼雷发射管增加为 8 具水上鱼雷发射管——这在当时是全世界最强的鱼雷武装，相当于两艘标准型驱逐舰的侧舷火力——的决定，是否和该项目被取消有关。C 级巡洋舰的设计档案中或许提到，此前采用水下鱼雷发射管而非水上鱼雷发射是为了增强鱼雷发射管的防护力，这也就解释了为何"新波吕斐摩斯"级只采用水下鱼雷发射管。杰利科在 1916 年 3 月给海军部的信件中解释了对重型鱼雷武器的需求。在他看来，轻巡洋舰就像他的前任官员们眼中为舰队护航的驱逐舰一样，可以使用鱼雷对德国的战列线实施"鸟枪射击"，而且可以在它们驶向前线对付鱼雷艇的同时进行。"拥有以鱼雷向敌方战列线实施攻击的能力更为重要，在北海地区驱逐舰更有可能因为燃料不足或天气原因缺席，此时轻巡洋舰就必须承担起它们的职责。"因此杰利科也认为轻巡洋舰不该配备额外的鱼雷，应该将所有的重量都用于增加发射管的数量。

24. 1914 年 7 月 12 日，丘吉尔致信第一海务大臣，阐述了他心中的计划：以 6 艘鱼雷巡洋舰（"新波吕斐摩斯"级）取代 1 艘战列舰（"阿金库尔"号，注意不是后来从土耳其海军手中接管过来的那艘同名舰，而是一级新设计的战列舰）；另外，1 艘"抵抗"级（Resistance Class）战列舰会被 15 艘改进型 E 级潜艇和 4 艘"卡利俄珀"级（Calliope Class）轻巡洋舰取代。同时，那 10 艘驱逐舰会被 4 艘额外的分舰队领舰和 4 艘改进型 E 级潜艇取代。实际上，这也标志着舰船建造的重心从主力舰转向鱼雷舰艇——丘吉尔的备忘录中甚至补充道：应当增加鱼雷工厂的规模。国家档案馆 CAB 1/34 号档案。

25. 内阁通过了 1914—1915 年包含 4 艘轻巡洋舰、10 艘驱逐舰和 2 艘驱逐领舰的建造计划。预计 1915—1916 年建造计划将包括 8 艘轻巡洋舰和 10 艘驱逐舰，以及另外 2 艘额外的驱逐领舰。每一个建造计划都还包括 4 艘战列舰。丘吉尔后来宣称他通过取消 1914—1915 年的 2 艘和 1915—1916 年建造计划的全部战列舰（改为从土耳其和智利直接接管 3 艘战列舰）省下了数量不小的资金。5 艘船的造价则只是战前设想的 8 艘战列舰造价的一半。他在 1914 年 12 月写到，他希望能够建造 6 艘而非 12 艘轻巡洋舰，但驱逐舰的建造数量将从 20 艘增至 58 艘，驱逐领舰也从 4 艘增至 9 艘，潜艇数量更是从 19 艘增加到 75 艘，此外还有新型的小型舰艇（4 艘大型和 3 艘轻型浅水重炮舰和 12 艘舰队扫雷舰），建造计划所需的资金总计增加了 820 万英镑，通常情况下每年的建造经费大约为 1500 万英镑。国家档案馆 CAB 37/122 号档案，备忘录日期为 1914 年 12 月 14 日。

07
THE SEVENTH CHAPTER

第一次世界大战：
1914—1918 年

为外国建造的驱逐舰

作为 1914 年时主要的驱逐舰出口国（另一个是德国），英国有大量来自其他国家的订单，其中一些订购了体型相当大的驱逐舰，因为购买者希望模糊驱逐舰和小型巡洋舰之间的界限。这种趋势是从俄罗斯的驱逐舰"诺维科"号（Novik）开始的，该舰由德国伏尔铿（Vulkan）造船厂设计。[1] 到 1914 年时，俄罗斯的大型驱逐舰（被定性为"舰队鱼雷舰"）上搭载有多达 4 具甚至 5 具鱼雷发射管。虽然一些俄国驱逐舰是由英国的造船厂设计的，但皇家海军开始关注这一点主要还是因为土耳其海军采用了类似的做法，而希腊也很快效法了土耳其。1914 年时，希腊和土耳其的超级驱逐舰都在英国的造船厂开工建造。1914 年时土耳其一共订购了多达 12 艘大型驱逐舰，其中 6 艘由阿姆斯特朗 – 维克斯集团负责建造（部分承包给了霍索恩 – 莱斯利；还有 2 艘是在土耳其建造），另外 6 艘则由法国的诺曼德和勒阿弗尔造船厂建造。[2] 但只有在英国建造的那几艘得以开工，它们之后成了"护符"级（Talisman Class）驱逐舰。这级舰拥有 5 门 4 英寸（102 毫米）炮和 3 具鱼雷发射管，其中 1 具位于舰艉，每吨排水量对应的火力要明显高于英国驱逐舰。皇家海军保留了所有的舰炮（其中 2 门并排安装于艏楼），但拆除了多余的鱼雷发射管。1914 年希腊的建造计划中也包括 4 艘改进型 M 级驱逐舰，均在战时被皇家海军接管。

> 作为对阿根廷购买驱逐舰的回应，智利也订购了自己的大型驱逐舰。后来由于希腊和土耳其之间爆发了战争，坎默尔 – 莱尔德为阿根廷建造的 4 艘驱逐舰均被希腊买走。1916 年 12 月，法国接管了希腊海军，因此这些强大的驱逐舰最终也为协约国战斗。图中为 1918 年时和其他法国军舰在地中海并肩作战的"鹰"号（Aetos）驱逐舰，其艏楼侧舷标有用于识别的字母 A。该舰背后是英国皇家海军的"柏勒洛丰"号（HMS Bellerophon）战列舰。

皇家海军同时还从南美洲的驱逐舰军备竞赛中获益良多，以阿根廷订购新型的大型高速驱逐舰对抗巴西购买的改进型"河川"级驱逐舰为开端。智利随后也订购了自己的大型驱逐舰，其中 6 艘由怀特建造，有 4 艘在战争爆发时尚未交付，遂被皇家海军接管。[3] 因为比英国的驱逐舰要大得多，它们后来成了"博塔"级（Botha Class）驱逐领舰，并且比海军部设计的领舰更早完工。1913 年，当初引发军备竞赛的巴西再次对驱逐舰产生了兴趣，新的驱逐舰订购计划很可能属于包括建造战列舰在内的扩张方案。[4] 但战争的爆发终结了该计划，直到 20 世纪 30 年代，巴西再未再购入任何新的驱逐舰。

△ 战前从智利接管的大型驱逐舰后来均成了驱逐领舰。图中为 1914 年刚完工时的"布洛克"号，可见舰楼两侧并排安装的 2 门主炮，烟道的高度也被抬升。该舰因为 1917 年时和德国驱逐舰的一次交战而声名大噪，期间"布洛克的伊万斯"曾命令舰上的船员与敌人进行接舷战。在 1918 年 3 月的改装中，舰艏并排安装的 4 英寸（102 毫米）炮被单装 4.7 英寸（120 毫米）炮取代，但舰桥侧面的 4 英寸炮得以保留。"布洛克"号于 1920 年被售回智利，更名为"乌里韦海军上将"号（Almirante Uribe）。

（图片来源：国家海事博物馆）

驱逐舰的发展

依照战争计划的设想，在战争爆发之时，皇家海军将分别在斯卡帕湾和多佛部署大舰队（Grand Fleet）和海峡舰队（Channel Fleet），4 支装备最新的驱逐舰的分舰队中，2 支（第 2 和第 4 分舰队，装备 H 级和 K 级驱逐舰）将配属大舰队，剩下的 2 支则（第 1 和第 3 分舰队，装备 I 级和 L 级驱逐舰）则由鱼雷准将雷吉纳德·Y. 蒂里特（Reginald Y. Tyrwhitt）指挥，作为支援部队部署于哈里奇港，可以随时编组到

任意一支舰队。[5] 尽管在名义上属于杰利科的舰队，但蒂里特的部队实际上是一支独立的鱼雷攻击部队，因此杰利科非常希望能够获得他的一支分舰队或者全部两支分舰队的直接指挥权。[6] 而在斯卡帕湾和哈里奇之间的罗赛斯，则部署有英国的战列巡洋舰部队，它们距离德国更近，因此更适合应对德国对北海交通线的劫掠或是对英国本土的登陆。本土的巡逻任务则由巡逻舰上将（Admiral of Patrols）乔治·A. 巴拉德（George A. Ballard）负责，其麾下包括：多佛巡逻舰队（第6驱逐舰分舰队，装备"部族"级和其他更老的驱逐舰）、亨伯河口巡逻舰队（第7驱逐舰分舰队，装备老式驱逐舰和鱼雷艇）、泰恩河口巡逻舰队（第8驱逐舰分舰队，装备老式的驱逐舰和鱼雷艇）、第四巡逻舰队（第9驱逐舰分舰队，装备"河川"级驱逐舰），以及设得兰群岛巡逻舰队（4艘老式驱逐舰）。另外还有8艘直接隶属海峡舰队的"河川"级驱逐舰。上述驱逐舰只是英国驱逐舰力量的一大部分，此外还有属于地中海舰队的第5驱逐舰分舰队（拥有16艘"小猎犬"级和6艘鱼雷艇），以及位于远东的8艘"河川"级驱逐舰。除此之外还有2艘I级驱逐舰配给了哈里奇港的潜艇部队，应该是充当潜艇部队的侦察舰艇。

　　将舰队全中到斯卡帕湾，就会导致本土海岸暴露于德国的袭击之下。1914年年末时，海军部发现可以通过侦测德国的无线电通信来获得大体上的预警，但这种预警的准确性并不好，第一次实战尝试就以失败告终。杰利科上将则不断地鼓吹需要建造更多的驱逐舰，因为他认为他的舰队正面临着数量庞大的德国驱逐舰和潜艇部队的威胁。[7] 作为回应，海军委员会在1914年11月同意哈里奇港的驱逐舰在需要时加入大舰队。在一支战列舰中队被部署至罗赛斯以应对德国可能对英格兰北部或苏格兰南部海岸的袭击后，一支驱逐舰分舰队随后也被派遣至罗赛斯与其协同。1916年时，2支罗赛斯的分舰队也被配属至驻扎在此地的战列巡洋舰分队。在日德兰海战前夜，共有3支（其中1支正在组建）驱逐舰分舰队被配属至斯卡帕湾的大舰队，其中2支位于罗赛斯，1支更现代化的分舰队则部署于克罗默蒂。此外还有2支位于哈里奇港，另外1支则临时部署于普利茅斯，剩下的则在多佛（由"雨燕"号作为领舰）、亨伯和福斯湾负责本土防御。现代化改造刚进行了一半的"小猎犬"级则依旧是地中海舰队的主力驱逐舰。

▷ 第一次世界大战让驱逐舰的尺寸更上一层楼，在1914年时还非常巨大的驱逐舰在十年后就变得很渺小了。1924—1925年J. 萨缪尔·怀特对希腊的"鹰"号驱逐舰的重建或许是最惊人的一个例子，他将其改造为和V级，或W级，或各类间战期驱逐舰相似的舰艇。"鹰"号安装了4台雅罗的燃油锅炉，采用2座烟道。重建之后，该舰在中轴线装有4门4英寸（102毫米）炮（其中1门位于烟道中间）、2门英制2磅"乒乓"防空炮和2副三联装鱼雷发射管，另外还能携带40枚水雷。在换装了锅炉和引擎后，该舰排水量为1013吨（普通载重），满载时吃水3.05米，输出功率可达19700轴马力（航速32节）。图中所示为"黑豹"号（Panther，希腊语作Panthir）在1938年12月时的状态，1940年时该舰计划接受进一步的现代化改造，而"隼"号（Ierax）则被改装成了布雷舰。"鹰"号最后一次接受改造是在1925年（其余各舰则在1931—1932年的改造后进行了进一步改装），此后该舰本该被拆解，但却一直在英国人的指挥下行动，和"黑豹"号、"隼"号一道服役至二战结束。

1915 年，海军部承诺杰利科他最终将得到 100 艘驱逐舰，但舰艇的交付却很缓慢。杰利科在日德兰海战时只拥有 4 支驱逐舰分舰队，其中只有 1 支负责反潜防御。海军部并未派哈里奇港的驱逐舰部队作为策应，因为他们担心德国将舰队派往日德兰只是声东击西，目的是掩护德军部队对附近的比利时海岸的入侵，而此处通常也是入侵英国本土的出发点（这也是英国在比利时遭到入侵时立即加入战争，以及将远征军部署在比利时附近的原因）。[8] 这样的话哈里奇舰队可以提供最高效的防御，而蒂里特则对因此而错过日德兰海战十分恼怒。看起来在夜间或黎明时和大舰队汇合的计划前景并不光明，毕竟这样极可能导致敌我识别的混乱。

但德国占人领比利时沿海地区后便改变了这一战略态势，在他们认清公海舰队将不再需要出动、将驱逐舰部署到弗兰德斯地区后更是如此。从这里，德国的驱逐舰可以威胁英法之间关键的海上补给线。为此，多佛的巡逻舰队被加强，部分英国驱逐舰还增加了舰炮数量。到 1916 年夏季时，德国在弗兰德斯的驱逐舰数量已经达到至少 22 艘，其中还包括 11 艘可以和英国同行媲美的现代化大型驱逐舰。当时，多佛巡逻队已经很难应付这样的威胁，因为只有"部族"级驱逐舰的航速足够快，但它们的火力却又不足。因此，哈里奇舰队又派遣 2 艘轻巡洋舰和 8 艘驱逐舰前往敦刻尔克，为唐斯锚地（Downs）的船队和跨越海峡的运兵船护航。

1916 年，英国驱逐舰要面对两种截然不同的情境。在海况较高的北海地区活动的大舰队，从 1916 年开始更关心鱼雷而非舰炮的战斗力。而南部地区（哈里奇舰队和多佛巡逻编队）的海面更加平静，舰炮的使用率要远高于鱼雷，尽管这里的部队也开始关心起鱼雷的近距离攻击力来。

在战争伊始，德国的 U 型潜艇部队就严重地威胁着英国海军的军舰，为此英国以驱逐舰组建了护航编队。但德国对英国海上交通线的威胁是间歇性的，所以英国不再将数量稀少的现代化驱逐舰用于反潜行动，而是将拖网和漂网渔船改造为猎潜舰，并且还建造了后来被视作二等驱逐舰的舰艇（P 型艇）。然而，1917 年 2 月德国宣布将进行无限制潜艇战，为此就必须增加反潜舰船的数量，包括驱潜部队的驱逐舰和 1917 年春末出现的船队护航舰艇。许多先前配属给舰队的驱逐舰也不得不被调离，这导致大舰队的行动面临困难，U 艇对油轮的袭击导致的燃油短缺更是让情况雪上加霜。这就解释了美国的参战为何如此重要，他们不仅仅带来了大量的现代化驱逐舰，而且拥有强大的工业能力，可以建造更多新驱逐舰和猎潜舰。

从战争后期驱逐舰的部署情况就可以一窥当时潜艇战的规模有多大。到 1918 年10 月时，仅大舰队就配属了多达 7 支现代化的驱逐舰分舰队（第 3、第 10、第 11、第12、第 13、第 14 和第 15 分舰队），每支包含 2 艘驱逐领舰。哈里奇港舰队的编制被降至只有 1 支（第 10）驱逐舰分舰队，但却包含了 4 艘驱逐领舰 ["斯宾塞"号（HMS *Spencer*）、"莎士比亚"号（HMS *Shakespeare*）、"布鲁斯"号（HMS *Bruce*）、"蒙特罗斯"号（HMS *Montrose*）] 和 24 艘 R 级驱逐舰。采用现代驱逐舰的分舰队（不包含领舰，因此仅承担护航任务）被部署到了北爱尔兰（第 2 分舰队）和德文波特（第 4 分舰队）。多佛巡逻编队（第 6 分舰队）则成了面对德国在比利时海岸的驱逐舰的强大力量，至少拥有 5 艘驱逐领舰或大型驱逐舰 ["道格拉斯"号（HMS *Douglas*）、"旋风"号（HMS *Whirlwind*）、"维洛克斯"号、"博塔"号和"雨燕"号]、2 艘"部族"级驱逐舰、18艘现代的小型驱逐舰（2艘S级、2艘T级和14艘M级），外加大量老式驱逐舰。地中海的驱逐舰分舰队（第5分舰队）也承担起了反潜任务（无领舰，但拥有64艘从"部族"级到S级的各型驱逐舰）。在伊明赫姆的（第7）驱逐舰分舰队则配合一支由布雷舰组成的分舰队（第20驱逐舰分舰队：拥有改造为领舰的"亚必迭"号和"加百列"号，外加3艘V级、2艘R级、1艘L级和2艘I级驱逐舰）。另外还有包含11艘老式驱逐舰的爱尔兰海猎潜分舰队（Irsih Sea Hunting Flotilla）和包含6艘L级驱逐舰的梅西尔护航分舰队（Methil Convoy Flotilla）。此外还有大量部署于直布罗陀、爱琴海、南方巡逻编队（Southern Patrol）、北海峡巡逻编队（North Channel Patrol）、朴次茅斯、德文波特、诺尔、波特兰、彭布罗克、纽哈文和昆士敦的老式驱逐舰和鱼雷艇。

大舰队的驱逐舰战术[9]

　　作为大舰队的司令官，约翰·杰利科上将同卡拉汉持有相同的观点，认为舰炮才是海战中的主要武器。[10]但这是一种对准确性有所要求的武器装备，因此对战舰而言，保持稳定的航向和拥有高效的火控系统都至关重要。但杰利科严重地高估了德国舰队的舰船数量，他认为德国海军一定会等到所有军舰都可以出海作战时才出动。真实的情况是，德国海军同样也有修整和轮换周期，因此他从不需要面对想象中的巨大威胁。杰利科同样高估了德国在舰队航道上布雷的威胁，他时常以相关情报作为例证，但很可能混淆了英国海军对水雷的兴趣和英国海军面临的实际威胁，被夸大的威胁让他不敢大胆地追击撤退中的德国舰队。实际上，虽然现代德国海军的缔造者提尔皮兹海军上将是一位鱼雷战专家，但是德国海军的军官们还是更熟悉主力舰之间的舰炮对决。在日德兰海战期间，德国的驱逐舰部队实力不仅远远弱于杰利科的驱逐舰舰队，而且根本未进行任何进攻尝试。

　　和卡拉汉一样，杰利科将舰队中的2支驱逐舰分舰队部署在了战列线另一侧，一支位于舰队前方，另一支位于舰队侧后方，他在一开始颁布的战术条令也和卡拉汉的一样，强调让驱逐舰承担攻击敌方舰队的任务。[11]当战列巡洋舰部队和舰队伴行时，英国驱逐舰的数量或许还足够组建两支用于反潜护航的分队，他们将在发现敌方舰队的第一时间返回并与主力舰队汇合。如果它们未能按时返回而舰队中又缺乏轻巡洋舰，驱逐舰分舰队将分散开来并承担如下任务：2支驱逐舰分队负责攻击敌方的主力舰队，剩下的1支分队则负责对付敌方的鱼雷舰艇和布雷舰艇。

第二次世界大战期间，重建后的希腊驱逐舰部队在英国的指挥下作战，因此也采用了英国海军的舷号（"鹰"号驱逐舰舷号为H89）。当时的3艘驱逐舰都用于承担布雷任务，到1942年时，其烟道之间的3号主炮被2门厄利空（Oerlikon）机关炮取代。该型舰保留了2副鱼雷发射管间的甲板室，到1943年，2门2磅炮也被2门厄利空机关炮取代。同时取消的还有舰艉的探照灯，舰艉的鱼雷发射管也被1门3英寸（76毫米）防空炮取代，而后部的4英寸（102毫米）炮则得以保留。同时该舰增加了超声波水下探测器（ASDIC），在舰艉的防空炮后方还安装了4具反潜深弹抛射器和2条深水炸弹轨道，另外桅顶还加装了286型对空搜索雷达。这些驱逐舰均在战后被除籍。

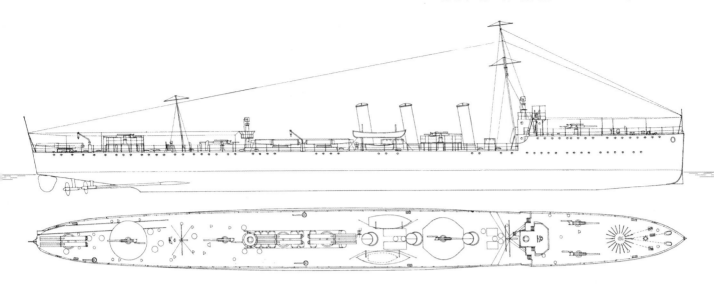

但由于缺乏轻巡洋舰来对付敌方的驱逐舰，杰利科很快便更改了驱逐舰的任务优先级。1914 年 8 月下达给大舰队的作战指令中，将驱逐舰的最主要任务规定为阻止敌方驱逐舰，即使在能见度不足的情况下也是如此。位于主力舰队前锋位置的驱逐舰分舰队将主要负责阻止敌方驱逐舰的攻击，因为这样的攻击很可能会打乱舰队的阵型。尽管在能见度较低时，英国驱逐舰也有发动攻击的能力，但此时它们的主要攻击目标还是被设置成了敌方的轻型舰船（驱逐舰和巡洋舰），而非敌方的主力舰。1914 年 9 月赫尔戈兰湾的战斗结束之后，杰利科在给海军部的信件中说道，北海地区多雾的条件"非常适合"实力较弱的德国舰队所实施的战术，而且"他们完全不缺鱼雷舰艇"。[12] 杰利科以为德国会非常仰仗潜艇、水雷和鱼雷，特别是在北海南部地区——这里的德国潜艇和驱逐舰数量众多。因此他计划在北海的北部，在更靠近自己的基地而远离德国海岸的地方交战——这样也不容易在战前的夜间遭受鱼雷袭击。而且距离自己的海军基地越近，他的舰队就能获得越多的驱逐舰和驱逐领舰——这是他对抗德国鱼雷舰艇的屏障——的支援。[13] 杰利科估计驱逐舰的航程大概足够进行 2.5 天的海上作战。因为绝大多数的战列舰和巡洋舰都还以煤作燃料，所以在海上为驱逐舰补充燃油并非易事（采用燃油锅炉的"伊丽莎白女王"级战列舰确实曾用于为驱逐舰补充燃料）。[14] 到 1915 年中期，海军部决定建造专门的高速补给舰，用来为驱逐舰补充燃料。

杰利科认为现有的分舰队阵型十分笨拙，而且很有可能会妨碍战列舰舰队的行动。1914 年 9 月，他提出了一个方案，将由 12 艘驱逐舰组成的分舰队分成 3 个分队，每个分队由 1 艘驱逐领舰率领，实际上他也是在要求建造更多的领舰。但这项提议并未得到采纳。到 1917 年时，设想中的驱逐舰战术即采用半个驱逐舰分舰队来对敌方舰队实施攻击，每个这样的"半分舰队"包括 2 个分队并配备 1 艘驱逐领舰。[15]

日德兰海战时大舰队包含 3 个驱逐舰分舰队：第 4 驱逐舰分舰队（8 艘驱逐舰，包括先前的"布洛克"号驱逐领舰，由"蒂珀雷里"号率领）、第 11 驱逐舰分舰队 [15 艘驱逐舰，包括"卡彭菲尔特"号驱逐领舰，由"卡斯托耳"号（HMS Castor）巡洋舰率领]、第 12 驱逐舰分舰队（15 艘驱逐舰，包括"神射手"号驱逐领舰，由"福克纳"号驱逐领舰率领）。战列巡洋舰舰队的护航力量规模则更大，包括：第 1 驱逐

"护符"号驱逐舰，前"纳皮尔"号

"护符"号（HMS Talisman）驱逐舰是皇家海军在 1914 年 11 月接管的土耳其订购的四艘驱逐舰之一，当时还尚未开工建造（该舰开工日期为 1914 年 12 月 7 日）。该舰最初的舰名为"纳皮尔"号（Napier），在 1915 年 2 月改为"护符"号，此时还没下水。这张图比本书中的大多数线图都要粗陋，因为这只是根据主体设计方案绘制的，似乎记录竣工时状态的图纸并没有保存至今。图中所示位于舰艉的双联装鱼雷发射管从未实装。该鱼雷发射管所在位置标注有"换装反潜爆破装置"的字样，但后来皇家海军的文件显示这型驱逐舰并不适合搭载反潜爆破索，其他鱼雷发射管则标注为"埃斯维克兵工厂的轻型版本"。舰炮为皇家海军中标准的 Mk IV 型 45 倍径 4 英寸（102 毫米）炮，注意在舰艏的两门采用了并排安装的方式，这并不常见。和皇家海军的 M 级驱逐舰一样，该舰采用三台雅罗式锅炉源，舰舯的 4 英寸炮由前部锅炉舱的两台锅炉之间的立柱支撑。该舰采用三轴推进，应该和 M 级一样使用直联式蒸汽轮机。

（绘图：A. D. 贝克三世）

舰分舰队（9 艘驱逐舰，由"无恐"号巡洋舰率领）、合并后的第 9 和第 10 驱逐舰分舰队 [8 艘驱逐舰，由"吕底亚"号（HMS Lydiard）驱逐舰率领]、第 13 驱逐舰分舰队（10 艘驱逐舰，由"冠军"号轻巡洋舰率领）。此外，还有专门附属于舰队旗舰（"铁公爵"号战列舰）的"橡树"号驱逐舰。德方的舍尔（Scheer）海军上将麾下则有 6 支半驱逐舰分舰队，但其中只有 2 支处于满编状态（相似的是，英国的驱逐舰分舰队中也没有一支达到满编——20 艘驱逐舰），不过杰利科还是预计德方会拥有8 支满编的驱逐舰分舰队（总共 88 艘驱逐舰）。德国将自己的驱逐舰分成了两个分舰队群，分别由"罗斯托克"号（Rostock）和"雷根斯堡"号（Regensburg）轻巡洋舰率领，鱼雷艇也每 11 艘一组分为多个编队。两个分舰队群分别拥有 31 艘和 30 艘驱逐舰。因此，当战列巡洋舰舰队加入主力战列舰舰队后，英国驱逐舰在数量上有一定的优势，为 65 艘（不包括领舰）对 61 艘。

由于杰利科采取防御战术，其麾下的驱逐舰在日德兰海战的昼间战斗中并未发动鱼雷攻击。不过另一部分原因也在于战斗中英国的战列舰成功抵达了德国舰队航向的前方，抢占了"T"字头的阵位，因此位于舰队前锋位置的驱逐舰群就很难从德国舰队的前方展开攻击。杰利科的部分驱逐舰（和轻巡洋舰）则被用于防御德国的鱼雷攻击，舍尔上将当日以这种方式来掩护己方舰队脱离大舰队的攻击。

贝蒂对采用驱逐舰攻击来扰乱敌人舰队前锋印象深刻。在"不倦"号战列巡洋舰被击沉后不久，贝蒂就命令对德国的战列巡洋舰舰队实施鱼雷攻击，几乎与此同时，德国战列巡洋舰的指挥官施佩尔（Hipper）上将也下令让他的驱逐舰攻击贝蒂的舰队，以缓解他的战列巡洋舰承受的压力。结果就是驱逐舰之间的战斗很大程度上妨碍了对德国主力舰的攻击 [仅有 1 枚鱼雷命中的德国的"塞德里茨"号（Seydlitz）战列巡洋舰]，不过，此举还是成功地让德国战列巡洋舰舰队选择了逃离，实现了贝蒂的构想，即果断的驱逐舰攻击可以瓦解敌方舰队的进攻。

海战结束后，英国驱逐舰部队又追击了撤离中的德国舰队，击沉了一艘前无畏舰"波美拉尼亚"号（Pommern）（其他战果事后被证明是统计错误）。有许多次，驱逐舰最后并未实施攻击，因为舰长担心他们瞄准的可能是友军。为了解决这一问题，皇家海军在 1916 年 9 月（1916 年 10 月 26 日）又对《大舰队战斗条令》（Grand Fleet Battle Orders）进行了补充说明，要求轻巡洋舰和撤离中的敌方舰队保持接触。[16] 之后，所有依然还拥有鱼雷、航速大于 25 节且无线电设备并未损坏的驱逐舰，将组成两支特别分舰队用于实施攻击。为防止友军误伤，只有其中一支会与舰队分离用于展开攻击，如果可能，这支分舰队会在入夜前出发，并获得舰队的航速、航向等相关信息以便之后和舰队汇合，这种思路在英国海军战后的战术思想中得到延续。总的来说，日德兰海战也反映了英国在夜战方面的短板，而在这之前，夜战一直被视为昼间行动的延续，并且主要由搭载鱼雷的驱逐舰来进行。

皇家海军似乎对驱逐舰在日德兰海战期间的表现相当满意，最初的战报称（保存于驱逐舰的相关档案中），"我方鱼雷艇驱逐舰所实施的鱼雷攻击相当成功"。总共4 具鱼雷发射管基本上够用，尽管"攻城雷"号（HMS Petard）驱逐舰曾报告称，在夜战中因为耗尽鱼雷而错失了对一艘德国战列巡洋舰发射鱼雷的机会。此前战报中声称德国驱逐舰炮术精湛，而日德兰海战后"尼卡特"号驱逐舰则报告称，该舰曾在

让希腊选择购买为智利建造的
驱逐舰的那次危机，同样刺激了土
耳其从英国和法国购买新的驱逐舰，
但英国建造的部分被皇家海军强行
接管，成了"护符"级驱逐舰，图
中即为该级舰的定名舰"护符"号。
依照计划，该级舰本该在舰艉甲板
安装第 3 具鱼雷发射管，但在皇家
海军服役的几艘却并未实际安装。
注意在舯楼上并排安装的主炮，以
及部沿中轴线布置的另外 3 门主
炮，这同样和英国当时的普遍做法
不同。该级舰由阿姆斯特朗设计，
但由霍索恩－莱斯利建造。其设计
方案现藏于国家海事博物馆的一份
档案夹内，其中还包括其他驱逐舰
的设计方案，但却无法确定它们是
否将用其他造船厂建造（霍索恩－
莱斯利当时似乎没有自行设计舰船
的能力）。尽管阿姆斯特朗建造过
少量的驱逐舰，但他们似乎将建造
任务承包给了其他英国（或许还有
海外的）造船厂。该档案夹中包括
1909—1916 年间与阿姆斯特朗有关
的档案，主要是主力舰的设计方案，
但也包含一些驱逐舰，包括：608A
号方案（1909 年 11 月 23 日，排水
量 850 吨，长 82.30 米、宽 8.23 米、
型深 5.03 米、吃水 2.34 米，安装
4 门 4 英寸炮、4 具 21 英寸鱼雷发
射管，采用蒸汽轮机，航速 30 节，
另外还有一种 28 节的版本）；619
号方案（1909 年 11 月 23 日，排水

量 900 吨，长 82.30 米、宽 8.23 米、
型深 5.03 米、吃水 2.29 米，安装
4 门 4 英寸炮、2 具 21 英寸鱼雷发
射管，海试 / 满载时的燃油携带量
为 60/160 吨）；621 号方案（1909
年 12 月 8 日，排水量 700 吨，长
78.64 米、宽 7.62 米、型深 4.88 米、
吃水 2.29 米，安装 4 门 4 英寸炮、
2 具 21 英寸鱼雷发射管），航速 30
节，携带 150 吨燃煤）；634 号方
案（1910 年 2 月 21 日，为土耳其
设计，排水量 400 吨，长 67.05 米、
宽 6.71 米、型深 6.27 米、吃水 1.88
米，可安装 2 门 4 英寸炮或 2 门 11
磅炮或 4 门 6 磅炮、3 具鱼雷发射
管，航速 30 节，载煤量 110 吨）；
639 号方案（1910 年 4 月 27 日，
为葡萄牙设计，排水量 720 吨，长
73.15 米、宽 7.32 米、吃水 2.51 米，
航速 27 节，载煤 140 吨，武器搭
载方案并未给出）；646/647 号方案
（1910 年 5 月 12 日与 17 日，均为
土耳其设计，排水量分别为 750 吨
和 510 吨，长 76.20 米、宽 7.62
米、吃水 1.68 米，航速 32 节，海
试和满载载煤量分别为 30 和 70 吨，
武器配置方案分别为 2 门 4 英寸炮、
2 门 12 磅炮、2 具鱼雷发射管和 1
门 4 英寸炮、2 门 12 磅炮、2 具鱼
雷发射管）；665 号方案（1910 年 9
月 2 日，为智利设计，排水量 1450
吨，长 97.54 米、宽 9.60 米、型深
5.79 米、吃水 3.05 米，安装 2 门 1

4.7 英寸炮、6 门 6 磅炮、4 挺机枪
和 3 具 21 英寸鱼雷发射管，最高航
速 31 节，载煤量 300 吨）；672 号
方案（1911 年 1 月 14 日，有三个
版本，排水量 1525—1557 吨，武
器为 2 门 4.7 英寸炮或 4 门 4 英寸
炮外加 6 门 6 磅炮和 4 挺机枪，以
及 3 具 21 英寸鱼雷发射管）；704 号方案
（1911 年 4 月 13 日，排水量 850 吨，
装备 4 门 76 毫米炮和 2 门 21 英
寸鱼雷发射管）；725 号方案（1911
年 9 月 29 日，排水量 550 吨，配
备 1 门 4 英寸炮、3 门 3 英寸炮和
2 具 18 英寸鱼雷发射管，1912 年 2
月的一个版本则为 4 门 4 英寸炮）；
748 号方案（排水量 1350 吨，安
装 2 门 4 英寸炮、2 门 4 磅炮和 5
副双联装鱼雷发射管，但标注有"设
计尚未完成"字样）；755 号方案（大
概在 1913 年 1 月，排水量 750 吨，
配备 3 门 4 英寸炮、2 具 21 英寸鱼
雷发射管，同样也未完成）；760 号
方案（1912 年 11 月，排水量 1000
吨，配备 4 门 4 英寸炮和 4 副双
联装 21 英寸鱼雷发射管）；876 号
方案（1913 年 3 月 11 日，排水量
1150 吨，安装 4 门 4 英寸炮和 8 具
21 英寸鱼雷发射管）；759B 号方案
（1914 年 4 月 7 日，排水量 1000 吨，
安装 4 门 4 英寸炮和 3 副双联装 21
英寸鱼雷发射管，此即后来成为"护
符"级驱逐舰的土耳其方案）；1914
年 12 月 29 日完成的，未标注编号

的"西班牙外贸舰"（改进型，排水
量 458 吨）；另外还有两艘同样标注
为"西班牙外贸舰"，日期为 1915
年 4 月 9 日（排水量 895 吨的燃油
驱逐舰和排水量 905 吨的煤油混烧
驱逐舰，标注"J. 布朗造船厂"，两
舰武器均为 3 门 4 英寸炮、2 挺防
空机枪和 2 具 21 英寸鱼雷发射管）；
以及 1915 年 10 月 8 日的另外一艘
西班牙驱逐舰（排水量 1125 吨，搭
载 3 门 4 英寸炮和 2 门 12 磅炮以
及 2 具 21 英寸鱼雷发射管）。上文
中的 J. 布朗指代的就是约翰·布朗
造船厂为西班牙建造的"埃尔塞多"
级驱逐舰，不过阿姆斯特朗应该至
少以提供武器的方式参与到了建造
当中。第三部则包括 4 艘为东亚
国家设计的驱逐舰，包括上文所说
的 619 号方案，外加 572 号方案（排
水量 450 吨，航速 30 节）、573 号
方案（680 吨，27 节）和 593 号
方案（650 吨，28 节），应该属于
1910 年为该国海军提出的更大的计
划的一部分。不幸的是，国家海事
博物馆的前两份档案并未指出哪个
方案是为哪个国家设计的。作为造
船厂，阿姆斯特朗当时最成功的作
品是为巴西和智利海军建造的驱逐
舰，因此上述的大型驱逐舰应该都
是为这两国海军设计的。而那些拥
有异常强大的鱼雷武装的，则更有
可能是为俄罗斯或土耳其设计的。

大约 800 码的距离与敌方鱼雷艇驱逐舰相遇，敌方的炮术非常糟糕。同时，没有任何英国驱逐舰认为自己的弹药足够，不过强度和稳定性方面倒是相当令人满意，不管受损多么严重，都没有任何一艘发生翻沉，被击沉的驱逐舰都已经遭受了相当严重的损伤，但确实有一些驱逐舰因为缺乏燃料而提前脱离战斗返回基地（海军造舰总监注意到了这一点并在日后增加了载油量）。此战也展示出了航速的重要性，这就意味着不应无谓地增加舰船的载重。战斗期间，航行于战列巡洋舰交战一侧的 L 级驱逐舰受命移动到前方 5 英里（约 8 千米）的位置，但它们的航速却不够快，排出的烟雾还严重干扰了舰队的瞄准。所以它们不得不重新部署到战列巡洋舰的后方，从而无法参与对敌方战线的鱼雷攻击。有许多次，M 级驱逐舰的航速达到了 30 节，但 L 级的航速却只能在 26—28 节间徘徊，难以抵达舰队前方的阵位。

日德兰海战后组建的一个战术小组委员会（Tactical Sub-committee）得出结论：德国人会尽量规避大舰队，并设法以集中的驱逐舰攻击作掩护。此前英国曾错误地认为德国会和自己一样急于进行一场决定性的海战。[17]

"布洛克"号驱逐领舰

作为当时全世界最大的军舰出口国，英国在 1914 年战争爆发时受益颇多。这些源于南美驱逐舰军备竞赛的智利大型驱逐舰最后证明很适合承担领舰的职能。图中所示为 1916 年 9 月 27 日，在日德兰海战后接受重装的"布洛克"号（HMS Broke）[前"戈尼海军上将"（Almirante Goni）号]。在夜战中，该舰被 9 发炮弹命中并遭受了撞击。注意主炮上不寻常的非标准化炮盾，以及舰艉较短的布雷轨道，这些很快都被拆除了。该级舰安装了 6 台怀特 - 福斯特式锅炉（220 磅力 / 平方英寸，对当时的皇家海

军而言有些不足），2 台一组安装于 3 段锅炉舱内，其中 2 号和 3 号锅炉、4 号和 5 号锅炉的上风道合并在一座烟道内（1 号烟道为窄烟道，但 6 号烟道还是采用了全宽）。锅炉较低的工作压强导致了动力系统效率不高，引擎功率仅为 30000 轴马力，相比之下，尺寸相同的英国驱逐领舰仅用 4 台锅炉就能达到 36000 轴马力的功率。海试时，"布洛克"号在排水量 1700 吨、功率 30096 轴马力（转速 592.4 转 / 分钟）的情况下，达到了 29.908 节的最高航速。前踵柱脚（forefoot）处的虚线表示的是舰船此前的构型。在

结束海试正式交付前，该级舰首舰（"福克纳"号）的前烟道被抬高了 1.83 米，舵面也被增大，上层甲板上还增加了军官食堂。为了绘图简洁，图中省略了遮阳棚的支撑和相关索具，以及俯视图上的救生艇。在专门设计建造的驱逐领舰进入大舰队服役后，三艘幸存的原智利领舰被调到了多佛巡逻舰队（让"博塔"号和"福克纳"号各携带 8 枚水雷充当布雷舰的提议遭到了否决）。"布洛克"号因参加了 1917 年 4 月 20 日反击德国驱逐舰袭击多佛的行动而闻名，此次战斗中该舰先以鱼雷击沉了德国 G 85 号驱逐舰，接着

又撞向 G 42 号驱逐舰。在她与德舰相连期间，甲板上还爆发了激烈的近身战斗，这为该舰的舰长赢得了"布洛克的伊万斯"的称号。该级舰在 1918 年接受改装，将舰艉的 4 门 4 英寸（102 毫米）炮换为 2 门 4.7 英寸（120 毫米）炮。"布洛克"号的舰长曾提议安装 6 门 4.7 英寸炮，但这会降低舰体稳定性并损失 1.25 节的航速，所以遭到否决。战后，该舰及其姊妹舰被重新出售给智利海军。

（绘图：A. D. 贝克三世）

于 1916 年 11 月 21 日下发的新驱逐舰指导条例，调整了新旧两种任务的优先级：
"对德方战术（即以鱼雷攻击英国战列舰）的最好反制措施……即是让我方的驱逐舰
对敌舰队展开鱼雷攻击……并且要在主力舰开始交火后尽快展开。"[18] 采用这种战术
的英国驱逐舰和巡洋舰不仅可以对敌方战列线实施攻击，也可以攻击靠近的敌方驱逐
舰，而如果敌方驱逐舰尚未发动攻击，英国驱逐舰必须避免自己处在无法阻截敌方进
攻的位置上。如果德方没有实施反击，那么英国驱逐舰在发射完鱼雷后应当尽快返回
之前的位置，做好应对德国驱逐舰攻击的防御准备。考虑到战时双方舰队的航向应该
是大体平行的，因此位于前锋位置的部队（攻击部队）在和领舰汇合时应尽量避免
落到两支舰队航向的后方。

如果德国的驱逐舰先实施了攻击，前去迎战的英国驱逐舰就有可能处在可以向
德国战列线发射鱼雷的位置。此时他们必须立即实施攻击，因为鱼雷发射管可能会在
之后的战斗中受损。英国驱逐舰不需要和德国驱逐舰保持距离，而是要直接从对方驱
逐舰之间穿过（并尝试击沉对方），然后对德国战列线实施攻击，之后再回头与德国
驱逐舰战斗。就和之前一样，对战列线的鱼雷攻击将采用"鸟枪射击"的方式。这
一战术的提出主要基于这样一个事实：当时要让一艘驱逐舰丧失战斗力需要持续的命
中，次数大约为 20—30 次。除了使用主炮攻击外，舰上用于防空的机枪和"乒乓"
炮也会用于杀伤甲板上的人员。

1917 年，大舰队的战术小组委员会装备了应对各种情形的图解，用来制订相应
的战术方案，很显然之前还没有人做过这方面的工作。委员会随即发现，己方主力舰、
甚至驱逐舰发射的鱼雷，有可能威胁舰队自身的战列线。[19] 因此，虽然英国海军的主
力舰直到间战期都装备着水下鱼雷发射管，但在舰队行动中鱼雷攻击职能还是要由能
在战线间机动的驱逐舰承担。

▽ 一战期间，影响英国驱逐舰发
展的最关键因素是海况。图中正在
破浪前行的是一艘海军部 M 级或
R 级驱逐舰。

1917 年年末下达的命令规定了实施"鸟枪射击"的距离和方式。[20] 在昼间配合舰队行动的驱逐舰的鱼雷射程将被设置为 18000 码，如果能见度能够达到 9000 码甚至更高，鱼雷的航速会被设为 25 节。高速（低射程）设定则在低能见度的情况下使用：能见度 5000—9000 码时速度为 29 节；能见度 5000 码以下则设为 35 节。而在夜间时，除非有很好的能见度，否则都会采用航速 35 节的设置。同时，昼间行动时鱼雷的深度将被设置在 18 英尺（5.49 米），这样就不会被浪费在驱逐舰或巡洋舰之上，但在夜间其深度要降低至 12 英尺（3.66 米）。鱼雷自然散布被认为已经足以达到"鸟枪射击"的要求，同一个分队中的驱逐舰的发射方向将不会有太大区别。如果将鱼雷设定为长程（相比重型舰炮的射程），驱逐舰分舰队甚至可以在不改变在舰队中阵位的情况下发射，这样敌方甚至可能根本不清楚自己即将遭受鱼雷攻击，也就不会事先提醒鱼雷警戒哨（英制鱼雷的水下航迹也很弱）。如果从敌方舰队航向前方发射鱼雷，还能增加鱼雷的有效射程。其最大攻击距离将设置为敌方可能意识到自己正遭受攻击并转向的距离，即大约 15000 码。

但实际的使用经验指出要命中首舰相当困难，因此攻击时的瞄准点应当在敌方战线中较为靠后的舰船上。理想的攻击阵位在敌方首舰前方大约 10000 码附近，以最前方的 8 艘战舰作为攻击目标。这就能够让驱逐舰编队保持在 9000 码的敌方舰炮射程之外。如果无法保持在敌舰队前方的位置，则任何连续的 8 艘敌舰都将被作为目标。这是一种相当精确的攻击，领舰将负责估算敌舰的航向和航速并以无线电通知各舰，并且在接近的过程中，每接近 1000 码的距离就给出一次旗语信号，每艘驱逐舰的指挥官将自行决定发射多少鱼雷，从 2 枚到全部均可。同时，发动攻击的驱逐舰还必须以最快速度接近以免自己被击沉。为了应对敌方可能的规避机动，两支半分舰队将从舰艏的两侧一起展开攻击，这在后来被称作锤头（Hammerhead）战术。

鉴于（鱼雷的）长航程对精确度的需求，1917 年时，鱼雷指挥官们开始要求为驱逐领舰安装测距仪。这种 9 英尺（2.74 米）型测距仪出现的时候，驱逐舰指挥官们也正好对远距离炮击产生了兴趣，所以之后所有条件允许的驱逐舰（V 级和 W 级）都安装了测距仪。不过，皇家海军依旧保留了对长程"鸟枪射击"的兴趣，这很可能给日本海军提供了灵感——后者在二战中经常实施远程散布式射击。

舰炮[21]

在第一次世界大战前，人们人为驱逐舰只需要进行近距离作战，因此它们的舰炮瞄具甚至都没有校准较大仰角射击的功能。例如 K 级驱逐舰上的 4 英寸（102 毫米）舰炮（安装于 P.VII 型炮架上）校准过的最大仰角仅为 15 度（射程 8500 码），然而其炮架所允许的最大仰角却能达到 20 度（射程 10200 码）。L 级驱逐舰的 Mk IV 型 4 英寸速射炮标定的射程还要更短，仅有 7900 码。不过在没有火控系统的情况下，即使是这样的射程也很难达到。在战争早期，英国驱逐舰发现自己常常需要向撤退中的德国驱逐舰射击，因此也就需要更远的射程。但在当时，从 H 级到 L 级，射击距离只能靠简单的目视估算来确定，距离和仰角等参数也只能通过传声筒或一种被称作怀斯系统（Wise system）的液压机构传达。

到 M 级驱逐舰时才引入了更为精密的火控系统，包括一副简单的测距仪——韦默斯·库克（Weymouth Cooke）的六分仪式测距仪（sextant rangefinder）或 1 米合像式测距仪（coincidence rangefinder），以及一套计算设备——德梅里克计算器或是维克斯钟（Vickers clock），一种估算敌舰距离变化率的设备，可以快速计算出火炮的射击参数。但为了提高效率，这类设备需要安放在封闭的射击指挥所（transmitting station，和大型战舰的类似）内，不受外界的干扰和影响。为此，舰桥下方的海图室需要向两侧延伸。驱逐舰"金牛座"号（HMS Taurus）和"蒂泽"号（HMS Teazer）率先安装了这类设备并进行了测试。1916 年 7 月举行的一场会议决定，M 级驱逐舰使用的火控系统将安装到 K 级和 L 级驱逐舰上。到当年 11 月，F 级（"部族"级）驱逐舰也加装了同样的火控系统。大概在同一时间，鱼雷控制装置也登上了英国驱逐舰的舰桥。1916 年，皇家海军还成功测试了一型（只能控制方向）的射击指挥仪（director），并将其安装到了 K 级和后续型号的驱逐舰上。该装置也安装于舰桥之上，拥有全舰最好的视野，并且不像各炮位那样会受到海浪飞沫的干扰，这些干扰经常导致舰员无法直接操纵火炮。

在大型战舰上，舰炮的俯仰角和方位角都可以由射击指挥仪控制，这样可以补偿舰体本身的摇动。到 1918 年秋季时，所有的驱逐领舰都安装了全套的（轻型）射击指挥仪，并且还携带了亨德森装置（Henderson gear，即陀螺仪），在因为北海的雾气而无法目视跟踪目标时，还能用这套装置继续实施追踪。如此完善备的火控系统正是远程炮击所需要的，于是 V 级和 W 级驱逐舰很快就加以装备。但小型驱逐舰就只能使用六分仪式测距仪（被认为几乎没有什么用处）和只能控制方位角的射击指挥仪。

另一项更重要的技术的发展，也加强了对射击指挥仪的需求。这一技术便是集中各舰火炮进行集火射击（也可以用于低能见度下的攻击，因为可能有一艘友舰能够看到目标），这种射击方式最早在大舰队的主力舰间流行，随后扩展到巡洋舰和驱逐舰上。最早尝试这种射击的小型军舰是"卡斯托耳"号轻巡洋舰，以及"吸血鬼"号（HMS Vampire）和"西摩尔"号（HMS Seymour）驱逐舰。1918 年 11 月，为集中火力射击提供辅助的无线电通话系统优先安装于驱逐领舰和分队指挥官所在的驱逐舰上。很显然这和美国关系密切，其中还不必要地包含了美国的无线电设备。

战时的第一项舰炮增程措施针对的是 1915 年 7 月订购的最后几艘 R 级驱逐舰，通过换装 CP.III 型炮架，将最大仰角从 20 度提升到了 30 度，从而增加了极限射程，由原先的 10200 码增加至 12400 码。而 V 级驱逐舰则安装了射程更远的 Mk V 型 45 倍径 4 英寸（102 毫米）炮（而非原先的 40 倍径 4 英寸炮），采用最大仰角为 30 度的 CP.II 型炮架，射程 13600 码——最初提议的最大仰角为 25 度，射程 12600 码。后续建造的驱逐领舰采用了 Mk I 型 4.7 英寸（120 毫米）炮，该型火炮还是使用药包发射的普通后膛炮，不过射程要远得多，达到了 16000 码，弹体重量也从 4 英寸炮的 31 磅（14.1 千克）增加至 50 磅（22.68 千克）。

日德兰海战后，哈里奇舰队和多佛巡逻舰队时常发现自身舰船的射程无法和德国在比利时海岸部署的驱逐舰相比，因此"雨燕"号和"维京人"号将舰艏的 4 英寸（102 毫米）炮换为 1 门 6 英寸（152 毫米）炮。[22] "阿夫里迪人"号也用 2 门老式的 4.7 英寸（120 毫米）炮取代了原先的 12 磅炮，但其他的"部族"级驱逐舰并不适合进行此类改装。而"雨燕"号和"维京人"号的实践经验表明，两舰的稳定性欠佳，难以作为稳定的火炮平台，因此"维京人"号又以 1 门 Mk V 型 4 英寸速射炮取代了之前的 6 英寸炮。"雨燕"号尽管保留了 6 英寸炮，但却时常被当作反面案例来分析驱逐舰舰炮的威力将会被限制在哪种程度。而在多佛巡逻舰队中，"布洛克"号和"福克纳"号则将艉艏的 2 对 4 英寸炮换成了 2 门 Mk I 型 4.7 英寸炮，这和新的驱逐领舰的武器配置一致。

舰队对防空火力的需求则可以追溯至 1913 年，当时的驱逐舰开始安装（马克沁）机关枪，之后则是"乒乓"炮。1913 年秋季，英国又完成了对 3 英寸（76 毫米）高射炮（HA，即防空炮）的测试工作，随即海军便为其主力舰订购了 59 门这样的防空炮。此外，陆军使用的 1 磅"乒乓"炮也在 1913 年接受了测试，并在 1914 年年初生产了 12 门。这种防空炮一开始是为伦敦的防空（防御齐柏林飞艇）制造的，直到有更重型的火炮取代它们，驱逐舰才有机会安装。但此类防空炮当时已经落伍，因此又代之以 1.5 磅"乒乓"炮。为驱逐舰订购的 1.5 磅防空炮在战争爆发后生产了 38 门，其中 20 门被挪用作海岸防空，剩下的则配属给了大舰队。后来，更多的 2 磅炮被生产了出来，并且快速取代了大量的 3 磅炮和 6 磅炮。从 1916 年年初开始，东部海岸的 8 艘 K 级驱逐舰，后部的 4 英寸（102 毫米）炮（6 艘采用 Mk IV 型 4 英寸速射炮，2 艘仍为 Mk VIII 型 4 英寸后膛炮）采用了特殊的"活板门"式高射炮架，但效果并不令人满意，因此"活板门"在一战末期被拆除。

〉⏋ 最初接受重新设计的舰船是澳大利亚的"澳新军团"号（HMAS ANZAC）这样的大型驱逐领舰。由于前部的两座上风道合并为一座烟道，舰桥可以进一步后移，1 门 4 英寸（102 毫米）炮挪到了舰桥前方的遮蔽甲板上。该舰保留了"宁录"级驱逐领舰的武器配置。

（图片来源：澳大利亚海军历史档案馆）

1916 年 8，皇家海军下达了一项关于旧式驱逐舰的普遍政策，从 A 级到 D 级，以及 E 级驱逐舰上的 6 磅炮将采用新的 HA.IV 型高仰角炮架，或者 8 英担（406 千克）型 12 磅炮会转变为高射炮。[23] 多佛巡逻舰队的驱逐舰，L 级、F 级、从 M 到 R 级（以及之后的 S 级）将装备 1 门 2 磅"乒乓"炮，而 H 级和 I 级驱逐舰将装备维克斯生产的 3 磅高射炮。新的 Mk III 型 3 英寸（76 毫米）高射炮则将装备 V 级驱逐舰和驱逐领舰。而为大舰队（主要为 M 级和后续型号）和哈里奇舰队（L 级）装备更强大的火炮则是下一步要考虑的事。到 1916 年 11 月，部署亨伯港的 10 艘 K 级驱逐舰（第 4 驱逐舰分舰队）中的 7 艘都安装了"活板门"式炮架，尽管其余 3 艘也计划接受同样的改装，但最终只有 1 艘得以进行。到一战结束时，V 级驱逐舰装备有 HA.III 型 3 英寸高射炮，但这些武器很快也被"乒乓"炮取代。

到一战结束前，旧式的龟背艏驱逐舰大体上都拆除了舰艉的 6 磅炮，因为它们已不再具有实战价值，拆除之后进可以改善居住空间并补偿反潜深弹的重量。很多龟背艏驱逐舰还将舰舯的 6 磅炮换成了防空炮，"河川"级驱逐舰更是拆除了 2 门 8 英担型 12 磅炮以便携带深水炸弹。从 G 级到 M 级的部分驱逐舰也拆除了舰艉的主炮（12 磅炮或 4 英寸炮），好为深水炸弹腾出空间和重量。

1917 年秋季，在比利时海岸执行任务的多佛巡逻舰队的驱逐舰又遇到了新的威胁：德国的鱼雷摩托艇（motor torpedo boat）、遥控爆破艇和鱼雷轰炸机。当时提议的反制措施便是使用 4 英寸炮构筑火力网。1917 年 10 月，哈里奇港内进行了一次测试，一艘驱逐舰缓慢驶过靶舰，在 2700—3000 码的距离上实施了 1 分钟的炮击，结果表明采用碰炸引信、会在接触目标（或水面）时爆炸的爆破弹比采用延时引信的榴霰弹更高效；"乒乓"炮则效果不佳，因为散布过大。

鱼雷

1915 年 9 月，杰利科上将要求为鱼雷增加一种射程更远的设定，这样在舰队行动开始前就可以（很可能是由战列舰）实施鱼雷攻击。他建议增加的设定航速仅为 18 节，但最大射程可达 19000 码。1916 年 2 月，一艘驱逐舰在韦茅斯湾对采用新式低速推进器的鱼雷进行了试射，该鱼雷以 18 节的航速达到了 19000 码的射程。随后同等配置的鱼雷装备了轻巡洋舰。日德兰海战的经验表明，现存的长航程设置（10000 码）在舰队行动中没有实战意义，18000 码以上的航程实在是太过夸张，即使在最好的能见度条件下也是如此，而其低航速也是一大弊端。考虑到北海地区能见度通常只有 6—7 英里，一个由海军上将多福顿·斯德迪爵士（Sir Doveton Sturdee）主持的会议最终决定将鱼雷的标准长航程设置调整到 15000 码。报告还强调敌人很可能不会注意到自己正遭受鱼雷攻击，因此大体上可以在最大射程上发射。同时，较远的航程也能为鱼雷的导向装置提供更多的容错空间，这对没有安装测距仪的驱逐舰而言是一件好事。因此驱逐舰的鱼雷将有两种航程设定：一种为航速 25 节，射程 15000 码；另一种为航速 45 节，射程 4500 码。新型 Mk IV 鱼雷的列装时间被延后以重新调整设置（最终于 1917 年 2 月开始列装）。改进型的 Mk IV* 鱼雷则拥有四种设定：航速 44.5 节，射程 4500 码；航速 29 节，射程 11000 码；航速 25 节，射程 15000 码；航速 21 节，射程 18000 码。

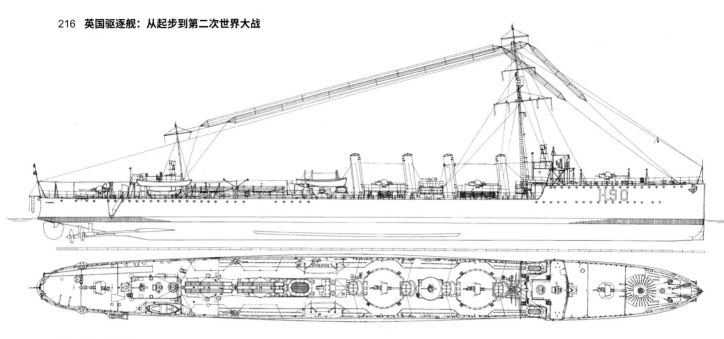

"宁录"号驱逐领舰

图中为 1915 年 8 月"宁录"号驱逐舰完工时的状态，采用了最初的驱逐领舰设计（"卡彭菲尔德"级）。该舰是英国海军第一艘续航力（15 节，4290 海里）足够伴行主力舰队的驱逐舰。它安装了 4 台而非 3 台雅罗式锅炉，分别位于 3 段锅炉舱内（中部的锅炉舱包含 2 台锅炉）。当 1913 年英国的战争计划更改为舰队应进行海上扫荡而非充当应对德方行动的反应部队后，总参谋部决

定以此类长航程驱逐舰取代此前的各类驱逐舰。这项提议并未得以实施，但在第一次世界大战期间，杰利科上将意识到驱逐舰的航程限制了他的行动自由。为此大舰队尝试在海上为驱逐舰补给燃料（驱逐舰跟随战列舰航行，采用软管加油），但这样的策略也有明显的短板，毕竟绝大多数战列舰都还采用燃煤锅炉而不是燃油锅炉。另一个解决方案就是建造专门为驱逐舰提供补给的高速

油船。图中复杂的无线电天线和舰桥上明显的臂板式信号机表明了该舰作为驱逐领舰的职能。和同级舰的其他成员不同，该舰仅安装了 1 盏探照灯，而非位于舰桥两侧的 2 盏。"宁录"号依然采用旧式的位于海图室上方的开放式舰桥，该级舰中的所有成员，除"亚必迭"号（改装为布雷舰）外最终都采用了封闭式舰桥（"加百列"号和"伊思芮尔"号在完工时便已采用）。后来，前部烟道也提

升了高度。舰艉留空的地方原本打算搭载反潜索，舰艉 4 英寸（102 毫米）炮前方和右舷的甲板也为安装绞盘进行了加强。该舰最初的竣工图上并没有 2 磅防空炮，但在海试时便已经安装了这两门炮（这也是最初设计的一部分）。海试期间，"宁录"号在轻载条件下达到了 32.46 节，但其设计航速却是 34.5 节。

（绘图：A. D. 贝克三世）

1918 年时的政策是为鱼雷在近距离上提供最高的航速，最大射程的航速则要达到 29 节，15000 码和 18000 码两种射程上的航速也要提高，而 29 节的设定主要用于潜艇。关于未来的鱼雷，"弗农"号鱼雷学校认为，以 25 节的航速攻击 30 节的目标舰显然是太慢了，因此希望将鱼雷的最低航速提高到 29 节，即以 29 节的航速达到 18000 码的射程。于是，皇家海军在战争结束前研制出了 Mk V 型鱼雷，重 3850磅（1746 千克），将列装最新的 W 级驱逐舰和驱逐领舰。与之相比，准备在 1918 年12 月开始列装的 Mk IV* 型重量仅为 3200 磅（1451 千克）。Mk V 型鱼雷通过极高的气压（从 2650 磅力/平方英寸提高到了 3200 磅力/平方英寸）来达到更高的射程。在 1918 年 4 月时还专门为开发射程更远的鱼雷召开了一个会议。理论上，要提高射程就要增加鱼雷的直径，不过生产长度更长的 21 英寸（533 毫米）鱼雷要更容易些。Mk VI 型鱼雷比此前的鱼雷要长大约 5 英尺（1.52 米），预计能以 29 节的速度航行20000 码。皇家海军还为其设计了三联装和四联装鱼雷发射管，但两枚原型产品在测试中却没能取得成功。有批评指出，在射程很长的情况下，齐射的数量也至关重要，因为少量的超长程鱼雷将很难取得较高的命中率。随着 Mk VI 型远程鱼雷的失败和战争的结束，皇家海军在 1919 年秋季再次恢复了对更大直径鱼雷的兴趣，最终研制出了装备"纳尔逊"号（HMS Nelson）和"罗德尼"号（HMS Rodney）战列舰的24.5 英寸（622 毫米）鱼雷，但它们并未装备驱逐舰。具有讽刺意味的是，英国后来

放弃了以纯氧来提高鱼雷性能的想法，而这个想法启发日本海军开发出了他们自己的远程氧气鱼雷，例如24英寸（610毫米）的93式长矛鱼雷——英国（以及美国）要到1943—1944年才会知道这种鱼雷的存在。

但在另外一边，哈里奇舰队和多佛巡逻舰队却时常需要对德国驱逐舰进行急促的鱼雷射击。在1917年时，21英寸（533毫米）鱼雷时常会因为潜深过大而无法命中近距离的目标，于是在S级驱逐舰被提上日程的同时，鱼雷准将蒂里特提出为其装备1对18英寸（457毫米）鱼雷发射管，左右两舷各1具，直接由前部舰桥控制，发射近距冷动力鱼雷，专门用于对付敌方的驱逐舰或潜艇。1917年4月海军委员会批准了这一方案，鱼雷发射管将被安装在舰桥下方，以方便驱逐舰指挥官直接向近距离目标射击。2具鱼雷发射管平时均隐藏在舷内，发射时才旋转90度伸出舷外。

哈里奇和多佛巡逻舰队中，部分驱逐舰安装了2具专门用于急促射击的14英寸（356毫米）鱼雷发射管。[24] 同样的武器在战列舰和巡洋舰上也有搭载，主要用于在近岸作战时装备它们搭载的汽艇。1914年时，它们被从战列舰上拆除，用来武装保护基地的漂网渔船（舰队位于偏远锚地时，主力舰上搭载的汽艇会承担类似的职能）。一些巡洋舰直到1915年还保留了这些武器，用于海外行动，后来才将其移除以携带更多的轻型鱼雷。14英寸鱼雷发射管后来被用于新型的P级巡逻艇，此外还有大约100枚这样的鱼雷安装于在敌方海岸附近行动的驱逐舰上。

"格伦维尔"号驱逐领舰

"卡彭菲尔特"级驱逐领舰是1916年第一批接受改造以改善适航性的驱逐舰，图中为"格伦维尔"号（HMS Grenville）在1916年11月时的状态，前两座烟道被合并，2号主炮也挪到了一个可以越过1号主炮的发射平台之上（因此也更干燥）。操舵室为封闭式的，上方有开放式舰桥。后来这成了皇家海军驱逐舰的标准布局模式。在此前的驱逐舰上，指挥工作均在操舵室一层进行，因此该舰和其他一战时的驱逐舰都有较大的操舵室窗户。但实践中，指挥位置很快被移到了上方的开放式舰桥上，因此较大的窗户就变得没有必要，后续驱逐舰的操舵室只有少数较小的窗户。但美国海军的做法却大不一样，其驱逐舰操舵室的宽大窗口一直到1941年都还存在。注意该舰的3号主炮，它并未安置在舰艉高于4号主炮的位置，这可能是由于在那里建造火炮支撑会阻碍传动轴的运转（该舰采用的是直联式蒸汽轮机）。接受改造后，该舰保留了舰桥两侧的2盏探照灯，当然还有舰桥上的臂板式信号机。舰上搭载的2门轻型火炮是标准型2磅"乒乓"炮。舰艉部可见2枚深水炸弹，右舷的那枚可以通过液压装置从舰桥控制投放（注意上面的活塞），但左舷的只能手动投放。"格伦维尔"号在海试时排水量为1801吨，输出功率达到37865轴马力，设计指标仅有36000轴马力。载油量达到了515吨，15节时的航程为4290海里。

（绘图：A. D. 贝克三世）

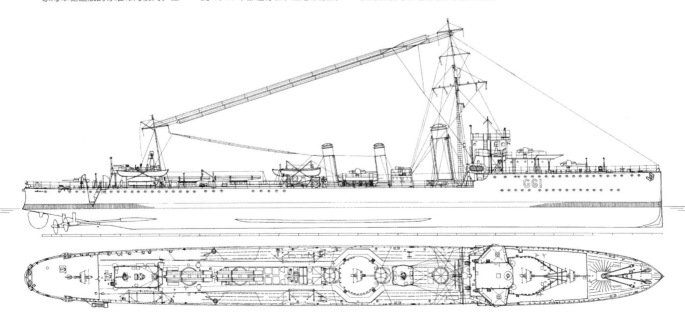

反潜武器

随着战争的爆发，皇家海军开始倾向于采用单装药反潜索，而非复杂的多装药反潜索。哈里奇舰队开发出了一种"埃杰顿深水炸弹"（Egerton depth charge），该装置包括 2 具单装药的改进型反潜索，可以迅速地从电缆线的末端释放装药，而且一旦缠绕上目标便会自动引爆。有 35 艘驱逐舰和一些巡洋舰装备了这类武器。到 1915 年年末，第 7 驱逐舰分舰队的驱逐舰上校对改进型单装药爆破索（即拖曳式深水炸弹）进行了测试，并且通过特殊的索具使其位于和舰体中轴线呈大约 30—35 度夹角的位置，深度则大约为 6 英寻（36 英尺，10.97 米）。到 1915 年 12 月，其拖曳速度达到了 21 节，但要开发能在这种航速下保持稳定的风筝式定深器还需要一定的时间。理论上，这种装置可以很快地扫荡出一条通路，从而减少护航船船数量。但测试却表明，这种装置的弹体部分在驱逐舰的航速下并不稳定，因此最终只装备了由渔船改造的驱潜舰。不过，其基本设计思路却相当具有吸引力，因此开发工作得以继续进行，一种更可靠的反潜装置呼之欲出（相关记录表明测试时间为 1915 年 5 月 27 日）。伯尔尼（Burney）希望开发一种能像舰炮一样立即投入使用的反潜武器。当时，他的舰艉反潜索已经可以以 28 节的航速拖曳，因此他开始开发一种侧舷拖曳的反潜索，但当时的测试却表明这种武器的拖曳速度被局限在了 20 节以下。另外，尽管一开始是作为反潜武器出现的，但破雷卫被证明对扫雷作业同样重要，它们可以拖曳一条连接着一连串系泊刀的扫雷索。[25] 伯尔尼还希望他的拖曳式深水炸弹能够在高航速下维持在一个固定的深度，这样驱逐舰就能扫荡相当大的一片海域，其拖曳的绳索缠绕上潜艇后，就会将深弹拉向潜艇，之后装药便会在撞击潜艇后爆炸（或由拖曳舰遥控引爆）。而破雷卫可以以 20 节的航速持续拖曳，短时间内甚至可以把航速提高到 25 节。这种装置不仅重量轻、操作简单，而且也不会限制拖曳舰的机动性，所以被认为远比其他反潜索要先进，也更安全。因此破雷卫也被视作一种进攻性武器，可以用于攻击已悉知大致位置的敌方潜艇。搭载这种装置的舰船可以很快地扫荡一片海域，因此支持者认为它可以作为深水炸弹的补充。其中，装备战斗部的爆破（反潜）版本被称为 Q 型，而用于扫雷的则被称为 C 型。Q 型 Mk III 破雷卫在船的一侧拖曳，定深为 100 英尺（30.48 米），Mk IV 则直接在舰艉拖曳，深度由拖曳绳索的长度来决定。

＞为了减轻恶劣天气对驱逐舰性能的影响，海军部对 M 级和 R 级驱逐舰进行了全新的设计，它们后来成了改进型的 R 级驱逐舰，以及 S 级驱逐舰。由于交换了两段分别容纳一台和两台锅炉的锅炉舱的位置，两台锅炉（1 号锅炉舱内的那台和 2 号锅炉舱前部的那台）的上风道合并为一座烟道。注意艉楼后部的单装 18 英寸（457 毫米）鱼雷发射管，专门用于对敌方驱逐舰或潜艇实施急促射击。这些鱼雷发射管在一战刚结束时便被拆除。

在 1916 年 2 月时，大舰队下辖的驱逐舰搭载的反潜武器如下表所示：

表 7.1：大舰队各驱逐舰分舰队的反潜武器搭载情况

	改进型 反潜索	单装药 反潜索	高速反潜索 （破雷卫）	2 枚 D 型 深水炸弹	1 枚 D 型深水炸弹 外加扫雷装备
第 1 驱逐舰分舰队	—	—	5	8	8
第 2 驱逐舰分舰队	10	1	—	2	8
第 4 驱逐舰分舰队	—	—	2	10	8
第 6 驱逐舰分舰队	—	14	—	9（如获批准还包括 4 艘鱼 雷艇）	—
第 7 驱逐舰分舰队	—	—	—	20	—
第 8 驱逐舰分舰队	—	17	—	—	—
第 9 驱逐舰分舰队	—	—	7	12	—
第 10 驱逐舰分舰队	—	—	10	8	—
第 11 驱逐舰分舰队	—	—	—	9（"魔术"号为高速反潜索）	—
第 12 驱逐舰分舰队	—	—	5	4	8
第 13 驱逐舰分舰队	—	—	8	—	8
第 14 驱逐舰分舰队	—	—	8	—	8
第 15 驱逐舰分舰队	—	—	8	—	8
朴次茅斯分舰队	—	—	2	16	—
德文波特分舰队	—	—	—	6	—
诺尔分舰队	—	—	—	10*	—
克罗默蒂分舰队	3	—	—	12	—

注：* 为没有装备风筝式定深器的版本

其他的驱逐舰及驱逐领舰则装备 2 枚 D 型深水炸弹，在接到进一步报告之前，皇家海军不再为其他驱逐舰装备高速反潜索（破雷卫）。第 11 驱逐舰分舰队的驱逐舰上校则希望移除"卡彭菲尔特"号上的改进型反潜索，因为该舰的其他姊妹舰都没有安装这种武器。"布洛克"号此前曾充当过布雷舰，因此需要拆除布雷轨道。1916 年 7 月 1 日，皇家海军终于正式批准了从两舰上拆除上述装置。"魔术"号（HMS *Magic*）原本计划在加入分舰队前加装扫雷装置，当时该分舰队的驱逐舰装备的是一种被称作"捕鲸枪"（*Bomb Lance*）的简易深弹抛射装置。

到 1917 年春季，装备破雷卫的反潜索渐渐变得不受欢迎起来，当年 4 月，大舰队的驱逐舰指挥官 J. R. A. 霍克斯利（J. R. A. Hawksley）准将打算为所有驱逐舰安装混合反潜索，而其中只有一半安装高速反潜索（即破雷卫），因为 U 型潜艇可以很轻易地下潜到破雷卫之下，当时的最大拖曳深度大概在 13—17 英寻（23.77—31.09 米）——而潜艇最大潜深可达 32.92—41.45 米。他更喜欢深水炸弹，即使无法致命也能让 U 艇上的乘员相当紧张。而且最近一次交战显示，如果深度设定合理的话，"能够更自由地使用的"深水炸弹足以击沉 U 型潜艇。霍克斯利提议让没有安装备用破雷卫的驱逐舰携带 8 枚深水炸弹，如果有备用的破雷卫的话则携带 2 枚深水炸弹，没有任何破雷卫的驱逐舰则应该携带 10 枚深水炸弹。

在旗舰上召开的一次会议上，大舰队司令贝蒂上将建议让驱逐舰混合搭载反潜索和扫雷索：每支驱逐舰分舰队中，10 艘驱逐舰安装扫雷索，而另外 8 艘则装备反潜索。在新的 R 型破雷卫 [200 磅（91 千克）装药，拖曳速度 25 节，距离 200 英尺（60.96 米）] 出现前，大舰队都未再增加爆破性破雷卫的装备数量，平衡重量的方式是将深水炸弹数量减少至 4 枚，或者更受青睐的 6 枚。此时，装备额外鱼雷发射管的

S 级驱逐舰已经设计了出来，载重量问题变得至关重要。因此到 8 月时贝蒂提议不再装备破雷卫，但他还是相当需要扫雷的能力，因此建议每 4 艘驱逐舰中有 1 艘装备扫雷索。但他的驱逐舰指挥官们随后却指出，这些扫雷索在较浅的北海时常会因为挂到海底的残骸而失去作用。

作为爆破性破雷卫的发明者，鱼雷和水雷总监在 1917 年 9 月 12 日的会议上对上述观点进行了反驳。反潜索是当时唯一能够用来搜寻下潜了的潜艇的装置，而且当时还有一种很有前瞻性的观点认为，可以再拖曳 1 套水下听音设备——一种被称作纳什（Nash）鱼雷式水下听音器的被动声呐，并且新型的破雷卫也能够应对 U 型潜艇潜深的增加。会上，一名军官也指出，尽管大舰队的驱逐舰或许不会再使用反潜索，但反潜索对于反潜护航或猎潜作战都非常有用，而且这也是唯一一种能攻击被水下听音器探测到的潜艇的武器，因为听音器只能大致确定潜艇的位置——在反潜索日趋完善时将其抛弃实在是太遗憾了。因此，皇家海军决定为所有正在建造的驱逐舰安装反潜和扫雷索，大舰队的驱逐舰将优先获得更大潜深的破雷卫。但这个问题将在 6 个月后被再次讨论。

与此同时，S 级驱逐舰和前型"锋利"级（Trenchant Class）驱逐舰正开始陆续进入大舰队服役，即使在没有安装 7 吨重的破雷卫之前，两级舰的平衡就已经十分仰仗舰艉了——这也就增加了舰体结构所要承受的应力。这些驱逐舰被编入战列巡洋舰舰队后，舰队指挥官帕克南（Pakenham）海军中将下令将它们的破雷卫搬上岸（可以在 12 小时内重新被装上）。贝蒂也采取了同样的做法，为了保留深水炸弹，搭载系留气球的驱逐舰（详见下文）不得不将破雷卫拆除。

到 1918 年 1 月，破雷卫更加不受欢迎。鱼雷准将蒂里特指出，尽管理论上搭载破雷卫的驱逐舰可以用于搜寻下潜的 U 型潜艇，但在实际上更典型的反潜方式还是在发现潜艇后高速抵达潜艇上一次出现的位置然后投下深水炸弹。单是破雷卫产生的阻力就会让这种战术无法使用。大舰队的驱逐舰指挥官们认为破雷卫的成功率并没有比深水炸弹高多少，而且拖曳它们时无法在巡航的舰队内机动。因此新的决策是大舰队的驱逐舰只携带深水炸弹一种反潜武器，破雷卫则被用在其他地方。到 1918 年 4 月，新的驱逐舰已经不再装备反潜破雷卫，已经装备的也在战争结束前夕将其拆除。不过，这种反潜方式确实相当特别，战后法国和意大利海军反而开始装备起爆破性反潜索来，很可是受到了皇家海军的影响。

深水炸弹的研发工作开始于 1914 年 12 月 7 日，起因是杰利科上将要求"弗农"号鱼雷学校开发一种反潜用的水雷。为了应急，一些在役的 Mk II 型水雷被改造为某种程度上的深水炸弹，当时被称作"巡航雷"（cruiser mine），后来又出现了其他种类的深水炸弹[26]。最初还没有液压引信，其装药引信和浮标相连，在下沉到预定的深度后，和浮标连接的绳索将会自弹体被拔出，进而击发装药。1916 年液压引信问世后，这些早期的深水炸弹也得到了改进。

1916 年 4 月 8 日，海军部决定为本土和地中海地区的所有巡洋舰、轻巡洋舰和各驱逐舰分舰队的领舰（"亚必迭"号是个例外）配备 2 枚 D 型深水炸弹，采用坡道（chute）投放，其中 1 枚以液压控制机构投放，另外 1 枚则只能手动投放。没有装备高速反潜索或改进型反潜索的驱逐舰也将采取类似的安装方式，但装备扫雷索的驱逐舰将只携带 1 枚液压投放的 D 型深水炸弹。无法搭载 D 型深水炸弹的旧式的驱逐舰，以及本土和地中海海域的鱼雷艇将采用 C* 型深水炸弹，由倾斜托架（tilting tray）投放。2 枚 D 型或 D* 型深水炸弹的标准配置一直持续到了 1917 年 6 月中旬，此时实战经验已经很明显地表明，击沉一艘 U 型潜艇所需的深水炸弹要比 2 枚多得多。因此，小型护航舰（之后还包括所有鱼雷舰艇）的标准配置变更为 4 枚深水炸弹。[27]1917 年 12 月，皇家海军正式开始了深水炸弹反潜演习。

最初深水炸弹的引爆深度被设定在 80 英尺（24.38 米），但到 1917 年时，这一深度显然已经不够用了，因此新的引信可以在 50 英尺（15.24 米）、100 英尺（30.48 米）、150 英尺（45.72 米）和 200 英尺（60.96 米）四种深度间进行选择。但 6 枚深水炸弹的配置依然不够，尤其是在舰船装备水下听音设备后。

在 1917 年 8 月初，驱逐舰又增加了 2 具各包含 1 枚深水炸弹的抛射器，射程为 40 码，同样的抛射装置在间战期和二战期间也一直在使用（1924 年提出的一种新型抛射器最终以失败告终）。L 级驱逐舰"红雀"号（HMS Linnet）上的安装方式可以被视作模板，在舰艉的深水炸弹坡道前方 37.80 米处，两舷各安装 1 具抛射器，以 50 度夹角指向舰艉方向（该舰在 1917 年 6 月接受了测试，可以同时以抛射器和坡道投放 3 枚深水炸弹）。

在1918 年期间，所有位于北海和多佛巡逻区域的驱逐舰、巡逻艇和护航舰（sloop）均携带了 30—50 枚深水炸弹，有的甚至拆除了舰炮来腾出空间和载重。接受了这样改造的舰船应该都加装了水下听音器。深水炸弹则搭载于轨道和抛射器周围的固定支架上。其中最典型的就是"阿卡斯塔"级中的"鸡蛇"号驱逐舰，在改装后拥有相当强大的深水炸弹武装，并在 1918 年 2 月 28 日接受了测试。该舰的每具深水炸弹抛射器（当时被称作深水炸弹榴弹炮）旁边都有可以安装一座容纳 3 枚深水炸弹的支架，此外还装备了可以携带 20 枚深水炸弹的轨道，其末端是一具液压投放器，通过一种手动挡阻装置保证每次只有 1 枚深水炸弹滚动到投放器内。"克里斯托弗"号和"伏击"号驱逐舰也采用了相似的武器配置。为搭载深水炸弹，L 和 M 级驱逐舰拆除了舰艉的主炮及其平台、后部的鱼雷发射管和所有的反潜索（K 级驱逐舰更是拆除了所有的鱼雷发射管）。"守望"号（HMS Lookout）驱逐舰拥有多达 50 枚深水炸弹，反潜武器包括 4 具抛射器、2 条轨道（轨道上共有 30 枚深水炸弹），此外甲板上还有额外的 4 枚备弹。

另外还有一种做法是采用可由普通舰炮直接发射的炸弹，能够攻击正在下潜当中（或者可以看到潜望镜）的潜艇。1918 年 6 月 27 日，海军测试了一种可以由

∨　图为加拿大海军的"温哥华"号（HMCS Vancouver）[前 英国皇家海军"斗牛士"号（HMS Toreador）]，可见 S 级驱逐舰的典型舰桥设计。注意舰桥左侧探照灯旁呈折叠状态的臂板式信号机。1930 年 12 月 4 日摄于圣迭戈。

12磅炮发射的杆状炸弹。在测试中，12磅炮以30度仰角将200磅（90.7千克）重的炸弹发射到了279米外，舰炮不需要进行额外的改造。海军军械总监打算让承担反潜任务的驱逐舰或其他舰船——特别是还装备此类舰炮的老式驱逐舰和拖船——均装备这种炸弹，最初计划每艘携带4枚。当时，总共有77艘装备12磅炮的驱逐舰用于执行反潜任务，包括：爱尔兰海猎潜分舰队的11艘、第7驱逐舰分舰队（部署在伊明赫姆）的26艘、洛斯托夫特的3艘、波特兰的1艘、朴次茅斯的13艘、多佛的8艘、德文波特的3艘、北海海峡的6艘。此外，在地中海还有8艘"河川"级驱逐舰和4艘近岸驱逐舰装备有12磅炮并且承担反潜任务。另外在本土海域行动的430艘拖船中，有90余艘装备了这种炸弹。到1918年7月，可由4英寸（102毫米）炮发射的类似版本也被开发了出来，Mk IV型4英寸炮可以以20度的仰角将161千克的炸弹发射到183米外（30度仰角时则为247米）。火力更强的Mk V型则可以将207千克的炸弹发射到187米外。

1917年春，皇家海军测试了一种环绕式鱼雷，可以以大约21节的航速围绕直径约200码的圆形航行。大约有120枚鱼雷接受了这样的改造，装备于大约30艘执行护航任务的驱逐舰和鱼雷艇。

系留气球

施放系留气球是当时海上警戒、侦察、反潜等任务中的重要空中观测手段。[28]在系留气球上寻找潜艇的测试开始于1917年。在1917年8月19日的一次海军政策会议之后，第13驱逐舰分舰队（隶属大舰队）的3艘驱逐舰携带了这种气球。[29]

系留气球需要相应的绞盘设施和可供降落的开阔空间。通常气球会在岸上维护并充气，然后根据需要安装到驱逐舰上。在行动开始前，这些气球通常不会搭载人员或升空，但在反潜作战中，气球需要持续地保持浮空状态。之后的测试表明驱逐舰搭载的系留气球非常有用，一份1917年10月7日的大舰队气球设施维护报告表明，有12艘驱逐舰安装了供系留气球使用的绞盘设施，而到了1918年3月1日时总共将有32艘驱逐舰搭载此种设备（在1917年9月21日获得批准），包括斯卡帕湾的28艘（其中8艘已安装）和罗赛斯的第13驱逐舰分舰队（4艘已安装）。基于这个数量，通过驱逐舰之间的轮换，1918年春夏在斯卡帕湾和罗赛斯之间维持8艘搭载系留气球的驱逐舰的巡逻将成为可能。为了做到这一点，在轮换时至少有16艘搭载系留气球的驱逐舰同时位于海上。在斯卡帕湾随时都要有至少8个气球做好准备，而罗赛斯则是4个。[30]

与此同时，地中海海域的一些护航舰船也装备了系留气球。他们希望空中侦查哨在天气晴朗时能看到下潜的潜艇。1917年10月，地中海舰队的护航力量包括27艘护航舰，4艘I级、5艘H级、8艘E级和10艘G级驱逐舰，其中"小猎犬"级（G级）和"河川"级（E级）采用的是燃煤锅炉，他们会产生大量黑烟，不太适合搭载系留气球，因而只剩下更新的燃油驱逐舰和护航舰可以搭载。系留气球的运作需要一片开阔的空间（1.83米×1.83米）让观察员乘坐的吊篮降落（还包括为向各方向延伸的45度角缆绳留出的净空区）。降落时，气球还必须远离后部的烟道以免氢气被点燃。之后的测试方案表明L级（或许还包括后续型号）驱逐舰似乎并不适合安装系留气球，

△ "温哥华"号是桑克罗夫特版的S级驱逐舰，一定程度上还存在着龟背状的舰艏，并且为1号主炮建造了火炮平台。

【图片来源：美国海军；1972年由加利福尼亚州科特马德拉市唐纳德·D.麦克弗森（Donald D.McPherson）捐赠】

因此更详细的安装方案只涉及E级、G级、H级和I级驱逐舰。这些系留气球需要在舰上维持工作大约60—70个小时，需要2.5吨的氢气储备（使用48小时后，气体散失会导致浮力降低，为此需要补充氢气）。后来E级驱逐舰的方案显然没能通过，而随着更多的改造方案在1918年7月完成，皇家海军决定将第3和第4驱逐舰分舰队的鱼雷发射管拆除，代之以氢气瓶。

随着第一次世界大战的结束，搭载系留气球的R级驱逐舰的探照灯被挪到了前部的鱼雷发射管上方（S级驱逐舰出于稳定性的考虑并未搭载气球）。搭载系留气球时，M级和R级的探照灯会安装在一个特别支架上（到1918年11月，一共生产了19套这样的支架）；不搭载系留气球时，探照灯则安装在后部军官舱门上方的支架上。在改进型的R级驱逐舰上，搭载系留气球就必须拆除"乒乓"炮。而在L级驱逐舰"云雀"号（HMS Lark）、"红雀"号、"秧鸡"号（HMS Landrail）、"利迪亚德"号（HMS Lydyard）、"卢埃林"号（HMS Llewellyn）、"路西法"号（HMS Lucifer）、"兰德福"号（HMS Landford）、"桂冠"号（HMS Laurel）和"骑枪"号（HMS Lance）上，探照灯会暂时安装在鱼雷发射管上方的支架上，或者干脆被拆除。

其他反潜装备

潜艇要实施攻击就必须看得到目标，因此烟幕也成了一种反潜武器。最初的测试是（1918年2月）在"花冠"号驱逐舰上进行的，模拟的情境是该舰为美国的"维斯塔尔"号（USS Vestal）修复舰和"拾穗者"号（HMS Gleaner）补给舰护航。在4—5级风时发烟，很快就产生了一段长1000码、高37米的烟幕，最初是白色的，继而变为黑色，随后又恢复了白色。结果相当令人满意。烟幕发生装置是一个装载了6吨硫酸的水箱，因此操作时需要格外小心。在1918年3月初的一次测试中，硫酸便腐蚀了测试舰的涂料，并且碳化了附近的棕毯。

1918年年末，一份第2（北爱尔兰）和第4（德文波特）驱逐舰分舰队的反潜装备清单展现出了各型驱逐舰的不同。K级、L级和M级驱逐舰的基础配置是拆除舰艉的主炮和侧舷的反潜索设备，代之以24枚深水炸弹：1条轨道上携带12枚，另有 2 具深水炸弹抛射器，每具抛射器还配有容纳 4 枚炸弹的托架，另外还有 2 枚安装于 2 具坡道上，1 具为液压投放，1 具为手动投放。搭载系留气球的舰船同样需要拆除舰艉的双联装鱼雷发射管（对 K 级来说则是 2 具单装鱼雷发射管）。搭载发烟设备的驱逐舰只携带 10 枚深水炸弹，4 枚位于舰艉的坡道（2 枚液压投放，2 枚手动投放），另有 2 具抛射器，每具备弹 3 枚。K 级驱逐舰拆除了舰艉主炮、所有的鱼雷发射管和所有的反潜索设备，L 和 M 级则保留了一侧的设备。

水雷布设

皇家海军在 1914 年以前就放弃了在敌方舰队前方布设水雷的想法。[31] 不过，在第一次世界大战初期，德国展现出了在名义上由敌方控制的水域快速布设雷区的能力。英国当时有 12 艘轻巡洋舰搭载水雷，之后又增加了大约 24 艘驱逐舰，1915 年 9 月海军又下令对"亚必迭"号驱逐领舰进行改造。该舰于 1916 年完成改装工作，成了一艘携带 66 枚水雷的高速布雷舰，并于 1916 年 5 月初在霍恩礁（Horns Reef）外围布设了一个战术雷区，作为引诱德国舰队出动的计划的一部分（雷区的位置横跨舰队的路径）。不过该计划没取得多少进展，于是在 5 月末该舰又受命扩展雷区范围。但由于日德兰海战爆发，该命令并未得以执行。海战期间，当杰利科在夜间失去和德国舰队的接触后，他命令"亚必迭"号在德国舰队可能返航的路径上布设水雷——而德国舰队确实这么做了。或许由于水雷太过稀疏，最终仅有"东弗里斯兰"号（SMS Ostfriesland）触雷（很可能还是更早的时候布设的水雷）。该舰并未严重损坏，不过德国舰队误以为遭受到了鱼雷攻击。"亚必迭"号的姊妹舰"加百列"号后来也被改装为布雷舰，两舰用帆布遮蔽物来隐藏水雷，因为这种布雷战术的关键就在于突然性。后来的"西摩尔"号、"勇武"号（HMS Valorous）和"瓦伦丁"号（HMS Valentine）也接受了改装，各携带 40 枚水雷。这些舰艇和后来的布雷驱逐舰被认为每个月可以执行 7 次布雷任务。

1916 年 3 月，又有一个草案被提出，该草案的内容为将桑克罗夫特的 K 级驱逐舰改造成"特设"布雷舰，即"典范"级（Paragon Class）驱逐舰。每艘可以在上

〉桑克罗夫特的 S 级驱逐舰没有足够的空间在艏楼末端安装可转向的 18 英寸(457 毫米)鱼雷发射管，因此造船厂提议直接横向安装 2 具鱼雷发射管，如图中伦敦科技博物馆收藏的船厂模型所示。海军军械总监反对这种设计，因为这会让装填鱼雷变得相当困难，因此桑克罗夫特的方案是 S 级驱逐舰中唯一未配备 18 英寸鱼雷发射管的。

（摄影：N. 弗里德曼）

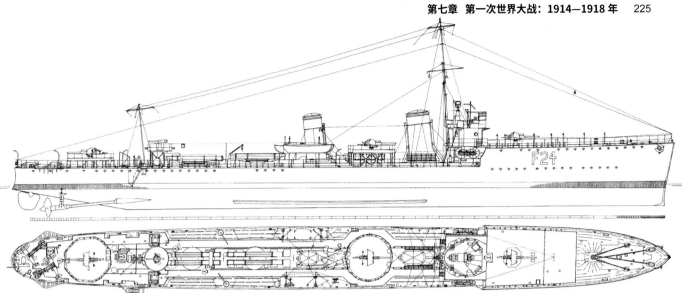

"高塔"号驱逐舰

　　"高塔"号（HMS Tower）属于改进型的R级驱逐舰，首次尝试通过重新设计来为R级驱逐舰提供更好的适航性，并且重新安排了锅炉的位置以让舰桥尽可能地靠后，图中所示为1918年3月时的状态。"高塔"号完工时，与之非常相似的S级驱逐舰也刚刚准备投入量产。最初高级军官们认为这些新驱逐舰采用的是R级驱逐舰的原始设计，并非改进型的R级，海军造舰总监不得不花费大量精力来阐述它们之间的差别。较大的、容纳两台锅炉的锅炉舱被挪到了靠近引擎舱

的位置，舰桥此时位于最前面的锅炉上方，前部烟道则位于两段锅炉舱的隔舱壁上方，后部锅炉舱中两台锅炉之间添加了舰桥支撑结构。和"拉德斯托克"号一样，该舰有2副破雷卫，安装在将它们吊离舷侧的吊柱上，在舰艏主炮平台和后部烟道之间还有2副备用的C型破雷卫（扫雷用）。图中横向放置于后甲板上的应该是Q型（反潜用）破雷卫。驱逐舰当时普遍安装混合的破雷卫索具，可以选择拖曳C型或者Q型。同样位于后甲板（右舷）的还有1枚液压投放的深水炸弹。

从舰桥前方突出的物体是连接1号主炮的传声筒，战前的经验让皇家海军认定，对舰炮操作人员来说最可靠的通信装置就是传声筒。舰上还有备用的柔性传声管，以防连接舯部和舰艉火炮、鱼雷发射管及舵轮的传声筒在战斗中被弹片损坏。在2副鱼雷发射管后方，原本应当安装探照灯的平台上却安装了1门2磅"乒乓"炮，与之并排的是反潜索用的绞盘。俯视图中，后部鱼雷发射管处的虚线为该舰搭载的第3艘卡利救生筏（Carley float），以一定的角度安装。舰艏的底端略

微向前延伸以增加冲撞潜艇时的杀伤力。此前，"獾"号驱逐舰曾于1914年10月以13节的航速在荷兰海岸附近撞击一艘U型潜艇，导致舰艏压缩变形，而U艇仅受轻伤并成功返回了基地。此后驱逐舰的舰艏都被特别加固，用于直接撞击敌方潜艇。前甲板上的矩形线条是用于防滑的金属条，舰体舯部和后部较长的线条则是用于固定防滑棕毯的金属压条。这些改进型的R级驱逐舰的服役时间并不长，"高塔"号在1928年即被出售拆解。

（绘图：A. D. 贝克三世）

层甲板携带22枚水雷，每枚重量1700磅（771千克），但不再需要拆除其他武器，其4英寸（102毫米）炮将被抬高0.2米以避开水雷，不过扫雷装置会被拆除。

　　1917年1月时，皇家海军又决定为已经在作为布雷舰建造的6艘驱逐舰安装新型的H型水雷，之前的"典范"级或其他驱逐领舰将不再接受改造（现在已经无法确定"西摩尔"号是什么时候被选中的了）。将接受改造的现有驱逐舰包括："部族"级驱逐舰中的"亚马逊人"号和"鞑靼人"号（因为强度不够而被驳回）；I级驱逐舰中的"爱丽儿"号、"雪貂"号和"蚊蚋"号（HMS Sandfly）；以及"军团"号和"流星"号。2月10日时又增加了"海鲢"号（HMS Tarpon）、"忒勒玛科斯"号（HMS Telemachus）、"凡诺克"号（HMS Vanoc）和"征服者"号（HMS Vanquisher），此外两艘改进型R级驱逐舰也将各携带44枚BE型或H型水雷，而V级驱逐舰则能携带多达66枚，不过在1918年时两级舰标准的水雷携带量分别减少为38枚和44枚。R级驱逐舰拆除了舰艉主炮及其平台，V级驱逐舰拆除了舰艉鱼雷发射管和主炮。之后又改造了"流星"号、"军团"号、"雪貂"号、"蚊蚋"号和"亲王"号（HMS Prince），每艘可以携带38枚水雷。携带水雷会导致航速降低，因此"雪貂"号和"蚊蚋"号满载时的标定航速仅为25节。

　　接受改造的V级驱逐舰包括："快活"号（HMS Vivacious）、"万能"号（HMS Versatile）、"维托里亚"号（HMS Vittoria）、"沃提根"号（HMS Vortigern）、"温

哥华"号、"守望者"号（HMS *Watchman*）、"海象"号（HMS *Walrus*）、"漫步者"号（HMS *Walker*）、"威尼斯"号（HMS *Venetia*）、"晚祷"号（HMS *Vesper*）、"维洛克斯"号（HMS *Velox*）、"沃里克"号（HMS *Warwick*）和"旋风"号。它们可以布设 H 型水雷或磁感应水雷（magnetic mine）。

到 1918 年时，皇家海军主要的布雷舰分舰队是部署在伊明赫姆的第 20 驱逐舰分舰队，拥有"亚必迭"号、"加百列"号、3 艘 V 级、2 艘 R 级、1 艘 L 级和 2 艘 I 级。不过大舰队中也有布雷驱逐舰：第 11 驱逐舰分舰队的"西摩尔"号和"勇武"号、第 13 驱逐舰分舰队的"瓦伦丁"号，以及装备 M 型水雷的"威尼斯"号。另外，第 13 分舰队有 8 艘可以布雷的 V 级驱逐舰，在多佛还有 3 艘（"维洛克斯"号、"沃里克"号和"旋风"号）。[32]

"亚必迭"号和"加百列"号能布设磁感应水雷（被称作"Mk I 型铅坠雷"），专门用于摧毁浅海地区的德国 U 型潜艇。这种水雷呈削去顶端的锥形，由混凝土制成，内部装有 1000 磅(454 千克)TNT 炸药，由一根磁探针作触发装置。在 1918 年 10 月，第 20 驱逐舰分舰队和"流星"号在比利时外海布设了 472 枚这样的水雷。不幸的是，这种水雷并不可靠，在测试中，多达 60% 的水雷在布设后不久便会被引爆。最终磁感应水雷计划被中止，但这种武器还是在间战期早期被列入布雷能力清单。此外皇家海军还设计过一种声感触发装置，但从未投入使用。

扫雷装备

日俄战争戏剧性地展示出了水雷对舰队的威胁，因此在 1908 年便有 6 艘鱼雷炮舰被改装为英国海军最早的远洋扫雷舰。尽管之后没有采取任何措施来替换这批老旧的舰艇，但皇家海军还是用速度稍快一点的"河川"级驱逐舰进行了一些测试。到 1912 年，它们被批准携带扫雷设备并替代那些鱼雷炮舰，但由于巡逻艇的缺乏，这一决定后来遭到了驳回。在一战爆发时，德国已经装备了专门的海上布雷舰。1914 年 10 月 27 日，德国水雷戏剧性地击沉了皇家海军的"大胆"号（HMS *Audacious*）战列舰。

杰利科上将随即意识到了德国设置的雷区对舰队的威胁，因此在 1915 年 6 月，他要求 8 艘驱逐舰将反潜索替换为扫雷索，这些驱逐舰的首要任务就是在舰队的前方搜索水雷。这需要两艘驱逐舰密切配合，它们间隔 1—3 链（91—274 米），共同拖曳一条缆索以扫除水雷。根据 1915 年 11 月颁行的指示，扫雷舰应该在主力舰前方至少 3 英里（约 4.83 千米）的区域行动，这样舰队才有时间避开被发现的雷区。而另外两艘位于搜索舰和主力舰队之间的驱逐舰则可以通过投下浮标来标注不安全的区域，从而指引舰队安全通过。驱逐舰的扫雷速度大约为 15 节。

不久之后，可以由单舰拖曳的扫雷用破雷卫，即高速扫雷索（high-speed mine sweep, HSMS）也出现了，其列装始于 1916 年。[33] 该扫雷索包含 2 具破雷卫，在舰艉而非舰艏处拖曳，通过吊柱投放，可以在航速 15 节的情况下使用，最快可以以 25 节的航速拖曳。在拖曳缆绳碰触到水雷时，上面的切割器就会切断水雷的系泊索。这和大型战舰上搭载的破雷卫的功能正好相反，后者的功能是将水雷排开，以防止其在军舰驶过时和舰体接触。反潜时，驱逐舰通常以 31 节的航速拖曳 D 型破雷卫（一些则

使用巡洋舰用的 C 型），它们通常搭载 4 具破雷卫，其中有 2 具用是备用的。

　　主要在哈里奇港和多佛等南部地区执行任务的驱逐舰，时常会遭遇德国水雷。在 1916 年 3 月 31 日的一次会议上，哈里奇舰队的指挥官们提议为所有驱逐领舰或执行指挥任务的驱逐舰装备破雷卫用以自卫，第一批批准安装的舰船为多佛巡逻舰队的"十字军"号和哈里奇舰队的"百灵鸟"号（HMS Laverock）。尚不清楚大舰队的驱逐舰当时是否已经配备了破雷卫。

　　后来还出现了一种混合拖曳装置，可以拖曳爆破型的 Q 型破雷卫或扫雷用的（C 或 D 型）破雷卫。这类装置可以通过舰上的格栅吊柱加以识别，它们的作用是将破雷卫从甲板上吊至舷外然后投放。1917 年 11 月 16 日，海军委员会批准为所有的新建驱逐舰安装混合型拖曳设备。通常，这些驱逐舰在交付时会安装某一型破雷卫，而另外一型则会储存在基地内以便需要时进行替换。

战时的建造：更多的 M 级

　　当战争在 1914 年 8 月爆发时，海军部认为驱逐舰将承受很大的损失，因此提议制订战时建造计划。因为当时的动员法规定，应当建造当时已经建成的舰型，所以战时计划的内容是建造更多的 M 级驱逐舰。在 1914 年 8 月时，海军部估计英国富余的舰船生产能力还够建造 12 艘工期较短的驱逐舰（和另外 12 艘潜艇）。1914—1915 年的建造计划草案原本包括 8 艘驱逐舰，所以战时建造计划（the First War Programme，9 月 10 日下达）中的第一批驱逐舰有 20 艘：12 艘海军部的 M 级、4 艘桑克罗夫特的特设舰和 4 艘雅罗的特设舰（和"米兰达"号基本相同）。雅罗的特设舰比较特别，因为只有两座烟道，就和之前的"米兰达"号一样。为提高适航性，增加了 0.61 米的舰艉长度，并且采用和"米兰达"号不同的斜柱艏（raked stem bow）。1916 年 11 月，海军审计主管赞扬雅罗的特设舰在适航性方面比海军部的设计要更加优秀，后者在高海况时甚至很难维持 8 节以上的航速。[34]

　　对于海军部的设计方案，帕森斯曾提出换装一种采用全齿轮传动的动力系统，但该建造计划实在太过紧急，因此不能接受相应的设计方案更改。布朗－寇蒂斯承诺，

　　△ 海军造舰总监提出了建造一型动力系统和 R 级相同的驱逐舰作为领舰的建议，这便是后来的 V 级驱逐领舰。该舰动力系统的布置和 R 级一样，两段锅炉舱均位于引擎舱的前部，不同锅炉舱中相邻两台锅炉的上风道合并为较粗的后部烟道。这也是皇家海军中第一型在操舵室上方建开式舰桥的驱逐舰。不过，依照习惯，操舵室依然是真正的舰桥，因此还留有宽阔的窗户。后来，驱逐舰的指挥更多地在上方的舰桥进行，因此在后续驱逐舰上这些窗户被更传统的舷窗取代。图中所示为澳大利亚海军的"宿仇"号（HMAS Vendetta）驱逐舰，该舰最初采用双联装鱼雷发射管，不过此时已安装了三联装鱼雷发射管。舰桥上方的 9 英尺（2.74 米）测距仪同样是战后增加的装备。

　　（图片来源：澳大利亚海军历史司）

和其他的直联式蒸汽轮机相比，他们生产的新型蒸汽轮机具有更高的燃油效率，特别是在低速航行时，因此皇家海军考虑尽可能多地为舰船安装这种引擎，包括2艘费尔菲尔德的驱逐舰、1艘布朗的驱逐舰和（4艘中的）2艘斯旺－亨特的驱逐舰，其余的驱逐舰则仍旧使用帕森斯的传统蒸汽轮机。为了加快建造进度，除费尔菲尔德、斯旺－亨特和怀特建造的舰船外，其余驱逐舰均取消了巡航用涡轮和和平期油箱。装备了巡航涡轮的包括2艘费尔菲尔德的产品、2艘怀特的产品，以及斯旺－亨特建造的"玛丽玫瑰"号（HMS Mary Rose）和"威吓"号（HMS Menace）。这些驱逐舰计划拆除鱼雷发射管之间的探照灯，代之以1门1磅"乒乓"炮，实际上安装的是2磅"乒乓"炮。

1914年11月上旬新的战时建造计划中包含10艘驱逐舰（第二批），当月末又追加了22艘（第三批），1915年2月订购了18艘（第四批），最后是1915年5月订购的22艘（第五批）。第二批中包括雅罗的最后一艘特设舰"尼莉莎"号（HMS Nerissa）驱逐舰，而在最后一批驱逐舰中，有2艘安装了齿轮传动的蒸汽轮机，因此可以被归入R级驱逐舰。此外，1914年11月时，皇家海军还向比德摩尔订购了两艘L级驱逐舰（"套索"号和"洛泰瓦"号），作为第二批战时建造计划驱逐舰的一部分。这一批次还包括4艘为希腊建造的驱逐舰和4艘刚为土耳其开工的驱逐舰（"护符"级），因此总数还是达到了20艘。第三批还包括3艘驱逐领舰，因此总数为25艘。

1914年9月，海军军械总监要求将舰艉的4英寸（102毫米）炮平台抬高，鱼雷艇驱逐舰督导官指出这样就能让栏杆在作战时也保持直立状态，增加了安全性，尤其是在夜间。同时，更高的艉部炮位也和艏楼上的炮位那样具备一定的优势。12月时，督导官注意到海军部的M级驱逐舰的引擎舱实在太过拥挤，尤其是前端，因此他提议拆除和平期油箱。海军造舰总监指出这些油箱是因为海军委员会希望获得尽可能大的载油量才安装的，如果不能在战时使用，这些油箱就毫无意义。在1915年1月，海军审计主管批准了拆除计划，减少11吨燃油使该级舰的航程由3715海里缩减到3586海里。

∧　许多驱逐舰后来都对舰桥进行了扩建，就像图中"威尼斯"号所做的一样。有一些还在最上层的舰桥前端加装了挡风板。注意舰桥一侧较为突出的海图桌和前桅前方的厨房烟道。

在 1914 年年末，战时建造计划中的第一批驱逐舰受命安装改进型反潜索，这一改进在 1915 年 2 月扩展到了第二批和第三批驱逐舰上（前土耳其海军的驱逐舰除外，它们不适合安装这种装备）。

1915 年 7 月 8 日，海军部又组织召开了一个关于改进即将预订的驱逐舰的会议，参会人员包括海军造舰总监的助理 W. J. 贝里（W. J. Berry）、首席工程师及其助理、海军装备总监、海军军械总监、鱼雷艇驱逐舰督导官、鱼雷准将，以及包括尼科尔森上校在内的部分驱逐舰指挥官。最重要的改进就是以齿轮传动的双轴推进系统取代原先的直联式三轴推进系统，设计输出功率也从原先的 24500 轴马力增加至 27000 轴马力。已经在建的舰船还增加了额外的舰艏外飘，海军造舰总监还被要求考虑如何进一步增高舰艏。与此同时，为降低转向半径而设计的方形（下部）船艉取得了成功，舰艉主炮也被抬高到了火炮平台上。

尼科尔森上校提出了一种激进的舰桥和上层建筑设计，宽度从 2.29 米增加至 5.03 米，这就导致艏楼末端无法安装"乒乓"炮了，为此必须占用鱼雷发射管间原本用于安装 20 英寸（508 毫米）探照灯的位置。这项改进不仅被应用于新造驱逐舰，还在已经建成和正在建造的所有 M 级驱逐舰上进行了推广。

战场经验表明，这些驱逐舰的航程还是太短，因此在 1916 年 4 月，海军部下令将舰上仅剩的空间，即鱼雷弹药库改造为可以容纳 18 吨燃油的油箱，但在雅罗和桑克罗夫特建造的驱逐舰上却没法这么做，它们的鱼雷舱室采用了铆接固定，因此无法保证密封。航程的问题似乎非常严重，后来甚至有人提议在尚未建造肋骨的双轴推进型 M 级驱逐舰的密封压舱（gland rooms）内增加 9 吨容量的油箱，以此弥补拆除和平期油箱造成的航程损失，甚至不惜为此延长工期。新增的这些油箱总共可以容纳 11 吨燃油，而如果充分利用 1 号锅炉前端的空间增设油箱的话，还能再增加 14 吨的燃油携带量，尽管加固舰体会增加大约 8 吨的重量。此前提议的新的武器配置计划（详见下文）因为要等待确定燃油增加量而推迟。改进后的双轴推进型 M 级驱逐舰的载油量为 227 吨，和平期油箱中另有 41 吨，额外的燃油和大约 9 吨的额外武器配置将使航速降低大约 1 节。一份 1916 年 5 月制作的表格列举了三轴推进型 M 级和改进型 M 级的区别。三轴型 M 级（1016 吨）的载油量为 228 吨，外加和平期油箱的 41 吨，17 节时航程可达 2280 海里，在 20 节时为 1530 海里。而双轴型的 M 级驱逐舰（1077 吨）主油箱容量 252 吨，和平期油箱容量 48 吨，17 节时的航程增加至 2840 海里，20 节时则为 1940 海里。不过导致航程增加的原因比较复杂，因为双轴型 M 级拥有更高效的引擎，其推进效率可达 0.55，相比之下三轴型 M 级的推进效率只有 0.46，因此新舰要达到 17 节或 20 节的航速所需的动力更少。

这些新的采用齿轮传动的设计方案之后被归类为 R 级驱逐舰。第五批战时建造的驱逐舰中，有 2 艘采用了齿轮传动，第六批（1915 年 7 月，包括 24 艘驱逐舰）和第七批（1915 年 12 月，包括 10 艘驱逐舰）当中齿轮传动系统的比例则更高。第六批中包括 3 艘桑克罗夫特的"罗莎琳德"型（Rosalind Group）和雅罗的"塞布丽娜"型（Sabrina Group）特设舰。尽管被归入 R 级，可是雅罗的特设舰使用的还是 M 级特设舰的方案，依然采用直联式蒸汽轮机。第七批战时建造计划一开始似乎包括 11 艘驱逐舰，但其中一艘后来在 1916 年春季被更改为 V 级驱逐领舰。

1916 年 6 月 6 日，项目承包总监（Director of Contracts）宣布所有自 1915 年 7 月起订购的驱逐舰（几乎包括了全部 R 级），都将在鱼雷战斗部弹药库携带燃油。

改进设计

至少对驱逐舰而言，1915—1916 年的冬天要比上一个冬季糟糕得多，因为它们急需提高适航性。这可能是大舰队在这个冬季更加繁忙造成的，杰利科上将坚信德国会以冬季更长的夜晚为掩护实施行动。尽管后者并未这么做，但大舰队却不得不根据这一假设出海作战，因此驱逐领舰和标准型驱逐舰都要面对恶劣海况的挑战。

驱逐领舰似乎被放到了首位，在 1916 年 2 月，海军造舰总监就收集了大量的改进建议，为此第四批战时建造计划（1915 年 2 月）中有额外的 2 艘驱逐领舰，第六批（1915 年 7 月）又增加了 3 艘，而第七批（1915 年 12 月）则包括了该级领舰中的最后一艘，"澳新军团"号（以纪念加里波利战役中的澳新军团）。舰队希望提高领舰的干舷高度并让舰桥更加靠后，当时刚刚开始建造的"澳新军团"号和"索马里兹"号（HMS Saumarez）把艏楼增高了 1 英尺（0.30 米）。"澳新军团"号还采用了曾在"纳皮尔"号上成功应用的斜柱艏。通过将无线电收发室挪到下层甲板，舰桥向后挪了大约 2.29 米，而两盏探照灯则被挪到了舰桥两翼，舰桥的高度也得到了增加。同时，动力系统也被重新布置，锅炉现在安装于两段而非原来的三段锅炉舱内，这样舰桥又能向后移动大约 2.13 米。不过海军造舰总监不喜欢这样的安排，因为存在两段锅炉舱之间的水密隔舱被击穿的风险。舰队还希望获得更强的前射火力，当时的舰船只能以在艏楼两舷并排安装 2 门火炮的方式做到这一点，就像原土耳其的"护符"级一样。海军造舰总监对此倒是没有多大意见，只是指出这 4 吨的额外载重会降低干舷高度和最高航速。

海军造舰总监最终得出的结论是，对现有的驱逐领舰设计进行修改没有太大的意义。如果像 R 级那样安置三台锅炉，他可以设计出更好的驱逐领舰，其舰桥和舰艏的距离可以达到 8.84 米，这样前方就能纵列布置 2 门主炮。他指出该领舰的造价将比 R 级驱逐舰高大约 7 万英镑，但增加的却仅仅是 1 门额外的 4 英寸（102 毫米）炮、1 套 2 型无线电设备和供驱逐舰上校及其参谋人员使用的舱室。R 级在较好的天气情况下速度反而要快上大约 2 节。因此，如果想要更加令人满意的驱逐领舰，他需要另起炉灶设计一个新方案——这个方案后来演变成了 V 级驱逐领舰。

海军造舰总监最终没有采用激进的改进，而是通过将 1 号和 2 号锅炉的上风口合并为一座烟道让舰桥后移了约 3.96 米。合并的烟道将占据之前 2 号主炮所在的位置，而后者则被挪到了舰桥先前所在的位置上，3 号和 4 号烟道则略微削减了高度，很可能是为了补偿载重量，位于两者之间的 3 号主炮并不需要改变位置。同时，额外的甲板室也增加了乘员搭载量，舵轮也抬升到了更高一层的位置，再往上则是开放式的舰桥。这可能是英国驱逐舰历史上，在操舵室上方的开放式舰桥指挥的开端。在 R 级和之前的驱逐舰上，指挥和操舵均在海图室上方的同一层进行。

① 应该是指"神射手"级（Marksman Class）驱逐领舰，有时也称作"轻捷"级（Lightfoot Class）。事实上这 6 艘属于改进型"神射手"级，更多的时候被称作"帕克"级。注意不要和前文中的"神枪手"级（Sharpshooter Class）鱼雷炮舰混淆。

这些改进影响了这级驱逐领舰中 ① 的最后 6 艘："格伦维尔"号、"何思德"号（HMS Hoste）、"帕克"号（HMS Parker）、"西摩尔"号、"索马里兹"号和"澳新军团"号。这一改进或许催生了改进型 R 级驱逐舰上采用的高低纵列的前主炮布置方式（详见下文）。对这些驱逐领舰舰桥进行改造的命令则在 1916 年 4 月 5 日下达。

　　海军造舰总监还提出过另一种方案。他提出只需要用驱逐领舰大约一半的动力，就能让一艘 287 英尺（87.48 米）长的驱逐舰达到 33 节的航速，并且还能维持大型驱逐领舰一样的载员和武器搭载水平。——要知道，提升最后几节航速实际上是相当昂贵的。

　　当时还有为驱逐领舰安装 12 英寸（305 毫米）主炮的提议，该提议大体上和大型的 M 级潜艇同时出现。在潜艇这边，当时的鱼雷并非那么可靠，固定安装的 1 门 12 英寸主炮或许会更加高效。以此类推，沿驱逐领舰中轴线向正前方发射的 12 英寸火炮或许一样有效。这种主炮或许可以看作现代反舰导弹设计思路的雏形，因为当时的一大论据就是高速飞行的导弹远比低速航行的鱼雷更难被躲避。1916 年 2 月，海军造舰总监绘制出了搭载 1 门 Mk IX 型 12 英寸炮的设计草案，这门火炮正是大型潜艇要使用的。为了安装这门巨炮，艉楼将向后延伸并挤掉 2 门 4 英寸炮和 1 副双联装鱼雷发射管，动力系统也需要进一步后移以保证舰体的重量平衡，但这就不可能安装 4 台锅炉了。因此该级舰将采用 R 级驱逐舰的动力系统（3 台锅炉，2 台齿轮传动蒸汽轮机），海试航速足以达到 31 节（满载时为 28 节）。其全速状态的航程将和其他驱逐领舰相同，但 15 节时的航程更短。这个方案最终没能实施，但却让海军造舰总监想到了可以将 R 级驱逐舰的动力系统应用于驱逐领舰上。

　　1916 年 5 月，第八批战时建造计划分两次订购了 26 艘驱逐舰，此后重新设计驱逐舰变得越发重要。这 26 艘驱逐舰中包括 23 艘采用海军部设计的型号和 3 艘雅罗的特设舰（使用的依然是最初雅罗 R 级那样的直联式引擎）。若有任何新的设计方案，都必须在几个月内提出。至于驱逐领舰，两支舰队的要求都是提高适航性（即将舰桥进一步后移）和加强前向火力。第八批当中还包括由登尼建造的额外 2 艘驱逐舰，后来更改为驱逐领舰。

　　因为舰桥的位置取决于最前面一座烟道的位置，所以海军造舰总监努力寻找后移烟道的方法，他实际上采用了雅罗特设舰的布置方式，只不过还尽可能地让舰桥靠近最前面的烟道。在 M 级和 R 级驱逐舰上，较大的锅炉舱（包含两台锅炉）位于最前端，而小段的锅炉舱更靠近引擎舱。海军造舰总监提出重新安排锅炉的位置，将较大的锅炉舱放到紧邻引擎舱的位置，并且接受了这样一种风险：舰舯进水、引擎舱和大锅炉舱之间的水密隔舱壁被击穿之后，舰内会涌进更多的海水，因而更容易沉没。前部锅炉舱内锅炉的方向被颠倒了过来，烟道位于后部，和大锅炉舱前部锅炉的烟道合二为一。而随着舰桥的后挪，原先位于舯部的主炮就能安置在舰艏，火线可以越过艉楼上现有的那门主炮。当时人们认为艉楼上的主炮太过潮湿，位置更高的主炮很显然能在更恶劣的天气状况下射击。

　　但新的布置方式也使锅炉舱之间的隔舱壁无法再作为火炮的支撑，因为它的上方现在安装了 1 座烟道。如果要保持武器配置不变，就必须使用以前不受待见的在锅炉之间建造支撑结构的方式来支撑舯部主炮。

　　大约在 1916 年 5 月（日德兰海战前），杰利科在给第一海务大臣的信中表示他"非常担忧新驱逐舰的武器配置。"因为有报告（事后表明是没有任何依据的）指出德国驱逐舰已经装备了 5 英寸（127 毫米）火炮。[35] 海军军械总监还曾提到一份（不准确的）

报告称德国驱逐舰装备4门4.1英寸（105毫米）炮，因此海军造舰总监应该为下一型驱逐舰增加第四门主炮。但海军造舰总监指出，根据这些报告，德国的4门主炮中有2门安装于舯部的两舷位置，因此朝同一个方向射击的火炮不可能超过3门。并且，布置在舷侧的舰炮也比布置在中轴线上的舰炮更难操作。

虽然三轴推进型M级驱逐舰已经不可能再增加第四门主炮了，但其艏楼和舰艉的4英寸（102毫米）炮却可以换成4.7英寸（120毫米）炮。不过该级舰的结构需要进行相应加强，而增加的这15吨重量不仅会影响稳定性，还会让航速降低大约0.5节。K级和L级驱逐舰或许也可以进行类似的改装。当时提出的采用双轴推进和高低纵列前主炮布置的改进型M级或许可以将1号主炮换装为4.7英寸炮，但考虑到稳定性、空间和炮口爆风等问题，将其安装在2号炮位或许更合适。另一个备选的武器是高初速、高仰角（增至25度）的Mk V型4英寸速射炮，采用30度仰角炮架的Mk IV型也可供选择。5月，海军造舰总监建议在一艘驱逐舰上测试4.7英寸炮，但海军军械总监反对混合安装舰炮，因为这会导致很难统筹控制。

基于海军审计主管的要求，海军造舰总监在5月底还是拿出了一份搭载4门主炮的改进型M级驱逐舰设计方案，通过拆除1副鱼雷发射管来保证舰体的稳定性不受影响。额外的主炮将被安装在后部的一座炮台上，可以越过舰艉的主炮射击。如果采用Mk V型速射炮则还需要再拆除剩下的1副鱼雷发射管，冗余的载重量还能再搭载1套混合型的扫雷设备，但“这无论在设计方案中或是在当前的计算中都没有硬性规定”。海军造舰总监想取消鱼雷发射管的另一个原因是他希望减少载员量，以免舰内过度拥挤。并且，如果这4门主炮要采用Mk V型而非原先的Mk IV型，那么舰体宽度也需要增大。桑克罗夫特提出的在鱼雷发射管上方安装主炮的方案并没有多大帮助，因为急需解决的是载重量和稳定性问题，而非空间问题。海军造舰总监还曾尝试过将低一层的主炮更换为4.7英寸（120毫米）炮，但审计主管（都铎）反对混合搭载的方案，也不希望减少鱼雷发射管数量。

多佛巡逻舰队希望驱逐舰能拥有更强的舰炮火力以对付劫掠海岸的德国驱逐舰，而舰队司令杰利科则想要更强大的鱼雷火力。他很愿意保留现存的火炮配置，但如果要延长驱逐舰的艏楼长度，他希望能够在其上再增加1副鱼雷发射管。海军造舰总监提出过在艏楼安装鱼雷发射管的方案，但它们的位置太高了（杰利科设想的则是和德舰类似的舰桥前方的围井甲板）。到此时，M级驱逐舰已经增加了大约100吨的排水量，该级舰此前卓越的生存性能已荡然无存，看来是时候设计新的驱逐舰了。

杰利科建议将新一级的驱逐舰分成两类，一类为舰队型，另一类则是归属南方、强调舰炮火力的型号，但审计主管不喜欢这样的复杂安排。因此在6月1日，造舰总监德因科特提出了以新的300英尺（91.44米）型驱逐舰（详见下文）作为解决方案。它们的体型将略微扩大，以备未来改进，为了增加鱼雷火力，1副双联装鱼雷发射管可以取代1号主炮。该级舰将携带更多燃油，并且具备更佳的适航性。海军造舰总监强烈支持将改进型的驱逐领舰设计作为未来驱逐舰的蓝本，他的驱逐舰设计师汉纳福德（Hannaford）就曾指出这样的方案具备更大的冗余度，方便根据需要进行进一步改进。它能容纳比M级多100吨的燃料，还可以再携带额外的36吨，主炮为4门最大仰角30度的Mk V型舰炮。

〈 ∟ 桑克罗夫特转换了锅炉舱的布置顺序，从而将前部的两座上风道合并为了一座较宽的烟道。该布置模式被用到了第二批次的 W 级驱逐舰上，例如“老兵”号（HMS *Veteran*）（由约翰·布朗建造）。该级舰安装的是 4.7 英寸（120 毫米）炮而非 4 英寸（102 毫米）炮。

到 6 月底时，时间变得紧迫起来，因为此时许多造船厂已经出现了产能富余。6 月 9 日，海军大臣亚瑟·巴尔福（Arthur Balfour）写道，如果新建造的驱逐舰“不能至少在舰炮火力和仰角射程上与德国的新驱逐舰对等”，就将铸成大错。当时还有可能让最后的 5 艘 R 级驱逐舰采用新的方案进行建造。6 月 28 日，审计主管则希望让新驱逐舰搭载 2 副双联装鱼雷发射管和 3 门 Mk V 型舰炮（如果可能的话）。

从 1916 年 6 月 30 日开始，海军委员会 1915 年 12 月以后订购的所有驱逐舰，包括 1916 年 4 月订购的 5 艘，将在不影响工期的前提下，按照改进后的设计方案进行建造，将舰桥后移并将锅炉舱的布置颠倒，艏楼也会得到相应的延长。武器配置则为 3 门最大仰角 30 度的 Mk IV 型主炮（分别安装于艏楼、舯部烟道之间和舰艉）和

2 副双联装鱼雷发射管。艏楼的主炮将直接安装于艏楼甲板而非之前提议的火炮平台之上，以降低主炮向偏后方向射击时炮口爆风对舰桥的冲击，因为舰桥前方并没有安装暴风遮挡板（blast screen）。同时，30 度仰角的炮架也比预想的更重。最终，主炮的位置相比之前的设计向后挪动了 5.56 米，艏楼的高度也提高了 0.30 米。舰桥的大小形状则没有改变，舰舯的主炮位于 2 号锅炉的进气口上方，鱼雷发射管后部的平台上还有 1 门单装 2 磅“乒乓”炮。该方案的还将搭载高速混合扫雷 / 反潜索和安装于舰艏的水雷防护装置。算上新的锅炉舱内的和平期油箱和鱼雷战斗部弹药库内的燃油，总的载油量达到了 303.75 吨。在 972 吨的平均排水量下，预计最高航速可达 36 节（推进效率 52.5%）。

这项决定避免任何可能的延期，不仅满足了杰利科上将对舰炮配置的要求，而且也为增加更多的鱼雷发射管预留了冗余度。这种重新设计的驱逐舰被称作改进型 R 级驱逐舰，在采用海军部设计的 36 艘 R 级驱逐舰中，一开始有 6 艘（属于第八批战时建造计划）接受了改造，最后这一数量达到了 11 艘，剩下的则继续按照原先 R 级的设计方案进行建造。改进型 R 级中最先完工的是怀特建造的“锋利”号，因此有时这型驱逐舰也被称作“锋利”级驱逐舰。怀特建造的两艘烟道壁板较薄，因此在外部有独特的用于支撑烟道的加强筋。

1917 年 2 月，海军造舰总监回顾了驱逐舰排水量的增长以探寻驱逐舰是否应该加装轻型装甲。当时，改进型 R 级排水量为 1240 吨，相比之下最初的 M 级驱逐舰为 1126 吨。在增加的 114 吨排水量中，21 吨用于动力系统（增加了 2 节航速）、22 吨为额外的燃油，还有 10 吨是动力系统和额外的燃油所附带的重量。剩下的 60 吨则是净增长量。其他各级驱逐舰也有明显的排水量增长，并且极大地影响了航速。2 艘 K 级驱逐舰就额外搭载了 70 吨的载重，而 3 艘 1910 年完工的 G 级驱逐舰在 1913 年时重量已经增加了 57 吨，并且海军造舰总监估计到 1917 年它们的重量增长将达到 70 吨（可能还是保守估计）。之后设计的“卡彭菲尔特”级驱逐领舰也比此前的驱逐领舰重 109 吨。而这种情况还在恶化，新的 V 级驱逐领舰（详见下文）在下水前就已经比设计值重了 75 吨。

所有属于 1916 年 5 月建造计划（详见下文）的驱逐舰都将基于新的 300 英尺型驱逐领舰的设计进行建造，搭载 Mk V 型舰炮和 2 副双联装鱼雷发射管。其 4 门 Mk V 型主炮被认为能够和德国新驱逐舰上的 4.1 英寸（105 毫米）舰炮抗衡，并且它们的射速还更高。当年 7 月皇家海军便订购了 21 艘（1916 年 5 月建造计划）。海军审计主管指出所有的德国舰船都还只是驱逐舰，因此在驱逐领舰领域，皇家海军已经具备了极大的优势。“如果英国要建造比德国优越的舰船，就必须得牺牲建造数量才行。”

V 级和 W 级

海军造舰总监提议可以在 1916 年 3 月提出的驱逐领舰上采用新设计。在第七批战时建造计划（1915 年 11 月）中，3 艘驱逐舰被替换为 1 艘驱逐领舰（由桑克罗夫特建造）和 2 艘驱逐舰（由达克斯福德建造，但后来很可能又转交桑克罗夫特）。1915 年 11 月计划中还包括 2 艘登尼的驱逐领舰（排在 2 艘驱逐舰之后），以及 1 艘坎默尔 – 莱尔德的驱逐领舰和 1 艘桑克罗夫特的驱逐领舰（排在 1 艘驱逐舰之后）。

桑克罗夫特的驱逐领舰最后采用了公司自己设计的大型领舰方案。而随着新设计方案的完成，皇家海军 1916 年 4 月时又订购了 4 艘驱逐领舰（第九批战时建造计划）：2 艘由坎默尔建造（1 艘采用新的 300 英尺型设计方案，1 艘采用更大型的设计），1 艘由桑克罗夫特建造（采用该公司的大型驱逐领舰方案），1 艘由怀特负责（采用新的设计方案）。坎默尔之前设计的驱逐领舰也被归入了海军部方案之中，即按照海军造舰总监的提议，采用 R 级驱逐舰的动力系统，总计 5 艘。设计方案于 1916 年 4 月 13 日分别下发至桑克罗夫特、坎默尔 – 莱尔德和登尼，而当时怀特尚未加入该建造计划。当时，第九批战时建造计划中还包括 32 艘改进型 R 级驱逐舰，其中 5 艘将同时建造（费尔菲尔德 1 艘、比德摩尔 1 艘、司各特 1 艘、帕尔默 2 艘），其中部分订单后来更换了厂商。财政部后来将该计划中的驱逐舰数量减少至 31 艘，这就意味着在 1916 年 6 月时还需要再订购 26 艘驱逐舰。然而到 6 月 21 日时，即便把最初订购的 5 艘计算在内，也只有 21 艘被分配了出去：比德摩尔 3 艘、霍索恩 – 莱斯利 3 艘、登尼 2 艘、帕森斯 2 艘（舰体由斯旺 – 亨特负责建造）、达克斯福德 2 艘、斯旺 – 亨特 1 艘、桑克罗夫特 1 艘、怀特 1 艘、雅罗 2 艘、史蒂芬 2 艘。8 月又追加了 4 艘，其中怀特和桑克罗夫特各分得 1 艘，总数达到 25 艘。

最初，这些驱逐舰都采用 R 级驱逐舰的舰体，但 7 月 3 日时海军委员会开始考虑让它们采用新的 300 英尺（91.44 米）型驱逐领舰的变体设计。因为在 4 月时就有报告指出德国的大型驱逐舰将配备 4 门 4.1 英寸（105 毫米）炮和 2 副双联装鱼雷发射管。即便是升级版的 R 级驱逐舰也无法令舰队满意，因此海军造舰总监指出 M 级驱逐舰在体量方面更是指望不上了。他表示，现在是时候采用更大的舰体了，当时最显而易见的标杆便是 300 英尺型驱逐领舰。海军委员会同意了该意见，并且决定在 21 艘第九批战时建造计划的驱逐舰上采用。这些驱逐舰，加上此前计划的 5 艘领舰，共同构成了后来的 V 级[①]，其中桑克罗夫特按照公司自己的设计建造。

V 级成了日后（直至 20 世纪 30 年代）的英国驱逐舰和许多外贸驱逐舰的模板，在艉艛拥有纵列高低布置的主炮，并且因为高大的艉艛和舰桥而具备优秀的适航性。和此前的驱逐领舰（"卡彭菲尔特"级）相比，该级舰的造价便宜了 4 万英镑，但最高航速却更快 2.5 节。该级舰的武器装备也更强，在列装三联装鱼雷发射管后，鱼雷携带量增加了 50%。这些优点并未影响到载员量或航程，航行成本在全速时（比"卡彭菲尔特"级）要低 25%，巡航速度时则低大概 15—20%。不过，该级舰的航行成本要略高于 M 级和 R 级驱逐舰，因为动力系统的比重相当的大。该级舰的推进效率超过了之前所有的高速驱逐舰，无论是海军部的设计还是造船厂的设计。

审计主管要求造舰总监按照他的提议设计 V 级驱逐领舰，动力系统要和 R 级驱逐舰相同，到 3 月 27 日时造舰总监已经基本准备好了两个设计方案，审计主管和登尼讨论了这两个方案，并且得到了后者的保证，其中任何一个方案都可以取代当时已有的订单。两舰舰艉主炮均采用高低纵列布置，并且至少有 1 艘和最后的几艘大型领舰（详见下文）一样，在通常的操舵室上方设有开放式舰桥。

4 月 5 日，舰队司令杰利科上将审阅海军造舰总监的提案（采用 R 级驱逐舰的动力系统）时评论道，单纯采用更大的舰体就足以增加舰船的适航性。他指示造舰总监再平行地设计一型至少有大型驱逐领舰那么大的舰船。"这样就不会在舰体大小上

① V 级包括 5 艘驱逐领舰和 23 艘驱逐舰，二者的武器配置基本一致，但和领舰相比，驱逐舰取消了指挥功能，吨位也更小。

犯错。如果舰体尺寸不够，驱逐领舰甚至无法在中海况下保持良好的适航性，因此本人迫切希望新的舰船排水量能再增加 300 吨。"之所以提出增加排水量的要求，是因为海军造舰总监曾宣称他的这项设计相比之前的大型驱逐领舰节约了大约 300 吨的排水量。考虑到相关（但是是错误的）报告指出德国正在为驱逐舰列装 5 英寸（127 毫米）炮，杰利科还希望英国驱逐舰的主炮口径也能至少与之相当。当时英国还没有开发出 5 英寸炮，这就意味着得为他设想的大型领舰装备（来自陆军的）4.7 英寸（120毫米）炮，并且鉴于当时面临着空中威胁（主要是齐柏林飞艇），他还希望至少有一门主炮——舰艉的或舯部烟道间的那一门，能够改为高射炮。

杰利科非常喜欢在舰艏高低纵列布置 2 门主炮，但他还希望能够进一步将舰桥向后移，这就需要拆除第 1 座烟道，将第一座锅炉的上风道并入第二座烟道内，这样舰桥就能后移到现在 1 号烟道所在的位置。不久之后，R 级驱逐舰也做了这样的调整。

海军造舰总监在 1916 年 4 月 7 日向海军委员会递交了 300 英尺（91.44 米）型驱逐领舰的设计方案。其布置方式类似于是"轻捷"号的改进型，舰艏 2 门主炮采用高低纵列布置，其他主炮则位于舰舯和舰艉，和 R 级驱逐舰一样（当时的方案尚未经过重新设计）安装 3 座烟道。2 门"乓乓"炮分别位于 1 号与 2 号烟道之间和舰艉的甲板室上方，最前面的烟道紧挨在舰桥后部。而舰体内部的布置也和 R 级相同，安装 2 台锅炉的锅炉舱位于前部，其后是和引擎舱相邻的单锅炉舱。和当时的驱逐领舰相比，该方案的舰桥向后移动了 4.57 米，依照杰利科的要求，上面还增加了上层舰桥（upper bridge）。由于驱逐舰上校的下级编制增加，载员舱室的容量也有显著增加，包括：舰长起居室和航行住舱（sea cabin）；下层甲板的 6 间船舱；甲板室后部的 1 间船舱；用来供无线电报务长使用的舱室；以及艏楼末端的 2 间船舱，它们将用于容纳新的军官成员——枪炮长和鱼雷长。而根据鱼雷准将的建议，舰内还增加了一间医务室。该方案计划携带燃油 320 吨，预计在 15 节航速下的续航力为 3500 海里，相比之下大型领舰航程是 4030 海里。此时，新的驱逐领舰没有设置和平时期使用的油箱；如果使用这一设施的话，大型领舰航程还能再增加 970 海里（在 15 节时的总续航力将达到 5000 海里）。相比之下，R 级领舰仅装备战时油箱时，15 节的续航力为 2800 海里，加上和平期油箱后航程能增加 509 海里。全速时的航程则是 895 海对735 海里（和平期油箱可以增加 180 海里[①]）。新的设计方案取消了和平期油箱，因为现有的油箱都存在泄漏问题，而且安装的位置也很难保证密封性。不过，如果按照审计主管所希望的那样，和平期油箱能够将所有航速下的航程提高约 15%。该方案单舰造价为 20 万英镑，比之前的大型领舰要便宜 5 万英镑，和雅罗的特设舰相比价格也只高出了 6000 英镑。

该级领舰的武器配置也和大型领舰相同：4 门 4 英寸（102 毫米）炮、2 门"乓乓"炮和 2 副双联装鱼雷发射管。由于舰体相对较小（满载排水量 1400 吨），理论航速比大型驱逐领舰更快（搭载 75 吨燃油的海试条件下最高航速 35 节，总载油量320 吨）。"卡彭菲尔特"级大型驱逐领舰的舰长达到 96.01 米，满载排水量 1800 吨，输出功率 36000 马力时最高航速 34 节，而新的领舰动力系统功率仅为 27000 轴马力。同时，新方案还增加了载员，从 92 人增加至 98 人。

海军造舰总监还提出过一个备选方案，通过将舰桥削减大约一层甲板的高度，

〈 在 V 级的同时，海军部还订购了更大型的驱逐领舰，既有海军部自己的方案也有桑克罗夫特的设计方案，武器装备为 5 门 4.7 英寸（120 毫米）炮。图中的"凯珀尔"号（HMS Keppel）驱逐领舰为桑克罗夫特设计，1920 年完工。该舰共有 4 台锅炉，上风道被合并为 2 座烟道。

〈 └ 图中为采用海军部设计方案的"坎贝尔"号（HMS Campbell）驱逐领舰，可以看到舰桥周围覆盖的防破片软垫。这两张照片的拍摄时间应该在第一次世界大战之后（注意它并未携带深水炸弹）。

使海图室的顶端勉强高于 2 号主炮。同时，他还尝试在舰艉的甲板室上增加额外的 1 门主炮（取代原先的"乒乓"炮）——火线可以越过舰艉的主炮，使得 4 英寸（102 毫米）炮的数量达到 5 门。但该方案最终未被采纳，5 门主炮的设计是很不实际的。

审计主管要求重新设计一型舰艉也拥有 2 门主炮的领舰，就像之前的备选方案一样，3 号主炮可以越过 4 号主炮向后射击。他还要求增加和平期油箱的容量。于是海军造舰总监重新提出了一份只有两座烟道而非三座烟道的方案。1 号锅炉舱后部锅炉的上风道和 2 号锅炉舱的上风道合并为一座烟道，并占据了此前位于隔舱壁上方 4 英寸（102 毫米）炮的炮位，前方仅留下较窄的烟道。而被挤走的 4 英寸炮则挪到了甲板室上方，火线可以越过舰艉主炮。由于舰艉不再安装主炮，那里的救生艇也不会干扰火炮射界了。"乒乓"炮则从 1 号和 2 号烟道间（之前舰艉的主炮位于 2 号与 3 号烟道之间）挪到了较宽的烟道正后方，但这就没有位置给第二门"乒乓"炮了。唯一的缺憾是应急舵轮的位置并不好（位于甲板室前方的甲板上而非甲板室顶部），但造舰总监认为其他优点足以弥补这一缺陷，况且其他驱逐舰也把应急舵轮放在了类似的位置。和之前的驱逐舰一样，300 英尺型领舰的主炮一开始选择的是 Mk IV 型 40 倍径 4 英寸炮，不过在 4 月 28 日，第一海务大臣批准采用 45 倍径的 Mk V 型。

大约在 7 月 5 日，海军委员会最终决定第九批战时建造计划中的所有驱逐舰都采用基于 300 英尺型领舰的设计，主要的区别只是减少载员。海军军械总监提出将双联装鱼雷发射管换装为新的三联装鱼雷发射管。但为了防止延期，审计主管决定继续采用双联装鱼雷发射管，如果之后有可能再换装为三联装。1917 年 2 月，各承包商被告知新的 V 级驱逐舰（即 W 级，详见下文）将安装三联装的鱼雷发射管，但最初的 V 级直到一战结束后才接受换装。这种三联装鱼雷发射管的特别之处在于，第三具发射管位于另外两具的上方，并且重量要比之前的双联装鱼雷发射管更轻。

造舰总监和军械总监还被要求尝试以 12 磅（3 英寸，76 毫米）防空炮取代 2 磅"乒乓"炮，除非军械总监能找到办法为 1 门 4 英寸炮提供高射（防空）仰角。单纯从设计师的角度看，造舰总监很青睐 3 英寸炮，可以装在原本为 K 级潜艇设计的炮架上。而 4 英寸高射炮则将不得不布置到较高的位置，这会增加甲板所受的应力，因此就需要更多的支撑结构，而它们又将挤占下方大量的载员空间。这些驱逐舰将不再安装"乒乓"炮，不过它们又专门加装了 0.303 英寸（7.7 毫米）马克沁机枪。

没过多久 300 英尺型驱逐舰（V 级）上就出现了增重问题。1916 年秋季，造舰总监抱怨道，自设计方案通过以来，该级舰的排水量在几个月内增加了 68.5 吨，增加的部分包括 30 度仰角的炮架、三联装的鱼雷发射管、舰桥上的遥控鱼雷发射装置和舰炮的射击指挥仪，增重量将使航速降低大约 1 节。之后扫雷／反潜装备又增加了 14 吨的载重。造舰总监提出取消驱逐领舰上那样的上层（开放式）舰桥，然后将下层舰桥延伸至两舷，其舰桥的面积将是 R 级驱逐舰的 3.5 倍，可以容纳一个开放式火控平台（长 2.13 米，宽 1.22 米），舰桥之下还有一个传递室（用于容纳火控设备）。将舰桥的钢制挡浪板换为帆布的提议则被否决，因为舰队认为这在高海况时太过脆弱，因此该级舰还是拥有永久性的开放式舰桥。造舰总监还获准取消后部的探照灯，因为当时 M 级和 R 级驱逐舰已经接受了这样的改装。新的方案将在舰桥两端各安装 1 盏 20 英寸（508 毫米）探照灯，后方的基座上还将安装第 3 盏。

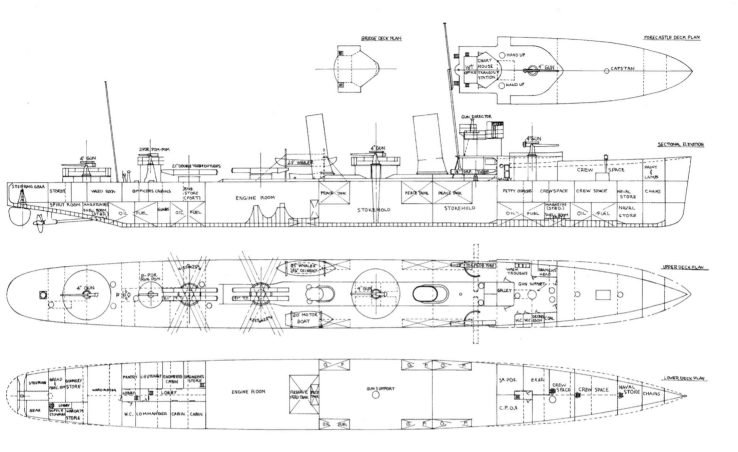

　　这批驱逐舰在完工时安装了标准的罗经、射击指挥仪、海图桌、2 套德梅里克计算器（用于火控）、2 副鱼雷发射管瞄准具（两舷各 1 副），以及舰桥上的鱼雷控制器。1917 年年末，皇家海军计划为 V 级升级火控设备，后来也扩展到了 W 级驱逐舰上。查塔姆制造的设计模型显示，上层舰桥装有射击指挥仪（安装于 1.22 米高的平台上）、测距仪和纽未特操控器（Newitt manupulator，用于控制探照灯），其测距仪距离甲板 2.44 米，因此不会被射击指挥仪遮挡，顶部还装备有亨德森陀螺仪。测距仪有两个部分，可以分别测量距离和方位角。鱼雷的遥控发射装置则从舰桥中轴线的位置挪到了右舷，为横向的舷梯让出空间。后来还增加了用于投放深水炸弹的液压控制器。

　　第九批战时建造计划包含 2 艘桑克罗夫特的特设舰，第十批中还有另外 4 艘（W 级）。1916 年 8 月 8 日，该公司决定将在建的"金牛座"号（第七批中的特设舰）的舰长增加至 300 英尺（91.44 米），动力系统为三台锅炉，以及与该公司当时正在设计的"莎士比亚"级（Shakespeare Class）驱逐领舰（详见下文）相同的蒸汽轮机，动力系统（重 434 吨）输出功率将达到 30000 轴马力。在其他方面，该舰都遵循海军部 V 级驱逐舰的设计。为了容纳新的动力系统，舰宽增加了 0.30 米，型深也增加了 0.23 米。海军造舰总监同意了该计划，因为它像此前的其他特设舰一样拥有强大的动力。1917 年年初，桑克罗夫特又提出了对其 1916 年的特设舰"总督"号（HMS Viceroy）的改进计划，舰长将达到 91.97 米。到此时海军的兴趣已经挪到了改进型 R 级驱逐舰上，因此该方案被驳回——但这仅仅是暂时的。

　　在针对桑克罗夫特的方案的讨论中，海军军械总监表达了对舰艏高低纵列主炮的不满，因为炮口暴风会对舰桥造成影响。他希望回到此前在艏楼安装 1 门主炮的设

桑克罗夫特特设 S 级驱逐舰

　　在 S 级驱逐舰中有 6 艘桑克罗夫特建造的特设舰。这份绘制于 1917 年 11 月的总体配置图显示了该级舰独特的龟背状前甲板和 4 英寸（102 毫米）炮炮位。尽管图中绘出了前部舷侧可以转向的 18 英寸（457 毫米）鱼雷发射管，但它们最终并未实装（桑克罗夫特似乎更青睐固定的横向鱼雷发射管）。火炮平台实际上抬高了舰桥的高度，因此烟道也得到了相应的抬升。注意甲板和 2 号主炮炮台接触面的样式，这表明直到 2 号烟道的位置甲板都具有相当的弧度。

　　（绘图：A. D. 贝克三世）

∧ 摄于 1933 年的"斯图亚特"号（HMS Stuart）驱逐领舰的照片，可见舰桥上突出的大型海图桌，2 号烟道后方为 1 门 2 磅"乒乓"炮。烟道上宽阔的黑色条带表明该舰在履行领舰的职能。

（图片来源：澳大利亚海军历史司）

〉 深水炸弹抛射器（"榴弹炮"）于第一次世界大战期间出现，第二次世界大战期间仍在使用。图中为加拿大海军"斯基纳河"号（HMCS Skeena）驱逐舰上的深水炸弹抛射器，以及配套的装填吊柱。在二战后期还出现了一种重量更轻的 MkⅡ型深弹抛射器。

（图片来源：加拿大海军）

计，审计主管也表示如果没有迫切的前向射击需求，他也同意放弃此类布置方式。但海军造舰总监不以为然，并且提议咨询"帕克"号驱逐领舰的舰长，该舰已经采用了这种主炮布局。"何思德"号驱逐领舰的舰长则报告称，这种主炮布置方式完全令人满意，因此上述（很可能会成为驱逐舰设计的重大转折的）意见并未被采纳。

但随着重量的增加，V级的（纸面）航速已明显低于R级驱逐舰。因此，1916年11月，海军审计主管（都铎）要求驱逐舰应当具备V级的尺寸和R级的航速。海军造舰总监估计采用30000轴马力的动力系统（424吨），可以让一艘排水量1406吨（半油）的驱逐舰达到34.5节，或者在海试条件（排水量1265吨）下达到36节，17节时的航程可以达到3700海里。其载员应当和V级相当，但后部的布置模式将和R级类似。单舰造价大约24万英镑，而V级和R级的造价分别为20万英镑和18.8万英镑。审计主管希望这样的设计可以保证新的建造计划不会延期，"因为考虑到德国人正在做的，我认为高航速现在至关重要。"海军造舰总监的驱逐舰专家W.J.贝里（也是后来的海军造舰总监）认为应该再增加一段锅炉舱，将功率提升到36000轴马力，虽然这和之前的"卡彭菲尔特"级领舰一样，但新驱逐舰使用齿轮传动，因而有着更好的推进效率。采用大体上同等重量的动力系统（500吨，之后增加至510吨，相比之下V级为403吨），携带稍少的燃油（300吨），它们可以在海试条件下达到36节，在满载时达到32.75节，而R级驱逐舰满载航速仅为32.25节。半油状态下以15节航速航行的航程为3720海里，相同条件下R级驱逐舰仅为3440海里，雅罗的方案则是3700海里。和V级相比，它们的载重还有所增加，因为采用了三联装鱼雷发射管，在4型的基础上增加了15型无线电通信设备，增强了舰体强度，并且增加了额外8名载员。

但事实证明主要的几项改进都不切实际，因此在1916年12月9日，第十批战时建造计划还是订购了21艘采用V级设计的驱逐舰，这些驱逐舰——外加1艘"远行者"号（HMS Voyager）——都被划入W级。和之前的V级驱逐舰不同的是，它们都列装了三联装鱼雷发射管。该计划中，在这21艘驱逐舰之外，还有2艘雅罗的特设舰。

1918年2月，建造厂商被要求进行一些微小的改动。舰艉改为平直的形状而非曲面，以期提高建造速度。舵面的形状也进行了一些调整，主炮的弹药量也从每门140发降低至120发，并且为鱼雷发射管配备了射击指挥仪和9英尺（2.74米）型测距仪。在3英寸（76毫米）防空炮之外，还增添了1门2磅"乒乓"炮。同时，三联装鱼雷发射管还将配套安装查得博机械式火控系统（Chadburn mechanical torpedo control system）。

1916年11月3日，海军造舰总监要求雅罗根据其正在建造的2艘驱逐舰，提交一版V型驱逐舰的设计方案。雅罗首先在1916年12月拿出了一份舰长93.04米的方案，又在1917年1月改为长93.57米、搭载4台锅炉的设计方案。海军造舰总监对此并不满意，因为审计主管希望缩小驱逐舰的尺寸，而且雅罗的方案还削减了作战半径。该方案的特别之处是增大了的无线电收发室、安装了和后来"司各特"级领舰（详见下文）类似的上层舰桥，并且抬高了的前部烟道。武器配置也是和新的领舰一样的4门4.7英寸（120毫米）炮，而非通常采用的4英寸（102毫米）炮，雅罗甚至还提议在烟道之间安装第5门主炮）。V级和W级驱逐舰的建造计划一开始就是为了尽可能快地建造尽可能多的驱逐舰，但雅罗对采自己的设计方案的坚持以及列装4.7英寸炮的提议"让之前定下的不延期的目标几乎无法实现"。因此审计主管要求不在此事上继续纠缠，两舰也将继续沿用V级的设计，配备4英寸主炮。不过雅罗还是被允许设法争取更高的航速，因此也就可以采用更长的舰体。

雅罗最后用尝试提交了一份和改进型V级驱逐舰同样尺寸和排水量（功率应该也是30000轴马力）的设计，不过希望航速指标从36节降至35.5节。这个方案遭到了拒绝，它实质上就是把该公司的"米兰达"号延长13.72米、增重450吨，而航速保持不变。额外的排水量被用于搭载更多的武器和更强的动力系统。但这样做相当不划算，尤其是雅罗的设计要使用许多特殊的建材，而"这会让原本已不堪重负的英国钢铁产业处境更加艰难"。海军造舰总监指出当时已经决定回归另一种改进型的R级驱逐舰（即S级，详见下文），而雅罗的特设舰比标准的生产型昂贵得多。例如，海军部设计的"严厉"号（HMS Rigorous）驱逐舰和雅罗的特设舰"惊奇"号（HMS Suprise）同时开工，设计要求的航速相同，但最终海军部的方案不仅早数周完工，航程也高出大约80海里，造价还更低廉（15.75万英镑比18.479万英镑），而两者在海试时的最高航速不相上下。因此两艘当时被命名为"旅行者"号（HMS Wayfarer）和"啄木鸟"号（HMS Woodpecker）的特设舰，或许是第一次世界大战期间唯二被皇家海军取消建造的军舰。

海军军械总监似乎着迷于V级驱逐舰的主炮或许可以升级为4.7英寸（120毫米）炮的观点，因为它们已经安装在了后文将会讲到的大型驱逐领舰之上。在不算弹药的情况下，每门4.7英寸炮要比4英寸（102毫米）炮重大约2吨，并且大型的舰炮需要的操作半径（working radiu）也更大（从3.05米增加至3.56米），不过V级驱逐舰上各炮位的布置倒也不算紧密。此前在"雨燕"号和"维京人"号上安装6英寸（152毫米）炮的尝试以失败告终，但4.7英寸炮要比前者轻巧得多。如果把眼界局限于和德国驱逐舰对抗就太愚蠢了，因为当时的日本海军已经在1150吨级的驱逐舰上安装4.7英寸主炮（外加12磅炮）了。

在W级驱逐舰被订购后，审计主管（在1917年1月10日）在批注中说，在他看来如果要提高航速就应当缩小而不是加大V级驱逐舰的尺寸。造舰总监也同意这种观点：300英尺（91.44米）的长度对于此类职能的舰船已经太大了。当V级驱逐舰在1916年7月获得批准时，他便提出了一份275

^ 图中为并排停靠的两艘采用海军部方案的M或R级驱逐舰，时间大概是在1917—1918年间，可以看到舰艉搭载的典型的反潜武器。注意深水炸弹的数量有多少，即使和1939年的驱逐舰相比都相当明显。较近的一艘驱逐舰上，单装深水炸弹支架旁的导缆孔应该是为各型扫海索准备的（注意两舰舰艉鱼雷发射管后部被遮挡住的绞盘），而在舰艉右侧最显眼的被包裹着的物体很可能是1具破雷卫。当时只有极少数专职履行反潜任务的驱逐舰才会搭载大量反潜武器，包括深弹抛射器。

英尺（83.82 米）型驱逐舰的设计方案，但因为会降低生产速度而遭到了拒绝（当时 300 英尺型驱逐舰已经完成了具体细节的设计工作）。不过，审计主管还是授权造舰总监继续朝这个方向努力，但要保证不会损失航速，并且舰艇主炮的位置也不能比 300 英尺型的驱逐舰更靠前——这对于舰长短了 25 英尺（7.62 米）的驱逐舰来说并非易事，还要能装备三联装鱼雷发射管。桑克罗夫特也提交了一份 270 英尺（82.30 米）型的设计方案，采用双联装主炮（并且将其中 1 门主炮安装在 1 副鱼雷发射管的上方，从而在有限的长度内搭载足够的火炮），最终造舰总监提议对两种方案的研究并行开展。造舰总监设想的是采用和改进型 R 级驱逐舰一样的，自 R 级驱逐舰重新布置而来的动力系统布局，从而保证舰艇高低纵列布置的主炮有足够的空间。但由于排水量更大，源自改进型 R 级的动力系统只能提供 33 节的最高航速，因此海军造舰总监提议将输出功率提升至 30000 轴马力（最高航速 36 节）。该方案排水量为 1100 吨，武器布置和 V 级驱逐舰相同，搭载双联装或三联装的鱼雷发射管。造舰总监在 1916 年 11 月向海军委员会递交了他的 275 英尺（83.82 米）型设计方案，保证其航速能够达到 35 节，单舰造价为 19 万英镑，相比之下 V 级驱逐舰和雅罗的特设舰的造价分别达到了 20 万英镑和 23.2 万英镑，引擎功率则可以（在过载时）达到 36000 轴马力。15 节时航程为 3600 海里，V 级驱逐舰和雅罗的设计则分别为 3300 海里和 2700 海里。这一备选方案和 R 级驱逐舰很相似。V 级驱逐舰的设计最初受到了关于德国大型驱逐舰的报告的影响，但如今海军情报司的报告显示，德国装备的所谓 4 门主炮的驱逐舰（很可能是一开始计划为俄罗斯建造的 B 97 级）服役的数量不会超过 11 艘。他们认为这些驱逐舰应该和英国的"卡彭菲尔特"级驱逐领舰差不多，标准的德国武器配置显然是 50 倍径 4.1 英寸（105 毫米）炮，它们在面对 R 级驱逐舰时确实具备一些优势（但实际上它们列装的是 45 倍径 4.1 英寸炮，B 97 级甚至列装的只是 3.5 英寸 /88 毫米炮）。因此 V 级驱逐舰已足以用于对抗德国的驱逐舰。

海军造舰总监在 1917 年再次提起了 275 英尺型驱逐舰，认为它要比雅罗的 W 级特设舰"旅行者"号更好。不过审计主管还是以同样的理由拒绝了他的提议：当时已经存在最适合的设计方案，即改进型的 R 级驱逐舰，因此没有必要再浪费时间来开发新一级的驱逐舰。

大型驱逐领舰

杰利科希望的大型驱逐领舰的基本要求在 4 月份就已提出（当时 V 级驱逐领舰刚刚获得批准），甚至要求安装 5 英寸（127 毫米）主炮来和德国看齐。[36] 海军造舰总监提议舰艏艉各安装 2 门高低纵列布置的主炮，第 5 门则位于烟道之间。到 1916 年 5 月中旬，改造自陆炮的 4.7 英寸（120 毫米）炮开始列装，但设计上舰工作的开展不可能早于 6 月甚至 7 月，这或许是由于造舰总监的驱逐舰设计人员都忙于 V 级驱逐领舰的设计工作。造舰总监的设计方案在 1916 年 7 月获得了海军委员会的批准（建造图纸则在 1916 年 12 月 12 日获批）。

1916 年 7 月提交的表格显示该级舰将配备 5 门 4.7 英寸（120 毫米）炮（和 V 级驱逐舰 / 驱逐领舰上的 Mk V 型主炮一样，最大仰角为 30 度）、1 门 2 磅"乒乓"炮和 2 副鱼雷发射管。但海军造舰总监的驱逐舰设计师汉纳福德指出，很快舰上的"乒乓"炮将会被 12 磅（3 英寸，76 毫米）高射炮取代，舰上还将安装三联装鱼雷发射管和在某些方面相当复杂的火控系统，可能还包括射击指挥仪。和当时的 4 英寸（102 毫米）炮不同，新式的 4.7 英寸炮仍旧采用药包发射（采用铜壳定装弹药的 4.7 英寸速射炮在 1918 年 2 月才在海军委员会的一场会议中亮相，但到战后才列装。）该方案比"卡彭菲尔特"级和桑克罗夫特的版本略长（97.54 米，比 96.01 米和 97.00 米），海试条件下的排水量也更高一些（1580 吨，比 1440 吨和 1554 吨），宽度则同为 9.68 米。该级舰将搭载 40000 轴马力的动力系统，"卡彭菲尔特"级和其他之前的驱逐领舰输出功率均只有 36000 轴马力（桑克罗夫特的方案功率超过了 40000 轴马力，甚至可以达到 44000 轴马力）。预计海试期间的最高航速为 36.5 节，比之前的驱逐领舰的 34 节和桑克罗夫特保证的 35 节都要高。上述三舰的载油量均为 500 吨，但表格中没有给出各自的航程。

坎默尔－莱尔德当时已经分配了 3 艘驱逐领舰的建造任务，7 月初时造船厂曾抱怨建造工作无法展开，因为他们还没有收到详细的设计图纸。海军造舰总监则指出其中有 2 艘是 V 级驱逐领舰，已有现成的设计方案（新舰的设计工作估计也是基于这个方案展开的），而新舰的设计细节他也正在做收尾工作。[37] 该级舰首舰即"司各特"号（HMS Scott）驱逐领舰。在 7 月份购入 V 级驱逐领舰的那个建造计划（第九批战时建造计划）还包括了额外的 2 艘采用新设计方案的驱逐领舰，1916 年 11 月时（第十批战时建造计划）又增加了 2 艘，1917 年 4 月又增加了 3 艘（原计划是 4 艘）。而 1918 年订购的最后的 2 艘最终因停战协议的签署而被取消。

在第一次世界大战结束后，西班牙还根据其《1915 年海军法案》建造了自己版本的"司各特"级驱逐领舰，称作"丘鲁卡"级（Churruca Class），它的结构一直持续到二战后建造的"阿拉瓦"级（Alava Class）驱逐舰。[38] 最初的两艘后来被出售给了阿根廷。1926 年时，阿根廷获得许可购买"司各特"级驱逐领舰和 D 级巡洋舰，前者即 3 艘由怀特建造的"门多萨"级（Mendoza Class）驱逐领舰。

桑克罗夫特在 1916 年年初就提交了自己的驱逐领舰方案。其中一个设计大体上采用了 R 级驱逐舰的布置方案，但舰桥更靠近舰艏。另一型则更接近"卡彭菲尔特"级，通过将前部的两座烟道合并把舰桥向后挪大约 3.05 米（最后真正建造的领舰便是如此）。这一方案配备 6 门 4 英寸（102 毫米）炮，其中 4 门两两层叠，另有 1 门安装在鱼雷发射管的上方（海军造舰总监拒绝了这项设计），这可以算是该公司的标志了。造舰总监指出，给改进型桑克罗夫特"卡彭菲尔特"级装上海军军械总监希望的武器配置就足以满足新的建造需求。通过该方案可以让建造工作进行得更快，因为各船厂不用苦等延期的造舰总监设计方案。也是基于这一点，海军委员会立即决定补充订购 2 艘，为此桑克罗夫特需要在一个月之内拿出改进型的设计方案。桑克罗夫特最终提交了两种备选方案，分别采用 40000 轴马力和 44000 轴马力的动力系统，最终功率较低的版本获得了订单。桑克罗夫特至少要建造最后的两艘驱逐领舰"凯珀尔"号和"布洛克"号。除主炮和鱼雷外，其武器配置中还包括 1 门 3 英寸（76 毫米）高射炮和 2 门 2 磅炮。

注意前面所说的前两艘"莎士比亚"级驱逐领舰（"莎士比亚"号和"斯宾塞"号）的建造属于 1915 年 11 月和 1916 年 4 月的建造计划，第三艘"华莱士"号（HMS

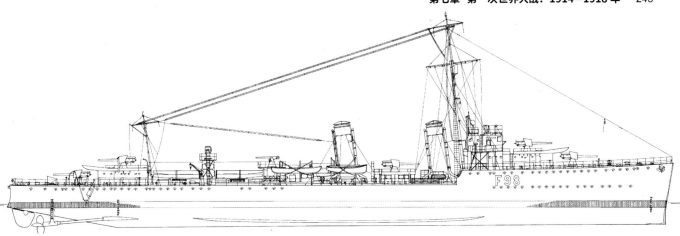

"司各特"号驱逐领舰

  "司各特"号是海军造舰总监设计的大型驱逐领舰，图中为该舰在 1918 年 5 月时的状态（该舰在 1918 年 8 月 15 日被德军鱼雷击沉）。杰利科上将认为它们巨大的体型有着相当的价值，因此这些大型驱逐领舰的建造是和 V 级驱逐领舰的建造同时进行的。该舰拥有 4 台锅炉（雅罗式，工作压力 250 磅力 / 平方英寸），安装在 2 段锅炉舱内，输出功率高达 40000 轴马力，远高于当时驱逐舰的 27000 轴马力（"斯图亚特"号和"蒙特罗斯"号采用了布朗－寇蒂斯的蒸汽涡轮机，功率更是高达 43000 轴马力）。和驱逐舰一样，它们的减速齿轮可以将转速降至每分钟 360 转。该舰最主要的改变是安装了 4.7 英寸（120毫米）炮，这是传统的后膛炮，牺牲射速以换取更远的射程和更强的杀伤力。位于鱼雷发射管前方的火炮则是安装在 S.Ⅲ 型炮架上的 3 英寸（76 毫米）高射（防空）炮。该舰在舰桥上安装了射击指挥仪和臂板式信号机，但却没有常用于领舰上的 9 英尺（2.74米）测距仪。舰艉可见 4 枚深水炸弹中的 2 枚。该级舰的主要布置和桑克罗夫特的方案类似，但舰艉的构型更丰满。在海试期间，"司各特"号在排水量 1646 吨的情况下，输出功率达到了 46733 轴马力（平均值），最高航速达到 35.852 节（但实际最大转速只有 226.4 转 / 分钟）。该级舰的遮阳棚支架在战时将被拆除，但 1920年 1 月其姊妹舰"马尔科姆"号（HMS Malcolm）的线图上显示了全套的遮阳棚。此外，"马尔科姆"号还在 3 英寸高射炮后部和侧面的上层甲板安装了 2 门 2 磅"乒乓"炮。该舰并没有采用 4 具深水炸弹坡道的设计，取而代之的是舰艉左舷的轨道（5 枚深弹），在后部鱼雷发射管之后的两舷位置还有 2 具深水炸弹抛射器。

（绘图：A. D. 贝克三世）

"莎士比亚"号驱逐领舰

  "莎士比亚"号是桑克罗夫特设计的大型驱逐领舰，是从另一份桑克罗夫特的方案衍生而来的（经历了大规模改动）。由于海军造舰总监太过繁忙，该设计方案比海军部的更早得到批准，而两者均达到了预定的要求。图中为该舰完工（1917 年 10 月）时的状态。该舰搭载了新的三联装鱼雷发射管，舰艉有 4 具深水炸弹坡道，其中 2 具可由舰桥遥控以液压机构投放，另外 2 具则只能手动投放。图中鱼雷发射管前方的火炮是 3 英寸（76毫米）高射炮，该型火炮最终取代了早期驱逐舰上的 2 磅"乒乓"炮——但后来又换回了"乒乓"炮。注意此时该舰舰桥顶端尚未安装 9英尺型测距仪，当时的驱逐领舰正在列装这型设备以便在指挥驱逐舰实施远程"鸟枪射击"时获得更准确的距离数据。基于战时和德国驱逐舰对抗的经验，到战后英国才开始认真考虑驱逐舰远程炮击的问题。在海试期间，"莎士比亚"号曾短暂达到了 42.5 节的航速，排水量 1650 吨时动力系统的输出功率达到了 43527 轴马力（338.4转 / 分钟），平均最高航速 38.95节。一般认为该舰优于海军部的方案，因此由坎默尔－莱尔德建造的最后 2 艘（后来被取消了）计划采用桑克罗夫特的设计。最终建成的 5 艘桑克罗夫特型大型领舰中，"莎士比亚"号和"斯宾塞"号均在 1936 年退役并被出售拆解。

（绘图：A. D. 贝克三世）

"弯刀"号驱逐舰

S 级驱逐舰是改进型 R 级驱逐舰的后续改进版，拥有不明显的龟背状舰艏，并且在舰楼末尾舷侧安装了 2 具（用于急促射击的）18 英寸（457 毫米）鱼雷发射管。另一项新设计则是由较后一副鱼雷发射管支撑的探照灯。因为遥控探照灯的出现，在舰桥上可能会致盲的探照灯就被拆除了。图中为"弯刀"号（HMS Scimitar）驱逐舰在 1918 年 9 月时的状态，该舰在当年 4 月才刚刚完工。舰上的深水炸弹配置堪称典型——2 具液压和 2 具手动的投放设备，但没有抛射器或者反潜索。一些高级军官指出该级舰在高速航行时有尾蹲（squat）的迹象，在舰艉搭载适当配重有助于减轻这一问题。此外，当时无法得知反潜索的有效性如何。除了平常的 2 磅"乒乓"炮外，"弯刀"号还有 1 挺 .303 口径（7.7 毫米）的马克沁机枪，但图中不可见。在海试期间，该舰在排水量 1021 吨（引擎转速 349.8 转 / 分钟，输出功率未给出）的情况下达到了 35.55 节的最高航速。"弯刀"号一直渡过了间战期并参加了第二次世界大战，最终在 1947 年 6 月 24 日被出售拆解。

（绘图：A. D. 贝克三世）

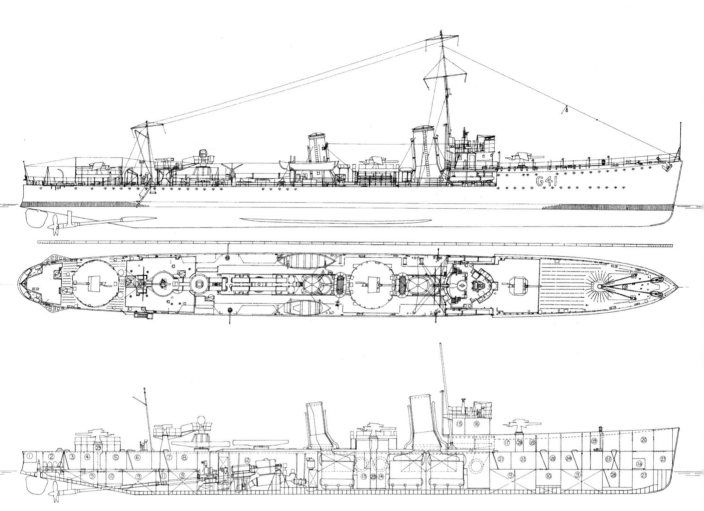

1. 行李和杂物舱
2. 舵机舱和鱼雷战斗部弹药库
3. 补给品舱
4. 炮手仓库
5. 军官室
6. 军官储藏室
7. 副官舱室
8. 工程师仓库
9. 油箱
10. 4 英寸炮弹药架（左舷）
    4 英寸炮弹药库（右舷）
11. 轴封舱
12. 引擎舱（末尾是蒸汽舵机）
13. 2 号锅炉舱
14. 1 号锅炉舱
15. 无线电收发室
16. 海图室
17. 走廊
18. 舰员厕所
19. 舰员铺位
20. 灯具和油漆间
21. 引擎技师铺位
22. 士官长铺位
23. 后部下层舰员铺位
24. 前部下层舰员铺位
25. 上层航海建材仓库
26. 锚链舱
27. 水密隔舱
28. 下层航海建材仓库
29. 4 英寸炮的圆柱体支撑结构

"弯刀"号舱内结构

从这张舱内结构图中可以很清楚地看出海军造舰总监是如何重新布置锅炉舱以使舰桥远离舰艏的。合并为前烟道的两座上风道分别属于两个位于不同锅炉舱的锅炉，其中长度较长的锅炉舱和引擎舱相邻（注意数字 14 的位置不正确），两台锅炉之间是用于支撑 2 号主炮的圆柱形支撑结构（29）。但让较大的锅炉舱和引擎舱相邻很大程度上降低了该级舰的生存能力。注意军官储藏室（6）上方的后部舵轮，以及后部存放鱼雷战斗部的弹药库（2）。在战时鱼雷的战斗部都是安装就位的，但在和平时期，位于鱼雷发射管内的鱼雷是不安装战斗部的（有时或许会安装训练用的战斗部）。在第二次世界大战期间，许多驱逐舰都会用鱼雷战斗部的弹药库储存一些深水炸弹。"弯刀"号采用的是三台雅罗式锅炉（250 磅力 / 平方英寸），而雅罗建造的舰船则会采用气压稍高的锅炉（260 磅力 / 平方英寸）。

（绘图：A. D. 贝克三世）

Wallace）则在 1917 年 4 月订购，1918 年 3 月皇家海军又订购了 4 艘（其中 2 艘因为战争的结束而取消）。桑克罗夫特没能成功地向美国海军推销这一设计。1918 年 4 月，皇家海军打算在 1919 年建造计划中坎默尔－莱尔德建造的 2 艘驱逐领舰上采用桑克罗夫特设计的方案，而不是此前确定的海军部方案，但这两舰最终并未建造。

回归小型驱逐舰的作品：S 级驱逐舰

到 1917 年年初，德国驱逐舰的威胁便已经结束了，讽刺的是，这恰好也是德国开工建造装备 5.9 英寸（150 毫米）主炮的超级驱逐舰（S 113 级）的时间。对皇家海军而言，数量变得越发重要起来，所以在为大舰队提供多达 100 艘驱逐舰的同时，还要兼顾对执行其他任务的驱逐舰的庞大数量需求。因此海军委员会决定回归之前最后 11 艘 R 级驱逐舰采用的改进型 R 级设计。[39]1917 年 2 月，审计主管指出，改进型 R 级驱逐舰航速可达 36 节，而 V 级驱逐舰的最大设计航速仅为 34 节，前者航速更快并且造价更低。将 V 级驱逐舰改进到能达到 36 节的水平成本很高，不仅在造价方面，时间方面也是如此——这就会影响建造数量。而让 R 级驱逐舰搭载新型的 Mk V 型主炮会导致载油量（即航程）减少，或破雷卫数量缩减，或舰体宽度增加（航速将降低大约 1.5 节，建造时间也会增加大约 2 个月），因此委员会提议继续沿用 Mk IV 型主炮。

改进型 R 级驱逐舰当时还尚未服役，因为即将服役的第一艘或许会是"锋利"号（这样改进型 R 级会被称作"锋利"级），所以新一型驱逐舰有时也被称作改进型"锋利"级。由于完全不了解该设计方案，包括第一海务大臣杰利科在内的许多军官——正是他们促成了之前的大型驱逐领舰——对继续建造适航性不如 V 级的 R 级驱逐舰感到十分恼怒。该构想出现时杰利科正担任大舰队司令（因为日德兰海战后的改变而相当忙碌），他十分反对继续采用现有的舰桥设计，而是希望采用和德国驱逐舰类似的围井式甲板（他引用了德国的 V 69 号驱逐舰）。围井式甲板的舰艏确实能够阻断涌上艏楼的海浪，但是这也导致舰艏的主炮更加潮湿，因为更加靠前。另外，围井式甲板也减少了艏楼甲板下的载员空间。杰利科则认为挖出围井式甲板后，节省下来的重量能再安装 2 具鱼雷发射管。但审计主管提醒道，任何这样激进的更改都会消耗大量的时间和资金，并且他还争辩说"锋利"级当时已经是占据优势的驱逐舰了。[40]

基于驱逐舰指挥官们的电报中所反映的情况，杰利科希望新驱逐舰能够拥有龟背状的艏楼，以及更窄的海图室和舰桥。意料之中的是，驱逐舰指挥官们提出的针对 M 级驱逐舰的反对意见正反映了当初促成改进型 R 级驱逐舰的那些问题。例如，第一战斗中队的指挥官希望 M 级驱逐舰的海图室和舰桥能够挪到第一座烟道的位置——这正是改进型 R 级驱逐舰上舰桥所在的位置。战列巡洋舰舰队的指挥官则反对舰桥从海图室顶端向前伸出的设计，因为它们似乎会吸收更多的海浪。海军造舰总监争辩说这些军官还不知道改进型的 R 级驱逐舰是什么样子，因此他提议邀请两名高级驱逐舰指挥官——大舰队的舰队准将 [Commodore (F)] 和哈里奇舰队的鱼雷准将蒂里特到海军部来了解情况。但这是不可行的，就算是距离更近的鱼雷准将也未曾经历过当初造成那些问题的恶劣天气。不过，鱼雷准将的驱逐舰倒是比大舰队的驱逐舰更常和德国的驱逐舰交手。

哈里奇舰队的指挥官们告诉鱼雷准将他们更喜欢 V 级驱逐舰，这是由于他们经常和德国驱逐舰交战，因此更重视前向的射击能力。舰桥时常会在高海况时受损，因为位置太过靠前、结构不够坚固并且形状也不适宜直面海浪冲击，它们应当被建造得更坚固，而不是用帆布屏障草草处理，并且前方的形状也需要设计得适合排开海浪，就像轻巡洋舰"半人马座"号（HMS Centaur）的司令塔一样。

杰利科则反复重申他此前的观点，即在北海地区活动的驱逐舰和哈里奇或多佛的驱逐舰的需求有着本质区别，因为大舰队的驱逐舰需要更强的鱼雷攻击能力，而南方则需要高航速的驱逐舰，只搭载能够在近距离和敌方驱逐舰作战的短程鱼雷即可。审计主管因此提出，V 级驱逐舰似乎更满足舰队的需求，而改进型"锋利"级则更适合南方的部队。它们，而不是大型的 V 级，甚至可以在轻载状态下达到极高的航速（36—40 节）。到 1917 年 3 月，各船厂的产能将出现富余，因此必须尽快做出决定。在讨论期间，为撞击敌方潜艇而出现的锻铁冲角艏设计被否决，因为它们会产生额外的上浪，而且作为驱逐舰的防护措施已再无必要。

在改进型"锋利"级驱逐舰上，艏楼甲板略微弯曲呈龟背状（尽管哈里奇舰队的指挥官们喜欢更平整的前甲板）。采用轻型双联装鱼雷发射管所节省的重量使得舰艏可以向前倾斜。舰艏的构型和舰桥都经过了重新设计——尽管舰桥还是单层的建筑，舵手和指挥官还是处在同一层内。[41] 海军造舰总监通过使舰桥两侧向外倾斜来让其正面变得更窄，舰桥相对于下方海图室的前伸量也有所减少，锚链筒（hawse pipe）的形状也有助于减少上浪。此外，舰上的电力系统也被重新安排，设计成了一个闭合环路。

哈里奇舰队还希望安装 2 具单装 18 英寸（457 毫米）鱼雷发射管，用于发射近距离交战的"冷动力"鱼雷，并且最终获得了批准，尽管海军军械总监持反对意见，因为这样会导致火控系统过于复杂，况且 21 英寸（533 毫米）鱼雷发射管存在的问题已经得到了解决。杰利科则同意哈里奇舰队的意见，他也指出了让这些鱼雷发射管尽可能靠近舰桥的重要性——这样方便瞄准（他的评论以红笔标注在相关设计档案内）。艏楼将在侧舷位置被切开，这样舰桥就坐落在基本开放的甲板空间上方，切开的空间则用于安装 2 具鱼雷发射管。桑克罗夫特的一份设计模型就带有 2 具固定在侧舷，只能横向发射鱼雷发射管。[42] 但桑克罗夫特的设计并不合用，因为空间不足，桑克罗夫特建造的特设舰最终没有安装 18 英寸鱼雷发射管。关于这些 18 英寸鱼雷发射管的争论并未持续多久，驱逐舰舰桥安装射击遥控器后，给驱逐舰的指挥官提供可直接掌控的 18 英寸鱼雷发射管就没有多大意义了，现在可以远程控制舰上的所有鱼雷发射管了，并且计算视差角也很容易。新增鱼雷发射管需要增加额外的控制连接设备，因此采用三联装鱼雷发射管比采用双联装外加单装鱼雷发射管容易得多。海军造舰总监发现 W 级（三联装鱼雷发射管）的鱼雷武装总重量和 S 级的基本差不多，因此在侧舷延伸出的单装鱼雷发射管变得更加不受欢迎。

最终的设计方案于 1917 年 6 月 19 日提交，7 月 3 日获得海军委员会的签章批准。1917 年 11 月，海军委员会决定将其命名为 S 级驱逐舰，而桑克罗夫特的特设舰被称作改进型"罗莎琳德"级（Modified Rosalind Class），雅罗的特设舰则称为改进型"阿尔斯沃特"级（Modified Ulleswater Class）。桑克罗夫特的版本舰体要长出一根肋骨，同时舰艇安装了抬高的主炮平台和挡浪板，和该公司的 270 英尺（82.30 米）型驱逐舰类似，鱼雷发射管还可以升级为三联装。但该设计并未被允许采用龟背状的艏楼甲板或是艏楼后部的 18 英寸鱼雷发射管。雅罗的特设舰则强调最高航速，代价便是舰体强度不足，因此在这批驱逐舰退役后，雅罗的特设舰是最先被拆解的。

1917 年夏季，当时已经基本能够确定在 1919 年以前不会有采用新设计的驱逐舰投入量产了。当年的第一批订购（33 艘驱逐舰）发生在 1917 年 4 月（第十一批战时建造计划），1917 年 6 月 23 日（第十二批战时建造计划）又订购了另外 36 艘。第十一批中包括 3 艘桑克罗夫特的和 7 艘雅罗的特设舰，第十二批中则包括另外 3 艘桑克罗夫特的特设舰，而雅罗的订单似乎是上文中提到的取代 2 艘 W 级特设舰的计划的一部分。

到 1918 年 8 月，舰队准将已经称赞 S 级驱逐舰是当时英国海军中适航性最佳的驱逐舰，按照递减排序，其后是 V 级、R 级、V 级（驱逐领舰）和 M 级。当时的 6 艘 S 级驱逐舰中没有一艘曾因为高海况而受损。领舰版本的 V 级排在驱逐舰版本之后是因为舰艇增加的乘员舱室会造成更显著的颠簸，有时会导致炮盾或其他舰艇结构损坏。S 级中的"斥候"号（HMS *Scout*）驱逐舰曾经在迎浪的情况下跟上了以 20—24 节航速航行的"卡斯托耳"号巡洋舰并超越舰队。R 级也被认为拥有良好的适航性，第 5 战斗中队至少有一艘曾在迎风状况下保持了 20 节的航速并且没有受到损伤。而当时大舰队中的驱逐领舰"澳新军团"号则遭受了严重的损伤：搭载的小艇均被撞毁，三座烟道中的两座也损坏到不得不拆除的地步。分舰队通过将航速降低至 8 节避免了后续的损伤，但舰队准将认为如此低的航速对于远洋航行实在太慢，并且速度低到了转向困难、舰体会发生横滚的地步。许久以后（1933 年 7 月）的海军审计主管——当时的福布斯（Forbes）上将——也评论说 V 级和 W 级驱逐舰（排水量 1120 吨）和大型驱逐领舰相比拥有更优秀的适航性。

回归大型驱逐舰：重制版 W 级

1919 年的驱逐舰建造计划（即 1918—1919 年建造计划）在一开始包含 54 艘 S 级驱逐舰，但到 1918 年 1 月 17 日，海军委员会决定用搭载 4 英寸（102 毫米）炮的 V 级驱逐舰取代它们，因为"V 级驱逐舰相比 S 级所具备的优势"，值得为更换驱逐舰建造方案付出大约 2.5 个月的延迟。委员会在当月预定了 16 艘驱逐舰（第十三批战时建造计划），在 4 月又订购了 38 艘（第十四批战时建造计划）。委员会或许已经感觉到战争将在一两年内结束，而这些驱逐舰在战争结束后才会服役。南方舰队代表的是当时的特殊情况，即舰队在战后需要大型驱逐舰。但在 1918 年 4 月时没有人能料到，战争会在 7 个月后戛然而止，1918 年建造计划中的大部分舰船都会被取消。

一开始，新的第二批 W 级驱逐舰也将像其前辈一样安装 4 英寸（102 毫米）舰炮。桑克罗夫特此前（1917 年 3 月）曾提议为 V 级驱逐舰列装 4.7 英寸（120 毫米）炮，但遭到了拒绝。不过这次该提议得到了批准，曾在"莎士比亚"号和"斯宾塞"号上服役过的蒂里特上将，拥有使用 4.7 英寸炮的经验，因此强烈地支持列装更重

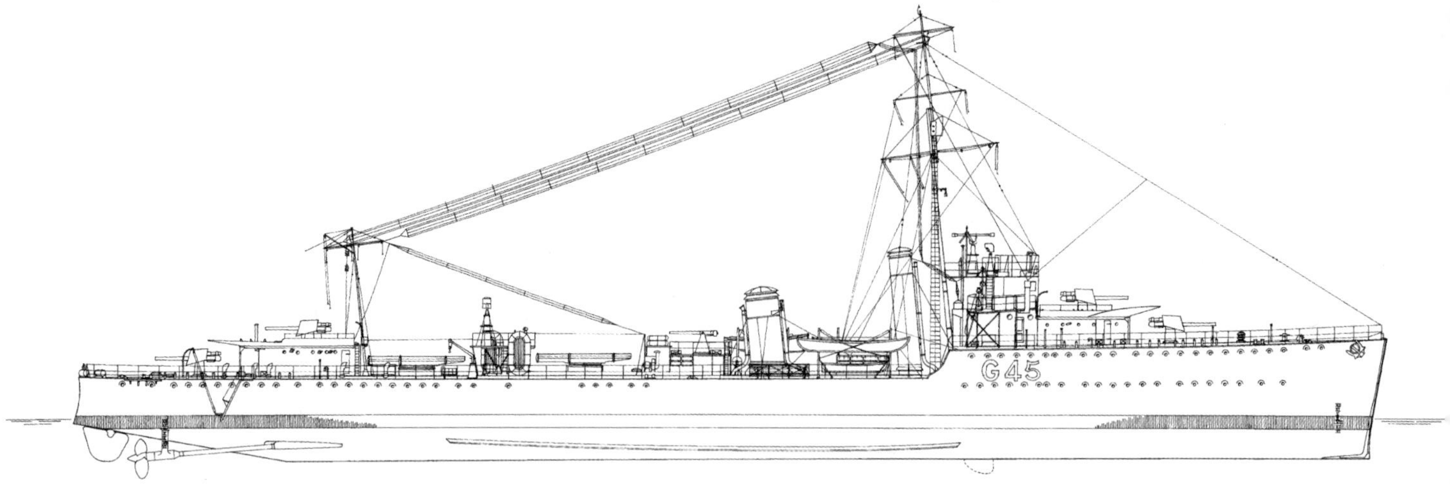

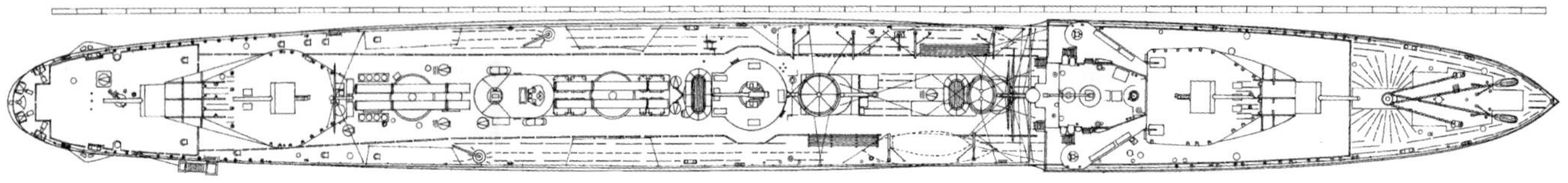

"瓦尔哈拉"号，1918 年 8 月

V 级驱逐舰一开始是作为小型的驱逐领舰而非大型驱逐舰设计的，图中为作为领舰的"瓦尔哈拉"号（HMS Valhalla）在 1918 年 8 月时的状态。该级舰拥有和 S 级驱逐舰相同的动力系统布置，将安装两台锅炉的锅炉舱布置在了临近引擎舱的位置。和皇家海军的其他驱逐领舰一样，"瓦尔哈拉"号拥有更高的、安装了三段桅桁的前桅（方便使用旗语和抬高无线电天线以增加通讯距离）。其他作为驱逐

领舰的特征还包括通向桅盘的桅索梯（ratline），额外的小艇、无线电天线和目视通信设备（该舰的舰桥两侧各有 1 套臂板式信号机，一套在信号甲板，另一套在指挥甲板）。指挥甲板和信号甲板（舰桥两翼）周围并未附加防破片棕毯，从而露出了上面的栏杆。龙骨下的虚线是 1925 年安装的水下听音盘（ASDIC Dome，为"流线型笼式构造"）。图中展示的是最初的武器配置，包括 2 号烟道背后的 3 英寸

（76 毫米）高射炮、双联装鱼雷发射管和 4 枚拥有独立坡道的深水炸弹（同样是 2 枚通过舰桥的液压装置遥控投放，另外 2 枚只能手动投放）。舰上为 4 英寸炮准备了 480 发炮弹，战后被认为数量实在太少。9 英尺型测距仪最早只安装于驱逐领舰，这是出于舰队对辅助鱼雷射击的需求，并未考虑舰炮火控，但后来它们也能用于指挥舰炮。1925 年的改装为每副鱼雷发射装置增加了第 3 具鱼雷发

射管，并且还新增了 2 具深水炸弹抛射器。"瓦尔哈拉"号理论上可以在 15 节的航速下航行 3500 海里，但这一数据并不真实，在二战期间，该级舰在 12 节时的航程被认为不会超过 2000 海里。"瓦尔哈拉"号于 1931 年 12 月 17 日被出售拆解，这样的结局在 V 级驱逐（领）舰中并不常见，因为海军部似乎认为该级舰远比 S 级驱逐舰更有价值。

（绘图：A. D. 贝克三世）

型的舰炮。于是在 1918 年 2 月 20 日的会议上，审计主管决定让所有 1919 年计划中的驱逐舰都列装这种武器。为此，舰桥的高度得到了提升以提供能够越过主炮的良好视野，其尺寸也被放大以搭载指挥鱼雷射击使用的 9 英尺（2.74 米）型测距仪。

桑克罗夫特提议颠倒两段锅炉舱的布置，就像 S 级驱逐舰一样，以便让舰艇主炮更加靠后，2 月份的会议上批准了桑克罗夫特提议的驱逐舰设计方案，但其他的 W 级驱逐舰的进度已经不允许进行这样的更改了。不过 1919 年的第二批（第十四批战时建造计划）驱逐舰可以采用桑克罗夫特提出的锅炉布置方案。可以通过烟道的布置方式将桑克罗夫特的 W 级和其他的 W 级区分开来，因为它们 1 号烟道比 2 号烟道宽，而不是相反。

当时还有一些采用可更换的武器配置方案的设计尝试，其中一种就是将 1 门 4.7 英寸（120 毫米）舰炮更换为 1 副三联装鱼雷发射管（海军军械总监认为 4.7 英寸炮最少需要 3 门）。最终，该设想因为找不到合适的安装位置而偃旗息鼓。另外一种想法则是给这批 W 级驱逐舰配备巨大的 Mk VI 型鱼雷，要搭载新型的 Mk V 或 Mk VI 型鱼雷就必须拆除舰艏的 4.7 英寸炮和 3 英寸（76 毫米）防空炮作为载重补偿。

新设计方案

1918 年 8 月，就在重制版 W 级驱逐舰建造期间，海军枪炮与鱼雷总监（Director of Naval Artillery and Torpedoes, DNA & T）为大舰队和南方舰队（哈里奇和多佛）的驱逐舰提出了备选的武器配置方案，大舰队的驱逐舰极少会在没有支援的情况下和敌方轻巡洋舰或飞机作战，而南方舰队的驱逐舰有时或许不得不向敌方的主力舰实施鱼雷攻击（或许是在本土海域，也或许是在加入大舰队的时候），但与此同时也需要相对强大的舰炮火力。当时最新的武器配置方案称作 A 方案，包括 4 门 4.7 英寸（120毫米）炮、1 门 3 英寸（76 毫米）防空炮、2 门"乒乓"炮（两舷各 1 门）和 2 副三联装鱼雷发射管，并且还在考虑安装四联装鱼雷发射管的可能性。而配合舰队行动的版本（B 方案）则是 4 门 4.7 英寸炮（不再安装 3 英寸防空炮）、2 门"乒乓"炮和3 副鱼雷发射管。如果仅仅拆除 3 英寸炮不足以增加 1 副鱼雷发射管的话，就用一门"乒乓"炮取代原先的 3 号主炮，将 4.7 英寸主炮的数量减少至 3 门（C 方案）。同时，舰炮和鱼雷发射管的基座将被设计成同时适合两种武器的形式，以便驱逐舰的服役部队改变时可以快速地进行换装。如果海军参谋部同意，枪炮与鱼雷总监希望将这项提议分发给造舰总监、鱼雷和水雷总监，以及军械总监。当时海军计划总监（Director of Plans）写道，他更青睐 C 方案，尽管他也认为 3 英寸防空炮很有价值。"乒乓"炮尽管在对付高空的飞机时用处不大，但在夜战时却非常有用，3 英寸炮则更适合（并且确实也实施过）射击齐柏林飞艇和飞机。

但审计主管并不同意，他认为大舰队的驱逐舰部队和南方的驱逐舰部队的唯一不同之处就是，前者很有可能需要在白天对敌方的主力舰实施鱼雷攻击。而所有的驱逐舰都必须要为在夜间对主力舰实施鱼雷进攻做好准备，并且也很可能需要用舰炮和鱼雷与敌方驱逐舰交战，为保护自身而进行防空作战也在所难免（不过在遇到空袭时，驱逐舰的高航速和高机动性将提供更大程度上的保护）。此外，驱逐舰的部署也必须相对灵活，因此审计主管认为最好的是 B 方案，如果这个方案最终不适合，他才会在 A 和 C 方案中进行选择。

应急设计方案

1917 年 6 月，大舰队司令贝蒂上将要求设计一型专门的反潜驱逐舰（用于猎潜和护航任务），因为他认为将真正的驱逐舰用于这样的任务实在太浪费了。[43] 这型特化的驱逐舰将减少武器搭载量并降低最高航速，从而节省资金和建造时间。海军造舰总监曾告诉贝蒂，当时已经基于类似的观点设计了专门的小型护航舰和 P型巡逻艇。所谓的"P 型猎潜艇"或"猎潜驱逐舰"排水量仅 815 吨，并且舰长更短，只有 70.10 米，相比之下 S 级驱逐舰的排水量也有 1000 吨。[44] 其武器配置为通常的 3 门 4 英寸炮（其中 2 门以高低纵列的方式布置于舰艏以在追逐战中提供更强的前向火力）外加 1 门 2 磅"乒乓"炮和 1 副双联装鱼雷发射管（并且没有 18 英寸鱼雷发射管）。动力系统输出功率为 15000 轴马力（而非 27000 轴马力），海试条件下的最高航速预计为 27 节，S 级则需要达到 36 节的高航速。和 V 级驱逐舰一样，该设计方案也拥有上层舰桥，海军造舰总监认为这样不仅能获得更好的视野，而且能安装用于指引舰炮的射击指挥仪。反潜武器则包括高速反潜索和 6

枚深水炸弹，还能携带桑克罗夫特的深弹抛射器，如果取消反潜索，深水炸弹的数量可以增加到20枚。同时，该级舰还将配备费森登型水下音响信号器（Fessenden signalling apparatus）用于和英国的潜艇联络。鉴于其较小的体型，舰上仅有1套（而不是驱逐舰通常会搭载的2套）无线电通信设备，15节航速时的续航力大约为2500海里（而非3600海里），全速前进时航程为650海里。这种缩小版的驱逐舰造价大约为普通驱逐舰的75%。此外，还有一种比P型巡逻艇更简略的、由商船船厂建造的猎潜舰，配备2门4英寸炮（艏艉各1门）、1门"乒乓"炮、2具单装21英寸（533毫米）鱼雷发射管、深水炸弹和1具高速反潜索，满载时的最高航速25节，半油时则为26节。

同期还有一型采用燃煤动力的方案。该项目曾在7月让位于前文所述的方案，但到了1917年8月，反潜分队主管（Director of Anti-submarine Division, DASD）又要求重新对其进行研究，因为"这类舰艇很适合用于猎潜作战"。但就像造舰总监预计的那样，该方案最后无疾而终。

随着德国潜艇战的日益白热化，向英国本土运送足够的燃油变得越来越困难，驱逐舰是皇家海军中主要的燃油使用者，因此造舰总监曾询问能否将燃油动力的驱逐舰改装为燃煤动力的。这当然是不可能的，因此造舰总监转而寻求一型能够在满载情况下达到22节的燃煤动力反潜驱逐舰，其尺寸将和"锋利"级（改进型R级）相当以保证各类天气状况下的适航性，20节时的续航力大概为96小时——即1920海里。但这样的舰船也面临着很多问题：燃煤补给耗时更长，续航力也只有燃油动力的一半左右（因此返回基地的频率至少要多出两倍），并且载员需求也更大。储存燃煤也没有存储燃油容易，较低的航速还限制了反潜作战效能。同时，将武器集中的在中轴线上的布置导致几乎不可能搭载1副以上的双联装鱼雷发射管，除非减少深水炸弹的数量并改变反潜索的安装位置。武器配置最终为2门4英寸（102毫米）炮、2副双联装鱼雷发射管、深水炸弹和混合型的反潜索，但海军委员会还是更青睐护航舰的设计。

到1917年6月底，海军造舰总监又设计出一种采用燃煤动力、武器配置和S

> 图为采用海军部方案的R级驱逐舰"小领主"号（HMS *Tetrarch*），该舰在实施深水炸弹攻击后停船观察。尽管有油污漂上海面但结果尚无法确定。注意后部的鱼雷发射管已经做好了攻击可能上浮的潜艇的准备，而在舰艉一侧还能看到已经放下的小艇，这是为登上上浮的敌潜艇准备的。舰艏一侧的舷号表明照片的拍摄时间在1917年1月至1918年1月之间。

级相同的驱逐舰。虽然设计方案又回到了煤油混合动力系统上，但造舰总监提出这项设计是希望提高舰船的续航力。该方案排水量为 1150 吨（满载排水量，长 83.82 米、宽 8.53 米），输出功率 16000 轴马力，最高航速 26 节，相比使用燃油的版本，性能简直惨不忍睹。其载煤量仅 205 吨，15 节航速时的续航力只有 1600 海里，同样比使用燃油的版本要低得多。由于燃煤锅炉提供的动力比燃油锅炉少得多，该方案需要安装 5 台而非 3 台锅炉。不过也可以选择 4 台安装有喷油器的混烧锅炉，输出功率为 14000 轴马力（25 节），搭载 203 吨煤和 67 吨燃油，续航力可以增加至 2000 海里。而将其中 1 台锅炉更换为燃油锅炉还能将输出功率提升至 16000 轴马力，排水量亦可降低至 1120 吨（载煤 127 吨，载油 83 吨），续航力为 1700 海里。此外，燃煤动力方案的其他变化还包括采用类似 M 级驱逐舰那样的短艏楼，舰艏主炮将安装在抬高的火炮平台之上，并且不再有龟背状结构。武器配置则和 S 级驱逐舰相同，后部鱼雷发射管上方会增加一盏 24 英寸（610 毫米）探照灯。该设计的预研究方案于 1917 年 7 月 2 日提交。

1918 年 1 月，海军造舰总监再次提交了之前的燃煤动力设计方案，并且还增加了 2 门 4 英寸（102 毫米）炮均安装在舰艏的备选方案。但他也指出，这些驱逐舰的设计目标就是执行猎潜任务，因此烟雾的问题就更加重要。而首席工程师和造舰总监都强调，任何使用燃煤（或煤油混合）动力的锅炉都不可避免地会产生大量烟雾，因此该方案最终并未被采纳。

另外，反潜驱逐舰的设计方案也于当月被再次提交。该方案采用蒸汽轮机和内燃机混合动力（包括两台 800 马力柴油机和一台 14000 轴马力的蒸汽轮机），尺寸大体和 M 级驱逐舰相当。但由于在涡轮机和锅炉之间再安装柴油机并不实际，造舰总监用上了 K 级潜艇上的电动机，柴油机则安装在涡轮机的侧面（发电机的种类和 K 级潜艇的相同，只是增加了柴油机的数量）。但是当时电动机的效率并不高，因此首席工程师估计其连续输出功率大概只有 1000—1200 轴马力，航速只能达到大概 13 节。该方案的武器配置为 3 门 4 英寸（102 毫米）炮（Mk Ⅴ 型）、1 门"乒乓"炮、1 副双联装 21 英寸（533 毫米）鱼雷发射管和通常的水下反潜武器。就和 1917 年提议的一样，4 英寸炮中的 2 门以高低纵列的方式安装在舰艏。该舰载油量为 230 吨，由于使用了柴油机，航程可以达到惊人的 7000 海里。不过，为了保证能够快速提升到全速，蒸汽锅炉也必须随时做好准备，这将使 13 节下的续航力降至 2300 海里，25 节最高航速时续航力仅有 730 海里。这种反潜驱逐舰的单舰造价达到了 S 级驱逐舰的 90%——这最终导致了该方案的流产。

到 1921 年，皇家海军再次面临着倒退回燃煤动力的困境，当时国内的石油供给已捉襟见肘，必须从国外进口。因此海军造舰总监再次为当时的"司各特"级驱逐领舰和 W 级驱逐舰设计了使用燃煤的版本，但两种方案的性能均有所下降，因为单位质量的煤所含的热值要比燃油低，无论燃烧效率如何，要将一定体积的水转换为蒸汽都要消耗更多的煤。例如，采用燃煤动力的 W 级驱逐舰最高航速只有 28 节，相比之下普通的 W 级驱逐舰航速可以达到 33 节。在 15 节航速时，燃煤版本的续航力更是只有燃油版本的一半。

平甲板型驱逐舰

解决驱逐舰数量危机的一种方法便是寻求美国的帮助，后者在战时正以极快的速度量产平甲板型驱逐舰（flush-deckers）。这些驱逐舰和同时期的 V 级与 W 级驱逐舰形成了相当有意思的对比，并且成了二战期间皇家海军当中相当重要的一型舰船。海军造舰总监手下的造船师斯坦利·V. 古道尔（Stanley V. Goodall）1917 年时也在美国海军的建造与维修局（Bureau of Construction and Repair）任职，因此英国海军的文件中包含了他对美国海军"威克斯"级驱逐舰首舰"威克斯"号（USS Wickes）的详细报告。[45] 古道尔指出该舰在 20 节航速下的设计续航力为 2500 海里，但由于排水量的增加，这一数据有所降低。另一份报告则称这些平甲板驱逐舰的甲板实际是自舰艏向舰艉略微倾斜的，为此在舯部节约了大量重量，但在高速航行时将会面临严重的上浪问题。不过，6 艘试验舰中的"曼利"号（USS Manley）的燃油消耗曲线表明，它在 20 节航速下的航程比拥有类似排水量和载油量的"罗莫拉"号（HMS Romola）驱逐舰长 1400 海里。美国海军估计"曼利"号在该航速下的航程为 2500 海里（载油 275 吨），相比之下"罗莫拉"号即使搭载 367 吨燃油，航程也只有 2100 海里。古道尔估计这是因为美国海军采用了重量更轻的横向船材、上层建筑和设备，因此舰体重量大概要比 V 级和 W 级驱逐舰轻四分之一。美国麦克布莱德造船厂（McBride）解释称这实际是一种柔性船体（flexible hull），在海浪中舰艏将不可避免地抬升和下降，舰体会受到扭曲，水平发射舰炮时甲板还会受到一定的损伤。美国海军在设计舰船时只要求其能够抵御 90% 的天气情况，并且接受了舰体可能会在被迫高速航行时受损，以及舰炮发射时会对甲板造成损伤。古道尔认为英国海军可以在当年冬季（1917—1918 年）考虑是否也采纳类似的观点，但他也怀疑美国人的做法不够可靠。

系留气球曾被用于寻找浅海中的潜艇。图为海军部方案 R 级驱逐舰"昂斯洛"号（HMS Onslow）及其搭载的系留气球，拍摄时间应该在 1917 年 1 月至 1918 年 1 月之间。

"威克斯"号的舰长则在报告中指出，该舰在满载时的航行性能良好，比此前的美国驱逐舰要好得多。在他的描述中，该舰横向相当柔软（不固定），在横风时会受到严重的撞击，并且有明显的横摇；在纵向上很平稳，但舰艇是柔性的，因此迎风航行造成的影响比有艏楼的驱逐舰更大，迎浪前行时的耗油量增加则和舰船本身的属性和海浪的波长有关。该舰的舰桥，尤其是开放式舰桥正面的挡风玻璃也过于脆弱。该舰的航向稳定性比他之前所认识或"听说过"的驱逐舰都要好，但是，这也导致转弯半径很大，和此前的 1000 吨级驱逐舰一样（甚至更大），迎风转舵时的速度也比之前的驱逐舰更慢（可能和迎风面积有关）。这位舰长在当时美国的三类驱逐舰 [740 吨级的"廉价"型（flivvers）、拥有艏楼的 1000 吨型，以及平甲板型] 上都有服役经历，并且还和许多协约国指挥官一起讨论过类似舰长的各型驱逐舰的利弊。

驱逐舰面对海浪时的表现似乎主要取决于舰长和波长间的关系和排水量，例如在爱尔兰海岸附近的短波高海浪条件下，美国的 740 吨型驱逐舰就比 1000 吨型驱逐舰表现得更好。和英国在分舰队领舰之前的驱逐舰相比，美国的驱逐舰能够适应更大范围的海浪波长，不过它们的舰体在遇到风暴时受损也更严重（但它们的露天甲板更坚固）。因此他认为平甲板型驱逐舰总体上相当优秀，航行和加速性能、高速转向性能，以及在各种天气下的表现都比较出众。

1919 年 3 月，海军造舰总监和其他分析师基于一份设计方案手册对平甲板型驱逐舰"沃德"号（USS Ward）进行了研究。和 V 级与 W 级驱逐舰相比，美国的这艘驱逐舰排水量要低大约 100 吨。同时由于吃水深度要浅大约 0.61 米（宽度要宽 0.46 米），航速再增加 1 节所需要的输出功率大约要低 3000 轴马力。海军情报司指出"平甲板型驱逐舰将上层甲板干舷高度提高到了 18 英尺（5.49 米），因此该舰在任何天气状况下的机动性能或者逆向航行性能都要比我们的拥有艏楼的驱逐舰要好"。但造舰总监并不同意这一说法，他认为平甲板型驱逐舰正面的迎风面与英国驱逐舰的相当，倾斜的上层甲板将在高速航行时制造许多问题，同时舰炮的布置也比 V 级和 W 级驱逐舰更糟糕，后者将舰炮安装在艏楼上，在恶劣天气下也能使用舰艇高低纵列的主炮作战，但平甲板型驱逐舰的挡浪板在这方面并没有多大用处。同时，平甲板型驱逐舰的舰艉主炮太过靠后，因此在向舷侧方向射击时存在操作空间不足的问题，很有可能

在美国加入第一次世界大战后，皇家海军便有机会借助美国强大的生产能力来列装一批平甲板型驱逐舰了。图为前往欧洲的六艘平甲板试验舰中的一艘——"考德威尔"号（USS Caldwell），舷号为 69，照片拍摄于 1918 年。但平甲板型驱逐舰上浪比较严重，因此美国的军官们希望这些船能够被改造成类似英国 V 级和 W 级驱逐舰那样，在舰艏安装高低纵列布置的主炮。不过一些国外海军还是对平甲板型驱逐舰颇有好感，例如瑞典海军战后设计的"埃伦斯歌德"级（Ehrensköld Class）就以其作为蓝本（仅仅是设计工作，建造工作由桑克罗夫特负责）。阿根廷海军也曾考虑过平甲板型驱逐舰 [采用的是类似美国海军"布鲁克"号（USS Brooke）那样的搭载 5 英寸（127 毫米）主炮的武器配置]，但最终还是选择了类似英国海军部改进型"司客特"级驱逐领舰的方案，建造有艏楼。"考德威尔"号于 1936 年被出售拆解，剩下的四艘试验舰中，有三艘在 1940 年转让给了英国皇家海军。

无法在舰船高速转向时使用。不过，平甲板型驱逐舰的两舷各搭载了 2 副三联装鱼雷发射管，对英国海军而言这意味着发射完一侧的鱼雷后还可以迅速转向发射另外一侧的鱼雷。由于不清楚散布式射击的潜力，美国海军取消了鱼雷上的陀螺角度仪，这些鱼雷在入水后将延平行线航行——这就意味着平甲板型驱逐舰可以同时发射所有的 12 枚鱼雷。但他们也发现，尽管携带了更大数量的鱼雷，但需要将鱼雷发射管伸出舷外。被海浪损坏的危险急剧增加，武器数量优势也就大打折扣（这个问题对计划在太平洋地区作战的美国海军而言并不那么明显，皇家海军时常在恶劣天气条件战斗，所以更加关心）。

德国驱逐舰

1918 年 11 月德国投降后，皇家海军终于有机会检查德国建造的驱逐舰了。总述报告称，在战前德国驱逐舰基本比英国的要小，适航性也更糟，其干舷高度比英国的还要低 2 英尺（0.61 米），并且艏楼长度很短，上浪很严重，其下层甲板的相当一部分在任何航速下都会被海浪直接扫过。前部的锅炉舱基本就在这部分甲板的下层，因此英国人注意到德国人将驱逐舰上的进气管更换为 L 形，而非常用的风帽状，并且其朝向为背对舰桥，目的就是防止进水。这样的设计一直持续到了战后。一些战时建造的舰船确实拥有较长的艏楼，"V 125 级的舰桥似乎质量比较好，它拥有坚固的正面和上层舰桥，而这在我们的小型舰艇上是没有的"。

> U 型潜艇要仰仗潜望镜来瞄准，因此施放烟幕也成了一种防御潜艇的有效方法。图中"河川"级驱逐舰"尼思河"号正准备释放烟幕。这指的是从舰艉升起的白色烟雾团，通过硫酸等化学物质产生，而不是从烟道口喷出的黑色烟雾。发烟设备相当巨大，因此需要将舰船改装为专门的"烟雾舰"（Smoker）。

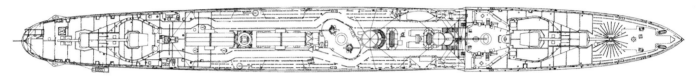

"白厅"号驱逐舰——1925 年改装后的状态

"白厅"号（HMS Whitehall）是一战期间设计的 V 和 W 级驱逐舰中最后完工的一艘（1924 年 7 月 9 日）。图中所示为该舰在 1925 年的外观，可见在吸取战时经验后所作出的主要改进。该舰的 2 副鱼雷发射均换成了三联装版本，单装 3 英寸（76 毫米）防空炮被 2 门 2 磅"乒乓"炮取代（它们之间还能看到 3 英寸炮的炮座），甲板室前端可见 2 具深水炸弹抛射器。同时，下层舰桥侧面的窗户被取消了，因为通常在上层甲板指挥，而舵手在位于下方的封闭式舰桥内工作。上层舰桥上还安装了 1 副 9 英尺型测距与 1 台射击指挥仪。"白厅"号开工时由斯旺－亨特建造，后来转交查塔姆造船厂，直至完工。该舰还测试过被称作"五个胖处女"（Five Wide Virgin）[1] 的深水炸弹发射器，但后来这种武器被"刺猬炮"（Hedgehog）取代，刺猬炮后来又被名为"鱿鱼炮"

（Squid）的深弹发射器取代。在经过了一系列的测试后，该舰最终被改造为一艘远程护航舰。

（绘图：A. D. 贝克三世）

---

[1] 出自基督教典故"五个聪明的处女"（*Five Wise Virgins*），见《马太福音》25:1-13。

英国的 V 级驱逐舰拥有高低纵列布置的舰艏主炮和较高的艏楼，相比之下简直是完全不同的另一类舰船。这一点在战后变得相当明显，当时有一艘大型驱逐舰（B 98 号）被用作通勤船，往返于斯卡帕湾的德国舰队和德国本土之间的，每次都会有一艘英国 V 级驱逐舰随行。许多时候，当德舰被迫降低航速时，英舰都还能继续保持较高的航行速度。但 B 98 的尺寸要比 V 级驱逐舰大得多，之所以如此，最有可能是因为德舰的动力系统更重（要达到海试条件下的航速就需要消耗更多的动力）。英国人还注意到德国驱逐舰 36 节的海试航速是在载重相当轻的情况下达到的，而设计航速相同的 S 级驱逐舰时常可以在海试条件下大大超出这一航速。

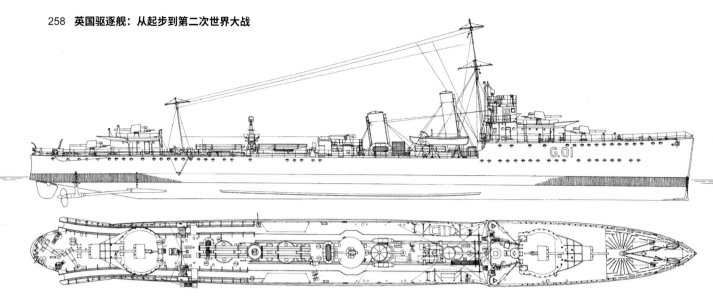

"快活"号驱逐舰——1918年布雷舰状态

在一战期间，皇家海军发现由驱逐舰或少数高速巡洋舰执行的战术布雷任务相当有用。图中为"快活"号在1918年5月安装了布雷轨道后的状态（该设备外加舷外凸体总共让排水量增加了大约50吨），所有的舰炮和鱼雷发射管都得以保留。该舰可以携带60枚H2型水雷（V级驱逐舰在后来可以携带74枚同类鱼雷，但1939年时"快活"号已经不再作为布雷舰使用了）。图中还能看到舰艉的2具扫雷型（E型）破雷卫，另外在小艇间还有2具备用破雷卫，就位于1号烟道后

面。注意用于吊装破雷卫的格栅吊柱，它们会在需要吊放或回收破雷卫时竖起然后伸出舷外。破雷卫的绞盘位于布雷轨道上方，和后桅平齐。舰艉还有2枚拥有独立坡道的深水炸弹。当时英国驱逐舰安装的均为混合型扫雷/反潜设备，可以携带2具用于扫雷的破雷卫或2具爆炸型反潜破雷卫，但驱逐舰不会同时搭载这两类破雷卫。舰船在交付时会安装所有可以使用的设备，但实际服役时不会用到的设备会暂时拆除，储存在基地内。因为不是领舰，"快活"号在战时并未安装9

英尺型测距仪，但舰桥上有1台臂板式信号机。图中并未绘出通常会在上层舰桥上安装的防破片棕垫，因此露出了下面的栏杆。1939年4月时，英国在欧洲海域的布雷舰船包括7艘幸存的由V级驱逐舰改造的布雷舰、2艘新的E级布雷驱逐舰、"冒险者"号布雷巡洋舰和"千鸟"号（HMS Plover）低速布雷舰（另外还有将2艘火车渡轮改造为布雷舰的计划，当时所需的装备已经凑齐，预计会在1939年8月24日开始相关改造工作）。部分被指定将在战时执行布雷任务的

V级和W级驱逐舰也接受了相关改造，并在1938年9月的危机中实施了布雷，当时战争计划包括一旦和德国开战就用水雷封锁多佛海峡。虽然V级驱逐舰改造的布雷舰到1940年4月都还在服役，但它们从未具备布设Mk XIV型水雷的能力。1922年3月23日时，"快活"号不幸撞沉了H 42号潜艇。该舰在二战期间被改造为护航舰，1947年3月4日被出售（在1948年10月至1949年3月间被拆解）。

（绘图：A. D. 贝克三世）

德国驱逐舰的舰体构型表现出了相当明显的外飘，用来弥补干舷高度不足对稳定性的影响。它们的舰内纵桁（hull girder）更薄弱，不过他们在纵桁上的载重也没有英国驱逐舰上那样多，因为他们主要将消耗品储存在舯部动力系统舱室的两侧空间内（英国驱逐舰则是将燃油储存在动力系统舱室前后部的下层甲板之下）。德国驱逐舰的舰体也不像英国的那样肥满（舱内填充系数仅0.475，而相比之下，英国的S级驱逐舰可以达到0.537），并且干舷高度也非常低（从舯部的拱形甲板底端计算，仅有0.76米），鉴于干舷高度如此之低，德国人将甲板设计成在两侧倾斜的圆拱形，以便涌上甲板的海浪更快地流走。这些驱逐舰也没有安装舭龙骨。而由于输出功率更大，德国大型驱逐舰的动力舱室长度通常比英国的长（B 98号动力舱室的长度就比英国V级驱逐舰的长14.63米）。

在平静海面两者航速并没有太大差异，但英国的驱逐舰更适合在恶劣天气下保持较高的航速。德国直到1908—1909年建造计划才开始给驱逐舰安装蒸汽轮机，直到1913—1914年建造计划还在使用燃煤锅炉。其结果就是德国的老式驱逐舰通常航程较短并且需要更多的舰员（需要大量司炉）。当时英国的军事观察员发现它们的燃煤储存在引擎舱两侧的空间内（而不是横向的空间内），在海上将很难搬运。为了达到需要的航程，德国驱逐舰的典型做法是在上层甲板以煤包的形式堆放大约20吨燃煤，需要的时候再运送到下层。

德国的燃油动力型驱逐舰，每台涡轮机和每台锅炉都安装在独立的舱室内，油箱则位于舰体舯部。和英国的驱逐舰截然不同，德国驱逐舰的油箱从最底层的龙骨一直延伸到上层甲板并且在横向贯穿全舰，在水平和垂直方向上被分隔开（英国驱逐舰的油箱则位于水线以下的舰体前端①）。这样的设计又会限制舰艏的载员和储藏空间，导致相当一部分的舰员和军官都只在舰艉分享一个铺位。而英国驱逐舰舰艉就更加宽敞，较长的艏楼也增加了可用空间，能够建造封闭的起居舱室。

除少部分驱逐舰采用了伏亭格（Fottinger）液压传动设备外，大多数的德国驱逐舰采用的还是直联式蒸汽轮机，而英国驱逐舰在战时已逐渐抛弃了这种设计。因此，德国驱逐舰的动力系统不仅更重，效率也更低，航速25节时的航程几乎只有英国驱逐舰的一般，全速航程也比英国的低大约20%。锅炉的工作压力和英国驱逐舰差不多（260磅力/平方英寸）；驱逐舰共有3台锅炉，而驱逐领舰则拥有4台。德国舒尔茨式锅炉的水管安装角度比英国雅罗式锅炉的略小，手写的批注指出这样的设计增加了加热这些管道的负担。和英国驱逐舰的另一点不同是德国驱逐舰通常有2套舵机，一个在前一个在后（B 98号上则是两个均位于后部）；并且通常有3个舵轮，一个位于下层舰桥、一个位于艏楼末尾的上层甲板（舵手在这里没有任何视野，只能根据传声筒里的命令操舵）、最后一个位于舰艉的甲板室内。同时，舵机和关联设备均位于露天位置，由链条和连杆等构成，这种机械装置早已因性能不佳被皇家海军淘汰。另外，德国驱逐舰使用的是编织的钢缆，而皇家海军使用的则是镀铅钢缆。

德国的这些舰艇常常被描述为单纯的鱼雷艇而非驱逐舰，报告的作者曾以手写的方式标注，"这些舰艇如果像英国的驱逐舰那样远离主力舰队独立行动，它们的设计就不那么完善和优良了"。德国驱逐舰通常会在艏尖舱旁边的下层甲板下部搭载2枚备用鱼雷，并配备将它们运送到上层甲板和舰艉的装置。德国驱逐舰在战前安装的是22磅（3.5英寸，88毫米）舰炮，但战时开始换装4.1英寸（105毫米）主炮。这让英国人相当惊讶，这意味该型舰炮的重量大概只有英国Mk V型舰炮的一半，操作半径也只有2.44米，相比之下英国Mk V型的操作半径为3.18米。德国4.1英寸炮的最大仰角可达50度，而英国4英寸炮只能达到30度——前者的射程无疑将超过后者（为此英国选择了列装4.7英寸炮）。[46]较小的操作半径应该得益于采用了定装弹药。海军造舰总监的代表后来建议对德国舰炮进行更详细的测试（但该建议在机打的档案中被划去）。和当时的英国驱逐舰不一样，德国驱逐舰鱼雷发射管的方向并不一致（有15度的夹角），因此并不适合用于执行皇家海军设想的那种远距离鱼雷攻击。德国的舰船还会携带4枚深水炸弹和1枚拖曳式水雷。

在德国舰队于斯卡帕湾自沉后，英国只获得了3艘未受损伤的德国驱逐舰（V 44号、V 125号和V 82号），作为所谓的"宣传舰"，后来批准用于射击测试。V 82号驱逐舰在7000码距离上遭受了4.7英寸（120毫米）炮的射击，而用4英寸（102毫米）炮和6英寸（152毫米）炮对V 44号进行的射击测试则表明，4英寸炮的杀伤力要远低于4.7英寸炮，4.7英寸炮的高爆弹有着相当可观的杀伤力，或许这次的测试结果一定程度上促使海军部决定在战后的驱逐舰上继续采用这一口径的主炮。根据之后的射击测试报告，小口径炮弹造成的杀伤和舰队交战时巡洋舰造成的杀伤有着本质上的区别，但即便如此，要防护这类火炮依然是不可能的，这需要在水线附近增加

① 从书中的几幅舱内结构图来看，英国驱逐舰的油箱似乎并非全都位于舰体前端。

0.69 米宽的装甲带，但增重令人无法接受。同时，舰体的设计安排也不可能让来袭炮弹在不会影响动力系统的位置引爆，实弹测试表明使用延时引信就可以让炮弹在射入舰体核心部位后才爆炸，爆炸产生的破片毫无疑问将使动力系统直接瘫痪。而像德国这样在动力系统两侧增加空间（用作油箱）的做法似乎只会让情况更加糟糕，炮弹爆炸后后面的主要舱室会直接进水。对于动力系统而言，唯一有效的防护措施就是横向水密隔舱壁。德国在这一方面走得比英国更远，但这也导致其舰体和动力系统舱室的长度更长（从而中弹面积也就更大）。但即便如此，未来的驱逐舰似乎也值得采用这样的设计（但最后并没有实施）。另一个有趣的结论是，尽管被炮弹命中很有可丧失动力，但一艘驱逐舰很难被击沉。

注释：

1. 从桑克罗夫特的设计资料中可以看到提供给俄国人的方案是如何一步步被放大的。S1750 号方案（1908 年 6 月）还大体和同时期的英国驱逐舰相当，但增加了动力以获得更高的航速，其各项属性为：安装 6 台锅炉（4 座烟道），舰长 82.30 米、宽 7.92 米、吃水 2.82 米，武器包括 2 门 4 英寸（102毫米）炮和 2 具 18 英寸（457 毫米）鱼雷发射管（但并未给出输出功率和最高航速）。同年 9 月，桑克罗夫特又拿出了 S1875 号方案，采用类似的动力系统，最高航速可达 35 节，武器配置为 2 门 4.7英寸（120 毫米）炮和 2 副双联装 18 英寸鱼雷发射管——鱼雷发射管数量增加了 1 倍，并且还能携带 12 枚水雷，可以通过高架的横梁来布设。后来的 S4075 号方案（1908 年 12 月）的武器配置基本相同，但换装了 21 英寸（533 毫米）鱼雷发射管，该方案全长 84.51 米、宽 8.08 米、吃水 2.74米。S4218 号方案配备 3 副双联装鱼雷发射管，采用的是桑克罗夫特在俄罗斯的代理商提交的设计。到 S4533 号方案（1910 年 2 月），又增加了第四对双联装鱼雷发射管，动力系统依然采用 6 台锅炉（4座烟道），最高航速 35 节（并未给出输出功率），该方案尺寸为：长 86.41 米、宽 8.23 米、型深 5.23米。第二年桑克罗夫特又拿出了 S6299 号方案，动力系统不变，但舰体被延长以容纳 3 门 4 英寸炮（1 门安装于艏楼，2 门呈纵列布置于舰艉），此外还有 5 副双联装鱼雷发射管（长 96.01 米、宽 9.14米、型深 5.72 米）。S6447 号方案（1911 年 10 月）似乎作为 F 方案被纳入了一次俄国的竞标，该方案安装 3 门 4.7 英寸炮（舰艉的一门可越过另一门射击）和 5 副双联装鱼雷发射管，采用双轴推进，有 3 座烟道（长 92.51 米、宽 9.07 米、型深 5.79 米）。S7933 号方案（1914 年 4 月 7 日）则安装3 门 4 英寸炮、3 副双联装 18 英寸鱼雷发射管和布雷轨道（minelaying rail），采用 4 台锅炉、3 座烟道，尺寸为：长 98.22 米、宽 9.53 米、型深 5.87 米。S7947 号方案则采用了 5 台锅炉，火炮为3 门 100 毫米炮，尺寸大体相同。之后的 S9033 号（1915 年 7 月 16 日）拥有 3 座烟道，搭载 3 门4 英寸炮和 5 副双联装 21 英寸鱼雷发射管（均位于中轴线），还有布雷轨道，该设计和此前的两个方案较为接近。国家海事博物馆中保留着桑克罗夫特为俄国设计的 35 型驱逐舰的相关笔记。该方案始于 1914 年 3 月 21 日，一份来自圣彼得堡的电报要求设计一艘确保航速能达到 35 节、具有良好适航性的驱逐舰，武器配置和正在建造的驱逐舰应当相同，唯一的变化是要采用三联装鱼雷发射管。桑克罗夫特回信询问俄方是否对双轴或者三轴推进有所要求，还有能否接受使用巡航用的蒸汽轮机。俄国的回信表示他们希望采用双轴推进，以将排水量尽可能降至最低。而后来桑克罗夫特建议采用总共9 具（三联装）鱼雷发射管时，俄国人回电表示他们希望搭载 12 具鱼雷发射管。他们还补充道，希望能够装备 3 门 100 毫米炮和 2 门 40 毫米炮（即 2 磅炮）。随着战争的爆发，这项工作在 1914 年7 月 29 日被叫停，但从上述笔记的描述来看，设计工作不久之后又恢复了。

2. 从诺曼德设的驱逐舰上可以看出当时土耳其想要的类型：武器配置为 5 门 100 毫米（3.9 英寸）炮、6具鱼雷发射管，在六小时的海试条件下最高航速 32 节，采用 4 台锅炉驱动，载油量 200 吨，总排水量 1040 吨。6 艘驱逐舰的建造合同于 1914 年 4 月 29 日签订。1913 年 10 月的一份报告中指出土耳其计划购买 4 艘驱逐舰，每艘将装备 4 门 120 毫米（4.7 英寸）炮、2 门 40 毫米炮和 2 挺 8 毫米机枪，外加 6 具鱼雷发射管（2 副三联装），并且能够携带至少 40 枚水雷。土方希望的其他设备还包括：无线电、水下通信设备、"水下听音器及烟雾发生器"。其设计最高航速达到了 36—40 节，能在15 节航速下航行 4000 海里。这些驱逐舰属于土耳其庞大的造舰计划的一部分，很显然诺曼德将这 4艘驱逐舰的建造承包给了霍索恩 - 莱斯利，但没有任何证据显示土耳其曾直接向英国订购这批驱逐舰。

3. 在 1915 年向怀特订购时，6 艘智利驱逐舰的设计排水量为 1500 吨（长 97.54 米、宽 9.91 米、吃水 3.20 米），最高航速可达 31 节（27000 轴马力），搭载 427 吨燃煤和 80 吨燃油。其武器配置为6 门 4 英寸（102 毫米）炮和 3 具单装 18 英寸（457 毫米）鱼雷发射管。其首舰在 1912 年 9 月下水，它是当时世界上仅次于"海燕"号的第二大驱逐舰。头两舰在 1913 年交付，2 门 4 英寸炮并排安装艏楼，2 门安装于艏楼末端，最后还有 2 门位于舰艉，3 具 18 英寸鱼雷发射管则沿舰体中轴线安装。前一年还有报告指出：最初的两舰将搭载 3 副双联装 18 英寸鱼雷发射管，剩下的会采用 3 副双联装21 英寸（533 毫米）鱼雷发射管（2 副位于舯部侧舷位置，另外 1 副则位于前部中轴线上）；舰炮则采用成对的布置方式，并排位于侧舷——2 门位于舰桥前方、2 门和舰桥并排、2 门位于舰艉。在作为英国驱逐舰建造完成后，"福克纳"号（HMS Faulknor）和"布洛克"号分别安装了 4 具单装21 英寸鱼雷发射管，均安装于侧舷，其中后部的 2 具以斜置方式安装以保证能够自由转动（但并不能跨越甲板发射）。剩下的 2 艘，"博塔"号（HMS Botha）和"蒂珀雷里"号（HMS Tipperary）在 1914 年 9 月被强行购入时已经不那么先进了，其武器装备经过了重新安排，每舰仅在后方搭载 2副双联装鱼雷发射管。两舰在舰桥前方仅拥有 1 门火炮，其后是 2 门并排在侧舷安装的舰炮，剩下的 1 门则安装于舰艉的炮台上。1918 年时，"布洛克"号换装了新武器，所有成对的 4 英寸炮均被1 门 4.7 英寸（120 毫米）炮取代。

4. 维克斯（瑟斯菲尔德造船厂）关于 669 号方案的记载或许可以大致描绘巴西的驱逐舰构想，时间为1913 年 5 月 27 日。该方案排水量 1200 吨（长 96.01 米、宽 8.53 米、型深 5.49 米、吃水 2.51 米），双轴推进，安装 5 台锅炉（遗憾的是功率和航速的字迹已无法辨认）。武器配置为 2 门 4 英寸（102 毫米）炮、4 门 6 磅炮和 6 具 21 英寸（533 毫米）鱼雷发射管（搭载 8 枚鱼雷）。经济航速下的（只搭载燃油时）作战半径为 1750 海里。这个方案的一个有趣的特点是将安装 1 台 1.37 米的巴尔 & 斯特劳德测距仪。当时估计的单舰造价为 22 万英镑。

5. 1914 年 7 月，鱼雷准将的战争命令，《巴克豪斯文档》（Backhouse Papers）。

6. 例如，1914 年 8 月 18 日，杰利科便致信第一海务大臣巴滕贝格的路易斯亲王（Admiral Prince Louis of Battenberg），要求在蒂里特的驱逐舰分舰队完成护送英国远征军前往法国的任务后，尽快编入他的麾下。"您一直以来也都认为，对此我们持同一观点，德国的公海舰队一旦出战，必定会伴随有德国几乎所有的鱼雷艇驱逐舰……毫无疑问德国的鱼雷艇驱逐舰必将会一同行动……他们在这方面的优势有可能抵消我方在战列舰方面的优势，或者至少会让胜利的天平向他们倾斜一些。他们的每艘驱逐舰都拥有 5 具鱼雷发射管，远比我们的要多。当然我们有更强的舰炮火力，但这并不能阻止他们发射鱼雷。"《杰利科文档》（Jellicoe Papers），第 37 号。

7. 《杰利科文档》第二卷第 6(b) 号，这是杰利科在 1916 年 8 月 24 日对反潜作战的请求：每 8 艘战舰组成的战列中队（或每 7 艘战列巡洋舰）就要搭配由 12 艘驱逐舰组成的护航编队，或者以 5 艘战列舰中的每一艘配属 3 驱逐舰、每艘巡洋舰配属 2 艘、每艘轻巡洋舰配属 1 艘、每艘水上飞机母舰配属 2 艘。杰利科认为这还只是最低要求，他声称德国还拥有更强的护航力量。基于上述推算，他认为大舰队总计需要 61 艘驱逐舰，而罗赛斯的战列巡洋舰编队则需要 26 艘驱逐舰。但现在分别只拥有 55 艘和 31 艘，这还没有除去正在接受改装和承担护航任务的舰船。杰利科宣称从"法尔茅斯"号（HMS Falmouth，航速 23 节）和"诺丁汉"号（HMS Nottingham，航速 20 节）中雷的事件中可以看出，此前常用的Z 字形航行策略已不再有效。

8. 《杰利科文档》第二卷第 2(d) 号。海军部指出还没有直接的证据表明整支德国舰队都已和大舰队交战。德国曾在 1916 年 4 月 24—25 日通过分散舰队的方式完成了对洛斯托夫特的奇袭，但这更多还归功于德方良好的无线电管制措施。在选择舰队行动的集结点时，海军部以在多格尔沙洲的行动（1915 年 1 月）作为范例。此前曾依此预选了一个黎明时的汇合点，但现在哈里奇舰队显然会在前往汇合点的过程中遇敌。德国的驱逐舰部队远比哈里奇的部队强大，因此他不希望在夜间同它们相遇。事实上，敌方部队曾在距离汇合点大约半小时航程的地方出现过。

9. 皇家海军上校 H. G. 瑟斯菲尔德，《大舰队的战术发展》（Tactical Development in the Grand Fleet），该课程曾于 1920—1921 和 1921—1922 学年在格林尼治皇家海军学院开设，讲义现存于国家海事博物馆。课程 1 的讲义标注的时间为 1922 年 2 月 2 日，该课程主要还是以大体概括为主。根据瑟斯菲尔德的说法，卡拉汉在 1913 年 1 月颁布的指示是英国海军对现代舰队战术的第一次尝试（但同样的内容也见于贝雷斯福德 1906 年对地中海舰队发布的指示，表明这并非独一无二的）。他赞成卡拉汉的观点：舰队应当以单列纵队交战，并且战斗的胜负将完全由舰炮决定，"因此，舰队的战术在开始交战后便失去了意义"。目前尚不清楚他的这种观点究竟是如何和他将鱼雷舰艇用于进攻的战术结合在一起的。但从瑟斯菲尔德的观点来看，自从费舍尔开启海军战术的复兴（1901 年）后，这方面的所有注意力都集中在了如何在交战前进入有利的炮击阵位上。

10. 在 1913 年 10 月由瑟斯菲尔德重申的战斗条令，明确指出舰队应当在最大有效射程(8000—10000 码）上进行战斗，因为更近的距离将更有利于德国人的战列舰或其他鱼雷舰艇（即驱逐舰）实施鱼雷攻击。两支舰队战列线之间的距离越近，敌方的鱼雷舰艇就越有可能接近到足以瞄准并发射鱼雷的距离。

11. 《杰利科文档》第 39 号，1914 年 8 月 18 日大舰队的战斗条令。这些很可能是卡拉汉的条令的翻版，前锋位置的分舰队将位于主力舰队前方，而后卫分舰队则和主力舰队保持大概 1 英里的距离，这应该是为了防止友军误伤。

12. 《杰利科文档》第 43 号。

13. 《杰利科文档》第 49 号，1914 年 10 月 30 日给海军部的照会。该文档提到了德国很可能会使用 U 艇来支援他们的舰队行动：当时皇家海军对使用潜艇支援舰队也很感兴趣。杰利科估计敌方潜艇会和巡洋舰协同，因为后者可以将它们引导至有利的攻击阵位，当然也可能是直接和舰队本身协同作战。在前一种情况下，巡洋舰将独立展开行动，但必须有驱逐舰提供反潜屏障。在后一种情况下，U 艇有可能会被部署在舰队后方或者侧翼，而舰队则负责引诱英国舰队靠近伏击圈。日德兰海战时杰利科担心的便是后一种情况，在 1914 年时他曾写道："这很可能涉及防止舰队按照敌方的战术设想行动，防止舰队落入敌人的圈套。比如说，如果敌方的战列舰队突然转向远离逼近中的我方舰队，就必须假设他们正试图将我们引向水雷区或潜艇的埋伏圈，我们必须停止追击……如果真的落入圈套，在舰炮交火前，最保守的估计，我方都有可能有半数的舰船因为来自水下的攻击而丧失战斗力。"杰利科希望借助舰队的高速机动性，将交战区域引导到敌方潜艇无论在何处埋伏都无法跟得上的地带。他还希望能够在德国舰队的返航航线上尽可能多地埋伏英国的长程潜艇。但令人惊讶的是，上述这些讨论却从未涉及任何敌我识别和海上导航方面可能遇到的实际问题。这表明类似的战术尽管在皇家海军中被多次讨论，但却从未进行过相关测试（战时英国 K 级驱逐舰糟糕的表现也表明了这一点）。杰利科则借助这次机会反复重申将哈里奇舰队划归他的麾下的请求，但他最后得到的却是从巡逻舰上将那里调拨的 12 艘驱逐舰。到 1914 年 11 月，杰利科又向海军部提交了一份驱逐舰战力的对比表，指出德国海军一共拥有 95 艘驱逐舰，其中大约 66 艘归属公海舰队。而他只有 2 支驱逐舰分舰队（分别包括 20 和 21 艘驱逐舰）和另外 7 艘直接管辖的驱逐舰（估计可同时参战的数量大约为 40 艘）。哈里奇港则拥有另外 2 支驱逐舰分舰队（每支包括 21 艘驱逐舰）。他还指出英国的巡洋舰力量也很薄弱，尽管他麾下的高速轻巡洋舰的数量比德国还要多。参见《杰利科文档》第 58 号。

14. 杰利科在 1915 年 8 月 7 日写给贝蒂的信件被收录于《杰利科文档》第 153 号。第一份囊括了各型驱逐舰的档案（376 号）中，就包含一份关于海上燃油补给的说明，以及一张使用战列舰进行此类补给的照片。该照片现存于华盛顿海军船坞（Washington Navy Yard）的档案馆内。1916 年 4 月，杰利科又致信第一海务大臣亨利·杰克逊（Henry Jackson）海军上将（《杰利科文档》213 号），指出驱逐舰的航程极大地限制了它们在德国基地附近停留的时间。他的驱逐舰在南下的路途上就会消耗大量的燃料，而留给它们的作战时间可能不到 12 小时（甚至更短），因为返航的路途同样需要消耗大量燃油，它们甚至在交战之后会无法返回基地。驱逐舰从斯卡帕湾航行到德国海岸附近的霍恩礁（Horns Reef）会消耗大约 8 吨燃料，交战中和交战后（比如 8 小时后）会消耗大约 60 吨燃料。而当时部署于罗赛斯的驱逐舰分舰队被配属给了战列巡洋舰舰队，它们显然不能长时间维持高航速。

15.《杰利科文档》第 44 号。注意德国驱逐舰采用编有 10 艘驱逐舰的分舰队，另有 1 艘驱逐领舰。

16.《杰利科文档》第二卷第 5 号。

17. 瑟斯菲尔德讲义第三卷第 6 页。瑟斯菲尔德的话中似乎暗示了德舰避战的问题，最早是由舰队中某个不知名的上校（或许就是他自己）提出的。不过，《杰利科档案》中引用了大量关于此种可能性的讨论，并且也谈及它们可能会将舰队引向潜艇的伏击区或是雷区。

18.《杰利科文档》第二卷第 5 号。很显然当时的驱逐舰指导条例依然还是《大舰队战斗条令》的一部分。

19. 瑟斯菲尔德讲义第三卷第 5 页（第 9 段）。这似乎确实是一项新发现，这本名为《战术》（Tactics）的小册子的档案编号为 ADM 137/473。该文件中包括了舰队阵型的机动，以及采用 K 级潜艇支援主力舰作战的图示。但其中没有涉及任何驱逐舰的行动，因为那是另一本手册的内容了。

20. 国家档案馆 ADM 137/384 号档案，《分舰队巡航与夜间巡航以及采用驱逐舰分舰队对敌方舰队实施鱼雷攻击的条令》（Flotilla Cruising and Night Cruising Orders and Torpedo Attack by Destroyer Flotillas on Enemy's Battle Fleet），秘密备忘录 HM 0034/137 号，下达时间为 1917 年 11 月 11 日。此前还有 1917 年 3 月 12 日下达的 HM 0034-90 号和 1917 年 2 月 26 日下达的 HM 0034/93 号。

21.《海军部技术史》第 34 章，《大战期间皇家海军舰船的武器选择》（Alteration in Armaments of H.M.Ships During the War）。海军历史档案馆，技术史部，1920 年 5 月。

22. 为"雨燕"号进行换装的命令下达日期现在已很难查证，不过在第二份"雨燕"号的设计档案（217A 号方案）中有一项编号为 G.02943/16 的计算记录，档案中的下一份文件则是该舰担任第 6 驱逐舰分舰队领舰时的载员安排，时间为 1916 年 9 月 26 日。到 1916 年 10 月 5 日，该舰将安装 1 门 Mk VII 型 6 英寸（152 毫米）后膛炮、2 门 4 英寸（102 毫米）炮、1 门 1.5 英寸（37 毫米）防空"乒乓"炮（位于 184 号肋骨位置的上层甲板）、2 具 21 英寸（533 毫米）而非 18 英寸（457 毫米）鱼雷发射管，以及 2 具舰艉深水炸弹基座。此时该舰排水量达到了 2482 吨（最低稳心高度 0.658 米），此前的排水量为 2400 吨（最低稳心高度 0.661 米）。同时"维京人"号也在舰艏换装了 6 英寸炮。到 1916 年年末，海军中将多佛（Dover）建议保留"维京人"号之前的武器配置，但"雨燕"号的 6 英寸炮则用电力驱动的 BVI 型炮架取代原先手动操作的 P.III 型炮架。该计划在 1917 年 2 月被取消，"维京人"号上的 6 英寸炮也被拆除。同一份文件还讨论过将"雨燕"号上的 6 英寸炮换回 2 门 Mk V 型 4 英寸速射炮，安装位置和此前的 Mk VII 型 4 英寸后膛炮相同，但这次拥有更高的炮口初速和更大的仰角。

23. 到 1916 年 11 月时，至少有 2 艘 D 级、3 艘 C 级、2 艘 B 级接受了改装。

24. 尚未获得安装此类武器的相关往来文件，"弗农"号鱼雷学校的年鉴中也未提及此类武器。它们最早出现在 1917 年 4 月的武器装备列表当中，1918 年 4 月的武器装备列表还显示"轻捷"号和"宁录"号领舰上均安装了 2 具 14 英寸（356 毫米）鱼雷发射管，采用同样配置的还包括"雨燕"号，"部族"级中的"亚马逊人"号、"萨拉逊人"号，此前为希腊建造的"墨尔波墨"号（Melpomene），M 级驱逐舰中的"无双"号、"莫尔兹比"号（HMS Moresby）、"流星"号、"米尔尼"号（HMS Milne）、"迈诺亚"号（HMS Minoa）、"穆尔森"号（HMS Moorsom）、"莫里斯"号（HMS Morris）、"莫雷"号、"明戈斯"号（HMS Myngs）、"北极星"号（HMS NorthStar）、"纽吉特"号（HMS Nugent）和"忠顺"号（HMS Obedient），以及 R 级驱逐舰中的"红手套"号（HMS Redgauntlet）、"寻回犬"号（HMS Retrieve）、"撒提尔"号（HMS Satyr）、"鲣鱼"号、"跳羚"号（HMS Springbok）、"鹳"号（HMS Stork）、"鲟鱼"号（HMS Sturgeon）、"暴风"号（HMS Tempest）、"冲刺"号（HMS Thruster）。在 M 级和 R 级驱逐舰上，2 具鱼雷发射管均位于艉楼末端两舷的位置。

25.《海军部技术史》第 51 章，《破雷卫的发展》（Development of the Paravane），海军部鱼雷与水雷局，1921 年 7 月。

26. A 型采用了两包固定在一起的 16.5 磅（7.48 千克）火药棉装药；B 型和 A 型类似，只是采用了渔民的球丸气枪作为击发装置（但没有浮标）；C 型则是由航空炸弹改造而来的，装药 35 磅（15.88 千克）或 65 磅（29.48 千克）；D 型则采用了标准化的设计，装药为 300 磅（136 千克）TNT 炸药或阿玛托炸药（Amatol）；E 型则是 A 型和 B 型的结合体，在浮标上装有 100 磅（45.4 千克）TNT 炸药，内部则是合并在一起在 2 包火药棉，采用球丸气枪作为击发装置。1915 年 6 月中旬皇家海军决定采用 D 型的设计，并在当年 8 月底批准生产 1000 枚，列装则始于 1916 年 1 月，由于刚开始时的数量紧缺，每艘驱逐舰只获得了 2 枚。后来还有缩小版的 D* 型，装药 120 磅（54.4 千克），用于装备小型舰艇。

27. 《海军部技术史》第七章，《海军参谋部反潜作战局，1916 年 12 月—1918 年 11 月》（The Anti-Submarine Division of the Naval Staff, December 1916—November 1918），海军历史档案馆，技术史部，1919 年 7 月。整个第一次世界大战期间的深水炸弹消耗量为 16451 枚，而自 1916 年以来的总产量为 74441 枚——相比二战时的数据，这只是九牛一毛。

28. 国家档案馆 ADM 137/1957 号档案。R. D. 莱曼（R. D. Layman），《一战中的海军航空兵：冲击和影响》（Naval Aviation in the First World War: Its Impact and Influence），伦敦：查塔姆出版社，1996 年，第 119—121 页。皇家海军第一次使用舰载系留气球是在达达尼尔战役期间，之后海军部便向持怀疑态度的杰利科上将建议搭载此类武器。而贝蒂则对此产生了兴趣，他将之视为抵消德国公海舰队在齐柏林飞艇方面的优势的方法。

29. 根据《一战中的海军航空兵：冲击和影响》第 124 页所述，大舰队驱逐舰中的猎潜编队最初根据无线电情报的指引行动。贝蒂曾组织了一支系留气球部队（6 艘驱逐舰，其中 5 艘搭载了气球），在 1917 年 7 月进行了两次扫荡任务。在第二次任务中，"爱国者"号（HMS Patriot）驱逐舰搭载的系留气球发现了 28 英里外的潜艇潜望镜，之后便引导该舰成功击沉了 U 69 号潜艇。

30. 1917 年 11 月提出的方案是第 11、第 12、第 14、第 15 驱逐舰分舰队各装备 6 艘，第 13 驱逐舰分舰队装备 8 艘，其中"爱国者"号、"启明星"号（HMS Morning Star）、"塞布丽娜"号（HMS Sabrina）、"月亮"号（HMS Moon）、"麦娜德"号（HMS Maenad）、"飞快"号（HMS Rapid）、"尼扎姆"号（HMS Nizam）已经被编入曾经的编组，而"奥丽埃纳"号（HMS Oriana）、"尼皮恩"号（HMS Nepean）、"维摩拉"号（HMS Vimiera）和"敌对"号（HMS Rival）则被配属至第 13 分舰队。随后又加入了"纳皮尔"号、"高贵"号（HMS Noble）、"明斯特"号（HMS Munster）和"威吓"号。到 1918 年 3 月时，又增加了一批尚在建造或舾装的驱逐舰，包括："浮华"号（HMS Vanity）、"凡妮莎"号（HMS Venessa，该舰最后被证明因为太过先进而难以改造）、"弯刀"号（情况同上）和"罗莫拉"号，之后则是"观察者"号（HMS Observer）和"奥菲利亚"号（HMS Ophelia）。不过，1918 年 3 月 31 日海军部写给大舰队司令的信建议，在优先级更高的北方巡逻舰队的需求被满足前，不要再为他的驱逐舰加装系留气球的绞盘了。奥特兰托封锁部队（the Otranto barrage，封锁亚得里亚海）同样也享有类似的优先权。到 1918 年 4 月，皇家海军决定一旦这两支封锁部队的需求得到满足，就为大舰队的 15 艘（每支分舰队 3 艘）驱逐舰加装系留气球的蒸汽绞盘（此前各舰上采用的还是过时的汽油绞盘）。当时，大舰队已经拥有 16 台气球绞盘：第 11、第 12 和第 14 驱逐舰分舰队各 3 台，第 13 分舰队 4 台，第 15 分舰队 3 台，其中 7 台采用的是汽油动力。1918 年 4 月海军部的一份暂行法令（4 月 15 颁行的 G.44475/17）规定，搭载系留气球的驱逐舰应当将探照灯安装在最前面的一副鱼雷发射管上方。这涉及 4 艘未命名的和 28 艘已命名的驱逐舰，包括："启明星"号、"月亮"号、"暴君"号（HMS Tyrant）、"坚韧"号（HMS Tenacious）、"鲟鱼"号、"罗莫拉"号；"麦娜德"号、"纳皮尔"号、"内萨斯"号（HMS Nessus）、"高贵"号、"威吓"号、"明斯特"号、"爱国者"号、"尼扎姆"号、"千鸟"号和"观察者"号等等。（分号前后的驱逐舰属于不同的分舰队。）剩下的舰船则最好能够装备 S 级驱逐舰使用的 DR Mk III 型鱼雷发射管，因为这样才能搭载相应的探照灯。1918 年 9 月，大舰队司令拒绝了为驱逐舰分舰队中特定的驱逐舰增加气球绞盘的现行政策，他认为第 12 和第 13 驱逐舰分舰队（装备 S 级驱逐舰）不适合此类装备。相反，他命令为整个第 3 驱逐舰分舰队加装该设备，以便次年（即 1919 年）集中用于反潜任务，因为到那时它们应该已经装备了更多的反潜武器，包括深弹抛射器、棒状炸弹和水下听音器等。但在这支专职的反潜分舰队得以成形前战争便结束了。同时，更多关于配置方面的问题也浮出水面，因为航空部（Air Ministry）的顾问认为留出的锥形净空区域已经足够了，却没有意识到系留气球时常是在迎风时操作的。这就为探照灯的安装增加了许多难度，因为气球的缆绳很容易缠上前部鱼雷发射管顶端的探照灯。到 1919 年时，大舰队中有 3 支驱逐舰分舰队配备了系留气球，包括：第 3 驱逐舰分舰队——"纳皮尔"号、"麦娜德"号和"欧菲利亚"号；第 13 驱逐舰分舰队——"猛烈"号（HMS Violent）、"维缇斯"号（HMS Vectis）、"维摩拉"号和"织女星"号（HMS Vega）；第 15 驱逐舰分舰队——"聪敏"号（HMS Ready）、"萨布丽娜"号、"鲑鱼"号（HMS Salmon）和"乌狄妮"号（HMS Undine）。

31. 根据官方于 1923 年发行的《水雷战手册》（Mining Manual）第二卷，拆除 L 级驱逐舰水雷轨道（各携带 4 枚伊利亚式水雷）的计划仅在 1915 年 11 月被批准。

32. 布雷舰的数据部分来自海军参谋部的史料《1939—1945 年英国海军布雷任务》（British Mining Operations 1939—45）第一卷，BR 1736(56)(1)，1973 年出版。其中列出了各舰被改装为布雷舰的时间："桂冠"号——1917 年 4 月 25；"军团"号——1917 年 5 月 16 日；"忒勒玛科斯"号——1917 年 6 月 9 日；"流星"号——1917 年 6 月 25 日；"雪貂"号——1917 年 6 月 30 日；"凡诺克"号——1917 年 8 月 25 日；"爱丽儿"号——1917 年 9 月 10 日；"征服者"号——1917 年 9 月 10 日；"暴烈"号（HMS *Vehement*）——1917 年 9 月 5 日；"历险"号（HMS *Venturous*）——1917 年 11 月 14 日。进攻性布雷的高潮出现在 1917 年，目的是对抗德国的 U 艇战略。当时就连所谓的"大型轻巡洋舰""勇敢"号（HMS *Courageous*）也安装了布雷设备（但从未使用过），另外 11 艘轻巡洋舰和 12 艘驱逐舰（可改装为布雷舰）也是如此。根据该史料，驱逐舰列表中的最初 4 艘将携带 20 枚英制伊利亚式水雷或 40 枚（"流星"号为 64 枚）H2 型水雷；其余的驱逐舰则只能布设 H2 型水雷——除"雪貂"号和"爱丽儿"号携带 40 枚外，其他的均携带 46 枚。专门负责布雷任务的第 20 驱逐舰分舰队组建于 1918 年，而轻巡洋舰又重新回归了之前的任务。

33. 国家档案馆 ADM 116/1672 号档案，1915 年 10 月 1 日至 1917 年 9 月 29 日的大舰队命令。这份命令是用打字机打出来的，而非像往常一样是印刷的。这些评论的提出时间为 1915 年 11 月 15 日。

34. 驱逐舰总体设计档案（376 号），第 69 页。

35. 海军大臣亚瑟·巴尔福（Arthur Balfour）向第一海务大臣建议，如果驱逐领舰的舰桥能够增加相应的通信设备，它们或许能取代分舰队中巡洋舰的职责，而这就需要建造更多这样的舰船。因此他建议将计划中的 2 艘驱逐舰变更为 2 艘驱逐领舰，登尼被选为建造商。这份备忘录没写明日期，推测是 1916 年 3 月。

36. 该要求的最初来源已难以查证，杰利科是最有可能的始作俑者。5 月 20 日，时任海军造舰总监的 M. 西摩尔（M. Seymour）写道，他希望至少能安装 4 门 4.7 英寸（120 毫米）炮，因为德国的驱逐舰有可能已经安装了 4 门 4.1 英寸（105 毫米）主炮。实际上，德国在 1916 年将 35 艘驱逐舰上的 3.5 英寸（88 毫米）炮换成了 4.1 英寸炮，但唯一安装 4 门主炮的是最初为俄罗斯建造、在战争爆发后被德国海军强占的 B 97 级驱逐舰（共 8 艘）。此外，完工于 1918 年的 S 113 级超级驱逐舰配备了 4 门 5.9 吨（150 毫米）炮。5 月 26 日，海军军械总监写道，尽管德国新驱逐舰的主炮布置方式还无法确定，但他认为其舰艏的火炮将在两舷斜置布置。

37. 在驱逐舰总体设计档案中，一份未标注日期的备忘内留存有海军造舰总监的详细解释，其时间就在大型驱逐领舰设计方案提交海军委员会前一周：设计工作的延迟主要是由于还有其他工作要完成，包括舰船的建造、入役以及新的 300 英尺型领舰的设计（因为涉及 5 艘驱逐舰的建造，所以比坎默尔－莱尔德负责的这一艘优先级更高），另外还有桑克罗夫特的领舰设计的修改（"基于海军委员会的要求，造舰总监进行了完全的修改"）、对 M 级驱逐舰的改进、三个"现已提交委员会"的新驱逐舰方案的设计。坎默尔负责建造的新驱逐领舰是"和造舰总监被要求准备一型新的设计方案"同一时间被预订的，涉及"完全是重新设计的动力系统"以及新的舰体，并且在这周末以前，为保证舰体稳定性而进行的对动力系统重心的必要计算工作是不可能完成的。不过这并不是大问题，因为坎默尔－莱尔德也不可能立刻就开始新方案的建造工作，尽管所有的建造图纸已经就位，但船厂还是尚未敷设龙骨，并且坎默尔之前负责建造的 2 艘领舰"加百列"号和"伊思芮尔"号的建造工作已经延期了 8 个月。

38. 西班牙建造的应该是维克斯设计的一个子型。瑟斯顿文档中记录了当时提供给西班牙的设计方案的编号。首先是未标注日期的 755 号方案，排水量 1300 吨，属于 300 英尺（91.44 米）型驱逐舰，武器装备为 2 门单装和 2 门双联装 4 英寸（102 毫米）速射炮。接下来是 1921 年为西班牙的第三批海军建造计划（第二批建造计划中包含了"埃尔塞多"级驱逐舰）提交给西班牙的 1650 吨设计方案，舰长 97.54 米，武器配置为 5 门 4.7 英寸（120 毫米）炮、1 门 3 英寸（76 毫米）高射炮和 6 具鱼雷发射管，最高航速可达 36 节，其性能和战时的驱逐领舰相当。另外还有备选方案，包括排水量 1250 吨，长 91.44 米，武器配置相同的方案，以及排水量 1250 吨的 300 英尺（91.44 米）型方案（类似 W 级）。后者的武器配置为 4 门 4.7 英寸炮。另外还有和约翰·布朗一样安装 6 门主炮的版本。维克斯显然还（通过阿姆斯特朗）向智利和南斯拉夫提供过相同的驱逐舰设计方案（后者还想要建造一艘轻巡洋舰），尺寸为长 97.54 米、宽 9.68 米、吃水 2.99 米。阿根廷海军的驱逐舰和"司各特"级驱逐领舰间的关系，在外国驱逐舰的相关档案中有明确的说明。

39. 更容易混淆的是，改进型的 R 级有时也会被称作改进型 M 级，而 R 级则被称作双轴推进版 M 级。

40. 海军造舰总监在 1917 年 2 月向审计主管提交了英国和德国驱逐舰及其舰桥布置的详细对比。如果在改进型 R 级驱逐舰的基础上切出像德国那样的围井式甲板，再采用更轻的发射管，就能在舰艉再安装 2 具单装鱼雷发射管，但它们即使在最好的天气下也会受到海浪影响，艏楼上的主炮也必须向后挪，直到最早的 R 级驱逐舰的前主炮所处的位置。造舰总监认为德国的驱逐舰相比改进型 R 级远洋航行性能要更差，他还指出德国人显然只希望让它们在近岸地区活动，因为它们的锅炉下风道的开口是向后而非向前的。和德国驱逐舰相比，R 级驱逐舰的舰桥靠前一些，但改进型 R 级和 V 级驱逐舰的舰桥更靠后。海军造舰总监提议用希腊的一般德制驱逐舰（应该是希腊海军 1912 年自德国购买的 V 5 或 V 6 号驱逐舰，两舰在 1917—1918 年被法国海军接管）在北海进行测试。审计主管回想起曾有 3 名英国海军军官随希腊的德制驱逐舰出海，他们都很不喜欢这两艘德制驱逐舰，并且还告诉他希腊的军官们都尽可能地避免在两舰上服役。他们曾提议将围井式甲板封闭起来（这个地方几乎就位于水面下），并且抱怨舰桥时常受损、舰员的居住条件和健康状况也相当糟糕，以及从德国到希腊的航程相当艰难。希腊海军最终抛弃了德制驱逐舰转而使用了英国费尔菲尔德或约翰·布朗建造的驱逐舰，其中一些当时就在英国皇家海军服役，例如"墨尔波墨"级（*Melpomene* Class）驱逐舰。

41. 贝蒂希望采用结合艏外飘的龟背状艏楼设计。杰利科回想起了30节型驱逐舰上采用的龟背状舰艏和"莫霍克人"号上的舰艏，后者实在无法令人满意，不得不改回传统的艏楼；问题甚至严重到了前主炮只要不是在风平浪静的条件下就无法战斗。龟背状舰艏虽然会减少载员量，但也能让涌上甲板的海浪更快地流走，贝蒂希望在舰艏和艏楼末尾之间有高度大约为3英尺（0.91米）的倾斜，而为了避免顶部重量过高，舰艏提高了0.30米，艏楼末尾则降低了0.30米。虽然这仍旧会增加顶部重量并且影响向前射击的俯仰角，但是这样的改进还是得以通过。贝蒂认为后一个问题可以通过用火炮平台抬升舰艏主炮的高度来解决，但额外的重量增加却是他不能接受的。

42. 该模型反映出了海军造舰总监建议这些鱼雷发射管不该伸出舷外的原因，因为在恶劣的天气下这些鱼雷及其发射管很可能会被海浪直接冲走。他更青睐固定的侧装填鱼雷发射管。但固定鱼雷发射管的设计还是遭到了否决，因为它们会阻挡上层甲板上的通道，也会阻挡舰舯和舰艏之间的主炮弹药补给路线。

43. 在提交1917年的设计方案时，海军造舰总监提到1915年时曾提出的类似的专职用于猎潜或护航的驱逐舰，但应该是完整版的德因科特笔记本却并未提及这型驱逐舰。

44. 该级舰长70.10米、宽7.62米、吃水2.53米，载油量仅为170吨，乘员大约75人。而S级长80.77米、宽8.15米、吃水2.57米，载员83人。

45. 古道尔的172号报告中还包括1918年9月25日"威克斯"号舰长上交美国海军部的该舰航行性能的报告。

46. 后来估计的德国舰炮加上炮架的重量大约为3吨，相比之下英国的Mk V型主炮加上炮架的重量为5.1吨，而Mk IV型则为3.85吨。

THE EIGHTH CHAPTER

第八章

战争的教训

　　随着第一次世界大战的结束，皇家海军的主要敌人似乎已经变成了日本，因为日本显然正日益对英国在东方的殖民地构成威胁。1919年，结束了对英联邦各国的访问之后，杰利科上将大致制定了将舰队重心集中到新加坡的战略。就和当初一战时的斯卡帕湾一样，这个位置距离日本比较远，因此也是安全的，至少当时是这样想的。以新加坡为基地，英国海军就能对日本构成威胁并实施封锁——这比对付德国时要有效得多，因为日本更仰仗物资进口。但是情况比一战时要复杂，因为英国位于南方的舰队根本不可能完全阻断太平洋的航运。不过，英国还是认为日本会觉得如芒在背，因此将被迫寻求舰队决战。在击败日本舰队后，皇家海军就可以对更靠近日本本土的地区实施更为高效的封锁，而为了实施这个战略，驱逐舰就必须拥有大得多的航程。当时的战争计划中包括一些秘密的泊锚地，用于为 V 级和 W 级驱逐舰在赶往新加坡的路途上补充燃料。

桑克罗夫特的"亚马逊人"号（HMS *Amazon*）很好地反映了一战时获得的经验。在主要的布置方面该舰很类似 W 级驱逐舰，拥有合并了两座上风道的较宽的前烟道，但采用的是全新的动力系统，也拥有大得多的续航力。该舰还采用了概念上和当时英国巡洋舰甚至"纳尔逊"级战列舰类似的方形舰桥（block bridge）以安装射击指挥仪——这在驱逐舰上还是新设计。和大型军舰上不同的是，该舰的射击指挥仪与测距仪是分开的。大型的方形舰桥最初是为了容纳用于指引舰炮的射击指挥所而设置的（当时在两艘试验舰上测试弹道计算机，最终以失败告终，但开发其他计算机的尝试仍在继续）。这些驱逐舰是英国最后一批装备一战时的低射速旧式 BL 型（即后膛炮的缩写，用发射药包发射）4.7 英寸（120 毫米）炮的驱逐舰，因此炮盾也采用一战时期的样式。这些照片的拍摄时间应该为1930 年。"亚马逊人"号和"伏击"号（HMS *Ambuscade*）可以通过宽度不同的烟道和后来的 A 级到 I 级驱逐舰相区分。尽管之后的驱逐舰依然安装了三台锅炉，但其烟道宽度相同的。

大舰队的提议

在总结一战的经验教训方面，迈出第一步的是皇家海军的大舰队。在 1919 年 2 月的舰队会议上，大舰队提出了一系列关于驱逐舰设计的提议。[1] 大舰队当时刚刚收到了一份安装 4.7 英寸（120 毫米）主炮和四联装鱼雷发射管的驱逐舰的设计方案，该舰当时还处于研发阶段。[2] 驱逐舰指挥官们希望能够安装 4 门 4.7 英寸主炮，而大舰队的参谋部建议开发一个装备 3 副三联装鱼雷发射管的备选方案，安装位置略微偏离舰体中轴线就能让这 3 副鱼雷发射管更为紧凑。因为鱼雷数量比现有的驱逐舰多 50%，该方案获得了海军枪炮和鱼雷总监的支持。事实证明（从装填鱼雷的角度来看）这样的设计并不实际，因此舰队接受的还是采用 2 副四联装鱼雷发射管的设计。指挥官们最终不得不接受这样一个事实：现有的舰船根本不可能搭载那么多武器。于是他们建议将舰体尺寸提高到此前驱逐领舰的水平，满载排水量 2000 吨，舰体长度也从原先的 300 英尺（91.44 米）增加到 320 英尺（97.54 米）。所有的驱逐舰指挥官都希望获得更快的航速和更大的航程，他们的要求是满载时航速能达到 31.5 节，或者半油时航速能够达到 33 节。

海军部的委员会

海军部成立了专门的战后问题研究委员会（Committee of Post-War Questions，PWQ）和火控系统需求委员会（Committee of Fire Control Requirements，FCR）。尽管名称如此，但后者涉及的范围却要比前者广。1919 年 8 月，斯特林（Stirling）准将向战后问题研究委员会提出海军应该建造两种驱逐舰，一种专门和舰队协同而另一种则专职用于护航。他认为现有的驱逐舰都过大，主张将 4.7 英寸（120 毫米）炮重新换回 4 英寸（102 毫米）炮，如果可能，它们还应该再减少 1 门舰艏主炮以搭载额外的鱼雷发射管，而 W 级已经是驱逐舰可以达到的尺寸上限了。11 月，委员会又问询了当时大舰队的驱逐舰指挥官（此前曾任分舰队指挥官）特威迪（Tweedie）准将，对他而言，日德兰海战表明了将驱逐舰用于防御任务极大地阻碍了当日舰队的攻势。他认为当时的分舰队领舰都还太小，因此驱逐舰分舰队领舰应该由轻巡洋舰担任，而现有的领舰只适带领分队，指挥分舰队中剩下的 18 艘驱逐舰。他青睐 V 级驱逐领舰，但还是认为该级舰尚需增加航速和续航力。当时驱逐舰分舰队的平均速度大概为 30 节，而他希望未来能将这个速度提高至 35 节。同时，现有的 4.7 英寸炮射速太慢，特威迪希望在 4.7 英寸的速射炮出现前，暂时以 4 英寸炮取代它们。而在任何时候，驱逐舰的主炮都要能实施对空射击，如果可能的话其最大仰角应当增加至 40 度。

战后问题研究委员会最终得出的结论是驱逐舰将更多地用于近战，因此舰炮的大小并不是非常重要（但如果太过弱小也不行）。因此该委员会建议将驱逐舰的尺寸限制在 1500 吨，武器配置为 4 门 4 英寸（102 毫米）炮、2 门"乒乓"炮（防空炮）、（最少）2 副四联装鱼雷发射管和 2 具深水炸弹坡道，在载重三分之二时最高航速需要达到 33 节，15 节时的航程则需要达到 3500 海里（比 W 级驱逐舰远大约 30%）。但海军造舰总监怀疑这样的排水量限制无法满足海军对航程和其他改进的要求。

而火控系统需求委员会设想的则是在舰队驶向战场期间以驱逐舰作为护航部队。[3] 战时的经验表明，在敌方海岸附近执行猎潜或护航等辅助任务时，驱逐舰需要配备更重型的舰炮。从这一点看驱逐舰似乎确实需要可更换的武器装备，因为既搭载强大的重型舰炮又搭载大量的鱼雷发射管将导致舰体尺寸大增。同时，多佛巡逻舰队的驱逐舰对重型远程舰炮的使用经验表明，未来的驱逐舰还需要配备更加复杂精密的火控系统。火控系统需求委员会最终建议设计一型类似战时 W 级的驱逐舰，搭载 4.7 英寸（120 毫米）舰炮和 12 枚深水炸弹。和战后问题研究委员会一样，他们也认为现有驱逐舰的航程还非常不足，他们还建议未来的驱逐舰可以减少 1 门 4.7 英寸炮，增加 1 副三联装鱼雷发射管（委员会中的极少部分人希望直接将标准的武器配置更改为 3 门 4.7 英寸炮和 3 副三联装鱼雷发射管）。而海军军械总监则建议，如果能将 1 副鱼雷发射管换成第 5 门 4.7 英寸也不错，很可能是用于对空射击的。

最终，关于主炮口径的争论还得靠射击测试来终结。对德国 V 44 号驱逐舰的实弹测试表明，一发 4.7 英寸（120 毫米）炮弹就足以瘫痪一段动力舱室或者让某个重要舱室进水，而 6 英寸（152 毫米）炮弹能直接使其丧失动力，但后者也很可能因为驱逐舰较薄的船壳结构而无法被引爆。对轻巡洋舰侧舷和甲板装甲的打击测试则表明，在 4000 码的距离上（此时 4.7 英寸炮弹的速度为 464 米/秒），巡洋舰可以免疫 4.7 英寸炮的半穿甲弹（SAP），但 4 英寸炮和 4.7 英寸炮装备的新型被帽（capped）穿甲弹表现得更好。在当时，人们认为 4.7 英寸炮弹是可以在驱逐舰上相对容易地搬运的最大炮弹。一份写于 1920 年 7 月的报告指出，应该继续维持该口径并且采用被帽穿甲弹。1924 年 12 月，海军军械总监宣布新型（使用定装弹药）的半自动 4.7 英寸炮已经在开发中，将来可以用在驱逐舰上。这种 Mk IX* 型速射炮在 1926 年被正式选定为驱逐舰的主炮。[4]1931 年，皇家海军又对《伦敦海军条约》（*London Naval Treaty*）中规定的需要拆解的其他几艘驱逐舰进行了炮击测试。[5]

海军枪炮局局长在 1921 年 1 月宣布了未来的火控系统安装政策，该决议是基于战后问题研究委员会、火控系统需求委员会、大西洋舰队司令、海军部各部门，以及海军委员会的意见做出的。其核心目标是采用一种简化的集成系统，因此驱逐舰将在舰桥安装射击指挥仪和测距仪，舰桥的主体结构将包括附属指挥舱室（射击指挥所）。[6] 主炮的射击指挥仪应当是两用的，既能用于指挥对空射击，又能用于指挥对海射击。同时，一支驱逐舰分舰队还需要能够依靠无线电通信向同一目标集中火力发起齐射。[7] 这就要用到带双筒望远镜的分罗经（gyro compass repeater）了，射击指挥所内安装有距离和偏移量解算器（range and deflection keeper），弹道计算器会根据观察得到的目标距离和移动状况计算出舰炮射击的仰角和方位角。当时海军部已经在为战列舰和巡洋舰开发一种被称作海军部火控台（Admiralty Fire Control Table）

」雅罗在设计"伏击"号驱逐舰的同时，也为荷兰设计了一型类似的驱逐舰（由荷兰自行建造的），后来，雅罗以这个成功的案例说服了皇家海军允许其建造一艘特设舰。英国的这艘驱逐舰和荷兰驱逐舰的最有趣的区别在于后者可以搭载一架水上飞机，位置在后樯后部的狭窄平台上，通过后樯上的一副桁杆吊放。该舰的舰炮和火控系统由德国制造，B 主炮和 X 主炮并未安装炮盾。图中为拍摄于 1939 年的荷兰皇家海军"魏特·德·维茨"号（HMNS Witte de With）驱逐舰。不幸的是，雅罗为国外用户设计的驱逐舰的相关信息并不多。在 1912 年，雅罗为葡萄牙的 4 艘"瓜迪亚纳"级驱逐舰提供的设计就采用将前烟道向后扭曲的方式让舰桥更加靠后（和之前的"骠骑兵"号类似）。大约在 1927 年，雅罗还曾为日本海军提供过驱逐舰设计方案，从时间上来看，该方案很可能成了后来的"吹雪"级（Fubuki Class）驱逐舰。

的火控设备，其大多数的计算过程（包括射击参数的传达）都将是自动化的。而类似的自动化对驱逐舰而言同样具有相当的吸引力，这种需求最终催生了用于驱逐舰上的海军部火控钟（Admiralty Fire Control Clock，AFCC）。[8]

陀螺稳定器和驱逐舰的远程舰炮一同出现。在第一次世界大战之前，美国的斯佩里（Sperry）公司便说服了美国海军测试其研发的稳定器，即在舰体内部安装的一台巨大的陀螺仪。到 1920 年，海军审计主管决定在皇家海军的驱逐舰上进行类似的测试，被选中的试验舰便是"猎狼犬"号（HMS Wolfhound）驱逐舰。斯佩里公司于 1920 年秋季受邀参与竞标，但目前已经无法确定这样的测试是否真的开展过。皇家海军从未采用陀螺稳定器，但到 20 世纪 30 年代末对减摇鳍产生了兴趣，这项技术后被用于"狩猎"级（Hunt Class）护航驱逐舰。

"亚马逊人"号驱逐舰

"亚马逊人"号为桑克罗夫特建造的试验舰，可以看作旧式和新式驱逐舰的结合体，图中为 1927 年 5 月该舰完工后的状态。"亚马逊人"号采用了新式的塔式舰桥（tower bridge），在操舵室中保留有较小的舷窗（该舰的设计方案是要在上层舰桥实施指挥），但依然在使用旧式 4.7 英寸（120 毫米）炮炮盾和三联装鱼雷发射管。旧式炮盾表明该舰安装的还是早期的 BL（后膛装药）型 4.7 英寸舰炮，当时所有的其他驱逐舰采用的都是使用定装弹的速射炮。1917—1918 年，许多驱逐舰都在舯部安装了 3 英寸

（76 毫米）高炮，但该舰以 2 门"乒乓"炮取而代之。此外，舰艉处也用长度较短的深弹轨道替代了单装深水炸弹坡道。和后来的英国驱逐舰一样，"亚马逊人"号在两段锅炉舱内安装了三台锅炉，但和其后继型号不同的是，该舰的后部烟道宽度较窄。"亚马逊人"号一共安装了三台雅罗式锅炉（260 磅力／平方英寸，过热度为 65.6 摄氏度）。和第二批建造的 W 级驱逐舰一样（采用桑克罗夫特的锅炉布置），"亚马逊人"号较大的锅炉舱临近引擎舱，在间战期所有双烟道的英国驱逐舰采用的都是这样的布置。不过该舰

最重要的优势不是能直接看到的：它拥有极长的航程，在 15 节航速下航程高达 3400 海里。在持续 6 小时的海试中，"亚马逊人"号在排水量 1519 吨时达到 37.47 节的最高航速，当时的引擎转速为 445.7 转／分钟，输出功率为 41459 轴马力，这已经是战时装备四台锅炉的驱逐领舰的水准了。不过，过热器（superheating）的使用也导致动力系统舱室需要增加额外的管道设施，而由于通风设备比较落后，它和"伏击"号在 1928 年 4—6 月

的热带巡航时遇到了不小的问题，许多舰员在湿热的条件下中暑。"亚马逊人"号的舰长认为该舰动力系统太过复杂，因此也更难保养。两舰的舰长都曾要求，要么拆除过热器（这是增强动力的关键），要么解决通风问题（最后这样做了）。不过，"亚马逊人"号的引擎产生的热量还是会一直顺着天花板传导到居住舱。总的来说，首席工程师对"亚马逊人"号还是很满意的。为了方便，图中没有绘制遮阳棚的支架。

（绘图：A. D. 贝克三世）

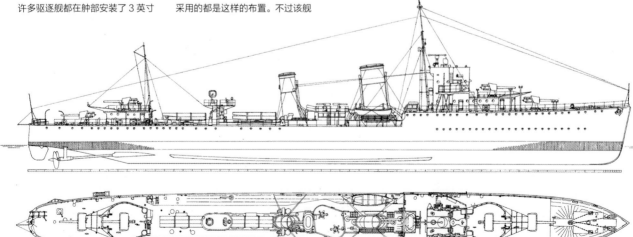

对很多海军来说，第一次世界大战中的主要经验来自英国在驱逐舰设计方面的优越性。西班牙在间战期建造的"丘鲁卡"级驱逐舰（也曾被出售给阿根廷）便是维克斯基于海军部大型驱逐领舰方案设计的。图中系摄于1935年的"胡安·费南迪兹海军上将"号（Almirante Juan Fernandiz）驱逐舰，该舰在于1936年9月29日在西班牙内战中被击沉。西班牙当时总共向英国采购了18艘驱逐舰，其中2艘最终被出售给了阿根廷——这也是英国造船厂在间战期最大的单笔军售订单。维克斯最初提交的设计（755号方案）为一型300英尺（91.44米）型驱逐舰，装备6门4英寸（102毫米）炮（2座双联装和2座单装）和2副三联装鱼雷发射管，排水量为1300吨，最高航速34节。维克斯后来在1921年又想起了该型设计，并成功将其发展为J型方案（长97.54米、宽9.68米、吃水2.97米；排水量1650吨；武器配置为5门4.7英寸炮、1门3英寸防空炮、2副双联装鱼雷发射管和8枚深水炸弹；动力系统包含4台锅炉，输出功率42000轴马力，预计最高航速36节）。备选的方案则均为300英尺型驱逐舰，只是武器装备有所不同：K型（排

水量1250吨，最高航速33节）为5门4.7英寸（120毫米）炮；L型则只有4门（航速33节）；而M型为6门4英寸炮。约翰·布朗或许也参与其中，维克斯的"埃尔塞多"号驱逐舰项目中就有其身影。维克斯后来又为智利设计了一个320英尺（97.54米）型方案，之后又提交给南斯拉夫，但最终获胜的似乎是雅罗设计的"杜布罗夫尼克"级（Dubrovnic Class）。在20世纪20年代，维克斯尝试过各种各样的舰体，主要包括：295英尺型（长89.92米、宽8.99米、吃水2.67米，排水量1200吨）；300英尺型（长91.44米、宽8.99米或9.04米、吃水2.74米或2.51米，排水量1300吨或1250吨）；310英尺型（长94.49米、宽9.30米、吃水2.82米，排水量1400吨）；以及315英尺型（长96.01米、宽9.60米、吃水2.74米，排水量1350吨），装备4门（部分315英尺型装备5门）。它为很多国家提供过方案，包括：阿根廷（310英尺型，5门4.7英寸炮）、巴西（295英尺型，4门45倍径5英寸炮）、智利（包括长88.39米、93.42米和101.65米的版本，装备2座双联装4.7英寸炮，时间大概是1921年；后来又向该国提出了300英尺型的驱逐舰和

320英尺型的驱逐领舰方案，武器配置分别为4门和5门4.7英寸炮）、芬兰（295英尺型，4门4.7英寸炮，大约在1923年）、希腊（300英尺型，4门4.7英寸炮）、墨西哥（315英尺型，4门4.7英寸炮——后来又改为290英尺型，依然为4门4.7英寸炮）、荷兰（280英尺型和300英尺型，安装3门4.7英寸或4门4英寸炮）、秘鲁（295英尺型，4门4英寸炮）、葡萄牙（300英尺型，4门4英寸炮，后来改为4.7英寸炮）、罗马尼亚（295英尺型，4门4.7英寸炮，之后还有装备5门4.7英寸炮的320英尺型驱逐领舰——后者的设计方案还在1923年10月被提交给土耳其海军）、苏联（长82.91米、宽8.23米、吃水2.69米，排水量1025吨，武器配置为3门4.7英寸炮、1门50倍径3英寸防空炮和2副三联装鱼雷发射管，输出功率27500轴马力，最高航速35节，时间大概为1927年；动力更强的34000轴马力型同类舰体的方案被提交给了智利）、土耳其（310英尺型，4门50倍径5英寸炮），以及南斯拉夫（320英尺型，5门4.7英寸炮）。维克斯还曾经提出过一型500吨级的远洋鱼雷艇或者说小型驱逐舰（长70.10米、宽6.78米、吃水1.98

米，输出功率11500轴马力，最高航速29节，仅安装2台锅炉，武器配置为2门4英寸炮、1门3英寸防空炮和1副双联装鱼雷发射管），并提交给了墨西哥（更小的版本）、罗马尼亚和乌拉圭，但没有一家愿意接受。从这些订单可以大致看出当时有哪些国家的海军希望购买驱逐舰，尽管其中只有一部分真正完成了。从开始咨询到真正订购可能耗时数十年之久。例如，巴西早在1921年就开始询问关于新驱逐舰的事宜，但真正购买还要等到1938年。英国外交部的文档中显示维克斯差点就在1928年成功向秘鲁销售了两艘驱逐舰，但就在协议签署前的1928年7月，由于听从了美国政府或者美国武官的建议，秘鲁海军中止了这次采购。根据当时的合同的描述，该舰水线长91.44米、宽8.99米、深5.61米、吃水2.64米（排水量1285吨），海试最高航速36节，14节航速下航程3500海里。武器装备为4门45倍径4.7英寸炮（每门炮备弹120发，比英国驱逐舰要少得多）、1门50倍径3英寸防空炮（备弹120发）、2门"乒乓"炮（每门备弹1000发）和2副三联装鱼雷发射管。1933年时，秘鲁又从爱沙尼亚购入了2艘俄制驱逐舰。

　　为智利海军建造的"赛拉诺"级（Serrano Class）在海军部订单锐减的 20 世纪 20 年代拯救了桑克罗夫特。在 1926 年秋季双方开始交涉时，智利海军设想的是一种类似 S 级驱逐舰的设计，但要装备 4.7 英寸（120 毫米）舰炮，速也相对更低（34 节，而非 36 节）。桑克罗夫特指出 S 级驱逐舰舰体实在太小了，因此智利海军希望再增加其他改进。为此就需要在 S 级的基础上将舰体放大许多，桑克罗夫特指出只有采用新的设计才能在有限的排水量条件下实现希望的改进。于是该方案成了一种平甲板型驱逐舰，安装 2 台大型锅炉而非 3 台锅炉，2 门主炮高低纵列布置于舰艏以减少对舰体长度的占用。到此时，智利依旧希望能够将排水量限制在 1000 吨以内，但这明显是不可能的。当时被邀请参与竞标的有 13 家英国造船厂和 8 家外国造船厂（包括伯利恒钢铁厂），但只有 4 到 5 家实际参与了竞标。桑克罗夫特同时提交了平甲板、单烟道的方案和带有艏楼的方案，最终智利海军选择

了后者。该方案的线型和"蒂泽"号驱逐舰类似，这也是 12 年来英国海军中唯———艘在海试时最高航速超过 40 节（40.22 节）的驱逐舰，采用桑克罗夫特设计的方形艉来降低阻力、减小转弯半径（根据桑克罗夫特的说法，比传统的 V 形艉小 50% 左右）。同时驱逐舰还可以选择搭载高速扫雷索或是水雷（此时舰艉的主炮和后部鱼雷发射管都需要被拆除）。与"阿卡斯塔"级相比，"赛拉诺"级驱逐舰更小（水线长 89.92 米、宽 8.84 米、吃水 2.73 米，前者的尺寸为长 97.54 米、宽 9.83 米、吃水 2.59 米），排水量更低（标准排水量 1093 吨，满载排水量 1432 吨；前者的这两个指标为 1330 吨和 1730 吨），载油量也更少（323 吨，前者为 380 吨），但预计的航程却更长（15 节时 3800 海里，前者仅 3250 海里）。该方案的武器也更少（3 门而非 4 门 4.7 英寸炮，增加了 1 门 3 英寸防空炮，鱼雷发射管数量则从 8 具减少到 6 具，但鱼雷携带量却从 8 枚增加到 12 枚）。为了达到要求的航行性能，

桑克罗夫特采用了更轻的舰体（仅 483 吨，前者为 600 吨）和动力系统（421 吨，前者为 505 吨）。武器配置方面节省了不少排水量（109 吨，前者为 135 吨，应该是减少了每门炮的备弹数量），设备数量也有所减少（从 90 吨降低至 80 吨，只够更少的舰员使用，人数由 152 人减少至 130 人）。这些对比现存于外国驱逐舰设计档案中。智利的驱逐舰还搭载了 2 具深水炸弹抛射器和 2 条轨道。在建造时，（遵照智利的要求）上层建筑的重量显著增加，目的是增加包括舰炮和火控系统、上层舰桥、桅杆在内的一系列设施，代价是在载油 2/3 的情况下稳心高度降低了大约 0.15 米。这就导致该级舰的稳心高度比完工时的 W 级驱逐舰还要低大概 0.15 米，这几乎相当于已经服役了 10 年的驱逐舰。为此该级舰不得不改变内部结构以保证在风浪较大时的稳定性。智利很快又听从桑克罗夫特的建议增加了大约 30 吨的永久压舱物。海军造舰总监指出该级舰的 2 号炮塔距离舰桥太近，在向偏后的方

向射击时，炮口爆风会损坏舰桥内舱室的舱门。另外，舰上的厨房被放到了艏楼外（和皇家海军的标准不同），以防止气味和热量进入舰员舱室，但这导致布置前部上风道比较困难。该级舰没有第四门（Y）主炮，因此多余的空间就可以用来延长舰艉甲板室的长度。不过同级舰中有 3 艘在这个位置安装了破雷卫用的绞盘。鉴于当时两艘试验舰在热带航行的经历，海军造舰总监还认为该舰的通风系统不够完备。海军造舰总监的批评建议表明，在某种程度上，他还是向这些驱逐舰的进口国隐瞒了英国同型驱逐舰具备的真正优势（例如载弹量）。图中是美国海军联络官在 1942 年 11 月 6 日邮寄回国的信件中夹带的照片，拍摄对象是智利海军的"里克梅尔"号（Riquelme）驱逐舰。注意该舰舰艉的主炮位于甲板室上方，这样后甲板还有空间搭载水雷或扫雷设备。和同时代的英国驱逐舰不同，该舰的射击指挥仪包含了完整的测距设备。舰上的武器装备由维克斯负责生产。

另一个需要研究的问题是每艘驱逐舰应该为每门炮携带多少弹药。一战前的标准是每门炮备弹 120 发，战争期间逐渐增加到了 140 发。[9] 但在 1923 年，第 5 驱逐舰分舰队对一艘无线电遥控艇实施的射击测试表明了驱逐舰的弹药消耗可以有多快：平均下来每门炮 3 分钟就可以发射 25 发。海军造舰总监在报告中指出，那些搭载 4 英寸（102 毫米）炮的驱逐舰已经不能携带额外的弹药了。1924 年 1 月 16 日，助理海军参谋长（Assistant Chief of the Naval Staff，ACNS）批准了一项新的标准：每门 4.7 英寸（120 毫米）炮备弹 190 发、4 英寸炮备弹 160 发，其中 60% 为半穿甲弹，40% 为高爆弹。该决定是根据造舰总监关于现役各级驱逐舰剩余空间和载重量的报告做出的。

分舰队领舰设计方案（T. 290 号）

桑克罗夫特的 T. 290 号方案是该船厂为南斯拉夫的领舰项目提交的竞标的方案，最终败给了雅罗的"杜布罗夫尼克"级。该方案的动力系统采用了英国驱逐舰惯常的布置方式（两段锅炉舱和一段引擎舱），同时桑克罗夫特还提出了一个将涡轮机独立安装在两个引擎舱内的备选方案（T. 293 号）。和"杜布罗夫尼克"级的最初方案一样，T.290 方案同样可以搭载 1 架水上飞机（在设计图上，预想的似乎是 1 架超级马林公司的"狮"式水上战斗机）。T.290 比"杜布罗夫尼克"

级略小，桑克罗夫特警告说如果尺寸再小那么甲板之上的重量就会过大。其标准排水量为 1700 吨（垂线间长 104.24 米、水线长 106.68 米、全长 108.81 米、宽 10.67 米、型深 6.25 米，后来尺寸调整为长 107.29 米 /109.73 米 /111.86 米、宽 10.97 米、型深 6.40 米）。桑克罗夫特宣称该舰的输出功率可以达到 44000 马力，最高航速 37.5 节（持续 24 小时的海试燃料，如果只携带持续 6 小时的燃料则可以达到 38 节），18 节航速下的续航力为 3500 海里。武器配置为 4 门 5.5

英寸（140 毫米）舰炮（每门备弹 140 发）、2 门 40 毫米防空炮、2 座双联装 .50 口径（12.7 毫米）机枪，2 副三联装 21 英寸（533 毫米）鱼雷发射管，以及 4 具深水炸弹抛射器（30 枚深弹）。在荷兰对该方案产生兴趣后，桑克罗夫特似乎又参与了荷兰分舰队领舰的竞标。同时，类似的方案（T.291 号）曾被提交给智利海军，尺寸相近但采用了倾斜舰艏，并且装备了更接近英国领舰的武器：5 门 4.7 英寸（120 毫米）炮、2 门位于烟道之间的 3 英寸（76 毫米）防空炮、2 挺双联

装 .50 口径机枪、2 副三联装 21 英寸鱼雷发射管、4 具深水炸弹抛射器和 2 具深水炸弹坡道。桑克罗夫特后来还提出过稍小一些的 T.308 号方案。大概在同一时间，该公司还曾提交过一型小得多的领舰设计方案，用于向亚洲出口，即 T.306 号方案（1929 年 1 月）。该方案比当时英国的驱逐舰更小，长 97.08 米、宽 9.45 米、型深 6.02 米，武器配置为 5 门 4.7 英寸炮、2 门 2 磅"乒乓"炮、2 副三联装鱼雷发射管，以及 2 具深水炸弹抛射器。

（图片来源：桑克罗夫特）

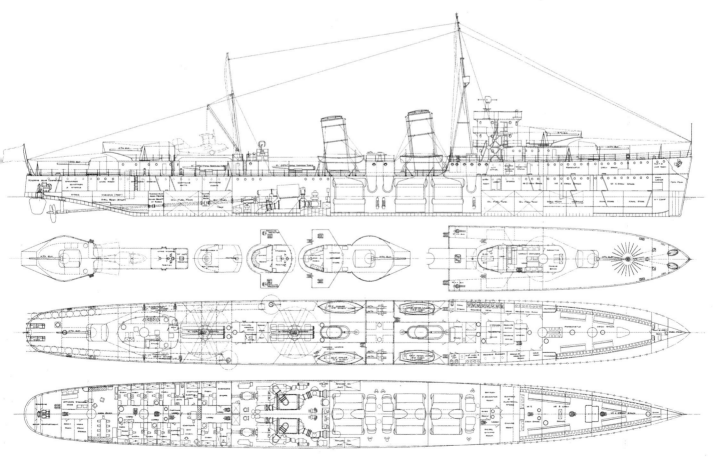

> 怀特在获得海军部的允许后，基于一战期间海军部设计的领舰（"司各特"级）建造了3艘改进型。图为"门多萨"号驱逐舰，西北大学海军预备役军官训练学校（Northwestern University Navy Reserve Officer Training Corps）于1941年拍摄。

> 雅罗对应西班牙"赛拉诺"级的另外一型是葡萄牙海军的"杜罗"级（Douro Class），其中2艘于1934年出售给了哥伦比亚。即便面对来自意大利和桑克罗夫特的竞争，雅罗还是赢得了订单，而前者实际上还是一个包括霍索恩－莱斯利和维克斯在内的财团。图中为正在海试的"杜罗"号驱逐舰，其尺寸与V级驱逐舰类似，垂线间长93.57米、全长98.45米、宽9.45米、吃水3.35米（标准排水量1219吨，满载排水量1563吨），武器配置和当时英国的标准型驱逐舰类似：4门4.7英寸（120毫米）炮、3门单装40毫米高射炮、2副四联装鱼雷发射管以及20枚水雷。到1953年时，葡萄牙海军又加装了4具深水炸弹抛射器和4组深水炸弹支架，深弹总数达到40枚。当时该级舰中的"沃加"号（Vouga）、"塔霍"号和"利马"号（Lima）均安装了美制QJB型声呐，很可能是在1949年北约成立后进行的改造。该级舰后来在1957年接受了现代化改造，B主炮被1具"鱿鱼炮"取代，X主炮则替换为了1座双联装40毫米博福斯防空炮，同时还拆除了2具深水炸弹抛射器，舰桥顶端则增加了一台意大利制造的对空搜索雷达。

（图片来源：雅罗）

在驱逐舰上，鱼雷依旧占据着重要位置，因为在间战期的大多数时候，英国主力舰的主炮射程都要短于其他国家的主力舰，英国战列线的移动速度也并不比别国的快（如果不是更慢的话），而拥有一支集中的驱逐舰部队，就可以依靠鱼雷攻击或仅仅靠这样的威胁将敌方舰队赶进主力舰的射程内，迎面的鱼雷攻击也能抵消敌方在航速上的优势。不过，要求搭载备用鱼雷的请求还是被拒绝了，因为空间和载重当时并不充裕。大西洋舰队司令马登（Madden）上将建议，如果可以还不如安装额外的鱼雷发射管，这也就是后来选择了四联装鱼雷发射管的原因。

驱逐舰的数量和寿命

皇家海军需要建造多少驱逐舰既取决于对驱逐舰数量的需求，又取决于一战期间建造的数量众多的驱逐舰的寿命。在1922年10月，海军造舰总监和首席工程师将驱逐舰及其领舰的服役寿命规定为20年，战时的每一年按照两年舰龄计算。如果维护适当，一艘舰船确实可以服役20年，但估计在入役12年后就很难达到设计时的性能要求了。[10] 到1926年，已经可以明显地看出英国政府对该寿命所代表的舰船更新速率无积极回应，因此皇家海军不得不想办法节约现有的驱逐舰使用受命，特别是珍贵的 V 级和 W 级——装备了 4.7 英寸（120 毫米）舰炮的 W 级尤甚。海军的训练主要集中在动力系统的使用上，而不那么珍贵的 S 级驱逐舰又采用了和 V 级或 W 级大体相同的动力系统，因此可以尽可能地用 S 级来训练。总的来说，如果能定期为动力系统更换管道和相关部件，其寿命大致可以达到 23 年。锅炉中的管道使用寿命大约为 8 年，但在一些驱逐舰上被延长到了需要更换燃烧室的时候。在 23 年的服役生涯中，一艘驱逐舰会经历一次对锅炉管道的完全换新和两次部分换新。舰体的寿命也大致相当，不过部分船壳和骨架同样需要翻新，尤其是在舰龄超过 16 年后。海军委员会最终批准的驱逐舰服役时间为 12 年，他们还表示距离退役时限不足 1 年时将不再进行修理（除非是要简单地继续服役）。直到 1936 年左右，12 年的服役寿命还和海军条约一起影响着旧驱逐舰的拆解。

土耳其驱逐舰方案（T. 292 号）

桑克罗夫特以该设计方案参与了竞标，但最终赢得订单的却是两个意大利方案：安萨尔多的"科札德佩"级（Kocatepe Class）和里瓦-特里戈索海军造船厂（Cantieri del Tirreno, Riva Trigoso）的"提纳兹德佩"级（Tinaztepe Class）。方案于 1929 年 4 月提交。由于同时期对希腊驱逐舰的竞标也输给了意大利的造船厂，英国外交部将此次失利归因于意大利官方曾给予的巨额补助。T. 292 号方案的尺寸为：长 103.02 米、宽 10.21 米、型深 6.25 米、满载吃水 3.20 米（标准排水量 1500 吨，满载排水量

1895 吨，不包含水雷）。武器配置则和同期驱逐舰相同：4 门 50 倍径 4.7 英寸（120 毫米）炮、3 门 2 磅"乒乓"炮、2 门 20 毫米机炮、2 副 21 英寸（533 毫米）鱼雷发射管（另外还有 4 枚备用鱼雷）、2 具深水炸弹抛射器和 40 枚水雷。和当时常规的英国驱逐舰不同，该方案计划安装三段锅炉舱和两个引擎舱，每个引擎舱内都包含一台蒸汽轮机和位于侧面的冷凝器，预计 15 节航速下的航程为 3500 海里。总体而言，桑克罗夫特宣称该方案不仅拥有和最新的英国驱逐舰一样的武器配置和"较高的舰体强

度"，同时又有更佳的舱内分区和更高的航速。针对当时也在寻求驱逐舰的希腊，桑克罗夫特则提供了众多不同尺寸的版本，从升级版的"赛拉诺"级到升级版的"科德林顿"级（Codrington Class），以及 48000 轴马力的"阿卡斯塔"级——预计最高航速可达 39.5 节。另外还有为加拿大设计的"沙格奈"级（Saguenay Class）的一个方案。土耳其海军似乎更喜欢意大利船厂更粗犷的舰体分区。此后的主要竞争则是竞标葡萄牙的驱逐舰计划（1930—1931 年），主要竞争对手（和最后的赢家）为雅罗。桑

克罗夫特的档案中曾对两者的设计方案进行了对比。雅罗的最高航速要快 1 节，并且续航力也高一些，但桑克罗夫特的方案长度更短、机动性更强，舰艉的干舷高度也高出约 2 英尺（0.61 米），因此适航性更佳。此外，雅罗的引擎舱长度更长，舰内的载员和储物空间更加拥挤。桑克罗夫特还总结出了其他一些优点并且总结出了缩小差距的方法。在设计该方案时，桑克罗夫特领导的实际是一个包括了维克斯-阿姆斯特朗和霍索恩-莱斯利在内的联合企业。

（图片来源：桑克罗夫特）

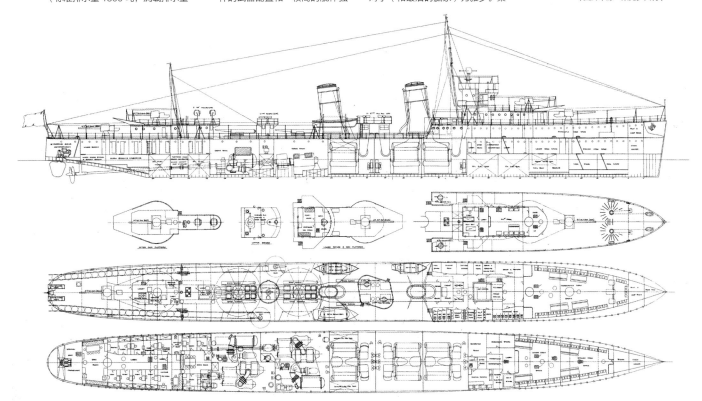

△ 1952 年，在美国的帮助下，两艘哥伦比亚驱逐舰在卡塔赫纳进行了大规模改造。它们和接受美式改装的巴西驱逐舰形成了有趣的对比。和巴西驱逐舰不同，它们拥有 5 英寸（127 毫米）38 倍径动力炮塔（A 主炮采用封闭炮塔，X 主炮为敞开式且下方没有供弹设施）、3 座而不是 2 座博福斯高射炮、1 副反潜"刺猬炮"、6 具深弹抛射器，以及 2 具深水炸弹轨道，1 副四联装鱼雷发射管被拆除。改造后的舰桥与英国驱逐舰的类似，但是高度稍低。主炮射击指挥仪可能是 Mk 52 型（带有 Mk 26 测距雷达），这是美国护航驱逐舰上的标配。美制对海搜索雷达和对空搜索雷达安装在一根高耸的新前桅上。总的来说，其作战效能相当于更快版本的美国"鲁德罗"级（Rudderow Class）护航驱逐舰，可能要优于经过战时改造的英国 A 级至 I 级驱逐舰。图中所示为"安提奥奎亚"号（Antioquia）。

在舰队当中，驱逐舰的战术单位不是单一的舰船而是它们组成的分舰队。根据 1921 年 5 月 5 日颁布的编制条令，一个驱逐舰分舰队包括 1 艘领舰和 2 个各包含 4 艘驱逐舰的分队，将分舰队的规模减半后，这些战术单位变得更方便调动。在进攻性战术当中，鱼雷发射管的数量比驱逐舰的数量更重要，将鱼雷发射管集中到更少的舰船上能让火力更加集中。比如，由 S 级驱逐舰和 2 艘领舰组成的 18 艘舰船的分舰队可以搭载 80 具鱼雷发射管，而未来的驱逐舰将安装 8 具鱼雷发射管，只要 9 艘就可以搭载 72 具鱼雷发射管（9 艘 V 级或 W 级可以搭载 54 具）。

就和在一战时一样，伴随舰队行动的驱逐舰需要履行两种职能：在舰队需要前往其他基地或战场时，驱逐舰需要护卫战列舰免遭敌方水雷或潜艇的威胁——这两种威胁通常出现在舰队前方，同时承担舰队的防空任务；一旦和敌方舰队接触，来自水面之下或空中的威胁就会消失，因为敌方不会冒误伤己方战列舰的风险；而在舰队交战时，驱逐舰所搭载的鱼雷将充当平衡战场力量的角色，用来将敌方舰队逼入英国舰队的主炮射程之内。到 20 世纪 20 年代末，反潜作战的最有效武器是装备了超声水下探测器（声呐）、搭载有深水炸弹的驱逐舰。[11] 至于扫清布设在舰队行进路线上的水雷，最有效的装备是两速扫雷索（two-speed destroyer sweepr，TSDS）。一艘驱逐舰只能装备上述装备中的一种，因为舰艉的空间不足以容纳所有的装备。其中，搭载声呐设备的驱逐舰将携带 12 枚深水炸弹。

1928 年，装备听音器的驱逐舰形成战斗力后，当时的组织计划提出为舰队配备 3 个装备声呐的反潜分舰队和 3 个装备两速扫雷索的扫雷分舰队。因为主力舰队和在远东的舰队总共需要 7 个这样的分舰队。1928 年的政策性文件则建议所有驱逐舰都要为日后可能安装的声呐提前布设线路并配置相关人员。最初的 3 个分舰队的建造计划于 1928 年通过。地中海舰队司令被告知，最先完工的 4 艘驱逐舰将配属给他的舰队，用来取代装备 4.7 英寸（120 毫米）炮的舰船而非装备 4 英寸（102 毫米）炮的驱逐舰（以便让前者在后备役状态保存更长的时间，当时尚有相当多的舰船是超龄服役的旧式驱逐舰，官方公布的数量高达 144 艘）。第一个新的扫雷（TSDS）分舰队预计会在 1930 年成军，而 1934 年成军的分舰队将配属在远东的舰队，后者主要搭载反潜设备，其中还会有一些布雷舰，用来防御日本可能发起的攻击。最后建成的 2 个分舰队（1 个反潜分舰队和 1 个扫雷分舰队）将和其他分舰队一起在大西洋轮换。[12]1929 年，随着伦敦海军军备会议的接近，海军委员会将战时舰队中的驱逐舰需求提高到了 9 个分舰队，而非之前的 6 个。[13]其中就包括 1 支由 1 到 2 个驱逐舰分舰队组成的反潜护航部队。此外本土防御也需要增加额外的 7 个分舰队，主要也是用于执行反潜任务。不过，这样计算还有另外一个目的，那就是算出如果海军军备会议像希望中的那样禁止建造潜艇的话，皇家海军可以少造多少驱逐舰。

在 1923 年，海军部开始考虑替换老旧的巡洋舰和驱逐舰，政府也希望通过这种方式降低造船业的失业率。[14]《华盛顿海军条约》签署后，两支主要舰队（大西洋舰队和地中海舰队）各需要 3 个驱逐舰分舰队，[15]在远东的舰队也需要 1 个分舰队。而

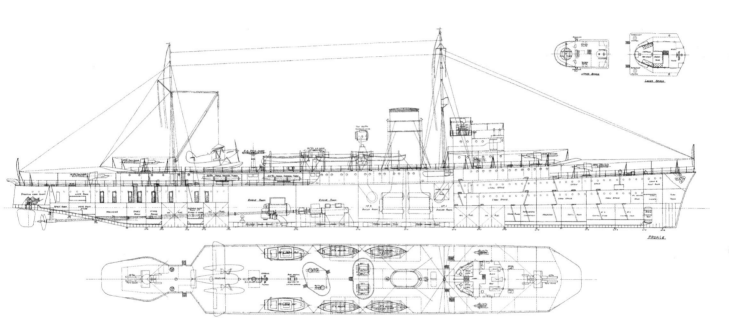

荷兰驱逐领舰方案（T. 548 号）

该方案是桑克罗夫特为参与荷兰大型分舰队领舰的竞标而提出的方案，安装了防护装甲，因此更像一艘小型的轻巡洋舰。荷兰于 1931 年 1 月 6 日向选定的五家造船厂提出设计要求，桑克罗夫特于当年 4 月 8 日承交了该方案。当时的国际航海贸易协会（Internationale Nautische Handel Maatschappij）主席梵·赫克（Van Herk）援引荷兰海军上将的话，称他对类似 T. 290 方案的设计很感兴趣。当时桑克罗夫特的主要竞争对手是来自法国的造船厂，后者应该也设计了一型超级驱逐舰。桑克罗夫特提出了一型平甲板驱逐舰的设计，装备 4 座双联装 50 倍径 4.7 英寸（120 毫米）炮、4 座双联装 40 毫米防空炮、2 副三联装 21 英寸（533 毫米）鱼雷发射管，以及 4 具深水

炸弹抛射器。因为当时英国还没有自己的双联装 4.7 英寸舰炮，所以主炮将采用博福斯的产品。和荷兰的其他驱逐舰一样，该舰也能搭载 1 架水上飞机。尽管名义上是一艘驱逐舰，但其动力系统舱室有 1.5—2 英寸（38—51 毫米）的侧舷装甲和 1 英寸（25.4 毫米）的甲板装甲，弹药库也有 1 英寸的装甲。该方案标准排水量达到了 3000 吨（垂线间长 124.99 米、水线长 128.01 米、全舰长 131.06 米、宽 13.41 米、型深 7.92 米），动力系统的配置则和英国一战期间的 D 级轻巡洋舰相同（两段锅炉舱和两段引擎舱），最高航速至少 33 节。此次竞标的最终结果便是荷兰的"特伦普"级（Tromp Class）领舰，尽管很难说这级领舰是否从该方案进化来的，但大体上的设计却十分

相似。桑克罗夫特的竞争对手中并没有诸如雅罗这样的英国造船厂，所以这很可能是一个合作项目。该方案，以及最后的成品的舰艇设计有着明显的雅罗的特征，锅炉也是雅罗式的。另一项备选方案（T. 549 号）则采用了更加传统的长艏楼舰型设计，这和最后实际建成的一样，但却包含了两座烟道（实际建成的只有一座），并且长度也比实舰略短一些（全长 129.54 米）。另外一型双烟道、包含艏楼的设计方案（T. 560 号）则更大（排水量 3070 吨，垂线间长 128.63 米、水线长 131.67 米、全长 135.33 米、宽 13.41 米、型深 7.92 米，15 节时航程 4500 海里）。在最终开工时，该级舰的武器装备变为 3 座双联装 50 倍径 5.9 英寸（150 毫米）舰炮，而非原先的 4 座双联装 4.7

英寸炮。尺寸则进一步增大：标准排水量 3350 吨，垂线间长 130.00 米、全长 132.00 米、宽 12.19 米、吃水 5.41 米，动力系统功率达到 56000 轴马力，满载时最高航速 32.5 节（标准排水量时可以达到 35 节，12 节航速下的续航力为 6000 海里），不过主装甲带的厚度降低到 15.8 毫米。"特伦普"号依照前述设计完工，但尚未安装武器的姊妹舰"梵·赫姆斯科克"号（van Heemskerck）在 1940 年荷兰沦陷时被拖曳到了英国，完工时并未搭载鱼雷发射管，装备的均是防空火炮：5 座双联装 4 英寸（102 毫米）主炮、1 座四联装 2 磅"乒乓"炮（取代了之前的 40 毫米炮）、6 门厄利空机关炮（取代了 2 座双联装 .50 口径机枪）。

（图片来源：桑克罗夫特）

在战时，其他的驱逐舰将执行船队护航和保卫不列颠本土的任务。20 世纪 20 年代时，海军部预计 1930—1939 年皇家海军总共需要 16 个驱逐舰分舰队（共 144 艘驱逐舰），而当时的皇家海军（不包括其他附庸国的海军）拥有 162 艘驱逐舰，也就是还可以再多装备 2 个驱逐舰分舰队。因此海务大臣们决定从 1927 年开始，每年报废拆解一个分舰队（9 艘舰船）。

但另外一项方案则是基于到 1929 年时英国和其他国家海军在役驱逐舰中未超龄舰船的对比而提出的。如果到那一年一直没有任何驱逐舰被拆解，那么皇家海军中的驱逐舰数量将达到 207 艘——但超龄服役的多达 87 艘。相比之下，日本在役的 97 艘驱逐舰中没有一艘是超龄的。当时的海军参谋部认为皇家海军的驱逐舰需要对日本有大约 25% 的数量优势，这就需要 104 艘可以服役到 1935 年的驱逐舰。而为了完成这一目标，从 1927—1928 年建造计划到 1930—1931 年建造计划，每年需要建造 18 艘驱逐舰（2 个分舰队），此后则以每年装备 1 个分舰队的速度建造，直至 1935 年。

海军委员会于是在 1923 年 11 月 21 日批准了包括 1 艘驱逐舰试验舰在内的建造计划。在计划获得议会批准之前，时任财政大臣（Chancellor of the Exchequer）内维尔·张伯伦（Neville Chamberlain）便已决定提前开始招标，目的就是尽快订购新舰以缓解造船业的失业问题。因此，一些竞标厂商开始了战后最初的试验舰的开发。但就在计划批准前，先前执政的保守党输掉了大选。1924 年 1 月，英国自由党和工党联合执政。此后，虽然海军部坚持推进先前制订的为期十年的海军建造计划，但新政府对此却没有多大兴趣，在 20 世纪 30 年代军备竞赛重新开始之前，海军部一直没有实现每年装备 2 个驱逐舰分舰队的设想。

不过，在 1924—1925 年的建造计划中，海军获准建造 2 艘而非 1 艘试验舰，即后来的"亚马逊人"号和"伏击"号驱逐舰。

试验舰："亚马逊人"号和"伏击"号

对新的标准型驱逐舰应该具有哪些特点的研究最早始于 1923 年 11 月由海军审计主管召集的一系列会议。[16] 一开始，审计主管决定驱逐舰都必须搭载超声水下探测器（声呐）。海军信号局总监（Director of Signals Division，DSD）则希望各舰拥有与之前领舰同级别的无线电通信设备，武器装备也应当和战争末期的驱逐舰相当，但续航力要明显增加：当时首席工程师正在尝试，通过在巡航阶段采用主涡轮机而不是独立的巡航涡轮机来使 12 节航速下的续航力达到 5000 海里。后来又增加了全速之下航程 1200 海里的要求。作为对比，V 级驱逐舰在 15 节时的标定航程为 2500 海里（此前海军造舰总监对其航程的预计是 12 节时 3150 海里、15 节时 2550 海里）。由于可以携带 510 吨燃油，驱逐领舰也拥有相近的设计航程，并且在 12 节航速时实际达到了 3120 海里，15 节时则达到 2865 海里。更小一些的 S 级（载油量 300 吨）在 15 节航速时的预计航程为 2040 海里（但在 12 节时实际达到了 2620 海里，15 节时也有 2300 海里）。所有这些航程运算均考虑了战时油箱和和平期油箱的载油量。

造舰总监预计，要达到这样的航程，该舰需要燃油 750—800 吨，这就需要相当大的舰体，唯一能够在不影响航程的情况下降低舰体尺寸的方法便是采用更高效的引擎。相关设计草案很快提交给了海军委员会，1923 年 11 月 23 日，委员会专门为解

△　雅罗还为南斯拉夫建造过驱逐领舰"杜布罗夫尼克"号（Dubrovnik），于1931年10月下水，图中正是该舰海试时的情景。海军造舰总监的一个观察员对此产生了特别的兴趣。南斯拉夫皇家海军希望该设计要优于意大利海军的同型超级驱逐舰"航海家"级（Navigatori Class）。观察员注意到，或许是为了降低重量，其舰长更短而型深更深，但这就会导致最末的主炮太过靠近舰艉，而2号主炮又太过靠近舰桥（后者的总体长度也有所缩短）。而较小的舰桥结构又限制了无线电收发室和射击指挥所（容纳火控计算机的位置）的空间。而且由于防空炮是后增加的武器，它们需要自己的射击指挥仪（位于一台4米测距仪下方）。较短的舰体同样限制了弹药库和物资储舱室的空间。但另一方面，比平常更大的型深为居住舱室提供了更大的层高。该舰的每台锅炉都拥有自己的锅炉舱，蒸汽轮机和减速齿轮也位于独立的船舱内（注意两台蒸汽轮机位于同一个引擎舱内）。这样细致的分区似乎在锅炉舱浪费了大约1.22米的长度，在引擎舱浪费了0.61米，并且需要更多的操作人员。即便分区如此细致，一旦引擎舱进水，该舰还是会丧失全部的动力。通过将高压送风风扇移到锅炉舱，雅罗让每段锅炉舱的长度缩短了大约0.91米。这项举措引起了不少

人的兴趣，海军造舰总监和首席工程师就曾因此而讨论过英国驱逐舰动力系统较大的分区方式有什么优缺点。在最初的设计方案中，后桅上还有一台用于吊放水上飞机的起重机，但在该舰建成时被2门3.5英寸（88毫米）防空炮取代。"杜布罗夫尼克"号上的锅炉采用了侧面燃烧室，雅罗希望通过这种方式节省空间（这样就不需要在锅炉的两端为燃烧室留出空间了）。该舰和其他英国驱逐舰一样没有增加过热器。"杜布罗夫尼克"号满载排水量2400吨（海试条件下为1950吨，比之前设计的1850吨标准排水量略重），其尺寸为：全长113.21米、水线长108.81米、垂线间长105.28米、宽10.67米、型深6.93米、满载时吃水3.66米。武器配置为4门5.5英寸（140毫米）炮、2门3.5英寸防空炮、6门40毫米防空炮（2座双联装和2座单装）、2副三联装鱼雷发射器，外加2具深水炸弹抛射器和可移动支架上的40枚深弹。由于主炮炮弹比驱逐舰上常用的要重（弹重42.6千克），该舰搭载了特殊的电力输弹设备，用于将弹药从操作室吊送至前后甲板室内，而操作室位于弹头弹药库和发射药弹药库之间。传送带上的每一个斜面可以运输1枚炮弹外加1份发射药，之后它们将被人工搬运至A与Y炮台，B和X炮台的弹药则通过动臂起重机（whip

hoists）吊运。该舰设计输出功率为48000轴马力（最高航速37节），这比英国的标准型驱逐领舰还要高（根据造舰总监的记录，英国标准型驱逐领舰在功率42000轴马力时即可达到37节，而海试时达到了37.2节）。该舰的所有燃油（520吨）均位于下层甲板以下，13节航速时的设计航程高达7000海里。在1933年7月，雅罗的代表访问美国海军建造和维修局时，向后者提供了该舰的详细设计资料，另外还包括葡萄牙的"杜罗"级以及另外一型尚未开工建造的更小型驱逐舰的方案。美国人在对比了当时正在建造的1850吨级驱逐领舰后认为，该舰45.11米长的动力系统还是太长。而那型小型驱逐舰显然是为买不起大型舰船的小国海军准备的，排水量仅650吨，相当于标准排水量570吨（长73.46米、宽7.01米、型深4.11米），用单座烟道为两台锅炉排烟（输出功率15000轴马力，最高航速32节），11.5节时航程可达6000海里。主炮为采用双联装布置的6门3.5英寸（90毫米）舰炮，前二后一布置于舰艉，另外还有2门40毫米机关炮和2门20毫米机关炮，以及1副三联装鱼雷发射管。但该方案显然没能卖出去一艘。此外，L级驱逐舰的设计档案中还曾提到审计主管于1937年7月23日召开了一次会议以讨论驱逐舰的锅炉布

置，会上哈罗德·雅罗爵士（Sir Harold Yarrow）展示了他为苏联设计的一型70000轴马力、航速40节的驱逐舰所使用的锅炉舱的模型。他在这个设计方案中将控制锅炉的组件全部放到了位于中轴线的一个管状结构内，从而将锅炉舱缩短了3.66米。这项设计很快引起了与会人员的兴趣，因为海军部也在考虑给日后的L级驱逐舰配备70000轴马力的动力系统（但实际上该级舰的动力要比计划弱得多）。雅罗应该是吸取了该船厂为苏联设计试验驱逐舰"测试"号（Opitnyi）[①]的相关经验。其他雅罗从未建成的外贸驱逐舰的资料则相当有限，因为该船厂的许多设计档案都在二战期间的轰炸中被焚毁。同时，在1922年宣布破产重组后，该公司曾短暂的以船坞编号命名计划（这在破产前并未出现）。世界舰船协会（World Ship Society）保留的雅罗设计清单包括为荷兰设计的"德·鲁伊特"号（de Ruyter）和"费雷岑"号（Evertsen），船坞编号1505号。还有一些无法确认身份的日本驱逐舰（1527号，大概在1927年）。但不幸的是其中没有再罗列其他设计方案，尽管我们知道还有很多。清单倒是提到了为南斯拉夫设计的"斯普利特"号（Split）驱逐舰的动力系统和锅炉设计，但总体上似乎采用的是法国的设计。

（图片来源：雅罗）

决当年冬季的失业问题提出了一个新的建造计划，其中包含1艘试验型驱逐舰，其设计方案被描述为后续驱逐舰的建造原型。

由于新的驱逐舰的尺寸将和一战时的驱逐领舰相当，1923年11月提交到海军委员会的3个设计方案均采用了之前领舰用的40000轴马力动力系统，具体设计细节见表8.1。因为需要将4.7英寸（120毫米）舰炮的备弹量从每门150发提高到190发（同样是战时驱逐领舰的标准），舰体的尺寸也将进一步增加，此外还将搭载2门2磅"乒乓"炮（将其更换为新的四管火炮的建议遭到了否决）和若干深水炸弹。

①　译注：该舰后来的正式名称为"谢尔盖·奥尔忠尼启则"号（Sergo Konstantines）。

表 8.1：三个新设计方案的参数对比

	一号方案	二号方案	三号方案
舰长（垂线间长）（米）	97.54	100.58	102.11
宽（米）	10.06	10.52	10.74
型深（米）	4.50	6.63	6.63
满载排水量（吨）	2330	2540	2625
以下是半油状态下的			
吃水深度（米）	3.41	3.51	3.52
干舷高度（米）	2.61	3.13	3.11
排水量（吨）	1955	2115	2200
最高航速（节）	33.50	33.15	32.30
12 节时的续航力（海里）	4500	5050	5000

独特的宽舰艉构型是雅罗驱逐舰的显著识别特征，其侧面向内微微倾斜，底部则十分平整，能在给定的水线长度下降低重量（船体重量会极大地影响在一定的输出功率下舰船所能达到的航速）。在 1933 年 7 月访问美国海军建造和维修局时，雅罗的造船师 W. 玛里纳（W. Marriner）称采用这种舰艉设计的驱逐舰将比传统的 V 型舰艉驱逐舰快 1—1.5 节，在航速高于 15 节时还不会出现颠簸。美国方面则评论说这种宽敞而底部平整的舰艉还能防止气泡对舵面的影响，从而解决美国海军在水槽测试中发现的舵效失灵问题。玛里纳还认为，驱逐舰倾向于产生舵倾，导致螺旋桨相对水面的角度加大，因此要尽可能地减小传动轴的倾斜角。螺旋桨如果和水流存在一定的夹角，就会导致桨叶在不同位置时的攻角发生变化。根据玛里纳的说法，这会降低螺旋桨的推进效率。图中为哥伦比亚（此前属于葡萄牙海军）的"安蒂奥基亚"号（Antioquia）驱逐舰于 1934 年 12 月 6 日通过巴拿马运河加通水闸（Gatun Locks），注意该舰舰艉的布雷轨道。

但这些方案都没法令人满意，因此之后又进行了另外的研究，试图为驱逐舰安装 1000 马力的巡航柴油机及电动机，以 150 吨的燃油来达到所需的航程（10.5 节航速）。该方案将比后期的 V 级驱逐舰小得多，只有 91.44 米长、9.30 米宽（主轮机功率 33000 轴马力，携带 100 吨燃油的海试条件下最高航速为 34 节），因此载员空间和武器操作空间都更小。采用柴—电动力的提案虽然并未被采纳，但它似乎影响到了另外一型稍小的设计方案（长 96.01 米、宽 9.98 米、吃水 2.97 米，排水量 1530 吨），其武器配置与之前相同，5000 海里的续航力要求载油量达到 710 吨，但这就导致舰内只能容纳三台锅炉（一段单锅炉的锅炉舱和一段双锅炉的锅炉舱）。尽管有人再次提出了采用四联装"乓乓"炮，但却难以找到合适的安装位置。造舰总监明白此举是为了加强舰队防空，但他也怀疑像驱逐舰这样的高速机动平台是否适合承担舰队防空职责。由于不得不降低舰体重量，造舰总监提议放宽舰体应力标准（到 9.5 吨）并采用特殊的 D 型钢材。

1923 年 11 月，对 2 艘驱逐舰的招标工作正式展开，各造船企业受邀提出自己的设计，条件是舰长不得超过 310 英尺（94.49 米），在载油 85% 时，经济航速下的续航力要达到 5000 海里，海试条件下的最高航速至少要达到 34 节。海军部已经为此准备了一份总体设计图纸（但动力系统部分留空了），并且特别强调了燃油使用的效率问题（每 1000 轴马力每小时耗油不超过 0.75 吨）。最初的招标邀请于 1924 年 2 月 29 日分发给了英国所有的潜在制造商，与此同时，造舰总监下属的一位驱逐舰设计师却发现舰长 300 英尺（91.44 米）左右的、稍小一些的驱逐舰似乎也能达到上述要求，而这种可能性在之前还尚未考虑过。

当年 4 月，桑克罗夫特就已经提出了 2 种舰体设计和 3 种动力系统设计方案。其中一型的舰体遵循了海军部提供的蓝本，让只有一台锅炉的锅炉舱和引擎舱相邻（与最后一批 W 级驱逐舰相同），从而将舰体长度缩短到了 305 英尺（92.96 米），桑克罗夫特认为这已经是可能达到的最短舰长了（他们也提出了 310 英尺长的舰体设计）。因

为舰体长度被缩短，舰上"乒乓"炮的安装位置也受到了影响。由于锅炉舱的整体长度缩短，前锅炉舱和油箱之间的围堰结构被取消，因为油箱不再需要和锅炉相邻了。尽管一旦较大的锅炉舱和引擎舱之间的水密隔舱壁被击毁，驱逐舰可能会因为进水过多而沉没[①]，但桑克罗夫特声称他们的计算表明，即便水密隔舱壁破裂也能保持一定的适航性，这是因为在舰宽未减少的前提下缩短了舰长。同时，该方案的前烟道被挪到了舰桥后方相当远的位置，后烟道则横跨引擎舱前部的隔舱壁，其后半部分还充当了引擎舱通风装置的排气道。对海军部提出的载弹量和存储空间等要求，该设计方案是能够满足它们的最小的舰体。但这导致该方案的载油量有所降低，不过造船厂还是认为其燃油搭载量是足够的。桑克罗夫特选择是布朗－寇蒂斯生产的单级减速涡轮机，并且提供了多种舰长和输出功率的组合。

雅罗则认为采用高压和高温蒸汽的轻型高转速蒸汽轮机（500 转 / 分钟，桑克罗夫特的只有 390 转 / 分钟）既可以降低重量，又能获得更高的推进效率，位于后部烟道的气体加热器还将进一步提高 3 号锅炉在巡航时的效率。雅罗预计他们的方案可以仅靠 275 吨的燃油（总载油量可以达到 350 吨）实现 5000 海里航程的要求。

霍索恩－莱斯利、登尼和怀特的竞标方案均遭到了拒绝。在海军造舰总监看来，雅罗在减重方面做得有些太过了（他计算出的应力和厂商提供给他的数据并不相符），而且一旦引擎舱前方的隔舱壁受损就会威胁到全舰的安全。不过他认为桑克罗夫特和雅罗"已经相当彻底地考虑过各项事宜，并且在驱逐舰建造方面有着大量的经验，因此这两家造船厂的方案是最好的，而在两者之中，桑克罗夫特的（短船体）方案更好一些"。海军部最终选择了桑克罗夫特的 305 英尺型（舰体全长 96.85 米），搭载32000 轴马力的动力系统，是为"亚马逊人"号。雅罗的 307 英尺型（全长 98.15 米）则成了"伏击"号。预计二者的满载排水量分别为 1705 吨和 1600 吨。此时，造舰总监预计新驱逐舰的尺寸为：长 94.49 米（全长 95.10 米）、宽 9.45 米、吃水 3.18 米，满载排水量 1725 吨，载油量 450 吨，需要 33000 轴马力的动力才能达到 34 节的航速

〈 外贸的驱逐舰通常也搭载英制武器，例如图中哥伦比亚"安蒂奥基亚"号（Antioquia）上的四联装鱼雷发射管，但通常不会安装英国的火控系统。英国的鱼雷发射管在结构上要比美国的简单，英国人拒绝为鱼雷加装陀螺仪控制器，因为英国海军希望鱼雷按照鱼雷发射管的指向航行而不是在发射后转向。美国在二战时遇到了鱼雷绕行的问题，英国人则无此困扰。不过英国驱逐舰无法像间战期的美国驱逐舰那样，搭载 12 具甚至 16 具鱼雷发射管。

① 从前文来看，和引擎舱相邻的应该是较短的锅炉舱。

」桑克罗夫特与位于意大利那不勒斯的 C & T. T. 帕蒂森造船厂有着长期的合作关系，并为其提供了罗马尼亚的"费迪南国王"号（Regele Ferdinand）大型驱逐舰的基础设计。桑克罗夫特最初的设计方案（1926年）参考了当时意大利的做法，即艏艉安装2座双联装主炮（该方案在肿部2座烟道之间还增加了1门单装舰炮）。桑克罗夫特的设计师 K. C. 巴纳比（K. C. Barnaby）曾抱怨意大利常用的单元化的动力系统长度很长，因此舰炮不得不安装在舰体艏艉末端，但罗马尼亚还是坚持采用意大利式的动力布局。后来罗马尼亚还是采用了英式单装舰炮，如图中的"玛利亚王后"号（Regina Maria）所示。

[图片来源：美国海军学院；法埃的帕金斯（Perkins from Fahey）收藏]

（而非之前保证的35节和37节）。作为对比，后期型的W级驱逐舰长91.44米（全长95.10米）、宽8.99米、吃水3.02米，功率27400轴马力，最高航速34节，满载排水量为1505吨。桑克罗夫特于1924年6月12日正式收到了接受信函。

∧ 20世纪20年代，意大利的造船厂在外贸方面接连取得成功，随后又赢下了希腊和土耳其的驱逐舰订单，胜过了由维克斯－阿姆斯朗主导的财团所提议的"阿卡斯塔"级设计方案。桑克罗夫特后来提出了一份高速备选方案（三台锅炉，每台的标定功率15000轴马力，但在增压送风的条件下可达18000轴马力，最高航速可达39节）。桑克罗夫特后来将意大利的设计方案细节提供给了海军造舰总监，应该是通过与帕蒂森的合作取得的。意大利的方案中，三台锅炉分别位于独立的锅炉舱内，此外还有两个独立的引擎舱，但却没有采用单元化的布置方式（即将引擎舱和锅炉舱交替布置）。根据桑克罗夫特提供的信息，意大利的设计方案一开始也是在艏艉各安装1座双联装4.7英寸（120毫米）炮，但希腊海军却希望使用英国皇家海军那样高低纵列布置的单装炮。当时英国外交部的记

录中，将意大利的获胜归功于意大利政府对本国造船企业的补助和支持。根据意大利公布的数据，海军造舰总监于1930年9月推测，希腊支付给意大利的金额为每吨排水量206英镑，相比之下，"阿卡斯塔"级为每吨250英镑，意大利为罗马尼亚建造的"费迪南国王"级领舰为每吨230英镑（有报告称当时意大利在竞标时的报价为5万英镑——比英国的报价低大概20%）。不过根据当时美国海军联络官的报告，两国的海军对这些驱逐舰均不满意，因此在30年代，两国在订购新驱逐舰时均选择了英国的船厂（对土耳其而言，英国政府还对这次军售提供了补助以增强其防御）。不过造船厂使用自己独立的设计方案的时代已经结束了，因此两国（其他国家的海军也是如此）购买的驱逐舰都采用了海军部的设计方案，只是并未完全采用英制武器。例如，希腊海军安装的就是德国莱

茵金属公司生产的45倍径5英寸（128毫米）舰炮。1936年，当希腊海军向英国订购驱逐舰的时候，英国正好重启军备建造，以至于至少有一家造船厂（费尔菲尔德）不得不放弃竞标来完成建造任务。而在1929年，桑克罗夫特还提出过一型不成功的高速驱逐舰，主要是为"阿卡斯塔"级加装更大的动力系统（48000轴马力）以在海军部的标准要求下达到39.25节的航速，如果需要，航速还能提高到39.5节。但这就意味着该方案需要两段均安装两台锅炉的锅炉舱，而非英国标准驱逐舰上采用的三台锅炉、一大一小两个锅炉舱的方案。造舰总监批评不应该让较大的锅炉舱和大型引擎舱相邻，"一旦这两个舱室受损，即使舰体得到了加宽，即使在较低的海况下，军舰也可能会倾覆"。造舰总监还估计，如果要让一艘驱逐舰达到40节的最高航速，排水量需要增加到1600

吨以上才能保证在受损后还有足够的稳定性。而在两年前（1934年7月），桑克罗夫特也曾向海军审计主管海军少将雷吉纳德·亨德森爵士（Sir Reginald Henderson）提出，鉴于国外驱逐舰的航速日益提高，皇家海军也应该建造一型航速可达到40节、武器配置类似 G 级或 H 级的驱逐舰。两艘为希腊建造的驱逐舰在1938年的慕尼黑危机期间差点被皇家海军接管，而在1941年，德国入侵希腊后俘虏了其中一艘，剩下的一艘则继续在希腊皇家海军服役，但受英国皇家海军指挥。图中为希腊的"奥尔加王后"号（Vasilissa Olga）驱逐舰1943年时的状态，当时已经接受了许多英国标准驱逐舰的战时改造：拆除了 Y 炮塔以弥补搭载深水炸弹增加的载重，后部的鱼雷发射管换成了1门3英寸（76毫米）防空炮，舷侧涂上了英国海军的舷号。该舰于1943年9月26日被击沉。

〈 英国皇家海军对"艾萨克·斯维尔士"号和其他荷兰战舰上的双向稳定博福斯高射炮印象深刻。在西印度群岛海域，英国皇家海军和美国海军首次目睹了安装这种舰炮的荷兰炮艇。美国对此的反应是研发了一款简化版（无稳定）双向驱动四联装博福斯炮，用于取代装备广泛的1.1英寸（28毫米）防空炮，从1942年开始大量列装。皇家海军则对炮座更加感兴趣，这种炮座因为制造商的名字被命名为"海兹梅尔"——制造商后来变成了西格诺（Signaal）。这是一个独立的火力单元，有自己的火控计算机和测距雷达（282型）。安装了数个"海兹梅尔"炮座的舰船可以同时和多

个空中目标交战；相比之下，美国舰船的火力通道数量取决于其射击指挥仪（Mk 51型，或者装备雷达的Mk 57型）的数量，它们和炮座是分开的。然而，"海兹梅尔"炮座结构复杂，对制造和维护来说都是一场噩梦，并且从A级到I级的英国驱逐舰都无法适装。海兹梅尔的承诺让英国下决心研制更重的STAAG防空炮，配备新一代的262型测距雷达。皇家海军甚至计划开发更精密的Buster炮座，重达20吨（这个计划最终被取消了）。图中所示为"艾萨克·斯维尔士"号上的海兹梅尔博福斯炮，282型测距雷达的天线清晰可见。照片大概拍摄于1941年年中。

荷兰皇家海军"艾萨克·斯维尔士"号驱逐舰，1941年5月

荷兰皇家海军根据雅罗的设计方案建造了数艘驱逐舰，战前的最后一批为"杰拉德·卡伦堡"级（Gerard Callenburgh Class）驱逐舰。图中的"艾萨克·斯维尔士"号（HNMS Issac Sweers）在战争爆发后被拖曳到了英国以继续建造（讽刺的是它是在雅罗最大的竞争对手桑罗夫特造船厂完工的）。该舰完工后不久荷兰便投降了，因此舰上安装的主要是英制武器。"艾萨克·斯维尔士"号于1938年11月26日在法拉盛的德·舍尔德造船厂开工，于1940年3月16日下水，图中所示是1941年5月完工时的状态。正如其英国舷号所示，该舰已被英国海军接管。舰上并未安装计划中的5门4.7英寸（120毫米）炮，而是换成了3座英制双联装4英寸（102毫米）炮，舯部还有2座四联装.50口径（12.7毫

米）机枪，位于两座烟道之间。舰上保留了2座荷制双联装（博福斯）40毫米炮，英国人将其称为"海兹梅尔"（Hazemeyer），并且每一门都配备自己的测距雷达。这种双联装海兹梅尔炮后来成了战时重要的驱逐舰武器，作战能力非常优异，其短板则是经常出故障。鉴于该舰的防空火力相当强大，2副四联装鱼雷发射管得以保留。在那些.50机枪被替换为厄利空机炮后，艉楼末端的甲板室最后又增加了一个火炮平台，用来安装额外的2门厄利空机炮。该舰完工时的反潜武器和舰队驱逐舰相同（每次攻击投放5枚深弹，包括1条装备12枚深水炸弹的轨道和2具抛射器，每具抛射器有1枚待发弹和3枚备弹）。当时还计划像之前的荷兰驱逐舰一样为该舰配备1架福克式水上飞机，但在战时从未搭载。桅

杆顶端的菱形结构是高频无线电测向（high-frequency direction finding, HF/DF）天线。"艾萨克·斯维尔士"号的尺寸和条约后期的英国驱逐舰类似：标准排水量1922吨（满载排水量2228吨），垂线间长105.00米、全舰长106.31米、宽10.30米、平均吃水3.12米、满载吃水3.51米。该舰的标定输出功率为45000轴马力（最高航速36节），采用2台安森斯的齿轮传动蒸汽轮机，由3台雅罗式锅炉（工作压力400磅力/平方英寸）驱动，载油量560吨，19节时的续航力为5400海里。这样长的航程应该是为了方便在荷属东印度地区（今印度尼西亚）作战。由

于战时生产任务繁重，该舰的舷窗上方尚未安装窗楣（rigol），系缆桩也只是简单地安装在了甲板上。该舰虽然是雅罗设计的，但却没有采用独特的雅罗舰艉，而是采用了方形艉（transom stern）。"艾萨克·斯维尔士"号有三艘姊妹舰："杰拉德·卡伦堡"号被德军俘虏，更名为ZH 1号，于1944年6月9日被击沉；"菲利普斯·范·埃尔蒙德"号（Philips van Almonde）在船台被拆解；"切克·西德斯"号（Tjerk Hiddes）被德军凿沉，后又被打捞拆解。"艾萨克·斯维尔士"号于1942年11月2日在阿尔及尔附近海域被德军U 341号潜艇发射的鱼雷击沉。

（绘图：A. D. 贝克三世）

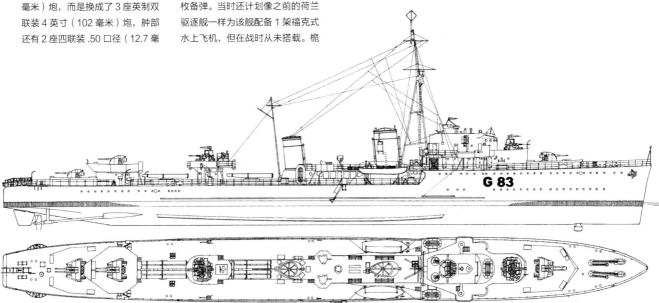

G 83

阿根廷海军总共购买了7艘英国的标准型驱逐舰，另外5艘因为战争的爆发而被取消。这些驱逐舰遵循的是英国H级的设计，但采用维克斯的外贸型火控系统，将射击指挥仪和测距仪与安装在甲板下的维克斯外贸型火控计算机（自动计算单元）相连。该型火控计算机源自1920年时开发的一种计算装置，英国基于同样的装置发展出了标准型驱逐舰上的海军部火控钟（AFCC）。后来为巴西建造、被皇家海军接管的驱逐舰上也使用同一类火控系统。和海军部的惯例不同，其射击指挥仪包含了可以测量横摇角度的陀螺仪，用来控制火控（计算）钟内的交叉平衡设备。该装置会交替地向射击指挥仪发送倾斜角度的修正指令，这些修正指令会在主要的仰角和方位角数据被传输至计算机（位于射击指挥所）前就被加上，然后才会被传递至各炮位的接收装置。大部分修正计算都是通过计算机上的4个偏差计算面板进行的。和英国的惯例不同的还有，该舰的目标指示器位于舰桥两侧（如果射击指挥系统被击毁，它们也能充当临时的射击指挥设备）。图中为阿根廷海军的"科连特斯"号（ARS Corrientes）驱逐舰。

（图片来源：维克斯）

新的驱逐舰还将搭载一些新的火控设备，尽管它们已经安装了战时使用的射击指挥装置，但海军委员会还是决定为其增加射击指挥仪，将与扩大了的射击指挥所中的巴尔＆斯特劳德模拟计算机（而非原先的维克斯钟）关联。新的指挥仪拥有不受影响的视野，还拥有可以搭载操作人员和距离变化率解算装置的平台。与早期的轻型射击指挥仪相比，新的射击指挥仪直径也增加了大约229毫米，得到了火控计算委员会（Fire Control Table Committee）的推荐。该设备为驱逐舰提供了更好的远程射击能力并提高了火力集中程度（可以让多艘驱逐舰一齐射击）。这归功于新设备可以自动解算己方和目标航行所产生的偏差，然后以半自动的方式准确地将这些信息传送到舰上的各炮位。造舰总监指出，这些改进是根据不断产生的作战需要做出的。这些驱逐舰搭载了战时列装的9英尺型测距仪，除此之外，舰桥上还有声呐控制设备和3套深水炸弹投放器（此前的驱逐舰上并没有声呐控制设备）。

两速扫雷索

之前的高速扫雷索后来被两速扫雷索（TSDS）取代。两速扫雷索首先在正后方拖曳1具充当定深器的破雷卫，定深器左右两侧又各拖曳1具破雷卫，它们可以被设置在6.10—18.29米之间的任意深度。两速扫雷索的出现让一个难题迎刃而解：扫荡水雷时需要高航速，但是切断水雷索时需要低航速。速度的转换是自动进行的。在低速航行状态下，外侧的2具破雷卫的间距最大，速度超过某个预先设定的数值后，其夹角就会逐渐缩小，最大拖曳速度为25节。锯齿状的扫雷索可以切断大多数水雷的系泊链，在距离破雷卫4英尺（1.22米）处还有切割器作为补充。2具破雷卫的间距在低速和高速状态下分别为293米和137米。

两速扫雷索可以用于为舰队开路、保护性搜索或清理扫荡等任务。这种扫雷索对拥有抗扫雷措施的水雷并不是十分有效。在低速状态下，其最小有效航速为6节（相对水流航速至少8节）；在高速状态下，要对付简单的单链系泊水雷，速度高于12节就足够了，但是要扫除拥有抗扫雷措施水雷，拖拽速度必须提高到18节以上。

∧ 并非所有的英制外贸驱逐舰都有着和本国驱逐舰相似的外观。因为对雅罗设计的驱逐舰相当满意，所以在订购二战前的最后一型驱逐舰时，荷兰海军又选择了雅罗。与之前的雅罗设计不同，该舰并没有独特的圆形舰艉。和此前的荷兰驱逐舰一样，新的"杰拉德·卡伦堡"级同样将搭载水上飞机（该级舰甚至有足够的空间搭载 2 架），位置就在两座烟道之间。最重要的改变则是装备了具有稳定设备的双联装博福斯机关炮，为了保证足够的射角，这 2 座防空炮布置在 B 和 Q 炮位。或许是为了保证足够的前向火力，荷兰在舰艏 A 炮位安装了 1 座双联装 4.7 英寸（120 毫米）主炮。另一座同样的炮塔则位于舰艉的 Y 炮位，此外 X 炮位还有 1 门同样的单装炮。和之前一样，鱼雷武器为 2 副四联装鱼雷发射管。

该级舰总共能携带 24 枚水雷，并且还有 1 条深水炸弹轨道。其两段锅炉舱内共有三台雅罗式的高压（400 磅力/平方英寸）锅炉，其中较小的炉舱位于前部，和引擎舱相邻的是大锅炉舱。小锅炉舱的上风口和大锅炉舱前部锅炉的上风口合并为一座烟道。该级舰的尺寸和英国的 J 级驱逐舰类似：垂线间长 105.00 米、全舰长 106.30 米、宽 10.29 米、吃水 3.28 米（满载时为 3.51 米），标准排水量 1628 吨（满载排水量 1922 吨）。该级舰的设计输出功率为 45000 轴马力，最高航速 36 节——一定程度上比英国的驱逐舰还要强。由于要承担东印度地区的防御任务，它有着不同寻常的长航程，在 10 节航速时续航力高达 7000 海里（载油 570 吨）。在开工建造的 5 艘同级舰当中，"杰拉德·卡伦堡"号被

德军俘获，更名为 ZH 1 号，于 1944 年 6 月 9 日被英国的"阿散蒂人"号（HMS Ashanti）和"鞑靼人"号驱逐舰击沉；尚未完工的"艾萨克·斯维尔士"号逃往英国并由桑克罗夫特为荷兰海军继续建造，完工后接受英国海军指挥（舷号 G83）。当时荷兰尚未列装 4.7 英寸舰炮，因此该舰安装的还是 3 座双联装 4 英寸（102 毫米）防空炮，但保留了双联装博福斯机炮。主炮的火控系统估计与英国"怀尔"型（Wair Class）[1] 或"亨特"级驱逐舰类似，火控计算机位于甲板下的指挥所内。烟道之间原本用于搭载水上飞机的位置被 2 座四联装 .50 机枪占据（后来又和英国驱逐舰一样换装了厄利空机炮），另外舰桥的两翼也各加装了 1 门厄利空机炮。由于搭载的火炮全是防空型，"艾萨克·斯维尔士"号就不

需要加强防空火力了，2 副鱼雷发射管得以保留。另外还有 2 具深水炸弹抛射器，共计携带 41 枚深水炸弹——属于舰队型而非护航型驱逐舰的配置。当时预计 13 节时的航程为 4130 海里，战时后勤计划应该是按这一数据进行计算的。这张照片摄于 1941 年 9 月 17 日，"艾萨克·斯维尔士"刚刚完工离开南安普顿（尚未涂装迷彩和舷号），舰桥的一侧有 1 门厄利空机关炮，后部烟道的前方还能看到 1 座四联装 .50 机枪的顶部。除此之外该舰的外观和设计时没有多大变化，英式的开放式舰桥属于初始设计。桅杆顶端的菱形天线是早期的高频无线电测向天线。该舰的雷达包括主射击指挥仪上的 285 型雷达和双联装博福斯防空炮搭载的 282 型雷达，但是没有对空警戒雷达。

---

[1] 译注：指接受了防空化改造的 W 级驱逐舰，名字由 W 和 air 组合而成。

注释：

1. 驱逐舰总体设计档案（376B 号），第 72 页。最初的建议是在 1918 年年末提出的。

2. 四联装鱼雷发射管的主体设计图纸于 1919 年 11 月 8 日提交给了海军造舰总监，上面还标注有"不再搭载陀螺仪控制器（可以让鱼雷字发射后改变航向的装置）"，因此也就不需要考虑如何为鱼雷安装上述装置了。四联装鱼雷发射管实际被分成了两对，靠外的 2 具发射管的位置要比内侧的 2 具更靠前，据说能够在鱼雷发射管转向时降低所需的操作圈数。但在十年后真正列装四联装鱼雷发射管后，这项举措被认为是没有必要的。

3. 国家档案馆 ADM 116/4041 号档案，《火控系统需求委员会临时报告》（*Interim Report of the Fire Control Committee*），时间大约在 1920 年。其中的一份文档详细地描述了英国军舰上武器装备的各项改进。

4. 国家档案馆 ADM 1/8694/84 号档案，1926 年公布的未来驱逐舰的武器选择。该型火炮的内部结构和 Mk VIII 型 4.7 英寸（120 毫米）速射炮相同。

5. 在其他报告中，海军军械总监还指出，现代驱逐舰最核心的部位便是它们的引擎和锅炉，只要有一枚 4.7 英寸（120 毫米）炮弹在前段锅炉舱爆炸，即使损伤局限在该舱室，都有可能极大地降低驱逐舰的航速，使其更容易被火炮命中。而如果是后部锅炉舱遭受类似的损伤，引擎舱的蒸汽供给很可能被直接切断，导致舰船丧失动力。如果 4.7 英寸炮命中引擎舱前段，很可能会造成停船；命中引擎舱后部，丧失动力也是必然的。随着驱逐舰动力系统所占空间的逐渐增加，它们变得越来越脆弱，例如战后的"阿卡斯塔"级驱逐舰动力系统长度达到了 37.80 米，相比之下，战时的改进型 R 级或 S 级驱逐舰动力系统长度只有 37.34 米（但两级舰的总长度也更短）。改进型 R 级中的"乌狄妮"号和"锋利"号就曾在 1927 年作为靶舰接受了射击测试，测试中第 5 发炮弹从"乌狄妮"号的锅炉舱射入，损坏了 1 台锅炉并切断了蒸汽管道。军械总监认为仅仅这一次命中就足以让该舰丧失战斗力。其他的炮弹或多或少也造成了损害，但都没有致命。尽管当时用的是 6 英寸（152 毫米）炮，但如果用 4.7 英寸炮，结果也不会有太大差别。对"锋利"号的测试则表明 1 发 4.7 英寸炮炮弹尽管会使 1 台锅炉暂时无法使用，但并不会立即导致航速下降。不过这发炮弹是水平射入的，倘若以一定的高抛弹道命中，很可能损坏整个锅炉舱。如果命中引擎舱，则必然导致该舰丧失航行能力。使用 6 英寸炮的话，被命中的锅炉舱显然将完全报废。

6. 1920 年时，只有驱逐领舰才会安装测距仪。但舰炮射程的增加促使所有有条件的驱逐舰（S 级驱逐舰就不行）都安装了该设备。即使是 1 米的合像式测距仪也比六分仪式测距仪（手操测距仪）要好得多，后者"基本毫无用处"。

7. 对战列舰而言，实施集火射击需要一种在军舰与军舰之间传输距离和航向数据的手段。1920 年时，第 6 驱逐舰分舰队的驱逐舰上校报告称，他在旗舰上安装了直径达 7 英尺（2.13 米）的距离钟（大小足以让高速航行的其他舰船看清读数）。距离钟用于显示目标的距离，而射击的偏移量则通过旁边（左面和右面）的灯光信号表示。该距离钟安装于探照灯平台上（不过后桅被认为是更适合的位置，轻巡洋舰上的距离种就安装在那里）。

8. 为驱逐舰安装精密的火控系统的想法很可能源于在战时接触到了美国驱逐舰上的"小福特"（*Baby Ford*）型火控计算机。

9. 驱逐舰总体设计档案（376B 号），第 144 页。

10. 驱逐舰总体设计档案（376B 号），第 143 页，这是一份 1922 年 9 月 14 日的问询结果。

11. 关于声呐设备的发展情况，参见笔者的另外一本著作。诺曼·弗里德曼，《英国驱逐舰与巡防舰：从第二次世界大战到当代》（*British Destroyers and Frigates: The Second World War and After*），伦敦：西弗斯出版社，2006 年。

12. 关于这项决定的备忘录由海军船坞总监（Director of Dockyards, DOD）、海军战术职责总监（Director of Tactical Duties, DTD）和海军战术总监共同签署，时间为 1928 年 6 月 14 日。

13. 国家档案馆 ADM 167/80 号档案。

14. 斯蒂芬·A. 罗斯基尔（Stephen A. Roskill），《间战期的海军政策》（*Naval Policy Between the Wars*）第一卷，伦敦：科林斯出版社，1968 年，411 页。

15. 国家档案馆 ADM 167/76 号档案，1927 年海军部委员会备忘录。

16. "亚马逊人"号和"伏击"号设计档案的第一页便是 1923 年 11 月 12 日和 13 日的两场会议纪要。会议还讨论了包括内河炮艇和潜艇在内的其他舰船。

第九章

新的标准型驱逐舰：
从 A 级到 I 级

在间战期，英国驱逐舰的核心战术依然是远距离鱼雷齐射攻击。由于英国皇家海军没能将战列舰主炮的有效射程提升至 15000 码以上（一份 1939 年的作战手册称，这一射程"非常符合我国的民族特性"），这一战术就显得尤为重要。当时英国的海军情报部门得知，美国预计 1930 年时舰炮的交战距离将达到 30000 码，因此英国认为日本人应该也在向着类似的目标努力。《战术进展》（*Progress in Tactics*）年鉴中的一份报告试图寻找弥补射程不足的方法，其中之一就是在必要的时候利用驱逐舰的鱼雷攻击迫使敌方舰队进入英国舰队的射程。除非他们被迫接近，否则敌方有能力在英国舰队逐渐拉近距离期间摧毁大多数甚至全部英国主力舰。尽管听起来很复杂，这种战术还是可行的，皇家海军当时正在尝试开发一种新的航迹标绘技术，以便让舰队指挥官拥有某种综合态势感知能力。当时的"弗农"号鱼类学校便负责开发和测试一种早期的自动航迹标绘装置，在美国海军中这种设备被称为航迹推算仪（dead-reckoning tracer）。这让航迹标绘技术——进而是此类战术——具备了一定的可行性。战术层面的自动航迹标绘技术的研究最早可以追溯至 1914 年，但直到 20 世纪 20 年代末期这项技术才具备实用性。

1937 年，战术学校再次报告了一项变化：在许多次的舰队行动推演中，对抗中的一方确实在抢占阵位方面胜过了另一方，使得其下属的一支或更多的驱逐舰分舰队可以在不承受太多炮击的情况下就抵达攻击阵位。这些分舰队可以在遭受炮击前抵达一个相当接近敌人的位置，因此命中率相当高。在这种情况下，单独或是少量驱逐舰的鱼雷攻击突然就变得有效起来，其射击距离可能还不足 1500 码。这一结果事实上让当时的战术思路又倒转回了一战时甚至一战前。[1]

"阿卡斯塔"级（A 级）驱逐舰

对老旧驱逐舰的替换工作始于 1927—1928 年建造计划，其中包括"科德林顿"号驱逐领舰和 8 艘"阿卡斯塔"级（*Acasta Class*），或称 A 级驱逐舰，当时的政策是每年建造一支新的驱逐舰分舰队（包括 1 艘领舰和 8 艘驱逐舰）。此后的驱逐舰，一直到 I 级，本质上都可以视作 A 级的改进升级版。对参谋部的需求的分析始于 1926 年 6 月 1 日助理海军参谋长（ACNS）的一份备忘录，参谋部需要在 11 月前提出相关需求以便能在 1927—1928 财年开始前尽快招标。就和之前的两艘试验舰一样，为确定相关需求也召开了一系列会议。

∨ A 级驱逐领舰"科德林顿"号为间战期的驱逐领舰设计定下了基调。本质上该舰不过是一艘在烟道之间增加了 1 门额外的 4.7 英寸（120 毫米）炮的 A 级驱逐舰。该舰前烟道顶端 4 英尺（1.22 米）宽的黑色涂装表明了其领舰地位，后烟道顶端的 3 条条纹则代表所属的分舰队，这样的识别方式自 1922 年开始施行。前烟道用来标记该舰是否为分舰队领舰或分队领舰。如果是分队领舰，色块将有 2 英尺（0.61 米）宽，距离烟道顶端 3 英尺（0.91 米）。黑色代表地中海舰队而白色代表大西洋舰队（后来的本土舰队）。在当时的两支主要舰队中共有 6 个驱逐舰分舰队，分别为：第一驱逐舰分舰队（地中海，1 条黑色）、第 2 驱逐舰分舰队（地中海，2 条黑色）、第 3 驱逐舰分舰队（地中海，3 条黑色）、第 4 驱逐舰分舰队（地中海，无条纹）、第 5 驱逐舰分舰队（大西洋，1 条白色）、第 6 驱逐舰分舰队（大西洋，2 条白色）。到 1935 年时，第 2 舰队的标记变为 1 条红色条纹（1937 年又变为 2 条红色）。到 1938 年时，本土舰队的 3 个驱逐舰分舰队分别为 1 条（第 4 分舰队）、2 条（第 5 分舰队）和 3 条（第 6 分舰队）白色条纹。该标识系统在 1939 年得到了极大扩充以标记数量庞大的新分舰队：双烟道的驱逐领舰使用深红色（地中海）或白色（本土舰队）条纹；E 级驱逐舰（第 12 分舰队，驻罗赛斯）在 2 条红色条纹上方添加 1 条白色条纹；F 级驱逐舰（本土舰队，第 8 分舰队）则是 3 条白色条纹；G 级驱逐舰（第 1 分舰队，地中海）为 1 条红色；H 级驱逐舰（第 2 分舰队，地中海）为 2 条红色；I 级驱逐舰（第 3 分舰队）没有条纹。另外还有 6 支装备 V 或 W 级驱逐舰的分舰队：第 9 分舰队（本土舰队）为 2 条白色条纹上方外加 1 条黑色条纹；第 10 分舰队（本土舰队）没有条纹；第 11 分舰队（驻扎海峡西部入口）为 1 条黑色和 2 条红色；第 13 分舰队（驻扎直布罗陀）为 1 条白色和 2 条红色；第 14 分舰队（本土舰队）为 1 条红色和 1 条黑色；第 15 分舰队（驻扎罗赛斯）为 1 条红色和 2 条黑色；第 16 分舰队（驻扎朴次茅斯）为 1 条红色和 1 条白色。本书未涉及更新的单烟道驱逐舰，它们有其他的标记条纹。

[图片来源：美国海军学院；法埃（Fahey）收藏]

第一项需要被定下来的指标便是航程，因为这将决定驱逐舰最终的排水量。在7月6日的会议上，海军计划总监提出要将16节航速时的航程增加至2000海里，还要能以2/3的航速航行24小时。当这项提议在8月11日的会议上被再次提出时，海军造舰总监指出以"伏击"号的条件计算就需要再携带200吨燃油，排水量将达到2200吨而非之前的1600吨，这已经不能算作一艘驱逐舰了。随后计划总监询问"伏击"号实际能航行多远，得到的答案是可以以16节航速航行1500海里后，或者以2/3航速航行8小时。最终，他将这一数据定在了以16节速度巡航1500海里、以2/3航速航行12小时。这样的设置或许反映的是舰队对（以较高的航速）从新加坡出发，与日本舰队进行大约12小时战斗的需要。而先前续航力5000海里的要求反映的则是舰队对护航的需求，例如从亭可马里（Trincomalee）到新加坡的航行。[2] 对续航力的要求让海军有理由采用更贵更重的巡航涡轮机。不过，两艘试验舰的航程测试表明，它们消耗的燃油并没有预想的那么多。因此在1927年3月，新的1927年型驱逐舰的载油量要求从400吨降到了350吨（当时看来325吨的燃油应该已经足够，但还是留出了25吨的冗余量）。最后的要求于1927年1月敲定，并且还专门提到了让驱逐舰和驱逐领舰具有在航行中或在不能停泊于油轮旁边的情况下接受燃油补给的能力。

当时对如何计算续航力还存在一些疑问。普遍算法是利用巡航速度下的引擎输出功率结合在该速度下单位里程的耗油量进行计算。这种方法可以用来和国外的驱逐舰或是其他设计方案进行对比，但对于参谋人员而言这样的数据却没有用，因为得到的结果根本不符合实际。作为后备方案，航程可以交由舰队来决定。海军造舰总监当时并不能完全保证数据的可靠性，因此对于新的驱逐舰，他通过海试中的算法（每小时消耗多少吨以及每轴马力每小时消耗多少磅）得出大概需要5000轴马力，这已经考虑到了舰体生物吸附的问题（舰船服役6个月后出现）。计算值可能比实际值少，比如，"阿卡斯塔"级在15节航速下的续航力能达到3570海里，而非3500海里。

当时驱逐舰的主要任务依旧是担任舰队中的鱼雷艇，因此各舰将安装2副四联装21英寸（533毫米）鱼雷发射管，这种武器当时刚刚出现并装备了"祖母绿"号（HMS Emerald）和"进取"号（HMS Enterprise）轻巡洋舰。当时甚至还在开发一种五联装的鱼雷发射架，有人甚至认为这种发射架加上鱼雷的重量比四联装的更轻，但对于预计要在1931年4月完工的这批驱逐舰而言，安装五联装鱼雷已经来不及了。

和之前一样，该级驱逐舰将配备4门4.7英寸（120毫米）炮，不过最大仰角从原先的30度增加到了40度。其中1门炮（通常是2号主炮）的仰角还要能达到60度以便对空射击，即使要增加重量也在所不惜。[3] 不过参谋部提出的最终要求还是将最大仰角降回了30度，但保留了1门仰角60度的主炮（并且"配备相应的指挥单门火炮的火控系统"）。此外，在原先的190发炮弹外，这门炮还额外配备100发高射炮弹。另外，舰上还将安装2门"乒乓"炮（2磅机关炮）。但由于需要建造连通它们的炮位和前部弹药库的宽阔舷梯，在舰舯安装这2门"乒乓"炮会让设计方案变得相当复杂，因此在最后提交的设计方案中，可以选择用四联装.50机枪取代这些单装"乒乓"炮。此外，舰上还将搭载4挺刘易斯机枪。[4] 最终上舰只配备了一种4.7英寸舰炮，最大仰角60度的高射炮架并未得以安装。

◁⌐ 图中为"安东尼"号（HMS Anthony）驱逐舰，可见其采用了标准的方形舰桥，内部包括1台火控计算机，上部安装了射击指挥仪，其上还有1台独立的9英尺（2.74米）型测距仪（该舰完工时并未安装射击指挥仪，这是后来加装的）。这台测距仪为FQ2型，和一战期间的V级与W级驱逐舰配置相同，字母F代表低仰角，Q代表其中一个子型，其安装支架的型号由独立的M开头的字符表示。FQ2型包括9英尺型和12英尺（3.66米）型两个版本，测距量程为500—40000码。舰艉的突出物和吊柱则是为两速扫雷索准备的。该舰的指挥位置在顶部的开放式舰桥，下方的舵手舱室主要用于信号传递，因此也被称作信号甲板（signal deck）。"安东尼"号在海试时以34415轴马力的功率（转速366.4转/分钟），在排水量1430吨的情况下达到了36.31节的最高航速。

　　高射角的主炮需要专门的火控系统，或者说需要一种能够测量高度的测距仪（当时的防空还无法测距）。"伏击"号的海试报告就指出测距仪不该安装在射击指挥仪的顶部，因为这会导致舰桥上的空间不足。不过幸运的是，驱逐舰一般也不可能同时需要进行对海和对空射击，因此枪炮局局长建议在前舰桥安装一台（可以变为测距仪的）测高仪。

　　在整个设计阶段，人们普遍认为1927年型驱逐舰将拥有相当复杂精密的火控系统，包括类似两艘试验舰那样的位于甲板下的火控计算机。事实上，在设计工作后期，海军军械总监还曾要求增加甲板下的射击指挥所的大小。但是在1928年8月，皇家海军却决定采用和后期型W级驱逐舰类似的火控系统，只包括1台在甲板下的维克斯钟。这可能是由于巴尔&斯特劳德为两艘试验舰建造的火控系统实在太过复杂。不过，这也是当时的权宜之计，因为海军部后来就在C级驱逐舰上采用了简化的火控计算机。

　　当时的建造要求还包括所有驱逐舰都必须能够安装超声探测设备（但并不是每一艘都会实际安装），同时还将搭载标准的反潜武器（包括2具深水炸弹抛射器、4具坡道和8枚深水炸弹），在海军参谋部的最后一版要求中，还有"再增加4枚深弹"以便执行反潜任务的内容。第一批建造的新驱逐舰将用于替换先前执行鱼雷攻击任务的驱逐舰，因此它们不会搭载布雷设备（但后续的或许会安装）。海军参谋部最后一版的设计要求（1927年1月）还希望各舰能够搭载"弗农"号鱼雷学校当时正在开发的新式"高速扫雷索"（即1926年年末出现的两速扫雷索），至于是给整个分舰队都装上还是只装备其中一个分队，那就是后话了。两速扫雷索最初在旧式驱逐舰"鳎鱼"号上进行了测试。1927 年 9 月，海军部决定，为防止舰艉太过拥挤，拥有两速扫雷索的驱逐舰只安装 4 具深水炸弹坡道，没有两速扫雷索（但安装了声呐）的驱逐舰才会安装深水炸弹轨道。最终的武器配置要求中包括 8 枚全部存储在甲板上的深水炸弹。最终的 A 级驱逐舰仅装备了两速扫雷索而没有声呐，因为当时已经决定，同一支分舰队要么装备两速扫雷索，要么装备声呐。深水炸弹的配置方案则是能够每次投放 5 枚（2 枚由抛射器发射，另外 3 枚则由坡道或轨道投放）。1928 年 8 月，A 级驱逐舰（已经在建）的反潜武器又更改为 3 具深水炸弹坡道（2 具位于右舷）和 6 枚深水炸弹，不再安装抛射器。

该级舰满载时（是比之前严格的要求）的最高航速至少为 33 节，这实际上回到了 1912 年以前的标准。但参会人员也注意到舰船服役时的航速通常要比理论上的航速慢近 5 节，因此纸面数据通常掩盖了真实性能。例如，要让满载状态（1810 吨）下的"亚马逊人"号试验舰达到 33 节需要 44500 轴马力的动力。相比之下，"伏击"号（1600 吨）就只需要 39000 轴马力。

舰桥的设计综合了之前两艘试验舰的建造经验。在 1927 年 3 月造访"伏击"号时，时任审计主管就对舰桥的大小十分震惊，他认为这样的舰桥应该更适合巡洋舰而非驱逐舰（舰长也持同样的观点），因为其空气阻力相当可观。同时，大型舰桥在舰船有明显横摇时也会制造更多问题。另外，开放式舰桥下部的海图室也没有必要那么大。因此"伏击"号舰长建议日后的驱逐舰舰桥应该为流线型。"亚马逊人"号的舰长还建议将探照灯和鱼雷发射管的瞄准具挪到舰桥中轴线上以缩减其正面的宽度。时任驱逐舰少将的报告中也指出，V 级和 W 级驱逐舰及其领舰的风阻较大。由于曾计划将 2 号主炮的最大仰角增加到 60 度，A 级驱逐舰方案的舰桥更为靠后，艏楼的长度也更长。

时任海军造舰总监 W. J. 贝里在 1927 年 7 月提出了采用流线型上层舰桥以降低风阻的方案，并且还对舰炮炮盾做了相应改造。流线型的设计导致上层舰桥不足以容纳声呐操作设备和必要的标绘台，因

> 如图中"卡彭菲尔特"号所示，在一战后皇家海军最主要的轻型防空火炮便是 2 磅机关炮，外观很像 .303 口径（7.7 毫米）维克斯水冷机枪的放大版。该型火炮和后来的多管（四联装和五联装）40 倍径 40 毫米机关炮属于同款，弹重 0.764 千克，炮口初速 731 米 / 秒。炮架最初是手动操作的，在二战期间皇家海军则将其安装在原本为厄利空机关炮设计的电动炮架上。该炮采用 25 发的布制弹带供弹，射速每分钟 200 发。著名的博福斯炮其实也是一种 2 磅炮，只是其身管更长（60 倍径），因此炮口初速也更高（达 881 米 / 秒），弹头也略重一些（0.894 千克）。

（图片来源：加拿大海军）

此他提议将两者挪到下层舰桥。由于当时所能得到的信息并不多，他提议制作一个舰桥模型来进行风洞测试。但审计主管和海军装备总监则倾向于保留原先的舰桥设计，两人的理由都是需要在舰桥上为通信人员留出足够的空间。审计主管的委员会提供了各项数据但却没有得出任何结论，数据表明"伏击"号的舰桥比部分后期型 W 级驱逐舰短了大约 3 英寸（76 厘米），位置则靠后大约 0.76 米。审计主管于 1927 年 9 月正式批准了舰桥的设计。

海军造舰总监的回应则是罗列出了当时驱逐舰舰桥上需要搭载的所有设备，并且指出 V 级和 W 级驱逐舰的指挥官们已经发现舰桥空间不够用了（当时已经批准了扩建的要求）。扩建主要是为了容纳下面这些设备，主要有电罗经、射击指挥仪操作平台、信号装置（信号灯）和水下听音器（声呐）操作平台，都是极具战术意义的设备。海图室的体积同样小不了，这是因为从"温彻斯特"号（HMS Winchester）的使用经验来看，舰桥需要牢靠的结构支撑——扩大其正下方的海图室是最简单的办法。海军造舰总监后来的评论还指出，小而简陋的舰桥不符合实战需求，在一战前装备的驱逐舰上，舰桥上安装的主要都是导航设备，但战争期间的战术要求——比如有效的远距离炮击——让火控设备也变得相当关键，战时建造的驱逐舰还需要可以遥控的探照灯。尽管这些设备结构可能并不复杂，但随着对有效性的要求的提高，到了20 世纪 20 年代，它们逐渐发展成了大型设备。1916 年，K 级、L 级、M 级和 R 级驱逐舰的舰桥上还一度安装了中轴线鱼雷发射管的操控装置——但实际上并不可靠。所有的驱逐领舰、V 级驱逐舰以及后续驱逐舰都取消了这种遥控发射装置，改为用传声筒或者电话传令，杰利科上将在 1916 年春季还特别要求采用更可靠的设备。现有的查得博机械式火控信息收发系统将作为电气和液压控制系统的补充，它们无疑也要占用空间。同时，由于驱逐舰将安装声呐设备（114 型或 115 型），因此舰桥上还需要遥控深弹投放的设备。除了这些设备的体积都相当可观之外，还有一个棘手的问题：它们几乎都需要宽敞的视野，而在舰体中轴线上，除了舰桥之外是没有这样的地方的。

海军造舰总监预计所有的这些新改变会让驱逐舰的排水量在"伏击"号的基础上增加 170—200 吨，这就接近"亚马逊人"号 1800 吨的满载排水量了。排水量的增加主要源于对载油量的需求、对搭载更多鱼雷发射管的要求（需要 4 吨用于安装四联装鱼雷发射管，还需要额外的 1 吨用于加固甲板，但对于露天甲板及甲板上方的结构而言，增重还将翻倍）和由于 4.7 英寸（120 毫米）主炮最大仰角增加而不得不进行的舰体结构加固。海军造舰总监注意到或许可以通过削减载油量达到减重的目的，因为每减少 1 吨载油量就可以节省大约 3 吨的排水量。

当时还有一些人希望为驱逐舰提供更好的居住条件和更佳的独立作战能力，这样它们才能够承担通勤任务——对远东战略来说这就需要更长的续航力。例如，驱逐舰上会建有烘焙舱和电热供暖系统，两者都需要更强大的发电设备来支持。在 1927年 3 月，有人建议让该级舰搭载 2 台 70 千瓦蒸汽发电机和 1 台 30 千瓦柴油发电机，后者是在港口停泊时使用的（照明与供暖等，但后来有人质疑，是否能保证柴油机在如此长时间的使用中不出故障）。每一台蒸汽发电机都要能满足全舰在海上时的用电——即最大用电负荷。柴油发电机则只在港口停泊时使用，因为其产生的震动可能会干扰火控设备，并且没有任何文字材料提到过可以像美国海军那样将柴油发电机作为应急使用。首席工程师倒是提出过可以再安装电驱动设备以提高驱逐舰的自持力，但这就意味着蒸汽发电机必须随时处于运行状态，而这样动力舱室就没法在停泊期间匀出人手来监控柴油发电机了，这种情况并非没有出现过。"伏击"号的舰长就认为舰上的电力产能已经过剩了（该舰的深水炸弹控制装置采用电力驱动），而海军造舰总监也曾就此指出"伏击"号上大多数需要用电的设备都是为了提高航行性能（例如用于增压送风的风扇）设置的。附带地，发电机也能在舰船停泊（锅炉未升火）期间提供照明，从而改善居住条件。最终，A级驱逐舰安装了和2艘试验舰一样的2台40千瓦蒸汽发电机。

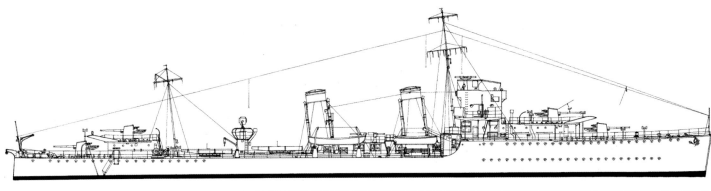

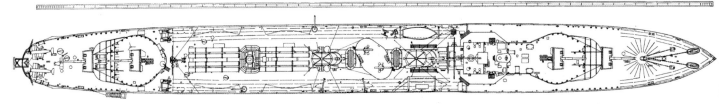

"热心"号驱逐舰

"热心"号（HMS Ardent）属于英国在一战后建造的第一级驱逐舰，该舰为从B级到I级的设计提供了模板。在总体布置上该舰和两艘试验舰相同，但新式4.7英寸（120毫米）速射炮换装了新的炮盾，能为操作人员提供更好的保护，同时鱼雷发射管也换成了四联装。主炮采用CP Mk VI**型炮架，最大仰角30度。间战期的英国驱逐舰主炮炮管显得相对较长，这是由于其耳轴距离炮膛交近。一方面，这可以减小炮盾的大小，另一方面，在高仰角发射时，耳轴的高度也不需要太高就能保证炮膛距离甲板。不过这些舰炮在炮尾有较大的配重用于平衡炮管的重量和动量。在炮盾内侧，与炮盾相连的座位上是分别负责炮俯仰和方位的瞄准手。炮盾内还有供发射手操作的平台，但装填手（负责将炮弹和发射药放入输弹槽）只能站在甲板上并跟随火炮的转动移动位置。舰桥上方有1具9英尺（2.74米）对海测

距仪（MQ1型）以及1台有流线型外壳的一战时期的射击指挥仪。A级驱逐舰还可以拖曳两速扫雷索，图中可见储存在后甲板上的破雷卫，以及用来操作它们的吊柱，和战时吊柱相比它们已经轻巧了许多。在破雷卫旁边的是3具深水炸弹坡道（2具位于右舷），扫雷索的绞盘则位于略靠前一些的甲板尾区后方，两舷各有1台。英国的驱逐舰指挥官后来时常抱怨，舰上的主炮距离舰桥或是舰艉都太近了，因此容易被海浪扫伤——这或许是为了限制舰体的长度和造价所致。"热心"号安装了3台275磅力／平方英寸（1.90兆帕）的雅罗式锅炉（316摄氏度），"安东尼"号也是如此，不过"阿刻戎"号（HMS Acheron）则安装了实验型高压锅炉（桑克罗夫特设计建造，500磅力／平方英寸，温度为399摄氏度）。其余各舰则采用新的海军部标准型三鼓式锅炉（three drum boiler），工作压力300磅力／平方英寸（2.07兆帕），

温度316摄氏度。"阿刻戎"号的建造承包给了帕森斯舰用蒸汽轮机有限公司（Parsons Marine Steam Turbine Co.Ltd），目的是测试该公司的动力系统，制造商宣称可以减少7%的燃油消耗和10%的蒸汽消耗。由于"阿刻戎"号接连出现问题，海军首席工程师不愿意再采用高蒸汽参数的锅炉，尽管雅罗一直都很推崇，美国海军在20世纪30年代也运用得很成功。在海试中，"热心"号以34376轴马力的输出功率（转速366.7转／分钟），在排水量1383吨的情况下达到了35.905节的最高航速。海军部的三鼓式锅炉被认为是一项巨大的进步，相比之前的锅炉，它们拥有过热器和更大的燃油喷嘴（供油量从每小时408千克增加到544千克），从而也就增加了燃烧炉所产生的热量。其中两个加热鼓的水管会在上方的第三个蒸汽鼓内汇合，其水管的分布比之前的锅炉更分散，再加上使用了过热器，输出功率获得了极大的提

高。但新式锅炉也带来了新的麻烦，过热器和水循环系统都有问题，这些问题到第二次世界大战前期才得到完全的解决。例如，水在进入蒸汽鼓后是必须要回流回加热鼓中的，但当时的设计却并未区分上行和下行的管道，这就导致一部分锅炉管道中会发生堵塞现象。1937年时，"冬青"号（HMS Ilex）驱逐舰换装了拉孟特（La Mont）的强制循环锅炉（forced-circulation boiler），这是皇家海军第一次装备此类锅炉——它们在战时也用在了蒸汽炮艇上。该型锅炉比海军部的锅炉要轻，但效率也更低，而且水循环泵需要额外的人员维护。当时美国人通过高质量蒸汽提高锅炉效率，从而获得较长的航程在太平洋上作战。二战结束后，皇家海军也使用了类似的锅炉，实际上认可了美国人的做法，同时被采用的还有美国海军最早开发出来的更轻的双级减速涡轮机。图中所示为在1930年4月"热心"号刚刚完工时的状态。

（绘图：A. D. 贝克三世）

　　所有的这些问题最终在 1926 年 10 月 5 日敲定。不久后印发的比较表格就罗列出了海军参谋部提出的要求：长度比"亚马逊人"号略长（水线长 99.06 米，"亚马逊人"号则为 97.23 米）、宽度同为 9.60 米，动力系统输出功率要能达到 39000 轴马力，满载条件下航速 33 节（标准排水量时航速 37 吨），续航力则至少要接近"亚马逊人"号的水平，即 15 节时可达 3400 海里，标准排水量为 1353 吨（"亚马逊人"号为 1352 吨，"伏击"号为 1173 吨，而后期型的 W 级则为 1112 吨），满载排水量为 1740 吨（"亚马逊人"号达到了 1812 吨，"伏击"号为 1585 吨，后期型 W 级 1504.5 吨）。

　　基于上述条件，当时估计 1927 年型驱逐领舰水线长将达到 114.30 米，宽为 10.97 米，需要 4 台锅炉以产生 52000 轴马力的输出功率，这样才能跟上 1927 年型驱逐舰。同时领舰将以 1 门 3 英寸（76 毫米）防空炮替代"乒乓"炮。相比之前的驱逐领舰"司各特"号（水线长 100.58 米，输出功率 40000 轴马力，满载时最高航速 31.5 节），1927 年型领舰的尺寸有了相当显著的增加，但国外的大型驱逐舰，例如法国的"虎"级（Tigre）和意大利的"狮"级（Leone）要比英国领舰更大。新领舰的标准排水量和满载排水量将分别达到 1900 吨和 2450 吨，而"司各特"号只有 1530 吨和 2050 吨。

　　时任海军审计主管查特菲尔德（Chatfield）上将并不满意，当然主要是在花费上。因为 1927 年型驱逐舰的尺寸将和"亚马逊人"号相当，比 W 级驱逐舰还要重 300 吨，而"在建造的时候，W 级已经不仅仅可以作为驱逐舰，也可以作为分队中的领舰了"。他注意到了该级驱逐舰增加的航速、弹药量和鱼雷发射管数量，"实际上所有的数字都在稳步增加，当然也包括造价"。因此他预计武装一支分舰队所需的资金将比建造计划通过时白皮书中的报价高出近 65 万英镑，4 年的建造计划的花销将比此前报告给内阁的数目多出 250 万英镑。虽然驱逐领舰的尺寸比法国和意大利的要小，"但很显然这些国家能负担得起这样的舰船，因为他们不需要大量建造，但我们却需要建造相当多的驱逐舰"。因此，审计主管必须想办法从领舰的 501450 英镑预算中节省出 8.6 万英镑来。只携带 6 枚而非 8 枚鱼雷、为每门炮配备 150 发而非 190 发弹药（但保留 190 发的空间），并将后备炮弹从每门炮 210 发降至 150 发，可以达成超过三分之一的节约目标，其他的经费则只能从动力系统上削减。另外，用库存的鱼雷来装备新舰而非新造鱼雷也能节省一大笔经费。

∨ 在建造到 D 级驱逐舰时，2 磅炮最终被四联装 .50 口径（12.7 毫米）机枪取代，图中为加拿大海军的驱逐领舰"阿西尼博"号（HMCS Assiniboine）所搭载的机枪。这些机枪采用 200 发弹链供弹，射速每分钟 650—700 发（就算算上射击间歇，实际射速也有每分钟 450 发），枪口初速达到 768 米 / 秒，弹重 37.59 克。这种机枪后来又被单装厄利空机关炮（70 倍径，口径 20 毫米，弹重 123.4 克，射速 200 发 / 分钟，炮口初速 838 米 / 秒）取代，但在许多驱逐舰上还是一直使用到 1943 年。

（图片来源：加拿大海军）

∧ B 级驱逐舰的舰桥略微向前延伸，如图中的"斗牛犬"号（HMS *Bulldog*）所示（1939 年），顶端还装有挡风玻璃，这为指挥官提供了更好的视野。前伸的平台用于搭载磁罗盘，而传统的罗经则在后方大约 4 英尺（1.22 米）处。舰桥的左侧为海图桌，右侧为信号人员的通信平台。在后续的驱逐舰中，前伸被取消，磁罗盘被挪到了舰桥后部。B 级驱逐舰在二战前期都拆除了舰桥前伸部分，但其中有不少后来恢复了这一结构。海试期间，"斗牛犬"号在 1477 吨的排水量下，以 34110 轴马力（转速 357.1 转 / 分钟）的最大输出功率，达到了 35.452 节的航速。

＞ C 级驱逐舰终于配备了完整的火控系统，方形舰桥后部相对独立的上层建筑为射击指挥仪控制塔（director control tower, DCT）。图中为加拿大海军的"雷斯蒂古什"号（HMCS *Restigouche*），即前英国皇家海军"彗星"号，可以看到射击指挥仪控制塔暴露的基座。C 级和 D 级驱逐舰上的测距仪是需要三人操作的 UF1 型，既可用于测量海上目标也可以用于测量空中目标。这意味着测距仪的视线可以向上抬升，但主要的问题是空中目标的移动速度通常很快，测距人员很难获得准确的"影像"。因此测距仪采用了比例辅助措施，其透镜可以根据飞机的大致速度调整倾斜角，以此保持对目标的跟踪。这样的调整是必要的，因为皇家海军不像美国海军那样装备了体视测距仪（stereo rangefinder），后者可以更快地解算出没有太多限定条件的目标距离。成功的测距（作为输入防空火控系统的参数）需要准确估计目标的速度和航向，如此环环相扣的系统是不能容忍严重偏差的。这种"三人测距仪"的出现是因为当时的驱逐舰已经具备了一定的防空能力，其操作人员包括测距员、仰角控制员和方位角控制员，低仰角测距工作测距员和方位控制员两人即可完成。从外观上看，三人测距仪的厚度更厚，因为内部需要容纳调整镜片倾斜角的装置。C 级驱逐舰的开放式舰桥位于操舵室和无线电收发室上方。射击指挥仪下部的建筑包括位于左舷的海图室和位于右舷的航海舰长室。开放式舰桥中部的平台上装有标准的（磁性）罗经，左侧和右侧则分别为海图桌和声呐设备与信号操作台，平台前端还有 1 面反射镜，以便让舰桥上的所有人都能看到罗经盘的指向。舰桥上还有 2 套鱼雷发射设备（这样 2 副鱼雷发射管可以同时攻击分别位于两舷的目标）。除了舵轮之外，下层的操舵室内还有航迹绘制设备（通过位于舰桥左后方的观察点可以从舰桥上看到），另外还有根据舰桥上传达的命令远程遥控探照灯和鱼雷发射管的操作人员。再往后则是用于投放深水炸弹的遥控设备。海试期间，"彗星"号输出功率达到了 36057 轴马力（365.9 转 / 分钟），在排水量 1575 吨的条件下，最高航速达到了 36.975 节。这张"雷斯蒂古什"号的照片摄于 1939 年 2 月 15 日，当时该舰正在通过巴拿马运河。

1927 年 7 月，就在海军部还在讨论舰桥的大小和驱逐舰的武器配置时，大西洋舰队司令亨利·F. 奥利弗（Sir Henry F. Oliver）上将就宣称新的驱逐舰实在太大了，他认为驱逐舰的数量更重要，尤其是在实施鱼雷攻击时，"更多的目标意味着战损比例会更低"。奥利弗也重申了在平静水面测得的最高航速毫无意义，这些昂贵的舰船不过是"没有关键的信号、无线电通信设备和足够续航力的无防护巡洋舰而已"。奥利弗为此还组建了一个三人委员会来进行更深入的研究，驱逐舰准将 W. 德·M. 埃杰顿（W. de M. Edgerton）和另外两位大西洋舰队的驱逐舰舰长罗列了一份需要改进的清单，包括将舰桥进一步后移以降低高度，以及将射击指挥仪和测距仪结合在一起以节省舰桥空间。查特菲尔德回复道："无论这样的提议多么诱人……但决定是否减小驱逐舰尺寸之前，还要考虑正在为国外建造的驱逐舰的情况，而英国希望通过日内瓦（裁军会议）降低驱逐舰尺寸的想法必然会遭遇失败。"这一舰种必须要能承担多种职能，"因此驱逐舰将不再仅仅是一型鱼雷搭载舰（就像舰队司令所说的那样），事实上它们更像是一种小型巡洋舰，需要强大的火力、昂贵的火控系统，并且拥有极高的航速和续航力，以及高射角的舰炮和舒适的居住空间"。他支持海军造舰总监排水量不应再降低的意见。第一海务大臣在 11 月 1 日表示同意造舰总监和审计主管的看法。

不过，排水量还是有所削减，海军造舰总监和总工程师在 1926 年 11 月中旬指出，标准排水量 1280 吨（而非 1350 吨）的驱逐舰可以在标准海试条件下，以 33000 轴马力的输出功率达到 34.5 节（满载条件下 31.5 节），单舰造价仅需 31 万英镑，只比审计主管希望的 30.8 万英镑高了一点点，这就不需要在弹药方面省钱了。到 1926 年年末，已经省下了超过需要的经费，最关键的变化就是将驱逐舰和领舰的最高航速分别下调了 1.5 节和 1.25 节，多余的经费又可以让领舰的航速提高 0.25 节，这样整个分舰队的航速就可以保持一致了。最终，各舰的动力系统功率被定在了 34000 轴马力，排水量增加了大约 30 吨。

"科德林顿"号舰内结构

"科德林顿"号（HMS Codrington）属于英国在一战后建造的第一型驱逐领舰，用于领导 A 级驱逐舰。该舰和驱逐舰一样，在两段锅炉舱内安装三台锅炉。每隔一段时间就会有人提议该舰采用更大的锅炉，从而将锅炉数量削减至两台，进而只设一座烟道，这几乎是定期的。但反对者称驱逐舰时常需要关闭一台锅炉以进行维护，此时拥有 2/3 动力要比只有一半动力要好得多。"科德林顿"号锅炉的蒸汽压力为 300 磅力 / 平方英寸（2.07 兆帕），这是间战期海军部锅炉的标准压力。海军部曾在"阿刻戎"号上测试过高参数的蒸汽，但结果似乎并不算成功。"科德林顿"号的设计航速为满载（排水量 2012 吨）时 31.25 节，但在海试期间，在 1674 吨的初始排水量（标准排水量为 1520 吨）条件下，其动力系统功率达到了 39257 轴马力，最高航速达 37.739 节。和 A 级驱逐舰一样，"科德林顿"号并未安装原本计划上舰的自动化火控系统（直到 C 级驱逐舰才得以安装）。不过，"科德林顿"号上是有射击指挥所（图中数字 20 所示）的，内部有计算装置，最终还装备了火控计算机——1 台 Mk I 型海军火控钟。但舰上没有通常应该配备的射击指挥仪控制塔（DCT），取而代之的是后期型 W 级驱逐舰那样的 Mk V 型射击指挥仪，最迟于 1938 年安装。后来有人建议将 2 号主炮改造为高仰角（60 度）火炮，图中可见该舰在一定程度上增高了舰桥以保证视界。在海试时，可能由于主炮的配重不够，这门主炮无法达到所需的仰角。"科德林顿"号是战后装备 5 门主炮的驱逐舰中，唯一一艘舯部 3 号主炮右侧没有防爆护盾的。常备的 2 磅"乒乓"炮（2 门，并列布置）位于 2 号烟道的正后方，该舰还装备了 4 挺 .303 口径（7.7 毫米）机枪，图中并未绘出。舰上只有水下听音室（图中数字 19 所示）而非声呐操作室，尽管设计时计划装备超声探测器，但实际上只安装了被动的水压听音器。设计时还计划装备深水炸弹支架，但实际建成后的反潜武器只有 4 具深水炸弹坡道和 2 具抛射器，这是典型的一战配置。两台主要的（40 千瓦）涡轮发电机位于锅炉舱内，另外还有一台 20 千瓦煤油发电机，用来在港口停泊时提供电力。当时皇家海军对美国那样的应急柴油发电机没有兴趣。图中的桅杆瞭望台（crow's nest）并未实际安装。

（绘图：A. D. 贝克三世）

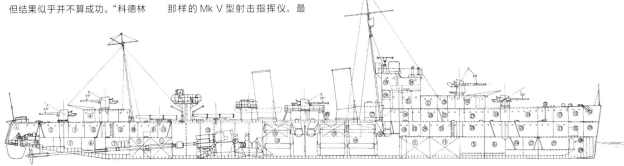

1. 操舵室
2. 军官舱室
3. 军官餐厅
4. 军官厨房
5. 4.7 英寸炮发射药弹药库
6. 4.7 英寸炮弹头弹药库
7. 鱼雷战斗部弹药库
8. 辅助无线电收发室
9. 休息室
10. 办公室
11. 油箱
12. 引擎舱
13. 2 号锅炉舱
14. 1 号锅炉舱
15. 辅助油箱（位于左右两舷）
16. 淡水储藏室
17. 舰上厨房
18. 无线电收发室
19. 水下听音室
20. 射击指挥所
21. 食物储藏室
22. 灯具与油漆仓库
23. 舰员铺位
24. 陀螺仪舱
25. 低功率储备仓
26. 补给仓库
27. 中央仓库
28. 煤油油箱
29. 水密隔舱（中空）
30. 锅炉舱通风室
31. 起居舱（左舷）
    医务室（右舷）
32. 引擎技师（ERA）铺位
33. 海图室（左舷）
    舰长休息室（右舷）
34. 操舵和信号室
35. 锚链舱

随着设计草案在 1927 年 3 月被敲定，日后的造舰总监斯坦利·V.古道尔成了驱逐舰分处的主任。在他看来这个草案不过是炒了后期型 W 级驱逐舰的冷饭，"首席工程师同样也认为应该能做得更好"。批评意见主要集中在，在排水量增加了近 200 吨后，除增加 2 具鱼雷发射管意外，驱逐舰无论是在航速方面还是武器装备方面都没有进步，而如果以这样的体量标准来招标，那些私人的造船厂无疑能凭借更高效、更强大的动力系统，开发出比海军部方案更好的设计方案。例如"亚马逊人"号只依靠三台锅炉就让 6 小时海试期间的平均输出功率达到了 41446 轴马力，在测速里程处更是达到了 42193 轴马力，这还是在 1 号锅炉发生故障的情况下做到的。很显然只需要两台有所改进的锅炉就能提供 32000 轴马力的动力。古道尔有信心将水线长度缩短 10 英尺（3.05 米），将满载排水量从 1685 吨降低至 1560 吨，同时保证续航力不变，单舰造价也能从之前的 32.6 万英镑降至 30.4 万英镑。并且他还提出了更优良的水密隔舱分区设计（最大的锅炉舱也比现有设计中的要小）。古道尔的设计草案标注的日期为 1927 年 4 月 14 日，将两台锅炉的上风道合并，因此全舰只有一座烟道。

但首席工程师反对只采用两台锅炉的设计。大概 10 年后，在设计 J 级驱逐舰时遇到了类似的问题，他指出更大的锅炉热传导面积也更大，因此提高动力时花费的时间也更长，这会影响舰船的加速性能。同时，清理锅炉（每航行 21 天或者每季度需要进行一次清理）会造成更大的影响，因为当一台锅炉接受清理时，全舰就只剩下一半的动力了。

早在 1926 年 7 月，在预料到海军将会在 1927—1928 年建造计划中重启一些驱逐舰的建造后，雅罗提出根据对海军部的要求的预测建造 2 艘驱逐舰。[5]该船厂希望借此机会测试新的 400 磅力/平方英寸（2.76 兆帕）的锅炉。皇家海军表示不一定会购买这两艘驱逐舰，但雅罗却说它们可以为 1928 年的建造计划提供许多珍贵的信息。首席工程师和海军造舰总监对这个观点很感兴趣，海军审计主管觉得在理论上这两艘驱逐舰类似于 1912 年建造计划中用来加快建造进度的特设驱逐舰。为了响应审计主管，首席工程师和造舰总监解释道，建造新的实验型驱逐舰可以帮助 1928—1929 年型驱逐舰（即需要在 1928 年 11 月 1 日左右开工建造的批次）尽快成形，当时的估计是如果能在 1926 年 8 月 1 日获得批准，在不停工延误的情况下，建造将需要 21 个月的时间。[6]这一观点也被海军委员会采纳。雅罗承认他们的高压锅炉并不能降低动力系统的重量，但他们希望在以巡航速度航行时节约大约 10% 的燃料。后来雅罗宣称如果"伏击"号采用新的动力系统，其 11 节时的续航力能从 5000 海里提高到 6500 海里，15 节和 16 节时的续航也将分别达到 4500 海里和 4150 海里，均比现有的驱逐舰要远。这样的驱逐舰单舰造价预计为 27.75 万英镑，相比之下"伏击"号造价为 27.4 万英镑。建造该舰的主要目的是获得高压和高温蒸汽在经济性和实用性方面的信息。雅罗注意到，因为以载油量较少的状态为基准计算标准排水量，《华盛顿海军条约》极大地（但不是完全地）贬低了大型舰船在省油方面的价值。不过，既然不需要携带那么多的燃料，航速就可以再提高一些（或者以更低的动力达到现有航速）。首席工程师因此认为试验舰值得一造。

海军部内部产生了关于该方案是否违背《华盛顿海军条约》的讨论，试验驱逐舰的进度被耽搁，原计划中的订购期转瞬即至。雅罗当时还在自己的实验舰"英王乔治五世"号（HMS *King George V*）上安装了 575 磅力 / 平方英寸（3.96 兆帕）的高压锅炉，以测试高温高压的动力系统。在 10 月中旬，海军审计主管建议等待测试结果出来后再做决定。为了确定是否应当给一艘或多艘 1927 年型驱逐舰装备高温高压锅炉，他愿意等到 1927 年 5 月，而海军参谋部的新要求也让雅罗可以简单地复制"伏击"号的设计，只需安装新式锅炉。但海军总参谋长指出，在对外公布的建造计划以外再建造其他舰船，"将会导致其他国家的海军对我们的目的产生怀疑"。在当时（1926 年 11 月），国际联盟（League of Nations）正在准备最终流产了的 1927 年（日内瓦）裁军会议。因此，在 1926 年 11 月底，雅罗的提议遭到了拒绝。不过海军部还是愿意在完成航行测试后考虑是否在已经订购了的驱逐舰上安装该公司的新式动力系统。在 1927 年 6 月首席工程师就建议，1927—1928 年建造计划的招标开始后，让雅罗额外提交一份采用高压（并且蒸汽将被预热）锅炉的设计方案作为备选，海军造舰总监表示同意，雅罗也在报告中列举了计划采用高温高压锅炉的一些重要订单。[7]

海军造舰总监于 1927 年 10 月 31 日将设计草案提交给了海军委员会，同时桑克罗夫特还要求提交自己的设计方案。但海军造舰总监指出"亚马逊人"号的舰体和武器装备设计并没有什么新颖的地方，因此强迫所有造船厂都使用同样的海军部方案以节省资金。一旦桑克罗夫特被允许提交自己的设计，其他造船厂无疑也会做同样的事。首席工程师倒是指出了这些造船厂在动力系统设计方面已经具备了相当的水准，并且雅罗已经获准提交一份备选方案。项目承包总监建议，如果需要的话可以对雅罗和桑克罗夫特区别对待，于是审计主管召集了造舰总监、首席工程师和项目承包总监一起商议此事。

在战前海军委员会是允许包括雅罗和桑克罗夫特在内的所有竞标厂商提出自己的设计方案的。在舰船航速快速提高的年代这样做是合乎情理的，但结果导致皇家海军从未真正拥有过标准化设计的舰船。基于战时的经验，海军部认为自己可以根据参谋部提出的要求进行主体设计，并且需要进行试验的部分也大大减少。当时"亚马逊人"号还在进行试验巡航，而"伏击"号更是还在建造当中，因此桑克罗夫特的提议遭到了拒绝，在这两艘试验舰正式完工并且完成测试前，将不会再建造其他的试验舰。而所有的 A 级驱逐舰都将是尽可能相似的姊妹舰。

招标的邀请于 1927 年 11 月 1 日被发送给了 15 家造船厂，设计方案则在 11 月 3 日获得海军委员会的签章，只有桑克罗夫特和雅罗被邀请提供采用高压高温（400 磅力 / 平方英寸，外加 93 摄氏度的过热器）动力系统，帕森斯（其舰体和锅炉承包给了桑克罗夫特）则提供了压力更高的设计（500 磅力 / 平方英寸，399 摄氏度）。首席工程师希望在采用这样的锅炉前先进行 3—4 年的海上测试，但最终这项提议还是被采纳了（用于"阿刻戎"号驱逐舰上）。雅罗和怀特的方案均因为造价过高而被拒，其余的订单则被分配给多家船厂以免全部集中在克莱德湾。

尽管海军参谋部提出了相关要求，可是该级舰最终安装的还是最大仰角 30 度的 4.7 英寸（120 毫米）速射炮，但专门设计了仰角可达 60 度的 CP XIII 型炮架。到 1928 年 11 月该型炮架已经在舒博里内斯（Shoeburyness）的靶场进行了试射，之后还将在"麦凯"号（HMS *Mackay*）驱逐领舰上进行海上测试。这种高射炮架在测试中暴露出一个致命缺陷：仰角会在发射后因后坐力而降低。经过18个月的技术攻关，这个缺陷依旧没有被消除，直至30年代中期解决方法才浮出水面，即采用减速俯仰机构（reduced-speed elevation gear）。因此，该型炮架终装备了B级驱逐舰而非A级驱逐舰。

对驱逐领舰的要求大体相同，但要增加1门4.7英寸（120毫米）舰炮、扩大舰桥、增加载员空间（1927年3月时估计领舰的载员将达到190人，而新驱逐舰的载员仅有145人），舰上不会搭载两速扫雷索。领舰的设计工作开始于1927年1月，其研发工作大体和驱逐舰同步，载油量也得以适当减少（可能只需要350吨而非最初预计的530吨）。和驱逐舰的设计方案一样，领舰的方案于1927年10月31日被递交给海军委员会，该舰即"科德林顿"号驱逐领舰。

限制驱逐舰的一次尝试：1927年的日内瓦会议

美国政府策划了1927年在日内瓦召开的海军军备会议，其主要目的就是限制当时逐渐产生的巡洋舰军备竞赛，这次会议也是国际联盟不迟于1926年展开的裁军动议的一部分。英国希望借此限制巡洋舰和驱逐舰的数量，最好能够取缔潜艇——当然他们也认为这不大可能。海军部的想法是保证足够的驱逐舰数量，但要限制每艘驱逐舰的尺寸（从而降低造价）。当时提议的排水量限制和英国现有的驱逐舰差不多，驱逐领舰1750吨，驱逐舰为1400吨，主炮口径则不超过5英寸（127毫米）。海军部希望借此机会扼杀驱逐舰逐渐向（昂贵的）小型巡洋舰发展的趋势，节省下来的经费就能用来建造更重要的贸易保护型巡洋舰。但不幸的是不同国家的海军有着截然不同的需求。因为将战略重点放在了远东地区，英国海军将驱逐舰视为综合性的主战舰艇，它们将不会在英吉利海峡作战。如果在海峡活动的话，驱逐舰的舰炮火力就会变得格外重要——因为当时德国建造了几乎可以算作轻巡洋舰的超大型驱逐舰。法国和意大利在地中海的情况与德国在海峡的情况类似，也对建造大型驱逐舰或缩小版的巡洋舰非常感兴趣。英国还希望借由限制甚至完全取缔潜艇来让列强的驱逐舰数量不超过某一数值。英国觉得，既然主力舰已经受到限制，那么限制潜艇（主力舰的克星）也是理所当然的。[8]

谈判最终不欢而散，但扩展军备限制的设想还是一直存在，这导致了1930年伦敦海军会议的召开。

加拿大的驱逐舰

1927年11月9日，加拿大告知英国政府他们希望能够在英国建造2艘驱逐舰。2名加拿大官员在1928年2月27日检视了"阿卡斯塔"级的设计，只提出了一些小的改进要求，包括采用流线型的舰桥和增加油料保温设备。加拿大高级专员公署（Canadian High Commission）于1928年6月4日开始了招标，桑克罗夫特在7月31日回应了招标，但在9月24日却提交了自己的设计方案。[9]该方案最高航速35节，12节时的续航力为5000海里，拥有更坚固的船体，满载排水量1600—1700吨。桑克罗夫特在写给当时负责驱逐舰设计的造舰副总监斯坦利·古道尔的信中提到，这个方案基本上采用 A 级驱逐舰的设计，区别只是长度短了大概 4 英尺（1.22 米），动力系统更加紧凑，输出功率降低到了 32000 轴马力。根据加拿大的需求，舰桥设计成了流线型，所有的进出舱门都位于甲板室内部，能够应对寒冷的天气。同时，动力系统将不再安装过热器。当时桑克罗夫特的设计师 K. C. 巴纳比曾提到"恐怕我们需要在更短更重的舰体上，以更弱的动力系统来追赶 A 级驱逐舰的性能"。建造合同设定的航速是排水量 1450 吨时达到 35 节，计划中的满载排水量为 1750 吨。

海军造舰总监负责对驱逐舰进行测试和审批。在 1929 年 2 月的部门会议上，巴纳比解释称他的估计是基于在合同排水量下 6 小时的海试进行到一半时的情况做出的。在海试进行到一半时该舰的排水量大概为 1380 吨，因此航速可以超过 35 节。当时的简略计算表明如果要在 1380 吨时达到 35 节，动力系统的功率需要达到 17600 有效马力，而大约 0.55 的推进效率似乎也是比较合理的。然而，古道尔却在会上指出，巴纳比对排水量的估算是基于"亚马逊人"号 170 吨的载重量标准做出的，但这艘加拿大驱逐舰的载重量应该为 190 吨。巴纳比不确定在增加 20 吨载重后还能否达到预定的航速，但最终他同意将载重增至 180 吨。在 1930 年 8 月 1 日的海试中，"沙格奈"号在排水量 1405 吨的情况下，以 36417 轴马力的功率达到了 35.364 节的速度，其姊妹舰则在 1406 吨的情况下以 35447 轴马力的动力达到了 36.08 节。

这两艘加拿大驱逐舰"沙格奈"号和"斯基纳"号采用的是当时英国驱逐舰常用的武器配置，包括 4 门 4.7 英寸（120 毫米）炮、2 门 2 磅"乓乓"炮、4 挺刘易斯机枪和 2 副四联装鱼雷发射管。流线型的上层舰桥前端是它们的典型识别特征。

▽ 加拿大海军的"沙格奈"号和"斯基纳"号驱逐舰在本质上等同于 A 级驱逐舰，该舰已经采用了当时皇家海军刚刚提议（但尚未采用）的流线型舰桥。注意舰艏的挡浪板一直延伸到了舷侧并且增加了可供通过的舱门，该舰的所有上层建筑都在内部完全连通。图中为"沙格奈"号驱逐舰。该级舰在二战初期接受的改装和皇家海军的有所不同，两舰的后部鱼雷发射管被换为 1 门 12 磅高射炮，并且后部烟道也被截短。

（图片来源：加拿大海军）

"小猎犬"级（B级）驱逐舰

1928—1929年型驱逐舰（B级）实际上就是1927—1928年"阿卡斯塔"级（A级）的改进版。主要的变化是在1928年7月审计主管召开的会议中敲定的，包括换装4门4.7英寸（120毫米）速射炮，如果条件允许还将列装五联装鱼雷发射架（不是鱼雷发射管）。这种五联装的发射架是一种全新设计的鱼雷发射装置，最早于1928年11月在霍尔西岛进行测试。至于是否要像之前的试验舰一样为驱逐舰安装火控台（即火控计算机）则还要继续研究，是否采用高仰角火炮也需要等待海军参谋部的调查，但是可以先增加舰体相关部位的强度以便将来能够搭载它们。B级驱逐舰将不会携带额外的弹药，不过海军助理参谋长（ACNS）将考虑是否为一部分驱逐舰加装发烟装置。驱逐舰的续航力将保持不变，但补给品的携带量将减少为10周所需，而非之前的4个月。无线电通信方面的需求也要等待进一步的研究。

"小猎犬"级（Beagle Class）的设计方案应该也受到了1928年夏季海军参谋部一份长长的备忘录中罗列的需求的影响。[10] 在考虑到舰队的需求后，参谋部希望尽可能地将驱逐舰的尺寸压到最小，因为较小的尺寸就意味着更好的机动性、更不容易被火炮命中、更具突然性的夜袭和更多的建造数量。参谋部的意见是在任何情况下，驱逐舰的排水量都不该突破英国政府希望通过条约确定的1500吨限制。参谋部指出较小的舰体也方便驱逐舰执行各种类型的任务。夏季的会议最终敲定了海军参谋部的一系列需求，1928年7月或8月上旬，海军总参谋长（CNS，即第一海务大臣）召开了接下来的会议，向各舰队司令询问参谋部定下的需求是否太高，总的来说后者的意见基本都支持不能允许驱逐舰的尺寸继续增加，其中二人还提出要减小驱逐舰的尺寸。

8月时，海军审计主管庞德(Pound)少将曾询问古道尔能否将舰艇的4.7英寸(120毫米)炮替换为第三副四联装鱼雷发射管，以及单纯的拆除这门炮会对排水量、航速、造价和维护工作造成什么影响。古道尔估计这能节省大约20吨的重量，这样本该让航速提高大约0.25节，但由于舰艇会略微下沉，提速效果将会被抵消。而如果将其更换为第三副鱼雷发射管，两速扫雷索的使用就会受到影响。此外扫雷索的绞盘也阻碍鱼雷装填，X主炮产生的暴风似乎也会对鱼雷造成影响。

因此类似的尝试最终被放弃了，到8月下旬时，该级舰的设计大体上依然和A级驱逐舰差不多，4门主炮的最大仰角依旧为30度（不过增加了用于弹药补给的动力系缆桩），同时2号炮位也增加了支撑结构以备安装60度仰角的炮架所需，不过此前提出的还要为这门主炮储存额外弹药的规定被取缔了。此时，"亚马逊人"号上采用的火控系统已经获准继续建造，但"阿卡斯塔"级并未获准搭载。之前驱逐舰上的两速扫雷索也被拆除，取而代之的是一套（119型）声呐系统和可以一次投放5枚深水炸弹的反潜武器，包括：1条深水炸弹轨道和2具抛射器，轨道上有3枚可以随时投放的深水炸弹（总数为15枚）。一开始的武器配置（用于估算载员需求）中还包括五联装鱼雷发射管。不过，在8月31日鱼雷和水雷总监指出，这种鱼雷发射管即使能够按照预期在2—3个月内完成测试，设计工作也需要至少4—5个月的时间，之后则是为期15—18个月的建造工作。时间表如此紧凑，根本来不及进行海试了，但这样的新概念武器无疑是需要海试的。因此他建议1928年型驱逐舰还是先和之前的驱逐舰一样采用四联装鱼雷发射管为好。

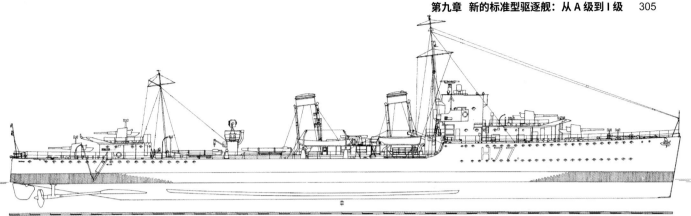

"北风"号驱逐舰

B 级驱逐舰本质上是 A 级驱逐舰的重复，但以声呐设备取代了两速扫雷索，图中为"北风"号（HMS *Boreas*）驱逐舰在 1931 年 3 月时的状态。该舰仅有较短的深水炸弹轨道，后来又增加了 2 具深水炸弹抛射器，一次能投放 5 枚深水炸弹（2 枚以抛射器抛射，3 枚从轨道上投放）。到 1939 年时，标准的反潜配置为 30 枚深水炸弹，每次投放 6 枚。图中可见该舰舰桥上的测距仪和简略的一战样式的射击指挥仪，不过该舰的设计方案中包含了复杂的（"自动化"）火控系统，包括位于舰桥的射击指挥所内的火控计算机和位于舰桥顶部的指挥仪控制塔。但由于在两艘试验舰上安装巴尔＆斯特劳德火控系统的尝试均以失败告终，安装进度被迫被放缓。除图中可见的武器外，该舰还安装了 5 挺 .303 口径（7.7 毫米）机枪，从后来的 D 型开始，后续舰船以四联装 .50 口径（12.7 毫米）机枪取代了单装 2 磅"乒乓"炮。注意位于舰桥侧翼（信号甲板）上的臂板式信号机和舰桥主体顶端的信号灯。海试期间，"北风"号在排水量 1450 吨、输出功率 35398 轴马力（转速 357.8 转／分钟）的情况下，达到了 35.78 节的航速。1944 年时"北风"号租借给了希腊皇家海军，更名为"萨拉米斯"号（RHS *Salamis*）。该舰于 1951 年 9 月归还英国，于 1952 年在罗赛斯出售拆解。

（绘图：A. D. 贝克三世）

A 级驱逐舰上取消了火控计算机和射击指挥仪控制塔，那 B 级驱逐舰是否要安装呢？海军军械总监建议，"鉴于在两艘试验舰上的测试结果基本令人满意"，应该为该级舰安装指挥仪控制塔。火控系统的主体布置应当大致遵循后期型 W 级驱逐舰的设计，并"进行一定的改良，增强自动化程度……或许还有必要增加一名瞄准设定员（director sight setter），这或许会需要在'亚马逊'号的基础上略微增加射击指挥仪控制塔的直径"。海军枪炮局局长建议在甲板下的射击指挥所内安装"和'亚马逊'号或'伏击'号上大小差不多的"火控平台。海军造舰总监也希望参与竞标的方案中包含了和"亚马逊人"号上尺寸类似的指挥仪控制塔。无线电设备则主要包括 1 间主收发室（38 型）、1 个备用收发室（44 型），以及一个火控收发室（31 型），后者主要是用于协同各舰进行集中射击。海军装备总监指出，"阿卡斯塔"级在执行任务时很可能需要 2 台 40 千瓦发电机都保持运转，因此新的方案将安装 2 台 50 千瓦的蒸汽涡轮发电机。

海军造舰总监于 1928 年 10 月 11 日正式向海军委员会提交了新舰的设计方案（几乎就是 A 级驱逐舰的翻版，排水量、尺寸和舰型都没有改变），主要的区别就是海军造舰总监提议让领舰也使用相同的舰体，然后用领舰所需军官取代 X 主炮的操作人员，这样载员空间就能够满足领舰所需，但还有另外 4 名军官和 1 名水兵需要由分舰队中的其他驱逐舰搭载。这样做是为让领舰拥有和分舰队中其他舰船一致的外观，其设计方案于 10 月 18 日获得了海军委员会的批准。

"小猎犬"级上的声呐设备实际上是英国的第一批量产型号。早期的实验型需要通过下层甲板的舱室控制，超声装置的方向指令通过传声筒自舰桥下达。操作人员为 2 人，1 人负责操作振荡器的方位，另外 1 人则负责收听回音，距离则可以通过秒表进行估算或者通过自动记录仪计算，信号直接传导至舰桥的扩音器内。有人指出，既然方位角和距离的读数可以被直接传导至舰桥，那么振荡器的角度也可以直接（通过电力机构）在舰桥调节。但无论如何，单一的一次读数是不够的：每一次声呐探测敌方潜艇后都必须标绘航迹，进而才能解算出潜艇的航速和航向。在"热情"号（HMS *Torrid*）驱逐舰上测试的是自动航迹标绘仪（automatic plotting board），但"小猎犬"级在一开始使用的还是人工航迹标绘台。

10 月 22 日，就在招标开始前，雅罗询问能否允许其为下一型驱逐舰（1928—1929 年系列）提交一份只采用两台锅炉的设计方案，这大体上就是古道尔在设计前一型驱逐舰时提出的方案。但首席工程师认为，这种设计提供的优势还是会被动力系统上不可接受的缺点抵消。不过另一方面考虑到这是雅罗的专长，他建议告诉雅罗海军部很乐于看到备选方案。海军造舰总监则要乐观一些：雅罗或许能以这种方式为动力系统节省近 20 吨的重量和大概 14 英尺（4.27 米）的长度，从而提供舰上急缺的额外空间，尤其是锅炉舱前隔舱壁前部的载员空间。在竞标中，桑克罗夫特和雅罗都提出过采用两台锅炉的驱逐领舰方案，省下的空间用来安装第 4 门 4.7 英寸（120 毫米）炮。但海军造舰总监批评雅罗第 4 门主炮的安装位置实在不佳，增加的燃油量还会降低航速。桑克罗夫特的方案有 5 门主炮（其中 1 门位置也很糟），但载员空间、稳定性和航速都欠佳。不过海军造舰总监总结道，确实有可能设计一型两台锅炉的驱逐领舰，既具有驱逐舰的战术性能又具备类似"科德林顿"号的载员条件（不过部分人员要分散到分舰队的其他舰船上）。因此他建议将他的设计草案交给桑克罗夫特和雅罗进行一些改进。他指出驱逐舰在巡航时常常只开启一台锅炉，航速足以达到 8 节，如果采用更大的锅炉，虽然推进效率不高，但航速也足以达到 24—25 节。

但首席工程师对两台锅炉的设计没有多大兴趣，他从技术角度对这两种设计方案能否投入实际应用提出了疑问。皇家海军当时也在计划测试大型锅炉，这使之后的建造工作变得复杂起来。

1929 年 1 月时海军军械总监又提出了为驱逐舰开发火控系统的计划，其设计工作始于当年 3 月，试验型火控台（计算机）的招标则始于 1930 年 3 月，次年 7 月完成了制造。而最初的量产型要到 1932 年 7 月才能交付，在"卓越"号海军炮术学校进行完全的测试前，量产工作是不会开始的。当时的海军审计主管巴克豪斯（Backhouse）上将完全支持这一计划，但也提醒要让该装备尽可能地简单。相比私人公司提交的设计方案，他更青睐海军部设计的火控台，毕竟前者的价格是后者的 2 倍多（达到 1 万英镑，而海军部的只需 4000 英镑）。助理参谋长达德利·庞德（Dudley Pound）评论道，之前用于 A 级驱逐舰的后期型 W 级那样的设备"并不能满足现代驱逐舰所搭载的火炮对高效火控系统的需求"。但是，直到下一级（1930 年型）驱逐舰之前，计划中的海军部火控钟还不可能投入应用，因此 B 级驱逐舰可以选择的就剩下 2 艘试验舰曾使用的巴尔 & 斯特劳德火控台（计算机）和后期型 W 级驱逐舰使用的火控系统。在 1928 年 7 月 2 日的会议上，海务大臣们决定，如果在两艘试验舰上的测试能取得成功，巴尔 & 斯特劳德的火控系统将安装一整支驱逐舰分舰队以进行进一步的测试。与此同时，海军军械总监将负责寻求更简单的方案。但直到 1929 年 1 月，都还没有收到任何关于试验舰的测试报告。

1930 年 7 月时，有人提出在"基斯"号（HMS *Keith*）驱逐领舰的 2 号主炮炮位安装试验型的 60 度仰角主炮，并且还要携带此前为 A 级驱逐舰准备的 100 发防空炮弹。B 级驱逐舰的最后一艘"斗牛犬"号也被选中（之前选中的还有"布兰奇"号，但最终遭到了拒绝）。然而测试结果并不成功，因此军械总监表示，他能做到的最好的情况便是最大仰角 40 度，即 CP Mk XVII 型炮架，这种炮架最终安装到了 E 级驱逐舰上（1931—1932 财年）。[11]

1929 年型驱逐领舰"基斯"号最终被改造为只安装 3 门主炮的 B 级驱逐舰。在海军委员会的会议上，第一海务大臣解释称前线军官都表示现有的驱逐领舰尺寸太大，演习中的经验也表明高航速对驱逐领舰来说并无必要，反而是这些领舰较大的转向半径造成了许多不便。在他的请求下，助理参谋长在 1928 年 7 月询问海军造舰总监，基于"阿卡斯塔"级现有的排水量，能否在保证适航性和航速不损失的情况下增加领舰设施。后者的建议是移除 Y 炮位的 4.7 英寸（120 毫米）舰炮，这一建议最终得以施行。作为驱逐舰分舰队的指挥官，驱逐舰上校属下共有 6 名军官和 21 名士兵，不过其中有一些并不一定必须由领舰搭载。此外，该舰需要更高的桅杆（以便安装无线电天线）、稍大一些的主无线电收发室，需要添加的设施还包括备用无线电收发室和位于开放式舰桥的遥控无线电室。舰桥需要略微增大以容纳航迹标绘设施和驱逐舰上校及其参谋，一艘高速摩托艇也将上舰以作交通、联络之用。海军造舰总监的首席驱逐舰设计师（古道尔）认为这是完全可行的，只需要增加大约 8 吨的载重，这些改动很快获得了批准。和之前的领舰相比，减少 2 门 4.7 英寸炮被认为是可以接受的，造价也能节省大约 3 万英镑，更别提人力成本了。

到 1930 年 6 月时，在 Y 炮位安装第 4 门主炮的问题再次被提出，因为 1929 年对领舰的改进使增加主炮变得可能。但海军造舰总监指出，如果增加主炮，参谋人员的空间就会被占用，因为该舰后部上层建筑很小，而下层早已满员。但空间问题似乎并不重要，因此海军委员会在 1930 年 7 月 11 日批准了这项改进，改造工作由维克斯负责，费用为 5230 英镑，1929 年型领舰的排水量因此增加了 28 吨。

"十字军"级（C 级）驱逐舰（1929—1930 年建造计划）

该级舰的设计工作最早可追溯到 1928 年 8 月针对两支主要舰队的司令、驱逐舰少将、朴次茅斯高级军官技术课程（Senior Officers' Technical Course）主管，以及皇家海军学院院长的交叉问询，但没有得到想要的针对 1928 年型设计方案（B 级）的大改意见，就连重申要配备 4 门舰炮的声音都没有。其中提出的一个问题是，是否要将 1 门舰炮的最大仰角提高到 40 度（不再是 60 度）以用于高仰角射击，支持的意见还是带有前提条件的，即要其他性能不受影响才行。海军参谋部指出，高仰角的火炮不仅会增加额外的重量，而且还会影响低仰角射击时的性能（因为耳轴的高度必须要提高，但这就导致在低仰角装填时，操作人员需要把弹药举得更高）。对舰队而言，低仰角射击的性能才是最重要的。不过，驱逐舰也要承担其他职能，那些负责为船队护航或执行附属任务的舰船自然需要进行支援性的对空射击。"即使早在达达尼尔海峡的行动中，驱逐舰也时常被迫逆转 12 磅炮炮架的指向以便获得尽可能高的射角来对空射击，更何况现如今航空技术在飞速发展。"大西洋舰队的指挥官拒绝接受驱逐领舰的火力比它领导的驱逐舰更弱的设计，一些分舰队的指挥官则怀疑，或许一艘标准型驱逐舰已经足够大了，能够在港内和在战场上管理和指挥一支分舰队。

∧ 图中为"新月"号（HMS Crescent）刚完工不久时的照片，后来它成了加拿大海军的"弗雷泽"号（HMCS Fraser）。两座高高的桅杆用于架设有着较长缆线的无线电通信天线。在两座烟道之间有2门单装2磅防空炮。注意B主炮火炮甲板两侧的厨房烟囱。海试期间，"新月"号在排水量1518吨的情况下，以36450轴马力的输出功率（转速376转/分钟）达到了36.345节。

﹥ C级驱逐舰是装备了两速扫雷索的扫雷型驱逐舰。图中为加拿大海军的"渥太华"号（HMCS Ottawa），以前是英国海军的"十字军"号。舰上搭载标准型两速扫雷索和为数不多的反潜深弹（和建成时一样）。图中勉强可见右舷用于操纵破雷卫的巨大绞盘，位置大体和后部甲板室的前端平齐。两座炮塔之间的巨大圆柱体是用于释放烟幕的标准浮标。

（图片来源：加拿大海军）

当时确定的计划是，有携带 15 枚深水炸弹和声呐设备的反潜型和只携带 6 枚深水炸弹加两速扫雷索的扫雷型之分，海军参谋部认为携带 15 枚深水炸弹已经是舰队型驱逐舰的上限了。"专职用于船队护航的猎潜型驱逐舰可以设法专门安排，能够携带 40 枚深水炸弹。"至于是否要携带发烟设备则存在争议，当时的政策是每个分舰队配备 2 艘可以发烟的驱逐舰。

地中海舰队司令认为驱逐舰的舰炮射程不该超过 12000 码，主炮仰角只需要达到 17 度即可。而参谋部认为，为了平衡舰体的横摇，应该再留出 10 度的富余，因此炮架的仰角至少需要能达到 27 度。现有的 30 度仰角炮架显然已经足够，因此得以保留。至于降低弹药携带量的意见，海军参谋部则指出，在一战期间，驱逐舰经常会在长时间的战斗中耗尽弹药（例如战争早期的赫尔戈兰湾之战），因此通常会携带比标准载弹量更多的弹药。而由于集中射击学说的出现，驱逐舰的交火距离和时长只会增加，在远东战区更是如此，因此驱逐舰应当尽可能多地携带弹药。

来自地中海的另一份报告则指出，巴尔 & 斯特劳德开发的火控平台太过复杂和脆弱，在实战中并不可靠。因此 C 级驱逐舰将采用维克斯开发的海军部火控钟（AFCC）和指挥仪控制塔。为了搭载这些设备，舰桥的上层建筑将分为前后两部分：前半部将作为操舵和信号室，顶部有开放式舰桥；而正后方相同位置则是海图室，其上为指挥仪控制塔和独立的测距仪，指挥仪控制塔被一个凸出的基座抬高。这样的安排似乎是在 1930 年 11 月的一份草案中定下来的（1929 年的草案中上层建筑尚未分离，也没有单独的指挥仪控制塔）。海军部火控钟系统相当可靠，其改进型（AFCC II 型）火控系统后来还被安装到了改造后的 A 级和 B 级驱逐舰上，但后者已经没有空间安装指挥仪控制塔了——指挥仪控制塔可以自动地将参数传送至海军部火控钟。A 级和 B 级则继续保留了和改进型 W 级相同的射击指挥仪。

∨ "卡彭菲尔特"号是 C 级驱逐舰中的领舰，在 1939 年该舰成了加拿大海军的"阿西尼博"号。该舰仅有 4 门主炮而非 5 门，因此更像是一艘驱逐舰而非大型领舰。

（图片来源：加拿大海军）

该设计草案似乎是为了 1929 年型驱逐领舰 "卡彭菲尔特" 号和尚在设计的 1930 年型驱逐领舰准备的。在后来的详细设计阶段，舰桥的高度降低了 0.76 米，并且还增加了一些新的设施，比如航迹观察口（可以在上层舰桥上通过玻璃罩看到下方的航迹标绘台）、下层舰桥的刘易斯机枪，以及改良了的信号装置——信号旗更多，为操作人员预留的空间也更大。1930 年型驱逐领舰也将采用类似的舰桥设计，不过后者在右舷还增加了用于指挥反潜作战的航迹标绘仪（"卡彭菲尔特" 号没有装备声呐，所以不需要类似的设备）。在 "卡彭菲尔特" 号上，上层舰桥左舷的位置还留出了一定空间，用来放置位于独立的信号指挥所（signalling station）一侧的无线电遥控平台（remote control W/T hut，在 "基斯" 号上该装置位于上层舰桥的下部）。海图桌则自舰桥前方向前延伸，凸出舰桥之外，为其他设施，诸如无线电遥控设备或声呐操作设备腾出空间。最初原本打算将遥控设备放到开放式舰桥的下层，但海军审计主管要求对此慎重考虑，因为遥控平台有可能遮挡舰桥上最适合作为观察哨的位置，他希望将其挪到靠后的角落或是后部舰舯位置的舷梯之间。

当时海军战术学校曾提出建造一种通用化的舰体，可以满足各种武器搭载方案，这种想法会在二战期间再度出现。不过战时的 V 级驱逐舰似乎也满足了这样的想法，虽然是作为舰队型驱逐舰设计的，但在拆除了 Y 主炮后可以改装为布雷舰。不过驱逐舰的指挥官们从一开始就不看好这种设计，他们认为这样根本不可能提出有效的设计方案，海军部的政策则是驱逐舰的设计首先要满足跟随舰队行动的要求，其他的改造必须要在舰船被分配到其他附属职能时才进行——并且这将是永久性的。因此，皇家海军将只会建造单一标准的驱逐舰。1929 年 2 月，助理参谋长达德利·庞德得出结论，皇家海军将会继续采用 "阿卡斯塔" 级的设计，他认为海务大臣们几个月前提出的那些改进项目根本没有必要。

审计主管巴克豪斯则继续将关注的重点放到了舰炮上，"我们或许可以这样说，我们基本可以确定在任何将来的战争中，舰炮都将是驱逐舰使用得最多的武器"。因此只安装 3 门舰炮的驱逐领舰是不合时宜的，"在最近的巡洋舰设计方案中，大家都一致同意舰炮的数量才是具有决定性的关键因素"。同时他也十分关心驱逐舰的续航力，因为它们必须能够跟随战斗舰队一同行动。

> 应付地中海的行动或从本土军港出发的行动，它们的续航力无疑是足够的，但如果要在更远的地方执行任务，续航力就成了至关重要的影响因素。现今驱逐舰已经是任何舰队中都不可或缺的组成部分了，只要潜艇还存这一点就不会改变。而且在舰队交战中，没有驱逐舰的一方将处于严重的劣势。

先前的交叉问询的重点都集中在战术层面，但巴克豪斯认为战略层面的性能（例如续航力）其实更为重要——然而其他人并不关心这个问题。巴克豪斯希望 15 节时的续航力至少要能达到 4000 海里，并且越长越好。所有人都希望驱逐舰拥有高航速，但巴克豪斯认为其航速只需高出舰队航速 50%—60% 即可。事实上，驱逐舰需要在英吉利海峡或地中海地区执行辅助任务，其航速指标是根据敌方舰船的情况确定的，这一航速要求将超过舰队的需要。"但众所周知的是，还没有一艘驱逐舰会在某些特殊情况下被认为航速过高。事实恰恰相反，高航速的情况经常出现在行动当中——无论是舰队行动还是单独的驱逐舰行动。"因此，提高航速是一种不可逆转的发展趋势。

至于是否要建造多种类型的驱逐舰，巴克豪斯回忆道，在一战时皇家海军确实"也建造了不少专门的护航驱逐舰、反潜驱逐舰、舰队驱逐舰或者其他的专门类型。"他认为在他看来昂贵而巨大的"阿卡斯塔"级可以满足这些需求，但"如果需要更多的数量，我们也不得不建造一些装备简单的小型版本"——类似二战期间的"狩猎"级护航驱逐舰。

由于对额外续航力的需求，审计主管于 1929 年 2 月 7 日要求造舰总监估计，将驱逐舰在 15 节时的续航力提高到 4000 海里甚至 4500 海里会造成什么影响，相比之前 3500 海里的续航力，这相当于增加了大概七分之一到七分之二。他希望能在 1930 年中期开始订购，而海军造舰总监认为主要的设计参数必须在招标开始 6 周前确定，时间大概是 1929 年年末。将"阿卡斯塔"级驱逐舰的续航力增加到 4000 海里会让排水量增加 50 多吨（舰长增加 3.05 米，造价增加大约 6500 英镑），如果再增加 500 海里航程就得再增加 3.05 米（60 吨）舰体，单舰造价总共上涨 2 万英镑。海军造舰总监并未提交该报告，因为他不希望再增加驱逐舰的长度了，这会影响机动性。而另外一个解决办法就是增加油箱的深度。如果将下层甲板的高度升高大约 0.30 米并在 1 号锅炉舱内增加和平期油箱，其航程就能够达到 4000 海里，而舰体型深将增加 0.30 米，舰体宽度也将随之增加 8—15 厘米以保证稳定性。为此，驱逐舰的标准排水量将增加大概 40 吨，标准载重时的航速和满载时的航速将分别降低 0.3 节和 0.65 节。当年 4 月，海军造舰总监下属的驱逐舰设计师针对舰长 99.36 米（宽 9.98 米），动力系统功率 36000 轴马力的方案进行了航速计算，以当时的设计指标（标准排水量 1350 吨、满载排水量 1850 吨），满载时可以达到 32 节，标准载重时可以达到 36.5 节。而舰长 101.50 米（标准排水量 1350 吨、满载排水量 1850 吨）的方案则可以在标准载重下达到 37.2 节，满载情况下也能达到 32.6 节（还要取决于螺旋桨的推进效率）。

在解释为何要邀请船厂提交独立的设计方案时，审计主管列举了雅罗为荷兰设计的驱逐舰，其中 2 艘在海试时的航速均超过 36 节（排水量 1530 吨）[12]，15 节时的续航力更是高达 5000 海里。该型驱逐舰排水量 1600 吨，可携带燃油 330 吨，动力系统（3 台锅炉）输出功率为 33500 轴马力。荷兰驱逐舰能够以比"阿卡斯塔"级更低的功率达到高航速，以中等的排水量达到长航程，这些优点都令审计主管印象深刻。雅罗宣称这些优点来源于"精良的设计和建造工艺节省的相当重量，以及更加经济高效的动力系统"。虽然其设计可能无法达到英国海军的标准，但其续航力却相当可观，因此海军部对让该项目平行发展很感兴趣。

为了准备招标前的设计草案，参谋部的需求必须要在当年 4 月底前敲定。1929 年 4 月 19 日，诸海务大臣、造舰总监、首席工程师，还有不同的参谋军官一起就当时的驱逐舰政策展开了讨论，以期尽快准备好 1930 年型驱逐舰的海军部方案。其他要讨论的问题包括续航力、航速，以及是否允许私人船厂以自己的设计方案参与竞标。

造舰总监认为，增加 500 海里的航程而付出 3.05 米的额外舰长是合理的，海军副总参谋长（Deputy Chief of Naval Staff, DCNS）也认为，造价的增加是非常值得的。在获得审计主管和第一海务大臣的同意后，参谋部需求中的15节续航力提高到了4000海里（古道尔后来在其他的资料中写道，他认为这些数据的估算还是相当保守的，根据2艘试验舰的测试结果，该级舰15节时的实际续航力甚至可以达到5000海里）。审计主管后来还指出，虽然驱逐舰可以通过海上补给提高实际的续航力，但建造少数续航力持久的驱逐舰，还是要比额外投资建造舰队型燃油补给舰更好。而航速方面的问题则和是否允许私人造船厂提交自己的高速型备选方案密切相关。第一海务大臣认为以这种方式建造两艘高速驱逐舰没有任何意义，倒不如打造两支可以系统作战的驱逐舰支队。审计主管希望限定一个设计草案后再让造船厂提交私人的设计方案，但舰体尺寸不能再增加了。于是，审计主管获准联系桑克罗夫特和雅罗提交自己的设计方案。

造舰总监和首席工程师"还打算尝试在保证排水量不增加的情况下显著地提高动力系统的输出功率"。他们认为如果能再增加5000轴马力，就能让满载时的最高航速达到33节，（不增加功率）而只增加推进效率在近期是很难提高航速的。对助理参谋长而言，驱逐舰的航速取决于它们需要协同的巡洋舰和航空母舰的航速，并且要拥有至少1节的航速富余（上述两类舰船的航速为30.5节），这一点解释了当时31.5节的航速要求。再增加2节的航速将使单舰造价增加4.5万英镑，一个驱逐舰分舰队的总价要增加50万英镑（当时一个分舰队的总造价是275万英镑）。第一海务大臣认为造价的增长实在是太多了，于是造舰总监最终将续航力定在了4000海里，舰长比"阿卡斯塔"级长10英尺（3.05米），最高航速32节。该指标最终获得了批准。

参会人员当时似乎已经接受了3门主炮的驱逐领舰，就像"基斯"号那样，驱逐舰指挥官们也愿意将4门主炮中的1门剔除。但造舰总监指出，既然决定将舰体长度延长3.05米，那么就有可能为领舰装备第4门主炮。国外的驱逐领舰的参数则与此无关，因为它们已经接近轻巡洋舰了。在会议上，造舰总监受命尽可能地尝试在舰体长度和驱逐舰相同的情况下安装第4门主炮。同时，审计主管还强调了对舰炮火力的需求，他怀疑在其他海军开始装备更重型的舰炮时，4.7英寸（120毫米）的舰炮威力是否还足够。于是助理参谋长受命对5英寸（127毫米）舰炮和4.7英寸舰炮进行对比研究。

▽ D级驱逐舰本质上C级的改进型，只是在上层建筑上将舰桥部分和指挥仪控制塔融合在了一起。图中为1933年拍摄的"勇敢"号，舰桥前端延伸出的结构是该舰的海图桌。海试时该舰在排水量1460吨的情况下，以35788轴马力的功率（364转/分钟）达到了37.852节。

一份 1929 年 5 月 2 日的图表（6 月 3 日获海军委员会签章）包含了相关参数。舰体长 96.93 米，相比"阿卡斯塔"级或"小猎犬"级的 95.10 米，仅增加了 6 英尺（1.83 米）而非原先计划的 10 英尺（3.05 米），后来舰长又降低至 96.85 米。宽度从 9.91 米增加至 9.98 米，排水量为 1370 吨（后增加至 1375 吨）而非之前的 1330 吨，动力系统功率也由之前的 34000 轴马力增至 36000 轴马力，总载油量由先前的 380 吨增加至 470 吨。因为 B 级驱逐舰装备了声呐，所以 C 级配备两速扫雷索和 3 具深水炸弹坡道（这项决定在开发 1929 年型驱逐舰时便已做出，此类情况之后还会出现，不同的分舰队装备不同类型的驱逐舰，或反潜，或扫雷）。

海军造舰总监指出，除桑克罗夫特和雅罗之外，怀特最近也为外国海军成功建造过驱逐舰（应该是指为阿根廷海军建造的"门多萨"级），通过采用 4 艘由私人船厂设计的舰船，可以让每艘驱逐舰节省近 2 万英镑的资金，但这个建议在 1929 年 11 月 9 日被否决了。

C 级舰对应的驱逐领舰为"卡彭菲尔特"号。在关于驱逐舰性能的交叉问询中，地中海舰队和大西洋舰队司令都希望领舰的武器装备不弱于驱逐舰，并且航速还要更快。1929 年 3 月，海军审计主管询问造舰总监和首席工程师，是否有可能以和"阿卡斯塔"级相差不大的尺寸，让领舰的航速增加大约 2 节。造舰总监的驱逐舰专家古道尔于是列出了一份表格，表明采用 99.06 米长的舰体和 39000 轴马力的动力系统（和"科德林顿"号相当），标准排水量下的航速有可能达到 37 节，满载时的最高航速也能达到 33 节。如果将舰体延长至 100.58 米，满载航速还能再提高 0.5 节（但标准状况的航速不会有显著变化）。在 99.06 米的舰体上采用 41500 轴马力的动力系统，或在 99.97 米长的舰体上采用 40000 轴马力的动力也能达到同样的效果。99.06 米长的驱逐舰标准排水量和满载排水量分别为 1353 吨和 1790 吨，而 100.58 米长的标准排水量和满载排水量则分别为 1450 吨和 1895 吨。古道尔还提到，其他作为领舰的特性，例如额外的无线电设备和载员空间总体上还将让排水量增加大约 20 吨。最简单的改造方式是保留舰艉处被拉长的甲板室，然后将第四门主炮安装在两座烟道之间的位置，就像"科德林顿"号一样（不过后者在 Y 炮位还有第五门主炮）。造舰总监同意了这一略显怪异的布置方案，并要求按照和驱逐舰相同的动力系统设计进行草案

∧ E 级驱逐舰本质上是 D 级的复刻版，如果硬要区分的话，可以通过该级舰海图桌处更大的支撑结构辨别。该舰前烟道旁的厨房烟囱是为主餐厅的厨房准备的，后部的军官厨房的烟囱位于舰艉甲板室（在 X 主炮附近）。图中为采用了本土舰队深灰色涂装的"日食"号（HMS Eclipse）驱逐舰，注意舰艉装备的两速扫雷索，海试时该舰以 36039 轴马力的功率（转速 361.2 转 / 分钟）达到了 37.561 节。

的绘制。审计主管要求航速至少要和驱逐舰相当，但这需要更强的动力，否则就得承受轻微的航速损失。与此同时，驱逐舰的舰体长度也被拉长了大概6英尺（1.83米），增加的长度或许刚好足够用来安装第4门主炮，取消两速扫雷索（类似"科德林顿"号）还能节省了一部分重量。造舰总监提出的领舰方案采用了委员会定下的驱逐舰尺寸，但载员空间要更拥挤一些，不过情况类似的"科德林顿"号此前也获得了批准。

但在最后提交委员会（也是最后实施建造）的方案中，1929年型驱逐领舰的主炮还是布置在了传统的A、B、X和Y炮位，而不是位于烟道之间。在设计方案中，驱逐领舰的吃水将比驱逐舰深一些，排水量也略大（1390吨，驱逐舰为1375吨，数据来源于1929年11月的图表），因此航速也稍慢。领舰设计草案和驱逐舰的草案在同一天，即1929年6月3日获得批准。到这一阶段，领舰的排水量已经被定在了1390吨，标准载重条件下的航速为35.5节（比驱逐舰慢0.5节），满载时的则为32节（和驱逐舰相同）。1929年7月，首席工程师建议用汽油发电机取代之前的柴油发电机。当时的奔驰柴油机——由英国的麦克拉伦（McLaren）制造——可靠性已经足够，可以带动1台35千瓦发电机（比实际需要的大，但当时的引擎功率为60马力，约等于45千瓦）。发电机放置在前锅炉舱，位置和之前上层甲板的20千瓦汽油发电机相同。

但这样的驱逐领舰还是难以和国外的超级驱逐舰抗衡，因此造舰总监又受命开展大型驱逐领舰的设计以了解可以进行哪些方面的改进。古道尔尝试采用4台（56000轴马力）或5台（65000轴马力）和"科德林顿"号上相同的锅炉，如果武器配置和"科德林顿"号一致，采用第一种动力系统时满载航速可以达到34节，标准状态下的航速更是高达38节，其航速和武器配置已经和意大利的"维瓦尔第"号（Vivaldi）相当，但舰体更大也更昂贵，因为需要多得多的燃油。这样的设计显得平平无奇，于是古道尔提出了三个武器配置和法国超级驱逐舰"猎豹"号（Guepard）类似的设计方案，均采用5.5英寸（140毫米）主炮，尺寸和最高航速（满载时32.5节，标准载重时36.5节）也都相同。在古道尔看来，为此类舰船装备6英寸（152毫米）炮太不实际，因为如果在舰艏以高低纵列方式布置，舰桥的高度就必须被抬得很高，而如果只在舰艏安装1门，那么其他地方又没有位置安装另外1门主炮。在其中一个方案（4门5.5英寸炮）中，1门主炮被放置在了动力系统舱室的上方（和"科德林顿"号一样），但这样弹药供给会相当困难，而且射角也严重受限（"科德林顿"号上应该也存在同样的问题，但相关资料中并未提及）。因此古道尔更青睐驱逐舰式的高低纵列布局。他还指出，采用5台锅炉会导致动力系统长度过长，因此又提出采用6台小型锅炉的方案，像巡洋舰那样让锅炉两两并排。古道尔的设计草案中最有意思的一点是，烟道（高度均一致）是垂直的而非倾斜的。当时的英国巡洋舰才用垂直的烟道，此举可以干扰敌方对舰船种类的判断。该项目在上报至造舰总监时并未标注日期，但应该是在1929年6月左右，不过它最后还是无疾而终，相关的设计工作则继续围绕装备4门4.7英寸（120毫米）炮的驱逐舰舰体展开。

海军委员会于1929年11月13日批准了1929年型驱逐舰和驱逐领舰的设计方案，此时该建造计划包括8艘驱逐舰和1艘驱逐领舰。

与此同时，1930年伦敦海军会议的准备工作也已经提前展开。到1931年12月31日，1921年签订的《华盛顿海军条约》将会到期，所谓的"海军假日"将要结束，此后各国海军将何去何从？伦敦海军会议讨论的正是这个问题。受经济大萧条的影响，英国政府不仅希望能延长"假日"（这一点做到了），还希望对其他类型的舰船做出限制。因此在1930年1月20日，海军部下发的建造计划修正稿中仅包括了半支分舰队（4艘驱逐舰和1艘领舰）。"或许现在就应该迈出第一步。"

由于建造数量被削减成半支分舰队，让船厂提交自己的设计方案是不可能了。有2艘C级交由朴次茅斯造船厂建造，这是皇家海军造船厂第一次建造驱逐舰。怀特则根据海军部的设计方案建造"卡彭菲尔特"号驱逐领舰。战斗服役委员会（Fighting Services Committee）表示这已经比可接受的最小建造数量还要少了，此后将不会再有如此小规模的建造计划。由于这半支分舰队的（C级）驱逐舰根本无法组建任何可以协同的战术编队，它们最终都卖给了加拿大海军。[13]

1930年《伦敦海军条约》

在1930年的伦敦海军会议上，英国得以再次就1927年日内瓦会议时的提议展开谈判。这次的条约将影响之后六年的驱逐舰设计。和上次一样，英国的目的是放缓巡洋舰的建造速度。英国人认为他们总共需要70艘巡洋舰，其中绝大多数将被用来保护遍布全球的交通线免遭破交舰艇的袭击，但显然他们根本买不起70艘《华盛顿海军条约》规定的10000吨级、装备8英寸（203毫米）主炮的重巡洋舰。英国人希望废除这种重巡洋舰，从而让各国海军回归大小更为合适，排水量6000—8000吨的巡洋舰。这种希望也影响到了相当宽的战略层面，因为某一国的海军总是有可能通过建造尺寸较小的高一等级的军舰，在实质上规避条约的限制，进而获得超大型的低一等级的军舰。例如，当时的法国正在建造一型超级驱逐舰（contre-torpilleurs），并且声称其中的三艘更接近8000吨级的巡洋舰。因此，英国人限制巡洋舰的尝试也带有限制驱逐舰尺寸的目的。

为了让喜欢建造大型巡洋舰的美国支持对巡洋舰的限制，英国不得不将自己的在役巡洋舰数量限制在50艘以下。但海上护航的需求是决不会减少的，因此只能给舰队配备更少的巡洋舰。这样一来，部分巡洋舰的职能只能靠驱逐舰来填补了。当时的情况和1914年时的情况有些类似：1914年时，因为没有足够数量的高速巡洋舰，杰利科上将开始强化驱逐舰在舰队防御中的职能；1930年时，舰队中用于侦察的舰船数量太少（在没有侦察机的情况下——部分海域飞机无法到达，部分天气状况下飞机无法行动），根本无法满足需求。到1935年海军部考虑新"部族"级驱逐舰的建造时，它实际上已经是一型介于驱逐舰和巡洋舰之间的军舰（这只是当时的看法），因为在此之前驱逐舰已经在承担舰队侦察舰的职责了（尽管很勉强）。对小型巡洋舰的需求和驱逐舰编队的数量以及舰炮火力紧密地联系在一起，因为巡洋舰的作用是强化驱逐舰部队的战斗力，无论是在突破敌方舰队还是在防御敌方驱逐舰的攻击时都是如此。[14] 而在面对日本海军装备6门舰炮的驱逐舰时，就连当时的驱逐领舰也无法满足这样的需求。

新条约的到期时间为1936年12月31日，规定的驱逐舰服役年限为16年（而不是12年），限制了驱逐领舰（排水量1850吨）的数量，并且规定每艘驱逐舰的排水量不得超过1500吨。皇家海军（以及其他列强海军）可以保留总排水量15万吨

〉 图中"埃斯克"号（HMS *Esk*）采用了布雷舰的配置，作为载重补偿拆除了1号和4号主炮，但没有携带任何水雷。

（图片来源：国家海事博物馆）

〉 图中为1935年拍摄的采用本土舰队灰色涂装的"猎狐犬"号驱逐舰，该舰2座烟道之间的防空炮平台上安装的是1座四联装.50口径（12.7毫米）机枪，取代了之前的单装2磅炮。海试期间，"猎狐犬"号在排水量1550吨的情况下以36015轴马力的输出功率（转速349.3转/分钟）达到了35.883节。从E级到H级，装备的都是9英尺（2.74米）的UK 1型测距仪。在二战期间，该级舰（F级）中的一部分还装备了防空火控系统，如引信计算钟（fuze-keeping clock, FKC）和安装在三人操作台上UK 4型或UR 2型测距仪，此处字母U代表高仰角测距仪。

的在役驱逐舰。虽然法国和意大利拒绝，但英国还是签署了该条约，这是因为其头号假想敌日本接受了该条约。为了鼓励法国和意大利签约，1930年的条约还包括了一项"附加条款"，允许签署国保留超过舰龄的舰船或更改吨位限制以应对紧急情况。英国会在1936年援引该条款保留超龄服役的巡洋舰和驱逐舰。

在海军委员会看来，禁止潜艇的条款根本不可能达成，如果成功的话20万吨的驱逐舰限额就可以削减至15万吨。英国政府在没能取缔潜艇的情况下就将驱逐舰总吨位下调至15万吨，让海军委员会倍感震惊。这样一来就不得不取消原先作为护航和反潜舰船的旧式驱逐舰，海军部只得将护航舰的职能改为反潜护卫，而这类小型舰艇是专门为扫雷设计的。[15]1932年，在规划1933—1934年建造计划时，第一海务大臣则评论道，法国的立场更强硬了，英国需要更多的驱逐舰。但是，由于经济危机和（最后流产了的）日内瓦裁军会议的影响，皇家海军还是必须严守每年建造一支分舰队的政策。

在即将进入1930年5月时，海军造舰总监指出基于驱逐舰舰龄16年的限制，每年需要建造总排水量9375吨的驱逐舰才能将在役驱逐舰的总吨位维持在15万吨，计算下来大概约等于7艘驱逐舰，而不是之前设想的每年建造一支分舰队。因此他建议先在1930年（1930—1931年建造计划，D级驱逐舰）建造一支完整的分舰队，之后的1931年和1932年则分别建造1艘驱逐领舰和6艘驱逐舰，1933年再建造8艘驱逐舰（但没有领舰）。这一建造计划只有在驱逐舰的设计方案保持稳定，并且各级舰能够协同的情况下才有意义，但即使如此依然不能足够快地建造现代化驱逐舰。

条约签署后的1933年1月，海军委员会召集指挥官们对皇家海军的下一步举措进行投票。[16]他们得到了对当前的标准型驱逐舰的诸多批评。指挥第3驱逐舰分舰队的驱逐舰上校就指出，基于现有的吨位限制，没有任何驱逐舰能够保护英国的海上航运免受法国建造的那些超级驱逐舰的威胁，唯一的解决办法便是建造大量装备精良，并且数量不受限制的护航舰。但皇家海军已经在运用此类舰艇弥补反潜舰艇的数量不足，因此最终从未设计建造过用于对抗超级驱逐舰的护航舰。

对现有的驱逐舰来说，最主要的问题出在前向射击方面，尤其是 A 主炮时常受到舰艏破开的浪花的击打。在其他一些报告中，指挥官们则抱怨因为强调鱼雷攻击的能力，舰炮被挤到了相对潮湿的舰艉，这表明现有舰体长度还不够。第 3 分舰队的驱逐舰上校希望在舰艏布置 3 门主炮，通过在 B 炮位安装双联装主炮实现。而第 4 分舰队的驱逐舰上校则希望实际航速能达到 35 节（当时该分舰队的航速为 31 节）。他还认为驱逐舰舰艉的舰炮射界也不充足，近距离交战时常常要靠调整航向弥补射界的不足。他还希望搭载 6 门 5 英寸（127 毫米）舰炮，但这在限定的吨位条件下是不可能的。地中海舰队的驱逐舰少将同样认为，克制别国大型驱逐领舰的方法便是投入护航舰（或巡洋舰）。他可以接受只搭载 4.7 英寸（120 毫米）炮而且排水量较低（1350—1400 吨）的小型驱逐舰，但他希望尽可能地增强前向火力。他不喜欢双联装的方案，而是更青睐重 27.2 千克的 5 英寸炮弹的杀伤力。如果一定要采用双联装的方案，他最青睐在 A 炮位采用单装炮，在 B 炮位采用双联装主炮，最后 1 门单装炮（如果还能对空射击就更好了）布置于舰桥和前部烟道之间。他已经敏锐地察觉到了来自空中的威胁——最主要的是低空飞行的轰炸机或进行对海攻击的战斗机（他对"战斗机的攻击"的理解包含了俯冲轰炸），因此希望能尽可能地快速列装大量防空武器。当时在"考文垂"号（HMS Coventry）轻巡洋舰上负责指挥护航的驱逐舰少将就推荐 4 门 4.7 英寸炮和多门"乒乓"炮的武器配置，他还希望最高航速能达到 35 节，12 节时的续航力能达到 5000 海里。统帅第 1 战斗中队的海军中将则强调了驱逐舰的航程，因为他注意到驱逐舰的纸面数据相当具有迷惑性，同时还认为现有的驱逐舰轮廓太高，应当降低舰桥的高度。此外，他觉得当前的 8 具鱼雷发射管已经足够，但前向火力需要加强，希望海军委员会能够考虑发射 62.5 磅（28.3 千克）炮弹的 5 英寸炮。他还希望分出两段引擎舱以增强生存能力。同时，他肯定了（由驱逐舰改造而来的）高速布雷舰的实战价值。

海军训练与参谋工作局局长（Directors Training and Staff Duties, DTSD）认为双联装的炮架是值得尝试的，因为它们可以在驱逐舰的排水量限制内提供接近巡洋舰的火力，而这样的设计方案最终成了后来的新"部族"级驱逐舰。他同样也青睐多管的"乒乓"炮（用来取代 3 英寸防空炮），因为它们不仅可以用于近距离对空射击，也可以用于舰艇之间的近距离交战。但不幸的是，当时的驱逐舰还无法搭载此类武器，于尚未退役的一战驱逐领舰而言也没有多少机会，因为需求量实在太大了。他拒绝了在舰桥后方安装第三门主炮的想法，因为舰桥会承受太大的炮口爆风，而且如果舰艏中弹就有可能直接瘫痪 3 门舰炮。

海军造舰总监也不喜欢如此极端地对舰载武器进行重新布置，但他还是表示，位于 X 炮位的主炮的前向射角和舰桥后方第 3 门主炮的前向射角其实相差不大，但 Y 炮位大概要少 10 度左右，尽管十分困难，但他会想办法进行改进。他也曾提出或许可以尝试在 G 级驱逐舰的方案上将 Y 主炮的位置和后部的鱼雷发射管调换（但并

》」图中为 F 级驱逐舰的领舰"福克纳"号，和 E 级驱逐舰中的"埃克斯茅斯"号（HMS *Exmouth*）很相似。海试期间，"福克纳"号在排水量 1651 吨的条件下，以 35800 轴马力的输出功率（转速 360.1 转 / 分钟）达到了 36.527 节。

未实行）。至于舰船的侧影过高的问题，如果让操舵手通过潜望镜观察而非用肉眼直接观察，就没有必要让他的高度高于 2 号主炮，就可以让舰桥降低 0.76 米。另外，他还准备了一个单烟道的设计方案（同样是为了降低高度），只是没有得到批准。

给地中海舰队司令的信函草稿总结了当时所得到的经验，包括：现有的 8 具鱼雷发射管已经足够；下一步将考虑采用双联装主炮，并尝试改善 X 和 Y 炮位的射界；驱逐舰将装备高仰角的火控系统（在"部族"级上得到了列装）；所有的主炮最大仰角都应该达到 40 度（之后很快被采纳）；应该装备尽可能大的多管机枪（由于四管 2 磅"乒乓"炮重量过大，这里指的应该是 .50 口径的机枪，不过相关的讨论也导致了之后对四联装 .661 口径机枪的开发，但并未成功）；不再搭载 3 英寸（76 毫米）防空炮；之后的驱逐领舰将额外安装 1 门主炮；所有的驱逐舰都会配备声呐设备。

"防卫者"级（D 级）驱逐舰（1930—1931 年建造计划）

随着 1930—1931 年建造计划回归到了此前 1 艘驱逐领舰和 8 艘驱逐舰的数量，新一级驱逐舰的设计工作在 1929 年秋季展开，当时《伦敦海军条约》还尚未签订。第一个要解决的问题便是以新的 5 英寸（127 毫米）舰炮取代现有的 4.7 英寸（120 毫米）主炮。海务大臣们 1929 年 4 月要求召开参谋会议讨论这个议题，会议于次月上旬召开。[17] 要求列装 5 英寸舰炮或许是因为受到了日本方面的挑衅，当时英国人将日本装备了双联装 5 英寸主炮的大型"吹雪"级驱逐舰视作驱逐领舰（因此不该直接和驱逐舰进行对比），他们估计之前舰船上采用的 4.7 英寸炮才是日本驱逐舰的标准武器。类似的，当时的美国海军已经建造了 5 艘装备 51 倍径 5 英寸炮的平甲板型驱逐舰，当时认为这是唯一可能搭载 5 英寸口径主炮的驱逐舰。5 月底，审计主管提出，如果这两个主要的海军强国为新驱逐舰安装 5 英寸主炮，"那么我们也应该这么做，否则很快我们的驱逐舰火力将会被别国海军压倒"。法国当时已经拥有的许多装备 5.1 英寸（130 毫米）甚至 5.5 英寸主炮的舰船显然没有被算在内。审计主管估计 5 英寸炮的弹重大约为 60 磅（27.2 千克），而 4.7 英寸的炮弹只有 50 磅（22.7 千克）。回想起战列舰主炮口径稳步递增的时代，审计主管巴克豪斯上将对反对者们说：如果仅仅因为现有的主炮已经满足需求便限制口径的增长简直是愚蠢的，而且既然要增加舰船的火力，提高舰炮的口径是最简单的方式，因为只需要将原先的 4 门 4.7 英寸炮换成 5 英寸炮即可；此外，"现在我们的巡洋舰数量也减少了，在未来的战争中（如果爆发的话）驱逐舰有很大的可能承担巡洋舰的职能"。虽然重型舰炮不是要立刻列装，但还是应该尽快拿出设计方案，这样炮架的设计工作才好启动。另外也有（未被证实的）提议指出，"以后要建造排水量 2500—3000 吨的轻巡洋舰"，这就更需要 5 英寸舰炮及其炮架了。因此海军军械总监于 1929 年 6 月 24 日开始了 5 英寸速射炮的设计工作。在 5 月末，造舰总监指出要搭载此类舰炮，驱逐舰的尺寸要放大大概 5%，这样才有足够的弹药、更大的操作空间、更重的防爆屏障、更宽敞的甲板室，以及更宽的舰体（来保证稳定性）。舰体长度估计将增加 9 英尺（2.74 米），但反对者指出 C 级驱逐舰已经经过了一次放大了。

至于此前提出过的高射舰炮，军械总监指出任何口径大于 4 英寸（102 毫米）的高平两用炮都需要机械助力转向机构，仅此一点"似乎就足以让这种要求被驳回"。

但 5 英寸炮很快又发展为了 5.1 英寸（130 毫米）炮（是当时法国驱逐舰的标准主炮口径）。[18] 海军选中了"卡彭菲尔特"号用于测试。1930 年 3 月，2 门用于测试的火炮在完成验收测试后被运送到了舒博里内斯进行射击测试（30 发炮弹），其中 1 门随后被送往巴罗然，安装于舰用的 CP XIV 型炮架之上，安装位置为 2 号炮位。

但相关的研究却没有取得任何成果，在 1930 年 9 月提交给海军委员会的方案不过是略微改进后的 C 级，最明显的变化就是用 1 门单装的 3 英寸（76 毫米）高射炮取代了之前的 2 门 2 磅"乒乓"炮（当时被认为不足以令人满意）。安装 3 英寸炮的决定是在与审计主管巴克豪斯和后来的副总参谋长德雷尔（Dreyer）上将讨论后做出的。[19] 76 毫米高射炮后来还安装到了 C 级驱逐舰上。当时的武器配置方案显示该防空炮备弹 100 发（还有 50 发额外的照明弹）。同时，新驱逐舰还将在艉楼甲板上增加 2 座新式的四联装 .50 口径（12.7 毫米）机枪，不过"防卫者"号（HMS Defender）、

> 」图中为 1936 年刚刚完工的"狮鹫"号（HMS *Griffin*）驱逐舰，后部的三脚桅杆可以减少对防空炮射角的影响。图中还可见搭载于舰艉的破雷卫和后部甲板室正前方、用于操作两速扫雷索的绞盘。海试中，"狮鹫"号在排水量 1511 吨的条件下，以 33916 轴马力的输出功率（转速 349.9 转/分钟）达到了 35.88 节。

"钻石"号和"勇敢"号（HMS *Daring*）最初在这里安装的是旧式的 2 磅炮，因为 .50 机枪的生产速度很缓慢。除去 3 英寸炮使用的照明弹外，驱逐舰上还将准备 16 发 4.7 英寸炮使用的照明弹。照明弹数量的突然增加似乎标志着皇家海军逐渐对夜间作战产生了兴趣。同样，当这一改变在 1930 年 9 月获得批准后，审计主管便立即申请对 C 级驱逐舰进行改造。

和"十字军"级相比，"防卫者"级的动力系统更轻一些，此前"卡彭菲尔特"号采用的那种柴油发电机也被早期的汽油发电机取代，舰桥前方和侧面还加装了装甲板。

各分舰队交替搭载两速扫雷索和声呐设备的设想延续了下来，因此 D 级舰将搭载声呐探测设备（于 1930 年 7 月决定）。与"小猎犬"级（B 级）相比，深水炸弹的数量从 15 枚增加到了 20 枚。在战时，鱼雷战斗部将安装到鱼雷上，这样空出来的弹药库就可以再存放 10 枚深水炸弹。

最初向海军委员会进行介绍时，造舰总监只提到其中一艘的载员中将包括驱逐舰上校，但显然并不包括他的参谋军官。但是不久之后审计主管便被告知 1930 年型驱逐领舰"邓肯"号（HMS *Duncan*）将采用"基斯"号或"卡彭菲尔特"号的设计方案，尺寸和驱逐舰相当，只是排水量要多出 25 吨。在设计方案通过后，大家又同意将领舰的长度延长 2.13 米以容纳更多的乘员。造舰总监倒是发现即使采用原先的舰体长度，他也能均出足够的载员舱室，但他也承认普通水兵的铺位将会变得更拥挤。

根据海军委员会备忘录，D 级驱逐舰的设计方案于 1930 年 9 月 30 日提交，主要指标于 1930 年 10 月 7 日获得委员会批准。

"日食"级（E 级）驱逐舰（1931—1932 年建造计划）

C 级和 D 级驱逐舰的设计方案似乎很受欢迎，因为 1931 年 4 月 9 海军审计主管召开会议讨论 1931 年型驱逐舰的设计时，新的"日食"级（*Eclipse* Class）驱逐舰就被简单地描述为 C 或 D 级驱逐舰的复刻版。随着仰角可达 60 度的主炮正在"斗牛犬"号上进行测试，给 2 号主炮装备此类炮架的呼声再度出现（预计将在测试完成后的 12 月决定是否安装）。引擎舱将再占据 1 段肋骨的长度，而锅炉舱则要缩短 1 段肋骨，这样动力系统的总体重量不会改变。和 C 级与 D 级驱逐舰一样，新驱逐舰的舰桥将安装装甲板。审计主管则希望将补给品的存储量提高到能坚持 12 周。由于前一级舰安装了声呐设备，本级将携带两速扫雷索，另外还有 2 艘将搭载布雷装备。

到了 6 月上旬，人们已经清晰地认识到，这一级驱逐舰、布雷舰和领舰三种舰型无论如何都不可能是对 C 级或 D 级的完全重复。在一份于 1931 年 6 月 18 日提交的设计草案中，载油量有所降低（至 446 吨），15 节时的续航力估计为 5500 海里，和当时"十字军"级（载油量 470 吨）的纸面续航力相当，而"阿卡斯塔"级在 15 节时的航程只有 4800 海里（载油量仅 390 吨）。新驱逐舰的续航力明显超过了之前的型号，且补物资也足够 12 周的用度，前部的弹药库还能多装 100 发防空炮弹，以备仰角 60 度的主炮列装。

当时对采用 3 段锅炉舱的设计方案也有相当大的兴趣，时任海军造舰总监 A. W. 约翰斯（A. W. Johns）所作的标注提到，如果采用这样的布置，舰体长度需要增加 6 英尺（1.83 米），排水量大约会增加 25 吨。审计主管巴克豪斯批准了这项设计草案，并且要求如果可能的话应该将每门 4.7 英寸（120 毫米）炮的备弹量增加至 200 发，或者至少增加舰艉的 2 门主炮的备弹量。如果需要列装仰角 60 度的舰炮，应该选择 X 炮位而不是此前的 B 炮位。1931 年 12 月批准的 1931 年型驱逐舰的武器配置为：3 门低仰角的 4.7 英寸舰炮、1 门高仰角的 4.7 英寸舰炮、1 门 3 英寸（76 毫米）防空炮、2 座四联装 .50 口径（12.7 毫米）机枪、4 挺刘易斯机枪、1 具深水炸弹坡道加 6 枚深弹，以及 1 套两速扫雷索。

到 10 月时，造舰总监又提出了一份只采用 1 座烟道设计草案，将烟道合并将增加大约 3 吨的重量，造舰总监认为这样做可以在行动中获得一些优势。"但在这方面造舰总监不该发表意见。"古道尔在 1927 年型驱逐舰的设计中就曾用过双锅炉单烟道的方案，当美国海军在几年后采用了单座烟道的设计时，争论的焦点就落在了这样的设计是否可以减少驱逐舰的侧影，从而提高接近目标时的隐蔽性上。可以肯定的是，如果舰船只有一座烟道，要判断其航向就会困难得多。这应该也是"俄里翁"级（*Orion* Class）轻巡洋舰[1]仅在舰艉设置单座烟道的原因。巡洋舰设计师要对动力系统进行合理地分段，因此不得不选择双烟道设计，但驱逐舰设计师却不需要担心这一点。[20]

① 译注：更常见的叫法是"利安德"级（*Leander* Class）轻巡洋舰。

但后来海军作战司司长（DOD）达德利·诺斯（Dudely North）认为，驱逐舰的总体侧影不会有太大改变，因此单烟道设计胎死腹中。审计主管巴克豪斯也指出，采用双烟道设计侧影才更小，因为这样舰楼长度更短，其他好处还包括设计简单、节省重量。不过，他倒是希望3英寸（76毫米）防空炮能够距离后部烟道更远一些。

1932年时，海军防空军械委员会（Naval Anti-Aircraft Gunnery Committee）提出了舰队防空武器的现代化方案，委员会建议移除3英寸防空炮，只留下多管.50（12.7毫米）机枪。委员会认为最有效的方法还是将4.7英寸（120毫米）炮的仰角提高到40度，这样就能对付当时对主力舰最具威胁的水平鱼雷轰炸机了。委员会希望所有的驱逐舰都能为其高平两用的主炮配备相应的高射角火控系统和防空弹药。不过时任副总参谋长弗雷德里克·C.德雷尔（Frederik C. Dreyer）认为应该保留3英寸防空炮，至少保留到新的40度仰角炮架及其火控系统和弹药供给成熟以后。

将主炮的最大仰角提升到40度其实并不是容易的事。首先主炮的耳轴高度必须要升高，否则在高仰角射击时，炮尾有可能因为后座撞到甲板，但升高耳轴就会使装填变得困难，因为装填手必须要把炮弹抬得更高。一种解决方案是在炮架下部建造井式结构。雪上加霜的是，当时的英国驱逐舰主炮用输弹槽进行装填，这在一定程度上使炮尾变得更长。因此在1933年6月设计后续驱逐舰时，海军军械总监指出如果不再使用输弹槽，不仅不需要建造井式结构，而且能轻易地将主炮的最大仰角提升至50度。同时，炮尾的额外长度也让驱逐舰无法装备高初速的舰炮，因此皇家海军一直使用45倍径的4.7英寸（120毫米）炮，而如果没有输弹槽就可以改用50倍径4.7英寸舰炮。输弹槽最早被用于4英寸（102毫米）的驱逐舰主炮上，一度因为会降低射速被取消，但后来又重新出现在了（主要是战列舰的）4.7英寸防空炮上，以便在高仰角状态下装弹。当时炮弹和发射药是独立的，在高仰角状态下，需要由特定的机械装置保证装填发射药时，先前进入炮膛的炮弹不会滑落，这就要用到输弹槽了。同时，如果拥有输弹槽，当发射一发炮弹时，可以准备装填下一发炮弹。

是否需要40度仰角的炮架还取决于驱逐舰的职能。一方面，驱逐舰是实施鱼雷攻击或防御鱼雷攻击的舰船，另一方面他们又是舰队的反潜（搭载声呐设备）和扫雷（装备两速扫雷索）护航力量。到1932年时，根据委员会的要求，舰队显然还需要配属防空护航舰船。当时的审计主管查尔斯·福布斯（Charles Forbes）少将对此并不满意，因为灵活机动的驱逐舰并不是一个优秀的防空平台，但巡洋舰又受到了《伦敦海军条约》的限制，因此不可能再抽调用于防空。驱逐舰的3英寸（76毫米）炮只有简单拼凑的火控系统，射角也不佳，防空效果并不好。要让主炮发挥防空效能，也需要安装昂贵的火控系统，而且最高仰角只有40度的火炮很难被视为合格的高平两用炮（审计主管认为其只能满足4/9的相关需求）。

海务大臣们和助理参谋长在1932年6月22日对这些问题进行了反复讨论，最终得出的结论的是即使大仰角的火控系统几年后才能列装，未来的驱逐舰也都会采用仰角可达40度的主炮。同时驱逐舰还需要携带更多的弹药：除此前的常规炮弹外，每艘还要额外携带200发防空炮弹。1931年型驱逐舰已经为60度仰角的舰炮准备了100发防空炮弹，因此只要再增加100发即可。造舰总监干脆把普通炮弹的备弹量也提高到了每门炮200发，而不再是原先的舰艏每门200发和舰艉每门190

∧ 图中的"英雄"号（HMS *Hero*）驱逐舰是两艘为"部族"级驱逐舰测试倾斜侧角舰桥的驱逐舰中的一艘。注意该舰安装的两速扫雷索的绞盘（以及深水炸弹抛射器）。海试中，"英雄"号在排水量 1490 吨的条件下，以 33909 轴马力的输出功率（转速 347.4 转 / 分钟）达到了 35.01 节的航速。

发。该方案中还包括50发为3英寸防空炮准备的照明弹，取代了原先为4.7英寸（120毫米）主炮准备的15发。不过，该级舰开始建造时携带200发防空炮弹的要求被取消了，这就导致舰上的弹药库比需要的大。该舰弹药库的梁拱（Crown）将高于水线，这是相当危险的，但这个问题要到1933年讨论下一级驱逐舰（G级）的设计方案时才意识到。为了达到40度的仰角，每门炮的炮架下都有用可拆卸的板材覆盖的浅凹陷，高仰角射击时这些板材会被移除。但由于火控系统还是和原先的一样，防空时该级舰只能进行弹幕射击，A级到I级驱逐舰在火控方面多多少少都受到了限制。增加了对空测高设备和引信计算钟（FKC）[21] 的三人射击指挥仪要到"部族"级驱逐舰才会安装。

《伦敦海军条约》没能取缔潜艇，舰队依旧需要反潜护航舰船，因此在1931年9月，海军部决定所有的新驱逐舰原则上都必须加装声呐（但C级驱逐舰的建造进度很超前，因此不适用）。[22] 大概在1931年年末，战争似乎变得近在咫尺。1932年年初，审计主管巴克豪斯就解释道，即使所需的声呐设备已经准备就绪，完成实际安装也需要相当长的时间，由于海军条约对驱逐舰总数的限制，所有的驱逐舰都应该安装这种设备。皇家海军不再有条件将其驱逐舰部队分成专职反潜和扫雷两类，因此已经安装了两速扫雷索的驱逐舰也要预留出安装深水炸弹抛射器的位置以便在需要时尽快改装。E级驱逐舰是第一型受此政策影响的驱逐舰，因为C级驱逐舰的建造进度已经不允许再做出改变了。为了给声呐设备匀出空间，E级的锅炉舱长度还被缩短了。[23]1932年6月，海军部决定之后的所有驱逐舰和驱逐领舰都安装声呐设备，还要能在需要时快速转换为扫雷舰或布雷舰。因此，1932年、1933年和1934年型驱逐舰都将同时安装声呐和两速扫雷索。[24]1931年型驱逐舰的预计标准排水量为1405吨，增加声呐和深水炸弹后，扫雷驱逐舰的排水量将增加至1415吨，而布雷驱逐舰的排水量则为1425吨。如果只装备两速扫雷索，不装备声呐设备和深水炸弹，排水量则为1415吨。

1931年型驱逐舰中的"埃斯克"号和"特快"号（HMS Express）是布雷舰，并且可以快速改装为装备两速扫雷索的扫雷驱逐舰。在作为布雷舰时，它们将拆除鱼雷发射管和艉艅的A与Y主炮（连同相应的弹药）、两速扫雷索及其相关设备、27英尺（8.23米）型小艇及其吊柱。此时，布雷设备将储存在鱼雷战斗部的弹药库内，通过这种安排将获得比扫雷驱逐舰多15吨的载重——后者无法被改装为布雷舰。不过在1931年型布雷驱逐舰接受海试前，未来的驱逐舰将不会安装布雷设备。因此1935年（1935—1936年建造计划）前将不会订购此类可改装的两用驱逐舰。

E级驱逐舰的设计图纸和相关图表于1932年2月提交给了海军委员会，2月18日获得批准。

该级舰的领舰是类似"科德林顿"号的大型舰船，但燃油携带量更大以便跟上驱逐舰的航程增长，航速则比同级驱逐舰快大概0.5节。造舰总监向海军委员会提交了两个领舰设计方案，其中一个方案拥有两段引擎舱而不是单独的引擎舱，两个方案均和驱逐舰一样拥有三段锅炉舱（起初也有只有两段锅炉舱的备选方案）。海军委员会开始选择的是有三段锅炉舱和一段引擎舱的设计方案，只是增加了审计主管提出的几点改进（1931年7月11日，排水量1495吨）。但后来审计主管还是建议将引擎舱分成两段，从而形成了一个不同于"科德林顿"号和最初方案的设计。采用单引擎舱将增加 2 英尺（0.61 米）的长度和 10 吨的排水量，但通过重新布置引擎舱，又能为动力系统节省出 4.5 英尺（1.37 米）的空间。而余下的 2 英尺（0.61 米）又为之后安装声呐罩提供了空间，并且还提供了 16 名军官的载员空间和更高的续航力（15 节时从 5700 海里增加到了 5800 海里），该方案的舰体尺寸和"科德林顿"号相差不大。而如果采用两段引擎舱的话，长度将增加 6.09 米、宽度也会增加 0.38 米，要达到 36 节的航速，动力系统的输出功率需要从 38000 轴马力提高到 39000 轴马力，排水量也将从 1505 吨增加至 1615 吨。两段引擎舱的花费大约为 1.5—1.6 万英镑，造舰总监指出，如果只有一段引擎舱，虽然价钱更便宜，但是可能因为在水线部位被一发轻型炮弹击穿而损失所有的主机。失去航行能力的驱逐领舰很可能会被击沉，而替换一艘驱逐领舰要花 35 万英镑。因此，采用两段引擎舱付出的代价已经很低了。在一个引擎舱进水的情况下，该舰的航速还是能达到 25—26 节的。

但首席工程师争辩道，操控两套动力装置是相当麻烦的，会影响驱逐领舰在关键时刻改变航速的能力，并且越复杂的动力系统可靠性越低。对无防护的舰船而言，所谓的额外生存能力不过是自欺欺人。[25] 最终，审计主管被说服了，他承认大型领舰的机动性将比它率领的驱逐舰低，维护费用却更加昂贵（驱逐舰的造价已经很高了），部分原因是因为它需要额外的 6 名引擎操作人员。助理参谋长也同意审计主管的观点。

该舰最初的设计方案还显示，将在后部烟道两侧各安装 1 门 3 英寸（76 毫米）防空炮（外加 4 门低仰角的 4.7 英寸炮），但对锅炉舱重新布置后就只剩下烟道间的位置可用于布置防空炮了。1931 年 7 月 11 日，审计主管决定将其替换成 1 门 4.7 英寸高平两用炮。最后获得批准的武器配置方案为：4 门低仰角 4.7 英寸主炮、1 门高仰角 4.7 英寸高平两用炮和 2 座四联装 .50 口径（12.7 毫米）机枪；如果没有可用的高平两用炮炮架，武器配置就变更为 5 门 4.7 英寸主炮和 1 门 3 英寸防空炮。2 座四联装 .50 机枪将位于信号平台的舷侧凸体上，这样它们便能朝正前或正后方射击，还能跨过舰艏。此外，军官办公室的面积也被加大了。[26]

新驱逐领舰"埃克斯茅斯"号的设计方案最终于 1932 年 4 月获得批准。

"无恐"级（F 级）驱逐舰（1932—1933 年建造计划）

1932 年型驱逐舰实际上也是 1931 年型的翻版，配备最大仰角 40 度的主炮、两速扫雷索，以及声呐设备。最重要的变化则是列装了新式的 Mk IX 鱼雷（1592 千克），取代了之前的 Mk IV 型鱼雷（1592 千克）。不过，鱼雷与水雷总监还设想在未来列装更加大型的鱼雷，因此他希望增加每枚鱼雷的空间和重量：长度从 7.39 米提高到 8.51 米，重量则增加到 1909 千克。但海军造舰总监抗议道，要搭载这样的鱼雷，舰体长度会增加 5 英尺（1.52 米），标准排水量会增加 10 吨，要么就重新布置上层装备与建筑，缩短甲板室和军官舱室的长度，甚至可能还需要重新布置整个舰艉（包括扫雷索和深水炸弹）。鱼雷与水雷总监承认新式鱼雷还没有准备好，但他对未来"充满信心"——对间战期的皇家海军驱逐舰和巡洋舰来说鱼雷是非常重要的武器，换装威力更大的鱼雷是迟早的事。

︿ I 级驱逐舰在本质上沿用了"英雄"号或者"赫里沃德"号（HMS Hereward）的设计，只是用五联装鱼雷发射管取代了原先的四联装鱼雷发射管（但在战争爆发前又拆除了中间的鱼雷发射管，成了四联装）。该级舰完工时已经装备了高仰角火控计算机（KFC系统）、9英尺（2.74米）UK 4型或 UR 2 型测距仪，以及 Mk I AV 型三人指挥仪控制塔。图中为"艾梵赫"号（HMS Ivanhoe）驱逐舰，从舰艉方向拍摄的照片中可以看到后桅上安装的射程钟（用来将目标距离传达给后方的其他舰船），以及用来为深水炸弹抛射器装填深弹的吊臂，位于两速扫雷索绞盘的前部。海试期间，在 1718 吨排水量的条件下，"艾梵赫"号输出功率达到了 34306 轴马力（344 转 / 分钟），最高航速达到了 34.013 节。该舰是同级舰中海试排水量最大的一艘。其姊妹舰"伊卡洛斯"号（HMS Icarus）海试时的排水量仅 1504 吨，因此输出功率仅 33800 轴马力（转速 348.4 转 / 分钟）时航速就达到了 35.104 节。

同时，该级舰还采用了稍轻一些的锅炉，将动力系统的重量降低了大约 20 吨。但由于动力系统较轻、舰炮（和其他武器装备）较重，该级舰和之后的 G 级、H 级、I 级都存在重心偏高的问题。

F 级的领舰"福克纳"号沿用了前一级的设计。

"灰猎犬"级（G 级）驱逐舰（1933—1934 年建造计划）

由于 1930 年的《伦敦海军条约》依旧有效，为每艘驱逐舰节省重量还是相当关键的。在这方面最重要的举措当属首席工师对引擎舱和锅炉舱长度的大幅削减，时间为 1933 年 7 月。在此基础上，造舰总监将舰体长度缩短到了和"阿卡斯塔"级相当的水平（节省了 1.83 米的长度和 55 吨的排水量），因此功率也可以被缩减到此前的 34000 轴马力水平。平均肋间距也从之前的 0.61 米缩减到了 0.53 米，载油量从 470 吨降低到了 455 吨，载员水平则保持不变（137 人，但空间足够容纳 146 人）。

1933 年型驱逐舰的设计最初只是 1932 年型驱逐舰的翻版，同样安装了 40 度仰角的 4.7 英寸（120 毫米）主炮。当时对 5.1 英寸（130 毫米）舰炮也进行了测试，但采用的是 30 度仰角的炮架。如果测试成功（事实并非如此），该型火炮将装上 40 度仰角炮架，但这样一来炮身就会显得过长。本土舰队司令和他下属的驱逐舰准将都更青睐 4.7 英寸主炮，时任海军战术局局长（Director of Tactical Division，DTD）也认为射速远比炮弹的重量重要，因此也看好 4.7 英寸主炮。

和 F 级一样，"灰猎犬"级（Greyhound Class）的每门 4.7 英寸炮都备弹 200 发，如果需要还能（在普通炮弹之外）额外搭载 100 发高射炮弹。当时曾尝试将弹药库的梁拱重新压低到水线以下但并未成功，更糟糕的是也没有多余的重量为其增加水平的装甲防护。

到 1932 年 10 月时，助理参谋长和审计主管建议将现有的四联装鱼雷发射管换为五联装。之前尝试开发五联装鱼雷发射架的努力并未成功，但让驱逐舰搭载更多鱼雷发射管的想法却一直延续着。1933 年 5 月，鱼雷和水雷总监的报告中就提到了部分先期研究结果：装载鱼雷后的五联装鱼雷发射管总重为 19.76 吨，而现有的四联装鱼雷发射管重量为 16.20 吨。报告中还指出，当时认为 8 枚鱼雷已经是驱逐舰一次鱼雷攻击所能发射的最大数量了，五联装鱼雷发射管能让驱逐舰在进行这样攻击后还保留 2 枚鱼雷备用。这一点在驱逐舰经历过白昼的战斗后，或者发现有敌方主力舰掉队时将显现出巨大的价值。海军战术局局长赞同这样的观点，因此希望知道这样做对驱逐舰的总重有多大影响，造舰总监估计总排水量的增加应该不会超过 10 吨。

更突出的一点是，1931 年 10 月提出的新的鱼雷发射方式正在接受测试。1932 年 5 月，由地中海舰队所属的第 3 驱逐舰分舰队完成了一系列的相关演习，演习的目的便是找出覆盖一艘可以自由机动的舰船的最佳鱼雷齐射方式。演习中，4 艘驱逐舰向由 2 艘巡洋舰和 2 艘驱逐舰扮演的敌方编队实施鱼雷攻击。在一个黑暗的夜晚，驱逐舰部队在后者的领航舰转向时与其接触，在 600—1000 码的距离上发射了鱼雷，这被认为是第一次在夜间以一整支驱逐舰分队的所有鱼雷实施攻击。当时的驱逐舰少将认为，让驱逐舰在这类测试中以所有鱼雷进行齐射是很有必要的，这样才能避免得出错误的结论。不同的驱逐舰采用了错列的方式进行射击以免鱼雷相撞，虽然各舰均朝

〉⌐ 图中为 I 级驱逐舰的领舰"英格菲尔德"号（HMS Inglefield），因为需要同时容纳本舰和分舰队的指挥人员，其开放式舰桥得以括建，请注意舰桥上的臂板式信号机。之前的领舰上采用的是 9 英尺（2.74 米）型测距仪，但"英格菲尔德"号和"福克纳"号采用的是 12 英尺（3.66 米）型测距仪（分别是 UK 1 型和 UK 4 型）。烟道之间的位置安装了 1 门 4.7 英寸（120 毫米）主炮而不是轻型防空火炮，因此只得通过放大舰桥的信号甲板来安装 2 座四联装 .50 口径（12.7 毫米）机枪。另请注意三脚枪杆上的射程钟，作用是将目标的距离信息传递给后方的分舰队。海试期间，"英格菲尔德"号在排水量 1611 吨的条件下，输出功率达到 38081 轴马力（转速 363.5 转 / 分钟），最高航速达 36.69 节。

同一个目标射击，攻击还是取得了成功。当时实在太过黑暗，并且目标舰队正好在改变航向，因此所有驱逐舰瞄准的都是同一个目标。在成功发射的 31 枚鱼雷中，多达 15 枚鱼雷命中了首舰，还有 1 枚命中了后续的舰船。虽然采用了发射药包，但这些鱼雷发射管实际上已经做到了无焰发射，不过声音还是能被听到的。被命中的巡洋舰舰长还以为他可以在看到驱逐舰时及时转向，并在它们有机会实施攻击前将其击沉。当时的战术条令要求在近距离攻击时，每艘驱逐舰应该选择不同的目标，不过早在 1923 年，类似的演习就已经表明，驱逐舰倾向于向距离最近的目标发射鱼雷。

　　不过海军战术局局长也惊讶于要在地中海发动一次不被发现的鱼雷袭击有多么不容易——即使在非常黑暗的夜晚，巡洋舰还是成功发现了驱逐舰，而且他还注意到驱逐舰的指挥官都会倾向于瞄准更偏前方的位置（因此常常只有领舰被命中）。有时，舰上还会配有"最佳射角查算表"，但在激烈的对抗中根本没有人会用到它们。鱼雷的最大齐射数量是由鱼雷的引信精度决定的。一次发射的鱼雷数量越多，鱼雷之间的距离便越接近，也就更有可能出现前一枚鱼雷的爆炸冲击将另一枚鱼雷的引信触发的情况。另外，鱼雷不可能完全笔直地航行，距离越近相互碰撞的风险越大（这在演习中确实发生过）。那么，8 枚鱼雷真的是齐射的极限了吗？

1933 年 6 月，鱼雷与水雷局专门设立了鱼雷发射管设计委员会（Torpedo Tube Design Committee）。因为海军战术局局长非常希望拥有第 5 具鱼雷发射管，当时"弗农"号鱼雷学校的代表曾提出采用灵敏度更低的引信从而让五联装鱼雷发射管的齐射变得可行。但海军战术局局长提醒委员会还有碰撞的问题需要解决。海军委员会就这些情况咨询了地中海舰队司令，但收到答复也需要时间。因此鱼雷和水雷总监在 7 月时建议搁置这个问题，筹划下一型（1934 年型）驱逐舰时再做讨论，不过 G 级也将预留足以安装五联装鱼雷发射管的空间和载重量。当年 10 月，地中海舰队司令表示他支持采用五联装的鱼雷发射管，在白昼的战事结束后，还能为夜战留下备用的鱼雷，并且"额外的鱼雷也能增加驱逐舰的总体作战价值"。海军战术局局长表示赞同，因此所有的 1933 年型和后续驱逐舰、驱逐领舰都将安装五联装鱼雷发射管。但助理参谋长并不同意：既然不能一次性发射 10 枚鱼雷，那为何还要浪费额外的资金？第一海务大臣查特菲尔德也同意后一种观点。

动力系统方面的主要改进则是取消了巡航涡轮机。在 1933 年 6 月，首席工程师指出自从第一次世界大战以来，海军一直在尝试让驱逐舰的续航力和它们伴随的主力舰相当。为做到这一点，驱逐舰的动力系统的空间、重量都很惊人，复杂程度也非常高——很大程度上是巡航涡轮机导致的。其实在战时驱逐舰很少以 15 节以下的航速巡航，因此巡航涡轮机基本没什么用，纸面上极高的续航力只存在于海试条件下与和平时期。鉴于要缩小驱逐舰的尺寸，是时候重新设计动力系统了。后来，在副总参谋长、助理参谋长、计划总监和海军战术局局长参加的会议上，首席工程师的观点得到了肯定，后者认为重新设计动力系统后（不再包含巡航涡轮机），15 节航速下的续航力将轻易达到 4000 海里。

首席工程师在表格中罗列了战后各型驱逐舰的航程（表 9.1 所示），除 V 级和 W 级（载油量 340 吨）之外，各级舰均按照载油量 470 吨计算。其中 D 级与 V 级和 W 级的续航力是真实性能，而 E/F 级和 G 级的则是估计数值。

表 9.1：各型战后驱逐舰的续航力对比

航速（节）	D 级	E/F 级	G 级	V 级和 W 级
全速	1250	1285	1240	600
30	1600	1550	1580	760
25	2500	2240	2400	1220
20	4000	4390	3800	1800
15	5870	6350	5530	2660
12	6350	6840	6000	3120

G 级驱逐舰（1933—1934 年建造计划）的设计方案于 1933 年 10 月 26 日递交给了海军委员会，委员会于 11 月 1 日批准了相应性能要求和设计图纸。

除了皇家海军自用外，G 级还是一型成功的外贸驱逐舰：雅罗为希腊建造过 2 艘"乔治国王"级（*Vasilefs Giorgios* Class），于 1937 年开工建造；其他造船厂则总计为阿根廷海军建造了 7 艘"布宜诺斯艾利斯"级（*Buenos Aires* Class），也在 1937

〉 ⌐ 就和在一战开始时的情形一样，当 1939 年二战爆发时，皇家海军接管了那些正在英国建造的驱逐舰。图中的"哈凡特"（HMS Havant）号驱逐舰便是 6 艘为巴西海军建造的驱逐舰之一，它在本质上采用了 H 级驱逐舰的设计方案，只是重新设计了舰桥。该舰及其姊妹舰在完工时都搭载了大量的反潜武器，Y 主炮因此被拆除以补偿增加的重量。和其他的外贸驱逐舰一样，该舰采用的是外贸型火控系统（应该是维克斯的产品），其测距仪和指挥仪控制塔是整合在一起的，而非独立的设备。该舰还安装了最初的无线电测向天线，即后桅杆顶端的菱形结构，但舰身必须转向才能进行无线电信号定位。后甲板上有多达 8 具深水炸弹抛射器（可以从用来装填深弹的吊柱的数量看出），另有 2 条深水炸弹轨道，可以一次投放 14 枚深水炸弹。美国在巴西海军中的联络官曾宣称巴西海军原本更中意美国建造的驱逐舰，无奈它们造价太高了。作为妥协，6 艘 H 级驱逐舰正在英国建造期间，巴西还在本土建造了 3 艘美国的"德雷顿"级（Draytons Class）①驱逐舰，即后来的"马西利奥·迪亚兹"级（Marcilio Dias Class）。当 6 艘 H 级驱逐舰被英国接管后，巴西海军只得根据引进授权再在本土建造 6 艘。1939 年 9 月时，巴西海军最终决定该级舰的动力系统和武器装备都由美国制造，美国的费城海军造船厂负责设计工作，这批驱逐舰最后成了"阿克雷"级（Acre Class）驱逐舰。

年开工建造。不过希腊的驱逐舰装备的是德制 5 英寸（128 毫米）主炮，在英国建造期间正好经历了 1938 年的慕尼黑危机，因此它们均被列入了一旦战争爆发就会被接管的舰艇名单。不过在 1939 年战争爆发前，它们已经完工交付了。

G 级驱逐舰的领舰"格伦维尔"号比前一批的领舰"福克纳"号轻了 40 吨，锅炉舱两侧还有 2 个（而非 6 个）可以在紧急情况下用来容纳燃油的油箱（平时则一个用于储备饮用水，另一个则用于储备其他功能的淡水）。武器配置则是最大仰角 45 度的主炮（口径 4.7 英寸）、2 门"乒乓"炮、4 挺刘易斯机枪、2 副四联装鱼雷发射管（还可以更换为五联装鱼雷发射管，只需要增加 10 吨载重），外加当时已经作为标准配置的 2 具深水炸弹抛射器和 1 条轨道（20 枚深水炸弹）。在战时还能再搭载额外的 10 枚深水炸弹并且加装两速扫雷索。

在标书中，雅罗曾提出采用燃烧室位于侧面而非两端的锅炉，这样的话前烟道前端通常被下风口占据的位置就可以移作他用，例如建造参谋军官的舱室。最终，该舰的舰体长度缩短了 2.13 米，包括厨房在内的一部分舱室被移走（厨房被挪到了艏楼甲板下，侵占了部分上层甲板的铺位）。

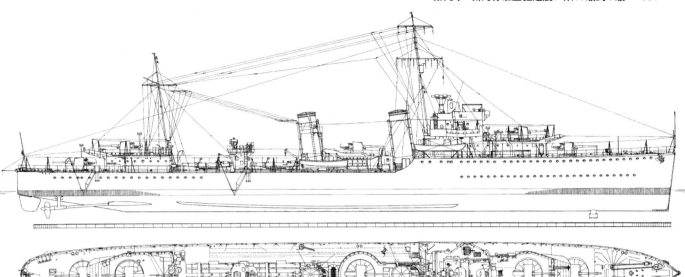

"福克纳"号驱逐领舰

"福克纳"号（HMS Faulk-nor）是 F 驱逐舰的领舰，后续建造的领舰在外观上都基本相同，图中为该舰 1935 年 7 月完工时的状态。该舰并未配载两速扫雷索，因而可以搭载声呐设备和一次投放 5 枚深水炸弹的反潜武器配置：舰艉 1 具可投放 3 枚深水炸弹的坡道，拥有 9 枚深弹作为补充；另外还有 2 具深弹抛射器，各自配备 3 枚深弹作为补充（抛射器上已有 1 枚）。该舰主炮为安装于最大仰角 40 度的 Mk XVII 型炮架上的 Mk IX 型 4.7 英寸（120 毫米）舰炮，当时这也被视作一种防空武器（用来击落飞向舰队的轰炸机）。至于它们究竟有多少价值，人们的看法一直在变化。不过面对在二战期间对英国舰船威胁最大的俯冲轰炸机，这些主炮基本毫无用处。为了实现防空射击，该舰采用了新式的 3 人测距仪，可以同时获知目标的仰角和距离。不过，计划中的对空火控计算机（引信计算钟）在二战前一直没有安装，和所有"部族"级以前的间战期驱逐舰一样，该舰只安装了用于辅助对海射击的 Mk 1 型海军部火控钟。同时该舰还有驱逐舰上常见的、像炮塔一般的指挥仪控制塔，内有陀螺仪瞄准具。"福克纳"号驱逐领舰和同级驱逐舰最大的不同便是在烟道之间安装了 1 门额外的 4.7 英寸主炮，加固了的舰桥信号甲板两翼还有 2 座四联装 .50 口径（12.7 毫米）机枪。如果是在同级驱逐舰上，这 2 座四联装机枪将位于舰艏 4.7 英寸炮的火炮平台之上。和 F 级驱逐舰一样，领舰上所有的 4.7 英寸主炮最大仰角都可以达到 40 度，因此多少具备一些对空射击的能力。

（绘图：A. D. 贝克三世）

"英雄"级（H 级）驱逐舰（1934—1935 年建造计划）

1934 年 7 月 13 日，海军部委员会批准了 H 级驱逐舰可以简单地采用 G 级驱逐舰的设计（最早在 1933 年 11 月提出）。[27] 不过和前一级不同，H 级舰广泛采用了焊接技术。真正需要解决的问题是，该级舰是否要像 1931 年时建议的那样，可以方便地在扫雷舰和布雷舰之间转换。布雷舰需要建造舷侧凸体，舰艉舵机舱还要加装传送带的动力装置；可用来吊放水雷的大型吊柱和更窄的舰艉上层建筑也必不可少；舰桥还需要增加布雷操控装置以便更准确地布设水雷，深水炸弹抛射器的位置也要更改。但当海军委员会批准了这些修改时（1933 年 12 月），E 级驱逐舰中的 2 艘布雷舰依旧还在建造当中，预计 1934 年秋才能完工，11 月才能开始海试。因此，布雷化改造被延期到了 1935 年型的驱逐舰上，而 1934 年型驱逐舰在服役生涯中均未实施过布雷。和 G 级驱逐舰相比，因为采用了新式的 CP XVIII 型炮架，H 级稳定性欠佳。该型炮架通过重新安排配重的位置而不是靠井式结构和可移动的板材来提高仰角，代价是每门炮的重量增加了 1.7 吨。

1934 年型驱逐舰中的一艘，"萤火虫"号（HMS Glowworm）搭载了用于测试的五联装鱼雷发射管，预计在 1936 年 3 月完工。由于总参谋长不愿意撤回前一年提出的反对意见，是否要给更多驱逐舰装备此类鱼雷发射管的讨论被延期，规划 1935 年型驱逐舰时再做定夺。

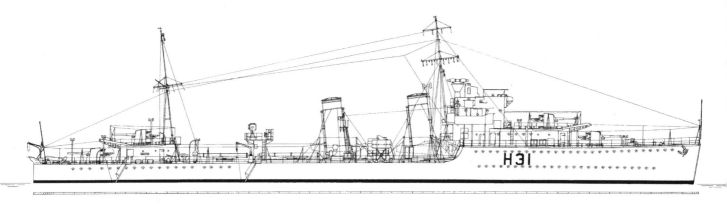

"狮鹫"号驱逐舰

图中为"狮鹫"号驱逐舰在 1936 年刚刚完工时的状态。注意后部的三脚桅杆减少了支撑柱的数量，从而降低了对防空火力射角的影响。在后部甲板室前面还能看到两速扫雷索的绞盘，破雷卫则位于舰艉。海试期间，"狮鹫"号在排水量 1511 吨的情况下，输出功率达到 33916 轴马力（转速 349.9 转 / 分钟），最高航速达到了 35.88 节。

与此同时，为后来大型的"部族"级驱逐舰开发的双联装 4.7 英寸（120 毫米）舰炮的机械动力炮架已经进入了概念设计阶段，因此"赫里沃德"号（HMS Hereward）被选中作为测试舰，双联装主炮将安装于 B 炮位上。但是这将会阻挡操舵人员的视线，因此舰桥的结构也必须重新设计。最后选择了"部族"级将会采用的舰桥样式，操舵室的高度被提高了半层甲板。而由于传统的方形上层建筑已经没有足够的空间，操舵手的位置被挪到了前方一个专门为他建造的上层建筑内，有着倾斜的侧面和顶部。从"部族"级开始，这类 V 型舰桥成了日后英国驱逐舰的一大特征。由帕森斯建造的（舰体承包给了维克斯 – 阿姆斯特朗）另一艘驱逐舰"英雄"号也采用了相同的舰桥，尽管当时新的舰炮炮架还没有经过测试。"部族"级的经验表明这种新式舰桥是一个巨大的进步。

"英雄"号是第一艘完工的 H 级。新增的上层建筑位于开放式舰桥前部，再加上有 0.15 米高的垂直隔舱壁，可以将气流向上抬升，从而提供了一定的风挡效果，在全速前进时，站在罗经平台（开放式舰桥）上的人几乎感觉不到风。因此挡风玻璃也可以被取消，这就让站在舰桥上的人能更方便地向前观察。与此同时，如果是在信号甲板的最前端，要越过挡风玻璃向前观察是相当困难的，因为那里风很大。舰桥的侧面之所以有相当强劲的迎面气流，可能是气流被迫垂直抬升产生的抽吸作用所致。由于在海试时并没有大风，也就无法测试新的上层建筑在侧风时的表现，不过海军造舰总监的代表指出，被舰桥改变的气流应该能抵消侧风的影响，因此新式舰桥也在 I 级驱逐舰上得到了使用。总的来说，"英雄"号的舰桥比之前的设计更加简单也更加有效。

和 G 级驱逐舰相似的是，H 级同样也有着不错的外贸成绩，包括为巴西建造的 6 艘"茹鲁埃纳"级（Juruena Class）和为土耳其建造的 4 艘"奋进"级（Gayret Class）。不过，所有的巴西驱逐舰和 2 艘土耳其驱逐舰在 1939 年二战爆发时被皇家海军接管。作为补偿，巴西海军又订购了另外 6 艘 H 级驱逐舰，并将在本土进行建造，这些驱逐舰采用了美国的武器，1949 年—1951 年方才完工，外观也更像美国的单烟道型驱逐舰。

H 级的领舰"哈代"号（HMS Hardy）则是"格伦维尔"号的复刻版，唯一的区别便是宽度增加了 3 英寸（76 毫米）。

1935 年伦敦海军会议

　　1934 年时，国际局势已经变得相当微妙，皇家海军的注意力集中到了侵略性日益增加的日本身上，因为该国在 1934 年 4 月宣布退出海军军备限制条约。另一方面，即便在希特勒上台以前，海军部在组织了一场国际局势调查后也意识到，欧洲可能正在迈向另一场战争。于是英国在 1932 年废除了用于限制防务开支的十年发展规则（Ten-Year Rule），并建立了一个防务需求委员会（Defence Requirements Committee），主要关注相关的消耗品，比如声呐设备使用的换能器（transducer）——此前因为规则的限制而没有大宗采购。[28]

　　随着 1930 年条约中约定的 1935 年海军军备会议的临近，皇家海军将目标定在了维持 12 支适龄服役的驱逐舰分舰队和 4 支超龄服役的分舰队，其中还有一支将由附属国（澳大利亚和加拿大）的舰船组成。到 1934 年末，英国将拥有 7.75 支适龄服役的驱逐舰分舰队，其中的四分之三是 2 艘试验舰加 4 艘 C 级驱逐舰的组合，一战时建造的驱逐舰的维护工作越来越难以为继。由于巡洋舰数量稀少（1930 年的海军条约

△ "苏丹希萨尔"号（Sultanhisar）是英国为土耳其建造的 I 级驱逐舰。和为巴西建造的 H 驱逐舰不同，这批驱逐舰装备的是英制武器，包括标准型驱逐舰的火控系统（以及声呐设备）。根据 1942 年 10 月英国外贸舰船的注册信息，该级舰搭载了 6 门 40 毫米防空炮，指的应该是英制的 2 磅炮。在二战爆发前，英国政府将帮助土耳其视为遏制苏联和德国在地中海扩张的有效途径。因为有来自土耳其的潜在订单，外交部在 1938 年 1 月 4 日曾致信海军部："如果国际形势恶化，土耳其是少数能够指望与我们合作的国家。"——事实也确实如此。

1937 年 12 月，土耳其海军的联络官便提议订购 10 艘潜艇、4 艘现代化的驱逐舰、4 艘护航舰（轻型护卫舰）、12 架"布伦海姆"轰炸机和 9 门用于防御达达尼尔海峡的大口径火炮。外交部认为需要对此特别关注，不仅仅是为了抢占先机以防止德国获得部分订单（但最终德国还是和英国平分了 8 艘潜艇的订单）。土耳其海军的最终目的是获得一支能够保卫己方海岸的舰队，包括两个集群，每个集群拥有 1 艘重巡洋舰、4 艘驱逐舰和 12 艘潜艇，考虑到舰船维护休整的问题，总共需要 12 艘驱逐舰和 30 艘潜艇。4 艘意大利建造的驱逐舰存在

相当多的问题，但仍然可以服役，因此只需要再购买 8 艘现代驱逐舰即可。最初计划这 8 艘驱逐舰均由英国建造，英国议会还授权了一项特别资金用来给土耳其提供必要的帮助。最终的订单包括 4 艘驱逐舰和 4 艘潜艇外加一系列小型舰艇，鉴于土耳其重要的战略位置，尽管自己也急需驱逐舰，英国还是向土耳其交付了 2 艘驱逐舰和 2 艘潜艇，前者即"苏丹希萨尔"号和"德米尔希萨尔"号（Demirhisar）。或许是考虑到一战往事——1914 年皇家海军强行接管为土耳其建造的战列舰和驱逐舰导致土耳其加入了德国一方，皇家海军在接管另外

2 艘驱逐舰"促进"号（Muavenet）和"奋进"号（Gayret）[①]后，声称只是向土耳其租借（对巴西就没有这样的说辞）。作为"伊思芮尔"号（HMS Ithuriel）的"奋进"号在建造上是完全失败的，因此战后交还土耳其的是更新的驱逐舰"侏羚"号（HMS Oribi）；作为"无常"号（HMS Inconstant）的"促进"号则在战后（1945 年 9 月 18 日—1946 年 1 月 27 日）接受了改造，并在 1946 年 3 月 9 日于伊斯坦布尔交还土耳其海军。

① 译注：土耳其语意译。

所致），同时日本又建造了大型驱逐舰（"吹雪"级及后续驱逐舰），皇家海军对更大型的驱逐舰或侦察舰产生了兴趣，此即后来的"部族"级驱逐舰。[29] 这是驱逐舰第一次抛弃此前的鱼雷攻击舰艇定位，转型为一种全新功能的舰艇，但这已经不在本书讨论的范围内了。

1935—1936 年建造计划最初只包括"部族"级，但是，由于意大利和埃塞俄比亚之间爆发了战争（进而引发了英国与意大利的对立），海军委员会又增加了一支分舰队规模的普通驱逐舰，不过当时认为它们最终会被归入 1936—1937 年建造计划。随着局势的恶化，这批驱逐舰被提前到了 1935—1936 年建造计划当中，成为 I 级驱逐舰。该级舰也是从"亚马逊人"号和"伏击"号开始的一系列驱逐舰的最后一批。在"部族"级开始建造后，确实有许多人建议回到此前的标准型驱逐舰设计方案上，但最终，对舰炮火力的需求还是取得了胜利。尽管后来战时紧急建造的驱逐舰确实回到了类似 A 级到 I 级驱逐舰的武器配置，但这只是一种应急措施，用来保证尽可能多的数量，而不是在战术上进行深思熟虑后做的决定。大概在同一时间，英国政府也援引了 1930 年《伦敦海军条约》的附加条款，保留超龄服役的驱逐舰，包括 36 艘 V 级和 W 级驱逐舰，当时的计划是将它们改造为护航舰船，具体内容见下一章。

当时的海军条约框架并未完全废除，新的 1936 年《伦敦海军条约》中还是保留了对单艘军舰的限制，例如驱逐舰主炮的口径不得超过 5.1 英寸（130 毫米），但已不再对舰队的总吨位进行限制。为此，英国政府甚至愿意相当提前地公布新驱逐舰的设计细节，以期能让其他列强理解取消这些限制并不是要重启军备竞赛。对皇家海军而言，这样做的主要影响就是要冻结现有的建造计划或在订购后进行更改都相当困难。但即便如此，日本还是拒绝签署该条约。1930 年时的附加条款便是为了激励日本加入条约体系设立的，同时，各签署国也保留了在日本拒绝遵守限制条款的情况下，提升单舰相关限制的权利。正是基于这一点，战列舰主炮口径的上限就从 14 英寸（356 毫米）提高到了 16 英寸（406 毫米）。不过对巡洋舰的限制（排水量不超过 8000 吨）却一直持续了下来，直到二战爆发使条约体系完全崩溃。

"不惧"级（I 级）驱逐舰（1935—1936 年建造计划）[①]

1935 年建造计划当中的标准驱逐舰最初只是 H 级驱逐舰的简单重复，相关的修改工作在 1935 年 10 月 18 日的海军审计主管会议上开始。主要的变化就是采用了五联装鱼雷发射管。[30] 计划中，I 级将装备高仰角的火控系统，每门 40 度仰角的火炮都备弹 200 发。但实际上安装的是前型驱逐舰装备的 Mk 1 型海军部火控钟，而不是可供高仰角射击使用的火控系统。采用新型的（62 磅）4.7 英寸（120 毫米）炮的提议也遭到了拒绝。审计主管希望造舰总监研究是否有可能采用单烟道的设计方案以便将主桅（后桅）向前移，以及在舰艉中轴线安装机枪——"部族"级在相应位置安装的是"乒乓"炮。此外，I 级舰的舰艉将按照布雷舰的标准布置。

和在 E 级、F 级、G 级舰上一样，安装新式重型舰炮和五联装鱼雷发射管影响 I 级的稳定性。设计"阿卡斯塔"级时进行的理论估算得出了如下结论：驱逐舰的服役年限为 15，重心高度平均每年会上升 0.04 英尺（12.2 毫米），轻载的时候稳定性最

① 译注："不惧"由 Interpid 翻译而来，亦有人将其译成"无畏"。为避免和有名的"无畏"号战列舰混淆，本书采用"不惧"这一译法。

差。按照设计要求，在轻载状态下，即便底舱浸水（通过打开引擎舱和临近的锅炉舱的通海阀），驱逐舰也能保持浮力。鉴于重心逐年升高，在服役生涯结束时，底舱浸水的驱逐舰稳心高度（GM）可能是 0，也就是毫无稳定性可言。为了避免出现这样的情况，"阿卡斯塔"级要求在浸水时的稳心高度至少有 0.6 英尺（0.18 米）。在轻载条件下，"阿卡斯塔"级的稳心高度为 0.80 米，C 级驱逐舰甚至更好，达到了 1.21 米。不过后续型号的稳定性逐次下降，"萤火虫"号的稳心高度就只有 0.68 米，而 I 级驱逐舰降至 0.67 米。因此轻载时的最大稳定倾角也从"阿卡斯塔"级的 67 度降低到了 I 级驱逐舰的 57 度，而且轻载条件实际是包含了弹药的重量的。到了 G 级和 H 级驱逐舰上，稳定性问题已经恶化到了如果要在上层增加重量就必须在其他地方削减作为补偿。当时有许多关于增加 I 级驱逐舰稳定性的提议，而最好的方法便是重新回到四联装鱼雷发射管。如果这一点无法做到（当时确实是如此），则应减少舰桥的防弹板厚度（可以节省大约 1.5 吨的重量）并且将弹药库、鱼雷战斗部弹药库也建成水密隔舱以备在需要时浸水（但实际操作却很困难）。另外还有一种方法，即增加 50 吨的永久压舱物，但这会严重影响航速。这些驱逐舰中情况最糟糕的是"邓肯"号驱逐领舰，造舰总监估计该舰在轻载浸水时稳心高度甚至可能是负值。

委员会依然要求 I 级舰能在扫雷舰和布雷舰之间转换，因此"不惧"号和"冲击"号（HMS Impulsive）两舰在服役生涯中均充当布雷舰。该级舰的领舰"英格菲尔德"号则沿用了"哈代"号的设计。

"飓风"号驱逐舰，前"加帕鲁阿"号

就和一战时一样，皇家海军在二战爆发时强行接管了一批正在为别国海军建造的舰船，包括为巴西海军建造的 6 艘改进型 H 级驱逐舰。图中为"飓风"号（HMS Hurricane）驱逐舰——前"加帕鲁阿"号（Japarua）——刚完工时的状态（1940 年 5 月），当时正好处于将其中 1 副鱼雷发射管更换为防空火炮的改造计划之前。该舰的主要变化是去掉 4 号主炮，搭载更多的反潜武器，包括：3 条深水炸弹轨道和 8 具抛射器（可以一次投放 14 枚深水炸弹，总共可以携带 110 枚深水炸弹，其中许多直接放在甲板上）。"飓风"号采用了和"英雄"号及 I 级驱逐舰同类舰桥，作为专职的反潜驱逐舰，它还装备有早期的高频无线电测向天线（三脚桅杆上的菱形天线）。和为皇家海军建造的驱逐舰不同，它使用的是维克斯生产的火控系统，包括结合了测距仪的射击指挥仪。动力系统为 3 台海军部型三鼓式锅炉（工作压力 300 磅力 / 平方英寸，温度 327 摄氏度）。因为增加了许多战时改装，所以该舰采用了更为实际的海试条件，海试排水量为 1930 吨（但并未记录航速）。该舰于 1943 年 12 月 24 日被德国 U 415 号潜艇击沉。

（绘图：A. D. 贝克三世）

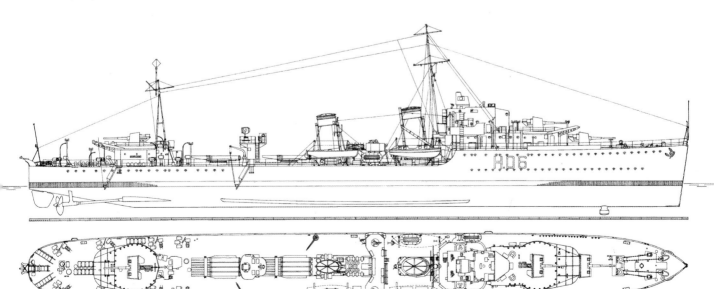

 美国通过为巴西重新设计 H 级驱逐舰，即"阿克雷"级获得了不少信息，比如 H 级驱逐舰舰体的潜力、英美在动力和武器标准上的差异。皇家海军因战争爆发强行接管了 6 艘为巴西建造的驱逐舰后，巴西海军打算向英国进口动力系统和武器，在国内建造 6 艘相同的驱逐舰。这个计划泡汤之后，巴西只得转向美国，当时美国正在鼓励西半球的其他国家加强防务。巴西的驱逐舰由美国的费城海军造船厂建造，基于美制动力系统和武器配置进行重新设计。巴西海军于 1940 年 3 月 3 日正式向美国海军使团提出了相关要求，费城海军造船厂在 3 月底收到了巴西海军的计划，当月就开始了相关设计工作。当时巴西已经对英国设计的舰体进行了一定程度的重新设计，他们似乎希望美国的造船厂把精力集中在重新设计动力系统上。巴西海军及其眼镜蛇岛（Ilha des Cobras）造船厂提出了舰体强度、稳定性和适航性方面的要求，费城造船厂问是要重新设计（即可以根据动力系统的安装需要调整舰体）还是要改造设计（基于现有舰体改进动力系统），显然前一种方案更受青睐。新的引擎将由西屋电力（2 艘）和通用电气（4 艘）制造，锅炉则由巴布科克 & 威尔科克斯（Babcock Wilcox）提供（但后来建造合同更改为每家造船厂各自为 3 艘驱逐舰建造蒸汽轮机，全部采用通用电气公司的两级减速齿轮）。1940 年在美国海军造船厂进行重新设计时，该级舰的动力系统预计重量为 559.3 吨（输出功率 34600 轴马力），相比之下，美国海军的“马汉”级“卡辛”号（USS Cassin）驱逐舰动力系统重量为 688.89 吨（功率 42800 轴马力），后者是美国海军第一型采用高温高压锅炉的驱逐舰（通用电气公司的记录表明，采用的是带二级减速齿轮的蒸汽轮机，工作压力 370 磅力／平方英寸，温度 352 摄氏度，压力相对而言还是比较低的），每轴马力对应的重量也和美国海军自己的动力系统相当。巴西海军当时也在基于“卡辛”号的设计建造了 3 艘“马西利奥·迪亚兹”级驱逐舰，动力系统十分相似。作为对比，英国最初为这些 H 级驱逐舰准备的动力系统大概重 490 吨（美国在计算重量时包括的一些其他设备未被计算在内）。“阿克雷”级驱逐舰采用美制的交流电发电机（“迪亚兹”级当时安装的是直流电发电机，然而其武器装备，尤其是单装炮架的电机，需要的却是交流电）。锅炉的布置进行了重新的设计，每个锅炉舱的长度都相同（总共有两道隔舱壁，但依

然有三台锅炉），所有的上风道均合并到了一座烟道内。1940 年 9 月，巴西向美国国家锻造和兵器制造公司（National Forge & Ordnance Company）订购了 15 门 38 倍径 5 英寸（127 毫米）舰炮（用于 3 艘“迪亚兹”级驱逐舰，但最终每艘只搭载了 4 门），并且计划再为后来的 A 级驱逐舰购买 30 门——每艘 5 门（订单后来被重新分配）。这些都是开放式或带有炮盾的舰炮，而不是后来美国海军使用的全封闭的单装炮。设计方案中还包括 3 副四联装鱼雷发射管，安装方式和“卡辛”号驱逐舰类似（1 副位于中轴线，2 副则位于舰艏两舷）。1941 年 12 月，巴西海军还获得了新的射击指挥仪，大体上和美国的 Mk 37 型射击指挥仪类似（但似乎并不包含甲板下的火控计算机），当时美国海军军械局（Bureau of Ordnance，BuOrd）怀疑“阿克雷”级的操舵室无法承受其重量（美国设计的 3 艘驱逐舰采用的是更轻的 Mk 33 型指挥仪）。费城船厂很快发现军械局的担忧是正确的，巴西应该采用最初提出的 Mk 33 型指挥仪。到 1942 年 6 月，造船厂又开始为这些驱逐舰提供和同时期美国驱逐舰类似的防空火炮。第一步便是将其中 1 门 5 英寸炮换装为 4 门厄利空机关炮。根据 1943 年 6 月的设想，该级舰将搭载 2 座双联装博福斯（40 毫米）机关炮和 4 门厄利空机关炮，同时配备对应的 2 套 40 毫米防空炮指挥仪（Mk 51 型，外加 1 台指挥 5 英寸主炮的 Mk 33 型射击指挥仪）。和当时英国的 A 至 I 级驱逐舰一样，该级将装备 2 副四联装鱼雷发射管，但是安装位置在舷侧（中轴线留给了 40 毫米防空炮），这极大地削弱了单侧的鱼雷火力，不过同期设计的英国驱逐舰也只搭载了 1 副四联装鱼雷发射管，并且没有装备 40 毫米防空炮。反潜武器比英国的标准更低，只有 4 具深水炸弹抛射器和 2 条轨道，不过可以和美国大西洋

舰队的许多驱逐舰一样，在舰艏安装 2 具 Mk 20 型反潜迫击炮（“捕鼠器”系统，理论上与英国的“刺猬炮”类似）。巴西最终批准了这一设计方案，但要求将厄利空防空炮的数量增加到 6 门。最终的设计方案（1946 年型）包括 1 座双联装 40 毫米防空炮、6 门厄利空机关炮、2 副四联装鱼雷发射管、6 具深水炸弹抛射器、2 条深水炸弹轨道（总计 44 枚深水炸弹），但取消了“捕鼠器”迫击炮。美国海军还提供了声呐系统（QC 型）和雷达（只是对海搜索雷达，无法进行对空警戒）。最终该级舰依照 1946 的武器配置方案进行设计，但只有 1 号主炮装有炮盾，或许是因为存在上层超重的问题。大概在 1956 年时，“阿克雷”级经历了一次现代化改造，后部三脚桅杆上安装了美制 SPS-6B 型对空搜索雷达（在此之前没有任何对空搜索能力），2 号炮塔被第 2 座双联装博福斯防空炮取代，此外还有 2 门厄利空机关炮和 4 具深水炸弹抛射器。不过该级舰的建造进度相当缓慢，最初的两舰“亚马孙河”号（Amazonas）和“阿拉瓜利河”号（Araguari）直到 1943 年 11 月才下水，完工日期更是被严重拖延，因为舰上需要的设备也是美国战时急需的。情况甚至严重到了巴西海军部长在 1943 年 4 月时考虑以现有的 4.7 英寸（120 毫米）炮装备“马西利奥·迪亚兹”级，从而将他们改造为船队的护航舰（不过最终“迪亚兹”级还是安装了美制舰炮）。美国海军在巴西的代表建议，要让 A 级驱逐舰及时完工的唯一方法是改用护航驱逐舰的动力系统。这项建议被传达给了费城海军造船厂，但后者表示，考虑到需要改造的地方，这种方法并不能节省时间。战争结束后，眼镜蛇岛的建造进度更是大幅放缓。例如，1/3 的工人因为战争期间的加班而获得了 25 天的假期，因而在 1946 年 3 月时，A 级首舰“亚马孙河”号的预计完工时间是当年

6 月，但到 9 月时完工日期被列为不确定（建造进度为 87.88%，当月的建造进度只增长了 0.67%）。该舰直到 1949 年 6 月 11 日才完工。1944 年 10 月，当时已经很明显能看出 A 级驱逐舰实在是太小了，因此巴西海军要像以“卡辛”号的设计方案建造“马西利奥·迪亚兹”级一样，用“弗莱彻”级（Fletcher Class）的设计建造新的驱逐舰。某种程度上，这和 30 年代末皇家海军在讨论在 A 至 I 级驱逐舰和更大型的驱逐舰间该作何选择时得出的结论一致。美国海军最终决定可以给予“弗莱彻”级驱逐舰的设计方案，但前提是不能完全公开战情中心（CIC）和 Mk 37 火控系统的设计（巴西版的“弗莱彻”最终搭载的还是 Mk 33 型）。费城海军造船厂将再次作为和美国海军联系的中间商，因为在之前建造“马西利奥·迪亚兹”级和 A 级驱逐舰时，该造船厂已经和巴西海军建立起了不错的合作关系。巴西海军将计划中的 3 艘“弗莱彻”级驱逐舰定级为了 D 级驱逐舰。在 1945 年 7 月时，巴西希望全部的 3 艘 D 级驱逐舰都能在 1946 年 1 月 1 日左右开工，并且在 1949 年 1 月 1 日至 1950 年 1 月 1 日间，以每三个月 1 艘的速度完工交付，但这个计划于 1946 年 3 月流产。总的来说，巴西的 A 级驱逐舰为美国提供了对比英美驱逐舰的机会，结果表明英国的 A 至 I 级驱逐舰本可以搭载更强的防空武器，如果其防空潜力得到更充分的发挥，或许可以挽救许多在地中海地区因德国飞机俯冲轰炸而丧生的舰员。当时很明显的一点就是 4.7 英寸主炮的炮口初速并不比美制的 38 倍径 5 英寸舰炮高多少，因此对于巴西海军而言并不存在需要大幅牺牲海战能力来加强防空能力的问题。下图中的“阿拉瓜利河”号已经经历过 50 年代的现代化改造后，桅杆上新增了 SPS-6B 型对空搜索雷达。

注释：

1. 国家档案馆 ADM 116/67364 号档案，1937 年的战术学校报告，报告中还注意到当时的驱逐舰条令中尚未涉及此类状况。

2. 对"伏击"号而言，1500 海里的航行大约需要燃油 195 吨，以 2/3 的航速维持 12 小时航行则需要额外的 160 吨燃油。

3. 和流产的 5 英寸（127 毫米）舰炮同期的一份文档中，记载了 1926 年 6 月 2 日的参谋部备忘录中提到，其中 1 门舰炮应具备远程或中程对空射击的能力。这种火炮需要足够轻以便能在驱逐舰上操作。当时"纳尔逊"级战列舰上有这样的火炮，但它们的炮架却不适合驱逐舰。

4. 1927 年 3 月 24 日，海军军械总监曾提出当时还在测试中的四联装 .50 口径（12.7 毫米）机枪在对付低空目标时可能会比 1 门 2 磅"乒乓"炮更高效，因为它每分钟能发射出去的弹药要多得多。海军枪炮局局长却不同意这一说法，因为这些火炮的首要任务不是自卫，而是在重型防空炮火难以命中的距离，比如 5000 码以下，为舰队防御敌方的鱼雷轰炸机。当时的海军防空委员会（Naval Anti-Aircraft Committee）推荐采用 Mk M 型"乒乓"炮，并且指出了其相对较重（2 磅）的炮弹具有的优势。当时的大型军舰上已经装备了多管的"乒乓"炮，但尚不确定是否能用于驱逐舰。"在明确这一点之前，采用子弹较小而且射程受限的多管 .50 机枪是不明智的。"但枪炮局长还是将 .50 机枪视作"乒乓"炮的有效替代武器，他还得到了海军航空局（Naval Air Section，NAS）局长的支持。但不幸的是，多管的"乒乓"的炮重量几乎已经和 4 英寸（102 毫米）舰炮相当了，因此从 30 年代中期的"部族"级开始，这类武器才出现在驱逐舰上。

5. 国家档案馆 ADM 167/74 号档案，1926 年海军委员会备忘录，时间为 1926 年 7 月 21 日。

6. 如果要满足该计划的开工时间，招标就得在 1928 年 9 月 15 日进行，因此最终的设计方案需要在 9 月 1 日提交海军委员会审核。而在这两艘试验驱逐舰海试之后，海军部还需要 2 个月时间才能形成相关的设计草案或指标，因此海试必须要在 7 月 1 日前完成。海试需要持续两个月（一个月的海上测试和另外一个月的航速测试、武器系统检查），因此海试要在 5 月 1 日前开始。而算上 21 个月的建造时间，也就回溯到了 1926 年 8 月 1 日。

7. 两艘加拿大的太平洋班轮采用了 375 兆帕 / 平方英寸（2.59 兆帕）、371 摄氏度的锅炉，而为 P & Q 公司建造的则装备 400 兆帕 / 平方英寸（2.76 兆帕）、371 摄氏度的锅炉。另外，雅罗为陆上发电厂设计的锅炉压力更是高达 600 兆帕 / 平方英寸（4.14 兆帕），温度也达到了 399 摄氏度。

8. 相关文档现存国家档案馆 ADM 167/76 号档案内。

9. 相关资料保存在了"沙格奈"号和"斯基纳"号的 465 号设计档案中。约翰·桑克罗夫特爵士宣称，海军部是否接受他的特设舰方案，将决定加拿大是选择英国的（或者说他自己的）造船厂还是本国的造船厂（因为加拿大没有能力建造这样的舰船）。但造舰总监对此持怀疑态度。加拿大有许多人希望能够在本国建造这两艘驱逐舰。

10. 关于驱逐舰大小的争论参见 G 级驱逐舰设计档案的第 14 页，档案编号 M. O. 1577/29。

11.《1932 年的舰炮发展》（Progress in Gunnery 1932）。

12. 此处指"梵·根特"级（Van Ghent Class），该级舰有时也被称为"伏击"号的改进版。

13. 国家档案馆 ADM 167/82 号档案，1930 年海军委员会备忘录。

14. 国家档案馆 ADM 1/8828 号档案，一份战术部门关于小型巡洋舰的备忘录最终引向了"部族"级驱逐舰的设计，其中也包括一批 1934 年 11 月发表的文章。11 月 2 日时，海军审计主管曾写道，未来的驱逐舰分舰队或许可以考虑将驱逐领舰上的单装 4.7 英寸（120 毫米）舰炮更换为双联装舰炮以增强火力。不过他希望听取舰队指挥官关于传统分舰队型驱逐舰和这六艘新驱逐领舰（即后来的"部族"级）的对比意见，特别是在火力方面。他估计，如果能采用加长版的 E 级驱逐舰舰体（比 G 级和 H 级长出约 1.83 米），再将舰体宽度增加 7.6 厘米左右，或许能安装 3 座双联装 4.7 英寸舰炮。事实证明，这种估计过于乐观了。

15. 见笔者著作《驱逐舰 II》[①]。1932 年，随着局势逐渐紧张，海军部的备忘录出现了关于反潜作战的内容。该备忘录回顾了 1917 年时的情形：可能的敌对国的潜艇力量正在大幅增加，而任何选择学习德国式无限制潜艇战的国家都有可能在战争初期取得最大的优势，因此仅靠船团运输是不能拯救不列颠的，还需要护航舰艇的配合。相比 1917 年，当前的情况更加糟糕。在一战时英国占据地理上的优势，而且德国的舰队已经遭到了封锁，但在未来可能的战争中皇家海军还需要注意来自水面舰艇的袭击。在 1917 年 5 月时，英国拥有多达 3100 艘辅助巡逻艇，而德国许多优秀的 U 型潜艇指挥官已经阵亡。此外，当时皇家海军拥有 116 艘巡洋舰（1936 只有 50 艘）、339 艘驱逐舰（到 1918 年这一数字增加到了 433 艘，相比之下 1936 年时只有 120 艘）、2798 艘辅助巡逻艇（1918 年 11 月达到 3100 艘），此外还有 2608 艘安装了防御武器的商船（到 1918 年 11 月这一数字高达 5887 艘）。即便拥有如此

---

① 应该是指《英国驱逐舰：从第二次世界大战到当代》。

多的舰船，英国依然损失了 340 多万吨的物资，就连情况最好的 1918 年 11 月，损失也高达 13.68 万吨。国家档案馆 ADM 167/87 号档案。

16. 驱逐舰总体设计档案（376D），第 12 页。

17. 在 D 级驱逐舰的设计档案中，来自军械总监的一份文档（G.01274/29，第 16 页）对相关需求进行了汇总。当时海军战术局要求低射角的舰炮至少能 "对付" 敌方驱逐舰，要能在第一时间取得命中并 "尽可能地降低敌方战斗力"。他们认为至少也该安装 4 门主炮以保证有效的弹道测算，这个密度的齐射如果成功取得跨射，应该能有 2 发炮弹命中目标，而 3 门主炮的话应该只有 1 发命中。在攻击无防护的上层建筑时，炮弹的重量要比速度更重要——不过较高的初速也意味着仰角更低、射速更高。有效射程应该设置在能够观测到弹着点的水花的距离内（驱逐舰不太可能获得空中指引）。当时军械总监估计 4 英寸（102 毫米）炮的水花应该能在 11000 码的距离上被观测到，4.7 英寸（120 毫米）炮的可以达到 15000 码，5 英寸（127 毫米）炮（62 磅炮弹）的距离为 16000 码，而 5.5 英寸（140 毫米）炮的可达 17000 码。他还认为，如果以 5 英寸炮替换 4.7 英寸炮大概会增加 23 吨的排水量，而如果想放大舰体，那就势必要牺牲主炮的数量，这两种做法都不讨喜。就算海军部接受了 3 门主炮的设计，这种舰炮的炮弹也没有大到足以弥补失去的火力。同时，每门炮储备的 190 发炮弹只够坚持 35 分钟的连续射击，5 英寸炮的炮弹只会更少。即使采用双联装的炮座也没法降低重量、增加备弹量，当时对双联装 4.7 英寸炮的研究表明，其节省下的重量会被电力机械装置占据。综合上述信息，训练与参谋工作局局长最终决定，保留 4.7 英寸舰炮作为驱逐舰的主炮，毕竟要开发出令人满意的 5 英寸舰炮还需要很长时间（新的 4.7 英寸速射炮及其炮架也不过才刚刚通过测试）。不过海军审计主管却持反对意见，他认为训练与参谋工作局局长的这种观点将限制驱逐舰火力的进步。

18. 1930 年 4 月 3 日，审计主管注意到别国的趋势似乎是为驱逐舰安装尽可能大型的舰炮：5.1 英寸（130 毫米）的舰炮弹重为 70 磅（31.75 千克），5 英寸炮则为 65 磅（29.48 千克）。见驱逐舰总体设计档案（376C），第 120 页。军械总监的报告中称 5 英寸速射炮的开发已经经过了数月的讨论了，并且已经得到了一型 50 倍径 5 英寸炮的设计方案，其炮架也正在通过半官方的渠道和维克斯－阿姆斯特朗进行讨论。军械总监当时正在考虑 45 倍径和 50 倍径两种设计的价值，这两型舰炮的弹药都已经达到了他认为的人力搬运的上限。不过，如果真的要替换掉 4.7 英寸主炮，那么最好就选择最强大的舰炮以保证之后不被超越。训练与参谋工作局局长指出，从毁伤效果来看，最关键的影响因素还是装药量，因此他倾向于采用 70 磅的炮弹。不过高初速的弹药有利于以较低的仰角达到一个既定的距离（比如 6000 码），从而让装填变得更为简单。他同意造舰总监的观点，5.1 英寸主炮对驱逐舰而言可能不容易操作。当时用于测试的炮架是 CP Mk XIV 型，根据《1934 年的舰炮发展》，5.1 英寸炮的炮弹确实太过沉重了。

19. 后来担任副总参谋长的德雷尔认为，这门高射炮应当一直保留到皇家海军建造的驱逐舰能够采用委员会推荐的 40 度仰角主炮并且配备对空射击用的火控系统和弹药后。

20. 约翰斯的意见的提出时间为 1931 年 10 月 21 日。他的观点显然引起了首席工程师的兴趣，首席工程师随后（11 月 9 日）便要求造舰总监提供一份设计草案并标注出锅炉舱的高度和宽度、烟道和各隔舱壁的位置，以及下风口和舱门的位置。首席工程师最后认为设计方案是可行的，尽管这会造成 2 号锅炉舱人员进出不便，并且有可能还需要升高气压。

21. 就像名字所说的那样，这套计算机（计算钟）可以用于设置防空炮弹的延时引信。如果没有引信计算钟，驱逐舰将无法准确有效地估计引信设置，也不能知道目标的初始距离。炮弹很难直接命中目标，但如果能够在有效杀伤距离内爆炸，效果就会有很大不同。

22. 海军部的文档分别估算了在远东发生战争、在西线发生战争和和平时期的训练三种情况下驱逐舰对声呐设备和两速扫雷索的需求数量。此前一年，海军战术局（Tactical Division）便估计舰队（例如在航行前往新加坡期间）至少需要配属 6 支驱逐舰分舰队：2 支装备声呐设备的反潜编队、1 支作为备用的反潜分舰队、2 支近距离的扫雷编队和 1 支为战列巡洋舰扫雷的分舰队，并且这些分舰队都要能够跟随舰队一同行动，此外还需要有 25% 的富余舰船（1.5 支分舰队）用来替补可能的损耗或改装。而且这还只是所需的最低值，因此后来的计划又将数量提高到了 8 支分舰队：3 支用于反潜护航、3 支用于扫雷护航（近距离护航和战列巡洋舰护航），2 支作为替补；或者每一种配属 4 支分舰队。根据当时对远东战争的设想，本土将只留下 3 艘战列舰作为防备力量，而它们也需要 2 支分舰队（扫雷和反潜护航），另外还有 3 支驱逐舰分舰队要用于为高价值的运输船队护航，其中至少要有 2 支装备声呐，因此总共有 7 支分舰队需要装备声呐设备。而欧洲的战争则更加困难，当时没有哪个欧洲国家有那么大规模的战列舰队，因此舰队决战是不大可能发生的，主力舰队很可能只承担各类掩护行动。假设舰队都集中在大西洋（3 艘战列巡洋舰和 6 艘战列舰），仅在地中海保留 1 支战列舰分队。此时大西洋舰队需要 2 支装备声呐的驱逐舰分队和 2 支备两速扫雷索的驱逐舰分舰队，此外还要为战列巡洋舰配属 1 支装备声呐的分舰队。地中海的 4 艘战列舰则需要 2 支反潜和 2 支扫雷分舰队，另外还需要 1 支装备声呐的分舰队作为替补或实施对敌方通信舰只的攻击。剩下的 2 艘战列舰也需要 1 支分舰队提供反潜护航，另外在北海地区还需要 3 支驱逐舰分舰队承担各类辅助任务，鉴于这一地区其他欧洲国家的海军构成

情况，"毫无疑问这 3 支都应该是配备声呐探测设备的驱逐舰分舰队"。一共是 10 支反潜分舰队和 3
支扫雷分舰队。事实上，如果战争在欧洲爆发，这 13 支分舰队的 117 艘驱逐舰是根本不足以承担反潜
任务的，战时敌人会投入规模极为庞大的潜艇部队。如果可能，还应该再增加 3 支分舰队，其中 2 支
装备声呐，剩下的 1 支则作为扫雷分舰队的替补。因此，后续的所有驱逐舰都将是搭载声呐设备的版本，
按照当时交替建造反潜舰和扫雷舰的政策，到 1936 年英国的反潜分舰队数量将只有 4.5 支，就算到
1942 年也只有 6 支。在和平时期，各主力舰队通常配属 3 支驱逐舰分舰队，此时最好将声呐驱逐舰调
往地中海地区，因为地中海的天气更适合频繁地开展反潜演习，而搭载两速扫雷索的驱逐舰则应该留在
大西洋（本土海域），因为这里的海域更适合布雷。而在战时，如果需要的话将组建 1 支用于布雷的
分舰队。

23. 锅炉舱的长度在某种程度上也受到了过热器的管道所需空间的影响。在改进型的设计方案中，它们可以
从两段锅炉舱之间的隔舱壁内穿过，这就使得该级舰可以在不增大舰体的情况下加装声呐探测设备。

24. 如果按照原计划在 1932 年 11 月订购布雷舰，它们将在准备 1934 年型驱逐舰的招标期间（1934 年
11 月）完工，1935 年建造计划中的驱逐舰就可以在 1936 年初订购。

25. R.W. 斯凯尔顿（R. W. Skelton），1932 年 3 月 22 日，国家档案馆 ADM 167/86 号档案。

26. 见海军造舰总监下属驱逐舰专家 A. W. 约翰斯 1932 年 3 月 14 日的备忘录，国家档案馆 ADM
167/86 号档案

27. 国家档案馆 ADM 167/91 号档案，海军委员会通过设计方案的准确时间为 1933 年 11 月 1 日 12:31。

28. 1933 年 1 月 24 日备忘录，当时这一点已经广泛地获得了认同。一份 1932 年的海军部备忘录报告称，
当时的帝国防务委员会（第 255 次会议）便已经建议取消十年发展规则，在最后一次（1932 年 8 月 24 日）
各部门间绝密会谈（Very Secret Office Acquaint to all Departments）中，十年规则被剔除。之后
日本的侵略行径以及欧洲的政治紧张（在希特勒之前）加剧了国际形势的动荡。ADM 167/87 号档案
1932 年下半年的备忘录中，相关的描述口吻大多是在抱怨财政部对海军建造计划的削减。问题就在于，
30 年代为了让大家暂缓建造而作的牺牲根本并未获得其他列强的认可，反而致使英国的舰船总吨位缩
减到了 1914 年时的一半。

29. 国家档案馆 ADM 167/93 号档案。海军委员会 1935 年备忘录中曾提到这些驱逐舰"要能搭载 6 门 5
英寸（127 毫米）炮用来对抗日本或美国的驱逐舰"，不过早期的讨论中还只是提及日本的"吹雪"级。
随着重整军备轰轰烈烈地展开，皇家海军被告知应当将注意力集中在日本身上，美国、法国和意大利
不可能成为敌人。这一点其实也暗示了制订其他战争计划的主要目的其实是为了说服政府建造足够的
舰船。

30. 当时的海军审计主管（亨德森）对此并没有什么热情，并且认为等待次年"萤火虫"号完成测试也没
有什么意义，因为它们"也不太可能确认或者预测如果分舰队中的每艘驱逐舰一次性发射 10 枚鱼雷
是否会导致相撞，更不大可能提出解决措施"。当时的助理参谋长查尔斯·肯尼迪－帕维斯爵士（Sir
Charles Kennedy-Purvis）强烈抗议：新的"部族"级驱逐舰每一艘只有 4 具鱼雷发射管，因此维
持总体的鱼雷发射管数量非常有必要。当时的测试表明了五联装的可靠性，而"萤火虫"号的测试"可
以让我们知道同时发射 10 枚鱼雷的最佳方式"。这一次他得到了第一海务大臣查特菲尔德的支持。

第十章
第二次世界大战

和英国的预想完全相反，第二次世界大战期间的舰队极少编成容易受到鱼雷"鸟枪射击"威胁的阵型，鱼雷齐射的主要成功战例反而是日本海军在南太平洋对美国巡洋舰编队实施的攻击。不过，水面舰艇发射的鱼雷对二战时的皇家海军而言还是意义重大，其价值甚至超过了一战时期。与此同时，本书中涉及的驱逐舰逐渐从一线退到了各种各样的二线任务当中。

经历过间战期的大规模退役拆解后，幸存至二战的英国驱逐（领）舰包括：1 艘海军部方案的 R 级（"鳐鱼"号）、11 艘 S 级、21 艘 V 级、17 艘 W 级、14 艘改进型 W 级、2 艘桑克罗夫特版 V 级、2 艘桑克罗夫特版 W 级、2 艘桑克罗夫特版改进型 W 级、3 艘"莎士比亚"级和 11 艘"司各特"级。此外还有 1924 年作为靶舰"阿伽门农"号（HMS *Agamemnon*）和"百夫长"号（HMS *Centurion*）的遥控设备搭载舰的"希卡里"号（HMS *Shikari*），以及 1937 年被拆除了武器作为靶舰的"军刀"号（HMS *Sabre*）。

▽ 这张照片大概拍摄于 1943 年年初，"狂怒"号（HMS *Fury*）驱逐舰在实施了模拟鱼雷攻击后正在释放烟雾，该舰当时只经过了相当简单的改造，前桅顶端安装了对空搜索雷达，后桅安装了高频无线电测向天线，从舰桥海图桌位置向前延伸出的线圈则是中频无线电测向（MF/DF）天线，这是标准的战时改装。注意舰桥信号甲板上增加的厄利空机关炮炮台，后部防空炮平台上被遮挡的则是四联装 .50 口径（12.7 毫米）机枪。

∧ 图中是已经改造为布雷舰的"色雷斯人"号驱逐舰,可以携带和布设 40 枚宽轨距
(Mk XIV 型)水雷,该舰和部分 S 级驱逐舰可以在通用驱逐舰和布雷驱逐舰之间转
换。30 年代末,英国的主要舰队都集结在了欧洲,因此布雷便成了远东防御的主要
手段。"色雷斯人"号和"珊奈特"号(HMS Thanet)被派驻香港,"斥候"号和"忒
涅多斯"号则被派驻新加坡。到 1939 年 10 月末时,"色雷斯"人号已经布设了 320
枚水雷,"珊奈特"号则为 240 枚。"色雷斯人"号 1941 年 10 月 21 日又在香港外围
布设了另外的 40 枚水雷,在改装回通用驱逐舰前,又于 12 月 8 日—10 日布设了一
批水雷。该舰于 12 月 12 日因日军空袭而搁浅,之后被日本人打捞修复。

布雷舰

到 1939 年时，当初在一战时改造为布雷舰的 9 艘 V 级驱逐舰依旧在承担相应的任务，各自携带 74 枚 H2 型水雷，包括："维米"号（HMS Vimy）、"维洛克斯"号、"万能"号、"沃提根"号、"晚祷"号、"漫步者"号、"沃里克"号、"守望者"号和"旋风"号。[1] 这些驱逐舰无法搭载二战期间的标准水雷，它们仅存在于 1940 年 4 月的布雷舰列表中，1940 年 10 月的列表就把它们删除了。

最先搭载新式的 Mk XIV 或 Mk XV 型水雷的是"埃斯克"号和"特快"号驱逐舰，在测试成功后，海军决定将所有的 G 级、H 级和 I 级驱逐舰都改造为可以布雷的版本。4 艘 I 级驱逐舰于 1938 年 9 月—12 月在马耳他接受了改造，H 级驱逐舰则在次年 5 月接受改造。在 1940 年 4 月的列表中，包括领舰"英格菲尔德"号在内的所有 I 级驱逐舰都被列为拥有布雷能力（可搭载 60 枚现代水雷或 72 枚 H2 型水雷）。但是实际上似乎只有"伊卡洛斯"号、"冲击"号、"不惧"号和"艾梵赫"号安装了布雷设施。

在 1938—1939 年改造为布雷舰之后，"司各特"号、"堡垒"号（HMS Stronghold）、"忒涅多斯"号（HMS Tenedos）和"色雷斯人"号（HMS Thracian）各自可以携带 38 枚 Mk XIV 或 Mk XV 型水雷。此外，"珊奈特"号也接受了改造（1940 年 10 月的列表中包括了水雷），"鳐鱼"号则可以搭载 26 枚水雷。在携带水雷时，这些驱逐舰需要拆除舰艏的主炮和后部的鱼雷发射管。

"怀尔"型

1936 年时，皇家海军批准了将 36 艘 V 级和 W 级驱逐舰改造为防空和反潜护航舰，即"怀尔"（Wair）型。[2] 驱逐舰艏部的上层结构被完全改变，所有的单装 4 英寸（102 毫米）舰炮和其他防空炮都被替换为 2 座新式的双联装 4 英寸主炮，并且配备现代化的、包括 1 副 9 英尺（2.74 米）FQ 2 型测距仪的防空火控系统。[3] 为了与该系统匹配，需要建造巨大的舰桥结构以布置射击指挥所（实际就是容纳火控计算机的舱室）。舰炮和相关系统其实和当时的"狩猎"级护航驱逐舰类似，"怀尔"型可以看作"狩猎"级快速护航舰（后来重新划分为护航驱逐舰或小型驱逐舰）的放大版。舰艏的主炮被安装在高架炮台上，舰艉的则安装于甲板室顶端，舰艉鱼雷发射管被 1 盏安装于格栅支架上的 24 英寸探照灯取代。舰体内部的改造主要是加强双联装 4 英寸炮的炮架部位以保证能够承受其重量和应力，该型舰炮是当时皇家海军的标准型远程防空武器（重 14 吨，相比之下，此前的单装 4 英寸炮重量只有 5.3 吨）。舰艏还有 2 座四联装 .50 口径（12.7 毫米）机枪（最初的改造计划是希望安装在舰艉）。舰上还加装了新的声呐设备（经过现代化改造的 119 型或新式的 127 型）以及深水炸弹反潜设备（包括 30 枚深水炸弹，由 2 具抛射器和 2 条轨道投放）。同时拆除了鱼雷发射管并增加了大量的压舱物（60 吨）以保证稳定性，其中一些还加装了登尼的减摇鳍（fin stabiliser）。

在即将完工时，"惠特利"号（HMS Whitley）驱逐舰的排水量已经达到了 1224 吨，满载排水量更是高达 1618 吨，相比之下，一艘典型的 V 级或 W 级驱逐舰的轻载排水量和满载排水量分别只有 1129 吨和 1556 吨，相应的改造让该舰满载时的稳心高度

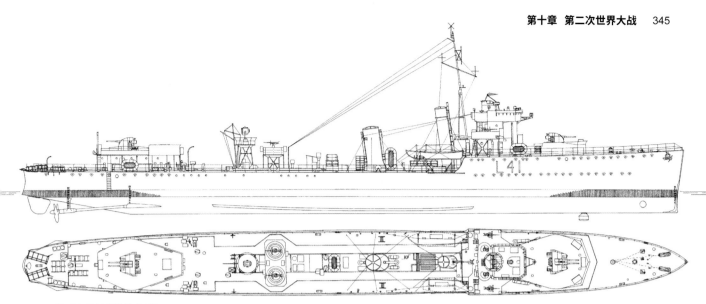

"织女星"号（"怀尔"型）

图中为 1942 年 11 月已经改造为高速防空护航舰的"织女星"号（HMS Vega），搭载 2 座双联装 4 英寸（102 毫米）主炮，舰桥顶端也配有可用于防空的射击指挥仪，此时该舰的标定满载排水量为 1512 吨。注意该舰采用了和更现代化的驱逐舰类似的塔式舰桥，其中容纳了火控系统中的模拟计算机（火控计算盒）。火控计算盒内有微缩版本的标准引信计算钟和低仰角火控计算机（海军部火控钟），以及用于在两者间切换的开关。全舰

携带了 560 发高射炮弹和 240 发普通炮弹——总计每门炮备弹 200 发。接受了类似改造的驱逐舰舷号首字母都改成了 L。之前计划的 2 座四联装 .50（12.7 毫米）机枪被 2 门单装厄利空机关炮取代，另外在探照灯平台前方还有 2 门厄利空炮。桅杆顶端安装着 291 型对空警戒雷达，射击指挥仪上方则装有 285 型测距雷达。舰上还有可以和岸上力量协同的设备：主桅顶端的交叉天线是 86 型无线电话设备的天线，可以和友军飞机或岸防

设施联系。桅杆上垂直的偶极天线是用于截听德国无线电话通信的设备，被称作"头痛病"（Headache）。舰上还配备了一定的反潜武器，包括 2 条深水炸弹轨道和 2 具抛射器（一次投放 5 枚深水炸弹），共有 45 枚深水炸弹。注意舰艏底部延伸出的声呐听音盘，舰艏侧面的圆形物体是 SA 设备的保护罩，这是一种用于在安全距离上触发音响感应水雷的发声装置。舰艉的 6 个圆柱形物体是发烟浮标。该舰设计航速可以达到 35 节，但改造后

的"织女星"号到 1944 年时已经无法超过 28.5 节了。执行一般任务时，该舰的航程和典型的 V 级驱逐相当：28.5 节时 660 海里、23.5 节时 1180 海里、18.75 节时 1550 海里、12 节时 2150 海里。这也就解释了为何许多 V 级驱逐舰在改造时采用 2 台锅炉而非 3 台锅炉。"织女星"号于 1940 年 8 月 12 日完成"怀尔"型的改造工作，它在二战中幸存，于 1947 年 4 月 4 日被出售拆解。

（绘图：A. D. 贝克三世）

有所升高，但由于上层载重较大，在轻载条件下稳心高度有所降低。

类似的火控系统和双联装 4 英寸（102 毫米）主炮的结合还被用于"狩猎"级护航驱逐舰以及诸如"黑天鹅"级（Black Swan Class）这样的护航舰上。1938 年开始接受改造的包括"华莱士"号（该舰预定在 1938—1939 财年进行大修）、"勇武"号和"女武神"号（HMS Valkyrie），1939 年又计划在 1940 年 1 月时对另外 11 艘驱逐舰进行改造。但由于生产进度难以跟上，时任海军军械总监在视察船厂并查看 1939 年的高速护航舰（"狩猎"级）的设计图纸期间，（于 1938 年 9 月 15 日）口头要求应该依照计划优先对前 15 艘 V 级和 W 级驱逐舰进行改造（试验舰"惠特利"号不包含在内），之后生产的双联装 4 英寸炮则将被分流至 1939 年建造计划中的 20 艘护航驱逐舰上，在此之后才能再用于 V 级和 W 级驱逐舰的改造计划。最初的计划要求在"华莱士"号大修时对其进行改造，之后在 1939 年改造 21 艘、1940 年改造 13 艘。但在 1939 年 12 月，海军又下令在收到另行通知前暂停全部改造工作，除改造工作已经开始的驱逐舰外，这项命令还波及了"浮华"号、"凡尔登"号（HMS Verdun）和"总督"号。

因此总共只有 15 艘驱逐舰接受了改造，V 级驱逐舰包括"瓦伦丁"号、"勇武"号、"浮华"号、"织女星"号、"凡尔登"号、"维摩拉"号、"薇薇安"号（HMS Vivien），以及桑克罗夫特设计的"总督"号；W 级驱逐舰包括"威斯敏斯特"号（HMS Westminster）、"惠特利"号、"温彻斯特"号、"猎狼犬"号、"蚁鸳"号（HMS

Wryneck)，以及桑克罗夫特设计的"沃尔西"号(HMS *Wolsey*)和"伍尔斯顿"号(HMS *Woolston*)。此外，"华莱士"号驱逐领舰也接受了改造。"总督"号似乎还曾短暂保留过前部的鱼雷发射管（根据官方列表中的说法是 2 副鱼雷发射管）。这一点似乎在"狩猎"级设计期间关于鱼雷发射管的讨论中有所反映。海军计划总监（在 1939 年 2 月）评论道，舰载鱼雷发射管或许在面对敌方更强大的舰船时可以作为相当有效的防御武器，也可以让这些护航驱逐舰拥有防御敌方驱逐舰甚至轻巡洋舰的能力。但他也怀疑仅仅是为了获得自卫的能力的话，是否值得损失这类舰船 1/3 的防空火力，况且当时皇家海军已经准备好保留一支分舰队规模的旧式鱼雷驱逐舰直至 1943—1944 年，而这类舰船才更适合承担舰艇防御任务。如果搭载鱼雷的护航舰艇真的数量不足的话，更好的选择是让 5 艘旧式的 V 级和 W 级驱逐领舰（只有它们拥有足够的稳定性）在改造后依旧保留 1 副鱼雷发射管，因为这样做不会牺牲舰炮。因此，第二批建造的"狩猎"级将不再装备鱼雷发射管。由于"总督"号并非领舰，真正接受了改造的领舰只有"华莱士"号 1 艘。

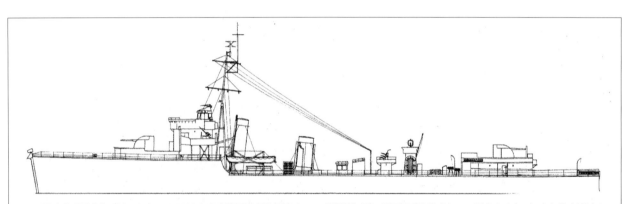

图中为"浮华"号在 1942 年中期时的状态，当时该舰正在罗赛斯的爱尔兰海护航编队（ Irish Sea Escort Force ）服役。该线图基于当时的照片绘制，尽管其中可以看到能够旋转的后期型雷达天线（286PQ 型），但 1943 年皇家海军的雷达列表中显示的却是普通的 286 型雷达，后者采用的是固定天线。此时，在最初的 15 艘"怀尔"型驱逐舰中，有 5 艘装备了 286 型对空搜索雷达（"浮华"号、"织女星"号、"凡尔登"号、"薇薇安"号和"温彻斯特"号），剩下的则搭载或者正准备安装更新型的 291 型雷达。所有的"怀尔"型都计划列装 293 型目标指示设备，但计划最终并未落实。只有大型的"华莱士"号领舰安装了对海搜索雷达（272 型，安装于后部的格栅平台之上）。在对空搜索雷达上方的天线则是用于和友军飞机联络的 86M 型无线电话天线。舰艇的突出物是用于在安全距离引爆音响感应水雷的发声器，需要在使用前投入水中。

[绘图：阿兰·瑞文（ Alan Raven ）]

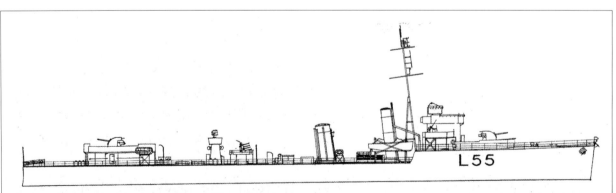

图中为"温彻斯特"号驱逐舰在 1942 年 7 月时的状态，可见其前桅上加装的"头痛病"偶极天线。该舰战时在罗赛斯护航编队（东海岸船团）服役，搭载用于对抗德国 E 型艇（盟军对德国 S 型鱼雷快艇的称呼）的设备。该舰的对空搜索雷达为 286 型，采用固定的雷达天线，射击指挥仪上并未安装雷达。舰桥两翼各有 1 门厄利空机关炮，后部则装备 1 座四联装 .50（ 12.7 毫米）机枪。注意舰艉甲板室前部用于装填深水炸弹抛射器的吊柱。

（绘图：阿兰·瑞文）

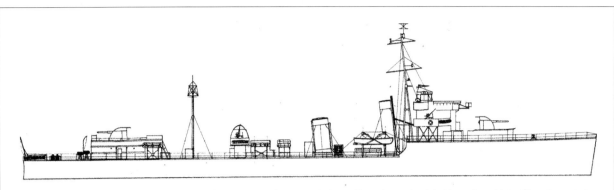

图中为"勇武"号驱逐舰在战时的最后状态（1944 年 12 月），舰上搭载的四联装 .50（12.7 毫米）机枪已经被厄利空机关炮取代，注意该炮周围增加了（用于防止炮手误伤本舰的）管架，这在美国的舰船上很常见，但在皇家海军中并不多见。

（绘图：阿兰·瑞文）

〈"华莱士"号是唯一一艘改造为"怀尔"型的驱逐领舰。图中该舰刚刚完成改造，尚未安装四联装 .50（12.7 毫米）机枪。在后方则可以看到 2 座较高的吊柱，标示出了深水炸弹抛射器的位置（用于装填深弹抛射器，皇家海军并未使用美国海军那样的和抛射器平齐的装填架）。

〈"华莱士"号后来拆除了深水炸弹抛射器，代之以四联装 2 磅炮和安装于短小的格栅桅杆上的 272 型对海搜索雷达。除了"华莱士"号之外，没有其他的"怀尔"型安装了那组硕大的防空炮和对海搜索雷达。"怀尔"型的舰桥上装不下对海搜索雷达，那里要容纳 4 英寸（102 毫米）主炮的射击指挥仪（在这张照片中，射击指挥仪顶部是一部标准的 285 型测距雷达）。垂直偶极天线的尽头是甚高频（VHF）无线电天线（86 型），用于对舰和对空通信。这张照片拍摄于 1942 年 12 月 5 日，"华莱士"号增添 291 型对空搜索雷达不久。此时它保留着两座四联装 .50（12.7 毫米）机枪，它们很快就会被机关炮取代（此时信号甲板前端已经安装了厄利空机关炮）。它的建造商桑克罗夫特自豪地说："此时它的航速仍旧能甩'部族'级好几条街"。该舰海试时的航速高达 37.72 节。

其他早期改造[4]

1939 年 9 月时，海军计划总监建议将"伏击"号作为鱼雷摩托艇领舰。他设想为该舰增加最新的航迹标绘设施以及其他的现代化设备，包括测向设备（应该是指雷达）、通信设备和探照灯等，以增加搜索和夜战能力，之后如果有条件还可以将现有的单装"乒乓"炮换为更新的近程防空武器。参谋工作局局长（DTSD）在制订细节框架时提出要能够搭载 1 座四管"乒乓"炮（9 吨）和至少 2 座轻型近程防空武器，例如四联装 .50 口径（12.7 毫米）机枪。他甚至还建议用"怀尔"型那样的双联装 4 英寸（102 毫米）炮替换原来的 4.7 英寸（120 毫米）主炮。改造工作的承包商猜测航迹标绘设备应该和 G 级驱逐舰的类似，标绘台位于操舵室内，在舰桥上则有观察口（典型的方式是在上层舰桥上铺设硬质玻璃，以便向下观察）。他估计该舰的三联装鱼雷发射管将被拆除。在 1926 年，"伏击"号的轻载和满载排水量分别为 1144 吨和 1585 吨。设想中的改造工作显然还涉及额外的油箱——用来容纳鱼雷摩托艇使用的汽油（6 艘鱼雷艇，每艘预备 1500 加仑，每 290 加仑的汽油重 1 吨）。因此该舰的上层甲板上还需要安装汽油泵和加油设备。假设每年排水量会增加 6 吨，到 1939 年时该舰的满载排水量将达到 1666 吨。由于改造时增加了 2 座双联装 4 英寸炮，满载和轻载排水量预计将分别达到 1724 吨和 1338 吨。和"怀尔"型一样，"伏击"号或许还需要搭载 60 吨的压舱物。目前尚不清楚是什么原因导致该计划被中止，有可能是稳定性不足，因为承包商的笔记本中记载有备选方案，没有四联装"乒乓"炮并且只有舰艉的 2 门主炮被换为双联装 4 英寸炮。而在另一份方案中，该舰甚至只有 2 门单装 4 英寸防空炮（总重仅 19.7 吨）和若干"乒乓"炮，并且还削减了燃油携带量。甚至还有一份备选方案用单装 4 英寸炮取代了所有的 4.7 英寸炮（这个版本还没有"乒乓"炮）。对最后这个版本的兴趣至少持续到了 1940 年年初。

另一艘被考虑改造为同类舰的是驱逐领舰"科德林顿"号（1939 年 11 月），最低程度的改造也要求将鱼雷发射管换装为四联装"乒乓"炮和 2 座双联装 .50 口径（12.7 毫米）机枪，防空火力和"部族"级驱逐舰一样，另外还要搭载额外的深水炸弹，应该有 62 枚。而在备选的方案中，该舰将拆除所有的 4.7 英寸（120 毫米）炮，换装为 2 座双联装 4 英寸（102 毫米）炮。同时，该舰还将增加可以容纳 7830 加仑燃油的油箱。

在 1940 年早期的时候，皇家海军便曾考虑将"怀尔"型的试验舰"惠特利"号用作鱼雷摩托艇领舰。需要增加的装备包括无线电设备、桅杆上的测向天线、舰艉的防护设备、1 副双联装 21 英寸（533 毫米）鱼雷发射管（上层甲板还预备有 6 枚 21 英寸鱼雷）、2 枚为鱼雷摩托艇准备的鱼雷。为此将会拆除 1 座双联装 4 英寸（102 毫米）炮。此后的改进的计划还显示，该舰会安装 1 座四联装"乒乓"炮和鱼雷摩托艇的拖曳设备。和"伏击"号类似，该舰也会增加燃油储量并为摩托艇进行海上加油。皇家海军还针对"伍尔斯顿"号提出过类似的计划。

大概在 1939 年 12 月初，皇家海军计划为 S 级驱逐舰配备磁性（LL 型）扫雷索，涉及的驱逐舰包括"鳐鱼"号、"弯刀"号和"军刀"号。这些 S 级的所有武器都会被拆除，新增的武器中包括 1 座八管"乒乓"炮和 2 座 .50 口径（12.7 毫米）机枪，舰上还会安装新的蒸汽锅炉和声呐设备。关于增加重量的列表还表明，舰艇将有挡浪板。1940 年 4 月用于驱逐舰的新型扫雷索被称作 Mk II LL 型的高速（20 节）扫雷索，

〈 ∧ 图中为经过了早期战时改装后的"渥太华"号（前"十字军"号）驱逐舰。该舰在测距平台，即射击指挥仪下部的支撑处还加挂了棕毯，防空炮平台上也是如此（注意探照灯平台上增加了机枪）。同时，从照片上看该舰似乎还在 B 主炮后方增加了可以立即投入使用的弹药。而从舰艉方向的照片上可以看到甲板上的消磁电缆，舰艉还有两速扫雷索的相关设备（绞盘覆盖有柏油帆布）。此时该舰还保留着 2 副鱼雷发射管（该舰于 1940 年 10 月将后部的鱼雷发射管换为 1 门 12 磅防空炮），并且尚未加装雷达（不过桅杆上已经增加了瞭望台）。同时，舰上还保留了后桅，后部烟道的高度也尚未被截短。

由引擎和飞轮带动的发电机驱动，该设备最重的部分其实是 5 吨重的绞盘和配备了 2.75 吨缆索的控制齿轮。

当时的驱逐舰还增加了舰体消磁设备，该系统包括独立的发电机和环绕舰体的电缆两部分。为了弥补增加的重量，至少对"戴安娜"号（HMS Diana）和"英勇"号（HMS Gallant）来说，在保留原有的 8 具鱼雷发射管的情况下少搭载 2 枚鱼雷即可。相关数据计算最早可以追溯到 1940 年 1 月底。同时，它们也需要在舰艏安装破雷卫作为自我防护措施。

增强生存能力

二战中还有一些标准化的改进，比如所有驱逐舰都永久增加了瞭望台和观察哨（虽然他们重量不大，但高度很高，因此还是会影响稳定性）。1940 年中期，驱逐舰还增加了可拆卸的 10 磅（0.25 英寸，6 毫米）装甲用于保护主炮操作人员不受弹片杀伤，同时在舰桥周围也布置了防破片的棕毯，保护了射击指挥所和防空炮炮台等处。为了方便人员从铺位或寝室撤离，这些驱逐舰的下层甲板还增加了紧急逃生出口，直径达

16 英寸（406 毫米）。到 1940 年 8 月时，还有人提议为轻型防空炮（"乒乓"炮）、.50（12.7 毫米）机枪和观察哨增加适当的保护，战时的改造还包括永久的防护型观察哨和瞭望台。为了保证新的 3 英寸（76 毫米）防空炮（详见下文）的净空设计，这些驱逐舰的后桅被拆除，因此无线电天线只能连接到舰艉的支架之上。[5] 同时，各驱逐舰还将携带额外的主炮弹药（A 级至 D 级每门主炮备弹 230 发）。作为对增加重量的补偿，各舰的后部烟道都被削短了大概 7 英尺（2.13 米）。而重量补偿方面最极端的例子莫过于 I 级驱逐舰，直接削减了鱼雷发射管的数量，原先五联装共同转向的鱼雷发射管被重新设计为只有 4 具的版本（pentad quadruple revolving, PQR 型）。[6] 到 1941 年 7 月，所有的 I 级驱逐舰都增加了压舱物，在此之前其载油量受到了不小的限制。压舱物的典型重量是 20 吨，但当时一些 V 级驱逐舰的压舱物已经达到了 60 吨。

到 1941 年年初，所有的驱逐舰都增加了重 70 吨的、由主轮机驱动的可移动排水泵，1942 年年末又换装为柴油泵，为此各舰需要再安装一台 15—30 千瓦的辅助柴油发电机。其他新增的装备还包括用于营救生还者的浮落网（floating net 或 floatanet）、散热器以及增加载员后所需的盥洗设施。

在德国投入磁感应水雷（1939 年年末）后，舰船就需要借助发电机和包围舰体的沉重线圈来消磁（后来因为将绝缘橡胶换为铅套，重量还有所增加）。而为了对付音响感应水雷，驱逐舰的舰艏通常还安装有 SA 装置，通过振荡器发出的声音触发周围的水雷，这应该就是驱逐舰增加的"舰艏防护装置"。

〉 图中为经历了典型的早期战时改造的"小猎犬"号驱逐舰，添置了包围舰桥及其上层建筑的防破片棕毯和 B 炮塔近旁可供立即使用的弹药储存。该舰的前桅上还增加了瞭望哨和 286 型雷达的固定天线。对绝大多数驱逐舰来说，它们首次安装的就是 286 型雷达。不过该舰舰桥上搭载的依旧是战前设计的，用于 C 级之前驱逐舰的那种测距仪和小型射击指挥仪。注意前烟道后方的圆形线圈，那是中频无线电定位天线。该舰当时依旧安装有战前的 2 磅轻型防空炮，不过其后部烟道已经被截短，后桅杆也被拆除以保证对空射界。之前由后桅支撑的无线电通讯天线改为连接到了后烟道和探照灯平台上。该舰后部的鱼雷发射管也被 1 门 12 磅防空炮取代，反潜武器也得到了增强，舰艉甲板室前后共有 4 具深弹抛射器，取代了 Y 炮位的 4.7 英寸（120 毫米）主炮。1942 年 10 月，其姊妹舰"非凡"号（HMS Brilliant）经历了微小的改造，包括新增 291 型对空搜索雷达和高频无线电测向天线。和"小猎犬"号不一样，"非凡"号只是大幅截短了后桅的高度，而不是将其完全拆除。

〈 图中为 1943 年 5 月时的"羚羊"号（HMS Antelope）驱逐舰，装备高频无线电测向天线和 291 型对空搜索雷达，但尚未装备对海搜索雷达。注意舰艏的 A 主炮还没有炮盾。该舰的开放式舰桥得到了扩展，应该是为了给声呐操作装置腾出空间。

　　许多执行护航任务的驱逐舰都装备了一种被称作降落伞式飞机拦阻索（parachute aircraft cable, PAC）的火箭发射器。这种火箭最早只是携带一根钢缆，用于缠绕和拦阻低空飞行的敌方飞机。当然护航驱逐舰更重要的任务是发射一种被称作"雪花"（Snowflake）的照明弹，用于在夜间发现敌方潜艇，惯例是搭载 48 枚。到 1944 年时驱逐舰则通常在舰艇的主炮炮盾上安装照明火箭弹的发射导轨。

　　极地改装包括额外装载 10 吨压舱物（保证上层结冰后的稳定性）、喷涂防滑石棉、为舰内通风装置增加蒸汽加热设施，以及给引擎提供源自锅炉舱的蒸汽喷雾设施，应该是用于处理从通风口进入的冰水。同时驱逐舰的油箱需要增加加热设备，管道需要保暖，卫生间的水箱也需要采取相应的防冰冻措施。舰楼、A 主炮这样的地方很容易结冰，缆绳、小艇在使用前也需要用蒸汽将冰融化，所以除冰设施显得非常重要。[7]

　　当时已经基本淘汰了两速扫雷索，因此在 1942 年，这些设备被下令拆除，不过岸上的仓库里还是存放了足以武装舰队中半数驱逐舰的数量。

更多的深水炸弹

　　根据 1938 年海军部舰队密令（CAFO）中的标准，每艘驱逐舰应当搭载 30 枚深水炸弹，装备 2 具抛射器和 1 条一次可投放 3—5 枚深弹的轨道，从而一次投放 5 枚深水炸弹（呈棱形投放，即抛射器投放 2 枚，轨道在中间依次投放 3 枚）。战时的驱逐舰一般只在甲板携带 10 枚深水炸弹，然后用舰上的鱼雷战斗部弹药库储存额外的深弹。少数没有装备声呐设备的 V 级、W 级和 S 级驱逐舰，每艘就只携带 10 枚深水炸弹，部分舰船安装的还是 3 具一战期间使用的那种一次只能投放 1 枚深水炸弹的坡道，无法一次投放 5 枚深弹。一般来说每具抛射器有 4 枚深水炸弹，1 枚待发，另外三枚作为备弹。对 V 级和 W 级驱逐舰而言，甲板下没有储存空间，因此只安装了 1 条可容纳 5 枚深水炸弹的坡道。

① 图中显示的是 8 具。

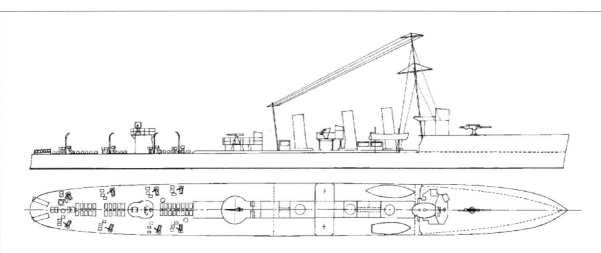

　　"鲼鱼"号是最后一艘幸存的 R 级驱逐舰，在战前被改造为布雷舰，可以携带 26 枚 Mk XIV 型水雷。作为重量补偿，1 副鱼雷发射管被拆除。该舰还配有间战期后期常见的轻型防空武器，即 2 座四联装 .50 口径（12.7 毫米）机枪，在 2 号和 3 号烟道之间。战争爆发前不久，该舰装备了所能搭载的最大数量的反潜武器，包括 2 条轨道和 4 具深水炸弹抛射器[①]，投放模式为一次 14 枚。一开始该舰拥有多达 112 枚深水炸弹，不过到图中的状态时（1941 年 11 月），深水炸弹数量已经减少到了 83 枚，3 号主炮被拆除以弥补重量的增加——像许多驱逐舰都会拆除最后部主炮一样。在 1940 年中期的紧急防空改造计划中，该舰舯部的 2 号主炮也换为 1 门 12 磅防空炮，剩下的鱼雷发射管应该也是在这期间被拆除的。后来该舰的 .50 机枪被 2 门 20 毫米厄利空机关炮取代，舰艉的探照灯平台 / 后部操舵室上又增加了 2 门厄利空机关炮。"鲼鱼"号于 1947 年 3 月 4 日被出售拆解。

（绘图：A. D. 贝克三世）

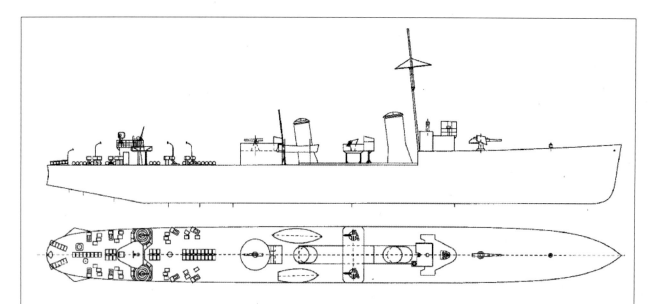

和"鲲鱼"号一样，部署在本土海域的 S 级驱逐舰也加装了强大的反潜武装（1 次可投放 14 枚深水炸弹），图中的"军刀"号有 8 具抛射器，深水炸弹占据了舰艉主炮和 2 座双联装鱼雷发射管的空间。该舰也搭载了常见的 2 座四联装 .50 机枪，位于两座烟道之间的平台上。"军刀"号曾在 1937 年拆除了所有武器，被改造为靶舰。1940 年，其 2 号主炮也被 1 门 12 磅防空炮取代（位于 2 号烟道后方的火炮平台上）。后来，又增加了 2 门厄利空机关炮，位于延伸了的探照灯平台上，.50 机枪及其平台则在 1944 年被拆除。1944 年 11 月时，"军刀"号还曾装备高速扫雷索，为此舰艉增加了 2 座吊柱并且取消了所有的深水炸弹。

[绘图：达利厄斯·利宾斯基（Darius Lipinski）]

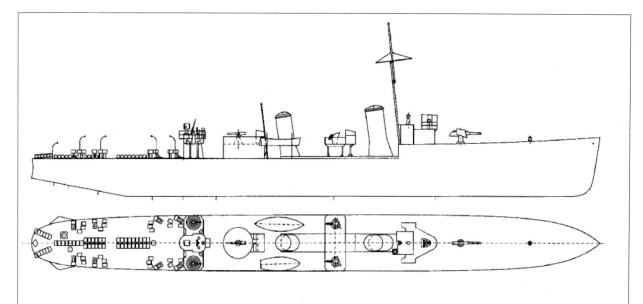

S 级驱逐舰中的"萨拉丁"号、"缠丝玛瑙"号（HMS Sardonyx）和"希卡里"号采用了不同的舰艉深水炸弹搭载模式，但它们的深水炸弹投放模式依然是每次 14 枚，并且都有着典型的早期改装（拆除了 3 号主炮和所有的鱼雷发射管，增加了 1 门 12 磅防空炮）。"缠丝玛瑙"号使用 2 门厄利空防空炮取代了四联装 .50（12.7 毫米）机枪。到 1944 年 6 月时，"希卡里"号在一座高大的格栅桅杆上装备了 272 型雷达，取消了舰艉的探照灯并且拆除了 2 门 20 毫米机关炮及其平台，12 磅防空炮也被换成了单装 20 毫米机关炮。在幸存下来的 11 艘 S 级驱逐舰中，"斥候"号、"堡垒"号、"忒涅多斯"号、"珊奈特"号和"色雷斯人"号被部署到了远东地区并均作为布雷舰。这五舰一定程度上都曾用于布设防御性的雷区，随后被日军击沉。另外还有一艘"坚决"号（HMS Sturdy）在 1940 年 10 月 30 日远东动员之前便在泰里岛（Tiree Island）触礁沉没。

（绘图：达利厄斯·利宾斯基）

1940 年 2 月初，皇家海军计算了如何将 S 级驱逐舰改造为反潜舰，舰舯和舰艉的 4 英寸（102 毫米）舰炮和 2 磅"乒乓"炮以及所有的鱼雷发射管将被拆除，之后将为该级舰安装声呐设备、8 具深水炸弹抛射器（总共 32 枚深水炸弹），以及深水炸弹轨道（10 枚深弹）。甲板上和后部增加的弹药库还将分别携带 30 枚和 40 枚深水炸弹，总数达到 112 枚。该级舰每次能够投放 14 枚深水炸弹，类似的配置适用于"弯刀"号、"军刀"号和"鳀鱼"号。到 1942 年中期，"缠丝玛瑙"号和"希卡里"号也有了同样的反潜武器配置。[8]同样拥有一次投放 14 枚深水炸弹能力的还有"哈凡特"级，即曾经为巴西建造的 H 级驱逐舰，每艘携带 110 枚深水炸弹：18 枚位于轨道、32 枚用于抛射器、26 枚存放于上层甲板、34 枚位于鱼雷战斗部弹药库。部分新驱逐舰在加入猎潜部队后，也将这种深水炸弹投放模式作为备选方案（需要拆除 Y 炮位的主炮）。

到 1940 年中期，皇家海军又要求驱逐舰能每次投放 10 枚深弹，以不同深度投放 2 个菱形。[9]但这就需要增加额外的 2 具深水炸弹抛射器和第二条深弹轨道，甲板上也需要安置更多的深水炸弹，而采用这种布置的驱逐舰必须拆除 Y 炮位的主炮以补偿重量。[10]最后，标准的深水炸弹携带量被定在了 60 枚（每次攻击投放 6 枚），如果是 V 级和 W 级则降低至 50 枚（不包括安装 4.7 英寸主炮的改进型 W 级）。原来有两速扫雷索的驱逐舰在移除扫雷索后也能携带 60 枚深水炸弹，"怀尔"型和没有安装两速扫雷索的驱逐舰则能携带 50 枚（不过实际上"怀尔"型最后只携带了 45 枚）。驱逐领舰将携带 60 枚：26 枚位于甲板，另外轨道上有 18 枚，再为抛射器配备 16 枚。

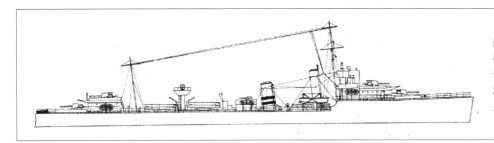

图中为"搏斗者"号驱逐舰在 1940 年后半年的状态，相比战前配置基本没有变化。该舰当时依然装备 4 门主炮和 2 副鱼雷发射管，防空炮也仅是 2 门 2 磅"乒乓"炮。

（绘图：阿兰·瑞文）

表 10.1：额外的深水炸弹携带量和最后的总数

	5 枚深水炸弹投放模式		10 枚深水炸弹投放模式		
	增加数	总数	甲板	弹药库	总数
			18		
V 级和 W 级（不包括"怀尔"型）	11	33	装备 4 英寸炮的 V 级与 W 级总数为 50 枚	9	60
"莎士比亚"级	11	33			
"司各特"级	8	30	18	12	60
"伏击"号	15	37			
"亚马逊人"号	8	30			
"科德林顿"号	25	47			
"福克纳"号、"邓肯"号和"基斯"号	17	39			
"英格菲尔德"号和"哈代"号	16	38	A 级至 I 级的数量与 V 级和 W 级相同		
A 级和 B 级	20	42			
D 级、E 级和 F 级	16	38			
G 级、H 级和 I 级	22	44			

战争早期加拿大海军的标准配置则是30枚深水炸弹、2具抛射器和1到2条轨道。到1940年加拿大海军才开始考虑为"沙格奈"号选择10枚还是14枚深水炸弹的投放模式（即搭载60枚还是112枚深水炸弹）。直到1941年5月时其标准配置都没有改变，而部署到英国海域的驱逐舰则按照英国皇家海军的标准进行改装。

许多驱逐舰实际上都有没有搭载额外的深水炸弹，因此也保留了Y主炮。在1941年4月，A级、B级（除"北风"号外）、D级、F级、G级、H级和I级驱逐舰均采用了早期的深水炸弹配置（每次投放5枚）。一份没有标注日期（应该是在1941年12月）的G级、H级和I级驱逐舰的变化列表只提到"花冠"号拆除了两速扫雷索和Y主炮以一次投放10枚深水炸弹。最迟到1943年4月，所有的A级和B级驱逐舰都装备了同样模式的反潜武器（每艘70枚深水炸弹），"邓肯"号及其D级驱逐舰则采用了重型搭载模式（每次投放14枚，其中"邓肯"号的深水炸弹总数为94枚）。F级驱逐舰中，"猎狼犬"和"命运"号各携带70枚深水炸弹（每次投放10枚），但其余各舰则保留了早期的38枚深弹的携带量。不过，此时部分驱逐舰又被重新定级为护航驱逐舰（escort destroyer）："小猎犬"号、"斗牛犬"号、"埃斯卡佩德"号（HMS Escapade）和"名望"号均被改造为只有2门4.7英寸舰炮（配备"刺猬炮"和70枚深水炸弹）。1943年12月，"猎狼犬"号和"北风"号也进行了类似的改造。

承担护航职能的驱逐舰每次能投放14枚，正如下文所说，对更重型的反潜武器配置的需求最终将驱逐舰分为舰队驱逐舰和护航驱逐舰两种类型。与之相对，许多舰队中的驱逐舰甚至没有携带50枚深水炸弹的能力，因此也保留了所有的4门主炮。

△ 图中为1943年7月时拍摄的"非凡"号驱逐舰，该舰已经接受了进一步的标准化改造。舰桥顶端安装了1部271型对海搜索雷达，后桅杆顶端也增加了无线电测向天线。注意甲板上深水炸弹抛射器后方码放的深水炸弹（已经加装了发射柄），抛射器的位置可以通过吊柱进行判断（左舷后侧的那具抛射器是可见的）。注意舰艉用于支撑无线电通信天线一端的支架，它原本安装在前桅。该舰共有6门厄利空机炮：2门位于原先2磅炮的位置、2门位于舰桥两侧的信号甲板、2门位于原先的探照灯平台。取代了舰艉鱼雷发射管的12磅防空炮此时已经被移除，因为它们根本无法对付俯冲轰炸机。四联装的"乒乓"炮当时也没能上舰，因为其重量超过了鱼雷发射管，甚至1门4.7英寸（120毫米）炮。

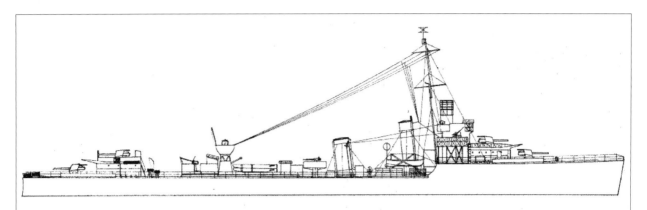

图为"温莎"号在 1942 年 5 月时的状态，该舰接受了典型的 V 级和 W 级的战时改装，将后部的鱼雷发射管更换为 1 门 12 磅防空炮。注意防破片棕毯

不仅覆盖了该舰的舰桥和信号甲板，还保护了 2 号主炮和 4 门厄利空机关炮。从 1941 年 7 月起到欧洲的战争结束，该舰都在英国东海岸执行船队护航任务。舰

上安装了标准的 271 型对海搜索雷达和 291 型对空搜索雷达（不过也被描述成具备多种功能，并非仅能用于对空搜索和预警）。该舰的另外两艘姊妹舰"惠特谢德"

号（HMS Whitshed）和"狼獾"号（HMS Wolverine）则安装了 272 型而非 271 型对海搜索雷达，它们都曾计划换装更新的 277 型雷达（但最后并未实现）。

（绘图：阿兰·瑞文）

到 1943 年，一种新的重达 1 吨的 Mk X 型深水炸弹被发明出来，通常，驱逐舰可以在 1 副鱼雷发射管中安置 2 枚这样的深水炸弹，但这样剩下的 2 具鱼雷发射管只能手动控制了。当时皇家海军更青睐于采用两枚 Mk X 型深水炸弹在不同深度对潜艇进行夹击，其原理和投放 10 枚或 14 枚深水炸弹是相通的。

1943 年底，每次 14 枚深水炸弹的投放模式被废除了，因为新的计算显示，和投放 10 枚相比，其成功率并没有显著提升。这样就可以移除 4 具深弹抛射器，从而多携带一些深水炸弹，还能节省一些人员。除此之外，当时的测试也表明，14 枚深水炸弹在水下会相互影响。[11]

在使用深水炸弹实施攻击时，驱逐舰需要驶过预计的潜艇所处位置上方，准确来说是要让舰舰驶过潜艇上方。而 1939 年之前就有研究发现，在舰艏发射反潜武器或许会比从舰艉投放更高效。因此，在 1941 年春天便已经有两款新型反潜武器投入测试，即鱼雷和水雷局与"弗农"号鱼雷学校一起开发的"刺猬炮"和"五个胖处女"。

〈 图中为大致在 1941 年摄于冰岛附近的"日食"号驱逐舰，该舰保留了所有的 4 门 4.7 英寸（120 毫米）主炮，装备有四联装 .50 口径（12.7 毫米）机枪（被帆布包裹着），舰桥两侧的信号甲板上还有 2 门厄利空机关炮。该舰还保留了测距仪和射击指挥仪，并且增加了 291 型雷达。注意后甲板上的两速扫雷索浮标，在 12 磅炮的封闭炮台旁还能看到 1 具深水炸弹抛射器（及其吊柱）。

"韦斯特科特"号充当了"刺猬炮"的测试平台。"刺猬炮"是一种可以同时发射24枚超口径迫击炮弹的武器，炮弹会在舰艏前方200码处以直径100英尺（30.48米）的圆形入水，其引信为接触式引信，会在碰触目标后爆炸。1941年春季的测试相当成功，因此被广泛地列装到了包括改造为护航驱逐舰在内的大量舰船上。"刺猬炮"的炮架上通常携带足以实施一次齐射的炮弹，旁边的弹药库准备有2次齐射的弹药，甲板下还有足够实施4次甚至更多次齐射的弹药。通常的改造方式是以"刺猬炮"取代A主炮，不过G级、H级、I级和"哈凡特"级的改造计划显示的"刺猬炮"位于B炮位。同时它们将拆除3英寸炮以携带更多的深水炸弹。当时甚至计划让G级驱逐舰携带多达107枚深水炸弹，或者是在H级或I级上安置90枚（另外还有35枚储存于甲板之下）。在采用反潜配置时，这些驱逐舰还会在鱼雷发射管内携带Mk X型深水炸弹。

到1943年年初，被拆分的"刺猬炮"已经可以安装在A主炮的两侧，下部甲板的强度也得到了相应增强。典型的情况是，在"刺猬炮"被拆分后A主炮才得以恢复，采用这种武器配置的驱逐舰拥有更强的前射火力。不过，安装了拆分的"刺猬炮"的同时，也拆除了后部的24英寸（610毫米）探照灯，取而代之的是B炮位的炮台两侧凸体上的21英寸（533毫米）探照灯。许多装备了拆分的"刺猬炮"的驱逐舰也会携带Mk X型深水炸弹。[12] 当时认为这种武器配置并不适合G级驱逐舰、"热辣"号（HMS Hotspur）、"英雄"号、I级驱逐舰、"英格菲尔德"号驱逐领舰和"哈凡特"级驱逐舰。

"白厅"号装备的则是另外一型反潜武器，一种被称作"五个胖处女"的远程五管深水炸弹抛射器，这种口径达18英寸（457毫米）的舰艏深水炸弹抛射器可以发射全尺寸的深水炸弹，通过改变线状发射药的剂量来控制射程。在驱逐舰上，这样的5管抛射器将取代A炮位的主炮，而轻护卫舰上则是在4英寸（102毫米）炮的两侧安装总计4个发射管。这种装备可以两次组合发射轻型和重型Mk VII深水炸弹，在舰船前方300码处300英尺（91.44米）和150英尺（45.7米）的深度上同时引爆，和以舰艉投放的深水炸弹上下夹击类似。所有的5管抛射器的仰角都被固定在了42.5度，靠外的两组则分别与舰体中轴线呈5.5度和6.5度的夹角。

这类深水炸弹迫击炮后来以"乌贼炮"的形式再次出现[13]，最早于1943年5月在"伏击"号上进行了测试，是基于参谋部对远程护航驱逐舰的设想进行的，随后广泛地用于战后建造的护卫舰上。"伏击"号后来还测试了一种被称作"防风"（Parsnip）的20管深水炸弹发射器（安装于艉楼舷侧，每侧10管），但最终并未列装。

战时唯一真正装备了"乌贼炮"的只有"埃斯卡佩德"号驱逐舰。1943年9月20日，该舰因为"刺猬炮"意外发射而严重受损，只得接受修理。1944年12月30日修复完毕时，"埃斯卡佩德"号在A炮位安装了1具双管"乌贼炮"，仅保留了B和X炮位的4.7英寸（120毫米）主炮（同时B主炮的炮盾上还有火箭照明弹的发射导轨），另外还有6门厄利空机炮。此外，原先有着灯罩式天线的271型雷达也被采用圆盘天线的277型雷达取代，前桅顶端还有常见的291型雷达，后部的管式桅杆顶端则是高频无线电测向天线。装备"乌贼炮"的远程护航驱逐舰的设想最终并未实现。

图中为 1941 年时"英雄"号的状态,除增加了对空搜索雷达(286 型)和用防空炮取代了后部的鱼雷发射管外没有太大变化。286 型雷达的天线原本是指向正前方的,为展示其尺寸,图中进行了扭转,该天线包括 3 套偶极天线,与同期用于海上巡逻的机载雷达天线类似。但由于天线的方向是固定的,该舰需要转向才能确定目标的来向。

(绘图:阿兰·瑞文)

⌃ 这是加拿大海军"绍蒂耶尔"号(HMCS Chaudiere,前"英雄"号)驱逐舰 1944 年 1 月的照片,其舰桥上方 271 型雷达的灯罩式天线罩上方是相应的询问机天线。桅顶的对空搜索雷达天线下向前突出的管状物体应该是86 型舰用无线电通信天线,当时尚未完全安装(天线需要占据整段上桅杆)。该舰的 B 主炮已经被"刺猬"炮取代,A 主炮的炮盾上则安装有火箭照明弹的发射导轨。注意防止厄利空机炮在追踪敌机时误击本舰的横杆。从舰艉观察可以看到取代了后桅的无线电通信天线支架。"英雄"号于 1943 年 4 月—11 月在朴次茅斯被改造成了一艘护航驱逐舰,后来于 11 月 15 日转交给了加拿大海军。

> 图中所示为二战后期的"绍蒂耶尔"号，舰桥两侧安装了两门6磅哈奇开斯炮，用来对付浮出水面的潜艇，此外它还新增了277型对海搜索雷达。1945年1月22日，它前往悉尼接受改装，到欧洲胜利也没完工。在加拿大海军的驱逐舰当中，该舰的状况是最糟糕的，1945年6月13日即被除役。这张照片大概拍摄于改装完成后，宣告除役并出售拆解（1945年8月）之前。改造的细节反映了1945年年初的反潜需求。

紧急防空改造

　　挪威战役的经验表明驱逐舰即使缺少适当的火控系统也需要搭载重型的防空武器。1940年5月17日，在海军造舰总监位于巴斯的战时办公地召开的会议决定，现有的驱逐舰至少要安装1门单装高射炮以干扰敌方飞机。由于只能增加1门火炮，审计主管认为其射界盲区在前比在后要好，并且可以事后再做改进。3英寸（76毫米）防空炮早在一战时便已投入使用，到1939年时依然还保留在一些老式的驱逐领舰上（"司各特"级和"莎士比亚"级），位于后部烟道和鱼雷发射管之间的平台之上。在V级和W级驱逐舰上，它被1门2磅炮取代。另外，V级和W级在1副鱼雷发射管的位置安装1门12磅（3英寸）防空炮。即便是没有任何对空火控系统的A级到D级驱逐舰，也会以1门3英寸炮取代后部的鱼雷发射管。E级到I级也将装备单装3英寸防空炮，不过皇家海军曾希望为其配备对空火控系统。采用4英寸（102毫米）防空炮的提议遭到了否决，因为上舰需要太多的工作量，这就会导致太长的延期（并且弹药库也已经捉襟见肘）。当时对空火控系统的开发全仰仗于三人测距仪的成功。防空炮的最理想安装位置是3号主炮的炮位，但这门主炮远比4号主炮更有用，所以不能被取消。并且，在当时防空炮仅仅被视为鱼雷发射管的一种临时替换措施，因此每支分舰队在基地内还是储存了足够装备半数驱逐舰的鱼雷发射管，并且还有额外的2副作为备用。

　　皇家海军还希望E级和后续型号的驱逐舰能将对海射击的火控系统更换为"部族"级上的那种高平两用的系统（使用三人测距仪和防空计算机，或者叫引信计算钟）。"福克纳"号和"猎狐犬"号安装了新的测距仪、射击指挥仪和引信计算钟（"愤怒"号似乎也装了引信计算钟），目前已经无法确定是否还有其他驱逐舰采用了这样的配置（战时进行护航驱逐舰改造时罗列的需要拆除到岸上的设备中通常都会包括射击指挥仪和引信计算钟）。[14]"哈凡特"级完工时安装有两用的指挥仪控制塔，很可能还装备了引计算信钟。

〈 图中应该是 1941 年（8 月—11 月）完成改装后的"猎狐犬"号，其桅杆顶端已经能看到高频无线电测向天线，测距仪上安装的 285 型测距雷达不仅能用于火控指挥，也可以用于对海搜索。该舰保留了四联装 .50 口径（12.7 毫米）机枪，但还是增加了 6 门厄利空机关炮：2 门位于放大的信号甲板上、2 门位于扩大的探照灯平台上、另外 2 门似乎位于探照灯平台正后方（图中可以看到其中 1 门的炮盾）。探照灯平台后方还能看到 12 磅防空炮一侧的弹药盒，但该炮本身并不可见。同样可见的还有 2 具深水炸弹抛射器。当时防破片棕毯已经不再使用。

如图所示，"回声"号（HMS Echo）驱逐舰的改造比 1942 年的原定计划走得更远，后部的鱼雷发射管已经被 1 门防空炮取代，舰桥部位的上层建筑周围也增加了棕毯。同时该舰还加装了对空搜索雷达（286PQ 型，和 291 型雷达使用同一种天线）与 86 型舰空通信设备，桅杆也增加了瞭望台。该舰还安装了 271 型对海搜索雷达，计划在 1943 年更换为 277 型碟状天线，后者在其他 E 级、F 级和 G 级舰驱逐舰上十分常见。该舰信号甲板（位于舰桥建筑两侧）和烟道之间的平台上安装有厄利空机关炮。图中为"回声"号 1942 年中期时的状态，当时正在本土舰队服役。该舰次年便被派往地中海。

（绘图：阿兰·瑞文）

　　皇家海军还曾对发射非旋转（unrotated projectile, UP）弹体的 2 英寸（51 毫米）火箭弹产生过兴趣，计划分组安装于两舷，但从未投入使用。另外一项被否决的想法则是在 4.7 英寸（120 毫米）炮炮盾上增加 3 英寸（76 毫米）火箭弹的发射导轨，这会导致主炮无法实施对海射击，并且弹药补给也十分不便。将四联装 .50 口径（12.7 毫米）机枪换成火箭弹发射架的想法也被否决了（被认为太不实际）。

　　至少在一开始的时候，并非所有的驱逐舰都需要接受战时武器改装。1940 年 10 月的官方列表显示，接受改装的驱逐舰包括：所有 A 级，4 艘 B 级（"小猎犬"号、"布迪卡"号、"北风"号和"非凡"号），3 艘 F 级（"猎狐犬"号、"名望"号和"火龙"号），21 艘 V 级和 W 级 [15]，以及"热辣"号、"伊希斯"号和"英格菲尔德"号（到 1941 年 4 月时列表中又增加了"冲击"号、"伊卡洛斯"号和"不惧"号），D 级并

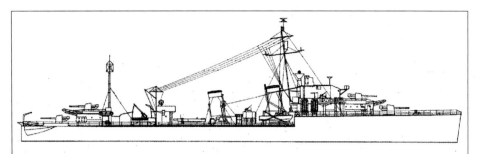

图为"伊卡洛斯"号驱逐舰在1942年10月时的状态，除了增加雷达外基本上和1940年时差不多。舰艉的舷侧凸体是为了方便日后改装为布雷舰而设置的。"伊卡洛斯"号于1940年1月24日—2月26日期间被改装为布雷舰，1941年4月前一直在执行布雷任务，还曾在1942年2月布设了英国的第一批系留磁感应水雷。该舰此时已经被改装回了完全的驱逐舰，装备鱼雷发射管和深水炸弹。

（绘图：阿兰·瑞文）

图中为接受了标准反潜改造后的"花冠"号驱逐舰（1942年状态），该舰拆除了Y主炮以补偿深水炸弹的重量（注意舰艉甲板室前方的2座用于装填深水炸弹的吊柱，表明两舷各有2具深水炸弹抛射器），甲板室的管状桅杆顶端安装有高频无线电测向天线。在舰桥两侧的信号甲板上安装了厄利空机关炮，但烟道之间的位置保留了原先的四联装.50（12.7毫米）机枪。自1940年5月3日起，"花冠"号便由自由波兰海军操纵，负责在北大西洋执行反潜护航任务，在为PQ16船队护航期间曾遭重创。

（绘图：阿兰·瑞文）

∨ 摄于1942年9月5日的"名望"号驱逐舰照片，该舰当时刚被改装为护航驱逐舰，A主炮的位置将安装"刺猬炮"，改造工作于1941年2月—1942年9月在查塔姆造船厂进行。

未包括在内。而在"哈凡特"级（原先为巴西建造的 H 级）驱逐舰中，"飓风"号、"哈弗洛克"号（HMS Havelock）和"暮星"号（HMS Hesperus）均接受了改装。1941年 4 月的改装列表中还包括"亚马逊人"号和"伏击"号、所有的 B 级、E 级，以及除"无恐"号（似乎从未接受改装）和"福雷斯特"号（该舰 1941 年 10 月底才开始接受改造）外的所有 F 级和 G 级驱逐舰。

到 1941 年 12 月，海军部认为，即使拥有引信计算钟，驱逐舰上的 3 英寸（76毫米）防空炮（甚至是之后的 4 英寸防空炮）实际上也没什么用，在对付 3000 英尺（914.4 米）以下的俯冲轰炸机时没有厄利空机关炮有效，而对付 10000 英尺（3048.0 米）高度以下的目标，它们又没有四联装"乒乓"炮高效。因此海军部决定恢复 E 级到 I级驱逐舰的鱼雷发射管（并且可以增加更多厄利空机关炮）。当时地中海舰队司令认为鱼雷发射管远比厄利空机关炮或 3 英寸防空炮更有用，不过他还是对用 2 门 12 磅炮替换其中 1 副鱼雷发射管产生了兴趣，但这后来被证明是不实际的。海军计划总监在 1942 年 4 月总结道，除需要配备高效防空武器的地中海舰队驱逐舰外，其他的驱逐舰将恢复第 2 副鱼雷发射管。目前已经无法确定究竟有多少驱逐舰接受了这种改装，因为官方的武器列表只表明要么配备 2 副鱼雷发射管，要么配备 1 副鱼雷发射管和 1门 3 英寸炮，但却没有指出那艘驱逐舰采用了哪种武器配置。[16]

轻型防空武器

V 级和 W 级驱逐舰以 1 门 3 英寸（76 毫米）高射炮取代了原先的 2 门 2 磅炮（1939 年 W 级上的 2 磅炮被削减至 1 门，装备 4.7 英寸主炮的 W 级则拥有 2 门），同期 S 级驱逐舰只装备 1 门 2 磅炮。一战后建造的驱逐舰（除"亚马逊人"号和"伏击"号）原本装备 2 门单装 2 磅炮，从 D 级驱逐舰的最后 4 艘——"玲珑"号（HMS Dainty）、"诱饵"号、"女公爵"号（HMS Duchess）和"愉快"号（HMS Delight）开始，它们被四联装 .50 口径（12.7 毫米）机枪取代。由于对四联装 .50机枪的需求巨大，其余的驱逐舰到战争爆发时还在等待换装。轻型防空炮通常都并排安装在烟道之间的位置。A/S 型的 S 级驱逐舰、"希卡里"号和"怀尔"型驱逐舰拥有 .50 机枪，它们通常还会安装 2 挺刘易斯机枪，一般在舰艇上层建筑侧面的上层甲板上。1942 年 8 月，"恶毒"号还安装了 4 挺布伦轻机枪，2 挺位于鱼雷发射管两侧，2 挺位于艉楼末尾。

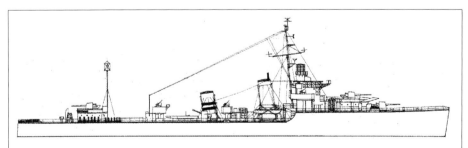

图中为 1943 年 7 月时的"非凡"号驱逐舰，Y 主炮已经被拆除以装备大量的深水炸弹，但依旧保留了后部的鱼雷发射管而不是代之以 1 门 3 英寸高射炮。当时该舰共安装了 6 门厄利空机关炮，其中的 2门位于鱼雷发射管之间原先的探照灯平台。测距仪已经被 271 型对海搜索雷达取代。注意舰桥和上层建筑上的防破片棕毯。

（绘图：阿兰·瑞文）

△ 到1943年6月时，"名望"号驱逐舰经历了进一步的改造，安装了拆分型的"刺猬炮"（舰艏A炮位处可见其中的一半），因此可以恢复A炮位的主炮。后烟道上的"B VI"字样表明该舰隶属B.6护航编队（Escort Group B.6）。"名望"号在二战后服役于罗赛斯护航舰队（1945年8月至10月），后来加入了伦敦德里训练分舰队，作为该部队第三分舰队的军官搭载舰。该舰于1947年5月编入预备役，后来被出售给了多米尼加共和国，作为"大元帅"号（Generalissimo）和"桑切斯"号（Sanchez）一直服役到了1968年。

到1940年10月时，皇家海军又决定在驱逐舰舷侧位置安装2门MkII型2磅"乒乓"炮并将其作为标准配置，因此S级驱逐舰（除A/S型和"希卡里"号外）增加了第2门2磅炮，而在"司各特"级和"莎士比亚"级上，其三号主炮也被2门2磅炮取代。不过已经装备了.50机枪的驱逐舰将不再增加2磅炮。E级和后续驱逐舰返厂维修时则会加装2门厄利空机关炮。大概在1940年年末的某个时候，皇家海军又计划在"亚马逊人"号、"伏击"号和A级到I级驱逐舰的信号甲板上增加2门厄利空机关炮，而到了1941年1月，计划变为让A级、B级、C级、E级和F级各搭载4门厄利空机炮，不过似乎由于该型火炮稀缺，最终还是决定每舰装2门。当时的"防卫者"号和"钻石"号装备的还是.50机枪。

1941年春皇家海军又下达了重新布置近程防空武器以保证射界的命令[17]，因此原先的MkII型"乒乓"炮被更换为MkII*C型，除"希卡里"号和用于反潜的驱逐舰外，所有的S级都将在和空缺的鱼雷发射管肋位相同的侧面平台上安装2门单装2磅"乒乓"炮，舰艏主炮和前部烟道之间的上层甲板两舷位置还要各增加1门厄利空机关炮。其他的S级驱逐舰则将在12磅炮平台后部的上层甲板两舷安装2门厄利空机关炮，烟道之间的平台左右也各安装1座四联装.50口径（12.7毫米）机枪（"希卡里"号上的机枪则将和后部鱼雷发射管并排）。

V级驱逐舰会在和原先的"乒乓"炮并排的两舷位置安装2门厄利空机关炮，后部烟道前方较低的平台上（左右两舷）还有2门。大概在1941年6月，又有人提议将V级驱逐舰上的这些厄利空机炮移到舰桥。当时"怀尔"型驱逐舰已经在舯部的两侧平台上安装了2座.50口径（12.7毫米）机枪，这些驱逐舰将在舰桥旁的凸体上再增加2门厄利空机关炮。"华莱士"号比较特别，在后甲板上安装了1座比单装4.7英寸（120毫米）主炮还要重的四联装2磅炮。[18] 不过，V级、W级与"司各特"级的改造计划并未影响澳大利亚海军中的同型舰，后者经历了完全独立的武器改装。

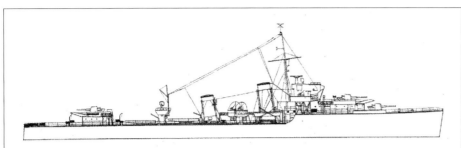

图中为"箭矢"号（HMS Arrow）驱逐舰在 1943 年年末时的状态，该舰保留了所有的鱼雷发射管，但为了搭载大量的深水炸弹还是拆除了 Y 主炮。

（绘图：阿兰·瑞文）

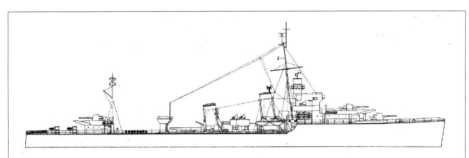

图中为"积极"号驱逐舰在 1944 年 5 月时的状态，该舰已经拆除了 Y 主炮和此前替代了后部鱼雷发射管的防空炮，因为当时已经很清楚地发现，这些在敦刻尔克撤退后紧急安装的防空炮在对抗对驱逐舰威胁最大的俯冲轰炸机时根本毫无用处，但皇家海军似乎又从未考虑过在这个位置安装类似美国海军那样的单装或双联装博福斯机关炮，直到这些驱逐舰在 1945 年被派往太平洋时，厄利空机炮依然被认为是最好的轻型防空武器。

（绘图：阿兰·瑞文）

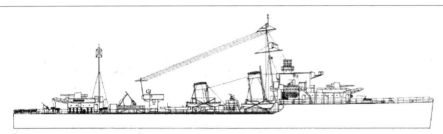

图中为 1942 年 9 月时作为护航驱逐舰的"名望"号，A 炮位安装有"刺猬炮"，后甲板还搭载了额外的厄利空防空炮，当时该舰刚刚在查塔姆造船厂完成相应的改造。"名望"号 1940 年 10 月 17 日不慎在诺森伯兰海岸搁浅（于 12 月 1 日重新浮起），但直到 1941 年 2 月 5 日才进入查塔姆造船厂进行修理，这样的时间间隔足以表明当时造船厂的工作压力有多大。

（绘图：阿兰·瑞文）

　　旧式的驱逐领舰上，3 号主炮平台两侧最初安装有 2 磅炮，现在已被清空，舰桥下层的凸体上则安装了 2 门厄利空机关炮。

　　"亚马逊人"号、"伏击"号和 A 级与 B 级驱逐舰将 2 磅炮安装在了舰舯靠近侧舷的平台之上，此外信号甲板上还有 2 门厄利空机关炮。"邓肯"号领舰和 D 级驱逐舰则是在信号甲板（舰桥两侧）安装 2 挺 .50 口径（12.7 毫米）机枪，探照灯平台两侧另有 2 门厄利空机炮。而 E 级、F 级、G 级、H 级、I 级和"哈凡特"级已经在舯部平台安装了 .50 机枪，因此在舰桥的信号甲板上增加的是 2 门厄利空机关炮。"福克纳"号和"英格菲尔德"号则在信号甲板上安装了 .50 机枪，2 门厄利空机炮位于舯部探照灯平台两侧。

> 加拿大海军"萨斯卡切温"号（HMCS *Saskatchewan*）驱逐舰安装有拆分的"刺猬炮"（A主炮两侧被包裹的结构）。采用这种方式安装的驱逐舰能保留舰艏的2门主炮，在面对上浮的潜艇时这是相当大的优势。注意B主炮炮盾上的火箭照明弹发射导轨和舰桥两翼的厄利空机炮，在烟道之间和截短的后烟道后部两舷也有这种火炮。

到1942年秋，出现了双联装厄利空机关炮。一份1942年9月17日汇总的授权使用的近程防空武器清单中就有提及。

S级驱逐舰无法搭载双联装厄利空机炮，因此该级舰保留了2门单装厄利空机关炮，又用另外2门厄利空取代了2座四联装.50口径（12.7毫米）机枪或单装Mk II* C型2磅炮。

在V级驱逐舰（4英寸主炮版）上，信号甲板的2门单装厄利空机炮将更换为2座双联装厄利空，2门Mk II* C型2磅炮则被2门单装厄利空机炮取代（总共2座双联装和2座单装）。当时还考虑将双联装刘易斯机枪作为信号甲板上的备选防空武器，可用于取代手动或机械传动的双联装厄利空机炮。作为补偿，各舰需要增加12吨的压舱物。但装备4.7英寸（120毫米）主炮的驱逐舰或旧式驱逐领舰已无法再增加额外的载重了，因此它们保留了原来的单装厄利空机关炮，又把此前的单装2磅炮换成了单装厄利空（东海岸的驱逐舰，如"麦凯"号、"坎贝尔"号、"蒙特罗斯"号、"惠特谢德"号和"伍斯特"号则保留了单装2磅炮）。

"怀尔"型也无法安装双联装厄利空机炮,因此它们也只能保留单装机关炮。除4艘定名舰外,"怀尔"型的.50机枪也被替换成了单装厄利空机关炮。而定名舰则将它们替换成了单装的Mk VIII型2磅炮。同时"华莱士"号还增加了6吨的压舱物。

同样不适合装双联厄利空的还有"亚马逊人"号,该舰也保留了2门单装炮,用另外的2门单装厄利空取代了此前的单装Mk II* C型2磅炮。

A级至H级驱逐舰(包括领舰)信号甲板上的单装厄利空机炮都换装成了双联装,剩下的单装Mk II* C型2磅炮或四联装.50机枪也都换成了单装厄利空机关炮。不过,部署于西部海峡入口的仅装备2门4.7英寸炮的驱逐舰(因为需要装备"刺猬炮")则额外保留了2门纵列布置的厄利空机关炮。同时"特快"号(作为布雷舰)、"狮鹫"号和"英雄"号还需要额外的5吨的压舱物,一些驱逐舰还将厄利空机关炮安装在了后甲板上。

◁ ∟ "伏击"号曾充当过"乌贼"反潜迫击炮的试验舰,在A炮位上安装了1座"乌贼炮",图中为该舰1943年6月时的状态,可以看到该舰独特的雅罗式舰艏。舰艉甲板室后部的物体是双联装刘易斯机枪,在为了搭载更多深水炸弹而拆除了Y主炮的驱逐舰上,这已经成了标配。

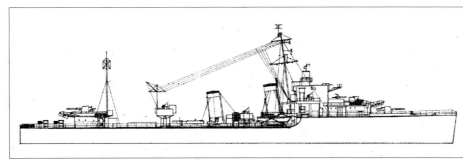

图中为1944年2月时的加拿大海军"卡佩勒"号(HMCS Q'Appelle,前"猎狐犬"号)驱逐舰,已经经过了典型的加拿大海军的改造:B炮位上安装了"刺猬炮"(这个位置在高海况时更加干燥)和哈奇开斯6磅炮(曾是最早的驱逐舰主炮),后者位于"刺猬炮"后方,用于对付被迫上浮的潜艇。

(绘图:阿兰·瑞文)

"哈凡特"级和I级驱逐舰也无法安装双联装厄利空机关炮，因此它们保留了单装的机关炮，不过还是将机枪或2磅炮换装成了厄利空机关炮。

加拿大海军的"沙格奈"号和"斯基纳河"号信号甲板上搭载的单装厄利空机炮也换成了双联装的版本，探照灯平台上的2门单装厄利空则得以保留。加拿大海军决定，为两舰增加12吨的压舱物。

这些驱逐舰直到二战结束都只配备了此类轻型防空火炮，当时的皇家海军从未在这些旧式驱逐舰上列装博福斯机关炮，很显然是因为它们缺乏足够的稳定性和强度。唯一的例外是，"福克纳"号在很早以前便取消了的Q主炮，安装了1座四联装2磅防空炮。

雷达

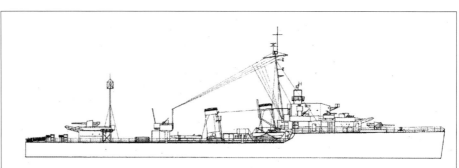

图中为加拿大海军"绍蒂耶尔"号（前"英雄"号）在二战末期改造为北大西洋护航驱逐舰后的状态。注意A主炮炮盾上用于发射"雪花"照明弹的火箭发射导轨。该舰271型雷达的灯罩式天线罩顶端的天线是对应的雷达询问机天线（242型询问机，其ASB型天线直接由271型雷达的天线驱动）。桅杆上的两个沙漏状天线（ASD型天线）是桅杆顶端的291型对空搜索雷达使用的241型询问机（后来被243型询问机取代）。

（绘图：阿兰·瑞文）

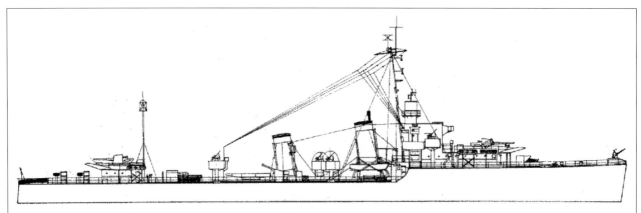

图为改造为护航驱逐舰后的"斗牛犬"号在1944年5月时的状态。注意该舰的"刺猬炮"位于A主炮而非B主炮的炮位（这样更方便指挥舰艉的主炮），同时舰端还增加了1门2磅炮，专门用于在英吉利海峡对付德国E型艇（鱼雷摩托艇），前部有和栏杆同高的挡板作为防护。该舰于1943年11月8日至1944年5月24日间在朴次茅斯被改造为护航驱逐舰，

负责法罗群岛和克莱德河之间的反潜护航任务。1943年，该舰还是舰队型驱逐舰时，便预定以更新的277型雷达替换旧的271型雷达，前者拥有可转向的蝶形天线。除雷达询问机（用于两型搜索雷达）外，该舰还安装了291M型雷达应答机，用于回应协同作战的飞机的机载对海搜索雷达。一份1943年的命令要求每支船队的反潜护航编队或本土的分舰

队，或海外的编队中，至少要有2艘驱逐舰配备此类应答机。291M型应答机是251型的后续型号。后者中的251M型采用的是水平的菱形天线（ATU型天线）。到1944年后半年，尚未装备251M型的驱逐舰都列装了253P型应答机（改进了编码模式）。在1943年，部分老式驱逐舰还加装了91型甚高频无线电测向设备（属于实验型的FV1型，可以对250—

600千赫兹的无线电信号进行测向），包括："阿西尼博"号、"小猎犬"号、"邓肯"号、"名望"号、"哈弗洛克"号、"暮星"号、"高地人"号（HMS Highlander）、"热辣"号、"飓风"号、"加蒂诺"号（HMS Gatineau）、"渥太华"号、"雷普利"号（HMS Ripley）、"雷斯蒂古什"号、"圣克洛伊"号（HMCS St Croix）和"斯基纳河"号。

（绘图：阿兰·瑞文）

∧ 加拿大海军"加蒂诺"号(前"特快"号)驱逐舰在舰艉建造有可以搭载布雷轨道的舷侧凸体,照片的拍摄时间应该在该舰在哈利法克斯港进行改装(1944年8月3日至1945年2月16日)以后。舰桥顶端安装了277型雷达,取代了更早的"灯罩式"271型雷达。注意后部烟道上代表加拿大的枫叶标徽。桅杆大概一半高度处的物体是对海搜索雷达的敌我识别询问机,桅杆顶端则是291型对空搜索雷达。后部的管状桅杆顶端则是高频无线电测向天线。在B主炮炮位下方可见拆分为两半的"刺猬炮"。

∧ "埃斯卡佩德"号是英国唯一一艘装备"乌贼炮"的驱逐舰,该舰B炮位的"刺猬炮"意外爆炸并摧毁了它的舰桥。"刺猬炮"是在加的夫进行改造期间(1943年6月3日至9月5日)加装的,爆炸发生于9月20日,当时正在准备向一艘U型潜艇发射"刺猬炮"(其中一发炮弹的意外爆炸造成了所有"刺猬炮"炮弹的殉爆)。修复工作于1944年12月30日在朴次茅斯完工,而这张照片摄于1945年2月12日。注意其灯罩式271型雷达已经被采用蝶形天线的277型雷达取代(和当时新式的巡防舰相同),相应的敌我识别询问机则位于前桅中段的支架上。该舰保留了当时相当常见的6门厄利空防空炮和1副鱼雷发射管的配置。舰艉的2副深水炸弹抛射器可以通过用于保护它们免受海浪损伤的挡板识别。如果战争没有结束,其他的护航驱逐舰也会加装类似的设施。

〈 "斗牛犬"号是部署于东海岸、执行护航任务的驱逐舰,舰艏前端装备用于对付德国鱼雷摩托艇的2磅炮。这是该舰1944年4月17日的照片,A主炮炮位上安装着"刺猬炮",该舰当时已拆除了12磅防空炮。

∧ "福克纳"号拆除了后部的鱼雷发射管以搭载 1 门 4 英寸（102 毫米）防空炮，如这张摄于 1942 年 1 月的照片所示。不过，防空炮其实更适合安装在 X 炮位。1942 年又恢复了后部的鱼雷发射管，X 炮位的 4.7 英寸（120 毫米）主炮也被防空炮取代。

在 1940 年秋天，两种可以用于驱逐舰的新雷达设备相继问世，一种是改进自机载对海搜索雷达的装备（ASV 型雷达，后来被称为 286 型），另一种是火控雷达 [当时被称作 RDF（雷达测向）型，即后来的 285 型]。当时的 ASV 雷达天线采用了固定在桅杆顶端的安装方式，因此需要让舰船转向来进行扫描（类似的机载雷达确实也需要载机进行转向）。285 型雷达则固定安装在防空炮的射击指挥仪顶端，随同射击指挥仪一起转动，其唯一的读数便是目标距离，因此目标的运动轨迹还需要航迹标绘设备的辅助才能获得。没有搭载防空火控系统的舰船基本上装备的都是 ASV 型雷达，而诸如"怀尔"型这样装备了对空射击指挥仪的驱逐舰则增加了 285 型雷达。通常，在加装 ASV 型雷达时也会加装一种商用的中频无线电测向设备。

1941 年，皇家海军开始为驱逐舰列装 271 型对海搜索雷达，这对夜间反潜作战至关重要，其天线被包裹在一个灯罩式的外罩内，安装于舰桥顶部原先安装主炮火控系统的位置。[19] "华莱士"号作为试验舰安装了"灯罩"式对海搜索雷达（对该舰而言，其内部是 272 型雷达的天线），位置在舯部探照灯上方的格栅支架上。[20] 部署在东部海岸的护航驱逐舰"惠特谢德"号也接受了类似的改装，而 S 级与"鳕鱼"号驱逐舰则将雷达安装在了后部的格栅桅杆之上。[21] 由于对防空驱逐舰来说对空火控更为重要，"怀尔"型没有在这个位置安装对海搜索雷达。

另外一类新型电子探测设备则是高频无线电测向设备（FH 3 型或 FH 4 型），其典型的安装位置是后桅顶部。当时最简单的高频无线电测向天线是前桅顶端的垂直棱形天线，安装于战前的多种巡洋舰和驱逐舰之上。到 1937 年，这种测向装置曾登上"哈代"号和"英格菲尔德"号。皇家海军在 1940 年批准了为所有驱逐舰加装高频无线电测向设备，"哈凡特"号、"衷心"号（HMS Hearty）和"哈弗洛克"号均在完工时便增加了该型天线，相关设备最早安装在无线电收发室内。后来典型的安装位置则是舰艉低矮的杆状桅杆，操作室就位于正下方。

远程护航驱逐舰

德国占领法国和挪威之后就获得了大量位于大西洋沿岸的 U 型潜艇基地，足以让这些 U 艇更加深入大西洋，这就导致近岸短程护航战略完全失败。由于船队中的护航舰需要在冰岛地区补给燃料，整支船队都必须驶入 U 艇可以轻松找到它们的狭窄航道。因此从 1940 年年末开始，皇家海军对增加护航驱逐舰的航程产生了巨大的

兴趣。最初涉及原美国海军的"城镇"级驱逐舰和当时还在设计中的"河川"级护
卫舰。1941 年 1 月，"维米"号便被改造为远程护航驱逐舰的原型舰，该舰的 1 号
锅炉被换成了油箱（载油 78 吨），上部舱室则被改造成了载员铺位。另一台锅炉则
用一段新的隔舱壁与油箱分离开，因此依旧保留了两段锅炉舱的设计。[22]271 型雷达
的安装位置在舰桥顶部，无线电收发室经过了放大和现代化改造。该舰新增了一台
小型的柴油发电机，舰艉还增加了淡水水箱，自持力能够与续航力相匹配。后续各
舰被设计为可以进行 7 次深弹攻击（一次 14 枚，总计 98 枚），为此需要移除 Y 主
炮作为重量补偿。同时，A 主炮被"刺猬炮"取代（"维米"号和"范西塔特"号
最初都计划保留 A 主炮，但两舰在完成改造时均拆除了 A 主炮），最后还需要加强
上层甲板的强度。

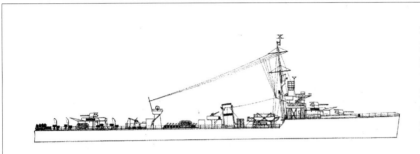

图为已经改造为远程护航驱逐舰的"范西塔特"号（1943 年），此时还保留着 2 门舰艏主炮和烟道正后方的单装 2 磅炮（该舰的厄利空机关炮位于舰桥两翼信号甲板，1940 年取代了后部鱼雷发射管的 12 磅高射炮也得以保留）。注意深水炸弹存放架已经取代了前部鱼雷发射管。该舰的改造工作于 1942 年 2 月 12 日在德文波特开始。

（绘图：阿兰·瑞文）

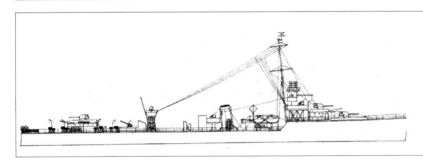

"维米"号是 V 级和 W 级中第一艘改造为远程护航驱逐舰的，1941 年 6 月 14 日便完成了改造后的测试，图中为 1942 年 11 月时的状态。和"范西塔特"号类似，"维米"号最初也保留了 2 门舰艏主炮。该舰最初的舰名是"温哥华"号，不过加拿大海军将新获得的驱逐舰（前"斗牛士"号）更名为"温哥华"号后，该舰遂于 1928 年更名。

（绘图：阿兰·瑞文）

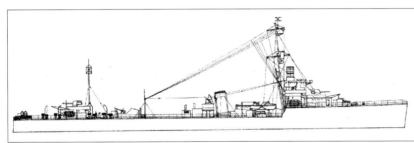

"志愿者"号驱逐舰在被改造为远程护航驱逐舰时，前部锅炉舱内设置了额外的油箱和载员空间，图中为该舰 1943 年 5 月时的状态，2 副鱼雷发射管都已经被拆除。

（绘图：阿兰·瑞文）

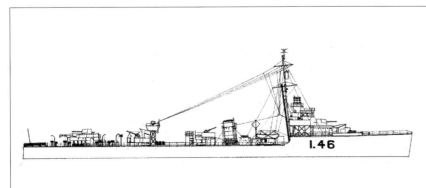

图为"温切尔西"号驱逐舰被改造为远程护航驱逐舰后的状态，保留了曾取代后部鱼雷发射管的 12 磅防空炮（于 1940 年 6 月在朴次茅斯港安装）。舍尔尼斯的造船厂在 1942 年 4 月 25 日完成了改造工作。1944 年 7 月 25 日，该舰由于遭受风浪、严重受损而再次返厂。注意舰桥后部巨大的棱形无线电测向天线，至少在"凡妮莎"号和"维德特"号上该天线也安装在同样的位置，这可能是一种战前的高频无线电测向天线，因为更新的驱逐舰都将类似的设备安装在桅杆顶部。

（绘图：阿兰·瑞文）

到 1941 年秋，V 级和 W 级驱逐舰中有超过 24 艘被选中进行上述改造，改造工作需要五到六个月的时间，除"子爵"号（携带 92 枚深水炸弹）外各舰还移除了舰上的鱼雷发射管。[23] 为保证足够的稳定性，各舰增加了 5 吨的压舱物。最初完成改造的驱逐舰为"维德特"号、"搏斗者"号（HMS Wrestler）、"维米"号和"沃里克"号，反潜模式均为一次投放 14 枚深水炸弹。在 1943 年又增加了更多的深水炸弹，因此拆除了 3 英寸（76 毫米）防空炮作为重量补偿。超过半数的远程护航驱逐舰都装备了高频无线电测向设备，其天线位于后部甲板室上方的管状桅杆顶端。

但在后期型的 W 级驱逐舰上，较长的锅炉舱和引擎舱毗邻，因此它们无法被改造为远程护航驱逐舰，如果只是简单地删去单锅炉的锅炉舱，就会将所有的锅炉都放置在一个锅炉舱内，这对保证生存能力非常不利。

"白厅"号是远程护航驱逐舰中的典型，在完成对五管深水炸弹抛射器的测试后，该舰也被改造成了远程护航驱逐舰。该舰的舰桥结构得到了加强，并且装备了可以在极地使用的设备。从 1942 年 8 月 25 日的状态看，"白厅"号仅保留了 2 门 4.7 英寸（120 毫米）主炮（B 和 X 主炮），舰艏装备有"刺猬炮"，舰艉则是满足每次 14 枚深水炸弹投放模式的反潜武器。两门主炮均增加了破片防护措施，上层舰桥 271 型雷达的"灯罩"前方还安装了配套的轻型射击指挥仪。除主炮之外，该舰还在较低的平台上安装了 1 门 12 磅防空炮，另外还有 2 门 2 磅炮（无炮盾）和 2 挺刘易斯机枪。作为平衡，锅炉舱、引擎舱、储物舱和鱼雷战斗部弹药库内总共增加了 60 吨的永久压舱物，标准排水量和满载排水量分别达到了 1239 吨和 1700 吨。"温切尔西"号也在舰艏安装了"刺猬炮"，但该舰装备的是 4 英寸（102 毫米）主炮。并非所有的护航驱逐舰都会装备"刺猬炮"，例如"沃里克"号和"范西塔特"号完成改造时就装备了 3 门主炮（A、B 和 X 炮位）。

在战争爆发时，"弯刀"号驱逐舰刚刚被改造为一艘反潜驱逐舰，舰艉主炮被替换成了至少 8 具深水炸弹抛射器（可以从图中用于装填的吊柱看出）和大量的深水炸弹，肿部的 4 英寸（102 毫米）炮也更换为 1 门 12 磅防空炮。同时，前烟道后部两舷还各有 1 座四联装 .50 口径（12.7 毫米）机枪，但并不太容易看清。照片为该舰 1940 年刚刚完成改造时拍摄。

较老的领舰"布洛克"号和"凯珀尔"号同样也改造成了远程护航驱逐舰。[24]它们总共拥有 4 台锅炉,因此移除了 1 号锅炉以携带更多燃油时前部烟道无法拆除,不过改成了更窄的设计。舰艏的 A 主炮也被"刺猬炮"取代,深水炸弹的携带量满足一次投放 14 枚的反潜攻击模式(98 枚深水炸弹,和 V 级护航驱逐舰一样,足够进行 7 次攻击),为此拆除了 Y 主炮作为重量补偿。两舰舰桥顶端也增加了 271 型雷达的"灯罩"式天线罩,其后则是高频无线电测向天线。桅杆顶端是 290 型雷达外加民用的中频测向天线(改造前已安装)。当时也考虑过采用拆分型"刺猬炮",但未获批准。

当时"林肯"号(HMS Lincoln)驱逐舰的舰长还曾提出过更加激进的 V 级和 W 级改造方案,海军造舰总监于 1942 年 1 月对其进行了评估。成为一艘远程护航驱逐舰后,他指挥的驱逐舰将只有 1 座烟道,艏楼的长度也有所延长,而且会建造新的方形舰桥(应该类似于"怀尔"型)。武器方面,A 炮位将安装 1 门 4 英寸(102 毫米)炮,B 炮位则安装"刺猬炮",舰桥侧面有 2 门厄利空机关炮,另外还有 2 门双联装的厄利空机关炮位于艏部原先"乒乓"炮的位置,X 炮位则是 1 门单装 12 磅炮,此外还有 1 副双联装鱼雷发射管和可以一次投放 10 枚深水炸弹的设施(50 枚位于甲板上,20 枚位于甲板之下)。鱼雷发射管的安装位置在厄利空机关炮平台的后方,也就是烟道之后。主要雷达是格栅平台上的 271 型雷达,和当时的护卫舰(corvette)与巡防舰(frigate)一样,后部杆状桅杆顶端还有一部高频无线电测向天线。同时,取消了艏部的 24 英寸(610 毫米)探照灯,舰桥前端一个抬升的平台上增加 1 盏 20 英寸(508 毫米)探照灯。1942 年 1 月 27 日对该方案的评估是基于"温切尔西"号进行。

鉴于海上补给燃油和弹药能够延长护航驱逐舰的航程和作战持续时间,1943 年时海军部提议以 V 级和 W 级驱逐舰的舰体改造一型补给舰,通过拆除原有的武器和引擎来腾出空间,只安装 2 台柴油发电机和电动机,最高航速 15—17 节。[25]如果其吃水比普通驱逐舰深 1 英尺(0.30 米),就能携带多达 600 吨燃油和 200 枚深水炸弹,其自身的武器将仅限于轻型火炮和深水炸弹(有声呐设备)。一份草案中 A 和 B 炮位还增加了仿真舰炮,厄利空机关炮则位于舰桥信号甲板、烟道后部和舰艉甲板(总计 6 门)。海军首席工程师建议采用 2 台 8 缸或 10 缸柴油引擎(每台 1600 或 2000 马力),和当时美国建造的救援拖船十分类似(很可这种补给舰的整套动力系统都由美国生产)。当时的计算表明这一方案是可行的(此时已经被称作驱逐舰补给舰),但到 1943 年年中时,提高护航驱逐舰的航程已经不那么紧要了。

〈 战时对驱逐舰的主要改进就是安装了厄利空机关炮,有些取代了舰上 .50(12.7 毫米)机枪的位置,有些则安装在其他部位。尽管无法看到,但"萨拉丁"号驱逐舰还装备了 291 型对空搜索雷达,因为该舰的上层建筑已无法再承担 271 型雷达的灯罩式天线罩。其他 S 级并未像该舰一样在探照灯平台的露天甲板上安装 291 型雷达。这张照片摄于 1943 年 3 月。

∧ "鲲鱼"号是当时幸存的最后一艘 R 级驱逐舰，其改装内容基本和 S 级一致。大概在 1943 年，该舰在原先探照灯的位置安装了 272 型雷达的天线。照片摄于 1942 年 12 月。

随着新驱逐舰逐渐入役，皇家海军决定在下一次返厂维护或负伤维修时，将早期的 A 级和 B 级驱逐舰改造为远程护航驱逐舰。和 V 级与 W 级驱逐舰一样，它们的 1 号锅炉舱也将被改造为额外的油箱和居住舱室，位于该锅炉舱的两台发电机将被挪到 2 号锅炉舱，舰艉的甲板室也将扩建，以便容纳一台 10 千瓦的柴油发电机。计划中将被重新武装为反潜舰船的驱逐舰已经增加了足够的压舱物；如果不按上述方案改造，就为其增加 10 吨的压舱物。有安装 1 副"刺猬炮"、每次能投放 10 枚的深水炸弹、保留 3 英寸（76 毫米）防空炮和 1 副鱼雷发射管的方案，以及安装拆分型"刺猬炮"、拆除 3 英寸防空炮、增加 Mk X 型深水炸弹的方案可供选择。但没有一艘 A 级或 B 级驱逐舰按照预想进行改造，这很可能是因为到了 1943 年中期，有许多远程护航舰船已经服役，其中包括各种巡防舰。

随着战略重心向反攻欧洲偏移，皇家海军又提出了一种 V 级和 W 级驱逐舰的改造方案，类似美国海军中的 APD[①] 高速运兵船。[26] 但是和美国用平甲板型驱逐舰（当时被认为要落后于 V 级和 W 级）或其他护航驱逐舰改造而来的 APD 相比，皇家海军的改造结果相当不理想：不仅不能安装重型舰炮，而且运力太差——4 艘才能勉强运送一个连的士兵，主要问题在于设想中的改造太过简单了。因此，这种高速运兵船从未投入实际运用。

到 1944 年 2 月，又出现了一种类似"怀尔"型的、基于 V 级和 W 级改造而成的防空护航驱逐舰，但这次将保留"刺猬炮"以及艏楼上的前主炮。该设计移除了 271 型雷达（但显然并没有替代品），因此完全无法确定这样的改造是否值得，这很可能是与 A 级到 I 级驱逐舰的改造计划（详见下文）相关联的。一个备选方案是在 B 炮位安装一座双联装 4 英寸（102 毫米）炮，"刺猬炮"则位于 A 炮位，这个方案保留了 271 型雷达，但没有主炮的射击指挥仪。另外一个方案则是"刺猬炮"位于 B 炮位而主炮位于 A 炮位，同样保留 271 型雷达，但取消了舰艉的主炮。皇家海军还曾基于由"马尔科姆"号、"道格拉斯"号和两艘"司各特"级驱逐领舰改造的远程护航驱逐舰提出类似的计划，但所有的设计方案中都未使用博福斯机关炮，只有少量的厄利空机关炮。

---

① 即驱逐舰改造的高速运兵船的舷号前缀。

图为后期型 W 级驱逐舰"伍斯特"号，这张摄于 1942 年 10 月的照片中可见其接受的标准战时改造。1942 年 2 月时，隶属哈里奇的第 21 驱逐舰分舰队（包括"坎贝尔"号和"恶毒"号）和第 16 驱逐舰分舰队（"惠特谢德"号、"伍斯特"号和"麦凯"号）的几艘驱逐舰组成的一支编队袭击了一支试图跨越英吉利海峡的德国舰队，采用的是经典的驱逐舰进攻战术。但它们最终被敌舰驱散，"伍斯特"号遭受重创，但皇家海军还是发现德国的炮击并不那么的精确。"伍斯特"号保留了 Y 主炮，拆除了第 2 副鱼雷发射管，但是显然没有加装 12 磅炮。

短程护航驱逐舰

大多数增加了额外反潜武器的驱逐舰都未削减锅炉数量，同时绝大多数幸存到 1942 年的 V 级和 W 级驱逐舰都可以被视作短程护航驱逐舰，包括："沃提根"号、"恶毒"号、"老兵"号、"野天鹅"号、"威瑟林顿"号（HMS Witherington）、"狼獾"号、"伍斯特"号、"威舍特"号（HMS Wishart）和"女巫"号，唯一的例外是部署在东海岸、安装双联装 6 磅炮的版本（详见下文）。短程护航驱逐舰（例如 1942 年时的"老兵"号）的典型武器配置包括：2 门 4.7 英寸（120 毫米）舰炮（位于 B 和 X 炮位）、1 门位于后部鱼雷发射管位置的 12 磅炮（后部鱼雷发射管已被拆除）、2 门位于侧舷的 2 磅炮、2 门位于舰桥信号甲板的厄利空机关炮、2 挺位于后甲板的刘易斯机枪、1 副位于 A 炮位的"刺猬炮"，以及重型的深水炸弹武装。

"老兵"号驱逐舰的前部锅炉舱内只有一台而非两台锅炉，因此只能被改造为短程而非远程的护航驱逐舰。如果拆除了最前面的锅炉，剩下的 2 台锅炉就全部位于一段锅炉舱内，极大地降低了生存能力。该舰还保留了前部鱼雷发射管。

（绘图：阿兰·瑞文）

〉」从这组摄于 1942 年 10 月 5 日的照片中可以看出，"漫游者"号驱逐舰在诺福克海军造船厂仅仅经历了最简单的改装，可以看到舰桥顶端增加的 271 型雷达。

"莎士比亚"级驱逐领舰也并未被改装为远程护航驱逐舰。在 1942 年的改装中，"坎贝尔"号、"麦凯"号和"蒙特罗斯"号均保留了 6 具鱼雷发射管，但在后部的 X 炮位安装了 1 门 3 英寸（76 毫米）防空炮，因此 4.7 英寸（120 毫米）主炮只剩下了 3 门。它们保留了 2 门安装在原先的 3 号主炮的平台上 2 磅炮，并且在信号甲板上增加了 2 门厄利空机关炮，反潜武器投放模式为一次 10 枚深水炸弹。在被部署到东部海岸执行船队护航任务后，"麦凯"号和"蒙特罗斯"号加装了双联装 6 磅炮。

"道格拉斯"号和"马尔科姆"号接受的改造则更加中规中矩，包括以"刺猬炮"（甲板上有 2 轮射击的弹药，甲板下另有 4 轮射击的弹药）取代 A 主炮，舰艉则是重型的反潜武器配置（每次投放 10 枚深弹，共有 70 枚），并且拆除了 Y 主炮作为重量补偿。

随着新式驱逐舰陆续入役，A 级到 I 级被陆续改造成了高速护航驱逐舰，因此保留了全部的锅炉，最初的三艘为"阿卡特斯"号、"小猎犬"号和"斗牛犬"号。到 1941 年年末，三舰均在 A 炮位安装"刺猬炮"（"小猎犬"号后来采用了拆分型"刺猬炮"，因此得以重新安装该主炮）。而对整级驱逐舰来说，Y 炮位的主炮均被移除，以满足每次投放 10 枚深水炸弹的需要（总数 70 枚）。

1943 年 4 月，护航驱逐舰（escort destroyer）这一舰种首次出现在皇家海军的舰队列表中，包括"亚马逊人"号（"阿卡斯特"号当时已沉没）、"小猎犬"号、"斗牛犬"号、"埃斯卡佩德"号、"名望"号和部分"哈凡特"级，到当年 10 月又加入了"北风"号、"猎狐犬"号。

"子爵"号是典型的远程护航驱逐舰。如1942年8月10日拍摄的照片所示，该舰保留了1副鱼雷发射管和舰舯的2门2磅炮，舰桥的两翼还增加了2门厄利空机关炮。后部的鱼雷发射管已经被一门12磅防空炮（带有炮盾）取代。图中还能看8具深弹抛射器中的4具和A炮位的"刺猬炮"。该舰后来拆除了全部鱼雷发射管。

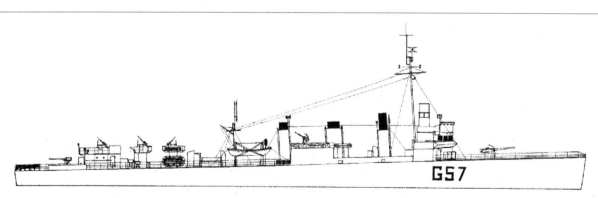

"拉德洛"号（HMS Ludlow）号驱逐舰是1940年美国转让的3艘小型平甲板驱逐舰（"考德威尔"级）之一，后来增加了更强大的舰炮作为东海岸的护航驱逐舰。注意该舰其实一共有4座而非3座烟道。图中为1944年7月时的状态，此时舰艏安装了1门12磅炮，舰艉则是1门美制50倍径3英寸（76毫米）舰炮，此外舷侧和舰舯的平台上还有2磅炮和厄利空机关炮。较低矮的桅杆上安装了291型对空搜索雷达和配套的用于和飞机联络的86M型舰空通信天线。和其他"城镇"级驱逐舰不同的是，它的方形舰桥大幅向外延伸，"利兹"号（HMS Leeds）和"刘易斯"号（HMS Lewes）也与之类似，但"刘易斯"号的舰桥是向前方延伸的。三舰均保留了最初的舰桥舷窗，但"刘易斯"号拆除了美式的风挡。与它们的后继型号不同，"考德威尔"级采用的还是直联式蒸汽轮机，因此航程更短，只能部署到东海岸执行护航任务。

（绘图：阿兰·瑞文）

∧ "白厅"号是"五个胖处女"的
测试舰，图中可以明显地看到舰艏
A 炮位上向外展开的发射管。测试
完成后该舰被改造为远程护航驱
逐舰。

1943 年时，皇家海军又对专门在近距离对付上浮的 U 型潜艇的火炮产生了不小
的兴趣。当时受到青睐的火炮是许多巡航舰上安装的哈奇开斯 6 磅速射炮。皇家海军
对 A 级到 I 级驱逐舰进行了评估，认为安装了拆分型"刺猬炮"的舰船可以将该武
器拆除，然后在 B 炮位安装 1 副完整的"刺猬炮"和 2 门单装哈奇开斯 6 磅炮（后

> ⌐ "范西塔特"号是一艘比较特
殊的远程护航驱逐舰，因为直到
1943 年 8 月都保留着 A 主炮。注
意该舰只有一座烟道。

者每门备弹 200 发，安装于"刺猬炮"后方的舷侧凸体上）。采用此种武器配置的驱逐舰包括英国皇家海军的"布迪卡"号和加拿大海军的"雷斯蒂古什"号（前"彗星"号）、"卡佩勒"号（前"猎狐犬"号）。

东海岸的护航驱逐舰

就和一战时一样，德国一旦占领了北海海岸，其轻型水面舰艇就可以威胁英国的海上航运。通常，轻型水面舰艇指的是 E 型鱼雷艇（大型鱼雷摩托艇，德国将其称为 S 型鱼雷艇，即 S-boote），其主要目标是英国海岸的航运船队而非前往法国的船队。很显然传统的舰炮是很难命中如此灵活的舰艇的，不过在一战时皇家海军就发现自动化的机关炮是高速鱼雷摩托艇的克星。30 年代，皇家海军面对意大利在地中海部署的大量鱼雷艇时，便将多管 2 磅炮（同时也是防空武器）视为最适宜的武器。

当这种威胁出现在北海后，"白厅"号驱逐舰舰长便提议将 B 炮位的 4.7 英寸（120 毫米）主炮替换为 1 座四联装"乒乓"炮，同时前部的鱼雷发射管也可以替换为 1 座四联装 .50（12.7 毫米）机枪，另外还可以在 X 炮位的甲板上再安装 1 座。实际上，"乒乓"炮的重量甚至比 4.7 英寸主炮还大（9 吨，后者仅 7.8 吨），其弹药重量甚至更高（每一管"乒乓"炮备弹 1500 发，总重就达到了 15.43 吨，而 1 门 4.7 英寸炮的弹药只有 7.5 吨），因此海军造舰总监认为这种想法并不实际。不过，E 型鱼雷艇带来的威胁或许可以解释为何防空用的护航驱逐舰"华莱士"号会选择搭载 1 座四联装"乒乓"炮。

皇家澳大利亚海军则曾在另外一种情况下提出过类似的想法，他们在 1941 年中期询问能否为"吸血鬼"号更换武器。在地中海服役时，该舰的武器包括 4 门 4 英寸（102 毫米）主炮、1 门 12 磅炮、1 座四联装 .50（12.7 毫米）机枪和一部分来自别国的武器，即 1 门意大利产的布雷达 20 毫米机关炮和 4 挺意大利轻机枪。澳大利亚海军希望能将 B 主炮换为 1 座四联装"乒乓"炮，将 12 磅炮换成 1 门 3 英寸（76 毫米）防空炮，.50 机枪则更换为 2 门单装 2 磅炮（位于两舷），并且再增加 4 挺刘易斯机枪。当时看来，增加防盾后的 4 挺刘易斯机枪应该和 5 挺意大利轻机枪差不多重。当时确实进行过相关计算，但并未实施改装。

到 1943 年年末，共有 6 艘 V 级和 W 级驱逐舰以及 3 艘旧式领舰在 A 炮位装备了用于对抗 E 型鱼雷艇的双联装的 6 磅机关炮，包括："恶毒"号、"沃波尔"号、"温切斯特"号、"温莎"号、"惠特谢德"号、"飞龙"号、"坎贝尔"号、"麦凯"号、"蒙特罗斯"号。[27]

此外，在东海岸执行船队护航任务的驱逐舰通常还会在舰艏尖端安装 1 门 2 磅前射火炮，典型的例子包括"小猎犬"号、"斗牛犬"号和远程护航驱逐舰"守望者"号。

为太平洋战争进行的改装

到 1944 年年底，皇家海军已经开始在为即将到来的太平洋战役进行准备。当时皇家海军曾考虑为大批不同型号的驱逐舰统一列装双联装 4 英寸（102 毫米）舰炮，包括幸存下来的所有 A 级至 I 级驱逐舰（时间应该是 1944 年 10 月）。一开始的设想是依照简单的护航驱逐舰的思路进行改装，武器包括 1 副"刺猬炮"（位于 A 或 B

炮位，甲板上有足够2轮射击的弹药，甲板下有足够7轮射击的弹药）和2座双联装4英寸炮。最初的方案是基于"狮鹫"号（加拿大海军"渥太华"号）的状况提出的，后来还发现有少量驱逐舰（"库特奈"号、"邓肯"号、E级和F级、为土耳其建造的驱逐舰、"福克纳"号和"英格菲尔德"号）还有足够稳定性加装1套类似"狩猎"级那样的两用火控系统，但前提是必须将144/147型声呐替换为更早的124型或128型（对稳定性的不同影响是舰桥设备不同所致）。在这些驱逐舰上，271PF型对海搜索雷达将从舰桥顶部移到舯部的探照灯平台上。

备选方案则是全部安装防空炮，包括3座双联装4英寸（102毫米）炮、1座双联装博福斯炮和6门厄利空炮，此外还能再搭载一次投放5枚深水炸弹的反潜武器，或许还能再安装1副刺猬炮（需要减少2门厄利空机炮）。不过"刺猬炮"的优先级并不高，只有在其他武器可以安装的前提下才会得到批准。这些驱逐舰将不再安装鱼

"索瑟德"号驱逐舰，1932年

美国海军"索瑟德"号（USS Southard）驱逐舰是1940年转交给皇家海军的"克莱门森"级（Clemson Class）平甲板驱逐舰中的典型（该舰本身则一直在美国海军服役）。"克莱门森"级可以勉强算作V级和W级驱逐舰的同型舰，但显然它们还不能算作舰队驱逐舰。1932年时"索瑟德"号的配置和最初相差不大，只是将23倍径3英寸（76毫米）防空炮挪到了后甲板，将4号4英寸（102毫米）主炮抬升到了后甲板室顶部。甲板室顶端原本是探照灯的位置，但现在探照灯被挪到了鱼雷发射管之间。许多"克莱门森"级驱逐舰都将厨房置于舯部4英寸炮炮位下方，在完工时也拥有皇家海军那样的开放式舰桥。第一次世界大战期间，这种舰桥大多转为封闭式的，并且在风挡（即舰桥前面凸出的三角形结构）上方增加了玻璃窗，先前安装于舰桥顶端的探照灯也被挪到了上面的上层舰桥，另

外舰上还增加了1具测距仪。虽然"索瑟德"号的上层舰桥装备了信号灯，但美国驱逐舰的指挥位置通常还是在下方的操舵室（不像皇家海军那样主要从上方的开放式舰桥下达指令）。在一战期间，美国的指挥官们就注意到这种玻璃窗根本不足以抵挡北方海域常见风浪的拍击，尽管舰桥正面的夹角确实能够分隔涌上舰艏的水流，可是舰艏实在太低，前方的4英寸炮经常无法使用。"索瑟德"号12具鱼雷发射管的齐射火力远比注重鱼雷攻击的皇家海军在一战后装备的任何一型驱逐舰更强。美国海军内部的驱逐舰鱼雷战术史著就指出，建造这些驱逐舰时相关的战术理论还纯粹只是理论，当时规定驱逐舰每年至少发射一次鱼雷以保证武器的可靠性。一战结束后，可能是受到英国皇家海军的影响，美国海军也开始利用岸上的鱼雷校准设施开发新的鱼雷战术。其成果就包括扇形射

击，即驱逐舰一次性向同一个目标发射所有的12枚鱼雷，每枚鱼雷都由陀螺仪引导。美国海军同样也对英国那样对整支敌方编队实施的"鸟枪射击"产生了兴趣，但这种方式在美国海军中却从未使用过。对皇家海军来说，陀螺仪引导实在太过复杂，因此他们从未对扇形射击产生过任何兴趣。这或许是正确的。20世纪30年代时美国海军开发的Mk 14和Mk 15型鱼雷就安装了陀螺仪，有一些美国潜艇便是因为被呈环形航行的鱼雷误伤而沉没了。英国海军还认为，如此靠近舷侧的鱼雷发射管肯定会被海浪损坏。该舰唯一没有安装的标志性美制武器便是Y型炮，这是一种可以用一包发射药发射两枚深水炸弹的抛射器，发射药就位于"Y"字形的尖端。和英国的深水炸弹抛射器一样，Y型炮的安装位置一般也在舰艉。注意图中美国海军的标志性舷号（207），和英国海军一样，

这是为了对舰船进行识别。但和英国不同的是，美国舰船的舷号在服役生涯中永远不会改变，并且其序列号是依照建造时所属的不同舰种（例如战列舰、巡洋舰、驱逐舰等等）分别授予的。因此美国的"DD 207—215"和"H.51—H.61"意义是完全不同的。"索瑟德"号在1940年被改造为一艘扫雷舰，最终于1945年沉没。美国海军中最接近英国对平甲板型驱逐舰的改造的便是护航驱逐舰，当时共批准了37艘驱逐舰进行这样的改造（但由于战争爆发的影响，最终只有27艘完成了改造）。改造中"克莱门森"级的所有4英寸炮和鱼雷发射管均被50倍径3英寸防空炮取代（原先的23倍径3英寸炮也被拆除），然后增加了6门厄利空机关炮和6具深水炸弹抛射器。其他舰船则保留了4英寸炮，但是要为增加的6门厄利空机炮和6具深水炸弹抛射器拆除后部的2副鱼雷发射管。

（绘图：A. D. 贝克三世）

雷发射管，雷达则包括 1 部 285 型防空火控雷达、1 部 291 型远程对空搜索雷达和一部 293 型近程对空搜索雷达，拥有较强的态势感知能力。其他装备还包括 1 盏向前观察的探照灯和前主炮上的火箭照明弹发射导轨。这样获得的结果在本质上是高速版本的"狩猎"III 级护航驱逐舰。但对 E 级和 F 级驱逐舰的分析表明，这两级驱逐舰只能安装 2 座双联装 4 英寸炮（分别位于艉艉的甲板室顶端）、1 座双联装博福斯机炮，外加 1 部驱逐舰使用的 Mk III W 型射击指挥仪（拥有标准型对空火控计算机，即引信计算钟）。有一份草图中还表明，这种驱逐舰还将配备 2 具 Mk IV 型深水炸弹抛射器和搭载 6 枚深弹的投放轨道，甲板上可以携带 25 枚深水炸弹，甲板下还有另外 25 枚。因为稳定性的问题，这个计划把 A 级、B 级和"邓肯"号排除在外。

不过没有任何一艘驱逐舰接受上述改装，只有一艘后期的驱逐舰（"攻城雷"号）在 1945 年换装了双联装的 4 英寸（102 毫米）炮。

"城镇"级驱逐舰 [28]

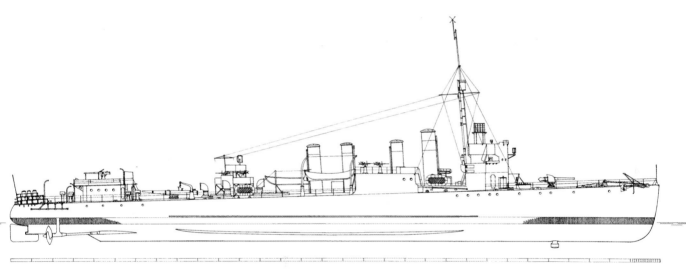

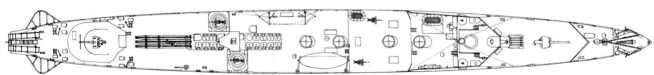

典型的"城镇"级驱逐舰（1943 年）

图为 1943 年时典型的皇家海军"城镇"级驱逐舰（原美国海军"克莱门森"级），已经经历了所有的标准改造，舰桥经过重新设计以抵御从较低的舰艏涌上来的大西洋的海浪，并且增加了英式开放式舰桥（美国海军是从有挡风玻璃保护的操舵室内指挥的）。舰桥顶端安装了 271 型雷达的"灯罩"式天线罩，前桅上还有 291 型对空警戒雷达的天线，舰桥前方凸出的天线圈则是中频无线电测向天线。尽管看上去似乎是截断了后部 3 座烟道以降低重量，但实际上是抬高了最前面的烟道以防止烟雾干扰新的上层舰桥。至于其最初装备的武器，留下来的只有舰艏的 50 倍径 4 英寸（102 毫米）舰炮（备弹 125 发）和 4 副三联装鱼雷发射管中的 1 副。舰艉的 4 英寸炮被 12 磅防空炮取代，两舷的机枪也被 20 毫米机关炮取代，探照灯平台两侧又增加了 2 门 20 毫米机关炮。舰上还有 2 挺 .303 口径（7.7 毫米）哈奇开斯机枪和 2 挺 .303 刘易斯机枪，舰桥前方则是 1 副"刺猬炮"。该级舰装备了英式深水炸弹抛射器，舰艉拓宽以安装 2 条深水炸弹轨道，轨道中间还有用来投放发烟浮标的滑轨。由于稳定性的限制，即使在降低了上层重量后该级舰还是得减少深水炸弹的数量，通常只携带 50 枚（每次投放 10 枚）。改造工作是分段进行的，到 1942 年，皇家海军中的许多平甲板型驱逐舰还保留着 4 门原装 4 英寸炮中的 3 门，仅仅只是更换了舰艏主炮，许多美制单装 .50（12.7 毫米）机枪也未换成图中的厄利空炮，后部甲板室操舵位后方的管状桅杆上还安装着高频无线电测向天线（图中不可见）。这些驱逐舰中的大多数都保留了右舷的美制 26 英尺（7.92 米）型摩托救生艇及其吊柱，并在左舷增加了 1 艘采用英国吊柱的艉救生艇。1943 年时，部分"城镇"级完全拆除了鱼雷发射管。该级舰设计输出功率 26000 轴马力（4 台锅炉，工作温度 129 摄氏度），最高航速为 35 节，续航力与 V 级、W 级相当，载油量 284 吨，全速时航程为 780 海里，15 节时为 2800 海里。

（绘图：A. D. 贝克三世）

1942 年 9 月，澳大利亚海军也将其仅存的一艘 V 级驱逐舰"宿仇"号改为护航驱逐舰。在澳大利亚海军中，与 1940 年的英国标准对等的是，将后部鱼雷发射管更换为一个架高的平台，用来安装 2 座四联装 .50 口径（12.7 毫米）机枪，或是和皇家海军相同的单装 12 磅炮（在"吸血鬼"号上则是 2 门 2 磅炮）。除"秧鸡"号（HMAS Waterhen）外，所有接受改造的澳大利亚驱逐舰均在舰桥两侧的信号甲板上各安装了 1 座四联装 .50 机枪，2 号烟道后方的"乒乓"炮也被更换为四联装 .50 机枪。各舰通常携带 33 枚（后增至 50 枚）深水炸弹（在后部甲板室前方两舷有 2 具深弹抛射器）。"宿仇"号在"乒乓"炮的平台上安装了 1 门 12 磅炮，其第 2 副鱼雷发射管被 2 门 2 磅炮取代，舰桥的信号甲板上则是 2 门厄利空机关炮。该舰桅杆顶端类似风向标的结构应该是加拿大 SW-1C 型雷达的天线。

（图片来源：澳大利亚海军历史档案馆）

1945 年时，"宿仇"号已经与英国短程护航驱逐舰类似，在 A 炮位安装了"刺猬炮"。该舰保留了 2 门 4 英寸（102 毫米）炮，但它们都是防空炮而非高平两用炮。烟道后面的平台上有 1 门 2 磅炮，其他两磅炮位于更后方，此外还有 4 门厄利空机关炮（左舷信号甲板上可以看到其中 1 门）、3 挺 .303 口径（7.7 毫米）刘易斯机枪和 50 枚深水炸弹，在舰艉甲板上可以看到其中的一部分。（1945 年 1 月英国海军的官方列表中包括四联装 .50 机枪、2 挺刘易斯机枪和 4 门厄利空机关炮。）前桅顶端是 1 部美制 SC-1 型对空搜索雷达，后部则是英制 271 型雷达的天线罩，其上安装了敌我识别天线。此时"宿仇"号已经拆除了所有的鱼雷发射管。

（图片来源：澳大利亚海军历史档案馆）

在改造为远程护航驱逐舰后，旧式的驱逐领舰虽然保留了 2 座烟道，但拆除了 4 台锅炉中的 1 台，因此前部的烟道变窄了。图中为"布洛克"号驱逐领舰，保留了 2 副鱼雷发射管，但 Q 主炮被更换为轻型防空炮，后部烟道后方增加了 1 门 12 磅防空炮，并且拆除了 Y 主炮以携带大量的深水炸弹。照片摄于 1942 年 7 月 31 日。

1940 年 9 月，美国海军向英国转让了 50 艘大概和 V 级与 W 级同期的平甲板型驱逐舰，它们于 1940 年 9 月 9 日至 12 月 5 日间陆续重新入役。各舰均以英美两国共用的城镇名命名，因此被称作"城镇"级驱逐舰，其中许多由加拿大海军接管。[29] 这是二战期间美国第一次公开地对英国施以援手，因此这次舰船转让具有非凡的战略意义。皇家海军仅仅将这些平甲板型驱逐舰视作潜在的护航驱逐舰，同年却有少量 V 级和 W 级驱逐舰依旧被视作可以进行鱼雷攻击的水面战斗舰船（1942 年 2 月它们确实对进入英吉利海峡的德国编队实施了攻击）。英国大体上认为这些美制驱逐舰上层较重（因为安装了多达 12 具鱼雷发射管），并且上层建筑在大西洋上太过脆弱。这些驱逐舰是直接从预备役中启用的，因此还需要增加辅助设备和管线。由于铆钉锈蚀，油箱还存在进水问题。另外，该级舰还在用链条传导操舵指令，转弯半径也远大于英国的标准。早在 1905 年皇家海军就摒弃了链条操舵。这些问题综合在一起，导致"城镇"级事故率较高。不过，它们也因为动力系统可靠而受到青睐。[30] 在这 50 艘驱逐舰中，仅有"卡梅伦"号没能服役。1940 年 12 月 5 日，该舰在于朴次茅斯接受改造期间遭到轰炸，继而在港内焚毁。[31]

当时美国驱逐舰的指挥战位和操舵室在一层，和英国在 V 级、W 级之前的做法一样，因此这些平甲板驱逐舰采用的是封闭式的舰桥，而英国认为这样的舰桥太过影响视野。同时，尽管美制的 4 英寸（102 毫米）舰炮拥有比同口径英国舰炮更强的杀伤力，可是皇家海军还是认为其定装弹装药太少，23 倍径的 3 英寸（76 毫米）防空炮更是已经严重过时。美制 21 英寸（533 毫米）鱼雷也不受待见，因为航行深度普遍过深。深水炸弹轨道倒是可以兼容英制的深水炸弹（这可能是因为两国海军在一战时使用同一种深水炸弹），不过美国海军装备了可以一次发射 2 枚深水炸弹的 Y 型抛射器，而英国海军的一次只能发射 1 枚。英国海军一开始计划为"城镇"级全面换装英制舰炮（1 门 4 英寸炮和 1 门 3 英寸防空炮），然后将所有的鱼雷发射管更换为中轴线上的 1 副鱼雷发射管，但在当时这几乎是不可能的。

大多数皇家海军的"城镇"级驱逐舰（不包括加拿大海军的几艘）都在德文波特接受改装，最初的目标就包括增加舰船稳定性以适应北大西洋作战。所有的"城镇"级都在封闭式舰桥顶端增加了开放式舰桥，通过皇家海军特有的防破片棕毯增加防护。为了防止烟雾干扰开放式舰桥，最前部的烟道也抬升了高度。此前没有安装美制声呐的舰船加装了英制的声呐，并且还增加了实际上可以作为深水炸弹火控系统的声呐记录仪。靠后的 2 副三联装鱼雷发射管在后来被更换为英制深水炸弹抛射器，同时舰艉的 4 英寸（102 毫米）炮和美制 23 倍径 3 英寸（76 毫米）防空炮也分别被英制 12 磅防空炮和 3 英寸防空炮取代。[32] 为减轻上层重量，后桅杆被拆除，前桅高度也截短了几英尺。其中一些在进入皇家海军服役时保留着全部 4 门 4 英寸舰炮。到 1941 年中期，将 2 副三联装鱼雷发射管更换为位于中轴线的一座鱼雷发射管的计划获得了批准，安装位置在探照灯平台后方。各舰一次可以投放 5 枚深弹（包括 2 具抛射器，共 50 枚深水炸弹），此外还将安装 2 挺 .303 口径（7.7 毫米）哈奇开斯机枪和 2 挺刘易斯机枪。探照灯平台的两侧则安装 2 座四联装 .50 口径（12.7 毫米）机枪（和其他皇家海军的驱逐舰一样，它们后来也被更换为 2 门厄利空机关炮），不过有一部分"城镇"级采用的还是美制单装 .50 水冷重机枪而非英制的四联装机枪。

和当时的其他皇家海军驱逐舰一样，这批舰船也在桅杆顶端增加了 1 部 286 型雷达，列装时间可能还早于其他装备。加拿大的 6 艘"城镇"级装备的是加拿大自产的 SW-1C 型雷达。

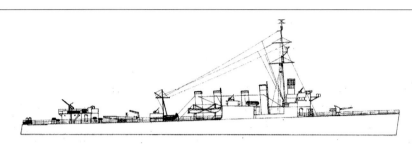

图为"查尔斯顿"号（HMS *Charlestown*）1943 年 7 月时的状态，其桅杆顶端刚刚以 1 部 291 型对空搜索雷达取代了原先角度固定的 286 型雷达。为安装厄利空机炮，开放式舰桥两侧修建了盆式炮台，这种改造并不常见。"纽瓦克"号和"雷普利"号驱逐舰也采用了类似的舰桥设计。

（绘图：阿兰·瑞文）

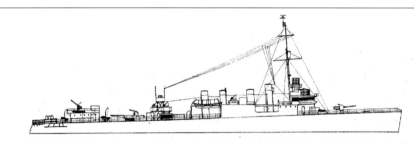

图为"百老汇"号（HMS *Broadway*）1943 年时的状态，可以看到该舰保留着其美式的舰桥，在风挡上方是有挡风玻璃的舷窗，但封闭式舰桥之上还是增加了开放式舰桥。舰桥底座部位还安装了 1 具"刺猬炮"。

（绘图：阿兰·瑞文）

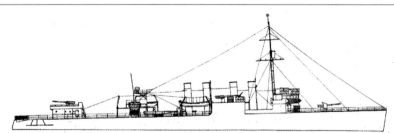

图为"洛克斯堡"号（HMS *Roxburgh*）1941 年时的状态，同样保留着美式舰桥（但增加了防破片棕毯，并在顶部新增了开放式舰桥）和所有的 4 门 4 英寸（102 毫米）炮，当时前部烟道尚未抬高，舰上也没有安装任何雷达。皇家海军认为安装在两舷的鱼雷发射管太过靠近边缘，这在北海和大西洋将会十分危险。

（绘图：阿兰·瑞文）

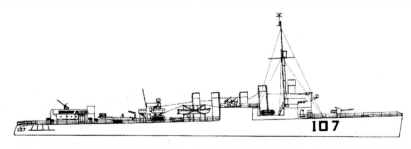

图为 1943 年时的"洛克斯堡"号驱逐舰，已经经历了典型的英式改造，包括加固舰桥以抵御较高的海况，但此时还未加装"刺猬炮"。

（绘图：阿兰·瑞文）

〈 ∧ 如这两张拍摄于 1942 年的
照片所示，"坎贝尔"号驱逐舰并
未被改造为远程护航驱逐舰，因此
有 2 座宽度一致的烟道。X 炮位上
的 4.7 英寸（120 毫米）主炮已经
被 1 门防空炮取代。为了安装轻型
防空武器，Q 炮位的主炮也被拆除。

∧ 图中的"巴克斯顿"号驱逐舰
此时只接受了最轻微的改造，包括：
在原先的美式舰桥顶端增加开放式
舰桥、截短后桅杆、拆除 4 副三联
装鱼雷发射管中的 2 副。该舰依然
保留了舰艉的美制 23 倍径 3 英寸
防空炮，同时还能勉强看到后部甲
板室上的 4 英寸（102 毫米）主炮，
以及该甲板室前方的英式深水炸弹
抛射器（注意用于装填深水炸弹的
吊柱）。

　　到 1941 年 10 月，新的标准改装方案获得了批准：2 门位于舰艏的 4 英寸（102
毫米）主炮将被替换为 2 磅炮或厄利空机炮，因此只剩下了舰艏的 1 门美制 4 英寸
炮和舰艉的 1 门 12 磅防空炮，但保留了四联装 .50 机枪和其他的哈奇开斯及刘易斯
机枪。同时，在改造后的舰桥顶端还增加了 271 型雷达的灯罩式天线罩。深水炸弹的
投放模式也变为每次 10 枚（4 具抛射器，但是总携带量依然只有 50 枚，后期可能增
加到 60 枚）。不过反潜武器的加强却并未包括安装"刺猬炮"，这种武器在后续改装
中才会上舰，安装位置为舰桥前端、舰艏 4 英寸炮的后方。舰桥也需要进行改造，包
括取消美式舰桥舷窗下的文丘里管，以及完全封堵下层舰桥的正面窗户。[33] 部分舰船

（至少包括"查尔斯顿"号）在舰桥前端还新增了英式的海图桌，两侧也建造了用于安装厄利空机关炮的凸体，其中一些还在截短了的后桅顶端加装了高频无线电测向天线。"丘吉尔"号（HMS Churchill）是唯一一艘在前烟道顶端增加了烟罩的"城镇"级。加拿大海军的舰船也接受了和英国姊妹舰类似的改造。需要注意的是，并非所有的"城镇"级都同时接受了上述改造。

在这50艘驱逐舰中，有3艘是在"克莱门森"级之前建造的平甲板试验舰，采用的是另一种低功率的动力系统（包括2台直联式蒸汽轮机和1台齿轮传动蒸汽轮机）。3舰均在东海岸执行船队护航任务，它们舰艏的4英寸炮被换成了盆式平台上的2门2磅炮，舰舯和舰艉则换装2门美制50倍径3英寸（76毫米）防空炮。[34]

1940年11月底，改造更多的"城镇"级驱逐舰似乎成了补充北大西洋远程护航驱逐舰的可行方法（直到后来选择了"河川"级）。[35] 海军造舰总监指出，美国海军尚有120余艘这样的舰体，并且大多数的改造工作可以借助美国的造船厂完成。在拆除前部的2台锅炉后，该型驱逐舰依然能获得足够的动力（13000轴马力），航速可达22节，短时间内甚至能达到25节，15节时的续航力可以达到3800海里。这种远程护航型"城镇"级的所有鱼雷发射管都将被拆除，深水炸弹的投放模式为每次14枚。其余的武器则包括美制4英寸（102毫米）舰炮、1门位于舰艉的4英寸防空炮、2门2磅炮，以及2门厄利空机关炮。舰桥将向后挪并且更改为能够承受更多舰舶涌浪的样式。该级舰的劣势在于转向半径较大（对投放深水炸弹进行反潜作战十分不利），在这50艘驱逐舰中只有16艘1190吨级的（纽波特纽斯造船厂生产的"克莱门森"级，当时就已经拥有比其他平甲板型更大的载油量）适合进行这样的改造。审计主管否定了这项提议，最终只有"布拉德福德"号（HMS Bradford）、"克莱尔"号（HMS Clare）和"斯坦利"号（HMS Stanley）接受了这样的改造。它们只保留了后部的2座烟道，并且建造了当时英国驱逐舰上普遍采用的斜角舰桥。和其他的平甲板型驱逐舰一样，它们最终也安装了"刺猬炮"。改造工作还增加了80吨的载油量，或许是这次改造激发了皇家海军将V级和W级驱逐舰改造为远程护航驱逐舰的欲望。

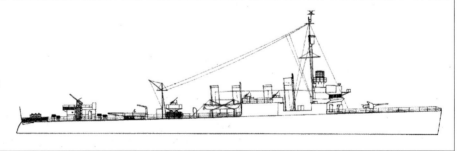

图为"卡斯尔顿"号（HMS Castleton）1942年5月时的状态，在美式舰桥顶端增加了开放式舰桥。

（绘图：阿兰·瑞文）

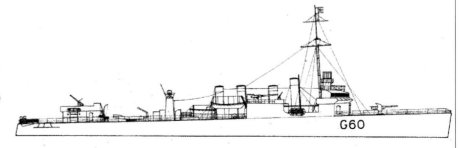

图为"拉姆齐"号（HMS Ramsey）驱逐舰1942年6月时的状态，在美式舰桥（还保留了美式的风挡和玻璃窗）顶端增加了英式舰桥。

（绘图：阿兰·瑞文）

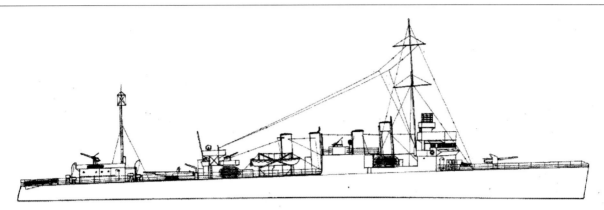

图为"切斯特菲尔德"号（HMS Chesterfield）驱逐舰1942年11月时的状态，已经完全封闭了下层舰桥并在顶端建造了英式开放舰桥。根据海军造舰总监的英国战时军舰建造史，共有5艘"城镇"级加装了高频无线电测向设备，它们携带50枚而非60枚深水炸弹。该舰的轻型防空武器包括3门单装厄利空机关炮、2挺美制.50口径（12.7毫米）勃朗宁重机枪（应该是在转让时留在舰上的武器）和2挺刘易斯机枪。一份1943年关于雷达设备的笔记提到，如果要安装高频无线电测向设备或者改造为护航驱逐舰，就必须拆除对空搜索雷达，注意图中确实没有此类设备。1943年时，18艘安装了雷达的"城镇"级驱逐舰中，除5艘装备了高频无线电测向天线的之外，还有"百老汇"号、"伯纳姆"号（HMS Burnham）、"丘吉尔"号、"兰开斯特"号（HMS Lancaster）、"利明顿"号（HMS Leamington）、"卢德洛"号、"曼斯菲尔德"号（HMS Mansfield）、"纽波特"号、"圣克罗伊"号、"圣弗朗西斯"号、"索尔兹伯里"号（HMS Salisbury）和"威尔斯"号缺乏对空搜索雷达。

（绘图：阿兰·瑞文）

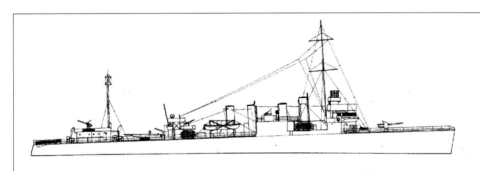

图为"乔治城"号1942年时的状态，已经加装了高频无线电测向天线和"刺猬炮"。该舰保留了美式的舰桥，并且在顶部增加了英式开放式舰桥。

（绘图：阿兰·瑞文）

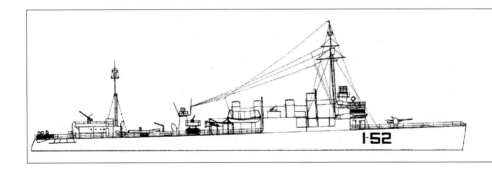

图为"索尔兹伯里"号驱逐舰在1942年2月时的状态，可见后部增加的高频无线电测向天线。其他装有高频无线电测向设备的还包括"里士满"号和"雷普利"号。注意开放式舰桥周边增加的防破片棕毯。

（绘图：阿兰·瑞文）

　　1943年3月时，对剩余的"城镇"级的改造终于获得了批准，新的参谋部需求也得以确定。[36]需求中指出，当时已经有2艘（其实是3艘）驱逐舰完成了相应改造。这些驱逐舰曾因为高航速而受到青睐，但它们还是需要通过将前段锅炉舱改造为油箱（载油量32吨）来增加航程（对A型"城镇"级，即前"克莱门森"级来说，12节航速时的航程可增加900海里）。舰桥上的鱼雷控制系统需要拆除（这是必要的损失），鱼雷发射管也变得毫无意义，除非是为了携带Mk X型（1吨型）深水炸弹——但是传统的深水炸弹已经足够了。作为对付上浮后的潜艇的主要武器，舰炮还是值得保留。舰艇将增加1副"刺猬炮"（外加足够6次射击的弹药）；舰艉则有每次能投放 14 枚深水炸弹的设备。同时它们还需要发射照明弹或"雪花"式照明火箭弹以备夜间所需。这就需要使用一门主炮，比如 12 磅炮，或者 2 英寸（51 毫米）火箭弹发射器（安装在主炮炮盾上）。这些舰船并不需要远程防空武器，但还是要安装尽可能多的厄利空机关炮（6 门）。同时，前向的探照灯也很重要，尽管舰桥上的人员可能因灯光而产生眩晕。在未来，这些探照灯会由机械控制，由 271 型对海搜索雷达的操作员操控。该级舰还将加装 144 型和 Q 型声呐（后者可进行近距离探测），以及 ARL 型自动航迹标绘仪，有一些还会加装高频无线电测向天线。"城镇"级驱逐舰各舰的稳定性有很大的不同，因此海军罗列了一份可拆除设备列表，包括：轻武器、深水炸弹的液压投放装置、后部的 24 英寸（610 毫米）探照灯、不重要的主炮及其控制装置、每次投放 10 枚而非 14 枚的深水炸弹投放装置、鱼雷发射管和相关设

〉」大型驱逐领舰在改造后的配置各不相同。图为 1943 年 9 月时的"道格拉斯"号，此时舯部安装了 1 门 12 磅炮，X 炮位处则是 1 门 4.7 英寸（120 毫米）主炮。为携带更多深水炸弹，该舰拆除了 Y 主炮。深水炸弹轨道上方的垂直圆柱体是发烟浮标。

备，等等。当时每次投放 14 枚深水炸弹的模式已经落后了，而只采用 10 枚投放模式的驱逐舰可以携带多达 100 枚深水炸弹，其中 64 枚搭载于甲板上（如果没有高频无线电测向设备可达 110 枚）。1943 年 4 月时提出的武器配置为：舰艏 1 门美制 4 英寸（102 毫米）炮，备弹 172 发，其中包括照明弹 5 发；舰艉上层建筑 1 门英制 Mk XIX 型 4 英寸炮，用于替换 12 磅炮，备弹 240 发，其中包括照明弹 5 发；5 门厄利空机关炮，其中 2 门位于机枪平台两舷，2 门位于上层甲板平台两侧，1 门位于后部甲板室前端的中轴线。同时该级舰还将安装 2 具火箭弹发射器，配备 48 枚"雪花"式照明弹和 8 枚 PAC（即伞降式防空拦阻索，用来缠绕低空飞行的敌方飞机）火箭弹。前部舰桥上方将安装 1 盏前向的 20 英寸（508 毫米）探照灯，舰艉则是 1 盏可从舰桥遥控的 24 英寸（610 毫米）探照灯，各舰还将安装 271 型和 291 型雷达，外加 252 型敌我识别设备（部分采用 251M 型）。作为重量补偿措施，中轴线上的鱼雷发射管将被拆除，.50（12.7 毫米）机枪将被取消，换装双联装厄利空机关炮的计划也被取消。不过参谋部的需求中并未提及最初三舰也将采用改造后的舰桥，造船厂总监也提出，为这些老旧的驱逐舰大动干戈似乎不值得，但皇家海军还是完成了参谋部要求的设计，只是计划最终没能实施。在此之前，海军枪炮和防空作战总监（Director of Gunnery and AntiAircraft Warfare）还提出安装许多高射速的轻型火炮用来在近距离对付上浮的 U 型潜艇，他青睐的武器是哈奇开斯单装 6 磅炮（之前已有驱逐舰装备）。尽管这种武器最终似乎并没有列装到任何一艘平甲板型驱逐舰之上，但却毫无疑问地出现在了于许多后期型驱逐舰（包括部分加拿大驱逐舰）和护卫舰上。

加拿大海军的"安纳波利斯"号和"圣弗朗西斯"号也都改造成了远程护航驱逐舰并且重建了舰桥（但并未采用有夹角的正面，仅仅是封闭了原先的美式舰桥并在顶端增加了开放式舰桥）。和英国同行不同，"安纳波利斯"号和"圣弗朗西斯"号分别拆除了 4 号和 3 号锅炉。"安纳波利斯"号的 4 号锅炉本来就损耗过度，尚不清楚该舰是否增加了额外的油箱。[37]

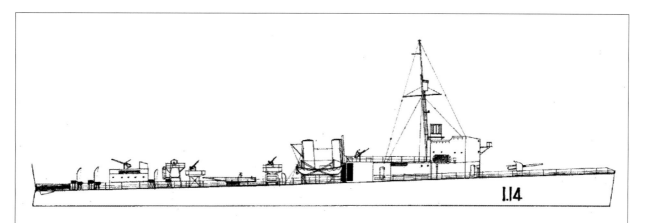

"克莱尔"号被改造成了远程护航驱逐舰，最前端的锅炉被拆除，代之以额外的油箱和载员空间，图中所示为该舰在 1941 年年末时的状态。此时舰艏有 1 门美制 50 倍径 4 英寸（102 毫米）炮，其余的武器包括 1 门 12 磅高射炮、2 门单装"乒乓"炮、2 挺 .303（7.7 毫米）哈奇开斯机枪和 2 挺 .303 刘易斯机枪，另外还有舰体中轴线上的三联装鱼雷发射管和 8 具深水炸弹抛射器。后来，2 磅炮换成了厄利空机关炮。取消了每次 14 枚深水炸弹的投放模式后，该舰又拆除了 4 具深弹抛射器。

（绘图：阿兰·瑞文）

〉」图为 1942 年 6 月 20 日查尔斯顿海军造船厂中的"拉姆齐"号驱逐舰，展示了平甲板型驱逐舰典型的改造：3 座烟道的高度被截短以增加稳定性，中轴线上仅装备 1 副三联装鱼雷发射管，安装了 1 门 12 磅防空炮和标准的英国雷达设备（"灯罩"内的 271 型雷达和桅杆顶端的 286 型雷达）。不过该舰保留了后部两舷的 2 门 4 英寸（102 毫米）炮（每门前方还有 1 门厄利空机关炮）。深水炸弹轨道上方的圆柱体则是发烟浮标。同时注意舰艉为容纳深水炸弹轨道而建造的舷侧凸体，这是皇家海军增加的。

<"洛森堡"号驱逐舰的改造程度更高一些,建造了更受皇家海军青睐的加固舰桥,其舷侧的4英寸炮已被拆除,舰艉方形盆式炮台内安装的是2磅炮。1943年4月10日摄于查尔斯顿。

"城镇"级的设计档案中还有一种进一步的改造方案。在 1943 年 4 月,皇家海军需要一种能用于支援登陆作战的近距火力支援舰船。提出时间表明,这一计划是 D 日登陆计划的一部分,因为对意大利的登陆行动来说已经来不及了,而且意大利的海滩也不太需要舰炮火力支援(诺曼底有坚固的海滩防御工事,在那里登录就是另一回事了)。一开始海军还考虑过使用旧式护航舰、"阿尔及利亚"级(Algerine Class)扫雷舰、护卫舰或是新型巡防舰,但都被否决了。6 月,海军的注意力已经转向了坦克登陆艇(LCT)、"城镇"级驱逐舰,以及老旧的 C 级和 D 级巡洋舰,其主要要求是能够装备 2 门高仰角的 6 英寸(152 毫米)炮和用于对岸射击的火控系统。航速只

∧ "刘易斯"号是转交给皇家海军的三艘"克莱门森"级驱逐舰之一,部署于东海岸执行船队护航任务。前部的盆式炮台内安装了 2 门 2 磅炮,两舷和后甲板上有 3 门美制 50 倍径 3 英寸(76 毫米)炮,三联装鱼雷发射管两侧是永久性盆式炮台,用于安装 2 门厄利空机关炮。该级舰的另外 2 艘为"利兹"号和"卢德洛"号,"城镇"级驱逐舰的档案显示,这几艘驱逐舰被划分为防空护航驱逐舰。该照片摄于 1942 年。

需达到 15 节即可，续航力也不需要太高，因此这类舰船也被称作小型浅水重炮舰。坦克登陆艇显然无法搭载庞大的 6 英寸主炮（最后皇家海军认为让坦克登陆艇装备驱逐舰级别的 4.7 英寸舰炮已经足够了），因此最有可能担此重任的是驱逐舰和巡洋舰。对驱逐舰的改造研究开始于 1943 年 6 月 21 日，海军造舰总监在 7 月 2 日的会议上同海军副审计主管进行了讨论。造舰总监提出了一个安装 2 门单装 6 英寸炮（每门备弹 200 发）和 4 门厄利空机关炮的方案，需要拆除后部甲板室（如果采用 4.7 英寸炮而非 6 英寸炮的话可以保留）。驱逐舰的海图室也要改造为射击指挥所（用来容纳火控计算机），新的海图室将位于下层舰桥，舰桥顶部将增加 9 英尺（2.74 米）型测距仪。同时，主炮弹药库还将增加一定的防护（40 磅装甲板，厚度为 1 英寸）。所有的反潜武器都将被拆除，动力系统也只保留 1 台锅炉。对续航力的要求是能在 10 节航速下航行 300 海里，因此许多版本的改造都曾设想将部分油箱装满水作为压舱物。这类舰船将在泊锚地直接开火射击，因此适航性要求也降低到了大型登陆艇的水平，当时设想的舰炮射程为 9000 码。造船厂总监估计改造工作将会持续 2 到 3 个月的时间。

在 7 月 2 日时提出的备选方案中还包括采用前美国海岸警卫队的巡逻艇、"狩猎"级护航驱逐舰、"昆虫"级（Insect Class）炮艇（当时已经装备了 6 英寸炮）甚至是老式的"百夫长"级战列舰（可以安装多达 12 门 6 英寸炮）。在 7 月 7 日海军助理参谋长主持的会议上，一个关键问题浮出水面：没有足够的 Mk I 型海军部火控钟，当时一共只有 10 套此类火控系统，外加大概 30 部间瞄射击指挥仪，不过随着更多的 A级到 I 级驱逐舰被改造为护航驱逐舰，应该能腾出更多的海军部射程钟。对"城镇"级驱逐舰进行简单改造似乎是唯一能在既定日期前（当时尚未说明，只知道大概是在 1944 年夏季）获得足够数量的轻型重炮舰的方法，"但当时尚未对这种改造舰艇提出清晰的要求"。海军军械总监也没法及时提供足够的火炮，而助理参谋长考虑到

〉有 3 艘"城镇"级驱逐舰被改造为远程护航驱逐舰。1940 年 12 月时，海军造舰总监认为可以委托美国改造大量的同类舰船，但最终取而代之的是"河川"级巡防舰和由 V 级改造成的远程护航驱逐舰。1943 年，将"城镇"级驱逐舰改造为远程护航驱逐舰的计划再度出现，如图中的"斯坦利"号所示，但该计划最终并未施行。

"城镇"级驱逐舰较小的排水量、较轻的结构强度和无法搁浅的特性，也认为该级舰并不适合对陆上目标进行直瞄射击，或在泊锚地进行间瞄射击。因此，虽然改造一部分"城镇"级可能是必要的，但他还是更喜欢坦克登陆艇。最终，这项计划也没能实施。设计档案中指出，"城镇"级的稳定性和结构强度相当有限，但造舰总监认为这类舰船也不需要航行很远的距离。很显然，一开始被选中的是在东部海岸护航的3艘"城镇"级驱逐舰。

∧ 只有少数 A 级至 I 级驱逐舰在二战中幸存，在战后还有较长服役经历的更是凤毛麟角。"花冠"号便是其中之一，该舰 1940—1946 年在波兰海军服役，1947 年 12 月被出售给了荷兰皇家海军，1950 年更名为"马尼克斯"号（Marnix）。作为一艘电子战和反潜训练舰，"马尼克斯"号一直服役到 1964 年。论服役年限，只有出售给多米尼加共和国的 2 艘驱逐舰超过了它。图中，该舰安装了 2 门单装 4.1 英寸（105 毫米）舰炮、6 门厄利空机关炮（安装于通常的位置上，即 2 门位于舰桥两侧的信号甲板、2 门位于烟道之间、2 门位于以前 2 座鱼雷发射管之间的探照灯平台上），B 炮位有 1 副"刺猬炮"，另外还有 4 具深水炸弹抛射器和 2 条深弹轨道。此时该舰已被归为巡防舰，因此舷号以 F 开头。从照片上看，前部烟道的烟罩是方形而非圆形的。

注释：

1. 此处指的是关于英国和英联邦海军军舰数据的半年刊（4月和10月印发），在战时它被编为 CB 1815（CB 01815 则是关于外国海军的列表）。其拷贝现存国家档案馆 ADM 239 号档案中。但其中没有包含 1942 年 4 月的部分。同时，CB 1815 内的舰载武器列表没有包含"刺猬炮"。

2. 根据 1938 年 2 月 10 日的海军部舰队密令第 244/38 号，编号为 M.04101/37 的文件列出了需要接受改造的驱逐舰："织女星"号*、"维米"号、"沃提根"号、"威赛克斯"号（HMS Wessex）、"威斯敏斯特"号*、"温莎"号（HMS Windsor）、"瓦伦丁"号*、"勇武"号*、"维洛克斯"号、"万能"号、"晚涛"号、"薇薇安"号*、"戒备"号（HMS Wakeful）、"旋风"号、"温彻斯特"号*、"搏斗者"号、"征服者"号、"沃波尔"号（HMS Walpole）、"猎狼犬"号*、"伍尔斯顿"号*、"凡妮莎"号（HMS Vanessa）、"维摩拉"号*、"快活"号、"总督"号*、（这里原本印的是"海象"号，但被划去了）"惠特利"号、"蚁鹬"号*、"韦斯特科特"号（HMS Westcott）、"温切尔西"号（HMS Winchelsea）、"子爵"号（HMS Viscount）、"沃尔西"号*、"凡诺克"号、"华莱士"号*、"蒙特罗斯"号、"道格拉斯"号、"麦凯"号和"马尔科姆"号，最末四艘为驱逐领舰。其中星号标示的是最后真正接受了改造的舰船，而实际接受了改造又未在表中列出的还有"浮华"号和"凡尔登"号。

3. 该型火控系统包括 1 套 Mk V 型或 Mk V* 型综合测距指挥仪（combined range finder director）和 1 副高平两用（对海 / 对空）测距仪，它们与下方的两用射击指挥所和高射角计算台（high-angle calculating position）相关联。后者包括 1 台 Mk II 型火控计算盒（fire control box）和 1 台独立的 Mk III 型引信计算钟，用于防空炮的火控计算。

4. 数据源于造舰总监下属，在皇家海军铸炮厂（Brass Foundry）负责驱逐舰改造的专家 D. S. 勒·普雷沃斯特（D. S. Le Prevost）的笔记（407 号）。遗憾的是，驱逐舰总体设计档案对完工后的改造并不重视。至少在理论上，普雷沃斯特在进行改造方案的设计前需要计算所有舰船的稳定性和结构强度，而他的笔记本中就包括"怀尔"型的改造详情。为"鲹鱼"号加装磁性扫雷索和将"伏击"号改造为鱼雷摩托艇领舰的方案则记于 407/3 号笔记内，时间为 1939 年 9 月 12 日至 1940 年 7 月 30 日。普雷沃斯特的笔记中还包括 J 级驱逐舰之前的战时驱逐舰重量变化的详细信息，并且说明了每次变化是因为拆除或增加了什么装备。但对战时 S 级、V 级和 W 级，以及其他早期领舰的改造，本书参考的是承包商霍普金斯的笔记（467 号），其开始时间为 1940 年 6 月。

5. 根据霍普金斯的笔记本（476/2 号）记载，为减轻驱逐舰的载重，A 级驱逐舰早在 1940 年 4 月 27 便已预定要拆除后桅，这个决定早于为驱逐舰安装 3 英寸（76 毫米）防空炮。

6. 相关的海军部舰队密令标注的时间为 1940 年 2 月 15 日，当时来讲，移除"伊希斯"号（HMS Isis）、"伊莫金"号（HMS Imogen）和"帝国"号（HMS Imperial）的五联装鱼雷发射管中的中间 1 具发射管，这个决定应该已经做出一段时间了。根据反映英国和英联邦军舰数据的半年鉴 CB 1815 的数据，这项改造影响了该级中的所有驱逐舰。

7. 这些细节来自霍普金斯笔记（467/3 号），很可能是引用了"福克纳"号驱逐领舰的一份报告。当时的气温为 −12.8 摄氏度，海温也只有 1.1 摄氏度，勉强维持在冰点以上。1942 年 2 月时，一场气温为 −12.2 摄氏度的航行已经算是温暖的了，但舰桥还是被积冰覆盖，就连引擎舱和锅炉舱内都出现了一些冰，当时估计舰艏的 A 主炮积冰重量可达 2.5 吨。在 1942 年 8 月，被选择进行极地改造的 V 级和 W 级驱逐舰包括：远程护航驱逐舰"志愿者"号*（HMS Volunteer）、"温切尔西"号、"守望者"号*、"凡妮莎"号*、"沃里克"号和"子爵"号*；装备 4 英寸（102 毫米）主炮的"征服者"号、"漫步者"号、"凡诺克"号、"韦斯特科特"号*、"搏斗者"号*；装备 4.7 英寸（120 毫米）主炮的"真理"号（HMS Verity）、"老兵"号、"恶毒"号*（HMS Venomous）。其中，"搏斗者"号、"志愿者"号、"温切尔西"号、"守望者"号、"凡妮莎"号、"沃里克"号和"子爵"号的反潜模式为一次投放 10 枚深水炸弹，其余驱逐舰一次均投放 14 枚深水炸弹。"搏斗者"号、"真理"号、"老兵"号、"志愿者"号、"温切尔西"号、"守望者"号、"凡妮莎"号和"沃里克"号拆除了鱼雷发射管，其余的则只保留 1 副。星号则代表装备了"刺猬炮"的驱逐舰。以上驱逐舰列表摘自霍普金斯笔记（467/4 号）。

8. 在 1943 年，显然有许多人对改造后的 S 级的适航性表示不满，因此海军造舰总监也不得不考虑一些备选的改造方案。当时已经决定要将该级舰的深水炸弹投放数量降低到每次 10 枚（总数也从 112 枚减少到 70 枚）。在草案 I 中，舰艏的探照灯平台将降低高度，厄利空机关炮也将直接安装在甲板上，12 磅防空炮则将被拆除；在草案 II 中，12 磅炮的高度降低了 0.61 米，剩下的 1 门 4 英寸炮也更换为 12 磅炮。摘自霍普金斯笔记（467/4 号）。

9. 新的深水炸弹携带方案详见 1940 年 5 月 23 日的海军部舰队密令第 842/40 号。这应该来源于 1939—1940 财年的决定，因为可以一直追溯到 T.4525/39。

10. 当时还提出为每艘驱逐舰安装 2 条各有 9 枚深水炸弹的轨道和 2 具抛射器，深水炸弹总数为 50—60 枚（A 级至 I 级驱逐舰 / 驱逐领舰和采用 4.7 英寸主炮的后期型 W 级携带 60 枚，V 级和 W 级、"怀尔"型，以及"亚马逊人"号与"伏击"号则各搭载 50 枚）。

11. 霍普金斯笔记（467/5 号），引自海军部舰队密令第 933/43 号和 A/SW 第 162/43 号。

12. 采用了上述武器配置的包括："小猎犬"号（到 1944 年）、"北风"号（1943 年 7 月）、"诱饵"号 [当时已经成为加拿大海军的"库特尼"号(HMCS Kootenay)，于 1943 年 5 月接受改装]、加拿大海军"加蒂诺"号（前英国海军"特快"号）、"邓肯"号、"名望"号（1943 年 6 月），以及加拿大的"萨斯卡切温"号（前英国海军"命运"号，于 1943 年 6 月接受改装）。可能采用了这种配置的包括：加拿大海军"阿西尼博"号（前英国海军"卡彭菲尔特"号）、加拿大海军"雷斯苦古什"号（前英国海军"彗星"号——该舰在 B 炮位安装的是拆分的"刺猬炮"和 1 门 6 磅炮，但在 1945 年 10 月的武器装备列表中显示安装了 3 门 4.7 英寸舰炮）、加拿大海军"圣劳伦特"号 [HMCS St Laurent，前英国海军"小天鹅"号（ HMS Cygnet ）]，以及英国海军的"弗雷斯特"号（ HMS Forester ）、"花冠"号、"热辣"号和"无常"号，因为 1945 年 10 月的列表显示它们的装备为 3 门（"阿西尼博"号驱逐领舰为 4 门）4.7 英寸主炮和"刺猬炮"。"加蒂诺"号安装拆分型"刺猬炮"时，还额外增加了 90 枚深水炸弹（可以以每次 5 枚或 10 枚的模式投放），为补偿重量拆除了 Y 主炮。不过该舰和"萨斯卡切温"号一样，没有在鱼雷发射管处携带 Mk X 型深水炸弹。霍普金斯笔记（467/5 号）还包括对"斯基纳河"号增加拆分型"刺猬炮"进行的计算。按照计划在 1943 年春列装了拆分型"刺猬炮"的有：A 级和 B 级驱逐舰、"邓肯"号、"诱饵"号、"福克纳"号、E 级和 F 级驱逐舰。列装"刺猬炮"的驱逐舰同时还添加了如下设备：自动航迹标绘仪、船底计程仪、罗经方位仪、144 型声呐、2 具鱼雷发射管内的 Mk X 型深水炸弹。剩下的鱼雷则改为手动发射（之前舰桥上的鱼雷发射控制系统被拆除）。同时，舰桥上的早期火控系统也被一台 271 型雷达取代，一次 10 枚模式的深水炸弹投放设备也一并被拆除。在"诱饵"号上，4 门单装厄利空机关炮取代了原先的双联装机关炮。A 级驱逐舰的改造计划（最终并未实施）被描述为：将 A 级护航驱逐舰（装备 2 副鱼雷发射管）改造为 A/S 型 A 级护航驱逐舰（只有 1 副鱼雷发射管）。由于载重量不足，144 型声呐最终被取消，Mk X 型深水炸弹也没上舰，不过它们最终携带了 90 枚深水炸弹，采用 Mk IV 型深弹抛射器，以每次 10 枚的模式投放。在一艘 E 级或 F 级上，每次 10 枚的模式取代了每次 14 枚的模式。"埃斯卡佩德"号发生意外时显然装备了拆分型"刺猬炮"。这些驱逐舰后来拆除了 3 英寸（76 毫米）防空炮以携带更多的深水炸弹，在诺曼底海滩的"小猎犬"号显然便是如此。至少在部分驱逐舰上，拆分型"刺猬炮"的列装是和安装更轻的 Mk IV 型深水炸弹抛射器同时进行的。

13. "乌贼炮"最早的称呼是 B 型深弹迫击炮。1942 年 11 月时，鱼雷与水雷局局长询问海军造舰总监，部署在海峡西口的驱逐舰中，从弹药供给的角度看哪一艘最容易安装 B 型迫击炮（需要能在 60 秒内发射 10 枚深水炸弹）。驱逐舰同时还需要装备测深声呐(147 型)。造舰总监提名"征服者"号、"子爵"号、"漫步者"号、"沃里克"号和"守望者"号，它们都可以随时装备 147 型声呐。抛射器上装备一次齐射的弹药，在旁边还有两组弹药，甲板下是另外三组弹药。每对这样的发射器在未装填时重 2.8 吨，每组弹药重 0.54 吨，并且需要挡浪板作为保护措施。相应的改造方案要求拆除 X 炮位的主炮（换装为 12 磅炮），而"乌贼炮"将取代之前"刺猬炮"的位置，每次 14 枚的舰艇深水炸弹投放模式也将改为每次 10 枚的模式，但这种迫击炮最终比预计的更重，而作为辅助，舰桥内还要安装一台自动航迹标绘台（作为重量补偿，2 门厄利空机关炮会被拆除）。配套设备还包括 144 型和 147 型声呐以及高频无线电测向设备。在霍普金斯笔记（467/4 号）中，分别对装备 4 英寸（102 毫米）炮的驱逐舰（"温切尔西"号）和装备 4.7 英寸（120 毫米）炮的驱逐舰（"白厅"号）进行了计算。

14. 一份 1941 年 5 月对 F 级和 G 级驱逐舰的所有备选设备的总结中便列有引信计算钟（但没有新的指挥仪）、285 和 286M 型雷达，以及额外的深水炸弹。而在 1942 年 5 月 25 日，海军军械总监申明，下列驱逐舰将不会安装引信计算钟："特快"号、"日食"号、"福克纳"号、"名望"号、"火龙"号、"猎狐犬"号、"命运"号、"花冠"号、"英勇"号、"热辣"号，以及"伊希斯"号（另外还有 2 艘的字迹与无法辨认）。

15. 未包括在内的有："范西塔特"号（ HMS Vansittart ）、"恶毒"号、"真理"号、"老兵"号、"白厅"号、"女巫"号（ HMS Witch ）、"惠特谢德"号、"野天鹅"号（ HMS Wild Swan ）、"飞龙"号（ HMS Wivern ）、"伍斯特"号（ HMS Worcester ）、"沃波尔"号、"温莎"号、"温切尔西"号、"凡妮莎"号、"凡诺克"号、"征服者"号、"威尼斯"号、"万能"号、"晚祷"号、"子爵"号和"快活"号。

16. 从现存的照片上看拥有第 2 副鱼雷发射管（包括从未拆除和后来恢复的）的驱逐舰包括"积极"号（1943 年 5 月）、"非凡"号（拍摄于 1944 年，还装备了 271 型雷达）和"英格菲尔德"号（拍摄于 1942 年 11 月），许多驱逐舰则是在原先 3 英寸（76 毫米）炮的位置安装了厄利空机关炮。根据普雷沃斯特笔记本中一份关于 1942 年中期东方舰队（第 2 和第 7 驱逐舰分舰队）替换鱼雷发射管的记录，本土舰队的驱逐舰也恢复了鱼雷发射管的使用，并且增加了 2 门厄利空机关炮。不过，在 1942 年 5 月 13 日的建造会议上，不再恢复 E 级到 I 级驱逐舰的鱼雷发射管的决定也受到了欢迎，因为这些鱼雷发射管可以用于建造新的 R 级驱逐舰。

17. 海军部舰队密令第 884/41 号，1941 年 5 月 1 日。

18. 霍普金斯笔记（467/3 号）中记载了 1941 年 2 月 7 日计算的这种四联装炮塔会增加的重量（移除了

2 座四联装 .50 口径机枪）。霍普金斯的笔记中，在 1941 年 7 月 15 日计算安装 272 型雷达后的稳定性时也将这型防空炮考虑在内，这个计算同时也包括 C 型 SA 水雷触发装置。该型"乒乓"炮还取代了此前的 3 英寸防空火箭弹（UP），并且该舰的 272 型雷达似乎也只是测试版本。当时似乎还曾计划在"萨拉丁"号驱逐舰上安装类似的设备，因为霍普金斯笔记（476/4 号）中就有一张草图（应该绘制于 1942 年年末），显示该舰以 271 型雷达取代了格栅桅杆上的 272 型雷达，4 英寸（102 毫米）主炮的炮盾上还有用于发射火箭弹的导轨，深水炸弹的携带量也从每次投放 10 枚的标准下降到了每次投放 5 枚（移除了 30 枚深水炸弹及 2 门厄利空机关炮），之后又在舰艉的平台上增加了 1 门 12 磅炮（应该是之前拆除的）和 2 门 2 磅炮。

19. 霍普金斯笔记（467/2 号）记录了 1941 年 6 月 24 日在利物浦召开的一次会议，议题是讨论哪种设备会增加驱逐舰的上层重量。从中我们可以大致看出该型设备的列装时间。此次加装的雷达设备除 271 型雷达外，还有 290 型雷达——取代了此前桅顶的 286 型雷达，以及中频（很可能是海军的 FM7 型）和高频无线电测向天线。高频无线电测向是海峡西出入口的驱逐舰司令马克思·霍顿（Max Horton）上将特别要求的。

20. 对"华莱士"号上这项改装的相关计算可参见霍普金斯笔记（476/2 号），时间为 1941 年 7 月 5 日，雷达操作官则位于格架底部。该舰的探照灯平台同时也是紧急状况下的操舵位。该型雷达的安装时间和安装 C 型 SA 水雷触发装置的时间相同。

21. 在接近 1941 年 6 月时，"希卡里"号尚无安装 271 型雷达的计划，因此在计算稳定性时并未将其包括在内。1941 年 12 月计算"鳀鱼"号与"弯刀"号的稳定性时则包括了新增的 271 型雷达。

22. 1941 年 12 月 18 日下达的海军部舰队密令第 2478/42 号命令中涉及的驱逐舰有："凡妮莎"号*、"凡诺克"号**、"范西塔特"号**、"征服者"号**、"维洛克斯"号**、"恶毒"号**、"真理"号**、"万能"号**、"晚祷"号**、"维德特"号*（HMS Vidette）、"子爵"号**、"快活"号、"志愿者"号**、"沃提根"号、"漫步者"号**、"漫游者"号**（HMS Wanderer）、"沃里克"号**、"守望者"号**、"韦斯特科特"号**、"白厅"号**、"温切尔西"号**、"温莎"号和"搏斗者"号**。单个星号代表该命令下达时已经在进行相应改造的舰船，双星号则代表已经改造成了其他类型的舰船。该表中并未包括已经被改造为试验舰的"维米"号驱逐舰。"维米"号的改造工作开始于 1941 年 1 月，这表明它是 1940 年 12 月讨论的"河川"级和"城镇"级反潜改造的备选方案。海军部舰队密令中还为所列的舰船提出了基本的改造方案。本书中关于"维米"号和部分远程护航驱逐舰的数据（以及舰名）来自：阿兰·瑞文、约翰·罗伯特，《军用舰船 2：V 级与 W 级驱逐舰》（Man O'War 2: V & W Class Destroyers），布鲁克林和伦敦：武器与铠甲出版社，1979 年。最初的改造计划只包括 2 门主炮（4 英寸或 4.7 英寸）、1 门 12 磅炮、6 门厄利空机关炮、"刺猬炮"及其弹药（可供 6 次齐射）、每次 14 枚模式的深水炸弹（98 枚），以及 1 副三联装鱼雷发射管，其中 2 具发射管内装载 Mk X 型深水炸弹，只有 1 具搭载鱼雷，鱼雷只能在发射管处手动发射。同时，1 盏位于舰舯、向前照射的 21 英寸（533 毫米）探照灯也将取代通常位于舰舯的 24 英寸（610 毫米）探照灯。这类驱逐舰的电子设备包括对海搜索雷达和联合搜索 / 火控雷达、144/5 型声呐、高频无线电测向设备，以及用来辅助"刺猬炮"的自动航迹标绘设备和船航计程仪。它们还将安装两具发射伞降式拦阻索（PAC）的火箭导轨，配备 48 枚雪花式照明弹和 8 枚 PAC 火箭弹，分属不同护航编队的驱逐舰将以 251M 型应答机相互识别。霍普金斯在 467/4 号笔记中援引了 DO 26634/42 中提议的武器配置，并用红色字体标注道："厄利空机关炮超出了 2 门。"搭载 Mk X 型深水炸弹的原因是希望能够得到高低组合，采用轻重两种深水炸弹（较重的下沉较快）。参谋部对远程护航驱逐舰的需求（TSD 2539/42）中还包括"乌贼炮"（炮位上有可供 3 次发射的弹药，甲板下还有够 4 次发射弹药）而不是"刺猬炮"，因此也需要安装 144 或 147 型声呐和 ARL 型自动航迹标绘设备。该舰的 2 门主炮都将配备照明弹外加 PAC 火箭，其 24 英寸探照灯也会被舰桥顶部的 20 英寸（508 毫米）探照灯取代，高频无线电测向设备将拥有专门的操作室。轻型防空火炮则是 3 门厄利空机关炮，2 门用于取代 2 磅炮，后甲板上又增加 1 门，进而移除了 12 磅炮。这份列表中并未提及鱼雷发射管或深水炸弹（应该是没有变化）。霍普金斯笔记（467/4 号）估计了以"温切尔西"号为基础，要达到参谋部的要求需要增减哪些重量。最后的计算时间为 1943 年 3 月 19 日，要达到参谋部的要求，厄利空机关炮的数量需要达到 5 门，深水炸弹则要减少，还需要增加足够的压舱物（60 吨）。同期的研究还包括检验能否在 A 级、B 级、E 级、F 级、G 级和"哈凡特"级驱逐舰上，通过拆除 A 主炮来安装一套 B 型深弹迫击炮，A 级、B 级和 F 级驱逐舰以及"亚马逊人"号和"伏击"号驱逐舰需要将深弹投放模式从一次 10 枚变为一次 5 枚，对"哈凡特"级而言则是从一次 14 枚降低至一次 10 枚。

23. 霍普金斯笔记（467/3 号）于 1941 年 10 月 25 日给出了相关的稳定性计算，并参考了授权进行改造的 T.O. 2454/41 号文件。其中 1 号锅炉被油箱取代。

24. 改造项目在 1943 年 7 月 29 日的海军部舰队密令第 1601/43 号中有总体叙述。

25. 计算过程详见霍普金斯笔记（467/5 号），在海军部的检索代码为 M.03675/43，其中引用的首席工程师提出的柴油机的数据产生于 1943 年 5 月 5 日。计算表明其轻载排水量仅为 1059 吨，但满载排水量高达 2031 吨（半油时为 1560 吨）。不管在哪种情况下，该型驱逐舰的稳定性都还过得去。最后一次计算的时间为 1943 年 5 月 27 日。

26. 当时对设计草案的要求可参见 TSD 2799/43，草案提交的截止时间为 1944 年 1 月 7 日。4 英寸（102 毫米）舰炮、"刺猬炮"和后甲板上厄利空机炮都将被移除，通常 100 枚左右的深水炸弹也将被削减为 10 枚。不过可以保留 271 型雷达、中频和高频无线电测向天线。之后各舰将加装用于吊放英制登陆艇（LCA）的吊艇柱、用于容纳 10 名陆军军官和 244 名士兵的载员空间，以及为登陆艇补给燃料的设施。舰上将能够携带 10—12 吨淡水、800 加仑的汽油和 20 吨其他军用装备，还有能够容纳 12 挺布伦机枪外加 4 门厄利空机炮及其弹药的空间。对"司各特"级驱逐领舰也进行过类似的计算。

27. "恶毒"号显然是这种双联装 6 磅炮的试验舰，为此拆除了 1 门主炮。该舰原本是一艘只搭载少量深水炸弹（投放模式为每次 5 枚，共计携带 38 枚）和 4 门主炮的驱逐舰。关于标准生产型的提议出现于 1943 年 9 月 1 日（GD.01099/43），涉及 5 艘 W 级驱逐舰："惠特谢德"号、"伍斯特"号、"威瑟林顿"号、"飞龙"号和"狼獾"号。改造完成后，"伍斯特"号因触雷（1943 年 12 月 23 日）而严重受损，以至于不得不被废弃。列表中同样还包括驱逐领舰"坎贝尔"号和"蒙特罗斯"号（后来又增加了"麦凯"号）。当时皇家海军认为要对抗 E 型鱼雷艇，272 型雷达显然是很关键的设备，同样重要的还有 2 盏位于舰桥上的 20 英寸（508 毫米）探照灯。最终 272 型雷达被安装在了"惠特谢德"号、"飞龙"号和"狼獾"号上，位于格栅桅杆顶端，那里原本是探照灯的位置。"威瑟林顿"号当时已经安装了 271 型雷达（还有 3 门 4.7 英寸炮，但没有鱼雷发射管），计算结果表明要安装 272 型雷达就得拆掉 271 型雷达。"狼獾"号原本是装备了 1 副"刺猬炮"和 2 门主炮的护航驱逐舰，计算表明需要移除"刺猬炮"（以装备双联装 6 磅炮）。当时还曾考虑恢复 Y 炮位的主炮并增加 5 吨的压舱物，但这并未得以施行。当时还考虑过"司各特"级驱舰领舰的各种 6 磅炮安装方案，比如：拆除 1 副鱼雷发射管；拆除 3 英寸防空炮；同时拆除 1 副鱼雷发射管和 3 英寸炮，然后将 Y 主炮挪到 X 炮位，并且在后甲板上增加厄利空机关炮。"惠特谢德"号的武器配置声明表明新武器的列装时间为 1943 年 12 月 21 日，而"凯珀尔"号的新武器列装时间则为 1943 年 12 月 30 日。

28. 本节内容参考阿诺德·海格（Arnold Hague），《给英国的驱逐舰：1940 年美国转交英国的 50 艘"城镇"级驱逐舰战史》（*Destroyers for Great Britain: A History of 50 Town Class Ships Transferred from the United States to Great Britain in 1940*），安纳波利斯：海军学会出版社，1999 年。这个版本是对 1988 年武器与铠甲出版社的原版的扩充。1941 年武器换装的详细资料则来源于国家档案馆 ADM 11+/4486 号档案。根据该档案中的一份笔记所述，直到 1941 年 11 月 22 日时海军军械总监还没批准为各舰安装"刺猬炮"（每次发射 10 枚）。但 12 月 1 日的一份笔记表明已这个计划已经获批，不过仅限于某些特定海域执行任务的驱逐舰。一份 1942 年 5 月 30 日来自海军军械总监的文件批准了除"卢德洛"号、"利兹"号、"露易斯"号（HMS *Lewis*）和"卡梅伦"号（HMS *Cameron*）以外的各舰设想的乘员搭载量方案，相应的武器配置为 1 门 4 英寸（102 毫米）炮、1 门 12 磅炮、2 门 Mk VIII 型单装"乒乓"炮或 2 门厄利空机炮、2 座四联装 .50（12.7 毫米）机枪、1 座"刺猬炮"、1 副三联装鱼雷发射管、4 具深水炸弹抛射器和 2 条深水炸弹轨道。一份时间为 1942 年 2 月 5 日的武器配置文件要求为一艘新换装的舰船重新计算乘员搭载量（应该是为了"百老汇"号）。该舰似乎还安装了高频无线电测向天线、286P 型雷达和 124 型声呐探测设备，并且还配备了用于自卫的 SA 型音响感应水雷触发装置。1942 年 4 月时，"纽瓦克"号（HMS *Newark*）装备有 2 挺美制 .50 机枪和 2 挺刘易斯（而不是哈奇开斯）机枪，另外还有 271 型和 286P 型雷达与 128 型声呐。当时批准的武器配置包括 4 具或 8 具深水炸弹抛射器。1942 年 11 月时，"雷丁"号（HMS *Reading*）被改造为因弗戈登地区的飞机靶舰（用于训练鱼雷轰炸机），首席工程师要求该舰至少承担这项任务 2 个月的时间，因为它的引擎也需要一些"关照"。"雷丁"号取代了前任靶舰"舍伍德"号（HMS *Sherwood*），后者因此可以继续执行作战任务。"雷丁"号拆除了鱼雷和反潜武器，但保留了主炮，当时承担类似任务的驱逐舰还有"伏击"号、"纽马基特"号（HMS *Newmarket*）和"纽波特"号（HMS *Newport*）。

29. 1940 年 8 月，随着转交日期的临近，海军部要求澳大利亚、加拿大和新西兰海军帮助接管这批驱逐舰，由于缺少人员，澳大利亚和新西兰海军拒绝了这一请求，但加拿大海军当即同意接收其中的 6 艘驱逐舰。另外，"坎贝尔敦"号（HMS *Campbeltown*）在 1940 年 11 月至 1941 年 9 月是由荷兰海军指挥的，荷兰还曾提出将其更名为"米德尔堡"号（*Middelburg*）。在这种情况下，该级舰仅按照最初的标准进行了改装，最前面的 3 座烟囱维持了同样的高度，只有 4 号烟道高度被截短了大概一半，并且可能还在 1 号炮位建造了炮台。"林肯"号则在 1942 年 3 月至 1943 年 12 月间由挪威海军指挥，"奥尔本斯"号（HMS *Albans*）1941 年 4 月至 1943 年 7 月也在挪威海军麾下。

30. 关于该级舰转向和动力系统性能的评论来自于阿兰·瑞文，这些结论基于他对之前"城镇"级驱逐舰军官的采访。

31. 猛烈的爆炸甚至将该舰推离了干船坞的船台。根据《给英国的驱逐舰：1940 年美国转交英国的 50 艘"城镇"级驱逐舰战史》第 35 页的记述，美国海军认为该舰是幸存的驱逐舰中受损最严重的一艘，因此进行冲击试验前她经历了详细的检查。1943 年 10 月 5 日的列表中，该舰已被列入报废舰船。

32. 国家档案馆 ADM 116/4486 号档案中包含了对改造计划的载员量的讨论。最初的武器配置为 3 门 4 英寸（102 毫米）炮、1 门 3 英寸（76 毫米）高射炮或 1 门 12 磅高平两用炮、2 挺 .50 口径（12.7 毫米）机枪、2 副三联装鱼雷发射管，以及 30 枚深水炸弹。在 3 英寸高射炮和 12 磅高射炮之间，皇家海军做出的选择是只有在后者数量不足时才会安装前者。这些驱逐舰一开始都面临着严重的人手不足的问题，但皇家海军还是接受了这一事实，因为他们急需在海峡的西部入口补充舰船。后来发现该级舰的内部空间根本无法容纳预计的 148 名乘员（只能装下 130—139 人），因此在 1941 年年初出现了许多人员削减的方案。同时，皇家海军也发现"城镇"级驱逐舰根本不可能作为分舰队的领舰。作为护航驱逐舰时，其载员需求可以降至 127 人，并且武器配置也能重新设计。

33. 封闭了舰桥正面的驱逐舰包括："安纳波利斯"号（HMS Annapolis）、"贝弗利"号（HMS Beverley）、"查尔斯顿"号、"切尔西"号（HMS Chelsea）、"切斯特菲尔德"号、"乔治城"号（HMS Georgetown）、"蒙哥马利"号（HMS Montgomery）、"纽瓦克"号、"里士满"号（HMS Richmond）、"雷普利"号、"罗金厄姆"号（HMS Rockingham）、"洛克斯堡"号、"圣奥尔本斯"号（HMS St Albans）、"圣弗朗西斯"号（HMS St Francis）和"威尔斯"号（HMS Wells）。

34. 《给英国的驱逐舰：1940 年美国转交英国的 50 艘"城镇"级驱逐舰战史》第 55 页，包括一张摄于 1942 年 8 月的"利兹"号的照片，可见该舰的 A 主炮被 2 门单装 2 磅炮取代，舯部舷侧和舰艉的舰炮则是美制 50 倍径 3 英寸（76 毫米）防空炮，所有的鱼雷发射管均被拆除，也没有加装 271 型雷达，舰艉中轴线上的火炮平台上只有 2 门厄利空机炮。不过该舰在桅杆顶端增加了 1 部 286 型雷达，并且最终安装了 5 门厄利空机关炮。其余的三烟道版本"克莱门森"级——即"卢德洛"级——的武器配置也和"利兹"号类似。这些驱逐舰抵达英国后便拆除了深水炸弹抛射器。"刘易斯"号（属于 4 烟道版的"克莱门森"级）在舰艉安装了 2 磅炮，舯部和艉部则为 3 门 3 英寸炮，但是保留了深水炸弹抛射器。到 1943 年，"刘易斯"号和"卢德洛"号舰艉的 2 磅炮和舯部的 50 倍径 3 英寸炮分别被 1 门 12 磅炮取代。该舰后部还安装了厄利空机炮和英式深水炸弹抛射器。此时舰桥顶端增加了 271 型雷达的"灯罩"。相比之下，同时期的"利兹"号保留了所有 3 门 50 倍径 3 英寸炮和舰艉的 12 磅炮，后部火炮平台上的 2 门厄利空机炮也留了下来。

35. 可参考"河川"级的设计档案。根据海军历史博物馆收藏的阿诺德·海格未公开发表的关于 V 级和 W 级驱逐舰的史料，当时这 3 艘驱逐舰的状况已经糟糕到需要大幅修理的程度，不过如果能改造为远程护航驱逐舰的话还是值得的。海格之后评价说这不过是对 V 级和 W 级改造计划的一种测试，不过"河川"级的设计档案反驳了这种观点，在其中海军造舰总监表示，由"城镇"级改造的远程护航驱逐舰才是最好的选择。海格还指出，当时曾计划对"卡梅伦"号的操舵室进行改造，不料该舰毁于敌方的轰炸。

36. "城镇"级驱逐舰设计档案中的文件显示这已经是第三部分，即根据参谋部需求定下的更大规模的护航驱逐舰改造计划了，此前的第一部分和第二部分（并未包括在该档案内）分别是 A 级至 I 级和 V 级与 W 级的改造计划。不过，档案中并未指明计划是何时夭折的。

37. 进行这些改造是需要时间的。海格的书中有一张"布拉德福德"号的照片，拍摄时间处于安装 271 型雷达（1941 年 10 月）和安装"刺猬炮"（1942 年 10 月）之间。该舰是在舍尔尼斯被改造为远程护航驱逐舰的。

数据列表

除非特别说明，下表中所列均为各级舰设计时的数据，吃水数据格式为前部吃水 / 后部吃水。在引擎功率有两个数值时，它们分别表示正常情况和增压送风情况下的输出功率（类似地也依此给出了对应的航速）。固定鱼雷发射架（Torpedo carriage, TC）是在鱼雷发射管出现前问世的鱼雷发射装置。这些表格中并未给出增加额外武器装备和动力系统后，对应的满载排水量。同时，载员数量也只是各级舰设计或完工时的数据，而非实际使用时的数据，后者是时常变化的。各舰长度包括垂线间长（between perpendiculars, bp）、水线长（waterline, wl）、全长（overall, oa），单位已换算成米。排水量、载煤或载油量和其他重量的单位均为吨，航速单位为节，续航力的表示方式为海里 / 对应的航速。

1. 实验型鱼雷舰（艇）

舰型	"维苏威"号（Vesuvius）	"波吕斐摩斯"号（Polyphemus）
垂线间长	27.71	73.15
宽	6.81	12.19
吃水	2.13/2.59	5.97/6.10
标准排水量	245	2627
推进轴	2	2
指示马力	382	5520/7000
标准航速	9.713	15/18
载煤量	25	200/270
续航力	–	1780/10
载员	15	146
重量		
舰体	N/A	1302.0
动力系统	N/A	551.6
武器装备	N/A	39
辅助设备	N/A	113
防护	N/A	421.4
燃料	N/A	200
标准总重	245	2627
武器配置		
舰炮	–	6×1英寸（25毫米）诺登菲尔德机关炮
鱼雷发射管	1×16英寸（406毫米）水下鱼雷发射管	5×14英寸（356毫米）水下鱼雷发射管

2. 鱼雷巡洋舰

舰型	"斥候"级（Scout）	"弓箭手"级（Archer）
垂线间长	67.06	68.58
全长	N/A	73.15
宽	10.44	10.97
吃水	4.42	4.42
标准排水量	1580	1770
满载排水量	N/A	1950
锅炉数量	4	4
推进轴	2	2
指示马力	2000/3200	2500/3500
满载航速	16/17	15/16.5
载煤量	450	475
续航力	6900/10	7000/10
载员	147	176

舰型	"斥候"级（Scout）	"弓箭手"级（Archer）
重量		
舰体	801.5	845
动力系统	343	375.3
武器装备	73.5	149
辅助设备	110.3	141.7
防护	N/A	10
燃料	250	250
武器配置		
主炮	4×5英寸（127毫米）炮	6×6英寸（152毫米）炮
3磅炮	8	8
鱼雷发射管	3×14英寸（356毫米）（外加4具TC）	1×14英寸（外加4具TC）

3. 鱼雷炮舰

舰型	"响尾蛇"级（Rattlesnake）	"神枪手"级（Sharpshooter）	"翠鸟"级（Halcyon）
垂线间长	60.96	70.10	76.20
全长	N/A	73.76	80.01
宽	7.01	8.23	9.30
型深	3.71	4.42	N/A
吃水	3.10	2.51/3.23	3.51
标准排水量	550	828	1078
满载排水量	735	1070	1210*
锅炉数量	2	2	2
推进轴	2	2	2
指示马力	1600/2700	2500/3600	-/3500
标准排水量			
航速	16.75/19.25	16.5/19	17.5/18.5
载煤量	100	100	100/200
续航力	2800/10	2500/10	1850/10
载员	66	91	120
重量			
舰体	260	377	550
动力系统	145	180	215
武器装备	30	57.6	56.5
辅助设备	45	66.1	72.5
标准总重	550	828	1078（设计）
武器配置			
4.7英寸炮	–	2	2
4英寸炮	1	–	–
12磅炮	–	–	–
6磅炮	–	–	4
速射炮	6×3磅炮	4×3磅炮	1×诺登菲尔德机关炮
鱼雷发射管	2×14英寸（356毫米）（8）（外加2具鱼雷发射架）	5×14英寸（8）	5×18英寸（457毫米）（7）

注：

*《海军清单》中列出的排水量为1070吨，但实际航行时的排水量为1105吨。"得律阿德"号（HMS Dryad）的满载排水量和海试排水量 [对应《海军清单》所给出的数据] 分别为1320吨和1195吨。

4. 一等鱼雷艇

舰型	TB 2*	TB 17	TB 21
建造商	桑克罗夫特	雅罗	桑克罗夫特
垂线间长	26.38	24.69	N/A
水线长	N/A	N/A	33.83
全长	26.52	N/A	34.59
宽	3.05	3.30	3.81
型深	1.83	1.57	2.13
吃水	0.66/1.22	N/A	1.78
标准排水量	31.3	N/A	N/A
满载排水量	32.43（海试时）62.8（海试时）	N/A	N/A
指示马力	340+	N/A	736（海试时）
标准排水量	18（建造合同）	18（建造合同）	19.5（海试时）
航速			
载煤量	N/A	N/A	12
续航力	N/A	N/A	1100/11（建造合同）**
载员	N/A	N/A	N/A
重量			
舰体	11.1	N/A	26.4

舰型	TB 2*	TB 17	TB 21
动力系统	10.5	N/A	21.4
武器配置			
3磅炮		–	1或2× 诺登菲尔德机关炮
鱼雷发射管	1（2）***	1***	3（其中2具位于舰艏）****

注：

* 建造合约最初为一艘84英尺型，但在"闪电"号（Lightning，即TB 1号）的测试后更改。

** 1200/10，数据来源于1898年的《鱼雷手册》。

*** 单装14英寸（356毫米）鱼雷发射管最初靠压缩空气发射，但绝大多数在1898年变为火药发射，可以通过遥控设备在司令塔设定发射指向。部分鱼雷艇还在使用鱼雷投放设备。根据1898年的《鱼雷手册》，这些鱼雷艇各携带3枚14英寸阜姆 Mk I*型鱼雷。

**** TB 21和113英尺型鱼雷艇均有2具艇艏鱼雷发射管和1具可旋转的发射管。可旋转的发射管能够发射任意型号的14英寸鱼雷，而艇艏只能发射特定型号的鱼雷。

+ 根据1880年6月桑克罗夫特的一份一等鱼雷艇设计说明，其动力系统功率为450指示马力，最高航速21.5节。说明中还显示，舰体重量为11.60吨，动力系统重12.3吨，载煤量3吨，其他辅助设备则为4.330吨。而上表中的重量数据则来自《桑克罗夫特清单》，这反映的应该是船厂的数据。

舰型	TB 23	TB 25	TB 30	TB 34
建造商	雅罗	桑克罗夫特	雅罗	怀特
垂线间长	34.44	38.10	38.10	40.08
水线长	N/A	38.86	N/A	N/A
全长	N/A	N/A	N/A	N/A
宽	3.81	3.82	3.81	4.42
型深	N/A	2.51	N/A	N/A
吃水	2.13	0.53/1.83	0.66/1.37	0.69/2.41
标准排水量	47	69.8	67（海试时）	79
满载排水量	69（海试时）	59（海试时）	70	N/A
指示马力	703(727海试时)	591（海试时）	700（675海试时）	1002
航速	18.4　19.384（海试时）	19（建造合同）　19.94（海试时）	N/A　N/A	18.7（海试时）　–
载煤量	12	20（最大容积）	22.5	24
续航力	1056/10	3745/10	1760/10	N/A
载员	14	16	16	16
重量				
舰体	N/A	30.6	N/A	N/A
动力系统	N/A	21.4*	N/A	N/A
武器配置				
3磅炮	3	诺登菲尔德机关炮（320）		
鱼雷发射管	3　5（2×2加舰艏）**			5

注：

* TB 25号的鱼雷发射装置总重为3.9吨。

** 所有的125英尺型鱼雷艇均有1具固定在艇艏的鱼雷发射管和另外2副双联装旋转鱼雷发射管。后来在桑克罗夫特的鱼雷艇上移除了艇艏鱼雷发射管并抬高了艇艏以改善适航性。可转向的鱼雷发射管则安装于2座司令塔的两侧，前后各一对。根据1898年的《鱼雷手册》，这些鱼雷艇在设计时就考虑过鱼雷艇和哨戒艇两种配置模式。两种模式下均需要安装2门双联装1英寸（25.4毫米）诺登菲尔德机关炮。作为哨戒艇时，各艇将拆除所有的可旋转鱼雷发射管，取而代之的是2座司令塔上各安装1门3磅速射炮，并且还要建造专门用于操作这些火炮的平台。当然，也可以选择只拆除1副鱼雷发射管并将其换成1门3磅炮。各鱼雷艇的每具鱼雷发射管仅拥有1枚鱼雷（未携带可供重新装填的鱼雷）。

舰型	TB 39	TB 80	TB 81"雨燕"号（Swift）	TB 89
建造商	雅罗	雅罗	怀特	雅罗
垂线间长	30.48	41.15	45.72	43.43
水线长	N/A	N/A	N/A	N/A
全长	N/A	N/A	N/A	N/A
宽	3.81	4.27	5.33	4.50
型深	N/A	N/A	N/A	N/A
吃水	2.08	1.19（海试时）	2.90	2.44
标准排水量	40	101.75（海试时）	137	128（海试时）*
满载排水量	N/A	N/A	N/A	140
指示马力	400	1539（海试时）	1300	1761
标准排水量航速	19	22.98（海试时）	18	22.99
载煤量	10	32	35	20
续航力	1000/10	2850/10	N/A	1500/10

舰型	TB 39	TB 80	TB 81"雨燕"号（Swift）	TB 89
载员	N/A	21	25	21
重量				
舰体	c20	N/A	c50	N/A
动力系统	N/A	N/A	N/A	N/A
武器配置				
3磅炮	–	3**	4	3
鱼雷发射管	鱼雷投放装置***	3	3	3×18英寸（457毫米）

注：

* TB 88号和TB 89号有类似的属性。

** 125英尺型鱼雷艇中TB 82—87号的标准武器配置。它们足以在短时间内维持22—23节的高航速。和其他125英尺型不一样的是，它们只有一种武器配置方案：前部司令塔安装1门3磅哈奇开斯速射炮，艉部侧舷安装另外2门，艏部设有探照灯平台，另外艉艏有1具固定鱼雷发射管，甲板上有2具旋转鱼雷发射管。

*** 购自智利，前"劳拉"号（Laura），TB 40则为前"加鲁加"号（Galuca），用于防御埃斯奎莫尔特（Esquimault），因此从未按照英国标准进行武器换装。该级鱼雷艇也是1898年《鱼雷手册》中罗列的唯一还在使用鱼雷投放装置的舰艇。

**** 1具固定的艇艏鱼雷发射管和2具单装甲板鱼雷发射管。①

舰型	TB 91*	TB 98	TB 114
建造商	桑克罗夫特	桑克罗夫特	怀特
垂线间长	42.67	48.77	50.29
水线长	42.67	50.22	N/A
全长	43.43	50.60	N/A
宽	4.72	5.18	5.33
型深	3.05	3.35	N/A
吃水	2.26	1.78	2.13
标准排水量	141.5	185	N/A
满载排水量	129（海试时）	199.3（海试时）	205
指示马力	2350（海试时2485）	3000（海试时2823）	2900
满载排水量航速	23.71（海试时）	25.143（海试时）	N/A
标准排水量航速	23.5（建造合同）	25	25
载煤量	21.6	18	N/A
续航力	1780/10	3150/10	N/A
载员	N/A	N/A	N/A
重量			
舰体	52.5	N/A	N/A
动力系统	49.5	N/A	N/A
武器配置			
3磅炮	3	3	3
鱼雷发射管	3**	3	3

注：

* 该级鱼雷艇中TB 93号为双轴推进，其他均为单轴推进。

** 该级鱼雷艇是英国海军第一型装备18英寸（457毫米）鱼雷发射管的鱼雷艇，各携带5枚鱼雷。

舰型	TB 100	TB 101	TB 104
建造商	桑克罗夫特	汉娜-唐纳德	怀特
垂线间长	40.7289	39.62	38.40
全长	41.021	41.15	N/A
宽	4.4958	4.27	4.42
型深	2.667	N/A	N/A
吃水	2.0828	2.13	2.29
标准排水量	97	92	81.5
满载排水量	N/A	N/A	N/A
指示马力	1250*	1000	1000
标准排水量航速	22.4	21.5	20
载煤量	20	N/A	18
续航力	N/A	N/A	3150/10
载员	N/A	N/A	N/A
重量			
舰体	37.8	N/A	N/A
动力系统	38.5	N/A	N/A
武器配置			
3磅炮	2×1英寸（25.4毫米）双联诺登菲尔德机关炮		
鱼雷发射管	5**		

注：

* 根据《桑克罗夫特清单》中的资料，其设计航速为1300马力时22节。

** 位于司令塔两侧的2副双联装鱼雷发射管在需要执行攻击其他鱼雷艇的任务时，可以被替换为2门单装3磅炮。

---

① 译注：原文星号位置不明。

5. 龟背艏驱逐舰

满载时的最大航速来自"河川"级驱逐舰设计档案中关于各舰"真实航速"的描述，时间为1900年。

舰型	总体方案	"浩劫"号（Havok）	"诱饵"号（Decoy）	"雪貂"号（Ferret）
建造商	设计表 *	雅罗	桑克罗夫特	莱尔德
垂线间长	54.86	54.86	56.39	59.44
水线长	N/A	N/A	56.39	N/A
全长	N/A	56.39	56.39	60.66
宽	N/A	5.64	5.79	5.99
型深	N/A	3.35	3.96	3.51
吃水	N/A	2.29	2.13	2.74
标准排水量	N/A	240	237.7（海试时）**	280+
满载排水量	N/A	275	287.8	350
指示马力	N/A	3700	4644（海试时）	4475
满载排水量航速	–	N/A	N/A	19
标准排水量航速	26	27（建造合同）	27（建造合同）	27（建造合同）28.213（海试时）
载煤量	25	47***	25/45	25/80++
续航力	N/A	1195/11	865/11	1155/11
载员	N/A	46	46	46
重量 ****				
舰体	80	88	100.3	98
动力系统	90	N/A	104.3	N/A
武器装备	14	N/A	N/A	N/A
辅助设备	17	N/A	N/A	N/A
淡水储备	N/A	N/A	N/A	N/A
燃料	25	N/A	N/A	N/A
标准总重	226	N/A	N/A	N/A
武器配置				
12磅炮	1	1	1	1
6磅炮	3	3	3	3
鱼雷发射管	3	3	3	2

注：

* 此为1892年海军造舰总监为向各厂商招标所估计的数据，舱内搭载量为40至50吨。方案中并未包含舰体的其他尺寸，但包含了180英尺型舰体时在不同碳含量时的强度变化曲线。

**《海军清单》中给出的标准排水量为265吨。舰体重量数据则来源于《英国蒸汽舰船》（Steam Ships of England），很有可能并未包含舾装重量。1905年，《海军清单》中"勇敢"号的标准排水量和满载排水量分别为260和280吨。

***《英国蒸汽舰船》（1898年刊）中给出的数据为25/60吨

**** 桑克罗夫特建造的舰船，上表中采用了《桑克罗夫特清单》中由船厂给出的重量数据，其中舰体重量中还包括舾装和木料的重量，动力系统重量也包含了舰上搭载的备件的重量。但《桑克罗夫特清单》通常会省略武器装备的重量。

+《英国蒸汽舰船》（1905年1月刊）给出的数据为300吨。

++ 最大60吨。

舰型	"热心"号（Ardent）	"冲锋者"号（Charger）	"哈代"号（Hardy）	"雅努斯"号（Janus）
建造商	桑克罗夫特	雅罗	达克斯福德	帕尔默
垂线间长	58.12	59.74	60.96	N/A
水线长	61.42	N/A	N/A	N/A
全长	61.47	59.44	60.96	62.33
宽	5.79	5.64	5.79	6.02
型深	3.96	3.43	3.48	3.71
吃水	2.22	2.21	2.36	2.44
标准排水量	245+	255	260*	275**
满载排水量	301	295	325	320
指示马力	4200	3000	4200	3900 4343（海试时）
满载排水量航速	N/A	20	22	22
标准排水量航速	27（建造合同）	27（建造合同）	27（建造合同）27.84（海试时为245.4吨）	27（建造合同）
载煤量	30/60	30/70	30/60	30/75
续航力	865/11	1395/11	1155/11	1470/11
载员	N/A	N/A	N/A	N/A
重量				
舰体	108.1	88	96	103
动力系统	102.4	N/A	N/A	N/A
武器装备	N/A	N/A	N/A	N/A
辅助设备	N/A	N/A	N/A	N/A
燃料	N/A	N/A	N/A	N/A
淡水储备	N/A	N/A	N/A	N/A
标准总重	265***	250****	N/A	N/A
武器配置				

舰型	"热心"号（Ardent）	"冲锋者"号（Charger）	"哈代"号（Hardy）	"雅努斯"号（Janus）
12磅炮	1	1	1	1
6磅炮	3	3	3	3
鱼雷发射管	2	2	2	2

注：

*《海军清单》中给出的排水量为270吨。

**《海军清单》中给出的排水量为280吨。

***《海军清单》显示舰体重量为95吨，应该未包含舾装重量，这一数据来自《英国蒸汽舰船》。

**** 表格中标准总重和舰体重量数据来自《海军清单》，引自《英国蒸汽舰船》。

+《海军清单》中给出的排水量为265吨（满载排水量295吨），数据应当也源自《英国蒸汽舰船》（1905年1月）。

舰型	"剑鱼"号（Swordfish）
建造商	阿姆斯特朗
垂线间长	60.96
水线长	N/A
全长	62.26
宽	5.79
型深	3.66
吃水	2.36
标准排水量	320
满载排水量	355
指示马力	4500
满载排水量航速	20
标准排水量航速	27（建造合同）
载煤量	30/70*
续航力	960/11
载员	N/A
重量	
舰体	128**
动力系统	N/A
武器装备	N/A
辅助设备	N/A
燃料	N/A
淡水储备	N/A
武器配置	
12磅炮	1
6磅炮	3
鱼雷发射管	2

注：

* 最大50吨（70吨是最大容积计算所得数据）。

** 包括15吨的压舱物，但很可能未包括舾装，数据来源于《英国蒸汽舰船》（1898年刊）。

舰型	"鲑鱼"号（Salmon）	"斗争"号（Conflict）	"热烈"号（Fervent）	"灵巧"号（Handy）
建造商	厄尔	怀特	汉娜－唐纳德	费尔菲尔德
垂线间长	60.96	60.96	60.96	59.13
水线长	N/A	N/A	N/A	N/A
全长	62.41	62.64	62.33	60.12
宽	5.94	6.11	5.79	5.92
型深	3.73	3.45	–	3.91
吃水	2.36	2.51	–	2.29
标准排水量	305	320*	275	275
满载排水量	340	360	320	310
指示马力	3700	4500	4000	4000
满载排水量航速	19	N/A	N/A	N/A
标准排水量航速	27（建造合同）	27（建造合同）	27（建造合同）	27（建造合同）
载煤量	30/65	20/78	30/70	30/90**
续航力	1295/11	1490/11	1370/11	1270/11
载员	–	–	–	–
重量				
舰体	110	N/A	N/A	115
动力系统	N/A	N/A	N/A	N/A
武器装备	N/A	N/A	N/A	N/A
辅助设备	N/A	N/A	N/A	N/A
燃料	N/A	N/A	N/A	N/A
淡水储备	N/A	N/A	N/A	N/A
武器配置				
12磅炮	1	1	1	1
6磅炮	3	3	3	3
鱼雷发射管	2	2	2	2

注：

*《英国蒸汽舰船》（1898年刊）中《海军清单》给出的排水量为270吨。

** 最大载煤量仅为65吨。

（右上说明）

** 此处为"奥威尔"号（Orwell）的重量。设计时动力系统重量为157吨。《英国蒸汽舰船》中给出的舰体重量则为134吨。

*** 满载状态。数据来自国家海事博物馆收藏的麦克德米德（McDermid）的承包商笔记。

舰型	"负鼠"号 （Opossum）	"火箭"号 （Rocket）	"鳐鱼"号 （Skate）	"雄鹿"号（Stag）
建造商	霍索恩	汤姆森	维克斯	桑克罗夫特
垂线间长	60.96	60.96	57.91	63.40
水线长	N/A	N/A	N/A	N/A
全长	62.18	62.10	59.28	64.01
宽	5.79	5.94	5.79	6.02
型深	N/A	3.96	3.78	3.81
吃水	1.65/2.57	2.06	2.31	2.29
标准排水量	295	280	300*	354
满载排水量	350+	325	340	370.6
指示马力	4000	4100	4000	5800
满载排水量航速	N/A	N/A	N/A	27
标准排水量航速	27（建造合同）	27（建造合同）	27（建造合同）	30（建造合同）
载煤量	30/70++	30/75	35/70	40/80+++
续航力	1175/11	1445/11	1370/11	1310/11
载员	53	53	53	63
重量				
舰体	125**	103	100	108.93
动力系统	N/A	N/A	N/A	132.6***
武器装备	N/A	N/A	N/A	13.00
辅助设备	N/A	N/A	N/A	29.50
燃料	N/A	N/A	N/A	78
淡水储备	N/A	N/A	N/A	3.85
标准总重	295	N/A	N/A	362****
武器配置				
12磅炮	1	1	1	1
6磅炮	3	3	3	5
鱼雷发射管	2	2	2	2

注：

*《海军清单》中的排水量为270吨。

** 包括15吨的压舱物。

*** 最初提出的方案中估计的动力系统重量为150吨；包括68.5吨的引擎舱和75吨的锅炉舱（包括锅炉用水），还有6.5吨的推进轴和螺旋桨。雅罗提出的方案动力系统为135吨（引擎49吨，锅炉80吨），输出功率达6400指示马力，海试排水量为350吨，相比之下桑克罗夫特和莱尔德的方案分别只有有315吨和309吨。雅罗将采用普通钢制舰体，预计最大航速29.75节，桑克罗夫特和莱尔德的方案则可以达到30节。仅有桑克罗夫特提出过三轴推进的方案。

**** 满载状态。数据来自国家海事博物馆收藏的麦克德米德（McDermid）的承包商笔记。

+《英国蒸汽舰船》（1907年1月刊）刊载的《海军清单》给出的数据是320吨。

++ 为容积存储量，实际上的载重量为60吨。

+++ 为容积存储量，实际上的载重量为65吨。

舰型	"鹌鹑"号 （Quail）	"袋鼠"号 （Kangaroo）	"布来曾"号 （Brazen）	"紫罗兰"号 （Violet）
建造商	莱尔德	帕尔默	汤姆森	达克斯福德
垂线间长	64.92	65.53	64.01	64.01
水线长	N/A	N/A	N/A	N/A
全长	66.45	66.98	65.46	65.23
宽	6.55	6.32	6.32	6.40
型深	3.89	4.71	N/A	4.14
吃水	2.90	2.72	2.59	2.92
标准排水量	355	390	345	350*
满载排水量	415	420	385	400
指示马力	6300	6200	5800	6300
满载排水量航速	N/A	–	–	–
标准排水量航速	30（建造合同）	30（建造合同）	30（建造合同）	30（建造合同）
载煤量	40/95	45/95	40/80	41/95
续航力	1615/11	1635/11	1465/11	1530/11
载员				
重量				
舰体	118.02**	N/A	N/A	113
动力系统	149.98	N/A	N/A	N/A
武器装备	13.00	N/A	N/A	N/A
辅助设备	29.50	N/A	N/A	N/A
燃料	95.00	N/A	N/A	N/A
淡水储备	4.00	N/A	N/A	N/A
标准总重	405.50***	N/A	N/A	N/A
武器配置				
12磅炮	1（100）	1（100）	1（100）	1（100）
6磅炮	5（300）	5（300）	5（300）	5（300）
鱼雷发射管	2×18英寸 （457毫米）	2×18英寸	2×18英寸	2×18英寸

注：

*《海军清单》中给出的排水量为335吨。

舰型	"赛马"号 （Racehorse）	"鸽子"号 （Dove）	"吉卜赛"号 （Gipsy）	"水獭"号 （Otter）
建造商	霍索恩	厄尔	费尔菲尔德	维克斯
垂线间长	64.01	64.01	63.93	64.01
水线长	N/A	N/A	N/A	N/A
全长	65.46	65.46	65.68	65.30
宽	6.40	6.25	6.40	6.10
型深	3.68	3.70	3.71	N/A
吃水	1.57/1.85	2.39	2.49	1.78/2.57
标准排水量	385	345	355	350
满载排水量	430	390	400	400
指示马力	6227（海试时）	5800	6300	6300
满载排水量航速	27	–	–	25
标准排水量航速	30.345（海试时）	30（建造合同）	30（建造合同）	30（建造合同）
载煤量	45/85	40/80	45/85	–
续航力	1555/11	1490/11	1440/11	1440/11
载员	63	63	63	63
重量				
舰体	127.8*	120	149.02**	124.52
动力系统	140.2	N/A	129.98	139.98
武器装备	13.0	N/A	13.0	13.0
辅助设备	29.5	N/A	29.5	29.5
燃料	86	N/A	92	86
淡水储备	4.25	N/A	4.46	4.11
标准总重	396.5***	N/A	413.5	393.0
武器配置				
12磅炮	1（100）	1（100）	1（100）	1（100）
6磅炮	5（300）	5（300）	5（300）	5（300）
鱼雷发射管	2×18英寸（457 毫米）	2×18英寸	2×18英寸	2×18英寸

注：

*"欢悦"号（HMS Cheerful）的重量。

**"利文湖"号（HMS Leven）的重量。

*** 满载状态。

舰型	"信天翁"号 （Albatross）	"特快"号 （Express）	"阿拉伯"号 （Arab）	"蝰蛇"号（Viper）
建造商	桑克罗夫特	莱尔德	汤姆森	霍索恩
垂线间长	68.58	71.63	69.34	64.10
水线长	69.19	N/A	N/A	N/A
全长	70.94	73.00	70.71	N/A
宽	6.48	7.16	6.78	6.41
型深	4.50	4.47	N/A	N/A
吃水	2.11/2.74	2.13/3.05	2.08/3.00	2.97
标准排水量	380（轻载）*	465	470	344
满载排水量	485	540	530	393（海试时）
指示马力	7645（海试时）	9350	8000	10,600
满载排水量航速	N/A			
标准排水量航速	32（建造合同） 31.4（海试时） **	31	30.75	33.838（海试 时）
载煤量	105***	70/140+	55/110	86
续航力	1545/11	1470/11	1620/11	N/A
载员	69	74	69	–
重量				
舰体	154.6	145	N/A	N/A
动力系统	181.5	191****	N/A	193.4*****
武器装备	N/A	N/A	N/A	36（海试载重）
辅助设备	29.5	N/A	N/A	N/A
燃料	105	N/A	N/A	N/A
淡水储备	N/A	N/A	N/A	4
标准总重	N/A	N/A	N/A	N/A
武器配置				
12磅炮	1	1	1	1
6磅炮	5	5	5	5
鱼雷发射管	2	2	2	2

注：

*《海军清单》中的数据为：标准排水量430吨，满载排水量490吨。

** 在一次海试当中，该舰以400转/分钟（未给出功率）的转速达到了32.294节，这在当时还是一项世界纪录。表格中的续航力则是根据搭载12小时消耗的燃煤计算得出的，而非真实的数值。

*** 《英国蒸汽舰船》（1898 年刊）中列出的数据为 47/95 吨，到 1905 年增至 50/105 吨。

**** 刊登于《海军工程期刊》（Journal of Naval Engineering）1950 年 7 月号的《五十年前》一文对比了"特快"号和"蝰蛇"号的动力系统，重量数据便来源于此。只包括引擎（108 吨）和锅炉（83 吨）。

***** 《海军工程期刊》给出的动力系统总重为 169 吨：引擎 68 吨，锅炉 101 吨。

+ 服役期间被限制在 100 吨以下。《英国蒸汽舰船》（1912 年 10 月刊）给出的容积搭载量为 50/140 吨。

舰型	"眼镜蛇"号 （Cobra）	"维洛克斯"号 （Velox）	"大青花鱼"号 （Albacore）
建造商	阿姆斯特朗	霍索恩	帕尔默
垂线间长	68.12	64.02	65.61
水线长	N/A	N/A	N/A
全长	N/A	65.53	67.31
宽	6.25	6.41	6.41
型深	N/A	3.98	3.84
吃水	1.68	1.80/2.74	1.97
标准排水量	354	400	408*
满载排水量	425（海试时）	462**	440
指示马力	11,500（海试时）	N/A	6000
满载排水量航速	N/A	N/A	N/A
标准排水量航速	34（建造合同）	27	34.574（海试时）
载煤量	40/107	40/85	43.5/87
续航力	N/A	1175/13	***
载员	63	63	56
重量			
舰体	N/A	N/A	N/A
动力系统	183	165.1	N/A
武器装备	N/A	N/A	N/A
辅助设备	N/A	N/A	N/A
淡水储备	N/A	N/A	N/A
燃料	N/A	N/A	N/A
武器配置			
12 磅炮	1	1	3
6 磅炮	5	5	–
鱼雷发射管	2	2	2

注：

* 刊登于《英国蒸汽舰船》（1910 年 10 月刊）的《海军清单》中，标准排水量为 440 吨，满载排水量为 490 吨。

** 《英国蒸汽舰船》（1904 年 7 月）列出的满载排水量为 445 吨。

*** 《英国蒸汽舰船》并未给出该级舰的续航力数据。

6. 远洋驱逐舰（费舍尔的驱逐舰）

舰型	"厄恩河"号 （Erne）	"里布尔河"号 （Ribble）	"德文特河"号 （Derwent）	"福伊尔河"号 （Foyle）
建造商	帕尔默	雅罗	霍索恩	莱尔德
垂线间长	68.58	68.58	67.06	67.06
水线长	N/A	N/A	N/A	N/A
全长	71.17	70.51	67.46	69.04
宽	7.16	7.16	7.16	7.24
型深	4.19	4.22	4.19	4.27
吃水	2.25	2.20	2.16	2.36
标准排水量	540	550	533.6*	549
满载排水量	–	620	620	–
指示马力	7000	7500	7000	7000
标准排水量航速	25.5	25.5	25.5	25.5
载煤量	65/130	65/130	65/130	70/140
载油量	–	–	–	–
续航力	1735/11	1620/11	1735/11	1870/11
载员	70	70	70	70
重量				
舰体	200.4	200	200.48	207.5
动力系统	202.8	215	199.0	200
武器装备	N/A	N/A	N/A	N/A
辅助设备	N/A	N/A	N/A	N/A
燃料	N/A	N/A	N/A	N/A
淡水储备	5.2	6	5.6	5.6
标准总重				
武器配置				
4 英寸炮	–	–		

舰型	"厄恩河"号 （Erne）	"里布尔河"号 （Ribble）	"德文特河"号 （Derwent）	"福伊尔河"号 （Foyle）
12 磅炮	1	1	1	1
6 磅炮	5	5	5	5
鱼雷发射管	2	2	2	2

注：

* 《海军清单》中给出的排水量为 550 吨。《英国蒸汽舰船》（1904 年 7 月刊）给出的全长为 68.73 米，载煤量为 65/130 吨。

舰型	"肯内特河"号（Kennet）	"内斯河"号（Ness）
建造商	桑克罗夫特	怀特
垂线间长	67.67	68.43
水线长	N/A	N/A
全长	68.81	69.95
宽	7.28	7.26
型深	4.42	–
吃水	2.44	2.13/3.05
标准排水量	540	535
满载排水量		605
指示马力	7701（海试时）	7000
标准排水量航速	25.894（海试排水量为 600 吨）	25.5
	25.5	
载煤量	127	70/135
载油量	–	–
续航力	1695/11	1870/11
载员	70	70
重量		
舰体	200.77	N/A
动力系统	203.13	N/A
武器装备	N/A	N/A
辅助设备	N/A	N/A
燃料	N/A	N/A
淡水储备	6.0	N/A
武器配置		
4 英寸炮	–	–
12 磅炮	1	1
6 磅炮	5	5
鱼雷发射管	2	2

舰型	"斯陶尔河"号 （Stour）	"雨燕"号 （Swift）	"亚夫里迪人"号（Afridi）	"哥萨克人"号 （Cossack）
建造商	莱尔德	莱尔德	阿姆斯特朗	莱尔德
垂线间长	67.06	105.17	76.20	82.30
水线长	N/A	N/A	79.03	N/A
全长	69.11	107.82	80.31	84.43
宽	7.24	10.41	7.62	7.92
型深	4.42	6.61	4.72	5.03
吃水	2.45/2.92	3.48/3.82	2.29	2.62/3.00
标准排水量	570	2170	872	885
满载排水量	645	2390	966	975
轴马力	7000（指示）	30,000	14,250	14,000
标准排水量航速	25.5	36（设计方案）	33（设计方案）	33
载煤量	66.5/133	–	–	–
载油量	–	192/272*	92.5/153**	78/127***
续航力	3000/13+	2335/15	1400/15	1325/15
载员	70	117	65	72
重量				
舰体	N/A	N/A	295	280****
动力系统	N/A	916.2	N/A	387
武器装备	N/A	N/A	N/A	N/A
辅助设备	N/A	N/A	N/A	43
燃料	N/A	N/A	N/A	N/A
淡水储备	N/A	N/A	N/A	103
标准总重	N/A	N/A	N/A	N/A
武器配置				
4 英寸炮	–	4（100）	–	–
12 磅炮	4	–	3	3
6 磅炮	–	–	–	–
鱼雷发射管	2	2	2	2

注：

* 仅包括战时油箱；加上和平期油箱后总量为 385 吨。

** 仅包括战时油箱；加上和平期油箱后总量为 187 吨。

*** 仅包括战时油箱；加上和平期油箱后总量为 156 吨。

**** 该重量数据在 1905 年 5 得到了修正，根据 A. W. 克卢特（A. W. Cluett）估算舰体强度的笔记，标准排水量为 813.6 吨。武器装备的重量则被归到了辅助设备当中。

+ 数据来自该级舰的广告宣传册，《英国蒸汽舰船》中并未给出续航力数据。

舰型	"廓尔喀人"号（Ghurka）	"莫霍克人"号（Mohawk）	"鞑靼人"号（Tartar）
建造商	霍索恩	怀特	桑克罗夫特
垂线间长	77.72	82.30	82.30
水线长	N/A	N/A	N/A
全长	79.40	84.12	83.59
宽	7.77	7.62	7.92
型深	4.88	5.05	4.81
吃水	2.59/3.05	2.72/2.64	2.54/3.00
标准排水量	880	865	870
满载排水量	990	950	960
轴马力	14,250	14,500	14,500
标准排水量航速	33	33	33
载煤量	–	–	–
载油量	98/134*	74/125+	76/120++
续航力	1460/15	1185/15	1135/15
载员	72	74	74
重量			
舰体	335.0**	283***	274****
动力系统	402	352	359
武器装备	32	N/A	N/A
辅助设备	50	43	43
燃料	80	133	117
淡水储备	12	N/A	N/A
标准总重	865	N/A	N/A
武器配置			
4 英寸炮	–	–	–
12 磅炮	3（100）	3	3
6 磅炮	–	–	–
鱼雷发射管	2	2	2

注：

* 仅包括战时油箱；加上和平期油箱后总量为 195 吨。

** 显然是建成时的重量数据。1905 年 5 月的稳定性测试给出的数据为舰体重量 265 吨，动力系统重量 360 吨，武器装备重量 12.3 吨。由于和 1909—1910 年建造计划中的驱逐舰的关联，其载油量为 84/190 吨，数据来自国家档案馆 ADM 116/1013A 号档案，很可能反映的是该级舰最后的设计方案的情况。

*** 该重量数据在 1905 年 5 得到了修正，当时的标准排水量为 811.4 吨，舰体重量为 380.5 吨。这一数据来自 A. W. 克卢特，当时他负责对各型设计方案进行压力测试，设备重量也包括了武器装备。

**** 该重量数据在 1905 年 5 得到了修正，当时的标准排水量为 794 吨，设备重量也包括了武器装备。

\+ 仅包括战时油箱；加上和平期油箱后总量为 148.5 吨。

\+\+ 仅包括战时油箱；加上和平期油箱后总量为 151.5 吨。

舰型	"萨拉逊人"号（Saracen）	"毛利人"号（Maori）	"努比亚人"号（Nubian）
建造商	怀特	登尼	桑克罗夫特
垂线间长	82.95	85.34	85.39
水线长	N/A	N/A	N/A
全长	84.05	86.87	85.95
宽	7.95	8.26	8.08
型深	5.14	5.25	5.23
吃水	2.74/3.00	2.59/2.72	2.87
标准排水量	980	1026/1035（《海军清单》）	985（《海军清单》）
满载排水量	1076	1150	1097
轴马力	15,500	15,500	15,500
标准排水量航速	33	33	33（建造合同）
载煤量	–	–	–
载油量	83/144*	103/162.5**	58.5/160.5***
续航力	1570/15	1640/15	2250/15
载员	71	71	71
重量			
舰体	N/A	N/A	N/A
动力系统	N/A	N/A	N/A
武器装备	N/A	N/A	N/A
辅助设备	N/A	N/A	N/A
燃料	N/A	N/A	N/A
淡水储备	N/A	N/A	N/A
标准总重	N/A	N/A	N/A
武器配置			
4 英寸炮	2	2	2
12 磅炮	–	–	–
6 磅炮	–	–	–
鱼雷发射管	2	2	2

注：

* 仅包括战时油箱；加上和平期油箱后总量为 165.5 吨。

** 仅包括战时油箱；加上和平期油箱后总量为 162.5 吨。

*** 仅包括战时油箱；加上和平期油箱后总量为 197.5 吨。

舰型	"维京人"号（Viking）	"祖鲁人"号（Zulu）	"蟋蟀"号（Cricket）/TB1 号
建造商	帕尔默	霍索恩	怀特
垂线间长	85.41	85.38	53.34
水线长	N/A	N/A	N/A
全长	88.47	86.94	54.25
宽	8.36	8.23	5.33
型深	5.14	5.37	N/A
吃水	2.64/2.97	2.72/2.86	1.74/1.87
标准排水量	1090	1027	247
满载排水量	1210	1136	272
轴马力	15,500	15,500	3600
标准排水量航速	33	33	26
载煤量	–	–	–
载油量	96/131.5*	102.5/150**	21.7/37.0***
续航力	1725/15	1630/15	–
载员	71	71	39
重量			
舰体	N/A	N/A	N/A
动力系统	N/A	N/A	N/A
武器装备	N/A	N/A	N/A
辅助设备	N/A	N/A	N/A
燃料	N/A	N/A	N/A
淡水储备	N/A	N/A	N/A
标准总重	N/A	N/A	N/A
武器配置			
4 英寸炮	2	2	–
12 磅炮	–	–	2（75）
6 磅炮	–	–	–
鱼雷发射管	2	2	3

注：

* 仅包括战时油箱；加上和平期油箱后总量为 192 吨。

** 仅包括战时油箱；加上和平期油箱后总量为 205 吨。

*** 仅包括战时油箱；加上和平期油箱后总量为 43.5 吨（满载）。

舰型	"牛虻"号（Gadfly）/TB6 号	"蜉蝣"号（Mayfly）/TB11 号	1914—1915 年建造计划
建造商	桑克罗夫特	雅罗	未建造
垂线间长	50.75	52.43	53.34
水线长	N/A	N/A	N/A
全长	52.27	53.57	N/A
宽	5.33	5.49	5.38
型深	–	3.43	N/A
吃水	1.87/1.94	1.73（海试时）	1.83
标准排水量	244	264（海试时）	280
满载排水量	268	291	N/A
轴马力	3750	4000（设计方案）	6000
标准排水量航速	26	27.16（海试时）	26
载油量	21/35.6*	23.8/39.5**	N/A
续航力	–	–	–
载员	39	39	39
重量			
舰体	78.25***	77.5****	120
动力系统	84.5	84.0	110
武器装备	13.4	12.10	27（包括武器装备）
辅助设备	10.27	12.00	
燃料	46.25	30.0	18
淡水储备	3.0	3.75	5
标准总重	236.57	219.35	280
武器配置			
4 英寸炮	–	–	–
12 磅炮	2（75）	2（75）	2（75）
6 磅炮	–	–	–
鱼雷发射管	3×18 英寸（457 毫米）	3×18 英寸	2×21 英寸（533 毫米）

注：

* 仅包括战时油箱；加上和平期油箱后总量为 41.9 吨。

** 仅包括战时油箱；加上和平期油箱后总量为 47.5 吨。

*** 重量数据来源于桑克罗夫特 165 英尺型鱼雷艇的竞标档案。

**** 重量数据来源于雅罗 165 英尺型鱼雷艇的竞标档案。当时提出的舰体型深为 3.28 米，型宽为 5.33 米。

7. 作为驱逐领舰建造的巡洋舰

关于甲板装甲，第一个数据和第二个数据分别代表舯部的水平甲板装甲和艏艉端的倾斜甲板。

舰型	"冒险"号（Adventure）	"前进"号（Forward）	"开拓者"号（Pathfinder）	"哨兵"号（Sentinel）
建造商	阿姆斯特朗	费尔菲尔德	莱尔德	维克斯
垂线间长	114.00	111.25	112.78	109.73
全长	120.40	117.81	115.67	116.13
宽	11.66	11.94	11.81	12.19
吃水	3.78	4.34	3.99/4.62	4.09/4.50
标准排水量	2670	2850	2940	2895
满载排水量	2893	3100	3240	3100
指示马力	15925	14995	17582	17755
海试时航速	25.45	25.29	25.48	25.24
载煤量	227/454	250/500	300/600	205/410
续航力	2370/10	3400/10	3400/10	2460/10
载员	289	289	289	289
装甲防护				
司令塔	3英寸	3英寸	3英寸	3英寸
甲板	2英寸/0.75英寸	*	**	1.5英寸/0.625英寸
侧舷	–	2英寸	2英寸	–
重量 *				
舰体	1480（1220）	1215	1294	1477
动力系统	640（680）	872	650	885
武器装备	58（72）	58	58	58
辅助设备	–（178）	–	–	–
装甲防护	207（242）	222	204	229
淡水储备	15	8	7（含在舰体重量内）	
载煤量	150（455）	125	150	150
标准总重	2550（2840）	2500	2360	2850
武器配置				
50倍径4英寸炮	–	–	–	–
12磅炮	10	10	10	10
3磅炮	8	8	8	8
鱼雷发射管 ****	2	2	2	2

注：

* 在"前进"级上，上层甲板装甲为0.75英寸，下层甲板装甲为0.375—1.125英寸。

** 在"开拓者"级上，（在引擎上方的）上层甲板为0.375英寸，下层甲板为0.5—1.5英寸。

*** 此为设计图表内的数据，仅包括6门12磅炮，舰体尺寸也与实际情况有出入。例如，阿姆斯特朗提出的方案垂线间长为112.78米，舰体重量则包括了辅助设备的重量。括号内的重量是"冒险"号完工时的真实重量。

**** 各舰均携带有额外的3枚鱼雷。

舰型	"积极"号（Active）	"布迪卡"号（Boadicea）	"布朗德"号（Blonde）
建造商	彭布罗克	彭布罗克	彭布罗克
垂线间长	117.35	117.35	117.35
全长	123.44	123.44	123.75
宽	12.50	12.65	12.65
吃水	4.03/4.43	3.89/4.27	4.04/4.34
标准排水量	3300*	3350	3540**
满载排水量	3945	3830	3840
轴马力	18,000	18,000	18,000
满载排水量航速	25.0	24.0	24.0
标准排水量航速	25.4	25.25	25.0
载煤量	450/855	350/780	350/780
载油量	200	189	189
续航力	3490/10***	3189/10+	3060++
载员	293	308	296
装甲防护			
司令塔	4英寸	4英寸	4英寸
甲板	1英寸/0.5英寸	1英寸/0.5英寸	1英寸/0.5英寸
侧舷	–	–	–
重量			
舰体	1450	1836+++	1870+++
动力系统	890	910	910
武器装备	95	130	130
辅助设备	220	229	230
装甲防护	140	–	–
载煤量	455	350	350
标准总重	3300+++	3350	–

舰型	"积极"号（Active）	"布迪卡"号（Boadicea）	"布朗德"号（Blonde）
武器配置			
50倍径4英寸炮	6	10	10
12磅炮	–	–	–
3磅炮	4	++++	++++
鱼雷发射管	2（7）	2（7）****	2（7）****

* 数据来自《海军清单》，但其标准载重时的排水量为3440吨。

** 包括50吨的冗余度，数据来自设计图表。《海军清单》中给出的排水量为3440吨，但真实的标准排水量为3340吨。

*** 使用煤油混烧时续航力可增加至4630/10。

**** 21英寸（533毫米）鱼雷发射管，之前的侦察巡洋舰采用的是18英寸鱼雷发射管。

+ 煤油混烧时为4260/10。

++ 煤油混烧时为4100/10。

+++ 包括了装甲的重量。

++++ 1×1磅"乒乓"炮。

8. 一战前的标准驱逐舰

舰型	"小猎犬"号（Beagle）	"橡实"号（Acorn）	"阿刻戎"号（Acheron）	"阿卡斯塔"号（Acasta）
垂线间长	82.83	73.15	73.15	79.25
水线长	N/A	N/A	N/A	N/A
全长	84.96	74.98	74.98	81.53
宽	8.69	7.70	7.82	8.23
型深	N/A	4.72	4.72	N/A
吃水	2.66/2.41	2.25/2.69	2.46/2.79	2.51/3.18
标准排水量	980.5	760*	778**	892+
满载排水量	1098	855	873	1072
轴马力	14,309	13,500	15,500	24,500
满载排水量航速	27.10	27	29	29
标准排水量航速	N/A	N/A	N/A	N/A
载煤量	112/224	–	–	–
载油量	–	75/170***	76.5/153++	129/199+++
续航力	1530/15	1540/15****	1620/15	1540/15
载员	96	72	70	73
重量				
舰体	433.35	318.3	N/A	360
动力系统	358.00	310	N/A	375
武器装备	20.62	22	N/A	26.5
辅助设备	45.53	36.7	N/A	45
燃料	112.0	75	N/A	250
淡水储备	11.1	10	N/A	15.5
标准总重	980.3	772	N/A	1072
武器配置				
4英寸炮	1（120）	2（120）	2（120）	3（120）
12磅炮	3（100）	2（100）	2（100）	–
3磅炮	–	–	–	–
鱼雷发射管	2× 短版21英寸（4）	2	2	2

注：

* 《海军清单》中的排水量。

** 《海军清单》中的数据为773吨。

*** 《英国蒸汽舰船》（1913年4月刊）记录的战时携带为70/140吨，舰体总长为81.08米。增加和平期油箱后，增加至84.5/169吨。

**** 设计档案中的数据为2250/13。

+ 《英国蒸汽舰船》（1913年4月刊）的《海军清单》中给出的数据是标准排水量935吨，满载排水量1080吨。1915年4月的版本给出的全长为81.56米。

++ 仅包括战时油箱；加上和平期油箱后为89.5/178.5吨。

+++ 仅包括战时油箱；加上和平期油箱后总量为260吨。1915年4月的《英国蒸汽舰船》给出的战时油箱载油量为130/199吨，续航力数据是依此得出的。

舰型	"火龙"号（Firedrake）	"帕拉马塔河"号（Parramatta）
垂线间长	77.72	74.68
水线长	N/A	N/A
全长	79.73	76.43
宽	7.82	7.40
型深	4.80	N/A

舰型	"火龙"号（Firedrake）	"帕拉马塔河"号（Parramatta）
吃水	2.13/2.59	N/A
标准排水量	773（海试时）*	700（《海军清单》）
满载排水量	866	–
轴马力	19,174（海试时）**	11,500
满载排水量航速	N/A	–
标准排水量航速	33.17	26
载煤量	–	–
载油量	77.75/156.5***	174
续航力	1355/15	2850/15
载员	72	–
重量		
舰体	N/A	N/A
动力系统	N/A	N/A
武器装备	N/A	N/A
辅助设备	N/A	N/A
燃料	N/A	N/A
淡水储备	N/A	N/A
标准总重	N/A	N/A
武器配置		
4英寸炮	2（120）	1
12磅炮	–	3
3磅炮	–	–
鱼雷发射管	2×2（21英寸，533毫米）	3

注：

* 《海军清单》中给出的排水量为767吨。

** 设计功率为20000轴马力，航速32节。

*** 增加和平期油箱后为85/170吨。

舰型	L级	M级	1914—1915年设计方案	雅罗M级
	"拉法雷"级（Laforey）	"无双"号（Matchless）		"米兰达"号（Miranda）
垂线间长	79.25	80.77	76.20	79.32
水线长	N/A	N/A	N/A	N/A
全长	81.94	83.31	N/A	82.14
宽	8.38	8.13	7.67	7.81
型深	5.03	4.95	N/A	4.95
吃水	2.54/3.30	2.72/2.95	2.54	2.46/3.26
标准排水量	962.11*	971.7	750	879
满载排水量	1112.5			993
轴马力	24,500	25,000	18,500	23,000
满载排水量航速	29	N/A		N/A
标准排水量航速	N/A	34	32	35
载煤量	–	–	–	–
载油量	135/205+	140/228**	56/165	114/202++
续航力	1720/15	2100/15+++	N/A	1940/15
载员	74	76	72	76
重量				
舰体	375.0	376.0	300	N/A
动力系统	375.0	370.0	313	N/A
武器装备	32.5	39.4	25.5	N/A
辅助设备	45.8	47.3	42.5	N/A
燃料	268.2	75/278.0	56	228
淡水储备	16.0	15.8	13	N/A
标准总重	1112.5	1010++++	750	883++++
武器配置				
4英寸炮	3（120）	3（120）	–	3
12磅炮	–	–	2（100）	–
2磅炮	2***	2***	–	2***
鱼雷发射管	2×2	2×2****	5（2×2,1×1）	2×2****

注：

* 《海军清单》列出的标准排水量为995吨，满载排水量为1130吨。《英国蒸汽舰船》给出的舰体总长为81.99米。

** 仅包括战时油箱；加上和平期油箱后总量为280吨。

*** 一开始采用的是1.5磅炮。

**** 部分M级和R级驱逐舰在艏楼末端两侧各安装1具14英寸（356毫米）鱼雷发射管。

+ 设计档案中的数据为战时油箱最大载油量245吨，和平期油箱还能容纳64.7吨，这使该级舰15节航速力达到了2250—2540海里。《英国蒸汽舰船》（1915年4月刊）则声称，增加和平期油箱后总载油量为270吨。

++ 仅包括战时油箱；加上和平期油箱后总量为228吨。

+++ 该级舰在15节航速下的设计续航力为2530海里。《英国蒸汽舰船》（1917年4月刊）列出的数据中，各舰的续航力不尽相同，其中最大的是约翰·布朗建造的"米尔尼"号（Milne）和"莫里斯"号（Morris），在15节时达到2530海里，但未提及姊妹舰"穆尔森"号（Moorsom）的数据；帕尔默建造的"莫雷"号（Murray）则为2240海里，

其姊妹舰"明戈斯"号（Myngs）的数据不详。

++++ 数据来自"无双"号设计档案和《英国蒸汽舰船》。

舰型	桑克罗夫特M级	霍索恩M级	R级
	"獒犬"号（Mastiff）	"导师"号（Mentor）	"鳀鱼"号（Skate）
垂线间长	80.77	80.77	80.77
水线长	82.60	N/A	N/A
全长	83.62	82.75	84.15
宽	8.34	8.23	8.15
型深	5.08	5.11	5.11
吃水	2.62/3.29	2.81/3.26	2.04/2.22
标准排水量	985	1098	1072
满载排水量	1112	1198	1220
轴马力	26,500	27,000	27,000
满载排水量航速	N/A	N/A	32
标准排水量航速	35	35	36
载煤量	–	–	–
载油量	127/202*	145/219**	148/245+
续航力	1540/15	1650/15	3450/15***
载员	78	78	80
重量			
舰体	N/A	N/A	408（368）++
动力系统	N/A	N/A	394（370）
武器装备	N/A	N/A	40（33.5）
辅助设备	N/A	N/A	48（46）
燃料	N/A	N/A	15（15）
淡水储备	N/A	N/A	75（75）
标准总重	N/A	N/A	980（908）
武器配置			
4英寸炮	3（120）	3（120）	3
12磅炮	–	–	–
2磅炮	2	2	1
鱼雷发射管	2×2	2×2	2×2****

注：

* 仅包括战时油箱；加上和平期油箱后总量为254吨。

** 仅包括战时油箱；加上和平期油箱后总量为290吨。

*** 此为设计数据。根据《英国蒸汽舰船》（1917年4月刊），吃水为2.45/4.10米。

**** 数据见《英国军用舰船》（Particulars of UK War Vessels）1939年4月刊。

+ 仅包括战时油箱；加上和平期油箱后总量为295吨。

++ 数据来源自海军造舰总监E. T. 德因科特爵士的笔记本（藏于国家海事博物馆），记载有R级驱逐舰被批准时的各项数据。括号中的重量是M级驱逐舰的数据。

舰型	"轻捷"号（Lightfoot）
垂线间长	96.01
水线长	98.76
全长	99.01
宽	9.68
型深	5.87
吃水	2.83
标准排水量	1607*
满载排水量	1865
轴马力	36,000
满载排水量航速	–
标准排水量航速	34
载煤量	
载油量	255/413**
续航力	4290/15
载员	105
重量	
舰体	630
动力系统	565
武器装备	115***
辅助设备	–
燃料	110
淡水储备	20
标准总重	1440
武器配置	
4英寸炮	4（120）
12磅炮	–
2磅炮	2（1000）
鱼雷发射管	2×2

注：

* 设计时的数据为1440/1650吨，数据来自《英国蒸汽舰船》（1917年4月刊），为该舰刚完工时的数据。

** 仅包括战时油箱；加上和平期油箱后总量为515吨。不过，1917年时仅包括战时油箱的数据为257.5/416吨，增加和平期油箱后载油量为同样的515吨。

*** 包括辅助设备。

9. 一战时的驱逐舰

舰型	"博塔"号 （Botha）	"护符"号 （Talisman）	"墨兰普斯"号 （Malampus）
垂线间长	97.54	91.44	80.77
水线长	N/A	N/A	N/A
全长	94.87	94.26+	83.31
宽	9.91	8.69	8.13
型深	6.43	5.56	N/A
吃水	2.83/3.57	2.50/2.91	2.43/3.40
标准排水量	1742	1098	1040
满载排水量	1985	1216	1178
轴马力	30,000	25,000	23,000
满载排水量航速	N/A	N/A	N/A
标准排水量航速	31*	32	32
载煤量	403**	–	–
载油量	83	118.5/237	138/225***
续航力	2405/15		
载员	203****	79	79
重量			
舰体	N/A	N/A	N/A
动力系统	N/A	N/A	N/A
武器装备	N/A	N/A	N/A
辅助设备	N/A	N/A	N/A
燃料	N/A	N/A	N/A
淡水储备	N/A	N/A	N/A
标准总重	N/A	N/A	N/A
武器配置			
4.7 英寸炮	–	–	–
4 英寸炮	6	5	4
3 英寸高射炮	–	–	–
2 磅炮	1（1.5 磅炮）	–	–
鱼雷发射管	2×2	2×2	2×2

注：
* 标定航速 1915 年时为 31 节，但 1916 年的《英国蒸汽舰船》给出的数据为 32 节。
** 标准情况下燃煤和燃油总重为 243 吨。
*** 仅包括战时油箱；加上和平期油箱后总量为 276 吨。
**** 根据《英国蒸汽舰船》（1917 年 4 月刊）的数据，"轻捷"号的载员为 105 人，很可能是司炉需要轮班导致了如此大的不同。
+ 该舰由阿姆斯特朗设计（设计方案编号 759B）。在设计图纸中，该舰全长 95.10 米，型深 5.49 米，平均吃水深度 2.44 米（1000 吨）。同时，其主炮为 50 倍径 4 英寸炮而非皇家海军常用的 40 倍径 4 英寸炮，总共安装 3 副而非 2 副双联装鱼雷发射管。其动力系统为三轴推进的直联式蒸汽轮机，其中，左舷的低压涡轮轴还关联 1 台高压巡航用轮机，右舷的低压涡轮则和 1 台中压巡航涡轮机关联。载油量为 90/200 吨，不包含和平期油箱的容积。《阿姆斯特朗档案》第四卷收录了该舰的设计方案，但是其中并未包含任何关于重量分配的数据。

舰型	S 级	V 级	后期型 W 级 *
垂线间长	80.77	91.44	91.44
水线长	N/A	N/A	94.18
全长	84.23	95.10	95.10
宽	8.13	8.99	8.99
型深	4.95	5.56	5.79
吃水	3.00	2.50	2.41
标准排水量	1000	1325	N/A
满载排水量	1220	1512	1504.5
轴马力	27,000	27,000	27,000
满载排水量航速	32.5	30	30.8
标准排水量航速	36	34	34.8
载煤量			
载油量	75/300	187/322+	370
续航力	3500/15**	4150/15**	3210/15
载员	82	104	127
重量			
舰体	425	560	535
动力系统	411	425	444.5
武器装备	44	60	85
辅助设备	46	63	70
燃料	N/A	N/A	N/A
淡水储备	76	75	370（满载）
标准总重	1000	1188	N/A
武器配置			
4.7 英寸炮	–	–	4
4 英寸炮	3（120）	4	–
3 英寸高射炮	–	1	–
2 磅炮	1（1000）	–	2
鱼雷发射管	2×2***	2×2	6

注：
* 标准排水量为 1112 吨，动力系统重量中包括 22.5 吨淡水储备，以及 5 吨的发电机（相比之下"亚马逊人"号和"伏击"号的为 8 吨，A 级驱逐舰的则同为 5 吨）。V 级驱逐舰的动力系统重量包括 20 吨淡水储备，S 级驱逐舰则为 15 吨。
** 数据来自《英国军用舰船》（1939 年 4 月刊）。在本书中，V 级和 W 级各舰 15 节时的续航力从 4130 海里到 4200 海里不等。后期型 W 级的数据则引自"亚马逊人"号和"伏击"号的设计档案。根据 H. T. 伦顿（H. T. Lenton）的《大英帝国在二战期间的舰船》（British and Empire Warships of the Second World War），S 级在 15 节时的续航力应该为 2750 海里，这一数据更加实际。伦顿给出的 V 级和 W 级的续航力为 3500 海里，改进型的 W 级则为 3200 海里，均更贴近实际。
*** 外加 2 具单装 18 英寸（457 毫米）鱼雷发射管。
+ 仅包括战时油箱；加上和平期油箱后总量为 374 吨。"总督"号的数据来自 1918 年 10 月的《英国蒸汽舰船》。"吸血鬼"号和与之类似的驱逐舰，战时油箱容量为 184.5/323 吨，再加上和平期油箱后总载油量为 369 吨。

舰型	桑克罗夫特 S 级 "多巴哥"号（Tobago）	雅罗 S 级 "火炬"号（Torch）
垂线间长	81.31	81.31
水线长	83.13	N/A
全长	84.05	83.36
宽	8.33	7.81
型深	5.11	4.95
吃水	–/4.32	–/3.81
标准排水量	1087	932
满载排水量	1240	1060
轴马力	29,000	23,000
满载排水量航速	N/A	N/A
标准排水量航速	36	36
载煤量		
载油量	–/250*	128/215**
续航力	N/A	N/A
载员	N/A	N/A
重量		
舰体	N/A	N/A
动力系统	N/A	N/A
武器装备	N/A	N/A
辅助设备	N/A	N/A
燃料	N/A	N/A
淡水储备	N/A	N/A
标准总重	N/A	N/A
武器配置		
4.7 英寸炮	–	–
4 英寸炮	3	3
3 英寸高射炮	–	–
2 磅炮	1	1
鱼雷发射管	2×2	2×2

注：
* 仅包括战时油箱；加上和平期油箱后总量为 309 吨。
** 仅包括战时油箱；加上和平期油箱后总量为 256 吨。

舰型	"司各特"级（Scott）	"莎士比亚"级（Shakespeare） "华莱士"号（Wallace）
垂线间长	97.54	97.00
水线长	100.58	99.14
全长	101.32	100.30
宽	9.68	9.68
型深	6.10	5.87
吃水	2.82	3.81
标准排水量	1580	1530
满载排水量	2050	1900
轴马力	40,000	44,000
满载排水量航速	31.5	30.25
标准排水量航速	35	36
载煤量	–	–
载油量	114/500	500
续航力	3390/15	4800/15
载员	188	178
重量		
舰体	702	718
动力系统	668*	647*
武器装备	95	87
辅助设备	85	38
燃料	500	500
标准总重	1580	1530
武器配置		
4.7 英寸炮	5（120）	5

舰型	"司各特"级(Scott)	"莎士比亚"级(Shakespeare)
4 英寸炮	–	–
3 英寸高射炮	1	1
2 磅炮	2（1000）	2
鱼雷发射管	6	6

注：

* 两级舰的动力系统重量均包括 20 吨的淡淡水储备。"莎士比亚"级在战后计算的标准
排水量为 1530 吨，标准排水量下的最高航速为 35 节。

10. 间战期的驱逐舰

深水炸弹（DC）的数据格式为抛射器数量／轨道数量，括号内则是深水炸弹的总数，
所有的数据均来自设计图表。

舰型	"亚马逊人"号（Amazon）	"伏击"号（Ambuscade）	A 级	B 级
垂线间长	95.02	93.57	95.10	95.10
水线长	97.23	97.23	97.54	N/A
全长	98.45	98.15	98.45	98.45
宽	9.60	9.45	9.83	9.83
型深	5.94	5.56	5.79	N/A
标准吃水	2.90*	2.63*	2.59	2.59
标准排水量	1352	1173	1330	1330
满载排水量	1410*	1300*	1750	1821
轴马力	36,000	32,000	34,000	34,000
满载排水量航速	37（设计航速）	37（设计航速）	31.5	31.5
标准排水量航速	–	–	35	35
载油量	433	385	350	380
续航力	5250/11	5000/11–14	5250/11	5000/11–14
载员	140	140	152	134 和平时 142 战时
重量				
舰体	693	539	600	603
动力系统 +	539	464	505	505
武器装备	91	91	135	122
辅助设备	79	79	90	100
标准总重	1352	1173	1330	1330
武器配置				
4.7 英寸炮	4（190）	4（190）	4（190/290）**	4（190）
3 英寸高射炮	–	–	–	–
2 磅炮	2（100）	2（100）	2（500）	2（500）
四联装 .50 机枪	–	–	–	–
.303 刘易斯机枪	4	4	4（2000）	4（2000）
鱼雷发射管	6	6	8	8
深水炸弹	–	–	2/4***（8）	2/1（15）

注：

* 此为设计时的海试排水量。"亚马逊人"号 37 节航速时的输出功率为 39000 轴马力，
但"伏击"号的对应功率并未给出。两舰满载排水量分别为 1812 吨和 1585 吨。

** 设计时包括 3 门最大仰角 30 度的主炮（每门备弹 190 发）和 1 门最大仰角 60 度
的主炮（备弹 290 发），但实际上 60 度仰角的主炮从未安装。

*** 采用 4 具各有 1 枚深水炸弹的坡道，而非单一的轨道；该级舰为配备两速扫雷索
（TSDS）的扫雷型驱逐舰。

+ 动力系统重量为干重。"亚马逊人"号和"伏击"号各自还需要 27 吨淡水储备，这
并未包括在标准排水量内。

舰型	"沙格奈"号（Saguenay）	C 级
垂线间长	94.18	96.85
水线长	96.62	–
全长	97.84	100.28
宽	9.91	10.06
型深	5.79	5.87
标准吃水	3.18*	2.59
标准排水量	1335	1375
满载排水量	1810	1880
轴马力	32,000	36,000
满载排水量航速	32	32
标准排水量航速	35	35.5
载油量	406**	473
续航力	5000/15	4200/15
载员	148	145

舰型	"沙格奈"号（Saguenay）	C 级
重量		
舰体	688.48	629
动力系统 +	490.22	516
武器装备	116.93***	126
辅助设备	69.52	104
标准总重	1335	1375
武器配置		
4.7 英寸炮	4	4
2 磅炮	2	2
四联装 .50 机枪	–	–
.303 刘易斯机枪	–	5
鱼雷发射管	2 × 4	2 × 4
深水炸弹	15（2 抛射器）	6

注：

* 为满载时的平均值。

** 根据《桑克罗夫特清单》，燃料和淡水储备总计大约 430.58 吨。

*** 包括 56.21 吨的弹药。

舰型	D 级	E 级	F 级	G 级
垂线间长	96.85	97.00	97.00	95.10
水线长	99.36	99.36	99.36	97.54
全长	100.28	100.28	100.28	98.45
宽	10.06	10.13	10.13	10.06
型深	5.84	N/A	N/A	5.87
吃水	2.59	2.62	2.62	2.59
标准排水量	1375	1405	1405	1350
满载排水量	1890	1940	1940	1858
轴马力	36,000	36,000	36,000	34,000
满载排水量航速	32	31.5	31.5	31.5
标准排水量航速	35.5	35.5	35.5	35.5
载油量	470	470	470	455
续航力	5500/15	5500/15	5500/15	5300/15
载员 和平时	138	131	137	137
战时	147	142	146	146
重量				
舰体	634	665	655	655
动力系统	509	525	525	490
武器装备	128	128	128	128
辅助设备	104	87	87	77
标准总重	1375	1405	1405	1350
武器配置				
4.7 英寸炮	4（190）	4（190）	4（200）	4（200）
3 英寸高射炮	1（150）	1（150）	–	–
2 磅炮	–	–	–	–
四联装 .50 机枪	2（10,000）	2（10,000）	2（10,000）	2（10,000）
.303 刘易斯机枪	4（2000）	4（2000）	4（2000）	4（2000）
鱼雷发射管	8	8	8	8
深水炸弹	2/1（20）	2/1（20）	2/1（20）	2/1（20）

舰型	H 级	I 级
垂线间长	95.10	95.10
水线长	97.54	N/A
全长	98.45	98.45
宽	10.06	10.06
型深	5.87	5.87
吃水	2.59（标准）	3.28*
标准排水量	1350	1370
满载排水量	1860	1888
轴马力	34,000	34,000
满载排水量航速	31.5	31.5
标准排水量航速	35.5	35.5
载油量	455	455
续航力	5300/15	5500/15
载员	137（和平时） 146（战时）	145
重量		
舰体	656	–
动力系统	490	–

舰型	H 级	I 级
武器装备	128	–
辅助设备	77	–
标准总重	1350	–
武器配置		
4.7 英寸炮	4（200）	4（200）
2 磅炮	–	–
四联装 .50 机枪	2（10,000）	2
.303 刘易斯机枪	4（2000）	4
鱼雷发射管	8	10
深水炸弹	2/1（20）	2/1（30）

注:

* 满载时的平均值。

11. 间战期的驱逐舰领舰

舰型	"科德林顿"号 （Codrington）	"埃克斯茅斯"号 （Exmouth）	"格伦维尔"号 （Grenville）
垂线间长	101.19	101.19	102.41
水线长	N/A	103.63	101.80
全长	104.55	–	–
宽	10.29	10.29	10.29
型深	–	6.10	6.02
吃水	2.69	2.67	2.62
标准排水量	1520	1505	1465

舰型	"科德林顿"号 （Codrington）	"埃克斯茅斯"号 （Exmouth）	"格伦维尔"号 （Grenville）
满载排水量	–	–	–
轴马力	39,000	38,000	38,000
满载排水量航速	31.5	32	32
标准排水量航速	35	36	36
载油量	425	490	475
续航力	–	5800/15	5400/15
载员	196	–	174*
重量			
舰体	685	731	705
动力系统	575	550	530
武器装备	150	128	145
辅助设备	110	96	85
武器配置			
4.7 英寸炮	5（190）**	5（190）	5（200）
四联装 .50 机枪	2×2 磅炮（500）	2（2500）***	2（2500）***
鱼雷发射管	8	8	8
深水炸弹	8	20	20****

注:

* 此为和平时期的载员；战时载员为 184 人。

** 图表中包括 1 门最大仰角 60 度的主炮，备弹 290 发，但该主炮并未实际安装。

*** 此为每管机枪的备弹。

**** 战时还可再携带 10 枚额外的深水炸弹。同时，"埃克斯茅斯"号和"格伦维尔"号的设计图表中还提到舰桥和操舵室的正面和侧舷分别有 10 磅和 12 磅的装甲。

舰艇列表

在下面的列表中，各舰首先依照建造合同，而后依照字母顺序排序。为保证完整性，由英国设计的英联邦各国驱逐舰也包含在内。注意英联邦各国驱逐舰的舷号有自己单独的序列。

列表中星号代表各级舰中的特设舰。

数据中的第一列以年、月、日的形式给出了各舰的开工时间（上）和下水时间（下），第二列则为完工时间，但列表中不再罗列各舰可能的后备役和再次服役时间。早期的驱逐舰通常会直接编入预备役，只有在演习时才会被启用，这是由于它们在和平时期没有任何职能。大多数的皇家海军大建制驱逐舰部队在第一次世界大战结束后都转入了预备役，但很难收集齐各舰转入或离开预备役的日期。许多早期驱逐舰在下水和完工（交付）之间有很长的时间间隔，因为造船厂需要较长的时间进行改进以达到当初要求的最大航速。在第一次世界大战期间，航速指标被输出功率取代，因此也就不再有这样的延期出现。

每艘驱逐舰都有各自的舷号（pendant number），从照片中识别各舰时这一点相当有用。舷号原本的功用是将各舰分组定级，之后则是为了（让驱逐舰这样的小型舰艇）更容易识别。舷号的组成包括一个字母——称作短索标（pendant）或旗号（flag superior），以及两位数字，有时还有额外的第二个字母。最初的舷号列表应该是在1914年12月6日颁发的，舷号由海军部舷号管理委员会（Admiralty Pendant Board）负责，但只包括在本土海域活动的舰艇。最初，旗号代表的是各舰的部署基地，例如D代表德文波特港、N代表诺尔、P代表朴次茅斯，后来可能还用G来指代大舰队。从1916年开始，驱逐舰都将舷号绘在舷侧，而在此之前舷号则通过旗语来表达。最早的时候，舷号仅由数字构成。总的来说，驱逐领舰不会有舷号。新的舷号列表的发布频率不会超过每季度一次，并且舷号通常都会从前一份列表直接继承下来。主要的几次变化分别发生在1915年、1917年10月和1918年1月。1919年1月时皇家海军又对整支舰队的舷号进行了重新排列，以H或D开头。绝大多数舰船在服役生涯中都只有一个舷号。一战期间的舷号数据均来自J. 迪特马尔（J. Dittmar）和J. J. 克莱齐（J. J.

Colledge）合著的《1914—1918年的英国军舰》（*British Warships 1914 - 1919*）（谢伯顿：伊恩·艾伦出版社，1972年）。后来的舷号则来源于各类资料，包括简氏防务的官方列表，以及H. T. 兰顿（H. T. Lenton）所著的《第二次世界大战期间的大英帝国军舰》（*British and Empire Warships of the Second World War*）（伦敦：格林希尔出版社，1998年）。

从R级驱逐舰开始，笔者还分别列出了在1916年和1918年时所使用的舷号，例如"斗争"号的舷号就标注为"D.96/D.18"。而如果列出了三个舷号，第一个和第二个就分别代表1915—1917年或1915—1918年所用的舷号（部分龟背艏驱逐舰曾在1917年4月被取消舷号，但还是进入了1918年1月的列表）。在极少数情况下，它们在1918年1月还获得了一个新舷号，笔者已在表中注明。而后来的驱逐舰笔者给出的是1919年的序列号，并在标注中注明了其在一战期间所使用的舷号。相似地，对于使用1919年后舷号的一战驱逐舰，列表中也进行了相应的标注。一些后期的驱逐舰在二战时又获得了新舷号，列表中也做了标注（主要是L级驱逐舰）。需要强调的是，尽管英国驱逐舰通常在其生涯内只有唯一的舷号，但它们并不像美国海军的舰船那样按照序列排序。

在1912—1913年获得的定级编号，也曾被标注在舰体的侧舷或是前烟道上用于识别，但这种做法在一战爆发后就中止了，最后采用过这种编号涂装的是L级驱逐舰。

驱逐舰在分舰队中的位置则用烟道上的条带来识别（大舰队或许并没有采用这种方法）。

生涯缩写

注意：在二战期间接受英国海军指挥的舰船也一并列出

缩写	含义	缩写	含义
BU	被拆解	Reb	重建
Coll	碰撞损失	RHN	希腊皇家海军（Royal Hellenic Navy）
CTL	推定全损（即被报废但并未被击沉），会在括号内注明原因	RIM	皇家印度海上部队（Royal Indian Marine），后更名为皇家印度海军（Royal Indian Navy）
DM	布雷驱逐舰	RNLN	荷兰皇家海军（Royal Netherlands Navy）
DomRep	多米尼加共和国（Dominican Republic）	RNN	挪威皇家海军（Royal Norwegian Navy）
IJN	旧日本帝国海军（Imperial Japanese Navy）	SU	苏联（Soviet Union）
LRE	远程护航驱逐舰	S（T）	作为靶舰击沉
MS	扫雷舰（由鱼雷炮舰改造而来）	USN	美国海军（US Navy）
Mod	现代化改造	Wair	W（和V）级驱逐舰的防空改造

ORP	波兰海军舰船（Polish Navy ship）	WL		战损
PN	舷号	WL（B）		战损（轰炸）
RAN	皇家澳大利亚海军（Royal Australian Navy）	WL（G）		战损（炮击）
RCN	皇家加拿大海军（Royal Canadian Navy）	WL（M）		战损（触雷）
RDN	丹麦皇家海军（Royal Danish Navy）	WL（T）		战损（鱼雷）

造船厂商简称及全名

安萨尔多（Ansaldo）	安萨尔多造船厂（Ansaldo SA），位于热那亚瑟斯特里波嫩特（Sestri Ponente）
阿姆斯特朗（Armstrong）	W. G. 阿姆斯特朗爵士有限公司 [Sir W. G. Armstrong & Co（Ltd）]，后来更名为阿姆斯特朗与怀特沃斯有限公司（Sir W. G. Armstrong, Whitworth & CoLtd），位于埃尔斯维克
巴斯（Bath）	巴斯钢铁公司（Bath Iron Works Corp），位于美国巴斯
比德摩尔（Beardmore）	W. 比德摩尔有限公司（W. Beardmore & CoLtd），位于格拉斯哥附近的达穆尔（Dalmuir）
昆西伯利恒（BethQ）	伯利恒造船公司（Bethlehem Shipbuilding Corp），位于美国马萨诸塞州昆西（Quincy）
斯冈特姆伯利恒（BethS）	伯利恒造船公司，位于美国马萨诸塞州斯冈特姆（Squantum）
布朗（Brown）	约翰·布朗造船公司（John Brown & Co.），位于格拉斯哥克莱德班克（Clydebank）
查塔姆（Chatham）	查塔姆造船厂（Chatham Dockyard）
查尔斯顿海军船坞（Char-NY）	查尔斯顿海军造船厂（Charleston Navy Yard），位于美国南卡罗莱纳州查尔斯顿（Charleston）
克莱德班克（Clydebank）	J & G. 汤姆森有限公司 [J & G Thomson（Ltd）]，位于格拉斯哥克莱德班克。后更名为克莱德班克工程与造船有限公司 [Clydebank Engineering & Shipbuilding Co（Ltd）]，即后来的约翰·布朗。
科克图（Cockatoo）	科克图造船厂（Cockatoo Dockyard），位于澳大利亚悉尼克图岛
克兰普（Cramp）	克兰普父子舰船与引擎建造公司（Wm Cramp & Sons Ship & Engine Building Co.）位于美国费城。
登尼（Denny）	登尼兄弟有限公司 [Wm Denny & Bros（Ltd）]，位于登巴顿（Dumbarton）
德文波特（Devonport）	德文波特造船厂（Devonport Dockyard）
达克斯福德（Doxford）	达克斯福德父子有限公司 [Doxford & Sons（Ltd）]，位于桑德兰（Sunderland）
厄尔（Earle's）	厄尔造船与工程有限公司 [Earle's Shipbuilding & Engineering Co（Ltd）]，位于赫尔，后因鱼雷艇驱逐舰的建造项目而破产
费尔菲尔德（Fairfield）	费尔菲尔德造船与工程有限公司（Fairfield Shipbuilding & Engineering Co. Ltd），位于格拉斯哥
福尔河（Fore River）	福尔河造船公司（Fore River Shipbuilding Corp），位于美国马萨诸塞州昆西，即后来的昆西伯利恒
H & W	哈兰德 & 沃尔夫有限公司（Harland & WolffLtd），位于贝尔法斯特
HDW	汉娜－唐纳德 & 威尔逊造船厂（Hanna, Donald & Wilson），位于佩斯里（Paisley）
霍索恩（Howthorn）	R & W. 霍索恩与莱斯利有限公司（R & W. Hawthorn, Leslie & Co. Ltd），位于赫伯恩（Hebburn）
英格利斯（Inglis）	A & J. 英格利斯有限公司（A & J. InglisLtd），位于格拉斯哥
L & G	伦敦与格拉斯哥工程与钢铁造船有限公司（London & Glasgow Engineering & Iron Ship building Co. Ltd），位于格拉斯哥，即后来的 H & W
莱尔德（Laird）	莱尔德兄弟有限公司（Laird Bros Ltd），位于别根海特（Birkenhead），即后来的坎默尔－莱尔德
马尔岛（MINY）	马尔岛造船厂（MareIsland Navy Yard），位于美国马尔岛
纽波特纽斯（NNS）	纽波特纽斯造船与干船坞公司（Newport News Shipbuilding & Dry Dock Co），位于美国弗吉尼亚州纽波特纽斯
诺福克（NORNY）	诺福克海军造船厂（Norfolk Navy Yard），位于美国弗吉尼亚州诺福克
纽约造船厂（NY）	纽约造船公司（New York Shipbuilding Co），位于美国新泽西州肯顿（Camden）
帕尔默（Palmer）	帕尔默斯造船与钢铁有限公司 [Palmers Shipbuilding & Iron Co（Ltd）]，位于亚罗和赫伯恩（Jarrow and Hebburn）
彭布罗克（Pembroke）	彭布罗克造船厂（Pembroke Dockyard）

帕森斯（Parsons）	帕森斯舰用蒸汽轮机有限公司（Parsons Marine Steam Turbine Co. Ltd），位于沃尔森德（Wallsend），同时也是舰体生产的承包商。
司各特（Scott）	司各特造船与工程有限公司（Scotts' Shipbuilding & Engineering Co. Ltd），位于格陵诺克（Greenock）
舍尔尼斯（Sheerness）	舍尔尼斯造船厂（Sheerness Dockyard）
史蒂芬（Stephen）	亚历山大·史蒂芬父子有限公司 [Alex. Stephen & Sons（Ltd）]，位于格陵诺克
斯旺－亨特（Swan Hun-ter）	斯旺－亨特 & 维格汉姆·理查德森有限公司（Swan, Hunter & Wigham Richardson Ltd），位于威尔森德。
桑克罗夫特（Thornycroft）	约翰·I. 桑克罗夫特有限公司（JohnI. Thornycroft & Co. Ltd），位于奇西克（Chiswick），后搬迁至伍尔斯顿（Woolston）
泰晤士钢铁厂（TIW）	泰晤士钢铁、造船与工程有限公司 [Thames Iron Works, Shipbuilding & Engineering Co（Ltd）]，位于伦敦布莱克沃尔（Blackwall）
联合钢铁厂（UIW）	联合钢铁厂（Union Iron Works），位于美国加利福尼亚旧金山，即后来的伯利恒公司
VA 沃克（VA Walker）	维克斯－阿姆斯特朗有限公司（Vickers Armstrongs Ltd），位于纽卡斯尔沃克（Walker）
怀特（White）	J. 萨缪尔·怀特有限公司 [J Samuel White & Co（Ltd）]，位于东考兹（EastCowes）
雅罗（Yarro）	雅罗有限公司（Yarrow & Co. Ltd），位于伦敦波普拉区（Poplar），后来又搬迁至斯科特斯顿（Scotstoun）

1．实验型鱼雷舰

舰名	船厂	开工／下水	完工时间	生涯
"维苏威"号（Vesuvius）	彭布罗克	1873.3.16 1874.3.24	1874.9.11	长期作为"弗农"号鱼雷学校的通勤舰，1923年9月预定出售时，但在拖曳制纽波特期间搁浅
"波吕斐摩斯"号（Polyphemus）	查塔姆	1878.9.21 1881.6.15	1882.9	1903年7月出售拆解

2．鱼雷巡洋舰

"斥候"级（Scout Class）				
舰名	船厂	开工／下水	完工时间	生涯
"无恐"号（Fearless）	维克斯	1884.9.22 1886.3.20	1887.7	1905年出售
"斥候"号（Scout）	克莱德班克	1884.1.8 1885.7.30	1885.8.20	1904年出售

"弓箭手"级（Archer Class）				
舰名	船厂	开工／下水	完工时间	生涯
"弓箭手"号（Archer）	汤姆森	1885.3.2 1885.12.23	1888.12.11	1905年4月出售拆解
"敏锐"号（Brisk）	汤姆森	1885.3.2 1886.4.8	1888.3.20	1906年5月出售拆解
"哥萨克人"号（Cossack）	汤姆森	1885.3.2 1886.6.3	1889.1.1	1905年4月出售拆解
"莫霍克人"号（Mohawk）	汤姆森	1885.3.2 1886.2.6	1890.12.16	1905年4月出售拆解
"鼠海豚"号（Porpoise）	汤姆森	1885.3.2 1886.5.7	1888.2.12	1905年2月被出售
"浣熊"号（Racoon）	德文波特	1886.2.1 1887.5.6	1888.3	1905年4月出售拆解
"毒蛇"号（Serpent）	德文波特	1885.11.9 1887.3.10	1888.3	1990年10月11日失事沉没
"鞑靼人"号（Tartar）	汤姆森	1885.3.2 1886.10.28	1891.6.30	1906年4月出售拆解

3．鱼雷炮舰

"响尾蛇"级与"草蜢"级（Rattlesnake-Grasshopper Class）				
舰名	船厂	开工／下水	完工时间	生涯
"响尾蛇"号（Rattlesnake）	莱尔德	1885.11.16 1886.9.11	1887.5	1906年改为靶舰，1910年被出售
"草蜢"号（Grasshopper）	舍尔尼斯	1886.4.27 1887.8.30	1888	1905年7月被出售
"蚊蚋"号（Sandfly）	德文波特	1886.4.19 1887.9.20	1888.7	1905年被出售
"蜘蛛"号（Spider）	德文波特	1886.6.9 1887.10.17	1888.12	1903年5月出售拆解

"神枪手"级（Sharpshooter Class）

舰名	船厂	开工 / 下水	完工时间	生涯
"阿萨伊"号（Assaye）	阿姆斯特朗	1888.11.19 1890.2.11	1892.2	转入皇家印度海军；1904年5月出售拆解
"拾穗者"号（Gleaner）	舍尔尼斯	1889.1.21 1890.1.9	1891.12.21	1905年4月出售拆解
"蝉翼"号（Gossamer）	舍尔尼斯	1889.1.21 1890.1.9	1891.9.16	1908年改为扫雷舰；1920年3月出售拆解
"普拉西"号（Plassey）	阿姆斯特朗	1888.11.19 1890.7.5	1892.2	转入皇家印度海军；1904年5月出售拆解
"蝾螈"号（Salamander）	查塔姆	1888.4.23 1889.5.31	1891.7	1906年5月出售拆解
"海鸥"号（Seagull）	查塔姆	1888.4.23 1889.5.31	1891.1	1909年改为扫雷舰；1918年9月30日因碰撞沉没
"神枪手"号（Sharpshooter）	德文波特	1888.1.13 1888.11.30	1889.8	1912年更名为"北安普顿"号（Northampton），转作训练舰；1922年3月出售拆解
"麻鸭"号（Sheldrake）	查塔姆	1888.7.4 1889.3.30	1890.3.18	1907年7月出售拆解
"鲣鱼"号（Skipjack）	查塔姆	1888.7.4 1889.4.30	1891.7	1909年改为扫雷舰；1920年4月出售拆解
"奔跑者"号（Spanker）	德文波特	1888.4.12 1889.2.27	1890.10.17	1909年改为扫雷舰；1920年3月出售拆解
"斯皮德威尔"号（Speedwell）	德文波特	1888.4.18 1889.3.15	1890.7.1	1909年改为扫雷舰；1920年3月出售拆解
"回旋镖"号（Boomerang）	阿姆斯特朗	1889.8.17 1889.7.24	1891.2.14	原为澳大利亚海军建造的"牙鳕"号（Whiting）；1905年被出售
"喀拉喀托"号（Karrakatta）	阿姆斯特朗	1889.8.17 1889.8.27	1891.2	原为澳大利亚海军建造的"巫师"号（Wizard）；1905年被出售

"警报"级（Alarm Class）

舰名	船厂	开工 / 下水	完工时间	生涯
"警报"号（Alarm）	舍尔尼斯	1891.6.25 1892.9.13	1894.3	1907年4月出售拆解
"羚羊"号（Antelope）	德文波特	1889.10.21 1893.7.12	1894.5	1910年转为港务船；1919年5月出售拆解
"色西"号（Circe）	舍尔尼斯	1890.1.11 1892.6.14	1893.5	1909改为扫雷舰；1920年7月出售拆解
"赫柏"号（Hebe）	舍尔尼斯	1890.1.11 1892.6.15	1894.10.9	1909年改为扫雷舰；1910年改为潜艇补给舰；1919年10月出售拆解
"连雀"号（Jaseur）	维克斯	1891.9.14 1892.9.24	1893.7	1905年7月被出售
"伊阿宋"号（Janson）	维克斯	1891.9.7 1892.5.14	1893.6	1909年改为扫雷舰；1917年4月7日触雷沉没
"莉达"号（Leda）	舍尔尼斯	1891.6.25 1892.9.13	1893.11	1909年改为扫雷舰；1920年7月出售拆解
"尼日尔"号（Niger）	维克斯	1891.9.17 1892.12.17	1893.4.25	1909年改为扫雷舰；1914年11月11日因鱼雷击沉
"玛瑙"号（Onyx）	莱尔德	1891.10.8 1892.9.7	1894.1	1907年改为潜艇补给舰；1919年6月更名为"伏尔甘二号"（Vulcan II）；1924年10月出售拆解
"狐狸"号（Renard）	莱尔德	1891.10.26 1892.12.6	1894.1	1905年4月出售拆解
"迅捷"号（Speedy）	桑克罗夫特	1892.1.4 1893.5.18	1894.2.20	1909年改为扫雷舰；1914年9月3日触雷沉没

"翠鸟"级（Halcyon Class）或"得律阿德"级（Dryad Class）

舰名	船厂	开工 / 下水	完工时间	生涯
"得律阿德"号（Dryad）	查塔姆	1893.4.15 1893.11.22	1894.7	1909年改为扫雷舰；1918年1月更名为"树神"号（Hamadryad）；1920年9月出售拆解
"翠鸟"号（Halcyon）	德文波特	1893.1.2 1894.4.6	1895.2	1909年改为扫雷舰；1915年改为补给舰；1919年11月出售拆解
"鹞"号（Harrier）	德文波特	1893.1.24 1894.2.20	1895.2	1909年改为扫雷舰；1920年2月出售拆解
"威胁"号（Hazard）	彭布罗克	1892.12.1 1894.2.17	1894.9	1901年改为补给舰；1914—1918年间改为多佛的潜艇补给舰；1918年1月28日因碰撞沉没
"骠骑兵"号（Hussar）	德文波特	1893.4.3 1894.7.3	1895.1	1909年改为扫雷舰；1915年起担任地中海舰队扫雷部队旗舰；1920年12月出售拆解

4. 巡洋舰型驱逐领舰

"冒险"级（Adventure Class）

舰名	船厂	开工 / 下水	完工时间	生涯
"冒险"号（Adventure）	阿姆斯特朗	1904.1.7 1904.9.8	1905.10	原本名为"埃迪斯顿"号（Eddystone）；1920年3月出售拆解
"警觉"号（Attentive）	阿姆斯特朗	1904.1.8 1904.11.24	1905.10	1920年4月出售拆解

"前进"级（Forward Class）

舰名	船厂	开工 / 下水	完工时间	生涯
"前进"号（Forward）	费尔菲尔德	1903.10.24 1904.10.8	1905.9.8	1920年3月出售拆解
"远见"号（Foresight）	费尔菲尔德	1903.10.22 1904.8.27	1905.8.22	1921年7月出售拆解

"开拓者"级（Pathfinder Class）

舰名	船厂	开工 / 下水	完工时间	生涯
"开拓者"号（Pathfinder）	莱尔德	1903.8.15 1904.7.16	1905.7.18	原名"法斯内特岛"号（Fastnet）；1914年9月5日中鱼雷沉没
"巡查"号（Patrol）	莱尔德	1903.10.31 1904.10.13	1905.9.26	1920年4月出售拆解

"哨兵"级（Sentinel Class）

舰名	船厂	开工 / 下水	完工时间	生涯
"哨兵"号（Sentinel）	维克斯	1903.6.8 1904.4.19	1905.4	原名"印治基斯岛"号（Inchkeith）；1923年1月出售拆解
"散兵"号（Skirmisher）	维克斯	1903.7.29 1905.2.7	1905.7	1920年3月出售拆解

"布迪卡"级（Boadicea Class）

舰名	船厂	开工 / 下水	完工时间	生涯
"布迪卡"号（Boadicea）	彭布罗克	1907.6.1 1908.5.4	1909.6	1926年7月出售拆解
"柏罗娜"号（Bellona）	彭布罗克	1908.6.5 1909.3.20	1910.2	1921年5月出售拆解
"布朗德"号（Blonde）	彭布罗克	1909.12.6 1910.7.22	1911.5	1920年5月出售拆解
"布兰奇"号（Blanche）	彭布罗克	1909.4.12 1909.11.25	1910.11	1921年7月出售拆解
"积极"号（Active）	彭布罗克	1910.7.27 1911.3.14	1911.12	1920年4月出售拆解
"安菲翁"号（Amphion）	彭布罗克	1911.3.15 1911.12.4	1913.3	1914年8月6日触雷沉没
"无恐"号（Fearless）	彭布罗克	1911.11.15 1912.6.12	1913.10	1921年11月出售拆解

5. 驱逐舰

龟背艏试验舰

舰名	船厂	开工 / 下水	完工时间	生涯
"浩劫"号（Havock）	雅罗	1892.7 1893.8.12	1894.1	1912年5月出售拆解
"黄蜂"号（Hornet）	雅罗	1892.7 1893.12.23	1894.7	1909年10月出售拆解
"勇敢"号（Daring）	桑克罗夫特	1892.7 1893.11.25	1895.2	1912年4月出售拆解
"诱饵"号（Decoy）	桑克罗夫特	1892.7 1894.2.2	1894.2.2	1904年8月13日因碰撞沉没
"雪貂"号（Ferret）	莱尔德	1893.7 1893.12.9	1895.3	1911年被作为靶舰被击沉
"山猫"号（Lynx）	莱尔德	1893.7 1894.1.24	1895.8	1912年4月出售拆解

27节型驱逐舰

舰名	船厂	开工 / 下水	完工时间	生涯
1893—1894年的第一批次（在试验舰完工前便已开始建造）				
"热心"号（Ardent）	桑克罗夫特	1893.12 1894.10.16	1895.4	1911年10月出售拆解

27 节型驱逐舰

舰名	船厂	开工/下水	完工时间	生涯
H.4C/D.16"拳师"号（Boxer）	桑克罗夫特	1894.3 1894.11.28	1895.6	1918 年 2 月 8 日因碰撞沉没
"壮汉"号（Bruiser）	桑克罗夫特	1894.4 1895.2.27	1895.6	1914 年 5 月出售拆解
"冲锋者"号（Charger）	雅罗	1893.11 1894.9.15	1896.2	1912 年 5 月出售拆解
"冒进者"号（Dasher）	雅罗	1893.12 1894.11.28	1896.3	1912 年 5 月出售拆解
"轻率"号（Hasty）	雅罗	1893.12 1894.6.16	1896.5	1912 年 7 月出售拆解

1893—1894 年的后续订购

舰名	船厂	开工/下水	完工时间	生涯
"哈代"号（Hardy）	达克斯福德	1894.6.4 1895.12.16	1896.8	1911 年 7 月出售拆解
"傲慢"号（Haughty）	达克斯福德	1894.5.28 1895.9.18	1896.8	1912 年 4 月出售拆解
"雅努斯"号（Janus）	帕尔默	1894.3.28 1895.3.12	1895.11	1914 年出售拆解
"闪电"号（Lightning）	帕尔默	1894.3.28 1895.4.10	1896.1	1896 年 1 月触雷沉没
D.0A/1A/69"豪猪"号（Porcupine）	帕尔默	1894.3.28 1895.9.19	1896.3	1920 年 4 月出售拆解
"鲑鱼"号（Salmon）	厄尔	1894.3.12 1895.1.15	1896.1	1912 年 5 月出售拆解
"鲷鱼"号（Snapper）	厄尔	1894.4.2 1895.1.30	1896.1	1912 年 5 月出售拆解
"女妖"号（Banshee）	莱尔德	1894.3 1894.11.17	1895.7	1912 年 4 月出售拆解
"竞争"号（Contest）	莱尔德	1894.3 1894.12.15	1895.7	1911 年 7 月出售拆解
"龙"号（Dragon）	莱尔德	1894.3 1894.12.15	1895.6	1912 年 7 月出售拆解
D.96/D.18"斗争"号（Conflict）	怀特	1894.1.3 1894.12.13	1899.7	1920 年 5 月出售拆解
"蒂泽"号（Teazer）	怀特	1894.2.3 1895.2.9	1899.3	1912 年 7 月出售拆解
H.7A"巫师"号（Wizard）	怀特	1894.4.3 1895.2.26	1899.7	舷号仅用于 1917—1918 年间；1920 年 5 月出售拆解
D.97/39"热烈"号（Fervent）	HDW	1894.3.27 1895.3.20	1900.6	1920 年 4 月出售拆解
D.4A/D.98"西风"号（Zephyr）	HDW	1894.4.23 1895.5.10	1901.7	1920 年 2 月出售拆解
"灵巧"号（Handy）	费尔菲尔德	1894.6.7 1895.3.9	1895.10	1916 年出售拆解
"赤鹿"号（Hart）	费尔菲尔德	1894.6.7 1895.3.27	1896.1	1912 年出售拆解
"猎人"号（Hunter）	费尔菲尔德	1894.6.7 1895.12.28	1896.5	1912 年 4 月出售拆解
D.99/62"负鼠"号（Opossum）	霍索恩	1894.9.17 1895.8.9	1896.3	1920 年 7 月出售拆解
D.1A"游骑兵"号（Ranger）	霍索恩	1894.9.17 1895.10.4	2896.6	1917 年 4 月取消舷号，并未被替代；1920 年 5 月出售拆解
D.2A/81"翻车鲀"号（Sunfish）	霍索恩	1894.8.29 1895.5.28	1896.2	1920 年 6 月出售拆解
"火箭"号（Rocket）	克莱德班克	1894.2.14 1894.8.14	1895.7	1912 年 4 月出售拆解
"鲨鱼"号（Shark）	克莱德班克	1894.2.14 1894.9.22	1896.1	1911 年 7 月出售拆解
"乖戾"号（surly）	克莱德班克	1894.2.14 1894.11.10	1895.7	1920 年 3 月出售拆解
"鳐鱼"号（Skate）	维克斯	1894.3.20 1895.3.13	1896.1	1906 年改为靶舰；1907 年 4 月出售拆解
"海星"号（Starfish）	维克斯	1894.3.22 1895.1.26	1896.1	1912 年 5 月出售拆解
"鲟鱼"号（Sturgeon）	维克斯	1894.3.1 1894.7.21	1896.1	1912 年 5 月出售拆解
"喷火"号（Spitfire）	阿姆斯特朗	1894.6.4 1894.7.21	1896.11	用于燃油测试；1912 年 4 月出售拆解
"剑鱼"号（Swordfish）	阿姆斯特朗	1894.6.4 1895.3.27	1896.12	1910 年 10 月出售拆解
"斑马"号（Zebra）	怀特	1894.7 1895.12.3	1900.1	1914 年 7 月出售拆解

30 节型驱逐舰

1894—1895 年建造计划

舰名	船厂	开工/下水	完工时间	生涯
"渴望"号（Desperate）	桑克罗夫特	1895.7.1 1896.2.15	1897.2	1920 年 5 月出售拆解
"名望"号（Fame）	桑克罗夫特	1895.7.4 1896.4.15	1897.6	1921 年 8 月出售拆解
"飞沫"号（Foam）	桑克罗夫特	1895.7.16 1896.10.8	1897.7	1914 年 5 月出售拆解
"野鸭"号（Mallard）	桑克罗夫特	1895.9.13 1896.11.19	1897.10	1920 年 2 月出售拆解
"鹌鹑"号（Quail）	莱尔德	1895.5.28 1895.9.24	1897.6	1919 年 7 月出售拆解
"雀鹰"号（Sparrowhawk）	莱尔德	1895.5.30 1895.10.8	1897.6	1904 年 6 月 17 日意外触礁沉没
"鸫"号（Thrasher）	莱尔德	1895.5.30 1895.11.5	1897.6	1911 年 11 月出售拆解
"维拉戈"号（Virago）	莱尔德	1895.6.13 1895.11.19	1897.6	1919 年 10 月出售拆解

1895—1896 年建造计划

舰名	船厂	开工/下水	完工时间	生涯
D.36/D.04"鲛鳒"号（Angler）	桑克罗夫特	1896.2.21 1897.2.2	1898.7	1920 年 5 月出售拆解
"爱丽儿"号（Ariel）	桑克罗夫特	1896.4.23 1897.3.5	1898.10	1907 年 4 月 19 日在马耳他触礁沉没
D.45/D.08"埃文"号（Avon）	维克斯	1896.2.17 1896.10.10	1899.2	1920 年 7 月出售拆解
D.5A/D.10"麻鹬"号（Bittern）	维克斯	1896.2.18 1897.2.1	1897.4	1918 年 4 月 4 日因碰撞而沉没
"水獭"号（Otter）	维克斯	1896.6.9 1896.11.23	1900.3	1916 年 10 月被出售
D.79/D.29"诚挚"号（Earnest）	莱尔德	1896.3.2 1896.11.7	1897.11	1920 年 7 月出售拆解
D.81/D.45"兀鹫"号（Griffon）	莱尔德	1896.3.7 1896.11.21	1897.11	1920 年 7 月出售拆解
D.84/D.54"蚱蜢"号（Locust）	莱尔德	1896.4.20 1896.12.5	1898.7	1918 年 4 月舷号变更为 H.02；1919 年 6 月出售拆解
D.87/D.67"黑豹"号（Panther）	莱尔德	1896.5.19 1897.1.21	1898.1	1920 年 6 月出售拆解
D.90/D.75"海豹"号（Seal）	莱尔德	1896.6.17 1897.3.6	1898.5	1921 年 3 月出售拆解
D.95/D.97"狼"号（Wolf）	莱尔德	1896.11.21 1897.6.2	1898.7	1904 年被用于进行舰体强度测试；1921 年 7 月出售拆解
D.68/D.79"星辰"号（Star）	帕尔默	1896.3.23 1896.8.11	1898.9	1918 年 9 月舷号变更为 H.07；1919 年 6 月出售拆解
"牙鳕"号（Whiting）	帕尔默	1896.4.13 1896.8.26	1897.6	无舷号；1919 年 11 月出售拆解
D.46/D.09"蝙蝠"号（Bat）	帕尔默	1896.5.28 1896.10.7	1897.8	1918 年 9 月舷号变更为 H.87；1919 年 11 月出售拆解
D.50/D.20"鹤"号（Crane）	帕尔默	1896.8.2 1896.12.17	1898.4	1918 年 9 月舷号变更为 H.72；1919 年 6 月出售拆解
"岩羚"号（Chamois）	帕尔默	1896.5.28 1896.11.9	1897.11	1904 年 9 月 26 日因事故沉没
D.57/40"飞鱼"号（Flyingfish）	帕尔默	1896.8.9 1896.11.9	1898.6	1918 年 9 月舷号变更为 H.72；1919 年 8 月出售拆解
D.47/14"布来曾"号（Brazen）	克莱德班克	1895.10.18 1896.7.3	1900.7	1919 年 11 月出售拆解
D.52/31"厄勒克特拉"号（Electra）	克莱德班克	1895.10.18 1896.7.14	1900.7	1920 年 4 月出售拆解
"新兵"号（Recruit）	克莱德班克	1895.10.18 1896.8.22	1900.10	1915 年 5 月 1 日被鱼雷击沉
D.75"秃鹰"号（Vulture）	克莱德班克	1895.11.26 1898.3.22	1900.5	1918 年 1 月时无舷号；1919 年 5 月出售拆解

1896—1897 年建造计划

舰名	船厂	开工/下水	完工时间	生涯
D.73/94"紫罗兰"号（Violet）	达克斯福德	1896.7.13 1897.5.3	1898.6	1920 年 6 月出售拆解
D.69/84"西尔维娅"号（Sylvia）	达克斯福德	1896.7.13 1897.7.1	1899.1	1918 年 4 月舷号变更为 H.03；1919 年 7 月出售拆解

30 节型驱逐舰

舰名	船厂 开工 / 下水	完工时间 生涯
D.63/56 "人鱼"号（Mermaid） 霍索恩	1896.9.7 1898.2.22	1899.6 1918 年 9 月舷号变更为 H.85；1919 年 7 月出售拆解
D.49 "欢悦"号（Cheerful） 霍索恩	1896.9.7 1897.7.14	1900.2 1917 年 6 月 30 日触雷沉没
D.64 "鱼鹰"号（Osprey） 费尔菲尔德	1896.11.14 1897.4.7	1898.7 1919 年 11 月出售拆解
D.53/D.35 "仙女"号（Fairy） 费尔菲尔德	1896.10.19 1897.5.29	1898.8 1918 年 5 月 31 日在撞沉 UC 75 号潜艇后沉没
D.58/D.43 "吉卜赛"号（Gipsy） 费尔菲尔德	1896.10.7 1897.3.9	1898.7 1921 年被出售
D.37 "风情"号（Coquette） 桑克罗夫特	1896.6.8 1897.11.25	1899.11 1916 年 3 月 7 日触雷沉没
D.39/D.23 "辛西娅"号（Cynthia） 桑克罗夫特	1896.7.16 1898.1.8	1899.6 1920 年 4 月出售拆解
D.38/D.22 "小天鹅"号（Cygnet） 桑克罗夫特	1896.9.25 1898.9.3	1900.2 1920 年 4 月出售拆解
D.51/D.28 "鸽子"号（Dove） 厄尔	1896.9.17 1898.3.21	1901.7 1920 年 1 月出售拆解
D.48/D.15 "红腹灰雀"号（Bullfinch） 厄尔	1896.9.17 1898.2.10	1901.6 1918 年 4 月舷号变更为 H.04；1919 年 6 月出售拆解
D.60/D.49 "茶隼"号（Kestrel） 克莱德班克	1896.9.2 1898.3.25	1900.4 1921 年 3 月出售拆解
D.55/D.38 "雏鹿"号（Fawn） 帕尔默	1896.9.5 1897.4.13	1898.12 1918 年 9 月舷号变更为 H.38；1919 年 7 月出售拆解
D.56 "挑逗"号（Flirt） 帕尔默	1896.9.5 1897.4.13	1899.4 1916 年 7 月 20 日在战斗中被击沉（德国海军的夜袭）
D.61/D.50 "花豹"号（Leopard） 维克斯	1896.6.10 1897.3.20	1899.7 1918 年 9 月舷号变更为 H.05；1919 年 6 月出售拆解

1897—1898 年建造计划

舰名	船厂 开工 / 下水	完工时间 生涯
D.86/D.63 "奥威尔"号（Orwell） 莱尔德	1897.11.9 1898.9.29	1900.1 1920 年 7 月出售拆解
"李"号（Lee） 达克斯福德	1898.1.4 1899.1.27	1901.3 1909 年 10 月 5 日触礁沉没
D.62/D.61 "利文湖"号（Leven） 费尔菲尔德	1898.1.24 1898.6.28	1899.7 1920 年 9 月出售拆解
D.88/D.68 "海燕"号（Peterel） 帕尔默	1898.7.29 1899.3.30	1900.7 1918 年 9 月舷号变更为 H.54；1919 年 8 月出售拆解
D.91/D.75 "憎恶"号（Spiteful） 帕尔默	1898.1.12 1899.1.11	1900.2 1920 年 9 月出售拆解
D.43/D.78 "雄鹿"号（Stag） 桑克罗夫特	1898.4.16 1899.11.18	1900.8.10 1921 年 3 月出售拆解

1899 年建造计划

舰名	船厂 开工 / 下水	完工时间 生涯
D.59/D.44 "灰猎犬"号（Greyhound） 霍索恩	1899.7.18 1900.10.6	1902.1 1918 年 9 月舷号变更为 H.43；1919 年 6 月出售拆解
D.66/D.71 "赛马"号（Racehorse） 霍索恩	1899.10.23 1900.11.8	1902.3 1920 年 3 月出售拆解
D.67/D.72 "雄狍"号（Roebuck） 霍索恩	1899.10.2 1901.1.4	1902.3 1919 年出售拆解
"成功"号（Success） 达克斯福德	1899.9.18 1901.3.21	1902.5 1914 年 12 月 27 日失事沉没
D.85 "密耳弥冬"号（Myrmidon） 帕尔默	1899.10.23 1900.5.26	1901.5 1917 年 3 月 26 日因碰撞沉没
D.93/D.85 "塞壬"号（Syren） 帕尔默	1899.11.24 1900.12.20	1902.2 1920 年 9 月出售拆解
D.74/D.95 "雌狐"号（Vixen） 维克斯	1899.9.7 1900.3.29	1902.3 1921 年 3 月出售拆解
D.65 "鸵鸟"号（Ostrich） 费尔菲尔德	1899.6.28 1900.9.22	1901.12 1920 年 4 月出售拆解
D.54/D36 "猎鹰"号（Falcon） 费尔菲尔德	1899.6.26 1899.12.29	1901.12 1918 年 4 月 1 日因碰撞沉没

30 节型驱逐舰

舰名	船厂 开工 / 下水	完工时间 生涯
购入	–	1901.6 1919 年出售拆解
D.70/D.89 "荆棘"号（Thorn） 布朗	1900.3.17	
"虎"号（Tiger） 布朗	– 1900.5.19	1901.6 1908 年 4 月 2 日因碰撞沉没
D.72/D.92 "警惕"号（Vigilant） 布朗	– 1900.8.16	1901.6 1920 年 2 月出售拆解
D.82/D.48 "袋鼠"号（Kangaroo） 帕尔默	1899.12.29 1900.9.8	1901.7 1920 年 3 月出售拆解
D.83/D.53 "活泼"号（Lively） 莱尔德	1899.6.20 1900.7.14	1902.4 1920 年 7 月出售拆解
D.92/D.77 "活跃"号（Sprightly） 莱尔德	1899.6.20 1900.9.25	1902.3 1920 年 7 月出售拆解
特设舰		
D.44/02 "信天翁"号（Albatross） 桑克罗夫特	1896.11.27 1898.7.19	1900.7 1920 年 7 月出售拆解
D.79/D.29 "特快"号（Express） 莱尔德	1896.12.1 1897.12.11	1902.2 1921 年 3 月出售拆解
D.77/D.05 "阿拉伯"号（Arab） 克莱德班克	1900.3.5 1901.2.9	1903.1 1918 年 4 月舷号变更为 H.08；1919 年出售拆解
蒸汽轮机试验舰		
"蝰蛇"号（Viper） 帕森斯	1898 1899.9.6	1900 舰体由霍索恩 – 莱斯利负责建造；1901 年 8 月 3 日失事沉没
"眼镜蛇"号（Cobra） 阿姆斯特朗	1899.6.28	1901 1901 年 9 月 19 日沉没
"维洛克斯"号（Velox） 帕森斯	1901.4.10 1902.2.11	1904.2 开始时是霍索恩 – 莱利作为民间投资建造的"蟒蛇"号（Python）驱逐舰；1915a 年 10 月 25 日触雷沉没
第二批购入		
D.76/D.01 "大青花鱼"号（Albacore） 帕尔默	1905.9.1 1906.10.9	1909.3.27 1919 年 8 月出售拆解
D.78/D.11 "博内塔"号（Bonetta） 帕尔默	1905.9.1 1907.1.14	1909.3.27 1920 年 6 月出售拆解

"河川"级驱逐舰（River Class）

舰名	船厂 开工 / 下水	完工时间 生涯
1901—1902 年建造计划		
"厄恩河"号（Erne） 帕尔默	1902.7.3 1903.1.14	1904.2 1915 年 2 月 6 日失事沉没
D.18/32 "埃特里克河"号（Ettrick） 帕尔默	1902.7.9 1903.2.28	1904.2 1919 年 5 月出售拆解
D.19/D.33 "埃克斯河"号（Exe） 帕尔默	1902.7.14 1903.4.27	1904.3 1918 年 9 月舷号变更为 H.70；1920 年 2 月出售拆解
"里布尔河"号（Ribble） 雅罗	1902.7.4 1904.3.19	1904.6 1920 年 7 月出售拆解
D.33/88 "提维特河"号（Teviot） 雅罗	1902.7.10 1903.11.7	1904.4 1919 年 6 月出售拆解
"尤斯克河"号（Usk） 雅罗	1902.7.30 1903.7.25	1904.3 1920 年 7 月出售拆解
D.15 "德文特河"号（Derwent） 霍索恩	1902.6.12 1903.2.14	1904.7 1917 年 5 月 2 日触雷沉没
D.17 "伊登"号（Eden） 霍索恩	1902.6.12 1903.3.13	1904.6 蒸汽轮机试验舰；1916 年 6 月 18 日因碰撞沉没
D.20 "福伊尔河"号（Foyle） 莱尔德	1902.8.15 1903.2.25	1904.3 1917 年 3 月 15 日触雷沉没
D.22 "伊钦河"号（Itchen） 莱尔德	1902.8.18 1903.3.17	1904.1 1917 年 7 月 6 日被鱼雷击沉
1902—1903 年建造计划		
"肯内特河"号（Kennet） 桑克罗夫特	1902.2.5 1903.12.4	1905.1 1919 年 12 月出售拆解
"杰德河"号（Jed） 桑克罗夫特	1903.2.27 1904.2.16	1905.1 1920 年出售拆解
"韦兰河"号（Welland） 雅罗	1902.10.1 1904.4.14	1904.7 1920 年 6 月出售拆解
D.13/D.17 "查韦尔河"号（Cherwell） 帕尔默	1903.1.20 1903.7.24	1904.3 1919 年 6 月出售拆解

"河川"级驱逐舰（River Class）

舰名	船厂	开工 / 下水	完工时间	生涯
D.14/D.24 "迪河"号（Dee）	帕尔默	1903.3.5 1903.9.10	1904.5	1918 年 9 月舷号变更为 H.31；1919 年 7 月出售拆解
D.11/D.07 "阿龙河"号（Arun）	莱尔德	1902.8.17 1903.4.29	1904.2	1920 年 6 月出售拆解
"黑水河"号（Blackwater）		1902.8.27 1903.7.25	1904.3	1909 年 4 月 6 日因碰撞沉没
D.35/D.96 "威弗尼河"号（Waveney）	霍索恩	1902.10.20 1903.3.16	1904.6.14	1918 年 9 月舷号变更为 H.86；1920 年 2 月出售拆解

1903—1904 年建造计划

舰名	船厂	开工 / 下水	完工时间	生涯
"切尔默河"号（Chelmer）	桑克罗夫特	1904.12.11 1904.12.8	1905.6	1920 年 6 月出售拆解
"科恩河"号（Colne）	桑克罗夫特	1904.3.21 1905.5.21	1905.7	1919 年 11 月出售拆解
"加拉河"号（Gala）	雅罗	1904.2.1 1905.1.7	–	1908 年 4 月 27 日因碰撞沉没
D.21/D.41 "加里河"号（Garry）	雅罗	1904.4.25 1905.3.21	1905.9	1918 年 9 月舷号变更为 H.73；1920 年 10 月出售拆解
D.26/D.59 "内斯河"号（Ness）	怀特	1904.5.5 1905.1.5	1905.8	1918 年 9 月舷号变更为 H.77；1919 年 6 月出售拆解
D.27/D.60 "尼思河"号（Nith）	怀特	1904.5.5 1905.3.7	1905.10	1918 年 9 月舷号变更为 H.78；1919 年 6 月出售拆解
D.31/83 "斯韦尔河"号（Swale）	帕尔默	1904.2.23 1905.4.20	1905.9	1919 年 6 月出售拆解
D.34/D.91 "尤尔河"号（Ure）	帕尔默	1904.3.1 1904.10.25	1905.6	1919 年 5 月出售拆解
"威尔河"号（Wear）	帕尔默	1904.3.7 1905.1.21	1905.8	1919 年 11 月出售拆解
D.24/D.52 "利非河"号（Liffey）	莱尔德	1904.3.22 1904.9.23	1905.5.24	1919 年 6 月出售拆解
D.25/D.58 "莫伊河"号（Moy）	莱尔德	1904.3.22 1904.9.23	1905.6	1918 年 9 月舷号变更为 H.76；1919 年 5 月出售拆解
D.28/D.66 "乌斯河"号（Ouse）	莱尔德	1904.3.22 1905.1.7	1905.9	1918 年 9 月舷号变更为 H.80；1919 年 10 月出售拆解
D.12 "博因河"号（Boyne）	霍索恩	1904.2.16 1904.9.21	1905.5	1918 年 9 月舷号变更为 H.23；1918 年 8 月出售拆解
D.16/D.41 "杜恩河"号（Doon）	霍索恩	1904.2.16 1904.11.8	1905.6	1918年9月舷号变更为H.41；1919 年 5 月出售拆解
D.23/D.47 "凯尔河"号（Kale）	霍索恩	1904.2.16 1904.11.8	1905.8	1918 年 3 月 27 日触雷沉没
D.29/D.73 "罗瑟河"号（Rother）	莱尔德	1903.3.23 1904.1.5	1905.5	1919 年 6 月出售拆解

后期购入（1909 年）

舰名	船厂	开工 / 下水	完工时间	生涯
D.30/D.80 "斯陶尔河"号（Stour）	莱尔德	1904.12.5 1905.6.3	1910.3	1918年9月舷号变更为H.83；1919 年 8 月出售拆解
D.32/D.87 "泰斯特河"号（Test）	莱尔德	1904.12.5 1905.5.6	1910.3	1918年9月舷号变更为H.84；1919 年 8 月出售拆解

自外国购入（1915 年）

舰名	船厂	开工 / 下水	完工时间	生涯
D.06 "亚尔诺河"号（Arno）	安萨尔多	– 1914.12.22	1916.5	前 "利兹"号（Liz）；舷号于 1918 年 1 月编入地中海舰队后获得；1918 年 3 月 23 日因碰撞沉没。

皇家澳大利亚海军的 "河川"级

舰名	船厂	开工 / 下水	完工时间	生涯
"帕拉马塔河"号（Parramatta）	费尔菲尔德	1909 1910.2.9	1910.8.8	战后舷号变更为 H.A0；皇家澳大利亚海军舷号 55；1929 年出售拆解
"沃里戈河"号（Warrego）	费尔菲尔德/科克图	1910.1.1 1911.4.4	1911	战后舷号变更为 H.A2；皇家澳大利亚海军舷号 70；1929 年成为居住舰；1931 年 7 月 22 日沉没
"亚拉河"号（Yarra）	登尼	– 1910.4.8	1910.8.25	战后舷号变更为 H.A4；皇家澳大利亚海军舷号 79；1929 年出售拆解

皇家澳大利亚海军的 "河川"级

舰名	船厂	开工 / 下水	完工时间	生涯
"休昂河"号（Huon）	科克图	1913.1.25 1914.12.19	1915.12	原名 "德文特河"号（Derwent）；战后舷号变更为 H.9A；皇家澳大利亚海军舷号 50；1930 年 4 月 9 日被作为靶舰被击沉
"斯旺河"号（Swan）	科克图	1915.1.22 1915.12.11	1916.8	战后舷号变更为 H.A1；皇家澳大利亚海军舷号 61；1929 年 9 月出售拆解
"托伦兹河"号（Torrens）	科克图	1913.1.25 1915.8.28	1916.7	战后舷号变更为 H.A3；皇家澳大利亚海军舷号 67；1930 年 11 月 24 日被作为靶舰被击沉

试验舰

舰名	船厂	开工 / 下水	完工时间	生涯
H.3A/D.60 "雨燕"号（Swift）	莱尔德	1906.10.30 1907.12.7	1910.2	原计划舰名 "飞掠"号（Flying Scud）；1921 年 11 月出售拆解

"部族"级驱逐舰（Tribal Class）

1905—1906 年建造计划

舰名	船厂	开工 / 下水	完工时间	生涯
D.00 "亚夫里迪人"号（Afridi）	阿姆斯特朗	1906.8.9 1907.5.8	1909.9	1930 年 4 月 9 日作为靶舰被击沉
D.02/19 "哥萨克人"号（Cossack）	莱尔德	1905.11.13 1907.2.16	1908.4	1919 年 12 月出售拆解
D.04 "廓尔喀人"号（Ghurka）	霍索恩	1906.2.6 1907.4.29	1908.12	1917 年 2 月 8 日触雷沉没
D.05/57 "莫霍克人"号（Mohawk）	怀特	1906.5.1 1907.3.15	1908.6	1919 年 9 月出售拆解
D.08/D.86 "鞑靼人"号（Tartar）	桑克罗夫特	1905.11.13 1907.6.25	1908.4	1921 年 5 月出售拆解

1906—1907 年建造计划

舰名	船厂	开工 / 下水	完工时间	生涯
D.01/03 "亚马逊人"号（Amazon）	桑克罗夫特	1907.6.24 1908.7.29	1909.4	1919 年 10 月出售拆解
D.07/74 "萨拉逊人"号（Saracen）	怀特	1907.7.12 1908.3.31	1908.6	1919 年 10 月出售拆解

1907—1908 年建造计划

舰名	船厂	开工 / 下水	完工时间	生涯
D.03/D.21 "十字军"号（Crusader）	怀特	1908.6.22 1909.3.20	1909.10	1920 年 6 月出售拆解
"毛利人"号（Maori）	登尼	1909.5.24 1909.8.6	1909.11	1915 年 5 月 7 日触雷沉没
D.06 "努比亚人"号（Nubian）	桑克罗夫特	1908.5.18 1909.4.21	1909.9	舰艏在 1916 年 10 月 27 日被德国驱逐舰发射的鱼雷击毁；剩余部分 1917 年在查塔姆造船厂和 "祖鲁人"号驱逐舰的前半部分结合成为 "祖比亚"号（Zubian）
D.09/D.93 "维京人"号（Viking）	帕尔默	1908.6.11 1909.9.14	1910.6	1919 年 12 月出售拆解
D.10 "祖鲁人"号（Zulu）	霍索恩	1908.8.18 1909.9.16	1910.3	1916 年 11 月 8 日触雷，后与 "努比亚人"号的后半部分结合成为 "祖比亚"号；"祖比亚"号于 1919 年 12 月出售拆解

近岸驱逐舰（"蟋蟀"级）

这类驱逐舰无舷号，鱼雷艇则直接将编号喷涂于舰桥位置的舷侧

1905—1906 年建造计划

舰名	船厂	开工 / 下水	完工时间	生涯
"蟋蟀"号（Cricket）	怀特	1905.9.12 1906.1.23	1906.12	1906 年更名为 TB 1 号；1920 年 10 月被出售
"蜻蜓"号（Dragonfly）	怀特	1905.9.15 1906.3.11	1907.1	1906 年更名为 TB 2 号；1920 年 10 月被出售
"萤火蝇"号（Firefly）	怀特	1905.9.18 1906.9.1	1907.2	1906 年更名为 TB 3 号；1920 年 10 月被出售
"蚊蚋"号（Sandfly）	怀特	1905.9.18 1906.10.30	1907.4	1906 年更名为 TB 4 号；1920 年 7 月被出售，但在拖曳到拆船厂期间失事沉没
"蜘蛛"号（Spider）	怀特	1906.1.24 1906.12.15	1907.5	1906 年更名为 TB 5 号；1920 年 10 月被出售
"牛虻"号（Gadfly）	桑克罗夫特	1905.9.1 1906.6.24	1906.12	1906 年更名为 TB 6 号；1920 年 10 月被出售

近岸驱逐舰（"蟋蟀"级）
这类驱逐舰无舷号，鱼雷艇则直接将编号喷涂于舰桥位置的舷侧

舰名	船厂	开工 / 下水	完工时间	生涯
"萤火虫"号（Glowworm）	桑克罗夫特	1905.9.25 / 1906.12.20	1907.2	1906 年更名为 TB 7 号；1921 年 5 月出售拆解
"小蝇"号（Gnat）	桑克罗夫特	1905.10.4 / 1906.12.1	1907.3	1906 年更名为 TB 8 号；1921 年 5 月出售拆解
"草蜢"号（Grasshopper）	桑克罗夫特	1905.11.1 / 1907.3.18	1907.6	1906 年更名为 TB 9 号；1916 年 7 月 26 日因碰撞沉没
"蚜虫"号（Greenfly）	桑克罗夫特	1905.11.2 / 1907.2.15	1907.5	1906 年更名为 TB 10 号；1915 年 6 月 10 日触雷沉没
"蜉蝣"号（Mayfly）	雅罗	1905.11.23 / 1907.1.29	1907.5	1906 年更名为 TB 11 号；1916 年 3 月 7 日触雷沉没
"飞蛾"号（Moth）	雅罗	1905.11.23 / 1907.3.15	1907.5	1906 年更名为 TB 12 号；1915 年 6 月 10 日触雷沉没

1906—1907 年建造计划

舰名	船厂	开工 / 下水	完工时间	生涯
TB 13 号	怀特	1907.3.14 / 1907.7.10	1908.5	1916 年 1 月 26 日因碰撞沉没
TB 14 号	怀特	1907.3.18 / 1907.9.26	1908.5	1920 年 10 月被出售
TB 15 号	怀特	1907.3.20 / 1907.11.19	1908.5	1920 年 10 月出售拆解
TB 16 号	怀特	1907.7.12 / 1907.12.23	1908.7	1921 年 1 月出售拆解
TB 17 号	登尼	1907.4.4 / 1907.12.21	1908.4	1919 年出售拆解
TB 18 号	登尼	1907.4.4 / 1908.2.15	1908.6	1920 年出售拆解
TB 19 号	桑克罗夫特	1907.3.13 / 1907.12.7	1908.6.2	1921 年 5 月出售拆解
TB 20 号	桑克罗夫特	1907.3.20 / 1908.1.21	1908.8.19	1921 年 5 月出售拆解
TB 21 号	霍索恩	1907.5.7 / 1907.12.20	1908.3	1920 年 10 月出售拆解
TB 22 号	霍索恩	1907.5.7 / 1908.2.1	1908.3	1920 年 10 月出售拆解
TB 23 号	雅罗	1907.2.10 / 1907.12.5	1908.2.19	1921 年 5 月出售拆解
TB 24 号	帕尔默	1907.4.2 / 1908.3.19	1908.6	1917 年 1 月 28 日因碰撞沉没

1907—1908 年建造计划

舰名	船厂	开工 / 下水	完工时间	生涯
TB 25 号	怀特	1907.12.30 / 1908.8.28	1909.1.22	1921 年 5 月出售拆解
TB 26 号	怀特	1907.12.30 / 1908.8.28	1909.2	1921 年 5 月出售拆解
TB 27 号	怀特	1908.2.2 / 1908.9.29	1909.3	1921 年 5 月出售拆解
TB 28 号	怀特	1908.2.27 / 1908.10.29	1909.4.8	1921 年 5 月出售拆解
TB 29 号	登尼	1908.2.20 / 1908.9.29	1909.11	1911 年 11 月被出售
TB 30 号	登尼	1908.2.20 / 1908.9.29	1910.1	1911 年 11 月被出售
TB 31 号	桑克罗夫特	1908.2.8 / 1908.10.10	1910.2	1921 年 5 月出售拆解
TB 32 号	桑克罗夫特	1908.2.9 / 1908.11.23	1910.3	1921 年 5 月出售拆解
TB 33 号	霍索恩	1908.1.17 / 1909.2.22	1910.6	1922 年 8 月出售拆解
TB 34 号	霍索恩	1908.2.7 / 1909.2.22	1910.8	1921 年 5 月出售拆解
TB 35 号	帕尔默	1908.2.4 / 1909.4.19	1910.8	1922 年 8 月出售拆解
TB 36 号	帕尔默	1908.3.20 / 1909.5.6	1910.9	1921 年 5 月出售拆解

"小猎犬"级（Beagle Class）驱逐舰（G 级）
该级舰 1915—1917 年均在地中海舰队服役，因此 1917 年之前均没有舷号

舰名	船厂	开工 / 下水	完工时间	生涯
HC.5 "小猎犬"号（Beagle）	布朗	1909.3.17 / 1909.10.16	1910.6	1921 年 11 月出售拆解
HC.7 "斗牛犬"号（Bulldog）	布朗	1909.3.30 / 1909.11.13	1910.7.7	1918 年 9 月舷号变更为 HC.4；1920 年 9 月出售拆解
H.16 "猎狐犬"号（Foxhound）	布朗	1909.4.1 / 1909.12.11	1910.9	1918 年 4 月舷号变更为 H.58；1921 年 11 月出售拆解
HC.2 "平彻犬"号（Pincher）	登尼	1909.5.20 / 1910.3.15	1910.9	1918 年 4 月获得舷号；1918 年 7 月 24 日失事沉没
H.17 "草蜢"号（Grasshopper）	费尔菲尔德	1909.4.17 / 1909.11.23	1910.7	1918 年 6 月舷号变更为 H.60；1921 年 11 月出售拆解
HA.3 "蚊"号（Mosquito）	费尔菲尔德	1909.5.3 / 1910.2.19	1910.8	1920 年 8 月出售拆解
HC.3 "蝎"号（Scorpion）	费尔菲尔德	1909.5.3 / 1910.2.19	1910.8	1918 年 6 月获得舷号；1921 年 10 月出售拆解
HA.8 "鞭笞"号（Scourge）	霍索恩	1909.3.9 / 1910.2.11	1910.8	1917 年 10 月获得舷号；1921 年 5 月出售拆解
HA.7 "浣熊"号（Racoon）	莱尔德	1909.5.1 / 1910.2.15	1910.10	1918 年 1 月 9 日失事沉没
H.99 "狐狸"号（Renard）	莱尔德	1909.4.20 / 1909.11.30	1910.9	1918 年 11 月获得舷号；1920 年 8 月出售拆解
H.18 "狼獾"号（Wolverine）	莱尔德	1909.4.26 / 1910.1.15	1910.9	1917 年获得舷号；1917 年 12 月 12 日因碰撞沉没
HC.7 "响尾蛇"号（Rattlesnake）	L&G	1910.4.29 / 1910.3.14	1910.8	1918 年 9 月获得舷号；1921 年 5 月出售拆解
H.38 "鹦鹉螺"号（Nautilus）	TIW	1909.4.14 / 1910.4.30	1910.9	1912 年 12 月 16 日被重新命名为"逆戟鲸"号（Grampus）；1916 年舷号为 H.07；1918 年 6 月变更为 H.A7；1920 年 9 月出售拆解
"野人"号（Savage）	桑克罗夫特	1909.3.2 / 1910.3.10	1910.8	1921 年 5 月出售拆解
HC.8 "石化蜥蜴"号（Basilisk）	怀特	1909.5.11 / 1910.2.9	1910.9	1918 年 9 月获得舷号；1921 年 11 月出售拆解
"鹰身女妖"号（Harpy）	怀特	1909.4.23 / 1909.11.27	1910.7	1921 年 11 月出售拆解

"橡实"级（Acorn Class）驱逐舰（H 级）
该级舰在 1914 年就已使用舷号，舷号变更应该都是在 1918 年 1 月

舰名	船厂	开工 / 下水	完工时间	生涯
H.02/H.03 "橡实"号（Acorn）	布朗	1910.1.12 / 1910.7.1	1910.12	1921 年 11 月出售拆解
H.05/H.04 "警报"号（Alarm）	布朗	1910.2.7 / 1910.8.29	1911.3	1921 年 5 月出售拆解
H.18/H.22 "敏锐"号（Brisk）	布朗	1910.2.21 / 1910.9.20	1911.6	1915 年 9 月舷号变更为 H.70；1921 年 11 月出售拆解
H.88/0A "麻鸭"号（Sheldrake）	登尼	1910.1.15 / 1911.1.18	1911.5.19	1921 年 5 月出售拆解
H.89/H.2A "坚定"号（Staunch）	登尼	1910.1.15 / 1910.10.29	1911.3	1915 年 9 月获得新舷号；1917 年 11 月 11 日被鱼雷击沉
H.21/24 "卡莫莱昂"号（Cameleon）	费尔菲尔德	1909.12.6 / 1910.6.2	1910.12	1921 年 11 月出售拆解
H.25 "彗星"号（Comet）	费尔菲尔德	1910.2.1 / 1910.6.23	1911.6	1916 年取消舷号（去往地中海舰队）；1918 年 8 月 6 日被鱼雷击沉
H.44 "金翅雀"号（Goldfinch）	费尔菲尔德	1910.2.23 / 1910.7.12	1911.5	1915 年 2 月 19 日失事沉没；残骸于 1919 年 4 月出售拆解
H.72/88 "复仇女神"号（Nemesis）	霍索恩	1909.11.24 / 1910.8.9	1911.3	1917 年 6 月—1919 年间在地中海舰队被日本海军租借，命名为"橄榄"号（Kanran）；1921 年 11 月出售拆解
H.74/H.89 "涅瑞伊得斯"号（Nereide）	霍索恩	1909.12.3 / 1910.9.6	1911.4	1921 年 12 月出售拆解
H.83/D.25 "宁芙"号（Nymphe）	霍索恩	1909.12.8 / 1911.1.31	1911.5	1921 年 5 月出售拆解
H.42/H.35 "狂怒"号（Fury）	英格里斯	1910.3.3 / 1911.4.25	1912.2	1921 年 11 月出售拆解
H.48/H.41 "希望"号（Hope）	斯旺-亨特	1909.12.9 / 1910.9.6	1911.5	1920 年 2 月出售拆解
H.57/H.50 "拉恩"号（Larne）	桑克罗夫特	1909.12.8 / 1910.8.23	1911.2	1921 年 5 月出售拆解
H.60/H.67 "天琴座"号（Lyra）	桑克罗夫特	1909.12.8 / 1910.10.4	1911.2	1921 年 5 月出售拆解
H.65/H.71 "燕子"号（Martin）	桑克罗夫特	1909.12.21 / 1910.12.15	1911.3	1920 年 8 月出售拆解

"橡实"级（Acorn Class）驱逐舰（H级）

该级舰在 1914 年就已使用舷号，舷号变更应该都是在 1918 年 1 月

舰名	船厂	开工 / 下水	完工时间	生涯
H.69/72"游吟诗人"号（Minstrel）	桑克罗夫特	1910.3.11 / 1911.2.2	1911.5	1917 年 6 月—1919 年间在地中海舰队被日本海军租借，命名为"栴檀"号（Sendan）；1921 年 12 月出售拆解
H.77/96"雷德珀尔"号（Redpole）	怀特	1909.12.10 / 1910.6.24	1911.2	1921 年 5 月出售拆解
H.82/97"刺鹬"号（Rifleman）	怀特	1909.12.21 / 1910.8.22	1911.3	1921 年 5 月出售拆解
H.85/H.98"红宝石"号（Ruby）	怀特	1910.2.15 / 1910.11.4	1911.4.7	1921 年 5 月出售拆解

"阿克戎"级（Acheron Class）驱逐舰（I级）

该级舰最初于 1914 年被分配舷号，应该一直使用到 1918 年 1 月；1918 年 4 月用"弓箭手"号、"弓箭手"号、"许德拉"、"胡狼"号、"田凫"号、"蜥蜴"号、"不死鸟"号、"雌虎"号被调往地中海舰队，因而取消了舷号

舰名	船厂	开工 / 下水	完工时间	生涯
H.45/37"苍鹰"号（Goshawk）	比德摩尔	1911.1.30 / 1911.10.18	1912.6	1921 年 11 月出售拆解
H.47/H.40"雌鹿"号（Hind）	布朗	1910.11.21 / 1911.7.28	1911.12	1921 年 5 月出售拆解
H.49/H.42"黄蜂"号（Hornet）	布朗	1911.1.7 / 1911.12.20	1912.3	1921 年 5 月出售拆解
H.50/H.43"许德拉"号（Hydra）	布朗	1911.2.7 / 1912.2.19	1912.6	1921 年 5 月出售拆解
H.28/29"防卫者"号（Defender）	登尼	1910.11.7 / 1911.8.30	1912.1	1921 年 11 月出售拆解
H.33/H.30"德鲁伊"号（Druid）	登尼	1910.11.8 / 1911.12.4	1912.4	1921 年 5 月出售拆解
H.87/H.99"蚊蚋"号（Sandfly）	斯旺 - 亨特	1910.8.23 / 1911.7.26	1911.12	1917 年被改为布雷舰；1918 年 9 月舷号变更为 E.95；1921 年 5 月出售拆解
H.55/H.44"胡狼"号（Jackle）	霍索恩	1910.10.6 / 1911.9.9	1912.1	1920 年 9 月出售拆解
H.92/H.4A"雌虎"号（Tigress）	霍索恩	1911.2.13 / 1911.12.20	1912.5	1921 年 5 月出售拆解
H.56/H.48"田凫"号（Lapwing）	莱尔德	1911.2.17 / 1911.7.29	1912.6	1921 年 10 月出售拆解
H.58/H.60"蜥蜴"号（Lizard）	莱尔德	1911.2.23 / 1911.10.10	1912.5	1921 年 11 月出售拆解
H.75/94"不死鸟"号（Phoenix）	维克斯	1911.1.4 / 1911.10.9	1911.10	1918 年 5 月 14 日被鱼雷击沉
H.35/H.32"雪貂"号（Ferret）	怀特	1910.9.6 / 1911.4.12	1912.1	1917 年被改为布雷舰；1918 年 9 月舷号变更为 E.93；1921 年 5 月出售拆解
H.39/34"福雷斯特"号（Forester）	怀特	1910.9.7 / 1911.6.1	1912.3	1921 年 11 月出售拆解
H.19/06"弓箭手"号 *（Archer）	雅罗	1910.9.1 / 1911.10.21	1912.5	1915 年 9 月舷号变更为 H.29；1921 年 5 月出售拆解
H.86"攻击"号 *（Attack）	雅罗	1910.9.10 / 1911.10.21	1911.11	1917 年 12 月 30 日触雷沉没，舷号为 1916 年 1 月启用（原定 1918 年 1 月采用 H.08 舷号，但在此之前该舰已在地中海沉没）
H.00/02"阿克戎"号 *（Acheron）	桑克罗夫特	1910.9.30 / 1911.6.27	1912.3	1921 年 5 月出售拆解
H.11/H.07"爱丽儿"号 *（Ariel）	桑克罗夫特	1910.10.10 / 1911.9.26	1912.3	1917 年改为布雷舰；1915 年 9 月舷号变更为 H.37；1918 年 8 月 2 日触雷沉没
H.15/H.09"獾"号 *（Badger）	帕森斯	1910.10.17 / 1911.7.11	1912.8	1915 年 9 月舷号变更为 H.52；1921 年 5 月出售拆解（承包给登尼进行）
H.17/H.20"海狸"号 *（Beaver）	帕森斯	1910.10.18 / 1911.10.6	1912.11	1915 年 9 月舷号变更为 H.66；1921 年 5 月被出售，预计被拆解；1923 年 6 月再次出售后拆解（承包给登尼进行）

另外的高速驱逐舰项目

舰名	船厂	开工 / 下水	完工时间	生涯
H.97/3"火龙"号 *（Firedrake）	雅罗	1911.7.1 / 1912.6.1	1912.9	一战时编入哈里奇潜艇分舰队；1921 年 10 月出售拆解
H.01/55"灰猎犬"号 *（Lurcher）	雅罗	1911.7.1 / 1912.6.1	1912.10	一战时编入哈里奇潜艇分舰队；1922 年 6 月出售拆解
H.12/H.92"橡树"号 *（Oak）	雅罗	1911.7.6 / 1912.9.5	1912.11	一战时改为大舰队旗舰的通勤舰；1915 年舷号变更为 H.38；1921 年 5 月出售拆解

"阿卡斯塔"级（Acasta Class）驱逐舰（K级）

原本为这批驱逐舰准备了以字母 K 开头的舰名但并未使用，舷号最初在 1914 年授予，应该一直维持到 1918 年 1 月更改舷号时

舰名	船厂	开工 / 下水	完工时间	生涯
H.59/H.00"阿卡斯塔"号（Acasta）	布朗	1911.12.1 / 1912.9.10	1912.11	"国王"号（King）；1921 年 5 月出售拆解
H.48/H.01"阿卡特斯"号（Achates）	布朗	1912.1.15 / 1912.11.14	1913.3	"骑士"号（Knight）；1921 年 5 月出售拆解
H.62/05"伏击"号（Ambuscade）	布朗	1912.3.7 / 1913.1.25	1913.6	"基斯"号（Keith）；1921 年 9 月出售拆解
H.51/H.25"克里斯托弗"号（Christopher）	霍索恩	1911.10.16 / 1912.8.29	1912.11	"鸢"号（Kite）；1921 年 5 月出售拆解
H.73/26"鸡蛇"号（Cockatrice）	霍索恩	1911.10.23 / 1912.11.8	1913.3	"翠鸟"号（Kingfisher）；1921 年 5 月出售拆解
H.63/H.28"竞争"号（Contest）	霍索恩	1911.12.26 / 1913.1.7	1913.6	"三趾鸥"号（Kittiwake）；1917 年获得新舷号；1917 年 9 月 18 日被鱼雷击沉
H.04"鲨鱼"号（Shark）	斯旺 - 亨特	1911.10.27 / 1912.7.30	1913.4	"茶隼"号（Kestrel）；1916 年 5 月 31 日在日德兰海战中被击沉
H.61"雀鹰"号（Sparrowhawk）	斯旺 - 亨特	1911.10.17 / 1912.10.12	1913.5	"金斯米尔"号（Kingsmill）；1916 年 6 月 1 日在日德兰海战中被击沉
H.41/H.1A"喷火"号（Spitefire）	斯旺 - 亨特	1911.12.18 / 1912.12.23	1913.6	"凯珀尔"号（Keppel）；1921 年 5 月出售拆解
H.71"山猫"号（Lynx）	L & G	1912.1.14 / 1913.3.20	1914.1	"弯角羚"号（Koodoo）；1915 年 8 月 9 日触雷沉没
H.13/H.79"蠓"号（Midge）	L & G	1912.4.1 / 1913.5.22	1914.3	"黑犀"号（Keitloa）；1915 年 9 月舷号变更为 H.40；1921 年 11 月出售拆解
H.31/H.93"猫头鹰"号（Owl）		1912.4.1 / 1913.5.7	1914.4	"杀手"号（Killer）；1921 年 11 月出售拆解
H.67/H.39"哈代"号 *（Hardy）	桑克罗夫特	1911.11.13 / 1912.10.10	1913.9	"水鬼"号（Kelpie）；1921 年 5 月出售拆解
H.26"典范"号 *（Paragon）	桑克罗夫特	1912.3.14 / 1913.2.21	1913.12	"凯特琳"号（Katrine）；1917 年 3 月 18 日被鱼雷击沉
H.27/H.95"鼠海豚"号 *（Porpoise）	桑克罗夫特	1912.3.14 / 1913.7.21	1914.1	"肯宁顿"号（Kennington）；1920 年 3 月被出售给巴西，命名为"马拉尼昂"号（Maranhao）
H.68/H.5A"团结"号 *（Unity）	桑克罗夫特	1912.4.1 / 1913.9.18	1914.3	"金赛尔"号（Kinsale）；1922 年 10 月出售拆解
H.6/H.6A"胜利者"号 *（Victor）	桑克罗夫特	1912.4.1 / 1913.11.28	1914.6	"金斯敦"号（Kingston）；1923 年 1 月出售拆解
H.78"热心"号 *（Ardent）	登尼	1912.10.9 / 1913.9.8	1914.2	"肯里克"号（Kenric）；1916 年 6 月 1 日在日德兰海战中被击沉
H.30"命运"号 *（Fortune）	费尔菲尔德	1912.6.24 / 1913.5.17	1913.12	1916 年 5 月 31 日在日德兰海战中被击沉
H.32/H.36"花冠"号 *（Garland）	帕森斯（承包商莱尔德）	1912.7.15 / 1913.4.23	1913.12	"肯沃夫"号（Kenwulf）；1921 年 9 月出售拆解

"拉法雷"级（Laforey Class）驱逐舰（L级）

舷号最初在 1914 年授予，1918 年 1 月更换舷号

舰名	船厂	开工 / 下水	完工时间	生涯
H.95/H55"伦诺克斯"号（Lennox）	比德摩尔	1912.11.14 / 1914.3.17	1914.7	前"波西亚"号（Portia）；1921 年 10 月出售拆解
H.99/H.61"卢埃林"号（Llewelyn）	比德摩尔	1912.11.14 / 1913.10.30	1914.3	前"皮克顿"号（Picton）；1922 年 3 月出售拆解
H.79/H.54"军团"号（Legion）	登尼	1912.9.19 / 1914.2.3	1914.7	前"维奥拉"号（Viola）；1918 年 9 月舷号变更为 F.94；1921 年 11 月出售拆解
H.80/H.63"忠诚"号（Loyal）	登尼	1912.9.16 / 1913.11.10	1914.5	前"奥兰多"号（Orlando）；1921 年 11 月出售拆解
H.03"拉法雷"号（Laforey）	费尔菲尔德	1912.9.9 / 1913.8.22	1914.2	前"弗洛丽泽"号（Florizel）；1917 年 3 月 23 日因触雷沉没
H.06/H.43"劳福德"号（Lawford）	费尔菲尔德	1912.9.28 / 1913.10.30	1914.3	前"艾梵赫"号（Ivanhoe）；1922 年 8 月出售拆解
H.07"路易斯"号（Louis）	费尔菲尔德	1912.12.5 / 1913.12.30	1914.3	前"护符"号（Talisman）；1915 年 10 月 31 日触礁
H.08/H.66"吕底亚"号（Lydiard）	费尔菲尔德	1912.12.14 / 1914.2.26	1914.6	前"威弗利"号（Waverley）；1921 年 11 月出售拆解
H.94/H.45"雷欧提斯"号（Laertes）	斯旺 - 亨特	1912.7.6 / 1913.6.6	1913.10	前"萨尔珀冬"号（Sarpedon）；1921 年 12 月出售拆解

"拉法雷"级（Laforey Class）驱逐舰（L级） — 舷号最初在1914年授予，1918年1月更换舷号

舰名	船厂	开工/下水	完工时间	生涯
H.93/H.68"吕珊德"号（Lysander）	斯旺-亨特	1912.8.8 / 1913.8.18	1913.12	前"尤利西斯"号（Ulysses）；1922年6月拆解
H.23/H.46"枪骑兵"号（Lancer）	桑克罗夫特	1912.8.1 / 1914.2.25	1914.8	前"勇敢"号（Daring）；1922年11月出售拆解
H.24/H.62"守望"号（Lookout）	桑克罗夫特	1912.8.29 / 1914.4.27	1914.8	前"龙"号（Dragon）；1922年8月出售拆解
H.91/H.51"桂冠"号（Laurel）	怀特	1912.8.17 / 1913.5.6	1914.3	前"红手套"号（Red Gauntlet）；1921年11月出售拆解
H.81/H.57"自由"号（Liberty）	怀特	1912.8.31 / 1913.9.15	1914.3	前"罗莎琳德"号（Rosalind）；1921年11月出售拆解
H.34/H.49"云雀"号（Lark）	雅罗	1912.6.28 / 1913.5.26	1913.11	前"傲慢"号（Haughty）；1923年1月出售拆解
H.54/H.47"秧鸡"号（Landrail）	雅罗	1912.7.24 / 1914.2.7	1914.6	前"热刺"号（Hotspur）；1921年12月出售拆解
H.53/H.53"百灵鸟"号（Laverock）	雅罗	1912.7.24 / 1913.11.19	1914.10	前"赫里沃德"号（Hereward）；1921年5月出售拆解
H.43/H.49"红雀"号（Linnet）	雅罗	1912.6.28 / 1913.8.16	1913.12	前"浩劫"号（Havock）；1921年11月出售拆解
H.20/56"列奥尼达斯"号*（Leonidas）	帕森斯	1912.10.26 / 1913.10.30	1914.8	前"罗伯·罗伊"号（Rob Roy）；1921年5月出售拆解
H.22/H.64"路西法"号*（Lucifer）	帕森斯	1912.10.26 / 1913.12.29	1914.8	前"火箭"号（Rocket）；1921年12月出售拆解

战时紧急建造的L级 — 在1916年更改舷号

舰名	船厂	开工/下水	完工时间	生涯
G.06/F.42"洛泰瓦"号（Lochinvar）	比德摩尔	1915.1.9 / 1915.10.9	1915.12	前"怨仇"号（Malice）；1918年舷号更换为F.52；1921年11月出售拆解
G.01/F.41"套索"号（Lassoo）	比德摩尔	1915.1.24 / 1912.8.24	1915.10.11	前"魔法"号（Magic）；1916年8月13日触雷沉没

"卡彭菲尔特"级（Kempenfelt Class）驱逐舰（领舰） — 在1916年更改舷号

1913—1914年建造计划

舰名	船厂	开工/下水	完工时间	生涯
H.76/H.58"轻捷"号（Lightfoot）	怀特	1914.6.9 / 1915.5.28	1915.5.29	1918年4月舷号变更为G.22，9月又变更为F.78；1921年5月出售拆解
H.96/G.35"神射手"号（Marksman）	霍索恩	1914.7.20 / 1915.4.28	1915.11.18	1917年舷号变更为G.35，1918年1月变更为F.85，1918年4月变更为F.66，1918年9月变更为F.66；1921年11月出售拆解

1914—1915年建造计划

舰名	船厂	开工/下水	完工时间	生涯
Ha.1/G.10"卡彭菲尔特"号（Kempenfelt）	莱尔德	1914.10.2 / 1915.5.1	1915.8.20	1917年舷号变更为G.10，1918年1月变更为F.87，1918年4月变更为G.12；1921年5月出售拆解
H.5a/H.90"宁录"号（Nimrod）	登尼	1914.10.9 / 1915.4.12	1915.8.25	1921年11月出售拆解

战时建造计划（1914年11月订购）

舰名	船厂	开工/下水	完工时间	生涯
G.07/F.43"亚必迭"号（Abdiel）	莱尔德	1915.5.6 / 1915.10.12	1916.3.26	1916—1918年间充当布雷舰；1918年1月舷号变更为F.49，战后舷号为H.32；1936年7月出售拆解
G.21/F.00"加百列"号（Gabriel）	莱尔德	1915.1.12 / 1915.12.23	1916.7.1	1918年8月充当布雷舰；1918年9月舷号变更为F.91；1921年5月出售拆解
G.32/G.50"伊思芮尔"号（Ithuriel）	莱尔德	1915.1.14 / 1916.3.12	1916.8.20	1917—1918年被分配给第13潜艇分舰队；1918年1月舷号变更为E.88；1921年11月出售拆解

改进型"卡彭菲尔特"级 — 1915年2月订购；1915—1917年授予舷号；后期的几艘仅有1917年授予的舷号

舰名	船厂	开工/下水	完工时间	生涯
G.91/G.85"格伦维尔"号（Grenville）	莱尔德	1915.6.19 / 1916.6.17	1916.10.11	1918年1月舷号变更为G.75，1918年4月舷号变更为G.95，战后舷号变更为H.26；1931年12月出售拆解
G.49/G.71"帕克"号（Parker）	莱尔德	1915.6.19 / 1916.8.16	1916.11.13	前"弗罗比舍"号（Frobisher）；1918年1月舷号变更为G.75，1918年4月被变更为G.95；1921年11月出售拆解

1915年7月订购

舰名	船厂	开工/下水	完工时间	生涯
G.90"何思德"号（Hoste）	莱尔德	1915.8.16	1916.11	1916年12月21日沉没
G.3A"索马里兹"号（Saumarez）	莱尔德	1916.3.2 / 1916.10.14	1916.12.21	1918年1月舷号变更为G.45，1918年4月变更为G.25；战后舷号为H.08；1931年1月出售拆解
G.00"西摩尔"号（Seymour）	莱尔德	1915.11.23 / 1916.8.31	1916.11.30	1918年1月舷号变更为G.20，1918年4月舷号变更为G.00，11月变更为D.09，战后舷号为H.15；1930年1月出售拆解

1915年12月订购

舰名	船厂	开工/下水	完工时间	生涯
F.61"澳新军团"号（ANZAC）	登尼	1916.1.31 / 1917.1.11	1917.4.24	1917年4月18日授予舷号G.60，1918年1月舷号变更为G.50，战后舷号为H.3A；1919年转交皇家澳大利亚海军；1935年8月出售拆解

M级驱逐舰 — 1917—1918年间部署于地中海，但为各舰预留了D开头的舷号

舰名	船厂	开工/下水	完工时间	生涯
H.4A/H.73"无双"号（Matchless）	斯旺-亨特	1913.11.8 / 1914.10.5	1914.12	1918年9月舷号变更为D.73；1921年10月出售拆解
HA.4/H.86"莫雷"号（Murray）	帕尔默	1913.12.4 / 1914.8.6	1914.12	1918年9月舷号变更为D.33；1921年5月出售拆解
HA.5/H.87"明戈斯"号（Myngs）	帕尔默	1913.12.31 / 1914.9.24	1915.2	1918年9月舷号变更为D.41；1921年5月出售拆解
H.8A/H.80"米尔尼"号（Milne）	布朗	1913.12.18 / 1914.10.5	1914.12	1918年9月舷号变更为D.12；1921年9月出售拆解
HA.2/H.84"穆尔森"号（Moorsom）	布朗	1914.1.15 / 1914.12.21	1915.2	1918年9月舷号变更为D.27；1921年11月出售拆解
HA.3/H.85"莫里斯"号（Morris）	布朗	1914.1.20 / 1914.11.19	1914.12	1918年9月舷号变更为D.35；1921年11月出售拆解
H.1A/H.70"曼斯菲尔德"号（Mansfield）	霍索恩	1913.7.9 / 1914.12.3	1915.4	1918年9月舷号变更为D.37；1921年10月出售拆解
H.6A/H.77"导师"号（Mentor）	霍索恩	1913.7.9 / 1914.8.21	1915.1	1918年9月舷号变更为D.54；1921年5月出售拆解
H.3A/H.72"獒犬"号（Mastiff）	桑克罗夫特	1913.7.24 / 1914.9.5	1914.11	1918年9月舷号变更为D.66；1921年5月出售拆解
H.7A/H.78"流星"号*（Meteor）	桑克罗夫特	1913.5.17 / 1914.7.24	1914.9	1918年9月舷号变更为D.84；1921年5月出售拆解
HA.0/H.83"米兰达"号*（Miranda）	雅罗	1913.5.6 / 1914.5.27	1914.8	1918年9月舷号变更为D.24；1921年10月出售拆解
H.9A/H.81"迈诺斯"号*（Minos）	雅罗	1913.5.9 / 1914.8.6	1914.9	1920年8月出售拆解
H.0A/H.69"刚强"号*（Manly）	雅罗	1913.5.12 / 1914.10.12	1914.11	1918年9月舷号变更为D.20；1921年10月出售拆解

1914年的建造计划因建造如下驱逐领舰而取消："神射手"号、"威吓"号、"莫尼特"号

后期型 M 级驱逐舰	如未特别说明，第二个舷号于 1917 年 1 月而非 1918 年 1 月开始使用			
舰名	船厂	开工 / 下水	完工时间	生涯

第一批战时建造计划，1914 年 9 月

舰名	船厂	开工 / 下水	完工时间	生涯
H.2A/G.11 "蒙斯" 号（Mons）	布朗	1914.9.30 / 1915.5.1	1915.7	1918 年 1 月舷号变更为 5.10，4 月变更为 G.1A，6 月变更为 H.89；1921 年 11 月出售拆解
H.A6/G.05 "马恩河" 号（Marne）	布朗	1914.9.30 / 1915.5.29	1915.9	1918 年 1 月舷号变更为 HA.0；1921 年 9 月出售拆解
H.2C/G.16 "神秘" 号（Mystic）	登尼	1914.10.27 / 1915.6.26	1915.11.11	前 "桃金娘" 号（Myrtle）；1918 年 1 月舷号变更为 G.3A；1921 年 11 月出售拆解
H.A7/G.20 "麦娜德" 号（Maenad）	登尼	1914.11.10 / 1915.8.10	1915.11.12	1918 年 1 月舷号变更为 G.27，9 月变更为 GA.8；1921 年 11 月出售拆解
H.A9/G.03 "礼仪" 号（MannerS）	费尔菲尔德	1914.11.14 / 1915.6.15	1915.9.21	1918 年 9 月舷号变更为 HC.1；1921 年 10 月出售拆解
H.A8/G.02 "委任" 号（Mandate）	费尔菲尔德	1914.10.29 / 1915.4.27	1915.8.13	1918 年 1 月舷号变更为 H.9A；1921 年 9 月出售拆解
G.C0/G.01 "魔术" 号（Magic）	怀特	1915.1.1 / 1915.9.10	1916.1.8	前 "万寿菊" 号（Marigold）；1918 年 4 月舷号变更为 G.0A；1921 年 9 月出售拆解
H.C1/F.02 "莫尔兹比" 号（Moresby）	怀特	1915.1.15 / 1915.11.20	1916.4.7	前 "马里恩" 号（Marlion）；1918 年 4 月舷号变更为 H.27；1921 年 5 月出售拆解
H.C2/G.04 "马米恩" 号（Marmion）	斯旺 – 亨特	1914.10.22 / 1915.5.28	1915.9	1917 年 10 月 21 日因碰撞沉没
H.C3/G.06 "尚武" 号（Martial）	斯旺 – 亨特	1914.10.22 / 1915.7.1	1915.10	1918 年 1 月舷号变更为 F.77；1921 年 5 月出售拆解
H.C4/G.29 "玛丽瑰" 号（Mary Rose）	斯旺 – 亨特	1914.11.17 / 1915.10.8	1916.3	1917 年 10 月 17 日在挪威的船队护航任务中被舰炮击沉
H.7C/C.28 "威吓" 号（Menace）	斯旺 – 亨特	1914.11.17 / 1915.11.9	1916.4	1918 年 1 月舷号变更为 G.80，6 月舷号变更为 G.6A；1921 年 5 月出售拆解
H.C5/G.07 "米迦勒" 号*（Michael）	桑克罗夫特	1914.11.12 / 1915.5.19	1915.8	1918 年 1 月舷号变更为 H.A1；1921 年 9 月出售拆解
H.C6/G.08 "米尔布鲁克" 号*（Milbrook）	桑克罗夫特	1914.11.20 / 1915.7.12	1915.10	1918 年 1 月舷号变更为 H.A2；1921 年 9 月出售拆解
H.C7/G.09 "随从" 号*（Minion）	桑克罗夫特	1914.11.27 / 1915.9.11	1915.11	1918 年 1 月被授予第二个舷号，4 月舷号变更为 G.14，6 月变更为 H.82；1921 年 11 月出售拆解
H.8C/G.33 "明斯特" 号*（Munster）	桑克罗夫特	1914.12.2 / 1915.11.24	1916.1	1918 年 1 月舷号变更为 G.11，6 月舷号变更为 F.69；1921 年 5 月出售拆解
H.C8/G.12 "月亮" 号*（Moon）	雅罗	1914.10.18 / 1915.4.23	1915.6	1918 年 1 月舷号变更为 G.11，6 月舷号变更为 F.69；1921 年 5 月出售拆解
H.C9/G.13 "启明星" 号*（Morning Star）	雅罗	1914.10.18 / 1915.6.26	1915.8	1918 年 1 月舷号变更为 G.12，4 月舷号变更为 G.18，6 月舷号变更为 H.48；1921 年 12 月出售拆解
H.0C/G.14 "芒西" 号*（Mounsey）	雅罗	1914.10.18 / 1915.9.11	1915.10	1918 年 4 月舷号变更为 H.C0，6 月变更为 G.1A；1921 年 11 月出售拆解
H.1C/G.15 "火枪手" 号*（Musketeer）	雅罗	1914.10.18 / 1915.11.12	1915.12	1918 年 4 月舷号变更为 G.19，6 月变更为 H.42；1921 年 11 月出售拆解

第二批战时建造计划，1914 年 11 月初

舰名	船厂	开工 / 下水	完工时间	生涯
G.11/G.27 "马穆鲁克" 号（Mameluke）	布朗	1914.12.23 / 1915.8.14	1915.10	1918 年 1 月舷号变更为 G.20，9 月变更为 G.02；1921 年 9 月出售拆解
G.20/G.28 "奇迹" 号（Marvel）	登尼	1915.1.11 / 1915.10.7	1915.12.28	1918 年 9 月舷号变更为 G.A3；1921 年 5 月出售拆解
G.10/G.32 "恶作剧" 号（Mischief）	费尔菲尔德	1915.2.3 / 1915.10.12	1915.12.16	1918 年 9 月舷号变更为 G.A4；1921 年 11 月出售拆解
G.04/G.31 "警惕" 号（Mindful）	费尔菲尔德	1914.12.29 / 1915.10.12	1915.11.10	1918 年 1 月采用第二个舷号，9 月舷号变更为 H.91；1921 年 9 月出售拆解

后期型 M 级驱逐舰	如未特别说明，第二个舷号于 1917 年 1 月而非 1918 年 1 月开始使用			
舰名	船厂	开工 / 下水	完工时间	生涯
G.12/G.30 "绝佳" 号（Nonsuch）	帕尔默	1915.1 / 1915.12.8	1916.3	前 "水仙" 号（Narcissus）；1918 年 1 月舷号变更为 G.38，6 月变更为 G.A5；1921 年 5 月出售拆解
G.13 "黑人" 号（Negro）	帕尔默	1915.1 / 1916.3.8	1916.5	1916 年 12 月 21 日因碰撞沉没
G.00/G.37 "内萨斯" 号（Nessus）	斯旺 – 亨特	– / 1915.8.24	1915.11	1918 年 1 月舷号变更为 G.36，6 月变更为 G.5A；1918 年 9 月 8 日因碰撞沉没
G.18/F.03 "尼皮恩" 号*（Nepean）	桑克罗夫特	1915.2 / 1916.1.22	1916.3	1918 年 1 月舷号变更为 H.44；1921 年 11 月出售拆解
G.19/F.12 "涅柔斯" 号*（Nereus）	桑克罗夫特	1915.3 / 1916.2.24	1916.5	1918 年 1 月舷号变更为 F.33，4 月变更为 H.21,11 月变更为 H.37；1921 年 11 月出售拆解
G.35/F.04 "尼莉莎" 号*（Nerissa）	雅罗	1915.3 / 1916.2.9	1916.3	1918 年 1 月舷号变更为 F.05，6 月变更为 H.09；1921 年 11 月出售拆解

第三批战时建造计划，1914 年 11 月末

舰名	船厂	开工 / 下水	完工时间	生涯
G.09/G.38 "高贵" 号（Noble）	史蒂芬	1915.2.2 / 1915.11.25	1916.2.15	前 "努力" 号（Nisus）；1918 年 1 月舷号变更为 G.37，6 月变更为 G.9A；1921 年 11 月出售拆解
G.28/G.52 "尼扎姆" 号（Nizam）	史蒂芬	1915.2.12 / 1916.4.6	1916.6.29	1918 年 1 月舷号变更为 G.53，9 月变更为 H.C6；1921 年 5 月出售拆解
G.31 "游牧民" 号（Nomad）	史蒂芬	– / 1916.2.7	1916.4	1916 年 5 月 31 日在日德兰海战中被舰炮击沉
G.37/G.53 "极品" 号（Nonpareil）	史蒂芬	1915.2.22 / 1916.5.16	1916.6.28	1918 年 1 月舷号变更为 G.54，9 月变更为 D.0A；1921 年 5 月出售拆解
G.14/G.54 "诺曼" 号（Norman）	帕尔默	– / 1916.3.20	1916.8	1918 年 1 月舷号变更为 G.55，9 月变更为 H.0A；1921 年 5 月出售拆解
G.15/G.83 "诺塞斯克" 号（Northesk）	帕尔默	– / 1916.7.5	1916.8	1918 年 1 月舷号变更为 H.21，后在 4 月取消舷号；1921 年 5 月出售拆解
G.16/F.45 "北极星" 号（North Star）	帕尔默	– / 1916.11.9	1917.2	1918 年 1 月舷号变更为 F.53；1918 年 4 月 23 日被击沉
G.17/G.46 "纽吉特" 号（Nugent）	帕尔默	1915.4 / 1917.1.23	1917.4	1918 年 1 月舷号变更为 F.54，9 月变更为 D.58；1921 年 5 月出售拆解
G.25/G.40 "忠顺" 号（Obedient）	司各特	– / 1915.11.6	1916.2	1918 年 1 月舷号变更为 G.39，6 月变更为 H.88；1921 年 11 月出售拆解
G.26/F.06 "执拗" 号（Obdurate）	司各特	1915.1 / 1916.1.21	1916.3	1918 年 1 月舷号变更为 F.07，6 月变更为 H.50；1921 年 11 月出售拆解
G.22/G.41 "猛攻" 号（Onslaught）	费尔菲尔德	1915.2.5 / 1915.12.4	1916.3.3	1918 年 1 月舷号变更为 G.40，6 月变更为 G.8A；1921 年 10 月出售拆解
G.29/F.09 "昂斯洛" 号（Onslow）	费尔菲尔德	1915.2.5 / 1916.2.15	1916.4	1918 年 1 月舷号变更为 F.34，4 月变更为 H.25；1921 年 11 月出售拆解
G.02/G.42 "欧珀" 号（Opal）	达克斯福德	1915.2.1 / 1915.9.11	1916.4	1918 年 1 月舷号变更为 G.41；1918 年 1 月 21 日触礁沉没
G.03/G.57 "奥菲利亚" 号（Ophelia）	达克斯福德	1915.2.1 / 1915.10.13	1916.5	1918 年 1 月舷号变更为 G.58，11 月变更为 G.A9；1921 年 11 月出售拆解
G.05/G.58 "适时" 号（Opportune）	达克斯福德	1915.2 / 1915.11.20	1916.6	1918 年 1 月舷号变更为 G.59；1923 年 12 月出售拆解
G.27/F.08 "神谕" 号（Oracle）	达克斯福德	1915.2 / 1915.12.23	1916.8	1918 年 1 月舷号变更为 D.46；1921 年 10 月出售拆解
G.33/G.61 "俄瑞斯忒斯" 号（Orestes）	达克斯福德	1915.3.1 / 1916.6.17	1916.6	1918 年 1 月舷号变更为 G.60，11 月变更为 D.56；1921 年 10 月出售拆解
G.38/G.59 "奥福德" 号（Orford）	达克斯福德	– / 1916.4.19	1916.5	1918 年 1 月舷号变更为 G.61，11 月变更为 D.70；1921 年 10 月出售拆解

后期型 M 级	如未特别说明，第二个舷号于 1917 年 1 月而非 1918 年 1 月开始使用		
驱逐舰			
舰名 船厂	开工 / 下水	完工时间	生涯
G.43/F.17 "俄耳甫斯" 号 （Orpheus） 达克斯福德	1915.3.1 1916.6.17	1916.9	1918 年 1 月舷号变更为 F.35，4 月变更为 H.28，11 月变更为 G.A9；1921 年 11 月出售拆解
G.51/F.07 "奥克塔维亚" 号 （Octavia） 达克斯福德	– 1916.6.21	1916.11	前 "大羚羊" 号（Oryx）1918 年 1 月舷号变更为 F.09，4 月变更为 G.71；1921 年 11 月出售拆解
G.23/G.17 "奥索雷" 号 （Ossory） 达克斯福德	1914.12.23 1915.10.9	1915.11	1918 年 1 月舷号变更为 H.A5；1921 年 11 月出售拆解
G.30"涅斯托耳"号（Nestor） 布朗	– 1915.10.9	1915.12.22	1916 年 5 月 31 日在日德兰海战中被击沉

第四批战时建造计划，1915 年 2 月

舰名 船厂	开工 / 下水	完工时间	生涯
G.34 "纳皮尔" 号（Napier） 布朗	1915.3.24 1915.11.27	1916.1	1918 年 6 月舷号变更为 G.A0；1921 年 11 月出售拆解
G.39/F.11 "纳伯勒" 号 （Narborough） 布朗	1915.5 1916.3.2	1916.4	1918 年 1 月舷号变更为 F.02；1918 年 1 月 12 日触礁沉没
G.47/F.36 "独角鲸" 号 （Narwhal） 登尼	1915.4.21 1915.12.3	1916.3.3	1918 年 1 月舷号变更为 G.35，6 月变更为 H.29；1919 年因碰撞损毁，1920 年被出售拆解
G.55/F.05 "黄喉鹐" 号 （Nicator） 登尼	1915.4.21 1916.2.3	1916.4.15	1918 年 1 月舷号变更为 H.A4；1921 年 5 月出售拆解
G.70/F.13 "挪威人" 号 （Norseman） 达克斯福德	– 1916.8.15	1916.11	1918 年 1 月舷号变更为 F.06，4 月变更为 G.31，11 月变更为 H.22；1921 年 5 月出售拆解
G.80/F.27 "奥伯龙" 号 （Oberon） 达克斯福德	– 1916.9.29	1916.12	1918 年 1 月舷号变更为 F.36，11 月变更为 F.35；1921 年 5 月出售拆解
G.41/F.55 "观察者" 号 （Observer） 费尔菲尔德	1915.6.1 1916.5.1	1916.6	1918 年 1 月舷号变更为 G.51，11 月变更为 D.79；1921 年 11 月出售拆解
G.45/G.56 "奥法" 号 （Offa） 费尔菲尔德	1915.7.6 1916.6.7	1916.7.31	1918 年 1 月舷号变更为 G.57，11 月变更为 D.96；1921 年 10 月出售拆解
G.53/80 "奥卡迪亚" 号 （Orcadia） 费尔菲尔德	1915.6.24 1916.7.26	1916.9.29	1918 年 1 月舷号变更为 D.30；1921 年 10 月出售拆解
G.69/F.14 "奥丽埃纳" 号 （Oriana） 费尔菲尔德	– 1916.9.23	1916.11.4	1918 年 1 月舷号变更为 F.11，6 月变更为 H.34；1921 年 10 月出售拆解
G.44/F.16 "黄鹂" 号 （Oriole） 帕尔默	– 1916.7.31	1916.11	1918 年 1 月舷号变更为 D.1A，4 月变更为 D.06；1921 年 5 月出售拆解
G.68/F.26 "奥西利斯" 号 （Osiris） 帕尔默	– 1916.9.28	1916.12	1918 年 1 月舷号变更为 F.31，4 月变更为 G.72，11 月变更为 H.30；1921 年 5 月出售拆解
G.40/F.18 "圣骑士" 号 （Paladin） 司各特	1915.5 1916.3.27	1916.5	1918 年 1 月舷号变更为 F.14，4 月变更为 G.73，11 月变更为 D.1A；1921 年 5 月出售拆解
G.52/77 "帕提亚人" 号 （Parthian） 司各特	1915.7 1916.7.3	1916.9	1918 年 1 月舷号变更为 H.91；1921 年 11 月出售拆解
G.46/G.52 "鹧鸪" 号 （Partridge） 斯旺 – 亨特	1915.7 1916.3.4	1916.6	1917 年 12 月 12 日被击沉
G.54/F.22 "帕斯利" 号 （Pasley） 斯旺 – 亨特	1915.7 1916.4.15	1916.7	1918 年 1 月舷号变更为 D.42；1921 年 5 月出售拆解
G.48/F.23 "尊贵" 号 * （Patrician） 桑克罗夫特	1915.6 1916.6.5	1916.8	1918 年 1 月舷号变更为 F.15，9 月变更为 GA1，战后变更为 H.86；1920 年 9 月转交了皇家加拿大海军；1929 年出售拆解
G.56/G.53 "爱国者" 号 * （Patriot） 桑克罗夫特	1915.7 1916.4.20	1916.6	1918 年 9 月后无舷号，战后授予舷号 H.87；1920 年 4 月转交皇家加拿大海军；1929 年出售拆解

第五批战时建造计划，1915 年 5 月

舰名 船厂	开工 / 下水	完工时间	生涯
G.67/G.68 "勇猛" 号 （Plucky） 司各特	1915.8 1916.4..21	1916.7	1918 年 9 月舷号变更为 G.A6，11 月变更为 D.2A；1921 年 5 月出售拆解
G.73/G.84 "波西亚" 号 （Portia） 司各特	– 1916.8.10	1916.10	1918 年 1 月舷号变更为 H.A6；1921 年 5 月出售拆解

后期型 M 级	如未特别说明，第二个舷号于 1917 年 1 月而非 1918 年 1 月开始使用		
驱逐舰			
舰名 船厂	开工 / 下水	完工时间	生涯
G.74/G.89 "雉" 号 （Pheasant） 费尔菲尔德	– 1916.10.23	1916.12	1917 年 3 月 1 日触雷沉没
G.82/F.53 "福柏" 号 （Phoebe） 费尔菲尔德	– 1916.11.20	1916.12	1918 年 1 月舷号变更为 F.55，9 月变更为 D.59；1921 年 11 月出售拆解
G.59/F.21 "鸽子" 号 （Pigeon） 霍索恩	1915.7 1916.3.3	1916.6.2	1918 年 1 月舷号变更为 F.18，后改为 H.67；1921 年 5 月出售拆解
G.65/F.67 "千鸟" 号 （Plover） 霍索恩	1915.7.30 1916.4.19	1916.6.30	1921 年 5 月出售拆解
G.50/F.19 "潘恩" 号 （Penn） 布朗	1915.6.9 1916.4.8	1916.5	1918 年 1 月舷号变更为 F.16，4 月变更为 F.74；1921 年 10 月出售拆解
G.60/G.65 "游隼" 号 （Peregrine） 布朗	1915.6.9 1916.5.29	1916.7	1918 年 11 月舷号变更为 H.94；1921 年 11 月出售拆解
G.58/F.10 "鹈鹕" 号（Pelican） 比厄摩尔	1915.6.25 1916.3.18	1916.5.1	1918 年 1 月舷号变更为 H.A8；1921 年 11 月出售拆解
G.64 "佩留" 号（Pellew） 比厄摩尔	1915.6.25 1916.5.18	1916.6.30	1918 年 1 月舷号变更为 H.98；1921 年 5 月出售拆解
G.66/F.20 "攻城雷" 号 （Petard） 登尼	1915.75 1916.3.24	1916.5.23	1918 年 1 月舷号变更为 F.32，4 月变更为 G.29，11 月变更为 G.A7；1921 年 5 月出售拆解
G.72/G.66 "佩顿" 号 （Peyton） 登尼	1915.7.12 1916.5.2	1916.6.29	1918 年 11 月舷号变更为 H.96；1921 年 5 月出售拆解
G.77/G.43 "亲王" 号 （Prince） 史蒂芬 （由比德摩尔完成建造）	1915.7.27 1916.7.26	1916.9.21	1918 年 1 月舷号变更为 G.42，9 月变更为 F.92；1921 年 5 月出售拆解
G.78/F.28 "派拉德斯" 号 （Pylades） 史蒂芬	– 1916.9.28	1916.12.30	1918 年 1 月舷号变更为 F.19，4 月变更为 G.62，11 月变更为 H.97；1921 年 5 月出售拆解
G.75/G.51 "麦地那" 号 （Medina） 怀特	1915.9.23 1916.3.8	1916.6.30	前 "红磨坊" 号（Redmill）；1918 年 1 月舷号变更为 G.52，11 月变更为 D.87；1921 年 5 月出售拆解
G.76/F.01 "梅德韦" 号 （Medway） 怀特	1915.11.2 1916.4.19	1916.8.2	前 "美多拉" 号（Medora）或 "红翼鸫" 号（Redwing）；1918 年 4 月舷号变更为 G.2A；1921 年 5 月出售拆解
G.63/G.78 "飞快" 号 * （Rapid） 桑克罗夫特	1915.8 1916.7.15	1916.9	1918 年 1 月舷号变更为 G.83；1927 年 4 月出售拆解
G.71/G.87 "聪敏" 号 * （Ready） 桑克罗夫特	– 1916.8.26	1916.10	1918 年 1 月舷号变更为 G.84；1926 年 7 月出售拆解
G.57/G.69 "无情" 号 * （Relentless） 雅罗	1915.8 1916.6.14	1916.5	1926 年 11 月出售拆解
G.62/F.24 "敌对" 号 （Rival） 雅罗	1915.8 1916.6.14	1916.9	1918 年 1 月舷号变更为 F.20，6 月变更为 H.40；1926 月 7 月出售拆解

"福克纳" 级（Faulknor Class）驱逐舰（领舰，前智利驱逐舰）			
舰名 船厂	开工 / 下水	完工时间	生涯
H.5C "博塔" 号 （Botha） 怀特	– 1914.12.2	1915.3	前智利海军 "威廉姆斯·雷沃列多海军上将" 号（Almirante Williams Rebolledo）；1917 年 2 月授予舷号 G.60，4 月改为 F.61；1920 年 5 月归还智利海军，恢复原舰名
H.98/23 "布洛克" 号 （Broke） 怀特	– 1914.5.25	1914.11	前智利海军 "戈尼海军上将" 号（Almirante Goni）；1918 年 9 月授予舷号 D.80；1920 归还智利海军，更名为 "乌里韦海军上将" 号（Almirante Uribe）
H.84/31 "福克纳" 号 （Faulknor） 怀特	– 1914.2.26	1914.8	前智利海军 "辛普森海军上将" 号（Almirante Simpson）；1918 年 9 月授予舷号 D.16；1920 年 5 月归还智利海军，更名为 "利维洛斯海军上将" 号（Almirante Riveros）

"福克纳"级（Faulknor Class）驱逐舰（领舰，前智利驱逐舰）			
舰名	船厂	开工／下水　完工时间	生涯
H.6C "蒂佩雷利"号（Tipperary） 怀特		－ 1915.3.5	1915.6　前智利海军"利维洛斯海军上将"号 （Almirante Riveros）；1916 年 6 月 1 日在日德兰海战中被击沉

"美狄亚"级（Medea Class）驱逐舰（前希腊驱逐舰）	"美狄亚"号 1916—1918 年归属第 10 潜艇分舰队，"墨兰普斯"号 1916—1918 年隶属哈里奇的第 9 潜艇分舰队，该级舰的第二个舷号于 1917 年 1 月授予		
舰名	船厂	开工／下水　完工时间	生涯
H.9C/H.74 "美狄亚"号（Medea） 布朗		1914.4.8 1915.1.30	1915.6　前"克里特岛"号（Kriti） 1921 年 5 月出售拆解
H.90 "美杜莎"号（Medusa） 布朗		－ 1915.3.27	1915.7　前"莱斯博斯岛"号（Lesvos）； 1916 年 3 月 25 日因碰撞沉没
H.44/75 "墨兰普斯"号（Malampus） 费尔菲尔德		－ 1914.12.16	1915.6.29　前"希俄斯岛"号（Chios）； 1921 年 9 月出售拆解
H.09/76 "墨尔波墨"号（Melpomene） 费尔菲尔德		－ 1915.2.1	1915.8.16　前"萨摩斯岛"号（Samos）； 1918 年 1 月授予第二个舷号， 9 月舷号变更为 D.50；1921 年 5 月出售拆解

"护符"级（Talisman Class）驱逐舰（前土耳其驱逐舰）	第二个舷号于 1917 年 1 月授予		
舰名	船厂	开工／下水　完工时间	生涯
G.80/F.44 "护符"号（Talisman） 霍索恩		1914.12.7 1915.7.15	1916.1.19　前"纳皮尔"号（Napier）； 1918 年 1 月舷号变更为 F.69， 6 月变更为 G.4A；1921 年 5 月出售拆解
G.24/F.47 "暴躁"号（Termagant） 霍索恩		1914.12.17 1915.8.26	1916.3.18　前"纳伯勒"号（Narborough）； 1918 年 1 月舷号变更为 F.73， 9 月变更为 D.36；1921 年 5 月出售拆解
G.36/F.50 "三叉戟"号（Trident） 霍索恩		1915.1.7 1915.11.20	1916.3.24　前"奥法"号（Offa）； 1918 年 1 月舷号变更为 F.81， 9 月变更为 D.38；1921 年 5 月出售拆解
G.42 "狂暴"号（Turbulent） 霍索恩		－ 1916.1.5	1916.5　前"巨魔"号（Ogre）； 1916 年 6 月 1 日在日德兰海 战中被击沉

R 级驱逐舰	第一批舷号于 1917 年 1 月授予，1918 年 1 月更改舷号		
舰名	船厂	开工／下水　完工时间	生涯
第六批战时建造计划（2 艘订购于 1915 年 5 月，其余订购于 1915 年 7 月）			
G.76/81 "拉德斯托克"号（Radstock） 斯旺－亨特		1915.9 1916.6.3	1916.9　最初的舷号为 G.79（1916 年）；1927 年 4 月出售拆解
G.85/G.82 "劫掠者"号（Raider） 斯旺－亨特		－ 1916.7.17	1916.10　最初的舷号为 G.81（1916 年）；1927 年 4 月出售拆解
G.83/G.18 "罗莫拉"号（Romola） 布朗		1915.8.25 1916.5.14	1916.8　1918 年 4 月舷号变更为 G.15；战后舷号为 H.84； 1930 年 3 月出售拆解
G.81/G.90 "罗威纳"号（Rowena） 布朗		1915.8.25 1916.7.1	1916.9　战后舷号 H.85；1937 年 1 月 出售拆解
G.88/G.85 "焦急"号（Restless） 布朗		1915.9.22 1916.8.12	1916.10　战后舷号 H.83；1937 年出售 拆解
G.90/G.86 "严厉"号（Rigorous） 布朗		1915.9.22 1916.9.30	1916.11　1926 年 11 月出售拆解
G.82/88 "火箭"号（Rocket） 登尼		1915.9.28 1916.7.2	1916.10.7　1926 年 12 月出售拆解
G.92/87 "罗伯·罗伊"号（Rob Roy） 登尼		1915.10.15 1916.8.29	1916.12.15　1926 年 7 月出售拆解
F.51/F.97 "红手套"号（Red Gauntlet） 登尼		1915.9.30 1916.11.23	1917.2.7　1917 年 7 月舷号变更为 F.58， 8 月舷号变更为 F.A4；1927 年 7 月出售拆解
F.56/F.57 "棱堡"号（Redoubt） 达克斯福德		－ 1916.10.28	1917.3　1926 年 7 月出售拆解
F.63 "新兵"号（Recruit） 达克斯福德		－ 1916.12.9	1917.4　1917 年 8 月 9 日触雷沉没

R 级驱逐舰	第一批舷号于 1917 年 1 月授予，1918 年 1 月更改舷号		
舰名	船厂	开工／下水　完工时间	生涯
F.49/G.17 "鲟鱼"号（Sturgeon） 史蒂芬		1915.11.10 1917.1.11	1917.2.26　1918 年 4 月舷号变更为 F.47； 1926 年 12 月出售拆解
F.79/F.60 "权杖"号（Sceptre） 史蒂芬		1915.11.10 1917.4.18	1917.5.26　1926 年 12 月出售拆解
G.94/G.93 "鲑鱼"号（Salmon） H & W		1915.8.27 1916.10.7	1916.12.20　战后舷号 H.58；1933 年 12 月更名为"黑貂"号（Sable）； 1937 年出售拆解
F.54/F.68 "西芙"号（Sylph） H & W		1916.830 1916.11.15	1917.2.10　1926 年 12 月出售拆解
G.19 "萨尔珀冬"号（Sarpedon） 霍索恩		1915.9.27 1916.6.1	1916.9.2　1918 年 4 月舷号变更为 G.21，9 月变更为 G.14； 1926 年 7 月出售拆解
G.91 "黑貂"号（Sable） 怀特		1915.12.20 1916.6.18	1916.11.30　1927 年 8 月出售拆解
F.55 "赛特犬"号（Setter） 怀特		－ 1916.8.18	1917.2　最初的舷号为 G.98（1916 年）；1917 年 5 月 17 日因碰 撞沉没
G.93/G.94 "巫女"号（Sorceress） 斯旺－亨特		1915.11 1916.8.29	1916.12　1927 年 4 月出售拆解
G.95/G.89 "罗莎琳德"号 *（Rosalind） 桑克罗夫特		1915.10 1916.10.14	1916.12　1926 年 7 月出售拆解
F.59/F.56 "光明"号 *（Radiant） 桑克罗夫特		1915.12 1916.11.5	1917.2　1920 年 9 月被出售给泰国海 军，更名为"帕峦"号（Phra Ruang）
F.64/F.58 "寻回犬"号 *（Retriever） 桑克罗夫特		1916.1 1917.1.15	1917.3　1927 年 7 月出售拆解
G.79/92 "塞布丽娜"号 *（Sabrina） 雅罗		1915.11 1916.7.24	1916.9　1926 年 11 月出售拆解
G.44 "强弓"号 *（Strongbow） 雅罗		－ 1916.9.30	1916.11　1917 年 10 月 17 日在斯堪的 纳维亚船队护航任务中被击沉
F.69/F.66 "惊奇"号 *（Surprise） 雅罗		－ 1916.11.25	1917.1　1917 年 1 月 23 日舷号更改 为 G.A4；1917 年 12 月 23 日触雷沉没
F.77/F.67 "西贝尔"号 *（Sybille） 雅罗		1915.8 1917.2.5	1917.2　1926 年 11 月出售拆解
第七批战时建造计划，1915 年 12 月			
F.51/F.59 "萨梯"号（Satyr） 比德摩尔		1916.4.15 1916.12.27	1917.2.2　1926 年 12 月出售拆解
F.48/F.61 "神枪手"号（Sharpshooter） 比德摩尔		1916.5.23 1917.2.27	1917.4.2　1927 年 4 月出售拆解
F.57 "热尘风"号（Simoom） 布朗		－ 1916.10.30	1916.12　1917 年 1 月 23 日被鱼雷击沉
G.05/F.46 "鳐鱼"号（Skate） 布朗		1916.1.12 1917.1.11	1917.2　1918 年 4 月舷号变更为 F.46； 战后变更为 H.39；间战期改 造为布雷舰；是唯——艘幸存 至二战的 R 级驱逐舰；1947 年 7 月出售拆解
F.60/F.64 "海星"号（Starfish） 霍索恩		1916.1.26 1916.9.27	1916.12.16　战后舷号变更为 H.70；1928 年 4 月出售拆解
F.66/F.65 "鹳"号（Stork） 霍索恩		1916.4.10 1916.11.25	1917.2.1　1927 年 10 月出售拆解
F.78/62 "娴熟"号（Skilful） H & W		1916.1.20 1917.2.2	1917.3.26　1926 年 7 月出售拆解
F.65/F.63 "跳羚"号（Springbok） H & W		1916.1.28 1917.3.9	1917.4.30　1926 年 12 月出售拆解
F.71/F.70 "金牛座"号 *（Taurus） 桑克罗夫特		1916.3 1917.3.10	1917.5　战后舷号变更为 H.30；1930 年 3 月出售拆解
F.93/F.71 "蒂泽"号 *（Teazer） 桑克罗夫特		1916.4 1917.4.21	1917.7　战后舷号变更为 H.17；1931 年 2 月出售拆解
第八批战时建造计划，1916 年 3 月			
F.85/G.08 "坦克雷德"号（Tancred） 比德摩尔		1916.7.6 1917.6.30	1917.9.1　1918 年 4 月舷号变更为 G.07；战后变更为 H.67； 1928 年 5 月出售拆解

R 级驱逐舰

第一批舷号于 1917 年 1 月授予，1918 年 1 月更改舷号

舰名	船厂	开工 / 下水	完工时间	生涯
F.72/F.22 "大海鲢" 号（Tarpon）	布朗	1916.4.12 1917.3.10	1917.4	1918 年 9 月舷号变更为 F.79；1927 年 8 月出售拆解
F.86/23 "忒勒玛科斯" 号（Telemachus）	布朗	1916.4.12 1917.4.21	1917.6	1918 年 9 月舷号变更为 F.81；1927 年 7 月出售拆解
F.76/F.72 "暴风" 号（Tempest）	费尔菲尔德	1917.1.26	– 1917.3.20	战后舷号变更为 H.71；1937 年出售拆解
F.87/F.74 "小领主" 号（Tetrarch）	H & W	1916.7.26 1917.4.20	1917.6.2	战后舷号变更为 H.59；1934 年 7 月出售拆解
F.96/G.02 "坚韧" 号（Tenacious）	H & W	1916.7.25 1917.5.21	1917.8.12	战后舷号变更为 H.1A；1928 年 6 月出售拆解
F.82/F.75 "提斯柏" 号（Thisbe）	霍索恩	1916.6.13 1917.3.8	1917.6.6	战后舷号变更为 H.73；1937 年出售拆解
F.74/F.76 "冲刺" 号（Thruster）	霍索恩	1916.6.2 1917.1.10	1917.3.30	1937 年 2 月出售拆解
F.68/G.06 "折磨者" 号（Tormentor）	史蒂芬	1916.5.1 1917.5.22	1917.8.22	1918 年 4 月舷号变更为 G.11；战后变更为 H.80；1929 年 11 月出售拆解
F.97/F.78 "龙卷风" 号（Tornado）	史蒂芬	– 1917.8.4	1917.11	1917 年 12 月 23 日触雷沉没
F.67/F.79 "奔流" 号（Torrent）	斯旺 – 亨特	– 1916.11.26	1917.2	1917 年 12 月 23 日触雷沉没
F.75/F.80 "热情" 号（Torrid）	斯旺 – 亨特	1916.7 1917.2.10	1917.5	战后舷号变更为 H.81；1937 年 3 月 16 日被出售，在前往拆解途中触礁沉没
F.70/F.82 "威猛" 号 *（Truculent）	雅罗	1916.6 1917.3.24	1917.5	1927 年 4 月出售拆解
F.90/G.07 "暴君" 号 *（Tyrant）	雅罗	1916.6 1917.5.19	1917.7	1918 年 4 月舷号变更为 G.06，6 月变更为 G.49；战后变更为 H.46；1938 年出售拆解
F.83 "阿尔斯沃特" 号 *（Ulleswater）	雅罗	1916.7 1917.8.4	1917.9	1918 年 8 月 15 日被鱼雷击沉

注：之后各级驱逐舰列表中舰名前均为一战后的舷号

改进型 R 级驱逐舰

舰名	船厂	开工 / 下水	完工时间	生涯
H.09 "阿尔斯特" 号（Ulster）	比德摩尔	1916.6.19 1917.10.10	1917.11.21	一战期间舷号为 F.91（1917.1）、F.17（1918.1）；1928 年 4 月出售拆解
"乌狄妮" 号（Undine）	费尔菲尔德	1916.8.2 1917.3.22	1917.5.26	一战期间舷号为 G.97（1917.1）、G.79（1918.4）；1928 年 4 月出售拆解
H.12 "高塔" 号（Tower）	斯旺 – 亨特	1916.9 1917.4.5	1917.8	一战期间舷号为 F.98（1917.1）、F.24（1918.1）；1928 年 5 月出售拆解
"锋利" 号（Trenchant）	怀特	1916.7.17 1916.12.23	1917.4.30	一战期间舷号为 G.96（1917.1）、G.78（1918.1）；1928 年 11 月出售拆解
"崔斯坦" 号（Tristram）	怀特	1916.9.23 1917.2.24	1917.6.30	一战期间舷号为 F.89（1917.1）、F.25（1918.1）；1921 年 5 月出售拆解
"控诉" 号（Tirade）	司各特	1916.5 1917.4.21	1917.7	一战期间舷号为 F.81（1917.1）、G.80（1918.1）；1921 年 11 月出售拆解
H.11 "厄休拉" 号（Ursula）	司各特	1916.9 1917.8.2	1917.9	一战期间舷号为 F.88（1917.1）、F.84（1918.1）；1929 年 11 月出售拆解
"尤利西斯" 号（Ulysses）	达克斯福德	1916.8.1 1917.3.24	1917.6	一战期间舷号为 F.80（1917.1）、G.96（1918.1）；1918 年 10 月 20 日被撞沉
H.10 "仲裁者" 号（Umpire）	达克斯福德	1916.8.21 1917.6.9	1917.8	一战期间舷号为 F.94（1917.1）、F.26（1918.1）；1930 年 1 月出售拆解

改进型 R 级驱逐舰

舰名	船厂	开工 / 下水	完工时间	生涯
H.62 "海胆" 号（Urchin）	帕尔默	1916.9 1917.6.7	1917.8	一战期间舷号为 F.95（1917.1）、F.04（1918.1）；1930 年 1 月出售拆解
"熊" 号（Ursa）	帕尔默	– 1917.7.23	1917.10	一战期间舷号为 F.10（1918.1）；1926 年 7 月出售拆解

S 级驱逐舰

第一批订单，1917 年 4 月

舰名	船厂	开工 / 下水	完工时间	生涯
H.53 "热尘风" 号（Simoom）	布朗	1917.5.30 1918.1.26	1918.3	一战期间舷号为 G.44（1918.4）；1931 年 1 月出售拆解
H.21 "弯刀" 号（Scimitar）	布朗	1917.5.30 1918.2.27	1918.4.13	一战期间舷号为 G.41（1918.4）；1947 年 6 月出售拆解
H.52 "苏格兰人" 号（Scotsman）	布朗	1917.12.10 1918.3.30	1918.5.21	一战期间舷号为 G.30（1918.6）；1937 年 7 月出售拆解
H.51 "斥候" 号（Scout）	布朗	1917.10.25 1918.4.27	1918.6.15	布雷驱逐舰；一战期间舷号为 G.35（1918.6）；1946 年 3 月出售拆解
D.05 "鲨鱼" 号（Shark）	斯旺 – 亨特	1917.9 1918.4.9	1918.7.10	一战期间舷号为 F.A1（1919）；1931 年 2 月出售拆解
D.08 "雀鹰" 号（Sparrowhawk）	斯旺 – 亨特	1917.9 1918.5.14	1918.9.4	一战期间舷号为 G.53（1918.11）；1931 年 2 月出售拆解
D.11 "辉煌" 号（Splendid）	斯旺 – 亨特	1917.9 1918.5.14	1918.10	一战期间舷号为 G.57（1918.11）；1931 年 1 月出售拆解
H.18 "佩刀" 号（Sabre）	史蒂芬	1917.9.10 1918.9.23	1918.11.9	一战期间舷号为 G.56（1918.11）；1945 年 11 月出售拆解
H.54 "萨拉丁" 号（Saladin）	史蒂芬	1917.9.10 1919.2.17	1919.4.11	一战期间舷号为 F.0A（1919.4）；1947 年 6 月出售拆解
"锡克人" 号（Sikh）	费尔菲尔德	1917.8 1918.5.7	1918.6.29	一战期间舷号为 H.94（1918.6），后变更为 D.68；1927 年 7 月出售拆解
D.59 "酋长" 号（Sirdar）	费尔菲尔德	1917.8 1918.7.6	1918.9.6	一战期间舷号为 G.27（1918.11）；1934 年 5 月出售拆解
D.07 "索姆河" 号（Somme）	费尔菲尔德	1917.11 1918.9.10	1918.11.4	一战期间舷号为 G.52（1918.11）；1932 年 8 月出售拆解
H.5A "成功" 号（Success）	达克斯福德	– 1918.6.29	1919.4	一战期间舷号为 F.1A（1919.4）；1919 年 6 月转交皇家澳大利亚海军；1937 年 6 月出售拆解
H.06 "三叶草" 号（Shamrock）	达克斯福德	1917.11 1918.8.26	1919.9.16	一战期间舷号为 F.50（1919.8）；1937 年出售拆解
D.85 "希卡里" 号（Shikari）	达克斯福德	1918.1.15 1917.7.14	1924.4	由查塔姆造船厂完工；1945 年 9 月出售拆解
D.02 "参议员" 号（Senator）	登尼	1917.7.10 1918.4.7	1918.6.7	一战期间舷号为 G.36（1918.6）；1937 年出售拆解
D.03 "印度列兵" 号（Sepoy）	登尼	1917.8.6 1918.5.22	1918.8.6	一战期间舷号为 G.26（1918.9）；1932 年 7 月出售拆解
D.04 "撒拉弗" 号（Seraph）	登尼	1917.10.4 1918.7.8	1918.12.25	一战期间舷号为 G.50（1918.12）；1934 年 5 月出售拆解
D.14 "燕子" 号（Swallow）	司各特	1917.9 1918.8.1	1918.9.27	一战期间舷号为 F.73（1918.11）；1936 年 9 月出售拆解
H.8A "剑客" 号（Swordsman）	司各特	– 1918.12.28	1919.3	一战期间舷号为 E.3A（1919.3）；1919 年 6 月变更为 RA①；1937 年 6 月出售拆解
H.37 "坚实" 号（Steadfast）	帕尔默	1917.9 1918.8.8	1919.3	一战期间舷号为 F.99（1918.3）；1934 年 7 月出售拆解
H.31 "斯特林" 号（Sterling）	帕尔默	1917.10 1918.10.8	1919.3	前 "斯特灵" 号（Stirling）；一战期间舷号为 F.A3（1919.3）；1932 年 8 月出售拆解
D.16 "保民官" 号（Tribune）	怀特	1917.8.21 1918.3.28	1918.7.16	一战期间舷号为 F.9A（1919）；1931 年 12 月出售拆解

① 原文如此，指代不明。

S级驱逐舰

舰名	船厂	开工/下水	完工时间	生涯
D.17 "特立尼达"号 (Trinidad)	怀特	1917.9.15 / 1918.4.8	1918.9.9	一战期间舷号为G.38(1918.9); 1932年3月出售拆解
"迅捷"号* (Speddy)	桑克罗夫特	1917.5 / 1918.6.1	1918.8.14	一战期间舷号为G.36(1918.9); 1922年9月24日因碰撞沉没
"多巴哥"号* (Tobago)	桑克罗夫特	1917.5 / 1918.7.15	1918.10.2	一战期间舷号为G.11(1918.11); 1920年11月12日触雷, 1922年被拆解
D.15 "火炬"号* (Torch)	雅罗	1917.4 / 1918.3.16	1918.5.11	为代替"旅行者"号(Wayfarer)而建造; 一战期间舷号为G.33(1918.6); 1929年11月出售拆解
D.79 "战斧"号* (Tomahawk)	雅罗	1917.4 / 1918.5.11	1918.7.8	为取代"啄木鸟"号(Woodpecker)而建造; 一战期间舷号为G.34(1918.6); 1928年6月出售拆解
"特立冯"号* (Tryphon)	雅罗	– / 1918.6.22	1918.9	一战期间舷号为G.42(1918.11); 1919年5月4日搁浅; 1920年9月出售拆解
D.18 "喧闹"号* (Tumult)	雅罗	1917.6 / 1918.9.17	1918.12	一战期间舷号为G.58(1918.11); 1928年10月出售拆解
H.02 "绿松石"号* (Turquoise)	雅罗	1917.6 / 1918.11.9	1919.3	一战期间舷号为G.22(1919.3); 1932年1月出售拆解
D.80 "托斯卡纳人"号* (Tuscan)	雅罗	1917.6 / 1919.3.1	1919.6.24	一战期间舷号为F.A5(1919.6); 1932年8月出售拆解
H.01 "提尔人"号* (Tyrian)	雅罗	1917.6 / 1919.7.2	1919.12.23	一战期间舷号为D.84(1919.12); 1930年2月出售拆解

第二批订单, 1917年6月

舰名	船厂	开工/下水	完工时间	生涯
H.99 "谋士"号 (Tactician)	比德摩尔	1917.11.21 / 1918.8.7	1918.10.23	一战期间舷号为G.54(1918.11); 1931年2月出售拆解
H.92 "塔拉"号 (Tara)	比德摩尔	1917.11.21 / 1918.10.12	1918.12.9	一战期间舷号为G.62(1918.11); 1931年12月出售拆解
H.7A "塔斯马尼亚"号 (Tasmania)	比德摩尔	1917.12.18 / 1918.11.22	1919.1.29	一战期间舷号为G.97(1919.2); 1919年6月转交皇家澳大利亚海军; 1937年6月出售拆解
H.6A "文身"号 (Tattoo)	比德摩尔	1917.12.21 / 1918.12.28	1919.4.7	一战期间舷号为F.2A(1919.4); 1919年6月转交皇家澳大利亚海军; 1937年1月出售拆解
H.33 "镰刀"号 (Scythe)	布朗	– / 1918.5.25	1918.7	一战期间舷号为G.32(1918.9); 1931年11月出售拆解
H.23 "海熊"号 (Seabear)	布朗	1917.12.13 / 1918.7.6	1918.9	一战期间舷号为G.29(1918.11); 1931年2月出售拆解
H.19 "海火"号 (Seafire)	布朗	1918.2.27 / 1918.8.8	1918.11	一战期间舷号为G.68(1918.11); 1936年出售拆解
H.20 "搜寻者"号 (Searcher)	布朗	1918.3.30 / 1918.9.11	1918.11	一战期间舷号为G.72(1918.11); 1938年3月出售拆解
H.07 "海狼"号 (Seawolf)	布朗	1918.4.30 / 1918.11.2	1919.1	一战期间舷号为G.47(1919.2); 1931年2月出售拆解
D.12 "轻巧"号 (Sportive)	斯旺-亨特	1918.2 / 1918.9.19	1918.12	一战期间舷号为G.48(1919.1); 1936年出售拆解
H.4a "忠实"号 (Stalwart)	斯旺-亨特	1918.4 / 1918.10.23	1919.4	一战期间舷号为F.4A(1919.4); 1919年6月转交皇家澳大利亚海军; 1937年6月出售拆解
H.38 "蒂尔伯里"号 (Tilbury)	斯旺-亨特	1917.11 / 1918.6.13	1918.9.17	一战期间舷号为G.37(1918.9); 1931年2月出售拆解
H.89 "廷塔杰尔"号 (Tintagel)	斯旺-亨特	1917.12 / 1918.8.9	1918.12	一战期间舷号为G.51(1918.12); 1932年3月出售拆解
H.26 "缠丝玛瑙"号 (Sardonyx)	史蒂芬	1918.3.25 / 1919.5.27	1919.7.12	一战期间舷号为F.34(1919.6); 1945年10月出售拆解
"土星"号 (Saturn)	史蒂芬	– / –	–	1919年取消建造
"无花果"号 (Sycamore)	史蒂芬	– / –	–	1919年被取消建造
"巨石阵"号 (Stonehenge)	帕尔默	– / 1919.3.19	1919.9	一战期间舷号为G.99(1919.8); 1920年11月6日触礁沉没

S级驱逐舰

舰名	船厂	开工/下水	完工时间	生涯
H.05 "暴风云"号 (Stormcloud)	帕尔默	1918.5 / 1919.5.30	1919.1.28	一战期间舷号为D.89(1920.1); 1934年7月出售拆解
"长矛"号 (Spear)	费尔菲尔德	– / 1918.11.9	1918.12.17	一战期间舷号为G.55(1918.12); 1926年7月出售拆解
H.57 "浪花"号 (Spindrift)	费尔菲尔德	– / 1918.12.30	1919.4.2	一战期间舷号为G.21(1919.4); 1936年7月出售拆解
D.58 "塞拉皮斯"号 (Serapis)	登尼	1917.12.4 / 1918.9.17	1919.3.21	一战期间舷号为F.21(1919.2); 1934年1月出售拆解
H.25 "宁静"号 (Serene)	登尼	1918.2.2 / 1918.11.30	1919.4.30	一战期间舷号为F.7A(1919.5); 1936年出售拆解
H.35 "芝麻"号 (Sesame)	登尼	1918.3.13 / 1918.12.30	1919.3.28	一战期间舷号为F.5A(1919.5); 1934年5月出售拆解
"奋发"号 (Strenuous)	司各特	– / 1918.11.9	1919.1	一战期间舷号为G.64(1919.1); 1932年8月出售拆解
H.50 "堡垒"号 (Stronghold)	司各特	1918.3 / 1919.5.6	1919.7.2	一战期间舷号为F.A8(1919.6); 1942年3月4日因轰炸沉没
H.28 "坚决"号 (Sturdy)	司各特	1918.4 / 1919.6.26	1919.10	一战期间舷号为F.96(1919); 1940年10月30日触礁沉没
H.44 "特洛伊人"号 (Trojan)	怀特	1918.1.3 / 1918.7.20	1918.12.6	一战期间舷号为G.66(1918.11); 1936年出售拆解
H.98 "游荡"号 (Truant)	怀特	1918.2.14 / 1918.9.18	1919.3.17	一战期间舷号为G.23(1919.3); 1931年11月出售拆解
H.56 "可靠"号 (Trusty)	怀特	1918.4.11 / 1918.11.6	1919.5.9	一战期间舷号为F.A2(1919.5); 1936年出售拆解
H.04 "忒涅多斯"号 (Tenedos)	霍索恩	1917.12.6 / 1918.10.21	1919.6	一战期间舷号为F.A4(1919.6); 间战期改为布雷舰; 1942年4月5日因轰炸沉没
H.28 "珊奈特"号 (Thanet)	霍索恩	1917.12.13 / 1918.11.5	–	一战期间舷号为G.24(1919.8); 间战期改为布雷舰; 1942年1月27日因轰炸沉没
D.86 "色雷斯人"号 (Thracian)	霍索恩	1918.1.17 / 1920.3.5	1920.4.21	由舍尔尼斯完工; 一战期间舷号为G.A4(1920); 1941年12月24日因轰炸搁浅, 后被日本海军打捞, 改为101号巡逻舰; 1945年被交还; 1946年2月出售拆解
H.34 "狂暴"号 (Turbulent)	霍索恩	1917.11.14 / 1919.5.29	1919.10.10	一战期间舷号为F.55(1919.10)、D.92(1919.11); 1936年出售拆解
H.24 "托贝"号* (Torbay)	桑克罗夫特	1917.11 / 1918.3.6	1919.7.17	一战期间舷号为F.35(1919.6); 1928年3月转交皇家加拿大海军并更名为"张伯伦"号(Champlain); 1937年出售拆解
H.55 "斗牛士"号* (Toreador)	桑克罗夫特	1917.11 / 1918.12.7	1919.4	一战期间舷号为F.6A(1919.4); 1928年3月转交皇家加拿大海军并更名为"温哥华"号(Vancouver); 1937年出售拆解
D.10 "碧玺"号* (Tourmaline)	桑克罗夫特	1918.1 / 1919.4.12	1919.12	一战期间舷号为D.83(1919.12); 1931年11月出售拆解

V与W级驱逐领舰

舰名	船厂	开工/下水	完工时间	生涯
D.68 "吸血鬼"号 (Vampire)	怀特	1916.10.10 / 1917.5.21	1917.9.22	前"华莱士"号(Wallace); 一战期间的舷号为F.0A(1917)、G.70(1918.1)、G.50(1918.4); 1933年转交皇家澳大利亚海军; 1942年4月9日因轰炸沉没
D.49 "瓦伦丁"号 (Valentine)	莱尔德	1916.8.7 / 1917.3.24	1917.6.27	前"布鲁斯"号(Bruce); 一战期间改造为布雷舰, 舷号为F.99(1917)、F.30(1918.1); 1940年4月改造为"怀尔"型驱逐舰; 1940年5月15日被击沉
D.44 "瓦尔哈拉"号 (Valhalla)	莱尔德	1916.8.8 / 1917.5.22	1917.7.31	一战期间的舷号为F.9A(1917)、G.25(1918.1)、G.45(1918.4); 1931年12月出售拆解
D.82/L.00 "勇武"号 (Valorous)	登尼	1916.5.25 / 1917.5.8	1917.8.21	前"蒙特罗斯"号(Montrose); 一战期间改造为布雷舰, 舷号为F.92(1917)、G.00(1918.1)、G.20(1918.4); 1939年6月1日改造为"怀尔"型驱逐舰; 1947年3月出售拆解
D.61 "女武神"号 (Valkyrie)	登尼	1917.5.25 / 1917.3.13	917.6.16	一战期间舷号为F.83(1917)、G.86(1918.1)、F.05(1918.9); 1936年出售拆解

V级驱逐舰			改造为布雷舰的工作开始于1917年1月12日
舰名	船厂	开工/下水	完工时间　生涯
D.28 "温哥华"号 (Vancouver) 比德摩尔		1917.3.15 1917.12.26	1918.3.9　一战期间改造为布雷舰，舷号为 G.04 (1918.4)；1928年4月更名为"维米"号 (Vimy)；1941年5月成为远程护航驱逐舰试验舰；1947年3月出售拆解
D.29 "凡妮莎"号 (Vanessa) 比德摩尔		1917.5.16 1918.3.16	1918.4.27　一战期间舷号为 G.18 (1918.6)；1942年6月改造为远程护航驱逐舰；1947年3月出售拆解
D.28 "浮华"号 (Vanity) 比德摩尔		1917.7.28 1918.5.3	1918.6.21　一战期间舷号为 G.37 (1918.6)、G.19 (1918.9)；1940年8月12日改造为"怀尔"型驱逐舰；1947年3月出售拆解
D.54 "征服者"号 (Vanquisher) 布朗		1916.9.27 1917.8.18	1917.10.2　一战期间舷号为 F.3A (1917)、F.08 (1918.1)、F.85 (1918.6)、H.0A (1918.9)；1943年4月改造为远程护航驱逐舰；1947年3月出售拆解
H.33 "凡诺克"号 (Vanoc) 布朗		1916.9.20 1917.6.14	1917.8.15　布雷驱逐舰；一战期间舷号为F.8A (1917)、F.27 (1918.1)、H.4A (1918.6)、F.84 (1918.9)；1943年11月改造为远程护航驱逐舰；1945年7月出售拆解
D.52/L.41 "织女星"号 (Vega) 达克斯福德		1916.12.11 1917.9.1	1917.12.12　一战期间舷号为 F.4A (1917)、F.92 (1918.1)、F.09 (1918.4)；1939年1月27日改造为"怀尔"型驱逐舰；1947年3月出售拆解
D.34 "维洛克斯"号 (Velox) 达克斯福德		1917.1.22 1917.11.17	1918.4.1　一战期间舷号为 H.43 (1918.4)、D.40 (1918.9)、G.65 (1918.11)；1942年4月改造为远程护航驱逐舰；1947年2月出售拆解
"暴烈"号 (Vehement) 登尼		1916.9.25 1917.7.6	1917.10　布雷驱逐舰；一战期间舷号为F.1A (1917)、F.12 (1918.1)、H.2A (1918.6)；1918年8月1日触雷沉没
D.87 "历险"号 (Venturous) 登尼		1916.10.9 1917.9.21	1917.11.29　鱼雷布雷舰；一战期间舷号为F.30 (1917)、F.21 (1918.1)、F.87 (1918.6)；1936年出售拆解
D.69 "宿仇"号 (Vendetta) 费尔菲尔德		1916.11.1 1917.9.3	1917.10.17　一战期间舷号为 FA.3 (1917)、F.29 (1918.1)；1933年转交皇家澳大利亚海军；1948年7月2日被凿沉
D.53 "威尼斯"号 (Venetia) 费尔菲尔德		1917.2.2 1917.10.29	1917.12.19　一战期间舷号为F.9A (1917)、F.93 (1918.1)、F.14 (1918.4)；1940年10月19日触雷沉没
D.93 "凡尔登"号 (Verdun) 霍索恩		1917.1.13 1917.8.21	1917.11.3　一战期间舷号为F.2A (1917)、F.91 (1918.1)、F.16 (1918.6)；1940年7月改造为"怀尔"型驱逐舰；1946年1月出售拆解
D.32 "万能"号 (Versatile) 霍索恩		1917.1.31 1917.10.31	1918.2.11　一战期间舷号为F.29 (1917)、G.10 (1918.1)；1943年10月改造为远程护航驱逐舰；1948年8月出售拆解
"韦鲁勒姆"号 (Verulam) 霍索恩		– 1917.10.31	1917.12　一战期间舷号为F.A2 (1917)、F.96 (1918.1)、F.19 (1918.4)；1919年9月4日触雷沉没
D.55 "晚祷"号 (Vesper) 史蒂芬		1916.12.27 1917.12.15	1918.2.20　一战期间舷号为 F.39 (1918.4)；1943年5月改造为远程护航驱逐舰；1947年3月出售拆解
D.48 "维德特"号 (Vidette) 史蒂芬		1917.2.1 1918.2.25	1918.4.27　一战期间舷号为 F.07 (1918.4)；1943年1月改造为远程护航驱逐舰；1947年3月出售拆解
D.57 "猛烈"号 (Violent) 斯旺-亨特		1916.11 1917.9.1	1917.11　一战期间舷号为F.A1 (1917)、F.95 (1918.1)、F.31 (1918.4)；1937年出售拆解
D.23/L.29 "维摩拉"号 (Vimiera) 斯旺-亨特		1916.10 1917.6.22	1917.9.19　一战期间舷号为F.28 (1918.4)；1940年10月改造为"怀尔"型驱逐舰；1942年1月9日触雷沉没

V级驱逐舰			改造为布雷舰的工作开始于1917年1月12日
舰名	船厂	开工/下水	完工时间　生涯
"维托里亚"号 (Vittoria) 斯旺-亨特		– 1917.10.29	1918.3　一战期间舷号为 G.05 (1918.4)、F.96 (1918.10)；1919年9月1日被鱼雷击沉
D.36 "快活"号 (Vivacious) 雅罗		1916.7 1916.11.3	1917.12.29　一战期间舷号为F.32 (1917)、G.71 (1918.1)、G.01 (1918.4)；1942年12月改造为护航驱逐舰；1947年3月出售拆解
L.33 "薇薇安"号 (Vivien) 雅罗		1916.7 1918.2.16	1918.5.28　一战期间舷号为G.39 (1918.6)；1939年10月25日改造为"怀尔"型驱逐舰；1947年2月出售拆解
D.37 "沃提根"号 (Vortigern) 怀特		1917.1.17 1917.10.15	1918.1.25　一战期间改造为布雷舰，舷号F.35 (1917)、G.21 (1918.1)、G.03 (1918.4)；1942年3月15日被鱼雷击沉
D.51 "维缇斯"号 (Vectis) 怀特		1917.2.7 1917.9.4	1917.12.5　一战期间舷号为F.A0 (1917)、F.94 (1918.1)、F.06 (1918.4)；1936年出售拆解
D.91/L.21 "总督"号* (Viceroy) 桑克罗夫特		1916.12.12 1917.11.17	1918.1.14　一战期间舷号为F.99 (1918.1)、F.38 (1918.4)；1940年12月改造为"怀尔"型驱逐舰；1948年6月出售拆解
D.92 "子爵"号* (Viscount) 桑克罗夫特		1916.12.20 1917.12.29	1918.3.4　一战期间舷号为 G.24 (1918.4)；1942年12月改造为远程护航驱逐舰；1945年3月出售拆解

W级驱逐舰			改造为布雷舰的工作开始于1917年1月12日
舰名	船厂	开工/下水	完工时间　生涯
H.88/L.91 "戒备"号 (Wakeful) 布朗		1917.1.17 1917.10.6	1917.11　一战期间舷号为F.37 (1918.1)；1940年5月29日被鱼雷击沉
D.26 "守望者"号 (Watchman) 布朗		1917.1.17 1917.12.1	1918.1　一战期间改造为布雷舰，舷号为G.23 (1918.1)；1941年改造为护航驱逐舰；1945年7月出售拆解
D.41 "沃波尔"号 (Walpole) 达克斯福德		1917.5 1918.2.12	1918.8.7　一战期间舷号为F.15 (1918.9)；1945年1月因触雷被推定为全损，同年出售拆解
L.23 "惠特利"号 (Whitley) 达克斯福德		1917.6 1918.4.13	1918.10.11　前"惠特比"号 (Whitby)；一战期间无舷号；1938年11月4日改造为"怀尔"型试验舰；1940年5月1日因轰炸而搁浅
D.27 "漫步者"号 (Walker) 登尼		1917.3.26 1917.11.29	1918.2.12　一战期间改造为布雷舰，舷号为G.22 (1918.1)；1943年5月改造为远程护航驱逐舰；1946年3月出售拆解
D.47 "韦斯特科特"号 (Westcott) 登尼		1917.3.30 1918.2.14	1918.4.12　一战期间舷号为F.03 (1918.4)；1943年7月改造为远程护航驱逐舰；1946年1月出售拆解
D.24 "海象"号 (Walrus) 费尔菲尔德		1916.12 1917.12.27	1918.3.8　一战期间舷号为 G.17 (1918.4)；1938年2月12日搁浅，打捞后出售拆解
D.56 "猎狼犬"号 (Wolfhound) 费尔菲尔德		1917.4 1918.3.14	1918.3.27　一战期间舷号为F.18 (1918.4)；1940年5月2日改造为"怀尔"型驱逐舰；1948年2月出售拆解
D.25 "沃里克"号 (Warwick) 霍索恩		1917.3.10 1917.12.28	1918.3.18　一战期间改造为布雷舰，舷号为H.38 (1918.4, 后在9月取消)；1943年3月改造为远程护航驱逐舰；1944年2月20日被鱼雷击沉
D.43 "威赛克斯"号 (Wessex) 霍索恩		1917.5.23 1918.3.12	1918.5.11　一战期间无舷号；1940年5月24日因轰炸沉没
D.31 "远行者"号 (Voyager) 史蒂芬		1917.5.17 1918.5.8	1918.6.24　一战期间舷号为G.36 (1918.6)、G.16 (1918.9)；1933年转交皇家澳大利亚海军；1942年9月23日触礁后被凿沉
D.30 "旋风"号 (Whirlwind) 斯旺-亨特		1917.5 1917.12.15	1918.3.28　一战期间舷号为F.32 (1918.6)；1940年7月5日被鱼雷击沉

W 级驱逐舰　　　　　改造为布雷舰的工作开始于 1917 年 1 月 12 日

舰名	船厂	开工/下水	完工时间	生涯
D.35/L.10"搏斗者"号（Wrestler） 斯旺－亨特		1917.7 1918.2.25	1918.5.15	一战期间舷号为 G.31（1918.6）；L 开头的舷号用于一战后期；1943 年 4 月改造为远程护航驱逐舰；1944 年 6 月 6 日在诺曼底登陆期间触雷，推定为全损；1944 年 7 月出售拆解
D.46"温切尔西"号（Winchelsea） 怀特		1917.6.12 1917.12.15	1918.4.20	一战期间舷号为 F.40（1918.4）；1942 年 4 月改造为远程护航驱逐舰出售拆解
H.95/L.35"温彻斯特"号（Winchester） 怀特		1917.5.24 1918.2.1	1918.3.15	一战期间舷号为 G.43（1918.4）；1940 年 4 月 9 日改造为"怀尔"型驱逐舰；1946 年 3 月出售拆解
D.45/I.40"威斯敏斯特"号（Westminster） 司各特		－ 1918.2.24	1918.4.18	一战期间舷号为 F.02（1918.4）；1940 年 1 月 8 日改造为"怀尔"型驱逐舰；1947 年 3 月出售拆解
D.42/L.94"温莎"号（Windsor） 司各特		－ 1918.6.21	1918.8.28	一战期间舷号为 F.12（1918）；1947 年 3 月出售拆解
D.21/L.04"蚁䳭"号（Wryneck） 帕尔默		1917.9 1918.5.13	1918.11.11	一战期间舷号为 G.05（1918.11）；1940 年 8 月 27 日改造为"怀尔"型驱逐舰；1941 年 4 月 27 日因轰炸沉没
D.22"秧鸡"号（Waterhen） 帕尔默		1917.7.3 1918.3.26	1918.7.17	一战期间舷号为 G.28（1918.9）；1933 年 10 月转交皇家澳大利亚海军；1941 年 6 月 30 日因轰炸沉没
"旅行者"号*（Wayfarer） 雅罗		－ －	1917 年取消	
"啄木鸟"号*（Woodpecker） 雅罗		－ －	1917 年取消	
D.98/L.02"沃尔西"号*（Wolsey） 桑克罗夫特		1917.3 1918.3.16	1918.5.14	一战期间舷号为 G.40（1918.6）；1940 年 1 月 18 日改造为"怀尔"型驱逐舰；1947 年 3 月出售拆解
D.95/L.49"伍尔斯顿"号*（Woolston） 桑克罗夫特		1917.4 1918.4.27	1918.6.28	一战期间舷号为 F.08（1918.6）；1939 年 10 月 9 日改造为"怀尔"型驱逐舰；1947 年 2 月出售拆解

后期型 W 级驱逐舰（4.7 英寸主炮版本）

第一批订单，1918 年 1 月

舰名	船厂	开工/下水	完工时间	生涯
D.64"范西塔特"号（Vansittart） 比德摩尔		1918.7.1 1919.4.17	1919.11.5	一战期间舷号为 D.64（1919.11）；1942 年 6 月改造为远程护航驱逐舰；1946 年 2 月出售拆解
"维米"号（Vimy） 比德摩尔		1918.9.16 －	－	前"优越"号（Vantage）；1919 年 9 月取消建造
D.71"志愿者"号（Volunteer） 登尼		1918.4.16 1919.4.17	1919.11.7	一战期间舷号为 D.71（1919.11）；1943 年改造为远程护航驱逐舰；1947 年 3 月出售拆解
"献身者"号（Votary） 登尼		1918.6.18 －	1919 年 4 月取消建造	
D.75"恶毒"号（Venomous） 布朗		1918.5.31 1918.12.21	1919.8.24	前"毒液"号（Venom）；一战期间舷号为 G.98（1919.6）；1943 年 8 月改造为远程护航驱逐舰；1947 年 3 月出售拆解
D.63"真理"号（Verity） 布朗		1918.5.17 1919.3.19	1919.9.17	一战期间舷号为 F.36（1919.9）；1943 年 10 月改造为远程护航驱逐舰；1947 年 3 月出售拆解
D.74"漫游者"号（Wanderer） 费尔菲尔德		1918.8.7 1919.5.1	1919.9.18	一战期间舷号为 D.74（1919.9）；1943 年 4 月改造为远程护航驱逐舰；1946 年 1 月出售拆解
"沃伦"号（Warren） 费尔菲尔德		－ －	1919 年 9 月取消建造	
"迎接"号（Welcome） 霍索恩		1918.4.9 －	1919 年 4 月取消建造	
"富足"号（Welfare） 霍索恩		1918.6.22 －	1919 年 4 月取消建造	

后期型 W 级驱逐舰（4.7 英寸主炮版本）

舰名	船厂	开工/下水	完工时间	生涯
D.94"白厅"号（Whitehall） 斯旺－亨特		1918.6 1919.9.11	1924.7.9	由查塔姆船厂完成建造；1942 年 8 月改造为远程护航驱逐舰；1945 年 7 月出售拆解
"怀特黑德"号（Whitehead） 斯旺－亨特		－ 1918.6	－	1919 年 4 月取消建造
D.88"鹪鹩"号（Wren） 雅罗		1918.6 1919.11.11	1923.1.27	由彭布罗克造船厂完成建造；1940 年 7 月 27 日因轰炸沉没
"怀河"号（Wye） 雅罗		1918.1 －	－	1919 年 9 月取消建造
D.67"威舍特"号*（Wishart） 桑克罗夫特		1918.5.8 1919.7.18	1920.6	1945 年 3 月出售拆解
D.89"女巫"号*（Witch） 桑克罗夫特		1918.6.13 1919.11.11	1924.3	由德文波特造船厂完成建造；一战期间舷号为 G.A6（1920）；1946 年 7 月出售拆解

第二批订单，1918 年 4 月
（采用桑克罗夫特的锅炉舱布置，拥有更宽的前部烟道）

舰名	船厂	开工/下水	完工时间	生涯
"瓦逊"号（Vashon） 比德摩尔		－ －	－	1918 年 11 月取消建造
"报复"号（Vengeful） 比德摩尔		－ －	－	1918 年 11 月取消建造
D.72"老兵"号（Veteran） 布朗		1918.8.30 1919.4.26	1919.11.13	一战期间舷号为 D.72（1919.11）；1941 年改造为护航驱逐舰；1942 年 9 月 26 日被鱼雷击沉
"比戈"号（Vigo） 布朗		－ －	－	1918 年 11 月取消建造
"剧毒"号（Virulent） 布朗		－ －	－	1918 年 11 月取消建造
"沃拉格"号（Volage） 布朗		－ －	－	1918 年 11 月取消建造
"火山"号（Volcano） 布朗		－ －	－	1918 年 11 月取消建造
"惆怅"号（Wistful） 布朗		－ －	－	前"强健"号（Vigorous）；1918 年 11 月取消建造
"赌注"号（Wager） 登尼		－ －	－	1918 年 4 月取消建造
"守夜"号（Wake） 登尼		－ －	－	1918 年 11 月取消建造
"沃德格雷"号（Waldegrave） 登尼		－ －	－	1918 年 11 月取消建造
"沃尔顿"号（Walton） 登尼		－ －	－	1918 年 11 月取消建造
"惠特克"号（Whitaker） 登尼		－ －	－	1918 年 11 月取消建造
"沃特森"号（Watson）	转德文波特造船厂	1919.4.26 －	－	1919 年 9 月取消建造；后为清空船台，费尔菲尔德将其下水
"波涛"号（Wave） 费尔菲尔德		－ －	－	1918 年 11 月取消建造
"鼬鼠"号（Weazel） 费尔菲尔德		－ －	－	1918 年 11 月取消建造
"白熊"号（White Bear） 费尔菲尔德		－ －	－	1918 年 11 月取消建造
"维尔兹利"号（Wellesley） 霍索恩		1918.8.30 －	－	1918 年 11 月取消建造
"惠勒"号（Wheeler） 司各特		1918.7 －	－	1919 年 4 月取消建造
"鞭策"号（Whip） 司各特		－ －	－	1918 年 11 月取消建造
"小灵犬"号（Whippet） 司各特		－ －	－	1918 年 11 月取消建造
D.77"惠特谢德"号（Whitshed） 斯旺－亨特		1918.6.3 1919.1.31	1919.7.11	一战期间舷号为 F.A7（1919.7）；1947 年 2 月出售拆解
D.62"野天鹅"号（Wild Swan） 斯旺－亨特		1918.7 1919.5.17	1919.11.14	一战期间舷号为 D.62（1919.11）；1942 年 8 月 17 日因轰炸和碰撞沉没
"威洛比"号（Willoughby） 斯旺－亨特		－ －	－	1918 年 11 月取消建造
"凌冬"号（Winter） 斯旺－亨特		－ －	－	1918 年 11 月取消建造
D.76"威瑟林顿"号（Witherington） 怀特		1918.9.27 1919.1.16	1919.10.10	一战期间舷号为 D.76（1919.10）；1947 年 3 月被出售，4 月 29 日触礁沉没
D.66"飞龙"号（Wivern） 怀特		1918.8.19 1919.4.16	1919.10.1	一战期间舷号为 D.66（1919.12）；1947 年 2 月出售拆解

后期型 W 级驱逐舰（4.7 英寸主炮版本）

舰名	船厂	开工 / 下水	完工时间	生涯
D.78 "狼獾"号（Wolverine）	怀特	1918.10.8 1919.7.17	1920.2.27	一战期间舷号为：D.78（1920.7）；1946 年 1 月出售拆解
D.96 "伍斯特"号（Worcester）	怀特	1918.12.20 1919.10.24	1922.9.20	1943 年 12 月 23 日触雷，船壳改造为宿舍船 "义勇军"（Yeoman）号；1946 年 9 月出售拆解
"狼人"号（Werewolf）	怀特（之前斯旺 - 亨特）	1918 1919.7.17	–	1919 年 4 月取消建造
"威斯特法"号（Westphal）	怀特（之前斯旺 - 亨特）	–	–	1919 年 4 月取消建造
"韦斯特沃德霍"号（WestwardHo）	怀特（之前斯旺 - 亨特）	–	–	1919 年 4 月取消建造
"驯兽师"号（Wrangler）	怀特	1919.2.3	–	1919 年 9 月取消建造
"义勇军"号（Yeoman）	雅罗	–	–	1919 年 4 月取消建造
"热衷"号（Zealous）	雅罗	–	–	1919 年 4 月取消建造
"斑马"号（Zebra）	雅罗	–	–	1919 年 4 月取消建造
"十二宫"号（Zodiac）	雅罗	–	–	1919 年 4 月取消建造

注：1919 年的简氏防务列表中还包括 "沃森"号（Whelp，德文波特）和 "幼犬"号（Whelp，彭布罗克）。

"莎士比亚"级（Shakespeare Class）驱逐舰（领舰）

舰名	船厂	开工 / 下水	完工时间	生涯
D.50 "莎士比亚"号（Shakespeare）	桑克罗夫特	1916.10.2 1917.7.7	1917.10.10	一战期间舷号为 F.80（1918.1）；1936 年出售拆解
D.40 "斯宾塞"号（Spenser）	桑克罗夫特	1916.10.9 1917.9.22	1917.12.12	一战期间舷号为 F.90（1918.1）；1936 年出售拆解
D.20/L.64 "华莱士"号（Wallace）	桑克罗夫特	1917.8.15 1918.10.26	1919.2.14	一战期间舷号为 D.3A（1919.2）；1939 年 6 月 14 日改造为 "怀尔"型驱逐舰（L 开头舷号）；1945 年 3 月出售拆解
D.84 "凯珀尔"号（Keppel）	桑克罗夫特	1918.10 1920.4.23	1925.4.15	由朴次茅斯造船厂完工，1945 年 7 月出售拆解
D.83 "布洛克"号（Broke）	桑克罗夫特	1918.11 1920.9.16	1925.1.20	前 "鲁克"号（Rooke）；由朴次茅斯造船厂完成建造；1942 年 11 月 8 日被舰炮击沉
"桑德斯"号（Saunders）	桑克罗夫特	–	–	1918 年 12 月取消建造
"斯普拉格"号（Spragge）	桑克罗夫特	–	–	1918 年 12 月取消建造
"巴林顿"号（Barrington）	莱尔德	–	–	1918 年 12 月取消建造
"休斯"号（Hughes）	莱尔德	–	–	1918 年 12 月取消建造

"司各特"级（Scott Class）驱逐舰（领舰）

舰名	船厂	开工 / 下水	完工时间	生涯
"司各特"号（Scott）	莱尔德	1917.2.19 1917.10.18	1918.1	一战期间舷号为 F.98（1918.1）；1918 年 8 月 15 日被鱼雷击沉
D.81 "布鲁斯"号（Bruce）	莱尔德	1917.5.12 1918.2.26	1918.5.30	一战期间舷号为 F.48（1918.6）；1939 年 11 月 22 日作为靶舰被击沉
D.90 "道格拉斯"号（Douglas）	莱尔德	1917.6.30 1918.2.20	1918.9.2	一战期间舷号为 D.09（1918.9）；1945 年 3 月出售拆解
D.60 "坎贝尔"号（Campbell）	莱尔德	1917.11.10 1918.9.21	1918.12.21	一战期间舷号为 G.76（1919.1）；1947 年 2 月出售拆解
D.19 "马尔科姆"号（Malcolm）	莱尔德	1918.3.27 1918.5.29	1919.5.20	一战期间舷号为 D.19（1919.11）；1945 年 7 月出售拆解
D.70 "麦凯"号（Mackay）	莱尔德	1918.3.5 1918.12.21	1919.6	前 "克拉弗豪斯"号（Claverhouse）；一战期间舷号为 F.A6（1919.6）；1947 年 2 月出售拆解
D.00 "斯图亚特"号（Stuart）	霍索恩	1917.10.18 1918.8.22	1918.12.21	一战期间舷号为 G.46（1919.2）；1933 年转交皇家澳大利亚海军；1947 年 2 月出售拆解
D.01 "蒙特罗斯"号（Montrose）	霍索恩	1917.10.4 1918.6.10	1918.9.14	一战期间舷号为 F.45（1918.9）；1946 年 1 月出售拆解

"司各特"级（Scott Class）驱逐舰（领舰）

战后的试验舰

舰名	船厂	开工 / 下水	完工时间	生涯
D.39 "亚马逊人"号（Amazon）	桑克罗夫特	1925.1.29 1926.1.27	1927.5.5	1944 年改为靶舰；1948 年 9 月出售拆解
D.38 "伏击"号（Ambuscade）	雅罗	1924.12.8 1926.1.15	1927.4.8	1946 年 11 月出售拆解

A 级驱逐舰

舰名	船厂	开工 / 下水	完工时间	生涯
D.65 "科德林顿"号（Codrington）	斯旺 - 亨特	1928.6.20 1929.8.7	1930.6.4	领舰；1940 年 7 月 27 日因轰炸沉没
H.09 "阿卡斯塔"号（Acasta）	布朗	1928.8.13 1929.8.8	1930.2.11	1940 年 6 月 8 日被舰炮击沉
H.12 "阿卡特斯"号（Achates）	布朗	1928.9.11 1929.10.4	1930.2.11	1942 年 12 月 31 日被舰炮击沉
H.48 "阿刻戎"号（Acheron）	桑克罗夫特	1928.10.29 1930.3.18	1931.11.13	高蒸汽参数试验舰；1940 年 12 月 17 日触雷沉没
H.14 "积极"号（Active）	霍索恩	1928.7.10 1929.7.9	1930.2.9	1947 年 5 月出售拆解
H.36 "羚羊"号（Antelope）	霍索恩	1928.7.11 1929.7.27	1930.3.20	1946 年 1 月出售拆解
H.40 "安东尼"号（Anthony）	司各特	1928.7.30 1929.4.24	1930.2.14	1947 年 8 月出售拆解
H.41 "热心"号（Ardent）	司各特	1928.7.30 1929.6.26	1930.4.14	1940 年 6 月 8 日被舰炮击沉
H.42 "箭矢"号（Arrow）	维克斯	1928.8.20 1929.8.22	1930.4.14	1943 年 8 月 4 日由于另外一艘舰船的爆炸而被推定为全损；1944 年 10 月 17 日废弃；1949 年 5 月被拆解

皇家加拿大海军驱逐舰

舰名	船厂	开工 / 下水	完工时间	生涯
D.79 "沙格奈"号（Saguenay）	桑克罗夫特	1929.9.27 1930.7.11	1931.5.22	1942 年 11 月 15 日发生碰撞事故；1943 年 8 月转为训练舰；1946 年出售拆解
D.59 "斯基纳"号（Skeena）	桑克罗夫特	1929.10.14 1930.10.10	1931.6.10	1944 年 10 月 25 日触礁沉没

B 级驱逐舰

舰名	船厂	开工 / 下水	完工时间	生涯
D.06 "基斯"号（Keith）	维克斯	1929.10.1 1930.7.10	1931.3.20	领舰；1940 年 6 月 1 日在敦刻尔克因轰炸沉没
H.11 "石化蜥蜴"号（Basilisk）	布朗	1929.8.19 1930.8.6	1931.3.4	1940 年 6 月 1 日在敦刻尔克因轰炸沉没
H.30 "小猎犬"号（Beagle）	布朗	1929.10.11 1930.9.26	1931.4.9	1946 年 1 月出售拆解
H.47 "布兰奇"号（Blanche）	霍索恩	1929.7.29 1930.5.29	1931.2.14	1939 年 11 月 13 日触雷沉没
H.65 "布迪卡"号（Boadicea）	霍索恩	1929.7.11 1930.9.23	1931.4.7	1944 年 6 月 13 日被鱼雷击沉
H.77 "北风"号（Boreas）	帕尔默	1929.7.22 1930.7.18	1931.2.20	1944~1951 年转交希腊皇家海军，更名为 "萨拉米斯"（Slams）；1951 年 11 月出售拆解
H.80 "布来曾"号（Brazen）	帕尔默	1929.7.22 1930.7.25	1931.4.8	1940 年 7 月 20 日在拖曳途中因轰炸翻沉
H.84 "非凡"号（Brilliant）	斯旺 - 亨特	1929.7.8 1930.10.9	1931.2.21	1947 年 8 月出售拆解
H.81 "斗牛犬"号（Bulldog）	斯旺 - 亨特	1929.8.10 1930.12.6	1931.4.8	1946 年 1 月出售拆解

C 级驱逐舰

舰名	船厂	开工 / 下水	完工时间	生涯
D.18 "卡彭菲尔特"号（Kempenfelt）	怀特	1930.10.18 1931.10.29	1932.5.30	领舰；1939 年 10 月 18 日转交皇家加拿大海军并更名为 "阿西尼博"号（Assiniboine）；1945 年 11 月 10 日触礁沉没
H.09 "彗星"号（Comet）	朴次茅斯	1930.9.12 1931.9.30	1932.6.2	1938 年 6 月 15 日转交皇家加拿大海军并更名为 "雷斯蒂古什"号（Restigouche）；1945 年 12 月出售拆解
H.60 "十字军"号（Crusader）	朴次茅斯	1930.9.12 1931.9.30	1932.5.2	1938 年 6 月 15 日转交皇家加拿大海军并更名为 "渥太华"号（Ottawa）；1942 年 9 月 13 日被鱼雷击沉

C 级驱逐舰

舰名	船厂	开工 / 下水	完工时间	生涯
H.48"新月"号（Crescent） 维克斯		1930.12.1 1931.9.29	1932.4.15	1937 年 2 月 17 日转交皇家加拿大海军并更名为"弗雷泽"号（Fraser）；1940 年 6 月 25 日因碰撞沉没
H.83"小天鹅"号（Cygnet） 维克斯		1930.12.1 1931.9.29	1932.4.9	1937 年 2 月 17 日转交皇家加拿大海军并更名为"圣劳伦特"号（St Laurent）；1946 年出售拆解

D 级驱逐舰

舰名	船厂	开工 / 下水	完工时间	生涯
D.99"邓肯"号（Duncan） 朴次茅斯		1931.9.25 1932.7.7	1933.3.31	领舰；1945 年 7 月被出售；1949 年拆解
H.53"玲珑"号（Dainty） 费尔菲尔德		1931.4.20 1932.5.3	1932.12.22	1941 年 2 月 24 日因轰炸沉没
H.16"勇敢"号（Daring） 桑克罗夫特		1931.6.18 1932.4.7	1932.11.25	1940 年 2 月 18 日被鱼雷击沉
H.75"诱饵"号（Decoy） 桑克罗夫特		1931.6.25 1932.6.7	1933.1.17	1943 年 4 月转交皇家加拿大海军，更名为"库特尼"号（Kootenay）；1946 年 1 月出售拆解
H.07"防卫者"号（Defender） 维克斯		1931.6.22 1932.4.7	1932.10.31	1941 年 7 月 11 日因轰炸沉没
H.38"愉快"号（Delight） 费尔菲尔德		1931.4.22 1932.6.2	1933.1.31	1940 年 7 月 29 日因轰炸沉没
H.22"钻石"号（Diamond） 维克斯		1931.9.29 1932.4.8	1932.11.3	1941 年 4 月 27 日因轰炸沉没
H.49"戴安娜"号（Diana） 帕尔默		1931.6.12 1932.6.16	1932.12.21	1940 年 9 月转交皇家加拿大海军并更名为"玛格丽"号（Margaree）；1940 年 10 月 22 日因碰撞沉没
H.64"女公爵"号（Duchess） 帕尔默		1931.6.12 1932.7.19	1933.1.27	1939 年 12 月 12 日因碰撞沉没

E 级驱逐舰

舰名	船厂	开工 / 下水	完工时间	生涯
H.02"埃克斯茅斯"号（Exmouth） 朴次茅斯		1933.5.15 1934.1.30	1934.11.9	领舰；1940 年 1 月 21 日被鱼雷击沉
H.23"回声"号（Echo） 登尼		1934.10.22 1934.2.16	1934.2.16	1944 年 4 月—1956 年 4 月在希腊皇家海军作为"纳瓦里诺"号（Navarino）服役；1956 年 4 月出售拆解
H.08"日食"号（Eclipse） 登尼		1933.3.22 1934.4.12	1934.11.29	1943 年 10 月 24 日触雷沉没
H.27"伊莱克特拉"号（Electra） 霍索恩		1933.3.15 1934.2.15	1934.9.13	1942 年 2 月 27 日在爪哇海被舰炮击沉
H.10"敌手"号（Encounter） 霍索恩		1933.3.15 1934.3.29	1934.11.2	1942 年 3 月 1 日在爪哇海被舰炮击沉
H.17"埃斯卡佩德"号（Escapade）		1933.3.30 1934.1.30	1934.8.30	1946 年 11 月出售拆解
H.66"护卫"号（Escort） 司各特		1933.3.30 1934.3.29	1934.11.30	1940 年 7 月 11 日被鱼雷击沉
H.15"埃斯克"号（Esk） 斯旺 - 亨特		1933.3.24 1934.3.19	1934.9.28	布雷舰；1940 年 8 月 31 日触雷沉没
H.61"特快"号（Express） 斯旺 - 亨特		1933.3.24 1934.5.29	1934.9.28	布雷舰；1943 年 6 月转交皇家加拿大海军并更名为"加蒂诺"号（Gatineau）；1956 年被出售，舰体作为防波堤被凿沉

F 级驱逐舰

舰名	船厂	开工 / 下水	完工时间	生涯
H.62"福尔纳"号（Faulknor） 雅罗		1933.7.31 1934.6.21	1935.5.24	领舰；1946 年 1 月出售拆解
H.70"命运"号（Fortune） 布朗		1933.7.28 1934.8.29	1935.4.27	1943 年 6 月转交皇家加拿大海军并更名为"萨斯喀切温"号（Saskatchewan）；1946 年出售拆解
H.69"猎狐犬"号（Foxhound） 布朗		1933.8.15 1934.10.12	1935.6.21	1944 年 2 月转交皇家加拿大海军并更名为"卡佩勒"号（Q'Appelle）；1947 年 12 月出售拆解
H.67"无恐"号（Fearless） 莱尔德		1933.7.17 1934.3.12	1934.12.19	1941 年 7 月 23 日因轰炸沉没
H.68"远见"号（Foresight） 莱尔德		1933.7.31 1934.6.29	1935.5.15	1942 年 8 月 12 日被鱼雷命中，后于 13 日翻沉

F 级驱逐舰

舰名	船厂	开工 / 下水	完工时间	生涯
H.78"名望"号（Fame） VA 沃克		1933.7.5 1934.6.28	1935.4.26	1949 年 2 月转交多米尼加共和国并更名为"大元帅"号（Generalissimo）；1962 年又更名为"桑切斯"号（Sanchez）；1968 年出售拆解
H.79"火龙"号（Firedrake） VA 沃克		1933.7.5 1934.6.28	1935.5.30	1942 年 12 月 17 日被鱼雷击沉
H.74"福雷斯特"号（Forester） 怀特		1933.5.15 1934.6.28	1935.4.19	1946 年 1 月出售拆解
H.76"狂怒"号（Fury） 怀特		1933.5.19 1934.9.10	1935.5.18	1944 年 6 月 21 日在诺曼底触雷，推定为全损，1944 年 7 月出售拆解

G 级驱逐舰

舰名	船厂	开工 / 下水	完工时间	生涯
H.03"格伦维尔"号（Grenville） 雅罗		1934.9.29 1935.8.15	1936.7.1	领舰；1940 年 1 月 19 日触雷沉没
H.59"英勇"号（Gallant） 史蒂芬		1934.9.15 1935.9.26	1936.2.25	1941 年 1 月 10 日触雷沉没
H.37"花冠"号（Garland） 费尔菲尔德		1934.8.22 1935.10.24	1936.3.3	1940 年 5 月—1946 年 9 月在波兰海军服役；1947 年 12 月转交荷兰皇家海军，更名为"马尼克斯"号（Marnix）；1964 年 1 月 31 日退役；1968 年出售拆解
H.63"吉卜赛"号（Gipsy） 费尔菲尔德		1934.9.4 1935.11.7	1936.2.22	1939 年 11 月 21 日触雷沉没
H.92"萤火虫"号（Glowworm） 桑克罗夫特		1934.8.15 1935.7.22	1936.1.22	1940 年 4 月 8 日被舰炮击沉
H.89"格拉夫顿"号（Grafton） 桑克罗夫特		1934.8.30 1935.9.18	1936.3.20	1940 年 5 月 29 日在敦刻尔克被鱼雷击沉
H.86"手榴弹"号（Grenade） 史蒂芬		1934.10.3 1935.11.12	1936.3.28	1940 年 5 月 29 日在敦刻尔克因轰炸沉没
H.05"灰猎犬"号（Greyhound） 维克斯		1934.9.20 1935.8.15	1936.2.1	1941 年 5 月 22 日因轰炸沉没
H.31"狮鹫"号（Griffin） 维克斯		1934.9.20 1935.8.15	1936.3.6	1943 年 4 月转交皇家加拿大海军并更名为"渥太华"号（Ottawa）；1946 年 8 月出售拆解

H 级驱逐舰

舰名	船厂	开工 / 下水	完工时间	生涯
H.87"哈代"号（Hardy） 莱尔德		1935.5.30 1936.4.7	1936.12.11	领舰；1940 年 4 月 9 日被鱼雷击沉
H.24"匆忙"号（Hasty） 登尼		1935.4.15 1936.5.5	1936.11.11	1942 年 6 月 15 日被鱼雷击沉
H.53"浩劫"号（Havock） 登尼		1935.5.15 1936.7.7	1937.1.16	1942 年 4 月 6 日触礁沉没
H.93"赫里沃德"号（Hereward） VA 沃克		1935.2.28 1936.3.10	1936.10.21	1941 年 5 月 29 日被鱼雷击沉
H.99"英雄"号（Hero） VA 沃克		1935.2.28 1936.3.10	1936.10.21	1943 年 11 月被转交皇家加拿大海军并更名为"绍蒂耶尔"号（Chaudiere）；1946 年 3 月出售拆解
H.55"敌意"号（Hostile） 司各特		1935.2.27 1936.1.24	1936.9.10	1940 年 8 月 23 日触雷沉没
H.01"热辣"号（Hotspur） 司各特		1935.2.27 1936.1.24	1936.12.29	1948 年 11 月出售给多米尼加共和国并更名为"特鲁希略"号（Trujillo）；1962 年 10 月更名为"杜阿尔特"号（Duarte）；20 世纪 70 年代出售拆解
H.35"猎人"号（Hunter） 斯旺 - 亨特		1935.3.27 1936.2.25	1936.9.30	1937 年 5 月 13 日在西班牙内战中负伤；1940 年 4 月 10 日被舰炮击沉
H.97"海伯利安"号（Hyperion） 斯旺 - 亨特		1935.3.27 1936.4.8	1936.12.3	1940 年 12 月 22 日触雷沉没

I 级驱逐舰

舰名	船厂	开工 / 下水	完工时间	生涯
D.02"英格菲尔德"号（Inglefield） 莱尔德		1936.4.29 1936.10.15	1937.6.25	领舰；1944 年 2 月 25 日在安齐奥因轰炸沉没
D.03"伊卡洛斯"号（Icarus） 布朗		1936.3.9 1936.11.26	1937.5.1	1946 年 10 月出售拆解

I级驱逐舰

舰名	船厂	开工/下水	完工时间	生涯
D.61 "冬青"号（Ilex）	布朗	1936.3.16 / 1937.1.28	1937.7.7	1946年1月出售拆解
D.44 "伊莫金"号（Imogen）	霍索恩	1936.1.18 / 1936.10.30	1937.6.2	1940年7月16日因碰撞沉没
D.09 "帝国"号（Imperial）	霍索恩	1936.12.11	1937.6.30	1941年5月29日因轰炸沉没
D.11 "冲击"号（Impulsive）	怀特	1936.3.9 / 1937.3.1	1938.1.29	1940年1月26日—1941年5月改为布雷舰；1946年1月出售拆解
D.10 "勇猛"号（Intrepid）	怀特	1936.1.6 / 1936.12.17	1937.7.29	1940年1月25日—1940年11月改为布雷舰；1943年9月26日因轰炸负伤并于不久后翻沉
D.87 "伊希斯"号（Isis）	雅罗	1936.2.5 / 1936.11.12	1937.6.2	1944年7月20日在诺曼底触雷沉没
D.16 "艾梵赫"号（Ivanhoe）	雅罗	1936.2.12 / 1937.2.11	1937.6.2	1940年9月1日触雷沉没

前土耳其驱逐舰　　于1941年11月14日被接管

舰名	船厂	开工/下水	完工时间	生涯
H.49 "无常"号（Inconstant）	维克斯	1939.5.24 / 1941.2.24	1942.1.24	前"促进"号（Muavenet）；1946年交还土耳其后恢复"促进"号舰名；1960年出售拆解
H.05 "伊思芮尔"号（Ithuriel）	维克斯	1939.5.24 / 1940.12.15	1942.3.3	前"奋进"号（Gayret）；1942年11月28日因轰炸被推定为全损，舰体在1943年改造为训练舰；1945年8月出售拆解

"哈凡特"级（Havant Class）驱逐舰（原属巴西海军）

舰名	船厂	开工/下水	完工时间	生涯
H.19 "收割者"号（Harvester）	维克斯	1938.6.3 / 1939.9.29	1940.5.23	前"灵巧"号（Handy），前"茹鲁阿"号（Jurua）；1943年3月11日被鱼雷击沉
H.06 "飓风"号（Hurricane）	维克斯	1938.6.3 / 1939.9.29	1940.6.21	前"加帕鲁阿"号（Japarua）；1943年12月24日被鱼雷击沉
H.32 "哈凡特"号（Havant）	怀特	1938.3.30 / 1939.7.17	1939.12.19	前"查哇利"号（Javary）；1940年6月1日在敦刻尔克因轰炸沉没
H.38 "哈弗洛克"号（Havelock）	怀特	1938.9.28 / 1939.10.16	1940.2.10	前"如塔伊"号（Jutahy）；1946年10月出售拆解
H.57 "暮星"号（Hesperus）	桑克罗夫特	1938.7.6 / 1939.8.1	1940.1.22	前"衷心"号（Hearty），前"如鲁威纳"号（Juruena）；1947年5月出售拆解
H.44 "高地人"号（Highlander）	桑克罗夫特	1938.9.28 / 1939.10.16	1940.3.18	前"扎圭里贝"号（Jaguaribe）；1946年5月出售拆解

"城镇"级（Town Class）驱逐舰

舰名	船厂	开工/下水	完工时间	生涯
I.04 "安纳波利斯"号（Annapolis）	UIW	1918.7.4 / 1918.9.29	1919.7.25	前"麦肯齐"号（Mackenzie）；1940年10月转交皇家加拿大海军；1944年转为训练舰；1945年6月出售拆解
I.17 "巴斯"号（Bath）	NNS	1918.1.19 / 1918.6.8	1919.3.21	前"霍普维尔"号（Hopewell）；1940年转交皇家海军；1941年8月19日被鱼雷击沉
H.46 "贝尔蒙特"号（Belmont）	NNS	1918.7.10 / 1918.12.21	1919.12.22	前"萨特李"号（Satterlee）；1942年1月31日被鱼雷击沉
H.64 "贝弗利"号（Beverley）	NNS	1918.10.25 / 1919.4.19	1920.4.3	前"布兰奇"号（Branch）；1943年4月11日被鱼雷击沉
H.72 "布拉德福德"号（Bradford）	BethS	1918.4.20 / 1918.9.22	1919.4.5	前"麦克拉纳罕"号（Mclanahan）；1943年6月—1945年8月改为"福利奥特"号（Foliot）号宿舍船的补给船；1946年6月出售拆解
I.08 "布莱顿"号（Brighton）	福尔河	1918.7.15 / 1918.11.23	1919.3.17	前"考威尔"号（Cowell）；1944年7月—1949年2月在苏联海军服役，更名为"热情"号（Zharky）；1949年4月出售拆解
H.81 "布罗德沃特"号（Broadwater）	NNS	1918.7.10 / 1919.3.8	1920.2.28	前"梅森"号（Mason）；1941年10月19日出售拆解
H.90 "百老汇"号（Broadway）	NNS	1918.8.20 / 1920.2.14	1920.6.8	前"亨特"号（Hunt）；1947年2月出售拆解
H.82 "伯纳姆"号（Burnham）	BethQ	1918.2.3 / 1919.4.11	1919.7.26	前"奥力克"号（Aulick）；1943年改为空袭靶舰；1947年3月出售拆解
H.94 "伯维尔"号（Burwell）	BethS	1918.4.20 / 1918.10.10	1919.3.17	前"劳"号（Laub）；1943年改为空袭靶舰；1947年3月出售拆解
H.96 "巴克斯顿"号（Buxton）	BethS	1918.11.13 / 1919.8.15	1919.4.24	前"爱德华兹"号（Edwards）；1943年10月转交皇家加拿大海军；1947年3月出售拆解
I.05 "卡梅伦"号（Cameron）	BethQ	1918.6.29 / 1919.1.2	1919.9.2	前"韦勒"号（Weller）；1940年12月15日因轰炸沉没，打捞后报废；1943年10月出售拆解
I.42 "坎贝尔敦"号（Campbeltown）	巴斯	1918.10.7 / 1919.5.29	1919.1.20	前"布坎南"号（Buchanan）；用于1942年3月28日圣纳泽尔港的袭击
I.20 "考德威尔"号（Caldwell）	巴斯	1918.8.1 / 1919.4.10	1919.6.12	前"霍尔"号（Hale）；1942—1944年转交皇家加拿大海军；1945年3月出售拆解
I.23 "卡斯尔顿"号（Castleton）	巴斯	1918.4.5 / 1918.7.4	1919.4.21	前"亚伦·沃德"号（Aaron Ward）；1947年3月出售拆解
I.21 "查尔斯敦"号（Charlestown）	NNS	1918.11.5 / 1919.7.24	1919.7.18	1947年3月出售拆解
I.35 "切尔西"号（Chelsea）	巴斯	1918.11.5 / 1919.7.24	1919.8.6	前"克劳宁希尔德"号（Crowninshield）；1942—1943年转交皇家加拿大海军；1944年7月—1949年6月转交苏联海军，更名"鲁莽"号（Derzky）；1949年7月出售拆解
I.28 "切斯特菲尔德"号（Chesterfield）	NNS	1918.9.24 / 1920.3.6	1920.6.25	前"威尔伯恩·C.伍德"号（Welborn C. Wood）；1947年3月出售拆解
I.45 "丘吉尔"号（Churchill）	NNS	1918.11.5 / 1919.5.31	1920.4.17	前"赫恩登"号（Herndon）；1944年转交苏联海军，更名"积极"号（Deyatelnyi）；1945年1月16日被鱼雷击沉
I.14 "克莱尔"号（Clare）	NNS	1918.8.20 / 1920.4.14	1920.5.21	前"亚伯·P.厄普舒尔"号（Abel P. Upshur）；1945年8月出售拆解
I.49 "哥伦比亚"号（Columbia）	NNS	1918.3.30 / 1918.7.4	1919.6.6	前"哈拉登"号（Haraden）；1940年9月转交皇家加拿大海军；1944年改造为浮动弹药库；1945年6月出售拆解
I.40 "乔治城"号（Georgetown）	福尔河	1918.7.20 / 1918.10.27	1919.3.10	前"马多克斯"号（Maddox）；1942年9月—1943年12月转交皇家加拿大海军；1944年8月—1952年9月转交苏联海军，更名为"严厉"号（Zhostky）；1952年9月出售拆解
I.24 "汉密尔顿"号（Hamilton）	福尔河	1918.8.17 / 1918.12.21	1919.3.29	前"卡尔克"号（Kalk），1917年3月开工时原名"罗杰斯"号（Rodgers）；1940年转交皇家加拿大海军；1943年改为训练舰；1945年8月出售拆解
G.05 "兰开斯特"号（Lancaster）	巴斯	1917.9.1 / 1918.7.25	1918.8.25	前"菲利普"号（Philip）；1947年5月出售拆解
G.19 "利明顿"号（Leamington）	NYS	1918.1.23 / 1918.9.28	1919.7.28	前"特威格斯"号（Twiggs）；1942—1943年转交皇家加拿大海军；1944年7月—1950年11月转交苏联海军，更名"热烈"号（Zhguchy）；1951年7月出售拆解
G.27 "利兹"号（Leeds）	克兰普	1916.10.16 / 1917.8.21	1918.1.12	前"康纳"号（Conner）；1943年改为空袭靶舰；1946年5月25日被凿沉
G.68 "刘易斯"号（Lewes）	克兰普	1917.11.20 / 1918.6.29	1918.10.19	前"康威"号（Conway）；1943年改为空袭靶舰；1946年5月25日被凿沉

"城镇"级（Town Class）驱逐舰

舰名	船厂	开工/下水	完工时间	生涯
G.42 "林肯"号（Lincoln）	克兰普	1918.2.12 1918.6.19	1918.11.29	前"亚纳尔"号（Yarnall）；1941—1943年转交挪威皇家海军；1944年8月—1952年8月转交苏联海军，更名为"友善"号（Druzhny）；1952年8月出售拆解
G.57 "卢德洛"号（Ludlow）	克兰普	1916.10.16 1917.7.17	1917.11.26	前"斯托克顿"号（Stockton）；1945年6月6日搁浅，后改为靶舰；1945年7月出售拆解
G.76 "曼斯菲尔德"号（Mansfield）	巴斯	1917.12.28 1918.10.30	1918.11.11	前"埃文斯"号（Evans）；1940年12月—1942年3月转交挪威皇家海军；1942年9月—1944年6月转交加拿大海军；1944年10月在美国出售拆解
G.95 "蒙哥马利"号（Montgomery）	巴斯	1917.6.26 1918.6.25	1918.7.3	前"威克斯"号（Wickes）；1942年—1943年12月转交皇家加拿大海军；1945年3月出售拆解
G.08 "纽瓦克"号（Newark）	UIW	1917.10.2 1918.4.14	1918.11.14	前"林戈尔德"号（Ringgold）；1945年1月改为空袭靶舰；1947年2月出售拆解
G.47 "纽马基特"号（Newmarket）	UIW	1917.10.31 1918.3.28	1918.10.19	前"罗宾逊"号（Robinson）；1942年5月；1945年9月出售拆解
G.54 "纽波特"号（Newport）	福尔河	1917.8.25 1917.12.16	1918.5.14	前"西格尼"号（Sigourney）；1941年3月—1942年6月转交挪威皇家海军；1943年6月改为空袭靶舰；1947年2月出售拆解
I.57 "尼亚加拉"号（Niagara）	福尔河	1918.6.8 1918.8.31	1919.1.14	前"撒切尔"号（Thatcher）；1940年9月转交皇家加拿大海军；1944年3月改为训练舰；1946年5月出售拆解
G.60 "拉姆齐"号（Ramsey）	BethS	1918.9.24 1919.5.24	1919.9.8	前"米德"号（Meade）；1943年6月改为空袭靶舰；1947年2月出售拆解
G.71 "雷丁"号（Reading）	BethS	1918.6.3 1919.2.5	1919.6.27	前"贝利"号（Bailey）；1942年10月改为空袭靶舰；1945年7月出售拆解
G.88 "里士满"号（Richmond）	MINY	1917.7.10 1917.12.15	1918.4.6	前"费尔法克斯"号（Fairfax）；1942年—1943年12月转交皇家加拿大海军；1944年7月—1949年6月转交苏联海军改为"顽强"号（Zhivuchy）；1949年7月出售拆解
G.79 "雷普利"号（Ripley）	BethQ	1918.6.3 1918.12.31	1919.7.3	前"舒布里克"号（Shubrick）；1945年3月出售拆解
G.58 "罗金厄姆"号（Rockingham）	BethS	1918.8.27 1919.5.7	1919.7.31	前"斯维奇"号（Swasey）；1944年9月27日触雷沉没
I.07 "洛克斯堡"号（Roxburgh）	福尔河	1918.8.7 1918.12.14	1919.3.21	前"富特"号（Foote）；1944年8月—1949年2月转交苏联海军并更名为"严格"号（Foote）；1949年4月出售拆解
I.15 "圣奥尔本斯"号（St Albans）	NNS	1918.3.23 1918.7.4	1919.4.25	前"托马斯"号（Thomas）；1941—1942年转交挪威皇家海军；1944年7月—1949年2月转交苏联海军，更名为"可敬"号（Dostoiny）；1949年4月出售拆解
I.65 "圣克莱尔"号（St Clair）	UIW	1918.3.25 1918.7.4	1919.3.1	前"威廉姆斯"号（Williams）；1940年转交皇家加拿大海军；1944年转为补给舰；1944年改为损管抢修舰；1946年10月出售拆解
I.81 "圣克罗伊"号（St Croix）	BethQ	1918.9.11 1919.1.31	1919.4.30	前"麦库克"号（McCook）；1940年转交皇家加拿大海军；1943年9月20日被鱼雷击沉
I.93 "圣弗朗西斯"号（St Francis）	BethS	1918.11.4 1919.3.21	1919.6.30	前"班克罗夫特"号（Bancroft）；1940年转交皇家加拿大海军；1943年改造为补给舰；1945年7月14日受损，后在拖曳途中触礁沉没
I.12 "圣玛丽"号（St Mary'S）	NNS	1918.5.11 1918.10.19	1919.8.26	前"道蓝"号（Doran），前"巴格利"号（Bagley）；1945年3月出售拆解
I.52 "索尔兹伯里"号（Salisbury）	MINY	1918.4.25 1919.1.15	1919.9.13	前"克拉克斯顿"号（Claxton）；1942—1943年转交皇家加拿大海军；1944年6月出售拆解
I.80 "舍伍德"号（Sherwood）	BethQ	1918.9.25 1919.4.26	1919.7.22	前"罗杰斯"号（Rodgers）；1943年10月3日搁浅后改为空袭靶舰
I.73 "斯坦利"号（Stanley）	BethQ	1918.9.25 1919.3.28	1919.5.19	前"麦卡拉"号（Mccalla）；1941年12月19日被鱼雷击沉
I.95 "威尔斯"号（Wells）	CharNY	1918.7.29 1919.7.7	1921.4.30	前"蒂尔曼"号（Tillman）；1945年7月出售拆解

参考文献

已出版的著作

- Armstrong, Lt. G. E, *Torpedoes and Torpedo-Vessels* (George Bell, London, 1896).

- Brook, Peter, *Warships for Export: Armstrong Warships 1867 - 1927* (World Ship Society, Kendal, 1999).

- Brown, D. K, *Warrior to Dreadnought: Warship Development 1860 - 1905* (Chatham, London, 1997).

- Brown, D. K, *The Grand Fleet: Warship Design and Development 1906 - 1922* (Chatham, London, 1999).

- Brown, D. K, *Nelson to Vanguard: Warship Design and Development 1923 - 1945* (Chatham, London, 2000).

- Brown, D. K, *Atlantic Escorts* (Chatham, London, 2007).

- Colledge, J. J, *Ships of the Royal Navy Vol. I: Major Ships* (David & Charles, Newton Abbot, 1969).

- Dittmar, F. J, and J. J. Colledge, *British Warships 1914 - 1919* (Ian Allan, London, 1972).

- English, John, *Amazon to Ivanhoe: British Standard Destroyers of the 1930s* (World Ship Society, Kendal, 1993).

- Gardiner, Robert, *Conway's All the World's Fighting Ships 1860 - 1905* (Conway, London, 1979).

- Gardiner, Robert, *Conway's All the World's Fighting Ships 1922 - 1946* (Conway, London, 1980).

- Gardiner, Robert, *Conway's All the World's Fighting Ships 1906 - 1921* (Conway, London, 1985).

- Hague, Arnold, *Destroyers for Great Britain: A History of 50 Town Class Ships Transferred from the United States to Great Britain in 1940* (World Ship Society, Kendal, 1988).

- Hodges, Peter, and Norman Friedman, *Destroyer Weapons of World War II* (Conway, London, 1979).

- Lambert, Nicholas A, *Australia's Naval Inheritance: Imperial Maritime Strategy and the Australia Station 1880-1909* (Royal Australian Navy, Canberra, 1998).

- Lambert, Nicholas A, *Sir John Fisher's Naval Revolution* (University of South Carolina Press, Columbia, 1999).

- Layman, R. D, *Naval Aviation in the First World War: Its Impact and Influence* (Chatham, London, 1996).

- Le Fleming, H. M, *Warships of World War I: Destroyers* (Ian Allan, London, c.1962). (本书涉及 1914 年—1918 年间各驱逐舰的部署情况)

- Lenton, H T, *British and Empire Warships of the Second World War* (Greenhill, London, and Naval Institute Press, Annapolis, 1998).

- Lyon, David, *The First Destroyers* (Chatham, London, 1996).

- Lyon, David, and Rif Winfield, *The Sail and Steam Navy List: All the Ships of the Royal Navy 1815 - 1889* (Chatham, London, 2004).

- March, Edgar J, *British Destroyers 1893 - 1953* (Seeley Service, London, 1966).

- Ranft, Bryan (ed.), *Technical Change and British Naval Policy 1860 - 1939* (Hodder & Stoughton, Sevenoaks, 1977).

- Raven, Alan, and John Roberts, *'V and W' Class Destroyers* (RSV, New York, 1979; Man O' War 2).

- Roskill, Stephen A, *Naval Policy Between the Wars* (Collins, London, 1968 and 1976).

- Sleeman, G, *Torpedoes and Torpedo Warfare* (Griffin, Portsmouth, 1889).

海军部出版物

- *Armament List* (CB 1773 for April 1938). （其中包括火控计算机）

- *British Mining Operations 1939－1945* [BR 1736(56)].

- *Destroyer Attack Instructions* (CB 01721, 1933).

- *Destroyer Fighting Instructions* (CB 01986, for 1942－5).

- *Destroyer Fire Control System and Director Firing Gear as Fitted in Destroyers (ex-Brazilian) of the 'Havant' Class* (BR 911A).

- *Director Firing for Flotilla Leaders and Destroyers, 1918* (CB 1461, 1461A).

- *Director Handbook: Instruments Fitted in C and Later Classes of Flotilla Leaders and Destroyers* [CB 1925 (12), 1937].

- *The Employment of Cruisers and Destroyers* (NID 801, September 1906, by Vice Admiral Sir Baldwin Wake Walker).

- *Fighting Experience* (World War II: CB 04211).

- *Flotilla Cruising and Night Cruising Orders and Torpedo Attack by Destroyer Flotillas On Enemy's Battle Fleet* (Grand Fleet memorandum HF 0034/137, 11 November 1917).

- *Handbook of Fire Control in TBDs of M Class and Later, and Flotilla Leaders 1915* (ADM 186/878).

- *Handbook of the Fuze Keeping Clock and Associated Equipment* (BR 913).（其中包括火控计算盒）

- *Handbook for Naval Rangefinders and Inclinometers* (BR 925).

- *High-Speed Submarine Sweep* (CB 1300, 1917).

- *Home Fleet Destroyers: Instructions for Training* (1910).

- *List of HM Ships Showing Their Armaments.* （1914 年 4 月至 1919 年 10 月间每年刊行 2 次）

- *Orders for Torpedo Boat Destroyers: The Nore* (1902).

- *Particulars of Foreign War Vessels (CB 1815).* （1940 年及之后的版本）

- *Particulars of War Vessels and Aircraft (British Commonwealth of Nations)* (CB 01815).（1939—1945 年间每年刊行 2 次）

- *Steam Ships of England* (CB 1294). （1866—1918 年间每年刊行 2 次，涉及所有的英国军舰及其相关特征，鱼雷艇不包含在内，但包括了早期的岸防驱逐舰），

- *Technical Histories.* （1919—1921 年出版，包括 TH 编号，涉及船队行动、舰载武器的改进及反潜武器的研究）

- *Torpedo Manual for HM Fleet.* （第三卷是唯一的官方驱逐舰列表，这一部分似乎于 1898 年开始）

国家海事博物馆收藏的非公开出版物

- *Armstrong Design Portfolio 4.*

- Designers' notebooks . （见各章尾注）

- DNC notebook of Sir E. T. D'Eyncourt.

- Lyon, David, *The Thornycroft List.*

- *Thurston Notebooks.*

舰艇设计档案（含编号）

- First-Class torpedo boats (65). （一等鱼雷艇）

- *Polyphemus* (78). （"波吕斐摩斯"号）

- *Scout and Fearless* (97). （"斥候"号和"无恐"号）

- *Spider* Class torpedo gunboats (106). （"蜘蛛"级鱼雷炮舰）

- *Sharpshooter* Class torpedo gunboats (108, 108A, 108B). ("神枪手"级鱼雷炮舰)
- *Archer* Class torpedo cruisers (113). ("弓箭手"级鱼雷巡洋舰)
- *Vulcan* torpedo depot ship (118). ("伏尔甘"号鱼雷补给舰)
- TBDs 26 and 27kt (128 - 128C). (26 与 27 节型鱼雷艇驱逐舰)
- *Alarm* Class torpedo gunboats (129). ("警报"级鱼雷炮舰)
- First Class TB 88 - 97 (130). (TB 88—97 号一等鱼雷艇)
- *Halcyon* Class torpedo gunboats (137). ("翠鸟"级鱼雷炮舰)
- *Ariel* Class 30-knot destroyers (142). ("爱丽儿"级 30 节型驱逐舰)
- Turbine destroyers (154). (蒸汽轮机驱逐舰)
- Destroyers 30-knotters 1898 and later (165-165B). (1898 年及之后的 30 节型驱逐舰)
- Torpedo boats 98 - 99, 107 - 117 (166, 166A). (98—99 号, 107—117 号鱼雷艇)
- *River* Class (184 - 184E). ("河川"级驱逐舰)
- Scout cruisers (189 - 189B). (侦察巡洋舰)
- New destroyers (200).[(1904 年紧随"河川"级之后的)新驱逐舰]
- *Tribal* Class (211 - 211E). ("部族"级驱逐舰)
- Coastal destroyers (214 - 214C). (岸防驱逐舰)
- *Swift* (217, 217A). ("雨燕"号)
- *Boadicea* Class (231 - 231B). ("布迪卡"级侦察巡洋舰)
- Coastal destroyers (TB 25 - 36)(235, 235A). (TB25—TB36 号岸防驱逐舰)
- *Beagle* Class (242 - 242B). ("小猎犬"级驱逐舰)
- *Acorn* Class (246 - 246C). ("橡实"级驱逐舰)
- *Blanche and Blonde* (252). ("布兰奇"号和"布朗德"号侦察巡洋舰)
- Destroyers 1912 (259 - 259B). (1912 年型驱逐舰)
- Destroyer 'specials' 1910 - 11 (262). (1910—1911 年特设驱逐舰)
- Destroyers for Australia and Yarrow 'specials' (Firedrake etc.) (264). (澳大利亚的驱逐舰和雅罗的特设舰,"火龙"号等)
- *Hardy* (270). ("哈代"号驱逐舰)
- *Acasta* Class (271, 271A). ("阿卡斯塔"级驱逐舰)
- Foreign destroyers (274 for 1911, 274A for 1918 - 37). (国外的驱逐舰)
- Destroyer 'specials' for 1911 - 12 (277, 277A). (1911—1912 年特设舰, 缺失 1911 年型驱逐舰)
- L Class (284 - 284C). (L 级驱逐舰)
- M Class (298 - 298C). (M 级驱逐舰)
- M Class 'specials' (316 - 316B). [M 级特设舰, , 但缺少(317)]
- *Lightfoot* Class leaders (321 - 321D). ("轻捷"级驱逐领舰)
- Destroyers 1914 - 15 design (329). (1914—1915 年建造计划中的驱逐舰, 取消建造)
- New *Polyphemus* (333A - 333). (新"波吕斐摩斯"号, 后成为补给舰)
- *Talisman* Class (348). ("护符"级驱逐舰)
- *Medea* Class (349). ("美狄亚"级驱逐舰)
- R Class (362 - 362B). (R 级驱逐舰)
- Destroyers general (from 1915 on) (376 - 376G). (从 1915 年开始的驱逐舰总体设计方案)
- V Class (377 - 377A). (V 级驱逐舰)
- Modified R Class (379). (改进型 R 级驱逐舰)
- *Shakespeare* Class leaders (380). ("莎士比亚"级驱逐舰领舰)
- *Scott* Class leaders (382, 382A). ("司各特"级驱逐舰领舰)

- Destroyers 1917 (383). （1917 年驱逐舰，取消建造）
- V and W Class 1916 (385‐385C). （V 级与 W 级驱逐舰）
- Thornycroft V and W and Repeat W (387, 387A).（桑克罗夫特的 V 和 W 级以及后期型 W 级驱逐舰）
- Yarrow 305‐foot design (394). （雅罗 305 英尺型驱逐舰）
- S Class (397‐397C). （S 级驱逐舰，397D 丢失）
- Thornycroft M Class specials (398). （桑克罗夫特的 M 级特设舰）
- Thornycroft Modified *Rosalind* design (399). （桑克罗夫特改进型"罗莎琳德"号设计方案）
- Repeat W Class (403‐403B). （后期型 W 级）
- *Shakespeare* Class (410). （"莎士比亚"级驱逐领舰）
- (1918 年的总体驱逐舰设计档案 412 号缺失)
- Foreign destroyers 1911‐17 (426). （1911—1917 年的外国驱逐舰）
- *Amazon* and *Ambuscade* (435, 435A). （"亚马逊人"号和"伏击"号试验舰）
- *Acasta* Class 1927 (454, 454A). （"阿卡斯塔"级驱逐舰）
- *Codrington* flotilla leader (455). （"科德林顿"号驱逐领舰）
- *Beagle* Class 1928 (466, 466A). （"小猎犬"级驱逐舰）
- *Keith* flotilla leader (467). （"基斯"号驱逐领舰）
- *Crusader* Class (474, 474A). （"十字军"级驱逐舰）
- *Kempenfelt* leader (476). （"卡彭菲尔特"号驱逐领舰）
- *Defender* Class (488, 488A). （"防卫者"级驱逐舰）
- *Duncan* flotilla leader (489). （"邓肯"号驱逐领舰）
- *Exmouth* flotilla leader (492). （"埃克斯茅斯"号驱逐领舰）
- *Eclipse* Class (493, 493A). （"日食"级驱逐舰）
- *Fearless* Class (515). （"无恐"级驱逐舰）
- *Faulknor* flotilla leader (519). （"福克纳"号驱逐领舰）
- *Greyhound* Class (526). （"灰猎犬"级驱逐舰）
- *Grenville* flotilla leader (527). （"格伦维尔"号驱逐领舰）
- H and I Class (531). （H 级和 I 级驱逐舰）
- *Inglefield* leader (532). （"英格菲尔德"号驱逐领舰）
- Brazilian H Class (619). （巴西版 H 级驱逐舰）
- Ex-American destroyers and coast guard cutters (657). （前美国驱逐舰与海岸警卫队巡逻艇）
- Turkish I Class (692, 692A). （土耳其 I 级驱逐舰）
- Captured German destroyers 1918‐23 (ADM 138/621). （1918—1923 年俘虏自德国的战利驱逐舰，无设计档案编号）

写给战舰爱好者的经典之作

卷 1 铁甲舰之前（1815—1860）\ 卷 2 从"勇士"级到"无畏"级（1860—1905）
卷 3 大舰队（1906—1922）\ 卷 4 从"纳尔逊"级到"前卫"级（1923—1945）
卷 5 重建皇家海军（1945 年后）

一部战舰设计演变的图像史诗

浓缩英国海军近两百年来战舰设计的经验与教训

完整记录1708艘英国战舰设计历程，囊括官方珍贵资料及作者私人收藏
864幅历史图片、48幅模型特写、527个数据图表和171幅设计图纸
深刻解读英国战舰设计史上的每一个阶段

世界船舶学会主席、战舰设计大师**大卫·K.布朗**代表作
将多年主持舰船设计工作的理论知识与实践经验融入此书

英国皇家海军命运攸关的十五年

卷1：通往战争之路，1904—1914 \ 卷2：从一战爆发至日德兰海战前夕，1914—1916

卷3：日德兰海战及其之后，1916.5—12 \ 卷4：危机的一年，1917

卷5：胜利与胜利之后，1918—1919

继阿尔弗雷德·马汉"海权论"三部曲之后
又一"里程碑式"的伟大著作
破解英国皇家海军在二战中骤然衰落之因

为学识和文采带来巨大考验的"战争背后的战争"写法

研究个人特质能在多大程度上对历史施加影响

巴里·高夫感慨

"现在已没有人能如此优雅地书写历史"